LES

1001 INVENTIONS

QUI ONT CHANGÉ LE MONDE

LES 1001 INVENTIONS QUI ONT CHANGÉ LE MONDE

PRÉFACE DE JÉRÔME BONALDI

OUVRAGE RÉALISÉ SOUS LA DIRECTION DE JACK CHALLONER

Flammarion

Le livre est comme la cuillère, le marteau ou le ciseau.
Une fois que vous les avez inventés, vous ne pouvez pas faire mieux.

Umberto Eco, 2009

Titre original : *1001 Inventions that Change The World*

Publié sous la direction de Tristan de Lancey
Direction éditoriale : Jane Laing
Direction artistique : Akihiro Nakayama
Designer : Nick Jones
Iconographie : Lorna Ainger

Direction de l'édition française : Ghislaine Bavoillot
Traduit de l'anglais par Anne Marcy-Benitez, Amandine de Chastaing,
Jacques Guiod, Stéphanie Alglave et François Landon
Adaptation de la maquette : David Fourré
Suivi éditorial : Marie-Laure Miranda
Index : Julie Christolhomme
Couverture : Isabelle Ducat

ISBN : 978-2-0812-2666-1
Dépôt légal : mars 2010
Imprimé en Chine

Sommaire

Préface de Jérôme Bonaldi

Ce livre va vous donner envie d'inventer. Vous y découvrirez mille et un exemples d'inventions dont un certain nombre que vous auriez pu trouver vous-même.

Méfiez vous car rien qu'en le feuilletant, vous risqueriez de connaître vous aussi les affres et les joies de l'inventeur.

Les affres car, comme vous le lirez, les parcours de ces inventions ont souvent été chaotiques et difficiles. Il a fallu à leurs inventeurs du temps, du courage, de la patience ou de la folie pour faire connaître et reconnaître leur création.

« Cela ne marchera jamais ! » Combien de fois, quelle que soit l'époque ou la discipline, ont-ils entendu cette expression. Le terrible couperet du jugement dernier. Ce sont des inventeurs à qui la raison et le marché ont rendu justice, mais longtemps après.

« Cela ne marchera jamais ! » C'est peut-être ce que vous avez aussi pensé devant une invention, un nouveau produit, un service innovant.

Auriez-vous été plus perspicaces que le patron d'IBM, qui n'a pas voulu miser un centime sur l'ordinateur portable ? Auriez-vous fait partie de ceux qui ont longtemps pensé que le téléphone mobile resterait un gadget pour les plus riches ? Auriez-vous imaginé l'essor et l'importance extraordinaire qu'a pris la télévision ?

Ce livre rend hommage à la tolérance et à la patience. Car les inventeurs savent bien que c'est souvent par erreur ou par hasard qu'ils ont mis au monde leur invention. C'est le principe de sérendipité. On trouve, on découvre alors qu'on ne cherchait pas ou qu'on cherchait autre chose. Le post-it, les rayons X, la pénicilline, le four à micro-ondes, relèvent de cette catégorie. Toutes ces inventions sont le fruit du hasard ou de la nécessité.

Parmi ces mille et une inventions, il y en aura sûrement que vous jugerez futiles, dérisoires, inutiles. Vous, peut-être… mais en est-il de même pour votre voisin ? Qui peut décider de ce qui et indispensable et de ce qui est superflu ? L'invention est comme la création artistique. Il n'est pas nécessaire qu'elle soit complètement utile.

Après les affres, les joies. Toutes ces inventions ont un point commun : le plaisir. Le plaisir que procurent nos neurones quand ils mettent ensemble deux embryons d'idées, le plaisir de bâtir à partir d'une simple idée, de construire un édifice jamais vu auparavant, de lutter contre l'entropie, le plaisir de faire travailler ses synapses, de trouver une application concrète à une découverte scientifique. Les inventions sont comme la technologie : une mise en pratique de notre connaissance du monde.

À bien y regarder, vous vous apercevrez également qu'un inventeur n'est pas nécessairement un brillant savant. Voici toute la différence entre la science et la technologie. Il suffit de regarder autour de soi, d'être attentif… et un peu inventif, tout de même.

Ce livre peut également nous guérir d'une maladie assez courante sous nos tropiques : la néophobie. Car au fond de nous-mêmes, nous n'aimons pas vraiment la nouveauté. Nous ne voulons pas qu'on nous dérange, qu'on bouscule nos habitudes, qu'on chamboule notre train-train. Or les inventeurs veulent changer le monde. Ce sont des poètes, des révolutionnaires. Ils pressentent ce dont nous avons besoin et ainsi inventent, créent, même si parfois leurs inventions ne sont pas au goût de tous. Ils ne veulent pas seulement améliorer l'ordinaire, ils veulent marquer leur temps. Et, pour cela, ils investissent en temps, en passion, en patience et en argent.

Le pratique et l'utile ne font pas obligatoirement partie de leurs préoccupations. Mais ils ont une foi capable de déplacer les montagnes. Ils sont peut-être les derniers à croire au progrès. Ils savent que l'utopie d'aujourd'hui sera la réalité de demain. Après avoir lu ce livre, vous saurez que l'utopie n'est pas l'irréalisable, mais l'irréalisé.

Ces inventions nous poussent à gamberger, à imaginer, à rêver.

Enfin et surtout parce que le plaisir d'inventer est communicatif, voire contagieux, méfiez-vous de ce livre : il est source de créativité.

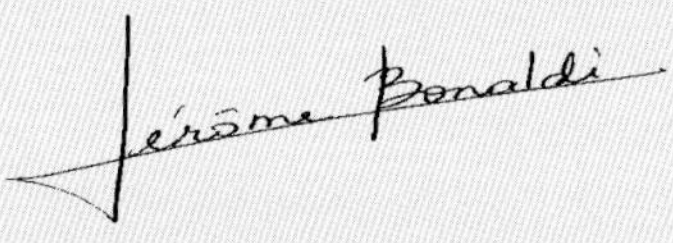

Introduction de Jack Challoner

Inventer, c'est créer quelque chose de nouveau – quelque chose qui, par nature, n'existe pas encore. Il peut s'agir d'une idée, d'un principe (la démocratie, par exemple), d'un poème, d'une danse, d'un morceau de musique. Mais nous avons décidé de limiter le présent ouvrage aux inventions de nature technologique. La technologie, c'est la mise en pratique de notre connaissance du monde. Elle va bien au-delà des objets, bicyclette ou ordinateur, car elle englobe les techniques et les procédés, de l'alphabet aux systèmes numériques en passant par l'extraction d'un métal à partir de son minerai.

Néanmoins, les découvertes et les théories scientifiques ne figurent pas dans ces pages. La science, c'est notre façon de dévoiler les lois de la nature, par la théorie et l'expérimentation. Science et technologie sont interdépendantes. Le moteur à combustion interne, par exemple, aurait été inconcevable sans la connaissance de la thermodynamique et de la chimie de la combustion. En retour, des inventions comme le microscope, le radiotélescope et l'ordinateur sont de fabuleux outils au service de la recherche scientifique.

Lorsque j'ai entamé la compilation des inventions présentées dans ce livre, 1001 m'a paru un nombre énorme. Mais j'ai vite compris que la somme des innovations et des trouvailles, grandes ou petites, ayant changé notre façon de vivre, était encore supérieure à celui-ci. Les inventions qui sont rassemblées ici ont toutes eu un impact sur le visage du monde.

Comment ai-je opéré la sélection finale ? Je savais que vous, lecteur, brûliez de savoir qui avait inventé le trombone, la poêle antiadhésive, les ciseaux. Aussi, notre index liste-t-il quasiment tous les objets quotidiens de ce type. En bonne logique, nous avons accordé une place privilégiée aux créations du monde moderne. Je désirais également que place soit faite à des inventions importantes, mais peu connues. Vous les découvrirez en feuilletant ces pages, en suivant les renvois figurant en fin des articles, ou en vous laissant arrêter par le caractère frappant d'une illustration.

Les *1001 Inventions qui ont changé le monde* est ordonné chronologiquement. Certes, la naissance d'une invention ne correspond pas toujours à une date précise. L'ampoule à incandescence, par exemple, a évolué tout au long du XIXe siècle. Nous avons choisi la date d'apparition du premier modèle fonctionnel dont la forme serait encore identifiée de nos jours. Quant aux antiques technologies pour lesquelles les informations sont limitées, nous nous sommes fondés sur le plus vieil exemple archéologique existant.

Les *1001 Inventions qui ont changé le monde* est divisé en huit chapitres de longueur similaire. Nous avons ménagé ces coupures en fonction des moments où la société et la technologie connaissaient des changements significatifs. Ainsi que le révèle notre premier chapitre, les outils de pierre que nos ancêtres commencèrent à utiliser voici deux millions et demi d'années sont universellement considérés comme les premières inventions humaines. Avec le feu, le vêtement, la lame et l'épieu, ils constituent sans doute les conquêtes techniques les plus importantes de tous les temps. Sans elles, comment l'humanité aurait-elle abandonné la chasse et la cueillette pour un mode de vie sédentaire ?

Car c'est bien la sédentarité qui a accéléré le progrès technique. Nés voici 7 000 ans en Mésopotamie (sur le territoire de l'actuel Irak), la roue et l'essieu, le verre, l'irrigation, peuvent prétendre aussi aux premières places dans le palmarès des inventions fondamentales. Et que dire de la métallurgie ? Elle permit de fabriquer des armes, des outils, des instruments aratoires d'une efficacité jamais vue. Mais pour cela, il fallut qu'à l'âge de bronze puis à l'âge de fer on découvre comment extraire les métaux de leurs minerais.

Voici 25 siècles, sur les bords de la Méditerranée, fleurissait une autre grande civilisation. La Grèce est fameuse pour ses philosophes, mais ses mathématiciens et ses ingénieurs, tel Archimède, posèrent de nouveaux jalons dans la conquête physique du monde. Ils ont leur place dans ce livre.

Le chapitre II nous entraîne de la civilisation romaine au début de l'âge industriel. Aux premiers siècles de notre ère, c'est en Chine et dans la vallée de l'Indus que naquit l'essentiel des innovations technologiques. Et la Chine, à la différence de l'Indus, offrit au reste du monde nombre de ses trouvailles, à commencer par la poudre noire, le papier, la boussole et l'imprimerie. Après le ve siècle, alors que l'Europe plongeait dans une forme d'obscurantisme, la Chine demeura stable et continua d'innover. À partir du viiie siècle, l'Empire musulman fleurit, inventa – et restitua au monde les travaux des penseurs de l'Antiquité classique, qui auraient été perdus sans leurs traductions en arabe. Durant la Renaissance, c'est-à-dire du xive siècle au début du xviiie siècle, une pensée rationnelle s'exprimant dans un cadre ordonné et opulent put donner le jour au microscope, au télescope, à la presse à imprimer.

Aux xviie et xviiie siècles, l'astronomie, la biologie, la physique, la chimie et les mathématiques progressèrent à pas de géant. La période vit l'irruption d'un nombre d'instruments proprement affolant, thermomètre, hygromètre, pompe à vide, baromètre, calculateur mécanique, etc., qui permirent aux savants d'interroger le monde physique comme ils n'en avaient encore jamais eu l'occasion. C'est à ce moment que furent explorées deux forces d'importance majeure, l'électricité et le magnétisme.

Les percées dans le monde de la physique et de la chimie encouragèrent l'innovation technologique et donnèrent le coup d'envoi à la révolution industrielle. Celle-ci, partie d'Angleterre à la fin du XVIIIe siècle, eut pour socle l'extraction du fer par fusion, grâce au coke. Des siècles durant, le combustible employé pour cette opération avait été le charbon de bois – si bien que les forêts anglaises se trouvaient alors en piteux état. Dérivé du charbon, le coke permit de faire face aux nouveaux appétits métallurgiques de l'époque. Mais l'extraction de la houille soulevait d'autres problèmes, au premier chef l'inondation des puits et des galeries de mine. Pour animer les pompes, on créa la machine à vapeur, à mouvement d'abord linéaire, puis circulaire.

Le chapitre III débute à la fin du XVIIIe siècle, quand les grandes révolutions, politiques et industrielles, ont déployé leurs ailes. Encore améliorée, la machine à vapeur peut mouvoir des locomotives ou des navires, pour le plus grand bénéfice des voyageurs et des marchandises qui ont commencé à courir la planète. Les ingénieurs mettent au point des machines à vapeur compactes et puissantes : le moteur à combustion interne n'est pas loin. De son côté, le développement de l'industrie textile provoque des déplacements de population. On quitte la ferme et la campagne pour l'usine et la grande ville.

Au milieu du XIXe siècle – c'est le début de notre chapitre IV – les percées technologiques un peu désordonnées de la révolution industrielle laissent place à un progrès mieux soutenu. Les colonies des pays européens sont prospères : c'est l'âge des empires, à qui de nouveaux modes de transport et de communication permettent de coordonner leurs activités d'un continent à l'autre. C'est également à cette époque que les États-Unis deviennent la véritable centrale à produire de l'innovation qu'ils sont encore au XXIe siècle. Pour parler du seul Thomas Edison, ce prince des inventeurs fut titulaire de plus de 1 000 brevets !

Tous les acteurs et tous les accessoires sont maintenant en place pour que se joue le grand spectacle du monde technologiquement avancé dans lequel nous vivons aujourd'hui. Née dans les années 1830, l'industrie chimique déversa ses teintures, ses engrais, et esquissa les matières synthétiques, nées au tournant du XXe siècle. Le gaz, puis l'électricité, répandirent leur lumière. Désormais, l'industrie et les laboratoires purent produire et inventer le jour comme la nuit. Télégraphe, téléphone, radio : les communications raccourcirent les distances. Au début du XXe siècle, là ou commence notre chapitre V, nombre de pays possédaient un réseau d'alimentation en électricité, des lignes téléphoniques, des routes, des voies de chemin de fer. La voiture automobile à essence – la première avait fait l'objet d'un brevet allemand en 1886 – commençait à s'imposer. De son côté, l'aéroplane, qui n'était pas encore un avion et encore moins un jet, s'apprêtait à conquérir le siècle. Le cinéma puis la télévision allaient révolutionner les loisirs et la pensée.

La guerre est un tremplin pour l'innovation. Du DDT à l'arme nucléaire, le second conflit mondial a enrichi pour le meilleur et pour le pire la panoplie humaine. C'est l'objet de notre chapitre VI. Il couvre aussi l'après-guerre, ces années d'optimisme où la foi en la science et la technologie fut à son apogée. La période vit aussi la concrétisation d'un vieux rêve, l'ordinateur numérique. Au début des années 1950, où commence le chapitre VII, le circuit intégré et le satellite artificiel font leur apparition. Enfin, le chapitre VIII – celui dans lequel nous vivons... – est marqué par le boom sans précédent des technologies médicales et de l'électronique grand public. Il s'ouvre sur l'aurore d'Internet, une technologie qui tend de plus en plus à se confondre avec nos modes de vie.

Compagnes fidèles, les inventions nous ont escortés et protégés tout au long de notre histoire. Elles ont défini le statut de notre espèce humaine, nous arrachant à une vie de chasseurs-cueilleurs pour nous ouvrir à un monde de plus en plus sophistiqué, où la sédentarité s'accompagne pourtant de choix multiples. L'univers du XXIe siècle fourmille de technologies. Complexes ou non, toutes enrichissent notre existence. Certes, l'invention, comme la langue de Socrate, peut s'avérer la meilleure ou la pire des choses. Car il arrive que le progrès tue, intentionnellement ou non. Et on connaît l'argument selon lequel les avancées techniques menacent notre survie, que ce soit en encourageant un développement démographique effréné ou en bousculant l'équilibre naturel de notre Terre.

Si la nécessité est la mère de l'invention, alors le talent en est le père. Et puisque le talent est une qualité aussi partagée que l'amour, la haine, la bonté et la défiance, ne doutons pas que les hommes continuent à imaginer de nouvelles inventions, et à améliorer celles que leurs prédécesseurs avaient créées. Pour le pire, parfois, mais souvent pour le meilleur.

Index des inventions

C

D

E

F

M

N

O

P

R

S

T

U

V

W

Z

de 2 600 000 av. J.-C. à 100 av. J.-C.

L'invention des premiers outils de pierre, voici plus de deux milliards d'années, marqua pour l'humanité la séparation définitive d'avec toutes les espèces présentes sur la planète. Après ce coup d'envoi, 1,2 million d'années furent nécessaires à nos ancêtres pour tirer profit des ressources qui s'offraient à eux, par le feu, par l'abri, par le vêtement. Désormais, la course était lancée. Les idées affluèrent, et les inventions formèrent la charpente de civilisations à part entière.

⇐ Autrefois, les guerriers utilisaient le métal et le feu pour forger leurs épées.

Les outils de pierre

(v. 2,6 millions d'années av. J.-C.)

Les premiers humains ouvrent l'ère des inventions.

Ce sont des morceaux de silex acérés, ramassés et utilisés tels quels, qui ont constitué la première invention humaine. Puis nos ancêtres ont travaillé les pierres pour les rendre tranchantes. Cette pratique remonte à l'aube de l'humanité : les outils découverts au Kenya en 1969 seraient vieux de 2,6 millions d'années.

Durant la première partie de l'âge de pierre sont apparus trois outils principaux : le galet aménagé, l'éclat et la lame. Le galet aménagé, le plus ancien, avait le volume d'un poing. On le frappait sur un côté à l'aide d'une deuxième pierre, le percuteur. Les coups détachaient des éclats, laissant subsister une arête coupante. L'instrument servait de marteau, de hachoir et de couteau. Par la suite, en taillant les pierres sur leurs deux côtés, on réalisa des outils plus fins et plus performants. Enfin, au cours des dix derniers millénaires de l'âge de pierre, de nouvelles techniques de fabrication des instruments se sont imposées, tels le polissage, le sciage et le perçage.

Avec l'évolution de ces outils, de plus en plus spécialisés, l'humanité a pu mener à bien de nombreuses tâches, jusqu'ici impossibles à accomplir, comme écorcher le gibier, le dépecer et découper sa viande. Les peaux d'animaux, nettoyées à l'aide de racloirs et, bien plus tard, percées au poinçon, devinrent des vêtements. Les pointes de flèche, taillées dans un éclat, augmentèrent l'efficacité de la chasse. Enfin, la première hache de pierre permit à l'homme de construire des abris et de modifier à sa guise le monde qui l'entourait. **MF**

« Les meilleurs matériaux… l'obsidienne (une forme naturelle du verre), le chert, le silex et la calcédoine. » Floyd Largent

VOIR ÉGALEMENT : FOYER AMÉNAGÉ, ABRI CONSTRUIT, VÊTEMENT, LANCE, HAMEÇON, PERÇOIR, LAME DE PIERRE TRANCHANTE

↖ *À l'âge de pierre, les humains ont entrepris de tailler les roches volcaniques dures pour en tirer des outils et des armes.*

Le foyer aménagé
(v. 1,42 million d'années av. J.-C.)

***Homo erectus* dompte la foudre.**

Le feu est un outil fondamental. En le maîtrisant, l'espèce humaine a pu s'engager sur le chemin de la civilisation. Ce furent sans doute les éclairs qui l'offrirent à nos ancêtres. Mais, avant que l'humanité ait mis au point d'autres moyens d'obtenir la flamme, bien des générations s'écoulèrent. On crut longtemps que le Sinanthrope de Pékin, qui vécut voici 500 000 ans, était le précurseur de l'utilisation du feu. Mais des fouilles pratiquées au Kenya (1981) et en Afrique du Sud (1988) ont révélé que la conquête remonte à près d'un million et demi d'années. Les premiers foyers étaient si difficiles à allumer qu'on ne les laissait jamais s'éteindre. Pour échapper à cette corvée, il fallut attendre la production d'étincelles, grâce au silex frappé contre un bloc de pyrite, ou par la friction de deux morceaux de bois sec.

« Cherche du bois que le feu a déjà léché. Il n'en sera que plus facile à allumer. »

Proverbe africain

Le feu permit aux premiers hommes de se tenir au chaud, de cuire leurs aliments, d'éloigner les prédateurs. Ils purent s'établir dans des régions froides, jusqu'ici impossibles à coloniser. Avec l'« incendie contrôlé », ils firent sortir de leurs caches le gibier – et les ennemis. Ils dégagèrent dans la forêt des pistes de circulation, créèrent des pâturages et des terres cultivables. Enfin, le feu rendit possible le travail du métal, de la fonderie à la forge, et autorisa l'humanité à se libérer des entraves de l'âge de pierre. **MF**

VOIR ÉGALEMENT : LAMPE À HUILE, BOUGIE, FOUR

L'abri construit
(v. 400 000 av. J.-C.)

***Homo Heidelbergensis* bâtit la première hutte.**

Le gîte humain construit a sans doute été inventé par *Homo heidelbergensis*, qui vécut en Europe de 800 000 à 200 000 ans av. J.-C. Fut-il l'ancêtre des Néandertaliens, d'*Homo sapiens*, ou des deux ? Les anthropologues hésitent.

Sur le site de Terra Amata (en Provence, près de Nice), dont le peuplement remonte à 400 000 ans, les archéologues croient avoir dégagé les fondations de vastes huttes ovales, dont l'une semble comporter les vestiges d'un foyer. Mais quand elle interprète des sites datant de presque un demi-million d'années, la science devient conjecturale. Les traces d'habitations découvertes au Japon, qu'on croyait vieilles de 500 000 ans, ont été disqualifiées. De fait, le peuplement de l'archipel nippon ne serait pas antérieur à 35 000 ans av. J.-C.

« Après l'agriculture, l'abri est le bien le plus nécessaire à l'homme. On doit manger, il faut s'abriter. »

Philip Johnson, architecte

Que nos ancêtres aient habité des cavernes durant des centaines de milliers d'années, nous le savons. Mais les cavernes ne se rencontrent pas partout. Lorsqu'ils ont entrepris leurs premières constructions voici 100 000 ou 400 000 ans, ce fut de toute façon dans des endroits choisis pour leur richesse en eau, en gibier, en végétaux utiles, *etc.* L'abri les protégeait des éléments et des prédateurs. Installés près de leur lieu d'activité, ils eurent désormais le loisir de se livrer à des expérimentations. Ils prirent le temps d'inventer. **ES**

VOIR ÉGALEMENT : BRIQUE CRUE, FORT, TORCHIS SUR CLAYONNAGE, BRIQUE CUITE, PLÂTRE

Le vêtement (v. 400 000 av. J.-C.)

Les premiers humains couvrent leur nudité.

Voici 400 000 ans, *Homo sapiens* découvrit comment protéger des menaces de l'environnement son corps si vulnérable : il inventa le vêtement. Selon les anthropologues, l'homme se servit d'abord de la fourrure de bêtes chassées, ou de feuilles disposées avec art, faisant rempart contre le froid, le vent et la pluie.

Malgré la découverte d'aiguilles à coudre taillées dans des os d'animaux, vieilles de 30 000 ans, la datation du vêtement est délicate. Pourtant, l'analyse génétique des poux spécifiques à l'homme montre que ces parasites ont évolué avec l'apparition du vêtement. Les chercheurs dataient le moment de cette évolution vers 105 000 ans av. J.-C. ; leurs derniers travaux ont fait reculer ce seuil de quelques centaines de milliers d'années.

« L'habit fait l'homme. Un être nu n'exerce aucune influence dans la société. »

Mark Twain, *More Maxims of Mark* (1927)

Au fil du temps, le vêtement a connu des changements considérables, mais son rôle symbolique ne s'est jamais démenti. Il indique encore la richesse, le rang, la culture de celui qui le porte. Durant la révolution industrielle, la production textile fut la première à bénéficier de la mécanisation. Aujourd'hui, des vêtements spécialisés nous protègent des menaces chimiques, des insectes et nous permettent d'affronter des conditions physiques extrêmes. Comment, sans le vêtement, aurions-nous pu explorer notre monde des pôles à l'équateur, et des profondeurs de l'océan au vide de l'espace ? **FS**

VOIR ÉGALEMENT : COUTURE, CHAUSSURE, BOUTON, CASQUE, BOUCLE, SPINNING JENNY, ÉTOFFE TISSÉE

La lance (v. 400 000 av. J.-C.)

L'homme utilise un bâton pointu comme arme.

L'exemple le plus ancien de perche taillée en pointe nous vient de Schöningen, en Allemagne. Huit de ces armes y furent trouvées, datant de 400 000 ans av. J.-C. Leurs fabricants les avaient aiguisées à l'aide d'un silex tranchant, avant de durcir leur pointe au feu pour les rendre plus efficaces. Des chasseurs de Lehringen, toujours en Allemagne, avaient utilisé la même technique : l'une de leurs lances primitives fut retrouvée dans le squelette d'un mammouth, suggérant un usage davantage tourné vers la chasse que vers la guerre. Que des hommes se soient lancés à l'assaut d'un mastodonte, armés de cette arme dérisoire illustre bien leur besoin de nourriture… même si le rôle de la lance se limitait sans doute à menacer le gibier pour le diriger vers un piège ou une fosse.

Vers 60 000 av. J.-C., les Néandertaliens établis dans des cavernes et des camps de chasse du Sud-Ouest de la France aiguisaient des éclats de silex et les fixaient dans la pointe fendue de leurs lances. Les chasseurs du Sahara recouraient à la même technique, tandis que les Amérindiens utilisaient l'obsidienne, une forme volcanique du verre. Tout autour du monde, les humains de l'âge de pierre apprirent comment tailler de petits éclats de pierre, les microlithes, et comment en renforcer leurs lances de bois. La plus grande percée vint avec la métallurgie, principalement celle du cuivre, qui fleurit en Europe au Ve millénaire av. J.-C. Le bronze (alliage de cuivre et d'étain) apparut deux millénaires plus tard, suivi du fer. Ces nouvelles technologies offrirent aux chasseurs et aux guerriers des pointes de lance acérées, résistantes et efficaces. **SA**

VOIR ÉGALEMENT : OUTILS DE PIERRE, LAME DE PIERRE TRANCHANTE, MÉTALLURGIE, PROPULSEUR, ARC ET FLÈCHE

→ *Guerrier hittite armé d'une lance (bas-relief du Xe siècle av. J.-C., ville de Carchemish, frontière syro-turque).*

L'hameçon (v. 35000 av. J.-C.)

Nos ancêtres inventent la pêche à la ligne.

Le premier problème, dans la datation d'une invention antérieure à l'écriture, est bien sûr l'absence de compte-rendu documentant sa mise au point et son utilisation. Pour y parvenir, les paléoanthropologues ne disposent que de bribes d'objets et d'outils abandonnés par nos lointains ancêtres. L'hameçon est l'une de ces inventions ingénieuses nées à l'aurore de l'humanité. Son importance dans le succès de notre espèce est sans doute plus grande qu'il y paraît.

Les hameçons les plus anciens découverts jusqu'à présent datent de 35 000 ans av. J.-C. Ils sont faits de matériaux organiques (os, coquillage, corne, bois). Munis d'un appât, ils permirent à l'homme préhistorique d'accéder à une vaste source, jusqu'ici inaccessible, d'énergie, de protéines et de graisses, sans compter un apport d'acides gras excellents pour la santé.

En quelques milliers d'années, la technologie de l'hameçon s'est perfectionnée pour mieux attirer la proie potentielle, lui interdire de s'échapper et faciliter sa récupération. Les tout premiers hameçons étaient sans doute faits de bois, un matériau plus périssable que l'os ou la coquille de mollusque, si bien que peu d'exemplaires nous sont parvenus. Plus léger que l'eau, le bois tend à flotter et paraît donc peu adapté à la fabrication d'un hameçon ; mais, jusque dans les années 1960, de tels instruments étaient utilisés pour pêcher la lotte.

La survie de l'homme des premiers âges a dépendu de sa capacité à profiter de ressources alimentaires adaptées. Pêcher dans des eaux poissonneuses n'exige que peu de temps et d'énergie. Nos ancêtres purent ainsi s'adonner à d'autres activités et donc prospérer. **JB**

« Le poisson voit l'appât et non l'hameçon. »

Proverbe chinois

Comme les hameçons, ces harpons préhistoriques possèdent une barbe qui interdit à la proie de s'en débarrasser.

Pêche avec des hameçons lestés (bas-relief de la pyramide de Téti, Égypte, VIe dynastie, 2325-2375 av. J.-C.).

VOIR ÉGALEMENT : OUTILS DE PIERRE, LAME DE PIERRE TRANCHANTE, PÊCHE AU CHALUT, HARPON MODERNE

Le bâton de comptage

(v. 35000 av. J.-C.)

L'arithmétique fait ses débuts au Swaziland.

De bois, d'ivoire, d'os ou de pierre, le bâton de comptage permet, en y pratiquant des encoches, de consigner nombres et messages. Ces objets abondent dans toute l'histoire humaine. L'os de Lebombo en est, pour l'instant, le doyen. Découvert dans les montagnes du Swaziland, ce péroné de babouin est vieux de 35 000 ans. Ses encoches suggèrent qu'il servait à compter les phases de la lune et dénotent une connaissance déjà élaborée des mathématiques.

Les bâtons de taille furent le premier instrument de comptage de l'Europe médiévale, où l'illettrisme dominait. Au XIIe siècle, Henri Ier, souverain d'Angleterre, créa l'Échiquier à qui incombaient le calcul et la perception de l'impôt. Pour garder la trace des sommes dues et acquittées, l'administration royale recourait à des bâtons de taille, en noisetier équarri. Une encoche de la largeur de la paume représentait mille livres; d'un pouce, cent livres; d'un auriculaire, dix livres et d'un grain d'orge, une livre. Un trait de lame valait pour un shilling. Les encoches couvraient une face du bâton carré. Celui-ci était alors fendu dans sa longueur. Comme chaque moitié portait les mêmes marques, la contrefaçon devenait impossible. Les deux segments n'avaient pas la même largeur. Le plus épais revenait au payeur. Le plus mince, à celui qui percevait le paiement, en bon argent ou en nature. **RP**

> *« … à l'aide de bouts de bois pourris, usés, mangés aux vers… quelle façon sauvage de faire ses comptes… »* Charles Dickens

VOIR ÉGALEMENT : BOULIER, CALCULATRICE MÉCANIQUE, CALCULATRICE DE POCHE, ORDINATEUR NUMÉRIQUE

Le perçoir

(v. 35000 av. J.-C.)

Les hommes apprennent à forer des trous.

Sans doute nos ancêtres utilisaient-ils la pointe modifiée d'une lance pour percer le bois et le cuir. Bien plus tard, les charpentiers de l'Égypte pharaonique raffinèrent la technique, en recourant à l'archet. La corde d'un petit arc était entourée autour de la mèche. L'artisan appliquait celle-ci sur l'endroit à percer et faisait pression sur son extrémité opposée. Il lui suffisait alors de faire aller et venir l'arc pour animer l'outil d'un mouvement de rotation. Des interventions dentaires, pratiquées de la sorte, sont attestées dès le IXe millénaire av. J.-C. Les Romains remplacèrent l'archet par la tarière, sorte de grosse vrille, mais il fallut attendre le Moyen Âge et le vilebrequin pour que la mèche puisse effectuer un mouvement circulaire ininterrompu.

Au fil du temps, des outils divers, correspondant à de multiples besoins, se sont développés. Chacun de ces engins peut pratiquer un petit trou dans le bois ou la brique, mais il faut de puissantes machines pour percer le métal ou la maçonnerie au diamètre d'un tuyau. Les perceuses modernes comportent un mandrin dont les mâchoires immobilisent les mèches ou des accessoires simples. Sur les plus élaborées, le mandrin se dévisse et laisse place à des outils spécifiques, ponceuse, brosse métallique, meule, scie circulaire.

Le bout d'une mèche présente un profil conique et comporte des bords tranchants. Son corps est composé d'acier trempé à haute teneur en carbone. L'angle formé par les bords coupants détermine quel volume de matière est enlevé à chaque tour. Les cannelures hélicoïdales, visibles sur le corps de la mèche, déterminent également sa puissance de coupe et de rejet des copeaux. **MF**

VOIR ÉGALEMENT : SEMOIR, FORET HÉLICOÏDAL, PERCEUSE ÉLECTRIQUE, VILEBREQUIN

La lame de pierre tranchante (v. 30000 av. J.-C.)

Les hommes de l'âge de pierre améliorent leurs outils et leurs armes.

Voici plus de deux millions d'années, l'utilisation d'outils d'origine minérale donna le coup d'envoi de ce que nous nommons l'âge de pierre, et marqua le vrai début de l'humanité. Si les techniques ne cessèrent de progresser, c'est au Paléolithique supérieur, 30 000 ans av. J.-C., que débuta leur âge d'or.

Nos ancêtres découvrirent comment frapper un bloc de pierre dure, le nucleus, à l'aide d'un outil de pierre, d'os ou de corne, le percuteur, afin d'en détacher un morceau de la taille, de la forme et de l'épaisseur convenant à la fabrication d'un outil particulier : racloir, faucille, couteau, pointe de flèche ou de lance. À mesure qu'on en tirait des éclats, le volume du nucleus se réduisait, d'où l'expression de « réduction lithique ». Selon leur disponibilité et leurs caractéristiques, plusieurs types de pierres pouvaient être utilisés, mais le plus populaire a toujours été le silex.

À la fin du dernier âge de glace, voici dix millénaires, apparurent des outils de pierre à usages multiples, de plus en plus sophistiqués. Voici 2,6 millions d'années, un artisan parvenait à tirer d'un kilo de silex environ 10 cm de tranchant. En travaillant des lames très fines, ses descendants du Paléolithique supérieur obtenaient à partir d'un kilo de silex 20 m de tranchant ! Ces outils améliorèrent les instruments agricoles de bois, et renforcèrent l'efficacité des armes de chasse, flèches ou lances. Aujourd'hui, de part et d'autre de l'Atlantique, des artisans ont retrouvé les gestes de cet art et le perpétuent, comme Bert Mathews dans le Michigan. En Dordogne, son confrère Bernard Ginelli travaille même pour le CNRS. **RBd**

« Quels que soient notre héritage et nos ancêtres, nous descendons tous de tailleurs de pierre. »

Bert Matthews, coutelier sur silex

VOIR ÉGALEMENT : OUTILS DE PIERRE, LANCE, ARC ET FLÈCHE, CISEAU

Tenue au creux de la paume, cette hache à main égyptienne date de 9 000 à 2 700 ans av. J.-C.

La couture
(v. 25000 av. J.-C.)

Grâce au fil et à l'aiguille, le vêtement s'ajuste.

L'histoire de la couture est liée à celle de l'outil. Trouvées en France et près de Moscou, les aiguilles les plus anciennes qui nous soient parvenues datent de la fin du Paléolithique. Taillées dans l'os ou l'ivoire, elles étaient percées d'un chas. Près de certaines, on a identifié les restes de lièvres ou de renards, dont elles avaient cousu la fourrure.

Grâce à la couture, nos ancêtres purent ajuster le vêtement à leur morphologie, améliorant son confort, ses qualités d'isolation et autorisant de nouvelles ornementations. Des morceaux d'étoffe retrouvés en France et en Suisse ont été décorés de graines et de dents cousues au fil, peut-être mises en place à l'aide d'une arête de poisson ou d'une épine. Apparues à l'âge de bronze (2000 à 800 av. J.-C.), les aiguilles métalliques se composaient à l'origine de segments de fil soudés. On en a retrouvé aussi en Afrique du Nord et en Chine, où l'acier fit son apparition. La première boutonnière cousue date de 4200 av. J.-C.

C'est à l'âge de bronze que la broderie fait son entrée en Égypte et en Inde. Quant au dé à coudre, il date des Romains. La fameuse tapisserie de Bayeux, qui dépeint l'invasion de l'Angleterre par les Normands au XIe siècle, est un bel exemple de point de tige, où le fil prend un effet torsadé et permet de remplir des surfaces. Au moins quatre types de points de broderie ont été utilisés pour cette tapisserie. Au XVIe siècle, apparut la production textile industrielle avec la machine à tricoter les bas de William Lee, ancêtre du métier à tisser mécanique. Quant à la couture à la main, l'arrivée vers 1830 de la machine à coudre la métamorphosa. **AC**

VOIR ÉGALEMENT : VÊTEMENT, CHAUSSURE, ÉTOFFE TISSÉE, MACHINE À COUDRE

Le propulseur
(v. 23000 av. J.-C.)

L'homme multiplie la portée de ses javelots.

Vers 1500, lorsque les conquistadors rencontrèrent les Aztèques, ils furent horrifiés de la vulnérabilité de leurs armures face aux javelots de ces adversaires. Les Aztèques utilisaient le propulseur, un instrument simplissime dont l'homme se servait depuis plus de 20 000 ans pour la chasse à distance.

Cette arme se compose d'un javelot long de 1,80 m dont l'arrière comporte une encoche. Celle-ci vient épouser la protubérance pratiquée sur la partie postérieure du propulseur proprement dit. Il s'agit d'une planche de 0,60 m de long, munie d'une poignée à l'avant. Le propulseur agit comme un levier : il prolonge le bras et imprime au projectile une vitesse accrue.

« Avec le propulseur, "passer à la boucherie" est devenu un jeu d'enfant pour nos ancêtres. »

Robert Perkins, paléotechnologue

En outre, durant le lancer, le javelot souple subit un effet de flexion, emmagasinant l'énergie d'autant plus facilement que sa pointe de pierre est pesante, et qu'un contrepoids supplémentaire facilite le phénomène.

Au moment du jet, le javelot se détend comme un ressort, et cette énergie s'ajoute à celle du bras du lanceur, si bien que le projectile dépasse largement 150 km/h. À la chasse, l'engin s'avérait si efficace que certains chercheurs lui imputent l'extinction du mammouth laineux d'Amérique du Nord. Vingt-cinq mille ans après son invention, il fait encore les beaux jours de sportifs enthousiastes. **LW**

VOIR ÉGALEMENT : OUTILS DE PIERRE, LANCE, ARC ET FLÈCHE, BOOMERANG, ARBALÈTE, CATAPULTE

L'arc et la flèche (v. 20000 av. J.-C.)

Les cibles lointaines deviennent vulnérables.

En Europe et en Afrique du Nord, les peintures des cavernes attestent l'utilisation ancienne de l'arc. Il date sans doute du Paléolithique supérieur. Les humains comprirent vite qu'il leur permettrait de tuer bien plus loin que la portée de leurs lances et de leurs pierres ne le permettait.

Léger et facile à fabriquer, l'arc se composait d'un tronçon de bois, frêne, acajou ou if, que l'on courbait et qu'une longueur de tendon, de boyau, de fibre végétale ou de cuir noué à ses deux bouts maintenait en tension. Parfois, la corde était vrillée pour la renforcer.

La flèche était un tronçon de bois très mince, taillé en pointe à une extrémité et dont l'autre portait un empennage pour stabiliser son vol. Certaines étaient munies à l'avant d'une pointe de silex (ou de toute autre roche dure), d'os, ou de bois de cervidé.

L'arc fut le premier dispositif capable d'emmagasiner l'énergie : lorsque l'archer le bande, la force de ses muscles se transfère graduellement à l'arme. Et lorsqu'il décoche, sa flèche atteint une vitesse bien plus grande que celle d'un javelot lancé par un athlète. Vers 1500 av. J.-C., cette invention évolua et devint l'arc composite. Petit et léger, de forme plus courbe, il se composait de plusieurs couches de matériaux variés réagissant différemment à la tension et à la compression. Sa taille en faisait une arme idéale pour les cavaliers.

L'arc moderne emploie la fibre de verre ou de carbone, l'aluminium – et toujours le bois, tandis que la majorité des flèches sont faites de matériaux composites. **MF**

VOIR ÉGALEMENT : OUTILS DE PIERRE, LANCE, MENUISERIE, PROPULSEUR, FRONDE, ARBALÈTE, CATAPULTE

↗ *Archers (bas-relief du temple mortuaire de Ramsès III, XXe dynastie, 1184-1153 av. J.-C.).*

« Ses flèches sont aiguës, tous ses arcs tendus, les sabots de ses chevaux ressemblent à des silex… »

Isaïe, V, 28

Le boomerang
(v. 18000 av. J.-C.)

Enfin une arme facile à récupérer...

Le plus ancien boomerang a été découvert dans une caverne des Carpates, en Pologne méridionale. Il date sans doute de 18000 av. J.-C. Plus récentes (v. 6000 av. J.-C.), des peintures pariétales d'Afrique du Nord illustrent le lancer d'objets de bois profilés. De tels projectiles peuvent être indifféremment des « massues de jet », dont l'efficacité se concentre à une extrémité, des « bâtons de jet », tronçons de bois dur aiguisé qui tournoient jusqu'à leur cible, ou encore des boomerangs, extrapolation des deux armes précédentes, mais dont la forme complexe leur permet de revenir vers le lanceur.

En Europe, le lancer de hache aurait été pratiqué par certaines tribus. En Égypte, les pharaons sont représentés à la chasse aux oiseaux, s'apprêtant à lancer vers le gibier des pièces de bois incurvées. Ce type d'arme s'est répandu dans toute l'Afrique du Nord, du Nil à l'Atlantique.

On associe le boomerang aux Aborigènes d'Australie. Selon son lieu d'origine et sa destination, il a des formes et des tailles variées, car outre sa fonction de chasse, l'engin a servi d'instrument de musique, de bâton de combat et de jouet. Le plus identifiable est le boomerang « à retour ». Il présente un profil aérodynamique très élaboré, destiné à rendre sa trajectoire moins imprévisible. Car un boomerang à retour est un engin aéronautique complexe, à qui son tournoiement rapide imprime un vol courbe et non rectiligne.

Certains boomerangs ne reviennent pas. D'autres n'étaient même jamais lancés, mais servaient d'arme de poing durant les combats singuliers. **MF**

VOIR ÉGALEMENT : OUTILS DE PIERRE, LAME DE PIERRE TRANCHANTE, PROPULSEUR

⇐ *Un boomerang (peinture aborigène sur la grande paroi de la Carnavon Gorge, Australie).*

La corde torsadée
(v. 17000 av. J.-C.)

La fibre tordue devient indispensable.

La corde est l'un des plus vieux instruments du monde. Elle est toujours utilisée et il paraît peu probable qu'elle soit remplacée avant des années. Traditionnellement composée de chanvre, de jute, de fibre de coco, elle recourt désormais aux matériaux modernes, fibres synthétiques et même acier. La corde se compose d'un ensemble de fibres torsadées, structure qui lui confère souplesse, force et une excellente résistance à la tension. L'exemple le plus ancien d'une corde a été découvert dans les grottes de Lascaux, en France, et date de 17 000 ans av. J.-C. La corde a toujours servi à attacher et à transporter le gibier : c'est l'un des premiers instruments du chasseur.

« Si l'on te promet une vache, cours vite chercher la corde. »

Proverbe français

Avant que les machines ne puissent produire des cordes de grande longueur telles qu'en réclamait la marine à voile, le torsadage des fibres s'effectuait manuellement. Il s'agissait d'une tâche ardue. Les Égyptiens furent les premiers à réaliser des instruments pour faciliter ce travail. Ils utilisaient les cordes pour déplacer les énormes pierres de leurs constructions. Plus tard, les machines permettant la fabrication d'importants métrages de cordes trouvèrent place dans des bâtiments spécifiques, les corderies. Elles pouvaient mesurer jusqu'à 400 m : c'est le cas de la corderie bâtie dans le chantier naval de Chatham, en Angleterre. Elle est toujours en activité depuis sa construction, en 1720. **JG**

VOIR ÉGALEMENT : VOILES, NYLON, ÉTOFFE TISSÉE

Le calendrier lunaire
(v. 15000 av. J.-C.)

Nos ancêtres mesurent le passage du temps.

Le calendrier lunaire le plus ancien que nous connaissons se trouve à Lascaux, en France. Diverses séries de taches peintes représentent la moitié du cycle lunaire, long de 29,53 jours. Les taches sont suivies d'un carré vide, qui symbolise peut-être la nuit sans lune.

Un calendrier lunaire se fonde sur les phases de la lune pour compter les mois. Ceux-ci sont d'une durée de 29 et de 30 jours, alternativement. L'ajout de jours permet d'éviter le déphasage du cycle lunaire et du calendrier.

Dans la majeure partie du monde ancien, le calendrier lunaire avait une utilisation religieuse. Pour le monde agricole, il ne peut servir à grand-chose, car il ne tient pas compte des variations de températures saisonnières, de la durée du jour, de la croissance des plantes, des migrations ou de l'accouplement des animaux. Si l'on intègre dix mois lunaires dans une année solaire, le reliquat s'élève à 10,88 jours.

« Un jour pousse un autre jour, et chaque nouvelle lune se hâte vers sa mort... »

Horace, *Odes*, Livre II

Méton d'Athènes, au Vᵉ siècle av. J.-C., remarqua que 19 années solaires égalaient 234,99 mois lunaires. Il établit le cycle métonique de 19 ans : les années 3, 5, 8, 11, 13, 16 et 19 comportaient treize mois lunaires, les autres n'en comptaient que douze. **DH**

VOIR ÉGALEMENT : CLEPSYDRE, HORLOGE D'ÉDIFICE, CALENDRIER GRÉGORIEN, FUSEAUX HORAIRES

Au-dessus de l'image d'un taureau, un calendrier lunaire est visible (grottes de Lascaux, France).

Le breuvage alcoolisé
(v. 10000 av. J.-C.)

Apparition d'une nouvelle boisson.

La fermentation accidentelle d'un mélange d'eau et de fruits abandonné au soleil a sans doute permis à un peuple préhistorique de découvrir la boisson alcoolisée. Les preuves de la fermentation de la bière sont visibles dès le Néolithique : on a retrouvé des jarres datant de 10 000 ans av. J.-C. D'autres récipients du même type ont été exhumés en Afrique et en Asie.

Partie intégrante de nombre de cultures, ces boissons ont accompagné les repas, les fêtes profanes et aussi les cérémonies religieuses. L'alcool est un désinhibant de premier ordre.

Pour les puissants, consommer de l'alcool devint un signe de statut. Au Moyen Âge débuta la distillation des eaux-de-vie. Ces boissons vinrent souvent remplacer l'eau, lorsque celle-ci était trop polluée pour être bue. Au XVIIIᵉ siècle, la bière et le vin domestiques furent remplacés par des boissons commerciales, qui devinrent un élément clé de l'économie européenne.

Si la bière fut le premier breuvage alcoolisé, nombre d'autres ont suivi. Les Chinois sirotent sans doute leur vin jaune – en fait, un alcool de riz – depuis quatre millénaires. En Europe, les monastères possédaient les meilleurs vignobles. Le vin pétillant produit par les moines de Champagne acquit une telle réputation qu'il prit le nom de sa région de production. Le brandy, ou brandevin (« vin brûlé » en néerlandais) fut, dit-on, découvert accidentellement par un armateur : pour réduire le poids de ses cargaisons, il essaya de bouillir du vin afin d'en extraire l'eau.

Au gré du temps et des lieux, l'attitude face à la consommation d'alcool a varié. Certains États la limitent à quelques heures. Elle fut même totalement interdite aux États-Unis de 1920 à 1933, durant la fameuse prohibition. **MF**

VOIR ÉGALEMENT : POTERIE, VERRE, DISTILLATION, MESURES NORMALISÉES

La poterie (v. 10000 av. J.-C.)

Les chasseurs-cueilleurs nippons créent les premiers pots de céramique.

Comme souvent pour toute invention ancienne, nous ignorons le nom de l'auteur de la céramique. Le premier potier n'a pas apposé sa signature sous son œuvre, en manière de copyright. On a longtemps supposé que cet illustre inconnu avait vécu au Proche-Orient. Dans les années 1960, ce fut donc un choc dans le monde des archéologues lorsque l'on découvrit des céramiques vieilles de 12 000 ans sur l'île de Kyushu, au Japon. Ces récipients, enfouis dans des cavernes, étaient l'œuvre non de citadins ni de fermiers, mais de chasseurs-cueilleurs nomades. Plus important, l'argile en avait été durcie par une cuisson ou une exposition au feu. Le processus révélait chez ses utilisateurs de vraies connaissances technologiques.

Les poteries japonaises sont antérieures d'un millénaire à leurs homologues du Proche-Orient. Ces dernières, découvertes en Iran, avaient été simplement laissées au soleil afin de gagner en dureté – une technique bien plus primitive que la cuisson.

Les poteries japonaises s'évasent doucement à partir d'une base circulaire et jusqu'à un bord arrondi, orné d'incisions. On les nomme « Jomon naissant » pour les distinguer des poteries Jomon (« décor de cordelettes » en japonais) qui se développèrent dans l'archipel nippon à partir de 9 000 ans av. J.-C., et que les artisans dotaient d'un fond pointu, comme les amphores grecques. On les réalisait en empilant et en collant les uns sur les autres des boudins d'argile. Les motifs ornant ces œuvres étaient parfois complexes, ce qui suggère une utilisation rituelle ou funéraire, plutôt qu'un usage quotidien lié à la cuisine et au stockage. **SA**

« Des vases, des tessons… L'alphabet commun à tous les archéologues de la terre. »

Sir William Flinders Petrie, archéologue

VOIR ÉGALEMENT : FOYER AMÉNAGÉ, FOUR, GRENIER, BRIQUE CRUE, BRIQUE CUITE, HAUT-FOURNEAU

↖ *Jarre de céramique incisée datant de la culture japonaise Jomon, v. 9000 av. J.-C.*

La lampe à huile (v. 10000 av. J.-C.)

Un peu de graisse enflammée bannit la nuit à tout jamais.

L'humble lampe, à huile ou à pétrole, ne sert guère de nos jours que lors des pannes de courant. Mais durant des milliers d'années, ses devancières ont fait reculer les ténèbres, sans oublier leur rôle symbolique, religieux ou festif.

On estime que les premiers modèles, très grossiers, virent le jour 80 000 ans av. J.-C. Une lampe est un récipient contenant un liquide inflammable, muni d'une mèche à combustion lente conçue pour absorber le combustible. Les premiers hommes utilisaient des pierres ou des coquillages creux emplis de graisse animale. Un peu de mousse ou de lichen tenait lieu de mèche.

La première lampe digne de ce nom apparaît avec l'agriculture, vers 10 000 av. J.-C. Avec la plantation d'oléagineux, comme l'olivier, le combustible était tout trouvé. Outre la lumière qu'elles dispensaient, les lampes devinrent d'importants symboles utilisés lors des rituels – la Bible et le Coran y font maintes références.

Avec les Romains, la lampe à huile passa au stade de la production de masse (un stock tout neuf a été découvert dans les ruines de Pompéi, détruite par une éruption volcanique en 79 apr. J.-C.). Au Moyen Âge, la chandelle devint populaire, mais sa flamme n'égala jamais la brillance de la lampe à huile. Néanmoins, la révolution industrielle du XVIIIe siècle créa les conditions de l'innovation. En 1780, le savant Aimé Argand mit au point une lampe à carcasse métallique, donnant une flamme vive et exempte de fumée, mais l'éclairage électrique rangea dans les placards de l'histoire une invention aussi vieille que la civilisation. **SR**

« J'ai donné une huile lumineuse pour éclairer les lampes de tes temples. »

Inscription de Nesuhor, Égypte (589-570 av. J.-C.)

VOIR ÉGALEMENT : FOYER AMÉNAGÉ, BOUGIE, ÉCLAIRAGE AU GAZ, AMPOULE À INCANDESCENCE, LAMPE D'ARGAND, LAMPE À LAVE

↗ *Lampe à huile découverte dans le port d'Alexandrie, en Égypte (civilisation romaine, Ier siècle apr. J.-C.).*

La fronde (v. 10000 av. J.-C.)

La pierre gagne en puissance mortelle.

La fronde est une arme vieille d'au moins dix millénaires. Les plus anciennes ont été exhumées de la tombe de Toutankhamon (1345-1327 av. J.-C.). D'autres sont citées dans la Bible, au premier chef celle de David, le vainqueur du géant Goliath.

La fronde permet de lancer un projectile à plusieurs fois la distance obtenue à l'aide du seul bras. Elle se compose d'une bourse et de deux cordelettes. Ayant placé une pierre dans la bourse, le lanceur empoigne les lanières et anime l'ensemble d'un rapide mouvement de rotation. Lorsqu'il relâche l'une des cordelettes, la pierre est projetée au loin.

Économique, légère, d'utilisation facile, la fronde connut un grand succès, d'autant que les munitions jonchaient le sol. Elle conquit la presque totalité du monde ancien, à l'exception de l'Australie, fidèle au javelot. Armé d'une bonne fronde, un expert projette sa pierre à 600 m, soit une portée supérieure à celle d'un arc moyen, même si ce dernier offre une meilleure précision. Si la pierre demeura la munition de base de la fronde, Grecs et Romain lui adjoignirent la balle de plomb, très destructrice. Il fallut le Moyen Âge pour que la fronde s'efface devant des armes plus sophistiquées. **RBd**

« Ainsi David tua Goliath avec la fronde et la pierre. Il n'y avait pas d'épée entre les mains de David. »

Samuel, XVII, 50

VOIR ÉGALEMENT : LANCE, PROPULSEUR, CATAPULTE

Soldats assyriens donnant l'assaut armés de frondes (bas-relief, palais de Sennacherib, Irak, 650 av. J.-C.).

Le grenier (v. 9500 av. J.-C.)

La meilleure méthode pour stocker les céréales.

Le premier grenier construit par l'homme a été découvert sur un plateau aride proche de la mer Morte, en Israël. La structure, un cube de 3 m d'arête, était enfouie à 50 cm sous le sol.

C'est la taille réduite de la construction qui a alerté les chercheurs ainsi que ses deux niveaux, particularité jamais vue sur un bâtiment de l'époque. Et surtout, le grenier se trouve sur les emprises de l'une des premières communautés agricoles de la préhistoire, fondée alors que les hommes venaient juste d'adopter l'habitat fixe. Autrement dit, ce grenier est le jalon de la transition historique qui vit les chasseurs-cueilleurs nomades se transformer en fermiers sédentaires.

Le grenier permettait aux hommes de stocker du blé, de l'orge, des noix et tout autre aliment récolté en été. La réserve assurait leur subsistance durant les mois d'hiver et leur permettait même de traverser la saison chaude suivante, si celle-ci s'avérait peu productive. Avec cet approvisionnement assurant une consommation régulière, la population put croître, hâtant par conséquence les progrès techniques, en premier lieu dans le domaine agricole.

Ce développement eut bien sûr des conséquences négatives. Ainsi, les premiers fermiers concentrèrent-ils leurs efforts sur un nombre réduit de variétés de céréales – s'imposant un régime alimentaire moins équilibré que celui de leurs ancêtres. Les agriculteurs de la mer Morte se limitaient sans doute à arroser leur blé et à en arracher les mauvaises herbes. Ils bénéficiaient d'un climat favorable : à l'époque, le plateau qu'ils cultivaient était bien plus humide qu'aujourd'hui. Ils purent à terme faire prospérer une grande variété de céréales, bien plus diversifiée que celle dont disposent, 11 500 ans plus tard, les fermiers qui ont pris leur place. **SA**

VOIR ÉGALEMENT : ABRI CONSTRUIT, BÂTON DE COMPTAGE, POTERIE, IRRIGATION, ARAIRE

La métallurgie
(v. 8700 av. J.-C.)

Les Mésopotamiens façonnent le métal.

L'utilisation du métal pour fabriquer des outils, des armes et des bijoux a été un grand jalon de l'aventure humaine. Les métaux façonnés sont désormais partout, de la cuisine aux robots industriels. Même la fibre de carbone est redevable au métal, présent dans les machines qui la produisent.

L'histoire d'amour des hommes et des métaux a débuté vers 8700 av. J.-C. Il nous reste de cette période un pendentif de cuivre découvert au Nord de l'Irak. La fusion du minerai de cuivre date sans doute de 5000 av. J.-C. Un millénaire plus tard débutait l'utilisation de l'or et celle de la combinaison cuivre-arsenic : elle donna le bronze arsenical, le premier alliage de l'histoire. Plus dur que le cuivre pur, il exigea hélas un lourd tribut humain. Signe révélateur : à l'époque, les dieux-forgerons étaient décrits comme invalides, sans doute à cause de leur exposition prolongée à ce métal empoisonné.

« Les armes de fer ont révolutionné la guerre et les instruments de fer, l'agriculture. »

Alan W. Cramb, professeur en ingénierie

Aux environs de 3500 av. J.-C., le cuivre et l'étain furent combinés pour obtenir le bronze. Le commerce répandit cette innovation, et l'on se mit à produire des armes, des cuirasses, des ornements et des outils à base de cet alliage. L'appauvrissement des ressources en étain marqua la fin de l'âge de bronze. Le fer – et son âge – lui succédèrent. Quelques siècles plus tard, on commença à ajouter du carbone au fer pour produire de l'acier. **LW**

VOIR ÉGALEMENT : FOYER AMÉNAGÉ, LANCE, CISEAU, CASQUE, BRASAGE ET SOUDURE, COTTE DE MAILLES

La pirogue creusée
(v. 7500 av. J.-C.)

Un tronc évidé devient le premier bateau.

Voici 7 500 ans av. J.-C., nos ancêtres éprouvèrent le besoin de se déplacer sur l'eau. Malheureusement, la plupart des matériaux requis pour la construction de bateaux appartenaient encore à leur futur. Ils réglèrent le problème avec les moyens technologiques simples dont ils disposaient.

La pirogue creusée se ramène à un tronc évidé. Pour la fabriquer, il suffit d'abattre un arbre et d'en enlever l'intérieur. La seule exigence est que le tronc en question soit assez large pour qu'une fois creusé un homme puisse s'y asseoir avec une liberté de mouvement suffisante. Le bois devait être exempt de pourriture. Tout arbre répondant à ces deux exigences devenait une pirogue potentielle. Comme ces embarcations virent le jour avant l'invention des outils de métal, on utilisa pour les creuser un feu contrôlé, et une hachette de pierre dont le tranchant était perpendiculaire au manche – appelée herminette – afin de détacher le bois carbonisé.

« Les Grecs appelaient les pirogues creusées monoxylon, ce qui signifie "arbre unique". »

John Crandall, *Canoës creusés*

Plus tard, pour diminuer la résistance de l'eau, on amincit la proue et la poupe.

On a exhumé des pirogues creusées en divers points d'Europe du Nord. Auparavant, pour se déplacer sur l'eau, il fallait nager ou s'accrocher à du bois flotté. **CL**

VOIR ÉGALEMENT : FOYER AMÉNAGÉ, HAMEÇON, AVIRON, VOILES, GOUVERNAIL, BATEAU À VAPEUR

Le ciseau (v. 7500 av. J.-C.)

Cet outil tranchant s'impose dans la construction.

Le premier ciseau – instrument dont la partie coupante est disposée à l'extrémité, et perpendiculairement à sa longueur – date de l'âge de pierre. Durant cette longue période, les humains perfectionnèrent leurs outils, qui se spécialisèrent peu à peu. Avec le temps, d'autres matériaux se joignirent à la pierre : on a retrouvé des ciseaux d'os près d'Aurignac, en Haute-Garonne (France). Ils datent d'environ 30 000 ans. L'utilisation de cet outil sous sa forme moderne remonte sans doute à 7500 av. J.-C.

À l'âge de bronze, le ciseau s'était déjà diversifié, par exemple avec la gouge, dont le tranchant concave permet de creuser. Ou avec le ciseau à soie, nom donné à la partie amincie de l'outil enfoncée dans le manche. Durant l'Antiquité, les progrès furent encore plus grands. Chargé de la restauration du Parthénon d'Athènes, l'architecte grec Manolis Korres fabriqua des répliques d'outils utilisés pour sa construction, en s'appuyant sur les traces laissées dans le marbre par les originaux. Son verdict fut sans appel : les ciseaux de ses ancêtres étaient meilleurs que leurs équivalents contemporains !

Au Moyen Âge, menuisiers et charpentiers employèrent des ciseaux à lame large et évasée, permettant de travailler le bois brut. Les plus lourds de ces outils, utilisés pour former et finir la pièce, requéraient l'usage du maillet. À chaque tâche spécialisée correspondait un ciseau adapté. Depuis, le ciseau a peu évolué… Mais les gondoles des grandes surfaces de bricolage en offrent aujourd'hui une variété bien moindre que celle dont disposaient à l'ère médiévale un menuisier ou un charpentier. **HB**

VOIR ÉGALEMENT : OUTILS DE PIERRE, LAME DE PIERRE TRANCHANTE, MÉTALLURGIE, MENUISERIE

↗ *Le hiéroglyphe d'un ciseau (en haut à droite) sur une stèle de calcaire (Abydos, Égypte, v. 3100-2900 av. J.-C.).*

« Les artisans antiques… taillaient le marbre deux fois plus vite que leurs confrères d'aujourd'hui. »

Evan Hadingon, *Smithsonian Magazine*

La brique crue (v. 7500 av. J.-C.)

Les bâtisseurs découvrent le bloc de boue séchée.

L'utilisation pour la construction de blocs de boue formés et séchés remonte au VIIIe millénaire av. J.-C. On en a retrouvé des échantillons en Turquie, à Cayönü (vallée du Tigre) et à Diyarbakir (Anatolie).

Des exemplaires plus récents (7000 à 6400 av. J.-C.) ont été exhumés à Jéricho (vallée du Jourdain) et à Çatal Höyük, encore en Turquie. Ces briques, en boue formée à la main, avaient été séchées au soleil, puis assemblées à l'aide d'un simple mortier de boue liquide. Sous les climats chauds, la boue est un matériau de choix pour le bâtisseur : elle est disponible dans les champs labourés et irrigués, on l'extrait du lit des cours d'eau, et elle présente de bonnes qualités mécaniques et thermiques.

Ensuite, on utilisa des moules de bois, ce qui permit l'organisation d'une production de masse. Avancée cruciale, car désormais les briques ne se limitaient pas à la seule construction d'habitations de petite taille, de fermes, de greniers et autres bâtiments agricoles : on s'en servait pour édifier des villages entiers, et même des villes avec leurs palais, leurs temples, leurs bâtiments administratifs.

Partout où la pierre manquait, l'humble brique de boue trouva sa place. Elle conquit le Proche-Orient. Elle fleurit en Égypte et dans la vallée de l'Indus, où elle fut même soumise à une normalisation de sa taille et de ses proportions : longueur de quatre, largeur de deux, épaisseur de un. Aussi simple qu'efficace, ce matériau de construction régna jusqu'au IIIe millénaire av. J.-C., quand les Mésopotamiens inventèrent la brique cuite. **SA**

VOIR ÉGALEMENT : ABRI CONSTRUIT, BRIQUE CUITE, MENUISERIE, PLÂTRE, FORT, TORCHIS SUR CLAYONNAGE

⇧ *Esclaves fabriquant des briques et montant un mur (paroi peinte, tombe de la XVIIIe dynastie, Égypte).*

Le traîneau (v. 7000 av. J.-C.)

Au pôle Nord, on apprend à se déplacer sur la glace.

Bien avant la motoneige, nos ancêtres inventèrent un mode de transport respectueux de l'environnement afin de se déplacer sur la neige : le traîneau. Pour eux, cet objet et ses dérivés devinrent vite une clé de la vie quotidienne.

Un traîneau est un véhicule qui se meut en glissant sur le sol. Il peut bénéficier d'une traction animale, auquel cas les passagers y prennent place directement. Le traîneau est souvent un engin de taille importante, composé d'une structure de bois reposant sur des patins. Il permet alors le transport de grosses charges. Aux environs de l'an 7000 av. J.-C., il était déjà utilisé par les habitants des régions arctiques de l'Europe du Nord. Les premiers traîneaux furent peut-être tractés par des hommes, mais les chiens et les bœufs prirent rapidement le relais. Les Inuits, pour leur part, recourent à la traction canine depuis les temps précolombiens. Et l'usage du traîneau a gagné les climats chauds – y compris les plaines sèches et poussiéreuses de Mésopotamie. On ignore où fut construit le premier traîneau : diverses communautés l'inventèrent sans doute indépendamment. Le traîneau à traction humaine joua un rôle crucial lors des premières expéditions en Arctique et en Antarctique. Au XXe siècle, des attelages de chiens tiraient le matériel et les vivres des explorateurs. Plus récemment, on a même remplacé les huskies par des cerfs-volants jouant le rôle de voiles.

Le traîneau est aujourd'hui un engin de sport et de loisir, avec son dérivé, la luge. Et le bobsleigh, sur sa piste spécifique, fait partie des disciplines olympiques les plus spectaculaires. **JG**

VOIR ÉGALEMENT : MENUISERIE, SKI, TRAVOIS, CHARRETTE, AUTONEIGE

↑ *Traîneau à traction animale et passager embarqué (gravure sur pierre du Bohuslan, Suède, 1500-1000 av. J.-C.*

Le fort (v. 7000 av. J.-C.)

Début des ouvrages de défense communautaires.

Il y a des milliers d'années que l'homme édifie des protections autour de ses biens. Aux âges de bronze et du fer, on tira avantage des collines pour y bâtir des forts, et les Romains bâtirent les forts de la Côte saxonne, au sud-est de l'Angleterre, pour prévenir les invasions. Les fortifications permanentes exigeaient des matériaux résistants, alors que les fortifications militaires temporaires se contentaient de bois, de terre et de sacs de sable.

Au XIVe siècle, l'arrivée du canon rendit caduque la fortification médiévale. Les constructions ultérieures intégrèrent des fossés et des remparts de terre pour amortir l'effet des projectiles. L'apparition de l'obus explosif, au XIXe siècle, entraîna une seconde évolution : le fort se surbaissa. On l'entoura d'un espace nu privant l'ennemi de tout couvert.

L'entrée du fort médiéval était protégé par une douve que l'on franchissait sur un pont-levis : en cas d'attaque, celui-ci se soulevait et bloquait l'issue. L'essentiel du fort moderne était bâti en sous-sol. Les batteries d'artillerie exposées étaient protégées par d'épais remparts.

Mais au XXe siècle, les tactiques offensives et défensives se concentrèrent sur la mobilité. Le char d'assaut et la pratique de la guerre-éclair changèrent totalement la donne.

Du XIXe siècle au début du XXe, les fortifications de béton armé furent monnaie courante, mais la guerre moderne a rendu obsolètes les fortifications à grande échelle. Aujourd'hui, seuls des bunkers profondément enterrés permettent de se protéger et les forts ne sont plus que des attractions touristiques. **MF**

VOIR ÉGALEMENT : ABRI CONSTRUIT, BRIQUE CRUE, BÉLIER, CATAPULTE, POUDRE NOIRE, CANON

Le travois (v. 7000 av. J.-C.)

Les Amérindiens inventent une remorque.

Les Amérindiens des Grandes Plaines menaient une vie nomade. Le bison était la première ressource : ils mangeaient sa chair. Sa peau les vêtait et couvrait leurs tentes. Dépendant de cet animal dont les troupeaux se déplaçaient sans cesse, ils étaient contraints de suivre ceux-ci. Ils devaient donc vivre sous des abris légers et ne posséder qu'un minimum de biens, transportables jusqu'au campement suivant.

Sur une route ou un sol plan et dur, la charrette et ses dérivés sont la meilleure solution. Au nord, le sol gelé ou enneigé glisse assez pour permettre l'usage du traîneau. Mais ni l'une ni l'autre ne conviennent à un sol meuble. Les Amérindiens inventèrent donc le travois.

« Qu'est-ce que la vie ? La lueur d'une luciole dans la nuit. L'haleine d'un bison au printemps… »

Crowfoot, chef de la première nation Pieds-Noirs

Il s'agissait d'un assemblage de perches de bois en forme de « A » majuscule, de 2 m de longueur. Le chargement prenait place sur la barre transversale. Le bout des perches touchait le sol là où elles étaient le plus écartées et fonctionnaient comme des patins, assurant un glissement doux. Avant que les Espagnols introduisent le cheval dans le Nouveau Monde, un chien était attelé au travois. Il pouvait remorquer une charge de 30 kilos. À l'occasion, on utilisait l'engin pour transporter les vieillards et les malades. Alors, on attelait plusieurs chiens. Aujourd'hui, on apprend encore aux scouts à utiliser le travois, s'ils doivent acheminer un camarade blessé. **DK**

VOIR ÉGALEMENT : TRAÎNEAU, ROUE ET ESSIEU, CHARRETTE, AUTONEIGE

La chaussure (v. 7000 av. J.-C.)

Les Amérindiens protègent leurs pieds.

Depuis les premières versions, destinées à protéger les pieds, jusqu'aux modèles produits aujourd'hui par l'industrie de la mode, la chaussure a joué un rôle essentiel dans l'aventure humaine. Comme pour toute invention ancienne, le lieu et le moment de son apparition sont difficiles à déterminer. Pour l'instant, les chaussures les plus anciennes ont été découvertes en Amérique, et datent d'environ 7 000 ans av. J.-C.

Elles étaient faites de corde, de feuilles, ou de peaux de bêtes – des matériaux périssables, si bien que les exemplaires retrouvés sont rares. Pourtant, certains archéologues font remonter l'invention à 40 000 ans av. J.-C. En examinant des squelettes humains datant de cette période, ils ont remarqué une réduction des os des orteils, en volume et en résistance, qu'ils attribuent à la protection du pied. Mais il ne s'agit que d'une théorie.

La plupart des premières chaussures étaient semblables à la sandale moderne: une semelle protectrice, retenue au pied par des lanières. Si notre besoin de marcher chaussés est devenu évident, cette invention fit faire un grand pas à l'humanité, facilitant le déplacement, le travail et permettant d'affronter des situations extrêmes.

Dans de nombreuses parties du monde, tout un code régissant l'usage de la chaussure s'est développé. En Asie, il est très courant de se déchausser avant d'entrer dans une maison. La pratique s'est répandue en Amérique et en Europe du Nord. En Asie, on fournit des chaussons aux hôtes, coutume plus rare ailleurs. Les musulmans ôtent systématiquement leurs chaussures avant de pénétrer dans une mosquée. **JG**

VOIR ÉGALEMENT : VÊTEMENT, COUTURE, MACHINE À COUDRE, SEMELLE À COUSSIN D'AIR

↗ *Femme attachant sa sandale (peinture sur le col d'une amphore grecque, v. 520 av. J.-C.).*

« Pour qui porte des chaussures, la terre entière semble recouverte de cuir. »

Proverbe persan

L'étoffe tissée (v. 6500 av. J.-C.)

Les tisserands révolutionnent la fabrication des vêtements.

Le premier matériau que fabriquèrent les hommes pour le transformer en vêtements fut le feutre, obtenu en agglomérant des fibres animales par la chaleur et la pression. Le feutre manquait de résistance et de tenue dans le temps. La vraie révolution du textile fut celle du tissage.

Pour tisser, on utilise un métier, c'est-à-dire un cadre sur lequel sont tendus parallèlement des fils. Dans cette trame verticale, le tisserand passe horizontalement une seconde série de fils. La fabrication de ceux-ci – le filage – consiste à tordre des fibres animales ou végétales, manuellement ou mécaniquement.

La plus ancienne trace de tissage a été découverte en Turquie en 1962. Un fragment d'étoffe carbonisé, datant de 6 500 ans av. J.-C. Or un fragment plus récent de lin tissé, remontant à 5 000 ans av. J.-C., avait été mis au jour antérieurement. Les archéologues crurent que les deux étoffes se composaient du même matériau, mais des experts du lin firent remarquer que ce végétal était inconnu à l'époque dans la région de Turquie où le fragment le plus ancien avait été découvert. Les spécialistes de la laine appuyèrent leurs confrères : l'étoffe étant écailleuse, alors que le lin est lisse, il ne pouvait s'agir que de laine. La question fut tranchée en plongeant le fragment dans une solution d'ammoniaque, qui aurait dû détruire la laine. Mais le résultat fut de faire apparaître sur les fibres un réseau de stries typiques du lin.

Après le tissage du lin, apparurent ceux de la laine et de la soie. La percée déboucha sur une grande variété de produits textiles, plus chauds et plus résistants. **RB**

VOIR ÉGALEMENT : VÊTEMENT, COUTURE, ROUET, TRICOTEUSE À BAS, MÉTIER À TISSER MÉCANIQUE

↑ *Fragment de textile originellement décoré de barques et de rameurs (Égypte, v. 4000 av. J.-C.).*

La carte géographique (v. 6500 av. J.-C.)

Avec les Babyloniens, commence la cartographie du monde.

Parmi les cartes et les plans les plus anciens, on comptait des tablettes babyloniennes et des fresques tombales égyptiennes. Pourtant, en 1961, fut découvert un plan de la ville de Çatal Höyük, en Turquie, sous la forme d'une peinture murale. On y voit des maisons et la cime d'un volcan, tracés voici 8 500 ans.

La tablette d'argile baptisée « Imago Mundi » montre Babylone, l'Euphrate, et des villes disposées sur une zone de terre circulaire, entourée d'un fleuve. D'autres cartes sont appelées « cartes T » et « cartes O » : T figure la Méditerranée, séparant l'Asie, l'Europe et l'Afrique, alors que O symbolise l'océan entourant les terres émergées. Certaines cartes combinent ces deux critères, comme la Mappa Mundi T et O de Herford, établie en 1300. Les légendes sont portées à l'encre noire, cours d'eau et mers sont verts, à l'exception de la mer Rouge – peinte en rouge…

Grâce à leurs observations astronomiques, les savants grecs développèrent la théorie d'une Terre sphérique, qu'Aristote étaya en 350 av. J.-C. Au Ier siècle, l'astronome et mathématicien Ptolémée rédigea un *Guide géographique* qui liste 8 000 lieux, avec leur latitude et leur longitude. Mais Ptolémée sous-estima la taille de la Terre. Il suggéra qu'on pouvait atteindre l'Inde en voyageant vers l'ouest. Christophe Colomb sous-estima à son tour cette distance, avec les conséquences que l'on sait.

En 1891, le Congrès géographique international posa les normes d'une carte du monde à l'échelle, et les deux guerres mondiales du XXe siècle firent encore progresser les techniques de la cartographie. **MF**

VOIR ÉGALEMENT : BOUSSOLE, ODOMÈTRE, SEXTANT, GPS

↑ *Représentation du plan de ville découvert à Çatal Höyük (Turquie, v. 6500 av. J.-C.).*

Le torchis sur clayonnage
(v. 6000 av. J.-C.)

Une solide armature de branches et de glaise.

Les premiers bâtiments de bois et de boue datent de 6000 av. J.-C. À l'origine, l'idée consiste à remplir les vides existant entre les éléments structurels d'une construction de bois pour en assurer l'étanchéité. Au XVe siècle, dans une bonne partie de l'Europe, on plantait donc entre les poutres de la maison des piquets de chêne, autour desquels on entrelaçait des branches souples, de saule ou de noisetier. L'ensemble formait une robuste armature, le clayonnage. Celui-ci était alors recouvert de torchis, un mélange de boue ou de glaise et de bouse de vache, renforcé par de la paille ou du crin de cheval. Le mélange s'appliquait à la main. La boue et la bouse adhéraient au clayonnage, et les fibres empêchaient le craquèlement du torchis. Une fois achevé, le mur était parfois passé à la flamme, pour le durcir à la manière d'une poterie, ou enduit de chaux pour le garantir des intempéries. Il en résultait une paroi solide, étanche au vent et à la pluie, aux frimas de l'hiver et aux canicules estivales.

> *« … la technique naquit lorsqu'un humain colla de la boue sur sa hutte de branchages… »*
>
> Joseph F. Kennedy, *Les Constructions naturelles*

Mais le torchis sur clayonnage n'avait pas que des avantages. L'humidité provoquait sa décomposition, et il devenait un nid à insectes. Et les cambrioleurs de tout poil n'avaient aucun problème à franchir l'obstacle : quelques coups de pied dans le torchis suffisaient à ouvrir une brèche… **HI**

VOIR ÉGALEMENT : ABRI CONSTRUIT, BRIQUE CRUE, BRIQUE CUITE, MENUISERIE, PLÂTRE

L'irrigation
(v. 6000 av. J.-C.)

Les Sumériens pallient l'absence de pluie.

Les observations archéologiques donnent à penser que la captation de l'eau d'un fleuve pour irriguer des champs a suivi de peu l'invention de l'agriculture. On a des traces de ces techniques à Sumer, en Mésopotamie, vers 6000 av. J.-C., ainsi que dans le bassin du Nil. Deux millénaires plus tard, c'était au tour des habitants de Geokysur (Russie méridionale) et de la vallée de Zana, au Pérou. En l'an 3000 av. J.-C., les agriculteurs de la vallée de l'Indus, au Pakistan, l'appliquaient également.

Jusqu'à cette percée, lorsque les premiers fermiers mésopotamiens semaient leur blé ou leur orge près des rives du Tigre et de l'Euphrate, ils ne pouvaient compter que sur la pluie, les crues et la capacité du sol à retenir l'humidité pour que la moisson soit bonne. Bien sûr, on pouvait toujours emplir un seau ou une outre au fleuve pour arroser les champs, mais une sécheresse trop longue impliquait fatalement la perte de la récolte.

Cette dépendance prit fin lorsque furent inventés les moyens permettant d'acheminer l'eau vers les champs. Celle-ci provenait d'un fleuve, dont on dérivait une partie par un canal, vers un réseau de rigoles, ou bien restait stockée dans des étangs ou des lacs artificiels. On les emplissait à l'occasion des crues et on y puisait si besoin était. En conséquence, la surface de terres cultivables cessa de se confiner à un étroit ruban longeant les cours d'eau, pour devenir une bande large de plusieurs kilomètres. Et l'abondance nouvelle des récoltes permit de subvenir aux exigences d'une population en pleine expansion. **SA**

VOIR ÉGALEMENT : GRENIER, ARAIRE, CANAL, BARRAGE, ÉGOUTS

→ *Schéma d'une ingénieuse machine à puiser l'eau (manuscrit turc, 1206).*

La hache (v. 6000 av. J.-C.)

Les hommes inventent un outil adapté au défrichage.

Voici un million d'années, nos ancêtres possédaient déjà des outils de pierre jouant le rôle de haches à main. Grossières, elles avaient une forme de goutte d'eau. Elles étaient amincies pour améliorer leur tranchant. Mais il fallut attendre la fin de l'âge de pierre et les débuts de l'agriculture pour que ces instruments se mettent à ressembler à la hache moderne. Ces pierres étaient l'objet d'un commerce très actif, et l'on en a trouvé en de nombreux sites néolithiques.

Près du mont Hagen, en Nouvelle-Guinée, on a découvert des haches visiblement destinées à être emmanchées. En examinant des échantillons de pollen datant de la même époque – environ 6 000 ans av. J.-C. –, les archéologues ont conclu qu'elles avaient survi probablement au défrichage et à l'éclaircissement de la forêt tropicale, dont les frondaisons empêchaient la lumière d'atteindre les cultures.

En Angleterre, à l'âge de bronze, les charpentiers avaient mis au point des haches variées, adaptées à chaque travail. En fabriquant des copies fonctionnelles de ces outils, en les utilisant et en étudiant l'effet de la frappe sur le bois, on a pu déterminer quels étaient leurs usages.

Outre son rôle concret, la hache est aussi un symbole de pouvoir. On peut déterminer si l'occupant d'une sépulture était ou non un personnage investi d'une grande autorité par l'examen des objets placés près de lui – en l'occurrence, la hache est un bon indice. Ainsi, les fouilles pratiquées dans une nécropole bulgare remontant à 4 000 ans av. J.-C. ont mis au jour un nombre impressionnant de haches couvertes d'or. **HB**

VOIR ÉGALEMENT : OUTILS DE PIERRE, LAME DE PIERRE TRANCHANTE, SCIE, MARTEAU ARRACHE-CLOU, MENUISERIE

↑ *Ouvrier (à gauche) maniant une herminette, dont le tranchant est perpendiculaire au manche (relief de calcaire peint, vallée des Nobles, Louxor, Égypte, 1400-1390 av. J.-C.).*

L'araire (v. 5500 av. J.-C.)

Avec les Mésopotamiens, la charrue fait ses premiers pas.

Aux environs de l'an 9500 av. J.-C., dans un certain nombre de petits groupes humains indépendants les uns des autres, on commença à sélectionner et à cultiver des végétaux à des fins variées, mais au premier chef alimentaires. Ces fermiers vivaient dans une région du Proche et du Moyen-Orient qu'on appelle le Croissant fertile. Ils firent croître les huit plantes fondamentales de l'agriculture : épeautre, blé d'Einkorn, orge, ers, pois, pois chiche, lentille et lin. Mais il s'écoula des millénaires avant que les fermiers maîtrisent les techniques permettant de cultiver le sol à une plus grande échelle.

Vers 5500 av. J.-C., la première charrue fut mise au point par la civilisation de la vallée de l'Indus, dont les sites occupent l'actuel Pakistan. Un outil rudimentaire, destiné à préparer le sol avant les semailles, qui fut un jalon fondamental de l'agriculture. Ce bâton fixé à une armature, tous deux de bois, aérait la terre et creusait une entaille où la semence pourrait germer. Tirée par des bovins domestiques, l'araire laissait intacte la bande de terre séparant deux sillons. Aussi, pour augmenter la productivité de leurs champs, les fermiers pratiquaient-ils deux labourages à angle droit. Les terrains quadrillés qui en résultent sont connus sous le nom de « champs celtiques ».

Les modèles de charrues qui ont succédé à cet ancêtre primitif sont légion. Dans certaines zones, dont le Nord de l'Europe, le sol argileux rendait l'araire inefficace. Mais les fermiers indiens continuent à l'utiliser, pour fumer des champs qu'ils cultivent depuis deux millénaires et demi. **FS**

VOIR ÉGALEMENT : IRRIGATION, CHARRUE À VERSOIR, CHARRUE EN ACIER, CHARRUE DE FONTE, MENUISERIE

↑ *Sennedjem et son épouse utilisant un araire (mur peint, tombe de Sennedjem, Égypte, v. 1150 av. J.-C.).*

Le plâtre (v. 5500 av. J.-C.)

Un nouveau matériau utilitaire apparaît en Égypte.

Le plâtre de Paris, ou gypse partiellement déshydraté, ou encore hémihydraté de sulfate de calcium, vient du gypse, roche cristalline existant sous de multiples formes, de l'albâtre au grain fin à la sélénite qui se présente en plaques plates.

Au Proche-Orient, voici au moins 7 000 ans qu'on utilise le plâtre pour la construction et la décoration. Les Égyptiens brûlaient le gypse sur des feux ouverts, le pulvérisaient et le mêlaient à de l'eau. Ce mortier a servi de joint entre les blocs des pyramides. À Jéricho, on a découvert des crânes enduits d'une couche de plâtre peint. Les Romains introduisirent ces techniques en Europe.

« On en enduit les pierres, ou tout autre matériau semblable que l'on souhaite fixer. »

Théophraste, philosophe et savant

Le gypse se rencontre partout, de la Thaïlande au Mexique. Quant à l'expression « plâtre de Paris », elle trouve son origine dans un gisement situé à Montmartre et connu dès le XVIe siècle. Par édit royal, les Parisiens devaient couvrir de plâtre le bois de leurs maisons, pour les prémunir contre l'incendie.

En décoration, le plâtre a joué un rôle majeur. La technique de la fresque (de l'italien *fresco*, « frais ») consiste à peindre sur une fine couche de plâtre humide. Le stuc, composition à base de plâtre, imite le marbre à moindre coût. Quant à la gaine de plâtre utilisée pour maintenir les os fracturés, sa pratique remonte au début du XIXe siècle. **AC**

VOIR ÉGALEMENT : ABRI CONSTRUIT, BRIQUE CRUE, TORCHIS SUR CLAYONNAGE, BRIQUE CUITE, BÉTON ARMÉ

Le dentifrice (v. 5000 av. J.-C.)

Une spécialité égyptienne fait progresser l'hygiène dentaire.

Les pâtes destinées à nettoyer les dents et à rafraîchir l'haleine ont vu le jour en Égypte cinq millénaires av. J.-C. On mélangeait alors de la myrrhe, de la poudre de pierre ponce et de la cendre de sabot de bœuf à de la coquille d'œuf ou de la nacre pilée. Cet abrasif fin et parfumé s'appliquait du bout de l'index.

Trois siècles av. J.-C., un gentilhomme chinois du nom de Huang-Ti affirmait que l'on pouvait guérir les rages de dent en piquant d'épingles certains points précis de la gencive du patient. Ce fut la première approche scientifique de l'hygiène buccale.

Mais jusqu'au milieu du XVIIe siècle, la composition des dentifrices et la nature des soins dentaires durent beaucoup plus au mythe et à la superstition qu'à la raison. Ainsi, au tout début de notre ère, pour soulager les maux de dents, il était courant de porter un collier d'os trouvés dans des excréments de loup. Mais à la même époque, Grecs et Romains avaient mis au point des instruments dévolus aux soins et à l'extraction des dents.

Les dentifrices se répandirent en Europe à la fin du XVIIIe siècle, pour le meilleur et pour le pire. Car leur composition comprenait des abrasifs beaucoup trop puissants, comme la brique pilée, qui détruisaient l'émail des dents. La glycérine ajoutée au mélange pour le rendre plus onctueux et plus agréable ne changeait rien à l'affaire.

Vers 1850, débuta la vente en pot de « Crème dentifrice » et, en 1873, la société Colgate lança la production de masse de ce produit utilisé aujourd'hui au quotidien dans le monde entier. **BS**

VOIR ÉGALEMENT : SAVON, BROSSE À DENTS, FIL DENTAIRE

La menuiserie (v. 5000 av. J.-C.)

Le travail du bois vient compléter celui de la pierre.

Avant l'invention de la métallurgie – sans parler des plastiques... – l'homme de l'âge de pierre utilisait ce qu'il trouvait autour de lui : la pierre, la glaise, l'os et bien sûr le bois. Les qualités de ce dernier matériau sont extraordinaires. Il flotte, brûle, est assez facile à façonner et peut permettre de réaliser de multiples objets. L'art de travailler le bois – la menuiserie – trouve ses racines dans la préhistoire.

Au début, le bois servit à la fabrication d'outils rudimentaires, mais il est certain que les Néandertaliens l'utilisaient pour inventer de nouvelles formes dès le Paléolithique moyen (300000 à 30000 av. J.-C.), bâtons pointus durcis au feu et pirogues creusées dans des troncs d'arbre.

Ensuite, au Néolithique, le travail du bois se raffina et devint la menuiserie. Cet art bien plus complexe put s'épanouir lorsque les chasseurs-cueilleurs nomades se transformèrent graduellement en agriculteurs. Cette nouvelle vie exigeait des habitats sédentaires. L'homme se tourna tout naturellement vers le bois. Au Japon et ailleurs, on a découvert des restes de maisons de bois datant de 5 000 ans av. J.-C.

Étymologiquement, le menuisier faisait des objets menus, c'est-à-dire portables : des meubles. À Rome, le charpentier, comme son nom l'indique, fabriquait des chars. Mais le domaine d'action de ces artisans était bien plus vaste, puisqu'il s'étendait de la porte sculptée à la catapulte... **BG**

« Nombre de ruines de pierre... imitent les constructions de bois. »

John Capotosto, auteur

VOIR ÉGALEMENT : OUTILS DE PIERRE, ABRI CONSTRUIT, ARC ET FLÈCHE, LANCE, HACHE, SCIE

↗ *Menuisiers au travail (relief peint d'une sépulture de Saqqarah, Égypte, Ve dynastie, 2450-2325 av. J.-C.).*

L'aviron (v. 4500 av. J.-C.)

Les Mésopotamiens dotent leurs esquifs de la propulsion musculaire.

L'utilisation du bateau à rame par les Égyptiens, trois millénaires av. J.-C., est très documentée, mais des recherches récentes montrent que cette technique est bien antérieure. Dans une tombe de la cité mésopotamienne d'Eridu, les archéologues ont découvert un modèle réduit en argile de bateau à rames – or cette tombe a sans doute été creusée plus de 4 000 ans av. J.-C. La Mésopotamie, « berceau de la civilisation », recouvrait pour les Anciens une vaste zone comportant une partie de l'Irak et de l'Iran.

La maquette en question représentait une embarcation à faible tirant d'eau, assez large, bien adaptée à la navigation sur les hauts-fonds ou dans les marais. La Mésopotamie (« pays entre les fleuves ») doit son nom au Tigre et à l'Euphrate, qui la traversent du nord au sud. Très vite, pour les habitants désormais sédentaires, ces deux cours d'eau devinrent des voies de communication essentielles.

Comme le bois était rare, la plupart des embarcations mésopotamiennes étaient fabriquées à l'aide de roseaux creux et légers dont les marais abondaient. On les ployait à la forme requise, en les tenant en place à l'aide de cordes. Un enduit de bitume servait de calfat et rendait l'ensemble étanche.

Certes, descendre le courant ne posait aucun problème… Mais le remonter n'était pas aussi simple. On utilisa d'abord le halage, à l'aide de bovins avançant sur la berge, jusqu'au moment où l'on comprit qu'il était moins fatigant – et plus rapide – de ramer. **CL**

« Ramer est une cérémonie magique qui force un démon à faire avancer le bateau. »

Friedrich Nietzsche, philosophe

VOIR ÉGALEMENT : MENUISERIE, PIROGUE CREUSÉE, VOILES, GOUVERNAIL, BATEAU À VAPEUR, SOUS-MARIN, BATEAU À MOTEUR, HYDROJET

↖ *Pêcheur harponnant un poulpe (mosaïque romaine découverte à Dougga, Tunisie, IIIe siècle av. J.-C.)*

Le canal (v. 4000 av. J.-C.)

Les Irakiens creusent des voies navigables.

Le Grand Canal de Chine, achevé au XIIIe siècle entre Pékin et Hangzhou (2 000 km) est le doyen de ce type d'ouvrage d'art. On l'utilise encore aujourd'hui. Mais d'autres canaux, dévolus à l'irrigation ou à la circulation, l'avaient précédé de plusieurs centaines d'années. En Irak et en Syrie, on a retrouvé les traces de voies navigables artificielles datant du IVe millénaire av. J.-C.

Le Fossdyke, premier canal des îles Britanniques, fut creusé par les Romains, mais il fallut attendre le milieu du XVIIIe siècle et la révolution industrielle pour qu'existe un ensemble de canaux digne de ce nom. Dans l'Ancien et le Nouveau Monde, des réseaux semblables apparurent. Des péniches halées par des chevaux fournissaient un mode de transport économique au charbon, au coton et à d'autres matières premières.

Au milieu du XIXe siècle, le boom des chemins de fer marqua le déclin des canaux britanniques – qui durent attendre plus d'un siècle avant que la vogue des vacances en pénichette ne leur offre une seconde jeunesse. En Europe continentale et aux États-Unis, néanmoins, les grandes distances sauvèrent les voies fluviales artificielles. On aménagea celles-ci et on les équipa d'écluses perfectionnées, voire d'ascenseurs assez grands pour recevoir les péniches.

Les canaux les plus célèbres sont sans doute ceux qui ont raccourci les périples maritimes. Le canal de Suez, ouvert en 1869, a facilité les communications entre l'Europe et l'Asie. Le canal de Panama, 45 ans plus tard, a évité aux navires le passage du cap Horn. Deux exemples de premier plan de l'ingénierie visionnaire. **FW**

VOIR ÉGALEMENT : PORT CLOS, ÉCLUSE, ASCENSEUR À BATEAUX

La colle (v. 4000 av. J.-C.)

La cire d'abeille et la résine servent d'adhésifs.

Nous nous servons rarement d'adhésifs de façon quotidienne, mais pour une foule de produits manufacturés – de l'enveloppe aux chaussures bon marché en passant par les emballages industriels –, la colle est un élément primordial. Si la chimie moderne a mis au point des substances extrêmement performantes, l'utilisation de colles végétales ou animales se perd dans la nuit des temps.

En fouillant d'anciens sites funéraires, les archéologues ont exhumé des poteries dont les fêlures avaient été réparées par de la résine ou de la cire d'abeille. Ces substances étaient également en vogue à Babylone : elles permettaient de coller les yeux des statues dans leurs orbites. Voici 3 000 ans, des bas-reliefs égyptiens attestent l'usage de vernis pour protéger le bois de sycomore. En Europe du Nord, on a découvert des poteries vieilles de 6 000 ans, réparées avec une colle tirée de l'écorce du bouleau.

« Pour leurs travaux de menuiserie, les Égyptiens fabriquaient de la colle avec des peaux d'animaux. »

Joe Hurst-Wajszczuk, expert en travail du bois

Les Égyptiens mirent aussi au point des adhésifs d'origine animale, technique que les Grecs et les Romains améliorèrent quelques siècles avant le début de notre ère. Ensuite, les Romains mirent au point divers types de colle en utilisant des ingrédients naturels – légumes, lait, fromage, sang – et eurent les premiers l'idée d'utiliser ces produits pour calfater leurs navires. **CB**

VOIR ÉGALEMENT : TIMBRE-POSTE, RUBAN ADHÉSIF, RÉSINE ÉPOXY, SUPER GLUE, POST-IT

La voie de rondins
(v. 4000 av. J.-C.)

Une chaussée de bois pour faciliter la traversée de terrains difficiles.

Constituée de rondins entiers ou fendus dans leur longueur et serrés les uns contre les autres, cette chaussée, nommée aussi « route de velours » à cause de sa ressemblance avec les raies de cette étoffe, permettait de circuler sur des terrains instables ou marécageux. Pour rendre le déplacement plus confortable, on la recouvrait de sable.

Les premières voies de ce type remontent à quatre millénaires av. J.-C. À peine plus jeune de deux siècles, on a découvert à Glastonbury, en Angleterre, une « route de velours » de planches de chêne, traversant une zone de marais.

« Surveille ton siège : car tu croiras voyager sur une route de velours hors d'usage. »

James Russell Lowell, *Une fable pour les critiques*

Car au fil du temps, les rondins ont été remplacés par des planches, ce qui éliminait les soubresauts du trajet. L'invention a trouvé un nouveau souffle durant la Seconde Guerre mondiale, quand les forces allemandes et russes l'ont employée sur le front de l'Est. Plus récemment, on a repris ce principe pour doter de fondations éphémères des routes asphaltées : après la construction de la chaussée, le bois se décompose lentement et disparaît. **FS**

VOIR ÉGALEMENT : ROUE ET ESSIEU, CHARRETTE, CHAR À ROUES RAYONNÉES, MACADAM, AUTOMOBILE

Le rivet
(v. 4000 av. J.-C.)

Les Égyptiens lancent un nouveau mode d'assemblage.

L'humble rivet a beaucoup donné, pour le meilleur mais aussi pour le pire : on lui doit sans doute le naufrage du *Titanic*. Aujourd'hui, les ingénieurs l'emploient dans la construction navale, aéronautique et le génie civil, sans parler d'utilisations très spécialisées. Sa fiabilité est devenue cruciale.

On a retrouvé des trous de rivets dans des pointes de lance égyptiennes de la culture Naqada (4400 à 3000 av. J.-C.). On a également exhumé des poignards et des glaives datant de l'âge de bronze, portant des trous de rivets qui fixaient des manches aujourd'hui disparus. Les rivets proprement dits étaient de courtes tiges de métal, que le forgeron chauffait au rouge et introduisait dans un trou préperçé. Ensuite, il en écrasait les extrémités à coup de masse, rendant leur déplacement impossible. Aujourd'hui, il existe une variété de rivets, auxquels correspondent des instruments de pose spécifique.

L'usage intensif du rivet depuis la révolution industrielle a bien sûr multiplié les chances d'en voir quelques-uns, mal posés, sortir de leurs logements. Deux experts, Jennifer McCarty et Timothy Foecke, attribuent à cette invention le naufrage du *Titanic* (1912), qui coûta la vie à 1 500 personnes. Ayant examiné l'épave, McCarty et Foecke ont conclu qu'une pose bâclée des rivets avait envoyé le paquebot par le fond. Pire, on avait employé pour fabriquer les trois millions de rivets du paquebot un fer de qualité inférieure, là où l'acier s'imposait. Lorsque la proue et le flanc du *Titanic* heurtèrent un iceberg, les rivets de fer sautèrent, quand des rivets d'acier auraient mieux résisté. **HB**

VOIR ÉGALEMENT : SOUDURE, FER FORGÉ, VIS, CLOU, MARTEAU ARRACHE-CLOU

La roue et l'essieu (v. 3500 av. J.-C.)

Le tour du potier mésopotamien ouvre la voie à la roue.

Les inventions ne tombent pas du ciel. Elles ne sortent pas toutes prêtes du cerveau d'un génie. Elles évoluent à partir d'un objet existant. Ce constat vaut pour la roue et le moyeu, dont l'origine est double. La première, c'est le tour du potier, inventé en Mésopotamie 3 500 ans av. J.-C. Il permettait de réaliser rapidement des pièces très régulières. La seconde origine, c'est le traîneau, un véhicule primitif mais efficace pour transporter de lourdes charges sur des patins de bois parallèles. Sur la neige, la glace et le sable sec, le traîneau n'avait pas son égal. Mais sur un sol rocailleux, l'énergie nécessaire à le mouvoir devenait trop importante.

Cette rencontre entre le tour de potier et le traîneau, qui allait donner la roue, nous en avons la trace dans les documents écrits et illustrés les plus anciens du monde. Ainsi, à Uruk, au sud de la Mésopotamie, on a retrouvé des représentations de traîneaux datant de 3200 av. J.-C. Certains sont équipés de patins, d'autres de roues. Les premières roues étaient aussi grossières qu'efficaces : des disques de bois formés de deux ou trois planches chevillées et découpées. Il a suffi d'assujettir deux roues sur le même essieu pour constater qu'elles tournaient ensemble, puis de monter cet assemblage sur un bâti pour obtenir un char, un chariot ou une charrette. Mais la Mésopotamie n'a pas eu l'exclusivité de l'invention. Dans des sépultures au nord du Caucase, on a retrouvé des roues. D'autres figurent sur un pot de céramique exhumé en Pologne. Ces traces remontent elles aussi à environ 3 500 ans av. J.-C. **SA**

VOIR ÉGALEMENT : VOIE DE RONDINS, GRAISSE LUBRIFIANTE, CHARRETTE, LOCOMOTIVE, AUTOMOBILE

↗ *Soldats portant le char de guerre du roi (bas-relief du palais de Sargon II, Irak, VIIIe siècle av. J.-C.)*

« Utiliser la roue pour réduire la friction des corps en mouvement fut une invention clé… »

Odis Hayden Griffin, ingénieur

Le contreplaqué
(v. 3500 av. J.-C.)

Les Égyptiens superposent des feuilles de bois.

En appliquant une feuille d'or sur un matériau de moindre valeur, on lui donne l'aspect du métal massif. L'origine du contreplaqué est comparable. En Égypte, aux alentours de 3500 av. J.-C., une pénurie de bois de qualité rendit difficile la fabrication de meubles de luxe et contraignit les menuisiers à trouver une solution. Ils imaginèrent de prélever de fines planches de bois décoratif et de les appliquer par collage sur des essences communes. L'idée ne poursuivait qu'un but esthétique. Elle eut pourtant des conséquences techniques énormes.

Depuis sa naissance, le contreplaqué a gardé sa place auprès des designers soucieux à la fois de style et d'économie : au XXe siècle, Gerrit Rietveld, Marcel Breuer et Alvar Aalto ont tiré des merveilles de ce matériau. Mais, à l'inverse de leurs confrères égyptiens, ils savaient que le contreplaqué rendrait leurs meubles résistants à la flexion. Dans une planche classique, le fil du bois ne suit qu'une direction. Dans un contreplaqué, le fil de chaque couche du bois est placé à 90° de la précédente et collé sous pression.

Trébucher sur un meuble en marchant dans le noir peut s'avérer douloureux. Heureusement pour les menuisiers égyptiens, leur marche dans le noir ne les fit trébucher que sur les qualités remarquables de leur nouvelle invention.

Aujourd'hui, le rôle du contreplaqué ne se limite plus au mobilier. Il est aussi utilisé dans la construction des coques de bateau, dans l'aviation légère et dans l'industrie automobile. Mais pour que ces débouchés se concrétisent, il fallut la mise au point, au XXe siècle, d'adhésifs performants. **CB**

VOIR ÉGALEMENT : MENUISERIE, CHAISE, COLLE

La graisse lubrifiante
(v. 3500 av. J.-C.)

Les corps gras à la rescousse des véhicules à roues.

Le besoin de lubrifier est aussi vieux que la roue. N'importe quel spécialiste des frottements vous dira qu'un lubrifiant réduit la friction et économise l'énergie. Ainsi, il limite l'usure, l'échauffement et le bruit.

Les Mésopotamiens, suivis des Grecs et des Romains, utilisaient la roue pour fabriquer leurs poteries, pour élever le niveau de l'eau destinée à l'irrigation et pour leurs véhicules. L'huile d'olive servait à lubrifier les essieux. Sur ceux d'un chariot égyptien du XIVe siècle av. J.-C., on a même retrouvé des traces de graisse animale.

Pour les conducteurs de chars romains, la bonne lubrification des roues faisait la différence entre la vie et la mort. On a retrouvé en Espagne une mosaïque montrant un homme chargé d'une amphore d'huile, debout au bord de la piste – à la manière d'un mécanicien devant un stand de Formule 1. Dans le Jutland (nord du Danemark), une roue de bronze du Ier siècle av. J.-C. porte des rainures pour faciliter le graissage de l'essieu. Quinze siècles plus tard, Léonard de Vinci inventa le moyeu autolubrifiant. Il utilisait encore de l'huile d'olive.

> *« Les hommes des temps anciens… graissaient leurs essieux avec du lard. »*
>
> Pline l'Ancien, historien

Jusqu'au XIXe siècle, les huiles végétales et les graisses animales étaient les seuls lubrifiants. Lors de la révolution industrielle, l'huile de baleine ou de sabots de bœuf servirent à lubrifier les machines à vapeur. Mais vers 1850, les huiles minérales – au premier chef le pétrole – vinrent révolutionner toute l'industrie. **AC**

VOIR ÉGALEMENT : ROUE ET ESSIEU, CHARRETTE, CHAR À ROUES RAYONNÉES, LOCOMOTIVE, MOTOCYCLETTE, AUTOMOBILE

La charrette
(v. 3500 av. J.-C.)

En Mésopotamie, le transport se fait sur roues.

L'origine de la charrette est étroitement liée à celle de la roue. Une théorie veut même que l'une et l'autre aient été inspirées simultanément par ces traîneaux qu'on faisait avancer sur des pistes de rondins.

Les tablettes cunéiformes de Mésopotamie offrent les premières représentations de véhicules à roues. Même si la datation de ces documents est imprécise, on sait qu'ils remontent au milieu du IVe millénaire av. J.-C. D'autres traces attestent la présence de la roue en Europe, à la même époque : l'ornière laissée par une longue brouette près de Kiel, en Allemagne, ou un gobelet orné de la représentation d'un chariot couvert à Bronocice, en Pologne. Les archéologues se demandent donc si la roue a eu plusieurs « lieux de naissance », ou si cette invention mésopotamienne a fait l'objet d'une diffusion ultrarapide.

Depuis leur mise au point, les charrettes et les carrioles ont été utilisées sans interruption. Au fil du temps, elles ont gagné des roues rayonnées et des ressorts de suspension. Néanmoins l'automobile, et dans une moindre mesure le train, ont fait baisser la popularité de ce type de véhicule.

Aujourd'hui, la famille des charrettes s'est diversifiée. Depuis le modèle traditionnel à traction hippomobile jusqu'au cyclo-pousse et au *touk-touk* thaïlandais à moteur à explosion. Sans oublier l'universel chariot de grande surface inventé en 1937 par Sylvan Goldman, patron de la chaîne de supermarchés Piggly-Wiggly : il voulait que sa clientèle puisse acheter dans ses magasins le maximum d'épicerie et de primeurs, sans se soucier du poids. **RP**

« [Les clients] cessent d'acheter quand leur panier est plein ou pèse trop lourd. »

Sylvan N. Goldman, homme d'affaires

VOIR ÉGALEMENT : VOIE DE RONDINS, ROUE ET ESSIEU, GRAISSE LUBRIFIANTE, CHAR À ROUES RAYONNÉES, MACADAM

↗ *Char transportant une barrique (bas-relief funéraire romain, Trier, Allemagne, IIe siècle apr. J.-C.).*

La voile (v. 3500 av. J.-C.)

Sur l'eau, les Égyptiens domptent la force du vent.

Au IVe millénaire av. J.-C., la voile permettait aux navires égyptiens de remonter le Nil en utilisant le vent dominant. Et les Phéniciens furent les premiers à monter des voiles sur leurs vaisseaux de haute mer.

Mais les voiles carrées de ces bateaux n'étaient efficaces que par vent arrière. Pour remonter au vent, il faut orienter la voile afin qu'une partie de la poussée produite fasse avancer le bateau dans le sens souhaité. Aujourd'hui, un voilier de compétition peut suivre un cap en s'écartant à peine de la direction d'où souffle le vent.

Au IIIe siècle, les marins de la mer Rouge employaient ce type d'équipement, mais l'évolution suivante intervint au XVe siècle en Europe, avec le navire entièrement gréé. Il portait plusieurs mâts, et ses voiles carrées ou triangulaires lui assuraient la puissance, la stabilité et la manœuvrabilité.

« Les Océaniens utilisent une voile triangulaire attachée à une simple perche verticale. »

Thomson Gale, *Le Monde des inventions* (2006)

La marine marchande à voile connut son âge d'or au XIXe siècle, avec le développement économique des États-Unis et l'apparition des guerres commerciales. La vitesse et le tonnage comptaient avant tout : partis du bout du monde, des voiliers très fins, les clippers, ralliaient l'Europe en filant 20 nœuds (37 km/h) de moyenne. Et les grands navires qui doublaient le cap Horn portaient dans leur mâture près d'un demi-hectare de voiles. **FW**

VOIR ÉGALEMENT : ÉTOFFE TISSÉE, PIROGUE CREUSÉE, AVIRON, GOUVERNAIL, BATEAU À MOTEUR

Le four (v. 3000 av. J.-C.)

Les Égyptiens révolutionnent la boulangerie.

À l'époque où prenait fin l'ère préhistorique, les Égyptiens semblent avoir réalisé les premiers fours fermés, en réponse à une demande de pain de meilleure qualité. On consommait alors des galettes depuis cinq millénaires, mais le four permit d'ajouter du levain à la pâte, et donc de la faire lever. Le pain cessa d'être plat : il gonfla.

Rien de plus simple qu'un four traditionnel : il emprisonne la chaleur entre ses parois afin de cuire les aliments que l'on y a disposés. Mais l'invention du four est étroitement liée aux progrès agricoles qui l'ont rendue nécessaire. Après la dernière glaciation, voici une dizaine de millénaires, la terre s'éveilla de son sommeil transi et offrit aux hommes des nourritures de choix, au premier chef les céréales : tous ces végétaux avaient hiberné sous la glace. Nos ancêtres furent sans doute un peu lents à profiter de ces richesses mais, à l'instar des Égyptiens, ils finirent par comprendre.

« La pâte à pain était placée dans de lourdes coupes de céramique alignées sur les braises. »

Jane Howard, *Le pain dans l'Égypte ancienne*

Les fours tandoori sont des cylindres de briques d'argile, ouverts à leur extrémité supérieure. On en a retrouvé dans la ville de Mohenjo-Daro, qui date également de 3000 av. J.-C. Mais ce furent les Grecs de l'Antiquité qui mirent au point le four portatif à ouverture frontale : il transforma la boulangerie en une activité lucrative. **CB**

VOIR ÉGALEMENT : FOYER AMÉNAGÉ, ABRI CONSTRUIT, POTERIE, CUISINIÈRE À GAZ, CUISINIÈRE ÉLECTRIQUE, FOUR À MICRO-ONDES

Le fléau agricole (v. 3000 av. J.-C.)

Cette invention égyptienne permet de séparer le grain de son enveloppe.

Le fléau est l'un des plus anciens instruments agricoles connus. Il s'utilise depuis 5 000 ans. Il a servi de symbole de pouvoir et même d'arme. Malgré l'apparition, au XIXe siècle, de moissonneuses et de batteuses, il continue à être utilisé dans certaines régions du monde. Sa fonction première est le battage, la séparation du grain de céréale de sa plante mère.

L'origine du fléau est incertaine, mais il est patent que les anciens Égyptiens l'utilisaient. L'outil se compose d'un bâton, le manche, dont une extrémité porte une lanière de cuir à laquelle est fixé un second bâton, plus court. D'un mouvement de bras, le paysan lève et abaisse le manche, ce qui projette fermement le second bâton sur le sol, où les épis de céréales ont été étalés. Le choc sépare le grain de son enveloppe, la balle. Il suffit ensuite de tamiser l'ensemble.

En Égypte, le fléau faisait partie des symboles des dynasties royales. Il devint donc un signe de pouvoir. Avec un autre emblème pharaonique, la crosse de berger, il exprimait la capacité du pharaon à nourrir et à protéger son peuple, comme un berger protège son troupeau. Le fléau et la crosse étaient également des attributs d'Osiris, le dieu des morts. On retrouve ces deux symboles sur le cercueil miniature destiné à recevoir les viscères de Toutankhamon : l'image en or du jeune souverain les tient croisés sur sa poitrine.

Battre le blé à l'aide d'un fléau est un labeur épuisant. Aujourd'hui, des machines se chargent de la tâche : comme son nom l'indique, la moissonneuse-batteuse fauche la récolte, puis trie automatiquement le grain et la balle. **SR**

« On ôta la paille. Puis l'on balaya le grain et la balle, pour les placer dans un panier. »

John Carter, *Comment se servir du fléau*

VOIR ÉGALEMENT : GRENIER, ARAIRE, FAUX, BATTEUSE, MOISSONNEUSE, MOISSONNEUSE-BATTEUSE

↗ *Le dieu Osiris muni des emblèmes du pouvoir, le fléau et la crosse (peinture murale, 1070-945 av. J.-C.).*

La cloche (v. 3000 av. J.-C.)

Les Chinois les fabriquent en céramique.

Les anciens Chinois possédaient une civilisation très avancée. De 3950 à 1700 av. J.-C., ceux de la culture Yang-Shao pratiquèrent l'élevage porcin, cultivèrent le blé et le millet, se dotèrent d'outils très spécialisés et fabriquèrent des poteries peintes. Ils produisirent aussi des instruments de terre cuite appelés *ling*, qui furent les premières cloches accordées. L'un des exemples les plus anciens est un petit *ling* rouge exhumé dans la province du Henan.

Plus tard, sous les dynasties Shang et Zhou, on produisit des cloches de métal ornées. Au Vᵉ siècle av. J.-C., des cloches de bronze commencèrent à jouer un rôle primordial dans les rituels, qu'elles accompagnaient. Parfois, on faisait sonner à coups de maillet des *zhong*, grosses cloches sans battant. On dit que celles-ci représentaient le son de l'équinoxe d'automne, quand les récoltes ont été moissonnées : en chinois, le mot *zhong* signifie « cloche », mais aussi « cultivé » lorsqu'on en modifie légèrement l'intonation.

Sous la dynastie Qin, au IIᵉ siècle, la cloche devint un symbole de pouvoir et d'autorité, après l'installation de six exemplaires géants à la cour impériale. Mais la Chine moderne a donné une autre signification à ses cloches : l'éducation et le culte.

Dans le monde occidental, la cloche conserve une fonction concrète mais aussi symbolique. Les notes des carillons nous rappellent l'heure, mais évoquent aussi l'église, Noël, les mariages et les enterrements. Les cloches ont même des vertus thérapeutiques : on les emploie parfois dans les hôpitaux et les maisons de repos. **HB**

VOIR ÉGALEMENT : MÉTALLURGIE, HORLOGE D'ÉDIFICE

La chandelle (v. 3000 av. J.-C.)

Cire, suif et mèche illuminent le monde.

Impossible d'attribuer à une société particulière l'invention de la chandelle : les premières ne furent sans doute que des morceaux de graisse animale enflammés. Puis vint le temps des roseaux trempés dans un corps gras fondu, plus efficaces que leurs prédécesseurs mais toujours dénués de mèche.

Les traces archéologiques indiquent que, dès le début du IIIᵉ millénaire, les Égyptiens et les Grecs utilisaient des chandelles à mèche, assez semblables à nos modernes bougies de stéarine. D'autres cultures en ont développé des variantes, utilisant comme combustible de la cire d'abeille, du suif, ou même des extraits de baies sauvages, qui entouraient une mèche faite de fibre végétale, de papyrus ou de papier de riz roulés.

« Les Amérindiens brûlaient un poisson huileux, maintenu dans une fourche de bois. »

Bob Sherman, *Candle Making History*

Brûlant à vitesse constante en donnant une flamme régulière, la chandelle fut durant des millénaires le moyen le plus confortable de produire artificiellement une lumière facile à maîtriser, efficace et de faible coût. Elle traversa le Moyen Âge. Sous sa forme contemporaine, la bougie, elle éclaira encore la première moitié du XIXᵉ siècle, quand la lampe à pétrole fit vaciller son long règne. L'éclairage à gaz, puis électrique, l'ont reléguée à un rôle décoratif, paisible et nostalgique, dans les lieux de culte et à la maison. **BG**

VOIR ÉGALEMENT : FOYER AMÉNAGÉ, LAMPE À HUILE, LAMPE D'ARGAND, ÉCLAIRAGE AU GAZ, AMPOULE INCANDESCENTE, LAMPE À LAVE

La pince (v. 3000 av. J.-C.)

Comment les pincettes devinrent un outil universel.

La pince permet de saisir des objets grâce au principe du levier. Lorsqu'ils se referment, les doigts possèdent une puissance musculaire considérable, que la pince multiplie en l'appliquant sur une zone réduite. Cet outil a connu un grand nombre de variantes destinées à agripper, faire tourner, tirer, couper ou ajuster un objet donné.

La pince est issue des instruments servant à manipuler les braises. D'abord, des bâtons et des pincettes de bois remplirent cette fonction, remplacés par le fer vers 3000 av. J.-C. Dans sa version moderne, cet outil se compose d'un pivot réunissant deux branches. D'un côté, celles-ci servent de poignées. De l'autre, elles forment les mâchoires, avec une partie plate, une partie destinée à saisir des objets cylindriques, et une partie coupante. La pince multiprise possède sur l'une de ses branches un pivot qui peut s'engager dans une série de logements ménagés sur la seconde. Cela lui permet de serrer des pièces de grand format en conservant son efficacité.

Rien ne fait peur à la pince : saisir un tuyau et le dégager, réparer des robinets, sectionner ou courber une pièce. Les pinces coupantes diagonales permettent d'intervenir au ras d'une surface, ou dans des endroits d'accès difficiles. Pour les métiers de précision, comme la bijouterie ou l'horlogerie, il existe des modèles miniatures. L'un d'eux figure même sur certains types de couteaux d'officier suisse.

La pince a fort peu changé au fil des siècles. Tant que les hommes effectueront des travaux requérant exactitude et virtuosité, elle restera sans doute leur fidèle compagne. **MF**

VOIR ÉGALEMENT : FOYER AMÉNAGÉ, MÉTALLURGIE, BRASURE ET SOUDURE

↗ *Pinces et autres instruments chirurgicaux (bas-relief du temple de Sobek et de Haroëris, Assouan, Égypte).*

Une pince utilisée sur le LEM lors de la mission Apollo 16 s'est vendue 33 000 dollars. »

Maison de vente Heritage, Dallas, mars 2008

Le moulage à cire perdue
(v. 3000 av. J.-C.)

L'humanité apprend à fondre des objets de métal.

Le moulage à cire perdue est l'une des plus anciennes techniques métallurgiques, qui demeure inégalée lorsqu'il s'agit d'obtenir en un exemplaire une forme très spécifique. Aujourd'hui, il peut s'agir d'un élément destiné à une centrale nucléaire, mais voici 5 000 ans, cette méthode servait aux Mésopotamiens et aux Égyptiens à fabriquer des bijoux, des ornements ou des statuettes d'idoles.

Voici comment procédaient les artisans de ces deux cultures : un modèle identique à l'objet désiré était d'abord réalisé en cire d'abeille. Ensuite, on le recouvrait de plusieurs couches d'argile ou de plâtre réfractaires. Ce moule était ensuite cuit au feu. En fondant, la cire laissait dans le moule l'empreinte en creux du modèle. Il suffisait de remplir de métal fondu l'espace libéré et d'attendre son refroidissement. On cassait alors le moule, qui laissait apparaître un objet parfaitement identique au modèle de cire.

« Durant des millénaires, le moulage à cire perdue s'est limité aux travaux d'art. »

Fédération européenne de moulage à cire perdue

Au cours de la Seconde Guerre mondiale, le procédé fut souvent utilisé pour produire des pièces mécaniques de précision destinées aux engins de combat. Après l'armistice, ce type de moulage fut adopté par des industries pacifiques. Il a connu des évolutions techniques, comme la mise au point de cires plus performantes, mais demeure fondamentalement inchangé depuis des millénaires. **SR**

VOIR ÉGALEMENT : MÉTALLURGIE, MOULAGE EN SABLE, MOULAGE SOUS PRESSION

Le bouton
(v. 3000 av. J.-C.)

Apparition d'un accessoire essentiel du vêtement.

Voici cinq millénaires que l'homme coud des boutons, mais nos ancêtres de l'âge de bronze les utilisaient à des fins ornementales, négligeant leur potentiel de fermeture et de fixation : le bouton, sculpté dans un morceau d'os, de corne ou de bois, laissait alors aux aiguilles et aux ceintures le soin d'assujettir l'habillement.

Ce furent les Grecs qui donnèrent au bouton son rôle fonctionnel. La première boutonnière fut une simple boucle de cordelette : l'ensemble fonctionnait comme les brandebourgs des duffle-coats.

Il fallut attendre le retour des croisades, au XIIIe siècle, pour que l'Europe adopte le bouton. Cette nouveauté coïncida avec l'émergence du goût pour les vêtements ajustés, ce qui accrut sa popularité. En 1250 naissait en France la Corporation des boutonniers. Le mot vient sans doute du vieux verbe « *bouter* », qui signifie « pousser », ou dérive peut-être du sens primitif de « bouton de fleur ».

Les boutons devinrent un signe extérieur de puissance : sur leurs vêtements, les riches les arboraient par centaines ! Au XVIe siècle, les modèles les plus extravagants étaient incrustés de pierres précieuses. Au XVIIIe, on les taillait dans l'ivoire, le verre et la porcelaine.

À la fin du XIXe siècle, le naufrage dans la Tamise d'un navire japonais chargé de boutons de nacre donna le coup d'envoi d'une tradition londonienne, les Rois et Reines de Perle. Car la cargaison de boutons de nacre, récupérée, servit à orner les vêtements de quelques dizaines de « Cockneys ». Aujourd'hui encore, les Rois et les Reines de Perle endossent leurs parures pour quêter au profit d'œuvres caritatives. **HI**

VOIR ÉGALEMENT : VÊTEMENT, COUTURE, ÉTOFFE TISSÉE, VERRE, BOUCLE

Le casque
(v. 3000 av. J.-C.)

Les guerriers mésopotamiens et égyptiens protègent leur tête.

On appelle «casque» tout instrument destiné à protéger la tête, le plus souvent des chocs traumatiques. Du sport de haut niveau à l'exploration spatiale, le domaine des casques est vaste. Ils profitent des techniques de pointe et emploient des matériaux composites ou synthétiques du type Kevlar, pour assurer le maximum de protection sous le poids le plus faible.

Les premiers casques n'avaient qu'une fonction, protéger le guerrier au combat. Mésopotamiens et Égyptiens furent les auteurs de cette innovation. Les seconds utilisaient le cuir de crocodile, extrêmement résistant, pour leur fabrication.

La guerre archaïque et son armement connurent leur âge d'or aux alentours du ve siècle av. J.-C., avec les Grecs. Outre leurs armures pectorales et leurs larges boucliers, les hoplites (fantassins grecs) étaient également munis d'un casque de bronze, généralement du type corinthien : métal massif pour protéger la tête et le cou, avec une étroite ouverture au niveau des yeux, des narines et de la bouche. Ce casque n'avait pas qu'un rôle protecteur, car il offrait à l'ennemi un masque effrayant.

Depuis, au fil des siècles, le casque a connu de nombreuses évolutions. Les romains lui ajoutèrent des protections latérales articulées, couvrant la mâchoire et la joue. Au Moyen Âge, on le munit d'une visière mobile et ajourée, mettant les yeux à l'abri des blessures. Aujourd'hui, les casques militaires utilisent le Kevlar et la fibre de carbone. Et ceux des cyclistes sont assez sophistiqués pour permettre le passage de filets d'air destinés à rafraîchir le crâne du sportif. **BG**

VOIR ÉGALEMENT : VÊTEMENT, MÉTALLURGIE, COTTE DE MAILLES

↗ *Divinité assyrienne casquée et ailée (palais d'Assurnasirpal II, Irak, 879 av. J.-C.).*

« Sur sa tête était un casque de bronze, et il portait une cuirasse à écailles. »

Samuel, XVII, 50 (à propos de Goliath)

Le ski (v. 3000 av. J.-C.)

Les Lapons arpentent la neige sur des lattes de bois.

En 5 000 ans d'existence, le ski a joué un rôle majeur auprès de nombreuses sociétés humaines. Si aujourd'hui il est synonyme de loisirs et de sport, il a longtemps servi au travail et au transport. Il s'est avéré indispensable pour la chasse et pour la guerre. Les premiers skis n'étaient pas conçus pour la vitesse : ils permettaient tout simplement à l'utilisateur de ne pas s'enfoncer dans la neige. Deux bâtons de marche assuraient son équilibre.

Des chasseurs montés sur des skis ont traqué le gibier dès l'an 3000 av. J.-C., lorsque les Lapons du Saami (territoire à cheval sur les actuelles Norvège, Suède, Finlande et Russie), commencèrent à les utiliser intensivement. Pour autant, tracer l'origine de cet instrument n'est pas aisé. Le plus vieil exemplaire conservé a été découvert à Kalvträsk, en Suède septentrionale, en 1924. Dépassant les 2 m (un peu plus que le format d'un modèle actuel), il est large de 15 cm (le double d'un ski de descente). Mais certains indices donnent à penser que le ski est encore plus ancien : en Russie, près de la mer Blanche et du lac Onega, des gravures sur pierre en dépeignent l'utilisation. En la matière, la gravure sur pierre la plus célèbre se trouve à Rødøy, en Norvège.

Des skis en bon état de conservation ont été retrouvés sous la surface de tourbières finlandaises et suédoises. Mais, encore plus ancien que le premier vrai ski – d'un vieux mot scandinave signifiant « bâton de bois » –, il existe un ancêtre fort différent de ses descendants modernes. Taillé dans les os de gros animaux, il était fixé au pied par des lanières de cuir. **CB**

VOIR ÉGALEMENT : TRAÎNEAU, PATIN À GLACE, CHAUSSURE, MÉTALLURGIE, AUTONEIGE, REMONTE-PENTE

↑ *Le plus ancien ski du monde était taillé dans du bois de pin (musée de Västerbotten, Suède).*

Le patin à glace (v. 3000 av. J.-C.)

Chaussés d'os, les Finnois s'aventurent sur la glace.

Si les chercheurs sont d'accord sur l'âge du patin à glace (5 000 ans), il n'en va pas de même pour son lieu de naissance : on en a trouvé des exemplaires un peu partout en Scandinavie et même en Russie. Pourtant, en 2008, il apparut que les communautés établies dans ce qui est maintenant le Sud de la Finlande auraient eu plus grand intérêt que les autres candidats à se chausser de patins grossiers. Le sobriquet du pays, « la terre des mille lacs », sous-estime la réalité, car la Finlande totalise 187 888 pièces d'eau douce. En gelant ces lacs, le froid multipliait les difficultés de déplacement. Avec des villages que l'eau séparait les uns des autres, et des barques prises dans la glace jusqu'au printemps, il n'y avait qu'une alternative : contourner les obstacles ou apprendre à s'aventurer sur la surface glissante.

Les os longs de gros animaux servirent à fabriquer les premiers patins. On les perça pour y passer des courroies de cuir, nouées autour des pieds. Comme les skieurs, les patineurs utilisaient alors de minces perches pour se propulser. Il fallut attendre l'apparition, en Hollande au XIVe siècle, du patin de fer pour que cet accessoire disparaisse.

Chaque hiver, les étudiants de la ville finlandaise de Jyväskylä rejoignent encore leurs établissements en patinant sur le lac qui coupe leur ville en deux. En évoluant, le patin est passé de la lame de métal fixée à la galoche de bois à la lame de métal fixée à la semelle de métal, mais le simple fait qu'un bon équilibre permette à l'utilisateur de glisser presque sans effort a assuré la popularité de cette innovation. **CB**

VOIR ÉGALEMENT : MENUISERIE, MÉTALLURGIE, CHAUSSURE, TRAÎNEAU, SKI, BOUCLE, MACHINE À NETTOYER LES PATINOIRES

↑ *Patins d'os réalisés à l'université d'Oxford, sur le modèle utilisé par les anciens Finnois.*

L'écriture cunéiforme
(v. 3000 av. J.-C.)

Les Sumériens inventent l'écriture sur tablette.

Voici 5000 ans, les Sumériens de l'ancienne Mésopotamie mirent au point la première écriture. Avec l'agriculture et l'élevage, ils étaient déjà les pionniers de la civilisation ; ils comprirent qu'ils auraient intérêt à consigner par écrit leurs transactions commerciales, plutôt que d'amasser autant de cailloux qu'ils avaient vendu de bêtes ou de mesures de blé. Très vite, leurs pictogrammes (représentations simplifiées des choses et des êtres) se transformèrent en un système sophistiqué où les articles étaient figurés par un signe et leur quantité par un autre.

« Ces temps, notre terre dégénère… À l'évidence, la fin du monde est proche. »

Inscription sur une tablette assyrienne

Ces signes, auxquels étaient associés des sons spécifiques, leur permirent ensuite d'exprimer des idées abstraites, comme la royauté ou la divinité.

Avec l'évolution du graphisme, les éléments constituant ces signes se mirent à ressembler à des coins vus de profil – autrement dit, des triangles très allongés. En effet, les Sumériens écrivaient en appliquant le bout d'un roseau taillé en pointe sur une tablette d'argile molle. D'abord vertical, le sens d'écriture passa rapidement à la ligne horizontale rédigée de gauche à droite.

Redécouverte et déchiffrée au XIXe siècle, l'écriture cunéiforme a été le premier moyen humain permettant de chroniquer et de commenter des événements avec la certitude d'en conserver la trace. **DaH**

VOIR ÉGALEMENT : ALPHABET, ENCRE, BOULIER, PARCHEMIN, PLUME D'OIE, GRAVURE SUR BOIS, CHIFFRES ARABES

Le barrage
(v. 2800 av. J.-C.)

Les Égyptiens contrôlent un fleuve.

Production électrique, contrôle des crues, réserve d'eau destinée à l'irrigation, amélioration de la navigation… et même création de plans d'eau de loisir : les barrages ont une foule de fonctions.

En 2800 av. J.-C., les Égyptiens bâtirent le premier dans la vallée de Garawi. Sa digue, qui mesurait 115 m de long, était formée d'une enveloppe de maçonnerie emplie de terre et de gravats. Mais l'ensemble n'était pas étanche et l'eau eut tôt fait de l'emporter. L'échec dissuada les Égyptiens de retenter l'aventure.

Les Romains eurent un meilleur résultat. Leurs constructions initiales utilisaient le poids des matériaux pour résister à la pression de l'eau (on parle de barrage-poids), mais au début de notre ère ils édifièrent le premier barrage-voûte à Glanum, en Provence. Il avait la forme d'un arc dont le côté convexe était dirigé vers l'amont : ainsi, la pression de la masse d'eau se trouvait redirigée vers les flancs de la vallée où s'appuyait l'ouvrage. Au XIVe siècle, les Mongols utilisèrent le même principe, mais il fallut attendre le XIXe siècle et les travaux de l'ingénieur français François Zola pour qu'il soit enfin mis en œuvre avec la rigueur nécessaire. L'arrivée du béton autorisa des ouvrages plus ambitieux : barrages multi-arches, à contreforts, en coupole, *etc.*

La Chine détient le record du projet le plus colossal, le barrage des Trois-Gorges sur le Yangzi Jiang, dont la mise en eau est prévue pour 2009. Il régulera les crues du fleuve et ses alternateurs, fabriqués par Alstom, totalisent une puissance de 18 200 mégawatts. L'équivalent de douze tranches de centrales nucléaires ! **FW**

VOIR ÉGALEMENT : IRRIGATION, CANAL, PORT CLOS

La chaise (v. 2800 av. J.-C.)

Les Égyptiens équipent le tabouret d'un dossier.

Certaines chaises se balancent, tournent, roulent, se plient, massent et même électrocutent. Mais leur ancêtre commun est la chaise toute simple, inventée voici 4800 ans. Mille ans plus tôt, l'homme avait découvert un moyen de s'asseoir autrement que sur le sol, grâce au tabouret.

Les Égyptiens élevèrent le tabouret au rang d'objet d'art. Outre l'attention qu'ils accordaient à sa beauté, les artisans des rives du Nil s'attachaient aussi à la fonction : ils inventèrent le tabouret pliant. Certains possédaient des repose-pieds et des montants ornés de têtes d'oies sculptées, où des incrustations d'ivoire figurant les plumes et les yeux. Au cours de la IIIe dynastie (2650-2575 av. J.-C.), on dota le tabouret de son meilleur accessoire, un soutien pour les reins de l'utilisateur. En accroissant graduellement la hauteur de ce support, les Égyptiens finirent par réaliser des chaises à haut dossier.

Comme leurs tabourets, les chaises des Égyptiens devinrent vite des objets d'art où la fonction ne le cédait pas à l'apparence. Celles du Moyen Empire (2040-1640 av. J.-C.) étaient capitonnées. Elles présentaient des lignes courbes et des pieds minces. Parfois, on les peignait de motifs évoquant la fourrure animale. À l'époque du Nouvel Empire (1540-1070 av. J.-C.), un nouvel élément vint compléter la chaise : le repose-bras, qui la transforma en fauteuil. Des milliers d'années plus tard, alors que l'humanité devient de plus en plus sédentaire, le repose-pieds vient fréquemment compléter ce siège dont nous cherchons depuis toujours à améliorer le confort. **RBk**

« C'est compliqué, une chaise. Un gratte-ciel est presque plus simple. D'où le succès du Chippendale. »

Ludwig Mies Van der Rohe, architecte

VOIR ÉGALEMENT : ABRI CONSTRUIT, MENUISERIE, CONTREPLAQUÉ, COLLE, HAMAC, FAUTEUIL ROULANT PLIANT

↗ *Représentation d'une chaise sur une tablette de terre cuite (sanctuaire de Perséphone, Italie, Ve siècle av. J.-C.)*

Le savon (v. 2800 av. J.-C.)

Les Babyloniens font progresser l'hygiène.

Au début du IIIe millénaire av. J.-C., Babylone connaissait le savon. Des cylindres d'argile emplis d'une substance savonneuse y ont été retrouvés. Le flanc de l'un d'eux portait une recette pour faire bouillir de la graisse et des cendres. Le savon est un émulsifiant. Ses molécules se composent d'une « queue » de matière grasse et d'une « tête » chargée électriquement. Dans l'eau, ces molécules forment des billes, avec la charge électrique à l'extérieur et les corps gras à l'intérieur. Les graisses et la saleté, non solubles dans l'eau, sont retenues à l'intérieur des billes. L'eau les emporte, ne laissant qu'une surface propre. Le savon à l'ancienne se fabrique en faisant bouillir des graisses avec des sels alcalins. Il se forme alors des glycérols et des sels d'acides gras, qui ressemblent au savon moderne. Les sels de soude fournissent un savon agressif, ceux de potasse donnent un produit plus doux. Les sels de calcium et de magnésium laissent un résidu non soluble, d'autant plus abondant que l'eau est calcaire. Le premier pain de savon blanc fut obtenu en Espagne, en combinant de l'huile d'olive et des cendres de la plante *Salsola*. Mais il fallut attendre le XIXe siècle, et la production industrielle de substances alcalines, pour que l'industrie savonnière prenne son essor. **HP**

« Le savon est le premier produit manufacturé que nous touchons au début de notre existence. »

John A. Hunt, *Brève histoire du savon*

VOIR ÉGALEMENT : DENTIFRICE, DÉODORANT, LOTION SOLAIRE, DÉODORANT À BILLE, SAVON LIQUIDE

Le pont en arc (v. 2500 av. J.-C.)

La construction fait place à l'architecture.

Le premier pont en arc, qui démoda les grossières constructions antérieures, nous sera toujours inconnu. La mise au point et l'utilisation de l'arc, ou de la voûte, ont été attribuées à la fois à la civilisation de la vallée de l'Indus (v. 2500 av. J.-C.), aux Mésopotamiens, aux Égyptiens, aux Sumériens, aux Chinois, aux Étrusques et, enfin, aux Romains.

Les premiers ouvrages de ce type étaient construits selon la technique de l'encorbellement. Elle consiste à poser dans la maçonnerie des pierres faisant saillie sur lesquelles la rangée de moellons suivant prend appui. Le pont se construit à partir des deux rives, chaque rang de pierre se calant sur le précédent, jusqu'à ce que les deux demi-arches – soutenues par un échafaudage sophistiqué – se rejoignent.

Les Romains construisirent longtemps leurs ponts en pierres sèches, puis le mortier leur permit de raffiner leur technique, si bien que de l'Espagne au Moyen-Orient nombre de leurs ponts et de leurs aqueducs ont subsisté.

L'arche peut être assimilée à une poutre incurvée en demi-cercle. Chacune de ses deux extrémités repose sur un bloc massif qui l'empêche de reprendre un profil rectiligne. Les pierres constituant une arche ne sont pas parallélépipédiques, mais en forme de coin, afin de se verrouiller les unes les autres.

Appelées voussoirs, ces pierres sont placées horizontalement au niveau des blocs de soutien, et suivent la courbe de l'arche jusqu'à la clef de voûte, où elles sont verticales. Les voussoirs répartissent le poids du pont vers les blocs de soutien. Avec un profil rectiligne, l'ouvrage aurait pu ne jamais voir le jour. **MD**

VOIR ÉGALEMENT : BRIQUE CUITE, PLÂTRE, PONT SUSPENDU, PONT À POUTRES TRIANGULÉES, PONT CANTILEVER, BÉTON ARMÉ

Le soudage et le brasage (v. 2500 av. J.-C.)

Comment réunir des pièces de métal en faisant fondre un autre métal.

La métallurgie est une composante ancienne et fondamentale de la technologie. L'utilisation du bronze (alliage de cuivre et d'étain) et du fer a été assez important pour que ceux-ci donnent leur nom aux périodes de la préhistoire durant laquelle ils prédominèrent.

Pour l'artisan, la possibilité d'assembler des pièces de métal a toujours été un élément clé de son travail. Deux procédés reposant sur la fusion – le soudage et le brasage – remplissent ce rôle depuis 4 500 ans.

Le brasage consiste à réunir deux ou plusieurs pièces de métal grâce à un autre métal chauffé jusqu'à son point de fusion: ce dernier agit comme une «colle». Le métal employé pour le brasage – la brasure – a un point de fusion plus bas que celui des pièces qu'il est chargé de réunir. Si bien que dans l'opération, les pièces ne risquent ni de fondre ni de se déformer. Aujourd'hui, le brasage fait les beaux jours des électroniciens.

Le brasage a peut-être été utilisé 4 000 ans av. J.-C. On a en tout cas constaté son emploi sur des pièces métalliques datant de 2500 av. J.-C. Le soudage est plus récent, car sa maîtrise exige des températures supérieures. Ici, les pièces sont réunies par un métal analogue à celui qui les compose. Pour que le phénomène de «collage» se produise, une partie des éléments doit donc entrer en fusion. Le soudage moderne est réalisé à l'aide d'un chalumeau oxyacétylénique (brûlant un mélange d'oxygène et d'acétylène) ou oxhydrique (oxygène et hydrogène), ou encore à l'arc électrique. Cette technique permet même de réunir des pièces de matière plastique en les ramollissant à l'aide d'un rayon laser. **BG**

VOIR ÉGALEMENT : FOYER AMÉNAGÉ, MÉTALLURGIE, MOULAGE À CIRE PERDUE, MOULAGE EN SABLE, MOULAGE SOUS PRESSION

↗ *Ouvriers fondant du métal sur un fourneau (panneau de calcaire peint, Égypte, IIe millénaire av. J.-C.).*

« Tsilla engendra Tubal-Caïn, le forgeron de tous les instruments de bronze et de fer. »

Genèse, IV, 22

Le verre (v. 2500 av. J.-C.)

Les Égyptiens inventent un matériau transparent.

Les archéologues estiment que le verre a été inventé au Moyen-Orient durant l'âge de bronze. En Égypte, on a retrouvé des perles de verre vieilles de 4 500 ans.

Le verre est un mélange de sable siliceux, d'oxyde de calcium, de soude et de magnésium, chauffé à 1 500 °C. Les premiers fourneaux peinaient à fournir la température requise et le résultat était souvent désastreux, aussi le verre était-il alors un produit de luxe. La situation changea au Ier siècle av. J.-C., avec l'invention de la canne à souffler : le verre se démocratisa et conquit l'Empire romain. Au XVe siècle, à Venise, l'utilisation de soude caustique dans le mélange de base donna le cristal. La réputation de virtuose des verriers vénitiens, établis sur l'île de Murano, dure encore.

Le verre, normalement transparent ou translucide, se colore facilement. Pour fabriquer des carreaux de fenêtres, on ajoute au mélange de l'oxyde de manganèse, mais celui qui servait pour les bouteilles ordinaires comprenait de l'oxyde de fer, de l'alumine et de la silice.

Dans les années 1950, Sir Alaistair Pilkington mit au point la technique du verre flotté : dans ce type de fabrication, le verre fondu est déposé à la surface d'un bain d'étain en fusion. Comme les deux matériaux ne se mélangent pas, le panneau de verre obtenu est parfaitement plan. Il ne requiert ni meulage ni ponçage.

Le verre trempé, employé pour les vitres des voitures, le verre résistant au feu, et la fibre optique transmettant aussi bien la lumière que les données, sont les nouveaux visages d'un matériau unique qui n'a sûrement pas dit son dernier mot. **MF**

VOIR ÉGALEMENT : VERRE SOUFFLÉ, LOUPE, LUNETTES, MIROIR DE VERRE, PYREX, FIBRE DE VERRE, VERRE FLOTTÉ

Le forgeage (v. 2500 av. J.-C.)

Les Anatoliens assemblent le fer au marteau.

Le forgeage consiste à assembler deux pièces de métal par l'effet de la pression, de la chaleur, ou des deux.

La base de cette technique est le martelage du minerai de fer. Des traces en ont été trouvées dans une tombe hittite au nord de l'Anatolie (Turquie). Le minerai était chauffé. Les scories prisonnières de la masse de fer encore solide se liquéfiaient. Le métal subissait alors un martelage, qui chassait les scories et soudait les particules de fer situées à proximité.

Le procédé a été employé pour joindre des pièces de fer. On en a trouvé des exemples dans la tombe de Toutankhamon (1350 av. J.-C.). Pour obtenir de tels assemblages, le martelage n'a eu aucun rival durant des siècles. L'un des témoignages anciens en est la colonne de fer de Delhi, érigée au IVe ou au Ve siècle. Elle perpétue le souvenir de l'habileté des anciens métallurgistes indiens.

> *« Enserrant la fracture avec des pinces brûlantes, jusqu'à ce que la soudure jaillisse… »*
>
> Vannoccio Biringuccio, artisan fondeur, XVIe siècle

Ensuite, l'électricité a ouvert le chemin du soudage à l'arc et du soudage par résistance, qui permet l'assemblage de pièces fines (quelques centièmes de millimètre) en les faisant traverser par un courant de forte intensité. Ces techniques et leurs dérivés ont fleuri durant les deux guerres mondiales. Elles continuent à progresser : le laser et le faisceau d'électrons permettent déjà d'autres prouesses. **FW**

VOIR ÉGALEMENT : MÉTALLURGIE, BRASAGE ET SOUDAGE, FER FORGÉ, PROCÉDÉ HALL-HÉROULT

Le soufflet (v. 2500 av. J.-C.)

Une invention mésopotamienne transforme la métallurgie.

Extraire des métaux de leurs minerais est l'une des percées les plus importantes de l'Antiquité. Jusqu'à l'invention du soufflet, les seuls instruments capables de pousser le feu des fourneaux étaient les poumons des artisans. Des dizaines d'hommes soufflaient dans des tuyaux pour alimenter le charbon de bois en oxygène et augmenter sa température. On extrayait ainsi de leurs minerais le cuivre et l'étain ; on fondait le bronze, l'argent et le cuivre.

Or les muscles des bras et des jambes sont plus puissants que ceux animant les poumons : un homme maniant le soufflet est 70 fois plus efficace que celui qui utilise son souffle. Les fourneaux augmentèrent donc de taille. Une cuve fabriquée à Talla, en Mésopotamie, vers 2500 av. J.-C. constitue le témoignage le plus ancien de l'usage du soufflet, mais son invention est sans doute antérieure.

La cuve, dans laquelle on faisait du feu, comporte deux orifices auxquels étaient fixés les soufflets. Ils fonctionnaient alternativement, créant un flux d'air continu qui facilitait la fonte du minerai.

En outre, le soufflet utilise l'air ambiant, plus riche en oxygène mais plus pauvre en dioxyde de carbone et en vapeur d'eau que l'air expiré. La technique permettait d'atteindre des températures suffisantes pour fondre le fer. Pourtant, l'existence du soufflet seul n'indique pas que les Mésopotamiens de l'époque l'aient utilisé pour travailler le minerai de fer. Un millénaire dut encore s'écouler pour que l'invention gagne l'Égypte, puis l'Europe. Il n'en demeure pas moins que l'extraction du fer a ouvert aux sociétés humaines tout un monde de possibles. **RP**

VOIR ÉGALEMENT : FOYER AMÉNAGÉ, MÉTALLURGIE, BRASAGE ET SOUDAGE, FORGEAGE, FER FORGÉ

↗ *Des forgerons soufflent l'air dans un fourneau (bas-relief de Saqqarah, Égypte, v. 2300 av. J.-C.).*

« Il me donna une outre faite de cuir de bœuf… où il avait enfermé les vents mugissants. »

Homère, *L'Odyssée*

Les toilettes (v. 2500 av. J.-C.)

Le confort sanitaire séduit la vallée de l'Indus.

Internet ? La télé ? Le moteur thermique ? Toutes ces innovations clés font pâle figure face à celle qui demeure la percée majeure de l'histoire humaine : les lieux d'aisance à évacuation.

Selon les archéologues, 2 500 ans av. J.-C. on trouvait déjà des toilettes à chasse d'eau : les habitants de la vallée de l'Indus avaient mis au point un système très élaboré, accompagné de toute la tuyauterie nécessaire. Chaque maison comportait des toilettes avec siège : les matières étaient emportées par un flux d'eau au long d'un système de tout-à-l'égout, aux canalisations couvertes par des briques d'argile crues. Ce système resta en vigueur en Inde tant que dura la civilisation de la vallée de l'Indus, c'est-à-dire de 3000 à 1700 av. J.-C.

En Égypte, un système analogue utilisant l'eau courante apparut un peu plus tard. Quant aux Romains, ils imaginèrent carrément les toilettes de voyage !

Après un millénaire de déplorable laisser-aller sur le plan de l'hygiène – entre 500 et 1500 apr. J.-C. –, les toilettes connurent de sensibles améliorations. John Harrington, filleul de la reine d'Angleterre Élisabeth Ire, inventa les water-closets en 1596, mais son innovation ne s'imposa pas. Deux siècles plus tard, des esprits imaginatifs reprirent le flambeau et améliorèrent les innovations de Harrington. Le modèle de Joseph Bramah, par exemple, équipa nombre de bateaux.

Les premières toilettes en porcelaine apparurent en 1885, à l'initiative du négociant en céramique Thomas Twyford. Elles comportaient un siphon à eau, isolant l'utilisateur de l'air nauséabond circulant dans le tout-à-l'égout. **BG**

VOIR ÉGALEMENT : ÉGOUTS, PAPIER TOILETTE, SIPHON DE W.-C., ROBINET FLOTTEUR

Les égouts (v. 2500 av. J.-C.)

L'art de connecter les toilettes à une évacuation.

Plus qu'un souci sanitaire, ce fut le désir de se débarrasser des mauvaises odeurs qui imposa les égouts. Certes, la plupart des premières communautés humaines s'étaient établies près de voies d'eau naturelles qui permettaient l'évacuation des latrines, mais l'apparition des grandes villes fit vite sentir les limites de l'approche.

Les Babyloniens creusaient des cloaques sous leurs demeures et ménageaient des systèmes d'évacuation destinés aux eaux des orages. Mais il fallut attendre 2500 av. J.-C. pour qu'un réseau d'égouts fait de conduits de briques soigneusement alignées naisse dans la vallée de l'Indus : il évacuait les déchets des particuliers. Leurs toilettes, installées du côté rue, communiquaient avec ces égouts. Pour les vider, on y jetait de l'eau claire.

« Lorsque le plombier et l'ingénieur sanitaire eurent fini leur travail... Les maladies reculèrent. »

Lewis Thomas, chercheur en médecine

Plusieurs siècles plus tard, de grandes villes comme Rome ou Constantinople s'équipèrent de réseaux d'égouts de plus en plus sophistiqués, dont certaines sections sont toujours utilisées. Mais aujourd'hui, les déchets sont convoyés dans des unités de traitement, au lieu d'être rejetés à la mer ou dans un fleuve.

Sur ce chapitre, l'Europe est longtemps restée à la traîne : jusqu'au XIXe siècle, le système d'égouts, vétuste et inadapté, était cause d'épidémies de typhoïde ou de choléra aussi fréquentes que mortelles. **RBd**

VOIR ÉGALEMENT : BRIQUE SÈCHE, POTERIE, TOILETTE, SIPHON DE W.-C., ROBINET FLOTTEUR

Les pesticides (v. 2500 av. J.-C.)

Le soufre protège les récoltes des Sumériens.

L'agriculture est le socle de la civilisation. Les premières villes et les premières cultures virent le jour voici 9 000 ans en Mésopotamie. Mais tout miser sur le succès d'une récolte annuelle était risqué. Une mauvaise météo, une invasion d'insectes, une maladie des plantes pouvaient faire perdre la moisson et menacer la population de famine.

Pour limiter les destructions des insectes et autres nuisibles, on s'en tint au ramassage manuel des larves et à la rotation des cultures, qui consiste à semer d'année en année des plantes différentes sur la même parcelle. Les premières traces d'utilisation d'un agent chimique ont été relevées à Sumer vers 2500 av. J.-C.: le soufre y servait à éloigner les insectes dans le cadre d'une agriculture très sophistiquée, recourant à l'irrigation et au travail de masse pour récolter l'orge, le blé, les pois chiches et les légumes. L'utilisation de soufre en poudre éloignait les rongeurs, les insectes et évitait les moisissures.

Ces méthodes restèrent dominantes jusqu'à la Seconde Guerre mondiale, quand survint l'emploi d'une substance chimique, le DDT: il servit d'abord à exterminer les moustiques, vecteurs de maladies graves, comme la malaria et le typhus. Cinq ans plus tard, l'immunité nouvelle des insectes au DDT fit recourir aux organophosphates. Aujourd'hui, deux millions et demi de tonnes de pesticides sont utilisées chaque année. Mais l'existence de technologies alternatives, la peur des conséquences sur la santé humaine et le regain d'intérêt pour l'agriculture biologique sont en train d'amenuiser la confiance que nous portons aux pesticides chimiques. **MB**

VOIR ÉGALEMENT : ENGRAIS ARTIFICIEL, DDT

Paysans inspectant leurs champs (peinture murale de la XVIIIe dynastie, vallée des Nobles, Égypte).

« Pour chasser les nuisibles, Ulysse enfuma la salle, la demeure et la cour à l'aide de soufre enflammé. »

Homère, *L'Odyssée*

Les mesures normalisées (v. 2500 av. J.-C.)

Les échanges commerciaux sont facilités.

La transaction commerciale repose sur un système uniforme de poids et de mesures auquel les deux parties peuvent recourir de plein gré, pour s'assurer que les quantités de marchandise données ou reçues sont exactes, et correspondent à l'accord initial. Le premier système de cet ordre fut établi par la civilisation de la vallée de l'Indus, au nord-ouest du sous-continent indien. Avec ses grandes villes, comme Mohenjo-Daro et Harappa, c'était l'une des cultures les plus avancées de son temps, du niveau de la Mésopotamie ou de l'Égypte. Ses marchands et ses comptables réalisèrent des séries de cubes de chert (une forme cristalline de la silice) dont le poids doublait de l'un à l'autre : unité, deux fois l'unité, 4, 16, 32, 64. Les poids suivants pesaient 160 unités, puis 320, et la série se poursuivait selon les multiples de 160.

« Rien de trop, en tout la mesure. »

Graffiti sur l'esplanade du temple de Delphes (Grèce)

Joailliers et bijoutiers utilisaient les poids les plus faibles. Les plus gros, qu'on soulevait à l'aide d'un cordage, servaient pour peser le grain et le bois. En Mésopotamie, à la même époque, l'unité de référence était un produit naturel : par exemple, le grain de blé. Mais le grain varie en poids et en taille, ce qui en fait un étalon peu fiable. Un système uniforme fut donc mis au point, utilisant des pierres taillées à l'effigie d'une oie endormie. **SA**

VOIR ÉGALEMENT : SYSTÈME MÉTRIQUE, FUSEAUX HORAIRES, SYSTÈME INTERNATIONAL D'UNITÉS

Le fer forgé (v. 2500 av. J.-C.)

Un pas dans l'évolution de la métallurgie.

Lorsqu'on parle de fer, on pense en général au fer forgé. C'est l'un des trois matériaux issus du minerai de fer, élément courant ayant la faculté de se combiner à d'autres éléments, et donc de se présenter sous une grande variété de formes. Pour obtenir du fer forgé, on chauffe, sans le faire fondre, du minerai de fer avec du charbon de bois. L'opération réduit l'oxyde de fer à l'état de fer. Le produit final contient des scories et d'autres impuretés qui l'empêchent de se corroder.

Le fer forgé est la forme la plus ancienne du fer. Apparu vers 2500 av. J.-C., il a donné son nom à l'âge de fer. Plus près de nous, au XVe siècle, les hauts-fourneaux qui constellèrent l'Europe occidentale le rendirent accessible avant que sa cousine la fonte (dont une forme sert aujourd'hui à fabriquer des pièces de machines ou d'automobile, des tuyauteries, *etc.*) ne se popularise.

« On ne forge pas des clous avec du bon fer, on ne fait pas des soldats avec des hommes de qualité. »

Proverbe chinois

De nos jours, le fer forgé sert à la restauration de ferronneries historiques et à la création de pièces de haute qualité. L'acier (le troisième état du fer) possède un fort taux de carbone et une grande dureté. L'acier doux, mis au point par Henry Bessemer au XIXe siècle, est à la fois plus résistant et moins coûteux à fabriquer que le fer. L'introduction de l'acier marqua le déclin progressif d'un matériau naguère indispensable. **DaH**

VOIR ÉGALEMENT : MÉTALLURGIE, SOUDAGE, SOUFFLET, HAUT-FOURNEAU, PROCÉDÉ BESSEMER

L'encre
(v. 2500 av. J.-C.)

Les Chinois rehaussent les lettres gravées avec des pigments.

L'encre n'est rien d'autre qu'un pigment dilué dans de l'eau. Lorsque l'eau s'évapore, le pigment reste accroché à la surface. Les premières encres, inventées voici 4 500 ans, étaient faites d'un mélange de suie, d'huile de lampe, de gélatine tirée de la peau des animaux et de musc... pour masquer l'odeur de l'ensemble. On les utilisait pour noircir les caractères gravés sur la pierre. Plus tard, des encres de meilleure qualité furent mises au point. Elles utilisaient comme pigments des minéraux en poudre, comme des extraits de plantes.

Avec l'irruption de l'écriture sur papyrus puis sur papier, apparurent des encres nouvelles, permettant d'écrire des textes permanents et détaillés. Voici deux millénaires et demi, les Chinois mirent au point une encre solidifiée sous forme de bâtonnet, encore en usage aujourd'hui. On racle le bâtonnet à la demande et les copeaux sont dissous dans de l'eau.

Certaines préparations recouraient à des métaux, des enveloppes de graines et à l'encre de seiche qui donne une teinte brun sombre, le sépia. Voici 1 600 ans, l'une de ces recettes comportait des sels de fer, du tanin et un épaississant. Son bleu-noir remporta un grand succès. Malheureusement, le temps le faisait virer au brun.

Au xve siècle, l'invention de la presse à imprimer exigea un nouveau type d'encre, capable d'adhérer aux caractères typographiques : un mélange épais et huileux de suie, de térébenthine et d'huile de noix fut mis au point. Les encres modernes sont des mélanges complexes, incluant entre autres solvants, pigments, teintures, résines et lubrifiants. **RBd**

VOIR ÉGALEMENT : PAPIER, PLUME D'OIE, LITHOGRAPHIE, STYLO À BILLE, IMPRIMANTE À JET D'ENCRE

↗ *Traité sur papyrus, rédigé en hiéroglyphes tracés à l'encre (Égypte, période gréco-romaine, Ier siècle).*

« L'encre la plus pâle est plus précise que la mémoire la plus vive. »

Proverbe chinois

Le port clos (v. 2500 av. J.-C.)

Le premier dock est creusé sur la côte indienne.

Le premier port clos, ou bassin de marée, a sans doute été creusé voici 4 500 ans par la civilisation de la vallée de l'Indus. Il se trouve sur la côte orientale de l'Inde, dans l'État de Gujarat, et plus précisément à Lothal, sur les emprises de l'actuel port de Mangroul.

Découvert en 1955, il formait un trapèze de 37 m dans son axe est-ouest et de 22 m dans son axe nord-sud, dont les côtés étaient constitués de briques cuites. Des canaux permettaient l'évacuation de l'eau et évitaient l'érosion des berges. Côté nord, la construction donnait sur l'estuaire du fleuve Sabarmati et des écluses permettaient de retenir l'eau, afin que les bateaux mouillés dans le dock demeurent à flot même à marée basse.

L'entrée du dock pouvait faire passer deux navires de concert. Une infrastructure adaptée permettait le chargement et le déchargement des cargaisons. Les navires qui fréquentaient le port de Lothal voguaient certainement jusqu'aux deltas du Tigre et de l'Euphrate, en Mésopotamie. Les produits acheminés jusqu'en Inde comportaient des tissus de coton, des perles de verre et des denrées alimentaires.

Une forte inondation survint en 2200 av. J.-C.; trois siècles plus tard, le port de Lothal était obstrué par le sable et les alluvions. Ces événements déclenchèrent le déclin de la zone, déclin qui devait durer des siècles. Les fouilles archéologiques entreprises durant les années 1950 ont permis de comprendre l'importance de cette ville portuaire, et les experts s'accordent à reconnaître en elle un excellent exemple d'architecture maritime. **RH**

VOIR ÉGALEMENT : CANAL, BARRAGE, PIROGUE CREUSÉE, AVIRON, VOILES, GOUVERNAIL, ÉCLUSE, ASCENSEUR À BATEAUX

↑ *Les bateaux accédaient au port trapézoïdal de Lothal par un étroit chenal débouchant sur le fleuve Sabarmati.*

Le tunnel (v. 2180 av. J.-C.)

Les Babyloniens creusent la première artère souterraine.

Il est probable que les habitants de Babylone aient creusé un tunnel sous l'Euphrate voici 42 siècles, grâce à la technique de la « tranchée couverte » : une fois le cours du fleuve détourné, une large tranchée fut pratiquée dans son lit, où l'on mit en place un cylindre de briques. Ensuite, l'Euphrate retrouva son parcours habituel. Mais les preuves de cette prouesse ne sont pas infaillibles, et nous devons nous tourner vers un passé plus récent. Dans la Vallée des Rois, nombre de tombes des pharaons inhumés entre 1481 et 1069 av. J.-C. sont accessibles par un tunnel percé dans la roche – mais à l'évidence, il s'agit moins d'un passage que d'une simple entrée.

Le premier vrai tunnel, creusé dans la roche à partir de ses deux extrémités, fut celui d'Hézékiah (ou de Siloam), à Jérusalem. Il fut percé pour servir d'aqueduc et fournir la ville en eau, alors que les Assyriens en préparaient le siège. Avant de se rencontrer au centre de l'ouvrage, les deux équipes d'excavateurs commirent quelques erreurs d'orientation. Si bien que pour relier la source de Gihon au réservoir de Siloam, près des murs de la ville, ce tunnel mesure 535 m. Or, en ligne droite, la distance entre la source et le réservoir n'est que de 309 m. Avec une bien meilleure précision, le fameux ingénieur grec Eupalinos de Mégare creusa un tunnel parfaitement rectiligne à travers le mont Kastro pour alimenter en eau la capitale de l'île de Samos. L'ouvrage, réalisé entre 550 et 530 av. J.-C., mesure 1 036 m. Lorsque les deux équipes se rencontrèrent, la différence de niveau entre leurs percées n'était que de 3 cm ! **SA**

VOIR ÉGALEMENT : PONT EN ARC

↑ *Les ingénieurs du tunnel d'Hézékiah (un aqueduc souterrain) ont sans doute tiré parti d'une caverne existante.*

Le filtre à eau

(v. 2000 av. J.-C.)

Première étape pour la purification de l'eau.

Durant des milliers d'années, l'homme a cherché comment disposer partout d'eau potable. À en croire des textes sanskrits datant de 2 000 ans av. J.-C., le filtrage de l'eau semble avoir été inventé dans la vallée de l'Indus, une zone recouvrant le Pakistan et l'Inde occidentale. Le *Sus'ruta Samhita*, un traité de médecine, comporte des instructions surprenantes de sagesse : « L'eau souillée doit être purifiée en la faisant bouillir sur un feu, ou en la chauffant au soleil, ou en y plongeant une tige de métal incandescent. On peut également la filtrer dans du sable et du gravillon. Il faut ensuite la laisser refroidir. » Néanmoins, ces méthodes s'attachaient plus à la limpidité et au goût de l'eau qu'à l'hygiène.

Dès 1500 av. J.-C., les anciens Égyptiens, attentifs à l'aspect de leur eau potable, y mêlaient de l'alun pour faire disparaître les particules qui la troublaient. Une dizaine de siècles plus tard, le médecin grec Hippocrate inventa un filtre à eau tubulaire auquel il donna son nom : la manche d'Hippocrate.

C'est au XVIIIe siècle qu'apparurent les méthodes de filtration au moyen du sable, qui permirent d'assainir l'eau des grandes villes.

Mais il fallut attendre le XIXe siècle pour que le lien entre la santé et la qualité de l'eau soit fait. Jusqu'ici, toutes les méthodes posaient comme postulat qu'une eau limpide et bonne à boire était pure. Mais en 1855, Londres fut frappée par une épidémie de choléra, dont la cause s'avéra une source contaminée. Le public et les autorités comprirent que des éléments invisibles, en suspension dans l'eau, pouvaient causer de graves problèmes sanitaires. **RH**

VOIR ÉGALEMENT : DISTILLATION, FILTRE À CAFÉ

La serrure mécanique

(v. 2000 av. J.-C.)

Les serruriers égyptiens font échec aux voleurs.

Voici 4 000 ans que les Égyptiens ont inventé les serrures. Elles dérivaient de la barre de bois que l'on bloque dans une anfractuosité du mur afin de condamner une porte. Pour immobiliser la barre en position verrouillée, on pratiqua dans celle-ci une série de trous, où des chevilles coulissant dans un support s'engageaient sous l'effet de la gravité. Pour déverrouiller la porte de l'extérieur, une clé de bois munie de dents dont l'emplacement correspondait à celui des chevilles était engagée dans un trou de la porte, en dessous de la barre de bois. La clé soulevait les chevilles et rendait sa liberté à la barre. De telles clés pouvaient mesurer jusqu'à 60 cm de long.

« Les serrures récentes sont si magnifiquement agencées que l'artiste y dépasse le mécanicien. »

F. J. Butter, *Serrures et matériel de bâtiment*

Le métal permit la miniaturisation de ces mécanismes encombrants ; ils devinrent par ailleurs plus précis et résistants. Les protections mécaniques destinées à éviter le crochetage étaient déjà connues des Romains. Et les « serrures de voyage », autrement dit les cadenas, devinrent vite irremplaçables pour les marchands en route vers les villes d'Europe ou d'Asie.

Durant la Renaissance, le serrurier prit rang de maître artisan. Les serrures ornementales devinrent un symbole de bon goût. Depuis, le combat feutré entre le serrurier et le cambrioleur a fait naître nombre de solutions ingénieuses. **RBd**

VOIR ÉGALEMENT : MÉTALLURGIE, SERRURE À COMBINAISON, CADENAS, SERRURE À GORGES, SERRURE À POMPE, SERRURE À MINUTERIE, SERRURE À GOUPILLES

L'anesthésie

(v. 2000 av. J.-C.)

Les Égyptiens apprennent à calmer la douleur.

Nombre d'avancées de la médecine moderne, de l'intervention à cœur ouvert jusqu'aux prothèses articulaires, auraient été inenvisageables dans un monde incapable de maîtriser la douleur. Mais quelle est donc l'origine de l'anesthésie ?

Pour autant que nous le sachions, les premiers médecins n'ont jamais pris la peine d'assommer leurs patients avant de les opérer. Mais les praticiens égyptiens et assyriens comprimaient en même temps leurs deux artères carotides, privant le cerveau de son afflux sanguin normal et déclenchant une perte de conscience. Les Égyptiens offraient en outre un peu d'opium au patient, tandis que les Assyriens s'en tenaient à un mélange de belladone, de chanvre indien et de mandragore. Les Grecs et les Romains reprirent ces techniques en les améliorant ; les Arabes pratiquèrent même l'anesthésie par inhalation.

Les formes modernes de cette pratique remontent à la seconde moitié du XVIIIe siècle, quand Joseph Priestley isola le monoxyde d'azote. Sir Humphrey Davy comprit ses qualités anesthésiques et soporifiques mais... plus qu'à des fins médicales, la substance servit surtout à des passe-temps de salon. Tout changea lorsqu'un dentiste américain l'utilisa pour extraire des dents sans faire hurler ses patients. Quelques années plus tard, l'éther le remplaça, d'abord pour les soins dentaires, puis pour le reste. Le chloroforme, certes moins inflammable mais bien plus enclin à causer des complications, prit leur place dans quelques endroits. **BMcC**

« [Adam] s'endormit : [Dieu] prit l'une de ses côtes, et referma la chair à sa place. »

Genèse, II, 21

VOIR ÉGALEMENT : PROTOXYDE D'AZOTE, ÉTHER, CHLOROFORME ANESTHÉSIANT

↗ *Sous les traits d'Osiris, le jeune Ramsès II offre à son père un baume censé le soulager.*

Le char à roues rayonnées (v. 2000 av. J.-C.)

Les Égyptiens inventent une plate-forme de combat mobile.

L'art de la guerre connut une révolution au début du IIe millénaire av. J.-C., avec l'invention du char à roues rayonnées. Les outils de bronze permirent de délaisser la grossière roue de planches jointes pour la remplacer par un élément bien plus léger : des rayons de même longueur, disposés régulièrement autour du moyeu, étaient immobilisés par une jante de bois circulaire, elle-même cerclée de bronze.

D'un diamètre plus grand que sa devancière, l'innovation franchissait facilement les obstacles. Elle permit de construire des chars à deux roues, généralement attelés d'un cheval, emmenant un conducteur et un guerrier. Cet équipage léger dépassait en vitesse n'importe quel fantassin ennemi, et le guerrier avait beau jeu de se servir de sa lance, de son glaive ou de son arc. L'utilisation de tels véhicules de combat essaima vite dans tout le Proche-Orient. Les Hyksos les firent connaître aux Égyptiens dès le XVIe siècle av. J.-C. L'utilisation du fer en lieu de bronze les rendit encore plus efficaces : le nouveau métal permit à ces machines de guerre de gagner en vitesse et en puissance. **SA**

« Le dieu favorable, [Horus] le doré, brillant sur le char comme le soleil levant… »

Tablettes de victoire d'Amenhotep III (1397-1353 av. J.-C.)

VOIR ÉGALEMENT : MENUISERIE, MÉTALLURGIE, VOIE DE RONDINS, ROUE ET ESSIEU, GRAISSE LUBRIFIANTE, CHARRETTE, AUTOMOBILE

Chars peints sur un coffre de bois (Vallée des Rois, Égypte, v. 1330 av. J.-C.).

La brique cuite (v. 2000 av. J.-C.)

Un nouveau matériau naît au Moyen-Orient.

À l'origine, une maison de brique se composait de blocs de boue et d'argile compactées, que l'on laissait sécher au soleil. Une fois solidifiées, les briques étaient empilées pour former des murs grossiers. Mais le gros problème de ce matériau était que la pluie le faisait vite retourner à son état premier : la boue. Entre l'invention des premières briques crues et celle des premières briques cuites, il fallut à peu près cinq millénaires aux briquetiers pour trouver la solution.

Avec un mélange d'argile, de sable et d'eau, les artisans du Moyen-Orient obtenaient une masse souple et modelable. Portion par portion, le mélange était formé dans des moules de bois. Les briques étaient placées dans un four et chauffées à 2 000 °C. Une fois refroidies, elles avaient acquis une certaine solidité.

La brique cuite permit la construction des premières structures vraiment permanentes : grâce à elle, les bâtiments résistaient sans problème aux climats extrêmes, aux changements de température et à l'effritement. Depuis leur invention, les briques cuites ont connu nombre d'améliorations : le mélange qui les compose a été modifié. Le progrès technologique a permis leur production de masse. Et pourtant, la méthode de base qui permet de les fabriquer n'a pas varié d'un pouce. **CL**

« Ils se dirent les uns aux autres, fabriquons des briques et cuisons-les soigneusement. »

Genèse, XI, 3

VOIR ÉGALEMENT : ABRI CONSTRUIT, POTERIE, FOUR, BRIQUE CRUE, PLÂTRE, BÉTON ARMÉ

La scie (v. 2000 av. J.-C.)

L'Égypte invente la scie à dents métalliques.

Les ancêtres de la scie sont les outils néolithiques. Les archéologues ont trouvé en Égypte des scies à dents métalliques datant de 2000 av. J.-C. Les premières lames étaient de cuivre, puis les Romains employèrent le fer, renforcèrent la partie supérieure de la lame et la montèrent dans un cadre de bois. Au XIXe siècle, l'apparition d'une lame d'acier rigide fixée à une poignée de type pistolet améliora la précision de coupe.

La lame d'une scie peut être abrasive et fonctionner comme une lime. Par exemple, la meuleuse électrique dont le disque, tournant à plusieurs milliers de tours/minute, entame même la pierre dure. Une scie à main à lame dentelée peut couper en poussant et en tirant : c'est le cas des scies à bûche, des gigantesques scies de scieurs de long, utilisées avant la mécanisation pour débiter les troncs d'arbres dans leur longueur, ou des grosses scies égoïnes dont les dents ressemblent à des burins. Les scies prévues pour couper une planche par le travers ont au contraire des dents plus petites et très acérées, qui agissent comme des couteaux, le plus souvent lorsque l'on pousse. Chacune des dents d'une scie est inclinée vers l'extérieur selon un angle précis : c'est la « voie », qui évite à la lame de se coincer dans le bois et permet une meilleure évacuation de la sciure.

Parmi les évolutions mécanisées de cet outil essentiel, on compte la scie circulaire, inventée en 1777 par Samuel Miller et la tronçonneuse à chaîne, mise au point en 1830 par l'orthopédiste allemand Bernard Heine, dans le but de couper les os. **MF**

VOIR ÉGALEMENT : LAME DE PIERRE TRANCHANTE, MÉTALLURGIE, HACHE, SCIE CIRCULAIRE, SCIE À RUBAN, TRONÇONNEUSE ÉLECTRIQUE

L'alphabet (v. 2000 av. J.-C.)

Le premier alphabet phonétique est égyptien.

En 1999, l'égyptologue John Darnell révéla au monde que le graffiti vieux de 4 000 ans, qu'il avait découvert à Wadi el-Hol (désert occidental égyptien), représentait le plus vieil alphabet phonétique de l'humanité. Comportant des éléments hiéroglyphiques archaïques et des caractères sémitiques, la trouvaille venait contredire une vieille certitude, selon laquelle l'alphabet phonétique était apparu à Canaan (zone correspondant à Israël et à la Cisjordanie) au milieu du IIe millénaire av. J.-C.

Néanmoins, ces signes, gravés dans une falaise de calcaire tendre, sont certainement l'œuvre de Cananéens, ou plutôt de mercenaires parlant une langue sémitique et servant dans l'armée égyptienne sous le Moyen Empire (2050 à 1780 av. J.-C.). Dérivée des hiéroglyphes égyptiens, cette langue simplifiée permettait aux soldats, tout comme aux civils, d'inscrire leurs pensées et de lire celles des autres. La plupart des graffitis sont des noms propres ; en effet, une croyance voulait que si l'on lisait le nom d'une personne après sa mort, son sort dans l'au-delà s'en trouverait amélioré.

« Le monde abonde en alphabets hors d'usage, dont le code est perdu. »

Roger Caillois

Quatre millénaires plus tard, l'impact de ce premier système d'écriture phonétique est plus que jamais présent : tous les alphabets (hormis l'hangul coréen) en découlent directement ou indirectement. **DaH**

VOIR ÉGALEMENT : ÉCRITURE CUNÉIFORME, SÉMAPHORE, BRAILLE

L'ombrelle et le parapluie (v. 2000 av. J.-C.)

L'homme invente une protection contre le soleil et contre la pluie.

Ce furent les Chinois ou les Égyptiens qui créèrent l'ombrelle : dans ces deux cultures, on a découvert la trace de dispositifs destinés à abriter le monarque et les grands personnages des ardeurs du soleil. La tâche consistant à maintenir une ombrelle au-dessus d'une tête couronnée était souvent réservée aux serviteurs du rang le plus haut. Les Chinois améliorèrent la technologie de l'invention et cirèrent le papier de leurs ombrelles, ce qui les transforma en parapluies. Voici 4 000 ans, ils pensèrent également à les rendre pliantes. L'essentiel du design actuel était déjà là.

Gagnant Rome et la Grèce, l'ombrelle servit à protéger le teint pâle des dames (et de quelques messieurs délicats) lors des représentations théâtrales en plein air. Ces ombrelles-là étaient faites de cuir ou de peaux d'animaux. L'invention dut attendre le règne de la reine Anne (fin du XVIIe et début du XVIIIe siècle) pour conquérir l'Angleterre. Les femmes n'utilisaient que sa fonction parapluie. Mais la toile employée, une soie huilée ou enduite de cire, s'avérait difficile à replier lorsqu'elle était mouillée. L'invention révulsa les bigots, puisqu'elle contrecarrait le dessein de la Providence de mouiller ses créatures, et les cochers de fiacres, à qui elle faisait perdre des clients, désormais ravis de marcher sous la pluie.

L'association exclusive de l'ombrelle et de la féminité fut secouée au milieu du XVIIIe siècle, lorsqu'un écrivain doublé d'un fondateur d'hôpital, Jonas Hanway, décida d'arborer un parapluie. Trente ans durant, son fidèle pépin le protégea du soleil et des averses. Très vite, l'accessoire devint unisexe. **DK**

VOIR ÉGALEMENT : ÉTOFFE TISSÉE, PAPIER, MÉTALLURGIE, MENUISERIE

↗ *Bouddha, debout sur une fleur de lotus et protégé par une ombrelle (miniature birmane du XIXe siècle).*

« Les Américains n'ont jamais de parapluie. Ils croient au soleil éternel. »

Alfred E. Smith, politicien américain

La meule (v. 2000 av. J.-C.)

Deux pierres conçues pour moudre le grain.

Lorsque l'homme abandonna son existence nomade de chasseur-cueilleur et se sédentarisa pour cultiver la terre, une nouvelle gamme d'outils devint nécessaire. Récolter des céréales est une chose; les moudre pour en tirer la farine et faire du pain, une autre. Dans ce but fut conçu un ustensile adapté : la meule.

Voici environ 4 000 ans, on découvrit qu'en superposant deux pierres rugueuses, une grosse et une petite, puis en les frottant l'une contre l'autre, les grains placés entre leurs deux surfaces étaient réduits en petites particules.

Le second stade fut franchi lorsque l'on comprit qu'il serait préférable de faire tourner la pierre supérieure (la meule mobile) sur la pierre de base (la meule dormante), au lieu de déplacer la première selon l'axe longitudinal de la seconde. On pensa ensuite à percer la pierre supérieure pour y faire couler directement les grains; le même phénomène de gravité permettait à la farine de tomber dans des bacs prévus à cet effet.

« Qui premier vient au moulin, qui premier doit moudre. »

Proverbe français

Les Romains préféraient, pour leurs meules, des laves rugueuses soigneusement sélectionnées. Avec l'apparition des moulins à vent et à eau, les meules ne furent plus limitées en taille par l'énergie musculaire disponible, et leur dimension augmenta. Pour les grains, les herbes ou les oléagineux, elles sont encore en usage dans les pays où la mouture à la main n'a pas disparu. **BMcC**

VOIR ÉGALEMENT : GRENIER, MOULIN À VENT, MOULIN À EAU, MOULIN À MARÉE, MOULIN À FARINE MÉCANIQUE

L'aqueduc (v. 2000 av. J.-C.)

Les Minoens imaginent la conduite d'eau.

Au sens propre, un aqueduc est une conduite artificielle destinée à acheminer l'eau, mais le terme est souvent limité à tort aux ponts construits pour faire franchir des points bas à la conduite en question.

Les civilisations riveraines du Tigre, de l'Euphrate ou du Nil détournaient l'eau de ces puissants fleuves à des fins d'irrigation; mais pour les Minoens de Crète, l'eau était un bien si rare qu'ils durent mettre au point un système sophistiqué de stockage et de distribution, dès le début du IIe millénaire av. J.-C.

Parmi tous les anciens réseaux d'acheminement du précieux liquide, ceux des Romains sont les plus célèbres. Entre 312 av. J.-C. et 226 apr. J.-C., ils construisirent onze grands aqueducs destinés à alimenter Rome en eau.

« C'est un triste sort de creuser un puits lorsque la soif vous tenaille. »

Plaute, dramaturge romain

Il fallut attendre la fin du XIXe siècle pour que le boom démographique des grandes villes d'Europe, Londres en tête, rendît nécessaire la création de nouveaux aqueducs.

Les États-Unis reprirent le flambeau au XXe siècle et bâtirent d'ambitieux réseaux d'alimentation pour subvenir aux besoins de leur population. Parmi ceux-ci, citons l'aqueduc de Californie, construit en 1963 afin de desservir la région de Los Angeles. Sa longueur de 1 150 km et son flux moyen de 370 m³ par seconde ont encore valeur de record. **FW**

VOIR ÉGALEMENT : CANAL, PONT EN ARC, BARRAGE, TUNNEL, ÉGOUTS

Au Ier siècle, la construction du pont du Gard demanda quinze ans de labeur à ses bâtisseurs romains.

La balle de caoutchouc (v. 1600 av. J.-C.)

Les Mexicains inventent la sphère qui rebondit.

Quand d'autres peuplent se renvoyaient des ballons faits de tissu cousu ou de vessie de bovins, les anciens habitants de l'actuel Mexique et de l'Amérique centrale pratiquaient un jeu de vie ou de mort avec des balles de caoutchouc traité. En ajoutant la sève de la plante ipomée à la gomme de latex récoltée sur le *Castilla elastica* (le caoutchouc local), ils obtenaient des balles au rebond phénoménal.

Dès 1600 av. J.-C., ces anciens Américains utilisaient la technique pour obtenir un caoutchouc résistant, bien moins friable que le latex pur. Une fois préparé, le mélange se prêtait à tous les modelages, mais il durcissait en quelques minutes et l'objet ne pouvait plus ensuite être modifié. Ils s'en servaient pour nombre d'usages, entre autres pour fabriquer des balles de diverses tailles : les plus grosses dépassaient la taille d'un ballon de volley et pesaient jusqu'à 3,5 kilos. Elles étaient utilisées pour des jeux rituels, lourds de signification politique et religieuse.

Car pour ces civilisations, le jeu résumait leur vision de la vie, et celle-ci se limitait à une lutte entre le bien et le mal. Les vainqueurs étaient couverts d'honneurs et de richesse. Mais le capitaine de l'équipe vaincue, au contraire, était sacrifié. Il n'y avait pas d'autre façon de faire, si l'on voulait que le soleil se lève et que les récoltes prospèrent.

Au fond, ce jeu de balle mexicain était un dispositif destiné à changer la vie. Et ce, bien avant que Charles Goodyear, en 1939, ne donne un nouvel élan aux activités de loisir, avec ses gommes chauffées et traitées au souffre. **DaH**

VOIR ÉGALEMENT : CAOUTCHOUC SYNTHÉTIQUE, CAOUTCHOUC SILICONE

↑ *Ces balles de caoutchouc, découvertes au Pérou au XVIIe siècle, sont du type utilisé pour les jeux rituels.*

Le cadran solaire (v. 1500 av. J.-C.)

Les Égyptiens mesurent le temps grâce au soleil et à l'ombre.

Le soleil se déplace dans le ciel à raison de 15 degrés par heure et se retrouve au même point un jour plus tard. L'ombre qu'il projette avance à un rythme similaire. Très tôt, dans les zones ensoleillées, l'ombre a donc servi d'horloge. Le plus ancien de ces dispositifs est l'obélisque, dont un exemple se trouve à Paris, place de la Concorde : l'ombre de cette colonne effilée change d'orientation et de longueur à mesure que le jour avance.

Les Égyptiens disposaient d'un cadran solaire portable. Il se composait d'un châssis en forme de T, que l'on posait sur le sol. Mais quelques centimètres avant la barre horizontale du T, la longue barre perpendiculaire était coudée à angle droit, si bien que l'ombre de la barre horizontale tombait sur la barre verticale. Le matin, on pointait la longue barre verticale vers l'ouest. À midi, on la pointait vers l'est. Cette barre comportait plusieurs repères. Le premier indiquait où l'ombre devait tomber à midi. Les cinq autres correspondaient aux heures qui séparaient le lever du soleil de midi, et midi du coucher du soleil, une fois que l'on avait retourné l'appareil. En effet, les Égyptiens divisaient la journée en dix « heures ». Deux autres « heures » étaient dévolues à l'aurore et au crépuscule. Quant à la nuit, elle comptait douze « heures » : le jour égyptien totalisait bien 24 heures.

L'utilisation de ce cadran solaire impliquait la maîtrise parfaite de la position des points cardinaux. Mais le nord, le sud, l'est et l'ouest étaient de grande importance pour les Égyptiens, comme le montre l'alignement précis des côtés de leurs pyramides . **DH**

VOIR ÉGALEMENT : CLEPSYDRE, HORLOGE D'ÉDIFICE, HORLOGE À PENDULE, MÉCANISME À RESSORT, HORLOGE ATOMIQUE, MONTRE À QUARTZ

↑ *Ce cadran solaire égyptien doit être aligné sur l'est ou l'ouest pour donner l'heure exacte.*

Les ciseaux (v. 1500 av. J.-C.)

Les Égyptiens inventent le « coupe-tissu ».

Les ciseaux sans axe, aux lames réunies par un ressort, existent depuis l'âge de bronze. Ils étaient utilisés en Égypte dès 1500 av. J.-C. Leurs descendants servent à élaguer les bonsaïs ou à tondre les moutons.

Les ciseaux à pivots étaient connus des Romains, de certaines cultures asiatiques et de l'Europe du XVIe siècle. Ils gagnèrent en popularité à mesure que leurs techniques de fabrication s'améliorèrent, mais le vrai bond en avant fut effectué à Sheffield (Angleterre) en 1761, lorsque Robert Hinchliffe utilisa l'acier fondu. Beaucoup de ces ciseaux étaient forgés à la main et présentaient des ornementations sophistiquées. Leur style se simplifia au XIXe siècle, pour faciliter la production de masse.

« Les ciseaux évoluèrent, à l'instar d'autres instruments destinés à couper, percer et séparer. »

Massimiliano Mandel

Selon la qualité des ciseaux, leur acier comporte une proportion variable de carbone : de 0,55 à 1,03 % en fonction de l'usage auquel ils sont destinés. Des ébauches tirées de barres d'acier chauffées passent sous un marteau-pilon, qui leur donne leur forme. Les lames sont alors ébarbées et trempées.

Les ciseaux chirurgicaux sont en acier inoxydable. Les modèles économiques, réalisés dans un acier doux pressé à froid. Les cisailles à couper la tôle ont de longues poignées pour augmenter l'effet de levier, mais leur construction obéit aux mêmes règles que celles des ciseaux. **MF**

VOIR ÉGALEMENT : MÉTALLURGIE, FORGEAGE, ACIER

La clepsydre (v. 1500 av. J.-C.)

Comment lire l'heure sans regarder l'ombre.

Durant des millénaires, l'humanité a compté le passage du temps en observant les corps célestes, Soleil ou étoiles. Mais les nuages rendent la chose impossible. L'horloge à eau, *clepsydra* en grec, est un garde-temps reposant sur la mesure d'un flux d'eau calibré et régulier, hors d'un récipient ou dans un récipient. Avec assez d'eau et un grand vase, l'engin peut fonctionner durant un jour ou deux, sans avoir besoin d'être rempli ou vidé.

Imaginons un récipient cylindrique muni d'un trou à sa base. Le débit d'écoulement de l'eau est fonction de la pression que le liquide exerce, donc de son niveau : plus celui-ci est élevé, plus le débit augmente. Lorsque le récipient est plein, le niveau baisse donc rapidement. Lorsque le récipient est presque vide, le débit diminue et le niveau baisse lentement. Vers 1500 av. J.-C., les Égyptiens comprirent qu'avec un vase de profil parabolique l'eau baisserait à une vitesse uniforme et qu'ils auraient la base d'une horloge pratique. D'autres construisirent des récipients en cascade, qui assuraient une pression constante.

Plus tard, Romains et Chinois fabriquèrent des systèmes à flotteurs qui entraînaient une aiguille sur un cadran horaire, ou faisaient tinter des cloches à des heures préétablies.

Il nous reste de la clepsydre le bruit régulier de son goutte-à-goutte, si semblable au tic-tac de nos horloges modernes. **DH**

VOIR ÉGALEMENT : CADRAN SOLAIRE, HORLOGE D'ÉDIFICE, MÉCANISME À RESSORT, HORLOGE À PENDULE, MONTRE À QUARTZ

→ *Une clepsydre en forme de cheminée au centre (peinture d'une tombe, Vallée des Rois, Égypte, v. le XIIe siècle av. J.-C.)*

L'acier (v. 1500 av. J.-C.)

Les Africains durcissent le fer grâce au carbone.

C'est dans des fours à charbon de bois, vers 1500 av. J.-C., que les peuples d'Afrique subsaharienne de l'Est produisirent de l'acier. Il s'agit d'un alliage de fer et d'une proportion de carbone variant entre 0,2 et 2,4 %. Le carbone agit comme un durcisseur : il empêche les cristaux de fer de glisser les uns sur les autres. Plus le pourcentage de carbone est élevé, plus l'acier est dur, mais également plus cassant. En contrôlant le dosage de ces deux éléments, on obtient un acier adapté à une fonction spécifique.

L'acier de Damas, ou Wootz, était fameux pour sa résistance et sa capacité à garder son tranchant. Inventé en Inde vers 300 av. J.-C., il était identifiable par son aspect stratifié. Des analyses récentes de lames ont montré qu'elles contenaient des nanotubes de carbone, qui participaient à leurs qualités légendaires. Malheureusement, la méthode de fabrication s'est éteinte au XVIIIe siècle, après l'épuisement du minerai nécessaire à sa production.

« L'âge de fer débuta très tôt en Afrique, probablement aux alentours du VIe siècle av. J.-C. »

Richard Hooker, historien

En Europe, la fabrication moderne de l'acier connut un boom à la fin des années 1850, avec l'invention du procédé Bessemer. Son point fort était l'élimination des impuretés par oxydation : on soufflait de l'air au travers du fer en fusion. Pour la première fois, la production d'acier bon marché à un échelon industriel était possible. **HP**

VOIR ÉGALEMENT : MÉTALLURGIE, PROCÉDÉ BESSEMER, ACIER INOXYDABLE, CISEAUX, ÉPÉE, AUTOMOBILE

L'épée (v. 1500 av. J.-C.)

Le forgeage du fer autorise les armes longues.

Une épée se compose d'une lame, d'une garde, d'une poignée et d'un pommeau. La lame possède un ou deux tranchants pour tailler ou couper, ainsi que d'une pointe pour les coups d'estoc, destinés à embrocher l'adversaire. Le mot « épée » vient du latin *spatha* qui désigne une arme longue, à lame plate.

À l'âge du bronze, les armes courtes du type poignard ou dague étaient courantes. Pour les épées, le métal imposait une limite : avec le bronze, impossible de dépasser une longueur de lame de 90 cm. Mais dès 1500 av. J.-C., grâce à la maîtrise de la fonte du fer et à la technologie du forgeage, des armes plus imposantes devinrent réalisables.

Le sabre d'acier chinois à tranchant unique apparut au IIIe siècle av. J.-C. Le glaive romain, avec une garde bien différenciée de sa courte lame à deux tranchants, posa de nouveaux critères d'ergonomie et d'esthétique. En Europe, durant le Moyen Âge, la physionomie de l'épée était bien définie : lame à deux tranchants, large garde offrant la meilleure protection possible, et poignée longue permettant la prise à deux mains. Au XVIe siècle, les Turcs introduisirent en Europe une lame courbe, idéale pour trancher et frapper de taille : elle donna naissance au sabre de cavalerie.

Les épées de chasse et les coutelas de marine eurent pour ancêtre le sabre de pirate du XVIe siècle, avec son tranchant convexe. La baïonnette, conçue au XVIIe siècle pour accompagner les armes à feu, a la même origine. Et jusqu'au XVIIIe siècle, la fine épée de cour, dérivée de la rapière, connut une grande vogue… pour finir comme accessoire de mode. **MF**

VOIR ÉGALEMENT : OUTILS DE PIERRE, LAME DE PIERRE TRANCHANTE, LANCE, MÉTALLURGIE, FORGEAGE, CASQUE, COTTE DE MAILLES, BOUCLE

Peints sur le flanc d'un ancien vase grec, un guerrier armé d'une épée attaque un porteur de lance.

Le gouvernail (v. 1420 av. J.-C.)

Les Égyptiens dirigent leurs navires depuis la poupe.

Dans une tombe égyptienne datant de 1420 av. J.-C., une peinture montre un bateau équipé d'avirons de part et d'autre de sa poupe. Il s'agit là de la trace la plus ancienne de l'utilisation du gouvernail, qui redirige l'eau coulant au long de la coque. Les navires de commerce voguant sur la Méditerranée employaient la même technique, alors que les Vikings n'utilisaient qu'un unique aviron, monté à tribord sur la poupe de leurs drakkars. Cette rame était facilement remontée dans les hauts-fonds, mais perdait son efficacité par mer forte.

Pour avoir un maximum d'efficacité, un gouvernail doit être installé dans l'axe de la coque. En accord avec ce principe, les navires chinois du Ier siècle av. J.-C. portaient à la poupe un gouvernail monté sur charnières. Du côté européen, rien de tel n'apparut avant le XIIe siècle, et les gouvernails centrés ne se popularisèrent vraiment qu'au XIIIe siècle. On ignore encore si cette innovation découle d'un transfert de technologie avec les marins chinois, ou d'une percée indépendante menée en Europe du Nord. Quoi qu'il en soit, sans le gouvernail, les royaumes européens n'auraient pu s'élever au rang de superpuissances maritimes.

En 1903, lors du premier vol d'un aéronef plus lourd que l'air, dirigeable et motorisé, les frères Wright avaient installé des gouvernes verticales, derrière les ailerons de toile de leur machine. Les avions modernes utilisent le même principe, pour contrôler les mouvements d'embardée. Sur mer ou dans les airs, les multiples formes du gouvernail nous permettent de garder le cap. **FW**

VOIR ÉGALEMENT : PIROGUE CREUSÉE, AVIRON, CANAL, VOILES, PORT CLOS, ANCRE MÉTALLIQUE, SEXTANT

↑ *Un navire à voile et à rameurs équipé d'un gouvernail latéral (tombe de la Vallée des Nobles, Égypte, v. 1400 av. J.-C.).*

Le boulier (v. 1000 av. J.-C.)

Le calculateur mésopotamien ouvre la voie de l'ordinateur.

La très ancienne machine à calculer que nous appelons boulier (qui se compose d'un cadre rectangulaire de bois et de boules coulissant sur des tiges de métal) a été mise au point en Mésopotamie. Sa devancière était une simple planchette sur laquelle on poussait des cailloux. Cette aide au calcul vit le jour bien avant que le système de notation numérique indo-arabe ne s'impose; d'ailleurs, le boulier est compatible avec toutes les bases de numération. Et il possède un énorme avantage sur les dix doigts : il permet de manipuler sans risque d'erreur des nombres importants.

Le boulier le plus simple à appréhender est le boulier occidental moderne à base dix. Chaque fil porte dix boules et représente une rangée décadaire : un, dix, cent, mille, *etc.* Tout nombre – disons, 617 483 – s'inscrit en positionnant sur chaque fil le nombre pertinent de boules, par rapport au cadre de bois. Il est alors assez facile d'effectuer une addition ou une soustraction en posant un second nombre sur le boulier.

Ces instruments étaient très courants dans le monde antique. En Asie, ils ont gardé une grande popularité auprès des enseignants de maternelle et de primaire : le mouvement des boules aide les enfants à saisir la logique du système décimal. Le cadre d'autres bouliers comporte une barre de bois qui les divise dans leur largeur. Par exemple, le *Suan-pad* chinois, apparu vers 1200, a cinq boules par rangée d'un côté de la barre, et deux de l'autre. Le *Soroban* japonais a cinq boules plus une. Mais le *Schety* russe obéit au schéma européen : dix boules et pas de barre. **DH**

VOIR ÉGALEMENT : BÂTON DE COMPTAGE, SYSTÈME MÉTRIQUE, CALCULATRICE MÉCANIQUE, CALCULATRICE DE POCHE, ORDINATEUR MÉCANIQUE

↑ *Cette mosaïque de l'an 212 montre Aristote, surpris par un soldat romain, alors qu'il calcule à l'aide d'un boulier.*

Le pont de bateaux

(v. 1000 av. J.-C.)

Les Chinois inventent le franchissement mobile.

Les documents prouvent qu'au tout début du Ier millénaire le roi Wen de la dynastie chinoise Zhou lança le premier pont de bateaux, à l'occasion de ses noces. Lors de cette cérémonie extraordinairement sophistiquée, le dispositif devait permettre au cortège de franchir le fleuve Weihe.

L'invention se composait d'une chaussée de bambou reposant sur une série de pontons. Mais depuis ces temps, les ponts de bateaux ne se sont pas limités à l'embellissement des cérémonies nuptiales. Ils sont devenus un élément clé de l'arsenal militaire. Les archives gardent trace d'une telle utilisation par l'armée chinoise des Song : en l'an 974, il ne leur fallut que trois jours pour construire un ouvrage de ce type. Néanmoins, de tels ponts provisoires sont aussi rapides à détruire qu'à mettre en place, ce qui leur permet également de ralentir la poursuite de l'ennemi.

L'invention du roi Wen a toujours les faveurs des militaires. En 2003, durant l'opération « Libération de l'Irak », l'US Army mit ainsi en place un « pont-ruban flottant d'assaut » sur l'Euphrate, à la hauteur d'Al-Musayib : sous ce nom ronflant, le principe simple établi par les Chinois voici 3 000 ans n'avait pas bougé.

Tous les ponts de bateaux ne sont pas des structures temporaires. Certains permettent de franchir des fleuves là où les circonstances rendraient un pont en arc ou un pont suspendu trop coûteux. Dans ce cas, le pont de bateaux comporte une partie surélevée pour permettre le passage des bateaux.

Malgré leurs multiples avantages, les ponts de bateaux ont un talon d'Achille : le mauvais temps. Un vent violent peut suffire à les disloquer. **FS**

VOIR ÉGALEMENT : PONT EN ARC, PONT SUSPENDU, PONT À POUTRE EN TREILLIS, PONT CANTILEVER

Le bélier

(v. 1000 av. J.-C.)

Les Assyriens construisent une arme de siège.

À l'origine, le bélier se composait d'une massive poutre de bois, parfois munie à son extrémité d'un renfort de métal à l'effigie d'une tête de bélier, d'où son nom. Son unique fonction était d'enfoncer les portes des places fortes, villes ou châteaux ennemis.

Dans son utilisation la plus fruste, le bélier était porté par des combattants qui s'élançaient en courant et projetaient sa tête contre l'objectif avec le maximum de puissance. Mais un bélier pèse son poids et la vitesse est un facteur essentiel de son efficacité ; aussi les modèles ultérieurs furent-ils munis de roues.

Avec le temps, les béliers devinrent incroyablement sophistiqués. Un bel exemple de cette évolution est l'engin qu'utilisaient lors de leurs sièges les Assyriens du début du Ier millénaire av. J.-C. La poutre était suspendue comme un pendule à un bâti de bois couvert. En faisant osciller l'engin, les soldats pouvaient marteler la porte ou la muraille qu'ils voulaient enfoncer, et le bâti, couvert de peaux de bête mouillées ou de mottes de terre, les protégeait des flèches incendiaires. Malgré l'évolution de l'art de la guerre, certains véhicules militaires contemporains sont encore munis d'un bélier. **RP**

> *« Quarante-six des villes d'Hézékiah, et nombre de ses villages, je les ai assiégés et conquis. »*
>
> Sennacherib, roi d'Assyrie

VOIR ÉGALEMENT : ARC ET FLÈCHE, FORT, ROUE ET ESSIEU, CHARRETTE, CHAR À ROUES RAYONNÉES

⇥ *Assyriens utilisant un bélier sur roues pour attaquer une forteresse (bas-relief de Nimrud, nord de l'Irak).*

Le sandwich (v. 1000 av. J.-C.)

La viande est servie entre deux tranches de pain.

L'invention du sandwich est attribuée à John Montague, quatrième comte de Sandwich. Mais on en crédite aussi Hillel l'Ancien, un sage hébreu du Ier siècle apr. J.-C. : lors de la Pâque, disent les textes, « alors que le Temple existait encore, Hillel prit un morceau d'agneau, des herbes, enveloppa le tout dans un pain sans levain, et le mangea d'une traite ».

Mais on a tout lieu de penser que le sandwich remonte encore plus loin, aux beaux jours de l'Empire hittite : la ration des soldats consistait en un morceau de viande glissé entre deux tranches de pain, ce qui rendait le repas plus consistant.

De nos jours, il existe une immense variété de sandwichs, couvrant toute la gamme de la cuisine internationale. Mais si la définition de ce casse-croûte a donné lieu à controverse (jusque devant une cour de justice américaine), la plus répandue est celle d'un repas léger constitué de deux tranches de pain et d'une garniture.

Dans l'affaire, le comte de Sandwich ne se borna pas à baptiser cette innovation : il lui conféra aussi sa popularité. Si Montague appréciait le sandwich, dit-on, c'est qu'il lui permettait de manger de la viande sans se graisser les doigts – ce qui en faisait un coupe-faim idéal durant une partie de cartes. La véracité de l'anecdote n'est pas établie, mais il n'en reste pas moins que le sandwich devint au XVIIIe siècle, du vivant de Montague, le repas de midi de la majorité des Anglais.

Facile à préparer, à transporter, capable d'infinies variations, le sandwich n'a jamais perdu en popularité d'autant plus qu'il représente pour beaucoup d'entre nous un repas rapide et économique. On le trouve aujourd'hui aux quatre coins du monde. **JG**

VOIR ÉGALEMENT : CÉRÉALES, LAIT EN POUDRE, BOÎTE DE CONSERVE, GRILLE-PAIN À ÉJECTION AUTOMATIQUE, TRANCHEUSE À PAIN

L'inoculation (v. 1000 av. J.-C.)

Les moines chinois découvrent le vaccin.

La variole est sans doute apparue 10 000 ans av. J.-C. La momie de Ramsès V (mort en 1157 av. J.-C.) porte des cicatrices ressemblant à celles de cette maladie, qui tue un tiers de ceux qu'elle touche et marque la peau de ceux qui en réchappent.

Lorsque le fils aîné de Wang Dan, Premier ministre de l'Empire chinois, succomba au fléau vers 1000 av. J.-C., son père chercha un remède. Un moine vint présenter au dignitaire éploré une méthode, la variolation. Il s'agissait d'une forme primitive d'inoculation : prélevées sur des survivants à la variole, des croûtes étaient pilées et administrées par voie nasale à la personne que l'on voulait protéger, comme du tabac à priser.

« Les Anglais sont des fous… Ils donnent la petite vérole à leurs enfants pour éviter qu'ils l'attrapent. »

Voltaire, *Lettre sur les Anglais* (v. 1778)

Au début du XVIIIe siècle, des rumeurs concernant cette technique atteignirent l'Europe. À Londres, en 1721, Lady Wortley Montague et la princesse de Galles obtinrent qu'on y soumît quatre condamnés. Quelques mois plus tard, ceux-ci furent exposés à des porteurs de la variole et tous survécurent. Preuve étant faite que la variolation ne présentait pas de danger, toute la famille royale s'y soumit.

Exposer un individu sain à la variole pour le protéger peut sembler insensé, mais le virus, prélevé sur des survivants, avait beaucoup perdu de sa puissance. Ce principe vaut toujours dans les inoculations actuelles. Le processus de la vaccination était lancé. **SS**

VOIR ÉGALEMENT : VACCINATION, VACCIN ANTI-CHOLÉRA, VACCIN CONTRE LA RAGE, VACCIN BCG, VACCIN ANTIPOLIOMYÉLITIQUE, VACCIN CONTRE LA RUBÉOLE

Le cerf-volant (v. 1000 av. J.-C.)

Un Chinois inconnu donne naissance à une jolie tradition.

Voici 3 000 ans que le cerf-volant est apparu en Chine. On a gardé trace de la construction de l'un de ces engins par le philosophe Mo Zi (v. 470-391) : il mit trois ans à peaufiner sa merveille. Or, les composants du cerf-volant abondent en Chine : soie pour la voilure, bambou pour la carcasse. Les cerfs-volants y trouvèrent donc rapidement une foule d'usages. On les utilisa pour mesurer les distances, évaluer la force du vent et assurer la communication entre unités militaires. Les plus anciennes de ces machines étaient même pourvues d'instruments de musique, qui sifflaient et sonnaient pendant leur vol.

Ces premiers cerfs-volants étaient plats et rectangulaires. Aujourd'hui, il en existe toute une variété, du simple cube aux formes les plus complexes. En Asie, faire voler ces engins est une véritable passion et dans de nombreux pays, les festivals de cerfs-volants font partie des réjouissances liées à la fête nationale. Pour les Chinois, les cerfs-volants portent chance et écartent les esprits malfaisants. Le cerf-volant a participé à un grand nombre d'importantes expériences scientifiques. C'est grâce à lui, par exemple, que Benjamin Franklin a pu démontrer la nature électrique de la foudre. Orville et Wilbur Wright, les pionniers américains de l'aviation, construisirent un cerf-volant de 1,50 m d'envergure, en forme de biplan, pour étudier le pilotage d'un avion en vol. Les informations recueillies permirent aux deux frères de réaliser, en 1903, le premier vol humain piloté d'un plus lourd que l'air. Aujourd'hui, des cerfs-volants tractent des traîneaux sur les neiges de l'Antarctique **CA**

« Noue les coins du foulard aux bouts de la croix, et tu as un cerf-volant… »

Benjamin Franklin (lettre à Peter Collinson, 1752)

VOIR ÉGALEMENT : FOURNITURE PUBLIQUE D'ÉLECTRICITÉ, AVION À MOTEUR, AVION SUPERSONIQUE

↗ *En Chine, les cerfs-volants en forme de papillon ont longtemps été une référence.*

La poulie (v. 750 av. J.-C.)

Les Assyriens révolutionnent et facilitent la manutention.

La poulie est une machine élémentaire : une roue, comportant à sa circonférence une rainure destinée à recevoir une corde, ou une courroie. Les premières preuves de son utilisation datent du VIIIe siècle av. J.-C. Sur une scène de bataille, un artiste assyrien a peint un soldat qui élève un seau au-dessus d'une muraille à l'aide d'une poulie.

Cet engin est surtout utilisé pour soulever ou déplacer des charges. Une poulie fixe peut servir à modifier la direction d'une force : il est plus facile de tirer sur une corde que de pousser ou traîner un fardeau. En ajoutant à la corde (ancrée à un point fixe) une poulie supplémentaire, l'appareil divise par deux l'effort nécessaire et prend le nom de palan.

Le travail exigé demeure le même, car le travail est le multiple de la force et de la distance : en divisant l'effort par deux, il faut haler une double longueur de corde. On peut ajouter au palan un grand nombre de poulies : c'est le cas sur les voiliers des navigateurs solitaires, qui doivent manœuvrer sans aide de gigantesques voiles.

La poulie est sans doute antérieure au VIIIe siècle av. J.-C. Il y a gros à parier que nos lointains ancêtres en connaissaient le principe et jetaient par-dessus une branche d'arbre une corde ou une liane, pour hisser une charge.

Il est aussi probable qu'elle a servi aux premiers bâtisseurs, ceux des ziggourats de Mésopotamie (dont les premières remontent au IVe millénaire av. J.-C.), des mégalithes de Stonehenge (Wiltshire, Angleterre), dressés 2 200 ans av. J.-C., ou des pyramides d'Égypte (IIIe millénaire av. J.-C.). **EH**

VOIR ÉGALEMENT : CORDE TORSADÉE, ROUE ET ESSIEU, TREUIL, GRUE, LEVIER, PALAN

↑ *Ces restes d'une simple poulie sans jante ont été retrouvés à Gezer, en Israël.*

La boucle (v. 700 av. J.-C.)

Les Grecs anciens imaginent une nouvelle fermeture.

La boucle est née aux environs de 700 av. J.-C. Dans les musées, les exemplaires abondent, venus de Grèce, de Rome et du Moyen Âge européen. Son nom vient du mot latin *buccula* qui signifie « petite joue » : c'était le nom de la bosse centrale du bouclier, qui avait ensuite désigné l'attache munie d'une boucle, située derrière. Aussi facile à utiliser qu'à fabriquer, la boucle continue à offrir une solution élégante à tous les problèmes de fermeture posés par les vêtements, les accessoires et les bagages.

Les premières étaient faites d'ivoire, d'os, ou de métal. On les trouvait sur les équipements militaires et les harnachements, mais aussi sur les chaussures et les sandales. Il fallut attendre l'arrivée de la fermeture à glissière pour que la boucle commence à reculer sur le terrain de l'habillement.

L'ornementation tira la boucle de son rôle purement utilitaire. Faite d'argent, de bronze, sertie de pierres précieuses, elle eut l'heur de plaire même aux souverains : on en trouva par exemple dans la sépulture de Childéric Ier, roi des Francs, mort en 481. Sous le règne de Louis XIV, les souliers à boucle firent fureur. Au XIXe siècle, alors que l'Angleterre régnait sur les mers, sa marine devait affronter deux ennemis irréductibles : le froid et l'humidité. En effet, les vêtements des matelots étaient fermés par des lacets et des œillets, peu efficaces et difficiles à nouer par mauvais temps. On raconte qu'un marin astucieux fixa une boucle à une sangle de cuir, et s'en servit pour tenir son pantalon. Même avec les doigts gelés, la manœuvre vestimentaire devenait un plaisir. **BG**

VOIR ÉGALEMENT : VÊTEMENT, MÉTALLURGIE, CHAUSSURE, BOUTON, CASQUE, COTTE DE MAILLES

↑ *Boucle d'or à motif grains d'orge (Grèce antique, période orientaliste).*

L'ancre métallique (v. 650 av. J.-C.)

Grâce au lest, les marins grecs assurent leurs mouillages.

Le besoin d'ancrer un navire est aussi ancien que la navigation. Les marins du monde antique utilisaient ce qui leur tombait sous la main, panier de cailloux ou sac de sable attachés au bout d'une corde. Les grosses pierres percées d'un trou d'arrimage devinrent vite courantes.

À l'ère classique, le métal se répandit à mesure que les embarcations gagnaient en taille. Divers types d'ancres furent mis au point. En 500 av. J.-C., on fondait à Malte des ancres de bronze. D'autres, en bois grossier, portaient des lests de plomb. Surtout, un modèle répandu en forme de crochet, jusqu'ici réalisé en bois, conserva sa forme mais fut désormais fabriqué en fer. Bientôt, la forme classique se dessina, avec ses deux pelles (les extrémités larges et pointues des bras de l'ancre, réunis par la verge) et son jas (la barre située au sommet de la verge, qui positionne l'ancre sur le fond afin que l'une des deux pelles s'ancre solidement dans le sable ou les roches).

L'invention a été attribuée au légendaire roi Midas, mais d'autres récits font état de marins grecs qui, à la même époque (650 av. J.-C.), avaient ajouté des crochets à une ancre de pierre, arrivant presque à la forme définitive. Celle-ci fut peu modifiée au cours des siècles. Au début du XVIIIe siècle prévalait un modèle en fer, dont la verge était longue. En 1901, le brevet d'une ancre sans jas dont les pelles étaient en fonte d'acier fut déposé. En 2003, la plus vieille ancre de bois fut trouvée en Turquie, sur le site d'une ancienne colonie grecque. Elle date de 600 av. J.-C. et précède de peu l'ancre de métal. **AK**

VOIR ÉGALEMENT : MÉTALLURGIE, VOILES, AVIRON, BATEAU À VAPEUR, SOUS-MARIN, BATEAU À MOTEUR, PORT CLOS

↑ *Ancre minoenne de métal fondu, ornée d'un poulpe ; le trou facilite l'arrimage d'une corde.*

L'arbalète (v. 550 av. J.-C.)

Les Chinois trouvent un rival au grand arc.

Née en Chine ancienne au milieu du VIe siècle, l'arbalète dérive sans doute du grand arc horizontal, un piège utilisé pour chasser le gros gibier. D'emblée, l'arbalète exista sous nombre de variantes : certaines portaient un étrier dans lesquels l'arbalétrier passait le pied, lorsqu'il bandait son arme tenue verticalement. D'autres, plus puissantes, furent même équipées de tourniquets : sans cette aide mécanique, personne n'aurait eu la force d'en courber l'arc. À la fin du Ier siècle, les Chinois inventèrent également le viseur de précision, et une arbalète mitrailleuse à tir continu, qui possédait un chargeur installé au-dessus de la rainure où se plaçaient les flèches. Des projectiles empoisonnés furent aussi employés.

De Chine, l'arbalète gagna sans doute l'Europe par l'intermédiaire des Grecs et des Romains. Gros avantage de cette arme, on pouvait la confier à un combattant sans entraînement – et il était aussitôt capable d'occire un chevalier en armure ! Adoptée en Europe au Xe siècle, l'arbalète y fut utilisée jusqu'à la fin du Moyen Âge. En 1066, Guillaume le Conquérant l'importa en Angleterre sous sa forme médiévale, mais le *longbow* (l'arc long gallois) la supplanta sous le règne d'Édouard Ier (1272-1307). Beaucoup considérèrent l'arbalète comme une arme inhumaine, ne requérant ni habileté ni honneur, si bien qu'au second concile de Latran, en 1139, le pape condamna son usage, sauf face aux infidèles.

Aujourd'hui, l'arbalète ne sert plus guère qu'au tir sportif à la cible. Quelques rares pays autorisent son utilisation pour la chasse. **MF**

VOIR ÉGALEMENT : MENUISERIE, MÉTALLURGIE, ARC ET FLÈCHE, CASQUE, COTTE DE MAILLES, CATAPULTE

↑ *Mécanisme de détente en bronze d'une arbalète (sépulture de Zhao Mo, roi chinois 137-122 av. J.-C.).*

La grue (v. 550 av. J.-C.)

Un appareil de levage grec facilite la construction.

Un trait distingue l'espèce humaine du reste du règne animal : l'aisance avec laquelle elle accroît ses capacités grâce aux machines. La grue est un excellent exemple de cette particularité, puisqu'elle permet le levage et le déplacement de charges bien au-delà des aptitudes des seuls muscles humains. Aussi cette machine a-t-elle joué un rôle clé dans le développement de nos sociétés.

Une grue est un système de poulies et de cordes (ou de câbles) assujetti à un bâti, qui permet de déplacer une charge dans les plans vertical et horizontal. Les premières ont été datées avec certitude du milieu du VIe siècle av. J.-C. ; mais il nous reste nombre de constructions architecturales bien plus anciennes, appartenant à la culture grecque, dont on voit mal comment elles auraient pu être érigées sans l'aide d'un appareil employant la poulie. En Grèce, les grues remplissaient une grande variété de tâches. Elles permettaient par exemple de remorquer des charges. Le bras mécanique, mis au point par Archimède pour détruire les navires de guerre menaçant sa ville de Syracuse, en Sicile, est une pure extrapolation de la grue.

La Rome antique fit également un grand usage de la grue et la perfectionna en l'équipant d'une « cage à écureuil », dans laquelle des ouvriers fournissent la force motrice en marchant dans un tambour entraînant le treuil. Des reconstitutions contemporaines ont permis de soulever à grande hauteur des blocs de pierre d'une centaine de tonnes. Durant quelques siècles, les grues ne furent plus utilisées, mais revinrent avec le Moyen Âge. Depuis, leur utilité ne s'est pas démentie. **BG**

« Archimède avait affirmé qu'avec une force suffisante, toute masse pouvait être déplacée… »

Plutarque, *Vie de Marcellus*

VOIR ÉGALEMENT : CORDE TORSADÉE, POULIE, TREUIL, LEVIER, PALAN

Maquette de grue pivotante romaine à « cage à écureuil » (Musée romain de Nyon, Suisse).

La prothèse (v. 550 av. J.-C.)

Un Perse aurait mis au point le premier membre artificiel.

C'est dans le Rig-Véda, poème épique indien compilé entre 3500 et 1800 av. J.-C., qu'apparaît la première référence à un membre artificiel : il s'agit de l'amputation de la jambe, sur le champ de bataille, de la reine guerrière Vishpla. Équipée d'une jambe de fer par les jumeaux divins Ashvin, elle retourne au combat.

Il s'agit là bien sûr d'un mythe et il faut se tourner vers les *Histoires* d'Hérodote, beaucoup plus récentes, pour trouver une référence factuelle à la prothèse. L'historien décrit l'aventure du soldat perse Hégésistrate d'Elis. Capturé par les Spartiates et condamné à mort, il se coupa le pied pour échapper à ses fers. Puis il improvisa une prothèse de bois pour parcourir en marchant les 50 km le séparant de Tégée. Mais il fut à nouveau capturé et décapité.

Un siècle av. J.-C., Pline l'Ancien évoque, dans ses *Histoires naturelles*, l'aventure de Marcus Sergius, général romain engagé contre Carthage durant la seconde guerre punique (218 à 210 av. J.-C.). Il essuya 23 blessures, dont certaines imposèrent l'amputation de son bras droit. On lui forgea une main de fer afin qu'il tienne son bouclier et il retourna au front. C'est dans une tombe de Capoue que fut découverte en 1858 la plus ancienne prothèse. Faite de bronze et de bois, elle date de trois siècles av. J.-C. – la période des guerres samnites. Hélas, cette jambe artificielle ne survécut pas à une autre guerre : elle fut détruite à Londres en 1941, lorsque le musée du Collège royal de chirurgie essuya un raid aérien allemand. **SS**

« La déesse Déméter dévora l'épaule de Pelops, mais [lui fabriqua] une prothèse d'ivoire. »

Association Ampulove, *Histoire de la prothèse*

VOIR ÉGALEMENT : MENUISERIE, ANESTHÉSIE, LUNETTES, PROTHÈSE ARTICULÉE, CŒUR ARTIFICIEL

↗ *Copie d'une jambe artificielle de bronze et de bois (tombe romaine de Capoue, Italie, v. 300 av. J.-C.).*

Le treuil (v. 500 av. J.-C.)

Les Perses facilitent la construction des ponts.

La première référence connue au treuil se trouve dans les écrits qu'Hérodote consacre aux guerres médiques (v. 480 av. J.-C.) : il y évoque des treuils de bois utilisés pour tendre les câbles d'un pont lancé par-dessus l'Hellespont (le détroit des Dardanelles). Il ne fallut pas un siècle pour que cette innovation se retrouve sur les chantiers de construction grecs. Mais d'autres sources suggèrent que le treuil fut inventé par les Assyriens au Ve siècle av. J.-C.

À la base, un treuil sert à enrouler une corde ou un câble, mais il a bien d'autres applications. Muni d'un blocage – on parle de treuil à cliquet –, il assure la tension du filin et interdit son déroulement. De tels engins sont courants dans les ports et sur le pont des bateaux, qu'ils maintiennent amarrés contre le quai. Ils sont irremplaçables sur les chantiers de construction, permettant aux équipes de mener leur tâche rapidement et en toute sécurité.

« Ils tendirent fortement les câbles en les enroulant sur des treuils de bois. »

Hérodote d'Halicarnasse

Au Moyen Âge, le treuil à cliquet devint un instrument de torture : il permettait d'étirer graduellement les membres de la victime, couchée sur une planche de bois. Plus pacifiquement, il hisse les drapeaux. Sous le nom de moulinet, il se retrouve sur la poignée des cannes à pêche. Enfin, arrimé à un hélicoptère, il permet le sauvetage par hélitreuillage. **CB**

VOIR ÉGALEMENT : MENUISERIE, MÉTALLURGIE, POULIE, GRUE, LEVIER, PALAN

Le hamac (v. 425 av. J.-C.)

Alcibiade invente un nouveau couchage.

Impossible de dater l'origine du hamac, mais le début du Ier millénaire av. J.-C. semble raisonnable, avec les Mayas comme inventeurs. Néanmoins, il ne s'agit que de suppositions, et la création de cet astucieux couchage est souvent attribuée au Grec Alcibiade (450-404 av. J.-C.), qui fut par ailleurs disciple de Socrate.

L'Europe découvrit le hamac en 1492, lorsque Christophe Colomb revint des Bahamas : il y avait vu les indigènes l'utiliser pour le repos et le sommeil. Un siècle plus tard, le hamac faisait partie de l'équipement standard des matelots. Dans les navires de l'époque, à l'espace chichement compté, leur avantage était évident : lorsqu'ils ne servaient pas, il suffisait de les rouler, et c'était une affaire de secondes. En outre, ils assuraient aux marins un repos confortable, car le tangage et le roulis de la coque étaient annulés par la suspension du hamac, que la pesanteur maintenait à peu près stable.

Arrivant en 1500 dans le Nouveau Monde, sur les traces de Colomb, le Portugais Pero Vaz de Caminha vit un indigène des Caraïbes endormi dans un filet de pêche suspendu. Il appela la chose *rede de dormir*, ou « filet à dormir », et *rede* est encore le mot portugais pour désigner le hamac. À la même époque, les conquistadors espagnols observaient les hamacs en usage chez les Caribéens. Le terme qu'ils choisirent fut *homaca* – le nom indien de l'arbre dont l'écorce fournissait les fibres utilisées pour la fabrication des hamacs.

Si cette invention profite des matériaux sophistiqués du XXIe siècle, ni sa forme ni sa fonction n'ont varié au fil des siècles. **CB**

VOIR ÉGALEMENT : CORDE TORSADÉE, ÉTOFFE TISSÉE, CHAISE

La cotte de mailles (vers 400 av. J.-C.)

Les Roumains fabriquent la première tunique de protection.

À l'origine, la cotte de mailles s'appelait simplement « maille » en français. Elle n'a reçu son nom actuel qu'au XVIIIe siècle. La cotte de mailles est constituée d'un ensemble de maillons en fil de métal. Les maillons, fermés par soudure ou rivetage, sont entrelacés afin de former une chemise longue (« cotte »). Il en résulte une armure solide, assurant une protection efficace contre les coups de taille (du tranchant de l'épée), tout en conservant souplesse et légèreté.

Mais à elle seule, la cotte de mailles ne pouvait protéger des impacts les plus violents. Et les guerriers lui adjoignirent un gambeson, épais manteau matelassé formé de plusieurs couches de laine. Il se portait sous la cotte, et amortissait parfaitement les chocs.

La plus ancienne cotte de mailles qui nous soit parvenue est celle d'un chef celte de Roumanie. On l'a retrouvée dans sa sépulture et elle date du IVe siècle av. J.-C. Ce vêtement de combat fut intensivement utilisé durant la première moitié du dernier millénaire, de l'Europe à l'Asie. Mais il fallut attendre le XIIIe siècle pour que la cotte de mailles prenne vraiment son essor. Couvrant l'ensemble du corps du chevalier, cette chemise de maillons (ou haubert) se vit complétée par des éléments individuels couvrant les jambes, les bras et la tête, assurant une protection complète.

Néanmoins, les chevaliers ne portèrent guère longtemps ces armures intégrales. Des plaques de métal, ou *plates*, remplacèrent la maille, peu efficace contre les flèches et les traits d'arbalète. Seuls les fantassins l'arborèrent jusqu'à la fin du Moyen Âge. **BG**

« Monteurs de cotte de mailles versant dans la folie, à mesure qu'ils assemblent les maillons… »

Ursula K. Le Guin, *Tehanu*

VOIR ÉGALEMENT : VÊTEMENT, MÉTALLURGIE, ÉTOFFE TISSÉE, COUTURE, LANCE, ÉPÉE, CASQUE, PIQUE

↗ *Chevaliers arborant une cotte de mailles (fresque ; palais Berenguer d'Aguilar, Barcelone, Espagne).*

ἐφ' ὕλης ἀφ' οὗ ... θεῖον ... ἐξ αὐτῆς
πηλῶν, ἢ ὡς βούλεται· καὶ σωλῆνας ὀστρακίνους
τοιούτους :—

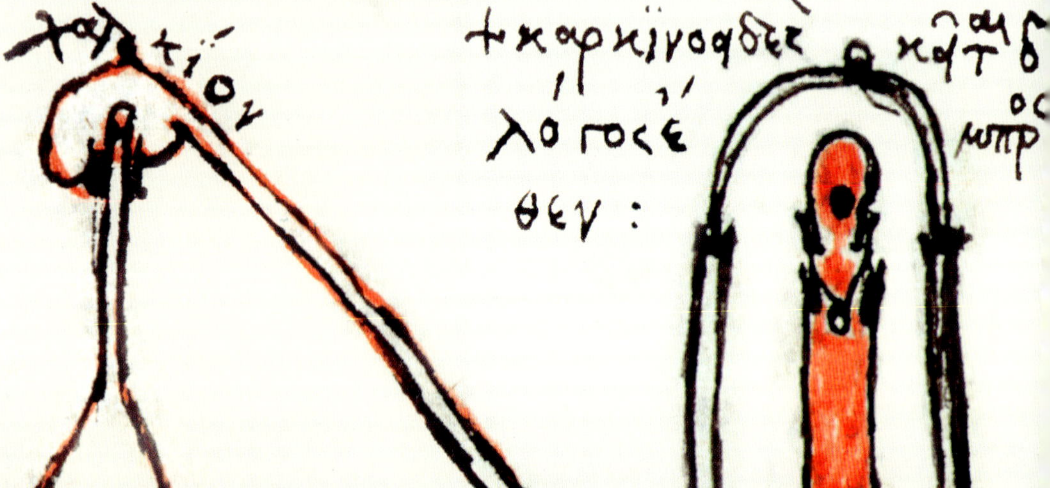

νω τὰ οὐράνια, κάτω τὰ ἐπίγεια
ς ἄρρενος καὶ θήλεος πληρούμενον τὸ ἔργον

La distillation (v. 400 av. J.-C.)

Ce procédé est utilisé pour l'alcool avant d'être appliqué à l'eau.

La distillation n'est pas réservée à l'élaboration des spiritueux; elle permet de séparer des substances chimiques dissoutes dans un liquide. On chauffe la solution jusqu'à ébullition. La substance chimique s'évapore sous une forme gazeuse. Le gaz est recueilli, refroidi et retrouve une forme liquide. Comme les substances chimiques s'évaporent à des températures différentes, on peut les séparer en ajustant la température.

La distillation de l'alcool est avérée dès le IIe millénaire av. J.-C., mais des découvertes faites au Pakistan montrent que le processus n'a pas été maîtrisé avant le IVe siècle av. J.-C. L'idée de bouillir de l'eau pour en recueillir la vapeur – en laissant de côté la saleté, les substances salines et les bactéries – serait apparue 800 ans plus tard, avec Hypatie d'Alexandrie (v. 350-415). Il fallut attendre le VIIIe siècle pour que des substances chimiques pures soient obtenues par distillation. Quant à l'alambic, il fut mis au point par le savant perse Jabir ibn Hayyan. Au IXe siècle, la distillation du pétrole permit d'obtenir de l'essence – grâce aux travaux d'al-Razi. Et c'est encore un grand cerveau perse, le chiite Avicenne, qui obtint au XIe siècle l'extraction des huiles essentielles par distillation à la vapeur. **RP**

« Garde ton droit de penser : même penser mal est meilleur que de ne pas penser du tout. »

Hypatie d'Alexandrie, inventeur de la distillation

VOIR ÉGALEMENT : FOYER AMÉNAGÉ, BREUVAGE ALCOOLISÉ, FILTRE À EAU, CAFÉ INSTANTANÉ

Copie d'un traité de Zosime de Panoplis (IIIe siècle) montrant deux alambics et leurs condenseurs.

La pique (v. 400 av. J.-C.)

Les Macédoniens donnent de l'allonge aux fantassins.

Dans l'histoire de l'art de la guerre, l'apparition de la pique, ou sarisse, au IVe siècle av. J.-C. constitue un tournant majeur. Philippe de Macédoine, père d'Alexandre le Grand, en serait l'inventeur. On lui devrait aussi la phalange, une formation d'infanterie. La pique était une lance longue de 6 m qui permettait à son porteur de frapper en se tenant hors de portée de l'ennemi. Quant à la phalange, c'était un groupe compact d'hommes de troupe armés de piques. Quand ceux de l'avant dardaient leurs armes, ils créaient entre eux et l'ennemi un espace infranchissable, équivalant à cinq rangs de soldats.

Avant Philippe, l'armée macédonienne était mal équipée et mal entraînée. En combinant la pique et la phalange, le roi s'assura que ses hommes étaient protégés. En effet, la phalange ne défaillait que si elle était disloquée ou débordée, ce qui arrivait rarement. Quant à la pique, c'est au sein de la phalange qu'elle pouvait jouer son rôle : sinon, elle n'était guère utile. Hors de ce contexte, les soldats de Philippe utilisaient des javelots. Ils étaient experts dans l'usage des deux armes – ce qui n'est pas un mince exploit, puisqu'elles requièrent des entraînements très différents.

Alexandre le Grand hérita des innovations de son père, et s'en servit pour conquérir l'Égypte, la Perse et le Nord de l'Inde. Des variantes de la pique étaient encore en usage au XVIIIe siècle. Si la phalange peut paraître dépassée aujourd'hui, son rôle était pourtant celui d'un blindé d'assaut, capable d'écraser impunément les rangs de l'ennemi. **RH**

VOIR ÉGALEMENT : LANCE, MÉTALLURGIE, ÉPÉE, CASQUE, COTTE DE MAILLES

La boussole
(v. 400 av. J.-C.)

Un instrument d'aide à la navigation.

Les Chinois découvrirent les capacités d'orientation de la magnétite (ou pierre d'aimant), dès le IVe siècle apr. J.-C., mais les premières boussoles n'eurent qu'une application ludique ou magique. Elles consistaient en un fragment de magnétite flottant sur un bâton, à la surface d'une coupe d'eau. Le bâton pointait toujours dans la même direction. Il fallut encore un millénaire avant que le système soit utilisé pour la navigation. Jusque-là, les marins de l'hémisphère Nord s'étaient fiés à l'étoile polaire pour déterminer leur cap ; la boussole avait pour avantage d'être utilisable 24 heures sur 24.

« Magnus magnes ipse est globus terrestris. [La terre entière est un aimant.)] »

William Gilbert, médecin et physicien

Le comportement de la boussole est dû à la présence de fer en fusion au centre de la Terre. Celui-ci agit comme un aimant géant et contraint la magnétite à s'aligner parallèlement à l'axe nord-sud du globe terrestre. On découvrit plus tard que les directions du nord magnétique et du nord géographique n'étaient pas parallèles, et accusaient un écart d'environ douze degrés.

Ultérieurement, on découvrit aussi qu'en frottant une aiguille de fer ou d'acier sur de la magnétite, on la magnétisait et qu'elle s'alignait à son tour sur l'axe nord-sud. En 1745, l'inventeur anglais Gowin Knight mit au point une technique pour magnétiser l'acier de façon permanente. **MF**

VOIR ÉGALEMENT : CARTE GÉOGRAPHIQUE, ACIER, SEXTANT, GYROCOMPAS

Le haut-fourneau
(v. 400 av. J.-C.)

Les Chinois apprennent la fonte du bronze.

Les plus vieux hauts-fourneaux connus sont ceux de la dynastie chinoise Han, au IVe siècle av. J.-C., employés pour la production du bronze. De cette technique a découlé la fonte du fer. Lorsque les Qin unifièrent la Chine (221 av. J.-C.), ce métal était devenu crucial pour la réussite des campagnes militaires. Au XIe siècle apr. J.-C., la dynastie Song abandonna le charbon de bois au profit du charbon de terre, ce qui permit d'épargner des milliers d'hectares de forêt.

Dans un haut-fourneau, le minerai et le combustible sont introduits par l'ouverture supérieure, tandis que l'air est insufflé par la partie inférieure. La réaction intervient à mesure que la pesanteur entraîne les matériaux vers le bas, produisant du métal en fusion et des scories, tandis que les gaz s'échappent par le sommet du haut-fourneau.

En Europe, la Suisse, l'Allemagne et la Suède eurent la primeur de ce type d'installations à partir du XIIe siècle. Leur rendement était très faible. Fins métallurgistes, les Cisterciens acquirent et conservèrent en la matière une grande avance technologique du XIIIe au XVIIe siècle. On faisait souvent don à ces moines de terrains riches en minerais de fer. Leurs monastères revendaient leur surplus de métal fondu et les scories, assez riches en phosphates pour servir d'engrais agricole.

En 1709, le quaker anglais Abraham Darby, fondeur de fer dans le Shropshire, eut l'idée d'utiliser du charbon de bois, et non du charbon, dans son haut-fourneau amélioré. Il parvint également à transformer sa fonte de fer en fer ou en acier forgé. **MF**

VOIR ÉGALEMENT : FOYER AMÉNAGÉ, FOUR, SOUFFLET, ACIER, FER FORGÉ, FOUR À ARC ÉLECTRIQUE

La catapulte
(v. 400 av. J.-C.)

Naissance en Sicile d'une terrible machine de guerre.

Le mot «catapulte» vient du grec *kata*, qui signifie «vers le bas» et *pultos*, «petit bouclier»: la catapulte est l'engin qui défonce les boucliers. L'arme aurait été inventée en 399 av. J.-C. dans la cité de Syracuse. Selon le fameux Archimède, elle aurait consisté en une extrapolation de l'arc, présentant une structure analogue à celle de l'arbalète.

Les premières catapultes comportaient un bras, muni d'un côté du panier recevant le projectile et de l'autre, d'un contrepoids. Les catapultes à cordes tordues entrèrent en service en Grèce et en Macédoine aux alentours de 330 av. J.-C. Alexandre le Grand les utilisa aussi bien pour pilonner les champs de bataille que pour mener les sièges.

Chinois, Grecs et Romains utilisaient divers types de catapultes. La baliste, créée pour Philippe de Macédoine (le père d'Alexandre le Grand), ressemblait à une arbalète géante, dont les traits avaient la taille de javelots. Le trébuchet, avec son levier prolongé d'une fronde, pouvait projeter d'énormes pierres. Le mangonel, attribué aux Romains, lançait des projectiles variés grâce au panier fixé à son énorme bras.

Trop malaisées à transporter, les catapultes de siège étaient en général assemblées sur place. Parfois des ruches pleines étaient envoyées par-delà les remparts, ou bien des charognes d'animaux pour déclencher des maladies chez les assiégés. Au Moyen Âge, l'arme atteignit l'Europe. Les Français l'utilisèrent lors de leur siège du château de Douvres en 1216. Mais au XIVe siècle, cette arme prodigieuse dut s'effacer devant le canon. **MF**

VOIR ÉGALEMENT: LANCE, FRONDE, ARC ET FLÈCHE, FORT, LEVIER, ARBALÈTE, CANON, MISSILE BALISTIQUE

↗ *Sur cette miniature médiévale, une catapulte élémentaire est mise en œuvre durant un siège.*

«La première pierre tomba avec tant de force qu'elle détruisit [...] une grande partie d'une bâtisse.»

Marco Polo, *Voyages* (v. 1298)

L'étrier

(v. 300 av. J.-C.)

Les Chinois dotent leur cavalerie d'un atout essentiel.

C'est sur un tesson de poterie, découvert dans une tombe de la dynastie Jin (IIIe siècle av. J.-C.) qu'apparaît la première représentation d'un étrier unique: au départ, le but de l'instrument était d'aider le cavalier à enfourcher sa monture.

À l'époque, la Chine se trouvait menacée au nord par des hordes de cavaliers nomades. Sachant que les Chinois avaient mis au point, pour leurs chevaux, le harnais et le collier, un millénaire avant que ces inventions ne gagnent l'Europe, le fait qu'ils aient eu la primeur de l'étrier n'a rien de surprenant. D'abord unique puisque réduit à la fonction de marchepied, l'objet fut rapidement utilisé par paires, afin de fournir au guerrier monté un appui solide.

Datant de 322 av. J.-C. et découvert dans une tombe de Nanjing (province de Jiangsu, Chine orientale), un cheval de céramique arbore une paire d'étriers de métal forgé: c'est la première représentation de ces objets sous leur forme moderne. Car avec les étriers, la cavalerie devint une arme de première importance. Ils modifièrent radicalement la nature de la guerre à cheval.

Pourtant, compte tenu du rôle très ancien du cheval auprès de l'homme pour le transport et la communication en temps de paix comme en temps de guerre, l'invention de l'étrier intervient relativement tard dans le cours de l'histoire. Il faut néanmoins évoquer certaines présomptions qui permettraient de dater son apparition aux alentours de 850 av. J.-C., au Moyen-Orient. De toute façon, l'étrier a donné le coup d'envoi à toute une ère de migrations et de diffusion des cultures. **BS**

« L'étrier… permit au cavalier de mieux manier son arc et son épée. »

Professeur Albert Dien, historien

VOIR ÉGALEMENT : MÉTALLURGIE, BOUCLE, SELLE, FER À CHEVAL, COLLIER DE CHEVAL

↖ *Parfaitement fonctionnel et très élégant, cet étrier chinois de bronze date du VIIe siècle apr. J.-C.*

La selle
(v. 300 av. J.-C.)

Les cavaliers oublient l'art de monter à cru.

Des peintures préhistoriques suggèrent qu'on a bridé des chevaux dès le XVe millénaire av. J.-C. ; néanmoins, le moment de leur domestication demeure incertain. Rapidement, ces premiers cavaliers eurent à leur disposition le harnais, le mors et la bride. Mais ils devaient toujours s'asseoir douloureusement sur une couverture, s'ils ne montaient pas à cru. En Asie, apparut vers 300 av. J.-C. une selle de bois et de feutre, mais il fallut attendre quatre siècles pour que l'engin gagne en confort.

Les premières selles dotées d'une ossature et rembourrées furent mises au point sous la dynastie Han entre 25 et 220 apr. J.-C. Elles se composaient

« Je vous dirais de marcher [...] la plupart des maux viennent d'avoir le cul sur la selle. »

Marquise de Sévigné

d'une carcasse de bois, couverte de cuir et capitonnée. Le pommeau (l'avant) et le troussequin (l'arrière) étaient plus hauts que l'assise. Cet instrument destiné à faciliter l'équitation devint vite un symbole de puissance. Les cavaliers décorèrent leurs selles de motifs raffinés, les ornèrent d'emblèmes et y ajoutèrent des motifs précieux.

Si cette invention eut une grande incidence sur l'univers des cavaliers, son importance ne fut pas comprise d'emblée : à cru ou en selle, l'homme perché sur son cheval se trouvait toujours privé d'appuis solides. Il fallut l'arrivée des étriers pour que la selle puisse entièrement jouer son rôle. **SA**

VOIR ÉGALEMENT : MÉTALLURGIE, BOUCLE, ÉTRIER, FER À CHEVAL, COLLIER DE CHEVAL

La charrue à versoir
(v. 300 av. J.-C.)

Les Chinois améliorent un instrument aratoire.

L'humble charrue à versoir fut l'un des jalons de l'aventure humaine, mais le nom de son inventeur s'est perdu dans la nuit des temps.

Lorsque l'on commença à travailler la terre, ce fut avec un bâton, au mieux une houe. Les sillons obtenus étaient parfaits pour y semer des graines. La domestication des bovins, vers 7000 av. J.-C., donna accès à une puissance musculaire qui multiplia l'efficacité du labourage. Le bœuf tirait une houe maintenue par un cadre de bois.

Mais le vrai bond en avant intervint au IIIe siècle, lorsque les Chinois conçurent le *kuan*, la charrue à versoir. Elle se composait d'un attelage (pour l'attacher

« Le versoir... enterre toute la paille, les racines et les résidus de la récolte précédente. »

Rick Kubik, expert agronome

à un animal de trait) et d'une lame asymétrique, attaquant la terre horizontalement, ce qui lui permettait au passage de trancher la racine des mauvaises herbes. La terre, poussée par le mouvement de la charrue contre la large lame, était soulevée et retournée : elle « versait » sur le côté du nouveau sillon. Premier avantage, le labour était aéré. Deuxième avantage, le retournement du sol avait pour effet d'enterrer les mauvaises herbes. Troisième avantage, valable surtout pour les sols secs, l'humidité et les éléments nutritifs remontaient à la surface. Il était désormais possible de travailler avec efficacité des surfaces agricoles bien plus considérables. **DHk**

VOIR ÉGALEMENT : ARAIRE, CHARRUE EN ACIER, CHARRUE DE FONTE

Le levier (v. 260 av. J.-C.)

Archimède développe un très ancien principe.

Le premier à poser la théorie du levier fut Archimède (v. 287-212 av. J.-C.), mais son usage était probablement connu dès la préhistoire. Un levier sert à soulever un poids ou à vaincre une résistance. Il se compose d'un point d'appui sur lequel pivote une barre disposée asymétriquement. Il existe trois catégories de leviers. Dans ceux du premier genre, le point d'appui est au milieu du levier, entre la charge et le point d'application de la force : c'est la balançoire. Ceux du deuxième genre ont leur point d'appui à une extrémité, et leur point d'application de la force à l'autre extrémité : c'est le décapsuleur. Ceux du troisième genre ont leur point d'application de la force entre le point d'appui et la charge : une pince à épiler se compose de deux leviers du troisième genre.

« Donnez-moi un levier, un point d'appui, et je soulèverai le monde. »

Archimède, mathématicien et ingénieur

Cinq millénaires av. J.-C., les Égyptiens utilisaient comme balance un levier du premier genre, avec les poids d'un côté du point d'appui et la marchandise de l'autre. Vers 1500 av. J.-C., ils inventèrent le *chadouf*, une machine dévolue à l'irrigation et fonctionnant aussi sur le principe du levier du premier genre : au bout de la partie courte du bras de bois était fixée une outre. La partie longue portait un contrepoids. En une manœuvre, un homme pouvait tirer d'une rivière plusieurs centaines de litres d'eau. **MF**

VOIR ÉGALEMENT : POULIE, GRUE, TREUIL, VIS D'ARCHIMÈDE, PALAN, SERRURE MÉCANIQUE, FUSIL À RÉPÉTITION

Le clou (vers 250 av. J.-C.)

Des pointes forgées et façonnées une à une.

Parmi les premiers objets de métal fabriqués à la main figurent les clous. À l'époque romaine, toute forteresse comportait un atelier où se forgeaient les fournitures requises par les forces armées. Là, les « coupeurs » débitaient des tiges métalliques que les « cloutiers » munissaient d'une tête et d'une pointe.

Les premiers clous, de section carrée, présentaient une tête obtenue en pliant leur tige à angle droit. Leur valeur était telle qu'en quittant leur maison les familles y mettaient le feu et fouillaient les cendres pour en récupérer les clous.

En 1590, des ateliers de coupe de clous actionnés par des moulins à eau apparurent en Angleterre : le fer incandescent était aplati en taules, puis chaque taule était découpée en tronçons de section carrée. Ces tiges étaient finies à la main – les forgerons les fabriquaient à la demande. Le système dura jusqu'à l'apparition, à la fin du XVIIIe siècle, de la machine à fabriquer les clous. Cent ans plus tard, l'industrie du clou manufacturé avait vécu.

« Il n'y a pas de sot métier. Toute profession est honorable. Je suis… un fabricant de clous. »

Thomas Jefferson, président des États-Unis

Il existe des clous de toutes formes. Le plus commun, datant de la fin du XIXe siècle, est le clou à tête plate. Le clou à tête homme peut disparaître totalement dans le bois où le marteau l'enfonce. Citons également la semence utilisée en tapisserie ou la carvelle réservée à la construction navale. **MF**

VOIR ÉGALEMENT : RIVET, VIS, MARTEAU ARRACHE-CLOU, MACHINE À CLOUS, MARTEAU PILON, MARTEAU PNEUMATIQUE

La vis d'Archimède (v. 250 av. J.-C.)

Un moyen élégant pour pomper l'eau destinée à l'irrigation.

La vis d'Archimède a été décrite pour la première fois par Athénée de Naucratis, aux environs de 200 av. J.-C. L'érudit conte comment elle était utilisée pour extraire l'eau de cale du navire Syracuse – et en attribue la paternité à Archimède (287-212 av. J.-C.).

Celui-ci vivait à Syracuse, en Sicile, et consacrait sa vie à l'exploration des mathématiques et des sciences. On suppose qu'il voyagea en Égypte, et deux millénaires après lui, la vis qui porte son nom est toujours utilisée dans le delta du Nil pour élever l'eau à des fins d'irrigation.

L'invention se compose d'un tube dans lequel est engagée une hélice de même longueur. La partie inférieure du tube est immergée dans un fluide. Lorsque l'hélice entre en rotation, le fluide est entraîné jusqu'à l'extrémité supérieure du tube. Durant l'Antiquité, ce système fut utilisé d'un bout à l'autre du bassin méditerranéen. Les Romains l'employèrent énormément, tant pour leurs réseaux de distribution d'eau que pour l'assèchement de leurs mines d'Espagne.

Oubliée durant le Moyen Âge, la vis d'Archimède fit son retour au XIVe siècle, pour fournir l'eau des fontaines publiques. Les pompes à piston la supplantèrent dans cette tâche, mais au XVIIe siècle elle participa à l'assèchement des terres reprises à la mer, en particulier aux Pays-Bas : mue par un moulin à vent, elle déversait dans un canal l'eau pompée en contrebas. Aujourd'hui, la vis d'Archimède assure toujours cette fonction, mais elle a trouvé d'autres applications : pompage du pétrole, des égouts, agriculture et même chirurgie cardiaque. **FW**

VOIR ÉGALEMENT : IRRIGATION, ÉGOUTS, VIS, LEVIER, PALAN, MOULIN À VENT

↗ *Ouvrier égyptien se servant d'une vis d'Archimède pour irriguer (figurine de terre cuite, Ier siècle av. J.-C.).*

« Une énorme quantité d'eau se déverse… et n'exige qu'un très léger travail. »

Diodore de Sicile, historien

Le palan

(v. 250 av. J.-C.)

Archimède multiplie les poulies pour diviser l'effort.

La poulie simple permet de lever aisément une charge en modifiant la direction de la force exercée. En accrochant la corde à un point fixe et en la faisant passer par une deuxième poulie, à laquelle la charge est accrochée, le système obtenu permet de diviser l'effort initial par deux, et donc de manipuler des masses plus lourdes : c'est le palan. En ajoutant encore des poulies selon le même principe, on multiplie d'autant la force appliquée. Ainsi, avec trois poulies, l'effort à fournir est divisé par quatre.

Au milieu du IIIe siècle av. J.-C., le mathématicien et ingénieur Archimède (287-212 av. J.-C.) eut l'idée de placer plusieurs poulies sur le même axe, formant ce qu'on appelle aujourd'hui un moufle. Le principe demeurait le même, mais la manipulation était bien plus aisée qu'avec des poulies séparées. Une corde unique attachée à un point fixe est passée tour à tour dans les gorges des poulies des deux moufles. Chaque longueur de corde entre deux poulies se nomme le brin. Plus les brins sont nombreux, plus le palan démultiplie l'effort.

Selon l'historien Plutarque, le premier à mentionner le palan, Archimède utilisa sa nouvelle invention pour remorquer seul un vaisseau de guerre. Depuis, le moufle et les brins sont devenus un outil essentiel pour hisser et déplacer les lourdes charges. Ils font aujourd'hui partie de l'équipement des grues, des ponts roulants, des engins de levage utilisés pour la construction, des véhicules terrestres et des navires. En navigation de plaisance, ils permettent aux marins de manœuvrer seuls des voiles d'une surface impressionnante. **EH**

VOIR ÉGALEMENT : CORDE TORSADÉE, POULIE, TREUIL, LEVIER, GRUE, VIS D'ARCHIMÈDE

L'orgue à tuyaux

(v. 240 av. J.-C.)

Ktésibios réinterprète un instrument primitif.

Bien avant l'apparition de l'orgue à tuyaux, son élément essentiel – un ensemble de tubes de longueurs différentes, rendant des sons de tonalités différentes lorsqu'on y insufflait de l'air – existait sous le nom de syrinx ou flûte de Pan. L'instrument était répandu dans tout le bassin méditerranéen.

Néanmoins, au milieu du IIIe siècle av. J.-C., l'ingénieur grec Ktésibios (285-222 av. J.-C.) découvrit le moyen de fournir aux tuyaux un flux d'air régulier, en les reliant à un récipient contenant de l'air. On y pompait de l'eau, ce qui mettait l'air sous pression. Un simple système de vannes, commandé par un clavier, établissait ou coupait le contact l'alimentation des tuyaux en air comprimé. Dénommé à l'origine *hydraulis*, l'engin reçut ultérieurement le nom d'*organum*. Il produisait des sons puissants et parfaitement audibles en plein air.

« Il suffit de frapper les bonnes touches au bon moment, et l'instrument joue tout seul. »

Attribué à Jean-Sébastien Bach

Au Ier siècle, l'Église chrétienne l'adopta et le popularisa. Le complexe système hydropneumatique initial fut remplacé par des soufflets, plus facilement transportables et moins sujets aux pannes. **EH**

VOIR ÉGALEMENT : MÉTALLURGIE, GUITARE ÉLECTRIQUE, SYNTHÈSE VOCALE, SYNTHÉTISEUR ÉLECTRONIQUE

Sur cette miniature d'un psautier du XIIIe siècle, représentant un groupe de musiciens, un soufflet alimente en air les tuyaux de l'orgue.

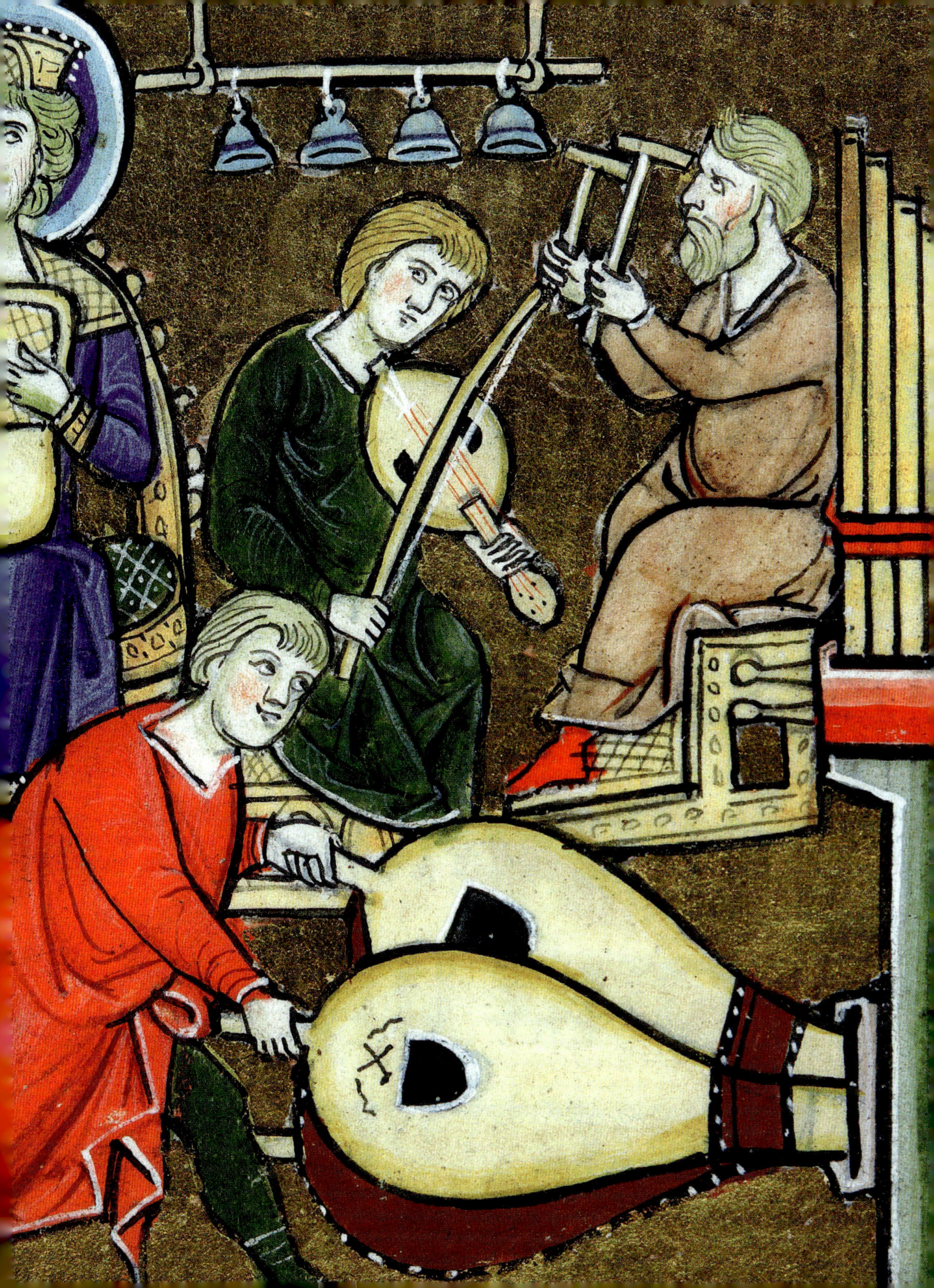

La cale sèche
(v. 200 av. J.-C.)

Une nouvelle méthode pour garder les bateaux « à sec».

Peu après la mort de Ptolémée IV Philopator, qui régna sur l'Égypte de 221 à 204 av. J.-C., un armateur phénicien inventa la cale sèche. Il faisait construire son vaisseau sur la terre ferme, puis creuser autour de sa coque un large et profond fossé, qu'il prolongeait jusqu'à la mer – que le bateau rejoignait facilement.

Les cales sèches furent utilisées durant toute l'Antiquité. En Europe, le roi Henry VIII commanda la première d'Angleterre pour le port de Portsmouth. De nos jours, elles servent à l'entretien et à la réparation des bateaux – plus rarement à leur construction, trop longue. Quant à la mise à l'eau, elle est désormais assurée le plus souvent sur un plan incliné nommé chemin de glissement.

Il y a deux types de cales sèches : les bassins de radoub et les docks flottants. Les premiers se composent d'un bassin de béton armé, dotés d'une porte d'écluse. On y fait entrer le navire. Les portes sont fermées et l'on vide l'eau jusqu'à ce que le navire repose sur des supports. On procède alors « à sec » aux réparations nécessaires. Une fois le travail fini, le bassin est de nouveau empli et le navire se retrouve à flot.

Un dock flottant possède une forme analogue, mais est généralement construit en acier et comporte des caissons creux, les ballasts. En emplissant ces derniers d'eau, on immerge le dock, ce qui permet au navire d'y prendre place. Les ballasts sont vidés et le dock reprend sa flottaison normale. Le navire se retrouve donc « à sec ». Ces installations sont généralement utilisées dans l'enceinte d'un port, pour se protéger des dégâts causés par les vagues. **MF**

VOIR ÉGALEMENT : PORT CLOS, ACIER, BÉTON ARMÉ, MOULIN À FARINE AUTOMATIQUE

Le moulin à vent
(v. 200 av. J.-C.)

Les Chinois et les Perses domestiquent la brise.

L'origine du moulin à vent est imprécise : difficile d'affirmer où et quand il a vu le jour. Certains évoquent Babylone et le XVIIe siècle av. J.-C. D'autres avancent le IIe siècle av. J.-C., et la Chine (pour le pompage de l'eau) ou la Perse (pour la mouture des céréales). Mais il est certain que de tels instruments étaient présents en Perse au VIIe siècle apr. J.-C. Montées sur un axe vertical, leurs ailes de roseau tressé permettaient de moudre le grain entre deux meules.

Les premiers moulins européens virent le jour au XIIe siècle, en France et en Angleterre. S'agit-il d'un transfert de technologie dû aux croisades ? Le moulin à axe horizontal d'Europe emprunte bien peu à son cousin perse et procède sans doute d'une élaboration autonome.

« Il n'est guère spectacle plus gai qu'une armée de moulins à vent tournant à l'unisson… »

Robert Louis Stevenson

La facilité d'emploi des moulins s'accrut avec l'ajout d'une dérive, qui les plaçait face au vent à la façon des girouettes. Jusqu'à la révolution industrielle, les moulins fleurirent par milliers en Europe et en Amérique du Nord. Ils moulaient le grain et sciaient le bois. Équipés de pompes, ils drainaient les sols, irriguaient les cultures, procédaient à la désalinisation de l'eau. Depuis la fin du XXe siècle, l'héritière du moulin à vent, l'éolienne, a pris une réelle importance dans la production d'énergie électrique. **FW**

VOIR ÉGALEMENT : VOILES, MEULE, MOULIN À EAU, MOULIN À MARÉE

L'astrolabe (v. 150 av. J.-C.)

Hipparque rationalise le calcul des positions astronomiques.

L'astrolabe résout des problèmes relatifs au temps et à la position des corps célestes. Son élément principal est un disque gradué qui porte une représentation fidèle de la voûte céleste. Cette projection fut mise au point par l'astronome grec Hipparque (190-120 av. J.-C.). Au centre du disque est fixé un bras mobile.

L'astrolabe est tenu verticalement. En alignant le bras mobile sur le soleil ou sur une étoile, il est facile de lire sur le disque sa position au-dessus de l'horizon. Le pourtour du disque est gravé en mois, en jours et en heures. La plupart des astrolabes comportent d'autres disques où figurent, en fonction de la position du lieu d'observation, des repères correspondant au déplacement des corps célestes. Un autre disque ajouré détermine la portion de ciel visible à telle date de l'année pour une latitude donnée. Ce disque indique la position d'une douzaine d'étoiles parmi les plus brillantes.

En notant la hauteur du soleil (ou d'une étoile) au-dessus de l'horizon, le voyageur peut déterminer l'heure du jour ou de la nuit. En comparant cette position avec l'un des disques secondaires, il peut estimer la latitude à laquelle il se trouve. La position des étoiles lui permet aussi de connaître la direction du nord.

Claude Ptolémée (85-165 apr. J.-C.) évoqua la projection d'Hipparque et possédait certainement un astrolabe. L'instrument se répandit rapidement dans le monde musulman parce qu'il permettait de connaître les heures des prières et la direction de La Mecque. Les plus vieux exemplaires dont nous disposons datent du Xe siècle. **DH**

VOIR ÉGALEMENT : BOUSSOLE, GYROCOMPAS

↗ *Cet astrolabe primitif était utilisé par les astronomes égyptiens pour mesurer l'altitude des étoiles et des planètes.*

« Lorsque je sonde les cercles que parcourent les étoiles, mes pieds ne touchent plus terre… »

Claude Ptolémée

La machine d'Anticythère (v. 150 av. J.-C.)

Un énigmatique calculateur astronomique attribué aux Grecs.

L'une des plus intrigantes inventions de l'Antiquité est remontée à la surface en 1900, grâce à un pêcheur d'éponges qui venait de découvrir l'épave d'un navire de commerce, sombré au large de l'île grecque d'Anticythère vers 80 av. J.-C. Parmi les vestiges, on récupéra un mécanisme que ses inscriptions grecques dataient de 150 à 100 av. J.-C.

L'instrument comporte plus de 30 rouages et trois cadrans. Ils composent un calculateur astronomique capable déterminer les positions du Soleil, de la Lune et des cinq planètes alors connues. En « entrant » une date d'un tour de manivelle dans la machine, celle-ci indique la position des corps célestes pour la date en question. Ce précurseur des mouvements d'horlogerie est aussi le plus vieil instrument scientifique digne de ce nom.

Le concept d'engrenages différentiels qu'utilise la machine ne fut pas redécouvert avant le XVIe siècle, tandis que la complexité et la miniaturisation de ses pièces en font la rivale des plus fines horloges du XVIIIe siècle. Plus frappant encore, alors que sa conception repose sur les théories de la science grecque de l'époque, son fonctionnement évoque davantage une vision héliocentrique (faisant du Soleil le centre de l'Univers) que géocentrique (la Terre est le centre de l'Univers). Elle laisse présager une conception du mouvement des planètes et une perception des lois de la gravitation qui étaient ignorées à l'époque. Étudiée désormais grâce aux moyens de l'imagerie moderne (en particulier le scanner), la machine d'Anticythère n'a pas fini de dévoiler ses secrets. **SA**

« Un design splendide, des calculs astronomiques rigoureusement exacts : cette machine est unique. »

Professeur Michael Edmunds, université de Cardiff

VOIR ÉGALEMENT : CLEPSYDRE, CADRAN SOLAIRE, HORLOGE D'ÉDIFICE, HORLOGE À PENDULE, HORLOGE ATOMIQUE, HORLOGE NUMÉRIQUE

⇱ *Fragments de la machine astronomique découverte par des plongeurs au large de l'île d'Anticythère, Grèce.*

Le parchemin
(v. 150 av. J.-C.)

La peau d'animal offre un support à l'écriture.

À en croire Pline l'Ancien, le parchemin fut inventé à Pergame (aujourd'hui Bergama, en Turquie) parce que la magnifique bibliothèque de la ville risquant de faire de l'ombre à sa rivale d'Alexandrie, un roi d'Égypte avait décidé de ne plus la fournir en papyrus.

Mais il est vraisemblable que le parchemin existait déjà à l'époque en Asie Mineure. En outre, on écrivait déjà sur des peaux d'animaux préparées. Le cuir avait déjà servi à cette fin. Mais le tannage produisait des supports dont la surface était rugueuse, peu souple et ne pouvait s'utiliser que d'un seul côté. Le parchemin, lui, était fabriqué à partir d'une peau de mouton, de chèvre ou de veau soigneusement nettoyée et polie. Les deux côtés du support s'avérèrent parfaits pour l'écriture. Mieux, il était possible d'en coudre plusieurs « feuilles » et d'obtenir ainsi des « livres », bien plus faciles à manipuler et à lire que des rouleaux de papyrus. Et même si ce dernier était moins cher que le parchemin, ce furent les supports d'origine animale qui prévalurent en Europe jusqu'au XIVe siècle, quand les progrès dans la fabrication du papier inversèrent la donne : c'est sur parchemin qu'ont été rédigés et peints les manuscrits de la fin du Moyen Âge, comme les *Très Riches Heures du duc de Berry*, réalisées au début du XVe siècle. **AK**

« Quand Ptolémée interdit l'exportation de papyrus, le parchemin fut inventé à Pergame… »

Pline l'Ancien, *Histoire naturelle*, Livre 13

VOIR ÉGALEMENT : PAPIER, ENCRE, PAPIER CARBONE, PROCÉDÉ KRAFT

La courroie de transmission (v. 100 av. J.-C.)

Les Romains transmettent l'énergie à distance.

Composant essentiel des machines modernes, la courroie de transmission se résume à une bande dont les deux extrémités se joignent, enserrant deux poulies ou davantage. Lorsqu'une poulie tourne, la courroie suit le mouvement, et entraîne donc à distance les autres poulies. Ce moyen simple, souple, adaptable et efficace de transmission de la force est utilisé depuis longtemps. On dit qu'en l'an 100 apr. J.-C. les ingénieurs chargés de construire le tombeau des Haterii, à Rome, l'employèrent pour transmettre le mouvement circulaire d'une « cage à écureuil » – tambour de bois dans lequel marchaient des ouvriers – jusqu'au treuil animant une grue équipée de palans. En 1203, des innovateurs français remplacèrent les ouvriers par des ânes.

L'avènement de la motricité animale ne marqua pas la fin de l'évolution de la courroie. On la retrouva ensuite dans les moulins à eau. La révolution industrielle et ses machines à vapeur l'employèrent pour distribuer l'énergie dans leurs usines, par le biais d'arbres de transmission. Le moteur thermique n'est pas en reste : avec lui, de la moto à l'hélicoptère, la courroie joue son rôle. Les voitures modernes sont équipées de multiples courroies trapézoïdales reliant au moteur l'alternateur, la pompe à eau, sans parler du compresseur de climatisation, de la pompe de la direction assistée et de bien d'autres accessoires. La courroie serpentine relie à elle seule tous ces organes et effectue donc un parcours sinueux entre leurs différentes poulies, d'où son nom. Un tendeur – poulie ne desservant aucun organe, mais qu'un ressort applique fortement contre la courroie serpentine – assure sa tension optimale. **LW**

VOIR ÉGALEMENT : CORDE TORSADÉE, POULIE, MOULIN À EAU, AUTOMOBILE

Le moulin à eau (v. 100 av. J.-C.)

Les Grecs moulent leur grain grâce à l'énergie des rivières.

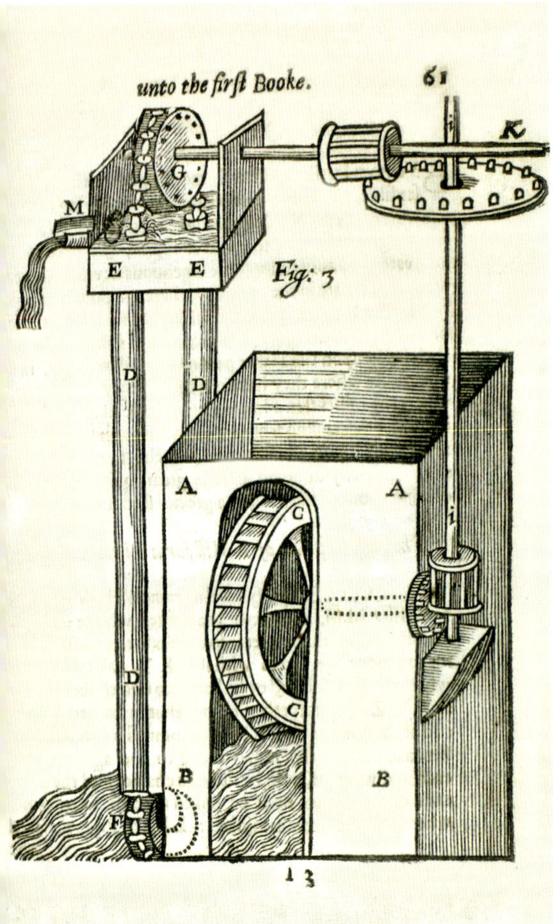

Antipater de Thessalonique fut le premier à décrire le moulin à eau, tel que l'employaient les Grecs au Ier siècle av. J.-C. L'instrument se composait d'une meule fixe, frottant contre une meule mobile montée sur un axe vertical, qu'entraînait une roue à aubes immergée dans un cours d'eau rapide.

Les Romains furent les premiers à mettre au point un dispositif plus efficace, caractérisé par une roue à axe horizontal. Peut-être furent-ils inspirés par les antiques roues que les Orientaux utilisaient pour élever l'eau destinée à l'irrigation. Dès le VIIe siècle, les musulmans adoptèrent la technique, construisant leurs moulins sur des ponts ou sur le flanc de bateaux ancrés, et établissant des barrages pour les alimenter. Ils s'en servaient pour battre la pulpe du papier, scier du bois, moudre des céréales, écraser des cannes à sucre et broyer des minerais.

Au XIXe siècle, l'Europe septentrionale et l'Amérique du Nord connurent une vraie fringale de puissance industrielle : de nouvelles roues aux aubes de fonte répondirent à cette demande. Les machines à vapeur, nourries du charbon que des péniches acheminaient par les canaux, prirent leur place.

En 1880, et pour la première fois, on produisit de l'électricité en Angleterre grâce à une turbine conçue en 1826 par Benoît Fourneyron. D'autres centrales suivirent. Dans les années 1920, 40 % de l'électricité des États-Unis était d'origine hydraulique. Aujourd'hui de nombreux pays, comme le Brésil et la Norvège, produisent presque toute leur énergie électrique grâce à la puissance de l'eau courante. **FW**

« Que ta main cesse de tourner le moulin… Désormais, ce sont les nymphes qui se chargent de cette pénible tâche. »

Antipater de Thessalonique, auteur d'épigrammes

VOIR ÉGALEMENT : MOULIN À VENT, MOULIN À MARÉE, MOULIN À FARINE AUTOMATIQUE, CANAL, BARRAGE, TURBINE À VAPEUR, AÉROGÉNÉRATEUR

↖ *Sur cette gravure de 1635, ce sont le flux et le reflux de la marée qui actionnent le moulin.*

Le verre soufflé (v. 100 av. J.-C.)

Avec leur souffle et une canne, les Syriens façonnent le verre.

Les premiers à maîtriser l'art du soufflage furent les Syriens. Si le verre était connu depuis deux millénaires et demi, il fallut attendre le Ier siècle av. J.-C. pour que son façonnage à des températures d'environ 1 500 °C donne des résultats probants.

Souffler le verre consiste à lui imprimer, tandis qu'il est malléable, une forme utile et élégante. Ce talent s'est avéré d'un intérêt économique crucial pour la société. Certes, aujourd'hui, des machines ont pris la place des virtuoses syriens, mais la science demeure la même. Une boule de verre fondu est aboutée à un tube. Une bulle d'air est insufflée dans le tube, et lorsque cette bulle en sort une enveloppe de verre fondu se forme autour d'elle. La bulle, toujours collée au tube, est soit placée dans un moule de la forme désirée : une nouvelle expiration du souffleur la collera à ses parois. Ou bien, à l'aide d'outils, l'artisan lui donnera les contours souhaités. À ce moment, on laisse au verre le temps de refroidir. C'est une particularité du verre qui rend cet art possible : il n'a pas de point de fusion ou de solidification précis. À mesure que la température s'élève ou s'abaisse, sa viscosité se modifie graduellement.

La montée en puissance de l'Empire romain, alors que l'art du soufflage commençait à se développer, facilita grandement sa prolifération. En ajoutant de l'oxyde de manganèse au classique mélange à base de silice, les Romains découvrirent le verre transparent aux alentours de l'an 100 apr. J.-C., et se hâtèrent de l'utiliser à des fins architecturales – avec le succès que l'on sait. **CB**

VOIR ÉGALEMENT : VERRE, MIROIR DE VERRE, LUNETTE, MICROSCOPE, LENTILLES DE CONTACT

↗ *Souffleurs de verre français du XVe siècle (enluminure du Tractatus de Herbis de Dioscoride).*

« Le soufflage rendit possibles une variété et une vitesse de production sans équivalents. »

Rosemarie Trentinella, Metropolitan Museum of Art

de 27 av. J.-C. à 1799

Durant les deux siècles qui suivirent l'assassinat de Jules César (en 44 av. J.-C.), l'Empire romain atteignit son apogée. À partir de cette période et jusqu'à la fin du Moyen Âge, la civilisation chinoise participa activement à l'avancée des techniques, par des inventions aussi importantes et variées que le papier ou même la brosse à dents. Lorsque survint la Révolution française, les ténèbres obscurcissant le savoir s'étaient largement dissipées : la machine à vapeur venait d'être inventée, et la technologie promettait un nouvel âge de puissance et de progrès.

Mus par l'eau, les moulins fournissent une source d'énergie essentielle.

L'odomètre (v. 27 av. J.-C.)

Vitruve mécanise la mesure des distances.

Connaître la distance séparant deux endroits est l'une des tâches de base de la cartographie. La première méthode consistait à marcher en comptant le nombre d'impacts sur le sol de l'un de ses deux pieds. Mille impacts du pied droit, par exemple, définissaient un *mille* romain (le latin et le français emploient le même mot pour ce nombre).

Ce fut le Romain Vitruve, ingénieur et architecte (v. 90 av. J.-C.-v. 20 av. J.-C.), qui mécanisa la méthode. Vers 27 av. J.-C., il conçut une sorte de brouette munie d'un dispositif qui laissait tomber un caillou dans un récipient à chaque tour de sa grande roue, dont la circonférence était connue. Les premiers de ces engins étaient poussés à la main, mais on les incorpora rapidement à des chars, dont la roue avait un diamètre standard de 1,20 m. Quatre cents tours de roue équivalaient à un mille. Inutile de dire que la qualité de la chaussée jouait son rôle dans la précision de la mesure. L'engin est décrit par Héron d'Alexandrie au 34e chapitre de son ouvrage *Dioptra*.

Vers 300, les Chinois mirent au point un dispositif analogue, mais plus musical : à chaque tour de roue, un engrenage avançait d'une dent. Lorsque l'engrenage avait effectué un tour complet, il faisait sonner un tambour. Au bout de dix tours de tambour, le système frappait un gong.

Les premières automobiles possédaient un odomètre (ou compteur kilométrique) relié à l'une de leurs roues. Une série d'engrenages faisait avancer ses tambours numérotés : 1, 10, 100, 1 000 km, et ainsi de suite. Depuis 1980, certains odomètres automobiles indiquent la distance parcourue jusqu'à 999 999 km – d'autant plus facilement que l'électronique a remplacé la mécanique. **DH**

VOIR ÉGALEMENT : ROUE DE GÉOMÈTRE, ROUE ET ESSIEU, CHAR À ROUES RAYONNÉES, BROUETTE, AUTOMOBILE

Le roulement à billes (v. 40)

Les Romains réduisent le frottement.

Les roulements à billes permettent de faire tourner les unes contre les autres diverses parties d'un mécanisme sans gaspiller d'énergie par la friction. Ils ne se généralisèrent pas avant la révolution industrielle, mais le concept existait depuis deux millénaires.

L'empereur romain Caligula (12-41) fit ainsi bâtir deux grands vaisseaux, mis au jour au début des années 1930. Les archéologues y découvrirent deux types de roulements, certains employant des billes de bois et d'autres des billes de bronze. Les billes de bois permettaient à une table – semblable par son principe aux plateaux des restaurants chinois – de tourner sans effort. Avant cette découverte, l'invention du roulement à billes était attribuée à Léonard de Vinci.

> *« Les billes… seront en contact avec la charge et avec le support en un seul point… »*
>
> Léonard de Vinci, *Codex Madrid* (v. 1490)

Ce dispositif s'avéra si crucial au fonctionnement d'une société moderne que, durant la Seconde Guerre mondiale, les Alliés décidèrent de « casser les reins » de l'Allemagne en bombardant ses usines de roulements. Ils parvinrent en effet à diviser sa production par deux… Mais les stratèges du Reich avaient pris la précaution de stocker des millions de roulements, et l'effort de guerre allemand n'en fut pas affecté.

Aujourd'hui, les roulements supportant des charges lourdes ou devant tourner à grande vitesse recourent de plus en plus à un fluide, liquide ou gaz, en lieu et place des billes. **ES**

VOIR ÉGALEMENT : ROULEMENT AUTO-ALIGNEUR, MOTEUR ÉLECTRIQUE, AUTOMOBILE, BICYCLETTE MODERNE, MOTOCYCLETTE

Le marteau arrache-clou (v. 79)

Un outil romain permet d'enfoncer et d'arracher les clous.

Les outils dont la fonction est de frapper ou de marteler sont connus de l'homme depuis des millions d'années. On les associe le plus souvent au travail du bois. Mais après l'invention du clou, on comprit qu'il serait fort utile de disposer d'un instrument capable à la fois d'enfoncer et d'arracher les clous. Car ceux-ci étaient précieux, au point qu'un charpentier qui en plantait un sous un mauvais angle préférait le récupérer. Le marteau arrache-clou était né.

Sur l'un des côtés de sa tête, cet outil astucieux présente une surface de frappe ordinairement plane. L'autre côté offre un profil arrondi de pioche, qui permet de faire levier lorsque la tête du clou à arracher est glissée dans la fente prévue à cet effet. Les archéologues ont découvert à Pompéi un marteau arrache-clou enfoui par l'éruption du Vésuve en 79. Les Romains du Iᵉʳ siècle étaient des experts dans le forgeage des clous : on en a retrouvé près de 900 000 dans la forteresse écossaise d'Inchtuthil, abandonnée par sa garnison peu avant 90.

Divers types de marteaux arrache-clous furent brevetés entre 1867 et 1941. Durant longtemps, le marteau fut le principal outil du charpentier et du constructeur. Néanmoins, depuis l'invention du pistolet à clou dans les années 1950, les professionnels du bâtiment recourent de plus en plus à ce dernier pour leurs tâches de fixation : il est rapide, facile, et agréable à utiliser. Le fait qu'il permette à des ouvriers sans expérience de truffer nos murs d'une pléthore de clous n'est qu'un effet secondaire de leur perfection technologique. **ES**

VOIR ÉGALEMENT : CLOU, MACHINE À CLOUS, MARTEAU PILON, MARTEAU PNEUMATIQUE

↗ *Ce marteau à triple levier arrache-clou est exposé au seul et unique musée du Marteau, à Haines en Alaska.*

« Un ouvrier peut être le maître du marteau, mais le marteau dicte sa loi. »

Milan Kundera

Le fer à cheval (v. 100)

Les Romains inventent l'« hipposandale ».

Les chevaux ont joué un rôle primordial dans le développement des grands empires – et cette importance a encore été accrue par l'invention du fer à cheval. En effet, protéger le sabot de l'usure que les sols inégaux pouvaient lui infliger était le meilleur moyen de garantir de longs voyages, à l'époque où le cheval représentait le mode de transport le plus courant. En outre, en temps de guerre, le fer à cheval garantissait à la cavalerie un maximum d'efficacité.

La date précise de l'invention du fer à cheval est inconnue, mais durant le Ier siècle av. J.-C., le poète romain Catulle fait mention d'une mule perdant son fer. Et l'on sait que dans les provinces romaines du Nord de l'Italie (aujourd'hui l'Allemagne), les chevaux furent certainement les premiers à bénéficier de fers, à partir de la fin du Ier siècle apr. J.-C.

« Il est probable que le fer à cheval fut inventé à la même époque par différentes nations… »

Revue *Scientific American* (1891)

Au fil du temps, la conception du fer s'améliora : les premiers étaient des plates-formes retenues par des lanières au-dessus du sabot. On sait que le métal – et la forme en « U » – apparurent en 910. Le poids et le dessin des premiers fers métalliques varient selon le terrain sur lequel les chevaux devaient se déplacer. Aujourd'hui, selon le type d'utilisation, les fers sont faits d'aluminium, d'acier, de cuivre, de titane, de caoutchouc, voire de plastique **CB**

VOIR ÉGALEMENT : MÉTALLURGIE, CLOU, SELLE, ÉTRIER, COLLIER DE CHEVAL

Le dôme (v. 100)

Les Romains règlent un casse-tête architectural.

Les dômes posent deux problèmes aux ingénieurs : d'abord, tant que leur dernière pierre n'est pas posée, ils demeurent instables ; ensuite, c'est leur structure même qui doit supporter son propre poids. Les Romains réglèrent ces questions vers la fin du Ier siècle.

Le plus grand de ces dômes était le Panthéon, élevé à Rome aux alentours de 123. Les constructeurs érigèrent les unes sur les autres des structures circulaires, évoquant des cercles de tonneau, et d'un diamètre de plus en plus réduit. Le matériau de construction utilisé était un béton composé de chaux, de sable, de pierre ponce, de morceaux de roche et de cendres volcaniques. Pour former chaque cercle, on construisit un coffrage reposant sur un échafaudage, dans lequel le béton était coulé. Les cercles de plus grand diamètre, ceux qui formaient la base du dôme, présentaient une épaisseur importante et employaient un béton de forte densité. Les cercles les plus petits, proches du sommet, étaient plus minces et coulés dans un ciment léger. Une ouverture de plus de 8 m de diamètre, l'*oculus*, laisse passer la lumière et réduit le poids de l'ensemble. Le dôme du Panthéon resta le plus grand d'Europe occidentale jusqu'à l'édification de l'église Santa Maria del Fiore à Florence. **SA**

« Selon moi, [le Panthéon] doit son nom à sa forme aussi ronde que la voûte céleste. »

Cassius Dion, *Histoire de Rome* (v. 220)

VOIR ÉGALEMENT : MENUISERIE, PONT À ARC, BRIQUE CUITE, BÉTON ARMÉ

⇥ *Façade et plan du Panthéon, montrant son dôme de 43,30 m de diamètre intérieur.*

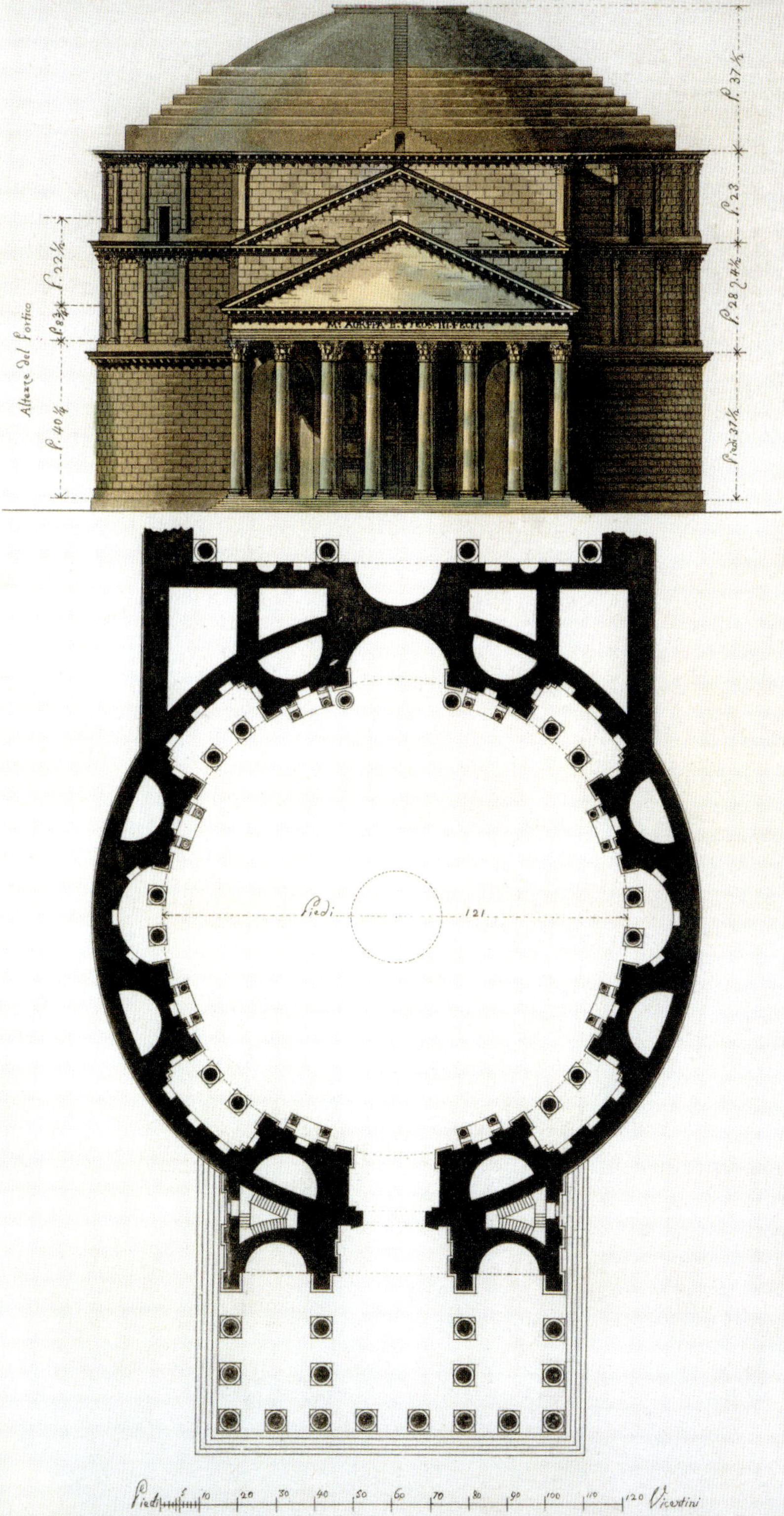

P. 37½
P. 23
P. 22½
Altezze del Portico
P. 40¼
Piedi 37½
Piedi 121
Piedi 5 10 20 30 40 50 60 70 80 90 100 110 120 Vicentini

Le pont suspendu (v. 100)

Les Chinois accrochent un pont à des chaînes.

Les ponts suspendus formés de fibres végétales ont été en usage durant des millénaires en Asie, en Afrique et en Amérique du Sud. On estime que les Chinois remplacèrent ces fragiles matériaux par des chaînes de fer vers l'an 100.

Les chaussées de ces ouvrages, d'abord suspendues directement aux chaînes qui reliaient les deux rives, présentaient un profil concave. Mais les Indiens du IVe siècle intercalèrent des chaînes verticales entre celles qui reliaient les rives et la chaussée, qui put bénéficier d'un profil horizontal, plus confortable pour les voyageurs.

De façon provisoire, le pont suspendu fut utilisé en Europe durant certaines campagnes militaires. Mais le premier ouvrage permanent de ce type fut lancé par-dessus le fleuve Tees (nord de l'Angleterre) en 1741. L'idée traversa l'Atlantique et, en 1801 un pont suspendu moderne construit par James Finlay enjambait la Jacob's Creek (Pennsylvanie).

Les câbles finirent par remplacer les chaînes ; le premier pont suspendu à utiliser ceux-ci fut le pont Saint-Antoine, construit à Genève en 1823. Mais l'acier était d'un coût trop élevé pour que l'usage s'en généralise, jusqu'à la mise au point du procédé Bessemer en 1855. Quant au pont de Brooklyn construit en 1883 par John A. Roebling, il demeure un modèle du genre. **FW**

« Et lorsqu'il eut franchi le pont, les fantômes vinrent à sa rencontre. »

Bram Stoker, *Dracula*

VOIR ÉGALEMENT : CORDE TORSADÉE, PONT À ARC, PONT DE BATEAUX, PONT À POUTRE AJOURÉE, PONT CANTILEVER, PROCÉDÉ BESSEMER

Le papier (105)

Un courtisan impérial lance la papeterie.

Lorsque Ts'ai Lun (ou Cai Lun, 50-121), ministre de l'empereur de Chine, codifia la fabrication du papier, il ne soupçonnait guère les conséquences de son initiative. Il améliora le procédé qui consistait à mêler des fibres d'arbres et des tiges de blé à l'écorce du mûrier, à battre le tout, et à mêler d'eau la pulpe obtenue pour la laisser s'égoutter sur une étoffe tendue : il en résultait une feuille légère – bien préférable aux lamelles de bois ou de bambou comme support de l'écriture, ainsi qu'à la soie, trop chère. Durant des siècles, les dynasties chinoises gardèrent l'invention secrète. Il fallut attendre l'an 700 pour que le procédé gagne le Japon et la Corée.

Avec la capture de marchands de papier chinois par des guerriers arabes à la bataille de Talas (751), la technique se répandit dans tout le monde musulman. Au début du XIIe siècle, elle gagna l'Europe par le biais du Sud de l'Espagne, alors aux mains des Arabes.

Pour le papier, s'engagea en Europe une âpre lutte contre le parchemin, support qui dominait alors. L'invention des caractères d'imprimerie mobiles (v. 1440) créa une forte demande de livres, que le parchemin ne pouvait satisfaire. Au XVIIIe siècle, apparut le papier de lin et de chiffon, suivi par le papier de fibres végétales au début du XIXe siècle. **BS**

« Je n'existe plus puisque je n'ai plus de papier. »

Mikhaïl Boulgakov

VOIR ÉGALEMENT : ENCRE, PARCHEMIN, PROCÉDÉ KRAFT, PAPIER ÉLECTRONIQUE

La brouette (v. 231)

L'invention de Zhuge Liang allège les fardeaux les plus lourds.

La brouette aurait été inventée en Chine sous la dynastie Han, par le chancelier Zhuge Han (181-234) qui l'aurait utilisée durant les campagnes militaires pour transporter les vivres destinés aux troupes. On dit aussi que l'invention demeura secrète à cause de son importance stratégique.

L'instrument trouva d'autres usages dans le cadre de l'agriculture chinoise – dont on disait qu'elle avait un rendement 30 fois plus élevé que celui de son homologue occidentale. Aujourd'hui, la brouette sert aussi bien au jardinier qu'au maçon.

Une brouette est une petite charrette dotée d'une ou deux roues, que son utilisateur pousse grâce aux deux brancards dont l'arrière est muni. Les brouettes chinoises possédaient deux roues, et les voyageurs européens du XVIe siècle rapportent que certaines étaient équipées d'une voile, afin que le vent en allège la charge.

En Europe, la brouette est apparue au XIIIe siècle, comme le montre un vitrail de la cathédrale de Chartres datant de 1220, qui en offre sans doute la représentation la plus ancienne en Occident. L'instrument apparaît également sur une enluminure d'un manuscrit composé en 1286. Mais alors que la roue de la brouette chinoise est disposée au centre du plateau, celle de sa cousine européenne est placée à l'avant.

La brouette a profité des percées technologiques de l'ère moderne – structure métallique, pneu gonflable, *etc.* –, mais l'une des plus intéressantes est la Ballbarrow de James Dyson (1974), dont la roue est remplacée par un ballon de matière synthétique, très facile à manœuvrer sur les terrains inégaux. **MF**

VOIR ÉGALEMENT : ROUE ET L'ESSIEU, VOILES, CHARRETTE, GRAISSE LUBRIFIANTE, ROULEMENT À BILLES

↗ *En Chine, la brouette servait aussi bien au transport des marchandises qu'à celui des notables.*

« Certains êtres ressemblent à des brouettes : utiles quand on les pousse, mais si faciles à retourner… » Jack Herbert

Le trébuchet (v. 500)

Les Chinois font progresser la catapulte.

> « *Un trébuchet muni d'un bras de 15 m envoyait une pierre de 135 kilos à 275 m.* »
>
> Encyclopaedia Britannica en ligne

⇧ *Petit trébuchet de bois présenté parmi d'autres machines de guerre au château de Castelnaud (Périgord).*

⇨ *Cette illustration, inspirée d'une gravure du XVe siècle, montre le trébuchet en action.*

Le trébuchet apparut en Chine au cours du Ve siècle. Cette arme de destruction massive marquait un net progrès sur ses devancières. À l'inverse, par exemple, du mangonneau, dont l'énergie provenait de cordages tordus, le trébuchet utilisait un contrepoids. Jusqu'au XVIe siècle, il régna sans partage sur les machines de guerre.

Le bras de levier du trébuchet se compose de deux parties. L'une, très longue, est destinée à recevoir le projectile. L'autre, courte, porte le contrepoids. Lorsque celui-ci est libéré, son bras de levier s'abaisse et, par voie de conséquence, l'autre extrémité du bras s'élève à une vitesse bien plus grande, imprimant une forte vélocité au projectile. L'effet est encore augmenté si l'on prolonge par une fronde le long bras du trébuchet.

Les trébuchets n'étaient pas seulement plus puissants que les autres catapultes : ils possédaient une précision incomparable. Vers 1100, lorsqu'on commença à les employer autour du bassin méditerranéen, les armes chinoises originelles étaient devenues de terrifiants engins guerriers, faciles à manœuvrer et à mettre en batterie pour mener le siège d'une place forte, fût-elle réputée imprenable. On les utilisait pour pilonner jusqu'à sa destruction un point faible de la muraille, avec des projectiles dont le poids frôlait les 150 kilos.

Le trébuchet fut aussi un précurseur de la guerre biologique : placés dans sa fronde, des cadavres en décomposition, des ordures, des animaux malades, étaient envoyés par-delà les remparts des villes fortifiées ou des châteaux, pour y répandre l'infection. **DHk**

VOIR ÉGALEMENT : FRONDE, CATAPULTE, BOOMERANG, PROPULSEUR, FORT, POUDRE NOIRE, FUSÉE, CANON, MISSILE BALISTIQUE

Le collier de cheval (v. 500)

L'homme améliore le rendement de sa plus belle conquête.

La plupart des inventions ont ceci de remarquable qu'elles semblent apparaître avant leur temps. Elles modifient le monde dans lequel elles s'inscrivent. Or, le collier de cheval est tout le contraire : difficile de comprendre pourquoi il n'a pas été inventé plus tôt…

Le problème qu'il pose est évident. Un cheval muni d'un harnais simple peut tirer 60 kg. Toute charge plus forte applique le harnais contre la trachée artère de l'animal, et gêne sa respiration. Tant et si bien que, si les chevaux furent domestiqués, sellés et harnachés durant des millénaires – servant donc au jeu, au travail ou à la guerre –, leur rôle de bêtes de somme demeura très longtemps limité.

Il fallut attendre l'an 500 pour qu'un chamelier chinois eût l'idée brillante de fabriquer un collier capitonné, et de l'adapter au cheval. La base de l'instrument, très rigide, reposait sur la poitrine de l'animal. Il faisait le tour de son cou, et s'appuyait également sur ses antérieurs. À la partie supérieure du collier était attaché le harnais. Le collier limitait la pression sur la trachée artère, permettant ainsi au cheval de respirer. L'animal pouvait également utiliser la totalité de sa puissance.

Ce collier d'un nouveau style atteignit l'Europe aux environs de 920. Dans le monde de l'agriculture, ce fut une révolution. Les chevaux remplacèrent les bœufs comme animaux de trait tractant des charrues, des herses, des moissonneuses, et une foule d'autres instruments agricoles, ainsi que des charrettes et des chariots de ferme. **SA**

VOIR ÉGALEMENT : ARAIRE, CHARRUE DE FONTE, CHARRUE EN ACIER, SELLE, ÉTRIER, FER À CHEVAL, CHARRETTE

🡅 *Ce collier de cheval en bois sculpté, datant environ de 1300, est exposé au musée d'Histoire de Stockholm en Suède.*

La plume d'oie (v. 580)

Les Espagnols taillent la « plume qui écrit l'histoire ».

La première référence spécifique à une plume d'oie se trouve dans les écrits de saint Isidore de Séville, v. 580 – même si les premières plumes à écrire sont sans doute antérieures. La plume taillée demeura l'instrument d'écriture préféré de l'Occident jusqu'à l'apparition de la plume métallique et du stylographe, au tournant du XIXe siècle. Le développement de la plume d'oie fut favorisé par celui du christianisme : son écriture fine convenait à la rédaction de documents religieux de plus en plus denses.

Certes, on aurait pu utiliser les rémiges de nombreux oiseaux, mais ceux du canard, du coq de bruyère, du corbeau et de l'oie eurent la préférence. On pratiquait une fente au long de la tige, afin que l'encre circule jusqu'au bec. C'était un art de tailler la plume puis de l'aiguiser jusqu'à la finesse désirée. Ces outils d'écriture s'émoussaient rapidement : il fallait donc les retailler. Les plumes étaient prélevées sur des oiseaux vivants, et celles de l'aile gauche convenaient spécialement aux droitiers, puisqu'elles s'incurvaient vers la droite, dégageant la main. Chaque oiseau fournissait une dizaine de plumes de qualité. La demande était si forte que les élevages d'oie se répandirent dans toute l'Europe.

À partir de 1801, l'utilisation de la plume d'oie devint coutumière pour la Cour suprême des États-Unis. Ses *Chief Justices* (juges en chef) s'en servirent jusqu'à la fin des années 1920. Aujourd'hui encore, des plumes blanches sont placées sur les bureaux lorsque la Cour est en session. Vers 1850, la montée en qualité des plumes d'acier signa la fin de la plume d'oie. **BS**

VOIR ÉGALEMENT : PARCHEMIN, ENCRE, PAPIER, CRAYON GRAPHITE, STYLO À BILLE

↑ *La plume taillée fut le premier instrument d'écriture du VIe siècle au milieu du XIXe siècle.*

Le papier toilette (v. 589)

Les Chinois révolutionnent l'hygiène intime.

À la fin du VIe siècle, Yan Zhitui, haut fonctionnaire et lettré chinois, fit la première référence au papier hygiénique : il déconseilla fermement à ses contemporains de se servir de feuilles ou de rouleaux « portant des sentences philosophiques » pour s'essuyer les fesses. À la fin du XIVe siècle, quand le reste du monde civilisé se nettoyait à l'eau, la Chine produisait chaque année plus de 700 000 feuilles de papier toilette aromatisé pour la seule Cour impériale.

Avant que Joseph Gayetty de New York ne commercialise en 1857 ses paquets de papier pré-humidifié, la manière dont l'on s'essuyait était à la fois une question de culture et de niveau social. Les coques de noix de coco jouissaient d'une grande faveur à Hawaii, tandis que la dentelle et le lin demeuraient irremplaçables pour l'aristocratie française. Les patriciens romains combinaient l'eau de rose et la laine. Les premiers colons américains se servaient d'épis de maïs ou d'almanachs périmés. De leur côté, les marins espagnols ou portugais du XVIIe et du XVIIIe siècle recouraient parfois aux extrémités des vieux cordages.

« Un papier portant le nom des sages [...] je n'ose l'utiliser pour m'essuyer. » **Yan Zhitui,**

Les Instructions familiales de Maître Yan (589)

C'est la Scott Paper Company, une société américaine, qui commercialisa la première le rouleau de papier toilette en 1890. Et le papier doux à deux couches ne fit son apparition qu'en 1942. **BS**

VOIR ÉGALEMENT : ROBINET FLOTTEUR, SIPHON DE CUVETTE, TOILETTES À COMPOST, ÉGOUTS, PAPIER, PAPIER DE SOIE

Le rouet (v. 700)

Les Indiens accélèrent le filage.

Le rouet sert à transformer des fibres en fils, qui à leur tour seront tissés pour devenir des étoffes. Il vit sans doute le jour en Inde au tout début du VIIIe siècle et acquit sa forme classique au Moyen Âge, pour prospérer jusqu'au XVIIIe siècle. Son principe est le suivant : les fibres brutes, préalablement nettoyées, lissées et disposées parallèlement par un peignage, sont placées sur une quenouille ou tenues à main nue. Elles s'engagent sur une petite pièce en forme de « U », l'épinglier, qu'une grande roue et une courroie mettent en rotation. Les fibres, vrillées régulièrement par l'épinglier, deviennent un fil qui est recueilli sur une bobine. Il existe de nombreux types de rouets, actionnés par une manivelle ou des pédales. Cet instrument peut travailler le coton, le chanvre, le lin et la laine.

En Angleterre, la nouvelle industrie du coton se modela sur l'industrie lainière. L'instrument roi de cet univers était le métier à tisser, actionné par un seul tisserand. Il utilisait les écheveaux produits par les fileuses. Avec l'arrivée du moulin à eau, cette activité artisanale prit des dimensions industrielles. En 1733, John Kay inventa la navette volante, grâce auquel le tissage devint très rapide. Logiquement, le processus du filage se mécanisa de plus en plus. D'abord grâce à la spinning jenny inventée à la fin des années 1760, et qui permettait de travailler en même temps huit fils de coton. Le filage s'effectua désormais dans des usines spécialisées, les filatures. Dans les machines modernes, ce sont des moyens électromécaniques qui assurent la rotation des fuseaux de carton ou de plastique. **MF**

VOIR ÉGALEMENT : ÉTOFFE TISSÉE, COUTURE, ROUE ET ESSIEU, SPINNING JENNY, SPINNING MULE, MÉTIER À TISSER MÉCANIQUE

⇥ *Femme filant du coton sur son rouet (miniature indienne à l'aquarelle, XIXe siècle).*

Le moulin à marée (v. 787)

Les moines d'Irlande asservissent la mer.

Dans un moulin à marée, la marée montante emplit un réservoir, le plus souvent un bassin situé derrière un barrage muni de portes à clapet. À marée basse, quand la différence de niveau entre l'eau du réservoir et celle de la mer est suffisante, on ouvre les vannes du bassin, et l'eau se déverse en entraînant la roue du moulin. La plus ancienne de ces installations – remontant aux environs de 787 – se trouvait à Strangford Lough, en Irlande du Nord. Les moines l'utilisaient pour moudre le blé de leur monastère tout proche.

Au Moyen Âge, les moulins à marée fleurirent sur la côte atlantique de l'Europe. En effet, l'importante différence de niveau entre hautes eaux et basses eaux garantissait aux meuniers un rendement optimal. Le nombre de sites convenables était limité, et les moulins ne pouvaient fonctionner qu'un temps donné après la marée haute, mais leur activité n'était pas dépendante du vent, ni du niveau d'eau des rivières.

« Plus d'eau passe sous le moulin que le meunier ne peut le dire. »

Proverbe

La machine à vapeur fit disparaître ces moulins, mais en 1967 des ingénieurs français construisirent dans l'estuaire de la Rance, près de Saint-Malo, une usine hydroélectrique fondée sur le même principe : la digue qui barre le fleuve abrite 24 turbines. Elles fonctionnent aussi bien lorsque la mer monte que lorsqu'elle descend. **FW**

VOIR ÉGALEMENT : GRENIER, MEULE, MOULIN À VENT, MOULIN À EAU, MOULIN À FARINE MÉCANIQUE

La poudre noire (v. 800)

Les Chinois lancent la course aux armes à feu.

Peu d'inventions ont infligé autant de souffrances que la poudre noire. La substance a été concoctée par les chimistes chinois au début du IXe siècle. C'est un mélange de salpêtre (nitrate de potassium), de charbon de bois et de souffre, dans des proportions de poids respectives de 75 %, 15 % et 10 %. Enflammée à l'air libre, elle produit une combustion violente dite déflagration. Si la poudre se trouve confinée (dans une cartouche de fusil ou une grenade, par exemple), le fait de l'enflammer augmente la pression des gaz et provoque sa détonation, avec création d'une onde de choc. Les Chinois réservèrent cette invention à leurs fusées d'artifice. Les Arabes, dès le XIIIe siècle, lui découvrirent des utilisations militaires : ils créèrent une arme à feu au canon de bambou renforcé de fer. L'information atteignit les Européens, qui normalisèrent la fabrication de la poudre noire, sous forme de grains de taille identique pour contrôler la vitesse de combustion. Les progrès de la métallurgie permirent la fabrication de canons et d'armes légères de plus en plus efficaces.

« Nous devons au Moyen Âge les deux pires inventions de l'humanité : la poudre à canon et l'amour romantique. » André Maurois

À la fin du XIXe siècle, la poudre noire fut remplacée par le fulmicoton, ou nitrocellulose : un explosif jugé alors assez efficace pour propulser vers la Lune les explorateurs du fameux roman de Jules Verne, *De la Terre à la Lune*. **SG**

VOIR ÉGALEMENT : FEU D'ARTIFICE, ARME À FEU, MOUSQUET, CANON, ARQUEBUSE, PLATINE À SILEX, FUSIL À CHARGEMENT PAR LA CULASSE, REVOLVER

Le billet de banque (v. 806)

La dynastie Tang persuade les Chinois de se faire payer en papier.

À la fin du XIIIe siècle, lorsque Marco Polo parcourut la Chine, il fut stupéfait de voir les transactions s'effectuer avec du papier-monnaie au lieu de pièces d'or ou de cuivre. Poussée par une pénurie de ce dernier métal, la dynastie Tang avait introduit en effet ce nouveau système monétaire en 806, plus de huit siècles avant les premiers billets de banque européens.

Alors que l'économie de troc – l'échange de biens ayant une valeur intrinsèque, or ou bétail – existe depuis l'aube de la civilisation, la première monnaie normalisée est sans doute apparue en Lydie (Asie Mineure occidentale), au cours du VIIe siècle av. J.-C. Ce fut la première fois, dans l'histoire de l'humanité, que la valeur nominale d'une monnaie s'avéra supérieure à la valeur intrinsèque de sa matière. Le fameux historien grec Hérodote critiqua vertement le « caractère grossièrement marchand » d'un tel système.

La banque suédoise Stockholms Banco émit les premiers billets européens en 1660. Une fois encore, une pénurie de cuivre en était la cause. Mais les Chinois avaient été les premiers à comprendre que l'on pouvait découpler une monnaie de la valeur propre de son support matériel. Vers 1020, le coût des importations, grossi des pots-de-vin qu'il fallait verser aux envahisseurs potentiels, avait contraint le gouvernement à émettre de plus en plus de billets de papier, augmentant par là même l'inflation. En 1455, le papier-monnaie était si dévalué que la dynastie Ming (1368-1644) décida de s'en débarrasser purement et simplement – privant le monde de billets de banque pour encore deux siècles. **DaH**

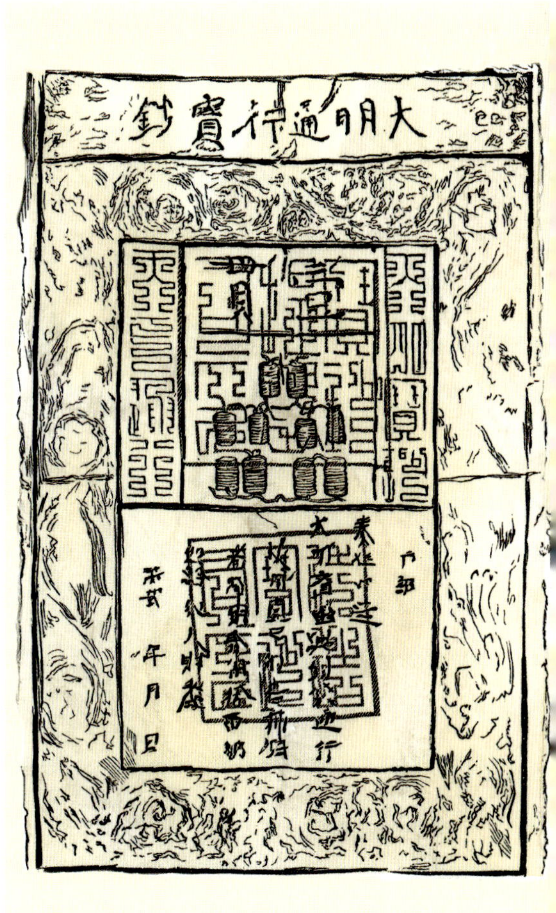

VOIR ÉGALEMENT : CAISSE ENREGISTREUSE, CARTE DE CRÉDIT, GUICHET AUTOMATIQUE BANCAIRE (GAB)

↗ *Billet de banque émis sous la dynastie chinoise Ming, l'un des plus vieux spécimens existant de papier-monnaie.*

« Une femme de 40 ans devrait être échangeable contre deux de 20, comme un billet de banque. »

Warren Beatty, acteur, producteur et réalisateur

La gravure sur bois (v. 868)

Un nouveau mode d'impression débute par un chef-d'œuvre.

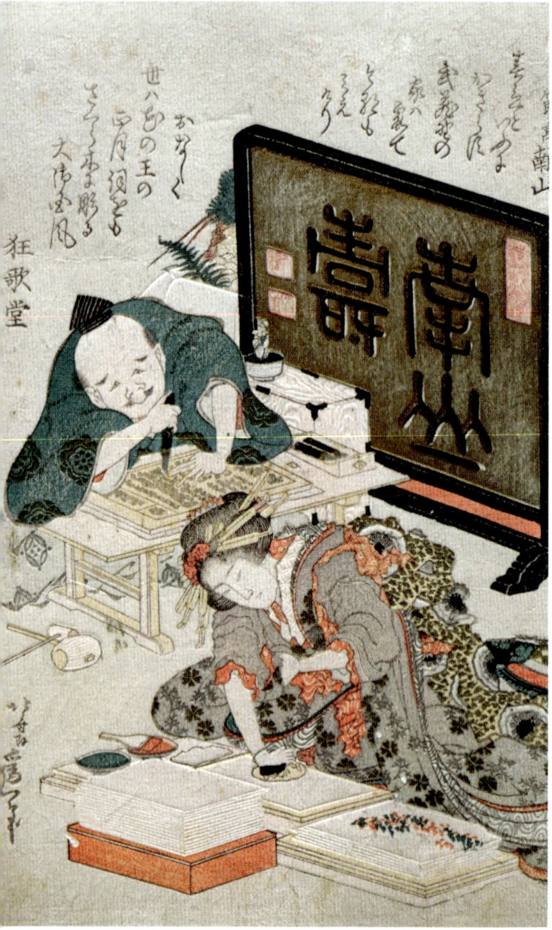

La xylographie, ou gravure sur bois, est née en Chine sous la dynastie Tang, au IXe siècle. Elle servait initialement à imprimer des étoffes ou des écrits bouddhiques. Inscrit à l'envers sur une feuille de papier, le document à reproduire était collé sur un bloc de bois que l'artisan entaillait ensuite à l'aide d'un court outil tranchant, le *quan doo*. Laissant intactes les zones et les lignes destinées à recevoir l'encre, il creusait le reste de la surface. Les bois durs et de forte densité, tels le poirier et le jujubier, avaient la faveur de cette industrie : ils résistaient bien à l'humidité et à la vermine. En outre, leur grain fin et régulier convenait autant à la gravure qu'à l'impression. Le bloc terminé était enduit d'encre et appliqué sur un papier ou une étoffe vierge. Un artisan habile pouvait produire en une journée plus de 1 000 copies, ouvrant ainsi l'ère de la reproduction de masse.

Le plus ancien livre fabriqué selon cette technique, portant la date de son impression, est le *Sûtra du diamant*, un texte bouddhique d'origine indienne rédigé en sanskrit et remontant à l'an 400. Traduit et imprimé en Chinois par un artisan, Wang Jie, il fut publié le 11 mai 868. En 1907, l'archéologue Sir Marc Aurel Stein le découvrit dans une caverne du Nord-Ouest de la Chine. Néanmoins, ce chef-d'œuvre n'est pas le premier de son espèce : sa perfection technique laisse à penser qu'au moment de sa réalisation la xylographie était déjà un art sophistiqué. Ce mode d'impression a prospéré en Asie jusqu'au tournant du XIXe siècle. **BS**

« La gravure sur bois repose sur la perfection de la couleur et de la ligne. »

Hiroshi Yoshida, *La Xylographie japonaise* (1939)

VOIR ÉGALEMENT : ENCRE, PRESSE À CARACTÈRES MÉTALLIQUES MOBILES, LITHOGRAPHIE, LINOTYPE, MONOTYPE

↖ *Sur cette gravure japonaise, un artisan entaille des blocs de bois qu'une femme utilise pour imprimer.*

La fusée (v. 904)

La « flèche de feu » annonce l'astronautique.

En 904, lors du siège de Yuzhang (Sud-Est de la Chine), les assaillants reçurent l'ordre de lancer le « feu volant » sur les portes de la ville, pour les incendier et ouvrir l'accès à la place. Le « feu volant » se composait de flèches équipées d'un cylindre empli de poudre noire, explosant à l'impact.

En 1044, la *Compilation des techniques militaires essentielles* de Tseng Kung Lian décrit comment faire voler ces projectiles non plus grâce à l'arc, mais à la force de réaction : les tubes contenant la poudre, ouverts à une extrémité, liés à la tête des flèches. Dès l'allumage, les gaz produits par la combustion propulsaient l'ensemble vers sa cible. Bien difficile, aujourd'hui, d'estimer la puissance destructrice de ces armes –, mais il est certain que l'effet psychologique fut considérable. Après en avoir été les victimes à la bataille de Kai-Keng en 1232, les Mongols imitèrent leurs vainqueurs, construisirent leurs propres fusées, les utilisèrent d'un bout à l'autre de leur empire, les firent connaître au Moyen-Orient, d'où leur technique gagna l'Europe. Les fusées eurent droit de cité dans les arsenaux italiens, allemands, et anglais. Plus tard, au XVIIIe siècle, les fusées de fer que les Indiens utilisèrent dans leur lutte contre les Britanniques poussèrent au développement de cette technologie. **DK**

« Durant la campagne de Yuzhang, il fit donner le feu "feu volant" sur la cité assiégée… »

Compilation des techniques militaires essentielles (1044)

VOIR ÉGALEMENT : ARC ET FLÈCHE, POUDRE NOIRE, FEU D'ARTIFICE, MISSILE BALISTIQUE

L'écluse (v. 984)

Qiao Weiyo fait prendre l'escalier aux bateaux.

Avec les écluses, il est possible de segmenter un canal ou une rivière en un certain nombre de plans d'eau calme, afin de réduire les courants et d'éviter la déperdition du fluide. L'ancêtre en fut l'écluse à porte unique – connue des Chinois du Ier siècle – où l'ouverture d'un barrage permettait aux bateaux naviguant vers l'aval de profiter de l'élan créé par la vague. Les bateaux se dirigeant vers l'amont étaient halés par des bateliers ou des treuils. Le dispositif était hasardeux et provoquait l'écoulement d'une énorme quantité d'eau. Cela provoquait la colère des meuniers, dont l'activité dépendait justement de son abondance.

En 984, durant la construction du Grand Canal de Chine, l'ingénieur Qiao Weiyo remarqua qu'en installant deux écluses uniques à environ 200 m l'un de l'autre il ménageait un bassin dont le niveau d'eau pouvait s'ajuster, au choix, à celui du segment de canal situé en amont comme à celui de l'aval. Ainsi naquit l'écluse moderne. La seconde percée fut réalisée à la Renaissance, peut-être grâce aux travaux de Léonard de Vinci : il s'agit de l'écluse à portes « busquées ». Leurs deux battants, au lieu de s'ajuster dans le même plan, forment lorsqu'elles sont fermées un angle pointant vers l'amont, et résistent mieux à la pression de l'eau. C'est le principe du barrage voûte. **FW**

« Des péniches en attente à une écluse… font comprendre la façon dont il faut prendre les choses. »

R.L. Stevenson, *Voyage en canoë sur les rivières du Nord*

VOIR ÉGALEMENT : CANAL, ASCENSEUR À BATEAUX, BARRAGE, CALE SÈCHE

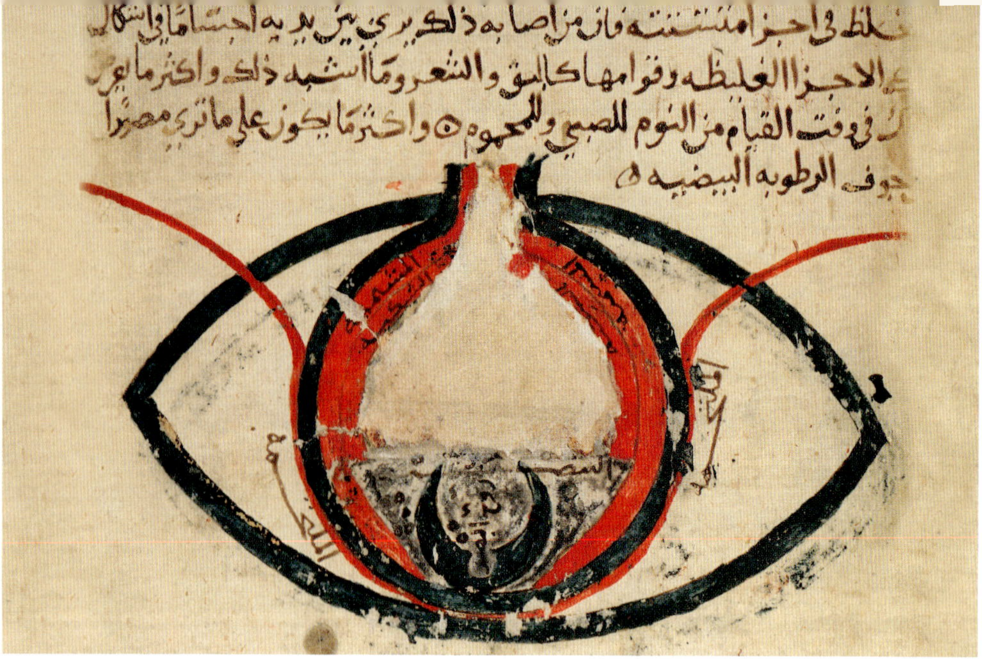

La loupe (v. 984)

Le traité d'ibn al-Haytham fonde la science optique.

Les premières loupes grossissantes étaient faites de morceaux de cristal de roche, de béryl, de quartz ou d'autres pierres transparentes, taillées et polies. En regardant au travers, on voyait l'image agrandie de l'objet visé. La plus ancienne date du VIIe siècle av. J.-C. On l'a retrouvée à Ninive, près de la ville irakienne de Mossoul.

La forme la plus fréquente de la loupe est celle d'un disque renflé en son centre, aux deux faces symétriques. Le nom technique de ce type d'instrument d'optique est « lentille biconvexe ». Elle est l'héritière de ces vases de verre emplis d'eau que les Grecs utilisaient pour faire converger les rayons solaires, allumer le feu des temples ou cautériser les blessures. La théorie de la discipline fut défrichée par le savant irakien ibn Sahl, mathématicien et auteur du traité *Sur les miroirs et les verres ardents* (984). Il y décrivait comment un miroir courbe et une lentille diffusent ou concentrent la lumière. Il pressentit la loi de Snell, qui permet de calculer la forme à donner à un verre. Mais le vrai père de l'optique est ibn al-Haytham, ou Alhazen (965-1039) : son *Traité d'optique* établit que la lumière voyage en ligne droite et entre dans l'œil pour y former une image. Il expliqua le pouvoir grossissant des lentilles et fut l'inventeur de la *camera obscura*, la chambre noire.

Au XIIIe siècle, on commença à utiliser des lunettes équipées de verres convexes – concentrant la lumière – pour corriger la presbytie. Quant aux verres concaves, diffusant la lumière et capables de remédier à la myopie, ils furent utilisés à cette fin au début du XVe siècle. **DH**

VOIR ÉGALEMENT : VERRE, LUNETTE, MICROSCOPE, LUNETTES, LUNETTES BIFOCALES, TEST D'ACUITÉ VISUELLE SNELLEN, LENTILLES DE CONTACT

↑ *Coupe anatomique de l'œil (manuel des maladies ophtalmiques, Égypte, XIIe siècle).*

Le sextant (v. 994)

Abu-Mahmud al-Khujandi mesure la hauteur du soleil au-dessus de l'horizon.

Ce fut près de l'actuelle Téhéran qu'Abu-Mahmud al-Khujandi (v. 940-1000) construisit le premier sextant mural. Son orientation nord-sud était parfaite et sa taille – 20 m de diamètre – colossale, si bien qu'il possédait une précision d'une minute d'arc, soit un soixantième de degrés. Le nom « sextant » fait référence à l'échelle de mesure angulaire de l'appareil : elle s'étend sur 60 degrés, soit un sixième de cercle.

L'instrument d'al-Khujandi devait mesurer la hauteur angulaire du soleil au-dessus de l'horizon à midi, aux solstices d'été et d'hiver – les deux jours de l'année où cet angle connaît son maximum et son minimum. En calculant la moyenne de ces deux valeurs, un observateur peut calculer la latitude à laquelle il se trouve, puisque la latitude est l'expression de l'angle séparant l'équateur du point d'observation. La hauteur du soleil dans le ciel était donnée par l'ombre qu'il projetait sur une échelle graduée. Celle d'al-Khujandi était particulièrement précise.

D'autres sextants muraux, tout aussi fameux, suivirent. On peut citer celui de Fakhri avec ses 36 m de diamètre, construit par l'Iranien Ulug Beg à Samarkand (Ouzbékistan) vers 1420. Les sextants astronomiques modernes sont devenus facilement transportables, si bien qu'on peut sans problème les braquer vers des étoiles ou des planètes, pour mesurer leur distance angulaire.

Quant aux sextants nautiques, ceux que l'on tient à main levée, ils se sont répandus au cours des trois siècles écoulés. Pourvus de miroirs réglables, ils permettent de mesurer la hauteur des corps célestes et d'en déduire la latitude où l'on se trouve. **DH**

VOIR ÉGALEMENT : CARTE GÉOGRAPHIQUE, ASTROLABE, TÉLESCOPE SPATIAL HUBBLE

↑ *Savants arabes et leurs instruments, dont un sextant (à droite), gravure sur bois du XVIe siècle.*

Le caractère d'imprimerie mobile (1041)

Avec ses tablettes d'argile mobiles, Bi Sheng fait progresser la communication.

En 1041, sous l'inventive dynastie Song, un artisan du nom de Bi Sheng façonna des petits rectangles individuels d'argile crue. Sur chacun, il inscrivit un idéogramme et fit cuire l'ensemble. Pour composer un texte, il collait les rectangles sur une plaque de métal à l'aide d'un mélange de résine de pin, de térébenthine, de cire et de cendre. Il n'avait plus qu'à les encrer et à les appliquer sur le papier. Bi Sheng venait d'inventer la typographie, l'impression multiple à caractères mobiles.

Mais, à l'inverse de l'alphabet occidental qui ne compte que 26 lettres, notre inventeur faisait partie d'une culture dont la langue écrite exigeait 5 000 caractères différents. Les plus fréquemment utilisés devaient être préparés en plusieurs exemplaires. Très fragiles, les rectangles de céramique étaient emballés dans du papier et rangés dans des boîtes de bois portant l'indication de leur première syllabe. Comme Gutenberg quelques siècles plus tard, Bi Sheng n'eut pas droit à la reconnaissance qu'il méritait. Le grand savant chinois Shen Kuo eut beau relater ses efforts dans ses *Essais sur la mare des rêves*, son invention ne fut saluée à sa juste mesure que bien après sa mort.

L'abondance de caractères typiques de l'écriture chinoise explique pourquoi cette innovation ne fut pas plus vite saisie au vol. L'idée de Gutenberg, simple à mettre en œuvre, trouva plus rapidement des retombées. Mais ces séries de tablettes d'argile inspirèrent les Coréens : ils créèrent des caractères mobiles de métal, qui accélérèrent le développement de l'imprimerie en Asie au début du XIIIe siècle. **BS**

« Pour imprimer des centaines de milliers d'exemplaires, c'était merveilleusement rapide. »

Shen Kuo, *Essais sur la mare des rêves* (1088)

↑ *L'inventeur chinois Bi Sheng, qui en 1041 imagina la typographie à l'aide de tablettes d'argile.*

→ *Johannes Gutenberg, introducteur de l'imprimerie en Europe (gravure du XIXe siècle).*

VOIR ÉGALEMENT : ENCRE, PAPIER, PRESSE À CARACTÈRES MÉTALLIQUES MOBILES, STÉNOTYPE, MACHINE À ÉCRIRE, LINOTYPE

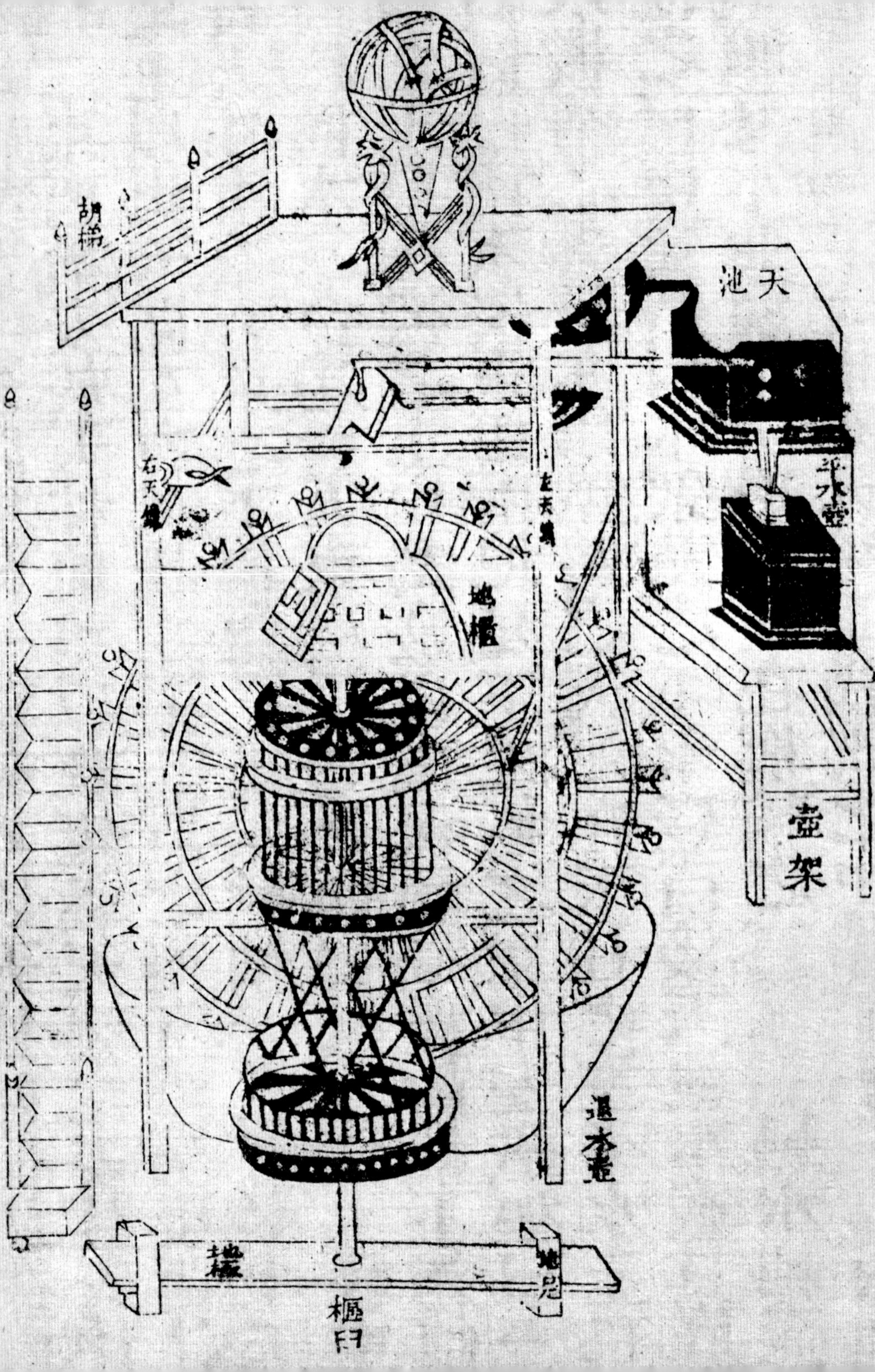

天池
胡梯
右天鎖
左天鎖
平水壺
地櫃
壺架
退水壺
地極
地足
樞臼

L'horloge d'édifice (1094)

Su Song conçoit une merveille technologique.

Abritée dans une tour à trois niveaux, haute de 12 m, la première horloge monumentale fut l'instrument astronomique le plus évolué de son temps. Son ingénieur, Su Song (1020-1101), supervisa le projet avec l'aide du mathématicien Han Gong-Lian. Cette machine mécanique à énergie hydraulique comportait des pièces de bronze moulé, des roues d'engrenage, des pignons de précision et des renvois d'angle.

Au sommet, une sphère armillaire de bronze, tournante, pesait entre dix et 20 tonnes. Flanquée d'un globe céleste, elle permettait d'observer les mouvements apparents du Soleil, de la Lune et de certaines étoiles. Une roue centrale verticale, effectuant 100 rotations par jour, portait 36 godets. Ceux-ci passaient tour à tour devant un jet d'eau régulier, car alimenté par un réservoir à niveau constant. Lorsqu'un godet était plein, son poids faisait avancer la roue d'un cran, il se vidait automatiquement et le suivant prenait sa place. La roue à eau était à la fois le moteur et le régulateur de l'horloge : ce système de mesure du temps ne trouvera un équivalent mécanique en Europe qu'à la fin du XIIIe siècle. Le traité que Su Song nous a laissé sur son chef-d'œuvre, le *Hsin I Hsiang Fa Yao* est un classique d'ingénierie horlogère. **BS**

« Les rotations du ciel et de la machine… ne montreront ni discordance ni contradiction. »

Su Song, *Révolution d'une sphère armillaire* (1092)

VOIR ÉGALEMENT : CLEPSYDRE, CADRAN SOLAIRE, PENDULE, HORLOGE ATOMIQUE

Les 36 godets de la roue centrale se remplissaient d'eau pour fournir l'énergie motrice au mécanisme.

La chaîne sans fin (1094)

Une chaîne continue dans une horloge.

Le fonctionnaire Su Song, outre ses talents d'horloger virtuose, était également cartographe, astronome, naturaliste, ingénieur et même mécanicien. La machine astronomique (voir ci-contre) que l'empereur lui avait ordonné d'édifier à Kaifeng comportait, on le sait, trois niveaux où étaient disposés une sphère, un globe et des automates annonçant l'heure. L'énergie motrice leur était distribuée par le *tian ti*, « l'échelle céleste ». Il s'agit ici du plus vieux mécanisme connu mettant en œuvre des chaînes d'entraînement, celles qui sont depuis un siècle inséparables de la bicyclette.

Au temps de Su Song, la courroie reliant deux ou plusieurs poulies existait depuis un millénaire. Mais il s'agissait de systèmes hasardeux et manquant de précision : la courroie glisse fatalement sur les poulies, et à chaque tour les deux axes qu'elle relie se désynchronisent – défaut fatal pour une horloge que Su Song voulait « aussi exacte qu'un cadran solaire ». Avec une chaîne, il ne s'agit plus de poulies, mais de roues dentées : chaque maillon s'engageant entre deux dents d'une roue, le déréglage est impossible.

De nombreux siècles s'écoulèrent avant que l'Europe ne découvrît cette innovation. La première application de la chaîne continue fut réalisée en Occident par l'inventeur français Vaucanson, qui l'utilisa en 1770 sur un moulin à tordre les fils de soie. Aujourd'hui, la chaîne règne dans les machines industrielles, les escaliers mécaniques et les moteurs d'automobiles, où elle permet à l'arbre à cames commandant les soupapes de tourner en parfait synchronisme avec le vilebrequin. **SS**

VOIR ÉGALEMENT : HORLOGE D'ÉDIFICE, CLEPSYDRE, MOTEUR À COMBUSTION INTERNE, ARBRE À CAMES, BICYCLETTE MODERNE

KRUPP
KRUPP
F. KRUPP

Le canon (v. 1128)

Les bouches à feu chinoises troquent le bambou pour le bronze.

Ce fut sous la dynastie Song (960-1279) qu'explosa la technologie de l'artillerie. Alors apparurent les ancêtres des canons, les « lances à feu » : de simples tubes de bambou, ouverts à une extrémité, et chargés de poudre noire, de sable, de tessons de poterie ou de grenaille de plomb. Il suffisait d'allumer la charge pour arroser l'ennemi de ces projectiles.

Vers 1100, lorsque le métal remplaça le bambou, on se mit à parler de « tubes à feu ». Le premier témoignage de leur existence est une peinture datée de 1128. Ces engins parvenaient à peine à projeter un boulet à 50 m. Un siècle plus tard, fondus dans le bronze, ils étaient capables de défoncer à distance les portes des villes. Ensuite, l'artillerie chinoise marqua un progrès notable lorsque le diamètre des projectiles fut ajusté rigoureusement au calibre de la pièce, assurant à la fois puissance et précision. Puis vint le temps où le fer remplaça le bronze, et où les affûts reçurent des roues.

L'Europe, à son tour, adopta la nouvelle arme. C'est au canon que les Écossais défendirent Stirling Castle en 1341. À Crécy-en-Ponthieu, cinq ans plus tard, le roi d'Angleterre Édouard III engagea trois canons dans la bataille – il en conservait plus de 100 dans sa bonne ville de Londres. D'abord de petit calibre, les pièces gagnèrent en taille : vers 1450, à la fin de la guerre de Cent Ans, les bombardes firent leur apparition. L'une d'elles, baptisée Mons Meg, est conservée au château d'Édimbourg, en Écosse. Avec son calibre de 56 cm, elle pouvait envoyer un boulet de pierre pesant 150 kg à 3 km. **AC**

« Projetés par le tube à feu… les obus de fer fondu vont pleuvoir sur le camp ennemi. »

Jiao Yu et Liu Ji, *Manuel du dragon de feu* (v. 1368-98)

VOIR ÉGALEMENT : POUDRE NOIRE, FUSÉE, MOUSQUET, MITRAILLEUSE, PISTOLET-MITRAILLEUR

↑ *Pourvu de roues, ce canon de marine peut manœuvrer aisément sur l'entrepont d'un navire.*

← *Vers 1900, ces descendants des inventeurs du canon servent une pièce Krupp de fabrication allemande.*

Le feu d'artifice (v. 1150)

La Chine découvre la pyrotechnie de loisir.

Désormais indispensables lors des fêtes nationales et associés aux occasions de se faire plaisir pour peu qu'on possède un terrain dégagé, les feux d'artifice ont été inventés par les Chinois voici près d'un millénaire. Lors des célébrations religieuses, on jetait dans le feu des tubes de bambou bourrés de poudre afin qu'ils explosent bruyamment – peut-être dans l'intention d'éloigner les mauvais esprits ; sur le lot, certains cylindres défectueux ne détonaient pas, mais partaient en fusée. Très vite, le métier de pyrotechnicien – le spécialiste des feux d'artifice – fut considéré en Chine comme hautement prestigieux.

L'étape suivante fut malheureusement guerrière. On imagina d'attacher ces charges à des flèches qu'on décochait à l'arc. Dans un rapport écrit sur la bataille de Kai-Keng, qui opposa Chinois et Mongols en 1232, il est dit que les Chinois attaquèrent leurs ennemis à grand renfort de « flèches de feu volant ».

En France, le premier feu d'artifice fut tiré place des Vosges en 1615, pour célébrer le mariage de Louis XIII et d'Anne d'Autriche. *Fireworks*, la *Musique pour les feux d'artifice royaux* de Haendel fut composée afin de célébrer la signature du traité d'Aix-la-Chapelle. En 1789, la prise de fonction présidentielle de George Washington donna lieu aussi à une explosion de pyrotechnie. Mais ces feux d'artifices, toujours blancs ou jaunes, étaient bien monotones. Il fallut attendre le début du XIXe siècle et les travaux du chimiste Claude Berthollet, découvreur du chlorate de potassium, pour que leur palette de couleurs fasse scintiller les nuits. **SC**

VOIR ÉGALEMENT : POUDRE NOIRE, MOUSQUET, CANON, ARQUEBUSE, PLATINE À SILEX, FUSIL À CHARGEMENT PAR LA CULASSE, REVOLVER

À l'occasion des fêtes du Nouvel An, une famille chinoise allume un feu d'artifice en l'honneur d'un dieu du foyer.

Les chiffres arabes (v. 1202)

Fibonacci lance la numération arabo-indienne.

En 1202, Léonardo Pisano (v. 1170-v. 1240) plus connu sous le nom de Fibonacci, publia un ouvrage essentiel, le *Liber abaci* (« Livre du boulier ») et promut en Europe les nombres arabo-indiens. Né en Italie, Fibonacci avait grandi en Afrique du Nord. Ses maîtres arabes lui firent connaître leur système de numération, originaire de l'Inde mais encore fort peu connu en Occident.

Jusqu'alors, les chiffres romains prévalaient sur le vieux continent. C'était une grosse amélioration par rapport à la numération égyptienne – un trait par unité, un symbole particulier pour le 10 – ou grecque, qui codait chaque nombre par l'initiale de son nom. En revanche, la numération arabo-indienne désignait chaque chiffre par un symbole dont l'emplacement dans le nombre déterminait la valeur : ainsi, le 2 de 200 a une grandeur dix fois plus importante que le 2 de 20.

> *« L'idée semble si simple que sa signification et son importance ne sont plus justement appréciées. »*
>
> **Pierre-Simon Laplace (1749-1827), mathématicien**

Les plus anciennes inscriptions connues utilisant ces nouveaux symboles remontent au IIIe siècle av. J.-C., mais il n'est pas certain qu'elles aient utilisé la notation décimale. Dès le VIIe siècle, le système gagna le monde musulman. Au XVe siècle, le développement de l'imprimerie accéléra sa prolifération. La notation arabo-indienne est sans doute aujourd'hui le seul langage humain réellement universel. **DaH**

VOIR ÉGALEMENT : BÂTON DE COMPTAGE, BOULIER, ÉCRITURE CUNÉIFORME, RÈGLE À CALCUL, SYSTÈME MÉTRIQUE, CALCULATRICE MÉCANIQUE

Le vilebrequin (v. 1206)

Le mouvement rectiligne devient circulaire.

Le savant musulman Al-Jazari vivait en Mésopotamie septentrionale – région recouvrant une partie de la Syrie du Nord-Est et de l'Irak. En inventant le vilebrequin en 1206, il fit faire un grand pas à la technologie. D'une simplicité absolue, le vilebrequin transforme un mouvement rectiligne alternatif en mouvement circulaire continu, et vice versa : une manivelle, les jambes d'un cycliste, un embiellage de locomotive à vapeur font tous appel au principe du vilebrequin. La révolution industrielle aurait été impossible sans son existence.

C'est dans le moteur thermique automobile que le vilebrequin trouve aujourd'hui son application la plus répandue. L'énergie dégagée par la combustion fait descendre le piston dans le cylindre. Le piston imprime son mouvement à la bielle, qui contraint à son tour le vilebrequin à tourner d'une fraction de tour. D'autres pistons descendent, le vilebrequin effectue une rotation complète et le cycle se renouvelle.

À l'origine, l'invention d'Al-Jazari visait à perfectionner les systèmes d'irrigation ; c'étaient des bœufs qui actionnaient le vilebrequin commandant la pompe. Mais, en dépit de leur différence de complexité technique, les mécanismes contemporains comportant des vilebrequins fonctionnent selon le même principe. **SR**

« Des machines… de merveilleuses possibilités de commandes éveillèrent mon attention. »

Al-Jazari, *Traité des mécanismes ingénieux* (1206)

VOIR ÉGALEMENT : ARBRE À CAMES, LOCOMOTIVE À VAPEUR, MACHINE À VAPEUR COMPOUND, AUTOMOBILE

Al-Jazari réalisa un orchestre de musiciens automates, grâce à la force hydraulique d'un vilebrequin.

L'arbre à cames (v. 1206)

Le mouvement circulaire devient rectiligne.

Dans son *Traité de la connaissance des mécanismes ingénieux* qu'il présenta en 1206, le grand savant musulman Al-Jazari (1150-1220) décrivait un dispositif capable de transformer un mouvement rotatif continu en mouvement alternatif : l'arbre à cames. Il s'agit d'un axe sur lequel sont fixées des pièces ovales excentrées. Vu leur forme non circulaire, ces pièces – les cames – semblent osciller lorsque l'arbre se met en mouvement. Si, comme dans un moteur thermique, la périphérie d'une came appuie (par l'intermédiaire d'une pièce nommée culbuteur) sur l'extrémité d'une soupape, chacune des rotations de la came va alternativement pousser puis laisser remonter la soupape, commandant donc son ouverture et sa fermeture.

Car c'est bien le moteur automobile qui a donné à l'arbre à cames ses lettres de noblesse. Lorsque le mélange air-essence contenu dans chaque cylindre explose, son augmentation de volume pousse le piston vers le bas. Par l'intermédiaire de la bielle qui le relie au piston, le vilebrequin entre en rotation, et la répétition du cycle fait avancer le véhicule. Synchronisés au vilebrequin par des engrenages, une chaîne ou une courroie crantée, deux arbres à cames contrôlent l'ouverture et la fermeture des soupapes, dont le rôle est de laisser entrer dans chaque cylindre les gaz frais destinés à une nouvelle combustion, et d'en laisser échapper les gaz brûlés lors du cycle précédent.

Entre l'époque d'Al-Jazari et l'ère moderne, l'arbre à cames a abondamment servi en Occident, pour transformer le mouvement circulaire des moulins à eau ou à vent afin de moudre du grain, scier du bois, ou marteler du métal. **DHk**

VOIR ÉGALEMENT : MOULIN À VENT, VILEBREQUIN, AUTOMOBILE

L'automate (v. 1206)

Le personnage animé d'Al-Jazari préfigure les robots industriels.

On attribue au XXe siècle l'invention des machines autonomes. Certes, le grand écrivain de science-fiction Isaac Asimov a créé le mot « robotique » en 1942, et Grey Walter a construit ses premiers robots électroniques six ans plus tard. Mais les ancêtres automates sont quatre musiciens mécaniques réunis sur un bateau. Leur créateur, le savant musulman Al-Jazari (1150-1220), a réalisé cet orchestre voici huit siècles.

Certains voient en Al-Jazari le père de la robotique. Dans son *Traité de la connaissance des mécanismes ingénieux* (1206), écrit alors qu'il tenait la charge d'ingénieur en chef au palais de Diyarbakir (Sud-Est de l'actuelle Turquie), il décrit un bateau de son invention, voguant sur le lac du palais pour divertir les hôtes. À son bord, quatre automates – un flûtiste, un harpiste, deux percussionnistes – jouaient de la musique. Les percussionnistes abritaient des cylindres munis de chevilles amovibles. Lorsque les cylindres tournaient, les chevilles déplaçaient des leviers commandant le jeu des instruments. En changeant les chevilles, on pouvait choisir telle ou telle mélodie : l'automate était entièrement programmable.

Aujourd'hui, l'industrie fait de plus en plus appel aux robots – il s'agit essentiellement d'automates mus par l'énergie électrique – pour des tâches réclamant vitesse, précision, force et endurance. Ces robots assemblent des automobiles, emballent des marchandises, produisent des circuits électroniques, parmi une variété d'autres tâches. Fin 2010, le nombre de robots en service devrait atteindre 1,2 million (estimation : Fédération internationale de robotique). **ES**

« L'obéissance… a tourné les hommes en esclaves, et fait de leur corps un automate mécanisé. »

Percy Bysshe Shelley, *Queen Mab* (1813)

Automate représentant un moine espagnol (métal – tête, bras et pieds de bois – habit amovible).

Al-Jazari créa cet automate échanson pour distraire son maître et ses hôtes.

VOIR ÉGALEMENT : ROBOT, ROBOT INDUSTRIEL, ROBOT BIPÈDE, ROBOT CHIRURGICAL

ليتحرك طرف الشظية بين الرقبة والزبق وأمثل صورة الغلام وجميع ما في باطنه وباطن الابريق

Les lunettes (v. 1270)

L'Europe découvre les verres correcteurs.

Au Ier siècle, le philosophe romain Sénèque intercalait entre son œil et le texte qu'il lisait une boule de verre emplie d'eau, afin d'en grossir les caractères. La méthode fut sans doute employée un millénaire plus tard par des moines presbytes : les souffleurs de verre vénitiens fabriquaient des lentilles qui servaient de loupes. En Europe, à la fin du XIIIe siècle, on commença à les utiliser par paires, avec une monture de bois ou de corne.

On attribue à Salvino d'Armate et au frère Alessandro da Spina l'invention des lunettes en 1284. Mais Marco Polo affirme avoir constaté leur utilisation par des Chinois âgés vers 1270. À l'époque, les Chinois utilisaient également des lames de quartz poli non grossissantes, pour protéger leurs yeux du soleil.

« Cette [invention] qui améliore la vue est l'une des plus utiles jamais offertes au monde. »

Frère Giordano da Rivalto, sermon (1305)

Les premiers verres de lunettes étaient convexes (renflés au centre) et corrigeaient la presbytie. En 1451, le cardinal allemand Nicolas de Cues utilisa les premiers verres concaves (plus minces au centre) pour corriger sa myopie. La théorie expliquant le fonctionnement des lentilles fut établie par Johannes Kepler en 1604. Enfin, vers 1730, le lunetier londonien Edward Scarlett dota l'instrument de deux branches accrochées à l'oreille – une innovation qui fut bien lente à s'imposer, avant de devenir la norme. **DH**

VOIR ÉGALEMENT : VERRE, LOUPE, VERRE SOUFFLÉ, TEST D'ACUITÉ VISUELLE SNELLEN, LUNETTES BIFOCALES, LENTILLES DE CONTACT

La mine terrestre (v. 1277)

Les Chinois imaginent une arme invisible.

Les mines terrestres – engins explosifs mis à feu par la pression ou la proximité de leur cible – furent sans doute d'abord utilisées par les Chinois en 1277 contre les envahisseurs mongols. Aujourd'hui, elles sont sujettes à de graves controverses, considérant les pertes élevées qu'elles continuent de provoquer dans les populations après la fin d'un conflit.

Le mot « mine » au sens militaire a une origine médiévale : en Europe, lors du siège d'une ville ou d'un fort, l'assaillant creusait des tunnels analogues à ceux d'une exploitation minière jusque sous les murailles de la place à prendre. On amassait ensuite de la poudre au fond du tunnel, espérant que son explosion ferait s'écrouler les défenses. À la même époque, les Chinois imaginèrent de véritables mines antipersonnel. Ces engins étaient mis à feu par la pression du pied d'un soldat ennemi, ou bien déclenchés à distance. Forme, taille, matériau, il en exista une étonnante variété. Bizarrement, ce fut la pénurie de poudre qui limita leur utilisation.

« L'amorce se trouve au-dessous… on comprime [la poudre] pour constituer une mine explosive. »

Jiao Yu et Liu Ji, *Manuel du dragon de feu* (v. 1368-98)

L'Europe découvrit cet engin au début du XVIe siècle. Ensuite, les mines furent souvent utilisées pour ralentir l'avance des troupes ennemies, comme durant la guerre des Boers et la Première Guerre mondiale. La seconde moitié du XXe siècle les a vues proliférer. **SR**

VOIR ÉGALEMENT : POUDRE NOIRE, TORPILLE

La faux (v. 1300)

L'Europe se dote d'un outil de moissonnage à haut rendement.

La faux tient un rang majeur parmi les instruments ruraux inventés au cours du dernier millénaire. Apparue en Europe à la fin du XIIIe siècle, elle fit grimper en flèche la production agricole. Conçue pour couper l'herbe de la fenaison, elle fut vite utilisée pour moissonner les céréales. La faux se compose d'une lame courbe dont la partie concave est aiguisée et d'un long manche de bois. Elle permet au faucheur de travailler en se tenant droit : une ergonomie remarquable comparée à la position courbée, fatigante et douloureuse, qu'impose la faucille.

Depuis son apparition au Ve millénaire av. J.-C., la faucille n'a guère évolué, et ne permet pas à son utilisateur de moissonner plus de 0,3 ha par jour. Avec la faux, le rendement dépasse 0,4 ha par jour. Sa forme adaptée, sa taille, la façon dont elle fait travailler la totalité du corps et la possibilité de lui imprimer un rythme régulier, sont les clés de son efficacité. Si bien qu'au XVIe siècle la faux avait remplacé la faucille. C'était en outre, lors des jacqueries, une arme redoutable.

À la fin du XVIIIe siècle, un châssis de bois planté de chevilles fut ajouté à la faux. Comme des dents de peigne, les chevilles rassemblaient les épis moissonnés qu'il était ensuite plus facile de lier en gerbes : cette innovation doubla la productivité des cultivateurs. La faux resta l'outil dominant pour récolter les céréales jusqu'à l'apparition, en 1831, de la faucheuse tirée par un cheval : en un jour, une seule de ces machines coupait autant d'épis de blé que dix hommes armés de faux. **BS**

« La faux était plus rapide que la vieille faucille à poignée courte et lame dentelée en demi-lune. »

Site Web du Fellpony & Countryside Museum

VOIR ÉGALEMENT : MÉTALLURGIE, FLÉAU, TONDEUSE À GAZON, MOISSONNEUSE-BATTEUSE

↗ *Pierre à aiguiser à la ceinture, un paysan fauche de l'herbe (enluminure des* Heures du duc de Bedford, *1423).*

Le mousquet (v. 1300)

Grâce à la poudre noire, les armuriers chinois offrent à l'arc un rival sérieux.

Le mousquet est une arme à feu à canon lisse et chargement par la gueule, tirée au niveau de l'épaule. Plus imposant que l'arquebuse, il s'utilise avec un support sur lequel il pivote. Son invention en Chine remonterait au XIVe siècle. Néanmoins, il fallut que le mousquet profite de toute la science métallurgique de l'Empire ottoman, et plus tard de celle de l'Europe, pour que la guerre change radicalement de visage.

Le mousquet fut lent à devenir performant. Les premiers, en particulier, étaient très lents à charger, chers à fabriquer et ne perçaient pas toujours les armures. Paradoxalement, le mousquet avait un rival aussi peu coûteux que mortel : l'arc. Pour fabriquer un grand arc et ses flèches, point n'était besoin d'aller loin : le bois de qualité abondait dans les forêts. Pourtant, à partir du XVIe siècle, les Européens – au premier chef les Portugais – produisaient des canons et des mousquets qu'ils vendaient jusqu'en Chine.

Au XVIIe siècle, la fiabilité et la maniabilité du mousquet étaient devenues acceptables. L'engin avait de plus un avantage sur l'arc : il n'exigeait qu'un bref entraînement. Si l'aristocratie était persuadée que les armes à feu ôtaient de sa « noblesse » à la guerre, elle adopta le mousquet pour deux raisons : d'abord, parce que les troupes ennemies utilisaient déjà la poudre, et faisaient dans ses rangs de véritables carnages. Ensuite, parce que les victimes de cette nouvelle guerre ne se recrutaient plus dans l'aristocratie, mais dans la piétaille, dans le peuple. La Première Guerre mondiale fut la sanglante apogée de cette vision des choses. **JB**

« En termes de guerre et d'expansion territoriale, l'impact des armes chinoises fut profond. »

Sun Laichen, Asia Research Institute

↑ *Mousquet ornemental et son support, tous deux richement marquetés d'ivoire (fabrication, v. 1630).*

→ *Gravure anglaise montrant la procédure de mise en œuvre, de tir et de mise à l'épaule du mousquet.*

VOIR ÉGALEMENT : POUDRE NOIRE, CANON, ARQUEBUSE, FUSIL À CHARGEMENT PAR LA CULASSE, PLATINE À SILEX, REVOLVER

1
Rest your Musket.
2
Drawe out your match
3
Blowe your match.
4
Cock your match.
5
Try your match
6
Gard your panne
7
Present
8
Giue fire.
9
Come vp to yo'r musket.
10
Returne your match.
11
Take vp your rest.
12
Blowe of your loose powder. & Cast about your musket.
13
Traile your rest & open your charge &c
14
Bringe vp your musket
15
Poize yo'r musket and recouuer your rest.
16
Shoulder your musket.
E

ARSENAL

La chaîne de fabrication (v. 1320)

Les Vénitiens instaurent la production de masse.

Le partage du travail entre un certain nombre de postes répartis au long d'une chaîne permit de produire en masse des biens de haute qualité. Le meilleur exemple de cette méthode fut l'ensemble d'ateliers de l'Arsenal de Venise. Les pièces normalisées, le travail spécialisé, donnèrent à la cité des Doges plusieurs longueurs d'avance dans la construction des vaisseaux de guerre et la fabrication des armes à feu.

En 1574, Henry III, roi d'Angleterre, eut le privilège de visiter cet extraordinaire centre industriel, où la construction d'une galère prenait moins d'un jour. Avec leur démarche aussi efficace qu'organisée, les milliers de travailleurs de l'Arsenal montaient en série des machines de guerre complexes six siècles avant le début de la révolution industrielle. Créé en 1104 et plusieurs fois agrandi, l'Arsenal était à l'origine un chantier naval. En 1320, les ouvriers chargés de la construction des navires occupaient des postes spécialisés. À son apogée, le centre de production employait environ 16 000 personnes. Après l'annexion de Venise par l'Italie, l'Arsenal subit encore un agrandissement. Au tournant du XXe siècle, il produisait toujours une bonne part des vaisseaux de la marine italienne . **LW**

« [Le personnel de l'Arsenal de Venise] ne cessa d'innover au profit de la marine vénitienne. »

Gregory Sheridan, *Venise à l'âge impérial* (1970)

VOIR ÉGALEMENT : MÉTIER À TISSER MÉCANIQUE, ROBOT, ROBOT INDUSTRIEL

Représentation de l'Arsenal, cœur logistique de la marine italienne, sur une carte en perspective du XVIIe siècle.

Le pluviomètre (1441)

Jang Yeong-Sil mesure les averses.

Au XVe siècle, le royaume de Corée subissait la malédiction de la sécheresse et Sejong, son roi (1397-1450), désirait que ses fermiers acquittent un impôt calculé selon l'abondance de leur récolte à venir. À cette fin, un réseau national de pluviomètres fut établi ; les magistrats de chaque village eurent pour tâche de rapporter au gouvernement central l'ampleur des précipitations dont bénéficiait leur juridiction.

En 1441, chaque village reçut donc un récipient cylindrique normalisé, de 43 cm de haut sur 17 cm de diamètre, monté sur un socle de pierre. Une règle mesurait la hauteur de l'eau de pluie que recevait le cylindre durant un temps donné. L'inventeur de la chose était un fonctionnaire savant du nom de Jang Yeong-Sil. Les Chinois avaient tenté une expérience analogue en 1247, avec les chutes de neige.

En 1662, Sir Christopher Wren (1632-1723) inventa un pluviomètre perfectionné, qui se vidait automatiquement par le basculement de ses récipients : il se composait de deux baquets parfaitement équilibrés qui recueillaient la pluie à tour de rôle. Lorsque une certaine hauteur d'eau (le plus souvent, de l'ordre du millimètre) s'était accumulée dans l'un, il basculait, se vidait et actionnait mécaniquement un signal. En même temps, le dispositif perçait un trou dans une bande de papier qui défilait lentement. Le second baquet prenait le relais et recueillait la pluie, pour basculer à son tour lorsque le niveau prévu était atteint. Les trous dans le papier permettaient de calculer aisément l'ampleur de la précipitation dans un laps de temps donné. **DH**

VOIR ÉGALEMENT : ANÉMOMÈTRE, BAROMÈTRE, BAROMÈTRE ANÉROÏDE, RADAR MÉTÉOROLOGIQUE

Le ressort à boudin (v. 1450)

Henlein améliore le mouvement d'horlogerie.

Souvent, une invention fondamentale donne naissance à une seconde qui éclipse complètement sa génitrice. La montre de poche du mécanicien allemand Peter Henlein, créée vers 1506 et disposant d'une réserve de marche de 40 heures, illustre ce trait.

Car la montre de Henlein n'aurait pas existé sans l'invention, un demi-siècle plus tôt, de l'humble ressort à boudin : un morceau de métal élastique, façonné de sorte à pouvoir emmagasiner de l'énergie si l'on modifiait sa forme initiale. L'histoire ne nous a pas transmis le nom de son créateur, mais quelques montres et horloges l'utilisant comme force motrice nous sont parvenues du XVe siècle.

Qu'il soit hélicoïdal, comme le ressort à boudin, ou spiral – forme désormais adoptée pour les mouvements d'horlogerie –, la capacité de ce ruban de métal à emmagasiner l'énergie le rendait idéal pour ce type d'utilisation. Car la force dépensée en une minute pour remonter le mouvement était distillée par les rouages de la montre durant un jour ou plus.

Henlein et ses pairs durent résoudre bien des difficultés. Un bon ressort se compose d'une bande ou d'un fil d'acier d'épaisseur constante, capable d'être bandé sans se casser. L'opération de chauffe destinée à tremper l'acier était fort délicate, et sa maîtrise permit à la métallurgie d'avancer à grands pas. **DHk**

« Un travail qui enflamme l'imagination des mathématiciens les plus avertis. »

Cosmographie de Pomponius Mela (1511)

VOIR ÉGALEMENT : CLEPSYDRE, CADRAN SOLAIRE, HORLOGE À PENDULE, MONTRE DE POCHE

L'arquebuse (v. 1450)

Les Espagnols inventent le canon à main.

Au milieu du IIe millénaire, la cavalerie en armure dominait le champ de bataille. Pourtant, une innovation imminente allait radicalement modifier l'art de la guerre. L'invention en question s'appelait « hackenbusche » ou arquebuse, nom dérivant probablement du néerlandais *haakbus*, ou « arme à feu à crochet ». L'arquebuse fut l'un des premiers exemples opérationnels d'une arme portative employant la poudre noire.

À cette époque, l'idée d'utiliser un explosif pour lancer des projectiles n'était pas neuve. Les canons existaient depuis le début du XIVe siècle et ils avaient donné le jour à des versions miniatures, montées sur un affût d'arbalète ou posées sur une fourche. Pour les mettre à feu, on approchait une mèche ou un morceau d'amadou incandescents d'un évent, un trou pratiqué dans le métal, là où se trouvait la charge.

L'innovation de l'arquebuse, sans doute d'origine espagnole, c'est d'avoir disposé la mèche incandescente à combustion lente sur un dispositif basculant fixé à l'arme elle-même. L'arquebusier avait donc la disposition de ses deux mains pour viser sa cible. Il lui suffisait ensuite de faire basculer la mèche contre l'évent pour enflammer la poudre et « faire feu ». Ce mécanisme était, bien sûr, l'ancêtre de la détente, devenue usuelle sur toutes les armes modernes. L'usage des deux mains conférait au tir une certaine précision.

Certes, sur ce plan, l'arquebuse ne pouvait rivaliser avec l'arbalète ou l'arc. Mais sa facilité d'emploi – on pouvait l'utiliser presque sans entraînement – lui permirent de durer et d'évoluer. **BG**

VOIR ÉGALEMENT : POUDRE NOIRE, MOUSQUET, PLATINE À SILEX, FUSIL À CHARGEMENT PAR LA CULASSE, FUSIL À RÉPÉTITION, REVOLVER

L'anémomètre (v. 1450)

Alberti mesure efficacement la vitesse du vent.

L'appareil mis au point par Léon Battista Alberti pour mesurer la vitesse du vent était d'une simplicité biblique : un axe horizontal supportait par des charnières une plaque de métal rectangulaire. Une brise faisait à peine bouger cette dernière, mais plus le vent soufflait fort, plus la tôle se soulevait. Une échelle graduée permettait de faire des relevés. Alberti décrit et esquisse l'appareil dans son ouvrage, *Le Plaisir des mathématiques* (1450). Fils d'un riche marchand, ayant reçu une très bonne éducation, Alberti était tout à la fois un artiste et un musicien accompli, un athlète et un cavalier émérite, un architecte et un mathématicien chevronné, un écrivain, un universitaire, un maître ès lettres classiques, et même un cryptographe, puisqu'on lui doit le disque à chiffrer. Bref, un homme universel comme les aimait la Renaissance, fruit de cette culture intellectuelle qui fleurissait alors dans les cités italiennes. L'œuvre extrêmement riche d'Alberti fut une grande source d'inspiration pour Léonard de Vinci, qui dessina son anémomètre et y puisa une part d'inspiration pour ses machines volantes.

L'anémomètre simplissime d'Alberti remplit son office deux siècles durant, jusqu'au jour où un savant anglais, Robert Hooke (1635-1703), le réinventa en modifiant les positions respectives de la plaque et de l'échelle, pour obtenir des mesures plus précises. Près de deux siècles passèrent encore avant qu'apparaisse le modèle bien connu – un petit moulin à vent à quatre pales creuses et axe vertical – qu'inventa, en 1846, l'astronome irlandais John Thomas Romney Robinson (1792-1842). **EH**

VOIR ÉGALEMENT : PLUVIOMÈTRE, BAROMÈTRE, BAROMÈTRE ANÉROÏDE, RADAR MÉTÉOROLOGIQUE

↗ *Anémomètre en forme de moulin à vent double conçu en 1875 par G. T. Kington à l'intention du Bureau météorologique du Canada.*

« Hormis Alberti, aucun de nos artistes modernes n'a pu écrire sur ces sujets… »

Giorgio Vasari, *Vie des artistes* (1550)

La presse à caractères métalliques mobiles (v. 1450)

Avec la typographie, Gutenberg lance l'impression en nombre.

« Elle repoussera la nuit de l'ignorance, et sa lumière… brillera parmi les hommes. »

Johannes Gutenberg, imprimeur

🡅 *L'impact de la presse de Gutenberg à son époque fut comparable à celui d'Internet aujourd'hui.*

🡆 *La Bible de Gutenberg (1456) combinait des textes imprimés et des enluminures peintes à la main.*

L'écriture fut un pas de géant pour l'humanité, mais les manuscrits ne pouvaient par nature atteindre qu'un nombre limité de lecteurs. Il s'agissait pour l'essentiel d'ouvrages religieux, copiés à l'intention de la noblesse et du clergé. Il fallut l'invention de la presse d'imprimerie pour que les idées et le savoir se répandent plus largement.

Les premières presses utilisaient un unique bloc de bois par page, où des lignes d'écriture ainsi que des illustrations étaient sculptées. On l'encrait avant de l'appliquer contre une feuille. Mais le bloc de bois s'usait très vite, et en sculpter de nouveaux prenait un temps considérable, si bien que la technique ne pouvait assurer qu'un petit nombre d'exemplaires.

En 1450, l'imprimeur allemand Johannes Gutenberg (v. 1400-1468) mit au point une méthode nouvelle. Les caractères individuels – un par lettre – étaient moulés dans un alliage de métal. On les assemblait pour former les mots composant une page entière de livre. Le système était assez robuste pour assurer l'impression de plusieurs centaines de feuilles. Cette production de masse permit d'augmenter le volume des tirages et le nombre des ouvrages disponibles. La population des lecteurs avides s'accrut en proportion, favorisant la demande en textes imprimés.

Gutenberg mit également au point des encres adaptées, à base d'huile. Au fil du temps, la presse à plat céda la place à la rotative, et le caractère métallique disparut au profit de la plaque offset. À la fin du XXe siècle, l'ordinateur rendit le processus encore plus rapide et plus économique. **MF**

VOIR ÉGALEMENT : PAPIER, ENCRE, GRAVURE SUR BOIS, PRESSE À CARACTÈRES MÉTALLIQUES MOBILES, GRAVURE À L'EAU-FORTE, PRESSE ROTATIVE, LINOTYPE

Incipit prologus sancti Iheronimi presbiteri in parabolas salomonis.

[I]ungat epistola quos iungit sacerdotium: immo carta non dividat: quos Christi nectit amor. Comentarios in osee. amos. et zachariam malachiam. quoque poscitis. Scripsissem: si licuisset pre valitudine. Mittitis solacia sumptuum. notarios nostros et librarios sustentatis: ut vobis potissimum nostrum desudet ingenium. Et ecce ex latere frequens turba diversa poscentium: quasi aut equum sit me vobis esurientibus aliis laborare: aut in racione dati et accepti: cuiquam preter vos obnoxius sim. Itaque longa egrotatione fractus. ne penitus hoc anno reticerem. et apud vos mutus essem: tridui opus nomini vestro consecravi. interpretationem videlicet trium salomonis voluminum: masloth quod hebrei parabolas. vulgata editio proverbia vocat: coeleth. quem grece ecclesiasten. latine contionatorem possumus dicere: sirasirim. quod in linguam nostram vertitur canticum canticorum. Fertur et panaretos. ihesu filii sirach liber: et alius pseudographus. qui sapientia salomonis inscribitur. Quorum priorem hebraicum reperi. non ecclesiasticum ut apud latinos: sed parabolas prenotatum. Cui iuncti erant ecclesiastes. et canticum canticorum: ut similitudinem salomonis. non solum numero librorum: sed etiam materiarum genere coequaret. Secundus apud hebreos nusquam est: quia et ipse stilus grecam eloquentiam redolet: et nonnulli scriptorum veterum hunc esse iudei filonis affirmant. Sicud ergo iudith et thobie et machabeorum libros. legit quidem eos ecclesia. sed inter canonicas scripturas non recipit: sic et hec duo volumina legat ad edificationem plebis: non ad auctoritatem ecclesiasticorum dogmatum confirmandam. Si cui sane septuaginta interpretum magis editio placet: habet eam a nobis olim emendatam. Neque enim nova sic cudimus: ut vetera destruamus. Et tamen cum diligentissime legerit. sciat magis nostra scripta intelligi: que non in tercium vas transfusa coacuerint: sed statim de prelo purissime commendata teste: suum saporem servaverint.

Incipiunt parabole salomonis.

[P]arabole salomonis filii david regis israel: ad sciendam sapientiam et disciplinam: ad intelligenda verba prudentie et suscipiendam eruditionem doctrine: iusticiam et iudicium et equitatem: ut detur parvulis astutia: et adolescenti scientia et intellectus. Audiens sapiens sapientior erit: et intelligens gubernacula possidebit. Animadvertet parabolam et interpretationem: verba sapientum et enigmata eorum. Timor domini principium sapientie. Sapientiam atque doctrinam stulti despiciunt. Audi fili mi disciplinam patris tui et ne dimittas legem matris tue: ut addatur gracia capiti tuo: et torques collo tuo. Fili mi si te lactaverint peccatores: ne acquiescas eis. Si dixerint veni nobiscum. insidiemur sanguini. abscondamus tendiculas contra insontem frustra. degluciamus eum sicud infernus viventem et integrum. quasi descendentem in lacum: omnem preciosam substantiam reperiemus. implebimus domus nostras spoliis. sortem mitte nobiscum. marsupium sit unum omnium nostrum: fili mi ne ambules cum eis. Prohibe pedem tuum a semitis eorum. Pedes enim illorum ad malum currunt: et festinant ut effundant sanguinem. Frustra autem iacitur rete ante oculos pennatorum. Ipsi quoque contra sanguinem suum insidiantur: et

La brosse à dents (v. 1498)

Les Chinois font avancer l'hygiène dentaire.

L'ancêtre de la moderne brosse à dents est née, pense-t-on, dans la Chine du XVe siècle, où une encyclopédie datée de 1498 fait état d'un ustensile composé des soies rêches du sanglier de Sibérie et d'un manche d'os, destiné aux soins dentaires. Au XVIIe siècle, les marchands chinois présentèrent leur invention en Europe. Elle y rencontra un vif succès, même si les soies de sanglier étaient souvent jugées trop dures pour les gencives de l'Ancien Monde. Le crin de cheval, plus doux fut parfois employé. Néanmoins, il ne parvint pas à détrôner le sanglier.

La brosse n'était pas le premier moyen employé par l'humanité pour entretenir sa dentition. Des bâtonnets dévolus à cet usage ont été découverts dans des tombes égyptiennes datant de 3 000 ans av. J.-C. Il s'agissait de petites branches dont les fibres avaient été écrasées, qui servaient à nettoyer les espaces interdentaires et à rafraîchir l'haleine. En Chine, cette dernière fonction était également tenue au XVIe siècle par des bâtons à mâcher, taillés dans des arbustes aromatiques.

La première brosse à dents à bénéficier d'une production de masse fut conçue et commercialisée par l'inventeur anglais William Addis en 1780. Addis utilisait des soies de sanglier et de porc fixées à l'extrémité d'un manche taillé dans un fémur de vache. Des designs plus aboutis virent le jour vers 1840 : les soies étaient désormais alignées et rangées en touffes. En 1938, l'invention du Nylon par DuPont de Nemours marqua le déclin de la soie animale. Un an plus tard, la première brosse à dents électrique était mise sur le marché. **BS**

VOIR ÉGALEMENT : DENTIFRICE, DENTIER, FIL DENTAIRE, FRAISE ÉLECTRIQUE

Le miroir de verre (v. 1505)

Les Vénitiens perfectionnent le reflet.

Nos lointains ancêtres contemplaient leur visage à la surface des eaux dormantes. Les Grecs, les Romains et les Européens du Moyen Âge se servaient de plaques de métal poli. Mais pour la vanité humaine, le vrai bond en avant fut réalisé au début du XVIe siècle, quand les Vénitiens parvinrent à recouvrir l'un des côtés d'un verre plan d'une mince couche d'alliage – de l'étain et du mercure – hautement réfléchissant.

Les premiers miroirs, à manche, étaient réservés aux soins de la personne. Ensuite vinrent les miroirs décoratifs, plus grands, encadrés d'ivoire, d'argent ou de bois sculpté. Le procédé chimique permettant de recouvrir d'argent une face d'un panneau de verre fut découvert par Justus von Liebig en 1835. Les techniques modernes de fabrication des miroirs en découlent. Les frères Robert et James Adam, deux Anglais, conçurent de monumentales cheminées recouvertes de miroirs. Enfin, au XIXe siècle, des meubles – armoires, penderies, buffets – en furent à leur tour ornés.

> *« Depuis qu'il a commencé à se regarder dans un miroir, le monde est devenu plus laid. »*
>
> Karl Kraus, journaliste, poète et dramaturge

L'ère moderne a vu les miroirs trouver leur place dans les télescopes, les appareils photographiques et nombre d'instruments comportant un lecteur laser. Des miroirs adaptés aux longueurs d'onde de la lumière extérieures à celles du spectre visible sont largement utilisés dans la fabrication d'instruments optiques. **MF**

VOIR ÉGALEMENT : MÉTALLURGIE, VERRE, LOUPE, TÉLESCOPE, ZOOM, LASER, TÉLESCOPE SPATIAL HUBBLE

La montre de poche (v. 1508)

Henlein fabrique un « garde-temps » transportable.

Le premier instrument mécanique miniature capable d'indiquer l'heure, connu d'abord sous le nom d'« horloge de poche », fut fabriqué à Nuremberg, en Allemagne, entre 1504 et 1508. Son créateur, Peter Henlein (v. 1479-1542), avait été apprenti serrurier avant de se tourner vers l'horlogerie. La réduction de taille des garde-temps avait commencé avec l'invention du ressort à boudin, un demi-siècle plus tôt, et la mise au point de divers systèmes d'échappement.

L'« horloge de poche » de Henlein mesurait seulement quelques pouces de diamètre, sonnait l'heure, et pouvait tourner plus d'un jour et demi sans qu'on ait à la remonter. Pour l'époque, ses engrenages d'acier miniatures et ses ressorts forgés représentaient des prouesses techniques, mais la montre s'avérait terriblement imprécise. Les ressorts moteurs se détendaient à des vitesses très variables. Ils avaient en outre une fâcheuse tendance à se casser lorsqu'on les remontait un peu trop énergiquement. Néanmoins, des améliorations ultérieures limitèrent les accidents et augmentèrent la régularité.

Il fallut dix ans à Henlein pour mettre au point sa première montre de poche. Celle-ci et les suivantes furent vite connues sous le nom de *nürnberger eier* – œufs de Nuremberg – à la suite d'une mauvaise traduction en allemand, confondant « œuf » et « petite horloge ». Le coût très élevé de l'innovation en réservait la propriété aux classes dominantes. Elle devint rapidement un symbole de statut social. Son règne de 400 ans ne fut aboli que par l'arrivée de la montre-bracelet. **BS**

VOIR ÉGALEMENT : RESSORT À BOUDIN, MONTRE DIGITALE, HORLOGE ATOMIQUE, HORLOGE NUMÉRIQUE, MONTRE À QUARTZ

↗ *Comme les créations de Peter Henlein, cette horloge de poche datant de 1650 n'utilise qu'une aiguille pour indiquer l'heure.*

« Avec un peu de fer, Peter Henlein fabrique une horloge de poche bourrée de rouages. »

Johannes Cocleus, historien

La gravure à l'eau-forte
(v. 1510)

Hopfer simplifie l'impression.

Lorsque Daniel Hopfer (1470-1536) naquit, l'utilisation décorative de la gravure à l'eau-forte était connue depuis longtemps. Son apport fut de mettre cette technique au service de l'imprimerie. Le processus consiste à recouvrir une plaque de métal d'un vernis de consistance cireuse. L'artiste enfonce une pointe à travers cette protection et met le métal à nu aux endroits où il souhaite que des lignes apparaissent. La plaque est ensuite trempée dans un bain d'acide (« eau-forte ») qui ne creuse que les zones de métal non protégé.

Plus la plaque demeure dans le bain, plus profondes seront les lignes creusées par l'acide – et plus noir sera le trait sur l'œuvre définitive. Pour raffiner le résultat, il est possible de répéter le processus en recouvrant partiellement ou non les zones déjà mordues par le bain.

> *« On loue l'innovateur, mais on le traite sous cape de plagiaire et de simple artisan. »*
>
> Freyda Spira, historienne

Enfin, quand la plaque est prête, on la débarrasse de sa protection – avant de l'enduire d'encre et d'essuyer soigneusement celle-ci, qui n'adhérera qu'aux endroits incisés du métal. La plaque est alors recouverte par une feuille de papier humide et passée à la presse. Techniquement aisée, l'eau-forte est toujours très appréciée par les artistes, car elle permet des gestes aussi naturels que le dessin ou la peinture. **JG**

VOIR ÉGALEMENT : MÉTALLURGIE, ENCRE, PAPIER, GRAVURE SUR BOIS, LITHOGRAPHIE

⇐ La Danse au village, *l'une des premières gravures à l'eau-forte réalisées par Daniel Hopfer.*

Le moulage en sable
(v. 1540)

Biringuccio ranime un procédé ancien.

Couler du métal fondu dans un moule en sable est l'une des plus anciennes techniques manufacturières de l'humanité. Longtemps, ce fut un art obscur dont les arcanes n'étaient connus que de quelques élus. Un métallurgiste et armurier italien de la Renaissance, Vannoccio Biringuccio (1480-v. 1539) mit fin à tout cela par son traité *De la pyrotechnica* (1540). Publiée à Venise un an après la mort de l'auteur, cette somme métallurgique constitue l'une des plus anciennes sources d'information sur le moulage en sable et la fonderie en général.

Né à Sienne, Biringuccio eut pour protecteur un marchand et politicien italien, Pandolfo Petrucci. Sous la férule de ce dernier, il fit de nombreux voyages en Italie et en Allemagne, accumulant les informations qui devaient former l'essence de son traité.

Pour réaliser un moulage en sable, on pose un modèle de la pièce à fondre dans un châssis d'où elle dépasse de moitié. Du sable, humidifié pour assurer sa tenue, est alors pressé contre le modèle. Ce mélange sableux, qui a profondément évolué au fil des années, est un élément crucial du processus. Biringuccio recommandait d'y ajouter de l'urine humaine et de la lie provenant de tonneaux de bière.

Lorsque la partie inférieure du moule est emplie de sable compacté, le fondeur positionne le modèle dans la moitié supérieure et répète l'opération. Il ménage le trou par lequel s'engagera le métal en fusion (le « chenal de coulée ») et ceux qui permettront à l'air de s'échapper (les « évents »). Le modèle est retiré, et les deux demi-moules réunis. Le travail de fonderie proprement dit peut commencer. **MD**

VOIR ÉGALEMENT : MÉTALLURGIE, HAUT-FOURNEAU, FOUR À ARC ÉLECTRIQUE

La serrure à combinaison
(v. 1550)

Gerolamo Cardano remplace la clé par un code chiffré.

En 1206, le savant arabe Al-Jazari présenta un ouvrage intitulé *Traité de la connaissance des mécanismes ingénieux*. Il y décrivait – entre autres – le vilebrequin, la roue à aubes et la serrure à combinaison.

Deux siècles et demi plus tard, un mathématicien italien légèrement excentrique reprit cette dernière idée et mit au point ce qui est considéré comme le premier système de verrouillage fonctionnant à l'aide d'un code d'accès. Gerolamo Cardano, ou Jérôme Cardan (1501-1576), inventeur prolifique, mit au point un moyen pratique de protéger ses maigres biens.

Il s'agissait d'une série de disques munis d'une encoche à leur périphérie. Une goupille portant autant de dents qu'il y avait de disques bloquait la serrure. Mais lorsque les encoches se trouvaient alignées avec les dents, le dispositif pouvait s'ouvrir.

De nos jours, l'invention de Jérôme Cardan n'est plus considérée comme très sûre. En effet, si elle n'est pas parfaitement usinée, il est assez facile – et assez rapide – de l'ouvrir sans même connaître la combinaison secrète. Il suffit de faire tourner les disques contre son oreille et d'écouter les clics successifs indiquant que les dents de la goupille se sont engagées dans les encoches.

On continue tout de même d'appliquer ce principe aux antivols de vélo et aux serrures d'attachés-cases bas de gamme, mais il ne peut rivaliser avec les serrures à combinaison électronique, qui équipent par exemple les coffres-forts d'hôtels et qui sont fort difficiles à déjouer. **FS**

« Nous roulons sur des vélos "verts" pour sauver l'humanité, mais les verrouillons par méfiance. »

Anonyme

VOIR ÉGALEMENT : SERRURE MÉCANIQUE, CADENAS, SERRURE À GORGES, SERRURE À POMPE, SERRURE À GOUPILLES, SERRURE À MINUTERIE

↖ *Ce cadenas anglais à combinaison du XVIIIe siècle accepte n'importe quel code de quatre lettres.*

Le préservatif
(v. 1560)

Fallopio invente un fourreau prophylactique.

C'est dans son traité *De Morbo Gallico* (« Du mal gaulois », nom donné par les Italiens à la syphilis) que l'anatomiste Gabriele Fallopio décrivit pour la première fois le préservatif, ou condom. Pour enrayer la propagation de cette MST, Fallopio imagina un étui de lin qui, trempé dans une solution saline, fournissait une barrière protectrice durant les rapports sexuels. Pour garder à l'affaire un certain romantisme, les rubans assujettissant l'engin étaient roses. Fallopio assurait que sur les 1 100 hommes ayant utilisé son invention, aucun n'avait contracté la syphilis.

Mais l'Italien avait eu des précurseurs. Les peintures pariétales de Combarelles, en France, et des dessins datant de l'Égypte ancienne représentent des hommes munis de préservatifs. Au fil du temps, ceux-ci ont été fabriqués en papier huilé, en cuir fin, en vessie de chèvre ou de mouton, et même en écaille de tortue.

> *« Le condom est une armure contre la jouissance, et une toile d'araignée contre le risque. »*
>
> Madame de Sévigné

En 1844, Charles Goodyear déposa un brevet concernant la vulcanisation du caoutchouc, procédé thermique qui augmentait son élasticité et sa résistance. Les premiers préservatifs fabriqués grâce à cette méthode étaient aussi épais que des chambres à air de vélo, et couverts de coutures. Quarante ans plus tard, on imagina de tremper simplement des formes en verre dans un bain de latex. Les coutures disparurent et l'objet gagna en séduction **JF**

VOIR ÉGALEMENT : ÉLASTIQUE, CAOUTCHOUC SYNTHÉTIQUE, CAOUTCHOUC DE SILICONE, PILULE CONTRACEPTIVE, VIAGRA

La prothèse articulée
(v. 1564)

Paré crée une prothèse de reconstruction.

La prothèse articulée, née voici cinq siècles et sans cesse améliorée depuis, a pour père Ambroise Paré (v. 1510-1590), un barbier chirurgien français mieux connu pour ses exploits professionnels antérieurs. Ainsi, lors du siège de Turin (1536-1537), il comprit que les blessures infligées par les armes à feu n'avaient pas besoin d'être cautérisées à l'huile bouillante. Dans sa *Méthode de traicter les playes faites par les arquebuses et aultres bastons à feu* (1545), il conseille donc de les bander simplement après les avoir ointes. Paré recommande également de ligaturer les vaisseaux sanguins pour éviter l'hémorragie durant une opération chirurgicale. La technique, connue depuis un millénaire, avait été abandonnée.

Paré inventa ensuite une prothèse pour les amputés au niveau de la cuisse. Elle se composait d'une jambe rudimentaire, de type « pilon », mais articulée au niveau du genou. On pouvait la bloquer et la débloquer à sa guise, à l'aide d'une lanière remontant jusqu'à la hanche. L'imaginatif chirurgien conçut également une main artificielle pour un capitaine français. Utilisable sur le champ de bataille, la prothèse comportait un pouce fixe et des doigts commandés par des ressorts et des cliquets.

Une main similaire avait déjà été fabriquée pour Goetz von Berlichingen, un chevalier allemand qui s'était taillé une réputation égale à celle du mythique Robin des Bois, en enlevant des nobles et en détroussant des marchands.

Au siège de Landshut, un boulet frappa son épée qui en tombant lui sectionna le bras droit. Il gagna le surnom de « Chevalier à la main de fer ». **SS**

VOIR ÉGALEMENT : ANESTHÉSIE, PROTHÈSE, CŒUR ARTIFICIEL

Le crayon de graphite
(v. 1564)

L'Angleterre invente l'écriture effaçable.

Le crayon de graphite fut inventé en Angleterre en 1564, suite à la découverte d'un important gisement de graphite pur près de Borrowdale, dans le Lake District. Ce minéral se débitait aisément en plaques, puis en tiges de section carrée. Il laissait sur le support, papier ou autre, une marque très noire. Surtout, que l'on puisse effacer sa trace en fit immédiatement un adversaire sérieux de l'encre. En revanche, il cassait facilement et salissait les doigts de l'utilisateur. Il fallait donc le doter d'un fourreau protecteur.

La première description d'un crayon de graphite moderne fut donnée en 1565 par le savant allemand Konrad von Gesner. Il s'agissait d'un instrument rudimentaire, comportant « un support de bois ». Il fallut attendre les années 1660 pour qu'un menuisier résidant non loin du gisement de Borrowdale creuse une tige de bois et y loge la mine. À l'époque, le graphite était connu sous le nom de plombagine. Ce fut le chimiste suédois K. W. Scheele qui forgea son nom moderne dans son *Traité des fossiles* (1779).

« Un petit crayon est plus sûr qu'une vaste mémoire. »

Proverbe

À ce jour, le graphite du gisement de Borrowdale est le plus pur jamais découvert. Sa valeur était telle qu'en 1752 le Parlement britannique passa une loi en rendant le vol passible de prison. C'est à cette époque que la production industrielle de crayons débuta en Allemagne, à Nuremberg. **BS**

VOIR ÉGALEMENT : PAPIER, ENCRE, TAILLE-CRAYON, CRAYON-CIRE, STYLO À BILLE

Le théodolite
(v. 1571)

Digges simplifie la triangulation

Destiné à mesurer des angles dans les plans vertical et horizontal, le théodolite est un instrument essentiel pour les géomètres. Il comporte une lunette de visée mobile selon ces deux axes, ce qui lui permet d'effectuer des travaux de « triangulation », une ancienne technique servant à déterminer la surface d'un terrain. On commence par mesurer la distance séparant deux points. Elle formera la base d'un triangle. Le théodolite est placé à une extrémité de la base et vise un troisième point, choisi d'avance, qui sera le troisième sommet du triangle. L'instrument est ensuite posé à l'autre extrémité de la base, et orienté vers le même troisième point, ce qui permet de mesurer un deuxième angle. Connaissant la longueur de la base, déterminer celle des deux autres côtés du triangle est affaire de trigonométrie élémentaire.

Le mot *théodolite* apparaît pour la première fois dans l'ouvrage du mathématicien et savant Léonard Digges, *D'une pratique géométrique dénommée Pantométrie* (1571). Certes, des instruments capables de mesurer les angles existaient depuis des siècles, mais celui de Digges était capable d'explorer deux plans, le vertical et l'horizontal, grâce à sa « monture azimutale ». L'infortuné Digges mourut dans la misère douze ans avant la publication de son ouvrage, mais son œuvre fut perpétuée par son fils Thomas, qui travailla infatigablement à la faire connaître, et se tailla une belle notoriété. En 1797, James Ramsden apporta un nouveau souffle technologique au théodolite, qui servit à la triangulation générale de la Grande-Bretagne. **TB**

VOIR ÉGALEMENT : VERNIER, MICROMÈTRE

Extrêmement précis, le grand théodolite de Ramsden fit ses premières armes en triangulant le sud de l'Angleterre.

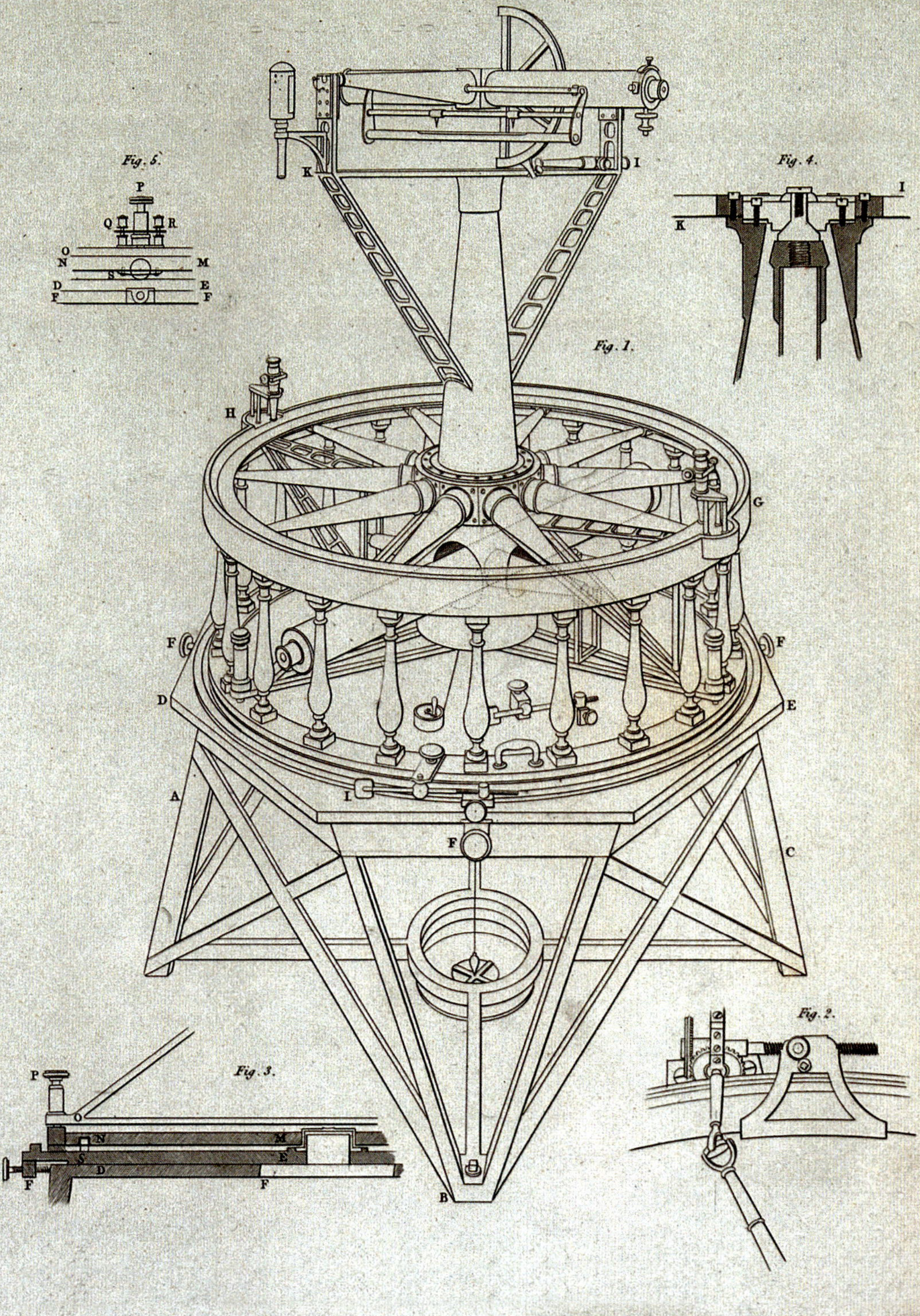

Fig. 5.
P
Q
R
O
N
M
S
D
E
F
F
Fig. 4.
I
K
Fig. 1.
K
I
H
G
F
F
D
E
A
C
I
F
B
Fig. 3.
P
N
M
S
E
D
F
F
Fig. 2.

13	b	Euphrasia	13	e	Hermene
14	c	Matthildis	14	f	Tiburti,
15	d	Longin,	15	g	Basilissa
16	e	Heribert,	16	A	Callist,
17	f	Patrici,	17	b	Anicet,
18	g	Narciss,	18	c	Eleutheri,
19	A	Ioseph	19	d	Thimon
20	b	Ioachim	20	e	Sulpiti,
21	c	Benedict,	21	f	Anselm,
22	d	Basili, M.	22	g	Soter
23	e	Victorian,	23	A	Leonti,
24	f	Gabriel	24	b	Georgi,
25	g	Mariæ Ver.	25	c	Marc,
26	A	Ludgeri,	26	d	Clet,
27	b	Rupert,	27	e	Anthim,
28	c	Guntram,	28	f	Vitalis
29	d	Eustachi,	29	g	Petrus M.
30	e	Iohann Cl,	30	A	Cath. Se.
31	f	Amos			

MAIUS.	IUNIUS.
Hat 31. Tag. ☉ in ♊ h. ☿ Or. 4. 20. Oc. 7. 40. T. 15. 20. N. 8. 40. Z. 21	Hat 30. Tag. ☉ in ♋ h. ☾ Or. 4. 0. Oc. 8. 0. T. 16. 0. N. 8. 0. Z. 21.

1	b	Philippi Iac.	1	e	Inventi,
2	c	Athanasi,	2	f	Erasm,
3	d	Creüz Erf.	3	g	Lucian,
4	e	Monica	4	A	Quirin,
5	f	Gotthard,	5	b	Bonifaci,
6	g	Ioh. Port.	6	c	Norbert,
7	A	Stanisla,	7	d	Rorbert,
8	b	Mich. Ersch.	8	e	Medard,
9	c	Greg. Naz.	9	f	Prim,
10	d	Gordian,	10	g	Getuli,
11	e	Mamert,	11	A	Barnabas
12	f	Pancrati,	12	b	Basilides
13	g	Servati,	13	c	Anth. Pad.
14	A	Bonifaci,	14	d	Basili,
15	b	Robert,	15	e	Vitus
16	c	Vbald,	16	f	Benno
17	d	Bruno B.	17	g	Nicander
18	e	Venanti,	18	A	Marc, M.
19	f	Pet. Cölest.	19	b	Gervasi,
20	g	Bern. Sen.	20	c	Silveri,
21	A	Hospiti,	21	d	Alban,
22	b	Cassi,	22	e	Achati,
23	c	Desideri,	23	f	Edltraud
24	d	Iohanna	24	g	Iohann T.
25	e	Vrban,	25	A	Gallican,
26	f	Phil. Ner.	26	b	Ioh. Paul
27	g	Ioh. Pabst	27	c	7. Schläff.
28	A	German,	28	d	Leo 2. P.
29	b	Maximin,	29	e	Pet. Paul
30	c	Felix	30	f	Pauli Ged.
31	d	Petronilla			

13	f	Hilari,	13	b	Gregori,
14	g	Felix,	14	c	Valentin,
15	A	Paul, E.	15	d	Faustin,
16	b	Marcell,	16	e	Iuliana
17	c	Antoni, A	17	f	Polychron.
18	d	Pet. St. R.	18	g	Simeon,
19	e	Marius	19	A	Gabin,
20	f	Fab. Seb.	20	b	Euchari,
21	g	Agnes	21	c	Maximian,
22	A	Vincenti,	22	d	Pet. St. A.
23	b	Emerenti.	23	e	Siren,
24	c	Thimoth.	24	f	Matthias
25	d	Pauli Be.	25	g	Victor
26	e	Polycarp,	26	A	Alexand.
27	f	Ioh. Chry.	27	b	Roman,
28	g	Carol, M.	28	c	Macari, M.
29	A	Francisc. S.	Im Schalt-Iahr		
30	b	Martina I.	hat Febr. 29. Tag.		
31	c	Pet. Nol.	Matth. ist den 25.		

MARTIUS	APRILIS
Hat 31. Tag. ☉. in ♈ h. ♂ Or. 6. 0. Oc. 6. 0. T. 12. 0. N. 12. 0. Z. 20	Hat 30. Tag. ☉ in ♉ h. ♀ Or. 5. 4. Oc. 6. 56. T. 13. 52. N. 10. 8. Z. 19.

1	d	Suidbert,	1	g	Theodora
2	e	Simplici,	2	A	Franc. d. P.
3	f	Cunegund	3	b	Nicetas
4	g	Casimir,	4	c	Isidor,
5	A	Gerasim,	5	d	Zeno M.
6	b	Euagri,	6	e	Celestin,
7	c	Thom. Aq.	7	f	Hegesipp,
8	d	Philemon.	8	g	Amand,
9	e	Francisca	9	A	Maria Cle.
10	f	40. Mart.	10	b	Ezechiel
11	g	Firmini,	11	c	Leo I. P.
12	A	Gregori, P.	12	d	Zeno B.

13	b	Euphrasia	13	e	Hermene
14	c	Matthildis	14	f	Tiburti,
15	d	Longin,	15	g	Basilissa
16	e	Heribert,	16	A	Callist,
17	f	Patrici,	17	b	Anicet,
18	g	Narciss,	18	c	Eleutheri,
19	A	Ioseph	19	d	Thimon
20	b	Ioachim	20	e	Sulpiti,
21	c	Benedict,	21	f	Anselm,
22	d	Basili, M.	22	g	Soter
23	e	Victorian,	23	A	Leonti,
24	f	Gabriel	24	b	Georgi,
25	g	Mariæ Ver.	25	c	Marc,
26	A	Ludgeri,	26	d	Clet,
27	b	Rupert,	27	e	Anthim,
28	c	Guntram,	28	f	Vitalis
29	d	Eustachi,	29	g	Petrus M.
30	e	Iohann Cl,	30	A	Cath. Se.
31	f	Amos			

Le calendrier grégorien
(1582)

Les catholiques adoptent le calendrier de Lilio.

Mis en place par Jules César en 45 av. J.-C., le calendrier julien comporte une année de 365 jours. Tous les quatre ans, un jour supplémentaire vient corriger le décalage dû à la durée de l'année réelle : environ 365,25 jours. Tout serait parfait, justement, sans cet « environ ». Car la durée précise de l'année réelle est de 365,24219879 jours. S'accumulant d'année en année, cette infime différence finit par représenter un écart considérable. Au XVIe siècle, il était de dix jours. Le calendrier ne collait plus aux saisons.

En 1576, le pape Grégoire XIII rassembla donc une commission d'astronomes, de mathématiciens et de membres du clergé, qui adopta un plan d'action suggéré par le physicien sicilien Luigi Lilio. Le 24 février 1582, le pape déclara qu'au jeudi 4 octobre de la même année succéderait le vendredi 15 octobre. Le jour ajouté au changement de siècle ne serait autorisé que si l'année était divisible par 400.

Les pays catholiques romains adoptèrent le calendrier grégorien, mais les protestants et les orthodoxes le refusèrent tout net. La Norvège et le Danemark y souscrivirent en 1700, suivis de la Grande-Bretagne et de ses colonies – dont les futurs États-Unis – en 1752. Dans ces territoires, le lendemain du 2 septembre fut le 14 septembre. Le Japon rejoignit la nouvelle norme en 1873, la Russie en 1918, mais la Grèce traîna jusqu'en 1923.

Pourtant, Grégoire XIII n'a pas tout réglé. En l'an 13000, le décalage sera à nouveau de dix jours. Et le ralentissement de la Terre contraindra les astronomes du futur à retirer un jour à leur calendrier tous les 2 000 ans. **DH**

VOIR ÉGALEMENT : CALENDRIER LUNAIRE, HORLOGE ATOMIQUE

⇐ *Sur les deux faces de la lame de cette épée allemande, la gravure d'un calendrier grégorien (v. 1686).*

La tricoteuse à bas
(1589)

Un ecclésiastique mécanise la bonneterie.

William Lee (v. 1550-1610), un ecclésiastique du Nottinghamshire, en Angleterre, inventa la machine à tricoter les bas en 1589. La légende veut qu'il ait cherché à soulager des travaux d'aiguille de sa mère et de ses sœurs… ou ait voulu détourner de son tricot une jeune personne qui ne lui prêtait pas assez d'attention.

Le textile à maille se compose de boucles de fil prises les unes dans les autres, par colonne et par rang. Sur cette première machine à tricoter, chaque boucle d'un rang était retenue par une longue tige. Un anneau de fil d'acier la transférait sur une seconde tige, lorsque le rang était achevé.

« Le privilège de fabriquer des bas est trop important pour qu'on le réserve à un seul homme. »

Élisabeth Ire à William Lee

La première machine ne produisait que des bas de laine grossiers. Lee en fabriqua une autre, capable d'utiliser la soie. Mais à deux reprises, la reine Élisabeth Ire refusa d'accorder un brevet à l'inventeur. Elle craignait de priver les tricoteurs de travail. De l'autre côté de la Manche, le roi de France Henri IV encourageait les nouvelles industries, aussi Lee et son frère James embarquèrent-ils pour Rouen avec neuf machines. Ils prospérèrent jusqu'à l'assassinat du roi car son successeur, Louis XIII, avait limité la liberté des industriels étrangers. Lee mourut à Paris. La bonneterie moderne, même si ses machines sont désormais pilotées par ordinateur, emprunte encore beaucoup à cette première machine à tricoter. **MF**

VOIR ÉGALEMENT : VÊTEMENT, COUTURE, ÉTOFFE TISSÉE, ROUET, SPINNING JENNY, SPINNING MULE, MÉTIER À TISSER MÉCANIQUE

Le microscope (v. 1590)

Zacharias et Hans Jansen fabriquent le premier microscope multilentilles.

Le microscope originel n'était rien d'autre qu'une petite loupe grossissant six ou dix fois. À la fin du XVIe siècle, le lunetier Zaccharias Jansen et son père Hans se livrèrent à des expériences en combinant plusieurs lentilles. Ils en conclurent qu'une magnification supérieure pouvait s'obtenir en retournant schématiquement un télescope : ainsi, leur microscope se composait de deux lentilles, un objectif grossissant (situé près de l'objet à observer) et une lentille oculaire (contre laquelle l'observateur place son œil). Galilée perfectionna l'ensemble en le dotant d'un dispositif de mise au point.

Le physiologiste italien Malpighi (1624-1694) put étudier, grâce au microscope, la circulation du sang dans les vaisseaux capillaires. En 1655, la popularité de l'instrument fut encore largement accrue par la publication de *Micrographie*, du savant anglais Robert Hooke. Le Néerlandais Anthoni Van Leeuwenhoek s'en servit pour compter les fils d'une étoffe, grâce à un modèle de pointe pour l'époque, grossissant 270 fois… le tout grâce à un objectif doté d'une simple lentille au rayon de courbure de 0,7 mm ! Anthoni Van Leeuwenhoek fut le premier à observer des cellules sanguines et des micro-organismes. Parmi les 500 microscopes qu'il fabriqua, dix nous sont parvenus.

Au XVIIIe siècle, l'amélioration de la qualité du verre, couplée à des objectifs multilentilles à courte focale, permit de fabriquer des microscopes capables de discerner des détails plus fins. L'ajout d'un plateau assura une mise en place stable des échantillons. Au XIXe siècle, le microscope acquit la forme que nous lui connaissons encore aujourd'hui. **DH**

« La Nature compose nombre de ses plus jolis poèmes pour le microscope et le télescope. »

Théodore Roszak, universitaire et historien

VOIR ÉGALEMENT : VERRE, LOUPE, TÉLESCOPE, MICROSCOPE ÉLECTRONIQUE, MICROSCOPE À EFFET TUNNEL

Microscope ayant fait partie des collections du roi George III (v. 1675, conception de Robert Hooke).

Le journal (1605)

Carolus publie les premières nouvelles sur papier imprimé.

En 1605 à Strasbourg, Johann Carolus (1574-1634) sortit le premier numéro de *Relation aller Fürnemmen und gedenckwürdigen Historien*, offrant au monde son premier journal. Certes, le concept était ancien : Jules César avait créé les *Acta Diurna* – une lettre d'information sur pierre ou métal, destinée aux citoyens romains. En 713, la dynastie chinoise des Tang publia le *Kaiyuan Za*, un bulletin calligraphié sur soie.

Au départ, Carolus copiait son journal à la main et le vendait à de riches souscripteurs. Mais en 1604, pour accroître le nombre de ses lecteurs et augmenter ses revenus, il acheta une imprimerie. Malgré cette approche moderniste, le titre ne survécut pas. Aujourd'hui, le néerlandais *Haarlems Dagblad* (fusionné en 1656 avec l'*Oprechte Haarlemsche Courant*) est le plus vieux quotidien existant du monde. En France, *La Gazette* de Théophraste Renaudot parut de 1631 à 1915.

L'entreprise de Carolus fut d'abord regardée d'un œil dubitatif. Benjamin Harris, le premier à tenter l'aventure aux États-Unis en 1690, n'eut guère droit à davantage d'encouragements. Son *Public Occurrences, Both Forreign and Domestick*, devait être publié « chaque mois, ou plus souvent en cas de foison d'événements ». Il dut cesser de paraître après son premier numéro, lorsque des fonctionnaires gouvernementaux ulcérés firent savoir que la feuille, « contenant des réflexions d'un ordre élevé », avait été néanmoins publiée « sans daigner en avertir les autorités ni solliciter leur soutien ».

Aujourd'hui, ce sont plus d'un milliard de personnes qui lisent chaque jour un journal imprimé. **DaH**

VOIR ÉGALEMENT : ENCRE, PAPIER, PRESSE À CARACTÈRES MÉTALLIQUES MOBILES

Relation:

Aller Fürnemmen/ vnd gedenckwürdigen Historien / so sich hin vnnd wider in Hoch vnnd Nieder Teutschland / auch in Franckreich / Italien / Schott vnd Engelland / Hisspanien / Hungern / Polen / Siebenbürgen / Wallachey / Moldaw / Türckey / ꝛc Inn diesem 1609. Jahr verlauffen vnd zutragen möchte.

Alles auff das trewlichst wie ich solche bekommen vnd zu wegen bringen mag / in Truck verfertigen will.

↗ *Daté de 1609, ce numéro de* Relation *est la plus ancienne édition d'un journal imprimé qui nous soit parvenue. Elle est conservée à l'université de Heidelberg.*

« Un journal comporte toujours le même nombre de mots, qu'il contienne ou non des nouvelles. »

Henry Fielding, romancier

La lunette (v. 1609)

Lippershey met au point l'instrument à scruter les cieux

La légende veut que deux petits Hollandais, jouant dans la boutique de leur père lunettier, firent une découverte. Lorsqu'ils regardaient en même temps par un verre de lunette concave appliqué contre leur œil et par un second, tenu à bout de bras, tout devenait gigantesque. Leur père, Hans Lippershey (v. 1570-1619) monta les verres sur un tube, et essaya d'intéresser les militaires. Faut-il lui attribuer l'invention de la lunette ? Le débat est loin d'être réglé. Il lui revient sans doute de l'avoir transformée en un instrument pratique dont il répandit le concept. Bientôt, les « cylindres hollandais » fleurirent dans toute l'Europe.

En mai 1609, l'astronome et physicien Galilée eut vent de l'invention alors qu'il se trouvait à Venise. De retour à Padoue, ville proche où se trouvait son université, il fabriqua une lunette astronomique grossissant une vingtaine de fois et possédant un champ de vision d'un dixième de degré. Cet engin rudimentaire lui permit de découvrir les taches du Soleil, les quatre principaux satellites de Jupiter, les phases de Vénus et le relief lunaire. En 1610, il publia le résultat de ses observations dans son livre *Siderius Nuncius* (*Le Messager céleste*).

En 1611, l'astronome allemand Johannes Kepler utilisa une lunette améliorée, dont les deux lentilles convexes grossissaient davantage mais inversaient l'image du haut vers le bas. Et en 1668, Sir Isaac Newton inventa le télescope, dont la lentille d'objectif est remplacée par un miroir grossissant : sa surface réfléchissante incurvée élimine le problème de l'aberration chromatique. **DH**

« À la sombre frontière, nous mesurons des ombres, cherchant parmi de fantomatiques erreurs… »

Edwin Hubble, *Le Royaume des nébuleuses* (1936)

↑ *La lunette grâce à laquelle Galilée explora le système solaire (collections du musée des Sciences, Florence).*

→ *Lavis d'étude des phases de la Lune exécutés d'après nature par Galilée en 1609.*

VOIR ÉGALEMENT : VERRE, MIROIR DE VERRE, LOUPE, RADIOTÉLESCOPE, TÉLESCOPE À RAYONS X, TÉLESCOPE SPATIAL HUBBLE

1
3
4

La platine à silex (v. 1612)

Un armurier français révolutionne la technique de mise à feu.

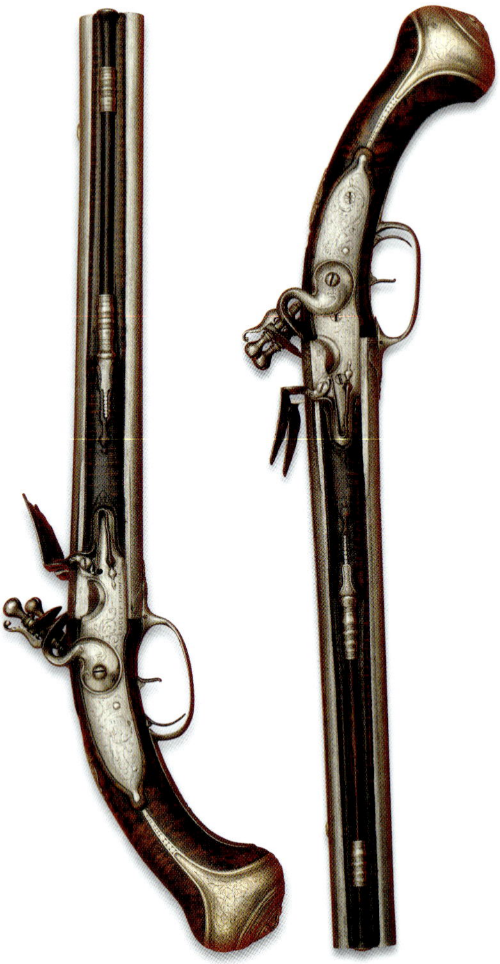

Le mécanisme qui donna naissance à la classique platine à silex apparut en France, sur une arme destinée au roi Louis XIII. Le nom d'un courtisan et inventeur touche-à-tout – Marin Le Bourgeoys – est gravé sur la platine, dont la fabrication remonte sans doute à 1612.

Voici le fonctionnement de ce mécanisme. D'abord le chien, la pièce qui porte le silex, est armé à mi-course. La poudre, la bourre et la balle de plomb sont engagées dans le canon, et tassées à l'aide d'une baguette. Une petite quantité de poudre est alors versée dans le bassinet, un compartiment ménagé sous le chien qu'un trou (la cheminée) fait communiquer avec le fond du canon, où se trouve la charge. Le chien est alors armé complètement, et tout est prêt pour le tir. Lorsque l'on presse la détente, le chien jaillit en avant et le silex percute une pièce d'acier couvrant le bassinet. L'étincelle produite enflamme la poudre contenue par ce dernier. La combustion se propage par la cheminée, provoquant la déflagration de la charge, qui expulse violemment la balle hors du canon.

Au XVIIe siècle, quiconque souhaitait se servir d'un fusil ou d'un pistolet se devait de maîtriser la séquence d'opérations requises par la platine à silex. Même les experts les plus aguerris ne parvenaient pas à charger et à tirer une arme de ce type en moins de quinze secondes. La moindre trace d'humidité sur le silex ou le couvre-bassinet pouvait faire échouer le tir. Et si un défaut dans le chargement faisait que la poudre brûlait mal, c'est-à-dire trop lentement, le coup faisait « long feu » et ratait son but. L'expression nous est restée. **CL**

« Le pouvoir est au bout du fusil. »

Mao Zedong, leader politique

VOIR ÉGALEMENT : POUDRE NOIRE, MOUSQUET, ARQUEBUSE, FUSIL À CHARGEMENT PAR LA CULASSE

Pistolets à deux canons et platines à silex, fabriqués en Angleterre par Andrew Dolep (1648-1713).

La cigarette (1614)

Les miséreux de Séville fument d'une autre façon.

Lorsque Christophe Colomb atteignit l'Amérique, il fut frappé par une pratique qui lui était inconnue. Les Mayas fumaient des feuilles de tabac séché depuis le Ier siècle av. J.-C. Au temps de la découverte du Nouveau Monde, l'habitude avait gagné tout le continent. Peut-être persuadés de la nature divine de leurs visiteurs, les Arawaks des Antilles offrirent à Colomb et à ses hommes des feuilles à fumer – qu'ils rejetèrent avec dégoût.

Cependant un membre de l'expédition, Rodrigo de Jerez, commença à « boire » la fumée du tabac enveloppé dans de la feuille de maïs ou de palmier. De retour au pays, il sidéra ses compatriotes par sa pratique, et l'Inquisition ne tarda pas à l'emprisonner.

Au cours des siècles suivants, la pratique devint mondiale, mais continua de soulever la polémique. Les médecins d'Europe louèrent d'abord ses vertus médicinales. Jean Nicot de Villemain, ambassadeur de France au Portugal qui donna son nom à la nicotine, en parlait comme d'une « panacée ». Mais le vent tourna. Le Mexique, en 1575, interdit l'usage du tabac dans les lieux de culte. Cinquante ans plus tard, la Turquie, la Russie et la Chine rangèrent la tabagie parmi les crimes passibles de mort.

Quelques années plus tôt, en 1614, Séville était devenue la capitale des cigariers. Ce fut là que les mendiants inventèrent la cigarette, en roulant dans du papier des débris de cigare. Durant deux siècles et demi, cependant, la pipe, la prise et le cigare demeurèrent plus populaires en Occident. Le pli fut pris durant la guerre de Crimée (1853-1856) quand les soldats britanniques adoptèrent la cigarette de leurs alliés ottomans. **DaH**

VOIR ÉGALEMENT : FOYER AMÉNAGÉ, ALLUMETTE À FRICTION, ALLUMETTE DE SÛRETÉ, BRIQUET DE DÖBEREINER

La règle à calcul (v. 1622)

Oughtred conçoit le calculateur-éclair.

La règle à calcul est un instrument analogique capable de résoudre des opérations mathématiques complexes. Elle comporte deux échelles logarithmiques coulissant l'une par rapport à l'autre. Comme la somme des logarithmes de deux nombres égale le logarithme du produit des deux nombres, on multiplie ces deux nombres en additionnant leurs longueurs inscrites sur la règle. Pour les diviser, ils sont soustraits.

En 1620, l'Anglais Edmund Gunter (1581-1626) conçut une échelle logarithmique qu'il utilisait avec un compas : celui-ci lui permettait de mesurer les distances séparant deux logarithmes et d'effectuer ses calculs. Le mathématicien William Oughtred (1574-1660) découvrit comment se passer du compas : il se procura deux des règles de Gunter et fit glisser leurs échelles l'une contre l'autre. En 1632, il mettait au point la règle à calcul circulaire, où les échelles étaient portées sur deux disques concentriques. Sur les règles rectilignes, l'échelle centrale et le curseur transparent gravé permettant de conserver ou de reporter des valeurs, enfin les échelles supplémentaires permettant de traiter les puissances, les racines, les exponentielles furent réunis sur l'instrument au début du XIXe siècle. Après un long règne, la règle à calcul a cédé la place à la calculatrice scientifique numérique. **DH**

> *« Un calculateur qui effectue des opérations ardues garde une règle à calcul à portée de main. »*
>
> Manuel des règles à calcul Pickett

VOIR ÉGALEMENT : MESURES NORMALISÉES, CALCULATRICE DE POCHE, ORDINATEUR NUMÉRIQUE, PC

La calculatrice mécanique (v. 1623)

Des engrenages automatisent la manipulation des chiffres.

Les premières tentatives d'accélération du calcul s'attachaient à des solutions manuelles, comme les bâtons de Napier, séries de réglettes portant des tables permettant de multiplier et de diviser. Le brillant touche-à-tout allemand Wilhelm Schickard observa ce travail et conçut un calculateur mécanique qui automatisait le principe des bâtons : ce fut l'« horloge à calculer » qu'il construisit en 1623. Du format d'une machine à écrire, elle pouvait traiter des nombres à six chiffres.

Pour les additions et les soustractions, la calculatrice utilisait des séries de roues dentées graduées de 0 à 9 : lorsqu'une roue effectuait un tour complet, elle faisait avancer d'un dixième de tour sa voisine de gauche. La machine comportait également un équivalent des bâtons de Napier. Ultime raffinement, un timbre sonnait lorsqu'un calcul produisait un résultat d'une valeur supérieure à six chiffres, et donc impossible à afficher.

Pour l'astronome Johannes Kepler, Schickard entama la construction d'une seconde machine. Mais un incendie détruisit l'atelier. Peu de temps après, l'inventeur et sa famille succombaient à la peste, et le modèle original fut perdu. En 1950 seulement, on retrouva dans les papiers de Kepler un schéma de l'« horloge calculante », prouvant que Schickard était bien le pionnier du calcul mécanique **RB**

« Elle calcule automatiquement les nombres choisis : elle additionne, soustrait, multiplie et divise. » Wilhelm Schickard

VOIR ÉGALEMENT : BÂTON DE COMPTAGE, BOULIER, CALCULATRICE DE POCHE, ORDINATEUR MÉCANIQUE, ORDINATEUR NUMÉRIQUE

La Pascaline, machine à calculer inventée et commercialisée par Blaise Pascal en 1642, 20 ans après la tentative de Wilhelm Schickard.

Le vernier (1631)

Pierre Vernier affine la précision des mesures.

Les mâchoires mobiles du pied à coulisse mesurent des longueurs d'une vingtaine de centimètres avec une précision de 0,1 mm. Sur le corps de l'instrument, une échelle principale est graduée en millimètres. Coulissant contre celle-ci, une réglette porte un trait long permettant de lire sur l'échelle principale la longueur mesurée, mais uniquement au millimètre près. À droite de ce trait, une autre échelle, plus petite : c'est le vernier. Elle comporte dix divisions réparties sur 9 mm. Ainsi, si l'on mesure une pièce de 54,4 mm, le trait long se situe entre la division 54 et la division 55 de l'échelle principale. La pièce mesure donc 54 mm, plus un certain nombre de dixièmes. En se reportant à l'échelle du vernier, on constatera que c'est uniquement la quatrième division de celui-ci qui coïncide franchement avec une division millimétrique de l'échelle principale. La longueur est donc de 54 mm et 4 dixièmes de millimètre.

« Il y a… des frontières fixes, à proximité et au-delà desquelles ce qui est juste ne peut exister. »

Horace, *Satires*, Livre I (35 av. J.-C.)

L'ingénieur et savant français Pierre Vernier (1580-1637) est l'auteur de cette invention subtile, qui permettait de tirer le maximum de précision d'un instrument de mesure simple. Passionné de cartographie, il voulait l'appliquer aux théodolites, mais la gravure d'une échelle circulaire rigoureuse était encore hors de portée des mécaniciens. Elle ne fut possible qu'au début du XIXe siècle. **DH**

VOIR ÉGALEMENT : SEXTANT, LUNETTE, THÉODOLITE, MICROMÈTRE, MÈTRE À RUBAN À ENROULEMENT

Le micromètre (1635)

Gascoigne repousse les limites de la mesure.

Le mathématicien et astronome anglais William Gascoigne (1612-1644) se consacrait à la conception d'appareils scientifiques. Il pressentit tout ce que l'échelle de Pierre Vernier pouvait apporter à la mesure angulaire des distances entre les étoiles.

Vers 1635, travaillant sur un instrument d'optique, il remarqua qu'un fil d'araignée s'était immobilisé au point focal de deux lentilles, et qu'il pouvait l'observer avec une très grande netteté. Il eut l'idée de le remplacer par deux fins repères disposés en croix, ce qui facilitait l'alignement précis d'une lunette ou d'un sextant avec l'objet visé. Le dispositif se retrouve aujourd'hui dans les lunettes de tir. Gascoigne ne s'arrêta pas en si bon chemin. Il plaça ensuite ses repères de façon parallèle, le premier fixe, et le second commandé par une vis de précision graduée, permettant de faire varier son écartement par rapport au premier. En alignant ses repères sur la circonférence de l'objet qu'il visait, Lune ou planète, il pouvait ainsi déterminer sa taille avec une précision jusque-là inconnue : il lui suffisait de connaître le pas de la vis, et la longueur focale de la lentille qui produisait l'image, puis d'effectuer un simple calcul.

Le dispositif inspira James Watt, le pionnier de la machine à vapeur, qui imagina un instrument mesurant avec précision les dimensions d'objets de taille réduite : il remplaça les repères par deux mâchoires dont une vis réglait l'écartement. En 1848, le Français Jean-Laurent Palmer donna à l'appareil son allure et ses performances définitives – on parle aujourd'hui aussi bien d'un palmer que d'un micromètre. **DHk**

VOIR ÉGALEMENT : VIS, VIS D'ARCHIMÈDE, LOUPE, MICROSCOPE, LUNETTE, VERNIER

Le baromètre (1643)

Torricelli explique la pression atmosphérique.

La curiosité pour la pression atmosphérique se fit aiguë quand les mineurs et les puisatiers remarquèrent que les pompes et les siphons refusaient d'élever l'eau à plus de 10 m. Apprenant que le grand duc de Toscane n'était pas satisfait des performances de sa pompe aspirante, le physicien italien Evangelista Torricelli (1608-1647) étudia la question et créa, en 1643, le tube de Torricelli.

Il s'agit d'un tube de verre, fermé à une extrémité, que l'on emplit de mercure. On le retourne verticalement en ayant bouché provisoirement sa partie ouverte, que l'on plonge dans une cuvette également emplie de mercure. Sous son propre poids, le métal liquide descend dans le tube, créant un vide au-dessus de lui, et son niveau se stabilise à environ 75 cm de la surface de la cuvette. En effet, la pression exercée par l'atmosphère terrestre sur le mercure de la cuvette le maintient à cette hauteur.

À l'époque, nombre de physiciens se passionnaient pour les propriétés du vide, et le tube de Torricelli était un accessoire obligé des laboratoires. Vers 1660, Blaise Pascal (1623-1662) le dota d'une échelle graduée, le transformant en un instrument pratique de première importance, capable de mesurer les variations de la pression atmosphérique.

Blaise Pascal, Auvergnat, chargea donc son beau-frère de monter un baromètre à mercure au sommet du puy de Dôme, et prouva que la pression atmosphérique décroissait avec l'altitude. Il venait d'inventer l'altimètre. On remarqua au XIXe siècle que la pression atmosphérique variait selon le temps, et le baromètre devint un allié essentiel de la météorologie. **DH**

VOIR ÉGALEMENT : PLUVIOMÈTRE, ANÉMOMÈTRE, BAROMÈTRE ANÉROÏDE, RADAR MÉTÉOROLOGIQUE

La pompe à vide (1650)

Guericke démontre la puissance du vide.

Un vide est un espace clos dépourvu de matière – y compris d'air. Si l'on fait le vide dans un volume fragile, une bouteille de plastique par exemple, la pression atmosphérique s'exerçant sur l'extérieur de la paroi ne sera plus contrebalancée par une force équivalente sur l'intérieur, et la bouteille s'écrasera.

Le pionnier du vide fut l'Allemand Otto von Guericke (1602-1686). Il remplissait une bombonne ou un bidon d'eau et fixait une pompe aspirante au goulot, pour en sortir l'eau sans laisser entrer l'air. Guericke immergeait sa bombonne dans un baquet lui aussi empli d'eau, car une fuite d'eau est plus facile à circonvenir qu'une fuite d'air. La pression exercée sur les récipients était parfois si forte qu'elle les écrasait. Guericke comprit que la meilleure forme était la sphère, plus résistante à la contrainte. Pour prouver l'importance de sa découverte, il démontra à l'empereur Ferdinand III que ni 50 hommes ni des attelages de chevaux ne pouvaient séparer deux demi-sphères jointes l'une contre l'autre, dans lesquelles le vide avait été fait. Aujourd'hui, des ventouses industrielles servant à déplacer de lourds objets jusqu'aux freins pneumatiques des trains en passant par les chambres à vide de la physique nucléaire, les recherches de Guericke ont débouché sur une multitude d'applications. **LS**

« Le vide vaut beaucoup mieux que certains des trucs par lesquels la nature la remplace. »

T. Williams, *La Chatte sur un toit brûlant* (1955)

VOIR ÉGALEMENT : FOUR À MICRO-ONDES, TÉLÉVISION, APPERTISATION, ASPIRATEUR ÉLECTRIQUE

L'horloge à pendule (1656)

Huyghens se sert du pendule pour mesurer précisément le temps.

Vers 1602, Galilée remarqua que la durée d'oscillation – ou période – d'un pendule était indépendante de l'amplitude de cette oscillation. En 1656, le mathématicien et astronome néerlandais Christiaan Huyghens utilisa le pendule comme organe régulateur des horloges, sous la forme d'un balancier.

La période d'un pendule est fonction de sa longueur. En revanche, un balancier de montre est un volant dont la période dépend de son diamètre, du ressort spiral qui lui imprime son mouvement de retour, et de la puissance fournie par le ressort moteur.

Peu après la découverte de Huyghens, les horloges à pendule mues par des poids se répandirent dans toute l'Europe. Pour offrir à ceux-ci la course nécessaire, et bénéficier d'un régulateur ne battant pas trop vite – un pendule revenant à son point de départ toutes les deux secondes doit mesurer un mètre de long –, la seule forme possible était celle des « horloges de grand-père » ou « pendules comtoises ». Leur précision, remarquable pour l'époque, était de 20 secondes par jour. En 1670, l'échappement à ancre permit d'accroître cette précision tout en réduisant la taille des composants.

En 1676, le très délicat échappement de Graham commença d'équiper les régulateurs, horloges de haute précision : il n'accompagnait le mouvement du pendule que lorsque ce dernier approchait de sa position verticale. En employant des tiges de différents métaux pour fabriquer la verge du balancier, on réduisit l'effet de la dilatation, cause évidente d'imprécision. Dans les observatoires astronomiques, la variation des pendules tourna autour de la seconde par jour. **DH**

VOIR ÉGALEMENT : CLEPSYDRE, CADRAN SOLAIRE, HORLOGE D'ÉDIFICE, HORLOGE NUMÉRIQUE, MONTRE DE POCHE

↗ *Modèle réalisé au XIXe siècle d'une pendule conçue par Galilée peu avant sa mort.*

« La perfection d'une pendule n'est pas d'aller vite, mais d'être réglée. »

Vauvenargues, *Réflexions et Maximes*, 1746

Iconismus · XXIV

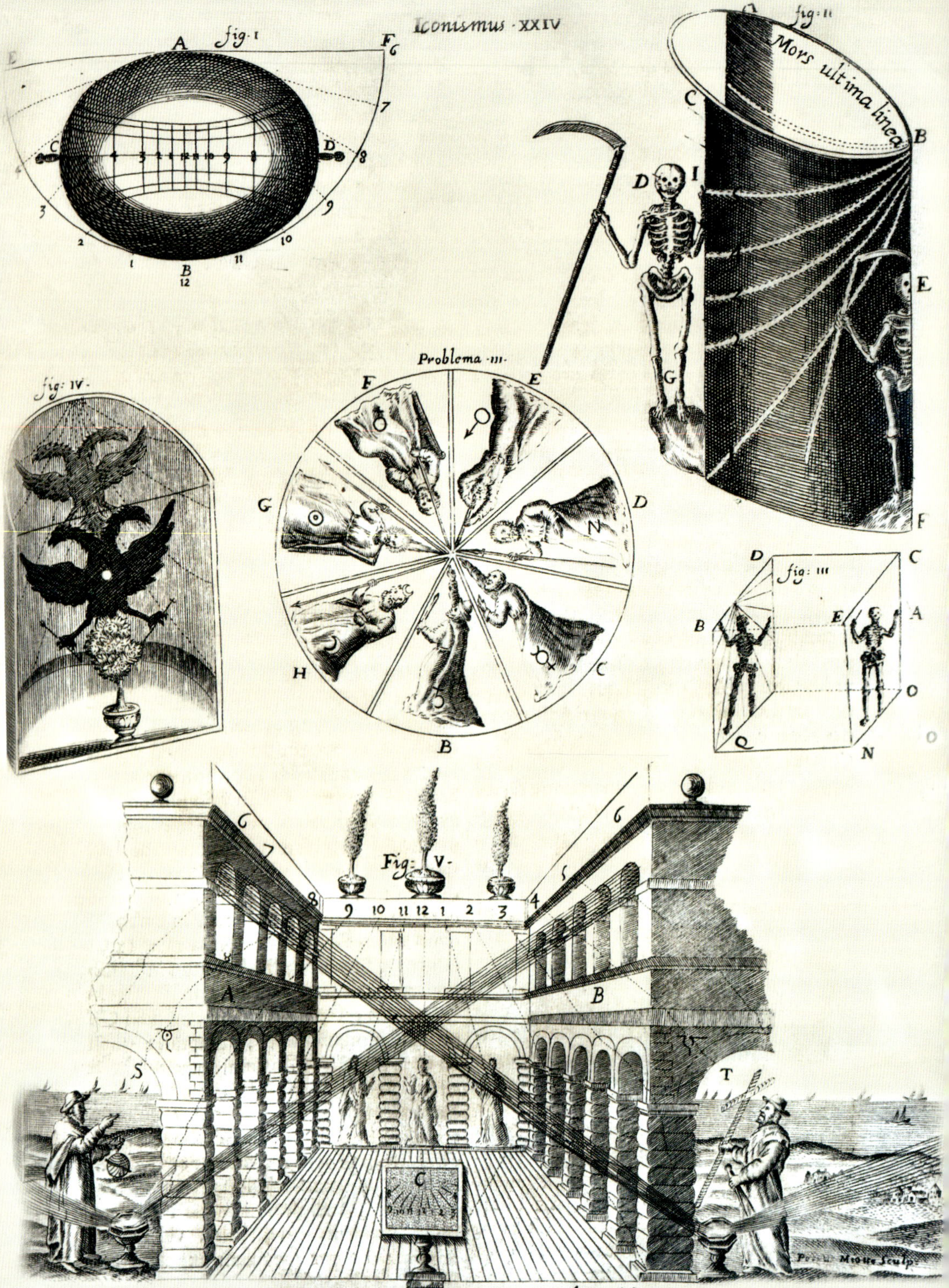

Pertinet hæc O Figura ad Probl: IV et V

La lanterne magique

(v. 1659)

Huyghens met au point le premier projecteur.

Utilisée pour projeter des images immobiles sur une cloison ou un drap, la lanterne magique est l'aïeule du projecteur de diapositives. L'idée existait depuis des siècles : la plus ancienne référence à l'appareil se trouve dans le *Liber Instrumentorum* de Giovanni de Fontana, écrit vers 1420.

Au XVIIe siècle, la science optique se développa rapidement en Europe. Dès 1659, Christiaan Huyghens (1629-1695) réalisa une lanterne magique dotée d'un objectif pour conférer à l'image netteté et brillance. Le mathématicien danois Thomas Walgenstein (1627-1681) courut l'Europe dans les années 1660, produisant en public et commercialisant une lanterne magique qu'il avait améliorée. De nombreux types de lanternes magiques nous sont parvenus, comme celles que l'opticien John Reeves vendait à Londres en 1663.

> *« Une lanterne, des images sur du verre, et des choses étranges apparaissent sur le mur, très joli. »*
>
> Samuel Pepys, chroniqueur

Au XVIIIe siècle, l'amélioration des optiques, la qualité des miroirs et la puissance des sources lumineuses transformèrent la lanterne en un projecteur à part entière. C'est à cette époque qu'apparut un spectacle nouveau, la « fantasmagorie », ancêtre des films d'horreur et autres spectacles fantastiques. **EH**

VOIR ÉGALEMENT : DAGUERRÉOTYPE, CELLULOÏD, KINÉTOSCOPE, PROJECTEUR CINÉMATOGRAPHIQUE

⇐ *Avec son* Ars magna lucis et umbrae *(1646), Athanasius Kircher contribua au développement de la lanterne magique.*

L'hygromètre

(1664)

Folli mesure l'humidité de l'air.

Sous les tropiques, et particulièrement dans le Sud-Est asiatique, si le pourcentage d'eau contenu dans l'air est élevé, c'est que la chaleur du soleil contraint l'air à absorber l'eau des mers des alentours : dans les zones froides, au contraire, l'air est relativement sec. Il fallut attendre le XVIIe siècle pour que ce facteur puisse être efficacement mesuré.

Certes, Léonard de Vinci avait créé vers 1440 un hygromètre grossier, mais c'est deux siècles plus tard, en 1664, que l'Italien Francesco Folli (1624-1685) réalisa un modèle fonctionnel mais, comme c'était l'usage, très ornementé. Monté sur deux supports, un ruban de papier y servait d'hygroscope, en absorbant l'humidité.

Ainsi, quand le ruban changeait de longueur en proportion de l'eau qu'il emmagasinait, un mécanisme modifiait la position d'une aiguille sur un cadran de bronze pourvu d'une échelle graduée. L'aiguille indiquait tout simplement les variations du taux d'humidité.

Aujourd'hui, à la place du papier, l'un des « capteurs » hygrométriques les plus employés est le cheveu humain qui possède la propriété de s'allonger ou de se contracter en fonction de l'humidité. Pour l'anecdote, les cheveux blonds sont plus sensibles aux variations de l'humidité que les cheveux bruns.

Sont aussi utilisés des systèmes mettant en œuvre deux thermomètres, l'un à l'air et l'autre immergé dans l'eau, ou des condensateurs électriques dont l'isolant absorbe l'eau. **FS**

VOIR ÉGALEMENT : PLUVIOMÈTRE, BAROMÈTRE, BAROMÈTRE ANÉROÏDE, RADAR MÉTÉOROLOGIQUE

L'autocuiseur (1679)

Avec son « digesteur à vapeur », Denis Papin anticipe la moderne Cocotte-Minute.

La légende veut que lorsque l'inventeur et savant français Denis Papin (1647-1712) fit la démonstration de son « Digesteur » devant la Société royale de Londres, l'appareil explosa. Papin se hâta alors d'inventer la soupape de sûreté, innovation riche d'applications.

Treize ans plus tard, une version mieux conçue du digesteur s'avéra idéale pour cuire les aliments et rendre les viandes délicieusement tendres. Après un dîner de présentation du digesteur, l'horticulteur de renom John Evelyn nota dans son journal : « Les mets servis ce soir comptent parmi les plus succulents que j'aie jamais goûtés. »

Papin était un esprit curieux et créatif. Après des études de médecine, il s'était penché sur la conservation des aliments. Son digesteur, une marmite au couvercle étanche, montrait comment la pression atmosphérique détermine le point d'ébullition. À haute pression, la vapeur de l'appareil cuisait son contenu bien plus rapidement qu'une casserole n'aurait pu le faire. Les aliments devenaient fondants, leurs parfums et leurs nutriments n'étaient pas affectés. En outre, le digesteur s'avérait économique en combustible. Papin comprit que les plus démunis en tireraient grand profit.

Il poursuivit ses recherches, construisant de nombreux prototypes fondamentaux pour l'utilisation de la vapeur comme force motrice. Le digesteur déboucha sur l'autoclave, dont l'un des usages est la stérilisation des instruments médicaux et chirurgicaux. Il donna également le jour à l'autocuiseur moderne, dont la structure et le fonctionnement sont restés parfaitement fidèles à leur modèle. **AK**

« Je ne crois pas qu'on puisse faire mieux pour préparer des ragoûts… »

Denis Papin, *Transactions philosophiques*

VOIR ÉGALEMENT : FOUR, MACHINE À VAPEUR COMPOUND, MACHINE À VAPEUR À CONDENSATEUR SÉPARÉ, FOUR À ARC ÉLECTRIQUE, FOUR À MICRO-ONDES

L'idée de Papin de cuire les aliments à haute pression ne fut réellement exploitée qu'au XXe siècle.

Le joint universel (1676)

Hooke perfectionne la transmission articulée.

Au XVIIe siècle, une poignée de savants faisaient retomber leurs découvertes sur le monde entier. Robert Hooke (1635-1703) était de ceux-là.

Touche-à-tout génial, cet Anglais découvrit les lois de l'élasticité qui portent son nom. Il fut le premier à appeler « cellule » l'élément de base des êtres vivants. Architecte doué, il collabora même avec le grand Christopher Wren, à qui Londres doit la cathédrale Saint-Paul. Surtout, les améliorations qu'il apporta à la liaison mécanique inventée par l'Italien Jérôme Cardan, ou Gerolamo Cardano (1501-1576), eurent sur l'industrie des conséquences considérables.

Le joint de Cardan permettait de réunir deux axes et de les faire tourner même lorsqu'ils formaient un angle. Il se composait d'une croix dont les quatre pointes étaient prises dans deux étriers en forme de « U » chacun solidaire d'un axe. Hooke étudia les déplacements des axes et observa que leur mouvement n'était pas homogène.

Durant un tour, la vitesse de rotation croissait et décroissait. Cette variation, nota-t-il, correspondait exactement à celle de la longueur de l'ombre projetée par la verge d'un cadran solaire… Ce qui lui donna l'idée d'un « cadran solaire mécanique », couplant un mécanisme d'horlogerie et l'un des fameux joints. Plus pragmatiquement, il comprit qu'en couplant deux, et non un, joints de Cardan entre les deux axes, les mouvements de rotation de ces derniers devenaient parfaitement homogènes.

C'est cet organe de liaison, dénommé « joint homocinétique » – « à mouvement semblable » – qui a permis entre autres le développement des automobiles à traction avant. **DHk**

VOIR ÉGALEMENT : ARBRE À CAMES, VILEBREQUIN, AUTOMOBILE

La pompe centrifuge (1689)

Papin améliore la ventilation des mines.

Dans une pompe centrifuge, un fluide (liquide ou gazeux) pénètre au centre d'une chambre cylindrique contenant une roue à aubes. En tournant, celle-ci entraîne le fluide. La force centrifuge dirige ce dernier vers la paroi de la chambre, où un tuyau de sortie le recueille. Le fluide sort de la pompe à une vitesse et sous une pression supérieures à celles qui étaient les siennes lors de son entrée.

C'est en 1689 que le savant français Denis Papin inventa cet appareil, pour faciliter la ventilation des galeries de mine. Il fut utilisé avec succès, et servit de soufflerie pour accélérer la combustion dans les fours industriels. Au milieu du XIXe siècle, John Appold remarqua qu'en donnant aux aubes un profil incurvé le rendement grimpait en flèche. Lors de la Grande Exposition de 1851, à Londres, les pompes d'Appold démontrèrent une efficacité triple de celles de leurs concurrentes. Cette nouvelle conception accéléra le développement de la turbine centrifuge, qui trouva des applications dans le domaine des compresseurs.

« Aujourd'hui, le rendement des pompes et des compresseurs centrifuges dépasse les 90 %. »

Abraham Engeda, université d'État du Michigan

Aujourd'hui, les secteurs de la production d'énergie et de la distribution d'eau font largement appel aux pompes centrifuges. Avec leur faible coût et leur capacité à traiter d'importants volumes de fluides, elles sont souvent utilisées par les industries pétrolière et chimique. **HP**

VOIR ÉGALEMENT : SOUFFLET, POMPE À VAPEUR, POMPE À COLONNE D'EAU, MOTEUR À COMBUSTION INTERNE

Le métronome (1696)

L'instrument d'Étienne Loulié donne son tempo à la musique.

Pour établir le rythme d'un morceau de musique – c'est-à-dire le nombre de temps par minute déterminé par le compositeur –, on peut utiliser un métronome. Cet appareil donne un signal sonore ou lumineux à intervalles constants dont la fréquence est réglable. Le modèle le plus courant, mu par un mouvement d'horlogerie, comporte une tige munie d'un poids mobile, battant à la façon d'un balancier. En abaissant le poids, on accélère le rythme. En le montant, on le ralentit. À chacun des battements de la tige, retentit un cliquetis distinct. L'instrument permet au musicien de prendre le rythme – et de le conserver jusqu'à la fin du morceau. Le premier métronome, fabriqué en 1696 par le Parisien Étienne Loulié (1654-1702), utilisait un balancier semblable à ceux des pendules comtoises. Mais comme aucun mouvement d'horlogerie n'entretenait ses oscillations, l'appareil n'indiquait la mesure aux musiciens que durant un temps limité. En 1812, Dietrich Niklaus Winkel améliora l'invention, grâce à un balancier court de 20 cm, portant des poids de part et d'autre de son pivot, capable de marquer un tempo sonore de 40 ou 60 battements par minute. Johann Mälzel fit breveter le modèle en forme de pyramide aujourd'hui universel. Le premier compositeur à prendre le métronome comme référence du tempo de sa musique fut Ludwig Van Beethoven, vers 1817.

Inutile de le dire, les métronomes électroniques gagnent irrésistiblement du terrain sur leurs frères aînés à remontoir. On peut les caler sur des rythmes complexes, du type 5/4, et certains permettent même au musicien d'accorder son instrument. **DH**

« Tempoi parendum. ("Montre-toi docile envers les temps.") »

Maxime de Théodose II, empereur romain d'Orient

VOIR ÉGALEMENT : CLEPSYDRE, HORLOGE D'ÉDIFICE, RESSORT À BOUDIN, HORLOGE À PENDULE, HORLOGE NUMÉRIQUE, MONTRE À QUARTZ

↖ *Datant du XIXᵉ siècle, ce métronome possède la forme pyramidale instaurée par Johann Mälzel.*

La pompe à vapeur (1698)

Savery utilise la vapeur pour drainer les puits de mine.

L'extraction de la houille est un métier risqué. L'un des dangers guettant les mineurs est l'inondation des puits de mine. Au XVIIe siècle, la seule façon de lutter contre ce risque consistait à écoper à l'aide d'un seau. Le problème attira l'attention de l'ingénieur militaire Thomas Savery (v. 1650-1715) qui découvrit comment combattre l'eau par la vapeur.

La puissance motrice de la vapeur avait été discernée en 1679 par le physicien français Denis Papin, avec sa marmite, un autocuiseur baptisé « digesteur ». Il avait remarqué que la vapeur comprimée soulevait le couvercle de l'appareil, et comprit qu'elle pourrait agir de même sur le piston d'un moteur. Ces recherches inspirèrent Savery. En 1698 il fit breveter son « Ami du mineur », une machine à vapeur rudimentaire, sans piston, destinée à pomper l'eau des mines.

La machine utilisait un récipient à deux soupapes. Issue d'une chaudière, la vapeur sous pression chassait vers le haut l'eau du récipient. La condensation créait alors un vide dans le récipient. On ouvrait la soupape intercalée entre ce dernier et un tuyau descendant dans l'eau du puits de mine. Celle-ci se trouvait aspirée dans le récipient et le cycle se répétait. Outre sa complexité, l'Ami du mineur souffrait d'un gros handicap : sa pompe ne pouvait pas refouler le liquide à plus de 8 m, ce qui rendait son utilisation impossible au fond d'une mine.

Le moteur atmosphérique à vapeur de Thomas Newcomen pouvait résoudre ce problème de distance, mais le brevet de Savery en interdisait l'exploitation. Ils s'associèrent et eurent un vif succès. **RBk**

VOIR ÉGALEMENT : AUTOCUISEUR, MACHINE À VAPEUR COMPOUND, MACHINE À VAPEUR À CONDENSATEUR SÉPARÉ

Maquette datant du XVIIIe siècle de la pompe de Savery, peu efficace mais capitale dans le développement de la machine à vapeur.

> *« Cette machine pourra, selon sa taille, effectuer le travail de dix, quinze ou vingt chevaux… »*
>
> Thomas Savery, *L'Ami du mineur* (1702)

Le semoir

(1701)

Jethro Tull multiplie par huit la productivité agricole.

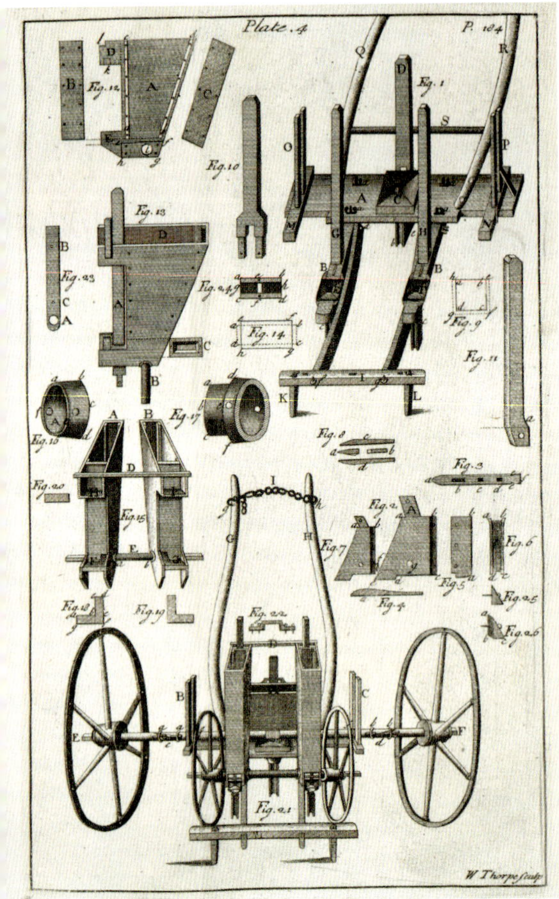

> *« Lorsque débute le labour, les autres arts suivent. Les fermiers sont donc les fondateurs de la civilisation. »*
>
> Daniel Webster, homme d'État américain, 1840

L'agronome anglais Jethro Tull (1674-1741) se désespérait du gâchis de graines qu'entraînaient les semailles manuelles. En effet, les graines retombaient sur un sol stérile, ou bien se retrouvaient si proches les unes des autres qu'après la germination les plants s'asphyxiaient mutuellement. Poussant au hasard et non en rangs, les végétaux ne laissaient pas entre eux d'espace suffisant pour procéder efficacement au désherbage et à la récolte.

Le semoir en bois de Tull, monté sur roues et tiré par un cheval, assurait des récoltes huit fois plus abondantes que les semailles manuelles. Un éperon de bois traçait dans le sol un sillon régulier de la profondeur requise. Les graines contenues dans la trémie disposée au-dessus s'y écoulaient, leur flux contrôlé par un dispositif couplé aux roues. L'inventeur avait monté trois semoirs en parallèle sur son véhicule. Il plantait donc trois rangs à la fois, en ménageant entre eux l'espace nécessaire.

Jeune homme, Jethro Tull avait parcouru l'Europe continentale. L'époque était celle du début des Lumières. Il fut conquis par les idées scientifiques qu'il découvrit. Surtout connu pour son semoir, il prôna aussi le remplacement des bovins par des chevaux de trait, inventa une sarcleuse à traction animale, et les améliorations qu'il apporta à la charrue sont encore valides de nos jours. De son vivant, certaines de ses idées soulevèrent la polémique, mais la plupart posèrent le socle de l'agriculture britannique moderne, plusieurs décennies avant le coup d'envoi des révolutions industrielle et agricole. **EH**

VOIR ÉGALEMENT : PERÇOIR, ARAIRE, CHARRETTE, COLLIER DE CHEVAL

↖ *Détails du semoir de Jethro Tull. Planche tirée de son ouvrage* The Horse Hoeing Husbandry *(1733).*

La fonte du fer à l'aide du coke (1709)

Darby révolutionne la métallurgie.

Avant l'arrivée des plastiques, le fer était l'unique matériau universel dont disposait l'homme. Néanmoins, le seul fer pur présent sur terre est tombé du ciel avec les météorites : il s'agit évidemment d'une source rare et aléatoire. Quant au fer remonté des profondeurs de notre planète, il a interagi avec d'autres éléments, et s'est transformé en minerai. L'action visant à extraire le fer de son minerai s'appelle la fonte. Elle consiste à chauffer le métal jusqu'à son point de fusion, puis à le séparer des débris, appelés scories.

Le charbon de bois est l'un des combustibles dont le pouvoir calorifique suffit à fondre le fer. En Europe occidentale, l'industrie métallurgique balbutiante était donc nomade, brûlant les forêts les unes après les autres. Si bien qu'au XVIIe siècle le manque de bois et sa cherté devinrent critiques. En outre, les caractéristiques du charbon de bois contraignaient à l'usage de fourneaux de taille réduite et interdisaient la production de masse. Une solution de rechange s'imposait.

La houille ? Certains de ses composants se mêlent au fer et diminuent sa résistance. Mais, de même que l'on transforme le bois en charbon de bois, le charbon soumis à un processus de distillation donne naissance au coke. En 1709, le maître de forges Abraham Darby Ier (1678-1717) construisit le premier haut-fourneau alimenté par ce combustible. Il fut le fondateur d'une lignée éponyme de trois générations, qui se dédia entièrement au progrès de l'industrie du fer. Avec le coke, on put exploiter de grands hauts-fourneaux, qui donnaient un fer plus pur et plus résistant. Bientôt, en Grande-Bretagne, le fer fut disponible à bas prix et en grande quantité. Ce qui permit au pays d'accélérer sa révolution industrielle, et de devenir l'une des premières puissances mondiales. **DK**

VOIR ÉGALEMENT : FUSÉE DE FER, CHARRUE DE FONTE, POUMON D'ACIER, HAUT-FOURNEAU, FOUR À ARC ÉLECTRIQUE

La machine à vapeur atmosphérique (1712)

Newcomen améliore le drainage des mines.

Forgeron, Thomas Newcomen construisit la première machine à vapeur fonctionnelle du monde et l'utilisa pour pomper l'eau des mines. Son moteur était une extrapolation du « siphon thermique » imaginé par Thomas Savery, dont les brevets protégeant un dispositif de condensation bloquaient ses propres projets.

Dans la machine de Newcomen, la vapeur se condensait dans un cylindre refroidi par eau, créant un vide. La pression atmosphérique s'exerçait alors sans contrepartie sur le piston bien ajusté coulissant dans le cylindre. Le piston, par un jeu de chaînes, était relié à l'extrémité d'une énorme poutre de bois pivotant sur un axe central. À l'autre extrémité de la poutre, d'autres chaînes, plus longues, actionnaient une pompe installée au fond de la mine. Le système fonctionnait à une très faible pression.

> *« Ceux qui admirent la civilisation moderne l'identifient en général à la machine à vapeur. »*
>
> George Bernard Shaw

Cette première machine à vapeur atmosphérique fut installée à Conygree, dans les West Midlands de l'Angleterre. Au cours des 70 ans qui suivirent, nombre d'autres furent construites. Les cylindres, d'abord en bronze, cédèrent la place au fer et devinrent énormes. Dans les zones les moins riches en charbon, la machine de Newcomen fut remplacée par celle de James Watt (1736-1819) avec ses cylindres à double effet, où les deux faces du piston bénéficiaient alternativement d'un temps moteur. **DH**

VOIR ÉGALEMENT : AUTOCUISEUR, POMPE À VAPEUR, MACHINE À VAPEUR À CONDENSATEUR SÉPARÉ, MACHINE À VAPEUR COMPOUND

Le thermomètre à mercure (1714)

Fahrenheit normalise la mesure des températures.

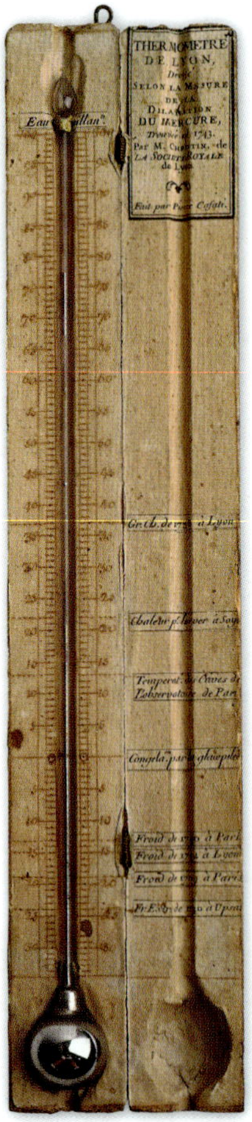

Dans un thermomètre à mercure, le métal liquide contenu dans une petite ampoule de verre se dilate au long d'un tube de verre rectiligne, de diamètre intérieur constant, et où le vide a été fait. Cette dilatation permet de mesurer la température à laquelle est soumise l'ampoule. L'Allemand Daniel Gabriel Fahrenheit (1686-1736) quitta son Dantzig (Gdansk) natal pour se fixer en Hollande, où il devint souffleur de verre et fabricant d'instruments scientifiques. Son premier thermomètre de verre (1709) utilisait l'alcool comme fluide expanseur, mais les températures d'ébullition (80 °C) et de gel (- 130 °C) du fluide employé le rendaient peu pratique. En 1714, Fahrenheit se tourna vers le mercure, qui se dilate uniformément aux températures usuelles.

Fahrenheit clamait haut et fort que les indications d'un thermomètre devaient être reproductibles partout, et qu'à des températures semblables devaient correspondre des notations semblables. En 1724, il disposa à cette fin trois « points fixes » et douze divisions subdivisées chacune en huit degrés sur le tube de son thermomètre. Zéro correspondait à la température la plus basse qu'il pouvait obtenir dans son laboratoire, avec un mélange d'eau, de glace, de sel marin et de sel d'ammoniaque, 32 était la température de la glace fondante et 96, la température normale du corps humain. Bientôt, les thermomètres de l'inventeur conquirent les Pays-Bas, l'Allemagne et la Grande-Bretagne. **DH**

« Les savants devraient retrouver l'observation simple des choses concrètes et évidentes. »

Robert Hooke, *Micrographie* (1664)

VOIR ÉGALEMENT : VERRE, VERRE SOUFFLÉ, BILAME, THERMOCOUPLE

Thermomètre Fahrenheit signé George Adams (XVIIIe siècle) et gradué de - 20 °F à 210 °F.

Le cadenas (1720)

Christopher Polhem invente une serrure portative incrochetable.

Les cadenas archaïques existent depuis le Moyen Âge, mais leur conception les exposait à être crochetés ou forcés. En 1720, le Suédois Christopher Polhem conçut un cadenas bien moins vulnérable aux doigts habiles des malfaiteurs.

Pohlem était l'un des mécaniciens les plus doués de son temps. Ayant étudié les mathématiques, la physique et l'ingénierie à l'université d'Uppsala, il s'établit comme réparateur d'horloges. Sa dextérité et son ingéniosité furent vite repérées par de grands personnages, y compris le roi Charles XI de Suède. Pohlem se lança dans la fabrication de mécanismes variés, de l'horlogerie fine à l'industrie lourde. Mais sa réalisation la plus durable est sans doute le cadenas.

Il se compose d'une carcasse elliptique de fonte, contenant une série de disques rotatifs. Lorsque le cadenas est verrouillé, les disques sont engagés dans des rainures pratiquées sur une pièce en « U », la rendant solidaire de la carcasse. Les disques sont chacun munis d'une encoche, que la clé aligne avec ceux que porte la pièce en « U », permettant son ouverture.

L'objet reçut le nom de serrure de Pohlem, ou serrure scandinave. L'inventeur ouvrit à Stjärnsund une usine consacrée à sa fabrication. Rapidement, la serrure scandinave domina le marché. En l'honneur de ses réalisations, l'effigie de Pohlem figure au verso du billet de 500 couronnes suédoises. **MB**

VOIR ÉGALEMENT : SERRURE MÉCANIQUE, SERRURE À COMBINAISON, SERRURE À GORGES, SERRURE À POMPE, SERRURE À MINUTERIE, SERRURE À GOUPILLES

↗ *Cadenas anglais de bronze, réalisé selon les préceptes de construction établis par Christophe Pohlem.*

« Sous clé, locution. Marque de distinction de la civilisation et de ses lumières. »

Ambrose Bierce, écrivain et journaliste

Le tube Pitot (1732)

Pitot mesure la vitesse d'écoulement des fluides.

Le tube Pitot est une invention du XVIIIe siècle qui tient son rang dans la technologie du XXIe siècle. Son concepteur, Henri Pitot (1695-1771) fut à la fois astronome, ingénieur et mathématicien. Et cet instrument, trompeusement simple, n'est rien d'autre qu'un capteur de pression différentielle, qui peut mesurer une variété de vitesses ou de volumes d'écoulement. Ce premier instrument de mesure fut par la suite amélioré par l'ingénieur des Ponts et Chaussées, Henry Darcy (1803-1858).

Le dada de Pitot était l'écoulement de l'eau. Ses recherches lui firent comprendre que les conceptions reçues en la matière étaient erronées. Ainsi, il refusait d'accepter une théorie dominante voulant que, toutes choses égales par ailleurs, la vitesse de l'eau courante croisse avec la profondeur. Son tube, présenté à l'Académie des sciences en 1732, allait montrer que Pitot avait raison.

Utilisable à poste fixe pour mesurer le flux d'un liquide ou d'un gaz, ce tube en forme de « L » peut aussi bien fonctionner sur la coque d'un bateau ou le fuselage d'un avion : il indique alors la vitesse de l'engin.

Dans tous les cas, le tube mesure la différence entre la pression qui l'environne et la pression que l'écoulement du fluide imprime à sa partie creuse, qui croît avec la vitesse. Un équipement approprié permet d'exposer et de comparer ces deux valeurs. Aujourd'hui, cet astucieux instrument se retrouve sur les voitures de F1 comme sur les vaisseaux spatiaux. Il peut également être utilisé comme anénomètre dans le domaine de la météorologie. **MD**

VOIR ÉGALEMENT : BAROMÈTRE, ANÉMOMÈTRE, AVION À MOTEUR

La poussette (1733)

Kent imagine un moyen de transport pour les enfants.

Le premier exemple connu de poussette est l'œuvre de William Kent (v. 1685-1748), le jardinier paysagiste anglais bien connu. Aujourd'hui, cet instrument est devenu incontournable pour les familles dotées d'enfants, mais sa finalité première était l'amusement. Kent était concepteur-décorateur. Il pouvait demander à ses mains de créer des vêtements de dame, des jardins ou des meubles. Lorsque le troisième duc de Devonshire le pria d'inventer une nouveauté à même de distraire ses enfants, il lui présenta un véhicule en forme de coquille où un petit enfant pouvait prendre place. Des brancards permettaient d'y atteler un chien, une chèvre ou un poney nain.

« Personne, sauf s'il se promène en poussette, ne croit à l'existence d'un point de vue non biaisé. »

Lillian Hellman, dramaturge

Ce jouet fit bientôt le bonheur des familles nanties. Il se modifia quelque peu, essentiellement avec l'adjonction d'une poignée permettant à un adulte de pousser le petit véhicule. Ces poussettes gagnèrent en popularité au cours des années 1840, lorsque la reine Victoria fit l'emplette de trois exemplaires à poignées au Baby Store Hitchings de Ludgate Hill.

La seconde percée survint en 1889, avec le nouveau design conçu par William H. Richardson : il s'agissait d'un assemblage basculant permettant de modifier la position de la poignée, de façon que l'enfant puisse demeurer tourné vers l'adulte. Cette idée se retrouve sur nombre de poussettes modernes. **TP**

VOIR ÉGALEMENT : ROUE ET ESSIEU, CHARRETTE, POUSSETTE-CANNE, FAUTEUIL ROULANT PLIANT

La navette volante (1733)

Kay accélère les opérations de tissage.

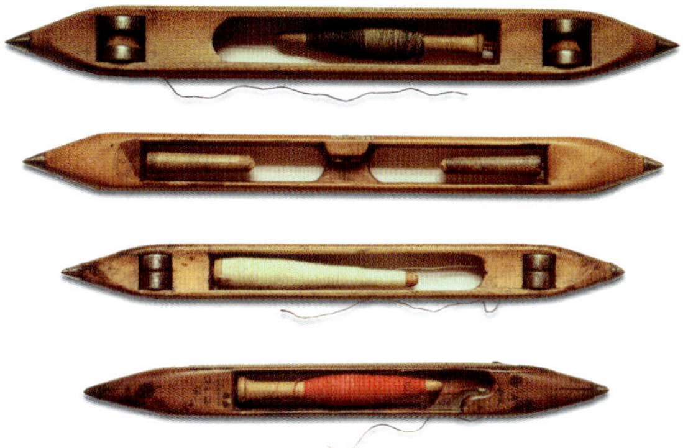

Dans une tombe égyptienne, des archéologues ont découvert un métier à tisser vieux de 4 000 ans. Pourtant, l'amélioration de cet outil fut lente, jusqu'à ce que John Kay (1704-1780) inventât en 1733 la navette volante.

Pour fabriquer une étoffe, un métier à tisser entrelace deux ensembles de fils, la chaîne et la trame. La chaîne désigne l'ensemble des fils tendus dans la longueur du métier. Les fils tendus perpendiculairement à la chaîne forment la trame, qui est mise en place par une navette. Sur les métiers traditionnels, les tisserands faisaient aller et venir manuellement la navette entre les fils de chaîne. C'était une activité fastidieuse et lente. La navette volante, équipée de roulettes, effectuait son va-et-vient sur un rail lorsque l'ouvrier tirait sur une corde. Un processus rapide, et permettant une gamme plus vaste de tissages.

Kay tira peu de bénéfice de son innovation : les tisserands y voyaient une menace pour leur gagne-pain. Ils croyaient que la demande en tissus serait constante et que des métiers d'un plus haut rendement réduiraient le nombre d'ouvriers nécessaires. Les patrons du textile accueillirent la navette volante en se frottant les mains, mais n'en payèrent pas la moindre royalty à Kay, qui mourut dans la misère en 1780.

La navette volante provoqua une énorme demande en fil. Au cours des six décennies suivantes, les inventeurs s'échinèrent à améliorer les processus. Ils mirent au point la spinning jenny et la spinning mule, qui démocratisèrent les articles en coton. **ES**

VOIR ÉGALEMENT : VÊTEMENT, ÉTOFFE TISSÉE, COUTURE, ROUET, SPINNING JENNY, SPINNING MULE, MÉTIER À TISSER MÉCANIQUE

↗ *Les navettes du XVIIIe siècle avaient déjà des roulettes et des pointes métalliques pour réduire la friction.*

→ *Les navettes allaient et venaient entre les fils de chaîne à une vitesse considérable.*

Le fourneau de Franklin (foyer à circulation) (1742)

Franklin invente un mode de chauffage à l'épreuve des incendies.

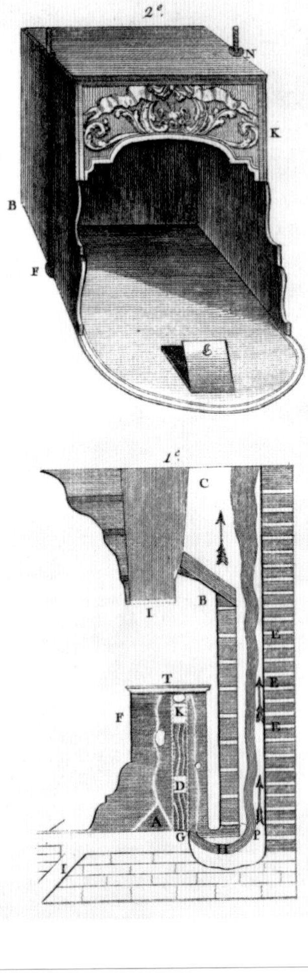

Avant d'inventer le paratonnerre et les lunettes à double foyer, Benjamin Franklin (1706-1790), avait cherché le moyen de chauffer les habitations en toute sécurité. Au XVIIIe siècle, nombre de logements américains, bâtis en bois et équipés de foyers ouverts, présentaient face aux incendies une terrible vulnérabilité. Franklin était sensibilisé au problème depuis 1735, lorsqu'il avait mis sur pied le premier corps de pompiers volontaires à Philadelphie. Il avait aussi imposé des principes de construction tenant compte de la sécurité, dont découlent nos normes actuelles.

En 1742, il conçut un fourneau qu'il baptisa la « cheminée pennsylvanienne », nom plus tard remplacé par ceux de « fourneau de Franklin » ou de « foyer à circulation ». Le fourneau était une boîte, doublée de métal et disposée à distance du mur – gage d'une meilleure efficacité, par rapport à la cheminée traditionnelle. Franklin ajouta également des panneaux à l'arrière de l'engin pour améliorer le flux de l'air. Le seul défaut tenait à la forme du conduit d'évacuation : le tirage était mauvais et la fumée emplissait la pièce.

Initialement fabriqué par Robert Grace, un ami de Franklin, le fourneau ne fut pas pour autant breveté. L'inventeur voulait que le plus grand nombre ait accès à sa technologie – une attitude souvent comparée à celle des auteurs de programmes informatiques disponibles en open-source.

En 1780, cette attitude permit à David Rittenhouse de modifier l'évacuation du fourneau et d'éviter l'enfumage. Aujourd'hui, les fourneaux de Franklin en service sont très nombreux. **AC**

« L'utilisation de ces foyers dans de nombreuses demeures… assure aux habitants une grande économie de bois. » Benjamin Franklin

VOIR ÉGALEMENT : FOYER AMÉNAGÉ, FOUR, BRIQUE CUITE, ALARME À INCENDIE, EXTINCTEUR AUTOMATIQUE

↖ *Cette gravure de Jean-François Martinet, datée de 1773, détaille le fonctionnement du fourneau de Franklin.*

La bouteille de Leyde (1745)

Van Musschenbroek prouve que l'on peut stocker puis décharger le fluide électrique.

En 1745, le physicien néerlandais Pieter Van Musschenbroek (1692-1791) prit un flacon partiellement empli d'eau et scellé, engagea un fil de métal à travers son couvercle, qu'il relia à une machine à friction générant une charge électrostatique. La bouteille, qui doit son nom à la ville néerlandaise où eut lieu l'expérience, accumula la charge, prouvant pour la première fois que le fluide électrique pouvait être produit et stocké puis déchargé – par l'intermédiaire du fil conducteur – sur tout objet relié à la terre. Musschenbroek testa le dispositif en tenant la bouteille d'une main et en touchant le fil conducteur de l'autre. Il reçut un tel choc qu'il jura de ne jamais recommencer.

Au sein de la communauté scientifique, la bouteille de Leyde fit sensation. L'inventeur américain Benjamin Franklin l'appelait « le merveilleux flacon de Musschenbroek ». Un an plus tard, le physicien anglais William Watson parvint à faire passer une étincelle électrique au long d'un câble tendu entre les deux berges de la Tamise, grâce à une bouteille de Leyde modifiée. Mais la nature précise de l'électricité et son mode de production demeurèrent mystérieux, jusqu'à la découverte de l'électron par J. J. Thompson en 1897.

Selon les normes modernes, la bouteille de Leyde est un instrument grossier et d'un rendement dérisoire. Mais cet ancêtre du condensateur fut à son époque la seule innovation permettant de comprendre l'électricité ; les mystères de la conductivité commencèrent à se dissiper. Et elle ouvrit la voie à l'étude mathématique de l'attraction des corps électrisés. **BS**

VOIR ÉGALEMENT : VERRE, MOTEUR ÉLECTRIQUE, GÉNÉRATEUR ÉLECTRIQUE, RÉSEAU PUBLIC D'ÉLECTRICITÉ, COURANT ÉLECTRIQUE ALTERNATIF

↗ *La bouteille de Leyde utilisée en 1745 était un flacon de verre doublé à l'intérieur et à l'extérieur d'une feuille de métal.*

« Mon corps entier fut secoué comme par un éclair. »

Pieter Van Musschenbroek, physicien

L'électroscope (1748)

L'appareil de Nollet détecte et mesure la charge électrique.

L'électroscope de Jean-Antoine Nollet (1700-1770), professeur de physique expérimentale, avait pour but de détecter et de mesurer les charges électriques. Un capteur isolé était disposé à l'intérieur d'un cylindre de verre fermé. Le capteur, fixé à une tige métallique dépassant du cylindre, se composait de deux minces lamelles d'or. Si la tige métallique était mise en contact avec un corps chargé d'électricité, les deux lamelles recevaient une charge identique et s'écartaient l'une de l'autre. L'angle formé par les lamelles était fonction de l'intensité de la charge. Une baguette d'ébonite, frottée par exemple sur une peau de chat, produisait une charge négative. Une baguette de verre soumise au même traitement produisait une charge positive. Mais si l'on appliquait le doigt contre l'instrument, cette mise à la terre évacuait la charge et les lamelles retrouvaient leur position initiale. C'étaient des machines à friction qui produisaient cette électricité, laquelle s'accumulait dans un globe de verre.

Nollet se passionnait pour les phénomènes d'attirance et de répulsion électrostatique, ainsi que pour la vitesse de déplacement du fluide électrique. Pour estimer cette dernière, il convoqua 200 religieux – des chartreux – et les disposa en file, chacun relié à ses deux voisins par un fil métallique de 7,50 m. Lorsqu'il connecta le premier moine à une énorme bouteille de Leyde, celui-ci et ses 199 frères sautèrent en l'air au même instant. Nollet en déduisit que l'électricité se déplaçait très vite et pouvait parcourir de longues distances. **DH**

« L'électron… émerge des brumes de Schrödinger et se cristallise comme un génie sort de sa bouteille. »

Sir Arthur Eddington, *La Nature du monde physique*

VOIR ÉGALEMENT : BOUTEILLE DE LEYDE, GÉNÉRATEUR ÉLECTRIQUE, RÉSEAU PUBLIC D'ÉLECTRICITÉ, COURANT ÉLECTRIQUE ALTERNATIF

↖ *Une charge électrostatique traversant la tige métallique de l'électroscope provoque l'écartement des deux lamelles d'or.*

La pompe à colonne d'eau (1749)

Le Slovaque Hell automatise le drainage des mines.

Du XVIe au XIXe siècle, la ville minière de Banska Stiavnica, en Slovaquie, était célèbre pour l'or et l'argent qu'elle produisait, ainsi que par l'excellence des technologies mises en œuvre à cette fin. La région devint un modèle pour les méthodes d'extraction et de traitement des minerais.

Le premier écueil auquel se confrontaient les ingénieurs était le drainage de puits de mine profonds de plusieurs centaines de mètres. Les muscles humains et animaux étaient mis à rude épreuve : à la fin du XVIIe siècle, pas moins de 1 000 hommes et des centaines de chevaux travaillaient 24 heures sur 24 pour que tournent les pompes. On essaya aussi les machines à vapeur. Mais puisque l'eau abondait à Banska Stiavnica, pourquoi ne pas utiliser sa force afin d'assécher les galeries de mine ? Jozef Hell, ingénieur en chef et fils d'un autre grand mécanicien, fut l'artisan de cette révolution.

Un réseau de 30 lacs artificiels reliés par des conduits totalisant plus de 60 km fut mis en place. La première pompe de Hell, installée en 1749 sur le puits de mine Léopold de Banska Stiavnica, fonctionnait selon un principe assez comparable à celui d'une machine à vapeur. À ceci près que la pression était fournie par une colonne d'eau, alimentée par les nombreux réservoirs artificiels aménagés en surface. Elle comportait un unique cylindre vertical, contrôlé par des soupapes d'admission et d'échappement. Ayant alimenté cette première pompe à haute pression, l'eau faisait ensuite fonctionner une deuxième pompe à basse pression, ce qui permettait de drainer des galeries encore plus profondes. **MD**

VOIR ÉGALEMENT : POMPE CENTRIFUGE, POMPE À VAPEUR, POMPE À VIDE, MOTEUR À VAPEUR ATMOSPHÉRIQUE, POMPE À INSULINE

Le paratonnerre (1752)

Franklin démontre la nature électrique de la foudre.

Benjamin Franklin (1706-1790) se passionnait pour l'électricité. Afin d'étudier ses propriétés, il avait installé un laboratoire dans sa maison. Rapidement, son intérêt se reporta vers la foudre, car il avait noté des similitudes entre les deux phénomènes.

Par une nuit orageuse de 1752, il se livra à une expérience très risquée afin d'étayer sa théorie : il lança au cœur de la tempête un cerf-volant muni d'une pointe de fer. Le fil de chanvre retenant l'appareil se terminait par un ruban. Une clé de laiton y était fixée. Lorsque la pluie eut rendu le chanvre conducteur, Franklin constata qu'en approchant son poing de la clé il faisait naître de fortes étincelles. L'expérience lui donna l'idée du paratonnerre, une tige de fer destinée à protéger les bâtiments de la foudre. Celle-ci, mesurant de 2 à 3 m, offrait une voie privilégiée à l'éclair, dont l'énergie se perdait dans le sol. Il démontra ensuite qu'une tige pointue était plus efficace qu'une tige émoussée.

« Le feu électrique sera silencieusement tiré du nuage… avant d'être assez proche pour frapper. »

Benjamin Franklin, homme d'État et inventeur

On a suggéré depuis que l'expérience du cerf-volant n'avait jamais eu lieu et que Franklin aurait été tué si la foudre avait frappé son appareil. D'autres pensent que l'expérience a été réelle, mais que les étincelles observées provenaient d'un champ électrique, et non d'un éclair. **RB**

VOIR ÉGALEMENT : BOUTEILLE DE LEYDE, ÉLECTROSCOPE, GÉNÉRATEUR ÉLECTRIQUE, GALVANOPLASTIE, RELAIS ÉLECTROMÉCANIQUE

La taxinomie linnéenne (1753)

Linné classifie le règne végétal.

La taxinomie linnéenne est le système de classification des êtres vivants utilisé par la biologie dans son ensemble. Son inventeur, Carl von Linné (1707-1778), fit l'essentiel de sa carrière à Uppsala, en Suède. Commençant par les plantes, il construisit une hiérarchie selon laquelle les végétaux sont regroupés, en fonction de leur aspect similaire, en 25 *phyla*. Chaque *phyla* se divise en classes, chaque classe en ordres, puis en familles, en genres et en espèces. La première description du système fut publiée par Linné en 1753, sous forme d'un ouvrage en deux volumes, *Species plantarum*. Linné appliqua ensuite sa méthode aux animaux et aux minéraux.

Le point clé de la taxinomie linnéenne est la nomenclature binomiale, qui attribue à chaque sujet deux noms : le premier définit le genre auquel appartient le sujet et le second, son espèce propre. Ainsi, la marguerite commune s'appelle *Bellis perennis*. La famille, l'ordre et le phylum d'une espèce peuvent donc être vérifiés aisément dans un ouvrage.

Linné recueillit et étudia des échantillons de plantes et d'animaux, publiant ses travaux dans des éditions successives de son *Systema Naturae*. La première, en 1735, ne totalisait que onze pages. La dixième, en 1758, détaillait 4 400 espèces animales et 7 700 espèces végétales. Publiée un siècle avant les théories de Darwin, la taxinomie linnéenne s'avéra solide et efficace. Que les savants aient commencé à étudier les relations évolutionnistes entre divers organismes ne la remit pas en cause. Plus récemment, la comparaison des codes génétiques de diverses espèces a conduit à des corrections ponctuelles, mais les principes de base de la taxinomie linnéenne demeurent aujourd'hui entièrement valides. **EH**

VOIR ÉGALEMENT : OGM, THÉRAPIE GÉNIQUE, SÉQUENCEUR D'ADN

Le bilame (1755)

Harrison met à profit la dilatation des métaux.

Le bilame fut inventé par l'horloger John Harrison (1693-1776). Il l'utilisa sur son troisième et son cinquième chronomètre, pour annuler l'effet sur le ressort spiral des variations de températures, qui se traduisaient par l'avance ou le retard du garde-temps.

Imaginons deux réglettes de métal – l'une d'acier et l'autre de laiton – assujetties par soudure, rivetage, *etc.* Soumis à la même augmentation de température, le laiton subit une dilatation supérieure d'un tiers à celle de l'acier. Si l'on chauffe la réglette bimétallique, elle se courbera : le laiton, plus facilement dilatable, formera donc l'extérieur de la courbe. Mais si l'on la refroidit, le phénomène inverse se produira, et l'acier se trouvera à l'extérieur de la courbe.

« Tout travail tend à se dilater pour remplir le temps disponible. »

Cyril Northcote Parkinson, historien et essayiste

En fixant une aiguille au bilame, on obtient un thermomètre robuste et bon marché. Dans une montre, si la périphérie du balancier est composée de bilames, la température fera varier le diamètre dudit balancier – ce qui compensera l'impact des mêmes variations de températures sur le ressort spiral. Mais l'usage le plus populaire est celui de l'interrupteur thermostatique, répandu dans les réfrigérateurs, les fours et les fers à repasser. Le métal conduisant l'électricité, le bilame lui-même peut servir à ouvrir et à fermer le circuit d'alimentation d'un groupe réfrigérant ou d'une résistance. **DH**

VOIR ÉGALEMENT : THERMOMÈTRE À MERCURE, CUISINIÈRE ÉLECTRIQUE, FER À REPASSER ÉLECTRIQUE, RÉFRIGÉRATEUR

Le chronomètre de marine
(1761)

L'invention de Harrison permet aux marins de déterminer leur longitude.

Pour calculer la différence entre une longitude en mer et celle du méridien de référence (le plus souvent Greenwich), on calculait par observation astronomique le temps solaire moyen du vaisseau, et on le comparait avec celui de la référence. Le vaisseau devait disposer d'un garde-temps précis, capable de conserver l'heure de Greenwich en dépit du tangage, du roulis et des variations de température. En 1714, le gouvernement britannique offrit un prix de 20 000 livres sterling à quiconque pourrait estimer la longitude en mer avec une précision de 0,5 degré. L'horloger John Harrison (1693-1776) se s'attela à la tâche. En 1735, son premier chronomètre (H1) était régulé par deux balanciers couplés oscillant dans des directions opposées, ce qui annulait les mouvements du vaisseau.

Le troisième chronomètre de l'horloger (H3), construit en 1759, possédait un compensateur à bilame et un « remontoir d'égalité », grâce auquel les organes régulateurs du chronomètre recevaient une énergie constante, quelle que soit la tension du ressort. Le quatrième chronomètre de Harrison (H4) rassemblait ces perfectionnements sous le volume réduit d'une montre de 13 cm de diamètre.

H4 embarqua en 1761 sur le HMS *Deptford*, en partance pour la Jamaïque. À la fin du voyage, H4 n'avait dérivé que de cinq secondes. L'erreur correspondait à 1/60 de degré, ce qui permettait de connaître la longitude du vaisseau avec une précision de 2 km. Harrison reçut son prix en 1773, et bientôt tous les navires furent équipés de ses instruments. **DH**

VOIR ÉGALEMENT : ASTROLABE, SEXTANT, MONTRE DE POCHE, HORLOGE NUMÉRIQUE

↗ *Comme le montre ce modèle de 1770, les chronomètres de marine fabriqués par Harrison étaient d'une qualité irréprochable.*

« En dépit de la qualité des cartes et des compas dont il disposait, tout capitaine était perdu en mer. »

Dava Sobel, *Longitude* (1995)

End View. Fig. 2.

Elevation. Fig. 1.

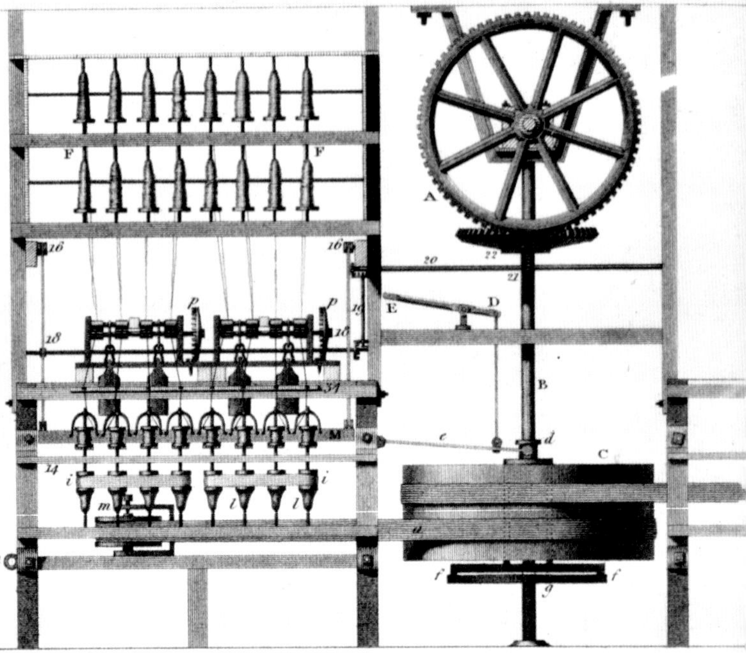

Spindle enlarged.

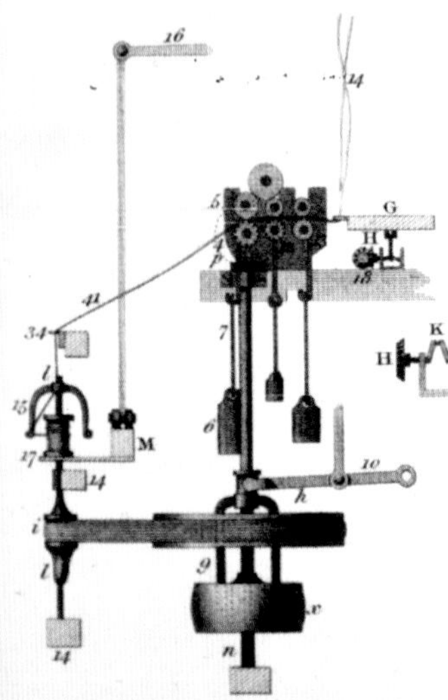

Plan. Fig. 3.

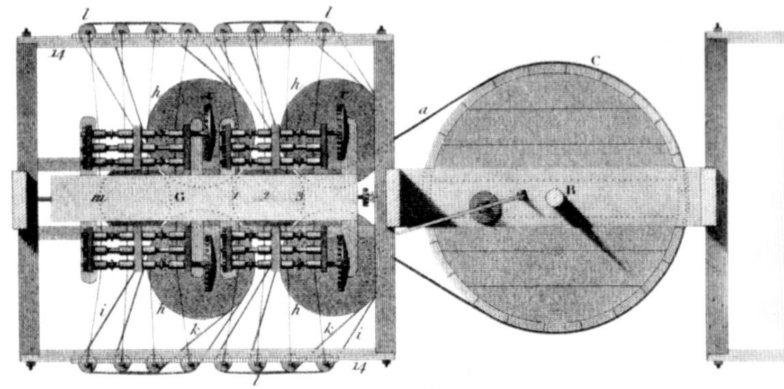

End View.

Fig. 6.

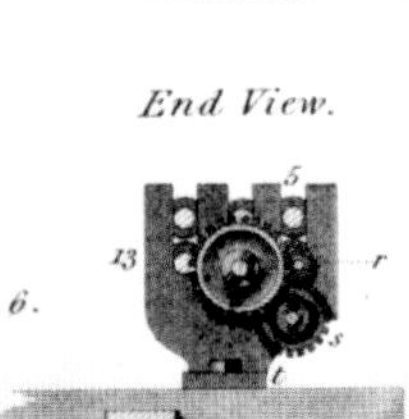

Elevation of rollers.

Fig. 5.

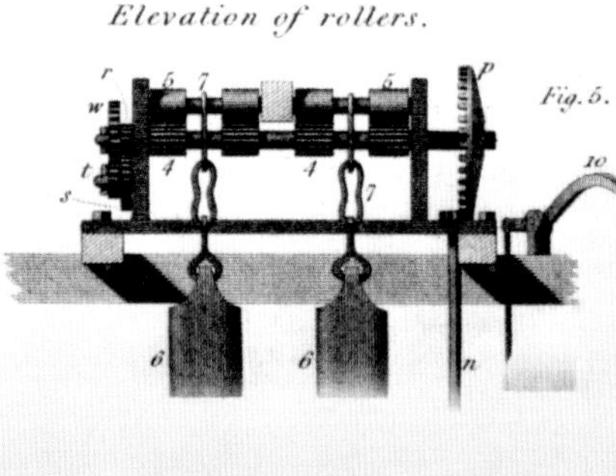

La spinning jenny
(1764)

James Hargreaves révolutionne la filature.

Le tisserand et charpentier James Hargreaves (1720-1778) inventa le rouet à bobines multiples pour accroître la productivité de sa fabrique du Lancashire. La spinning jenny avait huit broches entraînées par une roue unique. Un seul opérateur était requis et la productivité était multipliée par huit.

La légende veut que l'une des filles de Hargreaves ayant trébuché sur un rouet, son père remarquât que l'instrument continuait à fonctionner, même à terre. L'incident lui fit considérer la possibilité d'une machine à fuseaux multiples disposés verticalement. Le succès de l'invention fut tel que les prix du fil s'effondrèrent, semant le désarroi chez les fileurs de la région. Ces ouvriers entrèrent de force au domicile de Hargreaves et saccagèrent ses machines. Hargreaves s'installa à Nottingham où, en 1767, il se lança dans la fabrication industrielle de sa spinning jenny. Trois ans plus tard, il tenta de faire breveter sa machine, mais ne parvint pas à poursuivre les industriels qui en utilisaient des copies. Hargreaves mourut en 1778, l'année où Samuel Crompton mit au point une version plus performante de sa machine, qui fut baptisée la « spinning mule ». **JL**

« La révolution industrielle… ouvrit l'âge à la production de masse. »

Ludwig von Mises, économiste

VOIR ÉGALEMENT : VÊTEMENT, COUTURE, ÉTOFFE TISSÉE, MACHINE À VAPEUR COMPOUND, ROUET, SPINNING MULE, MÉTIER À TISSER MÉCANIQUE

⇦ *La machine à filer le coton conçue par James Hargreaves était révolutionnaire pour son temps.*

La roue de géomètre
(1765)

Isaac Fenn simplifie la mesure des terrains.

En 1765, lorsque Isaac Fenn obtint un brevet pour son instrument à mesurer les distances, l'engin existait, sous des noms divers, depuis des siècles. Les Romains l'appelaient odomètre : il se composait d'une roue à pousser devant soi, munie d'un dispositif émettant un tintement à chaque tour. Connaissant la circonférence de la roue et le nombre de tours, il était facile de déterminer la distance.

Aux XVIIIe et XIXe siècles, la cartographie des Indes et la division en parcelles agricoles de vastes étendues aux États-Unis et en Australie rendirent cruciales la mesure exacte des distances et la précision du travail d'arpenteur. La « roue de géomètre » devint d'un usage quotidien. Sur une surface égale, chaussée pavée ou route goudronnée, la performance de l'instrument était satisfaisante. Mais sur un terrain accidenté, champ labouré ou sous-bois, les rebonds et les dérapages posaient problème. Les géomètres devaient travailler à l'estime et apporter des corrections à leurs mesures. Et pour des résultats de haute précision, ces professionnels n'avaient plus qu'un recours : la chaîne d'arpenteur ou le double décamètre à ruban.

Au XVIIIe siècle, une roue de géomètre typique avait un diamètre de 80 cm, et donc une circonférence de 2,50 m. Dans le monde anglo-saxon, deux révolutions de la roue correspondaient donc à une perche (« pole »), vieille mesure agricole anglaise d'environ 5 m. Le cadran central était équipé de deux aiguilles : la plus grande faisait un tour toutes les 320 perches – soit 1 mile ou 1,6 km – tandis que la plus grande totalisait les miles. Les versions contemporaines de cet instrument sont bien sûr munies de cadrans numériques. **MD**

VOIR ÉGALEMENT : ROUE ET ESSIEU, CARTE GÉOGRAPHIQUE, ODOMÈTRE, BROUETTE

La machine à vapeur à condenseur séparé (1765)

James Watt fait passer la vapeur à l'âge adulte.

« J'ai fabriqué une machine qui ne gâchera pas la moindre particule de vapeur. Elle sera bouillante. »

James Watt à son ami John Robison

↑ *Grâce au condenseur séparé de Watt, le cylindre restait très chaud, assurant une économie de combustible.*

→ *Plan technique de la machine à vapeur à condenseur séparé de James Watt, vue selon les trois axes.*

L'ingénieur écossais James Watt (1736-1819) fut l'auteur de percées fondamentales dans l'évolution de la machine à vapeur. Celle-ci, en usage depuis les années 1710, servait surtout à pomper l'eau des mines. Elle comportait un cylindre où l'on injectait de la vapeur, avant de la condenser à l'aide d'eau froide. En se condensant, la vapeur occupait un espace moindre et la pression atmosphérique poussait le piston.

En 1765, Watt réalisa le premier modèle de ce qui devait être sa grande contribution au développement de la vapeur. Il s'agissait d'un moteur dans lequel la vapeur se condensait à l'extérieur du cylindre. Ainsi le cylindre n'avait plus besoin d'une phase de refroidissement et maintenait sa température de fonctionnement. Watt eut l'idée d'autres perfectionnements techniques : il comprit que dans un cylindre clos la vapeur pouvait prendre la place de l'atmosphère pour mouvoir le piston. Et il franchit vite le pas vers le cylindre à double effet, où la vapeur pousse le cylindre d'abord dans un sens, puis dans l'autre, augmentant encore les performances de l'engin.

L'influence de Watt dans l'évolution de la machine à vapeur doit beaucoup à son partenaire en affaires, Matthew Boulton (1728-1809) avec qui il s'associa en 1775. Boulton finança sans compter les innovations de Watt. À partir de 1781, les deux hommes commencèrent à fabriquer et à vendre des machines produisant non plus un mouvement alternatif, mais un mouvement rotatif.

Cette génération de moteurs à vapeur équipa rapidement les usines de Grande-Bretagne, accélérant l'inscription du pays dans la révolution industrielle. **JC**

VOIR ÉGALEMENT : ATMOSPHÉRIQUE, MACHINE À VAPEUR À HAUTE PRESSION, MACHINE À VAPEUR COMPOUND

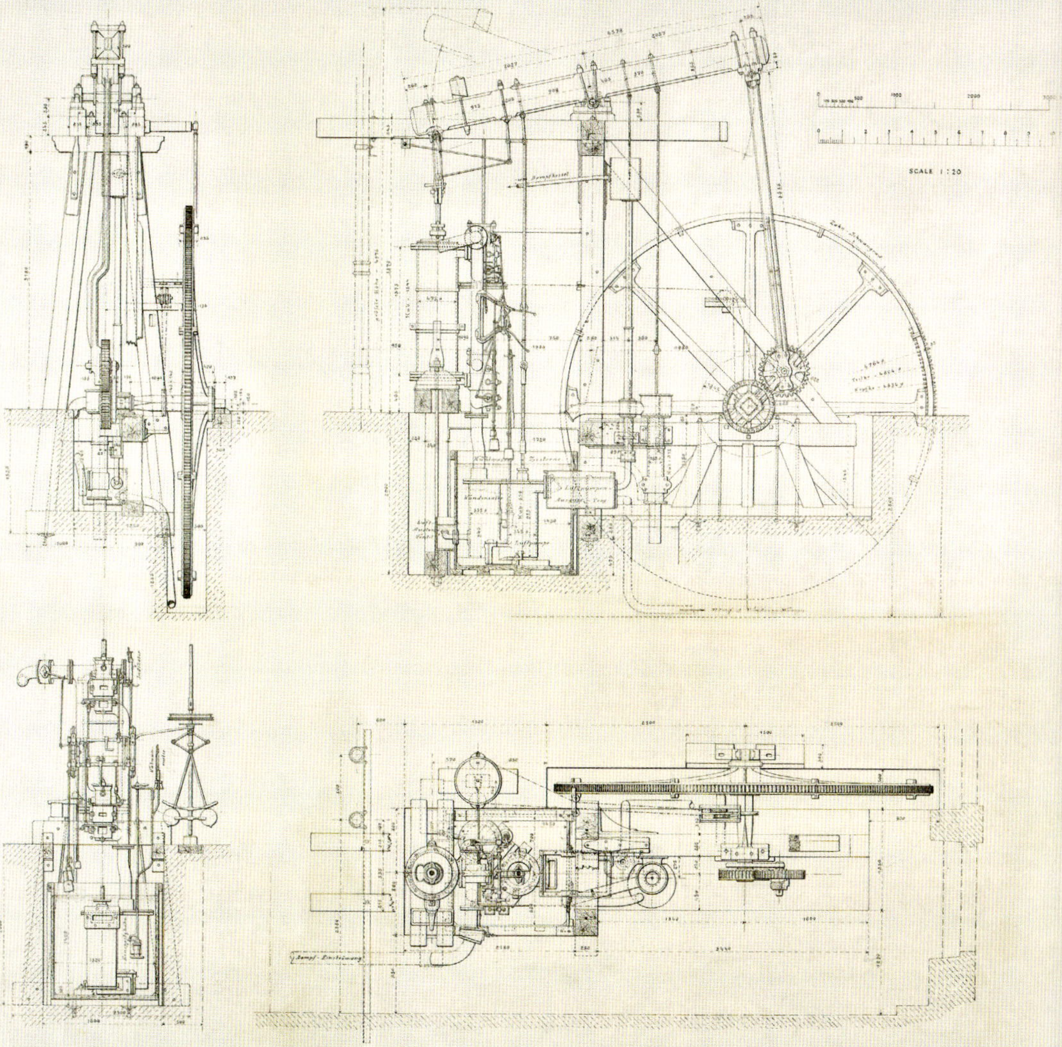

rste Watt'sche Dampfmaschine. M.-1:20.

Disposition für die Aufstellung der Nachbildung in der Hauptwerkstätte München.

La water frame (1769)

L'innovation d'Arkwright accélère la production de l'industrie textile.

> *« Une seule machine produisait en 60 minutes ce qui aurait demandé des centaines d'heures à une seule personne. »* Robert Clark, université d'East Anglia

Richard Arkwright (1732-1792), perruquier de son état, breveta en 1769 une nouvelle machine à filer le coton. À l'époque, nombre d'inventeurs s'échinaient à découvrir comment filer le coton de bonne qualité que réclamait l'industrie textile. James Hargreaves avait conçu la spinning jenny entre 1764 et 1767, mais cet engin ne faisait que singer le rouet à main, et sa production laissait à désirer. La water frame d'Arkwright allait jouer dans la révolution industrielle un rôle majeur.

Le perruquier Arkwright s'intéressait bien sûr aux cheveux, mais aussi beaucoup au coton. Il se lia à l'horloger John Kay, qui avait collaboré avec Thomas Highs sur un projet – avorté faute de moyens – de machine à filer. Les deux hommes construisirent un prototype, mu par un cheval, et le firent breveter en 1769. La machine permettait de filer le coton à une vitesse jamais atteinte. Mieux, elle produisait à la fois du fil de trame et de l'excellent fil de chaîne adapté aux besoins de la bonneterie.

Comprenant l'importance du marché qui s'offrait à lui, Arkwright améliora sa machine et la connecta à l'arbre d'un moulin à eau, d'où son nom de « water frame ». Néanmoins, beaucoup estiment que le véritable inventeur n'est pas Arkwright : en travaillant avec Kay, le perruquier aurait obtenu de celui-ci les secrets techniques de Thomas Highs et les aurait adaptés à sa water frame. À une époque où le filage s'effectuait à domicile, l'utilisation de la water frame par les ouvriers était bien sûr impossible. En 1771, Arkwright édifia dans le Derbyshire la première filature industrielle, donnant le coup d'envoi à la production textile de masse. **HI**

VOIR ÉGALEMENT : ROUET, SPINNING JENNY, SPINNING MULE, MÉTIER À TISSER MÉCANIQUE

⇱ *La water frame d'Arkwright révolutionna la production d'étoffes de l'Angleterre du XVIIIe siècle.*

Le store vénitien
(1769)

Beran brevette le rideau à lames.

Les contrevents à lattes, fabriqués dans divers bois, étaient populaires dans toute l'Italie du Nord durant la seconde moitié du XVIIIe siècle. Ils se composaient de planchettes maintenues par des rubans de textile, et leur angle pouvait être réglé à l'aide d'un dispositif très analogue à celui que nous utilisons aujourd'hui. Dans les années 1790, lorsque les esclaves vénitiens affranchis importèrent en France ce nouveau moyen d'occulter les fenêtres, l'invention fut immédiatement surnommée « les persiennes » – les Persans.

De fait, en 1700, l'histoire d'amour de l'Italie et du store vénitien était déjà longue. Les archéologues ont découvert des persiennes à lattes de marbre dans les ruines de Pompéi. Plus à l'est, en Iran – c'est-à-dire en Perse –, les jalousies les plus anciennes jamais découvertes remonteraient à 4000 av. J.-C. : elles étaient composées de tuiles de céramique.

Au sud, en Crète, des persiennes fabriquées à l'aide d'un amalgame d'albâtre et de marbre ont été exhumées dans des ruines attribuées à l'antique civilisation minoenne (2600-1100 av. J.-C.).

En Angleterre, les stores vénitiens furent brevetés le 11 décembre 1769. Un siècle plus tard, les Victoriens les popularisèrent, car ils remplaçaient avantageusement les rideaux, lourds, encombrants et démodés. Quant à la méthode permettant de régler l'inclinaison des lames, elle a été inventée en 1841 par un citoyen de La Nouvelle-Orléans, John Hampston. Le bois ne fut remplacé par le métal qu'au milieu des années 1940, lorsque Joe Hunter et Harry Sonnenberg mirent au point la lame d'aluminium de 50 mm de largeur. **BS**

VOIR ÉGALEMENT : ABRI CONSTRUIT, MENUISERIE, ÉTOFFE TISSÉE, VERRE, PROCÉDÉ HALL-HÉROULT (PRODUCTION DE L'ALUMINIUM)

Le fardier de Cugnot
(1770)

Nicolas Cugnot construit la première automobile.

Le 20 novembre 1770, un véhicule jamais vu effectua des essais à Vincennes, à l'est de Paris. Il s'agissait d'un fardier, un lourd chariot destiné au transport de canons pesant quatre ou cinq tonnes. Mais au lieu d'un attelage de chevaux, ce fardier-là comportait à l'avant une machine à vapeur atmosphérique : une chaudière de cuivre et deux énormes cylindres verticaux. Deux pistons reliés à des bielles faisaient tourner son unique roue avant, qui assurait aussi la direction et le freinage, par le biais d'un patin.

Son concepteur, Nicolas-Joseph Cugnot (1725-1804) était un ingénieur militaire déjà auteur d'un fusil perfectionné et d'une théorie sur l'amélioration des fortifications. Pour son « chariot à feu », comme on désignait ce véhicule à vapeur, il s'était asuré l'appui du marquis de Choiseul, ministre de la Guerre du roi Louis XV, et du général de Gribeauval.

Hélas, lors d'un essai, le fardier enfonça un mur de pierre. Sa vitesse était faible, un peu plus d'une lieue (4 km) à l'heure, mais sa direction très lente à manoeuvrer et son frein déficient ne lui permirent pas d'éviter l'obstacle. D'autres défauts de la machine, dont son manque d'autonomie (elle devait s'arrêter toutes les douze minutes), l'empêchèrent de dépasser le stade de prototype. Ce fut néanmoins le premier véhicule automobile fonctionnel de toute l'histoire humaine. **FL**

VOIR ÉGALEMENT : MACHINE À VAPEUR ATMOSPHÉRIQUE

L'eau gazeuse (1771)

Priestley mélange l'eau et le gaz carbonique.

Joseph Priestley (1733-1804) grandit dans le Yorkshire, près d'une brasserie. Enfant, il vit les nappes de gaz carbonique flottant au-dessus des céréales en fermentation. En 1771, ce clergyman, philosophe et chimiste, eut l'idée d'injecter du gaz carbonique – qu'il appelait « air fixe » – dans des bouteilles dont l'eau avait été préservée de tout contact avec l'air environnant. Il lui suffisait alors d'agiter le tout durant 30 minutes pour que l'eau absorbe son volume de gaz. Ainsi fut créée la première boisson gazeuse. En 1772, Priestley publia un livre exposant une théorie : selon lui, l'eau gazeuse pouvait retarder la détérioration des aliments, et donc diminuer le risque de scorbut lors des longues traversées maritimes. Il rédigea également un article, *Méthode pour imprégner l'eau d'air fixe.*

« À nous le vin et les femmes, et le rire et la joie ; et à demain les sermons et l'eau gazeuse. »

Lord Byron, *Don Juan* (1819-1824)

Le legs de Priestley est considérable. Il inclut des écrits sur la nature de l'électricité, l'éthique, la liberté religieuse, la nature des gaz et surtout la découverte de l'oxygène en 1774. Mais cet homme occupé ne trouva jamais le temps – et n'eut sans doute jamais envie – de rentabiliser commercialement son eau gazeuse. Il fallut que Samuel Fahnenstock invente le siphon d'eau de Seltz en 1819 pour que cette boisson se démocratise et conquière sa popularité, toujours bien vivante avec les sodas et les eaux gazéifiées minérales ou non. **BS**

VOIR ÉGALEMENT : BREUVAGE ALCOOLISÉ, SIPHON À SODA, CAPSULE POUR BOUTEILLE

Le siphon de W.-C. (1775)

Cummings invente les toilettes privées.

L'invention des W.-C., tenue pour acquise dans le monde moderne, est beaucoup plus fondamentale qu'il n'y paraît. Se résumant, dans leur plus simple expression, à des trous dans le sol, les toilettes ont été en usage depuis les temps babyloniens.

Un pas important, au long de la complexe histoire des toilettes, fut le siphon mis au point par Alexander Cummings. Si l'on attribue cette invention à Thomas Crapper (dont le patronyme signifie « chieur » en anglais), celui-ci ne fut impliqué que dans la production de l'appareil : ce fut bien Cummings qui déposa le brevet. Il s'agissait de donner au tuyau d'évacuation la forme d'un « S », afin d'interposer un certain volume d'eau entre la cuvette et l'évacuation. Ainsi, les odeurs fétides, bloquées, ne pouvaient plus remonter.

« Tu auras parmi ton bagage un instrument [...] pour faire un creux et recouvrir tes excréments. »

Deutéronome, XXIII, 13

La qualité de vie augmenta considérablement grâce aux avantages combinés du W.-C. à chasse d'eau et des égouts clos. Car en contenant les odeurs émanant de ces derniers, Cummings rendit possible l'installation des toilettes à l'intérieur des habitations, rendant très désirable cet élément de confort. Bientôt, tous ceux qui pouvaient s'offrir ce luxe purent tirer joyeusement la chasse. Même si les matériaux et les technologies des W.-C. ont progressé à pas de géant, le siphon en forme de « S » inventé par Cummings n'a pas trouvé de rival. **LS**

VOIR ÉGALEMENT : TOILETTES À ROBINET FLOTTEUR, TOILETTES À COMPOST, RÉSEAU D'ÉGOUTS, PAPIER TOILETTE, TRAITEMENT MUNICIPAL DE L'EAU

Le vaisseau submersible (1775)

Bushnell construit le premier sous-marin à usage militaire.

En 1775, les colonies anglaises d'Amérique se révoltèrent contre la métropole, ouvrant la voie à la guerre d'Indépendance. Dans le Connecticut, un ardent patriote, David Bushnell (1742-1824), mit au point une arme secrète pour contrecarrer la puissance de la marine royale britannique. Il s'agissait d'un engin sous-marin destiné à attaquer les vaisseaux anglais au mouillage, qui fut baptisé *Turtle* (« tortue »)..

La *Tortue* de Bushnell avait la forme d'un œuf. Sa coque de bois et de bronze était juste assez grande pour accueillir un passager. L'engin comportait des ballasts que l'on emplissait d'eau pour plonger et que l'on vidait à l'aide d'une pompe à main pour refaire surface. Deux hélices, commandées par des pédales et une manivelle, permettaient de manœuvrer la *Tortue* en plongée dans les plans vertical et horizontal. Le concepteur avait astucieusement doublé les parois d'un bois phosphorescent, ce qui permettait de lire les instruments, un compas et un profondimètre.

L'arme de la *Tortue* était une charge de poudre équipée d'un retardateur – en fait, la première mine sous-marine, même si David Bushnell l'avait baptisée « torpille », du nom d'un poisson capable d'infliger de puissantes décharges électriques. Une mèche à bois permettait de fixer la charge à la coque du navire mouillé.

La première mission eut lieu le 7 septembre 1977 dans le port de New York. Un volontaire, le sergent Ezra Lee, dirigea la *Tortue* vers le HMS *Eagle*, navire amiral de la flotte anglaise. Mais la coque du vaisseau était couverte de cuivre et Lee, gêné par les courants, ne put engager sa mèche, encore moins fixer sa charge. La *Tortue* ne parvint jamais à réussir une mission. **RG**

VOIR ÉGALEMENT : SOUS-MARIN, BATHYSPHÈRE

↗ *Maquette écorchée de la* Tortue. *Les deux hélices commandent les déplacements horizontal et vertical.*

« … Je devais refaire surface pour m'assurer que je voguais dans la bonne direction. »

Sergent Ezra Lee, pilote de la *Tortue*

L'aléseuse (1775)

Wilkinson crée un outil essentiel pour l'usinage précis des métaux.

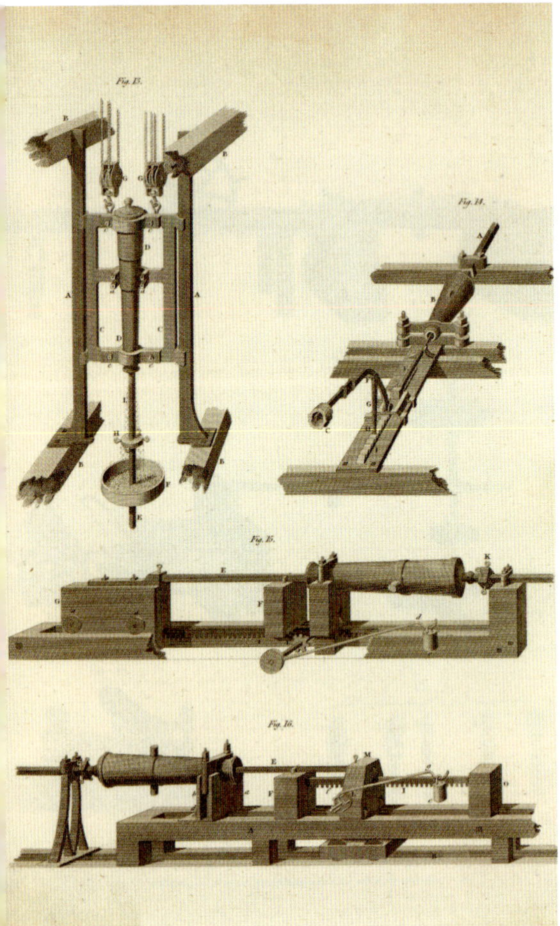

L'aléseuse de John Wilkinson (1728-1808) fut l'un des piliers de la révolution industrielle. L'idée de l'alésage – c'est-à-dire du perçage précis – n'était pas neuve, mais Wilkinson l'amena à un niveau tel qu'il permit de réaliser des canons aux performances inédites. Plus important, l'aléseuse permettait de produire des cylindres de machine à vapeur d'une précision, et donc d'un rendement, exceptionnels. Grâce à sa collaboration avec James Watt, initiateur de la machine à vapeur fonctionnelle et de sa commercialisation, Wilkinson bénéficia d'un monopole sur ces engins durant plusieurs années.

Avec la fortune, le comportement de Wilkinson se dégrada. Son caractère versatile faisait se renfrogner ses confrères industriels – moins, d'ailleurs, que ses transactions souvent troubles et la facilité avec laquelle il s'appropriait les idées des autres. Il avait en outre coupé les ponts avec son père, et sa querelle spectaculaire avec son frère, à la fin des années 1780, lui fit perdre le monopole de la machine à vapeur.

Durant ses dernières années, Wilkinson voua au fer une véritable passion. Il prépara à sa propre intention un énorme et fort peu pratique cercueil de fer et prophétisa son retour surnaturel sept ans après son trépas. Mais, chose absolument inouïe pour l'époque, il accordait des pensions à ceux de ses vieux employés qui l'avaient le mieux servi. Tout son personnel le tenait en haute estime. À sa mort, en 1808, on écrivit des chansons à la gloire du « Fou du fer ». Et sept ans après, des milliers de personnes se regroupèrent autour de ses forges, pour voir sa prophétie se réaliser. **JB**

« Un vieux coquin au cœur de pierre, l'un des hommes au cœur le plus endurci d'Angleterre. »

Lord Dundonald, à propos de John Wilkinson

VOIR ÉGALEMENT : PERÇOIR, MACHINE À CLOUS, TOUR À FILETER, FONTE DU FER À L'AIDE DE COKE

↖ *Planche de l'encyclopédie de Rees (1808) montrant comment la machine de Wilkinson peut servir à l'alésage d'un canon.*

Le bateau à vapeur (1776)

Jouffroy d'Abbans crée la navigation motorisée.

On crédite souvent l'Américain Robert Fulton (1765-1815) de la paternité du bateau à vapeur. En fait, le vrai père de cette invention fut un jeune aristocrate français, Claude François Dorothée marquis de Jouffroy d'Abbans. Garçon rebelle et turbulent, il fut incarcéré dans la prison militaire de l'île Sainte-Marguerite, en Méditerranée. N'ayant rien à faire qu'à regarder les navires qui croisaient devant sa prison, il se prit d'intérêt pour l'ingénierie.

À sa levée d'écrou, il se rendit à Paris et étudia chez deux industriels, les frères Périer, la machine à vapeur de Watt qu'ils venaient de faire venir d'Angleterre. Son idée était de la modifier pour en équiper un bateau. Il commença à travailler sur un prototype, un bateau à vapeur baptisé le *Palmipède*, qu'il fit naviguer sur le Doubs en juin et juillet 1776. Le résultat ne fut pas parfait. Jouffroy d'Abbans continua ses expériences et quitta Paris pour Lyon. En 1783, son nouveau modèle, le bateau à roues *Pyroscaphe*, était prêt. Devant une foule de savants et de curieux, il vogua quinze minutes sur la Saône, contre le courant. Ce fut un succès complet, et le *Pyroscaphe* navigua seize mois durant. Mais l'Académie des sciences dénia l'exploit et refusa son brevet à l'inventeur. Amer et ruiné, Jouffroy d'Abbans se retira à l'hôtel des Invalides et fut emporté par le choléra. **TP**

« [La gloire] revient à l'auteur des expériences effectuées sur la Saône, à Lyon, en 1783. »

Robert Fulton, à propos du bateau d'Abbans

VOIR ÉGALEMENT : TURBINE À VAPEUR, POMPE À VAPEUR, MACHINE À VAPEUR COMPOUND, MACHINE À VAPEUR À CONDENSEUR SÉPARÉ

La scie circulaire (1777)

Miller brevette un type de scie inédit.

En 1777, Samuel Miller déposa son premier brevet pour une scie circulaire. Mais cet Anglais ne disposait que de l'énergie du vent, hélas bien trop limitée.

Trente-six ans plus tard, une femme de la secte Shaker, Tabitha Babbit, mit au point sa propre scie circulaire. Ses croyances lui interdisaient de déposer un brevet, mais toute sa communauté se mit à utiliser l'invention. Les scieries adoptèrent l'outil, qui devint vite l'un des piliers de l'industrie du bois.

La scie circulaire est un instrument simple. Son rendement est très supérieur à celui de sa sœur à lame droite, dont un mouvement sur deux est perdu. En outre, la scie circulaire peut travailler à grande vitesse, ce qui accélère la coupe.

Avant de s'engager dans la Seconde Guerre mondiale, les forces armées américaines voulurent améliorer leurs ressources techniques. Elles demandèrent à l'un de leurs fournisseurs, Skilsaw, de mettre au point une scie circulaire adaptée aux demandes du combat. Ce fut la PS-12, un engin capable de fonctionner dans toutes les conditions, y compris sous l'eau. Le carter était kaki et la lame de couleur noire. L'US Navy envoya des PS-12, protégées par des caisses elles aussi camouflées, sur toutes les zones où les troupes américaines devaient débarquer.

Aujourd'hui, la scie circulaire est devenue universelle. Portable, et même sans fil, elle résout les problèmes du bricoleur. Montée sur un bâti spécial, elle coupe avec précision selon l'angle choisi. Intégrée à une table de coupe, c'est l'outil du menuisier. Les lames à usage spécifique se sont multipliées : la scie circulaire peut désormais mordre sans problème la brique, l'acier ou le verre. **LW**

VOIR ÉGALEMENT : MÉTALLURGIE, SCIE, SCIE À RUBAN, TRONÇONNEUSE ÉLECTRIQUE

La serrure à gorges (1778)

Barron fait barrage aux cambrioleurs.

Les gens dépendent de leurs serrures et de leurs clés plus qu'ils ne voudraient l'admettre. Dégagés de la garde de leurs biens matériels, ils ont loisir de poursuivre leurs activités personnelles ou professionnelles. Certes, la clé et la serrure existaient bien avant que Robert Barron ne déposât son brevet en 1778, mais le nombre d'utilisateurs d'un modèle à gorges suffit à prouver le succès extraordinaire de son invention.

La serrure de Barron, beaucoup plus sûre que ses devancières, ressemble fort aux modèles contemporains. Une gorge est en fait un levier, qui interdit au pêne de coulisser hors de la gâche tant que la clé ne lui a pas imprimé un déplacement suffisant. La serrure de Barron utilisait deux gorges – pour que le pêne puisse jouer, chaque gorge devait connaître un déplacement spécifique. Mais un cambrioleur averti pouvait toujours déjouer les finesses de cette serrure, pour peu qu'il ait assez de temps devant lui.

> *« La serrure à gorges… pouvait aussi se crocheter. Ce n'était qu'une affaire d'adresse et de temps. »*
>
> Jock Dempsey, forgeron

Aussi, en 1818, Jeremiah Chubb lui ajouta un dispositif de détection, dans l'espoir d'emporter le prix de 100 livres offert par le port de Portsmouth. Il s'agissait simplement d'un ressort, qui bloquait toute gorge de la serrure à laquelle on avait imprimé un mouvement trop grand. Pour désarmer le dispositif, le légitime propriétaire n'avait qu'à faire tourner sa clé dans la serrure. **LW**

VOIR ÉGALEMENT : SERRURE MÉCANIQUE, CADENAS, SERRURE À COMBINAISON, SERRURE À MINUTERIE, SERRURE À POMPE, SERRURE À GOUPILLES

La synthèse vocale (1779)

Kratzenstein reproduit les voyelles.

C'est un Russe, Christian Kratzenstein (1723-1795), qui a créé le premier synthétiseur vocal. Entre 1773 et 1779, il parvint à reproduire le son des voyelles, grâce à ses résonateurs acoustiques connectés à des tuyaux d'orgue.

Le Viennois Wolfgang von Kempelen réalisa en 1791 un appareil plus évolué. Sa « machine acoustique à langage » pouvait articuler des sons distincts, des mots et de courtes phrases. Kempelen est mieux connu pour une invention antérieure, le « Turc mécanique » : il s'agissait d'un meuble supportant un échiquier, et derrière lequel se tenait un automate dont les bras mobiles déplaçaient les pièces. Le meuble semblait ne contenir que des engrenages, qui dissimulaient en fait une cache où un joueur d'échecs humain avait pris place.

C'est après avoir contemplé une réplique de la machine vocale de Kempelen qu'Alexander Graham Bell s'intéressa à la synthèse du langage. Jeune homme, Bell avait dressé son chien à se tenir entre ses jambes et à grogner, tandis que son maître manipulait ses cordes vocales. L'animal serait parvenu à articuler « Comment ça va, Mémé ? »

Joseph Farber perfectionna la machine de Kempelen en la dotant d'une langue mécanique. Des soufflets tenaient lieu de poumons et un clavier commandait l'ensemble, qui pouvait chanter et parler.

Le premier synthétiseur de parole fut le Voder, que présenta Homer Dudley en 1939 à l'Exposition universelle de New York. Il trouva son véritable rôle sous le nom de Vocoder : cet appareil électronique analysait le langage et en produisait une copie synthétique à bande passante étroite, adaptée à la transmission de communications téléphoniques. **SS**

VOIR ÉGALEMENT : ORGUE À TUYAUX, TÉLÉPHONE, MICROPHONE

La spinning mule (1779)

Crompton améliore le rendement de la production industrielle de fil.

L'industrie textile fut la pierre angulaire de la révolution industrielle britannique. Depuis des siècles, le procédé de production du fil n'avait pas changé : il mettait en œuvre des rouets, invariablement animés par des femmes et des enfants. C'était un travail épuisant et de faible rendement.

Au milieu du XVIIIe siècle, la demande de textile à l'exportation augmenta, et apparurent des dispositifs permettant d'augmenter la vitesse du filage. Les deux plus importants furent la water frame et la spinning jenny. Le premier utilisait comme force motrice la roue à aubes, bien supérieure au muscle humain. Le second, un rouet à bobines multiples, décupla la production en permettant à un unique ouvrier de faire tourner huit lignes de production à la fois. En 1779, l'inventeur Samuel Crompton combina les caractéristiques des deux innovations en créant la spinning mule. C'était un rouet couplé à une roue à aubes, équipé de bobines multiples. La machine produisait un fil fin et solide, régulier et de haute qualité, adapté à la fabrication de tous les textiles. Sa vitesse de travail était considérable.

Lorsque la force motrice de la vapeur – cet autre pilier de la révolution industrielle – fut réellement domestiquée, la spinning mule en profita. Ainsi naquit la production de masse des textiles, qui changea le paysage du Lancashire et du Yorkshire. **TB**

VOIR ÉGALEMENT : VÊTEMENT, ÉTOFFE TISSÉE, ROUET, NAVETTE VOLANTE, SPINNING JENNY, WATER FRAME, MÉTIER À TISSER MÉCANIQUE

↗ *Une réplique de bois et de métal de la spinning mule, présentée par le musée des Sciences de Londres.*

→ *Ouvrier et ouvrière effectuant des réglages sur des spinning mules mues par des poulies et des courroies.*

La lampe d'Argand

(1780)

Un Suisse repense la lampe à huile et fait le malheur des cachalots.

Les lampes à combustibles avaient brûlé durant des siècles sans connaître d'amélioration notable. Mais, en 1780, le savant helvétique Aimé Argand (1750-1803) inventa un modèle révolutionnaire.

Argand avait étudié la chimie sous la férule du Français Antoine Laurent de Lavoisier, qui avait prouvé le rôle essentiel de l'oxygène dans la combustion. La lampe d'Argand possédait une mèche annulaire, permettant à l'intérieur de la flamme de recevoir un maximum d'air, ce qui augmentait la combustion et assurait une haute température et une flamme très lumineuse. Un verre cylindrique protégeait celle-ci du vent ou des courants d'air, assurant la constance de la lumière et régulant le tirage. L'inventeur avait aussi prévu un système permettant de monter ou de baisser la mèche, et donc d'ajuster l'intensité de la lumière. Quant aux particules de carbone, qui avaient encrassé et terni les devancières de la lampe d'Argand, elles étaient brûlées par l'intense chaleur de la flamme.

Argand détermina que le meilleur combustible pour sa lampe était l'huile de cachalot : elle donnait une flamme dix fois plus brillante que celle d'une bougie.

Lavoisier fut décapité en 1794 et le brevet d'Argand lui échappa : quiconque pouvait désormais copier impunément son invention. Le savant suisse mourut à Londres en 1803, après avoir vainement cherché à composer l'élixir de longue vie. Jusqu'à l'invention de la lampe à pétrole en 1850, les cachalots des sept mers payèrent le prix de la lumière. **FS**

« La lampe d'Argand mettait l'air en contact avec le gaz par le biais d'une multitude d'orifices. »

The Mechanics Magazine (1854)

VOIR ÉGALEMENT : LAMPE À HUILE, CHANDELLE, ÉCLAIRAGE AU GAZ, LAMPE À ARC, AMPOULE À INCANDESCENCE, LAMPE À LAVE

⇱ *Avec son réservoir réduit, cette lampe d'Argand demandait sans doute de fréquents remplissages.*

La fusée de fer (1780)

Les Indiens augmentent la portée des missiles.

L'usage guerrier de la fusée fut lancé par les Chinois, vers le XIIIe siècle. Leurs « flèches de feu » firent merveille contre les Mongols et, en peu de temps, le reste du monde les avait copiés.

Au cours du XVIIIe siècle, les Anglais et les Français se disputaient l'Inde. Malheureusement pour eux, ils découvrirent que les autochtones n'étaient pas décidés à leur céder leur terre. Tipu Sultan de Mysore déploya contre les Anglais une tactique mise au point par son père et lui et consistant à lancer à l'assaut des troupes équipées de fusées. Les gens de Mysore prirent l'avantage : leurs missiles avaient une portée bien supérieure aux armes britanniques les plus sophistiquées.

Les fusées européennes, construites en bois, ne pouvaient supporter qu'une poussée minime : elles risquaient sinon de voler en morceau. Celles de Tipu Sultan se composaient d'un tube de fer, ce qui les rendait bien plus résistantes. Ce surcroît de solidité leur permettait de résister à des poussées plus fortes et donc d'atteindre des cibles bien plus éloignées. Le nombre d'engins déployés sur le champ de bataille, sans parler du bruit émis et de l'impact psychologique, sema le désarroi dans l'infanterie britannique, et les fusées dirigées contre ces troupes provoquèrent des pertes non négligeables.

Impressionnés par ces armes, les Anglais les rapportèrent par centaines au pays afin de les copier. La version britannique de ces fusées fut utilisée à Boulogne, à Copenhague, contre les Américains à Fort Washington… et l'expression *rockets' red glare* – « la lueur rouge des fusées » – a été intégrée dans les paroles de l'hymne national américain, « La bannière étoilée ». **DK**

VOIR ÉGALEMENT : POUDRE NOIRE, FEU D'ARTIFICE, FUSÉE, OBUS SHRAPNEL, MISSILE BALISTIQUE

La machine à vapeur compound (1781)

Hornblower multiplie les cylindres.

Dans les premières machines à vapeur, le fluide ne travaillait qu'une fois : après avoir repoussé le piston, il s'échappait. Un dispositif plus efficace permit à la vapeur de se détendre en deux étapes, ou plus. Ces moteurs *compound*, c'est-à-dire composés, avaient deux cylindres ou davantage. La vapeur, après s'être détendue dans le cylindre à haute pression, passait dans un cylindre à basse pression, de diamètre plus grand. Les deux pistons étaient reliés par un vilebrequin, et l'admission de la vapeur synchronisait leur mouvement. Si les calculs étaient corrects, la puissance pouvait doubler, et la machine tournait rond. Comme cette technologie était complexe, on l'utilisait surtout sur des sites industriels et à bord des navires. On construisit bien des locomotives compound, mais les rudes conditions d'utilisation rendaient leur maintenance délicate.

> *« [La conduite d'une machine à vapeur] exige un homme intelligent, honnête, tempérant et calme… »*
>
> Isambard Kingdom Brunel, ingénieur

Jonathan Hornblower (1753-1815) était au départ un employé de Boulton et Watt. Ce fut lui qui conçut le premier moteur à vapeur compound en 1781. Hélas, les machines initiales n'avaient pas un rendement supérieur à celles ne possédant qu'un cylindre. Le concept fut amélioré par Arthur Wolf, qui obtint un brevet en 1805. Mais les problèmes posés par le cylindre haute pression interdirent à ces machines de se populariser avant le milieu du XIXe siècle. **DH**

VOIR ÉGALEMENT : MACHINE À VAPEUR, MACHINE À VAPEUR À CONDENSEUR SÉPARÉ, LOCOMOTIVE À HAUTE PRESSION

La montgolfière (1783)

Grâce au feu, les frères Montgolfier font décoller l'humanité.

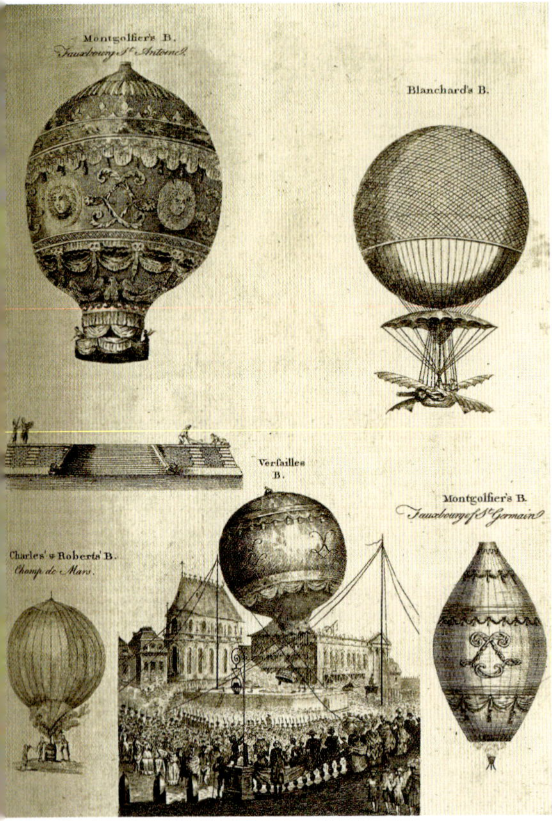

Le 21 novembre 1983 à 13 h 45, dans la cour du château de la Muette (à la lisière de Paris), le ballon des frères Montgolfier, Joseph-Michel (1740-1810) et Jacques-Étienne (1745-1799), effectua le premier vol humain de l'histoire de l'humanité. À son bord, un jeune savant du nom de Jean-François Pilâtre de Rozier et un officier, le marquis d'Arlandes, volèrent durant 25 minutes, avant de se poser à la Butte-aux-Cailles, à 16 km de leur point de départ.

L'inspiration était venue aux Montgolfier en s'interrogeant sur la « force » qui faisait monter les étincelles, les cendres et la fumée d'un feu. Ils bâtirent un sac de taffetas, le disposèrent gueule en bas, et allumèrent un feu sous l'ouverture. Le sac monta jusqu'au plafond. Leurs essais mirent en œuvre des enveloppes de plus en plus vastes, puis, le 19 septembre 1782, on les pria d'effectuer une démonstration en présence du roi Louis XVI et de la reine. Les souverains virent décoller les premiers aéronautes – un mouton, un canard et un coq, embarqués dans la nacelle. Au cours du vol de huit minutes, le ballon des deux frères s'éleva à 460 m, avant que l'absence de carburant ne le fasse redescendre sans dommage à plus de 3 km.

Malgré leur réussite, les Montgolfier n'étaient pas parvenus à cerner le phénomène qui sous-tendait leur travail. Ils croyaient que la fumée faisait s'élever leur ballon. En fait, il s'agissait simplement d'une application du principe d'Archimède : l'air chauffé se dilate, devient à volume égal plus léger que l'air froid, et la montgolfière monte comme un bouchon lâché au fond d'une baignoire. **TB**

« Fais rentrer une quantité de taffetas… et tu verras l'un des spectacles les plus surprenants. »

Joseph Montgolfier, lettre à son frère

↑ *Gravure datée de 1784, peu après le vol historique des Montgolfier. Les styles des ballons se diversifient déjà.*

→ *Au cours de cet essai préalable, le ballon encordé des Montgolfier s'élève au-dessus de sa source de chaleur.*

VOIR ÉGALEMENT : FOYER AMÉNAGÉ, CERF-VOLANT, PLANEUR, AVION À MOTEUR, AUTOGYRE, MOTEUR À RÉACTION, AVION SUPERSONIQUE

VUE ET PERSPECTIVE DU JARDIN DE Mr REVEILLON FABRIQUANT DE PAPIER,
uxbourg St Antoine, à l'ancien Hôtel de Titon, où se sont faites les expériences de la Machine Aërostatique de MM. Montgolfier freres, dans le courant de l'Eté, en l'année 1783 à la satisfaction d'un concours immense d'amateurs.

DEDIÉE A M^RS LES PHYSICIENS.

A Paris, chez Esnauts et Rapilly, rue St Jacques, à la Ville de Coutances.

Le parachute (1783)

Lenormand effectue la première descente freinée par une coupole de toile.

Le 26 décembre 1783, devant une foule massée au pied de la tour de la Babote à Montpellier, le savant et physicien français Louis-Sébastien Lenormand s'élança dans le vide en étreignant un parachute de quatre mètres de diamètre, tendu sur un cadre de bois improvisé. Ce fut la première utilisation documentée du parachute. Une tentative antérieure avait vu Lenormand se jeter d'un arbre avec, pour ralentir sa descente, deux parasols modifiés.

Lenormand avait sans doute trouvé son inspiration dans les écrits d'un ancien ambassadeur de France en Chine, qui décrivait des acrobates flottant jusqu'au sol en tenant des parapluies. Une légende chinoise, datant du Ier siècle av. J.-C., parle d'un groupe de condamnés à mort qui s'échappèrent en sautant d'une tour, ralentis par leurs chapeaux coniques de paille. Certes, Léonard de Vinci avait dessiné son fameux parachute pyramidal en lin enduit, mais rien ne prouve que le projet se soit concrétisé. D'autres manuscrits récemment mis au jour et datant de 1470 décrivent un parachute analogue à celui de Léonard, mais antérieur d'une quinzaine d'années.

Le premier saut d'une grande hauteur fut effectué par l'aéronaute français André-Jacques Garnerin. En 1797, il s'élança de la nacelle d'une montgolfière, suspendu à un parachute du type esquissé par Vinci, et descendit près de 700 m avant de se poser sans dommage sur le sol du parc Monceau, à Paris, devant une foule enthousiaste. Plus tard, Garnerin modifia son engin et ajouta une ouverture centrale pour diminuer les oscillations durant la descente. **BS**

VOIR ÉGALEMENT : ÉTOFFE TISSÉE, MONTGOLFIÈRE, AVION À MOTEUR, PARACHUTE DORSAL

↑ *En 1797, élevé à 700 m par une montgolfière, Garnerin ouvrit son parachute et descendit au sol sans dommage.*

Les lunettes bifocales (1784)

Franklin vulgarise les « doubles verres », qui cumulent les fonctions de deux paires de lunettes.

Avec l'âge, la capacité de l'œil à faire le point sur des objets rapprochés décroît. Ce phénomène, appelé presbytie, explique pourquoi les personnes âgées tiennent leurs livres à bout de bras. Les lunettes bifocales mettent deux verres à la disposition de chaque œil. Le verre inférieur corrige la presbytie et permet de voir net les objets rapprochés.

L'homme d'État et inventeur Benjamin Franklin (1706-1790) est en général crédité de l'invention des verres bifocaux – mais le nom du créateur et la date de la création demeurent brumeux. Franklin – et quelques autres – ont pu porter ce type de lunettes dès les années 1760, mais il ne fait mention de l'objet que le 21 août 1784, en parlant de ses « lunettes doubles ». Quoi qu'il en soit, Franklin fit beaucoup pour la popularité des verres bifocaux ; homme de science affublé d'une vue déficiente, il comprenait certainement les principes sous-tendant leur fonctionnement. Chaque verre des lunettes de Franklin se composait de deux morceaux de verre distincts. Mais, à la fin du XIXe siècle, Ludwig von Wecker découvrit le moyen de les réunir.

Quant au mot « bifocal », il fut introduit en 1826 par John Isaac Hawkins, pour les distinguer d'autres verres dont il était l'inventeur : des « trifocaux » comportant trois lentilles distinctes. Ces verres répondaient à un réel besoin des utilisateurs de verres doubles : ils voyaient net au loin, ils voyaient net de près, mais les objets situés à une distance intermédiaire demeuraient flous.

Aujourd'hui, les verres progressifs – inventés à la fin des années 1950 par le Français Bernard Maitenaz – permettent de voir net à toute distance. **JC**

VOIR ÉGALEMENT : VERRE, LOUPE, LUNETTES, TEST D'ACUITÉ VISUELLE SNELLEN, LENTILLES DE CONTACT

↑ *Cette paire de lunettes à double foyer comporte deux lentilles par œil. Notez les branches télescopiques.*

L'obus shrapnel (1784)

Un lieutenant anglais combine les technologies pour créer une arme mortelle.

Dans le langage courant, le mot « shrapnel » désigne des fragments de métal projetés par une explosion – et surtout ceux qui se sont logés dans la chair humaine. Mais le mot a une acception plus importante : il indique une arme d'artillerie inventée en 1784 par Henry Shrapnel (17671-1842), lieutenant dans l'armée britannique.

À l'origine, l'obus shrapnel était une sphère de fer creuse, garnie de poudre noire et de 200 balles de mousquet ainsi que d'un détonateur à retardement. Tandis que l'obus suivait sa course, le détonateur provoquait son explosion, et les balles fusaient à grande vitesse – dans la direction qui était celle de l'obus. L'effet, sur des troupes sans protection, était meurtrier.

L'invention de Shrapnel combinait deux technologies guerrières antérieures. À courte distance, les artilleurs utilisaient une « boîte à balles », récipient de métal empli de balles de plomb. Lorsque le coup partait, les balles fusaient comme les chevrotines d'un fusil de chasse, avec un effet terriblement dévastateur. À plus longue distance, ils tiraient des boulets creux emplis de poudre noire. L'explosion projetait des éclats de métal dans toutes les directions. Le bruit était effrayant, mais l'efficacité laissait à désirer.

À partir de 1787, Shrapnel fit des démonstrations de son invention devant l'état-major britannique. En 1803, enfin, il parvint à la faire agréer. Les obus servirent au Surinam en 1804 – et donnèrent toute satisfaction. Ils jouèrent un rôle clé dans nombre de batailles du XIXe siècle. Shrapnel appelait son obus une « boîte à balles sphérique », mais les artilleurs le désignèrent toujours du nom de son inventeur. **JC**

« En retombant, les balles des shrapnels cinglaient les ardoises des toits. »

François Mauriac, *Fleuve de feu*

VOIR ÉGALEMENT : POUDRE NOIRE, CANON, MOUSQUET

Extérieur et coupe d'un obus shrapnel (dans la douille, les cordelettes nouées – la cordite – forment la charge propulsive de l'obus).

La serrure à pompe (1784)

Bramah conçoit une serrure quasi incrochetable.

L'inventeur britannique Joseph Bramah (1748-1814) breveta 18 nouveautés. Entre autres, le stylographe, la pompe à incendie et la pompe à bière. Mais ce qui lui valut la gloire fut la serrure à pompe, dans laquelle il avait intégré des pièces mobiles munies d'encoches : le dispositif s'avéra presque impossible à crocheter.

Bramah était si sûr de son fait qu'il proposa un prix à quiconque aurait raison de sa serrure. La presse et l'opinion firent leurs choux gras du défi – ce qui servit bien sûr l'avenir commercial de l'invention – d'autant que la serrure résista à toute tentative de viol durant un demi-siècle. Elle fut enfin ouverte par un Américain du nom de A. C. Hobbs, qui dut s'échiner seize jours avant d'en avoir raison.

« Billy remarqua (que la serrure) était une Chubb et non une Bramah, réputée incrochetable. »

Frederick Forsyth, *Le quatrième protocole* (1984)

Ces mécanismes étaient fort délicats à réaliser à la main. Plus tard, lorsque Bramah eut embauché un jeune apprenti du nom de Henry Maudslay, l'imagination technique du premier et l'habileté du second leur permirent de concevoir des machines à même de fabriquer la serrure à pompe pour un coût réduit.

L'entreprise créée par Joseph Bramah existe toujours, à Londres. C'est un descendant de l'inventeur qui la dirige. Il continue à fabriquer des serrures à pompe sur la base de la conception originelle, et la qualité de cette production dépasse les normes britanniques ou européennes. **LS**

VOIR ÉGALEMENT : SERRURE MÉCANIQUE, SERRURE À COMBINAISON, CADENAS, SERRURE À GORGES, SERRURE À MINUTERIE, SERRURE À GOUPILLES

La batteuse (1784)

La machine de Meikle sépare le grain des tiges.

En 1784, le minotier et inventeur Andrew Meikle inventa la batteuse, en s'inspirant probablement d'un brevet déposé par Michael Menzies un demi-siècle auparavant. Après la moisson, il faut séparer les grains des céréales du reste de la plante. Après un essai malheureux en 1778, Meikle construisit une machine qui effectuait cette tâche en un temps record. Mais, à mesure que les batteuses se répandaient en Angleterre, elles étaient accueillies par les villageois avec une colère grandissante. Battre les céréales au fléau avait jusqu'ici assuré un revenu supplémentaire aux paysans durant la période hivernale. Leur niveau de vie était désormais dans la balance. Ils se révoltèrent.

Les batteuses ne sont pas des engins sans risque. Elles battent tout ce qu'elles rencontrent, les épis bien sûr, mais aussi les membres des ouvriers agricoles. Le dispositif final de Meikle comportait un tambour robuste, muni de bras. L'inventeur évitait ainsi de répéter sa première erreur technique, qui frottait le grain au lieu de le battre.

Les premiers paysans à actionner la machine n'étaient que médiocrement entraînés, et peu familiers des dangers liés aux dispositifs automatiques. Pis encore, ces hommes buvaient plutôt de la bière que de l'eau… Pour qui avait soif, une dose de plusieurs litres durant la journée n'avait rien d'exceptionnel. Le taux d'hydrates de carbone de la main-d'œuvre frisait parfois la limite haute – comme le taux d'alcoolémie. Ce dernier, combiné à la méconnaissance de la machine, à la fatigue et au souci de rendement se traduisit par un nombre de morts et de blessés proportionnellement très élevé.

L'invention évolua, jusqu'à prendre la forme de la moissonneuse-batteuse motorisée, qui a offert à l'agriculture d'autres révolutions techniques. **CB**

VOIR ÉGALEMENT : FLÉAU, FAUX, MOISSONNEUSE-BATTEUSE

Le métier à tisser mécanique

(1785)

Cartwright fait passer le tissage dans l'ère industrielle.

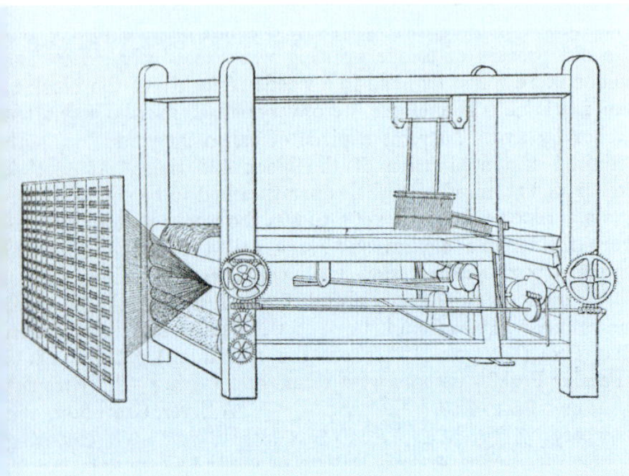

Depuis les années 1760, des machines efficaces filaient le coton, mais la mécanisation du tissage dut attendre le début du XIXe siècle pour offrir des solutions crédibles. Tout commença en 1785, lorsque Edmund Cartwright (1743-1823) breveta le premier métier mécanique.

Depuis le XVIIIe siècle, les métiers à tisser à main étaient courants. Il s'agissait d'engins plutôt lents, requérant chacun l'attention entière d'une personne. Un métier mécanique est une version automatisée de son frère à main. Il travaille plus vite que celui-ci et une personne suffit à en faire fonctionner plusieurs.

À l'origine, ce furent des roues à aubes de moulins qui animèrent les métiers à tisser de Cartwright. Un arbre, des poulies, des courroies et des engrenages transmettaient la force. Mais au cours du XIXe siècle, la vapeur prit progressivement la place de l'énergie hydraulique : en effet, une usine ou un atelier fonctionnant grâce à une machine à vapeur pouvait s'installer n'importe où, et n'était plus tributaire de la proximité d'une rivière. En outre, le processus du filage, répétitif par nature, se prêtait très bien à la mécanisation. Ce qui n'empêcha pas les bavures et les échecs, comme le découvrit Cartwright lorsqu'il ouvrit sa propre usine textile à Doncaster, dans le Sud de l'Angleterre. Mais son cerveau inventif y remédia bien vite et il déposa de nombreux brevets entre 1785 et 1792. Au milieu du XIXe siècle, près de 300 000 métiers à tisser mécaniques étaient installés dans la seule Angleterre. **JC**

VOIR ÉGALEMENT : VÊTEMENT, ÉTOFFE TISSÉE, ROUET, NAVETTE VOLANTE, SPINNING JENNY, SPINNING MULE

⇖ *Edmund Cartwright (ici peint par Robert Fulton) devint l'expérimentateur agricole des ducs de Bedford.*

⇐ *Le métier à tisser de Cartwright accéléra la production, mais coûta leur emploi à nombre de tisserands.*

Le système métrique (1791)

Les Français rationalisent poids et mesures.

Au XIXe siècle, l'abondance et la disparité des unités de mesure étaient confondantes. L'Angleterre, par exemple, utilisait pour ses longueurs des pouces, des pieds, des yards, des coudées, des brasses, des perches, des sillons, des miles et des lieues.

En 1791, l'Assemblée constituante pria l'Académie des sciences d'établir un système décimal simple. En 1793, l'unité de longueur, le mètre, fut définie comme le quart du millionième du méridien terrestre. Le travail de relevé topographique nécessaire au calcul fut effectué par les astronomes Jean-Baptiste Joseph Delambre (1749-1822) et Pierre Méchain (1744-1804), entre Dunkerque et Barcelone.

Une barre de platine, portant à chaque extrémité deux traits définissant la longueur de la nouvelle « mesure » – *metron*, en grec – fut déposée dans les archives du Corps législatif. Les sous-multiples (millimètre, centimètre) reçurent un nom d'origine latine ; les multiples (hectomètre, kilomètre), un nom d'origine grecque. Ce principe s'appliqua à toutes les unités du nouveau système.

Du mètre découla le kilogramme. Il fut défini comme la masse d'un volume d'eau pure à 4 °C, inscrit dans un cube de 10 cm d'arrête. C'est à la température de 4 °C que l'eau présente sa densité maximale.

En 1960, la technologie du laser permit de moderniser la définition du mètre : elle devint un multiple de la longueur d'onde d'un isotope du gaz krypton. En 1993, elle changea à nouveau. Le mètre correspond aujourd'hui à la distance parcourue par la lumière dans le vide en 1/299 792 458 de seconde. **DH**

VOIR ÉGALEMENT : MESURES NORMALISÉES, RÈGLE À CALCUL, MÈTRE À RUBAN À ENROULEMENT

← Cette planche présente la gamme des unités métriques de longueur, de surface, de poids et de volume. Même la monnaie n'échappe pas au système.

La turbine à gaz (1791)

Barber lance une nouvelle source d'énergie.

En 1791, l'inventeur anglais John Barber (1734-1801) breveta « un moteur utilisant l'air inflammable afin de produire du mouvement ». Il s'agissait de la turbine à gaz, dispositif en avance sur son temps d'un siècle et demi – et s'appuyant sur une idée vieille de 1 700 ans.

Une turbine transforme l'énergie d'un gaz ou d'un liquide en un mouvement rotatif. Au Ier siècle, l'inventeur grec Héron d'Alexandrie mit au point la première turbine mue par la vapeur. Celle-ci, produite dans une chaudière, fusait par les deux extrémités d'un tube en forme de « S » tournant sur un axe – principe repris dans les arroseurs automatiques. Le moteur de Barber obéissait aux mêmes lois, mais possédait des caractéristiques très innovantes.

Une turbine à gaz de type Barber possède trois composants principaux : un compresseur pour augmenter la densité de l'air, une chambre de combustion où le mélange air-carburant s'enflamme, et une roue à ailettes que l'augmentation de volume des gaz brûlés met en mouvement.

Le concept était viable, mais la métallurgie de l'époque ne pouvait produire des composants aptes à supporter les hautes températures requises. Et les inventeurs du XIXe siècle eurent beau s'échiner sur le problème, la première turbine à gaz fonctionnelle, celle d'Aegidius Elling, ne tourna qu'en 1903. Elle développait onze chevaux…

Les deux utilisations principales de la turbine à gaz sont la production de mouvement et la propulsion par réaction, où l'énergie se concentre dans les gaz éjectés à haute vitesse. La même année (1939) vit ces deux applications se concrétiser, avec une centrale électrique suisse et un « jet » allemand. **ES**

VOIR ÉGALEMENT : ÉCLAIRAGE AU GAZ, CUISINIÈRE À GAZ, MOTEUR À GAZ, TURBINE À VAPEUR, TURBINE FRANCIS

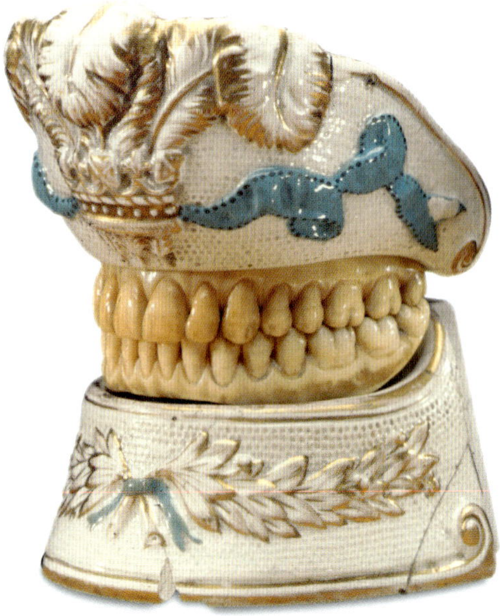

Le dentier (1791)

Dubois de Chémant s'approprie un brevet de dents en porcelaine.

L'histoire des dentitions artificielles est bien antérieure à l'utilisation d'un brevet par le dentiste Nicolas Dubois de Chémant. Au VIIe siècle av. J.-C., les Étrusques fabriquaient des prothèses faites de dents humaines ou animales. Au XVe siècle, en Europe, des dents – naturelles ou d'ivoire taillé – étaient fixées par des fils à la dentition restante du patient. Autant de tentatives qui se soldaient par une destruction rapide de la prothèse, sans compter un grand inconfort et une haleine puissante.

En 1774, le dentiste français Alexis Duchâteau (1714-1792), mécontent de ses propres dents, s'en fabriqua de nouvelles rangées – en porcelaine. Dubois de Chémant l'assista dans l'aventure. Mais Duchâteau ne réussit pas à imposer son invention, et les choses en restèrent là. De son côté, Dubois de Chémant poursuivit les tentatives et, en 1787, il parvint à un résultat parfait. Il déposa une demande de brevet en France. Duchâteau, s'estimant lésé, poursuivit son ancien ami sans obtenir gain de cause.

Au cours de la Révolution française, Dubois de Chémant s'enfuit en Angleterre. Là, en 1791, il obtint un brevet pour ses « dents de pâte minérale ». Durant quelques années, le grand porcelainier Wedgwood lui fournit la matière première nécessaire à la fabrication de ses prothèses. Au début du XIXe siècle, il parvint à mettre au point des « bridges » – une fausse dent fixée à ses deux voisines naturelles. À l'aube du XXe siècle, de grands progrès furent faits dans les matériaux, les structures et les ajustages. La porcelaine s'effaça devant la vulcanite, qui céda la place aux résines acryliques en vogue aujourd'hui. **TP**

VOIR ÉGALEMENT : DENTIFRICE, BROSSE À DENTS, FIL DENTAIRE, FRAISE ÉLECTRIQUE

↑ *Ces dents en ivoire d'hippopotame dans leur élégant présentoir de porcelaine furent réalisées pour le prince de Galles aux alentours de 1800.*

L'éclairage au gaz (1792)

Grâce au gaz tiré de la houille, Murdock illumine les villes.

William Murdock (1754-1839) fut un inventeur accompli et prolifique, mais une seule création suffit à asseoir sa gloire : l'éclairage au gaz, qui vint remplacer les anciens systèmes fonctionnant à l'huile et au suif. Ses expériences débutèrent en 1792, lorsqu'il s'aperçut que le gaz s'échappant du charbon en combustion pouvait s'enflammer et fournir une source de lumière régulière. On raconte qu'il brûla le charbon dans la vieille bouilloire de sa mère et enflamma le gaz qui sortait par le bec. En 1794, néanmoins, la bouilloire avait cédé la place à une cornue construite spécialement pour brûler le charbon. Le gaz était conduit par un long tube jusqu'à un brûleur et enflammé.

Murdock installa le dispositif dans sa propre maison de Redruth, dans les Cornouailles. En 1798, il quitta les Cornouailles pour Birmingham et commença à travailler à l'usine Boulton et Watt (que dirigeaient Matthew Boulton, l'ingénieur et homme d'affaires bien connu, avec James Watt, le père de la machine à vapeur moderne). Il installa son éclairage au gaz dans les ateliers. En 1802, il illumina l'extérieur de l'usine, à la joie des passants. L'année suivante, c'était l'usine textile Philips et Lee qui profitait de son invention.

Pourquoi Murdock ne parvint-il pas à obtenir un brevet ? La question reste sans réponse. Peut-être ses employeurs, Boulton et Watt, l'en dissuadèrent-ils ? Au milieu du XIXe siècle, toutes les grandes villes possédaient leurs propres installations d'éclairage au gaz, basées sur les travaux de Murdock – qui n'en tira que de bien maigres bénéfices. **TP**

VOIR ÉGALEMENT : LAMPE À HUILE, BOUGIE, LAMPE D'ARGAND, LAMPE À ARC, RÉSEAU PUBLIC D'ÉLECTRICITÉ, AMPOULE À INCANDESCENCE

↑ *Dessin de Thomas Rowlandson (1756-1827) croquant les réactions de la foule après l'installation de l'éclairage au gaz à Londres en 1807.*

Dr LARREY

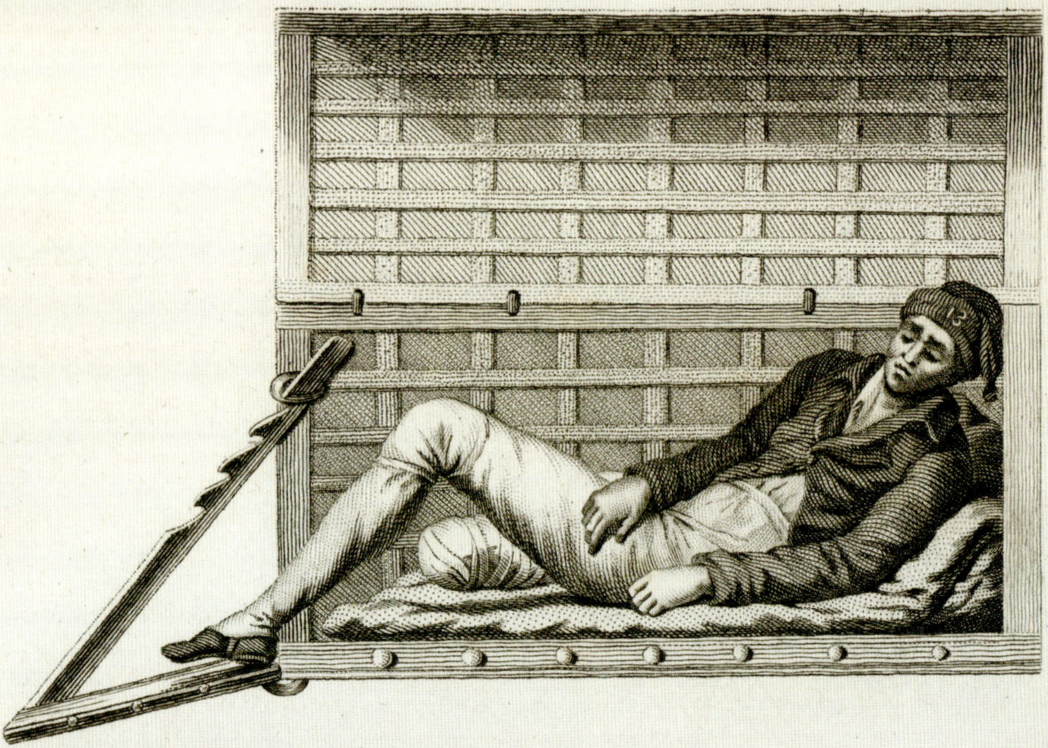

L'ambulance (1792)

Larrey lance les soins médicaux mobiles.

Les ambulances naquirent sur les champs de bataille français de 1792. Leur inventeur, le chirurgien Dominique-Jean Larrey (1766-1842), se trouvait frustré par les règlements qui le confinaient à l'arrière de la zone de combat. Ayant remarqué que la mobilité de l'artillerie française lui permettait de rompre aisément le contact avec l'ennemi, Larrey proposa à l'état-major une « ambulance volante » qui suivrait l'artillerie et soignerait ses blessés sur place.

Le chirurgien conçut donc un chariot à cheval, dont le compartiment central comportait des matelas de crin pouvant transporter confortablement deux blessés. Des fenêtres latérales assuraient une bonne ventilation. Les patients pouvaient être aisément installés et sortis, car le véhicule comportait des planchers mobiles montés sur roulette. Des coffres contenant des remèdes, du matériel médical, étaient également ménagés.

« Avant… nous voyions rarement des survivants privés de leurs deux bras et de leurs deux jambes… »

Dominique-Jean Larrey, chirurgien

Larrey et son équipe soignaient les combattants en fonction de la gravité de leur état, pas de leur rang. Ils écartaient les blessés promis à une mort certaine au profit de ceux dont la survie était possible. Le mot qu'ils appliquèrent à cet acte, le « triage », fait toujours partie du vocabulaire de la médecine d'urgence. **BS**

VOIR ÉGALEMENT : TRAÎNEAU, ROUE ET ESSIEU, CHARRETTE, COLLIER DE CHEVAL

Larrey aménagea des civières couvertes sur des chameaux pour le transport des blessés de l'armée d'Égypte, dont il était le chirurgien chef.

L'égreneuse à coton (1793)

Whitney transforme la production du coton.

Lorsque Eli Whitney (1765-1825), avec en poche son diplôme de Yale, décida en 1792 de quitter le Massachusetts pour la Géorgie, il ignorait qu'il allait transformer le cours de l'histoire américaine. Employé par une plantation, il comprit que le tri manuel des graines du coton freinait toute expansion économique. En quelques mois, il conçut et fabriqua une machine qui isolait la fibre, grâce à des milliers de courts crochets d'acier montés sur un cylindre en rotation. Seul le coton franchissait la rambarde métallique de l'engin. Les graines restaient derrière.

L'élégance de l'égreneuse à coton – *cotton gin*, dont le nom dérive de la prononciation géorgienne d'*engine*, machine ou moteur en anglais – tenait à sa simplicité d'utilisation, qu'elle soit mue par la force humaine, animale ou hydraulique. Conscient de l'énorme marché que représentait pour son invention l'industrie textile britannique, et des bénéfices qu'il pouvait en tirer, Whitney déposa un brevet en 1794. Il s'associa avec Phineas Miller pour fabriquer et installer des égreneuses à coton dans tous les États du Sud… mais découvrit que les planteurs rechignaient à acheter un engin dont ils pouvaient aisément pirater la technique. Les poursuites judiciaires des deux businessmen n'y changèrent rien et ils durent se mettre en faillite en 1797. Et, tandis que Whitney accumulait les dettes, la production – et la fortune – des planteurs du Sud grimpait en flèche.

Au milieu du XIXe siècle, les États-Unis assuraient les trois quarts de la production mondiale de coton. L'augmentation de la demande fit croître le nombre des esclaves travaillant dans les plantations, et déclencha indirectement la guerre de Sécession. **SG**

VOIR ÉGALEMENT : VÊTEMENT, ÉTOFFE TISSÉE, ROUET, SPINNING JENNY, SPINNING MULE, MÉTIER À TISSER MÉCANIQUE

L'ascenseur à bateaux (1794)

Fulton fait changer les péniches de niveau.

L'utilisation du plan incliné pour bateau remonte au moins au VIe siècle av. J.-C., lorsque les navires franchissaient l'isthme de Corinthe sur des plates-formes à roues. Les ingénieurs chinois de l'Antiquité appliquaient le même principe sur leurs canaux, grâce à des rampes permettant à leurs bateaux de changer de niveau.

Un pionnier du plan incliné moderne fut l'Italien Daviso de Arcort. Sur le canal de Coalisland, en Irlande du Nord, il fit fonctionner dès 1770 un « monte-péniche » de son invention : les bateaux chargés de charbon étaient montés et descendus de 58 m, sur des rails. Des contrepoids et des chevaux fournissaient la force motrice. Le projet, trop ambitieux, fut abandonné en 1787.

> *« Il s'agit simplement de deux plans inclinés assemblés, s'étendant d'une altitude à une autre. »* Robert Fulton, ingénieur

En 1778, William Reynolds lança le premier plan incliné d'Angleterre, dans le Shropshire. Il en installa un deuxième, mu par la vapeur, sur le canal de Shrewsbury. Mais ce fut l'Américain Robert Fulton qui revendiqua le brevet britannique de l'invention. Arrivé en Angleterre en 1786, en qualité d'artiste peintre, le jeune homme endossa vite la tunique d'ingénieur et manifesta un grand talent à mettre en pratique les idées des autres. Son rôle d'inventeur demeure discutable, mais son *Traité sur l'amélioration de la navigation fluviale* (1796) popularisa cette technique en France et aux États-Unis. **FW**

VOIR ÉGALEMENT : CANAL, ÉCLUSE, BARRAGE

Le moteur à combustion interne (1794)

Street invente une nouvelle source de mouvement.

Le terme « moteur à combustion interne » évoque une machine à pistons où la combustion est intermittente. Pourtant, les turbines, les réacteurs et les fusées s'appuient également sur ce principe, mais la combustion est permanente.

Au XVIIe siècle, l'inventeur anglais, Sir Samuel Morland, faisait fonctionner ses pompes à eau grâce à des déflagrations de poudre à canon. C'était l'ancêtre de la combustion interne, mais il fallut attendre 1794 pour que Robert Street construise un moteur sans compression et 1879 pour que Karl Benz crée le moteur d'automobile à quatre temps.

Ce qui sépare les moteurs modernes de leurs aïeux, c'est le recours au phénomène de la compression à l'intérieur du cylindre. Dans les premières tentatives, le mélange air-carburant était simplement aspiré par le retour du piston lors du premier temps du cycle. Désormais, la mise à feu du mélange d'air et de carburant se produit lorsque le piston a déjà comprimé celui-ci en haut du cylindre, dans la chambre de combustion. La combustion engendre des gaz à haute température, qui se dilatent et repoussent le piston vers le bas du cylindre. Les machines à vapeur, au contraire, sont des moteurs à combustion externe : le combustible transforme l'eau de la chaudière en vapeur. Des conduites et un système de distribution mènent celle-ci jusqu'aux cylindres, où elle meut les pistons.

Dans la catégorie de la combustion interne, le type le plus courant est le moteur à essence à quatre temps, employé sur les autos, les motos, les avions légers. Le moteur Diesel, autre type très répandu, s'adresse également à l'automobile, aux poids lourds et aux bateaux. Il utilise du gazole. **MF**

VOIR ÉGALEMENT : MOTEUR STIRLING, MOTEUR À GAZ, CYCLE À QUATRE TEMPS, MOTEUR À DEUX TEMPS, MOTEUR DE BOURKE

Le sémaphore
(1794)

Chappe accélère la transmission de l'information à longue distance.

En 1791, un obscur ingénieur du nom de Claude Chappe (1763-1805) expérimenta un système de signal optique, le « télégraphe visuel ». Son idée était de transmettre des messages complexes *via* un réseau de tours surmontées de sémaphores. Trois ans plus tard, avec l'aide de ses quatre frères, Chappe fit la démonstration en grandeur réelle de son invention : une file de quinze tours, chacune directement visible depuis la précédente et la suivante, put transmettre un message de Paris à Lille (200 km) en seulement neuf minutes. Le coût élevé du projet était supporté par un gouvernement français, alors en guerre avec l'Autriche, à l'affût de toute innovation capable de lui donner un avantage stratégique en communication.

Chaque tour de maçonnerie était surmontée par un mât de 9 m, au sommet duquel pivotait un bras principal, lui-même muni de bras mobiles plus courts, pouvant se déplacer dans le plan vertical pour adopter 196 positions correspondant chacun à une lettre, un chiffre, un mot, ou un code de service. Ces bras avaient été peints en noir pour qu'ils se détachent le mieux possible sur le fond du ciel, bleu ou nuageux. Des longues-vues, disposées au pied du mât, permettaient de lire à distance le message à retransmettre. Des espions, ou des personnes mal intentionnées, pouvaient aisément lire les mouvements du sémaphore : aussi, un code secret fut-il prévu pour transmettre les informations sensibles. Le système remporta un tel succès que bientôt de nouvelles lignes furent établies, reliant Paris à Brest, Biarritz, Toulon, Dunkerque, Strasbourg, Bruxelles et Anvers. **BS**

VOIR ÉGALEMENT : TÉLÉGRAPHE ÉLECTROMAGNÉTIQUE, TÉLÉGRAPHE IMPRIMEUR, TÉLÉGRAPHE DUPLEX, TÉLÉPHONE

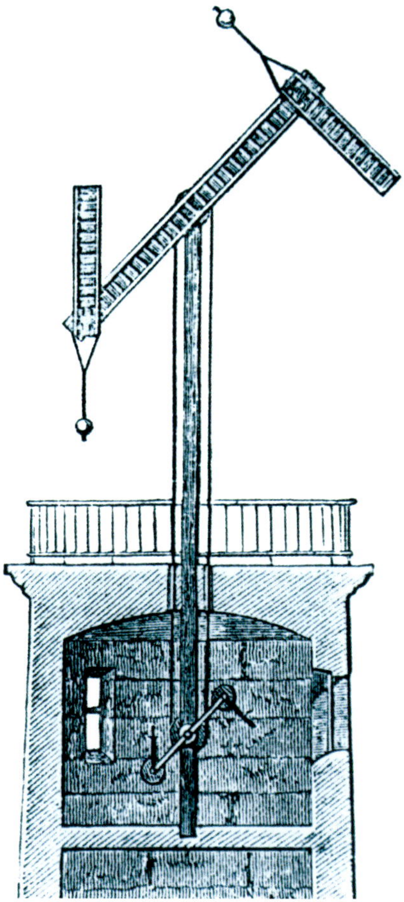

↗ *La position des bras articulés était commandée depuis un poste installé dans la tour.*

« [L'électricité] dut être abandonnée, car aucun isolant ne convenait aux câbles. »

Abraham Chappe, à propos des travaux de son frère

Le tire-bouchon (1795)

Henshall met au point une méthode élégante pour ouvrir une bouteille de vin.

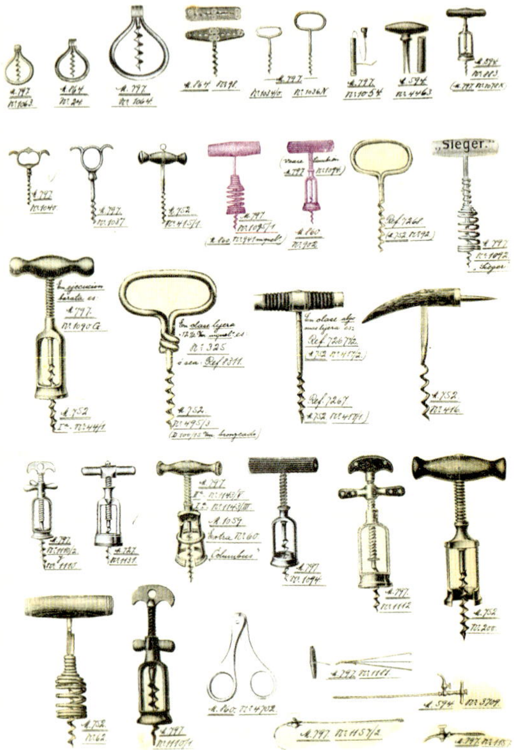

En 1795, à Oxford, le révérend Samuel Henshall prit un tire-bourre – un instrument d'acier hélicoïdal utilisé pour retirer la bourre et les débris du canon d'une arme à feu – et remplaça la baguette qui le prolongeait par une simple poignée de bois. Il venait d'inventer le tire-bouchon moderne. Entre la poignée et le tire-bourre, il intercala une rondelle crantée concave, bientôt baptisée la « rondelle Henshall ». Elle servait de garde, empêchant la lame de s'engager trop profondément dans le liège et, en même temps, brisait aisément la cire qui cachetait la bouteille. Le tire-bouchon fut ensuite manufacturé par les établissements Michael Boulton de Birmingham, frappé sur sa rondelle de l'inscription latine *Obstando promoves soho patent*, « C'est en demeurant ferme que l'on avance ».

Durant la seconde moitié du XVIIIe siècle, la sophistication des techniques de soufflage de verre avait fait évoluer la bouteille. Les flacons courtauds au col effilé, dont le bouchon dépassait assez du goulot pour qu'on l'arrache à la main, avaient vécu. Ils laissaient la place à des bouteilles produites industriellement, au corps et au col parfaitement cylindriques, prêtes à être couchées pour la garde ou le transport. Pour éviter les fuites, les bouchons devaient s'ajuster plus fermement dans le verre. On comprimait désormais les bouchons avant de les mettre en place. Ils ne dépassaient plus du goulot : il fallait donc un instrument pour les extraire.

Certes, des forgerons et des armuriers s'étaient déjà attelés à la tâche, mais il manquait à leurs tire-bourres promus tire-bouchons d'abord un brevet, ensuite de la sophistication, et enfin l'irremplaçable « rondelle Henshall ». **BS**

> *« Faute de tire-bouchon, nous ne dûmes notre survie qu'à la nourriture et à l'eau. »*
>
> W. C. Fields, acteur et comique

VOIR ÉGALEMENT : BOISSONS ALCOOLISÉE, VERRE, VIS, VERRE SOUFFLÉ, SIPHON À SODA, MOUSQUET

À la fin du XIXe siècle, nombre d'inventeurs avaient perfectionné la trouvaille du révérend Henshall.

La presse hydraulique (1795)

Bramah met les liquides au service d'une puissante machine.

Inventeur anglais né dans le Yorkshire, Joseph Bramah (1748-1814) mit au point la presse hydraulique en 1795. De sa cervelle fertile sortirent aussi une pompe à bière, une machine à fabriquer le papier, une presse à imprimer les billets de banque avec changement automatique du numéro et un stylographe.

Les presses hydrauliques sont très utilisées dans l'industrie pour les tâches requérant une grande puissance : celle-ci s'échelonne de une tonne à 10 000 tonnes ou davantage. Schématiquement, la machine comporte deux cylindres et deux pistons de diamètres différents, réunis par un conduit de petit diamètre. Le système est empli d'un liquide, par nature incompressible. Admettons que le rapport de diamètre des pistons soit de un à dix. Si l'on pousse le petit piston de 10 cm, le grand piston ne se déplacera que d'un centimètre – mais sur cette distance dix fois plus courte, il développera une force dix fois supérieure. C'est la même idée de démultiplication que celle du palan, ce système comportant une corde circulant entre deux ensembles de poulies, l'un fixe et l'autre doté d'un crochet : une traction de un mètre sur la corde ne déplacera le crochet que d'une fraction de mètre, avec une force augmentée en proportion.

Le principe de la presse hydraulique avait été brillamment exposé un siècle et demi plus tôt par Blaise Pascal, en particulier avec son expérience du crève-tonneau : un tonneau plein de 200 litres est surmonté d'un fin tube vertical de 10 m de haut, dont la contenance ne dépasse pas le litre. Si l'on remplit le tube d'eau, le tonneau éclate – ici, la pesanteur fournit la pression : avec un piston, l'effet serait le même. **MF**

VOIR ÉGALEMENT : BARRAGE, GRUE HYDRAULIQUE, FREIN HYDRAULIQUE, VÉRIN HYDRAULIQUE, PALAN

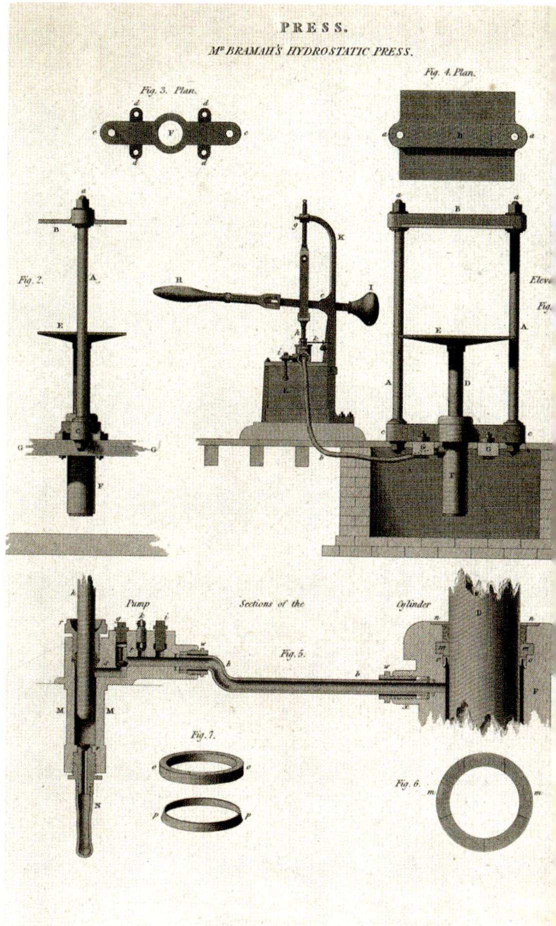

↗ *Gravure de 1812 montrant en coupe la presse hydraulique de Bramah et ses éléments constitutifs.*

« Comme accumulateur de puissance, la presse surpasse toutes les inventions antérieures… »

Revue *Scientific American* (janvier 1864)

La vaccination (1796)

Jenner fait barrage à la variole.

Durant la jeunesse d'Edward Jenner (1796), la variole – ou petite vérole – ravageait Londres et la campagne anglaise. Devenu médecin dans le Gloucestershire, Jenner se pencha sur les points communs de ce fléau et de la vaccine, une maladie bovine. La vaccine n'était pas mortelle, et les laitières qui la contractaient semblaient immunisées contre la variole. Jenner commença à chercher.

En mai 1796, la laitière Sarah Nelmes contracta la vaccine. Ses mains et ses bras se couvrirent de pustules. Elle consulta le docteur Jenner. Celui-ci, comprenant sa chance d'étudier les vertus protectrices de la vaccine sur une personne n'ayant jamais contracté la variole, préleva un peu de pus sur Sarah et en couvrit des scarifications pratiquées sur le bras d'un garçon de huit ans, James Phipps. Quelques jours plus tard, Phipps manifesta les symptômes d'une vaccine bénigne, prouvant que la maladie pouvait se transmettre d'une personne à une autre. Après deux ans d'observation, Jenner lui inocula la variole. Le garçon fut légèrement souffrant et se rétablit vite.

« [Je fus]… l'instrument du destin qui purgea le monde de l'une de ses plus grandes calamités… »

Edward Jenner, savant et médecin

Jenner eut les plus grandes difficultés à faire accepter ses résultats par l'Académie royale des sciences, qui ne les valida pas avant 1802. En France, Napoléon fera vacciner tous ses soldats n'ayant pas contracté la variole, ainsi que son fils, le roi de Rome. **TP**

VOIR ÉGALEMENT : INOCULATION, VACCIN ANTI-CHOLÉRA, VACCIN CONTRE LA RAGE, VACCIN CONTRE LA MALADIE DU CHARBON, VACCIN BCG, VACCIN ANTIPOLIOMYÉLITIQUE

La charrue de fonte (1797)

Newbold crée le versoir monobloc.

En 1797, le forgeron Charles Newbold (1764 -1835) établi à Burlington (New Jersey), fit breveter une charrue dont les trois parties principales étaient constituées d'un unique bloc de fer fondu. Il s'agissait du coutre, chargé de trancher verticalement la bande de terre, du soc, qui découpe la terre horizontalement, et du versoir, plaque incurvée qui la retourne. Newbold intégra aussi un dispositif directionnel permettant de tracer des sillons droits.

Toujours méfiants, les fermiers firent la grimace devant l'innovation, persuadés que la fonte allait empoisonner leurs champs et gâter leurs récoltes. Le nouveau modèle de charrue finit par se faire accepter… mais bien trop tard pour que Newbold rentre dans ses frais : il avait investi 30 000 dollars dans l'affaire, une fortune à l'époque, simplement parce que des concurrents peu scrupuleux se hâtaient de mettre au point des instruments analogues. Néanmoins, en 1807, Newbold parvint à assigner en justice un certain David Peacock qui venait de se faire accorder un brevet pour une charrue presque identique à la sienne. Il eut gain de cause et reçut 1 500 dollars de dédommagement pour détournement de propriété industrielle.

« La mise au point coûta plus de 30 000 dollars en expérimentations et en études commerciales. »

Lloyd E. Griscom, *Histoire du comté de Burlington*

Plus tard, la conception de Newbold reçut une amélioration : les trois éléments constitutifs furent fondus séparément, ce qui rendait leur remplacement moins coûteux en cas de bris. **FS**

VOIR ÉGALEMENT : ARAIRE, CHARRUE À VERSOIR, CHARRUE EN ACIER

Le tour à fileter (1797)

Maudlsay standardise la fabrication des vis.

Avant l'intervention de l'ingénieur britannique Henry Maudslay (1771-1831), les vis étaient faites à la main, leur précision dépendant du doigté de l'ouvrier. Elles n'étaient donc ni identiques ni interchangeables.

En 1797, Maudslay mit au point une machinerie de précision permettant la production de vis identiques. Aujourd'hui, sans l'intervention de cet ingénieur génial, même le montage de meubles en kit serait un calvaire. Maudslay avait été l'apprenti du serrurier Joseph Bramah, qu'il quitta pour une question de salaire avant d'ouvrir son propre atelier dans un autre quartier de Londres. Maniaque de mécanique fine, il construisit un tour capable de travailler avec une précision de 25 millièmes de millimètre.

Aux tours existants, Maudslay ajouta des engrenages et une vis de commande, qui déplaçait progressivement l'outil au long de la vis à fileter. Cela lui permettait de tailler toute une variété de filetages sur la même machine, rapidement, précisément et avec une maîtrise du travail jusque-là inégalée. Les vis identiques de Maudslay trouvèrent immédiatement une utilisation de choix dans le domaine de la machine à vapeur. L'un de ses apprentis, Armstrong Whitworth, standardisa ensuite le filetage et le pas des vis. Au Royaume-Uni, encore rétif devant le système métrique, l'unité officielle pour les formats de filetage est le BSW, le British Standard Whitworth.

Le tour perfectionné de Maudslay ouvrait la voie à l'un des piliers de la révolution industrielle : la machine-outil, cet outil à fabriquer d'autres outils. **LS**

VOIR ÉGALEMENT : VIS, VIS D'ARCHIMÈDE, MICROMÈTRE, SYSTÈME DE FILETAGE UNIFORMISÉ, VIS À TÊTE CARRÉE

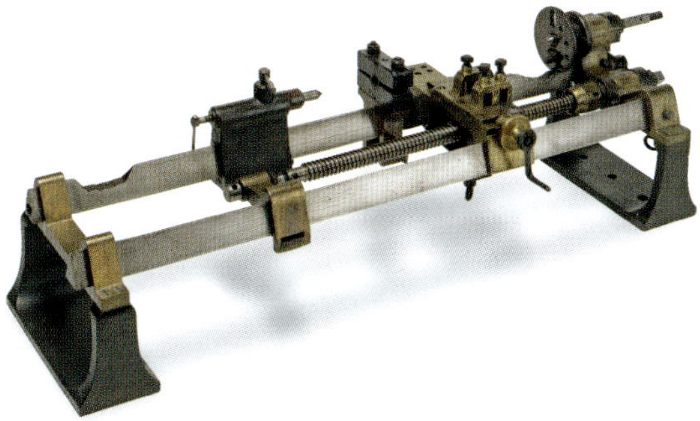

↗ *Le tour de Maudslay combinait des engrenages interchangeables et une vis de déplacement.*

→ *Henry Maudslay, qui standardisa la fabrication des vis, ordinaires ou spécialisées.*

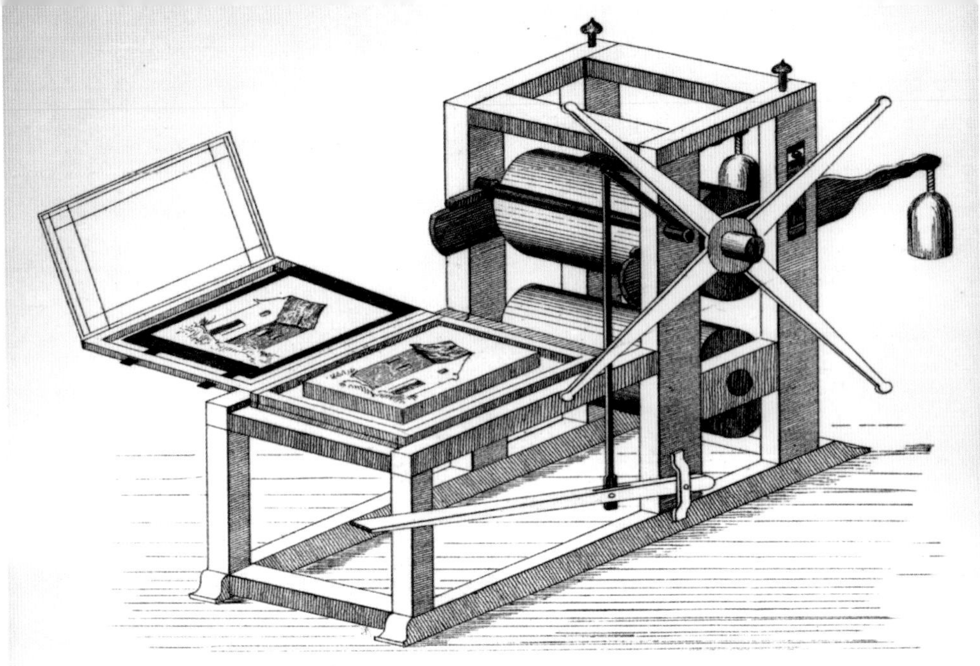

La lithographie (1798)

Grâce à une pierre calcaire, Senefelder met au point un procédé d'imprimerie inédit.

En 1798, l'acteur et dramaturge Aloys Senefelder (1771-1834) parvint à effectuer une impression sur papier à partir de la surface lisse d'une plaque de pierre calcaire. Cette percée fut la plus importante pour l'imprimerie depuis l'invention de l'impression en relief, au XVe siècle.

Il semblerait que, prié par sa mère de préparer une liste de blanchisserie et incapable de trouver de quoi écrire, Senefelder utilisa un crayon gras pour rédiger sa liste sur une pierre de Solenhofen, un calcaire dense. Il remarqua que le crayon gras imprégnait la pierre poreuse et que ces zones, même après lavage, retenaient l'encre qu'on y déposait. En revanche, les surfaces non marquées par le crayon mais simplement humidifiées repoussaient l'encre. Il suffisait donc de dessiner sur la pierre, de mouiller celle-ci, de l'enduire d'encre, puis de l'appliquer contre une feuille de papier pour trouver sur cette dernière l'image du dessin. Plus besoin de gravure ! Senefelder venait de découvrir un nouveau moyen de séparer une surface encrée d'une surface non encrée, mais il dut encore travailler quatre ans pour parfaire son procédé.

L'avantage de la lithographie est sa capacité de reproduction illimitée, sans usure ni dégradation. En 1800, Senefelder s'installa à Londres et commença à imprimer des partitions musicales. En 1802, il débarqua à Paris et y poursuivit son activité. La lithographie est à l'origine de l'impression offset, où la pierre est remplacée par une feuille d'un matériau souple, doté des mêmes propriétés de rétention ou de rejet de l'encre. On cale la feuille souple sur un cylindre tournant, ce qui permet d'augmenter la vitesse de production. **BS**

VOIR ÉGALEMENT : ENCRE, PAPIER, GRAVURE SUR BOIS, PRESSE À CARACTÈRES MÉTALLIQUES MOBILES

↑ *Sur cette presse lithographique rudimentaire, on voit la pierre calcaire portant le dessin encré et un tirage.*

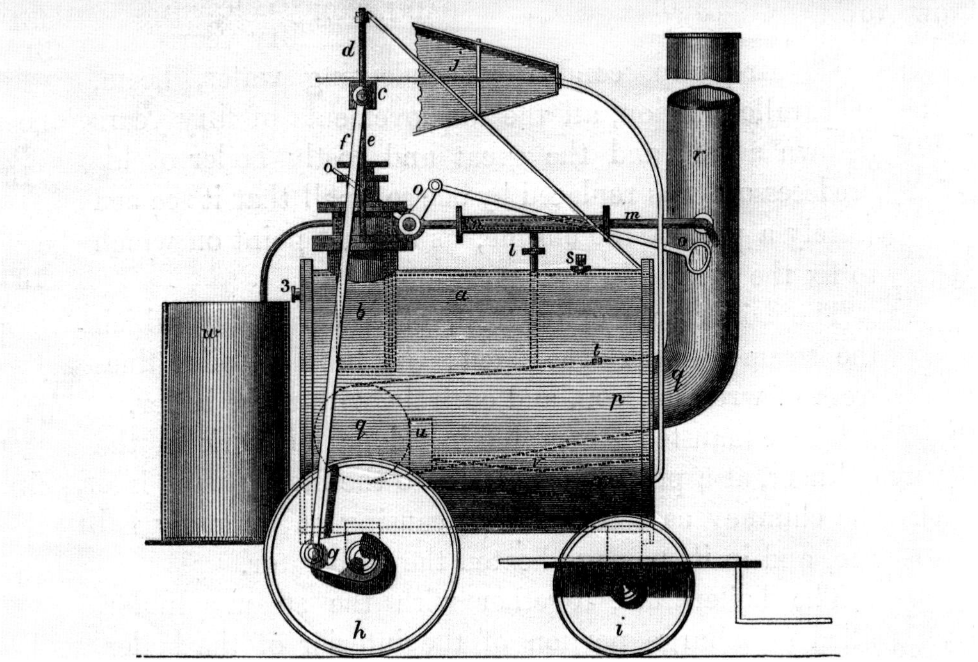

La locomotive à haute pression (1799)

Trevithick construit les premières machines à vapeur fonctionnant sous haute pression.

À l'âge de 19 ans, le Cornouaillais Richard Trevithick (1771-1833) était ingénieur conseil auprès des charbonnages locaux. Les patrons des mines tentaient de contourner les brevets déposés par James Watt car les royalties leur coûtaient une fortune.

En 1784, William Murdoch avait construit un prototype de chariot à vapeur, dont il fit la démonstration à Trevithick en 1794. Celui-ci apprit donc que des progrès dans la conception des chaudières permettaient d'augmenter la pression de la vapeur, dans des proportions inédites. Or, la haute pression permettait de faire l'économie du condenseur séparé, élément essentiel des brevets de Watt, ainsi que de la pompe à air. En outre, les machines à basse pression exigeaient des bâtiments de grande taille. Les prototypes de Trevithick étaient plus petits, plus légers, plus faciles à gérer.

Trevithick construisit ensuite des machines à haute pression fonctionnelles, certaines statiques et d'autres automotrices. Les résultats furent si probants qu'en 1799 il construisit une locomotive routière à haute pression en grandeur réelle, destinée à remorquer du minerai. La vapeur expulsée par le cylindre passait par une cheminée avant de se perdre dans l'atmosphère, ce qui échappait aux brevets de Watt. Le 24 décembre 1801, le *Puffing Devil*, « Diable haletant », transporta avec succès Trevithick et plusieurs de ses amis sur quelques kilomètres. Malgré les objections de Watt, qui voulait pendre Trevithick pour les risques que cette technologie faisait prendre aux utilisateurs, la vapeur à haute pression devait s'imposer de façon inéluctable. **DHk**

VOIR ÉGALEMENT : MACHINE À VAPEUR À CONDENSEUR SÉPARÉ, MACHINE À VAPEUR COMPOUND, LOCOMOTIVE

↑ *Le* Puffing Devil *de Trevithick fut la première automotrice à vapeur à transporter des passagers – mais sur route, et non sur rails…*

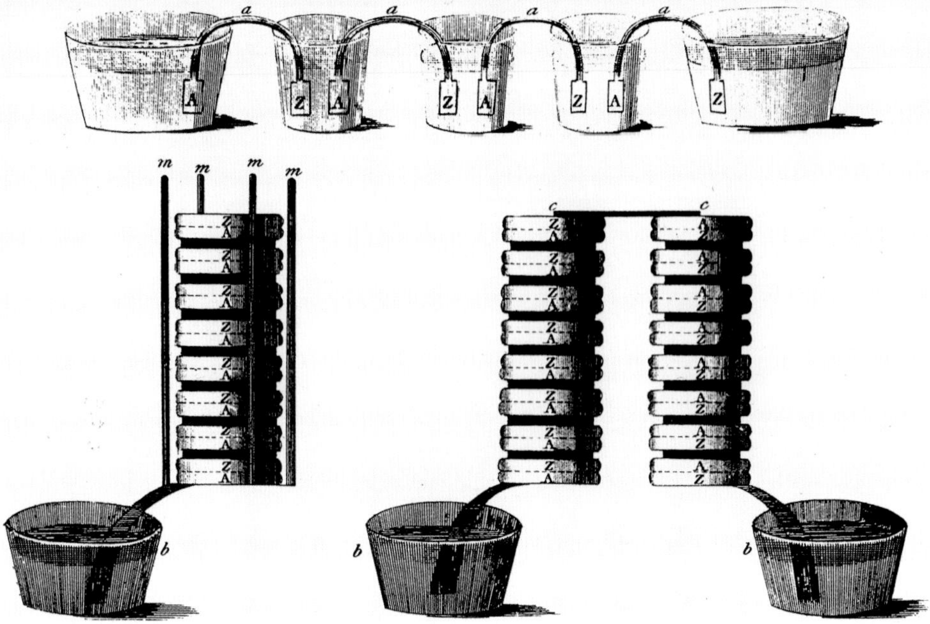

La pile électrique (1799)

Volta crée le premier dispositif produisant de l'électricité.

La pile électrique est un assemblage de composants transformant l'énergie chimique en énergie électrique. Elle n'est pas rechargeable et cesse de produire du courant lorsque ses éléments chimiques ont joué leur rôle – contrairement à sa cousine, la batterie d'accumulateurs que l'on peut recharger. L'initiateur de cette famille d'appareils fut Alessandro Volta (1745-1827) qui inventa la « pile voltaïque » en 1799. C'était un empilement de disques de zinc et d'argent en alternance, séparés par des rondelles d'étoffe mouillées d'eau salée. Lorsqu'on connectait à un câble le premier et le dernier disque, on obtenait un courant électrique. Volta s'était inspiré des travaux de Luigi Galvani : celui-ci avait remarqué les tressaillements qui animaient les pattes d'une grenouille morte lorsqu'on mettait celles-ci en contact avec deux métaux différents.

Les deux pôles de la pile s'appellent les électrodes. L'anode est positive et la cathode, négative. Le liquide mouillant les rondelles de tissu – ou baignant l'ensemble – est l'électrolyte. Rapidement, nombre d'inventeurs proposèrent d'autres combinaisons de métaux et divers électrolytes pour améliorer le rendement électrique de l'appareil. Vers 1880, un électrolyte solide permit d'enfermer les composants dans un contenant : on parla alors de pile sèche. La première lampe électrique portative, la « Flashlight » apparut en 1896.

Le physicien français Gaston Planté avait déjà inventé la batterie d'accumulateurs en 1859. Elle comportait des lames de plomb immergées dans une solution d'acide sulfurique. Un montage que les automobiles actuelles utilisent encore. **MF**

VOIR ÉGALEMENT : GALVANOPLASTIE, LAMPE À ARC, ACCUMULATEUR RECHARGEABLE, BATTERIE D'AUTOMOBILE

↑ *La pile humide de Volta (ou pile voltaïque) telle qu'elle apparut en 1800 dans les* Actes philosophiques de la Royal Society, *à Londres.*

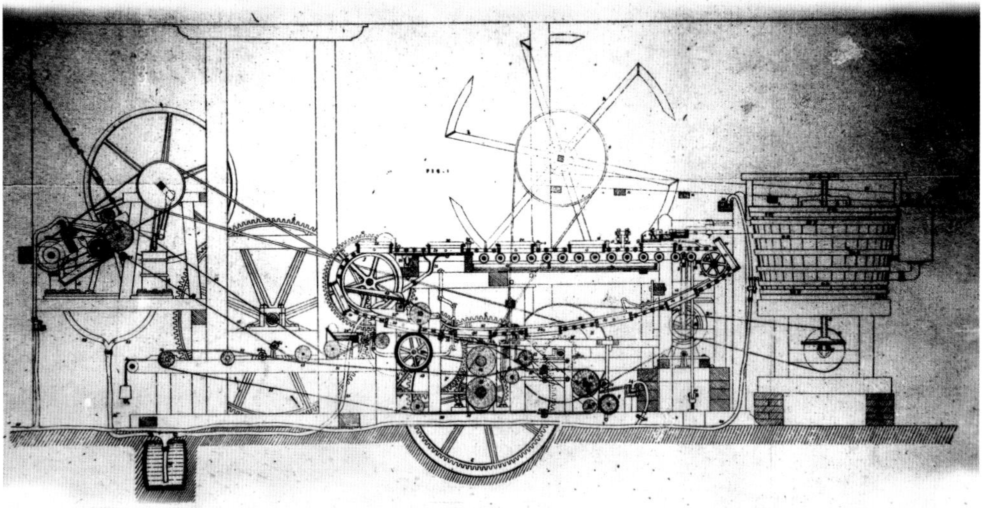

La machine à papier de Fourdrinier (1799)

Le dispositif inventé par Robert reçoit le nom de « Fourdrinier ».

Avant l'invention de Fourdrinier, le papier se fabriquait feuille à feuille. La pâte diluée était puisée dans une cuve par un cadre muni d'un tamis. Après égouttage, la pâte était pressée et séchée. La taille des cadres, imposée par les possibilités de manutention, déterminait le format des feuilles.

La manufacture du papier était une activité très spécialisée. Les artisans se réunissaient souvent en guildes. Mais au XVIIIe siècle, l'explosion de la demande et la volonté de contourner les hégémonies corporatistes, conduisirent le français Nicolas-Louis Robert (1761-1828) à concevoir une machine qui automatiserait le processus et produirait un ruban ininterrompu de papier, grâce à une bande sans fin de toile métallique jouant le rôle de tamis.

Après nombre d'expérimentations et d'essais, Robert reçut un brevet français en 1799, mais la machine nécessitait une mise au point plus approfondie. Hélas, la situation politique française et des dissensions entre Robert et ses financiers originels conduisirent en 1802 l'inventeur et son beau-frère à demander un brevet pour l'Angleterre. Les droits seraient partagés avec leurs nouveaux partenaires, Henry et Sealy Fourdrinier. Tant et si bien que Bryan Donkin, l'ingénieur des deux financiers anglais, construisit une machine très améliorée et produisant un papier de haute qualité, qui fut baptisée « la Fourdrinier ». Commercialisée en 1807, ses premiers exemplaires furent livrés aux clients et exploités cinq ans plus tard. Rendus fous à l'idée de perdre leur emploi, les ouvriers des manufactures de papier déclenchèrent des émeutes et tentèrent de détruire le nouvel équipement. **MD**

VOIR ÉGALEMENT : PARCHEMIN, PAPIER, PROCÉDÉ KRAFT (FABRICATION MODERNE DU PAPIER)

⇑ *Schéma technique d'une machine à papier baptisée du nom de ses financiers, et non de son inventeur.*

de 1800 à 1859

L'utilisation de la vapeur et de l'électricité comme source d'énergie, dans la première moitié du XIXe siècle, a eu un important impact sur les différents aspects de la vie humaine.

La photographie a ajouté une nouvelle dimension aux activités ludiques.

Les balbutiements d'autres inventions tels les programmes informatiques pour ordinateur ou encore les télécopieurs voyaient le jour.

Les différents progrès dans le domaine de l'électricité ouvrirent la voie à l'une des inventions de Thomas Edison : l'ampoule électrique moderne.

La locomotive à vapeur marque le début d'une ère nouvelle.

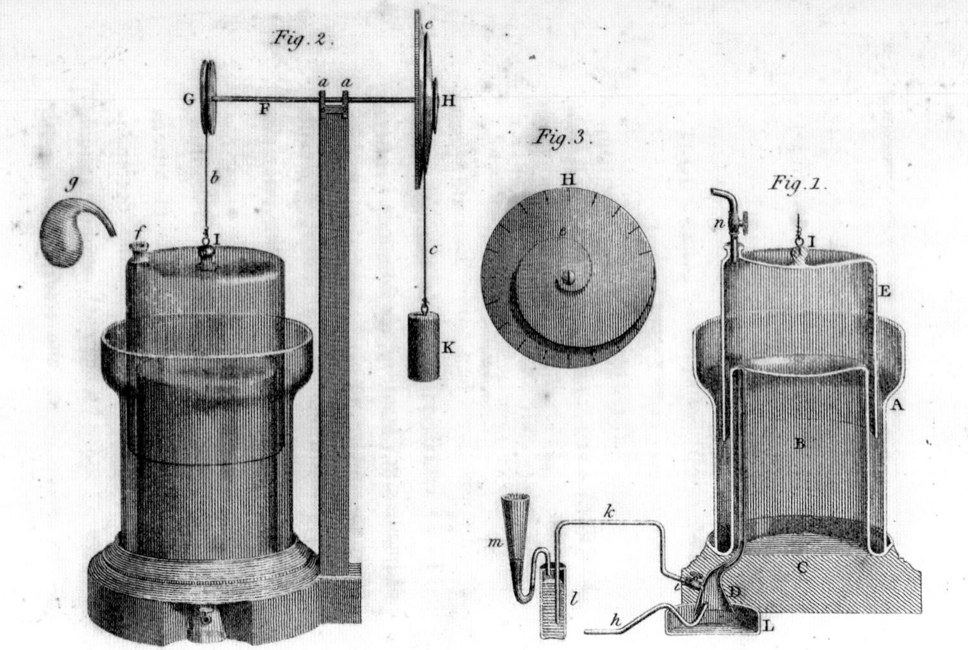

Le protoxyde d'azote, un gaz anesthésiant (1800)

Le gaz hilarant de Davy s'avère efficace dans le soulagement de la douleur.

Humphry Davy (1778-1829) constata les effets anesthésiants du protoxyde d'azote, un gaz incolore et presque inodore, au cours d'une expérience menée au Pneumatic Institute de Bristol en Angleterre. Davy, davantage connu pour son invention de la lampe de mineur, réalisa que le gaz lui donnait à la fois envie de rire – d'où son appellation de gaz hilarant – et soulageait ses maux de dents. En 1800, il publia un ouvrage dans lequel il affirmait que celui-ci pourrait être « utile au cours d'opérations chirurgicales ». Mais le protoxyde d'azote ne fut utilisé en chirurgie que 40 ans plus tard.

Lors d'une foire aux États-Unis, Horace Wells, un dentiste du Connecticut, observa un homme s'entailler la jambe sous l'effet du protoxyde d'azote. Il semblait ne pas souffrir et Wells se fit immédiatement extraire une dent tout en respirant le gaz. En janvier 1845, il fit la démonstration de son usage dans le cadre d'une extraction dentaire à la Medical School de Harvard. Malheureusement, la quantité de gaz utilisée était insuffisante et le patient hurla de douleur. Cette humiliation publique nuisit à la réputation de Wells et entraîna son suicide trois ans plus tard. L'année suivante, le dentiste William Morton utilisa avec succès le protoxyde d'azote au cours de l'opération d'un homme atteint d'une tumeur au cou et son usage en chirurgie se développa ensuite rapidement à Londres et à Paris.

Aujourd'hui, le gaz est encore utilisé dans le cadre d'accouchements et de soins dentaires pour soulager l'anxiété. Il a survécu au chloroforme, qui s'est avéré toxique et à l'éther dont les propriétés explosives représentaient un risque trop élevé. **JF**

VOIR ÉGALEMENT : ANESTHÉSIE, ÉTHER, CHLOROFORME

↑ *Illustration de 1800 du réservoir à mercure et de l'inhalateur utilisé par Davy durant ses recherches.*

Le sous-marin (1800)

Fulton contribue à faire évoluer les sous-marins.

En 1797, Robert Fulton (1765-1815), artiste et inventeur originaire de Pennsylvanie, proposa aux Français, alors engagés dans une guerre complexe contre la Grande-Bretagne, de réaliser un sous-marin pour couler les navires de guerre de la Royal Navy qui bloquaient les ports français. La France hésita à s'engager dans une forme de guerre qu'elle jugeait déloyale. Déterminé, Fulton continua à développer son sous-marin, gagnant le soutien financier français quand Napoléon fut été nommé Premier consul en 1799.

Le « Nautilus mécanique » de Fulton fut lancé sur la Seine à Rouen en 1800. Long de 6,50 m et large de 2 m, et construit entièrement en bois, il possédait un mât et une voile, qui s'abaissaient lorsqu'il était immergé grâce au remplissage de ses réservoirs d'eau. L'équipage de deux à quatre personnes pouvait rester quatre heures sous l'eau grâce à une réserve d'air comprimé. Immergé, le sous-marin était propulsé par une hélice à manivelle et dirigé au moyen de gouvernails verticaux et horizontaux. L'intérieur était éclairé par des bougies et une coupole de verre permettait à l'équipage d'observer les environs lorsqu'il était à demi immergé. Comme le *Turtle* de 1775 de Bushnell, le *Nautilus* employait des explosifs sous-marins pour attaquer les navires ennemis.

Après des essais réussis dans la Seine, le *Nautilus* démontra sa capacité à couler un navire à Brest en juillet 1801. Cependant, les Français lui retirèrent leur soutien et Fulton tenta sa chance en Grande-Bretagne, mais en tant que puissance navale dominante, celle-ci n'était pas encline à développer une nouvelle technique de guerre. **RG**

VOIR ÉGALEMENT : VAISSEAU SUBMERSIBLE, MOTEUR STIRLING, BATHYSPHÈRE

↑ *Dessin original de 1806 du second sous-marin de Fulton, de 10,70 m de long, jamais construit.*

La carte perforée (1801)

Jacquard automatise le tissage grâce à une méthode de stockage de données encodées.

S'appuyant sur un concept développé par Jacques de Vaucanson en 1745, Joseph-Marie Jacquard (1752-1834) – portant le nom du célèbre métier à tisser – mit au point une version améliorée de l'invention de son homologue français, basée sur l'automatisation à l'aide de cartes perforées.

Jacquard savait que le tissage de la soie, bien que nécessitant une grande habileté, était extrêmement répétitif. Il parvint à commander l'opération de tissage en subordonnant le fonctionnement du métier à tisser au motif de trous sur des cartes. Chaque carte possédait le même nombre de rangées et de colonnes. La présence ou l'absence de trou était détectée mécaniquement et déterminait donc les mouvements du métier à tisser. Ces cartes permettaient au métier à tisser de répéter la réalisation de motifs complexes.

En 1803, Jacquard fut convié à Paris pour travailler pour le conservatoire des Arts et Métiers. Son procédé fut alors amélioré et, en 1806, le métier à tisser fut déclaré « propriété publique ». Il fit l'objet d'une violente opposition des tisserands, qui craignaient de perdre leur emploi, et provoqua des émeutes.

À partir de la fin du XIXe siècle, l'usage de ces cartes permettant de stocker des données fut généralisée aux domaines de la collecte et du traitement des données. Elles furent adoptées par Charles Babbage pour sa machine analytique et par Herman Hollerith pour répertorier les résultats du recensement américain en 1890. L'ère de l'informatique entraîna la conception de cartes dont le format convenait aux besoins des programmeurs et à l'utilisation de langage comme le COBOL et le FORTRAN. **MD**

« Le risque réel réside dans l'érosion des libertés individuelles par l'automatisation… » Commission de protection de la vie privée américaine, 1977

VOIR ÉGALEMENT : MÉTIER À TISSER MÉCANIQUE, ORDINATEUR MÉCANIQUE, PROGRAMME INFORMATIQUE, CARTES PERFORÉES

↖ *Les cartes perforées de Jacquard étaient utilisées sur le métier conçu pour tisser des vêtements à motifs.*

La cuisinière à gaz (1802)

L'invention de Winzler marque l'arrivée du gaz dans la cuisine.

Depuis des milliers d'années, l'être humain apprête la nourriture d'innombrables manières, mais l'innovation la plus importante fut sa cuisson. Le feu fut utilisé durant un certain temps, mais avec les progrès, le mode de cuisson évolua aussi. Les Chinois et les Japonais utilisèrent des cuisinières fermées dès les IIe et IIIe siècles av. J.-C. Au XVe siècle, l'Europe avait adopté une cuisinière moderne, mais ailleurs, ce furent le bois, la houille, le charbon ou le pétrole qui permirent la cuisson des aliments jusqu'au XIXe siècle.

La cuisson au gaz a été mise au point par Zächaus Winzler (1750-v. 1830) en 1802. Fabricant de produits chimiques en Autriche, Winzler, morave d'origine, organisait des dîners où la nourriture était cuite sur une petite cuisinière à gaz dotée de quatre brûleurs et d'un four. Pourtant, la cuisinière à gaz ne fit son apparition dans les cuisines que 30 ans plus tard.

Un de ces appareils fut toutefois utilisé dans une cuisine en 1826 avant d'être disponible dans le commerce. James Sharp, cadre de la Northampton Gas Company en Angleterre en fit l'essai dans sa propre cuisine, où il installa une cuisinière de sa propre conception.

Enfin la cuisinière à gaz connut le succès et, en 1834, Sharp, soutenu financièrement par le comte Spencer, commença à produire des cuisinières pour le commerce. Le marché stagna jusque dans les années 1850, époque à laquelle des gazoducs fournirent du gaz dans presque toutes les maisons. Dans les années 1880, la cuisinière à gaz fit fureur. Depuis, les fours sont électriques ou à micro-ondes, mais la cuisinière à gaz connaît toujours un certain succès. **RBk**

VOIR ÉGALEMENT : FOYER AMÉNAGÉ, FOUR, ÉCLAIRAGE AU GAZ, FOUR À ARC ÉLECTRIQUE, FOUR MICRO-ONDES

↗ *Une cuisinière à gaz de 1837, avec ses deux portes ouvertes et ses feux supérieur et inférieur allumés.*

« La cuisine est l'un des arts les plus anciens et nous a rendu un grand service dans la vie civique. »

Anthelme Brillat-Savarin, gastronome

NESTLE's
NESTLE'S KINDERMEHL
NESTLE'S
KINDERMEHL
VOLLSTÄNDIGE NAHRUNG
ENTHALT REINE ALPENMILCH
Kindermehl
FRANKFURTER EMAILLIRWERKE, NEU ISENBURG

Le lait en poudre (1802)

Krichevsky invente un substitut alimentaire.

Le médecin russe Osip Krichevsky commença à fabriquer du lait en poudre en 1802. Le procédé consistait à pulvériser finement le lait dans une chambre chauffée ou à le verser en couche fine sur une surface chaude, sur laquelle étaient ensuite recueillis les éléments solidifiés et secs du lait. Aujourd'hui, la technique employée est le séchage par atomisation car il permet de mieux conserver les nutriments et d'améliorer sa valeur nutritionnelle. La poudre obtenue peut être stockée durant une longue période, car elle est moins exposée à la contamination bactérienne que le lait frais.

Parallèlement à ses qualités de conservation à long terme, le lait en poudre présente des avantages pratiques par rapport au lait frais. Dans les pays en voie de développement, son poids relativement faible et le fait qu'il ne nécessite pas de réfrigération lui permet d'être transporté sur de longues distances, sans camion réfrigéré, et donc à moindre coût.

Le lait en poudre est en outre utilisé dans le cadre d'une technique de séparation des protéines appelée « Western blotting ». Il s'agit d'une méthode au cours de laquelle le lait est utilisé pour bloquer certaines liaisons des anticorps utilisés, ce qui permet d'obtenir un résultat bien plus clair lors d'expériences. **SB**

« Les choses sont rarement ce qu'elles semblent être / Le lait écrémé se fait passer pour de la crème. »

Sir William Schwenck Gilbert, *H.M.S. Pinafore*

VOIR ÉGALEMENT : CAFÉ INSTANTANÉ, BOÎTE DE CONSERVE, APPERTISATION

Une publicité de la fin du XIXe siècle vantant le lait en poudre Nestlé, l'un des premiers produits de la société.

Le ressort à lames (1804)

Elliott amortit les cahots liés à la route.

Le Londonien Obadiah Elliott a inventé le ressort à lames en 1804 en superposant des plaques d'acier, en les attachant puis en les plaçant entre les essieux et la caisse d'une voiture. Son dispositif reste un élément essentiel de l'amortissement des gros véhicules de transport de marchandise. Cependant, il n'est pas le premier à avoir employé des ressorts dans le domaine du transport. Dans l'Antiquité, les véhicules romains étaient suspendus sur des bâtons de bois élastiques fonctionnant selon le même principe.

Le ressort à lames est composé de plusieurs couches d'acier de forme arquée dotées d'un axe central et dont les extrémités sont reliées au véhicule. Son succès s'explique par le fait que la modification du nombre de lames (plaques d'acier) ou de leur courbure agit sur leur performance et leur capacité en termes de masse. Ils sont en outre peu coûteux à produire et fiables. Par ailleurs, ils minimisaient les vibrations causées par les routes de l'époque, à l'origine du mal des transports – dû à une mauvaise suspension. Elliott ne pouvait égaliser les routes, mais il pouvait amortir leurs effets. Son invention entraîna un accroissement rapide des voyages, ce qui stimula consécutivement d'autres secteurs. Les carrosses nécessitaient des chevaux, et les chevaux avaient besoin de nourriture, ce qui favorisa la croissance des secteurs du maïs et de l'alimentation. **CB**

« Les opportunités commerciales sont comme des bus, il y en a toujours une qui arrive. »

Richard Branson, chef d'entreprise britannique

VOIR ÉGALEMENT : ROUE ET ESSIEU, CHARRETTE, ACIER, COLLIER DE CHEVAL

La locomotive à vapeur (1804)

Trevithick démontre qu'une machine à vapeur peut remorquer des wagons de passagers.

À la fin du XVIIIe siècle, de nombreux wagons et tramways circulaient en Europe, tirés par des chevaux sur des rails métalliques et équipés de roues. La première locomotive à vapeur circulant sur des rails fut construite par l'Anglais Richard Trevithick (1771-1833). Il souhaitait concevoir une machine plus efficace et moins chère que celles de Watt et de Newcomen, fonctionnant à basse pression. Il fut le premier à maîtriser la vapeur haute pression.

La *Puffing Devil* (1801) et la *London Steam Carriage* (1803) de Trevithick étaient des véhicules à vapeur de démonstration, mais le 21 février 1804, sa *Penydarren* remorqua cinq wagons, 70 passagers et 10 tonnes de métal sur des rails métalliques entre Merthyr Tydfil et Abercynnon dans le sud du pays de Galles. Cette machine plutôt fiable et robuste prouva que de lourds wagons de marchandises pouvaient être remorqués sur des voies de chemin de fer peu pentues et régulières par une grosse locomotive à roues lisses.

En 1825, l'Anglais George Stephenson venait de concevoir une machine ferroviaire améliorée baptisée *Locomotion*. Celle-ci remorquait six wagons de charbon et 450 passagers installés dans 21 voitures sur 14,5 km de voies entre Stockton et Darlington sur un parcours qui durait environ une heure.

Les améliorations eurent lieu à un rythme rapide. En octobre 1892, aux Rainhill Trials, la *Rocket* de George et Robert Stephenson parcourut 80 km à une vitesse de 19 km/h. Cette machine avait une chaudière multitubulaire qui accroissait la production de vapeur. Bientôt, les locomotives à quatre roues à cylindres fortement inclinés furent remplacées par des locomotives plus stables possédant de plus longues chaudières et des cylindres horizontaux internes au châssis, ainsi que des roues plus nombreuses et plus larges. **DH**

« La vapeur n'est pas plus puissante qu'il y a un siècle, mais elle est mieux utilisée. »

Ralph Waldo Emerson, écrivain

↑ *Portrait de 1816 de l'ingénieur de Cornouailles Richard Trevithick.*

→ *Illustration de la locomotive* Penydarren, *construite par Trevithick en 1803 et présentée en 1804.*

VOIR ÉGALEMENT : ROUE ET ESSIEU, MACHINE À VAPEUR, LOCOMOTIVE À HAUTE PRESSION, BATEAU À VAPEUR

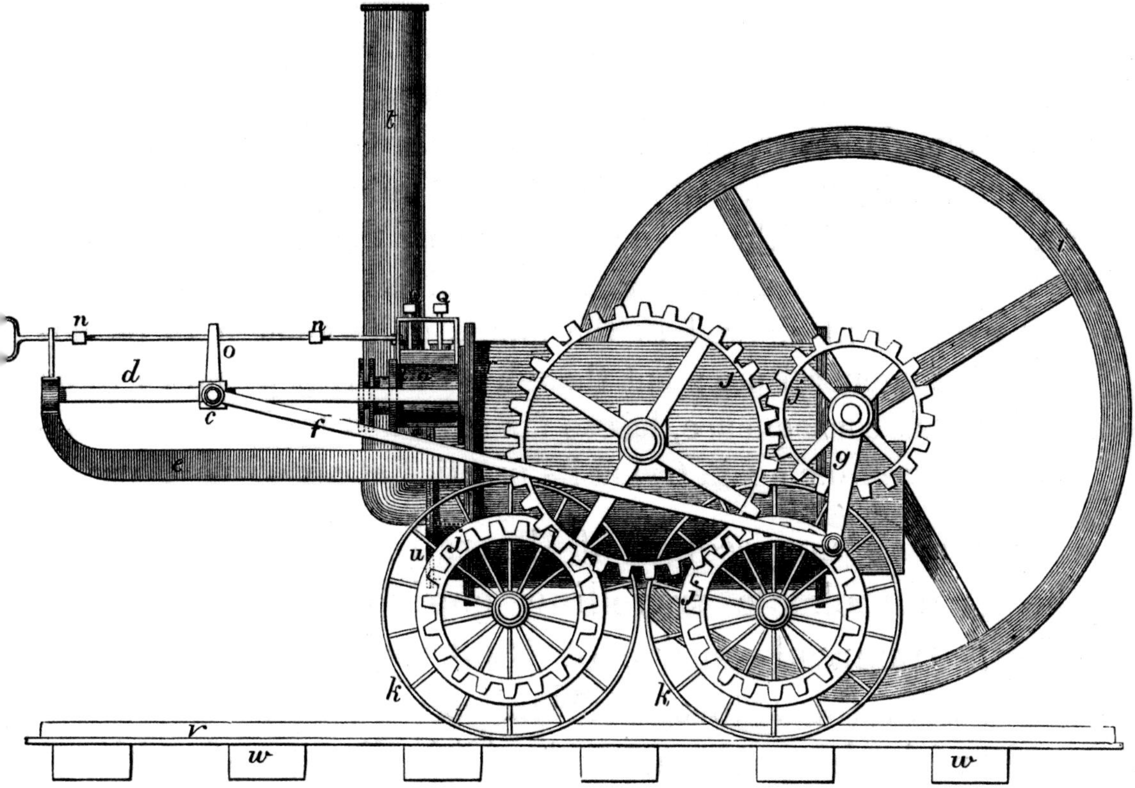
t
n
n
o
d
c
f
e
j
i
g
u
k
k
r
w
w

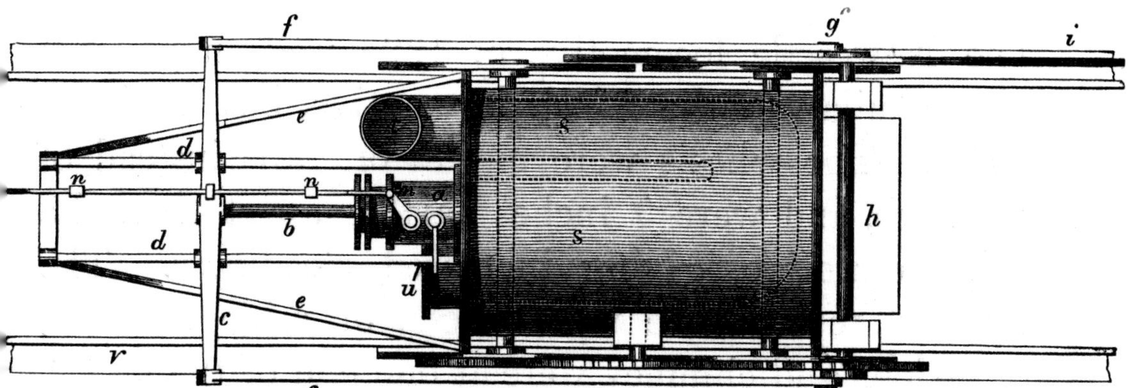
f
g
i
e
s
d
n
n
b
a
h
d
s
u
e
c
r
f
g

Le traitement municipal de l'eau (1804)

Thom fournit de l'eau propre à la population.

Le besoin en eau potable est aussi ancien que la vie sur Terre. Pendant longtemps, des sources, des ruisseaux, des fleuves et des lacs ont servi d'approvisionnements et les premières villes se sont développées autour de ces sources importantes. Mais avec le développement de ces villes, il devint plus difficile de fournir une eau propre en raison de l'augmentation de la pollution et de l'accroissement de la population.

Il existe des méthodes de purification de l'eau depuis des siècles. La filtration par le sable, empruntée à la nature, fut pour la première fois décrite et employée au XVIIe siècle. La technique fut d'abord adoptée individuellement avant d'être appliquée à l'échelle municipale en 1804.

Cette année-là, l'ingénieur civil Robert Thom (1774-1847), originaire de South Ayrshire en Écosse, créa la première usine de traitement de l'eau à Paisley, en Écosse. L'eau y était lentement filtrée à travers du sable et du gravier avant d'être transportée par des chevaux dans des charrettes. Trois ans plus tard, ce système, plutôt compliqué, fut amélioré. À Glasgow, l'eau fut acheminée chez les habitants par des conduites. Avec la popularité croissante de l'eau en bouteille aujourd'hui, transportée par route, il est curieux de penser qu'il y a un retour au point de départ.

Thom fit encore mieux. Il fut chargé d'améliorer l'approvisionnement en eau à Greenock, près de Glasgow, une ville vivant d'activités issues de la révolution industrielle. Thom conçut un aqueduc de 9 km baptisé « The Cut » acheminant l'eau depuis un lac voisin afin d'alimenter les usines. La population de Greenock bénéficie toujours de ce système d'alimentation en eau, dont la source a été appelée lac Thom en l'honneur de l'ingénieur. **MB**

VOIR ÉGALEMENT : AQUEDUC, ROBINET FLOTTEUR, FILTRE À EAU, ÉGOUTS

Le planeur (1804)

Cayley fait évoluer la machine volante.

George Cayley (1773-1857) était un inventeur prolifique. Il conçut une machine volante plus lourde que l'air, soutenue par une aile, dotée d'un fuselage, dans lequel pouvait s'asseoir un pilote, et d'un empennage cruciforme pour équilibrer et diriger l'engin. En 1804, il construisit un planeur basé sur ce modèle, avec un cerf-volant en guise d'aile et un poteau de 1,50 m de long environ servant de fuselage. Celui-ci aurait volé sans homme à bord le long de pentes, avec différentes charges, et Cayley rapporta qu'au cours d'expériences ultérieures avec des planeurs semblables mais plus gros, un homme courant dans une « brise douce » aurait été soulevé du sol « sur plusieurs yards ».

« Nous devrions pouvoir être transportés de façon plus sûre dans les airs que sur l'eau. »

George Cayley, *Sur la navigation aérienne*, 1809-10

L'originalité du concept de Cayley réside dans l'abandon du battement d'aile comme moyen de propulsion. Ayant défini le vol en termes de sustentation, de traînée et de poussée, il limita le rôle de l'aile à la sustentation mais il lui fallait une énergie supplémentaire pour fournir une poussée. Il construisit un planeur qui, en 1853, effectua le premier vol habité prolongé de planeur. Le vol propulsé, en revanche, dut attendre le moteur à pétrole et les frères Wright, un demi-siècle plus tard. **RG**

VOIR ÉGALEMENT : CERF-VOLANT, MONTGOLFIÈRE, AVION À MOTEUR, MOTEUR À RÉACTION, AVION SUPERSONIQUE

⇥ *Ce planeur à équipage humain de Cayley qui vola en 1853 fut reconstitué en 1973 par Anglia TV en Angleterre.*

L'endoscope (1805)

Bozzini fournit une image et un diagnostic plus précis.

Le premier endoscope était le *Lichtleiter* (instrument de guidage de la lumière) conçu par Philipp Bozzini (1773-1809) et présenté en 1805. Utilisant le reflet de la lumière d'une bougie dans une série de lentilles, il permettait d'observer les voies urinaires, le rectum et la gorge. La méfiance du milieu médical et la mort prématurée de Bozzini interrompirent les progrès de l'endoscopie.

En 1853, Antoine Jean Desormeaux, un chirurgien français, modifia le *Lichtleiter*. Il employa un système de miroirs et de lentilles et la flamme d'une lampe à combustion d'alcool et de térébenthine. Il fut aussi le premier à utiliser le terme d'*endoscope*.

Un médecin allemand, Adolph Kussmaul, fut quant à lui le premier à examiner l'intérieur de l'estomac d'une personne vivante à l'aide d'un endoscope en 1868. Il le fit à l'aide d'un tube de 47 cm de long et de 14 mm de diamètre. En 1932, Rudolf Schindler inventa un endoscope partiellement flexible. Dans les années 1960, des fibres optiques y furent intégrées et les endoscopes sont aujourd'hui souples avec un diamètre fin.

William Beaumont avait déjà observé l'intérieur d'un estomac sans endoscope. Le 6 juin 1822, un voyageur franco-canadien du nom d'Alexis St. Martin reçut une balle dans la partie supérieure gauche de son abdomen. La blessure était « plus grande que la paume de la main » et ne se referma pas complètement. À travers la fistule, Beaumont put voir l'estomac de St. Martin et y inséra divers aliments à digérer. Il apprit ainsi que l'acide gastrique a des propriétés digestives et a besoin de chaleur pour agir. Beaumont fut appelé « le père de la physiologie gastrique ». **SS**

« Tu as de la chance ; avant, ils envoyaient un dessinateur. »

Mon oncle Charlie (2003), à propos de la coloscopie

VOIR ÉGALEMENT : MIROIR EN VERRE, LENTILLE, MICROSCOPE, LAPAROSCOPE, ENDOSCOPIE PAR CAPSULE

Le Lichtleiter, l'un des endoscopes les plus anciens, ne fut jamais réellement testé sur les humains.

La galvanoplastie (1805)

Le revêtement métallique a de nombreux usages.

La galvanoplastie est une méthode consistant à faire passer un courant électrique fourni par une source externe de courant continu telle qu'une pile à travers une solution électrolytique, provoquant sa décomposition chimique. Ainsi le métal est transféré d'une électrode – l'anode – par le biais des ions métalliques de la solution jusqu'à l'autre électrode – la cathode – ce qui a pour effet de revêtir l'objet cible d'une fine couche du métal qui formait l'anode.

Le chimiste italien Luigi Brugnatelli (1761-1818) s'est vu attribuer l'invention de l'électrodéposition en 1805. Il utilisa une pile précédemment inventée par Alessandro Volta, la pile voltaïque, afin de faciliter la première électrodéposition.

Cette technique est utilisée dans de nombreux secteurs à des fins décoratives ou pratiques. Les revêtements de zinc et d'étain fournissent également une protection contre la corrosion et certains objets, comme les pare-chocs de voitures en métal, sont rendus résistants aux intempéries grâce à une électrodéposition de nickel puis de chrome. Le chrome dur est utilisé pour réduire l'usure de friction dans les machines en mouvement par le biais d'une électrodéposition à la surface des pistons hydrauliques et des diamètres des arbres à cames.

La galvanoplastie est aussi utilisée pour couvrir du cuivre d'argent ou des connecteurs électriques de laiton, car l'argent se ternit beaucoup plus lentement et possède une conductivité plus élevée que ces métaux, ce qui offre de meilleures connexions électriques. De même, les connecteurs employés en informatique et dans d'autres appareils électroniques peuvent être revêtus d'or ou de palladium sur une couche isolante de nickel afin d'améliorer la conduction électrique. **MF**

VOIR ÉGALEMENT : MÉTALLURGIE, BATTERIE

Le papier carbone (1806)

Wedgwood simplifie le processus de reproduction.

En 1806, le potier et inventeur Ralph Wedgwood (1766-1837) obtint un brevet pour sa « machine stylographique à manivelle », un dispositif permettant aux aveugles d'écrire avec un style en métal au lieu d'utiliser de la plume d'oie.

Sa machine à écrire était une planche dotée d'une trame de câbles métalliques permettant de guider la main des aveugles tandis qu'ils écrivaient. Wedgwood prenait ensuite une feuille de papier, la saturait d'encre d'imprimerie, la faisait sécher et la plaçait entre une feuille de papier tissu et une seconde feuille placées dans la trame de la machine stylographique. Son style en métal servait à transférer l'encre du papier carbone sur la feuille inférieure. Il devenait inutile de se soucier du niveau d'encre des plumes d'oie.

« Le papier carbone était initialement fabriqué entièrement à la main et de façon artisanale. »

Bruce Arnold, écrivain

Le papier carbone, à l'origine un sous-produit de la machine stylographique, mit du temps à être accepté dans le monde des affaires, car l'on craignait qu'il ne donne lieu à des contrefaçons. Il fut peu utilisé avant l'arrivée de la première machine à écrire qui obtint un succès commercial en 1867.

La composition du papier carbone fut modifiée dans les années 1860 par Lebbeus Rogers, qui utilisa un mélange de suie, de naphta et de pétrole. Avec l'essor de la communication électronique, le papier carbone pourrait bien devenir obsolète, mais l'expression « Cc » (copie carbone) reste utilisée dans les e-mails. **BS**

VOIR ÉGALEMENT : PAPIER, ENCRE, PLUME D'OIE, MACHINE À ÉCRIRE

La scie à ruban (1808)

La nouvelle scie de Newberry mécanise la menuiserie.

Une légende grecque suggère que la première scie fut réalisée par Perdix, neveu de l'inventeur Dédale, inspiré par l'observation des crêtes de l'arête dorsale d'un poisson. Toutefois, les scies existaient sans doute bien avant cela ; les Égyptiens de l'Antiquité utilisaient des lames en cuivre dentelées.

La scie manuelle est limitée par le fait qu'elle est actionnée par la simple énergie humaine. La scie circulaire, brevetée au XVIIIe siècle, a permis d'y remédier, mais elle présentait aussi des limites, car elle ne pouvait découper au-delà du rayon de son disque. La scie à ruban – dotée d'une lame qui se déplace rapidement montée sur une machine – résolvait cet inconvénient et possédait de nombreux autres avantages.

William Newberry de Londres, en Angleterre, obtint un brevet pour la première scie à ruban en 1808. Celle-ci se composait d'une bande d'acier flexible soudée pour constituer un cercle ou un ruban. Lorsqu'elle tournait rapidement, elle avait une action coupante puissante. L'inconvénient de l'invention de Newberry était que, bien que techniquement solides, les métaux avec lesquels les scies étaient fabriquées n'étaient pas assez robustes. Le raccord de la pièce métallique posait en outre un problème et il fallut encore un certain nombre d'années avant que la scie à ruban ne devienne fiable.

En 1846, une Française, Melle Crépin, breveta une technique qui permettait aux deux extrémités de la scie d'être reliées plus solidement, ce qui favorisait la réalisation des lames utilisables. Des améliorations de la qualité de l'acier furent apportées et les scies à ruban devinrent un outil indispensable. Elles permirent notamment de créer un nouveau style architectural élaboré (l'American Carpenter Renaissance) ou de réaliser les premiers puzzles en 3D. **BG**

« La scie à ruban renouvela l'architecture américaine… la maison "gingerbread" était née. »

200 Years of Woodworking (1976)

↑ *Dessin technique montrant comment le ruban continu de la scie à ruban passe sur sa roue supérieure.*

→ *Gravure du XIXe siècle montrant une grosse pièce de bois découpée avec une scie à ruban.*

VOIR ÉGALEMENT : MENUISERIE, SCIE, SCIE CIRCULAIRE, TRONÇONNEUSE ÉLECTRIQUE

OFFICE

La lampe à arc (1809)

La découverte de Davy constitue une étape importante sur la voie de l'électricité.

> *« Les plus importantes de mes découvertes auraient été, dit-on, mes échecs. »*
>
> Humphry Davy

⮉ *La circulation de l'air était restreinte par un couvercle et le bâtonnet de charbon durait plus longtemps.*

⮊ *V. 1909. Utilisation d'une lampe à arc au mercure pour développer une photographie ; usine de General Electric.*

Le nom de Sir Humphry Davy (1778-1829) sera toujours associé à la célèbre lampe de sûreté qu'il conçut pour les mineurs, mais sa lampe à arc fut par bien des aspects plus importante.

Considéré comme l'un des grands scientifiques britanniques, Davy se fit connaître par ses conférences publiques, notamment celle où il démontra les effets du gaz hilarant. En 1801, âgé de 22 ans, il fut nommé directeur du laboratoire de la Royal Institution à Londres, où il entreprit ses travaux d'électrochimie.

Ce fut ainsi qu'il découvrit les principes à l'origine de sa future lampe à arc. Il utilisa deux bâtonnets de charbon et les relia à l'aide d'un câble aux deux pôles d'une pile. Lorsqu'il plaçait les deux « électrodes » de charbon à quelques centimètres l'une de l'autre, un arc électrique se formait entre elles, complétant le circuit.

Parallèlement, lorsque l'arc les reliait, les extrémités des électrodes de charbon devenaient incandescentes et brillaient d'un éclat que l'on ne pouvait qualifier que d'éblouissant. Mais sa durée était brève. Dans le cadre des expériences de Davy, l'étincelle reliant les électrodes avait une forme courbe, en raison du mouvement des courants d'air. C'est pourquoi il baptisa son invention « lampe à arche ». Finalement, celle-ci fut appelée lampe à arc.

Bien que spectaculaire, sa découverte était en avance sur certains points. La pile elle-même était encore nouvelle pour la science. La toute première n'avait été présentée que quelques années auparavant par son inventeur, Alessandro Volta. Davy avait dû en utiliser 2000 pour alimenter sa lampe. Comme l'électricité n'était pas encore couramment distribuée, la lampe à arc ne fut utilisée comme éclairage qu'à partir des années 1870. **DHk**

VOIR ÉGALEMENT : LAMPE À HUILE, BOUGIE, LAMPE D'ARGAND, BATTERIE, FOURNITURE PUBLIQUE D'ÉLECTRICITÉ, AMPOULE À INCANDESCENCE

L'appertisation (1809)

Appert prévient la dégradation des aliments.

Nicolas Appert (v. 1750-1841) était un confiseur parisien qui releva un défi posé par Napoléon Bonaparte en 1795, assorti d'une récompense de 12 000 francs, consistant à découvrir un moyen de fournir des aliments frais à son armée. Après plusieurs expériences, Appert réalisa que le fait de faire bouillir des aliments durant une longue période permettait d'éviter qu'ils ne se dégradent. Les aliments étaient cuits dans des chaudrons ouverts, puis mis dans des pots en verre et chauffés avant d'être fermés et placés à l'abri. Pendant que le pot refroidissait, un vide était souvent créé à l'intérieur par élimination de l'air, favorable au développement des bactéries, puis les couvercles étaient fixés à l'aide d'un fil métallique.

« C'est la soupe qui fait le soldat. »

Attribué à Napoléon Bonaparte

En 1806, la marine française expérimenta avec succès les conserves d'Appert, qui contenaient du lait, des fruits et des légumes. En 1809, Appert reçut sa récompense de 12 000 francs et son procédé fut baptisé « appertisation ». En 1810, il publia ses découvertes et ouvrit la première conserverie commerciale du monde, la maison Appert à Massy, en 1812.

Malheureusement, Appert était incapable de comprendre la nature de la stérilisation, et encore moins de communiquer les raisons scientifiques de son succès. Ce n'est que 50 ans plus tard que Louis Pasteur prouva sa supposition, à savoir que la chaleur détruit les bactéries. **BS**

VOIR ÉGALEMENT : VERRE, CONSERVES, CONSERVE AUTOCHAUFFANTE

Le fusil à chargement par la culasse (v. 1810)

Hall influence l'évolution des armes à feu.

Avant l'invention de la culasse, les armes à feu étaient chargées depuis l'extrémité du canon (chargement par la bouche), une opération qui prenait un temps considérable. Le premier fusil à chargement par la culasse utilisé en combat fut conçu par le commandant Patrick Ferguson et était en réalité une version d'un fusil à silex. Bien que supérieure aux fusils conventionnels en termes de cadence de feu, l'arme paraissait fragile et ne connut pas un grand succès.

Le fusil de John H. Hall (1781-1841), le M1819, ne tirait qu'un coup et se chargeait par la culasse ; la poudre et la balle étaient encore chargées séparément, mais elles n'étaient pas insérées dans l'extrémité du long canon et poussées à l'aide d'une baguette jusque dans la chambre, car le fusil s'ouvrait au milieu et la balle ainsi que la poudre étaient chargées directement dans une chambre plus courte, avant que le canon ne soit remis en place pour tirer. Ce procédé réduisait le temps de rechargement des fusils, rendant le M1819 beaucoup plus efficace. L'armée américaine en commanda 1 000 exemplaires à Hall.

« J'ai créé des méthodes de fabrication d'armes identiques. »

John H. Hall

Ce dernier breveta également des appareils employés dans la fabrication du M1819, notamment des machines pour forer ou couper. Son arme permit donc de mettre en place des techniques et des dispositifs qui allaient devenir courants dans le domaine de la fabrication en série. **BG**

VOIR ÉGALEMENT : FUSIL, ARQUEBUSE, PLATINE À SILEX, REVOLVER, MITRAILLEUSE, MITRAILLEUSE PORTABLE

La boîte de conserve

(v. 1810)

L'invention de Durand constitue une étape importante pour la conservation des aliments.

La mise en conserve permet de préserver les aliments en les plaçant dans un contenant solide, hermétique et stérilisé. Les boîtes sont chauffées, pour obtenir une température supérieure à la température d'ébullition, afin de détruire les bactéries.

L'Anglais Peter Durand breveta une méthode appliquée sur une boîte en fer-blanc à Londres en 1810. En France, Nicolas Appert venait d'inventer une méthode de conservation consistant à placer des aliments chauds dans des pots en verre scellés avec de la cire. Les boîtes en fer étaient fabriquées et fermées à la main, puis chauffées durant six heures, ce qui rendait leur production coûteuse. Aussi, n'étaient-elles utilisées que par l'armée et par les explorateurs. L'ouvre-boîtes n'avait pas encore été inventé, il fallait découper ou casser les boîtes pour en manger le contenu.

En 1846, l'Anglais Henry Evans conçut une méthode de moulage sous pression qui accéléra la production de boîtes de six à 60 à l'heure et, aux États-Unis en 1847, Allen Taylor breveta une boîte de conserve emboutie mécaniquement. D'autres innovations concernant le revêtement, le bouchage, le chauffage et l'ouverture des boîtes eurent lieu ensuite, permettant une production plus efficace.

L'augmentation rapide de la population urbaine en Europe et aux États-Unis dès la fin du XIXe et le début du XXe siècle entraîna une hausse considérable de la demande d'aliments fiables, transportables et bon marché. Depuis, le marché des aliments et des boissons en conserve n'a jamais été en recul. **EH**

VOIR ÉGALEMENT : APPERTISATION, OUVRE-BOÎTES, CONSERVE AUTOCHAUFFANTE

↗ *Les aliments en boîte sont fournis aux troupes en guerre, comme en témoignent ces vestiges de la guerre des Boers (1899-1902).*

« À long terme, nous découvririons peut-être que la nourriture en boîte est une arme plus mortelle que la mitrailleuse. » George Orwell

La lampe de sûreté de mineur (v. 1815)

L'invention de Davy éclaire les mines et sécurise le travail des mineurs.

> *« Comme tout le monde, j'ai davantage appris de mes erreurs que de mes succès. »*
>
> Humphry Davy

↑ *La lampe Davy se compose d'un cylindre grillagé contenant une mèche reliée à un réservoir d'huile.*

→ *Repos des mineurs (sud du pays de Galles) en 1931, avec leurs lampes.*

La lampe de sûreté de mineur est toujours appelée « lampe Davy », du nom d'Humphry Davy (1778-1829), qui l'a conçue. Toutefois, il ne fut pas le seul à inventer une lampe de mineur. George Stephenson, pionnier du chemin de fer, et le Dr William R. Clanny, en conçurent également.

Cette invention permit d'atteindre des filons plus profonds en fournissant de la lumière, même si celle-ci était faible. De plus, la lampe indiquait la présence de gaz inflammables comme le méthane, car sa flamme devenait soudain plus vive et de teinte bleue. Elle signalait également les zones où l'oxygène était rare en s'éteignant et était donc utile sur le plan de la sécurité.

La plus grosse difficulté était de créer une lampe qui ne causerait pas d'explosion en présence de gaz inflammables. En réalisant des expériences, Davy comprit que ces gaz n'explosaient que s'ils atteignaient leur température de combustion. Il conçut donc un grillage pour entourer la flamme de sa lampe. Le grillage absorbait la chaleur de la flamme et la répartissait sur une large surface, permettant de maintenir une température inférieure à la température de combustion des gaz. Si la lampe de Davy ne produisait pas beaucoup de lumière à cause de son grillage, elle réduisit considérablement le nombre d'explosions et fut utilisée pendant au moins encore une centaine d'années.

Vers 1900, les lampes électriques firent leur apparition et, dans les années 1930, elles avaient remplacé la lampe à combustible, car elles étaient plus lumineuses et beaucoup plus sûres. Toutefois, la lampe de Davy continua d'être utilisée pour déterminer la présence de gaz et le niveau d'oxygène, davantage que pour ses capacités d'éclairage. **TP**

VOIR ÉGALEMENT : ÉCLAIRAGE AU GAZ, LAMPE À ARC, AMPOULE À INCANDESCENCE

Le fil dentaire (1815)

Spear Parmly améliore l'hygiène dentaire.

Le très mauvais état des dents de ses patients incita le dentiste américain Levi Spear Parmly (1790-1859) à promouvoir l'usage de ce que l'on appelle aujourd'hui le fil dentaire. Il les encouragea à nettoyer les espaces interdentaires à l'aide d'un fil de soie fin ciré, et affirma que l'usage de fil dentaire associé à celui d'une brosse à dents et de dentifrice éliminait les bactéries des gencives. Si cela était légèrement exagéré, l'utilisation de fil dentaire est aujourd'hui considérée comme l'une des plus importantes méthodes d'hygiène buccale.

Le nettoyage des espaces interdentaires à l'aide de fil ou de petits cure-dents est antérieure à Spear Parmly, mais ce dernier réinventa la procédure et les outils indispensables, et fit la publicité des effets bénéfiques de cette méthode. Il écrivit un ouvrage influent, *A Practical Guide to the Management of the Teeth*, qui fut publié en 1819.

« L'utilisation régulière et quotidienne de cet ustensile prévient les maladies des dents et des gencives. »

Levi Spear Parmly

En dépit de ces conseils sensés, l'usage du fil dentaire se répandit lentement et sa fabrication à grande échelle ne débuta que lorsque Codman et Shurtleff brevetèrent leur propre fil en 1874. Ensuite, la société Johnson & Johnson Corporation favorisa une large distribution du fil dentaire, qui était alors composé du même fil de soie que celui utilisé pour les sutures chirurgicales. Vers 1900, la Johnson & Johnson Corporation acquit la société Codman and Shurtleff, qui reste une division active de la société. **TP**

VOIR ÉGALEMENT : DENTIFRICE, BROSSE À DENTS, DENTIER, FRAISE ÉLECTRIQUE

Le stéthoscope (1816)

Laennec révolutionne l'examen thoracique.

Bien que le médecin René Laennec (1781-1826) soit crédité de l'invention du stéthoscope, les médecins de la Grèce antique pratiquaient déjà l'art de l'auscultation ou de l'écoute. Le Français eut une inspiration en 1816 lorsqu'il fut confronté à une patiente présentant un problème cardiaque. Embarrassé à l'idée de poser son oreille contre l'ample poitrine, Laennec se souvint avoir vu des enfants taper sur un cahier enroulé en écoutant à l'autre extrémité. Cela lui donna l'idée d'enrouler une liasse de papiers en forme de cylindre et de l'appliquer contre la poitrine de sa patiente. Il entendit ainsi clairement les battements de son cœur.

C'est ainsi que Laennec conçut le premier véritable stéthoscope, qui se composait d'un tube en bois creux d'environ 22 cm de long et 2,50 cm de diamètre, appelé stéthoscope « monaural » car il ne possédait qu'un pavillon. Au cours des trois années suivantes, Laennec perfectionna son invention. En 1819, il publia un ouvrage innovant dans lequel il montra qu'en accédant aux sons internes de la respiration et de la circulation sanguine, les stéthoscopes permettaient pour la première fois d'étudier les maladies des êtres vivants.

« Aucun autre appareil ne caractérise autant un médecin que le stéthoscope. »

Ariel Rogun, docteur en médecine

En 1829, Nicholas Comins, un médecin écossais, conçut le premier stéthoscope flexible et, en 1852, le médecin George P. Camman ajouta un deuxième pavillon à l'appareil, qui devint « binaural ». En 1878, un microphone y fut ajouté pour amplifier les sons. **JF**

VOIR ÉGALEMENT : MICROSCOPE

Le moteur Stirling (1816)

Stirling crée une alternative silencieuse au moteur à vapeur.

Le révérend Robert Stirling (1790-1878) entreprit de créer un nouveau type de moteur afin de remplacer les moteurs à vapeur sur les lieux de travail. À l'époque, les moteurs à vapeur étaient instables, dangereux et sujets aux explosions, causant fréquemment d'horribles accidents. Soucieux du nombre de personnes fréquentant sa paroisse exposées à ce risque, il conçut ce qui allait devenir le moteur Stirling ou à air chaud.

Le moteur Stirling nécessite une source de chaleur extérieure qui peut être solaire, chimique ou nucléaire. Il est actionné par l'échauffement ou le refroidissement d'un gaz contenu dans un cylindre. Comme il n'est pas basé sur l'explosion, il fonctionne silencieusement et s'avérait à l'époque beaucoup plus sûr que le moteur à vapeur. L'invention de Stirling incluait un « économiseur » qui augmentait grandement son efficacité. En 1850, Sadi Carnot travailla sur la thermodynamique des moteurs et montra que celui de Stirling était théoriquement très proche de la perfection.

Pour que le moteur à air chaud produise de l'énergie efficacement, il devait fonctionner à très haute température, mais les matériaux de l'époque n'étaient pas assez résistants. Il fut donc éclipsé par le moteur à vapeur durant toute la révolution industrielle. Et lorsque des matériaux appropriés apparurent, les moteurs électriques avaient pris le relais.

Aujourd'hui, les moteurs à air chaud sont plutôt utilisés dans les sous-marins, car leur silence est propice à la furtivité. Toutefois, ils pourront peut-être à l'avenir être utilisés pour convertir l'énergie solaire en électricité. **LS**

VOIR ÉGALEMENT : MOTEUR À VAPEUR, MOTEUR À COMBUSTION INTERNE, MOTEUR À GAZ, MOTEUR À DEUX TEMPS, MOTEUR DE BOURKE

↗ *Le cylindre est chauffé et l'air à l'intérieur se dilate pour repousser le piston ; le cylindre est ensuite refroidi.*

« Le moteur Stirling n'emploie pas de combustible, il n'en a même pas besoin – le soleil suffit ! »

Institut de Technologie de Lund, Suède

La boîte en carton (1817)

Thornhill crée un emballage résistant et léger.

La boîte en carton est l'une des formes d'emballage et de stockage les plus utilisées. Si au cours des dernières décennies son utilisation a été menacée par d'autres matériaux, l'intérêt pour l'environnement a permis un retour à ce matériau durable et recyclable.

Avant l'invention de la boîte en carton, le matériau d'emballage le plus courant était le bois, qui était lourd et cher, et ne convenait pas aux marchandises petites ou légères. En 1817, Sir Malcolm Thornhill fabriqua la première boîte en carton commerciale. Son invention devint populaire, mais ce ne fut que lorsque les frères Kellogg l'utilisèrent pour emballer leurs céréales au début du XXe siècle que celle-ci prit son essor. Comme le carton peut être imprimé, les fabricants comprirent qu'il était possible de réaliser de jolis emballages à moindre coût et d'y faire de la publicité. Puis le carton ondulé fut inventé en Suède. Version renforcée du carton, celui-ci était beaucoup plus solide et utile pour une grande quantité d'applications, comme les déménagements. Il protège même des milliers de sans-abri.

« Dans une boîte en carton, un enfant est transporté dans un univers bien à lui. »

National Toy Hall of Fame

L'importance de la boîte en carton dans la société victorienne est démontrée par une nouvelle intitulée *La Boîte en carton* mettant en scène Sherlock Holmes. C'est le contenant qui est cité dans le titre, alors que son contenu, une oreille coupée, aurait probablement mérité plus d'attention. **JG**

VOIR ÉGALEMENT : PAPIER, SAC EN PAPIER À FOND PLAT, CÉRÉALES

La draisienne (1817)

Drais invente l'ancêtre de la bicyclette.

En 1815, une éruption du volcan Tambora en Indonésie entraîna une série d'événements conduisant à l'invention de la bicyclette. L'éruption était la plus importante jamais enregistrée et déversa des tonnes de cendres dans l'atmosphère terrestre. La température mondiale baissa et les effets sur les cultures furent désastreux.

Trois ans plus tôt, en raison des intempéries de 1812, le prix de l'avoine avait grimpé et l'inventeur allemand Karl Drais (1785-1851) cherchait un moyen de remplacer les chevaux affamés. Il conçut un véhicule à quatre roues entraîné par un domestique assis à l'arrière qui pédalait, tandis que son maître guidait le véhicule à l'aide d'une barre. Son invention n'eut pas de succès et Drais décida de se concentrer sur d'autres appareils.

Après l'éruption volcanique de 1815, de plus grosses intempéries causèrent une nouvelle montée en flèche du prix de l'avoine. Il devint encore plus urgent de trouver un autre moyen de transport que le cheval et Drais fit une nouvelle tentative. Il imagina cette fois un véhicule à deux roues dénué de pédales. Celui-ci, inventé en 1817, était appelé draisienne.

Son concept était simple : il se composait d'un cadre léger en bois soutenant le cycliste entre les roues. Le cycliste avançait en poussant sur ses pieds et la draisienne pouvait atteindre une vitesse de 20 km/h. Elle devint rapidement populaire et fut copiée dans le monde entier. Toutefois, certaines copies ne possédaient pas de freins, ce qui les rendait dangereuses. Après avoir été bannies des trottoirs car elles constituaient un danger pour les piétons, elles passèrent de mode, mais ouvrirent la voie à la bicyclette. **DK**

VOIR ÉGALEMENT : ROUE ET ESSIEU, BICYCLETTE MODERNE, MOTOCYCLETTE

La draisienne apparut en Angleterre en 1818, où elle était appelée « cheval de loisir ».

La transfusion sanguine (1818)

Blundell invente une procédure médicale qui sauve des vies.

James Blundell (1790-1878), obstétricien et gynécologue au Guy's Hospital de Londres, réalisa que les transfusions sanguines offraient une solution aux hémorragies qui frappaient les femmes au moment de l'accouchement. Blundell connaissait bien les travaux de John Leacock qui, en 1816, avait relaté ses expériences de transfusion sur les chats et les chiens, et établi que le donneur et le receveur devaient être de même espèce.

La première transfusion humaine supervisée par Blundell concerna un homme de 35 ans atteint d'un cancer à l'estomac. Le 22 décembre 1818, l'homme reçut par transfusion environ 400 ml de sang administrés à l'aide d'une seringue en petites quantités et provenant de plusieurs donneurs. Malgré une légère amélioration, le patient mourut 56 heures plus tard.

Pour faciliter les transfusions, Blundell conçut un appareil appelé « impellor » se composant d'un entonnoir et d'une pompe destinée à recueillir le sang du donneur afin de procéder à une transfusion indirecte dans les veines des patients. De 1818 à 1829, Blundell et ses collègues réalisèrent dix transfusions, dont quatre seulement réussirent.

En 1829, dans la revue *The Lancet*, Blundell décrivit des patients « atteints de fièvre, de mal de dos, de maux de tête et dont les urines étaient foncées ». En 1900, Karl Landsteiner, un médecin de Vienne, expliqua que le sérum de certaines personnes contenait des anticorps détruisant les globules rouges de celui d'autres personnes. À partir d'expériences, Landsteiner identifia trois groupes sanguins, A, B et C (rebaptisé O). Un groupe plus rare, AB, fut découvert l'année suivante. Landsteiner suggéra que sa découverte soit appliquée aux transfusions sanguines, mais cela ne fut le cas qu'une décennie plus tard. **JF**

« Ceux qui utilisent le sang humain pour traiter des maladies… commettent un péché grave. »

Thomas Bartholin, professeur d'anatomie, 1616-1680

L'appareil de Moncoq-Mathieu, datant de 1874, était l'un des nombreux conçu pour sécuriser les transfusions.

J. S. Elsholtz, dans Clysmatica nova *(1667), proposait des transfusions, y compris entre humains et animaux.*

VOIR ÉGALEMENT : VACCINATION, SERINGUE HYPODERMIQUE, BANQUE DU SANG, DIALYSE RÉNALE

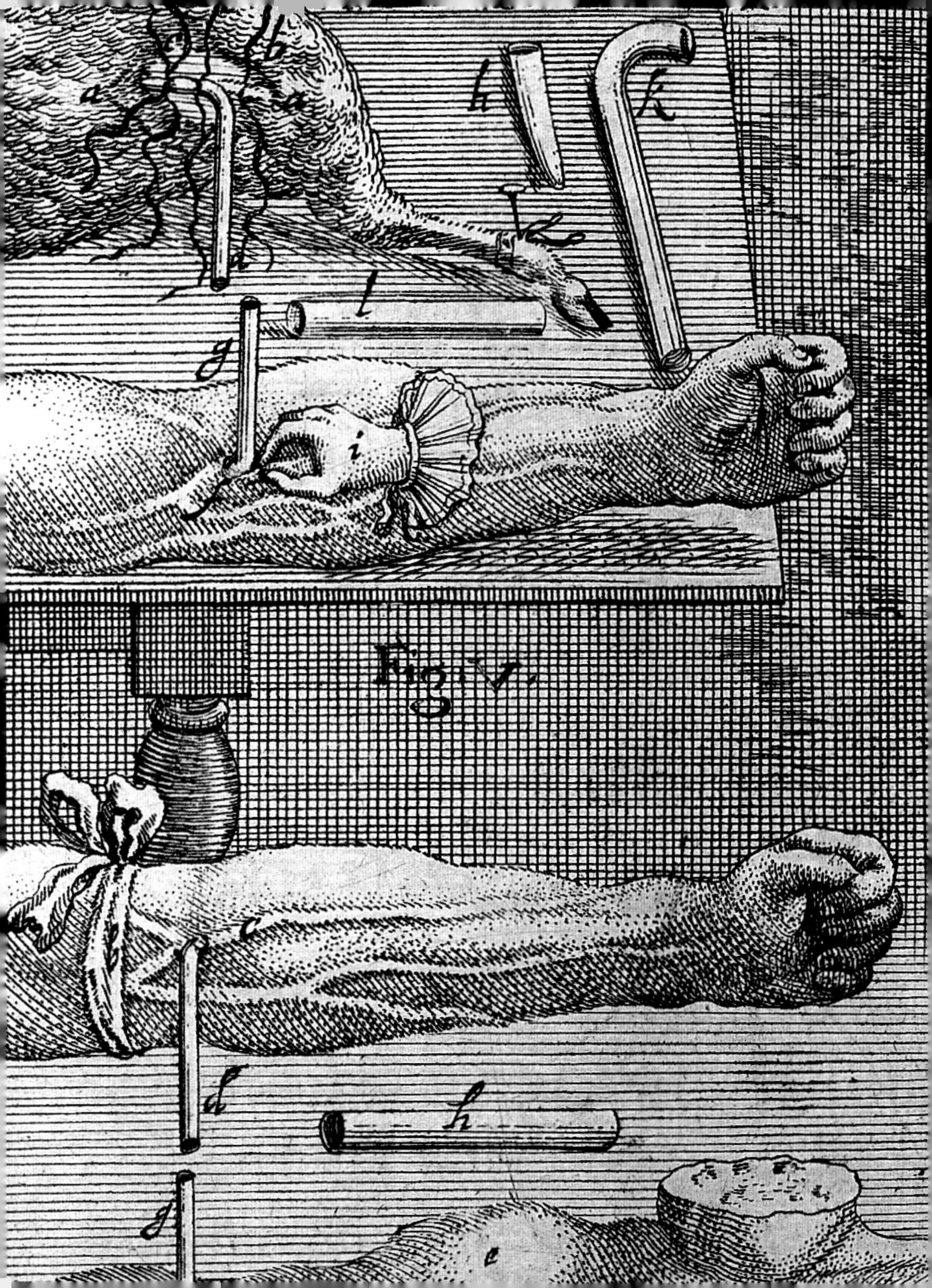

Fig. V.

L'extincteur (1818)

L'invention de Manby sauve des vies.

C'est peut-être pour l'invention du Manby Mortar, un appareil permettant de sauver des personnes lors de naufrages sur le littoral, que le capitaine George Manby (1765-1854) est le plus connu. Mais il est aussi considéré comme le père de l'extincteur moderne, qui permit également de sauver des milliers de vies.

Il y eut divers extincteurs avant l'invention de Manby, mais on ne sait de quel type était l'original. L'un des premiers, toutefois, fut conçu et utilisé en 1723 par Ambrose Godfrey. Il consistait en un réceptacle contenant un liquide extincteur et un réservoir de poudre équipé d'une série de mèches. Lorsque les mèches étaient allumées, la poudre explosait et dispersait le liquide. Cet extincteur fut peu utilisé, à part lors d'un incendie à Londres en 1729.

Celui du capitaine Manby, inventé en 1818, était plus efficace. Il eut l'idée d'inventer un extincteur portable après avoir observé une maison brûler à Édimbourg et constaté que les pompiers étaient incapables de combattre le feu aux étages supérieurs. Il conçut un fût en cuivre contenant 13 à 18 litres de carbonate de potassium avec un espace renfermant de l'air comprimé. Un robinet d'arrêt au sommet de l'extincteur pouvait être ouvert pour permettre à l'air de s'échapper, propulsant le carbonate de potassium à grande distance. L'appareil pouvait aussi être utilisé avec de l'eau et était facilement transportable, permettant aux pompiers d'atteindre des zones inaccessibles à risque.

L'invention de Manby fut vite remplacée par un modèle plus efficace. Mais son usage de l'air comprimé pour projeter l'agent extincteur sur une large zone fut appliqué au développement d'autres prototypes. Les extincteurs actuels utilisent le dioxyde de carbone comme agent extincteur selon le même principe. **TP**

VOIR ÉGALEMENT : FOYER AMÉNAGÉ, POUDRE, EXTINCTEUR AUTOMATIQUE, ALARME À INCENDIE

Le macadam (1820)

McAdam crée un revêtement pour les routes.

Au début du XIXe siècle, l'entretien des routes était effectué par des personnages souvent plus intéressés par le profit que par la conservation des routes. L'Écossais John Loudon McAdam (1756-1836) était un ingénieur autodidacte nommé administrateur d'une barrière de péage. Son voisin souffrait de rachitisme et trouvait extrêmement douloureux de voyager sur des routes pleines de nids-de-poule. Aussi McAdam entreprit-il d'expérimenter différentes méthodes de construction de routes.

Depuis l'Empire romain, les routes étaient composées d'une couche de grosses pierres, de plusieurs couches de pierres plus fines puis d'une couche de graviers. Les routes de McAdam se composaient de couches nivelées de fragments de pierre, étaient plus hautes au centre, et comportaient des drains de part et d'autre. Ainsi, elles étaient plus stables et nécessitaient moins d'entretien. Ces routes accrurent considérablement la vitesse des déplacements, mais le macadam dut être modifié au moment de l'apparition de la voiture à moteur. Pour diminuer la poussière produite par le vide se formant sous les véhicules rapides, E. Purnell Hooley employa du goudron pour lier les pierres brisées et breveta le tarmac en 1901. **SD**

> *« Le sol était couvert d'une matière sombre qui rendait toutes les roues silencieuses… C'était magique. »*
>
> **Laura Ingalls Wilder, auteur pour enfants**

VOIR ÉGALEMENT : VOIE DE RONDINS, CARTE GÉOGRAPHIQUE, AUTOMOBILE

Des ouvriers équipés d'une grosse machine à goudron réparent la route à Ludgate Circus à Londres, v. 1900.

COMPANY
CONTRACTOR
TAYLOR

L'électroaimant (v. 1820)

Oersted et Ampère associent le champ magnétique et l'électricité.

Le fait que le courant passant dans un fil conducteur produise un champ magnétique autour du fil et que deux fils conducteurs de courant puissent s'attirer ou se repousser en fonction de la direction du courant fut décrit par Hans Oersted et André-Marie Ampère (qui a donné son nom à l'unité de mesure de l'intensité du courant électrique). C'est cependant William Sturgeon (1783-1850), scientifique travaillant à la Royal Academy de Woolwich à Londres, qui comprit l'importance du phénomène. Il transforma les dispositifs électromagnétiques de jouets en appareils de levée.

C'est ainsi qu'un morceau de fer en fer à cheval autour duquel est entortillée une bobine lâche dans laquelle passe du courant devient un appareil solide qui « soulève » le métal lorsqu'il y a du courant et, phénomène tout aussi important, perd sa puissance lorsque le courant ne passe plus. L'action de l'appareil peut être contrôlée de façon rapide par l'électricité. L'électricité peut parcourir des kilomètres de fil. Ainsi, actionner un interrupteur à un endroit peut activer un aimant distant afin de déclencher une sonnerie ou de déplacer un levier. Joseph Henry (1797-1878), professeur de mathématiques et de physique à l'Academy d'Albany aux États-Unis, améliora l'électroaimant de Sturgeon en isolant son fil et en multipliant le nombre de tours de sa bobine. Son électroaimant soulevait 1 040 kg, un record à l'époque. Lorsque Henry se rendit à Princeton en 1832, il utilisa un électroaimant comme dispositif de relais électrique pour relier son laboratoire à sa maison. Il s'agissait du premier système de télégraphe fonctionnel. Tout comme Morse et Charles Wheatstone il revendiqua la paternité du télégraphe. **DH**

VOIR ÉGALEMENT : MOTEUR ÉLECTRIQUE, FIL ISOLÉ, GÉNÉRATEUR ÉLECTRIQUE, ÉLECTROAIMANT À BOBINES MULTIPLES, BATTERIE

↑ *Cet électroaimant en forme de fer à cheval appartenait à Michael Faraday, chimiste et physicien anglais.*

Le moteur électrique (1821)

Faraday montre comment l'électricité et les aimants peuvent produire un mouvement rotatif.

Les moteurs électriques sont utilisés dans un grand nombre d'appareils et sont indispensables dans le domaine industriel. Michael Faraday (1791-1867) conçut la technologie de ces moteurs en 1821, en faisant une démonstration réussie du premier moteur électrique, une découverte qui aboutit à l'âge d'or de l'utilisation de la technologie électrique.

Faraday commença par exercer la profession de chimiste, puis s'intéressa à l'électromagnétisme. En 1813, il travailla pour le chimiste Humphry Davy à la Royal Institution, où il se concentra sur le principe de rotation électromagnétique qui allait permettre de réaliser le premier moteur électrique. Peu après la découverte des propriétés de l'électromagnétisme par le Danois Hans Oersted, Faraday montra qu'une action mécanique pouvait découler d'une énergie électromagnétique en 1821. Il fit passer un courant alternatif dans un fil en suspension dans une petite coupe de mercure dotée d'un aimant au fond.

Le fil s'enroulait autour de l'aimant avec rapidité selon un trajet circulaire, prouvant que le courant électrique avait produit un champ magnétique autour du fil, qui interagissait avec l'aimant, causant le déplacement du fil. Faraday présenta ses recherches à la Royal Society fin 1831 et début 1832. Ses découvertes améliorèrent considérablement les connaissances scientifiques et la compréhension de l'électricité, du magnétisme et de leur interaction. Faraday continua d'explorer l'effet électromagnétique et son travail incita également d'autres scientifiques à étudier les phénomènes liés à l'électricité, ce qui permit de créer le moteur électrique actuel. **SR**

VOIR ÉGALEMENT : ÉLECTROAIMANT, FIL ISOLÉ, GÉNÉRATEUR ÉLECTRIQUE, BATTERIE, MOTEUR À INDUCTION

↑ *Maquette d'un ancien moteur électrique basé sur les principes originaux établis par Faraday.*

Le pont à poutres triangulées (1821)

L'invention lucrative de Town permet au chemin de fer de franchir de vastes fossés.

> *« [Je cherche] des améliorations en termes de goût et de science de l'architecture. »*
>
> Ithiel Town

⬆ *Une locomotive à vapeur Clun Castle traverse le pont Royal Albert construit par I. K. Brunel vers 1850.*

➡ *Le viaduc enjambant les chutes du fleuve Genesee dans l'État de New York est un pont à poutres triangulées.*

Le concept d'un pont composé de poutres triangulées – structures droites reliées pour former un motif en triangle – fut décrit pour la première fois par le père italien de l'architecture occidentale, Andrew Palladio, en 1570. Toutefois, les armatures de poutres triangulées étaient déjà employées par les Égyptiens et les Grecs de l'Antiquité…

Cependant, l'âge d'or de ce type de pont se situe le début du XIXe siècle aux États-Unis. C'est le développement du transport ferroviaire qui le rendit nécessaire, ainsi que la nécessité de faire circuler de lourds véhicules ferroviaires en toute sécurité au-dessus de vastes espaces de différentes portées. La multiplication des constructions à l'aide de poutres triangulées au XIXe siècle fut déclenchée par un architecte renommé de Nouvelle-Angleterre, Ithiel Town (1784-1844), qui déposa un brevet pour son pont à poutre en treillis en 1821.

Les ponts à poutres triangulées étaient souvent recouverts d'un toit et deux ponts construits selon le modèle de Town sont toujours présents dans Connecticut, son État natal. Le succès de cette structure peut être attribué au talent de Town en matière de marketing et la détention de son brevet fit de lui un homme riche.

Entre les années 1870 et les années 1930, le fer remplaça le bois dans la structure des ponts à poutres triangulées, puis l'acier remplaça le fer. Beaucoup de poutres triangulées différentes, comme celles de Pratt, de Warren et de Howe, furent conçues. Le plus long pont à poutres triangulées du monde, qui mesure 3,7 km, relie l'aéroport international de Kansai à Osaka au Japon. Mais les treillis en acier conviennent moins bien aux longues distances et, aujourd'hui, le pont suspendu leur est généralement préféré. **AC**

VOIR ÉGALEMENT : ACIER, PONT EN ARC, PONT DE BATEAUX, PONT SUSPENDU, PONT CANTILEVER, AQUEDUC

La lentille de Fresnel (1821)

Fresnel invente une lentille plus efficace.

Le physicien français Augustin Fresnel (1788-1827) montrait un grand intérêt pour les propriétés de la lumière. Il publia un grand nombre d'articles sur les phénomènes optiques comme l'aberration et la diffraction, mais il est principalement connu aujourd'hui pour une invention qui devint un outil pratique et révolutionnaire : la lentille de Fresnel.

Il créa un nouveau type de lentille qui fonctionnait de la même manière qu'une lentille traditionnelle. La sienne était plus légère, ce qui en faisait un choix pratique pour la réalisation des grandes lentilles utilisées dans les phares. Certaines lentilles de phares mesuraient plus de 3,60 m de haut et ressemblaient à des ruches géantes. Elles pouvaient capter la lumière de façon nettement améliorée, permettant à 83 % de la lumière émise par une ampoule puissante d'être concentrée en un rayon visible par les bateaux à 30 km.

Fresnel eut l'idée de cette lentille lorsqu'il était membre de la Commission des phares à Paris. Le principe est simple. Imaginez une grande loupe de forme lenticulaire (avec deux parois convexes), divisée en dizaines, voire en centaines, d'anneaux concentriques. Chaque anneau aurait une épaisseur, ainsi qu'une dimension différente. Sur la lentille de Fresnel, les anneaux étaient tous plats d'un côté et possédaient la même épaisseur. Afin de conserver la fonction originelle de la lentille – sa capacité à concentrer la lumière –, il modifia les différents anneaux de la lentille, pour que les angles de leur surface soient différents. Sur la lentille de Fresnel, les anneaux sont emboîtés. Aujourd'hui, les lentilles de Fresnel sont employées à l'arrière de certaines voitures et certains camions. **DHk**

« Si vous ne pouvez scier avec un dossier ou classer à l'aide d'une scie, vous ne serez pas un bon expérimentateur. » Augustin Fresnel

VOIR ÉGALEMENT : VERRE, LENTILLE, LUNETTES, MIROIR, MICROSCOPE, TÉLESCOPE

↖ *La lentille de Fresnel amplifie et concentre la lumière en un faisceau puissant qui peut atteindre l'horizon.*

L'imperméable (1823)

Macintosh brevette le Mackintosh, un tissu imperméable idéal lorsqu'il pleut.

C'est un chimiste écossais, Charles Macintosh, qui donna son nom au tissu appelé et souvent orthographié mackintosh, une matière imperméable. Ce tissu permit de réaliser des vêtements imperméables.

Au début, Macintosh fit des expériences avec les résidus liés à la création de gaz à partir du charbon. Il commença par extraire de l'ammoniaque de ces résidus afin d'obtenir un colorant violet-rouge. Ce procédé était à l'origine d'un autre résidu appelé naphta. Macintosh l'utilisa d'abord comme solvant, puis découvrit rapidement ses qualités imperméables. Il en recouvrit d'abord une matière fine, mais rencontra des problèmes : le caoutchouc était collant et avait une odeur affreuse. Il remédia au premier inconvénient en pressant deux couches de tissu autour du caoutchouc, obtenant ainsi une matière imperméable et pratique, qu'il breveta en 1823.

Malheureusement, le problème de l'odeur du caoutchouc ne fut jamais complètement résolu, et même aujourd'hui, les vestes imperméables traditionnelles ont une odeur particulière. Pour cette raison, et à cause de la nature inconfortable de cette matière, les vêtements imperméables eurent peu de succès au début, même si les troupes armées comptèrent parmi leurs premiers utilisateurs. Plus tard, l'inventeur Thomas Hancock (1786-1865) obtint une licence afin de produire le tissu imperméable à double couche et l'améliora, ajoutant davantage de caoutchouc, tout en le rendant plus efficace et moins malodorant. Macintosh accepta ces améliorations et, en 1831, Hancock fut associé à la société Charles Macintosh & Co. **TP**

VOIR ÉGALEMENT : VÊTEMENTS, TISSU TISSÉ, PARAPLUIE, BOTTES EN CAOUTCHOUC WELLINGTON

↗ *Dans les années 1930, un garçon démontre les applications du tissu imperméable Mackintosh.*

« Je suis un optimiste, mais un optimiste qui porte un imperméable… »

Harold Wilson, ancien Premier ministre britannique

Le ballon (1824)

Faraday conçoit un contenant de gaz en caoutchouc qui devient rapidement un objet de loisir.

Michael Faraday (1791-1867) est avant tout célèbre pour sa découverte des principes relatifs à l'induction magnétique et à la relation entre le magnétisme et l'électricité. Mais Faraday était en outre un enseignant inventif et est à l'origine des «conférences de Noël» de la Royal Institution (des conférences qui se poursuivent aujourd'hui et sont diffusées à la télévision en Grande-Bretagne). Faraday a même donné son nom à une unité de mesure ; le farad est une unité de capacité électrique. Toutefois, l'une des réalisations de ce scientifique est beaucoup moins souvent citée dans les livres d'histoire : il s'agit du ballon.

Au début de sa carrière, Faraday n'exerçait pas dans le domaine de la physique, mais dans celui de la chimie. Il fut nommé assistant chimiste de la Royal Institution et accomplit dans ce cadre des expériences sur le chlore et la nature des gaz. Tandis qu'il étudiait les propriétés de l'hydrogène, il réalisa le premier ballon en caoutchouc.

Depuis des centaines d'années, les ballons étaient faits à l'aide d'intestins. Objets de distraction malodorants, ils étaient vendus dans la rue en Europe au Moyen Âge et placés à l'extrémité de bâtons par des bouffons. Les ballons de Faraday se composaient de deux feuilles de caoutchouc «soudées» pour former une poche. Lorsqu'ils étaient remplis d'hydrogène, ils montaient, défiant la gravité et permettant à Faraday de faire des observations relatives aux propriétés du gaz. Les ballons furent disponibles dans le commerce à peine un an plus tard, lorsque le fabricant de caoutchouc Thomas Hancock se mit à produire un «kit» pour fabriquer un ballon. **BG**

VOIR ÉGALEMENT : BALLON EN CAOUTCHOUC, MONTGOLFIÈRE, TRAIN ÉLECTRIQUE, LEGO©

↑ *Cette illustration en la mode familiale en 1880 montre un accessoire rose assorti, le ballon rempli de gaz.*

Le thaumatrope (1824)

Paris invente par inadvertance les bases du cinématographe et de l'animation.

Éminent physicien anglais, John Ayrton Paris (1785-1856) est l'inventeur du thaumatrope, un jouet populaire pour enfants de l'Angleterre victorienne. Il n'était pourtant pas destiné à distraire, mais à démontrer un phénomène optique.

Le thaumatrope est un objet simple : il se compose d'un disque comportant une image sur chaque face et de deux morceaux de ficelle. Le disque tourne lorsque les ficelles qui y sont attachées sont torsadées, puis rapidement écartées. Le disque se met alors à tourner rapidement, faisant alterner à grande vitesse les images présentes sur ses deux faces ; l'œil humain associe alors les deux images. Ce phénomène est appelé persistance de la vision et fut démontré devant une assemblée au Royal College of Physicians en 1824. L'un des disques présentés par Paris comportait un oiseau sur une face et une cage vide sur l'autre ; lorsqu'il tournait rapidement, il donnait l'impression de montrer un oiseau dans une cage.

Le thaumatrope fut une étape importante dans l'avènement du cinématographe et de l'animation. Lorsque nous regardons un film au cinéma, nous faisons l'expérience de la persistance de la vision dont Paris fit la démonstration avec son thaumatrope, car nous voyons une série d'images fixes passant à une vitesse qui donne une impression de mouvement. L'animation fonctionne selon le même principe.

Paris montra peu d'intérêt pour les applications non scientifiques de son invention et continua de consacrer ses efforts à la recherche médicale. Il écrirait plus tard l'un des ouvrages médicaux les plus importants de sa génération. **TB**

VOIR ÉGALEMENT : LANTERNE MAGIQUE, CAMÉRA/PROJECTEUR DE CINÉMA, FILM PARLANT

↑ *Le cerveau interprète deux images qui se superposent rapidement comme une image unique.*

Le braille (1824)

Braille permet aux aveugles d'écrire et de lire grâce à un système basé sur le toucher.

> *« Apprendre à lire la musique en braille et à jouer d'oreille m'aida à développer une bonne mémoire. »*
>
> Ray Charles, musicien

↑ *L'auteur Helen Keller, qui perdit la vue à l'âge de 19 mois, lit un texte en braille durant sa jeunesse.*

→ *Une plaque en allemand de 1952 présente l'alphabet de Braille et célèbre le 100e anniversaire de sa mort.*

Louis Braille (1809-1852) n'avait que quinze ans lorsqu'il conçut un système de reproduction de l'alphabet composé de points en relief qui pouvait être lu grâce au toucher. Devenu aveugle à l'âge de 4 ans après un accident, il fut éduqué à l'Institut national des jeunes aveugles de Paris à partir de sa dixième année. Il apprit à lire à l'aide de lettres en bois en relief conçues par le fondateur de l'école, Valentin Haüy.

En 1821, Charles Barbier, ancien capitaine de l'armée française, visita l'école. Braille étudia le code alphabétique que Barbier avait conçu pour permettre aux soldats de communiquer sans bruit et la nuit. Des symboles représentaient des sons à l'aide de points et de tirets en relief sur du papier. Le lecteur devait passer son doigt dessus pour identifier les sons.

Braille se dit que des symboles compacts lisibles avec un seul doigt constitueraient une méthode de lecture plus rapide et plus fiable, et permettraient d'écrire tout en étant aveugle. Dès 1824, il avait conçu un système de cellules de formes identiques, comportant un espace suffisant pour six points en relief disposés dans un rectangle. Chaque lettre et chiffre étaient représentés par un motif de points unique utilisant cette grille – soit 64 combinaisons possibles – et les séquences des motifs étaient logiques afin de faciliter leur apprentissage. Braille affina et testa son système, conçut des symboles pour la notation mathématique et musicale, et publia en 1829 un *Procédé pour écrire les paroles, la musique et le plain-chant au moyen de points.*

Braille perfectionna le système de façon à ce que les voyants puissent reconnaître les lettres. Il collabora également au développement d'une machine permettant d'accélérer le processus d'écriture. **EH**

VOIR ÉGALEMENT : LUNETTES, PARCHEMIN, PAPIER, LUNETTES BIFOCALES, CHIRURGIE OCULAIRE AU LASER, PROTHÈSE OCULAIRE (ŒIL BIONIQUE)

LOUIS BRAILLE

GEDENKBLATT
ZU SEINEM EINHUNDERTSTEN TODESTAG

geboren am 4. Januar 1809 · gestorben am 6. Januar 1852

DEM SCHÖPFER DER PUNKTSCHRIFT UND DAMIT BEGRÜNDER
DER BLINDENBILDUNG DER WELT

Arbeitsausschuß für Blindenfragen in der Deutschen Demokratischen Republik

B l i n d e n sch r i f t - A l p h a b e t

	a	b	c	d	e	f	g	h	i	j		
Grundform	k	l	m	n	o	p	q	r	s	t		
	u	v	x	y	z				ss ß	st		
	au	eu	ei	ch	sch			ü	ö	w		
	äu	ä	ie									
Grundform	,	:	..	.	?	!	()	„	*	"	'	-
Zahlenzeichen	1	2	3	4	5	6	7	8	9	0		1952

Aus den 6 Punkten werden gebildet: Vollschrift, Kurzschrift, Stenografie, Mathematik-, Chemie- und Notenschrift

Verlag: Deutsche Zentralbücherei für Blinde zu Leipzig

III/18/20 - 109004/51/DDR

Le monorail (1825)

Palmer construit une voie ferrée spécifique, dotée d'un rail unique.

Un monorail remplace les deux rails d'une voie ferrée classique par un rail unique. Dans le premier type, les piliers supportant le rail peuvent être de différentes hauteurs et il est donc possible de traverser à peu de frais un terrain accidenté. Dans le second type, le rail peut circuler au-dessus de canaux et de rivières, et évite d'occuper un espace précieux au sol.

En juin 1825, Henry Robinson Palmer (1795-1844) créa un monorail suspendu à Cheshunt, près de Londres. Celui-ci était conçu pour transporter des briques, mais il pouvait aussi transporter des passagers. Pour l'Exposition du centenaire organisée aux États-Unis en 1876, le général Le-Roy Stone construisit un monorail de démonstration sur piliers à Philadelphie. D'autres types de monorails furent mis en place pour transporter des produits agricoles et des minerais.

Le monorail à piliers le plus célèbre parcourait 14,5 km entre Listowel et Ballybunion en Irlande entre 1888 et 1924. Un monorail suspendu situé à Wuppertal en Allemagne fut mis en service en 1901 et continue de transporter des passagers. En 1903, Louis Brennan breveta un monorail placé sur le sol dont les véhicules restaient en équilibre grâce à deux grands gyroscopes. Ce système eut peu de succès en raison de la crainte d'une défaillance des gyroscopes.

Les voies ferrées classiques à deux rails ont un inconvénient : à grande vitesse, le train oscille latéralement. On dit qu'il « chasse ». Cela n'est pas le cas sur un monorail, qui autorise donc des vitesses plus élevées. Une version moderne du monorail a été conçue par l'industriel suédois Alex Lennart Wenner-Gren (ALWEG). **DH**

VOIR ÉGALEMENT : LOCOMOTIVE, TRAMWAY À TRACTION PAR CÂBLE, TRAMWAY ÉLECTRIQUE

↑ *Le Listowel and Ballybunion Railway de 1888 en Irlande fut le premier monorail de ce type.*

L'omnibus (1826)

Baudry répond par hasard à une forte demande en matière de transports publics.

Stanislas Baudry (1780-1830) était propriétaire d'une maison de bains parisienne ; il exploitait également une ligne de transport pour conduire ses clients jusqu'à son établissement. Baudry n'inventa pas le bus tiré par des chevaux – il existait depuis longtemps différentes sortes de voitures tirées par des chevaux –, mais inventa en 1826 le terme d'« omnibus ». Il est donc crédité de l'invention du concept d'omnibus. Son inspiration lui vint du nom d'une boutique de chapeaux (Omnes Omnibus, du latin qui signifie « Tout pour tous ») devant laquelle il passait en se rendant à sa maison de bains.

Ce concept de moyen de transport accessible à tous se répandit dans le monde entier et prit diverses formes, avec un nombre de chevaux variable, différentes configurations des sièges et bien entendu, des tarifs variant en fonction de la clientèle. Les omnibus survécurent à l'épreuve du temps et les chevaux furent remplacés par des moteurs Diesel. Par souci de l'environnement, les moteurs à essence des bus ont aujourd'hui été remplacés dans certains pays par des moteurs au bioéthanol. Cela est le cas en Italie, en Pologne, en Espagne et en Suède.

Comme le montra le succès du concept de Baudry (qui s'avéra bien plus populaire que les bains dont il devait faire la promotion), les transports publics sont une nécessité économique dans toute société. Ils développent le commerce, l'échange d'informations et conduisent les consommateurs jusqu'aux entreprises, permettant à un pays d'optimiser son potentiel intellectuel et commercial. Baudry découvrit donc un facteur important de l'évolution de la société. **CB**

VOIR ÉGALEMENT : ROUE ET ESSIEU, COLLIER DE CHEVAL, LOCOMOTIVE, MONORAIL, AUTOMOBILE

↑ *Le service d'omnibus de Shillibeer, qui démarra en 1829, fut le premier à Londres et desservait un seul trajet.*

La photographie (1826)

Niépce utilise des produits chimiques sensibles à la lumière pour prendre la première photographie.

Depuis l'invention par Alhazen (965-1040) de l'appareil à sténopé, qui projetait une image sur une surface, on cherchait un moyen de « fixer » et d'enregistrer cette image. En 1727, le chimiste allemand Johann Schulze découvrit qu'un mélange de craie, d'acide nitrique et d'argent s'obscurcissait lorsqu'il était exposé à la lumière, et que le taux d'obscurcissement augmentait lorsque l'on ajoutait de l'argent. En 1777, le chimiste suédois Carl Scheele était parvenu, grâce à l'ammoniaque, à fixer, c'est-à-dire à rendre permanents, les résultats de ce changement.

Nicéphore Niépce (1765-1833) obtint la première image photographique permanente en 1826. Il utilisa d'abord un plateau en étain couvert de bitume, puis passa aux composés d'argent. Louis Daguerre produisit des images argentées très fragiles et qui ne pouvaient être reproduites. Vers cette époque, William Henry Fox Talbot inventa le calotype, procédé au cours duquel une étape intermédiaire donnait un « négatif » en papier qui pouvait être utilisé pour réaliser une multitude d'épreuves positives. Malheureusement, le papier et les plaques de verre étaient humides. En 1884, George Eastman inventa un procédé sec. Les appareils de photographie devinrent simples à utiliser.

1907 fut l'année de l'apparition de la plaque autochrome, en couleur, et 1925 celle de l'introduction de la pellicule 35 mm. À la fin des années 1980, la fabrication d'appareils à mégapixels et à couplage de charge relativement bon marché menaça de mettre fin à la technologie de la pellicule. **DH**

VOIR ÉGALEMENT : PELLICULE PHOTOGRAPHIQUE, APPAREIL PHOTO À DÉVELOPPEMENT INSTANTANÉ, APPAREIL REFLEX À UN OBJECTIF, APPAREIL PHOTO NUMÉRIQUE

↑ *La plus ancienne photographie conservée de Niépce est cette vue prise d'une fenêtre de sa maison en 1826.*

L’allumette à friction (1827)

Walker simplifie l’allumage d’un feu.

Une allumette se compose d’un bâtonnet en bois ou en papier enduit de produit chimique à une extrémité qui s’enflamme en étant frotté sur une surface adéquate. La chaleur produite par la friction des deux surfaces permet à l’allumette de s’enflammer.

Le chimiste britannique John Walker (1781-1859) créa la première allumette à friction en 1827. Il possédait une pharmacie à Stockton-on-Tees et fabriquait un mélange explosif utilisé dans les capsules fulminantes, un composant des armes à feu. Il découvrit accidentellement que ce mélange, composé à quantités égales de sulfure d’antimoine et de chlorure de potassium, prenait feu lorsqu’il était frotté le long d’une surface rugueuse. Walker utilisait auparavant des allumettes au chlorate, qui s’allumaient après avoir été trempées dans un flacon d’acide sulfurique, puis il se mit à en fabriquer à partir du nouveau mélange. Il baptisa ces allumettes « congreves ». La composition chimique de l’allumette à friction fut perfectionnée. Leur analyse, dans les années 1820, montra qu’elles étaient composées de cinq parts de chlorure de potassium, cinq parts de sulfate d’antimoine, trois parts de gomme arabique et une part d’oxyde de fer.

L’allumette à friction fut toutefois brevetée par Samuel Jones. Elle s’enflammait souvent violemment, avec un bruit d’explosion. Sa flamme était instable, le bâtonnet ne s’enflammait pas toujours. Du phosphore blanc fut ajouté pour remédier à ces défauts et les allumettes devaient être conservées dans une boîte hermétique pour éviter qu’elles ne s’enflamment spontanément. **CA**

VOIR ÉGALEMENT : FOYER AMÉNAGÉ, BRIQUET DE DÖBEREINER, ALLUMETTE DE SÛRETÉ, DÉTECTEUR DE FUMÉE

↑ *Les allumettes de Walker avaient une extrémité composée de chlorure de potassium, de sulfate d’antimoine, de gomme arabique et d’eau.*

Le fil isolé (1827)

Henry rend les électroaimants plus puissants.

Les fils électriques produisent de faibles champs magnétiques autour d'eux. Cependant, si un fil est entortillé plusieurs fois autour d'un métal comme le fer, l'effet est amplifié et le champ magnétique résultant est beaucoup plus puissant. Les premiers électroaimants étaient entourés de fils très lâches de façon à ce qu'ils ne soient pas en contact, afin de ne pas causer de court-circuit électrique. L'Américain Joseph Henry (1797-1878) fut le premier à utiliser une couche isolante pour les fils, pour qu'ils puissent entourer la bobine plus densément et former plusieurs couches. Les premiers isolants étaient simplement constitués de morceaux des jupons de sa femme.

« En tant que philosophe physicien, personne ne le surpasse dans notre pays parmi les jeunes hommes. »

Benjamin Silliman, à propos de Joseph Henry

Le matériau isolant doit résister au passage du courant. Cela est le cas lorsque ses atomes ont des électrons fortement liés. Les premiers câbles télégraphiques transatlantiques étaient isolés à l'aide de gutta-percha, un latex issu d'une espèce d'arbre tropical. Ce latex se détériorait toutefois lorsqu'il était exposé à l'air. Les premiers câbles électriques furent donc enveloppés de jute et placés dans des tuyaux remplis de bitume. Vers la fin des années 1890, les isolants de câbles étaient en caoutchouc ou en papier huilé. Au cours de la Seconde Guerre mondiale, l'isolation fut réalisée à partir de caoutchouc synthétique et de polyéthylène. **LS**

VOIR ÉGALEMENT : BATTERIE, CÂBLE COAXIAL, FIBRE OPTIQUE, SUPRACONDUCTEUR À HAUTE TEMPÉRATURE

L'hélice (1827)

Ressel brevette un puissant dispositif pour propulser les bateaux.

Au début de la révolution industrielle, à la fin du XVIIIe siècle, les ingénieurs commençaient à maîtriser l'énergie que constituait la vapeur dans de nombreux véhicules, y compris les bateaux. Les pagaies étaient utilisées depuis l'Antiquité et des prototypes de bateaux à vapeur à rames apparurent dans les années 1780. Mais ils étaient sur le point d'être dépassés par une technologie naissante : l'hélice. Celle-ci fonctionnait entièrement sous l'eau – un avantage évident en cas de bataille navale, lors de tirs de canons. Une controverse persiste quant à l'inventeur réel de l'hélice. James Watt eut l'idée d'hélices entraînées par la vapeur en 1784, mais ne les construisit jamais. D'autres obtinrent des brevets sur ce concept, mais aucun n'aboutit à un dispositif concret.

La première hélice réellement fonctionnelle, placée pour la première fois entre la barre et la poupe, fut conçue par un ingénieur de Bohême, Josef Ressel (1793-1857). Elle fut testée pour la première fois dans le port de Trieste. À bord du *Civeta*, bateau à vapeur transportant 40 passagers, Ressel parvint à atteindre une vitesse de six nœuds avant que le moteur n'explose. Ressel n'eut pas droit à un autre essai. Déterminé, il poursuivit ses recherches durant quelques décennies. Mais il échoua devant ses rivaux étrangers, et l'on soupçonne que l'invention ait été vendue à la Grande-Bretagne où, en 1836, Francis Petit Smith testa son modèle. L'hélice fut améliorée par l'ingénieur suédois John Ericsson, qui traversa l'Atlantique en 40 jours en 1839 grâce à cette technologie. Celle-ci allait propulser les grands navires de l'ère victorienne, comme le *Great Eastern* de Brunel. **MB**

VOIR ÉGALEMENT : GOUVERNAIL, HÉLICE, BATEAU À VAPEUR

⇥ *L'une des quatre imposantes hélices de 23 tonnes du paquebot français* Normandie, *mis à l'eau en 1932.*

Le stylo à encre (1827)

Une innovation permet de remédier aux points faibles du stylo à encre de Poenaru.

« *Aucun de nous n'a autant de vertus que le stylo à encre, ou la moitié de son esprit de contradiction.* » Mark Twain

↑ *Ce stylo Montblanc emploie des cartouches d'encre plutôt qu'un réservoir permanent.*

→ *Cette publicité de 1919 indique que le traité de Versailles a été signé avec un stylo Waterman.*

Le stylo à encre moderne résulte davantage de perfectionnements successifs que d'une invention pure et simple. En 1883, plus de 50 ans après son invention, un courtier en assurances new-yorkais, Lewis Waterman, s'apprêtait à signer un contrat important et décida de célébrer cette occasion en utilisant le stylo à encre traditionnel de l'époque. Toutefois, les stylos à encre avaient alors la réputation de ne pas être fiables, notamment concernant la régulation de leur débit d'encre. Aussi, lorsque le stylo fit une tache d'encre sur le contrat, empêchant qu'il puisse être signé, Waterman décida de l'améliorer.

En un an, il conçut le premier stylo à encre fonctionnel, utilisable et presque dépourvu de fuites. Pour réguler le débit de l'encre, il fit appel au principe de la capillarité, en introduisant un minuscule trou d'air dans la plume du stylo ainsi que des rainures dans son chargeur pour contrôler le débit d'encre s'écoulant entre son nouveau réservoir étanche et la plume. Waterman mérite certes d'être crédité de l'invention du stylo à encre que nous connaissons aujourd'hui, mais il s'est appuyé sur ses prédécesseurs.

Dès le début du XVIIIe siècle, M. Bion, le principal luthier du roi de France, avait élaboré des stylos à encre dotés de plumes, dont il reste cinq exemplaires à ce jour. La première plume en acier fut fabriquée en 1828. Elle aurait été inventée par Petrache Poenaru et, dans les années 1830, l'inventeur James Perry tenta de concevoir à plusieurs reprises des plumes fonctionnant par capillarité. Mais ce fut Lewis Waterman qui surmonta tous les obstacles et créa un stylo qui fonctionnait. Le succès fut même si important qu'en 1901, deux ans après la mort de Waterman, plus de 350 000 stylos de sa conception avaient été vendus dans le monde. **BS**

VOIR ÉGALEMENT : ENCRE, PAPIER, ACIER, PLUME D'OIE, CRAYON GRAPHITE, MACHINE À ÉCRIRE, STYLO À BILLE, STYLO FEUTRE

Porte Plume "Ideal"
Waterman
l'Arme de la paix
1919
TRAITÉ
de
PAIX

Le taille-crayon
(1828)

Lassimone conçoit un autre moyen de tailler les crayons que le canif.

Le peintre français et officier de l'armée Nicolas-Jacques Conté breveta le procédé de fabrication du crayon en 1795, tandis qu'un autre Français, Bernard Lassimone, un mathématicien, obtint le premier brevet pour un taille-crayon, en 1828. Jusqu'alors, les crayons étaient affûtés à l'aide d'un canif, qui servait auparavant aussi à tailler les plumes.

Toutefois, ce n'est pas avant 1847 que le taille-crayon prit sa forme actuelle, après avoir été amélioré par Therry des Estwaux. C'est cependant l'inventeur afro-américain John Lee Love qui révolutionna réellement l'objet. Il conçut le taille-crayon portable, baptisé « Love Sharpener », qui reste très utilisé aujourd'hui, notamment par les artistes. Le crayon est placé dans l'orifice du taille-crayon et tourné à la main, les copeaux étant recueillis dans un compartiment qui peut être vidé. Love breveta son invention originale le 23 novembre 1897, aux États-Unis, en en soumettant un dessin détaillé. Il expliqua ultérieurement que si son brevet décrivait un objet simple et utilitaire, il envisageait de le rendre très décoratif, de façon à ce qu'il puisse être utilisé comme ornement ou presse-papiers sur un bureau.

Le premier taille-crayon électrique est souvent attribué au créateur industriel Raymond Loewy qui le conçut au début des années 1940. Il fut commercialisé par la Hammacher Schlemmer Company de New York. **TP**

VOIR ÉGALEMENT : CRAYON DE PAPIER, PAPIER, ACIER

↖ *Ce taille-crayon du XXe siècle est doté de pinces à ressort pour maintenir le crayon.*

← *Cinq crayons peuvent être placés dans cette machine ; la lame est actionnée par la roue.*

La chaudière multitubulaire (1828)

Seguin accroît l'efficacité des chaudières.

La chaudière d'une machine à vapeur exploite à la fois la chaleur du feu et les gaz chauds produits par la combustion pour chauffer l'eau et produire de la vapeur. Son efficacité peut être nettement accrue si la zone de contact entre les gaz et le récipient d'eau est très vaste. Au lieu de ne disposer que d'un récipient placé au-dessus d'un foyer, une chaudière multitubulaire comporte une série de tubes étroits qui acheminent les gaz.

La première chaudière multitubulaire à deux passages fut inventée en 1828 par l'ingénieur français Marc Seguin (1786-1875). Elle permit d'améliorer considérablement la puissance et la vitesse des premières locomotives et contribua au succès de la *Rocket* de George Stephenson au cours des Rainhill Trials organisés sur la voie ferrée située entre Liverpool et Manchester, en octobre 1829.

Les chaudières multitubulaires de ce type sont appelées chaudières à tubes de fumée. Relativement compactes, elles permettent d'obtenir une pression fonctionnelle de la vapeur. Les chaudières multitubulaires produisaient la vapeur pour des machines telles que des locomotives, mais aussi pour des moteurs industriels fixes et pour des bateaux à vapeur.

Actuellement, les chaudières fonctionnant à haute pression incluent un réseau de plusieurs conduites d'eau. De petits tubes transportent l'eau et la vapeur depuis le foyer et les fluides présents dans les tubes sont souvent accélérés par convection forcée. La vapeur peut aussi être portée à très haute température pour être utilisée dans des turbines motrices. Les réseaux multitubulaires sont plus sûrs. Ils sont moins exposés aux pannes dangereuses et jouent un rôle important dans la production d'énergie nucléaire. **DH**

VOIR ÉGALEMENT : MACHINE À VAPEUR, LOCOMOTIVE À HAUTE PRESSION, LOCOMOTIVE, BATEAU À VAPEUR

Le thermocouple (1829)

Nobili arrive à mesurer des températures élevées.

En 1821, le physicien estonien Thomas J. Seebeck fit une découverte accidentelle : la différence de potentiel (tension) entre les deux extrémités d'un conducteur électrique lorsque celles-ci ont une température différente ; la tension dépendant en outre de la différence de température. Si un circuit se compose d'un matériau uniforme, la tension nette du circuit est de zéro. Si deux conducteurs métalliques différents, comme le platine et le palladium, sont reliés, une tension positive est obtenue.

Le thermocouple, après avoir été calibré à partir des points de fusion de certaines substances pures comme le plomb (327,6 °C), l'argent (961 °C) et le nickel (1 453 °C), peut mesurer des températures atteignant presque les points de fusion de ses deux composants.

Le physicien italien Leopoldo Nobili (1784-1845) fut légèrement moins ambitieux. Il utilisa une série de barres d'antimoine et de bismuth pour réaliser une thermopile en 1829. Celle-ci était utilisée pour étudier le rayonnement infrarouge et était reliée à un galvanomètre astatique qui mesurait la tension.

Plus tard, le chimiste industriel français Henry Le Chatelier s'intéressa à la mesure de températures supérieures à 930 °C, fréquentes dans l'industrie du ciment. Utilisant dans son thermomètre à thermocouple du platine pur et un alliage de platine et de rhodium, il comprit rapidement que la pureté des deux matériaux avait une grande importance.

Dans les années 1890, des thermomètres à thermocouple précis, robustes et plus fiables, étaient fréquemment utilisés dans des aciéries par exemple. Cela favorisa de grandes avancées dans l'étude des effets des alliages sur les propriétés des métaux. **DH**

VOIR ÉGALEMENT : MÉTALLURGIE, ACIER, THERMOMÈTRE À MERCURE, THERMOSTAT, PYROMÈTRE

Le sténotype (1830)

Drais réussit à transcrire la parole.

L'inventeur allemand Karl Drais (1785-1851) est déjà connu pour son invention de la draisienne, l'ancêtre de la bicyclette moderne. En 1830, il inventa une machine dotée d'un clavier permettant d'enregistrer la parole qui aboutit à ce que nous appelons aujourd'hui un sténotype.

Un sténotype se compose d'un clavier de 22 lettres et chiffres que l'opérateur, ou sténographe, peut presser simultanément pour transcrire des syllabes entières, des phrases ou des mots en un seul geste – tels les accords d'un piano. Les sténographes transcrivent les syllabes phonétiquement. En principe, les doigts de la main gauche sont utilisés pour produire la première consonne, la main droite produit la dernière consonne et les pouces produisent les sons à base de voyelles situées au centre.

> *« [Leur] seul mouvement est la danse des doigts sur les touches de ces étranges machines . . . »*
>
> Sarah Campbell, *The Times* (8 février 2007)

La sténographie est un moyen de transcrire des mots rapidement et a été adoptée dans les cours de justice, où le sténotype reste la principale méthode de transcription. Un sténographe doit écrire avec précision environ 225 mots par minute, mais certains utilisateurs atteignent 300 mots par minute (cinq mots par seconde). Les sténographes conçoivent leurs propres règles lorsqu'ils utilisent leurs machines, de sorte que certains seraient peut-être incapables de déchiffrer les écrits des autres. **RBd**

VOIR ÉGALEMENT : MACHINE À ÉCRIRE, ORDINATEUR MÉCANIQUE, ORDINATEUR NUMÉRIQUE, ORDINATEUR PORTABLE, PC

Le thermostat (1830)

Ure améliore la régulation thermique.

Les thermostats sont des dispositifs de régulation et de contrôle de la température. La régulation est obtenue par le biais d'un interrupteur sensible à la température qui actionne des dispositifs de chauffage ou de refroidissement. Ces interrupteurs sont activés grâce à l'expansion de métaux, de cires ou de gaz. Certains, plus récents, emploient des thermistors au sein de circuits électriques. Un thermistor est une résistance céramique ou polymère qui change de valeur de façon significative en fonction de la température. Le thermistor a été breveté par Samuel Ruben en 1930.

Le Dr Andrew Ure (1778-1857) était un médecin et chimiste écossais qui s'intéressait aussi à la gestion des entreprises, au libre-échange et aux machines à vapeur. Réalisant que les usines textiles nécessitaient des températures constantes pour assurer l'uniformité de la fabrication de leurs produits, Ure breveta un thermostat. L'idée n'était pas entièrement nouvelle. Le Hollandais Cornelis Drebbel (1572-1633) s'était servi de la dilatation et de la contraction d'un récipient de mercure pour maîtriser la circulation de l'air, et donc la température d'un incubateur pour poulets.

Les animaux bénéficient de thermostats biologiques très efficaces. L'hypothalamus, chez l'être humain, joue un rôle dans la régulation, mais aussi dans la détection de la température. La température habituelle de l'être humain est d'environ 37,4 °C lorsqu'il est éveillé et actif et de 36,3 °C lorsqu'il est endormi. Lorsque la température de la peau devient supérieure à 37 °C, la personne transpire ce qui permet au corps d'évacuer sa chaleur par évaporation. Lorsque la température est inférieure à 37 °C, la déperdition de chaleur est ralentie par un phénomène de vasoconstriction. **DH**

VOIR ÉGALEMENT : FOUR À GAZ, FOUR À ARC ÉLECTRIQUE, FER ÉLECTRIQUE, RÉFRIGÉRATEUR, THERMOMÈTRE AU MERCURE

La tondeuse à gazon (1830)

Budding invente une machine, devenue le symbole de la vie en banlieue.

Avant l'invention de la tondeuse à gazon, les belles pelouses étaient l'apanage des personnes qui pouvaient employer des jardiniers pour faucher l'herbe. L'ingénieur britannique Edwin Beard Budding (1795-1846) inventa la tondeuse à cylindre pour entretenir les terrains de sports et les jardins des personnes fortunées. Brevetée en Angleterre en 1830, sa machine se composait d'un lourd rouleau entraînant un cylindre et nécessitait la présence de deux jardiniers pour la pousser et la tirer. Elle fut employée dès 1831 au jardin zoologique du Regent's Park à Londres. En 1860, les tondeuses à gazon pouvaient comporter huit tailles de rouleaux, le plus gros mesurant 900 cm et, en 1859, Thomas Green produisit la première tondeuse à gazon à chaîne. Des réservoirs à gazon furent ajoutés durant les années 1860.

Une tondeuse à vapeur fut brevetée en 1893 par James Summer, qui fonda la Lancashire Steam Motor Company (qui allait devenir la Leyland Motor Company). Cette technologie fut à l'origine de la naissance du secteur automobile britannique. Une tondeuse à cylindre léger fut conçue et brevetée par Amariah Hills aux États-Unis en 1899 et, vers 1900, Ransomes, en Angleterre, réalisa la première tondeuse dotée d'un siège. La tondeuse rotative, la tondeuse sur coussin d'air et la tondeuse robotisée sont des inventions récentes.

L'invention de la tondeuse contribua à rendre populaires certains sports comme le tennis, le cricket, le rugby et le football. **EH**

VOIR ÉGALEMENT : ROUE ET ESSIEU, MACHINE À VAPEUR, MOTEUR ÉLECTRIQUE, AUTOMOBILE

↗ *La tondeuse de Budding se composait de lames utilisées pour découper les tissus en laine dans les usines de textile.*

→ *Une publicité pour la Buckeye Mower and Self-Raking Reaper présente une tondeuse avec siège.*

Le pyromètre

(1830)

Daniell mesure des températures élevées grâce à la dilatation du platine chauffé.

Un pyromètre est un appareil de mesure des hautes températures, notamment celles excédant 356 °C, le point d'ébullition du mercure. John Frederic Daniell (1790-1845), le premier professeur de chimie du King's College de Londres, inventa un instrument appelé pyromètre enregistreur en 1830. Celui-ci s'appuyait sur la dilatation du platine pour indiquer, par exemple, la température de l'argent liquide. La barre de platine était placée dans un cylindre de plombagine creux et sa dilatation était mesurée à l'aide d'un système de levier et d'une graduation. Daniell inventa ensuite une pile électrique appelée pile Daniell et un hygromètre à condensation.

Au cours du XIXe siècle, il devint important de mesurer précisément la température dans le cadre des procédés de fabrication liés à la poterie ou à la sidérurgie par exemple. Il était également indispensable de pouvoir mesurer des températures atteignant 3 000 °C. Comme les appareils de mesure devaient être éloignés de l'objet dont ils mesuraient la température, le Français Charles Féry inventa un pyromètre doté d'un télescope réfléchissant afin de concentrer le rayonnement émis vers un détecteur.

Les pyromètres optiques ne furent brevetés qu'en 1899 et comparaient la couleur d'un corps incandescent à celle d'un câble électrique très chaud. Ils s'appuyaient sur le fait que la couleur du rayonnement émis par un corps chaud passe du rouge au jaune puis au blanc tandis que sa température augmente. **DH**

VOIR ÉGALEMENT : THERMOMÈTRE AU MERCURE, THERMOSTAT, THERMOCOUPLE

↖ *Ce pyromètre fut réalisé par Hippolyte Pixii et figurait dans son catalogue d'instruments de 1849.*

← *Des ouvriers d'une usine de Detroit ajustent la température de fours grâce à un pyromètre, en 1917.*

Le télégraphe électromagnétique (v. 1830)

Schilling crée un moyen de communication.

Le télégraphe est un moyen d'envoyer des messages par le biais de câbles et d'un courant électrique. À une extrémité, l'émetteur tape un mot à l'aide d'un « manipulateur ». Chaque action sur le manipulateur ferme le circuit et permet le passage de l'électricité. Celle-ci est acheminée vers le récepteur, qui laisse alors une marque sur une bande de papier, permettant à l'opérateur de lire le message.

Le premier télégraphe électrique de Samuel Thomas von Sömmering se composait de 30 câbles immergés dans de l'eau acide, un pour chaque lettre de l'alphabet allemand. Lorsque les lettres étaient tapées et le circuit fermé, une réaction électrochimique produisait un flux de bulles d'hydrogène. Le message était facilement déchiffré en observant quel câble produisait les bulles.

Le baron Pavel Schilling (v. 1780-1836) décida de collaborer avec von Sömmering pour mettre au point un dispositif plus pratique. Vers 1830, il découvrit qu'enrouler un fil électrique autour d'une aiguille magnétique la faisait osciller d'un côté et de l'autre. Cet effet était basé sur l'électromagnétisme. Si le fil est enroulé, le champ est amplifié et suffisamment puissant pour faire osciller l'aiguille. Il exploita ce phénomène pour le télégraphe en utilisant des aiguilles fixées horizontalement pour désigner des lettres.

Le télégraphe électromagnétique, présenté pour la première fois en 1832, représenta la première utilisation majeure de l'électricité dans le domaine de la communication. Quatre ans plus tard, Charles Wheatstone et William Fothergill Cooke brevetèrent leur télégraphe électrique et, en mai 1844, eut lieu l'inauguration de la première ligne télégraphique unifilaire de Samuel Morse. **RB**

VOIR ÉGALEMENT : CODE MORSE, TÉLÉGRAPHE IMPRIMEUR, TÉLÉGRAPHE DUPLEX, RELAIS ÉLECTROMÉCANIQUE, TÉLÉPHONE

La moissonneuse (1831)

McCormick automatise la récolte.

Avant l'invention de la moissonneuse par Cyrus McCormick (1809-1884), les cultures étaient récoltées à la main, généralement à l'aide d'une faucille.

Le père de McCormick avait commencé à travailler sur la conception d'une « moissonneuse », une machine tirée par un cheval capable de couper et de lier en bottes le maïs, mais ses recherches n'aboutirent pas et il les confia à son fils. La moissonneuse inventée par ce dernier en 1831 possédait un cadre pour en accroître la stabilité pendant que de grandes lames mécaniques semblables à des bras coupaient les céréales.

McCormick non satisfait de sa première machine renonça à obtenir un brevet avant 1834, date à laquelle une moissonneuse rivale apparut dans le Maryland. Toutefois, sa machine n'eut pas de succès, même lorsque McCormick eut amélioré son poids, son efficacité et sa fiabilité, et ajouté une fonctionnalité permettant de lier la récolte en bottes. Les agriculteurs se méfiaient du changement et il n'y eut presque aucune vente durant une décennie. Cependant, la demande finit par être si importante que la fabrication fut transférée de l'atelier de forgeron de McCormick à Chicago. L'inventeur accéda au marché mondial en remportant le prix le plus prestigieux de l'exposition industrielle de Crystal Palace à Londres en 1851. Au début, les Britanniques se moquèrent de sa machine grossière, mais lorsqu'ils constatèrent son efficacité, beaucoup la commandèrent à la McCormick Harvesting Machine Company.

Des décennies plus tard, l'amélioration de la moissonneuse, l'ajout d'une machine à vapeur puis d'un moteur conduisirent à la moissonneuse actuelle, qui révolutionna l'agriculture au XXe siècle. **LS**

VOIR ÉGALEMENT : FLÉAU, FAUX, BATTEUSE, MOISSONNEUSE-BATTEUSE

L'électroaimant à bobines multiples (1831)

Henry développe le potentiel de l'électromagnétisme.

L'Anglais William Sturgeon inventa l'électroaimant en 1825 ; cinq ans plus tard, l'Américain Joseph Henry (1797-1878) améliora avec succès son champ magnétique, lui conférant une puissance environ 400 fois supérieure.

La caractéristique la plus importante des électroaimants modernes est la vitesse avec laquelle leur champ magnétique peut être manipulé. Un électroaimant est constitué d'une bobine en hélice composée de fil électrique – un solénoïde. Si un courant continu passe par le fil, la puissance du champ magnétique est directement proportionnelle à l'amplitude du courant. Un solénoïde ne contient que de l'air au centre. Si un champ plus puissant est requis, son cœur est rempli de fer doux ou d'un autre para-aimant fait d'un matériau ferromagnétique.

Les électroaimants à courant continu sont utilisés pour attirer des objets en fer ou maintenir des interrupteurs en position allumée ou éteinte. Les électroaimants à courant alternatif sont utilisés dans des appareils à balayage comme les tubes cathodiques. Les collets de déviation des tubes incluent deux séries d'électroaimants perpendiculaires. Le courant passant dans la bobine commande le faisceau d'électrons qui est concentré vers l'écran. Ce faisceau peut être amené à tracer une trame de lignes horizontales qui s'affichent de haut en bas de l'écran.

Les haut-parleurs emploient aussi des électroaimants. Ici, le cœur central en fer est fixé au cône en papier du haut-parleur. Un courant alternatif passant à travers la bobine fait vibrer le haut-parleur, émettant un son. **DK**

« [La force magnétique de Henry] éclipse totalement les autres dans toutes les annales du magnétisme. »

William Sturgeon à propos de Joseph Henry

VOIR ÉGALEMENT : ÉLECTROAIMANT, MOTEUR ÉLECTRIQUE, FIL ISOLÉ, GÉNÉRATEUR ÉLECTRIQUE, PILE

Cet électroaimant de Henry, ici avec le poids qu'il soulève, appartient à la Smithsonian Institution.

La dynamo (1831)

Faraday et Henry convertissent le mouvement en électricité.

Une dynamo est un appareil qui convertit l'énergie mécanique en énergie électrique. Par exemple, l'énergie d'une lampe de bicyclette est fournie par une dynamo dotée d'un cylindre nervuré reposant contre le pneu qui tourne lorsque le cycliste pédale.

Une dynamo se compose principalement d'un mécanisme produisant un champ magnétique (un stator) et d'une bobine de fil conducteur (une armature) qui tourne de façon à ce que les fils traversent continuellement les lignes du champ magnétique. Par conséquent, un courant alternatif circule dans les fils. Un commutateur est souvent utilisé pour convertir le courant alternatif en un courant continu.

Il existe un rapport étroit entre les dynamos et les moteurs électriques. L'une transforme le mouvement en courant électrique ; l'autre, le courant électrique en mouvement. Les moteurs de traction des locomotives électriques modernes ont souvent ces deux fonctions.

Le chimiste et physicien anglais Michael Faraday (1791-1867) est à l'origine de l'invention d'un grand nombre de dispositifs rotatifs électromagnétiques et produisit la première dynamo en 1831. Joseph Henry (1797-1878) produisit à peu près à la même époque un prototype similaire. Ces appareils de démonstration cédèrent bientôt le pas, en 1832, à un appareil plus efficace construit par un luthier français, Hippolyte Pixii (1808-1835). S'inspirant de Faraday, Pixii plaça en rotation un aimant permanent de façon à ce que ses pôles passent à proximité d'un morceau de fer entouré de fil électrique ; à chaque tour de l'aimant, de l'électricité passait le long du fil. **RBk**

VOIR ÉGALEMENT : ÉLECTROAIMANT, MOTEUR ÉLECTRIQUE, FIL ISOLÉ, GÉNÉRATEUR ÉLECTRIQUE, ÉLECTROAIMANT À BOBINES MULTIPLES

↗ *La machine magnéto-électrique de 1832 de Pixii fut le premier générateur fonctionnel de courant électrique.*

« Les graines de grandes découvertes… ne s'enracinent que dans les esprits bien préparés à les recevoir. » Joseph Henry

La serrure à minuterie
(1831)

Rutherford sécurise des chambres fortes.

La première serrure à minuterie fut brevetée par l'Écossais Williams Rutherford en 1831. À l'époque, il existait une course de vitesse entre les banques qui souhaitaient préserver la sécurité de leurs chambres fortes et les cambrioleurs qui souhaitaient y pénétrer.

Les Romains furent les premiers à inventer des serrures en métal ; celles-ci comportaient des encoches et des rainures qui les rendaient difficiles à ouvrir. En 1784, Joseph Bramah inventa la première serrure « inviolable » même si un serrurier parvint à l'ouvrir, après 51 heures toutefois – davantage de temps que ce dont les cambrioleurs disposent habituellement. Toutefois, vers 1800, le nombre de cambriolages de banques se multipliait rapidement.

La solution au problème était une minuterie, un appareil d'horlogerie empêchant une serrure d'être ouverte avant une heure prédéfinie. Même avec une clé adaptée (ou la combinaison dans le cas d'une serrure à combinaison), une serrure à minuterie ne peut être ouverte qu'au moment choisi. Par exemple, dans les banques qui verrouillent leurs chambres fortes au cours du week-end, celles-ci ne pourraient être ouvertes avant le lundi matin suivant.

Le modèle à l'origine des serrures actuelles fut breveté plus de 40 ans plus tard, en 1873, par James Sargent, un employé de Yale. Ce modèle était fiable, sûr et facile à utiliser. Après son adoption par les banques, les cambrioleurs durent faire appel à des méthodes plus élaborées pour s'y introduire, par exemple en faisant exploser les portes. **HI**

VOIR ÉGALEMENT : SERRURE MÉCANIQUE, SERRURE À COMBINAISON, CADENAS, SERRURE À POMPE, SERRURE À POMPE

Le briquet de Döbereiner
(1832)

Döbereiner met le feu à portée de main.

Avant le XVIIe siècle, quiconque désirait allumer un feu devait au préalable trouver un autre feu. Une autre solution consistait à allumer comme autrefois une flamme à partir de bâtonnets ou de pierres. Au XVIIIe siècle, les feux étaient allumés à l'aide de verres convexes, mais cela était impossible lorsqu'il faisait nuit ou que le soleil n'était pas direct.

Le premier briquet pneumatique fut inventé en 1770. Il s'appuyait sur une compression rapide de gaz afin de produire de la chaleur et une flamme. Mais ce n'est que vers 1835 environ que le premier briquet fut disponible pour un usage domestique. À peine cinq ans après que le chimiste allemand Johann Döbereiner en eut l'idée en 1832, 20 000 briquets étaient employés en Angleterre et en Allemagne. Ils allaient rester populaires jusqu'à l'apparition des allumettes de sûreté, puis des briquets modernes.

Döbereiner réalisa, grâce à ses expériences avec le platine, qu'une fine poudre de platine produisait une flamme en présence d'hydrogène. En réalité, cette réaction était déjà connue, mais Döbereiner fut le premier à lui trouver une application pratique. Quelques jours après avoir redécouvert ce phénomène, il créa un briquet, le *Döbereinersche Feuerzeug*, qui mettait l'hydrogène en contact avec le platine pour produire une flamme. Le seul inconvénient de ce briquet était la nécessité de le remplir d'acide pour produire l'hydrogène.

Les briquets modernes font appel à un mécanisme un peu différent : un mélange de métaux constituant la pierre à briquet se substitue au platine. Lorsque le bouton du briquet est enfoncé, une roue frotte contre la pierre, libérant des particules qui produisent une flamme en enflammant le gaz du briquet. **HB**

VOIR ÉGALEMENT : FOYER AMÉNAGÉ, ALLUMETTE À FRICTION, ALLUMETTE DE SÛRETÉ

Le magnétomètre (1833)

Gauss mesure l'énergie des champs magnétiques.

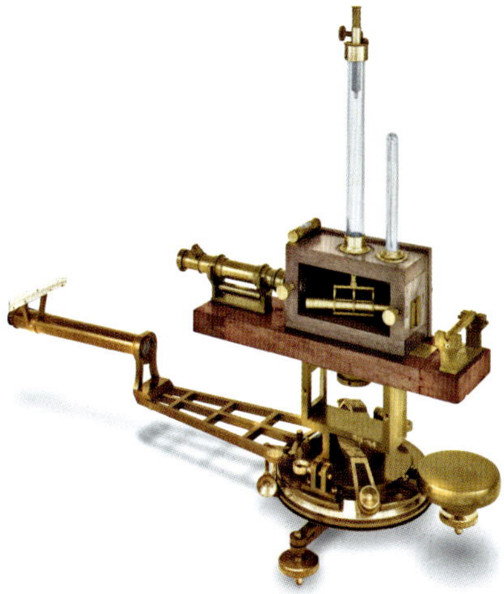

Une boussole indique la direction d'un champ magnétique, mais le magnétomètre, inventé par le mathématicien et scientifique allemand C. F. Gauss (1777-1855), peut aussi mesurer son intensité absolue. Avant l'époque de Gauss, des personnes avaient comparé les champs de deux endroits différents de la Terre en observant le temps que mettait une aiguille magnétisée en suspension pour subir un certain nombre d'oscillations. Gauss et son ami Wilhelm Weber (1804-1891), professeur de physique, évaluèrent l'intensité du champ de l'aiguille magnétisée en mesurant la façon dont elle torsadait deux fibres sur lesquelles elle était suspendue.

Gauss et Weber fondèrent le Magnetischer Verein (« Club magnétique »), dont les membres mesuraient non seulement les champs magnétiques partout sur Terre, mais également leurs variations dans le temps, causées par de lents changements affectant le noyau terrestre constitué de métal en fusion et par des modifications des nuages d'électrons entourant la Terre. Ces nuages sont influencés par les particules émises périodiquement par le vent solaire.

Les magnétomètres modernes à saturation de flux – ou « fluxgate » – mesurent un champ magnétique ambiant en enregistrant la manière dont il influence les courants électriques. Ils équipent la plupart des vaisseaux spatiaux. Les magnétomètres jouent un rôle important dans le domaine de la géologie, notamment dans la prospection de gisements de minerai de fer, et de l'archéologie. **DH**

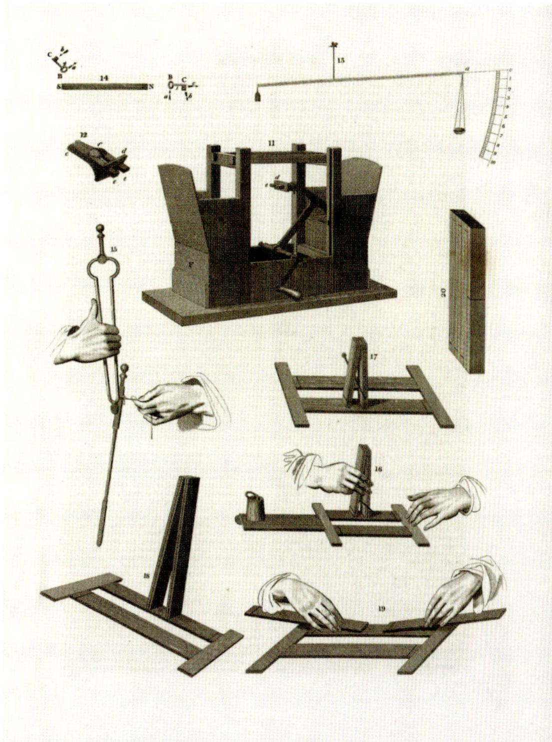

VOIR ÉGALEMENT : BOUSSOLE MAGNÉTIQUE, GYROCOMPAS, TÉLÉGRAPHE ÉLECTROMAGNÉTIQUE

↗ *Le magnétomètre de Kew fut conçu par Thomas Jones vers 1836 pour l'Observatoire de Kew en Angleterre.*

→ *Gravure montrant des expériences avec des aimants, dont un magnétomètre de Lampadius (planche 13).*

La moissonneuse-batteuse (1834)

Moore accélère la production de céréales.

La récolte traditionnelle des céréales était un processus laborieux, nécessitant une coupe, une mise en botte et un battage. Si la moissonneuse mécanique inventée en 1831 par Cyrus McCormick servait à couper les récoltes, les fermiers devaient encore suivre la machine et lier les gerbes à la main. Hiram Moore créa la première moissonneuse-batteuse fonctionnelle en 1834 afin d'accélérer la récolte des céréales. Le maïs et le blé étaient une véritable richesse dans les années 1800, mais les fermiers devaient employer des dizaines de personnes pour les récolter.

L'invention de Moore, conçue sur les terres agricoles du Michigan, permit d'associer les deux processus qu'étaient la récolte et le battage du grain. Paradoxalement sa machine était à la fois une bénédiction et une malédiction pour les ouvriers agricoles – si elle épargnait leur dos, elle coûta à beaucoup d'entre eux leur gagne-pain.

La machine fonctionne selon deux étapes ; elle récolte d'abord le maïs, coupant les céréales à la base grâce à un cylindre doté de plusieurs lames aiguisées, puis le fait passer dans la machine où il est battu. Le battage sépare le grain de la paille des céréales. La machine retient le grain et laisse derrière elle la paille, qui peut être utilisée pour nourrir le bétail.

Seize chevaux étaient nécessaires autrefois pour tracter les premières moissonneuses-batteuses, qui étaient lourdes, mais elles accomplissaient le travail de plusieurs hommes et réalisaient des tâches nécessitant plusieurs heures en une seule action simplifiée. Les moissonneuses-batteuses fonctionnèrent par la suite à la vapeur pour plus d'efficacité, puis à l'aide d'un moteur, ce qui permit d'effectuer la récolte encore plus rapidement. **KB**

VOIR ÉGALEMENT : FLÉAU, MOISSONNEUSE, FAUX, BATTEUSE

La machine à coudre (1834)

La production en série de vêtements est possible.

L'histoire de la machine à coudre commence en 1790, date à laquelle l'inventeur Thomas Saint dépose un brevet pour une machine (jamais réalisée) permettant de percer le cuir et de passer, de manière répétée, un fil dans les trous. En 1830, le Français Barthélemy Thimonnier construisit une machine qui effectuait également ce « point de chaînette ». En l'espace de douze ans, il en fabriqua 90, mais elles furent détruites par une foule de tailleurs en colère.

La première personne à avoir conçu la machine à coudre que nous connaissons fut l'Américain Walter Hunt (1796-1859) en 1834. Il innova en utilisant deux bobines de fil (placées sur un fuseau supérieur et un porte-bobine inférieur) et une aiguille dotée d'un chas afin de créer un « point de piqûre » – point dans lequel les deux fils sont assemblés en passant à travers le trou.

Hunt, qui inventa également l'épingle de sûreté, ne parvint pas à faire breveter sa machine à coudre. Cela facilita la tâche de son homologue américain Elias Howe, qui fit breveter une piqueuse plate douze ans plus tard. Howe défendit ses droits contre de nombreux rivaux, dont le plus connu était Isaac Singer, qui avait essayé de faire breveter une nouvelle machine s'appuyant sur celle de Hunt. Howe remporta son procès et Singer fut contraint de lui payer des droits d'auteur mais ce fut Singer qui fut à l'origine de la production en série. Son nom, à ce jour, reste d'ailleurs associé à la machine à coudre. **AC**

VOIR ÉGALEMENT : VÊTEMENTS, COUTURE, VÊTEMENTS TISSÉS, ÉPINGLE DE SÛRETÉ

Breveté en 1846, la machine de Howe ne se vendit pas avant 1849. Elle fit ensuite de lui un multimillionnaire.

E. Howe, Jr.

Sewing Machine.

No 4750 Patented Sep. 10, 1846.

Fig. 2

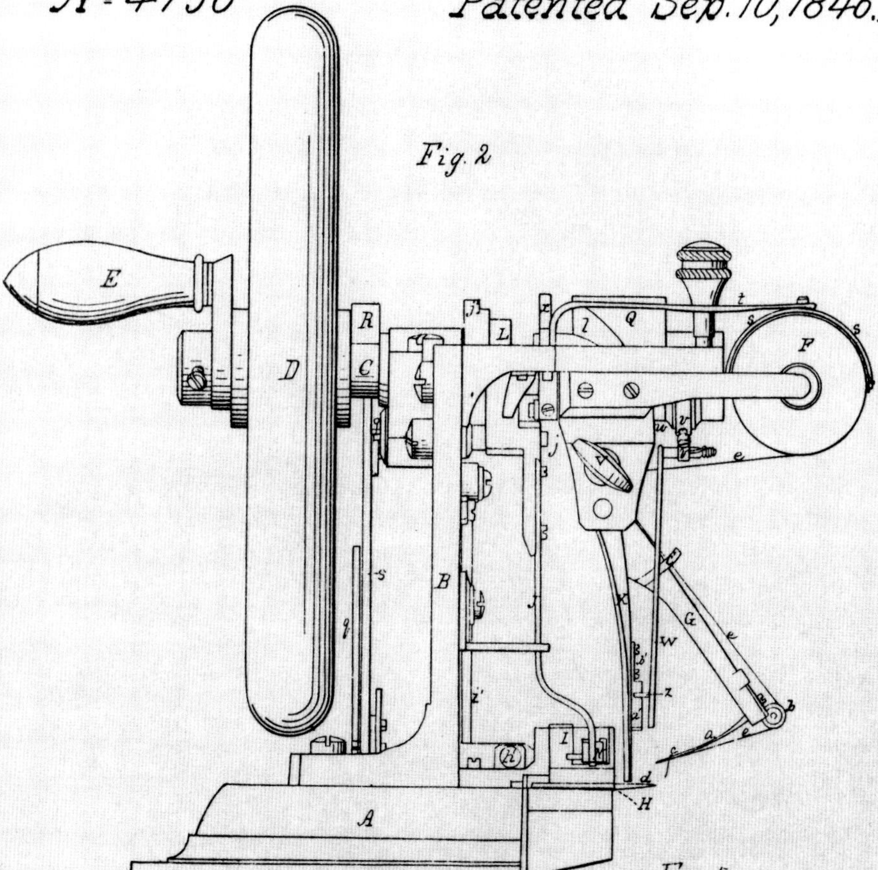

Fig. 5

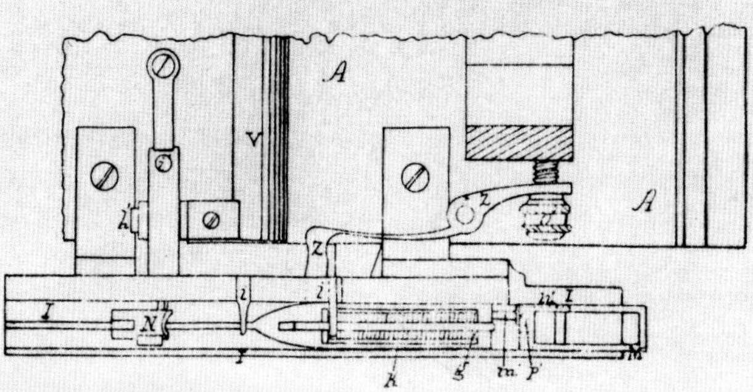

Le procédé calotype (1835)

Talbot conçoit le premier procédé négatif-positif pour réaliser des photographies.

Le procédé calotype fut créé par William Henry Fox Talbot (1800-1877) aux débuts de la photographie. Si Talbot n'est pas à l'origine de la photographie, son procédé fut utilisé durant plus de 150 ans.

Le terme *calotype* vient du grec et signifie littéralement « bonne impression ». Talbot employait du papier d'écriture de grande qualité recouvert de chlorure d'argent photosensible. Le papier devait être préparé avant d'être placé à la lumière, puis y était exposé durant dix à quinze minutes. La lumière devait être vive. Il s'agissait souvent de la lumière du soleil. Le papier était exposé à la lumière au sein d'une boîte en bois semblable à un appareil photo moderne.

Talbot comprit également qu'en exposant brièvement le papier photosensible, puis en utilisant un fixateur chimique, on obtenait un négatif utilisable. Le processus de fixation éliminait l'argent photosensible, rendant plus aisée la manipulation du négatif. Le négatif permettait également d'imprimer plusieurs images « positives ». L'invention de Talbot donna donc directement naissance aux procédés de développement, de fixation et d'impression encore utilisés actuellement.

Parallèlement au travail de Talbot, Daguerre développait le procédé du daguerréotype. Celui-ci était plus proche du Polaroid que d'une photographie traditionnelle. Le daguerréotype précéda le calotype et eut un grand succès au début, mais l'absence de négatif réutilisable entraîna la prédominance du procédé calotype dans la photographie. **JB**

VOIR ÉGALEMENT : APPAREIL PHOTO, DAGUERRÉOTYPE, APPAREIL PHOTO NUMÉRIQUE, PELLICULE PHOTOGRAPHIQUE, PHOTOGRAPHIE, APPAREIL PHOTO À DÉVELOPPEMENT INSTANTANÉ

⇱ *Appareil photo utilisé par William Fox Talbot en 1830.*

⇦ *Photographie de Laycock Abbey à Wiltshire en Angleterre, prise en 1835 avec le premier négatif.*

L'ampoule à incandescence (1835)

L'invention de Lindsay permet d'obtenir une lumière électrique constante.

Plusieurs décennies avant que Thomas Edison ne fasse breveter sa lampe électrique, l'Écossais James Bowman Lindsay (1799-1862) produisit une lumière électrique constante grâce à un prototype de l'ampoule moderne. S'appuyant sur la lampe à incandescence de Humphry Davy, fonctionnelle mais peu pratique, que ce dernier conçut en 1802, Lindsay parvint à créer une version plus pratique de l'ampoule. Il présenta son invention en 1835 au cours d'une réunion publique à Dundee.

La lumière d'une ampoule à incandescence est produite par un filament dans lequel passe un courant électrique. Lindsay affirma qu'avec sa lumière il pouvait « lire un livre à une distance d'un demi-mètre ». Il s'agissait d'un progrès par rapport à la lampe de Davy, qui n'éclairait pas aussi longtemps, n'était pas aussi lumineuse et utilisait du platine – un matériau coûteux. Le public fut impressionné par l'ampoule de Lindsay, qui ne produisait ni odeur ni fumée, n'explosait pas et pouvait être posée sur une table.

Au cours des années suivantes, Lindsay donna des conférences publiques au sujet de son invention, mais il ne l'améliora pas davantage. Il ne poursuivit pas ses travaux et ne fit pas établir de brevet la concernant. L'ampoule fut améliorée par d'autres, comme Joseph Swan et Thomas Edison. Pourtant, l'invention de Lindsay constitua une étape importante dans l'histoire de l'éclairage et fut l'un des premiers prototypes de l'ampoule à incandescence actuelle. **RH**

VOIR ÉGALEMENT : LAMPE À ARC, LAMPE D'ARGAND, BOUGIE, LAMPE FLUORESCENTE, ÉCLAIRAGE AU GAZ, LAMPE À HUILE, LAMPE ANGLEPOISE©

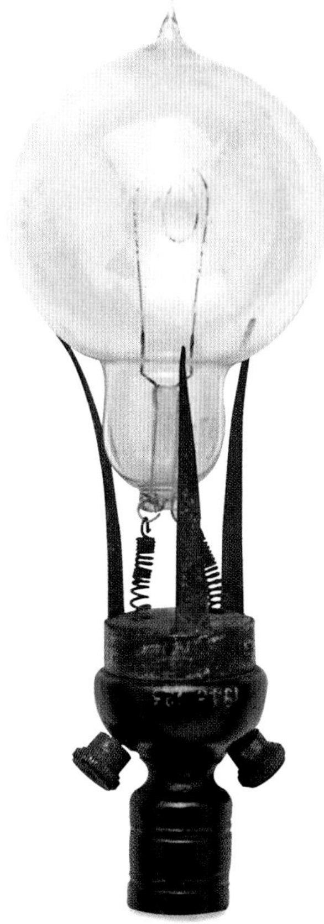

↗ *Une ancienne ampoule à incandescence avec les ressorts établissant un contact électrique avec le filament.*
→ *Gravure de 1883 des ampoules à incandescence d'Edison montrant les différents types de filament en carbone.*

Le relais électromécanique (1835)

Henry communique grâce à l'électricité.

En 1853, l'Américain Joseph Henry (1797-1878) réussit à transmettre des messages rudimentaires par commutation entre son laboratoire et sa maison grâce à un relais électromagnétique et à un câble électrique.

Dans les premiers relais, le passage ou l'arrêt du courant électrique magnétisait le noyau électromagnétique et le champ magnétique attirait une armature pivotante en fer qui jouait elle-même le rôle d'une série de contacts créant ou interrompant un circuit électrique. L'avantage de ces relais résidait dans le fait que le courant passant dans l'électroaimant pouvait être très faible et que celui du circuit commuté pouvait être beaucoup plus important. Les relais formaient la base du système télégraphique et se trouvaient au cœur des échanges téléphoniques.

De gros progrès ont eu lieu en matière de conception de relais, en partie pour se prémunir contre les dommages causés par l'augmentation de la tension due à l'effondrement du champ magnétique de la bobine lorsqu'il est désactivé. Initialement, cet effet était évité en plaçant un condensateur et une résistance dans le circuit, mais dans les relais modernes, une simple diode est enroulée autour de la bobine.

La consommation d'énergie des relais a été fortement réduite par l'introduction de relais à enclenchement. Ces derniers ne consomment de l'énergie que lorsqu'ils sont en marche. Utilisant un système de cliquet et de came, ils utilisent une impulsion pour s'allumer et une autre impulsion pour s'éteindre. Une grande attention a également été portée aux contacts des relais. Certains sont placés dans des tubes sous vide pour prévenir la corrosion. D'autres sont mouillés au mercure pour améliorer les vitesses de commutation. **RH**

VOIR ÉGALEMENT : ÉLECTROAIMANT, TÉLÉGRAPHE ÉLECTROMAGNÉTIQUE

L'ordinateur mécanique (1835)

Babbage énonce les principes de l'ordinateur.

Mathématicien et ingénieur en mécanique accompli, Charles Babbage (1791-1871) associa ses deux spécialités pour créer une « machine à différences » capable de résoudre des fonctions polynômes sans avoir à utiliser des tables peu fiables, calculées à la main.

En dépit d'un généreux financement du gouvernement, Babbage ne termina malheureusement jamais sa machine à différences et abandonna son projet en 1834. Cela ne l'empêcha toutefois pas Babbage de s'intéresser à l'automatisation des calculs. En 1835, il produisit des dessins de sa « machine analytique », un système similaire à la « machine à différences » mais qui, en utilisant des cartes poinçonnées programmables, possédait bien plus de fonctions potentielles qu'un simple calcul de polynômes. La machine analytique ne fut jamais construite, bien que Babbage ait laissé des milliers de schémas détaillés.

En tirant les leçons de la machine analytique, Babbage créa une machine à différences plus fonctionnelle et plus petite en 1849. La seconde machine à différences ne fut construite qu'en 1991, par le Science Museum de Londres, qui s'appuya sur les plans originaux et découvrit qu'elle fonctionnait parfaitement. La réputation d'homme très en avance sur son temps de Babbage fut alors rétablie. **JB**

VOIR ÉGALEMENT : ORDINATEUR NUMÉRIQUE, ORDINATEUR PORTABLE, ORDINATEUR DE POCHE, ORDINATEUR PERSONNEL, SUPERORDINATEUR

→ *Cette section de la première machine à différences inachevée de Babbage fonctionne toujours parfaitement aujourd'hui.*

Le revolver (1835)

L'arme à feu de Colt permet de tirer de façon répétée sans recharger.

> *« Lincoln a rendu libres tous les hommes, Sam Colt les a rendus égaux… »*
>
> Slogan américain après la guerre de Sécession

Samuel Colt (1814-1862) fabriqua le premier revolver capable de tirer cinq ou six coups sans être rechargé. Il l'équipa d'un barillet contenant des chambres dans lesquelles les balles étaient logées. Le barillet tournait à chaque armement du chien, permettant à chaque chambre de se bloquer en position derrière le canon afin de pouvoir libérer une balle en appuyant sur la gâchette.

Colt ouvrit une fabrique de pistolets, mais celle-ci dut fermer en raison de mauvaises ventes. La situation changea toutefois lorsqu'il reçut la commande de 1 000 pistolets de la part du gouvernement. Avec l'aide d'Eli Whitney Jr., Colt ouvrit la plus grande armurerie du monde à Hartford dans le Connecticut, développant une ligne de production d'armes de poing et de pièces de rechange. En 1856, la société acquit une réputation mondiale pour ses produits de qualité et de facture exceptionnelle. Colt devint bientôt l'un des hommes d'affaires les plus riches des États-Unis.

D'autres sociétés, comme Smith & Wesson, élaborèrent leurs propres revolvers pour défier le monopole de Colt sur le marché. En 1873, les fabricants de Colt réagirent en concevant le modèle Peacemaker à six coups, à action unique, de calibre 45, qui devint très populaire dans le « Wild West » américain.

Il y eut d'autres innovations en matière d'armes à feu, comme le revolver double action qui pouvait être déclenché par une simple action sur la gâchette et possédait un barillet à bascule pour faciliter le chargement. Le revolver continua d'être l'arme privilégiée des militaires jusqu'à l'apparition du pistolet semi-automatique au début du XXᵉ siècle. **SG**

VOIR ÉGALEMENT : ARQUEBUSE, FUSIL, POUDRE, PLATINE À SILEX, MOUSQUET, FUSIL À RÉPÉTITION

↖ *Le Colt Navy calibre 36 de 1851 fut l'un des revolvers Colt les plus appréciés ; il fut produit durant 23 ans.*

Le siphon à soda (1837)

Perpigna fait pétiller les boissons quotidiennes.

Les boissons gazéifiées étaient connues en France depuis 1790, mais le siphon à soda, ou eau de Seltz, fut inventé en 1829 par Deleuze et Dutillet. Il comportait un bouchon de liège creux permettant de servir une partie de son contenu par le biais d'une soupape, tout en gardant le flacon sous pression.

Le siphon moderne, qui n'a presque pas changé aujourd'hui, fut breveté en 1837 par Antoine Perpigna et était appelé « vase syphoïde ». Il s'agissait d'une version améliorée de l'ancien siphon, dotée d'une soupape fermée par un ressort. La boisson est en principe gazéifiée à l'aide de dioxyde de carbone pressurisé. Grâce à la forte pression, il y a davantage de gaz dissous dans le liquide qu'habituellement. Lorsque le liquide revient à la pression atmosphérique en étant servi dans un verre, ce gaz est libéré du liquide sous forme de bulles.

À l'origine, les siphons à soda étaient réalisés en verre et devaient être remplis à la main grâce à une pompe spéciale. Le procédé était complexe, car il fallait baisser la soupape pour remplir le siphon. Il n'était pas rare que les flacons, remplis à une pression de 10 à 11 kg par cm^2, explosent. Le siphon fut amélioré par l'utilisation de cartouches de gaz destinées à gazéifier le liquide qui firent l'objet de plusieurs brevets.

Le siphon à soda devint de plus en plus populaire dans les années 1920 et 1930. Cependant, dans les années 1940, son commerce s'effondra presque, car les grandes usines de fabrication tchécoslovaques furent dévastées par la Seconde Guerre mondiale et sa production, aux États-Unis, fut remplacée par la fabrication de matériel de guerre. **HP**

VOIR ÉGALEMENT : TIRE-BOUCHON, CAPSULE POUR BOUTEILLE, VERRE, EAU GAZEUSE

↗ *De nombreux modèles anciens de siphons à soda étaient faits de verres de différentes couleurs.*

« Son utilisation comme extincteur était un avantage plutôt singulier du siphon à soda. »

Bryan Grapentine, collectionneur d'antiquités

Le scaphandre classique (1837)

Le scaphandre de Siebe révolutionne la plongée.

Le scaphandre classique, ou scaphandre à casque, a constitué une avancée majeure en matière de technologie de la plongée. Les premiers scaphandres étaient rudimentaires et rigides, et entravaient les mouvements des plongeurs. Un inventeur allemand, Augustus Siebe (1788-1872) vint à bout de ces défauts avec un scaphandre à casque « fermé » – un modèle qui ne changea presque pas jusqu'à l'apparition des scaphandres autonomes dans les années 1960.

Après avoir appris la métallurgie, travaillé comme horloger et servi comme officier d'artillerie dans l'armée prussienne à la bataille de Waterloo, Siebe s'installa en Angleterre en 1815. Vivant à Londres, il tentait de trouver une solution pour créer un scaphandre plus pratique. Les modèles précédents – appelés « scaphandres ouverts » – étaient de simples cloches de plongée qui piégeaient l'air afin de respirer, mais celles-ci prenaient l'eau lorsque le plongeur quittait la position verticale.

Siebe fixa un gros casque métallique sur une combinaison de plongée en toile afin de créer un scaphandre parfaitement étanche. Un tube fournissait de l'air au plongeur depuis la surface. Siebe créa de nombreux prototypes de son invention avant d'en choisir le modèle définitif. La version finale du costume fut d'abord utilisée pour explorer l'épave du HMS *Royal George*, qui avait coulé au large de Spithead, dans l'île de Wight, en Angleterre. Plus tard, le casque devint détachable du costume : le scaphandre classique était né.

Le scaphandre de Siebe constitua une révolution en plongée, permettant d'explorer l'univers sous-marin beaucoup plus librement. Il servit aussi de modèle aux futurs scaphandres, jusqu'à l'invention du scaphandre autonome, qui finit par leur succéder. **SR**

« Le modèle de Siebe… est resté utilisé par la Royal Navy jusqu'en 1989 sans gros changement. »

English Heritage

↑ *Le casque de plongée de Siebe était étanche car il était scellé sur la combinaison.*

→ *Ce dessin de 1830 montre une démonstration d'un casque de plongée plus ancien doté d'une pompe à air.*

VOIR ÉGALEMENT : VÊTEMENTS, CASQUE, SOUS-MARIN, RECYCLEUR, BATHYSPHÈRE

Le marteau-pilon (1837)

Nasmyth ouvre la voie à la production de fer à grande échelle.

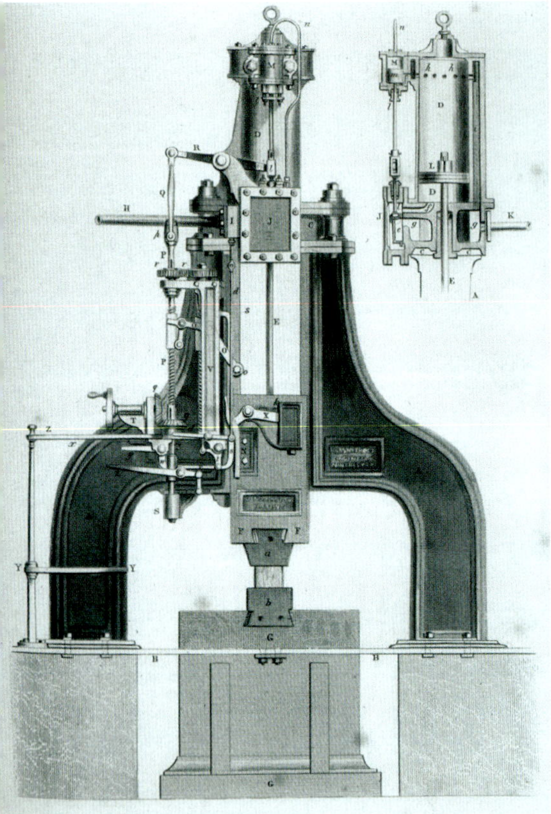

Aux débuts de la révolution industrielle, les grandes pièces de métal étaient réalisées en forgeant plusieurs petits segments puis en les soudant afin d'obtenir la pièce définitive. Les marteaux-pilons de l'époque étaient capables de forger de petites pièces, mais ils manquaient de marge de manœuvre et donc de puissance pour emboutir de grandes pièces.

Cela posa un problème lorsque la Great Western Steamship Company entreprit la construction du *Great Britain*. L'ingénieur chargé de sa construction ne put trouver un marteau capable de produire les gigantesques roues à aube qui propulsaient le bateau. James Nasmyth (1808-1890), ingénieur né à Édimbourg, eut connaissance du problème et imagina un grand marteau à vapeur capable de produire une pièce d'équipement de ce type. Le marteau de Nasmyth se composait d'un piston fixé sur la tête du marteau. L'admission de vapeur dans le piston soulevait la tête à une certaine hauteur. Celle-ci était ensuite relâchée et tombait avec une grande force avant d'être rapidement soulevée à nouveau. Malheureusement pour le marteau-pilon et pour son concepteur, la structure du *Great Britain* fut modifiée et sa roue à aube remplacée par une transmission à vis, ce qui rendit inutile la fabrication du marteau.

Nasmyth ne tenta pas de fabriquer ni de faire breveter son marteau avant de visiter la forge au Creusot en France où, à sa grande surprise, il constata que son invention était utilisée. Il fit rapidement breveter son invention de retour en Angleterre et en lança la production. Son marteau était si bien conçu et si facile à utiliser qu'il réduisit le coût de la production de fer forgé de 50 %. Il était en outre très adaptable, de sorte qu'il pouvait forger de très grosses pièces ou des objets aussi petits qu'un clou. **BMcC**

« En 1854… Je pris un brevet pour emboutir le fer grâce à la vapeur. »

James Nasmyth

↑ *Gravure de 1851 du marteau-pilon de James Nasmyth qu'il ne fit breveter qu'en 1854.*

→ *Marteau-pilon utilisé vers 1855. Il permettait aux ouvriers de forger de plus grosses pièces de métal.*

VOIR ÉGALEMENT : FONTE DU FER À PARTIR DU COKE, MARTEAU ARRACHE-CLOU, BATEAU À VAPEUR

La charrue en acier
(1837)

Deere améliore la résistance des charrues.

Lorsque John Deere (1804-1886) conçut et fabriqua la première charrue en acier à avoir du succès sur le plan commercial en 1837, il simplifia énormément l'exploitation agricole des régions dotées de sols lourds. Depuis le premier usage connu d'une charrue en 5500 av. J.-C. par les Sumériens et les Babyloniens, les principales innovations furent le versoir et la charrue en fonte, mais elles ne permirent pas de venir à bout des terres grasses. Ce fut la menace d'une banqueroute dans son Vermont natal qui convainquit Deere de chercher fortune à l'ouest. Il se rendit à Grand Detour, dans l'Illinois, où il ouvrit un atelier de forgeron. Grâce aux fréquentes réparations qu'il effectua, il apprit bientôt que la charrue en fonte qui était si efficace dans le sol léger et sableux de Nouvelle-Angleterre n'était pas adaptée aux sols lourds et gras du Midwest. Les agriculteurs se plaignaient du fait que la terre devait continuellement être enlevée de la charrue à la main, rendant la tâche ardue et longue. Deere testa une charrue dotée d'une surface très lisse qui évitait que la terre n'adhère sur le fond. Trois de ces nouveaux modèles de charrues furent fabriqués et vendus en 1837, encourageant Deere à y apporter d'autres améliorations. Le succès fut tel qu'en 1846 sa production annuelle atteignit près de 1 000 charrues.

En 1848, Deere transféra son activité à Moline, dans l'Illinois, pour profiter des possibilités de transport offertes par le Mississippi. Là, il négocia avec des fabricants de Pittsburgh pour faire découper de l'acier selon ses spécifications et commença à livrer ses charrues dans l'ensemble des États-Unis. En 1857, la société de Deere vendait 10 000 charrues par an et les agriculteurs du Midwest profitaient d'un mode d'exploitation plus aisé. **SG**

VOIR ÉGALEMENT : CHARRUE EN FONTE, CHARRUE À VERSOIR, SEMOIR, ACIER

Les toilettes à compost
(1838)

Swinburne révolutionne les toilettes.

Si la première demande de brevet pour des toilettes à compost, ou toilettes sèches, fut effectuée par Thomas Swinburne en 1838, l'idée consistant à recycler les excréments humains n'était pas du tout nouvelle. Les Chinois s'en servaient comme compost depuis des milliers d'années. Bien que ce procédé ne soit pas très attractif, il est moins nocif pour l'environnement qu'un réseau d'eaux usées moderne.

Les toilettes de Swinburne furent les premières à pouvoir être qualifiées de toilettes à compost, à savoir des toilettes dans lesquelles de la terre ou de la tourbe sont déposées sur les excréments afin de déclencher le processus de compostage. Mais ce n'est que lorsque Henry Moule créa la Moule Patent Earth-Closet Company dans les années 1860 qu'elles commencèrent à être davantage utilisées. Certaines écoles et certains camps militaires préféraient ce système de toilettes car il était moins onéreux à installer.

Il existe aujourd'hui divers modèles de toilettes sèches, dont les fameuses « rota-loo » qui disposent d'un réservoir à pivot sous les toilettes. Les toilettes sèches modernes peuvent même associer des réservoirs pour le traitement des déchets de la cuisine et des excréments dans un espace de stockage unique.

Il existe beaucoup d'endroits au monde où des toilettes sèches s'avéreraient utiles. Selon des chiffres de l'OMS parus en 2004, environ 2,6 milliards de personnes ne disposent pas d'installations sanitaires « améliorées », même si la définition du mot « amélioré » fait encore débat. Dans les pays en voie de développement, il existe parfois de simples installations sommaires dotées d'un réservoir qui sont rarement hygiéniques et peuvent être à l'origine de contaminations et de maladies. **HB**

VOIR ÉGALEMENT : SIPHON DE W.-C., ROBINET À FLOTTEUR, ÉGOUTS, TOILETTES, PAPIER TOILETTE

Le procédé daguerréotype (1839)

Daguerre permet à la photographie de devenir une forme d'art.

Datant de 1839, le daguerréotype est l'une des plus anciennes formes connues de photographie. Louis Daguerre (1787-1851) tentait depuis 1829 de fixer les images qu'il observait à travers sa *camera obscura* (chambre noire), une boîte en bois qui produisait une image sur une plaque de verre dépoli par le biais d'une lentille placée à une extrémité. En 1839, après une décennie de travail minutieux, il présenta ses daguerréotypes lors d'un colloque de l'Académie des sciences et de l'Académie des beaux-arts. Il y avait notamment des images de coquillages, de fossiles et d'une araignée morte photographiée à travers un microscope.

Le procédé de développement des photographies était long et laborieux. Les plaques se composaient d'une couche de cuivre recouverte d'une fine couche d'argent. La surface argentée devait être polie jusqu'à ce qu'elle ait la qualité d'un miroir. Elle était ensuite exposée à des vapeurs d'iode pour former une surface d'halogénure d'argent supposée réagir avec la lumière pour produire une image. La plaque était alors placée dans une grande chambre en forme de boîte, puis l'image était développée en étant exposée à de la vapeur de mercure avant d'être fixée avec une solution d'eau et de thiosulfate de sodium.

Les daguerréotypes achevés sont inversés latéralement par rapport à l'objet original et sont réfléchissants. Ils sont conservés à l'abri d'un verre rendu étanche à l'aide de papier gommé afin d'éviter qu'ils ne ternissent. Les daguerréotypes ne sont pas reproductibles, chacun est unique. **HP**

VOIR ÉGALEMENT : CALOTYPE, PELLICULE, PHOTOGRAPHIE, APPAREIL PHOTO À DÉVELOPPEMENT INSTANTANÉ

↗ *Cette photographie montre l'équipement permettant de réaliser un daguerréotype.*

→ *Daguerréotype d'un photographe inconnu, datant de 1840 environ.*

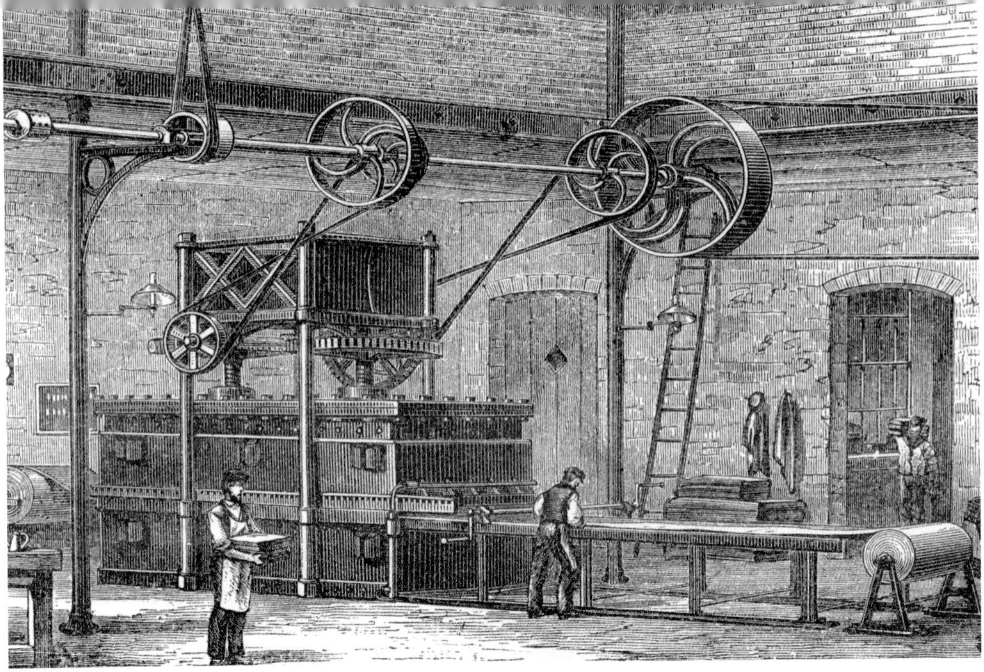

La vulcanisation (1839)

Goodyear fait appel à la chaleur et au soufre pour améliorer la qualité du caoutchouc.

L'idée consistant à chauffer le caoutchouc remonte à l'époque préhistorique. Les Aztèques, par exemple, traitaient le caoutchouc en mélangeant du latex avec du jus de raisin. Toutefois, la vulcanisation que nous connaissons aujourd'hui fut inventée par Charles Goodyear (1800-1860) en 1839. Il breveta son invention en 1844, mais mourut en 1860, criblé de dettes.

La vulcanisation, appelée ainsi d'après Vulcain, le dieu romain du feu, est un procédé consistant à chauffer le caoutchouc à une forte température et à y ajouter du soufre. Dans son état naturel, le caoutchouc est collant, se déforme lorsqu'il est chaud et est friable lorsqu'il est froid. Mais en liant les molécules polymères à des ponts d'atomes de soufre, il devient beaucoup plus résistant, moins collant et beaucoup plus solide. Par conséquent, le caoutchouc vulcanisé offre une grande diversité d'applications. La capacité du caoutchouc vulcanisé à absorber une contrainte, puis à retrouver sa forme initiale en fait un matériau idéal pour des produits tels que les pneus, les chaussures et les élastiques, tandis que ses qualités imperméables permettent de l'utiliser pour confectionner des bottes, des vêtements de pluie et revêtements imperméables.

La vulcanisation a révolutionné le secteur de la fabrication aux XIXe et XXe siècles, mais les préoccupations de préserver l'environnement donnent lieu à une volonté de recycler le caoutchouc vulcanisé. Un milliard environ de pneus en caoutchouc sont produits chaque année, mais 10 % seulement des déchets de caoutchouc sont recyclés. Le moyen de « dévulcaniser » les pneus sans que le caoutchouc ne perde ses propriétés est actuellement à l'étude. **RBd**

VOIR ÉGALEMENT : BALLE EN CAOUTCHOUC, PNEUMATIQUE, PNEU RADIAL, ÉLASTIQUE, VALVE DE PNEU

Cette gravure de 1867 présente le procédé de vulcanisation dans une usine allemande de caoutchouc.

L'engrais artificiel (v. 1839)

Von Liebig adopte une approche scientifique pour maintenir la fertilité du sol.

Avant que Justus von Liebig (1803-1873) ne s'intéresse à la préservation de la fertilité du sol, les engrais employés en agriculture étaient le fumier animal, la cendre ou les scories de la sidérurgie. Von Liebig, chimiste de formation, rejeta l'hypothèse selon laquelle les plantes puisaient toute leur nourriture dans les matières animales et végétales décomposées dans le sol. Il suggéra qu'elles fabriquaient du carbone et de l'azote à partir du dioxyde de carbone et de l'ammoniaque contenus dans l'atmosphère. Ces gaz seraient présents en abondance, car le processus de décomposition favoriserait leur réémission dans l'atmosphère. Aussi les seuls nutriments fournis par le sol auraient été les minéraux. Comme ceux-ci sont indispensables à la croissance des plantes, la tâche de l'agriculteur consiste à connaître les besoins en minéraux de chaque plante et d'enrichir le sol à l'aide des composés chimiques requis. Les expériences initiales de von Liebig dans ce domaine furent un échec, car il s'était efforcé d'ajouter des composés alcalins sous une forme insoluble ce qui, tout en les empêchant d'être emportés par la pluie, ne permettait pas aux racines des plantes de les absorber.

Le travail de von Liebig aboutit directement au développement d'engrais artificiels et à leur utilisation dans le domaine de l'agriculture. Malheureusement, on sait aujourd'hui que l'usage excessif d'engrais chimiques a des effets nocifs sur l'environnement. L'infiltration de nitrates dans les cours d'eau est à l'origine de l'eutrophisation, une soudaine multiplication des algues qui élimine l'oxygène de l'eau, provoquant la mort des poissons et des plantes. Des efforts sont faits pour réduire l'usage des engrais chimiques. **HP**

VOIR ÉGALEMENT : PESTICIDE

↑ *Dessin du premier laboratoire pratique d'enseignement utilisé par von Liebig à l'université de Giessen.*

La pile à combustible (1839)

Grove produit de l'énergie au sein d'une cellule.

Les premiers télégraphes firent progresser la communication, mais étaient limités par le manque d'énergie disponible. En 1839, Sir William Grove (1811-1896), un scientifique gallois, tenta de remédier à ce problème en concevant un dispositif capable de produire un courant électrique puissant. Ce dispositif électrochimique exploitait l'énergie libérée par une réaction chimique pour produire de l'électricité.

La première pile à combustible de Grove se composait de zinc placé dans de l'acide sulfurique et de platine placé dans de l'acide nitrique concentré, séparés par un godet poreux. C'était la source d'énergie privilégiée vers 1850 car elle produisait un courant puissant. Pourtant, comme le trafic télégraphique augmentait, il apparut bientôt que ces piles produisaient des émissions toxiques d'oxyde nitreux. Les grands offices télégraphiques étaient remplis de la fumée issue de rangées de piles de Grove.

La seconde pile électrochimique de Grove, la pile voltaïque à gaz, est l'ancêtre de la pile à combustible moderne. Elle était basée sur le fait que faire passer un courant électrique dans l'eau dissocie les molécules d'eau en ions hydrogène et oxygène. Selon Grove, le fait d'inverser la réaction en associant l'hydrogène et l'oxygène grâce à un catalyseur comme le platine permettait de produire de l'électricité et de l'eau. Grove immergea deux bandes de platine contenues chacune dans un tube soit d'hydrogène soit d'oxygène dans un réservoir d'acide sulfurique.

Grove avait montré que cette pile fonctionnait, mais son idée resta inexploitée durant 130 ans. Le terme de « pile à combustible » fut finalement inventé en 1889 par Luswig Mond et Charles Langer, qui en conçurent le premier modèle utilisable. **RB**

VOIR ÉGALEMENT : PILE, PILE SÈCHE, CELLULE PHOTOVOLTAÏQUE, ACCUMULATEUR RECHARGEABLE

L'objectif à lentilles multiples (1840)

Petzval accélère la prise de photographies.

En 1839, les photographes de portrait n'étaient plus à la page lorsqu'ils utilisaient un simple objectif ménisque. Le mathématicien hongrois Jozef Petzval (1807-1891) conçut en effet le premier objectif doté de plusieurs lentilles. Celui-ci réduisit considérablement le temps d'exposition, améliora les performances de l'appareil photo et révolutionna la photographie.

Le système du daguerréotype du Français Louis Daguerre était précurseur de l'objectif de Petzval. Nécessitant environ une demi-heure de temps d'exposition, il constituait cependant une nette amélioration par rapport aux techniques existantes, qui nécessitaient plusieurs heures d'exposition réussie. Toutefois, cela était bien trop long pour réaliser des portraits, qui devenaient inévitablement flous au moindre mouvement du sujet.

Collaborant avec Friedrich Voigtländer à l'université de Vienne, Petzval réalisa des calculs qui lui permirent de créer un objectif achromatique pour portrait comportant quatre lentilles disposées en deux groupes, fournissant une luminosité six fois supérieure et une image non déformée pour la première fois. De surcroît, l'objectif permettait de prendre des photographies 20 fois plus rapidement qu'avec celui employé pour les daguerréotypes. Petzval fut honoré plusieurs fois pour son invention, mais son succès fut terni par un différend avec Voigtländer concernant sa commercialisation. Voigtländer en lança la fabrication en série, mais l'inventeur en était bel et bien Petzval. **SR**

VOIR ÉGALEMENT : OBJECTIF D'APPAREIL PHOTO NUMÉRIQUE, PHOTOGRAPHIE, DAGUERRÉOTYPIE, APPAREIL PHOTO REFLEX MONOCULAIRE

Le timbre-poste

(1840)

Hill simplifie la distribution du courrier en inventant l'emblématique Penny Black.

Le 6 mai 1840, dans le cadre de la plus grande réforme du système postal britannique depuis sa création en 1510, fut émis le premier timbre adhésif prépayé du monde, le Penny Black. Celui-ci donna naissance à l'ère du courrier prépayé et servit à réduire les tarifs postaux. En 1856, le nombre de lettres postées par an en Grande-Bretagne atteignait près de 400 millions alors qu'il était d'à peine 76 millions en 1839.

Le Penny Black, agrémenté du profil de la jeune reine d'Angleterre Victoria, fut dessiné par Rowland Hill (1795-1879), employé du service postal. En 1837, Hill rédigea et distribua une brochure intitulée : *Réforme de la Poste : importance et aspect pratique*, dans laquelle il dénonçait la complexité et les coûts souvent prohibitifs de la distribution du courrier en Grande-Bretagne. Avant 1840, opter pour un prépaiement du courrier était facultatif. Cependant, lorsque la lettre n'avait pas été prépayée, l'employé de la poste devait se faire payer au moment de sa distribution et il n'était pas toujours simple de localiser le destinataire. En outre, des messages cryptés figuraient souvent sur l'enveloppe. Le destinataire pouvait les lire et les déchiffrer avant puis refuser la lettre.

Le Penny Black mit également fin aux critères complexes de détermination complexe du coût d'une lettre, qui variait en fonction du nombre de feuilles utilisées et de la distance parcourue. Aujourd'hui un timbre de 56 centimes d'euros suffit à envoyer une lettre de 20 g maximum partout en France. **BS**

VOIR ÉGALEMENT : COURRIEL, COLLE, POST-IT

↗ *Le Penny Black ne fut utilisé qu'un an car la marque rouge d'oblitération était difficile à voir sur son fond noir.*

→ *Un Penny Black avec une marque d'oblitération noire ; le timbre fut remplacé par le Penny Red en 1841.*

Le système de filetage uniformisé (1841)

Whitworth uniformise la taille des écrous et des boulons.

Sir Joseph Whitworth (1803-1887) éprouvait depuis longtemps le désir d'améliorer la technologie existante. Au moment de sa mort, il avait amassé du fait de ses activités et de ses efforts une fortune colossale et aménagé un grand complexe de fabrication à Manchester, en Angleterre.

Il fabriqua tous types d'objets, des machines à balayer la route aux armes à feu. Assimilant les idées et les concepts auxquels il fut confronté lorsqu'il travaillait dans les ateliers Henry Maudslay de Lambeth Marsh à Londres et rejetant les normes souvent peu rigoureuses de l'époque, ce perfectionniste était connu comme le père de l'ingénierie de précision.

L'une des contributions de Whitworth ayant joué un rôle crucial, et qui le rendit célèbre parmi les mécaniciens et les ingénieurs durant des années, était le filetage Whitworth, qu'il proposa en 1841. Appelé ensuite filetage British Standard Whitworth (BSW), il s'agissait du premier filetage uniformisé pour toutes les tailles d'écrous et de boulons. En d'autres termes, un écrou BSW s'adapte précisément sur un boulon BSW de même dimension. Cela semble aller de soi aujourd'hui, mais avant Whitworth, à une époque où les machines étaient encore en train d'évoluer, les écrous et les boulons de la « même » taille étaient usinés sur mesure pour s'adapter l'un à l'autre ; ils n'étaient pas interchangeables et un écrou d'une taille donnée et d'une certaine origine ne s'adaptait pas nécessairement à un boulon sur lequel était indiquée la même taille, mais dont la provenance était différente. Le filetage BSW est aujourd'hui dépassé, ayant été remplacé par les filetages unifiés et métriques. **MD**

VOIR ÉGALEMENT : SYSTÈME MÉTRIQUE, VIS, VIS CRUCIFORME, VIS À TÊTE CARRÉE

↑ *La société de Whitworth réalisait des calibres uniformisés pour contrôler les calibres des câbles.*

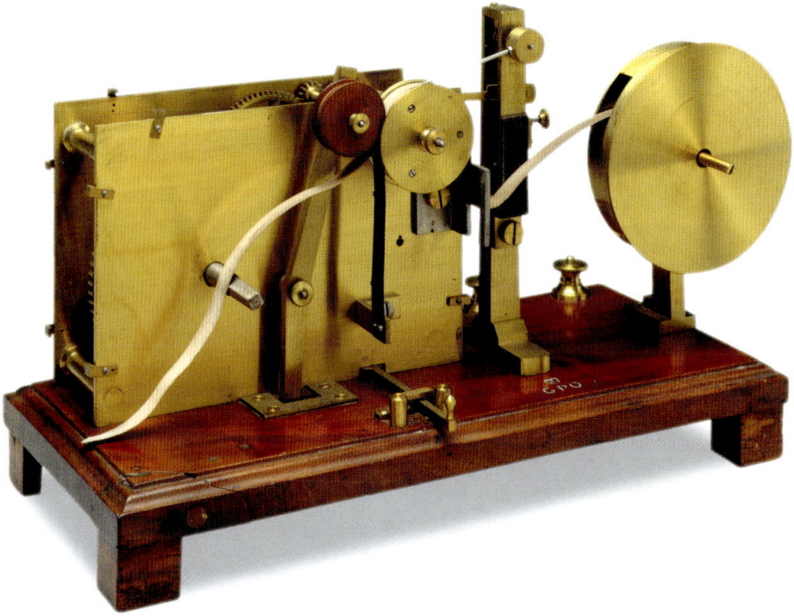

Le fax (1842)

Bain invente le télégraphe autographique, ancêtre du fax.

Aucun bureau ne peut se passer d'un fax. Il est probable que vous pensiez qu'il s'agit d'une invention moderne. Pourtant, le fax le plus ancien a en réalité été inventé 30 ans avant le téléphone, en 1842.

Aujourd'hui, les fax entraînent une feuille de papier à travers des rouleaux et utilisent des puces optiques pour en enregistrer l'image. Ces puces ne sont apparues qu'à la fin des années 1960, mais Édouard Belin avait inventé en 1907 des machines utilisant des cellules photoélectriques qui traduisaient les parties claires et sombres d'une image sous forme d'impulsions électriques. En 1902, Arthur Korn avait inventé une machine similaire et, dès 1898, Ernest A. Hummel inventa le télédiagraphe.

Mais dès 1855, Giovanni Caselli avait inventé le pantélégraphe, qui permettait de transmettre des images en synchronisant les machines émettrices et réceptrices grâce à des pulsations électroniques. Elles communiquaient par impulsions.

En 1842, l'horloger écossais Alexander Bain (1811-1877) inventa le télégraphe autographique, l'ancêtre du fax moderne. Utilisant l'oscillation d'un pendule au-dessus de caractères en métal, la machine détectait les taches claires et sombres, qu'elle transmettait sous formes d'impulsions électriques comme le code Morse. Un récepteur teignait l'image sur un papier traité chimiquement. Ces machines avaient du succès auprès des journaux et auprès des Chinois et des Japonais, qui disposent de pictogrammes plutôt que d'un alphabet et ne pouvaient utiliser le code Morse. En 1983, une synchronisation de tous les fax les rendit suffisamment rapides pour le monde actuel. **DK**

VOIR ÉGALEMENT : TÉLÉPHONE, SCANNER D'ORDINATEUR, INTERNET, RECONNAISSANCE OPTIQUE DE CARACTÈRES

↑ *Ce télégraphe chimique, réalisé par Bain en 1850, était utilisé pour enregistrer les signaux du code Morse.*

L'ascenseur de grain (1842)

Dart accélère la livraison de grain.

Le premier ascenseur de grain fut construit par Joseph Dart à Buffalo, dans l'État de New York, en 1842. Au début, le grain était chargé et déchargé à la main, une tâche très pénible qui nécessitait plusieurs jours. Pour remédier à ce problème, Dart construisit le premier ascenseur à grain.

Celui-ci se composait d'une grande structure en bois servant de réservoir de stockage pour le grain auquel était relié une poulie actionnée par la vapeur comportant des seaux. La poulie pouvait être utilisée dans la cale d'un navire, les seaux se chargeant de grains et les déposant dans les réservoirs. L'ascenseur permettait aux navires d'être déchargés au rythme de 35 000 litres par heure, ce qui permettait de mettre à quai un bateau, de le décharger et de repartir en l'espace d'une journée. L'ascenseur était en outre un réservoir idéal pour le grain, car il était frais, sec et dénué de parasites. Le seul risque auquel était exposé l'ascenseur, qui était en bois, était l'incendie, car la poussière de grain est très inflammable.

« Ils servent de monument à une époque révolue… attendant… des cargos qui ne viennent plus. »

Grain Elevators, A History (site Internet)

Joseph Dart affirma qu'il n'était pas l'inventeur de cet ascenseur, déclarant qu'il s'était inspiré entièrement du projet d'Oliver Evans. Vers 1780, Evans avait établi les principes de transport et de stockage du grain grâce à une courroie équipée de seaux, mais son invention était destinée aux moulins à blé. **HP**

VOIR ÉGALEMENT : ASCENSEUR POUR PERSONNES, TAPIS CONVOYEUR

La voiture électrique (1842)

Davenport et Davidson testent l'électricité.

C'est vraisemblablement en 1834 que Robert Anderson, un Écossais, créa la première voiture électrique. L'année suivante, une petite voiture fut créée par l'équipe du professeur Stratingh de Groningen aux Pays-Bas, et son assistant, Christopher Becker. D'autres véhicules électriques furent également mis au point par l'Américain Thomas Davenport (1802-1851) et l'Écossais Robert Davidson (1804–1894), vers 1842.

L'ingénieur parisien Charles Jentaud équipa une voiture à chevaux d'un moteur électrique en 1881. William Edward Ayrton et John Perry, professeurs au City and Guilds Institute de Londres, effectuèrent des essais sur route avec un tricycle électrique en 1882 ; trois ans plus tard, un taxi électrique doté d'une batterie desservait Brighton. Les voitures électriques étaient propres, silencieuses et inodores. Aux États-Unis, les taxis électriques furent majoritaires durant plusieurs années dans les grandes villes.

Le véhicule électrique ne disparut pas en raison de l'autonomie limitée des batteries ou de leur poids. L'historien Michel Schiffer indique que cela fut lié à de mauvaises stratégies commerciales. Par conséquent, l'essentiel de l'industrie automobile au XXe siècle s'appuyait sur la combustion interne, excepté dans certains secteurs particuliers comme les transports urbains. À la fin du siècle, après des tentatives effectuées par de petits fabricants, General Motors mit sur le marché entre 1996 et 2003 un véhicule tout électrique appelé EV1. À la fin des années 1990, Toyota et Honda présentèrent des véhicules hybrides associant des moteurs à combustion interne et des batteries. **TZ**

VOIR ÉGALEMENT : VOITURE À AIR COMPRIMÉ, BATTERIE, BATTERIE DE VOITURE, VOITURE SANS CHAUFFEUR, MOTEUR ÉLECTRIQUE, AUTOMOBILE, BATTERIE DE VOITURE ÉLECTRIQUE

→ *L'un des inconvénients des voitures électriques était la nécessité de les recharger constamment à la main.*

L'éther, un anesthésiant (1842)

Long découvre un nouvel analgésique.

La découverte des propriétés anesthésiantes de l'éther fut l'une des grandes découvertes de la profession médicale. Jusqu'alors, les patients subissant une opération chirurgicale devaient être hypnotisés ou boire de l'alcool.

L'Américain Crawford Long (1815-1878) est connu pour avoir découvert les effets de l'éther lorsqu'il assistait à des fêtes où l'on employait du gaz hilarant ou de l'éther. Il remarqua alors que les personnes sous l'effet de l'oxyde nitreux (gaz hilarant) ou de l'éther ne sentaient pas la douleur.

Long installa son cabinet à Jefferson, en Géorgie, et employa l'éther sulfurique comme anesthésiant. Il l'utilisa pour la première fois au cours d'une opération le 30 mars 1842 afin d'enlever une tumeur qu'un jeune homme avait au cou ; après l'opération, le patient eut du mal à croire à cette ablation. Long se mit ensuite à utiliser l'éther pour les femmes au cours des accouchements, mais ne publia pas ses découvertes.

En 1846, le dentiste américain William Morton affirma qu'il était le premier à utiliser l'éther comme anesthésiant, ce qui incita Long à exposer ses recherches. En 1849, il présenta son travail au Medical College de Géorgie et apprit à cette occasion que deux autres médecins, Horace Wells et Charles Jackson, affirmaient avoir découvert les propriétés anesthésiantes de l'éther. Les résultats de Long furent publiés en 1849, mais ne furent pas reconnus au cours de sa vie. Ce n'est que le 18 juin 1879, un an après sa mort, qu'il fut reconnu comme le père de l'anesthésie. Il demeure très respecté pour ses travaux dans ce domaine. **TP**

VOIR ÉGALEMENT : ANESTHÉSIE, CHLOROFORME, PROTOXYDE D'AZOTE

↑ *L'inhalateur de « Letheon » de 1847 fonctionnait en fournissant au patient l'air contenu dans un pot plein d'éponges imprégnées d'éther.*

Le baromètre anéroïde (1843)

Vidie mesure les changements de pression atmosphérique.

Le baromètre anéroïde est aujourd'hui un petit instrument bon marché, robuste, précis, léger et portable. Il n'est plus composé, comme l'instrument original, de fragiles tubes de verre contenant du mercure lourd et de réservoirs qui se renversent facilement. Il comporte une enceinte élastique hermétique. Cette enceinte se contracte ou se dilate suivant la pression de l'atmosphère environnante. La pression s'affiche sur un cadran par le biais de leviers reliés à une aiguille. Ce cadran comporte généralement une seconde aiguille qui peut être réglée manuellement. Ce système permet de mesurer la variation de la pression, en indiquant si elle augmente ou diminue.

Gottfried Wilhelm Leibniz imagina le baromètre anéroïde dès 1698, mais le premier prototype réussi fut réalisé et breveté en 1843 par le scientifique et ingénieur français Lucien Vidie (1805-1866). Ce dernier le conçut en travaillant sur des manomètres qui mesuraient la pression de chaudières à vapeur. Vidie présenta son instrument au cours de l'Exposition universelle de Londres en 1851 et obtint la «Council Medal». En raison du lien connu entre la pression atmosphérique et le temps, les météorologues se procurèrent des baromètres anéroïdes, de même que les marins, les explorateurs et les fermiers. En mer, le baromètre n'était pas affecté par le tangage du bateau.

Le barographe est une sorte de baromètre anéroïde qui mesure la pression atmosphérique de façon continue. Il est doté d'aiguilles enregistreuses encrées et d'une bande de papier à défilement continu. Il enregistre généralement la pression atmosphérique durant une semaine complète. **DH**

VOIR ÉGALEMENT : ANÉMOMÈTRE, BAROMÈTRE, RADAR MÉTÉOROLOGIQUE

↑ *Sur ce baromètre anéroïde, la haute pression indique un temps sec et la basse pression un temps pluvieux.*

La résistance variable (1843)

L'invention de Wheatstone permet de moduler le volume du matériel audio.

Une résistance variable – ou rhéostat – est un dispositif qui contrôle l'intensité du courant. *Rheo*, en grec, signifie « s'écouler ». Les rhéostats servent à ajuster le courant dans les appareils électriques et à faire varier la résistance dans les circuits électriques. Ils sont surtout présents derrière les boutons de nos radios ou dans les lecteurs de musique de nos appareils audio plus sophistiqués. En tournant le bouton du volume, vous agissez sur une résistance variable (le rhéostat), modifiez la prise de réglage et par conséquent la résistance, fournissant ainsi plus ou moins d'énergie aux haut-parleurs, ce qui accroît ou diminue le son.

La structure de la résistance variable s'appuie sur celle du pont de Wheatstone, qui fut inventé par le mathématicien britannique Samuel Christie (1784-1865), mais porte le nom de son compatriote Charles Wheatstone (1802-1875), le scientifique qui le rendit populaire. Cet instrument pouvait mesurer la résistance électrique grâce à quatre résistances, une pile et un galvanomètre (instrument de détection et de mesure de courants électriques faibles). C'est grâce à celui-ci que Wheatstone conçut le rhéostat, capable de mesurer (et de contrôler) une résistance inconnue lorsqu'il est placé en série avec un rhéoscope (appareil de mesure de l'électricité) et un rhéomoteur (une source de courant électrique). Il fallait noter l'indication du rhéoscope avant d'introduire le rhéostat dans le circuit à la place de la résistance inconnue. Le rhéostat était alors réglé pour fournir au rhéoscope le même courant que précédemment.

Les rhéostats permettent donc de simuler les résistances de longs câbles sans avoir à les utiliser. **DK**

« Les chiffres [de l'amplificateur] atteignent tous onze… Bien, c'est un de plus, n'est-ce pas ? Ce n'est pas dix. » *This Is Spinal Tap* (1984)

VOIR ÉGALEMENT : RELAIS ÉLECTROMÉCANIQUE, CHAISE ÉLECTRIQUE, SÈCHE-CHEVEUX POUR BRUSHING

↖ *Les rhéostats de ce type sont normalement constitués de fil résistant enroulé pour former une bobine.*

Le programme informatique (1843)

Lovelace conçoit le premier programme informatique.

Ada Byron (1815-1852) était la fille du poète anglais Lord Byron. Suivant les instructions de sa mère, elle étudia de bonne heure les mathématiques et les sciences ; elle épousa plus tard le comte de Lovelace.

En 1835, Ada fut présentée à Charles Babbage et découvrit sa « machine analytique ». En 1842, Babbage fut invité à donner une conférence à l'université de Turin, en Italie. L'intérêt pour son travail s'accrut lorsqu'un ingénieur italien, Federico Luigi Menabrea, publia un compte-rendu de la conférence dans un grand journal scientifique français. Babbage demanda à Lovelace de traduire l'article de Menabrea ; les notes et les commentaires que fit celle-ci étaient beaucoup plus fournis que l'article original et furent publiés indépendamment. Dans la dernière de ses sept notes, elle décrivit un algorithme qui permettrait à la machine analytique de calculer des nombres de Bernoulli. Comme cet algorithme était conçu spécifiquement pour être utilisé avec une machine de calcul, il est possible de lui attribuer l'invention du premier programme informatique. Mais la machine ne fut jamais construite et l'algorithme ne fut donc jamais testé.

Tous les historiens n'attribuent pas une telle importance à Lovelace. Selon certains, elle ne fit que décrire les travaux de Babbage et son algorithme était dans le meilleur des cas le fruit d'une collaboration. Cela dit, Babbage pensait qu'elle comprenait mieux que quiconque le potentiel que recélait son travail. **TB**

VOIR ÉGALEMENT : INSTRUCTION ASSISTÉE PAR ORDINATEUR, CAO, PAO, ORDINATEUR NUMÉRIQUE, ORDINATEUR MÉCANIQUE

La machine à écrire (1843)

Thurber brevette une machine à écrire fonctionnelle.

Il devint indispensable de disposer d'un moyen de communication écrite rapide et efficace au XIXe siècle, car l'activité commerciale s'accroissait à un rythme rapide. Parmi les brevets de cette époque figurent de nombreuses tentatives de mécaniser l'écriture, mais peu furent concrétisées. Désigner un seul inventeur est par conséquent difficile, mais le « chirographer » ou machine à imprimer, breveté en 1843 par Charles Thurber (1803-1886), fut la première machine à être produite et commercialisée.

Une grande variété de machines à écrire fut conçue entre 1800 et 1850, dont la machine de Pellegrino Turri en 1908, permettant aux aveugles d'écrire ; le « typographer » de William Austin Burt en 1829 ; et la Writing ball de Hanson en 1864, qui fut sans doute la première machine permettant d'écrire plus vite qu'à la main. La première machine qui eut du succès sur le plan commercial fut celle conçue par le rédacteur Christopher Scholes avec des collaborateurs à Milwaukee, dans le Wisconsin, en 1867. Le brevet fut par la suite acquis par Remington, une société fructueuse de machines à coudre, qui lança la Scholes and Glidden en 1873. Celle-ci permettait de voir la page tout en tapant.

Les machines à écrire électriques furent inventées au début du XXe siècle, mais elles étaient trop chères avant qu'IBM (International Business Machines) ne lance son propre modèle en 1935. Les fabricants ajoutèrent progressivement de nouvelles caractéristiques, dont un espacement proportionnel, une mémoire et une correction « automatique » avant l'apparition du traitement de texte, qui fut ensuite remplacé par l'ordinateur durant les années 1980. **EH**

VOIR ÉGALEMENT : PAPIER CARBONE, STÉNOTYPE, ORDINATEUR NUMÉRIQUE, PORTABLE, PC

La sorbetière (1843)

Johnson diminue le temps de préparation des glaces.

En 1846, Williams & Company – un petit grossiste d'appareils électroménagers de Philadelphie – acquit le brevet d'une machine à manivelle permettant d'accélérer la fabrication des glaces. Au cours des 30 années suivantes, plus de 70 améliorations allaient être apportées à la machine ; mais ce que Williams & Company ne pouvait acquérir, en revanche, était le mérite de l'avoir inventée. Celui-ci revient à une humble ménagère de Philadelphie, Nancy Johnson, qui ne disposait pas des fonds et des connaissances commerciales nécessaires pour promouvoir son invention. Elle vendit donc le brevet concernant sa machine, qui fut commercialisée sous le nom de « Johnson's Patent Ice-Cream Freezer ». Nancy Johnson sombra ensuite dans l'oubli.

Dans cette machine novatrice, il suffisait de placer les ingrédients, c'est-à-dire la glace, le sucre, la vanille, les œufs et le sel dans un pot comportant un couvercle amovible et un ustensile permettant de racler ses bords pour éviter que les ingrédients n'attachent. La manivelle permettait à la glace et au sel de se mélanger, et de geler plus rapidement qu'en les mélangeant avec une cuillère en bois. Avant l'invention de Johnson, la préparation de la glace était un processus long et pénible, faisant de la glace un dessert réservé aux classes supérieures. Une fois commercialisées par Williams & Company, les sorbetières étaient vendues 3 dollars et étaient suffisamment abordables pour que les personnes les plus modestes puissent s'offrir une crème glacée. La première fabrique de glaces ouvrit à Baltimore en 1851, et une crème glacée lisse et texturée fit son apparition aux États-Unis en 1938. **BS**

« L'âge ne diminue pas la déception que cause la chute d'une boule de glace de son cône. »

Jim Fiebig, journaliste

VOIR ÉGALEMENT : LAIT EN POUDRE, RÉFRIGÉRATEUR

⇱ *Cette sorbetière « Champion » – brevetée en 1872 – est actionnée à la main grâce à un volant.*

L'allumette de sûreté (1844)

Pasch réduit le risque d'accidents liés aux allumettes.

La conception de l'allumette de sûreté en 1844 par le professeur de chimie suédois Gustaf Erik Pasch (1788-1862) suivit celle de l'allumette à friction. Pasch élimina le dangereux phosphore blanc du mélange inflammable placé à l'extrémité de l'allumette. Il le remplaça par du phosphore rouge, non toxique, beaucoup moins inflammable, et désormais employé sur un grattoir spécifique. Le grattoir se composait de phosphore rouge et de poudre de verre, et l'extrémité de l'allumette était couverte d'un mélange de sulfure d'antimoine et de chlorate de potassium. Une partie du phosphore rouge se transformait en phosphore blanc lorsque l'on frottait l'allumette sur le grattoir. La petite quantité de phosphore blanc s'enflammait alors, provoquant l'inflammation de l'allumette. Ces allumettes étaient considérées comme très sûres car elles ne s'enflammaient qu'après la friction.

Après avoir obtenu un brevet pour ses nouvelles allumettes, Pasch ouvrit une usine de fabrication à Stockholm, mais fut finalement découragé par les coûts élevés de leur production. Un autre Suédois, John Edvard Lundstrom, améliora l'allumette de sûreté de Pasch en plaçant le phosphore rouge sur du papier de verre disposé sur la boîte et obtint un brevet en 1855 pour cette nouvelle allumette de sûreté. Ce modèle fut fabriqué à grande échelle et Lundström, aidé de son frère Carl Frans, créa un monopole presque mondial sur les allumettes de sûreté. Mais même si celles-ci étaient beaucoup plus sûres que les anciennes, elles contenaient encore des matériaux toxiques. La Diamond Match Company fut la première à breveter une allumette non toxique aux États-Unis en 1910. **CA**

VOIR ÉGALEMENT : FOYER AMÉNAGÉ, ALLUMETTE À FRICTION

↗ *Dès 1845, des allumettes de sûreté étaient allumées par friction contre une bande de phosphore rouge.*

« Une seule allumette peut allumer un feu de forêt… Pourquoi est-ce si dur d'allumer un feu de camp ? »

Auteur inconnu

Le code Morse (1844)

Morse et Vail communiquent grâce à l'électricité.

Inventé par Samuel Morse (1791-1872), le code Morse est un code simple dans lequel les lettres sont représentées par des points et des traits (impulsions courtes et longues). Ce code révolutionna la communication longue portée, permettant aux opérateurs du télégraphe de communiquer grâce à une série de signaux électriques. En 1844, Morse, plusieurs années après l'avoir mis au point avec son associé Alfred Vail, démontra au Congrès américain l'efficacité du télégraphe lorsque l'on utilisait ce code.

Le Congrès demeura pourtant sceptique et n'autorisa la construction de la ligne Washington-Baltimore que plusieurs années après. Le code Morse connut un essor rapide et fut bientôt utilisé à l'échelle planétaire par les militaires, les chemins de fer et les entreprises. La première forme de radiocommunication fut la télégraphie sans fil, qui impliquait la transmission du code Morse par radio.

Le code Morse attribue une unité de temps à un point et trois unités de temps à un trait. Il y a une pause de trois unités de temps entre chaque lettre et de sept unités de temps entre chaque mot. L'unité de temps précise varie selon l'opérateur, car lorsque ce dernier est très expérimenté, il peut transmettre et recevoir régulièrement 20 à 30 mots par minute.

Aujourd'hui, le code Morse a été remplacé par d'autres moyens de communication, mais il est encore utilisé occasionnellement, notamment par les bateaux. Le fameux S.O.S. (trois points, pause, trois traits, pause, trois points) est utilisé comme signal de détresse. Les radioamateurs du monde entier communiquent grâce à ce système fiable. **LW**

VOIR ÉGALEMENT : COHÉREUR, TÉLÉGRAPHE ÉLECTROMAGNÉTIQUE, SÉMAPHORE, ÉMETTEUR À ARC

⇦ *Salle des communications du* Titanic *au destin funeste, d'où fut envoyé un SOS avant qu'il ne sombre.*

Le ciment Portland (1845)

Aspdin améliore la composition du ciment.

En 1817, le Français Louis Vicat découvrit le clinker, élément constituant du ciment, et travailla sur le principe de l'hydraulicité des chaux. Il publia ses travaux mais ne déposa aucun brevet.

En 1824, Joseph Aspdin (1778-1855) inventa un produit semblable à celui décrit par Louis Vicat ; il s'agissait du ciment Portland, ainsi appelé car, une fois pris, il avait la couleur de la pierre grise de Portland. Toutefois, ce ciment prenait trop rapidement et n'était pas très résistant. William, le fils de Joseph, remarqua que lorsque l'argile et le calcaire qu'il contenait étaient brûlés pour en combiner les minéraux, des températures de combustion plus élevées (de plus de 1 250 °C) et des proportions plus importantes de calcaire donnaient des ciments plus solides permettant de fabriquer du béton et donc de réaliser des constructions.

La différence de résistance était en grande partie due aux silicates de calcium présents. La résistance du ciment d'Aspdin dépendait de son bélite (silicate bicalcique), et n'était parfois acquise qu'au bout de plusieurs semaines. Pour qu'il soit d'emblée résistant, le ciment devait contenir de l'alite (silicate tricalcique), ce qu'obtint William en utilisant des températures de combustion plus élevées. Même si son ciment était différent de celui de son père, William ne le breveta jamais et ne modifia pas son nom. En n'effectuant pas de demande de brevet, affirmant que son invention était protégée par celui de son père, il put en garder le secret face à ses concurrents.

En raison des grandes quantités de dioxyde de carbone émises durant la production de ciment, des alternatives sont aujourd'hui recherchées. Toutefois, le ciment ne sera sans doute pas remplacé tant que les matériaux alternatifs seront coûteux et moins pratiques. **RP**

VOIR ÉGALEMENT : BRIQUES CUITES, PLÂTRE, BÉTON ARMÉ

FIRE ALARM
TELEGRAPH
STATION
85
THE GAMEWELL FIRE ALARM
TELEGRAPH CO. NEW YORK

L'alarme à incendie électrique (1845)

Channing accélère la réponse aux incendies.

Autrefois, les événements dangereux, notamment les incendies, étaient signalés par les cloches des églises. En 1845, l'Américain William Channing proposa d'utiliser le télégraphe de Samuel Morse pour donner l'alarme et coordonner les réactions. Son système se composait de boîtes de signalisation qui transmettaient des messages automatiques indiquant leur position à un central. Ce système de boîtes existe toujours aux États-Unis et évoque les petites glaces munies d'un marteau que l'on brise en Europe. Au central, un opérateur transmettait le message à toutes les autres boîtes de signalisation du circuit. Parallèlement, des impulsions électriques étaient envoyées vers des cloches automatiques pour sonner l'alarme et avertir les pompiers. En se rendant à la station de signalisation la plus proche, les pompiers pouvaient communiquer avec le central et agir en conséquence.

Channing collabora avec Moses Farmer, un pionnier de l'ingénierie électrique, afin de donner le jour à son idée. En 1852, après que tous deux eurent convaincu le maire de Boston de tester leur invention, le premier système d'alarme anti-incendie au monde fut mis en place. Après quelques problèmes mineurs, il fut mis en service en 1854 et breveté en 1857, date à laquelle il avait été installé dans plus de 40 villes et cités.

Même si des améliorations eurent lieu, le système ne fut guère modifié avant l'apparition des systèmes numériques à la fin du XXe siècle, mais ses principes de fonctionnement restent valides actuellement. **RP**

VOIR ÉGALEMENT : CLOCHE, DIFFUSEUR D'EXTINCTEUR AUTOMATIQUE, ALARME ANTIVOL, EXTINCTEUR, CODE MORSE, DÉTECTEUR DE FUMÉE

Système télégraphique d'alarme permettant au public d'avertir les pompiers rapidement et efficacement.

L'élastique (1845)

Perry découvre un usage astucieux du caoutchouc.

Même si les Mésoaméricains d'Amérique centrale utilisaient le caoutchouc – composé de la sève de l'hévéa local – dès 1600 av. J.-C., ce n'est pas avant 1850 que l'Américain Charles Goodyear conçut un procédé chimique permettant de fabriquer un caoutchouc viable sur le plan commercial. En ajoutant du soufre au latex naturellement laiteux, puis en chauffant cette substance, il « vulcanisa » le caoutchouc, le rendant plus dur et plus résistant. Six ans plus tard, début 1845, l'Anglais Stephen Perry de Messers Perry and Co employa ce procédé pour produire le premier élastique du monde.

Auparavant, son compatriote anglais Thomas Hancock avait fabriqué des élastiques en coupant des bouteilles en caoutchouc d'Amérique centrale en feuilles puis en coupant ces feuilles en fines lamelles. Afin de se débarrasser des déchets ainsi produits, il inventa une machine, le « masticateur », pour les déchiqueter. Le résultat final du passage des déchets dans la machine était une masse homogène de caoutchouc. Le masticateur peut donc être considéré comme le précurseur du laminoir à caoutchouc actuel, utilisé pour fabriquer des élastiques.

Contrairement à la plupart des produits en caoutchouc, les élastiques sont toujours composés de latex naturel, dont l'élasticité est bien supérieure à celle du latex synthétique. Les longs fils de molécules confèrent à l'élastique la possibilité de s'étirer puis, lorsque relâché, de reprendre sa taille initiale, même si un « effet mémoire » persiste dans le matériau. Les élastiques sont utilisés dans toutes les sociétés et secteurs, l'Office des postes américain étant le plus gros consommateur au monde. **CB**

VOIR ÉGALEMENT : BALLON, CATAPULTE, BOTTES EN CAOUTCHOUC DE WELLINGTON, VULCANISATION

Le pneumatique (1845)

Le coussin d'air de Thomson atténue les cahots de la route.

L'ingénieur Robert William Thomson (v. 1822-1873) quitta l'école à l'âge de 14 ans, mais en l'espace de deux ans, il était parvenu à étudier seul l'astronomie, la chimie et les lois physiques de l'électricité. À 17 ans, il possédait son propre atelier. Puis, alors qu'il n'avait que 23 ans, il breveta la « roue aérienne » – l'actuel pneumatique. Celle-ci était composée d'une courroie en caoutchouc d'Inde qui pouvait être gonflée afin « de constituer un coussin d'air sur le sol, le chemin de fer ou la piste sur laquelle elle circule ».

Malheureusement pour Thomson, il n'existait pas, en 1845, de voiture susceptible de profiter du pneumatique ; il n'y avait pas non plus encore de bicyclette. Son invention ne pouvait convenir qu'à quelques voitures à vapeur et aux charrettes traditionnelles tirées par des chevaux. Toutefois, Thomson s'arrangea pour que quelques journalistes soient présents lorsqu'il démontra les avantages de sa roue à coussin d'air au Regent's Park à Londres. Deux charrettes étaient présentes, l'une dotée d'anciennes roues et l'autre de pneumatiques. Beaucoup d'observateurs avaient supposé qu'en raison de la souplesse des pneumatiques les charrettes seraient plus difficiles à tracter. Thomson leur donna tort et montra aussi que ses pneumatiques étaient beaucoup moins bruyants que les roues traditionnelles. Un ensemble de ses pneumatiques parcourut 1 200 km sans subir de détérioration notable.

L'invention de Thomson coïncida avec une rupture de stock du caoutchouc fin utilisé pour l'intérieur des pneus. À l'époque, le jeune inventeur frustré tourna son attention vers les pneumatiques en caoutchouc plein, plus populaires. Il fallut 50 ans pour que John Boyd Dunlop redécouvre son idée et bâtisse sur celle-ci une marque d'envergure mondiale. **DHk**

« [La roue est comme] un coussin d'air sur le sol, le chemin de fer ou la piste sur laquelle elle circule. »

Robert William Thompson

Le modèle original de « roue aérienne » – ou pneumatique – de Robert Thompson.

Dunlop produisit des pneumatiques dès 1890, juste au moment de l'arrivée de l'automobile.

VOIR ÉGALEMENT : ROUE ET ESSIEU, AUTOMOBILE, PNEU RADIAL, VALVE DE PNEU, VULCANISATION

DUNLOP TYRES
LEAD THE WORLD
FIRST IN 1888
FOREMOST EVER SINCE

La presse rotative (1846)

Hoe accélère le processus d'imprimerie.

La presse rotative conçue par Richard March Hoe (1812-1886) était une invention primordiale qui favorisa l'essor des mass media. Le père de Hoe dirigeait une usine de fabrication de presse d'imprimerie à New York et Richard travailla très tôt dans l'entreprise familiale. Avec son père et ses beaux-frères, il apporta différentes améliorations à la presse à cylindre, basée sur les premières presses du XVe siècle en Europe.

La presse de Hoe était révolutionnaire du point de vue de la vitesse à laquelle les documents pouvaient être imprimés. Contrairement à la presse à cylindre, qu'il fallait régler de nouveau à chaque feuille de papier, la presse rotative permettait une circulation continue du papier et employait plusieurs cylindres qui imprimaient les caractères. La presse de Hoe, qu'il suffisait d'alimenter en papier, permettait d'imprimer jusqu'à 8 000 pages à l'heure avec un résultat de bonne qualité. L'invention arrivait à point nommé. Le secteur de la presse aux États-Unis était en pleine expansion, et la nouvelle presse permettait d'imprimer et de distribuer un nombre colossal d'éditions quotidiennes. Le *Philadelphia Public Ledger* fut le premier journal à utiliser la nouvelle presse en 1847. Hoe continua de perfectionner la presse rotative jusqu'en 1871, date à laquelle il dévoila son dernier modèle, qui imprimait simultanément recto verso à l'aide d'un rouleau continu de papier et fut d'abord utilisé par le *New York Tribune*. D'autres innovations concernant le découpage et le pliage du papier eurent lieu, donnant naissance à la presse moderne, qui ne fut remplacée par l'impression numérique qu'à la fin du XXe siècle. **JG**

VOIR ÉGALEMENT : ENCRE, PRESSE D'IMPRIMERIE, IMPRIMANTE LASER, IMPRESSION À LA DEMANDE

↑ *Les visiteurs du* Daily Telegraph *à Londres assistent au fonctionnement de la presse rotative de Hoe en 1860.*

La grue hydraulique (1846)

Armstrong utilise l'énergie hydraulique pour soulever des charges.

Sir William George Armstrong (1810-1900) était un industriel anglais qui fut le premier à utiliser l'énergie hydraulique pour faire fonctionner une grande diversité de machines, énergie qui fut le ferment de de 1800 à 1859. L'une de ses inventions faisait appel à cette énergie : il s'agissait d'un moteur à eau rotatif et, peu après cette innovation, il conçut un moteur à piston entraîné par l'eau. Il réalisa que son invention était assez puissante pour être intégrée à un type de grue plus efficace que les grues existantes.

La première grue hydraulique d'Armstrong fut construite sur les quais de Newcastle en 1846 et eut un succès considérable. Elle fonctionnait grâce à la pression de la principale conduite d'eau de la ville, qui actionnait un piston placé dans un cylindre qui à son tour entraînait des engrenages qui actionnaient la grue. La Newcastle Corporation commanda trois grues supplémentaires peu de temps après. Le succès de la grue hydraulique était assuré.

Cependant, la machine originelle d'Armstrong nécessitait une pression hydraulique élevée, et l'eau était acheminée par des conduites ou depuis des châteaux d'eau élevés. Pour remédier à cet inconvénient, lorsque aucune des deux options n'était possible, Armstrong conçut un accumulateur hydraulique, un dispositif qui utilisait un piston lesté dans un gros cylindre afin d'obtenir la pression requise.

Les innovations d'Armstrong dans ce domaine firent progresser l'usage et la connaissance de l'énergie hydraulique. Les grues et d'autres machines lourdes équipées de composants hydrauliques sont encore utilisées dans le monde actuellement. **SB**

VOIR ÉGALEMENT : GRUE, FREIN HYDRAULIQUE, VÉRIN HYDRAULIQUE, PRESSE HYDRAULIQUE

↑ *Construit en 1883, ce spécimen de grue d'Armstrong est visible dans l'arsenal de Venise, en Italie.*

Le télégraphe imprimeur (1846)

House accélère la communication écrite.

Le télégraphe électrique imprimeur de Royal Earl House (1814-1895) semblait être la fusion d'un tourne-disques et d'un piano. Il se composait de plusieurs appareils imbriqués sur une base en bois au-dessus d'un clavier dont les touches portaient la lettre à laquelle elles correspondaient. En dépit de son aspect, l'appareil n'était pas un instrument. Il fonctionnait grâce à des impulsions électriques régulières générées par un mécanisme d'horlogerie et produisait un message imprimé sur une bande de papier.

House avait fait part de son idée à Jacob Brett, un ingénieur britannique en électricité, qui conçut un appareil fonctionnel. Lorsqu'une touche du clavier de l'appareil était actionnée, un circuit électrique était temporairement interrompu au niveau de l'un des 28 caractères d'une roue située sur un axe inférieur. L'interruption du circuit arrêtait le mouvement de la roue et stoppait un électroaimant synchronisé contrôlant l'axe des types. Lorsque l'axe des types se plaçait alors sur la bonne lettre, un autre axe appliquait contre celui-ci la bande de papier, sur laquelle de l'encre était déposée.

Les sociétés européennes et américaines de télégraphie électrique et la Submarine Telegraph Company (STC) utilisèrent cet appareil pour envoyer des messages entre la France et l'Angleterre. La STC affirmait, en 1850, qu'il pouvait envoyer 100 messages de quinze mots chacun en 100 minutes.

Le télégraphe électrique imprimeur de House était plus rapide que l'ancien télégraphe, mais aussi plus complexe et coûteux. Il s'agissait non seulement d'un appareil utile et beau, mais le caractère pratique de ses messages et sa vitesse en firent la norme en matière de télégraphie. **LW**

VOIR ÉGALEMENT : TÉLÉGRAPHE DUPLEX, TÉLÉGRAPHE ÉLECTROMAGNÉTIQUE, TÉLÉPHONE

Le chloroforme anesthésiant (1847)

Simpson atténue la douleur de l'accouchement.

James Simpson (1811-1870), professeur d'obstétrique à l'université d'Édimbourg en Écosse, fut le premier médecin à utiliser du chloroforme au cours des accouchements. Il n'était pas satisfait de l'usage de l'éther et se mit à chercher une alternative. Le 4 novembre 1847, il expérimenta le chloroforme sur son entourage. Son épouse, apportant le dîner, aurait alors trouvé tous les convives assoupis sous la table. Simpson comprit immédiatement quels étaient les avantages du chloroforme sur l'éther ; il était inflammable, plus léger et plus facile à administrer. En l'espace d'une semaine, il le testa sur plus de 30 femmes qui accouchaient.

« Dès que Snow a administré le chloroforme béni... l'effet en fut apaisant et délicieux. »

La reine Victoria

Sa découverte déclencha la colère de l'Église et du corps médical. La Bible enseignait que les femmes devaient accoucher dans la douleur et certains médecins affirmaient que la douleur était utile. Pour cette raison, le chloroforme fut peu utilisé avant 1853, date à laquelle la reine Victoria l'employa pour mettre au monde son dernier enfant. L'emploi du chloroforme comme anesthésiant fut abandonné au début du XXe siècle car il fut démontré qu'il était responsable d'un certain nombre de crises cardiaques fatales. **JF**

VOIR ÉGALEMENT : ANESTHÉSIE, ÉTHER, ANESTHÉSIE GÉNÉRALE MODERNE, PROTOXYDE D'AZOTE

⇥ *Joseph Clover démontre, en 1862, l'effet d'un appareil qui administre des doses contrôlées de chloroforme.*

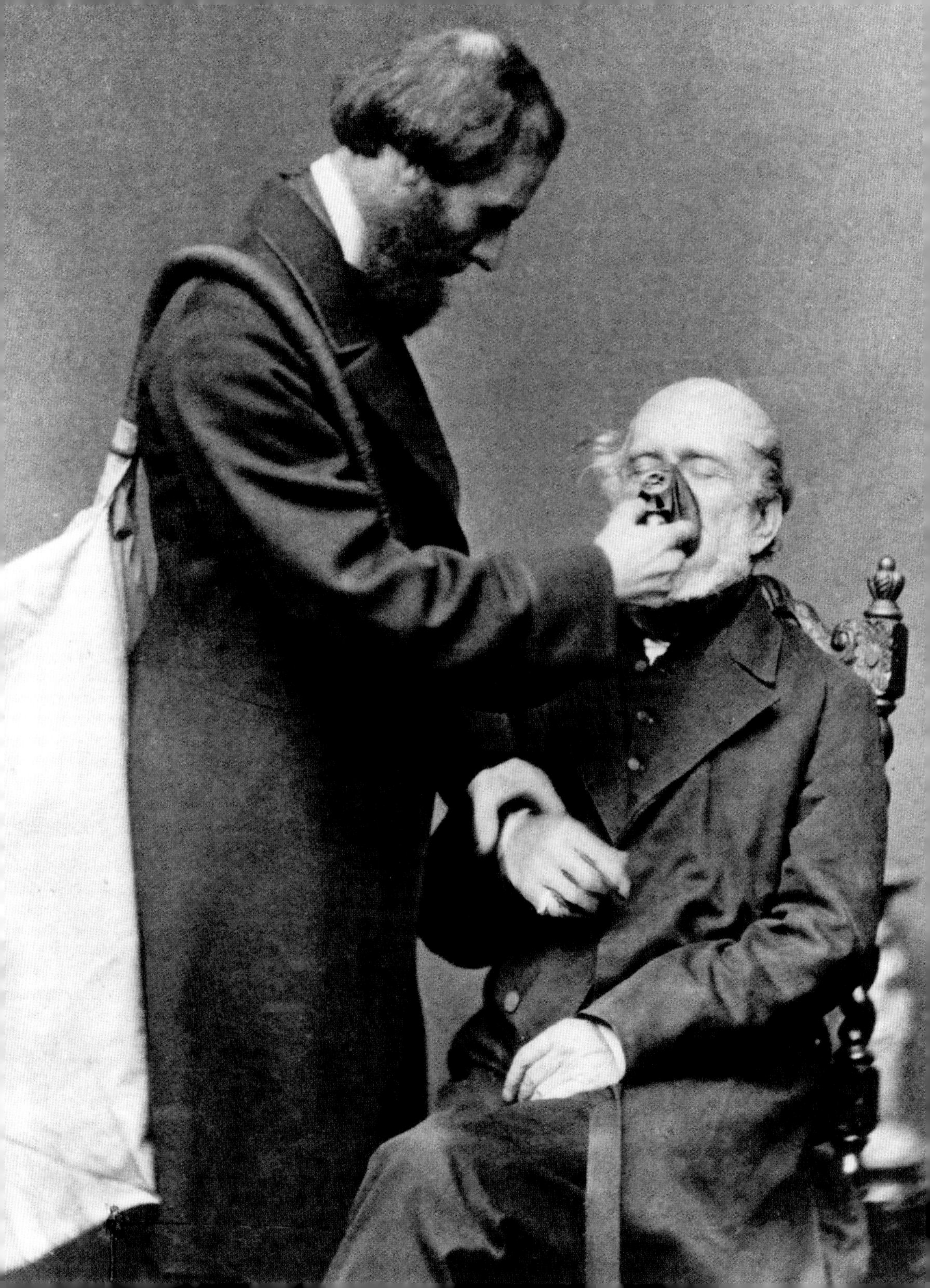

Le chewing-gum (1848)

Curtis lance la mode de la mastication chez les colons américains.

Le chewing-gum est souvent considéré comme un phénomène américain, mais la pratique consistant à mastiquer une gomme remonte à la préhistoire et a pour berceau l'Europe. Des milliers d'années plus tard, les Grecs de l'Antiquité mastiquaient la résine de l'arbre à mastic et les Mayas le chicle, qui provenait du latex du sapotillier. Les indigènes américains mâchaient une gomme provenant de la résine des épicéas, ce qui inspira à l'Américain John Curtis l'idée du chewing-gum. En 1848, il vendait du *spruce gum* aux colons, et lança ainsi la mode des gommes à mâcher. Progressivement, sa gomme d'épicéa fut remplacée par de la paraffine qui était alors sucrée. Il la commercialisa en 1848.

Le chewing-gum actuel apparut de façon accidentelle. Le général mexicain Antonio Lopez de Santa Anna cherchait une alternative au caoutchouc à des fins industrielles et s'adressa à l'inventeur américain Thomas Adams afin de savoir si le chicle pourrait s'y substituer. Adams réalisa des expériences avec le chicle, en vain, puis s'intéressa à la création d'une gomme à mâcher sucrée et aromatisée. À la même époque, William J. White ajouta du sirop de maïs, du sucre et de la menthe à la gomme, créant l'un des parfums de chewing-gums les plus appréciés. En 1891, William Wrigley Junior fonda son entreprise de chewing-gum et, aujourd'hui, Wrigley est le plus gros fabricant de chewing-gums aux États-Unis.

Si le chicle ou d'autres ingrédients naturels sont parfois toujours utilisés dans la confection de chewing-gums, les ingrédients artificiels sont généralement privilégiés afin de répondre à la forte demande. **TP**

« Le chewing-gum ! Une version améliorée de la gomme d'épicéa ! »

Chicago Daily Democrat, 25 octobre 1850

VOIR ÉGALEMENT : BALLON, SACCHARINE

Wrigley popularisa l'usage du chewing-gum grâce à des marques comme Spearmint, lancée en 1893.

Le nettoyage à sec (1849)

Jolly découvre le nettoyage à l'aide de solvants.

Le nettoyage à sec fut découvert par accident. Un matin, le propriétaire français d'ateliers de teinture Jean-Baptiste Jolly remarqua une zone propre sur une nappe sale à l'endroit où sa bonne avait renversé une lampe à pétrole. Comme les matières telles que les mélanges de soie et de laine rétrécissent et perdent leur couleur lorsqu'elles sont lavées à l'eau et au savon, Jolly comprit comment tirer parti de sa découverte. Il conçut un moyen de nettoyer les tissus sans eau. Il baptisa son procédé « nettoyage à sec ».

Jolly se mit à nettoyer les vêtements fragiles à l'aide d'essence et de pétrole. Ces premiers solvants étaient hautement inflammables, un risque qui conduisit les entreprises de nettoyage à sec à rechercher des alternatives. Bientôt, elles employèrent des solvants aux hydrocarbures synthétiques, pourtant bien plus dangereux pour la santé. Toutefois, lorsque les clients récupèrent leurs vêtements propres, les solvants ont été presque complètement éliminés, de sorte que le risque est minimal. Pourtant, ils peuvent occasionner des irritations oculaires et nasales. Quant aux employés des entreprises de nettoyage, leur exposition constante à des solvants toxiques pourrait comporter des risques bien plus sérieux. Récemment, aux États-Unis, où le nettoyage à sec est très répandu, de nouvelles lois ont prévu une élimination complète des substances chimiques dangereuses. **LS**

« Un rire franc est un nettoyage à sec, alors que de gros sanglots nous lavent ! »

Puzant Kevork Thomajan

VOIR ÉGALEMENT : VÊTEMENTS, SAVON, ÉTOFFE TISSÉE, MACHINE À LAVER, DÉTERGENT SYNTHÉTIQUE

La turbine Francis (1849)

Francis améliore la turbine à eau.

L'eau est utilisée comme source d'énergie depuis des centaines d'années. Les premières opérations industrielles étaient exécutées grâce aux moulins à eau traditionnels. Les turbines sont l'équivalent moderne d'un moulin à eau, mais leur énergie est beaucoup plus importante grâce à l'ingénieur James Francis (1815-1892), qui inventa la turbine Francis et dont les calculs permirent de produire des turbines modernes d'une très grande efficacité.

En 1827, Benoît Fourneyron construisit la première turbine de grande dimension destinée à générer de l'énergie. Son invention était une machine à écoulement externe. Il lui fallut dix années pour la stabiliser. Il parvint alors à lui conférer une efficacité de 80 % – c'est-à-dire qu'elle pouvait extraire efficacement 80 % de l'énergie cinétique de l'eau courante.

Francis, un ingénieur anglais, s'installa aux États-Unis pour travailler pour les propriétaires de la Locks and Canals Company à Lowell dans le Massachusetts. Il étudia la fonction hydraulique des turbines en détail et procéda à de nombreuses expériences. Cette analyse approfondie lui permit de concevoir une turbine à réaction à écoulement interne, beaucoup plus efficace que les modèles conçus précédemment. L'efficacité de celle-ci atteignait 90 %. Elle fonctionnait suivant le principe selon lequel lorsque l'eau circule dans la turbine, elle passe d'une haute à une basse pression. L'énergie qu'elle libère alors est transférée et absorbée par les lames de la turbine.

Francis donna son nom à la turbine et prit la tête de sa société pendant 40 ans. Cela permit à Lowell de devenir une ville industrielle. Aujourd'hui, les turbines Francis sont couramment employées comme générateurs d'énergie dans les barrages hydroélectriques et les usines de pompage du monde entier. **SR**

VOIR ÉGALEMENT : CANAL, TURBINE HYDRAULIQUE, TURBINE À GAZ, MOULIN À EAU, AÉROGÉNÉRATEUR

L'épingle de sûreté (1849)

Hunt conçoit une attache temporaire parfaite.

Selon Platon, nécessité est mère de l'invention. Cela fut le cas pour Walter Hunt (1796-1859) dont l'invention la plus célèbre est la modeste épingle de sûreté. Cet objet, utile, devint même un accessoire de mode avec le mouvement punk des années 1970.

Walter Hunt était un mécanicien new-yorkais qui, un jour de 1849, tentait de trouver un moyen de rembourser une petite dette. Il passa environ trois heures à tordre un morceau de fil de fer avant de découvrir la réponse à son problème, l'universelle épingle de sûreté. L'épingle n'était pas un concept nouveau, elle existait depuis des siècles avant que Walter ne la transforme. La sienne était unique car il était impossible de se piquer avec, contrairement aux anciennes épingles. Elle se composait de fil de fer enroulé sur lui-même au centre pour donner un effet ressort, d'une pointe fine à une extrémité et d'un fermoir de sûreté à l'autre extrémité.

« Un homme capable d'inventer une épingle de sûreté… était un génie de la mécanique… »

New York Times

L'épingle de Hunt fit l'objet d'un brevet en avril 1849, dont il vendit les droits à son créancier en réalisant un profit de 385 dollars. Malheureusement, il ne réalisa pas à quel point son idée allait avoir du succès. Il conçut aussi la première machine à coudre américaine (avec une aiguille dotée d'un chas), mais, craignant que son idée ne soit à l'origine d'une perte d'emplois, il ne la breveta pas. Ce fut son homologue américain Elias Howe qui en réclama la paternité quelque 20 ans plus tard. **JG**

VOIR ÉGALEMENT : BOUTON, BOUCLE, FERMETURE À GLISSIÈRE

La raffinerie de pétrole (1850)

Young extrait du pétrole brut du charbon.

En 1848, le chimiste écossais James Young (1811-1883) prit conscience du potentiel représenté par une infiltration naturelle de pétrole dans une houillère du Derbyshire. Vers 1850, il fit breveter un procédé d'extraction de pétrole brut à partir de charbon gras.

Young créa une entreprise majeure, qui fonctionna à plein régime durant 50 ans, jusqu'à l'arrivée de pétrole brut des États-Unis et du Moyen-Orient. La Paraffin Light and Mineral Oil Company vendait de l'huile de paraffine et des lampes et produisait aussi du naphta, du gaz, du coke et du sulfate d'ammonium.

Surnommé « Paraffin Young », l'inventeur fit breveter l'huile de paraffine en 1852 aux États-Unis, ce qui porta un coup majeur aux ambitions du géologue canadien Abraham Gesner, qui avait aussi appris à distiller ce qu'il appelait le kérosène. Lui-même et ses associés avaient commencé à commercialiser ce produit composé d'albertite et de charbon gras en 1857 aux États-Unis, avant de devoir admettre leur défaite face à Young et à l'industrie du pétrole, qui connaissait un essor rapide en Pennsylvanie.

« … Au bout d'une distillation, cela donne un liquide transparent au fort pouvoir éclairant. »

Lyon Playfair dans une lettre à James Young

Dans les Carpates, au sein de l'empire autrichien, le chimiste polonais Ignacy Lukasiewicz construisit une raffinerie de pétrole en 1856, produisant initialement de la paraffine pour un usage local, qui était distillée à partir de naphte minéral. Sa production et celle de ses successeurs allaient faire sa fortune. **AE-D**

VOIR ÉGALEMENT : CRAQUAGE THERMIQUE DU PÉTROLE, TURBINE À GAZ, LAMPE À HUILE, LAMPE AU SOUFRE

La pêche au chalut (1850)

Des pêcheurs anglais conçoivent une méthode de récolte exhaustive.

Le chalutage est un type de pêche dans lequel un ou plusieurs bateaux (les chalutiers) tirent un filet de pêche derrière eux. Le filet peut être déplacé sur le fond marin (chalut de fond) ou entre deux eaux (chalut pélagique). Il est impossible de dire à quel moment cette méthode a été employée pour la première fois sous sa forme la plus simple, mais il existe des témoignages évoquant l'inquiétude provoquée par son impact sur l'environnement remontant au XIVe siècle.

Le chalut à perche, une méthode de chalutage de fond dans laquelle la gueule du filet est maintenue ouverte par une perche en métal, ne se généralisa que vers la fin du XVIIIe siècle. Les pêcheurs de Barking et ceux de Brixham en Angleterre réclamèrent parallèlement la paternité de cette technique, qui conduisit à une utilisation accrue du chalut en haute mer.

Vers 1840, le chalutage était devenue la principale méthode de pêche à grande échelle. L'apparition du chalutier à vapeur vers 1880 accrut encore l'importance du chalutage, donnant aux pêcheurs la possibilité d'exploiter des secteurs de pêche plus éloignés.

L'inquiétude causée par l'impact du chalut sur l'environnement a grandi au fil des siècles, notamment vis-à-vis du chalut de fond, qui endommage les fonds marins et entraîne la capture des petits poissons nécessaires à la reconstitution des stocks, qui sont souvent jetés car peu rentables. Le seul terme de «chalut» est devenu synonyme de pêche rapide effectuée sans discernement. Le chalutage est aujourd'hui très réglementé dans la plupart des pays, mais son impact continue de faire l'objet de protestations et de débats. **RBd**

VOIR ÉGALEMENT : PIROGUE, AVIRON, GOUVERNAIL, VOILES, BATEAU À VAPEUR

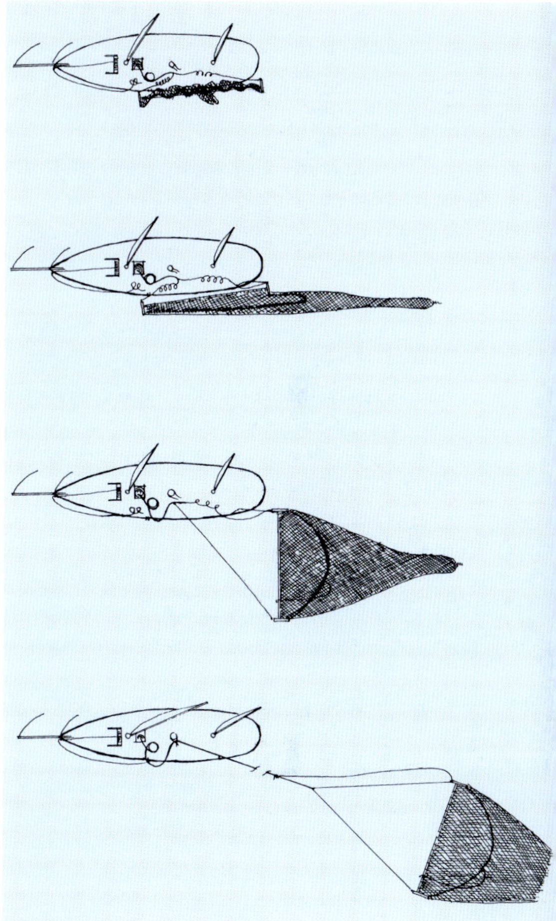

↗ *Ce schéma illustre le procédé du chalut à la perche. La perche maintient le filet au-dessus du fond.*

« Vous devriez avoir un poisson… Vous devriez avoir un haddock lorsque le bateau rentre. »

Danse pour ton père, chanson folklorique

Le vérin hydraulique (1851)

Dudgeon se sert de l'eau pour soulever de lourdes charges.

Les Chinois et les Égyptiens de l'Antiquité utilisaient l'eau pour le transport, et les Romains s'en servaient pour déplacer de lourds objets. L'invention du vérin hydraulique en 1851 n'était donc pas basée sur un nouveau principe, mais elle s'avéra extrêmement utile.

Un vérin est une machine capable de soulever de lourds objets avec une relative facilité. Il fonctionne selon la loi de Pascal qui, en termes simples, dit que si une augmentation de pression se produit en un point quelconque dans un récipient de liquide, une augmentation de pression équivalente se produit en un autre point du récipient.

Richard Dudgeon Inc. était le nom d'un atelier de mécanique à New York vers 1950, dont le propriétaire et fondateur Richard Dudgeon se vit accorder un brevet en 1851 pour son vérin hydraulique – qu'il baptisa « presse hydraulique portable ». Dudgeon est également crédité de plusieurs autres inventions mécaniques, dont les dudgeons de chaudières, les filtres-presses, les crics, les poinçons hydrauliques et diverses autres sortes de vérins.

Le vérin hydraulique de Dudgeon était bien supérieur aux vérins de l'époque en raison de sa puissance apparemment infinie. Comparé au vérin à vis traditionnel, qui s'appuie sur une grosse vis actionnée à la main grâce à une force de compression pour soulever de lourdes charges, il est beaucoup plus facile à utiliser et présente un mécanisme de soulèvement plus fluide et plus puissant. Le vérin hydraulique était capable de soulever sans difficulté des voitures et de lourdes machines, ce qui le rendait incroyablement utile. Il est toujours beaucoup utilisé aujourd'hui. **KB**

VOIR ÉGALEMENT : GRUE, GRUE HYDRAULIQUE, PRESSE HYDRAULIQUE

↑ *Une série de vérins hydrauliques fut employée pour transporter un obélisque égyptien à New York en 1881.*

Le dirigeable (1852)

Henri Giffard conçoit le premier dirigeable de grande dimension.

Plus de 50 ans avant les frères Wright, l'ingénieur français Henri Giffard (1825-1882) parcourut 27 km de Paris à Trappes dans un aéronef plus léger que l'air. Inspiré par la maquette d'aéronef aérodynamique présentée par son compatriote Pierre Jullien en 1850, il construisit un dirigeable de 44 m de long en forme de cigare et le fit voler deux ans plus tard. Doté d'une hélice à trois lames actionnée par un moteur à vapeur de 2,2 kilowatts (trois chevaux), celui-ci était le premier aéronef transportant des passagers, pourvu d'un moteur et dirigeable.

Le plus célèbre aéronef du monde, le zeppelin du XXe siècle, était rigide et sa forme était déterminée par une structure de type squelette. L'aéronef de Giffard n'était pas rigide. Comme un ballon, la forme de son enveloppe dépendait de la pression de l'hydrogène qui élevait l'aéronef. Le vol inaugural du dirigeable eut lieu le 24 septembre 1852. Giffard, assis dans une nacelle suspendue à un filet entourant le ballon, utilisa un gouvernail rudimentaire. Il accéléra pour atteindre une vitesse de 10 km/h. Malheureusement, le vent était trop fort pour permettre d'effectuer immédiatement le trajet de retour. En effet, le poids combiné du moteur et de la chaudière (158 kg) ne permettait de voyager que par temps calme.

En 1884, des homologues français de Giffard, Charles Renard et Arthur Krebs, effectuèrent le premier vol aller-retour dans leur aéronef, *La France*. Le voyage aérien connut son point culminant au cours de la première moitié du XXe siècle, lors de la catastrophe du *Hindenburg* le 3 mai 1937, qui ébranla la confiance du public dans ce mode de transport. **DaH**

VOIR ÉGALEMENT : MONTGOLFIÈRE, PLANEUR, PARACHUTE, AVION À MOTEUR, HÉLICOPTÈRE

↑ *Ce dirigeable représenta la première application réussie de l'énergie mécanique au vol le 24 septembre 1852.*

L'ascenseur
(1852)

Otis crée un ascenseur muni d'un frein de sûreté.

En 1852, Maize et Burns, une société fabriquant des châlits située à Yonkers à New York, cherchait une solution pour hisser ses lits jusqu'à l'étage supérieur. Elisha Otis (1811-1861), le mécanicien de la société, avait déjà conçu des freins de sûreté pour des wagons de chemin de fer. Il imagina un système incluant une plate-forme qui pourrait se déplacer à volonté dans un puits d'ascenseur, sauf en cas de rupture d'un câble. Si cela se produisait, un ressort de wagon solide s'emboîtait dans un cliquet de manière à retenir la lourde plate-forme. Otis laissa sa société commercialiser son invention. Dans un premier temps, celle-ci suscita peu d'intérêt, mais en 1854, Otis organisa une exposition publique au Crystal Palace de New York. Il avait fait construire un puits d'ascenseur ouvert sur un côté pour qu'il reste visible. Il hissa l'ascenseur à la hauteur d'une maison avant que son assistant ne prenne une hache et ne coupe le câble qui le retenait. Le système de sécurité fonctionna et l'ascenseur ainsi qu'Otis restèrent suspendus.

« Si vous mourez dans un ascenseur, n'oubliez pas d'appuyer sur le bouton qui monte. »

Sam Levenson, auteur et humoriste américain

En 1903, l'ascenseur électrique favorisa l'édification de gratte-ciel. Les ascenseurs d'Otis restent aujourd'hui indispensables dans les grands édifices. Il en existe 1,7 million dans le monde. **AE-D**

VOIR ÉGALEMENT : ASCENSEUR DE GRAIN, ACIER, GRATTE-CIEL

← *Deux femmes entrent dans un ascenseur d'Otis en 1877, qu'un opérateur abaisse en tirant sur une corde.*

Les bottes en caoutchouc de Wellington (1852)

Hutchinson fabrique des bottes imperméables.

Le nom de ces bottes en caoutchouc provient du duc britannique de Wellington, qui fit réaliser par son bottier une version en cuir de veau des bottes en toile de jute populaires jusqu'alors. Les « Wellington » étaient à la fois confortables et résistantes.

Cependant, les premières bottes en caoutchouc furent fabriquées en France par une entreprise créée par l'entrepreneur américain Hiram Hutchinson (1808-1869). Celui-ci avait acheté un brevet à Charles Goodyear, qui avait inventé le procédé de vulcanisation en 1843 ; ce procédé permettait au caoutchouc de conserver ses qualités élastiques et imperméables. Hutchinson avait pressenti un immense marché en France, où la majorité de la population travaillait la terre avec des sabots de bois pour seule protection contre l'humidité et la boue.

« Les wellies sont merveilleuses, elles gardent l'eau à l'extérieur et l'odeur à l'intérieur. »

Billy Connolly, comédien

Henry Lee Norris, un autre entrepreneur américain, avait également acheté un brevet à Goodyear. Il créa la North British Rubber Company à Édimbourg en 1856. Sa société allait devenir l'actuelle Hunter Boot Company, mais elle produisait à l'origine essentiellement d'autres marchandises en caoutchouc que des bottes. La boue des tranchées de la Première Guerre mondiale fut à l'origine d'une modification de son activité, lorsque l'armée britannique acheta près de deux millions de paires de bottes. **AE-D**

VOIR ÉGALEMENT : BALLON EN CAOUTCHOUC, CHAUSSURE, PNEUMATIQUE, ÉLASTIQUE, VULCANISATION

La seringue hypodermique (1853)

Pravaz et Wood développent simultanément un nouveau moyen d'administrer un traitement.

En 1853, la première seringue hypodermique utilisable, capable de pénétrer dans la peau sans qu'une incision préalable soit nécessaire, fut conçue simultanément par le chirurgien français Charles Gabriel Pravaz (1791-1853) qui travaillait à Lyon et par le médecin écossais Alexander Wood (1817-1884).

La seringue en argent de Pravaz incluait un piston doté d'un réglage à vis afin d'administrer des doses précises d'agents coagulants pour traiter des anévrismes. Wood utilisa une seringue en verre qui lui permettait de surveiller l'injection de morphine lorsqu'il traitait des patients atteints de troubles névralgiques. Il ajouta ultérieurement une graduation sur la seringue pour effectuer des mesures plus précises. La seringue permit pour la première fois de réaliser une injection intraveineuse d'anesthésiants et d'éliminer de nombreuses difficultés rencontrées dans le domaine encore expérimental des transfusions sanguines. Aucune des deux versions n'aurait pu être conçue, toutefois, sans l'aiguille à pointe creuse inventée neuf ans plus tôt, en 1844, par le médecin irlandais Francis Rynd.

Avant le XVIIe siècle, les seringues urétrales étaient faites en étain, en os et en argent, et vers 1650, des tentatives d'administration de médicaments par intraveineuse furent effectuées sur les animaux. Vers 1800, le traitement était administré après avoir provoqué la formation d'une ampoule et retiré la peau. Parmi les améliorations postérieures à 1853 figuraient des aiguilles détachables et des seringues entièrement en verre, ce qui réduisait la survenue d'infections. **BS**

« Sherlock Holmes sortit la… seringue hypodermique de son étui de cuir. »

Sir Arthur Conan Doyle, *Le Signe des quatre* (1890)

VOIR ÉGALEMENT : ANESTHÉSIE, ÉTHER, CHIRURGIE ANTISEPTIQUE, CHIRURGIE À DISTANCE

Les seringues hypodermiques, comme ce modèle de Pravaz en verre et en argent, étaient utilisées pour injecter des fluides sous la peau des patients.

L'alarme antivol (1853)

Augustus Pope brevette un objet de dissuasion.

Le 8 mars 1890, le *New York Times* publia un article sur deux compagnies de sécurité rivales. L'une, la Holmes Electric Protective Company, vendait des alarmes depuis plus de 30 ans. L'autre ne le faisait que depuis 18 mois. Les présidents des deux compagnies étaient désormais en guerre. Celui de l'Electric Protective Company, Edwin Holmes, considérait avoir inventé l'alarme antivol. Il avait bénéficié d'un monopole relatif à la sécurité domestique durant de nombreuses années et considérait ses adversaires de la Metropolitan Burglar-Alarm Company comme des voleurs de son invention. En réalité, il avait acheté le brevet de l'alarme antivol à Augustus R. Pope en 1857. Le document original du brevet de Pope, qui date de 1853, montre un simple système de contacts magnétiques et d'interrupteurs fixé aux portes et aux fenêtres. Ce système était relié à une cloche placée dans la chambre du propriétaire qui sonnait lorsque l'un des interrupteurs était fermé. Holmes s'inspira du système de Pope, l'améliora puis le vendit à l'élite new-yorkaise.

« Une protection absolue contre les gredins munis de lanternes sombres et de crochets. »

New York Times, 8 mars 1890

La Metropolitan Company de W. R. Alling arriva sur le marché en 1880, après un conflit avec Holmes au sujet d'un brevet. Le prix des services de sécurité mensuels se situant alors entre 15 et 30 dollars, passa rapidement à moins de 10 dollars. **HB**

VOIR ÉGALEMENT : ALARME À INCENDIE ÉLECTRIQUE, ALARME DE VOITURE, SERRURE À GOUPILLES

Les jumelles prismatiques (1854)

Porro rapproche les objets distants.

Les premières jumelles étaient destinées à l'opéra. Il s'agissait de petits instruments composés de deux petits télescopes de Galilée placés côte à côte. L'association d'une lentille d'objectif convexe et d'un oculaire concave produisait un champ de vision plutôt limité et un triple grossissement.

Dans les années 1790, l'opticien vénitien Lorenzo Selva avait ajouté aux jumelles une charnière centrale réglable, leur permettant d'être écartées ou rapprochées. Le mécanisme à molette centrale fut introduit vers 1830. Un appareil composé de télescopes de Kepler comportant deux lentilles convexes était utilisé pour réaliser des observations astronomiques, mais présentait un immense inconvénient pour l'usage terrestre, car l'image observée était inversée.

Un officier de l'artillerie italienne, Paolo Ignazio Pietro Porro (1801-1875), résolut ce problème en plaçant deux prismes disposés en Z entre ses objectifs et ses oculaires. Ainsi, les jumelles devinrent plus larges et les lentilles d'objectif furent séparées. La vision stéréoscopique et la perception de la profondeur en furent améliorées. Le fait que les deux trajets optiques étaient coudés permettait aussi que la longueur de l'instrument soit inférieure à la longueur focale de l'objectif, ce qui rendait les jumelles plus pratiques. Porro breveta son projet en 1854 et ses jumelles furent ensuite perfectionnées par des fabricants comme Carl Zeiss. Les fabricants introduisirent les prismes stéréoscopiques et des blocs prismatiques.

Un usage intensif des jumelles par les militaires au cours des deux guerres mondiales favorisa leur perfectionnement, avec l'introduction de revêtements de lentilles antireflets, d'oculaires grand angle et de versions allégées et extraplates étanches, garnies de caoutchouc et contenant de l'azote. **DH**

VOIR ÉGALEMENT : VERRE, TÉLESCOPE

Le procédé Bessemer (1855)

Bessemer fournit de l'acier bon marché à volonté au cours de la révolution industrielle.

L'ingénieur anglais Henry Bessemer (1813-1898) fut l'auteur d'inventions durant toute sa vie. Il détenait plus de 200 brevets, portant notamment sur les mines de crayons, l'usage de poudre de laiton comme peinture dorée, sur une machine hydraulique d'extraction du jus de canne à sucre, et en particulier, sur le procédé Bessemer.

Le procédé Bessemer était un moyen moins coûteux, plus rapide et plus efficace de fabriquer de l'acier que la méthode alors en usage. Avant que Bessemer ne conçoive ce procédé, l'acier était fabriqué en incorporant du carbone à du fer forgé. Cette méthode pouvait nécessiter jusqu'à une semaine de chauffage continu et requérait d'immenses quantités de carburant. Le coût de l'acier était donc prohibitif.

Bessemer réalisa des essais avec la fonte brute – issue de minerai de fer en fusion contenant davantage de carbone que l'acier – afin de voir s'il pouvait en ôter les impuretés et fabriquer de l'acier. Il découvrit qu'en injectant de l'air à travers de la fonte en fusion, beaucoup de ses impuretés étaient éliminées par oxydation, laissant place à de l'acier. Il breveta son procédé en 1855. Accompli dans de grands récipients appelés convertisseurs Bessemer, celui-ci permettait de produire 30 tonnes d'acier en une vingtaine de minutes au lieu d'une semaine.

Cela eut un effet spectaculaire sur le prix de l'acier et la quantité qui en était produite. L'acier fut abondamment utilisé au cours de la révolution industrielle. Un procédé similaire fut découvert indépendamment par le métallurgiste américain William Kelly. **JB**

« Je n'avais pas d'idées préconçues… et je n'ai pas souffert de l'opinion selon laquelle ce qui est, est vrai. »

Sir Henry Bessemer

VOIR ÉGALEMENT : FER FORGÉ, ACIER, ACIER INOXYDABLE, FOUR À ARC ÉLECTRIQUE

⇱ *Le convertisseur Bessemer fut créé pour fabriquer un canon résistant afin de lancer de nouveaux obus au cours de la guerre de Crimée.*

Le bec Bunsen (1855)

Bunsen améliore la source de chaleur des laboratoires.

Robert Wilhelm Bunsen (1811-1899) fut nommé professeur à l'université Ruprecht Karl de Heidelberg en 1852. Avant d'accepter le poste, il négocia la construction d'un nouveau laboratoire équipé de conduites fournissant du gaz de houille.

Bunsen n'était pas satisfait de l'équipement dont il disposait pour chauffer les échantillons dans son laboratoire. En 1827, Michael Faraday avait évoqué par écrit un brûleur utilisant du gaz de houille dont la flamme produisait trop de suie et davantage de lumière que de chaleur. Bunsen eut l'idée de mélanger le gaz de houille avec de l'air avant son inflammation plutôt qu'au niveau même de la flamme. Comme l'oxygène et le gaz seraient ainsi bien mélangés avant le point de combustion, la flamme obtenue serait très chaude plutôt que brillante et presque dénuée de suie.

Peter Desaga, mécanicien à l'université d'Heidelberg, conçut le modèle d'un brûleur inspiré de l'idée de Bunsen. Celui-ci consiste en un tube vertical relié à une source de gaz inflammable – gaz de houille à l'époque, ou de nos jours, méthane, propane ou butane – et doté de trous d'arrivée d'air réglables.

Travaillant avec le physicien Gustav Kirchhoff, Bunsen utilisa son bec pour chauffer des échantillons afin de pouvoir étudier leur spectre d'émission. Tous deux découvrirent ensuite les éléments césium (en 1860) et rubidium (en 1861). L'appareil de Bunsen et Desaga, conçu en 1855, est semblable aux brûleurs actuels. Toutefois, les laboratoires de recherche font de plus en plus appel aux chauffe-ballons ou aux plaques chauffantes, car ils sont plus sûrs et fournissent une chaleur plus uniforme. **ES**

VOIR ÉGALEMENT : LAMPE D'ARGAND, AMPOULE À INCANDESCENCE, ÉCLAIRAGE AU GAZ, SPECTROMÈTRE

↗ *Le bec Bunsen est doté d'une arrivée d'air réglable à la base afin d'en varier l'intensité.*

« Le principe de ce brûleur est que le gaz de ville puisse être fourni dans de bonnes conditions. »

Robert Bunsen

Le séchoir à linge parapluie (1855)

Higgins révolutionne le séchage des vêtements.

L'histoire de l'invention du modeste séchoir à linge parapluie est controversée et confuse. L'objet fut conçu par Lance Hill en 1946. Il est considéré comme un objet australien emblématique et un symbole de la culture australienne. Un système d'enroulement permet d'en élever et abaisser le cadre.

Beaucoup pensent qu'il s'agissait du premier séchoir parapluie, mais celui-ci avait déjà été inventé. Il était toutefois moins performant et plus cher. Parmi ses versions antérieures, figurait le séchoir à linge « Drywell » de la James Hardie Company, datant de 1925. En 1914, une société américaine et une société australienne avaient également produit des versions différentes du séchoir. Le modèle de Gilbert Toyne, datant de 1912, que celui-ci avait construit dans son jardin de Geelong en Australie, est toujours utilisé aujourd'hui. Un brevet américain fut aussi décerné en 1890 concernant un séchoir parapluie conçu aux États-Unis. Enfin, vers 1870, le *Cassells Household Guide* décrivait une « machine séchante » fabriquée par un « M. Kent » de High Holborn.

« On lave son linge sale en famille et on le fait sécher en public. »

L. Bourliaguet

Toutefois, la version la plus ancienne de ce séchoir, inventée par James R. Higgins, fut présentée dans une édition de *Scientific American* de 1855. Beaucoup sont surpris de l'ancienneté de cette invention, d'autant que celle-ci est souvent attribuée à Lance Hill. **RH**

VOIR ÉGALEMENT : VÊTEMENTS, SAVON, MACHINE À LAVER

Le Celluloïd (1856)

Parkes lance l'industrie du plastique.

Vers 1850, des recherches étaient menées sur des matériaux synthétiques susceptibles de remplacer les matériaux naturels et rares comme l'ivoire. À Birmingham en Angleterre, le métallurgiste et inventeur Alexander Parkes (1813-1890) cherchait le moyen de rendre imperméables les tissus en mélangeant du nitrate de cellulose et des huiles végétales. Il créa ainsi une pâte qui en séchant prenait l'aspect de l'ivoire et qui pouvait être modelée à des températures extrêmes. Parkes la baptisa « Parkesine ». Il présenta sa découverte au cours de l'Exposition industrielle de Londres en 1862. Il obtint une médaille de bronze, mais se montra incapable de la commercialiser.

« … Dure comme la corne, mais souple comme le cuir, capable d'être moulée ou emboutie, peinte, teintée ou gravée. » Alexander Parkes

L'année suivante, un fabricant de textiles britannique, Daniel Spill, racheta l'invention de Parkes, qu'il rebaptisa « Xylonite ». Enfin, les frères américains John Wesley et Isaiah Hyatt inventèrent le mot « Celluloïd » en 1872. Ils menaient depuis longtemps des expériences avec le nitrate de cellulose afin de fabriquer des boules de billard et avaient remporté un long procès contre Spill relatif à la violation du brevet. Même si les Hyatt perfectionnèrent la Parkesine de Parkes, simplifiant sa fabrication et créant le premier plastique commercial vendu aux États-Unis, Parkes demeure l'inventeur incontesté du Celluloïd. **BS**

VOIR ÉGALEMENT : VÊTEMENTS, PELLICULE PHOTOGRAPHIQUE, IMPERMÉABLE, BOUTEILLE EN PLASTIQUE

La mauvéine (1856)

Approbation royale pour la teinture de Perkin.

En 1856, William Henry Perkin (1838-1907), âgé de 18 ans, était l'assistant d'August Wilhelm von Hofmann au Royal College of Chemistry de Londres. Hofmann s'intéressait particulièrement à la fabrication de versions synthétiques de substances naturelles. Le jeune assistant tentait de synthétiser la quinine, un médicament contre le paludisme, et utilisait pour cela du goudron de houille. Lorsqu'un dépôt noir se forma au fond d'une bouteille, il entreprit de nettoyer celle-ci en y versant de l'alcool et en agitant le mélange. Une jolie couleur bleutée apparut. En la testant sur de la soie, Perkin découvrit que le produit constituait une teinture riche, violette, rapide – la première teinture synthétique créée au bout de millénaires d'utilisation de teintures naturelles qui s'estompaient souvent ou demeuraient coûteuses à produire.

En réalisant des essais avec une substance à base de goudron de houille, Perkin fit naître une nouvelle activité qui transforma le secteur du textile et fit progresser d'autres domaines, de la photographie à la médecine. Il obtint un brevet en 1856 et ouvrit une usine. En 1860, il était devenu riche et célèbre, notamment grâce à la reine Victoria et d'autres membres de la famille royale, qui adoraient sa teinture. Le violet faisait alors fureur. La « mauvéine » de Perkin était « mauve » – une teinte à la mode.

Perkin continua de créer d'autres teintures synthétiques avant de se tourner de nouveau vers la recherche. Entre-temps, le commerce des teintures synthétiques se développa partout. Les teintures traditionnelles furent progressivement remplacées. Toutefois, l'intérêt récent pour l'environnement a remis au goût du jour des choix plus naturels. **AK**

VOIR ÉGALEMENT : VÊTEMENTS, ENCRE, ROUET, NAVETTE

↗ *Un flacon de teinture originale fabriquée en 1856. Perkin fabriqua des produits à grande échelle.*

« On pouvait penser… que ces rubans mauves signifiaient "Perkin à jamais". » *All The Year Round,* journal hebdomadaire contemporain

Le camouflage militaire (1857)

L'armée britannique constate les avantages du kaki.

Jusqu'à la fin du XIXe siècle, la plupart des armées portaient des uniformes de couleur vive pour distinguer leurs troupes de l'ennemi au milieu de la fumée sur le champ de bataille et pour attirer de nouvelles recrues. L'armée britannique fut la première à renoncer aux uniformes voyants en faveur de ceux qui permettaient de dissimuler ses hommes. Les uniformes blancs de l'été furent teintés en utilisant une astuce simple : ils furent immergés dans le thé. Les uniformes kaki devinrent courants en Inde dans les années 1880 et au sein du reste de l'armée britannique au cours de la seconde guerre des Boers en 1902.

Au début de la Première Guerre mondiale, l'armée française était équipée de chemises bleues et de pantalons rouges. Cette tenue voyante était destinée à décourager l'ennemi sur le champ de bataille. Pourtant cela ne fit pas reculer les mitrailleuses allemandes. La section camouflage de l'armée française, créée en 1915, fut la première à utiliser des motifs pour dissimuler la forme du corps humain et aider les soldats à se fondre dans leur environnement. Des artistes furent recrutés pour peindre les tentes et les abris de l'artillerie, ainsi que les uniformes des troupes d'élite. Aujourd'hui, la plupart des armées utilisent des motifs sur leurs uniformes de camouflage ou leur matériel afin de se distinguer des autres armées. Une variante de camouflage produite sur ordinateur fut créée par l'armée canadienne dans les années 1990. Elle aurait une efficacité supérieure de 40 % aux motifs traditionnels à 200 m de distance. **BO**

« Le camouflage est un jeu que nous aimons, mais nos secrets sont révélés… par ce que nous voulons cacher. » Russell Lynes, auteur et éditeur

VOIR ÉGALEMENT : JUMELLES DE VISION NOCTURNE, CAMOUFLAGE OPTIQUE, VISION NOCTURNE DES COULEURS

↖ *« Pourquoi peignez-vous cet uniforme ? Pour que la police ne le voie pas ! » extrait de* La Baïonnette Magazine, *1915.*

La corne de brume (1859)

Foulis guide les marins vers le port.

Avant l'invention de la corne de brume par l'inventeur, ingénieur et artiste écossais Robert Foulis (1796–1866), les villes portuaires utilisaient des canons ou des cloches pour guider les bateaux vers leur port par temps de brouillard. L'une de ces villes, Saint John, située dans le Nouveau-Brunswick au Canada, réserva un bon accueil à l'ingénieur Foulis en 1825, lorsque celui-ci s'y installa. Ce dernier assista probablement à l'installation d'une « cloche d'avertissement » sur Partridge Island, à environ 800 m de Saint John.

La nouvelle cloche de Partridge Island, un volumineux objet d'une demi-tonne, permettait de guider les bateaux vers le port, mais comme elle n'était pas assez sonore, les marins réclamaient une alternative.

« Sur toute la côte américaine, il n'existe aucune alarme équivalant à celle évoquée... »

Capitaine Winchester, SS *Eastern City*, 1860

La solution proposée par Foulis en 1852 fut une corne de brume automatique fonctionnant à la vapeur qui possédait un son grave. Bien qu'elle soit plus sonore que les grosses cloches de l'époque et beaucoup plus petite, il fallut des années pour convaincre la ville de Saint John de remplacer sa cloche.

En 1859, la corne de Foulis fut installée sur Partridge Island et, peu après, les cornes de brume furent adoptées dans le monde entier. Cependant, Foulis ne fut pas reconnu pour ce qu'il avait appelé l'une des plus grandes inventions maritimes. Ce n'est que plus tard que le gouvernement du Nouveau-Brunswick accepta de reconnaître qu'il était l'auteur de l'invention. Mais, il ne la breveta pas et n'en tira jamais profit. **RBk**

VOIR ÉGALEMENT : LENTILLE DE FRESNEL

Le tachistoscope (1859)

Volkmann influence le subconscient.

En 1859, le médecin allemand Alfred Wilhelm Volkmann (1800-1877) construisit le premier tachistoscope, un appareil capable d'influencer la pensée subliminale à l'aide d'images lumineuses et brèves, de l'ordre de 10 millisecondes. Utilisant des obturateurs mécaniques semblables à ceux utilisés dans les appareils photo, Volkmann présentait aux personnes les images de mots décrivant des émotions. Les personnes ne les voyaient pas consciemment, mais leur subconscient projetait les émotions correspondantes sur une image ultérieure.

Pourtant, en raison de leur nature mécanique, les obturateurs ne peuvent être contrôlés avec une précision parfaite. C'est pour cette raison que les tachistoscopes à tube flash ont été conçus. Ils utilisent des miroirs dans un grand boîtier et une petite lampe allant d'une obscurité complète à une luminosité extrême puis inversement en quelques millisecondes. La personne qui regarde par le trou réservé à cet effet a l'impression que chaque image apparaît au même endroit, ce qui permet à l'expérimentateur de montrer non seulement les images « subliminales » et cibles, mais aussi entre-temps une image qui n'a rien à voir avec elles, dépourvue de sens, qui sert à rompre encore davantage le lien entre conscient et subconscient.

Les tachistoscopes étaient essentiellement utilisés pour aider les pilotes de combat de la Seconde Guerre mondiale à distinguer les contours des avions ennemis ; aujourd'hui, on utilise cette méthode dans le cadre de recherches commerciales – les messages subliminaux sont utilisés en publicité – ou encore comme entraînement à la lecture rapide. Cependant, des doutes demeurent quant à l'efficacité réelle de cette technique. **DaH**

VOIR ÉGALEMENT : LAMPE FLASH AU XÉNON, DÉTECTEUR DE MENSONGES

L'accumulateur rechargeable (1859)

Planté invente l'ancêtre plomb-acide de la batterie de voiture actuelle.

Le physicien français Gaston Planté (1834-1889), qui travaillait à Paris en 1859, inventa l'élément acide en plomb. Son dispositif se composait d'une bobine de plomb pour la plaque négative et d'une bobine d'oxyde de plomb pour la plaque positive ; celles-ci étaient séparées par des bandes de caoutchouc et immergées dans un bain d'acide sulfurique dilué. L'acide sulfurique réagit avec le plomb en libérant des électrons qui migrent vers la plaque positive, générant ainsi un courant. Les éléments cessaient de produire du courant dès qu'il n'y avait plus de réactants chimiques. Mais, dans le dispositif de Planté, la réaction est inversée lorsque le courant est apporté à l'élément acide en plomb par une source extérieure, ce qui permet de recharger la batterie.

En l'espace d'un an, Planté inséra neuf de ces unités dans un boîtier de protection, créant une batterie capable de produire un courant important. Faites de plomb, ces premières batteries rechargeables n'étaient pas portatives. Des éléments alternatifs furent donc développés par la suite. Thomas Edison conçut ultérieurement un accumulateur alcalin composé de cellules fer-nickel et nickel-cadmium. Les accumulateurs fer-zinc sont depuis devenus populaires et sont deux à trois fois plus efficaces que l'élément au plomb.

Mais l'élément de Planté s'avéra très utile dans les applications nécessitant un fort courant dans lesquelles le poids de l'accumulateur avait moins d'importance, comme la voiture électrique. Les appareils inspirés de l'invention de Planté sont devenus indispensables dans notre société moderne. **MB**

VOIR ÉGALEMENT : BATTERIE, BATTERIE DE VOITURE, VOITURE ÉLECTRIQUE

↑ *Cet accumulateur rechargeable de Planté de 1860 possède 20 éléments et un interrupteur permettant de les connecter.*

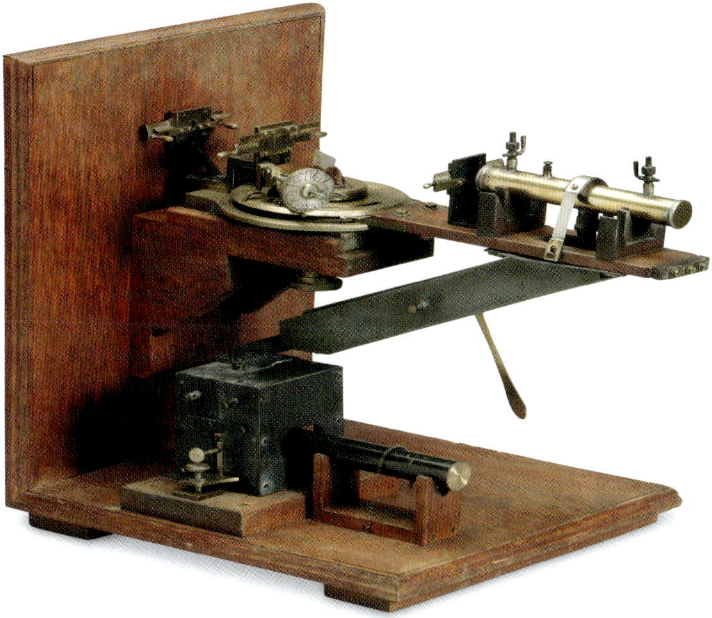

Le spectromètre (1859)

Bunsen et Kirchhoff analysent la lumière en termes de rayonnement électromagnétique.

Isaac Newton, qui travaillait avec un spectromètre de l'époque – un prisme de verre gradué –, remarqua en 1666 que les sept couleurs de l'arc-en-ciel, dispersées lorsque la lumière blanche passait à travers le prisme, ne pouvaient être subdivisées en un plus grand nombre de couleurs.

Robert Bunsen (1811-1899), professeur de chimie à l'université d'Heidelberg, qui travaillait avec Gustav Kirchhoff (1824-1887), utilisa un spectromètre à prisme pour révéler les lignes d'émission spectrales produites par des éléments chauffés par une flamme. En 1859, tous deux acquirent la conviction que les éléments étaient uniquement caractérisés par leurs spectres d'émission. Les chercheurs réalisèrent également que les lignes D orange du spectre solaire de Fraunhofer avaient la même longueur d'onde que les lignes émises par le sodium de laboratoire. Il en fut conclu que les spectromètres pouvaient être utilisés pour analyser la composition du Soleil et des étoiles.

Dès les années 1870, de nombreuses sociétés européennes commencèrent à fabriquer des spectromètres à prisme. Ceux-ci étaient dotés de graduations circulaires de façon à ce que les positions (et donc les longueurs d'onde) des lignes spectrales puissent être mesurées. La résolution fut améliorée en faisant passer la lumière à travers des séquences des prismes. Dans un premier temps, personne ne sut comment les spectres étaient produits. Toutefois, en 1913, le physicien danois Niels Bohr présenta une maquette de l'atome dans laquelle les lignes spectrales résultaient du déplacement des électrons d'une orbite stable à une autre. **DH**

VOIR ÉGALEMENT : BEC BUNSEN, PELLICULE PHOTOGRAPHIQUE, RADIOGRAPHIE, SPECTROMÈTRE ÉLECTRONIQUE

⇑ *Ce spectromètre à rayons X fut fabriqué en 1912 par William Bragg, physicien de l'université de Cambridge.*

de 1860 à 1891

L'invention du téléphone et l'automobile dans les années 1870 et 1880 a marqué sans doute la première grande étape vers la mondialisation. L'introduction du son dans les communications à distance a permis de donner naissance au phonographe, un appareil qui allait influencer de nombreux secteurs culturels dans les décennies suivantes.

L'exode des populations vers les villes, mais aussi l'invention de l'ascenseur a donné lieu à la construction des premiers gratte-ciel.

Le moteur à essence inventé par Gottlieb Daimler.

Le linoléum (1860)

Walton conçoit un revêtement de sol lavable.

Travis est une ville située à plusieurs kilomètres au sud du quartier de Manhattan, à New York. Jusqu'en 1930, elle s'appelait Linoleumville, car elle abritait la première usine de linoléum américaine, appartenant à l'inventeur britannique Frederick Walton.

Walton commença à s'intéresser au linoléum vers 1850, lorsqu'il remarqua, dit-on, une « peau » qui s'était formée à la surface d'un vieux pot de peinture. Cette « peau » était le résultat d'une simple réaction entre l'huile de lin de la peinture – dont sont composées la plupart des peintures – et l'oxygène de l'air. Walton, intrigué par ce phénomène, réalisa une série d'expériences qui allaient déboucher sur un procédé de fabrication de carreaux pour le sol à base d'huile de lin.

Son chemin vers la réussite fut chaotique. En 1860, il déposa un brevet pour une méthode de fabrication du linoléum, mais celle-ci présentait des défauts. Walton avait découvert qu'en ajoutant d'autres ingrédients au mélange, comme de l'acétate de plomb, il obtenait une réaction plus rapide de l'huile de lin. Toutefois, il était complexe de produire de grandes quantités de linoléum et les grandes sociétés de fabrication ne souhaitaient pas investir. Même après avoir créé sa propre entreprise, Walton eut des difficultés à trouver des acquéreurs intéressés par son produit.

La réussite vint après une grande campagne de marketing et, en 1872, le linoléum de Walton connut un succès mondial lorsque ce dernier ouvrit son usine américaine. Aujourd'hui, le lino est fabriqué à partir d'un mélange de résines, de poudre de calcaire, de liège, et bien sûr d'huile de lin. Une couche de ce mélange est appliquée contre une toile de renfort.

Imperméable et lavable, le linoléum demeura le revêtement de sol privilégié jusque dans les années 1960, où il fut remplacé par le vinyle. **HB**

VOIR ÉGALEMENT : BALAI MÉCANIQUE

Le moteur à gaz (1860)

Lenoir construit le moteur à combustion interne.

En 1860, l'ingénieur belge Étienne Lenoir (1822-1900) créa le premier moteur à combustion interne fonctionnant au gaz, pour offrir une alternative aux moteurs à vapeur, plutôt encombrants. Comme les moteurs à vapeur nécessitaient des foyers, des chaudières et de grandes quantités de combustibles fossiles volumineux, le moteur à gaz plus compact et fonctionnel conçu par Lenoir eut un immense succès.

Lenoir obtint un brevet pour son moteur en 1860 et en réalisa le prototype la même année. Son moteur commença à être fabriqué en France, en Angleterre et aux États-Unis. Le moteur à gaz fonctionnait grâce à l'admission d'un mélange de gaz et d'air non comprimé dans le cylindre durant la première phase de la course du piston. Le mélange était ensuite enflammé à l'aide d'une étincelle durant la phase suivante. Les vapeurs étaient alors émises à l'extrémité opposée du cylindre. Deux explosions se produisaient donc – de part et d'autre du piston – à chaque tour de manivelle.

« L'ingénieur est la figure clé du progrès matériel dans le monde. »

Sir Eric Ashby, botaniste et éducateur britannique

Malheureusement, le succès du moteur de Lenoir fut limité par l'apparition de défauts pratiques. Le gaz grâce auquel il fonctionnait était, à l'époque, un choix coûteux. En outre, d'énormes quantités de liquide de refroidissement et d'huile étaient nécessaires pour éviter que le moteur ne surchauffe et se grippe. Moins de 500 moteurs de Lenoir furent construits avant qu'ils ne cessent d'être produits, car d'autres inventeurs conçurent bientôt des moteurs plus pratiques. **CB**

VOIR ÉGALEMENT : MOTEUR À VAPEUR, MOTEUR STIRLING, CYCLE À QUATRE TEMPS, MOTEUR À DEUX TEMPS, MOTEUR DE BOURKE

Le fusil à répétition (1860)

Henry accélère la cadence de la guerre grâce à un fusil à répétition à levier.

Lorsque le fusil à répétition apparut vers 1850, la façon de faire la guerre changea définitivement. Les fusils à un coup étaient prédominants depuis longtemps ; le fusil à répétition renfermait un magasin contenant plusieurs séries de munitions, de sorte qu'il n'était pas utile de le recharger. Les modèles à répétition existaient depuis le XVIIe siècle, mais nécessitaient des éléments de munitions séparées et non des cartouches en métal intégrales.

En 1860, l'armurier Benjamin Tyler Henry (1821-1898) né dans le New Hampshire breveta un fusil à répétition qui était doté d'un levier permettant de charger des cartouches métalliques à percussion annulaire de calibre 44 – souvent considérées comme les premières cartouches réellement indépendantes. Ce fusil produisait un tir continu beaucoup plus rapide que celui du mousquet. Le « Henry » avait des défauts, mais il eut beaucoup de succès auprès des soldats au cours de la guerre de Sécession, tout comme le fusil à répétition de Christopher Spencer, légèrement différent, qui apparut à la même époque.

Au moment où Henry conçut son arme, il travaillait pour Oliver F. Winchester, qui s'en inspira pour concevoir la première Winchester classique à répétition (1866). Cette carabine éclipsa le fusil de Henry. Elle intégrait un système de chargement sophistiqué, encore utilisé aujourd'hui. Les Henry, et plus particulièrement les Winchester, étaient les armes de l'Ouest américain sauvage. La Winchester demeura un classique et connut de nombreux modèles. Les Henry et les Winchester à répétition sont toujours fabriqués aujourd'hui. **AK**

VOIR ÉGALEMENT : MOUSQUET, FUSIL À CHARGEMENT PAR LA CULASSE, MITRAILLEUSE, MITRAILLEUSE PORTABLE

↗ *Cette reproduction du Henry 44-40 appartenait à l'acteur Tom Selleck, qui l'utilisa dans des westerns.*

La photographie en couleur (1861)

Maxwell invente le procédé trichromatique pour produire des images en couleur.

Le mathématicien et physicien britannique James Clerk Maxwell (1831-1879) était un personnage central de la science du XIXe siècle. Principalement connu pour ses équations de Maxwell, l'inventeur s'intéressait aussi aux anneaux de Saturne et aux perceptions humaines de la couleur. C'est pour cette raison qu'il réalisa la première photographie en couleur en 1861.

Maxwell dévoila sa photographie d'un ruban écossais à la Royal Institution de Londres. Son étude de la vision humaine, y compris de la cécité aux couleurs, le conduisit à conclure qu'il était possible d'obtenir des images colorées à partir d'un « procédé trichromatique ». Il s'était arrangé pour que son ruban écossais soit photographié par un photographe professionnel, Thomas Sutton, l'inventeur de l'appareil reflex à un objectif. Les images étaient en noir et blanc, mais Maxwell en fit réaliser respectivement trois à travers un filtre rouge, vert et bleu. Ayant transformé les images en diapositives, il les projeta ensuite à travers les mêmes filtres de façon à ce qu'elles soient soigneusement superposées sur l'écran. L'effet obtenu fut une reproduction identifiable du ruban en couleur.

Maxwell eut de la chance. Sa démonstration aurait pu ne pas fonctionner car son émulsion photographique n'était pas sensible à la lumière rouge, ce qu'il ne savait pas. Heureusement, le rouge du ruban refléta la lumière ultraviolette, qui fut captée par l'émulsion.

Le procédé trichromatique fut à l'origine de la photographie en couleur et les trois diapositives du ruban écossais sont aujourd'hui exposées dans un petit musée d'Édimbourg. **DHk**

VOIR ÉGALEMENT : PHOTOGRAPHIE, PROCÉDÉ CALOTYPE, PROCÉDÉ DAGUERRÉOTYPE, PHOTOGRAPHIE INFRAROUGE

L'image de Maxwell, composée de trois photographies, montre un ruban écossais à travers des filtres de différentes couleurs.

L'appareil photo reflex monoculaire (1861)

Sutton inaugure la photographie moderne grâce à un nouvel appareil.

L'ère moderne de la photographie débuta en 1861 avec l'invention du premier reflex monoculaire du monde, dont le brevet fut délivré à Thomas Sutton (1819-1875), un expert en photographie. Son prototype aboutit à la production des premiers reflex monoculaires en 1884.

Dans les appareils non monoculaires, la lumière pénètre par le viseur selon un angle légèrement différent de celui selon lequel elle pénètre dans l'objectif. La photographie obtenue peut donc sembler différente de la composition envisagée. Dans les appareils monoculaires, un miroir est placé à l'avant de l'objectif et oriente la lumière en direction du haut vers un pentaprisme. La lumière rebondit entre les faces de celui-ci, puis arrive dans le viseur selon la bonne orientation. Lorsqu'une photographie est prise, le miroir s'écarte afin que la lumière puisse atteindre la pellicule ou, dans les appareils numériques, le capteur d'images.

Le reflex monoculaire, qui est aujourd'hui le format d'appareil photo professionnel le plus répandu, fut l'aboutissement de décennies d'inventions photographiques, dont les premières furent le daguerréotype de Louis Daguerre et les systèmes à lentilles multiples de Josef Petzval. S'il n'existe aucune trace du premier modèle produit, on sait que l'appareil fut fabriqué à des fins commerciales vers 1885. Dans les années 1930, il connaissait déjà un grand succès auprès des photographes. Les reflex monoculaires numériques ont aujourd'hui remplacé les reflex monoculaires traditionnels, mais le principe reste le même. **SR**

VOIR ÉGALEMENT : PHOTOGRAPHIE, APPAREIL PHOTO 35 MM, APPAREIL PHOTO BROWNIE

⇑ *De moins en moins chers, les reflex monoculaires comme ce Minex d'Adam de 1911, se répandirent.*

Le foret hélicoïdal (1861)

Morse modernise la technique de perçage.

L'homme de l'âge de pierre découvrit qu'en faisant tourner une pierre pointue sur un morceau de bois il obtenait un trou circulaire – une découverte fort utile. La création d'un foret coudé accrut la vitesse de rotation et donc de perçage du trou. Au XIXe siècle, le coude fut remplacé par un mécanisme à pignons et le foret en pierre par du métal, mais le principe de l'outil resta le même.

Avant le début des années 1860, le foret standard consistait simplement en une pièce de métal aplatie et affûtée. Il était imprécis et s'émoussait rapidement lorsqu'il était utilisé sur des surfaces dures. L'Américain Stephen Morse pensa qu'il pouvait améliorer l'outil et, en 1861, il breveta ce que l'on appelle aujourd'hui le foret hélicoïdal. Il s'agissait d'une version ancienne du foret hélicoïdal actuel. Composé d'une extrémité aiguisée coupante et d'une rainure hélicoïdale s'élevant vers le haut le long de la tige du foret, il représentait un immense progrès. La rainure servait en réalité de guide, car elle entraînait le foret à travers le matériau percé et produisait un orifice rond, tout en laissant remonter les résidus du matériau à travers l'orifice jusqu'à la surface en ayant le même effet qu'une vis.

> *« J'ai peu de patience envers les scientifiques qui… percent… des trous là où il est facile d'en percer. »*
>
> Albert Einstein, physicien

Si les forets actuels sont composés de métal plus dur, ils se fondent sur le même principe que celui qui fut mis au point par la société Morse. **BMcM**

VOIR ÉGALEMENT : OUTILS EN PIERRE, LAME EN PIERRE TAILLÉE, FORET HÉLICOÏDAL, MÉTALLURGIE, SEMOIR, PERCEUSE ÉLECTRIQUE

Le procédé Solvay (1861)

Solvay synthétise le carbonate de sodium.

Le carbonate de sodium est une poudre alcaline familière employée dans les pressings depuis des générations sous la forme de soude ménagère. Cependant, il s'agit d'une substance universelle ayant une infinité d'autres usages.

Autrefois, le carbonate de sodium était issu de l'exploitation minière et des cendres de matières végétales. Au cours de l'ère industrielle, des efforts furent réalisés pour mettre au point un procédé synthétique de fabrication de cette substance, qui faisait l'objet d'une forte demande dans les domaines du textile et du verre. La première tentative fut réalisée en 1790 par le Français Nicolas Leblanc (1742-1806), qui trouva un moyen de transformer le sel en carbonate de sodium à l'aide d'acide sulfurique, de craie et de charbon. La méthode fonctionna et fut utilisée dans l'industrie durant 70 ans. La méthode Leblanc possédait deux inconvénients : ses réactants étaient coûteux et elle était polluante. En 1861, le chimiste belge Ernest Solvay (1838-1922) élabora un procédé plus efficace qui porte son nom et est toujours utilisé. Le procédé consiste à faire passer du dioxyde de carbone dans un mélange d'ammoniaque et d'eau salée pour obtenir du chlorure d'ammonium et du bicarbonate de soude. Ce dernier est filtré et chauffé pour obtenir du carbonate de sodium.

Ernest et son frère Alfred fondèrent leur société en 1863, et la production de carbonate de sodium débuta en 1865. Il fallut attendre la fin du siècle pour que le procédé Solvay soit perfectionné. Mais celui-ci, plus approprié à une production viable sur le plan commercial, finit par remplacer le procédé Leblanc et par dominer le secteur. Les trois quarts du carbonate de sodium sont aujourd'hui produits par la méthode Solvay, le reste provenant de l'extraction minière. **MB**

VOIR ÉGALEMENT : PROCÉDÉ DOW (POUR L'EXTRACTION DU BROME), PROCÉDÉ HABER (FABRICATION D'AMMONIAC)

La serrure à goupilles (1861)

Yale améliore la serrure à goupilles égyptienne.

La sécurité des biens est devenue, au XIXe siècle, un véritable marché. Les serruriers étaient bien déterminés à concevoir des serrures supérieures à celles de leurs concurrents. En 1847, Linus Yale Senior (1797-1858) ouvrit un atelier à Newport (New York), le Yale Lock Shop. Il s'intéressait aux serrures des coffres de banques et commença à étudier les serrures à goupilles utilisées par les Égyptiens plus de 4 000 ans auparavant. Celles-ci présentaient deux défauts : elles étaient en bois et massives, mesurant parfois jusqu'à 60 cm de long. Il tenta d'abord de les améliorer en incorporant une goupille dans le boîtier de la serrure, qui pouvait être ouverte à l'aide d'une clé ronde cannelée. Toutefois, et ce fut le fils de Yale, Linus Yale Junior (1821-1868), qui finit par donner tout son potentiel à cette serrure.

En 1861, Yale Junior conçut la serrure à goupilles cylindrique, qui était beaucoup moins volumineuse que celle de son père et pouvait être ouverte avec de plus petites clés. Lorsqu'une clé est insérée dans la serrure cylindrique, elle aligne les goupilles, ce qui permet de l'ouvrir. À l'origine, les clés des serrures cylindriques étaient plates, mais bientôt elles devinrent crantées, comme celles que nous utilisons aujourd'hui. Comme les clés étaient plus petites et plus légères, il était possible d'en transporter plusieurs à la fois. Les serrures à cylindre purent être produites en série, ce qui permit de les rendre abordables.

Non content de sa réussite, Yale Junior inventa aussi la serrure à combinaison, rendant inutile l'usage de la clé. Les serrures cylindriques et à combinaison sont très courantes aujourd'hui. **RB**

VOIR ÉGALEMENT : SERRURE MÉCANIQUE, SERRURE À COMBINAISON, CADENAS, SERRURE À POMPE, SERRURE À MINUTERIE

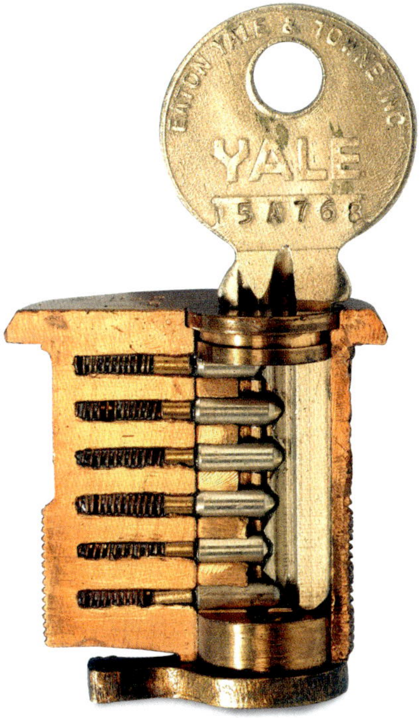

↗ *La serrure de Yale s'ouvre lorsque les goupilles sont soulevées par les crans de la clé.*

« Tout ce que nous sommes, nous le devons à l'ingéniosité de Linus Yale Senior et de Linus Yale Junior. »

Site Internet en anglais sur Yale

Le test oculaire de Snellen (1862)

Snellen normalise les tests d'acuité visuelle.

L'ophtalmologiste néerlandais Hermann Snellen (1834-1908) fut le premier à imaginer un test standard de mesure de l'acuité visuelle permettant d'effectuer des comparaisons entre les acuités visuelles de différentes personnes.

L'échelle de Snellen, conçue en 1862, comporte onze rangées de lettres capitales. La première rangée se compose de très grosses lettres ; les rangées suivantes sont décroissantes. Une personne soumise au test recouvre l'un de ses yeux et lit à voix haute les lettres de chaque rangée en commençant par le haut. La plus petite rangée qu'elle parvient à lire lisiblement indique son acuité visuelle. Elle lit ensuite les lettres avec l'autre œil, puis avec les deux yeux.

Le rapport entre la taille des lettres et la distance à laquelle elles sont observées est un facteur important dans la méthode classique de calcul de l'acuité visuelle. Snellen détermina qu'une lettre d'environ 8,75 mm de haut environ (taille 20) pouvait être lue à 20 pieds de distance (6 m) par la plupart des personnes ayant une bonne acuité visuelle. La fraction de Snellen de 20/20 devint donc le critère d'une acuité visuelle normale. Si la plus petite lettre qu'une personne peut identifier mesure 17,5 mm – ou deux fois la taille d'une lettre de taille 20 –, l'acuité visuelle de cette personne est de 20 sur 40 (et convertible en dixièmes). La plus grande lettre de l'échelle correspond à une acuité de 20/200, une mesure qui correspond à une « cécité légale ».

Des échelles ont aussi été conçues pour les enfants qui ne savent pas encore lire. Elles comportent des objets courants ou des cercles dont il manque des segments. L'échelle de Snellen reste l'échelle la plus utilisée par les ophtalmologistes. **JF**

VOIR ÉGALEMENT : LUNETTES, LUNETTES BIFOCALES, LENTILLES DE CONTACT, CHIRURGIE OCULAIRE AU LASER, PROTHÈSE OCULAIRE (ŒIL BIONIQUE)

La mitrailleuse (1862)

Gatling modifie le visage de la guerre.

L'invention de la mitrailleuse par Richard J. Gatling (1818-1903) modifia de manière irréversible le déroulement des batailles. L'inventeur se servit de la cartouche en laiton récemment inventée pour produire la première arme à tir rapide vers 1862. Celle-ci était composée de dix canons parallèles qui pouvaient tirer et recharger à grande vitesse leurs cartouches grâce à la rotation d'une manivelle manuelle. À chaque rotation, le mécanisme de tir et de chargement de chaque canon entrait en contact avec une série de cames. La première ouvrait la culasse du canon, permettant à la balle de tomber dans une chambre, tandis qu'une autre came fermait la culasse. Une troisième came actionnait le percuteur et une dernière came ouvrait la culasse et éjectait la douille. Le premier modèle de mitrailleuse fonctionnel fut déployé à petite échelle au cours de la guerre de Sécession par les troupes de l'Union.

L'inventeur américain Hiram Stevens Maxim exploita la puissance de détonation de la cartouche pour concevoir la première mitrailleuse automatique en 1884. La puissance de recul de la balle permettait d'en éjecter la cartouche vide et d'en recharger le canon. La Maxim, dotée d'une capacité de tir de 600 projectiles par minute, fut adoptée par les armées européennes.

Les mitrailleuses basées sur le modèle de Maxim dominèrent les combats au cours de la Première Guerre mondiale. L'arme causa de lourdes pertes, ce qui lui conféra une réputation redoutable. Elle continua de faire de nombreuses victimes durant la Seconde Guerre mondiale, mais fut supplantée par la mitraillette, plus légère et plus mobile. **SG**

VOIR ÉGALEMENT : ARQUEBUSE, CANON, FUSIL, MOUSQUET, MITRAILLEUSE PORTABLE

Gatling soumit ce dessin détaillé de sa mitrailleuse au bureau américain des brevets en 1865.

Rec'd & filed March 8th 1865

No 47.631.

R. J. Gatling

Battery Gun.

1½ Inch to 1 Ft. Patented May. 9. 1865.

47 631

Fig. 1.

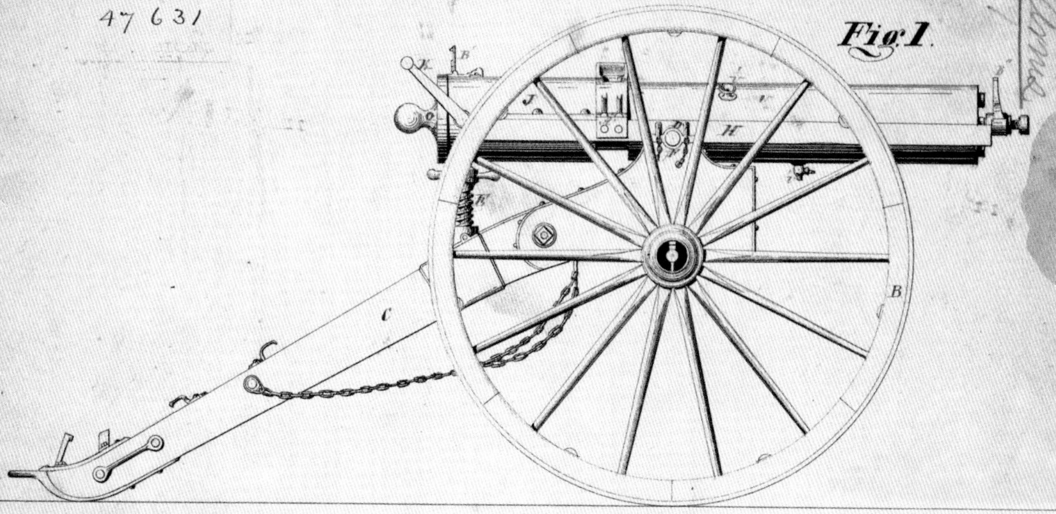

Fig. 2.

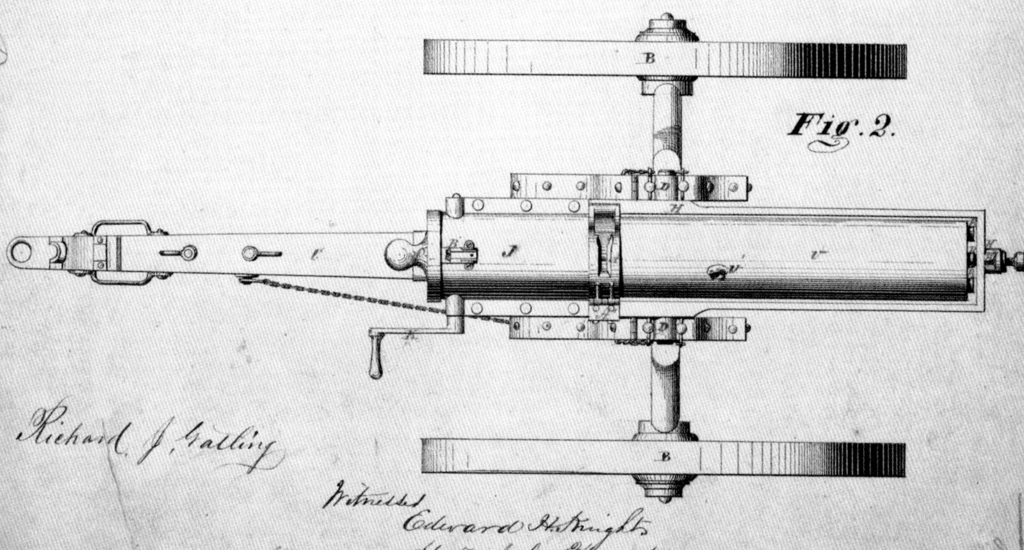

Richard J. Gatling

Witnesses
Edward H. Knight
Alex. A. C. Klauck

La pasteurisation (1862)

Pasteur et Bernard détruisent les bactéries du lait.

Au début des années 1860, le chimiste français Louis Pasteur (1822-1895) observa que des champignons unicellulaires, des levures, provoquaient la fermentation alcoolique de solutions sucrées et, en cas de contamination, entraînaient leur dégradation. Il parvint à distinguer et à isoler ces micro-organismes et, en 1862, collaborant avec le physiologiste français Claude Bernard (1813-1878), il montra que la plupart des bactéries présentes dans le lait étaient détruites si le lait était chauffé à 63 °C pendant 30 minutes. Le lait était ensuite rapidement refroidi pour éliminer la contamination bactérienne.

Pasteur appliqua le même principe à la bière, dont la fermentation constituait un problème complexe dans l'économie française. Ce procédé de chauffage prolongé fut appelé « pasteurisation ».

La compréhension révolutionnaire des germes acquise par Pasteur rendit caduque l'ancienne notion de « génération spontanée ». Les vers n'apparaissaient pas spontanément dans la viande, ils étaient la conséquence de la présence des micro-organismes et d'infections bactériennes. Il prouva que les germes pouvaient provoquer une fermentation et une détérioration des liquides.

Les découvertes de Pasteur conduisirent à des recherches ultérieures qui aboutirent à l'élaboration de traitements contre des maladies comme le mildiou et diverses maladies touchant les vers à soie, ainsi que contre l'anthrax et la rage. **BS**

VOIR ÉGALEMENT : LAIT EN POUDRE, SÉPARATEUR LAIT/CRÈME, TRAYEUSE

Pasteur pose près de son appareil de stérilisation à l'Institut Pasteur de Paris.

Le harpon moderne (1864)

Foyn modernise la pêche à la baleine.

Le Norvégien Svend Foyn (1809-1894) est considéré comme le père de la pêche à la baleine moderne grâce à son invention du harpon actuel. Son génie fut d'utiliser des bateaux à vapeur rapides dont les ponts étaient équipés de canons qui pouvaient employer à la fois des harpons fixés au bout de cordes résistantes et des harpons explosifs pour tuer une baleine aussi rapidement que possible. .

En 1868, Foyn avait perfectionné sa technique. Les méthodes de pêche à la baleine « modernes » commencèrent à s'avérer rentables. Ce succès fit de la Norvège la principale puissance dans le secteur de la chasse à la baleine, autrefois dominé par les navires britanniques, américains, français et allemands. Au XIXe siècle, l'huile de baleine faisait l'objet d'une forte demande pour produire éclairage et savon ; la chair du cétacé, consommée dans certaines cultures depuis des temps anciens, commença à être appréciée au XIXe siècle.

Les améliorations apportées par Foyn s'avérèrent fructueuses, car elles mirent une nouvelle famille de cétacés – les Balaenopterinaes ou rorquals – à la portée des baleiniers. Les rorquals étaient difficiles à chasser, car ils sont généralement rapides, grands et puissants, passent peu de temps à la surface et s'enfoncent lorsqu'ils sont harponnés. Une autre innovation de Foyn consista à gonfler d'air la carcasse de la baleine, pour qu'elle flotte et soit plus facile à récupérer.

Le succès et l'efficacité de la pêche à la baleine moderne conduisirent parallèlement à son déclin. Les populations de grands mammifères peuvent être très fragiles et les baleines se raréfièrent, ce qui conduisit à un moratoire mondial sur la pêche à la baleine en 1982. Si le Japon, la Norvège et d'autres pays continuent à la pratiquer à petite échelle, il existe de fortes pressions internationales pour qu'ils cessent. **JB**

VOIR ÉGALEMENT : LANCE, HAMEÇON

La torpille (1864)

Giovanni Luppi crée un missile sous-marin autopropulsé.

« Fichues torpilles… Capitaine Crayton, en avant ! Joucett, à pleine vitesse ! »

Amiral David Farragut, bataille de Mobile Bay, 1864

↑ *Des torpilles sont examinées sur le pont d'un bateau visé par un essai du HMS* Snapper *en 1940.*

→ Le Beluchistan, *vapeur britannique de 7 000 tonnes, fut torpillé par le sous-marin allemand U-68 en 1942.*

La première torpille moderne fut inventée en Autriche. Son inventeur était un officier de l'armée à la retraite. En 1864, cet homme, Giovanni Luppi (1813-1875), fit part de son idée consistant à lancer de petits bateaux sans équipage transportant des explosifs contre les bateaux ennemis à Robert Whitehead (1823-1905), un ingénieur britannique fabriquant des moteurs à vapeur pour la marine autrichienne. Des dispositifs similaires étaient employés au cours de la guerre de Sécession à l'époque. Ces engins se composaient d'explosifs placés sur des dispositifs de lancement à vapeur actionnés manuellement et suspendus à un long mât. Pour les déclencher, l'équipage frappait le bateau visé avec l'extrémité de l'espar puis reculait, tirant ensuite sur un déclencheur mécanique en déconnectant le câble reliant le bateau à l'arme.

La torpille de Luppi, en revanche, était autopropulsée et dirigée depuis la terre à l'aide de cordes, ce qui réduisait considérablement le risque qu'elle représentait pour ses utilisateurs. Whitehead se montra d'abord sceptique quant à la faisabilité du projet, craignant qu'un dispositif contrôlé à distance en surface et actionné par un moteur d'horloge ne soit trop lent et grossier pour être efficace. Mais il continua de travailler sur ce projet et, deux ans plus tard, créa une torpille automobile améliorée propulsée par de l'air comprimé et lancée depuis un tube sous-marin déterminant sa trajectoire.

Luppi et Whitehead eurent une grande influence sur la survenue des deux guerres mondiales, transformant les sous-marins en objets terrifiants. Leur projectile explosif est capable de heurter sa cible avec une force stupéfiante et est à l'origine de plus de 25 millions de tonnes d'épaves rouillant sur le fond marin. **DaH**

VOIR ÉGALEMENT : POUDRE, FUSÉE, CANON, MINE TERRESTRE, BOMBE À VISÉE LASER

Le fil barbelé (1865)

La clôture en fil de fer de Jannin divise l'Ouest.

Le fil barbelé ne ressemble pas aux autres inventions, car il semble avoir été créé plusieurs fois à peu près à la même époque. Le Français Léonce Eugène Grassin Baledans le conçut pour la première fois en 1860, à partir de brins torsadés de tôle. Un autre Français, Louis Jannin, inventa une autre sorte de fil barbelé en 1865. En 1867, plusieurs Américains l'imitèrent en employant un seul fil, mais en lui donnant une structure assez inefficace. La dernière contribution à ce déploiement d'inventivité vint de l'Américain Joseph Glidden (1813-1906), dont la machine brevetée en 1874 permit de fabriquer en grande quantité un fer barbelé pratique et bon marché, qui fut adopté partout.

« C'était une chose effrayante, ce fil barbelé… ils ressemblaient… à de minuscules poignards… »

Cameron Judd, *Devil Wire*

Ces inventions simultanées s'expliquent en partie par la nécessité de disposer d'une clôture bon marché lorsque le Homestead Act de 1862 permit à tout résident vivant à l'extérieur des treize premières colonies américaines de revendiquer 160 acres de terre (67,4 ha).

Le fil barbelé entraîna d'importants changements dans le monde entier. En Amérique, des barrières qui n'existaient pas auparavant furent érigées, donnant naissance dans le Far West à des communautés agricoles et des élevages de bétail plus fixes. Ailleurs, le fil barbelé fut utilisé dans le cadre des guerres pour la première fois au cours de la guerre des Boers et de la Première Guerre mondiale. Il est aujourd'hui devenu un symbole d'oppression et de conflit. **JB**

VOIR ÉGALEMENT : MÉTALLURGIE, FER FORGÉ, ACIER

Les montagnes russes (1865)

Une attraction qui crée des sensations fortes.

Les premières montagnes russes apparurent en Russie au XVe siècle sous la forme d'immenses pentes glacées. La première attraction proprement dite fut inaugurée à Paris en 1817, mais il fallut 60 ans supplémentaires et l'invention du rail incliné pour qu'elle commence à avoir du succès.

Considéré comme le père des montagnes russes aux États-Unis, la Marcus Adna Thompson déposa son premier brevet relatif à l'attraction en 1865 et fit construire la première en 1884 à Coney Island, à New York. Son « Switchback railway » se composait de deux rails parallèles ondulant au-dessus d'une structure en bois de près de 183 m de long. Un petit train équipé de sièges tournés sur le côté pour offrir une meilleure vue démarrait au sommet d'une côte de 15 m à une extrémité de la plage et la dévalait à environ 9,6 km/h puis perdait de la vitesse à l'autre extrémité.

Au cours des années suivantes, les montagnes russes connurent un développement rapide. Charles Alcoke créa une piste ovale continue et Philip Hinkle y ajouta un treuil pour tirer les voitures au sommet d'une pente raide, en orientant les sièges vers l'avant. Thompson, en revanche, s'efforça d'élaborer des parcours scéniques composés d'impressionnants décors bibliques et de l'Égypte antique. Les années 1920 représentèrent l'âge d'or des montagnes russes. Environ 2 000 de ces attractions furent construites à l'époque, mais la dépression et la guerre entraînèrent leur déclin jusqu'à l'ouverture du Racer de King's Island à Cincinnati dans l'Ohio en 1972. Leur succès dure toujours et celles des parcs à thème du monde entier rivalisent en termes de vitesse, de complexité et de sensations fortes. **BO**

VOIR ÉGALEMENT : GRANDE ROUE

Des visiteurs s'amusent des cris poussés par les passagers des montagnes russes de Luna Park à Coney Island (New York) en 1910.

WARNING

La machine à glace (1865)

Lowe révolutionne le stockage des aliments.

Thaddeus Lowe (1831-1913) n'inventa pas uniquement l'humble machine à faire de la glace ; il fit également progresser l'aéronautique, l'ingénierie et la chimie. Au cours de son travail sur les propriétés refroidissantes des gaz comprimés, il s'intéressa spécifiquement au dioxyde de carbone et, trouvant une application à ses recherches, conçut la machine à glace à compression en 1865.

Après la guerre de Sécession, Lowe mena des recherches approfondies sur les propriétés des gaz. La réfrigération est essentiellement un processus consistant à évacuer la chaleur d'un espace fermé. La plupart des systèmes de réfrigération fonctionnent en utilisant un produit chimique, souvent un gaz, pour éliminer la chaleur. Tandis que le gaz se dilate, la chaleur est transformée en énergie cinétique et l'air est refroidi.

« C'est avec grand plaisir et satisfaction que nous accueillons la preuve du génie de Lowe. »

Professeur Joseph Henry, Smithsonian Institution

En 1869, Lowe acquit avec d'autres investisseurs un ancien navire à vapeur équipé d'unités de réfrigération afin de transporter des fruits frais et de la viande entre le Texas et New York. L'affaire périclita, notamment parce que le groupe manquait de connaissances en matière de navigation, et en raison de la méfiance du public. En dépit de ce revers, la réfrigération devint très populaire et révolutionna la manière de conserver les aliments. **KB**

VOIR ÉGALEMENT : RÉFRIGÉRATEUR, CONGÉLATION RAPIDE, FRÉON

La fabrication de glace était une activité commerciale majeure avant l'arrivée des réfrigérateurs électriques.

La pile sèche (1866)

Leclanché munit la pile d'un couvercle.

À la fin du XVIIIe siècle, le physicien italien Alessandro Volta inventa la pile. En plaçant une paire d'électrodes – l'une en zinc, l'autre en cuivre – dans une solution conductrice d'électricité (l'acide sulfurique), il mit au point le principe qui reste celui des piles actuelles.

Plus d'un demi-siècle plus tard, de nombreux autres modèles de piles avaient été conçus, mais le modèle initial de Volta présentait toujours des problèmes. La solution conductrice d'électricité, généralement un acide, présentait un gros risque en cas de contact, et pouvait se renverser si la pile basculait. Les électrodes n'étaient pas très stables et pouvaient tomber si la pile subissait trop de secousses. En outre, la pile était trop lourde pour être utilisée dans la maison.

Ce n'est que vers 1866 que l'ingénieur français Georges Leclanché (1839-1882) résolut ces difficultés. Il remplit un récipient poreux de chlorure d'ammonium – substance alcaline et non acide – ce qui rendit les piles moins toxiques. Remplaçant les électrodes en plomb utilisées dans d'anciens modèles par une électrode en zinc et une électrode en dioxyde de manganèse et carbone, il créa une pile beaucoup plus légère. Enfin, scellant la pile avec un mélange dur à base de cire, il la rendit beaucoup plus résistante aux chocs, aux secousses et au renversement.

La pile de Leclanché fut de nouveau modifiée en 1887 par le scientifique allemand Carl Gassner, qui mélangea le conducteur liquide de chlorure d'ammonium avec du plâtre de Paris pour former une pâte, créant ainsi la première pile sèche du monde. Les piles de Leclanché étaient extrêmement populaires. Elles étaient utilisées dans les sonnettes, les voitures, et Alexander Graham Bell les employa au cours de démonstrations longue distance du téléphone. **DK**

VOIR ÉGALEMENT : PILE, PILE DE VOITURE ÉLECTRIQUE, ACCUMULATEUR RECHARGEABLE

DANGER
STANDARD DYNAMITE
STRENGTH
DANGER
STANDARD DYNAMITE
STRENGTH

La dynamite (1866)

Nobel crée le premier explosif brisant.

Jusqu'en 1850 environ, la poudre était l'explosif le plus puissant. En 1846, le chimiste italien Ascanio Sobrero découvrit qu'en ajoutant du nitrate à de la glycérine il pouvait obtenir un liquide dangereusement explosif. Celui-ci était en outre terriblement instable. Alfred Nobel (1833-1896) entreprit de transformer la nitroglycérine en un produit commercialisable. En dépit d'une explosion qui tua son frère et ses ouvriers en 1864 dans l'usine familiale, il poursuivit ses expériences. Il parvint dans un premier temps à créer un explosif en combinant de la nitroglycérine à un détonateur au mercure fulminant. Il produisit cet explosif à grande échelle, mais en raison de la fréquence des accidents qu'il provoqua, celui-ci fut interdit dans de nombreux pays. En 1866, Nobel créa un mélange explosif à base de nitroglycérine et de terre diatomique, une roche sédimentaire ressemblant à de la craie. Il l'appela « dynamite », d'un mot grec signifiant puissance. Emballée dans des tubes en papier, la dynamite fut bientôt vendue en grande quantité et révolutionna nombre d'activités.

Brevetée en 1867, la dynamite fut le premier d'une série d'explosifs brisants similaires, mais encore plus puissants et plus fiables, qui se multiplièrent. L'humanité disposa ainsi d'un pouvoir destructeur accru – un pouvoir qui fut utilisé durant la guerre. On raconte que Nobel fut choqué par la lecture de sa rubrique nécrologique prématurée en 1888, qui le présentait comme un « marchand de mort ». C'est peut-être pour cette raison qu'il légua sa fortune à la fondation annuelle du prix Nobel, qui récompense ceux qui ont apporté le plus grand bénéfice à l'humanité. **RG**

VOIR ÉGALEMENT : POUDRE, FUSÉE, CANON, MINE TERRESTRE

⇐ *Le nombre de bâtons de dynamite utilisés détermine la force de l'explosion.*

La table à repasser pliante (1866)

Mort améliore l'équipement domestique.

Les appareils destinés à ôter les plis des tissus sont à peu près aussi anciens que le tissu lui-même. Les Vikings utilisaient des planches à lisser composées de fanons de baleine ; les Chinois remplissaient des pots en métal de braises chaudes pour repasser les étoffes et, au XVIIe siècle en Angleterre, la presse à vis était très populaire. Au XIXe siècle, la plupart des fers à repasser en métal avaient adopté leur forme familière, mais les planches à repasser n'avaient pas évolué à la même cadence, le repassage était souvent exécuté sur des tables ou des planches reposant entre deux chaises.

Les manches, les jambes de pantalons, les jabots, les fronces, les poches, les boutons, les coutures arrondies et tous les autres détails ajoutés aux vêtements compliquaient la tâche du repassage après la lessive. Pour la faciliter, les inventeurs détournèrent leur attention du fer à repasser pour s'intéresser aux planches proprement dites. Le premier brevet américain de planche à repasser fut délivré en 1858 à W. Vandenburg et J. Harvey. Jusqu'à la fin du siècle, des centaines d'autres furent délivrés.

> *« Dans la plupart des maisons de l'Iowa, le troisième jour de la semaine est réservé au repassage. »*
>
> *La ménagère de l'Iowa*, 1880

Une inventrice, Sarah Mort de Dayton dans l'Ohio, imagina une table à repasser que l'on pouvait escamoter, car elle était pliable. Si la nouvelle planche était pratique et facile à dissimuler, le repassage demeura néanmoins une corvée ! **RBk**

VOIR ÉGALEMENT : FER ÉLECTRIQUE

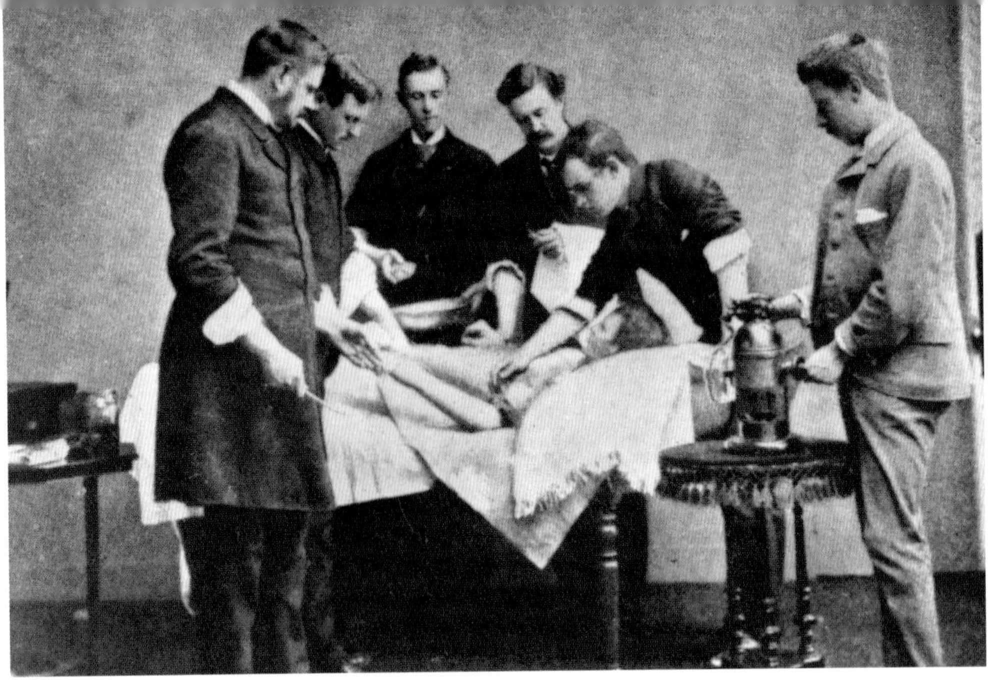

La chirurgie antiseptique (1867)

Lister diminue le nombre d'infections grâce à l'acide carbolique.

Au début des années 1860, Louis Pasteur (1822-1895) démontra ce qu'un petit nombre de scientifiques avait commencé à soupçonner : la nécrose des tissus organiques (gangrène) était due à une bactérie plutôt qu'à des substances chimiques présentes dans l'air (miasmes) comme on le pensait jusqu'alors.

Après avoir lu un article de Pasteur, le chirurgien britannique Joseph Lister (1827-1912) se mit à mener ses propres expériences. Lister tenta de trouver un moyen de se débarrasser des micro-organismes à l'origine de la gangrène en appliquant une solution chimique sur les blessures. L'acide carbolique, ou phénol, était utilisé pour désodoriser les eaux usées. Lister l'utilisa pour l'appliquer sur les instruments chirurgicaux et les blessures ouvertes. Il découvrit que cela réduisait considérablement l'incidence de la gangrène chez les patients qu'il opérait. En 1867, il fit part de ses découvertes dans une série d'articles qui parurent dans la revue médicale *The Lancet*. Il suggérait que les chirurgiens lavent leurs mains dans une solution d'acide carbolique avant de procéder à des opérations, qu'ils portent des gants, que les salles d'opérations soient aspergées d'une solution d'acide carbolique et que les manches des instruments chirurgicaux ne soient pas composés de matériaux poreux comme le bois et l'os, susceptibles d'abriter des bactéries à l'origine d'infections.

La découverte de Lister marqua la fin d'une époque où un tablier maculé de sang était la marque du savoir-faire médical. Ses idées novatrices modifièrent pour toujours les méthodes chirurgicales. **JL**

VOIR ÉGALEMENT : ANESTHÉSIE, VACCINATION, OXYDE D'AZOTE, ÉTHER

↑ *Au cours d'une opération chirurgicale, un infirmier (à droite) utilise le vaporisateur antiseptique de Lister pour réduire le risque d'infection.*

Le béton armé (1867)

Monier conçoit un nouveau matériau de construction.

Le béton ordinaire n'est pas un matériau aussi extraordinaire que l'on pourrait le penser. Il est utile pour réaliser des revêtements de sol résistants ou des poteaux de clôture qui tiennent solidement en place, mais n'est pas assez solide pour construire un parking de plusieurs étages ou un pont enjambant une autoroute.

Dans les années 1860, le jardinier français Joseph Monier (1823-1906) présenta les bacs renforcés qu'il avait construits en béton armé – un mélange de béton et d'un grillage fin préalablement inventé par le Français Joseph-Louis Lambot. Ces bacs furent exposés pour la première fois à l'Exposition universelle de Paris en 1867 et Monier déposa une demande de brevet la même année. Il n'était pas le premier à avoir l'idée de renforcer le béton grâce à du métal, mais son brevet décrivait les principes de réalisation du béton armé à des fins structurelles.

Monier continua de déposer et d'obtenir des brevets tout au long de sa carrière, qui concernaient tous le même domaine. Parmi ceux-ci figuraient notamment un brevet de 1868 relatif aux conduites en ciment armé de fer ; un brevet de 1869 relatif à des panneaux de ciment armés de fer pour la construction des façades ; et un brevet de 1873 portant sur la construction de ponts et de passerelles en ciment armé de fer.

Le béton armé – encore répandu aujourd'hui, avec une quantité d'un mètre cube utilisé par habitant de la planète en 2006 – a connu diverses améliorations depuis son invention et est aujourd'hui utilisé dans toutes sortes de constructions, réverbères, piscines, barrages ou viaducs par exemple. **CL**

VOIR ÉGALEMENT : PLÂTRE, BRIQUE CUITE, TORCHIS SUR CLAYONNAGE, CIMENT DE PORTLAND

↑ *En 1913 à Paris, des ouvriers préparent une armature métallique pour une construction en béton armé.*

Le trombone (1867)

L'attache métallique de Fay permet de mettre de l'ordre au bureau.

L'utilisation de fil métallique était encore récente lorsque au cœur du XIXe siècle l'Américain Samuel Fay breveta en 1867 une attache métallique destinée à fixer des étiquettes sur les vêtements. Lorsque Fay mentionna en aparté dans sa demande de brevet que son attache était également utile pour maintenir plusieurs feuilles de papier ensemble, celle-ci, adoptant une simple forme triangulaire, devint le premier trombone du monde. Avant cela, les étiquettes étaient attachées aux vêtements à l'aide d'une épingle droite. Le trombone, un fil métallique courbé de façon à former une croix, permit de les attacher plus rapidement et en abîmant moins les vêtements.

Pourtant, le destin du trombone n'était pas dans l'étiquetage des vêtements. Au cours des 30 années suivantes, plus de 50 modèles de trombones furent brevetés dans l'espoir de trouver la meilleure méthode pour attacher des feuilles de papier. Le modèle original de Fay se révéla peu commode, car ses deux extrémités endommageaient et griffaient les documents. Un grand nombre de modèles firent leur apparition, comme l'attache pour journaux conçue par Erlman Wright en 1877. Dans les années 1890, les trombones étaient fréquemment employés dans les bureaux. En dehors de la rareté du fil métallique, l'autre raison de l'apparition relativement tardive du trombone réside dans le fait qu'il n'existait pas avant cette époque de machine capable de donner au fil la forme voulue.

Les premiers trombones à avoir adopté une forme proche de celles des trombones actuels furent décrits dans un brevet délivré à William Middlebrook du Connecticut en 1899, qui réalisa et breveta une machine permettant leur fabrication en série. **BS**

« Le trombone a complètement supplanté l'épingle pour relier des documents. »

Business, mars 1900

VOIR ÉGALEMENT : PAPIER, AGRAFEUSE

Les trombones ne devinrent des fournitures courantes que vers 1890, peu avant leur production en série.

Le sac en papier à fond plat (1868)

Knight crée un sac pour transporter des objets volumineux.

Margaret Knight fut l'une des premières femmes américaines à obtenir un brevet. Elle fut une inventrice prolifique dès l'âge de 12 ans, époque à laquelle un accident survenu dans une usine de textile l'incita à concevoir un accessoire destiné à protéger les ouvriers travaillant sur les métiers à tisser. Le sac en papier à fond plat reste toutefois son invention la plus connue, car il est toujours utilisé.

Margaret Knight travaillait dans une fabrique de sacs en papier. L'usine produisait des sacs plats à la manière d'enveloppes, qui ne pouvaient contenir d'objets volumineux. Or les sacs carrés et à fond plat ne pouvaient être fabriqués qu'à la main. Même si elle avait peu d'instruction, la jeune femme, après avoir étudié les machines de l'usine, construisit chez elle un prototype de machine en bois qui fonctionnait. Comprenant qu'il lui faudrait une machine en métal pour un usage à plus grande échelle et pour déposer un brevet, elle envoya sa maquette à un atelier de mécanique. Charles Annan, un employé de l'atelier, vola son concept et obtint le brevet. Ensuite, la décision fut annulée au tribunal, et Margaret Knight récupéra son brevet en 1873.

Au début, son invention fut rejetée par ses collègues masculins parce qu'elle était une femme, puis celle-ci fut rapidement bien accueillie dans le monde entier. En 1871, elle fut décorée par la reine Victoria de la Légion d'honneur royale. Cofondatrice de l'Eastern Paper Bag Company en 1870, ses sacs devinrent presque universels. Elle poursuivit son activité d'inventrice et obtint 27 brevets au total, notamment pour une broche pour barbecue, pour un cadre de fenêtre et pour un appareil de calcul. **JG**

VOIR ÉGALEMENT : PAPIER, PAPIER CARBONE, BOÎTE EN CARTON, TETRA PAK

↗ *Knight produisit une machine capable de couper, plier et coller le sac en une seule opération.*

« J'étais connue pour mes cerfs-volants ; et mes luges faisaient l'envie… de tous les garçons. »

Margaret Knight

Le mètre à ruban à enroulement (1868)

Fellows invente un mètre rétractable et souple.

Les outils de mesure sont de la plus extrême importance dans le domaine de la construction moderne.

Si les normes en matière de poids et de mesures sont antérieures aux Babyloniens – l'une des civilisations les plus anciennes –, l'outil de mesure le plus populaire du monde est très récent. La règle graduée fut inventée en 1675, avant que l'Allemand Anton Ullrich (1826-1895) ne l'améliore en 1851, en inventant le double mètre pliant. Mais un mètre encore plus souple et compact allait bientôt le relayer.

Le mètre à ruban à enroulement fut breveté en 1868 par l'Américain Alvin J. Fellows. S'il était alors en tissu, et non en métal, le mètre rétractable de Fellows était presque identique à celui qui équipe nos boîtes à outils aujourd'hui.

Remplaçant le tissu par de l'acier, l'ingénieur Hiram Farrand du New Jersey modernisa le mètre à ruban en 1919, lorsqu'il déposa son premier brevet le concernant. Il obtint son brevet en 1922. Le mètre à ruban de Farrand fut rendu célèbre par le géant de l'outillage, Stanley®, qui acheta la société de Farrand en 1931 et lança son invention sur le marché en 1932.

Aujourd'hui, les mètres à ruban sont très perfectionnés. Il existe désormais des mètres à ruban laser dotés d'un affichage à cristaux liquides et d'une mémoire qui permettent une mesure informatisée. Ces gadgets cependant ne sont pas aussi populaires que les modèles plus simples et moins coûteux, rétractables, qui sont compacts et assez souples pour permettre de mesurer des éléments courbes ou anguleux. **RBk**

VOIR ÉGALEMENT : MESURES NORMALISÉES, THÉODOLITE, RÈGLE À CALCUL, VERNIER, SYSTÈME MÉTRIQUE, UNITÉS SI

↑ *Facile à emporter, le mètre à ruban rétractable se révéla très utile dans de nombreuses professions.*

L'agrafeuse (1868)

Gould conçoit un prototype pour relier le papier.

La toute première agrafeuse a sans doute appartenu au roi de France Louis XV. Les agrafeuses de l'époque, élaborées et fabriquées à la main, portaient l'insigne royal et étaient utilisées pour attacher les documents de la cour.

En 1868, Charles Gould obtint un brevet britannique pour une attache en métal permettant de relier les magazines. Du fil de fer était coupé à la longueur souhaitée, ses extrémités étaient enfilées dans le papier puis repliées. Cette attache donna naissance à l'agrafeuse actuelle. Aux États-Unis, en 1868, Albert Kletzker breveta une sorte d'attache pour le papier qui consistait en une grande agrafe unique mais qu'il fallait replier à la main. La première machine qui permettait à la fois d'insérer une agrafe et de la replier fut brevetée par Henry R. Heil en 1877.

La première agrafeuse à rencontrer du succès sur le plan commercial fut fabriquée par George W. McGill à partir de 1879. Il fallait y charger les agrafes une à une, mais elle comportait une enclume qui recourbait les extrémités de l'agrafe sur elles-mêmes au cours de son insertion. Des améliorations furent ensuite apportées aux premières agrafeuses afin qu'il soit possible d'y charger plusieurs agrafes, soit sous la forme de bandes, soit une par une. Enfin, dans les années 1930, les fabricants produisirent des bandes d'agrafes collées ensemble, ainsi que des agrafeuses qui s'ouvraient afin de pouvoir être rechargées facilement.

Les agrafeuses sont présentes dans les entreprises du monde entier, et une source constante d'irritation pour les employés qui découvrent qu'elles ont disparu de leur bureau. Les agrafes sont en outre aujourd'hui utilisées en chirurgie pour remplacer les sutures. **HP**

VOIR ÉGALEMENT : PAPIER, TROMBONE

↑ *La Brinco possède un réservoir d'agrafes et est actionnée en poussant le bouton noir vers le bas.*

La margarine (1868)

Mège-Mouriès conçoit un substitut du beurre.

En 1867, l'empereur des Français Napoléon III offrit de récompenser l'inventeur qui créerait un substitut du beurre qui se conserverait bien, à l'usage de l'armée, et qui serait en outre meilleur marché.

Le chimiste français Hippolyte Mège-Mouriès reçut la récompense grâce à son produit, l'oléomargarine, qu'il avait fabriqué à partir d'acide margarique, un mélange d'acide palmitique et d'acide stéarique. Il créa la première fabrique de margarine en France puis étendit son activité aux États-Unis.

Peu avant sa mort, Mège-Mouriès avait vendu son activité à l'homme d'affaires néerlandais Anton Jurgens, qui créa une société productrice de margarine qui fusionna avec la société Lever Brothers pour former Unilever en 1929. En Europe, la demande de margarine augmenta au cours de la Seconde Guerre mondiale, en raison du rationnement du beurre.

> *« Ma mère achetait une margarine de couleur blanc pâle, avec un point orange au centre. »*
>
> Site Internet sur l'alimentation

Le marché américain de la margarine prit également de l'essor et, en 1877, l'industrie laitière des États-Unis s'engagea dans une lutte implacable pour protéger sa position sur le marché. Vers 1885, le gouvernement américain avait mis en place une licence pour la fabrication et la vente de margarine. L'interdiction de l'ajout de colorants à la margarine naturellement blanche s'avéra être le moyen le plus efficace pour en ralentir les ventes. Cette interdiction fut maintenue durant plus d'une centaine d'années à certains endroits. **EH**

VOIR ÉGALEMENT : PASTEURISATION, CÉRÉALES

Le frein pneumatique (1869)

Westinghouse révolutionne la sécurité ferroviaire.

Les transports ferroviaires sont aujourd'hui l'un des moyens de déplacement les plus sûrs. Ce niveau élevé de sécurité est dû à l'inventeur et industriel visionnaire George Westinghouse (1846-1914). Avant qu'il n'invente son frein pneumatique révolutionnaire, le ralentissement et l'arrêt d'un train était une opération comportant de nombreux risques. Chaque voiture du train se voyait affecter son propre opérateur qui actionnait manuellement les freins agissant sur l'ensemble de roues de la voiture. Les accidents causés par un défaut de coordination dans le freinage étaient fréquents.

Il travailla plusieurs années sur une solution de rechange au freinage manuel. Il plaça un compresseur d'air dans la cabine du conducteur, auquel il relia de longues conduites d'air. Ces conduites couraient sur toute la longueur du train et étaient reliées aux freins de chaque wagon. Cela signifiait que le conducteur pouvait actionner tous les freins à lui seul en laissant simplement l'air comprimé pénétrer dans les conduites qui, à leur tour, agissaient sur les sabots de freins. Westinghouse obtint un brevet pour ses freins en 1869 alors qu'il n'avait que 22 ans, puis fonda la Westinghouse Air Brake Company – la première des 60 futures compagnies Westinghouse.

Les freins pneumatiques devinrent rapidement la norme dans l'industrie et la sécurité nettement améliorée des trains fit qu'ils circulent plus rapidement. En 1905, les freins pneumatiques de Westinghouse équipaient plus de deux millions de wagons et environ 89 000 locomotives dans le monde. **DHk**

VOIR ÉGALEMENT : FREIN À COURROIE, FREIN À DISQUE, FREIN À TAMBOUR, FREIN HYDRAULIQUE, FREIN À RÉCUPÉRATION

Si le système de freinage Westinghouse est défaillant, des réservoirs d'air comprimé actionnent automatiquement les freins.

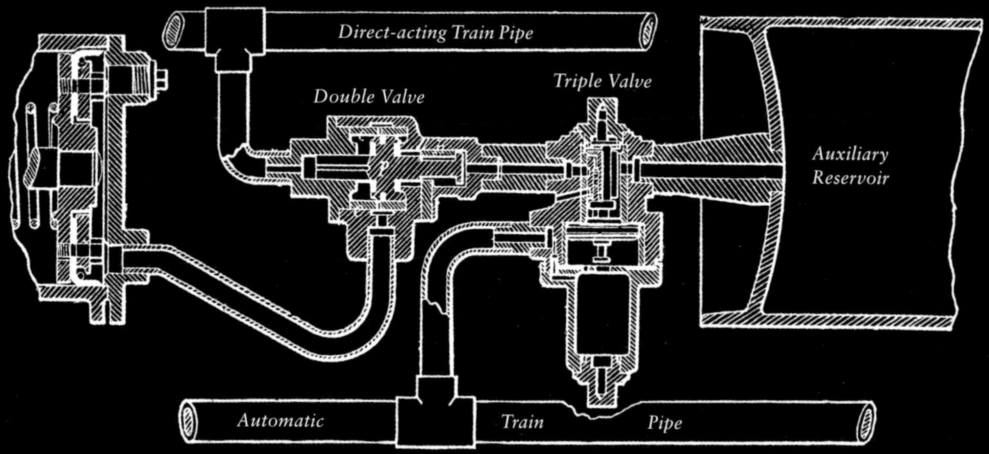
Direct-acting Train Pipe
Double Valve
Triple Valve
Auxiliary
Reservoir
Automatic
Train
Pipe

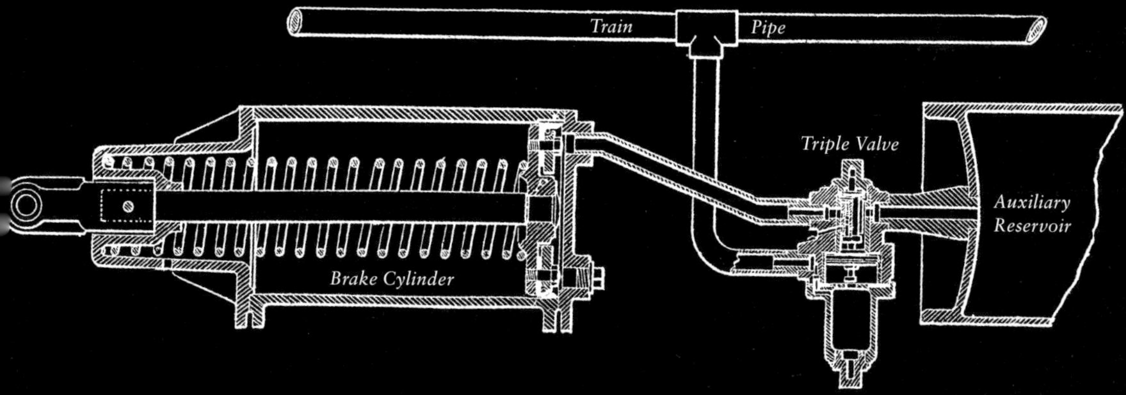
Train
Pipe
Triple Valve
Auxiliary
Reservoir
Brake Cylinder

Le générateur électrique (1869)

Gramme concrétise le rêve d'une électricité abondante et bon marché.

Les dynamos fabriquées par Michael Faraday et Joseph Henry dans les années 1830 n'étaient guère plus que des curiosités de laboratoire. C'est un industriel et un ingénieur en électricité belge, Zénobe Théophile Gramme (1826-1901) qui conçut, en 1869, le premier générateur haute tension à courant continu et égal.

En 1871, Gramme et l'ingénieur français Hippolyte Fontaine s'associèrent pour le fabriquer. En 1873, tous deux découvrirent que leur dynamo était réversible et pouvait donc être convertie en moteur électrique. Leur participation à l'Exposition universelle de Vienne en 1873 montra au monde qu'il était facile de produire de l'électricité et que l'électricité permettait d'accomplir des tâches complexes.

En 1880, Sebastian Ziani de Ferranti breveta la dynamo Ferranti, machine qu'il avait conçue avec William Thomson (futur Lord Kelvin). La London Electric Supply Corporation chargea Ferranti de créer la première centrale électrique moderne à Deptford, en Angleterre. Ferranti conçut l'usine génératrice et son bâtiment ainsi que le système de distribution de l'électricité produite. Achevée en 1891, cette centrale fournissait un courant alternatif haute tension, la tension étant ensuite abaissée lorsque l'électricité parvenait chez le consommateur. L'efficacité de ce réseau surpassa bientôt celle du réseau de courant continu fourni par Thomas Edison et la Westinghouse Company.

Les implications sociales et commerciales de la dynamo révolutionnaire de Faraday furent immenses. Il était désormais possible de produire de l'énergie d'une manière efficace et de la distribuer à grande échelle . **KB**

VOIR ÉGALEMENT : FOURNITURE D'ÉLECTRICITÉ PUBLIQUE, COMPTEUR ÉLECTRIQUE

↑ *Sur le plan pratique, la dynamo de Gramme fut la première à modifier notablement notre existence.*

L'ouvre-boîte à molette coupante (1870)

Lyman invente un dispositif efficace pour ouvrir les boîtes.

L'invention de la boîte de conserve en 1810 s'avéra révolutionnaire sur le plan alimentaire, notamment pour les armées et les explorateurs. La seule difficulté consistait à l'ouvrir, tant les boîtes étaient épaisses et lourdes. L'ouverture se faisait souvent avec un marteau et un instrument pointu. Vers 1850, le métal employé pour les boîtes devint plus fin et, en 1858, Ezra Warner, originaire du Connecticut, fit breveter le premier ouvre-boîte. Son instrument était doté d'une lame pointue et d'une garde pour que la lame ne pénètre pas trop profondément dans la boîte. En 1868, J. Osterhoudt breveta la clé ouvre-boîte à sardines. Toutefois, ce n'est qu'en 1870, grâce aux efforts de William Lyman, également originaire du Connecticut, que l'ouvre-boîte moderne fut inventé.

Probablement motivé par le désir insatiable de pouvoir goûter le contenu d'une boîte de conserve sans avoir de difficultés à l'ouvrir, Lyman conçut un ouvre-boîte doté d'une molette aiguisée qui coupait le bord de la boîte. Cette molette reste le principe de base des ouvre-boîtes actuels. L'invention de Lyman posait cependant quelques problèmes. Il fallait percer la boîte en son centre exact avec une extrémité de l'ouvre-boîte, qui servait alors de pivot pour la molette. Il fallait donc que l'ustensile puisse s'adapter à des boîtes de différentes tailles.

Il fut amélioré et modernisé en 1925, lorsque la Star Can Company de San Francisco y plaça deux molettes, la seconde étant disposée sous le bord de la boîte qui était alors enserré entre les deux molettes, se qui permettait de l'ouvrir proprement et d'une façon régulière. **TP**

VOIR ÉGALEMENT : LEVIER, BOÎTE DE CONSERVE, CONSERVE AUTOCHAUFFANTE

↑ *Lorsque la pointe est placée au centre de la boîte, la molette (sous l'écrou) tourne autour du bord.*

La gravure sur sable (1870)

Tilghman améliore la technique de la gravure.

Benjamin Chew Tilghman (1821-1901), lorsqu'il se trouvait basé dans le désert avec l'armée américaine, remarqua l'effet que le sable porté par le vent avait sur les fenêtres des bâtiments de l'armée et eut alors l'idée de la gravure au sable.

Il suggéra que des grains de sable ou de quartz projetés à grande vitesse sur une surface dure permettaient de lisser, structurer, nettoyer et graver des surfaces de façon plus précise et efficace qu'en employant les méthodes existantes. Utilisant de l'air, de la vapeur ou de l'eau sous pression pour propulser les grains, Tilghman put réaliser des gravures sur des surfaces plus dures que les grains eux-mêmes. La gravure sur pierre était un procédé ancien, mais la méthode de Tilghman était moins coûteuse et plus rapide que le travail au ciseau. Depuis, la technique est utilisée pour nettoyer des édifices, sculpter le verre ou graver la pierre.

« Le sable a gravé le verre… et révélé le contraste avec ses parties… couvertes de grillage. »

H. J. Plaster, *A Tribute to Benjamin Chew Tilghman*

Depuis 1870, la méthode de Tilghman a fait l'objet d'une amélioration minime. La poussière de silice produite durant le procédé de gravure était souvent inhalée et provoquait la silicose – une maladie pulmonaire potentiellement mortelle. Aujourd'hui, d'autres matériaux que le sable sont utilisés, comme la grenaille d'acier ronde, les billes de verre, la neige carbonique, le bicarbonate de soude et les coquilles de noix. Des mesures de sécurité telles qu'une ventilation appropriée ont été adoptées. **FS**

VOIR ÉGALEMENT : MACHINE À RE-SURFACER LES PATINOIRES

La foreuse mécanique à air comprimé (1871)

Ingersoll révolutionne l'exploitation minière.

La première étape qui conduisit à l'exploitation minière moderne se déroula il y a environ deux millions et demi d'années, lorsque l'être humain commença à utiliser des outils en pierre. Au début, les pierres étaient récoltées à la surface de la Terre, mais il existe des traces d'une forme d'exploitation minière des silex qui aurait eu cours il y a un million d'années.

Cette exploitation était extrêmement lente et laborieuse. Si la découverte du métal, puis l'apparition des explosifs facilitèrent le travail, les trous destinés à placer les explosifs étaient encore faits à l'aide de marteaux actionnés par la seule force brute. Il devint ensuite possible d'introduire une foreuse dans la roche.

Vers 1850, de sérieux efforts furent réalisés pour concevoir une foreuse mécanique, non seulement pour faciliter l'exploitation minière, mais aussi pour permettre l'aménagement de tunnels pour les premières voies ferrées. En 1871, Simon Ingersoll (1818-1894) obtint un brevet pour sa foreuse qui si elle n'était pas la première est néanmoins considérée avoir révolutionné l'exploitation minière. Les foreuses inventées au préalable n'étaient au mieux que moyennement efficaces, encombrantes et jamais fiables. Celle d'Ingersoll était beaucoup plus productive. Elle fut la première à être placée sur un tripode pour résister à la force exercée par le recul de la tête.

L'efficacité accrue du forage mécanique des roches répondit aux besoins apparemment insatiables de la société en matière de réalisations technologiques, comme les ponts suspendus, la navigation sur l'océan, les routes et les voies ferrées. **RP**

VOIR ÉGALEMENT : SEMOIR, PERCEUSE ÉLECTRIQUE, FORET HÉLICOÏDAL

Vers 1900, une équipe du Minidoka Project installe une foreuse Ingersoll pour créer un canal d'irrigation.

Le téléscripteur boursier (1871)

Edison accélère la transmission des valeurs boursières.

Le téléscripteur boursier, inspiré à l'origine de la technologie du télégraphe, devait transmettre les valeurs boursières par le biais d'un télégraphe.

E. A. Calahan, travaillant à l'American Telegraph Company, inventa le premier téléscripteur boursier en 1867. D'autres arrivèrent sur le marché peu après, mais ce n'est que lorsque Thomas Alva Edison (184-1931) créa le « téléscripteur boursier universel pour l'or et les valeurs boursières » que cette machine devint réellement efficace.

Edison créa un dispositif de mise à l'unisson qui permettait aux téléscripteurs boursiers de transmettre la même information au même moment. Cela constitua une énorme amélioration par rapport aux modèles précédents qui devaient être réglés manuellement lorsqu'il y avait du retard dans les transmissions. Cela épargna aux entreprises énormément de temps et d'efforts car leurs employés n'étaient plus obligés de se précipiter vers les téléscripteurs chaque fois que ceux-ci nécessitaient un réglage.

Edison améliora encore l'appareil en modifiant la roue des caractères et l'alimentation en papier, et en concevant un émetteur qui fonctionnait comme un clavier de machine à écrire. Grâce à ces améliorations, son appareil ne nécessitait pas une batterie aussi puissante que les téléscripteurs précédents. Il continua d'être utilisé jusque dans les années 1930, et l'argent qu'il rapporta à Edison lui permit d'ouvrir son premier laboratoire et sa première usine à Newark dans le New Jersey. Les nouveaux télescripteurs sortis en 1930 et 1964 étaient deux fois plus rapides que les anciens modèles, mais il existait toujours un délai de quinze à 20 minutes entre une transaction et le moment de son annonce jusqu'à l'arrivée en 1996 des téléscripteurs électroniques en temps réel. **RH**

« La chance est la rencontre de l'opportunité et de la planification. »

Thomas Alva Edison

↑ *Ce spécimen de téléscripteur fournissait à l'origine des données pour les opérateurs de la bourse de New York.*

→ *Une femme consulte un téléscripteur boursier en colonne sur une photographie publicitaire, vers 1890.*

VOIR ÉGALEMENT : TÉLÉGRAPHE ÉLECTROMAGNÉTIQUE, CODE MORSE, TÉLÉGRAPHE IMPRIMEUR, TÉLÉGRAPHE DUPLEX

La lubrification automatique (1872)

La lubrification des locomotives est automatisée.

Vers l'âge de 10 ans, Elijah McCoy (1843-1929) s'installa à Édimbourg pour y étudier l'ingénierie. À son retour aux États-Unis, il fut chauffeur de locomotive et responsable de la lubrification auprès de la Michigan Central Railroad. Son travail consistait à veiller à ce que les pièces mobiles du moteur du train, les essieux et les roulements soient bien lubrifiés.

Les pièces mobiles des locomotives souffraient d'une usure considérable. Les ingénieurs avaient déjà conçu un moyen d'assurer la lubrification des essieux en les plaçant dans des carters remplis d'huile. Mais comme beaucoup de pièces étaient soumises à l'énorme pression exercée par la vapeur, l'huile tendait à être expulsée des pièces mobiles. La solution de McCoy fut de créer un récipient de lubrification contenant de l'huile qui la faisait automatiquement couler au goutte-à-goutte sur les pièces suivant un rythme permettant de préserver la lubrification du moteur et d'éviter qu'il ne surchauffe.

« … avec une lubrification appropriée… nous nous attendions à un peu plus de puissance. »

Orville Wright, pionnier de l'aviation

McCoy obtint davantage de brevets que tout autre inventeur noir avant lui. Des tentatives eurent lieu pour vendre des copies de ses inventions, ce qui rendit les professionnels exigeants. Les mécaniciens bien informés recherchaient toujours le meilleur système de lubrification pour leur machine, et demandaient le « véritable McCoy ». **DHk**

VOIR ÉGALEMENT : GRAISSE LUBRIFIANTE, RAFFINERIE DE PÉTROLE

La Vaseline® (1872)

Chesebrough vante son produit de soin.

Brevetée en 1872, la Vaseline® – nom commercial de la paraffine, de la gelée de pétrole et de la vaseline brute – fut inventée par le chimiste britannique Robert Chesebrough (1837-1933). Mélange semi-solide d'hydrocarbures, la Vaseline® est à l'origine issue d'une cire obtenue au cours des forages pétroliers. Chesebrough l'obtint en distillant cette cire sous vide, puis en en filtrant les résidus à travers du charbon d'os. Le nom du produit proviendrait de *Wasser*, mot allemand signifiant « eau », et du grec *elaion*, « huile ».

La première fabrique de Vaseline® ouvrit en 1870 à Brooklyn (New York). En 1911, la société installa ses premières usines en Europe. Au début, Chesebrough sillonnait les États-Unis pour vendre son produit en démontrant ses propriétés médicinales. Il le faisait en se brûlant la peau avec de l'acide ou une flamme, puis appliquait la Vaseline® sur ses blessures et montrait les zones de guérison d'anciennes brûlures. Le produit était à l'origine présenté comme un traitement pour les écorchures, les brûlures et les coupures, bien qu'il n'ait pas d'action médicinale confirmée. Toutefois, il favorise la guérison en plaçant la blessure à l'abri de l'infection et de l'humidité.

Au début du XXe siècle, la Vaseline® était mélangée à de la cire d'abeille pour confectionner des cires pour les moustaches. Elle est aujourd'hui utilisée dans beaucoup de lotions pour la peau et de cosmétiques, et indispensable dans le sac à main, pour hydrater les lèvres ou prévenir les ampoules.

Chesebrough vécut jusqu'à l'âge de 96 ans et affirma qu'il mangeait une cuillère de Vaseline® chaque jour. Lorsqu'il souffrait de pleurésie, il recouvrait, dit-on, entièrement son corps de Vaseline® et était rapidement soulagé. **LC**

VOIR ÉGALEMENT : GRAISSE LUBRIFIANTE, PANSEMENTS DE CHITOSANE

Le tramway à traction par câble
(1873)

Hallidie remplace les chevaux par des câbles.

Le premier tramway à traction par câble fut le London and Blackwall Railway, inauguré en 1840 et parcourait une distance de 5,6 km. Les véhicules étaient tractés par une corde de chanvre, mais comme les cordes s'usaient trop rapidement, le tramway fut remplacé par des locomotives à vapeur en 1848.

En 1870, le procureur de San Francisco Benjamin Brooks proposa d'utiliser des tramways à traction par câble. Brooks obtint une franchise de la ville pour créer une ligne de tramway mais ne put en trouver le financement. Il vendit donc sa franchise à Andrew Smith Hallidie (1836-1900).

Hallidie avait été le premier à fabriquer des câbles en Californie. En 1871, il détenait déjà deux brevets relatifs. Il engagea l'ingénieur William Eppelsheimer et tous deux conçurent le premier système de tramway à traction par câble en service. Leur principale innovation fut une pince qui permettait au véhicule de s'arrêter en lâchant le câble, continuellement en mouvement, et de repartir en s'agrippant de nouveau au câble. Le tramway à traction par câble de San Francisco fut mis en place en 1873. Au cours des deux décennies suivantes, de nombreuses villes dans le monde entier remplacèrent leurs voitures tirées par des chevaux par des réseaux de tramways de ce type. Cependant, les tramways électriques qui apparurent à la fin du XIXe siècle s'avérèrent moins coûteux à construire et à gérer, et, en 1957, il ne subsistait qu'un seul réseau Hallidie, à San Francisco. Celui-ci est toujours en service actuellement, mais il est beaucoup plus fréquenté par les touristes que par les habitants. **ES**

VOIR ÉGALEMENT : LOCOMOTIVE, MONORAIL, TRAMWAY ÉLECTRIQUE, TRAIN MAGLEV

↗ *Hallidie (debout, à l'arrière) à bord du premier tramway de San Francisco lors de son voyage inaugural en 1873.*

« J'ai [décidé d'appeler mon invention] la ligne câblée infinie améliorée. »

Andrew S. Hallidie

Le moteur à courant continu (1873)

Gramme produit du mouvement avec l'électricité.

La plupart des mouvements mécaniques de nos appareils sont exécutés à l'aide de moteurs électriques, grâce auxquels fonctionnent nos ventilateurs, nos réfrigérateurs et même nos ordinateurs. En 1873, le Belge Zénobe Théophile Gramme (1826-1901) fut le premier à montrer que l'électricité pouvait être utilisée pour produire un mouvement efficace. Peu éduqué, n'ayant que quelques notions d'arithmétique, l'homme n'était pas un inventeur classique. Toutefois, son habileté manuelle et sa logique lui permirent de créer l'une des applications les plus importantes de l'électricité.

Charpentier de métier, Gramme était scandalisé par la saleté produite par les piles électriques récemment inventées et décida de les améliorer. Depuis peu, Michael Faraday en Grande-Bretagne et Joseph Henry aux États-Unis avaient mis au point des dynamos qui convertissaient l'énergie issue d'un mouvement en électricité. Les dynamos transforment par exemple l'énergie de vos muscles en lumière dans les lampes de bicyclettes et le vent en électricité. Gramme travailla dur et améliora considérablement la dynamo originale. Il ouvrit sa propre usine de production de dynamos. Les acheteurs les utilisèrent d'abord pour l'électrogalvanisation et l'éclairage.

Les moteurs fonctionnent de façon inverse aux dynamos ; ils absorbent de l'énergie électrique et la transforment de manière à obtenir un mouvement. Lorsqu'il présenta sa dynamo améliorée, Gramme relia une dynamo produisant de l'électricité à un appareil inversant le processus, qui transformait de nouveau l'électricité en une énergie mécanique – prouvant ainsi que l'électricité pouvait être convertie en mouvement. **LS**

VOIR ÉGALEMENT : MOTEUR ÉLECTRIQUE, DYNAMO, MOTEUR À INDUCTION, RÉSEAU DE COURANT ÉLECTRIQUE ALTERNATIF

Le blue-jean (1873)

Strauss et Davis associent le denim et les rivets.

L'histoire du blue-jean est liée à deux hommes : Levi Strauss (1829-1902), un Allemand qui émigra aux États-Unis dans sa jeunesse, et Jacob Davis (1834-1908), un Letton qui s'installa aux États-Unis en 1854.

En 1853, Levi Strauss s'établit à San Francisco où il créa une société, Levi Strauss & Co, qui vendait des boutons, des ciseaux, des rouleaux de tissu et de la toile. Ses réserves de toile étant un jour épuisées, il commença à utiliser un sergé de coton épais qui fut par la suite appelé denim. L'un des clients de Strauss, Jacob Davis, était tailleur et confectionnait aussi des pantalons de travail. Ses clients se plaignaient du fait que leurs poches se déchiraient régulièrement. Davis renforça donc les poches et les braguettes à l'aide de rivets en métal. Ce fut un succès immédiat, mais Davis ne disposait pas de la somme nécessaire au dépôt d'un brevet et contacta donc Strauss. Homme d'affaires talentueux, Strauss régla la somme et les deux hommes déposèrent le 20 mai 1873 un brevet commun pour les pantalons renforcés par des rivets.

Davis continua de travailler pour Levi Strauss & Co, surveillant la production des nouveaux pantalons de travail, qui ne furent appelés jeans que dans les années 1960. Ceux-ci devinrent rapidement populaires et se répandirent à travers les États-Unis. Vers 1890, ils n'étaient plus protégés par leur brevet, ce qui permettait à n'importe quelle société d'en fabriquer. À cette époque, Levi Strauss & Co attribua à son jeans le numéro 501. Le terme Levi's, en revanche, ne fut pas inventé par la société mais par le public, puis la société en fit un nom de marque. **TP**

VOIR ÉGALEMENT : VÊTEMENT, ÉTOFFE TISSÉE, BOUTON, BOUCLE, MACHINE À COUDRE, FERMETURE À GLISSIÈRE

Des mineurs vêtus de jeans posent vers 1890, un portrait sur mesure pour l'image brute de Levi's.

BLUE EYES
MINE

L'extincteur automatique (1874)

Parmelee inaugure un moyen de lutte anti-incendie grâce à un système d'extinction permanent.

L'extincteur automatique date de 1806 et fut conçu par un Anglais du nom de John Carey. Cependant, le premier extincteur automatique commercialisable ne fut inventé que 70 ans plus tard.

En 1874, Henry S. Parmelee conçut une tête d'arrosage pour son usine de pianos. Celle-ci possédait une soupape unique connectée à une soudure qui fondait en cas d'incendie. Une fois celle-ci fondue, la soupape était ouverte et de l'eau était éjectée par un réservoir perforé. Grâce à ce système, seules les zones touchées par le feu étaient arrosées.

Après quelques modifications, la Parmelee Sprinkler Company commercialisa l'invention. Installés dans un certain nombre d'usines, les extincteurs firent rapidement leurs preuves, leur efficacité ayant été mise à l'épreuve dans quelques véritables incendies. Dès que les compagnies d'assurance se mirent à proposer des primes réduites aux entreprises dotées d'extincteurs, le succès de ces derniers fut assuré. Parmelee importa son extincteur en Grande-Bretagne en 1881, y établissant aussi une société. Dès son invention, l'extincteur de Parmelee ne cessa d'évoluer pour devenir plus performant et moins coûteux, ce qui entraîna une augmentation de ses ventes. Aujourd'hui, le nombre d'extincteurs installés dans le monde est estimé à 40 millions, ce qui réduit considérablement les pertes financières, culturelles et humaines liées aux incendies. Toutefois, ils ne seraient pas en nombre suffisant selon certains. L'installation d'extincteurs automatiques demeure un sujet épineux, des groupes du monde entier faisant campagne pour que leur installation soit obligatoire dans les bâtiments publics ainsi que privés. **RP**

« Les extincteurs diminuent le risque de décès dans un incendie domestique de moitié, voire des deux tiers. »

National Fire Protection Association

VOIR ÉGALEMENT : FOYER AMÉNAGÉ, EXTINCTEUR, DÉTECTEUR DE FUMÉE

Faisant d'abord penser à une salière (en haut), les modèles de Parmelee se rationnalisèrent rapidement.

Le tramway électrique (1874)

Field rapproche les banlieues du centre-ville grâce à une desserte rapide.

À ce jour, le tramway reste le moins prestigieux de tous les moyens de transports publics. Cependant, l'ingénieur en électricité Stephen Dudley Field (1846-1913) tenta de lui donner un peu plus de panache.

Field n'obtint un brevet concernant son système de propulsion de véhicules sur rail par électromagnétisme qu'en 1880, même si celui-ci avait été mis en place à New York City en 1874 par l'inventeur alors âgé de 28 ans – un homme souvent appelé le « père du tramway ». Sa méthode originale pour fournir de l'électricité au moteur du véhicule consistait à utiliser une dynamo produisant un courant acheminé *via* deux roues métalliques reliant le moteur avec l'un ou l'autre des rails. Ce système était assez inefficace et en réalité très dangereux, mais il marqua un changement important dans le regard porté sur les transports publics.

Durant les années situées entre sa mise en place dans de nombreuses villes américaines à la fin des années 1880 et la Première Guerre mondiale, le tramway électrique devint un moyen de transport très populaire. Comme il se déplaçait beaucoup plus vite que d'autres véhicules, la notion de changement devint beaucoup plus acceptable pour les habitants de la ville. Plutôt que d'habiter dans les centres-ville, les citoyens purent s'installer dans les banlieues, le long des lignes de tramway, sans trop bouleverser leurs habitudes quotidiennes.

Si Dudley Field connut une grande réussite au cours de son existence, obtenant plus de 200 brevets pour différentes inventions, il est rare de pouvoir évaluer son travail, car ces inventions portent rarement son nom. Imaginez un tramway appelé Dudley ! **CL**

VOIR ÉGALEMENT : LOCOMOTIVE, MONORAIL, TRAMWAY À TRACTION PAR CÂBLE, TRAIN MAGLEV

↗ *Le tramway électrique nécessitait l'installation d'un réseau de câbles sur les lieux de sa mise en place.*

« Vous parlez de désir. Le nom de ce… tramway qui traverse le quartier. »

Tennessee Williams, *Un tramway nommé Désir* (1951)

La fraise électrique (1875)

Green atténue la douleur des soins dentaires.

Il y a 5 000 ans, les dents étaient creusées à l'aide de fraises coudées. Le médecin français Pierre Fauchard réinventa avec précision ce soin dentaire en 1728, mais celui-ci fut perfectionné à de multiples reprises aux États-Unis par la suite. Le dentiste de George Washington, John Greenwood, mit ainsi au point la première fraise munie d'un entraînement, permettant de percer les dents de façon plus précise et rapide grâce à une pédale issue d'un rouet.

L'Anglais George Harrington améliora l'instrument grâce à un moteur en 1864, mais les progrès les plus importants furent réalisés grâce à l'ingénieur et inventeur Américain George F. Green de Kalamazoo dans le Michigan. En 1868, ce dernier modifia la fraise de Harrington en la faisant fonctionner à l'air comprimé. Son appareil pneumatique était lourd et lent, mais avec 100 tours par minute, il était au moins cinq fois plus rapide que les fraises manuelles.

« Plus la fraise tournait vite, moins cela était désagréable pour le patient. »

Malvin E. Ring, historien de la dentisterie

Dès 1875, Green, dont les autres inventions incluaient des rails électriques et une moissonneuse-lieuse, avait mis au point et breveté une fraise électrique qui révolutionna la dentisterie. Quarante ans plus tard, la vitesse de l'outil atteignait 3 000 tours par minute et aujourd'hui, elle peut dépasser 400 000 tours par minute. **AC**

VOIR ÉGALEMENT : DENTIFRICE, BROSSE À DENTS, FIL DENTAIRE, PROTHÈSE DENTAIRE

Le magasin pour armes à feu (1875)

Hotchkiss simplifie le chargement des fusils.

Benjamin Hotchkiss (1826-1885) était fabricant d'armes à Hartford, dans le Connecticut, dans les années 1860. La guerre de Sécession était terminée et le gouvernement américain montrait peu d'intérêt pour les armes à feu, et comme d'autres célèbres concepteurs d'armes, notamment John Browning et Hiram Maxim, Hotchkiss s'installa en Europe pour commercialiser ses inventions. Il emménagea en France en 1867 et ouvrit une usine à Saint-Denis en 1875 – l'année où il conçut le fusil à verrou avec magasin.

On raconte que Hotchkiss était dans un train entre Vienne et Bucarest et aurait engagé la conversation avec un officier de l'armée roumaine qui lui aurait suggéré d'améliorer les fusils à verrou à des fins militaires. Hotchkiss reprit cette idée et conçut un nouveau système de chargement pour le fusil à verrou, en se fondant sur de précédents concepts de magasins imaginés par des inventeurs tels que Valentine Fogarty et Christopher Spencer. Le nouveau magasin consistait en une gaine à ressort placée dans un cylindre fixé sur la crosse de l'arme. Hotchkiss conçut l'arme pour que le percuteur soit relâché et la nouvelle cartouche insérée dans son logement lorsque la gâchette était pressée.

Hotchkiss obtint un brevet pour ce nouveau magasin en 1876. Peu après, il en vendit les droits à la société d'armes Winchester, qui commença à fabriquer le fusil à verrou doté d'un magasin en 1879. Cette arme et ses versions suivantes furent fréquemment utilisées par les militaires. Elles sont aussi appréciées par les chasseurs. **RH**

VOIR ÉGALEMENT : MOUSQUET, FUSIL À CHARGEMENT PAR LA CULASSE, REVOLVER, MITRAILLETTE PORTABLE, SILENCIEUX D'ARME À FEU

Le rasoir de sûreté
(1875)

Les frères Kampfe réduisent une grande partie des risques liés au rasage.

Le rasage était une opération complexe, généralement réalisée par les barbiers ou des membres fiables de la famille. Pour protéger la peau durant le rasage, un Français, Jean-Jacques Perret, conçut à la fin du XVIIIe siècle l'un des éléments du rasoir de sûreté, à savoir la garde. S'inspirant du rabot d'un charpentier, il plaça une gaine en bois autour de la lame de sorte que seul son bord coupant dépassait. Cependant, le premier véritable rasoir de sûreté, composé à la fois d'une garde et d'une lame amovible, n'apparut aux États-Unis qu'en 1875. Il fut conçu par des frères d'origine allemande, Frederick, Richard et Otto Kampfe. Le « Star Razor » évoquait une binette, car il était doté d'une lame en forme de coin n'ayant qu'un bord tranchant.

En 1901, l'inventeur américain King Gillette (1855-1932) et son collègue William Nickerson innovèrent en créant une lame jetable. Au grand dam des sceptiques, qui pensaient qu'il était impossible de créer de telles lames, les lames ultrafines de Gillette, en acier et à double tranchant, eurent beaucoup de succès. Ce succès s'intensifia lorsque Gillette passa un contrat pour approvisionner en rasoirs de sûreté et en lames l'armée américaine durant la Première Guerre mondiale.

Plus tard, des lames en acier inoxydables plus résistantes furent mises au point par la société britannique Wilkinson Sword (1965). La cartouche de lames jetables, encore plus sûre, apparut en 1971, et le rasoir entièrement jetable en 1974. Aujourd'hui, en raison des préoccupations d'ordre écologique, des essais sont menés pour mettre au point des rasoirs recyclables et biodégradables. **RBd**

VOIR ÉGALEMENT : LAME DE RASOIR JETABLE, RASOIR ÉLECTRIQUE

↗ *De nombreux brevets ont été attribués pour des rasoirs sécurisés dont ce modèle de Gillette en 1931.*

« Si j'avais reçu une formation technique, j'aurais abandonné, je n'aurais jamais commencé. »

King Gillette, homme d'affaires américain

Le cycle à quatre temps (1876)

Otto revisite le moteur à combustion interne.

Ayant développé un intérêt pour la technologie, l'ingénieur allemand Nikolaus Otto (1832-1891) entreprit de concevoir un moteur à quatre temps inspiré du moteur antérieur à deux temps de Lenoir. En 1864, il créa avec Eugene Langer la N.A. Otto and Cie, première société au monde fabriquant des moteurs. En 1872, il engagea Gottlieb Daimler pour la technique et Wilhelm Maybach pour le design.

Le premier moteur à quatre temps fonctionnel fut fabriqué en 1876. Les quatre temps présentent un temps d'admission, au cours duquel le piston descend pour permettre à un mélange air carburant de pénétrer dans la chambre de combustion ; d'un temps de compression, au cours duquel le piston remonte pour comprimer le mélange ; d'un temps de combustion ou temps moteur, au cours duquel une étincelle enflamme le carburant et le piston redescend ; et d'un temps d'échappement au cours duquel le piston remonte pour expulser les gaz brûlés par la soupape d'échappement. Otto breveta son moteur en 1877, mais son brevet fut annulé en 1886 et attribué au Français Alphonse Beau de Rochas, qui ne réalisa jamais de moteur fonctionnel. Au début, les moteurs à combustion étaient fixes car ils ne pouvaient fonctionner avec un combustible liquide et nécessitaient donc une veilleuse d'allumage. Otto résolut ce problème en 1884 en inventant un système d'allumage par magnéto qui créait l'étincelle indispensable au cours du temps moteur. Ainsi, le moteur à quatre temps devint plus facilement utilisable, ce qui permit à Daimler et Maybach de l'employer sur les premières motocyclettes et automobiles. **HP**

VOIR ÉGALEMENT : MOTEUR À COMBUSTION INTERNE, MOTEUR STIRLING, MOTEUR À GAZ, MOTEUR À DEUX TEMPS

↑ *Admission, compression, combustion, échappement : telles sont les phases du cycle à quatre temps d'Otto.*

Le haut-parleur (1876)

Bell convertit en son des signaux électriques.

Le haut-parleur, système de sortie d'un son créé électroniquement, est l'une des inventions les plus importantes des 150 dernières années. En effet, les haut-parleurs furent au cœur des technologies apparues depuis leur invention, comme le téléphone, la radio, la télévision et les chaînes hi-fi.

Ce fut Alexander Graham Bell (1847-1922) qui breveta le premier haut-parleur électrique en 1876. Avec l'aide de son assistant, Thomas A. Watson, il mit au point un système simple. Un tambour était recouvert d'une peau très tendue, le diaphragme, et pourvu d'une armature magnétisée en suspension au centre. L'armature pouvait vibrer contre la peau et réagissait aux modifications du champ magnétique. Ce dispositif était relié à l'émetteur « liquide » de Bell dans lequel il prononçait des mots que son assistant entendait clairement dans la pièce voisine. Il s'agissait d'un système très rudimentaire, mais qui accomplissait les mêmes fonctions que la plupart des appareils audio contemporains : il transformait des signaux électriques – qui provenaient d'une source initiale avant d'être convertis – en sons audibles. Bell n'était pas vraiment intéressé par le fonctionnement du haut-parleur et il laissa à d'autres le soin de l'améliorer. Un an plus tard, l'inventeur et industriel allemand Werner von Siemens (1816-1892) fit breveter un dispositif nettement plus sophistiqué, composé d'un haut-parleur en forme de cône dont le diaphragme était contrôlé par un transducteur électromécanique. Celui-ci allait aboutir au principe de la bobine mobile sur lequel sont basées la plupart des haut-parleurs conçus depuis. **TB**

VOIR ÉGALEMENT : FILM PARLANT, SON STÉRÉO, SON SURROUND, SYSTÈME DE RÉDUCTION DOLBY DE BRUIT

↑ *Dans les années 1920, beaucoup d'efforts furent réalisés pour concevoir un cornet qui reproduisait parfaitement les sons du haut-parleur.*

Le téléphone (1876)

Bell inaugure l'ère de la communication moderne.

Dans les années 1870, Alexander Graham Bell (1847-1922), né à Edimbourg, cherchait un moyen d'améliorer le télégraphe. Celui-ci était utile pour communiquer sur de longues distances, mais il était extrêmement limité du fait qu'il ne pouvait émettre qu'un seul message à la fois. L'idée initiale de Bell était de concevoir un « télégramme harmonique » en utilisant des hauteurs multiples pour transmettre plus d'un message à la fois. Tandis qu'il travaillait sur le sujet, il mit au point un système plus élaboré – un système qui ne transmettrait pas uniquement les points et les tirets du code Morse, mais aussi la parole.

Plusieurs autres équipes travaillaient sur la transmission du son par le biais de l'électricité et il est possible que Bell ait « emprunté » des idées à d'autres inventeurs, mais il a incontestablement mis au point le premier système qui fonctionnait – tout cela avant son 30e anniversaire. Aidé de son assistant Thomas Watson, Bell améliora son système et, le 10 mars 1876, effectua le premier appel téléphonique : « Monsieur Watson, venez. Je souhaite vous voir. » Son assistant se trouvait dans la pièce voisine et il dut crier dans l'appareil pour que celui-ci fonctionne, mais la technique avait fait ses preuves. La Bell Telephone Company fut fondée l'année suivante et, dix ans plus tard, environ 150 000 foyers possédaient un téléphone aux États-Unis.

Les premiers téléphones étaient loin d'être pratiques. Ils nécessitaient de l'acide de batterie et apparaissaient comme de simples curiosités lorsque Watson et Bell en faisaient la démonstration. Bientôt, toutefois, les deux hommes firent de cette invention l'un des moyens de communication les plus importants du monde moderne, et la technique d'émission d'informations par le biais de signaux électriques est à l'origine des systèmes de communication modernes. **SB**

« Une invention amusante. Mais qui voudrait l'utiliser ? »

Rutherford B. Hayes, président américain

(président de 1877 à 1881)

↑ *Seize ans après l'invention du téléphone, Bell passe le premier appel entre New York et Chicago en 1892.*

→ *Illustrations techniques de composants de téléphone conçus par Bell et Thomas Edison.*

VOIR ÉGALEMENT : SÉMAPHORE, TÉLÉGRAPHE ÉLECTROMAGNÉTIQUE, TÉLÉPHONE CELLULAIRE MOBILE, SMARTPHONE

TELEPHONE

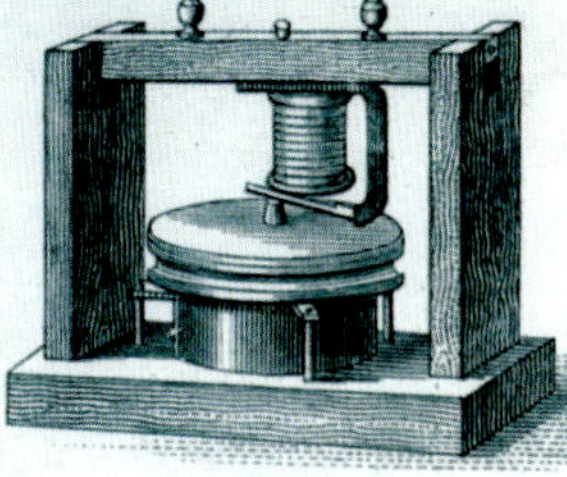

Premier téléphone de Graham Bell

Appareils exposés à Philadelphie en 1876

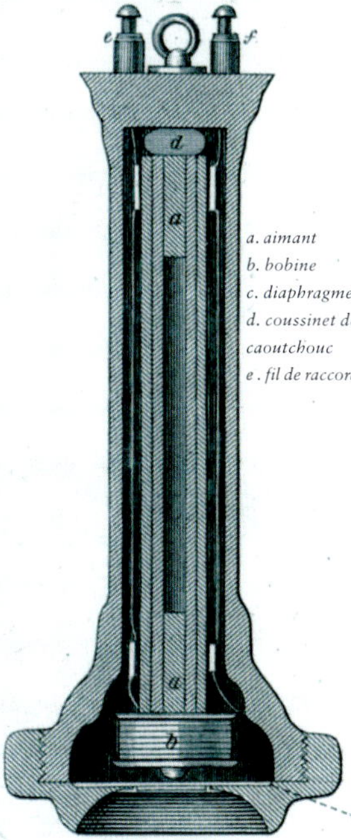

Téléphone à main de Graham Bell

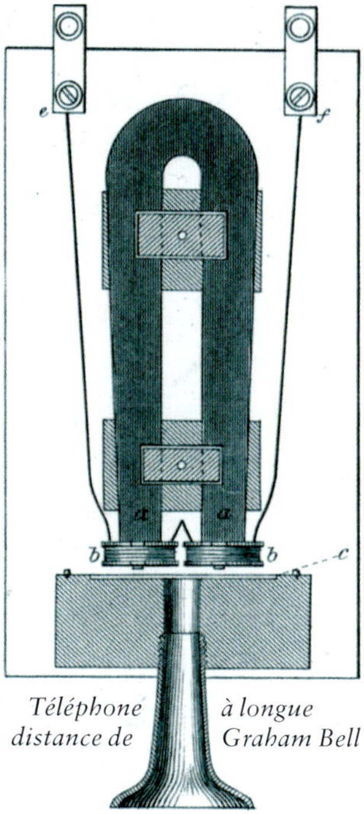

Téléphone à longue distance de Graham Bell

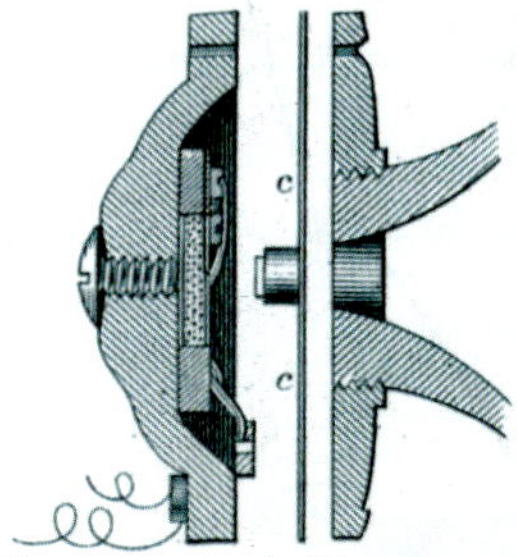

Vue en coupe de l'émetteur d'Edison

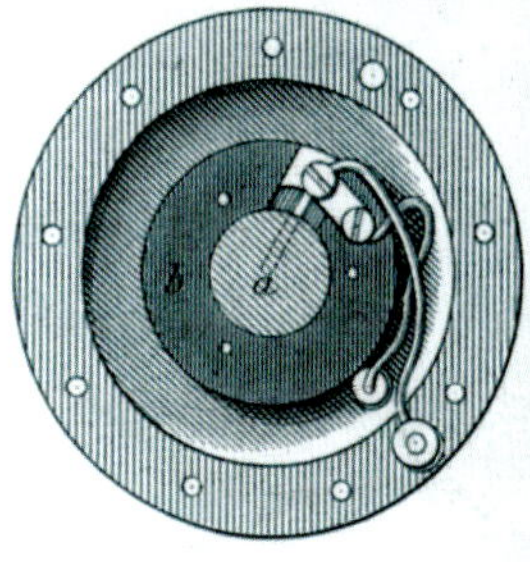

Émetteur d'Edison

a. carbone b. anneau en caoutchouc vulcanisé c. diaphragme

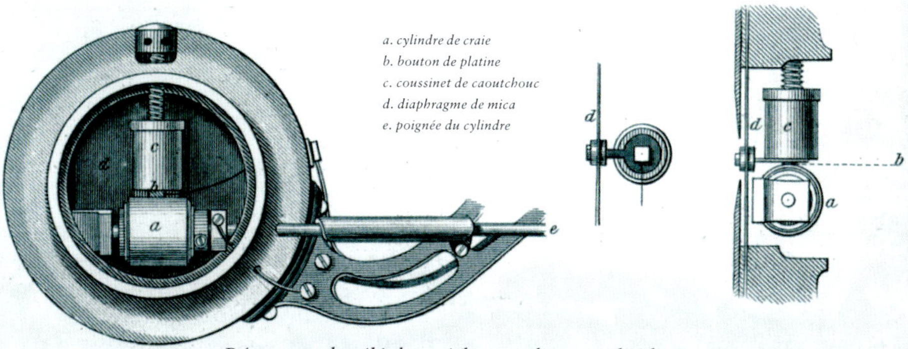

Récepteur du téléphone à longue distance d'Edison

Le balai mécanique (1876)

Bissell améliore un appareil ménager.

Au XIXe siècle, les grands tapis turcs ou d'Axminster qui ornaient les planchers demeuraient difficiles à nettoyer. Ils devaient être sortis et battus vigoureusement à l'aide d'une tapette afin d'en ôter la poussière.

L'Américain Melville Bissell (1843-1889) et son épouse Anna remarquèrent que la poussière de leurs tapis provoquait des irritations chez Anna et était néfaste pour sa santé. Pour remédier à ce problème, Melville conçut un balai à long manche doté de soies rotatives qui se courbaient en extrayant la poussière du tapis puis la relâchaient dans un compartiment du balai. La rotation était provoquée par le mouvement du balai sur le plancher, et il était possible de régler sa tête en fonction du type de sols nettoyés.

« Mon but est d'adapter mon invention aux tapis et planchers dont les surfaces sont irrégulières. »

Melville Bissell

Le balai de Bissell eut rapidement du succès. Des femmes du voisinage se mirent à confectionner des soies chez elles et les balais furent assemblés dans l'atelier de Bissell. Bissell fit breveter son balai en 1876 et ouvrit sa première usine de fabrication à Grand Rapids en 1883. Sa société connut une expansion internationale et eut un grand succès en Grande-Bretagne lorsque la reine Victoria autorisa que les tapis de son palais soient nettoyés avec le balai de Bissell.

L'invention de l'aspirateur électrique entraîna une baisse graduelle des ventes de balais mécaniques qui, s'ils existent toujours, semblent relégués au statut de gadgets. **HP**

VOIR ÉGALEMENT : ASPIRATEUR ÉLECTRIQUE, ASPIRATEUR CYCLONE, VITRES AUTONETTOYANTES

Le microphone (1876)

Berliner améliore le téléphone de Bell.

En 1870, Emile Berliner (1851-1929), âgé de 19 ans, quitta son Allemagne natale et émigra aux États-Unis. Ni son milieu ni son éducation, qui se limitait aux notions les plus rudimentaires d'électricité et de physique, n'auraient pu laisser penser qu'il aurait une influence sur la technologie émergente de l'époque. Toutefois, en 1876, il fut si impressionné par une démonstration du téléphone d'Alexander Graham Bell au cours des célébrations du centenaire américain qu'il décida d'étudier l'appareil. Il comprit que sa principale faiblesse était son détecteur de son – le microphone. L'année suivante, il mit au point un nouveau détecteur. Il s'agissait incontestablement du premier microphone, car il augmentait le volume de la voix transmise.

À cette époque, Alexander Graham Bell, qui venait de fonder la Bell Telephone Company, apprit qu'un jeune inventeur inconnu avait déposé un brevet relatif à un nouvel émetteur pour son téléphone et il envoya son assistant Thomas Watson à Washington pour obtenir des renseignements à son sujet. Watson fut si impressionné que Bell acquit les droits du brevet pour 50 000 dollars et engagea Berliner comme chercheur.

Au bout de sept ans de collaboration avec Bell, Berliner poursuivit seul ses recherches. Après avoir vendu un certain nombre de ses idées à son ancien employeur, il commença à travailler dans le domaine pour lequel il est le plus connu aujourd'hui : le disque pour Gramophone. En 1887, il découvrit un moyen d'enregistrer des sons sur un disque plat de phonographe sur lequel un stylet se déplaçait horizontalement, plutôt que verticalement comme sur les phonographes à cylindre. **TB**

VOIR ÉGALEMENT : HAUT-PARLEUR, TÉLÉPHONE, PHONOGRAPHE, DISQUE VINYLE

⇥ *Utilisant un microphone soutenu par un fil, la soprano australienne Nellie Melba enregistre sa voix en 1920.*

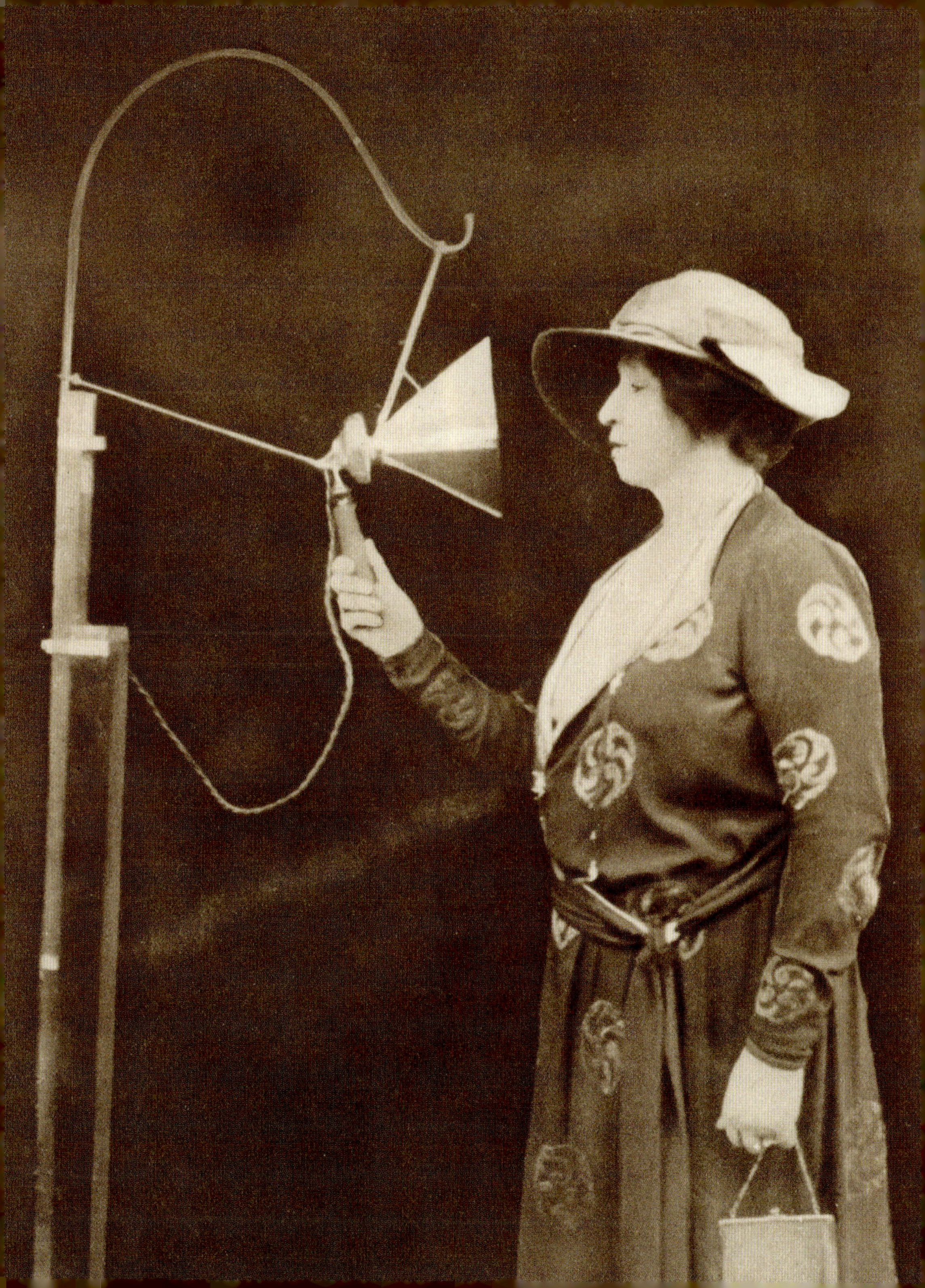

Le phonographe (1877)

Edison crée une machine capable d'enregistrer et de retransmettre le son.

Le 21 novembre 1877, Thomas Alva Edison (1847-1931) annonça avoir inventé la première machine permettant d'enregistrer et de retransmettre des sons : le phonographe. Comme la photographie, il s'agissait d'une invention cruciale grâce à laquelle des instants pouvaient être captés pour toujours. Le phonographe fonctionnait en gravant une représentation visuelle d'une onde sonore sur une feuille d'étain placée autour d'un cylindre à rainures ; le son était représenté sous la forme d'une série d'indentations sur la feuille grâce à un stylet qui réagissait aux vibrations du son que l'on enregistrait. Lorsqu'un stylet de lecture passait sur le cylindre, il était possible d'entendre une reproduction fidèle de l'enregistrement original.

Comme ce fut le cas avec beaucoup de ses inventions, Edison fut gêné par ses problèmes auditifs. Les premières paroles qu'il enregistra furent celles de la berceuse *Mary had a little lamb*. Edison envisagea de transformer les indentations en un sillon spiralé sur un disque plat, mais il choisit à la place l'extérieur d'un cylindre en rotation, car le stylet adoptait alors une vitesse constante dans le sillon. Les principes qui gouvernaient son invention allaient donner naissance au disque du Gramophone, produit en série.

Edison menait ses recherches dans le New Jersey tandis qu'un Français, Charles Cros, travaillait sur un projet à peu près équivalent. Cros avait publié ses théories en avril 1877, mais il ne construisit pas son appareil. Au moment où il présenta son compte-rendu à l'Académie française des sciences, toutefois, Edison avait déjà effectué une démonstration de son invention, ce qui le fit entrer dans l'Histoire. Le phonographe rendit Edison célèbre et il en obtint le brevet en 1878, ce qui amoindrit le rôle joué par Cros. **TB**

« Si nous faisions toutes les choses dont nous étions capables, nous nous étonnerions littéralement. »

Thomas Alva Edison

↑ *Le phonographe d'Edison incorporait deux têtes, l'une qui enregistrait et l'autre qui reproduisait les sons.*

→ *Edison présente sa machine, qui transmettait les sons via des tubes rappelant un stéthoscope.*

VOIR ÉGALEMENT : DISQUE VINYLE, ENREGISTREMENT MAGNÉTIQUE (TÉLÉGRAPHONE)

Le séparateur lait/crème
(1878)

Laval accélère l'extraction de la crème.

Avant 1878, la séparation de la crème et du lait était effectuée grâce à la simple gravité. Ce processus demandait du temps et limitait la quantité de crème qui pouvait être extraite du lait. La crème se forme lorsque ses molécules grasses, plus légères, remontent à la surface du lait à travers la fraction d'eau que celui-ci contient, plus lourde. Ce processus se déroule naturellement dans le lait cru lorsque celui-ci décante durant au moins 24 heures. La crème peut alors être prélevée à la surface du lait ou bien le lait peut être amené à s'égoutter par le bas, afin qu'il ne reste que la crème.

Heureusement, l'industrie laitière bénéficia de l'inventivité de Carl Gustaf de Laval (1845-1913), diplômé de l'Institut de technologie de Stockholm, qui réalisait des expériences sur la force centrifuge afin de séparer les fluides. En 1878, il inventa un appareil à vapeur qui faisait tourner un échantillon de lait cru à la vitesse de 4 000 tours par minute. Grâce à la force centrifuge exercée par l'appareil, la fraction la plus lourde du lait est repoussée vers l'extérieur du récipient en rotation, tandis que la crème, plus légère, reste au centre. nNon seulement l'appareil de Laval extrayait la crème plus rapidement, mais il s'avéra plus efficace, ne laissant que moins de 0,1 % de la crème dans le lait.

Laval fut un inventeur prolifique, sans doute grâce à sa formation en ingénierie mécanique et en chimie. Il créa de nombreux appareils utiles, dont une turbine à vapeur miniature et des machines à traire, brevetées pour la première fois en 1894. La société de Laval, Alfa Laval, commercialisa la première machine à traire à avoir du succès sur le plan commercial en 1918, cinq ans après la mort de l'inventeur. Plus important encore, il conçut un appareil qui permit de préparer plus facilement la crème glacée. **BG**

VOIR ÉGALEMENT : LAIT EN POUDRE, PASTEURISATION, TRAYEUSE MÉCANIQUE

Les fuseaux horaires
(1878)

Fleming coordonne l'heure dans le monde.

Un fuseau horaire est une zone de même longitude autour du globe terrestre dans laquelle l'heure est identique. Avant l'existence des fuseaux horaires, chaque ville avait son propre horaire. Mais avec l'arrivée du train, cela s'avéra peu pratique, car l'heure du départ d'un voyage pouvait être très éloignée de celle de son arrivée. En 1847, les compagnies de chemin de fer britanniques conseillèrent de régler toutes les horloges à la même heure. L'heure choisie fut celle de midi sur le méridien de Greenwich (0 degré de longitude), soit l'heure GMT (Greenwich Mean Time).

Comme la Terre tourne sur elle-même en l'espace de 24 heures, le temps avance localement d'une heure tous les 15 degrés de longitude. L'ingénieur et inventeur écossais Sandford Fleming (1827-1915) suggéra donc que l'Amérique continentale compte quatre méridiens, et que d'autres fuseaux horaires de 15 degrés soient établis à la surface du globe.

« Donc, qu'est-ce que l'heure ? Si on ne me le demande pas, je le sais. Si je veux l'expliquer… j'en suis incapable. » **Saint Augustin, théologien**

En 1884, l'application au monde entier du projet de Fleming fut approuvée durant l'International Meridian Conference à Washington DC, et le méridien de Greenwich fut choisi pour être le premier méridien. **DH**

VOIR ÉGALEMENT : CALENDRIER LUNAIRE, CALENDRIER GRÉGORIEN

⇥ *Cette horloge de l'Observatoire royal de Greenwich à Londres indique l'heure du méridien de Greenwich.*

SHEPHERD PATENTEE
53 LEADEN
St LONDON
NO-MAGNETIC CLOCK
THE SHEPHERD 24-HOUR GATE CLOCK
THE TIME BALL
ORDNANCE SURVEY BENCH MARK
PUBLIC STANDARDS OF LENGTH
BRITISH YARD
TWO FEET
ONE FOOT
SIX INCHES
THREE INCHES

Le tube cathodique (1878)

Crookes découvre les rayons cathodiques.

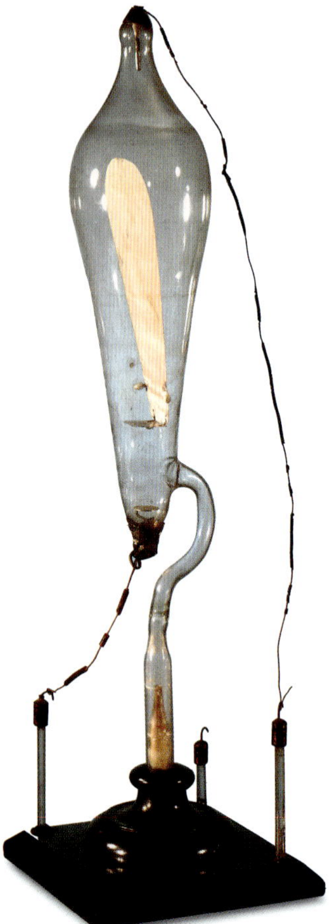

La période située entre 1850 et 1900 fut marquée par une révolution scientifique au cours de laquelle des phénomènes physiques tels que l'électricité commencèrent à être mieux connus. Des premières recherches sur l'électricité conduisirent à l'invention du tube cathodique, qui allait aboutir à la découverte de l'électron ainsi qu'à l'invention de la télévision.

Michael Faraday (1791-1867) remarqua qu'après avoir éliminé une majorité de l'air d'un tube en verre contenant une cathode et une anode, un faible rayon lumineux apparaissait entre les électrodes positives et négatives. Au début, le travail de Faraday fut limité par son incapacité à obtenir davantage qu'un vide partiel.

Vers 1855, les scientifiques allemands Heinrich Geissler et Julius Plucker améliorèrent la technique de création d'un vide et purent éliminer davantage d'air d'un tube. Cela permit à Plucker de créer un rayon lumineux plus vif entre les électrodes. Il put aussi démontrer que ce rayon réagissait à un champ magnétique.

Le chimiste et physicien anglais William Crookes (1832-1919) avait déjà fait d'importantes découvertes avant de s'intéresser aux tubes sous vide. Utilisant ses propres tubes, dans lesquels il créait un vide plus important encore que Geissler et Plucker, il montra que les rayons cathodiques à l'origine des rayons lumineux se déplaçaient en ligne droite et devenaient phosphorescents au contact de certains matériaux. Crookes installa aussi de minuscules ailettes qui tournaient à l'intérieur des tubes lorsque du courant y était appliqué. Il pensa qu'il avait découvert la matière rayonnante, mais la véritable nature de ce phénomène dut attendre les études de J. J. Thompson, qui montrèrent que ces particules étaient subatomiques. **DHk**

« Elle [la matière rayonnante] est projetée avec une grande vélocité depuis le pôle négatif. »

William Crookes, chimiste et physicien anglais

VOIR ÉGALEMENT : TÉLÉVISION, TÉLÉVISION EN COULEUR

Le tube de Crookes révéla les propriétés des rayons qui passent d'une cathode à une anode sous vide.

Le recycleur (1878)

L'appareil de Fleuss permet de respirer sous l'eau.

La plongée sous-marine nécessite l'utilisation d'un réservoir d'air attaché sur le dos, afin de pouvoir respirer sous l'eau. Cette méthode est appelée plongée en circuit ouvert (ou avec scaphandre autonome). Avant l'invention de cette méthode de plongée, les plongeurs utilisaient des recycleurs. En 1878, Henry Fleuss conçut ainsi un appareil permettant à l'utilisateur de respirer le même air de façon continue. Il réalisa le premier recycleur à l'aide d'un masque en caoutchouc, d'un sac respiratoire, d'un réservoir en cuivre et d'un morceau de corde.

Un recycleur fonctionne en éliminant le dioxyde de carbone des gaz exhalés par le plongeur et en recyclant leurs composants utilisables. L'appareil est doté d'un sac respiratoire qui se dilate pour recueillir les gaz exhalés et d'un ensemble de soupapes n'autorisant la circulation des gaz que dans un seul sens. Un filtre de dioxyde de carbone filtre ensuite l'air expiré afin qu'il devienne respirable. Dans le filtre de dioxyde de carbone, l'air expiré passe à travers un mélange absorbant contenant fréquemment de la chaux sodée. Le dioxyde de carbone réagit avec la chaux sodée, mais les autres composants de l'air passent au travers afin d'être à nouveau inhalés. La réserve d'air a donc une durée d'utilisation plus longue et les plongeurs peuvent emporter de plus petits réservoirs.

Le recycleur est plus efficace que les autres équipements de plongée, avec lesquels les plongeurs perdent 75 % de l'oxygène disponible lorsqu'ils expirent. Les recycleurs produisent en outre beaucoup moins de bulles que les équipements classiques, permettant aux plongeurs de passer inaperçus. **LW**

VOIR ÉGALEMENT : SCAPHANDRE CLASSIQUE, SCAPHANDRE AUTONOME

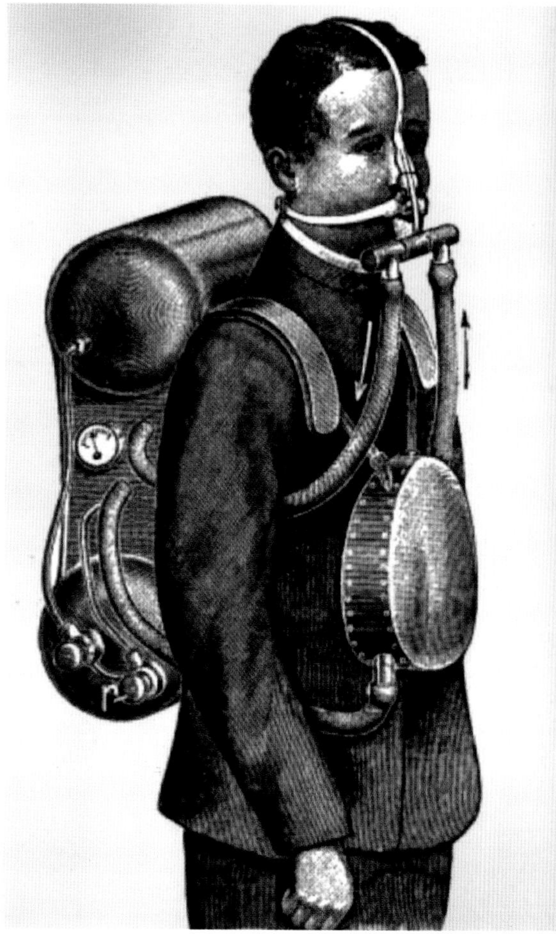

↗ *Le recycleur, assez encombrant ; la combinaison remplacerait aujourd'hui le costume chic.*

« Lorsque nous expirons, environ 80 % de l'oxygène que nous avons inspiré est rejeté… »

Adam Altman, Long Island Divers Association

La caisse enregistreuse (1879)

Ritty met fin aux menus larcins.

Avant l'invention de la caisse enregistreuse, à moins de surveiller chacune des transactions effectuées, le directeur ou le gérant d'un magasin ou d'un établissement ne pouvait vérifier avec exactitude les rentrées d'argent quotidiennes.

Las des sommes détournées par les employés de son saloon à Dayton dans l'Ohio, le propriétaire des lieux, James Ritty (1836-1918), décida de concevoir une machine qui mettrait fin à ces malversations. Cette idée lui vint après qu'il se fut rendu en Europe par bateau. Tandis qu'il se trouvait à bord, il fut fasciné par une machine qui enregistrait le nombre de tours accomplis par l'hélice du bateau. S'inspirant de cette machine, il travailla sur un premier prototype de caisse enregistreuse. Ritty avait une formation de mécanicien, mais il avait abandonné le travail manuel afin de monter sa propre affaire. Il lui fallut plusieurs essais, avec l'aide de son frère mécanicien, pour créer une caisse enregistreuse qui fonctionnait. La « caisse incorruptible de Ritty » fut brevetée en 1879.

Elle était très différente des caisses actuelles. Ainsi, elle ne comportait pas de tiroir pour l'argent liquide. Ce premier modèle servait uniquement à enregistrer une transaction et indiquait le total sur un cadran évoquant une horloge. Ritty continua de perfectionner sa caisse, à laquelle il ajouta par la suite des rouleaux de papier et des poinçons afin d'obtenir une trace concrète des transactions, puis se mit à la commercialiser.

Ritty, qui ne pouvait à la fois s'occuper de son saloon et de sa société de caisses enregistreuses, vendit cette dernière pour 1 000 dollars à Jacob H. Eckhart. Eckhart la vendit à son tour à John H. Patterson. En 1884, la société fut renommée National Cash Register Company, et existe toujours aujourd'hui sous le nom de NCR Corporation. **CL**

« La vie est comme une caisse enregistreuse… Chaque pensée, acte ou transaction… est enregistré. »

Fulton J. Sheen, archevêque

↑ *Une machine de 1910 de la National Cash Register Company américaine.*

→ *Une publicité pour l'Union Cashier américaine : la machine épargne l'effort intellectuel.*

VOIR ÉGALEMENT : BÂTON DE COMPTAGE, BILLET DE BANQUE, CARTE DE CRÉDIT, DISTRIBUTEUR AUTOMATIQUE DE BILLETS

SAVES TIME
THE UNION CASHIER
U.S.M.
MONEY AND BRAIN
TIME IS

L'autoclave médical (1879)

Chamberland stérilise les instruments médicaux.

Dans des années 1870, le microbiologiste français Louis Pasteur (1822-1895) s'efforçait toujours de réfuter les critiques relatives à sa théorie microbienne. Il avait montré que les liquides bouillis, comme le bouillon et l'urine, ne font pas l'objet d'une contamination bactérienne s'ils sont placés à l'abri de la contamination. Le physicien britannique Harry Bastian, l'un de ses détracteurs, affirmait que l'urine bouillie pouvait néanmoins faire l'objet d'une contamination bactérienne. Pasteur comprit que pour prouver sa théorie, il devait obtenir une température supérieure à 100 °C et chargea le microbiologiste français Charles Chamberland (1851-1908) de créer un appareil adéquat.

« Avez-vous quelques microbes ?… Seul le Microbe existe et Pasteur est son prophète. »

Journaliste français se moquant de Pasteur en 1881

Chamberland savait que si de l'eau était bouillie sous pression, elle pouvait atteindre 121 °C. L'exposition à cette température durant quinze minutes tuait toutes les bactéries connues. Il conçut donc en 1879 un autoclave destiné à stériliser les instruments chirurgicaux. Cet autoclave s'inspirait du « digesteur à vapeur » de 1679 de Denis Papin – la première Cocotte-Minute.

L'autoclave et la Cocotte-Mnute sont toujours utilisés aujourd'hui. **SS**

VOIR ÉGALEMENT : COCOTTE-MINUTE, CHIRURGIE ANTISEPTIQUE, PANSEMENTS DE CHITOSAN

En 1905, des employés disposent des bandages dans un autoclave pour les stériliser à 121 °C.

La saccharine (1879)

Remsen et Fahlberg fabriquent un substitut du sucre.

Le 27 février 1879, Ira Remsen (1846-1927) et Constantin Fahlberg (1850-1910), deux chimistes de l'université John Hopkins à Baltimore dans le Maryland, travaillaient sur l'oxydation de l'o-toluène-sulfamide, un dérivé du goudron de houille. Les deux scientifiques seraient rentrés chez eux pour dîner et auraient senti un résidu sucré sur leur nourriture, résidu qui provenait de leurs mains non lavées. Le lendemain, ils comparèrent leurs notes sur cette mystérieuse substance sucrée et inspectèrent le matériel qu'ils n'avaient pas lavé. Ils découvrirent un édulcorant artificiel non calorique qu'ils baptisèrent saccharine par la suite. Les deux scientifiques publièrent leurs découvertes en 1880, mais seul Fahlberg déposa un brevet.

En raison de son absence de calories et de glucose, la saccharine plut beaucoup aux consommateurs. Toutefois, ses effets sur la santé ont toujours fait l'objet de controverses. En 1907, des responsables sanitaires tentèrent d'en interdire l'utilisation, mais leur projet fut contrecarré par le président Theodore Roosevelt, qui aimait ce sucre artificiel. Son usage fut restreint en 1911, mais cette restriction fut levée au cours des Première et Deuxième Guerre mondiale du fait du manque de sucre.

Dans les années 1970, il apparut que les rats qui consommaient de grandes quantités de saccharine risquaient de développer un cancer de la vessie. Certains scientifiques affirmèrent toutefois que cela était dû aux impuretés contenues par la saccharine, et non à la saccharine elle-même. En 2000, le président Bill Clinton signa un projet de loi destiné à enlever les étiquettes de mise en garde sur la saccharine. Toutefois, ses effets sur la santé font toujours débat. **RH**

VOIR ÉGALEMENT : MYCOPROTÉINE COMESTIBLE, CÉRÉALES

Le sismographe (1880)

Milne crée un appareil sensible destiné à enregistrer les mouvements terrestres.

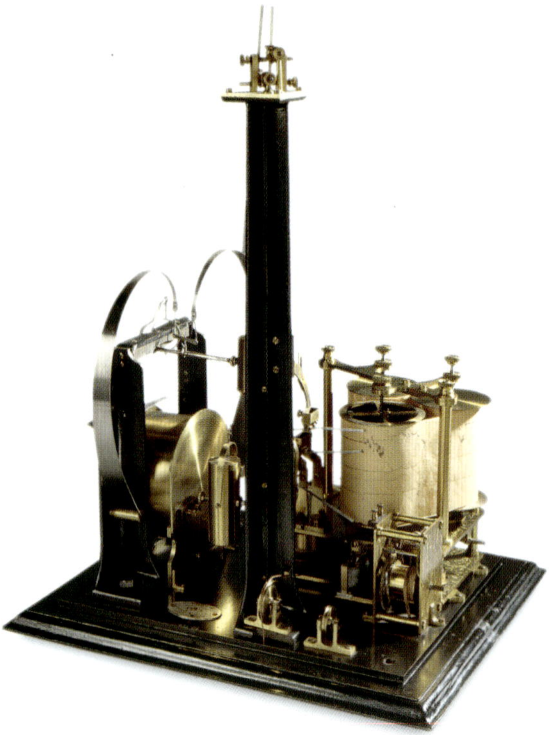

Au cours d'un tremblement de terre, le sol s'élève et s'abaisse, puis bouge latéralement lorsque la croûte terrestre subit des secousses. Le sismographe est un instrument qui enregistre de façon continue ce mouvement (vagues sismiques) en fonction du temps. Des sismoscopes rudimentaires furent inventés par les Chinois vers l'an 132 de notre ère, mais ceux-ci indiquaient simplement la direction de l'épicentre du tremblement de terre.

Les scientifiques britanniques Sir James Alfred Ewing, Thomas Gray et John Milne (1850-1913) étudièrent les tremblements de terre et les appareils servant à en garder la trace lorsqu'ils travaillèrent au Japon. C'est ainsi que Milne inventa un sismographe à pendule horizontal en 1880. Vers la fin du siècle, il eut en outre l'idée d'installer des réseaux de sismographes standard dans le monde entier.

Les sismographes servent à mesurer les mouvements de la croûte terrestre durant un tremblement de terre. Leur principal composant est une grosse masse d'inertie suspendue à un ressort dans un cadre fixé au substrat rocheux. Lorsque le sol tremble, le cadre bouge mais la masse d'inertie reste immobile. La variation de distance entre la masse et le cadre est mesurée, ce qui donne des indications sur le tremblement de terre. À l'origine, la mesure était effectuée à l'aide d'un crayon sur un graphique mobile en papier, mais aujourd'hui, les mesures sont effectuées numériquement. Les réseaux de sismographes ont permis la découverte du cœur liquide de la Terre en 1905, de la discontinuité de sa croûte et de son manteau en 1909 et de son cœur solide de petite dimension en 1936. **DH**

« Pourquoi ai-je cessé d'écrire ? Je préférerais être un paratonnerre qu'un sismographe… »

Ken Kesey, écrivain

VOIR ÉGALEMENT : DÉTECTEUR DE MENSONGES

⇖ *Fabriqué par James White de Glasgow en 1885, ce modèle dessine un tracé sur un rouleau de papier grâce à trois crayons.*

La souricière à ressort (1880)

Maxim imagine un moyen simple mais efficace de lutter contre les rongeurs.

Hiram Stevens Maxim (1840-1916) était un inventeur excentrique et prolifique. Il déposa 271 brevets au total et son travail porta sur des objets divers tels qu'une machine volante, des fers à friser et un substitut de café. L'une de ses inventions les plus connues fut aussi l'une des plus simples : la souricière à ressort.

Maxim aurait réalisé une souricière automatique alors qu'il n'avait que 14 ans, lorsqu'il était apprenti auprès d'un fabricant local de chariots. Sa souricière à ressort fut testée dans un moulin à blé des environs, dans lequel les rongeurs furent éliminés. Elle possédait une structure restée identique aujourd'hui. Une souricière comporte une barre actionnée par un puissant ressort. Lorsque la souris attirée par un appât déclenche le piège, celui-ci endommage sa colonne vertébrale, son crâne ou ses côtes. Contrairement à un avis répandu, le fromage suisse est un appât beaucoup moins efficace que des mets tels qu'une cacahuète, du beurre, du chocolat ou de la viande.

Diverses modifications ont été apportées à la souricière depuis les années 1900, comme l'émission de sons effrayants, ou l'utilisation de systèmes électriques ou de nasses. Les pièges moins violents, permettant d'attraper les souris sans leur faire de mal et de les remettre dans la nature, sont aujourd'hui plus populaires. Il existe actuellement un piège émettant un gaz inerte, le RADAR, développé par Rentokil. Ce piège libère du dioxyde de carbone afin de tuer rapidement et de façon indolore les animaux. Les utilisateurs reçoivent alors un e-mail les avertissant de vider le piège et de le remettre en service. En dépit de tous les pièges présents sur le marché, la classique « tapette à souris » de Maxime est toujours largement utilisée. **JG**

VOIR ÉGALEMENT : HAMEÇON

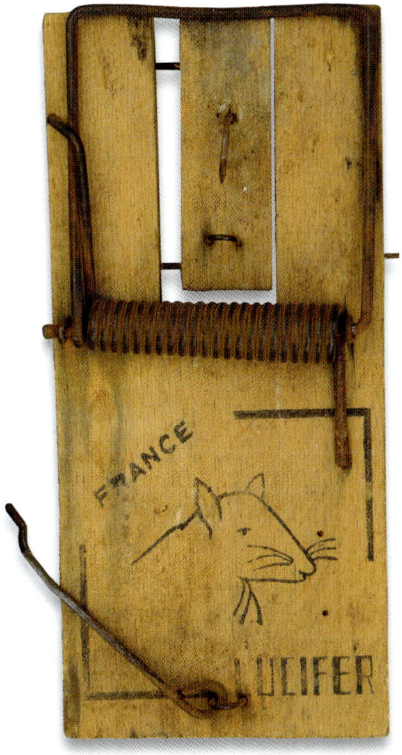

↗ *La souricière de Maxim était simple à fabriquer, comme en témoigne ce modèle français.*

« Si un homme conçoit un meilleur piège à souris… le monde se fraiera un chemin jusqu'à sa porte. »

Ralph Waldo Emerson, écrivain

Le vaccin anti-choléra (1880)

Pasteur met au point un nouveau vaccin.

Le chimiste français Louis Pasteur (1822-1895) fut l'un des brillants esprits du XIXe siècle, dont les travaux dans les domaines de la microbiologie et de la chimie aboutirent à une longue liste de découvertes scientifiques. Parmi ces découvertes les plus connues figurent l'invention d'un certain nombre de vaccins, notamment contre la rage et l'anthrax. Sa découverte d'un vaccin contre le choléra fut cependant presque accidentelle, même s'il connaissait les travaux d'Edward Jenner (1749-1823), qui créa le vaccin contre la variole.

Durant l'été 1880, Pasteur menait des expériences sur le choléra et avait donné à son assistant Charles Chamberland l'instruction d'inoculer à des poulets une culture de bactéries du choléra. Chamberland omit de le faire et un mois plus tard, la culture, désormais altérée, fut inoculée aux oiseaux. Ceux-ci tombèrent malades, mais ne moururent pas. Pasteur mit en place un nouveau groupe de poulets et inocula à tous les animaux une culture fraîche des bactéries. Ceux auxquels avait été inoculée l'ancienne culture survécurent, mais les nouveaux poulets moururent, ce qui permit à Pasteur, comme Jenner avant lui, de comprendre que les bactéries affaiblies avaient créé une immunité chez les sujets. La différence entre les travaux de Jenner et ceux de Pasteur, toutefois, fut que Pasteur employait une souche de bactéries obtenue de façon artificielle. Cela permit au vaccin d'être créé en grandes quantités et révolutionna la prévention sanitaire. Après ce succès avec le choléra, Pasteur créa un vaccin contre l'anthrax (1881) puis contre la rage (1895).

En dépit du succès et de la célébrité de Pasteur, le monde médical comptait encore des sceptiques qui ne surent apprécier à l'époque sa contribution au traitement des maladies infectieuses. **TP**

VOIR ÉGALEMENT : VACCINATION, VACCIN CONTRE LA RAGE, VACCIN CONTRE LA POLIO, VACCIN CONTRE LA RUBÉOLE, VACCIN CONTRE L'HÉPATITE B

La couveuse (1880)

Tarnier et Martin sauvent des prématurés.

S'inspirant des incubateurs pour poulets, basés sur ceux que l'on voyait sur les hiéroglyphes égyptiens, un obstétricien français du nom d'Étienne Stéphane Tarnier demanda l'aide d'une éleveuse de poulets, Odile Martin, pour réaliser une couveuse qui conviendrait aux nouveau-nés. Cette adaptation d'une ancienne machine, en 1880, sauva des millions de vies.

Sa conception était très simple : la couveuse comportait deux enceintes, l'une placée au-dessus de l'autre, avec un espace pour le bébé dans l'enceinte supérieure et de l'eau chauffée par une lampe à huile dans l'enceinte inférieure. L'enceinte inférieure réchauffait en douceur l'enceinte supérieure, tandis qu'une ouverture de l'enceinte supérieure permettait à l'enfant de respirer. Depuis 1880, les couveuses ont beaucoup évolué. Leur version moderne abrite certains des équipements très sophistiqués.

> *« Une personne en bonne santé garde l'espoir ; qui détient l'espoir possède tout. »*
>
> Proverbe arabe

Environ quatorze millions d'enfants naissent prématurément dans le monde chaque année et il est indispensable de pouvoir les protéger de façon adéquate. Et peut-on imaginer qu'il y a à peine plus d'un siècle, les bébés prématurés étaient placés dans des pots remplis de plumes pour leur permettre de franchir le cap difficile du début de leur vie ?. **CB**

VOIR ÉGALEMENT : POUMON DE FER, DIALYSE RÉNALE, MACHINE CŒUR-POUMON, VENTOUSE

⇥ *La couveuse électrique du docteur How, ici en 1903, était plus sophistiquée que celle de Tanier et Martin.*

Le robinet à flotteur
(1880)

Crapper conçoit un dispositif de régulation du débit des chasses d'eau.

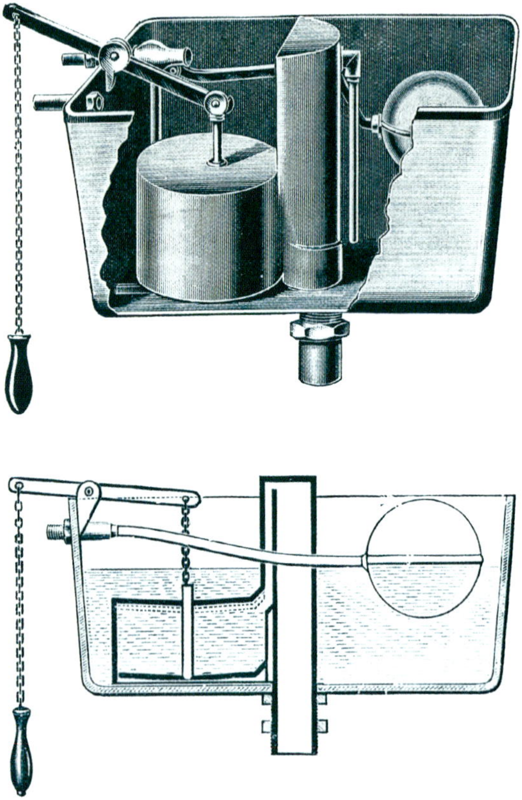

Thomas Crapper (1836-1910), dont le nom est fièrement gravé sur les systèmes de chasse d'eau du monde entier, est indissociable de cette invention. Pourtant, il n'est pas lui-même l'inventeur des toilettes munies d'une chasse d'eau. Il permit cependant d'en étendre l'usage et exerçait la profession de plombier. Apprenti d'un maître plombier, il le devint lui-même à 20 ans. Son travail était exceptionnel et il travailla même pour des membres de la famille royale.

Le robinet à flotteur fut l'une des neuf inventions brevetées par Crapper, dont trois étaient consacrées à l'amélioration des toilettes. Le robinet à flotteur consistait en un simple flotteur rempli d'air et étanche fixé à une valve à l'intérieur de la chasse d'eau par le biais d'une armature. Tandis que la chasse d'eau se remplissait graduellement par le biais des tuyaux, le flotteur était soulevé par la montée de l'eau ; à un point déterminé, il entraînait la fermeture de la valve, évitant que la chasse ne déborde.

Crapper était un homme d'affaires intelligent. Il créa sa propre société de matériel de plomberie et de salle de bains, la première du monde à posséder une salle d'exposition. Thomas Crapper and Co. Ltd. continue de fabriquer des équipements de salle de bains de grande qualité, dont de fidèles répliques de modèles originaux conçus par l'inventeur lui-même. Aujourd'hui, à Westminster Abbey à Londres, des couvercles de trous d'hommes portent le nom de la société de Crapper. Pour certains, ils sont devenus une attraction touristique. **DHk**

« Levez vos verres, s'il vous plaît, à Crapper, qui installa la chasse d'eau royale ! »

Adam Hart-Davis, scientifique et animateur anglais

VOIR ÉGALEMENT : TOILETTE À CHASSE D'EAU, RÉSEAU D'EAUX USÉES, PAPIER TOILETTE, TOILETTES MONOBLOC, TOILETTES À COMPOST

⇱ *Le « water waste preventer » de Crapper employait un flotteur (la balle de droite) pour réguler l'arrivée d'eau.*

La turbine hydraulique à jet libre (1880)

Pelton accroît l'efficacité de la roue hydraulique.

Pendant la ruée vers l'or américaine (1848-1855), des personnes affluèrent du monde entier en Californie en rêvant de faire fortune. Lester Pelton (1829-1908), originaire de l'Ohio, était l'un de ces émigrants, mais sa réussite ne lui vint pas de l'or. Ce fut sa turbine hydraulique à jet libre, qu'il breveta en 1880, qui lui apporta gloire et fortune.

L'exploitation de l'or prenait une grande ampleur et nécessitait des quantités toujours plus importantes d'énergie. Comme les réserves de bois à brûler diminuaient, la vapeur devint très onéreuse et les compagnies d'exploitation minière recherchèrent une source d'énergie alternative dans les ruisseaux et chutes d'eau entourant les mines. En 1866, Samuel Knight inventa une turbine hydraulique qui remplaça les pales de la roue hydraulique – roue que l'on voit dans les rivières et qui actionne les moulins – par des augets entraînés directement par des jets d'eau venant d'en haut. En observant une turbine mal alignée, Pelton remarqua que l'eau s'écoulait sur le bord de l'auget plutôt qu'au centre, ce qui faisait tourner la roue plus rapidement. Cela est dû au fait que la force générée par le jet d'eau augmente avec la distance depuis laquelle elle est appliquée. Pour tirer parti de ce phénomène, Pelton scinda les augets en deux de façon à ce que l'eau se divise en deux et s'écoule vers les côtés. La turbine de Pelton était efficace à plus de 90 %, une amélioration par rapport aux 14 % d'efficacité de son ancienne rivale.

La turbine Pelton fut utilisée durant des décennies et est à l'origine des turbines inventées ultérieurement. Elle est toujours fabriquée aujourd'hui et encore souvent employée. Il est possible que la recherche de sources d'énergie renouvelables redonnera vie à cette méthode d'utilisation de l'eau. **RP**

VOIR ÉGALEMENT : MOULIN À EAU, MOULIN À MARÉE, TURBINE FRANCIS, TURBINE À VAPEUR

Le détecteur de métaux (1881)

Bell utilise le magnétisme pour détecter le métal.

Lorsque le président américain James Garfield reçut une balle au cours d'une tentative d'assassinat en 1881, les médecins firent appel à Alexander Graham Bell (1847-1922) pour qu'il détermine l'emplacement de la balle dans son corps. Pour y parvenir, Bell créa rapidement un instrument improvisé capable de détecter le métal, mais malheureusement, le président était allongé dans un lit dont le cadre était en métal, ce qui était inhabituel à l'époque. Le métal interféra avec l'instrument. Lorsque Bell finit par comprendre pourquoi son détecteur ne fonctionnait pas correctement, il était trop tard et le président Garfield mourut peu après.

Les détecteurs de métaux fonctionnent sur le principe de la relation entre l'électricité et le magnétisme. Ils sont dotés d'une bobine de fil électrique dans laquelle passe un courant, ce qui crée un champ magnétique. Si un objet métallique passe dans ce champ, un courant lui est transmis par induction électromagnétique. La bobine récupère alors le courant induit et le décalage de phase est analysé et signalé à l'utilisateur.

Le détecteur de métaux de Bell, rudimentaire, fut amélioré par la suite. Le détecteur actuel date des années 1930. Il est couramment utilisé dans les aéroports, pour repérer les armes. Il sert aussi à détecter les mines terrestres sur le champ de bataille et la présence d'éclats de métal dans les aliments au sein des usines. Les détecteurs de métaux simples sont bon marché et faciles à faire ; certains s'en servent, dans le cadre de leurs loisirs, pour dénicher des pièces ou d'autres objets en métal. **LS**

VOIR ÉGALEMENT : MÉTALLURGIE, FER FORGÉ, ACIER, DÉTECTEUR DE MENSONGES

La fosse septique (1881)

La fosse de Mouras traite les déjections humaines.

Aujourd'hui, il existe des systèmes de retraitement complexes des eaux usées. Le Français Jean-Louis Mouras inventa une nouvelle méthode de traitement à la fin du XIXe siècle encore utilisée aujourd'hui par les communautés non reliées au réseau d'eaux usées.

Dans les années 1860, Mouras construisit un réservoir en maçonnerie pour recueillir les déjections, qui débordaient dans une fosse d'aisances ordinaire. La fosse fut ouverte au bout de douze ans environ, et Mouras découvrit, à sa grande surprise, qu'elle ne comportait presque plus de matières solides. Mouras fit breveter sa fosse en 1881 avec l'abbé Moigno, prêtre et scientifique. Le fonctionnement de la fosse septique est simple. Les déjections pénètrent à une extrémité de la fosse et y décantent un long moment avant d'être vidées à l'autre extrémité. La fosse fonctionne lorsqu'elle est pleine, et le liquide qui y pénètre provoque l'écoulement d'une même quantité de liquide. Le liquide se compose d'une couche supérieure d'écume, d'une couche de boue qui se dépose au fond et d'une couche liquide assez claire au centre. La décomposition a lieu grâce à des bactéries et les matières solides, en rétention dans la fosse, doivent être évacuées de temps en temps. Les déchets partiellement traités sont ensuite placés sur une tranchée de drainage puis doivent être traités afin de ne pas contaminer les nappes phréatiques. **RH**

« Un mystérieux stratagème consistant en une voûte fermée hermétiquement par un joint hydraulique. » Ralph Waldo Emerson, écrivain

VOIR ÉGALEMENT : TOILETTE À CHASSE D'EAU, RÉSEAU D'EAUX USÉES, TOILETTES À COMPOST

La similigravure (1881)

Ives conçoit un procédé d'impression.

La photographie connut un succès croissant dans les années 1800. Il fallait donc trouver un moyen d'imprimer les photographies dans les livres et les journaux. Toutefois, les presses d'imprimerie ne pouvaient produire des images monochromes faites d'une infinité de nuances de gris. Or ce n'est qu'en 1881 que l'Américain Frederic Ives (1856-1937) mit au point le premier procédé de similigravure.

La similigravure consiste à convertir des images monochromes en images composées de points de tailles variées. Si la résolution est appropriée, les différents points ne sont pas visibles, donnant l'impression de nuances de gris, les plus foncées étant reproduites par les plus gros points.

« En vérité, une similigravure n'est rien d'autre qu'une sorte de tour de magie. »

Bill Stephens, imprimeur

La première étape consiste à produire un négatif à l'aide d'un appareil photo dans lequel une trame est placée entre l'objectif et la pellicule. La trame divise l'image en petits carrés à travers lesquels la lumière passe, ce qui permet d'obtenir des points distincts. La taille variable des points est due à la différence d'intensité de la lumière qui arrive sur la pellicule. Plus la lumière est forte, plus les points sont gros. Le négatif est ensuite utilisé pour réaliser une gravure sur une plaque métallique, l'image formant un relief à la surface. Les plaques ainsi obtenues étaient passées à l'encre puis l'image était imprimée. **RP**

VOIR ÉGALEMENT : PRESSE ROTATIVE, PELLICULE PHOTOGRAPHIQUE, PROJECTEUR, HOLOGRAPHIE, APPAREIL PHOTO NUMÉRIQUE

La porte tambour (1881)

Bockhacker évite les bousculades entre les personnes qui entrent et sortent des immeubles.

Une porte tambour se compose de plusieurs ailes, et non d'un unique panneau plat. Mais les implications architecturales, sociales et environnementales de cette porte sont assez étonnantes. Le premier brevet relatif à une porte tambour fut décerné à H. Bockhacker en 1881. Si ce modèle de porte ne devint courant que beaucoup plus tard, il fit pourtant l'objet de nombreuses demandes de brevet avant la fin de l'époque victorienne (1837-1901). L'un fut déposé par Theophilus Van Kannel en août 1888, concernant une porte à trois ailes destinée à être protégé contre les éléments. Van Kannel insista sur le fait que sa porte ne tournait que dans une direction, afin de contrôler la circulation des personnes et de minimiser le risque de collision.

Une porte bien conçue ne permet pas seulement d'éviter la collision entre des personnes. L'avantage le plus souvent cité à propos des portes tambour est le fait qu'elles diminuent les déperditions d'énergie en empêchant l'air chaud de s'échapper. La présence de quatre ailes signifie qu'il n'y a jamais de passage direct entre l'intérieur et l'extérieur. Des recherches menées au Massachusetts Institute of Technology (MIT) montrèrent que les portes tambour permettaient d'économiser de grandes quantités d'énergie.

En 2008, des designers de Fluxxlab à New York présentèrent des plans d'une porte tambour qui économisait non seulement de l'énergie, mais en produisait. Leur porte, appelée Revolution Door, qui fonctionne de la même manière qu'une turbine à vent, capte l'énergie cinétique produite par le mouvement d'une porte qui tourne et la transforme en électricité. **HB**

VOIR ÉGALEMENT : GRATTE-CIEL EN POUTRES MÉTALLIQUES, ESCALATOR, PORTE AUTOMATIQUE

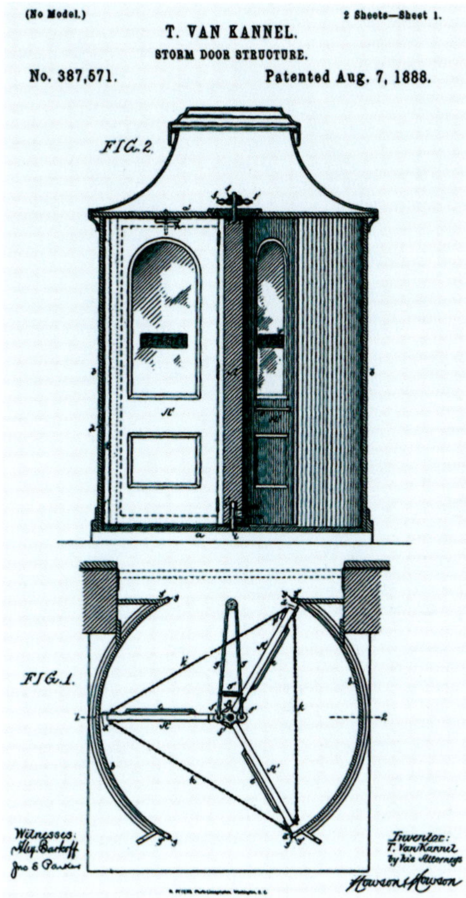

↗ *La porte tambour de Theophilus Van Kannel fut l'une des nombreuses portes exploitant le concept de Bockhacker.*

« Les grandes œuvres sont souvent nées au coin d'une rue ou dans la porte tambour d'un restaurant ! »

Albert Camus, écrivain

La lampe à souder (1881)

Nyberg invente un appareil de petite taille et polyvalent pour émettre une chaleur ciblée.

Dès la fin des années 1890, l'inventeur suédois Carl Nyberg (1858-1939) s'intéressa à la question du vol habité. Les nombreuses expériences qu'il mena avec sa machine volante, appelée Flugan (« Le vol ») furent infructueuses. Nyberg ne réalisa peut-être pas ses ambitions dans le domaine du vol, mais sa machine volante se déplaçait grâce à un moteur à vapeur chauffé par quatre lampes à souder. Ce fut cet instrument – toujours fréquemment utilisé aujourd'hui – qu'il légua au monde.

Nyberg, un inventeur prolifique qui travailla également sur les cuisinières, les machines à vapeur et les hélices de bateau, inventa la lampe à souder en 1881, même si la demande de brevet fut réalisée par l'entrepreneur Max Sievert, qui s'intéressa à l'invention de Nyberg et commença à la commercialiser vers 1886.

La lampe à souder se compose d'un cylindre rempli de carburant, en général du propane, du butane ou du gaz de pétrole liquéfié. Celui-ci est vaporisé et mélangé à de l'oxygène (issu de l'air) dans une chambre de combustion avant d'être enflammé. Le carburant sous pression, qui est émis à travers un petit ajutage, permet à la chaleur intense de la lampe d'être appliquée sur des zones relativement limitées.

Comme sa flamme est nettement plus froide que celle d'un chalumeau oxyacétylénique, la lampe à souder est moins appropriée à la soudure ou au découpage, mais connaît de nombreux autres usages. Il existe des lampes à souder de différentes tailles que l'on utilise pour des tâches culinaires, pour bricoler, pour rendre croustillante une crème brûlée ou pour souder le métal. **BG**

VOIR ÉGALEMENT : FOYER AMÉNAGÉ, LIQUÉFACTION DE L'AIR, LANCE-FLAMME MODERNE, SOUDURE

La structure de la lampe à souder a peu changé depuis son invention par Nyberg en 1881.

Le fer à repasser électrique (1882)

Seely dévoile un fer à repasser qui facilite le repassage.

Avant l'arrivée du fer électrique, différentes méthodes étaient utilisées pour lisser les vêtements lavés et froissés. Les pots remplis de charbon remontant à la Chine antique furent utilisés jusqu'au XVIIe siècle où ils furent remplacés par des fers à repasser plats en fonte, chauffés sur le feu. À la fin du XIXe siècle, les fers à repasser étaient chauffés à l'aide de divers combustibles, notamment le kérosène et les huiles animales.

Mais le repassage était une tâche fatigante ; il était nécessaire de disposer d'une cuisinière à charbon et d'un grand nombre de fers demandant un chauffage continu. Avec l'arrivée de l'électricité, il était inévitable que quelqu'un tente d'améliorer l'appareil. Henry W. Seely, un inventeur américain qui vivait à New York, fut le premier à concevoir et breveter un fer électrique en 1882. Ce dernier utilise un chauffage par résistance – une chaleur produite par résistance à un courant électrique. Cette chaleur agit sur une plaque métallique qui est aujourd'hui en aluminium ou en acier inoxydable. La plaque est fixée à une poignée pour pouvoir être déplacée. Il était difficile de contrôler la température de la plaque des premiers fers électriques, dont la manipulation était donc dangereuse. Seely et son associé Richard Dyer (l'avocat de Thomas Edison en matière de brevets) conçurent donc un type de fer à repasser sans fil posé sur un support chauffé par l'électricité.

Dans les années 1920, la plupart des foyers des pays développés possédaient l'électricité, et les fers électriques étaient très appréciés. Un thermostat, qui allumait et éteignait le courant, fut introduit dans les années 1930, suivi par le fer à vapeur actuel. En 1941, plus des trois quarts des ménages américains possédaient un fer électrique. **RBd**

VOIR ÉGALEMENT : TABLE À REPASSER PLIANTE

↑ *Cet ancien fer électrique, chauffé par des électrodes à arc de carbone, était fabriqué en France vers 1905.*

Le pont cantilever (1882)

Baker et Fowler accomplissent une prouesse en matière d'ingénierie structurelle.

Entre 1882 et 1890 eut lieu près d'Édimbourg en Écosse la réalisation de l'un des projets d'ingénierie les plus ambitieux de l'époque. Le projet consistait à créer un pont ferroviaire enjambant le Firth of Forth, l'un des principaux affluents d'Écosse, et à relier le Nord-Est et le Sud-Est du pays. Les hommes qui entreprirent de relever ce défi étaient Benjamin Baker (1840-1907) et John Fowler (1817-1898). L'artiste William Morris décrivit l'ouvrage comme le « spécimen suprême de tout ce qu'il y a de plus laid », mais le pont devint un emblème national et sa structure un classique en matière d'ingénierie.

En 1882, Baker et Fowler furent chargés de remplacer l'ancien concepteur du pont, Sir Thomas Bouch, car l'un des ouvrages de celui-ci, le Tay Bridge, s'était effondré en 1879, tuant 75 personnes. Baker et Fowler avaient déjà à leur actif de nombreuses réalisations en Grande-Bretagne, dont la Metropolitan Line, la première ligne de métro souterraine de Londres, ainsi que de nombreux autres ponts ferroviaires. Ils choisirent de concevoir un pont cantilever au-dessus du Firth of Forth, utilisant pour sa structure 64 000 tonnes d'acier. Ce fut le premier pont en acier.

Un pont cantilever repose sur le principe de l'équilibre. Il se projette au-dessus de l'espace qu'il doit franchir et repose sur la rive adverse. Souvent, il se compose de deux ponts situés chacun de part et d'autre, un troisième pont, souvent un simple pont à poutres, reliant les deux premiers. L'idée consistant à utiliser des cantilevers pour des ponts n'était pas entièrement nouvelle. Mais l'ouvrage de Baker et de Fowler était unique du fait de sa dimension. **BG**

VOIR ÉGALEMENT : PONT EN ARC, PONT FLOTTANT, PONT SUSPENDU, PONT À POUTRE TRIANGULÉE

↑ *Long de plus de 1000 m, le Forth Rail Bridge est le second pont cantilever le plus long du monde.*

La fourniture publique d'électricité (1882)

Edison distribue l'électricité à la population.

À l'automne 1882, une partie du bas de Manhattan, à New York, connut un changement que beaucoup considérèrent comme un miracle : la création d'un réseau commercial d'électricité centralisé fournissant à la fois de l'énergie et de la lumière. La centrale alimentant ce réseau était située dans Pearl Street, le quartier financier de la capitale. Il s'agissait du premier réseau permanent de ce type, utilisant un courant direct (et non alternatif) ainsi que 3 000 lampes électriques. Thomas Edison (1847-1931), incontournable et prolifique inventeur, était à l'origine de ce réseau.

À la fin des années 1970, l'une des principales préoccupations des scientifiques consistait à remplacer les grandes lampes puissantes à arc électrique, qui surchauffaient facilement, par des lampes plus petites et plus sûres. La société d'Edison, l'Electric Light Company, entreprit de créer un circuit parallèle dans lequel le courant était réparti entre plusieurs petites lampes. L'objectif était d'éviter que le circuit ne saute si une lampe était défaillante. Utilisant le carbone, Edison conçut des filaments en bambou et en carbone. Il conçut aussi des générateurs, des boîtes de dérivation, des fusibles de sécurité, des prises et d'autres dispositifs de ce type pour créer un réseau complet à Pearl Street.

Les grands réseaux fonctionnant à partir d'une centrale, contrairement aux réseaux individuels mis en place dans des bâtiments, ne devinrent pas immédiatement courants, et l'éclairage au gaz perdura un certain temps. Toutefois, une révolution était en marche. Les ampoules au tungstène apparurent vers 1915. Elles produisaient une lumière beaucoup plus blanche. **AK**

VOIR ÉGALEMENT : LAMPE À ARC, AMPOULE À INCANDESCENCE, AMPOULE À INCANDESCENCE, FILAMENT AU TUNGSTÈNE, LAMPE ANGLEPOISE®, LAMPE HALOGÈNE

↑ *Illustration de 1882 de la salle de la dynamo de la centrale de Pearl Street à New York.*

Le ventilateur électrique
(1882)

Wheeler remédie à la chaleur grâce à son ventilateur électrique de table.

Les températures excessives devaient être problématiques avant la fin du XIXe siècle. Dès l'invention de l'électricité, des inventeurs essayèrent de concevoir un ventilateur électrique.

Le docteur Schuyler Skaats Wheeler (1860-1923), ingénieur, fut à l'origine de la création du ventilateur de table à deux lames – une invention appréciée de tous ceux qui travaillent à l'intérieur durant les mois d'été. Il l'inventa à l'âge de 22 ans. Son ventilateur était en laiton, ses lames n'étaient pas entourées d'une grille protectrice et il était donc aussi beau que dangereux.

Toutefois, comme beaucoup d'inventions de l'époque utilisant de l'électricité, l'appareil fut dans un premier temps réservé aux plus riches et aux plus influents. Ce n'est que dans les années 1920, lorsque les progrès industriels facilitèrent la production en série de ventilateurs en acier, que leur prix commença à baisser et qu'ils devinrent accessibles.

Wheeler était également réputé pour le fait qu'il employait de nombreux aveugles. Il avait remarqué que ses employés dotés d'une bonne vue fabriquaient des bobines sans regarder ce qu'ils faisaient. Il tenta de le faire en masquant ses yeux, et découvrit qu'avec un peu d'entraînement, cela était possible. Après la Première Guerre mondiale, le nombre d'aveugles avait augmenté. Dans son usine, Wheeler créa un service n'employant que des hommes et des femmes aveugles, les plaçant sur un pied d'égalité avec les voyants. **CL**

« Quelle est ma plus noble ambition ? J'ai toujours voulu jeter un œuf sur un ventilateur électrique. »

Oliver Herford, écrivain, artiste et illustrateur

VOIR ÉGALEMENT : HOTTE ASPIRANTE, RÉACTEUR, AÉROGLISSEUR

↖ *Ce ventilateur, breveté en Italie en 1927, était appelé Nuvol Acchiappamosche (« Nouvel attrape-mouches »).*

Le moteur à induction
(1883)

Le moteur de Tesla utilise un courant alternatif.

Nikola Tesla, l'un des inventeurs les plus importants de l'histoire, est né en 1856 à Smiljan, en Croatie. Détenteur de près de 300 brevets, il travailla sur la communication sans fil, le courant alternatif et le moteur à induction.

Tesla construisit le premier moteur à induction fonctionnel en 1883. Michael Faraday avait fait la démonstration d'un moteur électrique en 1821 et Zénobe Gramme avait mis au point le moteur moderne à courant continu en 1873, mais la plupart des moteurs de nos appareils ménagers sont basés sur celui de Tesla.

« Le succès d'une idée… dépend de l'attitude de ses contemporains. »

Nikola Tesla

Le moteur à induction est à courant alternatif. Sa structure est simple et son coût de construction est très inférieur à celui des moteurs à courant continu. Il est moins exposé à l'usure et donc plus fiable.

Le moteur à induction équipe les appareils ménagers mais aussi certaines installations industrielles. Toutefois, il n'est pas adapté aux applications nécessitant un contrôle précis de la vitesse ou aux opérations effectuées à vitesse réduite.

Grâce aux inventions de Tesla, nous disposons de l'électricité dans nos maisons et du moyen de l'employer de manière utile. **ES**

VOIR ÉGALEMENT : MOTEUR ÉLECTRIQUE, FOURNITURE PUBLIQUE D'ÉLECTRICITÉ, RÉSEAU DE COURANT ALTERNATIF, ASPIRATEUR ÉLECTRIQUE

La rastérisation
(1884)

Le disque de Nipkow annonce l'arrivée de la télévision.

Le sélénium offre une meilleure résistance électrique lorsqu'il se trouve dans l'obscurité. Ainsi, en agissant sur l'éclairage d'une cellule au sélénium, la quantité d'électricité passant dans la cellule peut être modifiée. L'ingénieur allemand Paul Nipkow (1860-1940) s'appuya sur ce principe, et sur le fait que tout ce que nous voyons est constitué de nuances différentes de lumière et d'obscurité, pour mettre au point un moyen de convertir des images en signaux électriques.

Il conçut à cette fin un disque rotatif comportant une série de trous disposés en spirale. Lorsque le disque tourne, les trous, découpent l'image en une série de signaux lumineux variés. Lorsque la lumière passe à travers les trous et atteint les cellules au sélénium, le sélénium réagit. Le signal électrique ainsi créé peut alors alimenter, par le biais d'un fil électrique, une lampe disposée ailleurs. Si un second disque tournant de façon synchronisée avec le premier est placé devant cette lampe, les signaux lumineux s'ajustent sur les trous du second disque, créant une réplique de l'image originale. Si le processus se déroule à grande vitesse, l'œil ne peut plus percevoir que les signaux lumineux sont émis successivement de façon rapide et voit une image complète. Ce procédé consistant à morceler une image en petits points, ou pixels, est à l'origine de la télévision. **CL**

« Mon père détestait la radio ; il ne souhaitait pas l'invention de la télévision… il pouvait la détester. »

Peter de Vries, écrivain

VOIR ÉGALEMENT : KINÉTOSCOPE, ICONOSCOPE

La machine à statistiques à cartes perforées (1884)

Hollerith automatise le traitement des données.

Herman Hollerith (1869-1929) obtint son premier emploi au bureau de recensement américain, où il était chargé d'additionner manuellement les informations réunies au cours du recensement de 1880. Il se rendit rapidement compte que cela serait plus facile et plus fiable si le processus était automatisé. Il imagina son système à base de cartes perforées en voyant un chauffeur de bus composter des billets, et déposa son premier brevet en 1884.

Les cartes perforées existaient déjà et avaient été utilisées par le tisserand français Joseph Marie Jacquard pour contrôler la chaîne et la trame sur son métier à tisser – mais Hollerith fut le premier à créer le tabulateur et la trieuse. Les informations étaient lues à l'aide d'une série d'aiguilles de cuivre montées sur ressort qui passaient par les différents trous de la carte et étaient parcourues d'un courant électrique. Le tabulateur était muni de nombreux cadrans qui pouvaient afficher les renseignements contenus sur chaque carte. La trieuse de la machine permettait à l'opérateur de sélectionner certains critères à l'aide d'une série de boutons. Les cartes correspondant aux critères choisis étaient automatiquement collectées dans un bac, ce qui permettait aux statisticiens de traiter les données comme ils le désiraient pour la première fois.

La machine de Hollerith fut utilisée lors du recensement de 1890, et réduisit de moitié la durée du traitement des données, permettant ainsi une économie de 5 millions de dollars. Pour l'exploitation commerciale de son invention, Hollerith établit en 1896 la Tabulating Machine Company qui, en 1924, devint IBM. Son système fut exploité en informatique jusqu'à la fin des années 1970. **HP**

VOIR ÉGALEMENT : CARTE PERFORÉE, MÉTIER À TISSER MÉCANIQUE, ORDINATEUR MÉCANIQUE, PROGRAMME INFORMATIQUE

La Linotype (1884)

Mergenthaler facilite l'impression des journaux.

Dans le domaine de l'imprimerie, la composition, à base de caractères amovibles changea peu au cours des 400 ans qui suivirent l'invention de la presse typographique par Gutenberg en 1436. En 1822, William Church, un Bostonien, déposa le brevet d'une machine qui sélectionnait des caractères au dos de cuivre pour créer une ligne continue de texte que l'on complétait manuellement avec des espaces, des retours à la ligne et des justifications. Ce fut toutefois un échec commercial.

À Baltimore, en 1884, Ottmar Mergenthaler (1854-1899), d'origine allemande, fit breveter les plans de la Linotype qui utilisait un clavier de 90 caractères pour sélectionner les moules en cuivre (matrices) de lettres et autres caractères pour les monter dans un assembleur et créer une ligne de texte. Des espaces-bandes étaient ensuite insérés entre les mots, et la ligne de texte ainsi justifiée. À partir des lignes assemblées on réalisait un moulage de fins lingots d'un alliage de plomb fondu que l'on refroidissait ensuite rapidement dans l'eau. Les lignes de texte ainsi créées étaient montées sur un cliché que l'on imprimait. Des encoches étaient dessinées sur les matrices afin de les identifier, de les trier mécaniquement et de les reposer dans les casiers appropriés. Après l'impression, on fondait les lingots à nouveau pour pouvoir les réutiliser.

La Linotype, installée pour la première fois dans les locaux du *New York Tribune* en 1886, fut rapidement adoptée par les autres journaux. Elle accéléra la composition, réduisit le nombre d'ouvriers spécialisés nécessaires, et permit ainsi la réduction des coûts d'imprimerie et l'expansion de la presse tout au long du XXe siècle. **EH**

VOIR ÉGALEMENT : PRESSE ROTATIVE, PRESSE TYPOGRAPHIQUE, SIMILIGRAVURE, MONOTYPE

La mitraillette portable
(1884)

L'arme de Maxim change à jamais l'art de la guerre.

L'inventeur américain Hiram Maxim (1840-1916) aurait été beaucoup plus célèbre si l'on avait reconnu que, comme il l'affirmait, c'était lui et non pas Thomas Edison qui avait inventé l'ampoule, mais ses autres inventions s'avérèrent tout aussi importantes, du moins dans le domaine des armes à feu.

Maxim présenta pour la première fois le principe de sa mitraillette portable dans un brevet de 1883. Plusieurs de ses caractéristiques en faisaient une arme novatrice. L'action était complètement automatique et l'utilisateur n'avait qu'à garder le doigt pressé sur la gâchette pour que la mitraillette continue à tirer. L'énergie de recul du tir servait à extraire la cartouche précédente, en placer une nouvelle et à tirer celle-ci automatiquement. L'arme était munie d'un seul canon entouré d'un réservoir empli d'eau qui refroidissait le canon échauffé par le tir. Le fusil était plus léger et plus facilement transportable que les armes précédentes.

Le gouvernement américain ayant refusé d'acheter l'invention de Maxim, celui-ci se tourna vers l'Europe où il put la vendre aux Anglais et aux Allemands. Il prit la nationalité britannique en 1901 et fut fait chevalier par la reine Victoria. Son entreprise commercialisa avec succès son engin mortel dans toute l'Europe.

Les mitraillettes furent fabriquées en Grande-Bretagne et en Allemagne, et les premières Maxim livrées à la marine allemande en 1894. Les deux pays en firent usage pendant la Première Guerre mondiale. La mitraillette Maxim évolua au fil des ans pour devenir plus efficace et servit de prototype aux armes automatiques modernes. **RH**

VOIR ÉGALEMENT : FUSIL, MOUSQUET, CANON, ARQUEBUSE, PLATINE À SILEX, FUSILS SE CHARGEANT PAR LA CULASSE

↗ *Sir Hiram Maxim avec l'une de ses mitraillettes qui pouvaient tirer 500 balles par minute.*

« Cela permettra à ces Européens de s'entretuer plus rapidement. »

Ami de Maxim

Le procédé Kraft (1884)

Grâce au procédé de Dahl, le papier est plus fort et de meilleure qualité.

Le premier papier moderne fut inventé en l'an 105 par un courtisan chinois du nom de Ts'ai Lun qui réalisait des feuilles de papier à partir d'une pâte faite d'écorce de mûrier, de chiffons et de chanvre. On continua à fabriquer le papier principalement à base de chiffons jusqu'à la mécanisation de la fabrication du papier, au début du XIXe siècle. La demande en papier excédant vite l'offre en chiffons, on se tourna vers le bois comme matériau de substitution.

Il fallait pour cela transformer ses fibres en pâte, que l'on étalait ensuite sur un tamis plat. En séchant, les fibres se collaient les unes aux autres et formaient une feuille de papier.

> *« Ma tête est pleine [d'idées] qui n'y servent à rien. Elles doivent être couchées sur le papier. »*
>
> Camilo José Cela, auteur

En 1866, Benjamin C. Tilghman inventa le procédé au sulfite où le bois est chauffé dans un liquide contenant du dioxyde de souffre et se transforme en pâte, puis, en 1884, Carl F. Dahl, inventeur allemand, s'aperçut qu'en mélangeant aux fibres de bois de la soude caustique et du sulfate de soude on obtenait une pâte plus forte, qui produisait un papier plus résistant. Le procédé fut baptisé Kraft, soit « fort » en allemand.

Ce procédé présentait l'avantage de pouvoir transformer en pâte le bois de pin, mais aussi de récupérer une plus grande partie des matériaux chimiques que l'on pouvait ainsi réutiliser. Il est toujours en usage aujourd'hui. **HI**

VOIR ÉGALEMENT : PARCHEMIN, PAPIER, MACHINE DE FOURDRINIER

La pilule soluble (1884)

La pilule d'Upjohn facilite la prise de médicaments.

En 1884, William Upjohn (1853-1932), un médecin du Michigan, inventa la première pilule pouvant se dissoudre dans l'estomac. Il avait eu l'idée d'introduire une particule de base dans un récipient en rotation. Pendant que ce dernier tournait, on pulvérisait le médicament en poudre sur la base et l'on fabriquait ainsi une pilule couche après couche. Le produit fini, friable, se dissolvait rapidement une fois avalé. Avant l'invention d'Upjohn, les malades devaient prendre leurs médicaments sous forme de potion ou de pilules recouvertes d'une couche dure. Mais le dosage des premières était inégal, et l'enrobage des dernières parfois si dur qu'elles se ne dissolvaient pas toujours et que le patient n'en tirait aucun bénéfice.

> *« Ne prendre sous aucune circonstance imaginable un somnifère et un laxatif le même soir. »*
>
> Dave Barry, humoriste

Après avoir fait breveter son invention en 1886, Upjohn mit au point une machine lui permettant de produire ses pilules en quantités industrielles. Leur réputation se répandit rapidement grâce à une stratégie marketing intelligente. L'inventeur envoya à des milliers de médecins de petites planches de pin accompagnées de ses pilules ainsi que celles de concurrents, plus dures. Il invitait les médecins à écraser les pilules contre les planches pour voir lesquelles étaient plus digestibles. Parmi ses premiers produits se trouvaient des pastilles de quinine et les premières pastilles laxatives. La pilule soluble est toujours utilisée aujourd'hui. **JF**

VOIR ÉGALEMENT : ASPIRINE, PILULE CONTRACEPTIVE

La machine à affranchir (1884)

L'invention de Bushe marque les débuts de l'industrie postale.

Coller un timbre sur une enveloppe est relativement aisé si l'on n'a qu'une lettre à envoyer, mais face à des centaines, lécher et coller chaque timbre prend beaucoup plus de temps.

À la fin du XIXe siècle, Carl Bushe, un Français, inventa et fit breveter une machine qui imprimait un timbre sur une enveloppe et enregistrait sur un compteur le montant de l'affranchissement. Aujourd'hui encore la Poste offre à ses clients une machine à affranchir dotée d'un crédit fixe qui timbre les enveloppes et enregistre le coût des affranchissements utilisés. On peut renouveler le crédit si nécessaire.

L'affranchissement date du XVIIe siècle, quand les membres du Parlement anglais envoyaient régulièrement des centaines de lettres officielles qui bénéficiaient d'un affranchissement gratuit. Il leur suffisait de signer en haut de l'enveloppe mais cela donna lieu à des abus : certains parlementaires signaient pour leurs amis et les membres de leur famille, ou encore utilisaient ce privilège dans le cadre de leurs campagnes électorales.

Bushe conçut sa machine en 1884, mais malheureusement ne construisit aucun modèle. Dans son brevet, il montrait clairement qu'elle permettrait de gagner du temps. C'est un inventeur de Chicago, Arthur Hill Pitney, qui déposa en 1902 un brevet pour un système de postage constitué d'une manivelle, d'un mécanisme d'entraînement, d'une étampe, d'un compteur et d'un mécanisme de fermeture. Il fonda une société, la future American Postage Meter Company, en 1912. **RB**

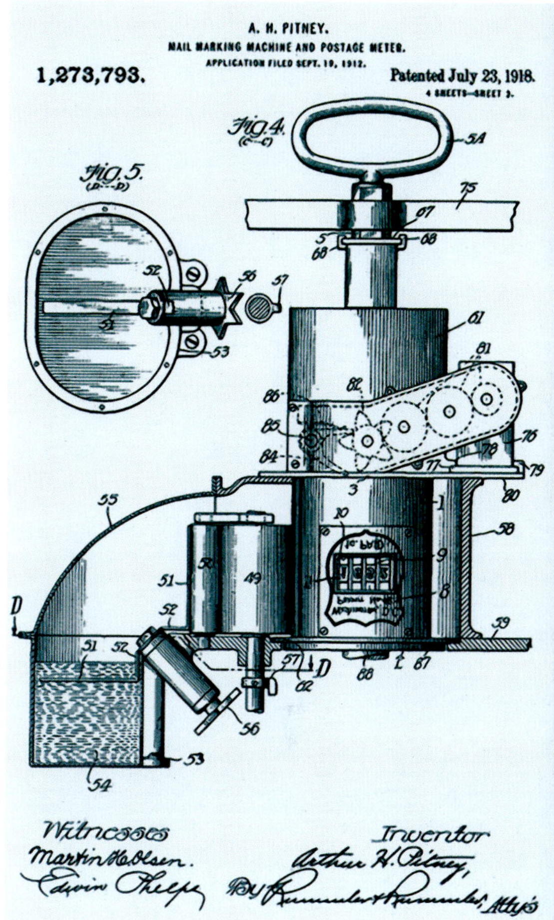

« Les timbres adhésifs [provoquent] une importante perte de temps quand on doit envoyer des centaines de lettres. » Carl Bushe

VOIR ÉGALEMENT : TIMBRE-POSTE

↗ *Cette machine à affranchissement, une version améliorée de celle de Bushe, a été brevetée en 1918.*

Le gratte-ciel à poutrelles en acier (1884)

Jenney invente le moyen de construire très en hauteur.

Avant l'avènement du gratte-ciel, on construisait de hauts édifices pour démontrer sa richesse, sa puissance ou mettre en valeur ses croyances religieuses. Pour William Le Baron Jenney (1832-1907), architecte et ingénieur civil, le désir d'élever de tels bâtiments naquit de la nécessité de résoudre les besoins commerciaux (puis résidentiels) de Chicago, sa ville natale, où l'espace au sol était limité. Deux obstacles à la construction de tours, ancêtres du gratte-ciel, avaient été éliminés au milieu du XIXe siècle. En 1853, Elisha Graves Otis avait inventé un mécanisme qui empêchait les ascenseurs de s'écraser si leur câble se rompait, ce qui permit le transport des passagers en toute sécurité vers les étages plus élevés. La seconde invention décisive fut celle de l'armature en acier qui pouvait supporter tout le poids des murs, par opposition aux murs porteurs traditionnels qui supportent tout le poids du bâtiment.

L'immeuble de dix étages que Jenney construisit à Chicago en 1884-1885 pour la Home Insurance Company fut le premier à faire usage d'une charpente interne (ou squelette), faite de colonnes et poutrelles d'acier ainsi que d'un mur rideau. Les architectes se lancèrent bientôt dans une course à qui construirait le plus important gratte-ciel, particulièrement à New York où aucune loi ne limitait la hauteur des édifices.

Grâce à l'invention de Jenney, les gratte-ciel faits de verre ont pu résister aux fortes intempéries, voire aux tremblements de terre. Les bâtiments comprennent parfois patios et parcs, ainsi que des lieux de divertissement ou des espaces commerciaux au rez-de-chaussée. La conservation de l'énergie est de la plus haute importance pour les gratte-ciel du XXIe siècle que l'on voit de plus en plus s'élever dans les villes du monde entier – notamment à Hong Kong, Shanghai et Dubaï, et, à nouveau, à Chicago. **SG**

« Le gratte-ciel établit le pâté de maison, le pâté crée la rue et la rue s'offre à l'homme. »

Roland Barthes, sociologue et théoricien littéraire

↑ *Publicité de 1952 pour la compagnie d'ascenseurs Otis, célébrant les possibilités futures des gratte-ciel.*

→ *L'immeuble de la Home Insurance Company fut le premier gratte-ciel au monde ; il fut démoli en 1931.*

VOIR ÉGALEMENT : ASCENSEUR

La turbine à vapeur (1884)

Parsons perfectionne l'utilisation de la vapeur comme source d'énergie.

On connaît le moteur à vapeur depuis le milieu du XVIIe siècle. Monstre bruyant, il utilisait la pression de la vapeur pour pousser des pistons, mais il manquait d'efficacité et s'avérait onéreux. Les ingénieurs et inventeurs, conscients que la vapeur n'était pas utlisée de manière efficace, recherchaient le moyen d'exploiter au mieux cette énergie. En 1884, l'ingénieur britannique Charles Parsons (1854-1931), déposa le brevet de la première turbine à vapeur, source d'énergie d'un générateur électrique qu'il avait aussi construit.

L'utilisation de jets de vapeur rapides avait été problématique à cause justement de leur vitesse. Même à basse pression, ils atteignaient plus de 1 610 km/h, et le double à une pression plus élevée.

Actionnée à une telle vitesse, l'aube d'une turbine exploserait. Parsons parvint toutefois à ralentir légèrement le déplacement de la vapeur depuis les zones de haute pression à celles de basse pression. Les différences de pression existant au sein de sa turbine étaient assez réduites pour pouvoir donner la vitesse parfaite à sa vapeur. Le moteur résultant tournait 50 fois plus vite que les meilleurs des anciens modèles.

On commença en 1891 à utiliser la turbine à vapeur de Parsons dans les centrales électriques. Appliquée à la propulsion marine, elle permit aux bateaux à vapeur et aux vaisseaux de guerre de voyager bien plus vite qu'auparavant – en 1897, le *Turbinia* atteignit la vitesse de 34,5 nœuds pour devenir le vaisseau le plus rapide de l'époque. On utilise encore des turbines à vapeur dans les centrales électriques. **DK**

VOIR ÉGALEMENT : MOTEUR À VAPEUR, BATEAU À VAPEUR, TURBINE À GAZ, MOTEUR À COMBUSTION INTERNE, TURBINE FRANCIS

↑ *Le prototype de la turbine à vapeur de Parsons, réalisé en 1894, est l'ancêtre des turbogénérateurs électriques actuels.*

La cellule photovoltaïque (1884)

Fritts exploite l'énergie de la lumière.

L'« effet photovoltaïque », où un courant est produit quand la lumière frappe une électrode plongée dans un électrolyte, fut observé pour la première fois en 1839 par A. E. Becquerel, puis exploité en 1884 quand l'Américain Charles Fritts construisit la première cellule photovoltaïque. Pour obtenir cette conversion énergétique peu efficace (de l'ordre de 1 % seulement), Fritts avait utilisé du sélénium semiconducteur recouvert d'une fine couche d'or. La pile fonctionnait en absorbant l'énergie sous forme de photons qui déplaçaient les électrons du semiconducteur et généraient ainsi un courant.

Fritts espérait que cette technologie remplacerait les centrales électriques, mais personne ne pouvait songer à choisir ce type d'électricité pour un usage domestique tant qu'elle demeurait si peu efficace. Les idées du savant trouvèrent toutefois leur application en photographie. Les cellules de sélénium, et plus tard de cuivre, faisaient des détecteurs pratiques pour mesurer le niveau de la lumière dans les appareils photos du XXe siècle.

La technologie solaire bénéficia de l'apparition des semi-conducteurs en silicone en 1941. Les progrès des années 1950 et 1960 permirent d'augmenter l'efficacité de la conversion énergétique, les applications domestiques devinrent possibles et les panneaux solaires, une source énergétique légère pour les satellites et engins spatiaux. Cette technologie manque toujours d'efficacité aujourd'hui car les cellules du commerce ne fonctionnent qu'à 13 %, les plus performantes au monde à 42,8 %. C'est toutefois suffisant pour les habitations, les petits appareils extérieurs et les engins spatiaux. **MB**

VOIR ÉGALEMENT : PILE, PILE À COMBUSTIBLE

↑ *Une photocellule au sélénium contemporaine fonctionne selon les mêmes principes que les cellules photovoltaïques.*

Le manchon à incandescence (1885)

Welsbach ouvre la voie à l'invention de l'ampoule.

En 1807, la rue de Pall Mall, à Londres, fut la première à être éclairée au gaz de houille, et l'exemple fut rapidement suivi dans d'autres pays. Même si cette forme d'éclairage était nettement moins chère que les lampes à huile ou les bougies, elle produisait aussi de la fumée, des mauvaises odeurs et dégageait beaucoup de chaleur. Ces problèmes furent résolus par un chimiste autrichien.

En 1885, Carl Auer von Welsbach (1858-1929), qui avait étudié la chimie à l'université de Heidelberg avec Robert Bunsen (co-inventeur du bec du même nom), découvrit le néodyme et le praséodyme, deux lanthanides. Au cours de ses recherches, il s'aperçut que certains lanthanides produisaient une lumière vive quand on les faisait chauffer dans un bec Bunsen.

Il fit breveter la même année un manchon, une gaine de fils métalliques constituée à 60 % d'oxyde de magnésium, de 20 % d'oxyde d'yttrium et de 20 % d'oxyde de lanthane. Ce fut un échec commercial. Cinq ans plus tard, il réalisa un manchon constitué de 99 % de dioxyde de thorium et de 1 % d'oxyde de cérium. Plus résistant, il produisait une lumière blanche plus éclatante et servit rapidement à éclairer les rues, les usines et les habitations.

Toutefois le manchon produisait encore suie et chaleur. Le problème fut réglé grâce aux ampoules électriques à incandescence, et la plupart des lampes à gaz furent remplacées par des lampes électriques au début du XXe siècle. On utilise encore aujourd'hui le manchon à incandescence en camping. **ES**

VOIR ÉGALEMENT : BEC BUNSEN, AMPOULE À INCANDESCENCE

La soudure électrique à l'arc (1885)

Deux Européens de l'Est améliorent la soudure.

La soudure est le procédé par lequel deux métaux sont joints l'un à l'autre (parfois en présence d'un métal de remplissage en fusion) grâce à la chaleur intense qu'on leur applique. Le lien formé entre les deux métaux, fait d'un mélange des deux, est extraordinairement solide. Ce procédé diffère de la soudure au laiton, où le métal qu'on adjoint au premier est doté de caractéristiques différentes.

La soudure électrique à l'arc utilise pour fondre les métaux l'extraordinaire chaleur dégagée par un arc électrique. On relie une source d'énergie au métal que l'on travaille, ainsi qu'une électrode à l'autre extrémité du circuit. C'est entre cette électrode et la surface du métal travaillé que se forme l'arc.

Comme dans le cas de nombreuses inventions, on ne peut attribuer celle-ci à une seule personne ni à un seul groupe. La soudure à arc actuelle résulte de nombreuses innovations individuelles et brevetées, toutes conçues pour améliorer le fonctionnement de l'appareil. Le premier brevet lié à l'application d'un arc électrique dans le domaine de la soudure est généralement attribué au Russe Nicolaï Benardos et au Polonais Stanislaus Olszewski en 1885.

Auguste de Meritens utilisait déjà des arcs électriques pour souder des plaques de plomb quand Benardos, son étudiant, améliora la technique en créant et en brevetant un support d'électrode (appelé *Electrogefest*), le fondement de la soudure électrique à l'arc. **BG**

VOIR ÉGALEMENT : SOUDURE

→ *Photographié en 1942, un soudeur britannique assemble le pignon d'un tank Valentine.*

La bicyclette moderne (1885)

Starley construit le prototype de la bicyclette moderne.

La date de naissance de la bicyclette est toujours sujette à débat, mais l'on s'accorde généralement pour affirmer que le XIXe siècle fut l'âge d'or de son développement. Le fabricant de cycles britannique John Kemp Starley (1855-1901) revendiqua l'invention de la bicyclette, dont il fit la première démonstration en 1885. On remet aujourd'hui en cause son droit à ce titre car des modèles similaires apparurent en même temps, mais sa version était indiscutablement la meilleure. Le modèle *Rover Safety* de Starley était équipé de deux roues à rayons de taille presque égale, d'un cadre en losange, d'une transmission à chaîne (qui entraînait la roue arrière et était une invention récente de J. H. Lawson), d'une selle et d'un guidon facilement ajustables.

La bicyclette de Starley était bien plus sûre que les anciens modèles, de dangereux engins, particulièrement le vélocipède (mis au point par James Starley, oncle de John) qui précéda immédiatement le modèle Rover ; sa roue avant géante et sa minuscule roue arrière en faisaient un véhicule d'apparence étrange, sur lequel on était perché très loin du sol. La bicyclette était d'une hauteur plus pratique, sa conception et la répartition de son poids plus équilibrées.

Le nouveau cycle était pourvu de roues à rayons tangentiels (l'une des innovations de James Starley), mais ses pneus en caoutchouc dur le rendaient inconfortable. Lorsque les pneus de John Dunlop y furent ajoutés, la bicyclette rencontra un succès fou. Grâce à ce modèle moins coûteux que les précédents, la promenade à bicyclette devint une activité plus répandue. On a apporté depuis de nombreuses améliorations à ce véhicule, notamment avec la naissance du VTT en Californie dans les années 1970. **AK**

VOIR ÉGALEMENT : DRAISIENNE, PNEU, MOTOCYCLETTE

↑ *Même dépourvue de freins, la bicyclette était beaucoup plus sûre que le vélocipède.*

La motocyclette (1885)

Daimler et Maybach équipent la bicyclette d'un moteur à essence.

Lorsque, à la fin du XIXe siècle, l'inventeur allemand Nikolaus Otto fabriqua le premier moteur à combustion interne à quatre temps, il inspira Gottlieb Daimler (1834-1900) et Wilhelm Maybach (1846-1929) à concevoir un nouveau moyen de transport, le cauchemar de tout parent : à une bicyclette renforcée mais toujours dangereusement instable, ils allièrent un moteur à essence.

Un moyen de transport à deux roues mu par une source d'énergie n'était pas une nouveauté en soi. Les bicyclettes à vapeur existaient depuis 1867 et celle de Micheaux-Perreaux, dont la roue avant était plus grande que la roue arrière et dont le moteur à vapeur était installé sous la selle, fut fabriquée industriellement dès 1868.

Mais avec le premier modèle à essence en 1885, Daimler et Maybach réalisèrent la première moto au monde. Maybach conduisit le prototype de Cannstatt à Untertürkheim, soit près de 3 km, et atteignit une vitesse de 12 km/h. Bien que les motos rappellent désormais de puissants moteurs à réaction sur roues chevauchés avec assurance par des motards revêtus de cuir, la première moto à deux roues était équipée de roulettes de sécurité dépassant des deux côtés du châssis pour plus de stabilité. Ce n'est qu'avec les modèles plus tardifs, une fois que les motards apprirent à contrôler la vitesse sur un deux-roues, que l'on élimina ces roulettes. **CB**

VOIR ÉGALEMENT : MOTEUR À QUATRE TEMPS, MOTEUR À COMBUSTION INTERNE, MOTEUR À DEUX TEMPS

↑ *Avec ses roulettes de sécurité, la moto Daimler-Maybach de 1885 était en réalité un quatre-roues.*

Le vaccin contre la rage
(1885)

Pasteur trouve un antidote à une maladie mortelle.

En 1884, Louis Pasteur (1822-1895) injecta le virus de la rage collecté sur des chiens malades à des lapins, puis il préleva leur moelle épinière après leur mort. Il suspendit cette moelle au-dessus d'une vapeur d'hydroxyde de potassium et découvrit que plus elle séchait, moins les agents infectieux survivaient.

Il fabriqua une série de vaccins, le plus fort à partir de la moelle séchée pendant un jour, le plus faible à partir de celle séchée pendant deux semaines. Le vaccin fut testé sur 42 chiens, dont 23 reçurent quatorze injections, alors que les 19 autres ne recevaient aucun traitement. À la fin de l'expérience, tous les chiens furent exposés au virus de la rage ; aucun des animaux vaccinés ne tomba malade contrairement aux treize autres. Le vaccin de Pasteur fut testé sur les hommes en 1885, quand une Alsacienne se présenta à son laboratoire avec son fils de 9 ans qui avait été mordu par un chien enragé deux jours auparavant. Pasteur prescrivit deux semaines d'injections, de plus en plus puissantes, et le garçon demeura en bonne santé.

> *« J'ai été vacciné contre la rage après avoir arraché la tête d'une chauve-souris avec les dents… »*
>
> Ozzy Osbourne, chanteur hard-rock

En 1915, une étude de dix ans confirma que parmi 6 000 personnes mordues par un animal que l'on savait enragé, seuls 0,6 % des vaccinés mouraient, contre 16 % parmi la population non vaccinée. **JF**

VOIR ÉGALEMENT : INOCULATION, VACCINATION, VACCIN ANTI-CHOLÉRA, VACCIN ANTIPOLIOMYÉLITIQUE, VACCIN CONTRE LA RUBÉOLE

Le transformateur
(1885)

Stanley dévoile le transformateur moderne.

Les transformateurs convertissent le courant alternatif d'un voltage à un autre sans changer de fréquence. Quand l'Américain William Stanley Jr. (1858-1916) inventa en 1885 cet instrument fondé sur une idée de Lucien Gaulard et de John Dixon Gibbs, il ouvrit la voie à la télévision, à l'ordinateur, au chargeur de batterie et à l'ampoule. George Westinghouse l'invita ensuite à venir travailler pour lui.

Les transformateurs utilisent l'inductance mutuelle, principe découvert par Faraday qui permet à une bobine de provoquer un courant dans une autre. La proportion entre le courant inducteur et le courant produit est déterminée par le nombre de spires de chaque bobine. On peut ainsi faire passer relativement facilement un courant d'un voltage faible à un voltage élevé, fait significatif puisqu'un faible voltage transmis sur une distance importante a tendance à perdre une grande partie de son énergie tandis que celle-ci est préservée dans le cas de hauts voltages.

Même si cela serait extraordinaire de voir des centaines, voire des milliers de volts traverser nos murs, ce serait aussi dangereux, raison pour laquelle on recommanda d'utiliser l'invention de Stanley pour ramener le courant à des voltages appropriés. Si le courant avait été transmis à des voltages faibles, il aurait perdu autant d'énergie qu'un tuyau fait en mousseline.

Les transformateurs de Stanley furent utilisés pour la première fois en mars 1886 : ils fournissaient l'énergie des commerces de la grand-rue de Great Barrington, dans le Massachusetts. Ce fut un immense succès et plus de 100 ans plus tard on utilise toujours le même concept de base, même si les appareils qui fonctionnent grâce aux transformateurs ont eux beaucoup changé. **CB**

VOIR ÉGALEMENT : TÉLÉVISION, DISTRIBUTEUR

Le compresseur
(1885)

Daimler rend le moteur à combustion interne plus puissant.

Les compresseurs permettent d'augmenter la puissance des moteurs à combustion interne dans les automobiles. C'est l'Allemand Gottlieb Daimler (1834-1900) qui eut le premier l'idée de pomper plus d'air dans le moteur pour en augmenter la puissance. Les moteurs gagnèrent ainsi en légèreté, ce qui s'avéra idéal pour les voitures de course et les avions. On dépendait au départ de la pression atmosphérique pour conserver l'air à l'intérieur du moteur, mais en en pompant davantage on augmenta la quantité d'oxygène, on permit au moteur de brûler plus d'essence et on augmenta la puissance du véhicule.

Le modèle de Daimler était fondé sur des pompes à air à deux rotors qui forçaient l'air supplémentaire dans le système. Son invention fut mise en application dans les voitures Bentley et Mercedes dans les années 1920, et s'avéra essentielle dans les avions de la Seconde Guerre mondiale. Aujourd'hui, le concurrent le plus puissant du compresseur est le turbocompresseur qui utilise les gaz d'échappement pour faire fonctionner une turbine qui souffle de l'air propre. Les deux inventions sont essentielles dans les avions qui perdent de la pression en gagnant de l'altitude. À 5 500 m, la pression est inférieure de moitié à celle du niveau de la mer et l'on doit donc pomper deux fois plus d'air pour conserver une puissance constante.

À cause de leur complexité et de leur prix, les compresseurs sont réservés aux voitures les plus onéreuses. **LS**

VOIR ÉGALEMENT : MOTEUR À COMBUSTION INTERNE, AUTOMOBILE, TURBOCOMPRESSEUR

Moteur Mercedes de 1921 (en haut), de puissance 6/25/40 ; il appartenait à la première voiture surcomprimée.

Moteur Mercedes de 1924 (en bas), de puissance 6/40/65 ; il était caractérisé par son compresseur mécanique.

« Depuis les boucliers et lances des chevaliers, aucune autre invention ne satisfait l'ego de l'homme comme [la voiture]. »

Sir William Rootes, constructeur automobile

Le procédé Hall-Héroult (1886)

Hall et Héroult améliorent la production de l'aluminium.

L'aluminium n'a pas toujours été le métal léger et peu cher que l'on connaît aujourd'hui. Les chimistes devaient autrefois faire de grands efforts pour ne produire qu'une petite quantité, principalement parce qu'il brûlait rapidement quand on le chauffait à une température élevée. Le monument de Washington fut recouvert, à la fin de sa construction en 1884, d'une pyramide d'aluminium de 2,8 kg, alors l'une des pièces les plus importantes jamais créées avec ce métal.

En 1886, Charles Martin Hall et Paul Héroult, spécialistes du métal, découvrirent chacun de leur côté un procédé permettant d'obtenir de l'aluminium de façon économique. Agés de 22 ans et respectivement américain et français, ils s'aperçurent que rien ne favorisait tant la réaction chimique permettant la création de grandes quantités d'aluminium que la cryolite fondue.

Avant d'appliquer le procédé de Hall-Péroult au minerai de bauxite, on doit transformer celui-ci en oxyde d'aluminium. Dans ce procédé, l'oxyde, réduit en poudre, est dissous dans de la cryolite fondue, une substance à base de sodium, d'aluminium et de fluorure. Dans la cryolite, l'oxyde d'aluminium se sépare en ions très réactifs (atomes chargés). Les ions d'oxygène contenant trop d'électrons, ils produisent une charge négative qui attire les anodes de carbone, chargées positivement. Les ions d'oxygène se combinent au carbone, positif, pour former du dioxyde de carbone. Les ions d'aluminium sont simultanément attirés par le carbone, chargé négativement, qui revêt la cuve où se produit la réaction. Quand l'aluminium entre en contact avec ce carbone, il s'empare des électrons en excès de ce dernier et devient ainsi de l'aluminium stable.

Aujourd'hui, l'aluminium, matériau léger et résistant, est utilisé dans de nombreux secteurs. **LW**

VOIR ÉGALEMENT : PAPIER ALUMINIUM, ALUMINIUM ANODISÉ

Le lave-vaisselle (1886)

Cochrane réduit le temps passé à faire la vaisselle.

Le lave-vaisselle fut inventé au XIXe siècle, ni par une femme au foyer ni par un restaurateur cherchant à faciliter le lavage de la vaisselle en cuisine, mais par une mondaine américaine lasse de voir ses domestiques ébrécher ses assiettes.

Le premier brevet de lave-vaisselle avait été accordé en 1850 à John Houghton, mais son invention était peu pratique. Josephine Cochrane (1839-1913), fille d'un ingénieur civil, inventa une machine brevetée en 1886, peu éloignée de celle que nous connaissons aujourd'hui. Les tasses et assiettes étaient placées dans un égouttoir plat à l'intérieur d'une lessiveuse en cuivre et lavées à l'eau sous pression. La machine intéressa les amies de Josephine qui lui passèrent commande, et, après l'avoir montrée à l'Exposition universelle de Chicago en 1893, Josephine commença rapidement à fournir les restaurants et hôtels de l'Illinois.

> *« 1. Trouvez ce que la femme au foyer typique désire vraiment. 2. Fabriquez-le ! »*
>
> **Publicité pour le lave-vaisselle Kenwood, 1965**

Ce n'est que dans les années 1950, avec l'avènement de la plomberie intérieure et des moteurs électriques, que les lave-vaisselle devinrent plus répandus dans les foyers. Aujourd'hui, on trouve en général un lave-vaisselle dans les cuisines des pays développés. **BG**

VOIR ÉGALEMENT : DÉTERGENT SYNTHÉTIQUE, MACHINE À LAVER

⇥ *Publicité de 1929 pour le lave-vaisselle parue dans* L'Art ménager, *un magazine français.*

SACAM Motolaveur

Machines perfectionnées à laver la vaisselle

Brevetées en France & à l'Etranger

Pour laver votre vaisselle IL SUFFIT :

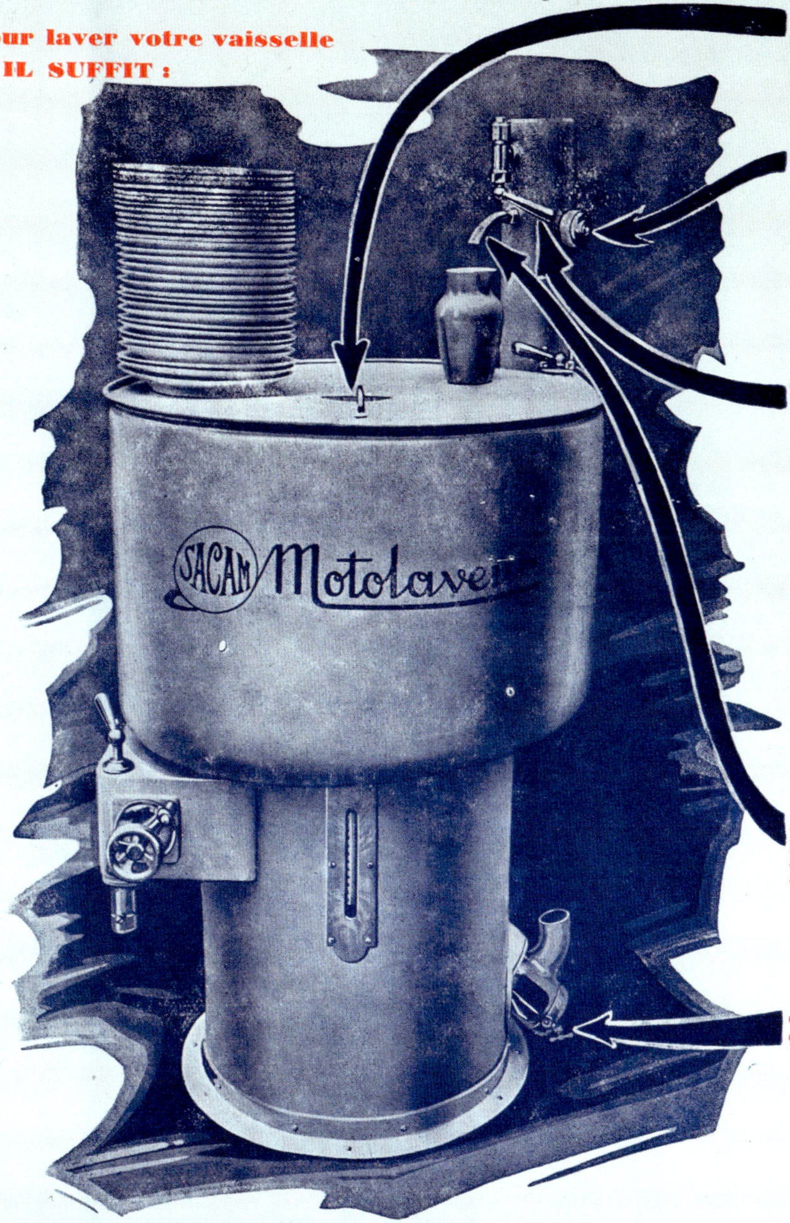

1°. — De disposer la vaisselle à laver dans cette cuve.

2°. — De fermer cet interrupteur et de laisser le lavage s'effectuer seul pendant une minute.

3°. — D'ouvrir ce robinet pendant 10 secondes pour rincer la vaisselle avec de l'eau bouillante strictement pure.

C'EST FINI

Une minute après vous n'avez plus qu'à retirer la vaisselle LAVÉE, RINCÉE, STÉRILISÉE et SÉCHÉE.

A tout moment vous pouvez de plus puiser à ce robinet de l'eau chaude accumulée

dans ce chauffe-eau à gaz à chauffage lent et à accumulation.

SOCIÉTÉ ANONYME DE CONSTRUCTION DES APPAREILS MÉNAGERS

AU CAPITAL DE 4.000.000 DE FRANCS

R. C Seine 214.268 B — 89, Rue de Sèvres - PARIS — Tél. : LITTRÉ 91-10

L'automobile (1886)

Daimler, Maybach et Benz proposent la première automobile pratique munie d'un moteur à essence.

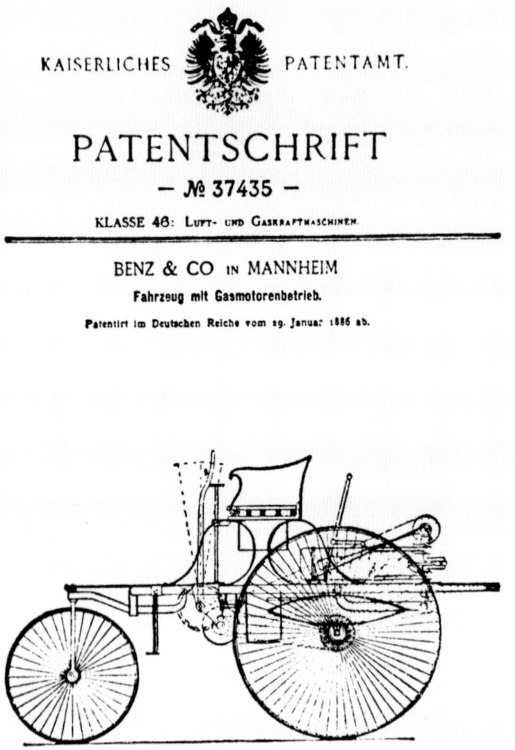

Quand l'ingénieur allemand Karl Benz (1844-1929) conduisit pour la première fois une automobile à trois roues en 1885, et que Daimler (1834-1900) et Maybach (1846-1929), deux autres Allemands, transformèrent une carriole à cheval en automobile à quatre roues en août 1886, aucun d'entre eux ne pouvait imaginer la portée de leur nouvelle invention.

Benz reconnut tout le potentiel de l'essence comme carburant. Sa voiture à trois roues pouvait atteindre une vitesse de 16 km/h grâce à son moteur à quatre temps et à cylindre unique. Après avoir déposé son brevet en janvier 1886, il commença à vendre sa voiture, baptisée *Vélo Benz*, mais le public doutait de sa fiabilité. La femme de Benz, Bertha, eut la brillante idée de parcourir 100 km en automobile de Mannheim jusqu'à Pforzheim. Bien qu'il ait fallu pousser la voiture dans les montées, le succès du voyage prouva aux sceptiques que c'était un moyen de transport fiable.

Daimler et Maybach ne proposèrent un modèle commercialement viable qu'en 1889. Au début, les inventions allemandes ne rencontrèrent qu'une faible demande et ce sont des compagnies françaises, comme Panhard et Levassor, qui redessinèrent et popularisèrent l'automobile. En 1926, fut formée la société Daimler-Benz. Grâce à des revenus plus élevés et à des voitures moins chères, fabriquées en série, les États-Unis furent à l'avant-garde de la motorisation durant la majeure partie du XXe siècle.

Cela a toutefois eu un coût. On estime que 25 millions de personnes sont mortes dans des accidents de voiture dans le monde entier au cours de ce même siècle. Les émissions de gaz d'échappement et l'expansion urbaine ne sont que deux des conséquences de notre dépendance à l'automobile. **TZ**

« Aucune autre invention… n'a influencé aussi rapidement la culture de notre pays. »

Gouvernement américain, 1931

↑ *Le brevet accordé à Karl Benz en 1886 était illustré d'une représentation de son véhicule à trois roues.*

→ *Photographié en 1893, Karl Benz est au contrôle de son Benz Viktoria, un véhicule à quatre roues.*

VOIR ÉGALEMENT : EMBRAYAGE, VITESSES, ACCÉLÉRATEUR, VOLANT, CHAÎNE DE MONTAGE, TRANSMISSION AUTOMATIQUE

Les lentilles de contact
(1887)

Fick, Kalt et Müller aident à corriger la vision.

Ce n'est qu'au XIIIe siècle, avec l'invention des lunettes, que les premières solutions pour traiter les problèmes oculaires sont apparues. À la fin du XIXe siècle, deux ophtalmologues – Adolf E. Fick et Eugène Kalt – et un étudiant en médecine – August Müller – inventèrent indépendamment les lentilles de contact.

Les premières lentilles étaient réalisées en verre et placées directement sur l'œil. Pour des raisons de confort et de santé, on ne pouvait les porter que pendant de brèves périodes. Malgré cela, plus de 10 000 paires furent vendues aux États-Unis entre 1935 et 1939. Dès 1949, les ventes s'élevaient à 200 000 grâce au polyméthacrylate de méthyle (PMMA), un plastique, et à l'invention, en 1948, des lentilles de contact en plastique par Kevin Tuohy. Le PMMA provoquait toujours l'hypoxie de la cornée et fut remplacé dans les années 1950 par l'hydroxyéthylméthacrylate (HEMA), mais on devait polir ces lentilles. Bausch et Lomb introduisirent sur le marché leurs révolutionnaires lentilles souples en 1971. Au XXIe siècle, le nombre de personnes portant des lentilles de contact a dépassé les 100 millions. **RBk**

« Une paire de puissantes lunettes a parfois suffi pour guérir un amoureux. »

Friedrich Nietzsche, philosophe

VOIR ÉGALEMENT : LENTILLES, LUNETTES, DOUBLE FOYER, CHIRURGIE OPHTALMOLOGIQUE AU LASER

Lentille de verre soufflé réalisée par Muller Sohne de Wiesbaden, en Allemagne, et datant de 1930 environ.

La Monotype
(1887)

La machine de Lanston facilite la composition en imprimerie.

En même temps qu'était mise au point la Linotype, Tolbert Lanston (1844-1914), fonctionnaire américain, inventait un autre système de composition qu'il baptisa « Monotype ». Son premier brevet fut homologué en 1885 mais il ne trouva le succès qu'après avoir fondé la Lanston Monotype Machine Company, à Washington, en 1887. Dans son système, les lettres, espaces et autres caractères étaient sélectionnés mécaniquement à partir des instructions portées sur une bande de papier et constituées de trous qu'on y avait percés à l'aide d'un clavier. Même si la composition était plus lente à la Monotype qu'à la Linotype, une fois les lignes de texte moulées, on pouvait plus facilement les corriger et contrôler les espaces avec plus de précision. La versatilité de la Monotype rendait possibles les compositions plus complexes.

Lanston utilisait des bandes métalliques froides sur lesquelles on estampillait les lettres, mais se rendit compte qu'il pouvait obtenir une meilleure définition en moulant celles-ci dans du métal chaud. En 1896, il fit breveter une machine à métal chaud qui utilisait des moules en cuivre pour chaque caractère.

Il était désormais possible de réaliser à la main les moules des caractères et la typographie devint un art. La première police de la Monotype était le Modern Condensed. En 1920, Frédéric Goudy, nommé directeur artistique, conçut plus d'une centaine de polices. En Grande-Bretagne, Stanley Morison (1889-1967) créa aussi de remarquables polices. Même si la composition à chaud fut dépassée par la photocomposition dans les années 1960, puis rendue obsolète par la composition numérique, la typographie monotype influence toujours la façon dont nous lisons. **EH**

VOIR ÉGALEMENT : GRAVURE SUR BOIS, PRESSE À CARACTÈRES MÉTALLIQUES MOBILES, PRESSE TYPOGRAPHIQUE

Le bateau à moteur
(1887)

Les premiers moteurs automobiles de Duo équipent les bateaux.

Les bateaux à aubes et à vapeur existaient depuis un siècle et les hélices depuis 50 ans quand le premier bateau à moteur s'élança sur la Neckar, près de Stuttgart, en 1887. Doté d'un moteur à essence et à combustion interne, il avait été construit par Daimler (1834-1900) et Maybach (1846-1929).

Selon la rumeur, les deux inventeurs cherchaient pour leur nouveau moteur un véhicule plus sûr que la vieille diligence qu'ils avaient récemment motorisée. Le bateau, long de 4,70 m, atteignait six nœuds au maximum. Daimler trompa légèrement ses premiers clients nerveux en dissimulant le moteur sous une cache en céramique et en leur expliquant qu'il fonctionnait à l'huile et à l'électricité, ce qui paraissait moins dangereux qu'à l'essence, carburant potentiellement explosif. La duperie fonctionna puisque le *Neckar*, comme on le baptisa, se vendit bien, peut-être aussi grâce au piètre état des routes allemandes à l'époque.

Un autre inventeur allemand, Rudolf Diesel, munit dès 1903 les bateaux d'un moteur Diesel, avec un succès immédiat. De fait, dans le domaine marin, ces moteurs Diesel avaient plus d'avenir que ceux à essence, et allaient se montrer plus fiables et plus sûrs car leur carburant était moins inflammable.

L'inventeur du premier bateau à moteur britannique fut Frederick W. Lanchester, qui avait aussi construit la première automobile à essence en Angleterre en 1896. Son modèle, lancé à Oxford en 1904 et construit dans son jardin, était équipé d'une roue à aubes à l'arrière, d'un moteur et d'un carburateur à mèche qui fonctionnait très efficacement même si son apparence évoquait une plate-bande de céleri. **AE-D**

VOIR ÉGALEMENT : PIROGUE CREUSÉE, VOILES, GOUVERNAIL, BATEAU À VAPEUR, BATEAU À TUYÈRE

Le disque
(1887)

Berliner invente un moyen d'enregistrer le son.

Le disque de Gramophone fut inventé en 1887 par un Américain né en Allemagne, Émile Berliner. Contrairement aux modèles précédents, l'aiguille se déplaçait sur son disque plat à l'horizontale et non à la verticale. Le saphir enregistreur de Berliner (1851-1929) diminuait la distorsion sonore et était plus facile à fabriquer que les anciens rouleaux de cire, très pesants.

Les premiers disques de Gramophone étaient réalisés à partir d'un mélange de caoutchouc dur, de coton et d'ardoise en poudre, mais l'on passa à la gomme-laque (une forme de résine) une fois celle-ci disponible sur le marché en 1896. Les disques n'étaient au départ qu'à une face mais passèrent à deux en 1923 environ. Ils étaient habituellement disponibles en trois tailles et réalisaient entre 75 et 80 tours par minute. La plupart des producteurs choisirent finalement le 78 tours. Un disque de 25 cm de diamètre pouvait contenir trois minutes de musique par face environ. Le son était enregistré de manière analogique sur le sillon en spirale du disque. Ce sillon débutait au bord extérieur et se dirigeait lentement vers le centre. Le son était transféré à l'aide d'une aiguille acérée forcée par le sillon d'osciller d'un côté à l'autre à des fréquences audio différentes.

Le 33 tours, en vinyle, vit le jour en 1932. Chaque face pouvait abriter jusqu'à 25 minutes de musique, et ce disque était beaucoup plus solide que ses prédécesseurs en gomme-laque. Le 45 tours, lui, prit son essor avec l'apparition du rock and roll. **DH**

VOIR ÉGALEMENT : PHONOGRAPHE, DISQUE VINYLE, DISQUE SOUPLE, BANDE AUDIONUMÉRIQUE

Ce modèle réduit de Gramophone et disque en zinc, datant de 1889, marqua la première apparition commerciale de l'invention de Berliner.

Columbia

Le stylo à bille (1888)

Loud invente un instrument d'écriture pratique.

John J. Loud, un tanneur qui cherchait un instrument lui permettant d'écrire sur le cuir et le bois, fit breveter son invention le 30 octobre 1888. Avec un minuscule roulement à bille en acier à la pointe et trois petites billes alignées au-dessus pour tenter d'ajuster le débit de l'encre, Loud avait inventé le premier stylo au monde n'exigeant pas d'être constamment rechargé ni trempé dans l'encre même s'il était loin d'être parfait. Il fuyait, tachait les documents et était trop rudimentaire pour qu'on puisse s'en servir pour sa correspondance.

L'inventeur fut toutefois incapable de contrôler le débit de l'encre, l'une des raisons pour lesquelles le stylo ne fut jamais vendu dans le commerce. Si l'encre était trop liquide, le stylo fuyait, trop épaisse, il se bouchait. Selon la température, le stylo faisait parfois les deux. C'est par gravité que l'encre arrivait à la pointe et il fallait presque tenir le stylo à la verticale pour pouvoir écrire. Le brevet de Loud arriva finalement à expiration, assurant la domination du stylo à plume.

« Il n'est de fardeau plus léger ou plus agréable qu'une plume. »

Pétrarque, poète

Ce n'est qu'en 1938 que Laszlo Biro, rédacteur en chef hongrois, pressurisa le réservoir à encre. Le débit de l'encre était contrôlé par la capillarité et, en 1943, Biro ajouta un tube réservoir alimenté par gravité. Ce « biro » réinventait le stylo à bille et fut vendu avec la promesse qu'il pouvait écrire une année entière sans qu'on ait besoin de le remplir. **BS**

VOIR ÉGALEMENT : ENCRE, PARCHEMIN, PAPIER, PLUME D'OIE, STYLO À ENCRE, CRAYON

Le déodorant (1888)

Un habitant de Philadelphie met fin à un problème séculaire.

Toutes les civilisations ont tenté d'éliminer les odeurs corporelles. Les Égyptiens et les Grecs de l'Antiquité s'appliquaient des mélanges de caroube, cannelle, encens et jus d'agrumes divers, mais ne réussissaient qu'à masquer temporairement ces odeurs. Pline, historien romain, mentionnait un sel déodorisant fait d'un mélange de potassium et d'aluminium. Ce n'est toutefois qu'au XIXe siècle que l'on découvrit que la glande exocrine était responsable de la production des odeurs corporelles.

C'est un homme de Philadelphie, dont l'histoire n'a pas retenu le nom, qui créa le premier déodorant à marque déposée en 1888. Baptisé « Mum », il était vendu dans un flacon de verre, sous forme de crème cireuse relativement difficile à appliquer, et avait le chlorure de zinc pour principal agent siccatif. Il freinait la croissance des bactéries présentes dans les parties humides et chaudes du corps, sous les aisselles par exemple, qui favorisaient les mauvaises odeurs.

« Les femmes conscientes de l'importance de la délicatesse remercient Mum. »

Publicité pour Mum, 1926

Au début du XXe siècle, on trouvait couramment un déodorant fait de bicarbonate de soude mêlé à du talc et, à la fin des années 1940, Helen Barnett Diserens, cadre de la société Mum, inventa un déodorant solide, en stick, à base de chlorure d'aluminium qui, bien que d'utilisation aisée, tirait sur les poils durant son application. Diserens résolut le problème en 1952 avec le premier déodorant à bille. **BS**

VOIR ÉGALEMENT : DÉODORANT À BILLE

Le distributeur automatique (1888)

Adams popularise un mode de vente pratique.

Le concept du distributeur automatique remonte à la Grèce antique, quand Héron d'Alexandrie eut l'idée d'un appareil qui, en échange d'une pièce, distribuerait de l'eau sainte. Sous le poids de la pièce, une balance penchait et ouvrait une valve qui laissait jaillir l'eau jusqu'à ce que la pièce tombe de la balance et qu'un contrepoids ramène le mécanisme à sa position initiale puis ferme la valve. Cette idée intelligente est à la base du distributeur automatique moderne.

Différents distributeurs furent fabriqués à partir du début du XIXe siècle, certains conçus pour éviter les ramifications juridiques de la vente d'articles interdits, par exemple les livres mis à l'index. Simon Denham inventa une machine qui délivrait des timbres d'un penny, mais on ne sait si elle vit jamais le jour.

Ce n'est qu'au cours des années 1880 que les distributeurs automatiques devinrent une vraie réalité commerciale. Thomas Adams, qui cherchait une solution rapide et pratique pour distribuer son nouveau chewing-gum, inventa un appareil de ce type en 1888. On trouva rapidement ses machines sur les quais des gares de New York et, une fois leur conception améliorée (on pouvait facilement les crocheter avec une épingle à cheveux), elles distribuèrent aussi des barres chocolatées et des cacahuètes. Elles inspirèrent aussi les machines à sous et les flippers. Aujourd'hui, les distributeurs automatiques dispensent toutes sortes de choses, des en-cas et du café chaud jusqu'aux parapluies et au papier toilette. Pour résumer, tout ce qui peut se vendre en petit paquet peut s'acheter dans un distributeur. **SB**

« Le changement est inévitable – sauf de la part d'un distributeur automatique. »

Robert C. Gallagher

VOIR ÉGALEMENT : CHEWING-GUM, JUKE-BOX, TÉLÉPHONE PUBLIC

↗ *Ce distributeur de chewing-gum Zeno date du début du XXe siècle et abrite un mouvement d'horloge.*

Le dictaphone (1888)

Edison crée un appareil à enregistrer portable.

À l'âge de 40 ans, Thomas Edison (1847-1931) avait déjà déposé plus de 400 brevets, mais il n'était pas homme à se reposer sur ses lauriers. Son projet suivant, en réalité un retour à une idée passée, était de réaliser une machine à dicter. L'appareil était une machine à enregistrer qui transformait les vibrations de la voix en indentations sur une bande en aluminium. En 1878, dans un article de la *North American Review*, Edison avait suggéré, parmi les utilisations possibles de son appareil, l'écriture de lettres, l'enseignement de l'orthographe et l'enregistrement « des dernières paroles d'un mourant ». Mais sa machine s'avéra un échec commercial.

« J'absorbe des idées de toute provenance, en débutant souvent là où le dernier a abandonné. »

Thomas Edison, inventeur

Après qu'un groupe concurrent eut amélioré son invention avec le Gramophone dans les années 1880, Edison examina à nouveau les possibilités de son phonographe et entreprit de créer une machine à dicter plus pratique. Chichester Bell et Charles Tainter avaient déjà mis au point une méthode d'enregistrement avec une pointe de lecture flottante et un cylindre de cire, procédé qu'Edison se contenta d'améliorer et de commercialiser en 1888. Son appareil ne rencontra tout d'abord pas le succès et fit face à l'opposition des sténographes, mais les ventes augmentèrent après la Première Guerre mondiale grâce à un film publicitaire intitulé *L'Ami de la sténographe*. **HB**

VOIR ÉGALEMENT : PHONOGRAPHE, DISQUE, DISQUE VINYLE, MINIDISQUE

Le courant électrique alternatif (1888)

Grâce à Tesla, l'électricité est moins chère et plus fiable.

Lorsque Nikola Tesla (1856-1943) proposa son projet d'un type de courant alternatif à la centrale électrique d'Edison où il travaillait, son employeur ne fut pas intéressé. Le courant alternatif représentait une concurrence possible aux yeux d'Edison qui persuada Tesla d'améliorer son système de courant direct. Mais une fois que Tesla eut réalisé ce qui lui avait été demandé, il démissionna et se pencha à nouveau sur son projet.

Le courant direct est constant et à sens unique, mais perd peu à peu sa puissance à cause de la résistance qui se produit dans les fils. Le courant alternatif ne présente pas ce problème puisqu'il varie et que la résistance est par conséquent moindre, mais il produit la même puissance. Il est ainsi moins onéreux car moins de centrales sont nécessaires à sa fabrication. L'entrepreneur George Westinghouse vit les possibilités du courant alternatif de Tesla et acheta ses brevets de moteurs à courant alternatif. Malgré les efforts de propagande d'Edison, le courant alternatif l'emporta inévitablement sur le courant direct, et aujourd'hui presque toute l'électricité est fournie sous cette forme dans le monde. **LS**

« Le courant alternatif ressemble à un torrent violent tombant d'un précipice. »

Thomas Edison, inventeur

VOIR ÉGALEMENT : BOUTEILLE DE LEYDE, MOTEUR ÉLECTRIQUE, GÉNÉRATEUR ÉLECTRIQUE, COMPTEUR ÉLECTRIQUE, RÉSEAU ÉLECTRIQUE.

Ingénieur et inventeur serbe, Nikola Tesla construisit le premier système électrique alternatif.

Le compteur électrique (1888)

Le compteur de Shallenberger débite du courant alternatif.

À la fin du XIXe siècle, George Westinghouse était un homme heureux. Il venait de démontrer qu'un générateur de courant alternatif pouvait alimenter des éclairages éloignés de plus d'un kilomètre, et il comprit qu'il pouvait faire fortune en faisant payer ce courant si seulement il disposait d'un compteur approprié. Thomas Edison était lui aussi relativement content car sa société, la General Electric, produisait du courant direct, plus répandu, et qu'elle faisait payer à l'ampoule.

Oliver Shallenberger (1860-1898), diplômé de l'École navale américaine, avait observé de près ces récents développements et avait entrepris de construire un compteur électrique alternatif. Il avait présenté ses idées à Edison, mais celui-ci ne fut pas intéressé puisque le compteur n'était pas lié au courant direct. Shallenberger rendit alors visite à Westinghouse.

Ce dernier fut déconcerté par les plans de Shallenberger mais après une demi-heure d'entretien, il lui offrit le poste d'électricien en chef de sa compagnie. C'est ainsi que Shallenberger quitta la marine en 1884.

En 1888, il travaillait sur une nouvelle ampoule à courant alternatif quand un ressort tomba et atterrit sur le bord intérieur de l'ampoule. Il remarqua que le ressort bougeait sous l'action des champs électriques proches. Cela lui inspira le compteur électrique tel qu'on le connaît encore aujourd'hui. Le concept était très proche de celui du compteur à gaz, et Nikola Tesla démontra par la suite que l'appareil de Shallenberger était en réalité une sorte de moteur électrique à courant alternatif. **RB**

« L'électricité c'est comme la foi. On ne peut pas la voir mais on peut voir la lumière. »

Anonyme, Université du pauvre

VOIR ÉGALEMENT : BOUTEILLE DE LEYDE, MOTEUR ÉLECTRIQUE, GÉNÉRATEUR ÉLECTRIQUE, RÉSEAU ÉLECTRIQUE, COURANT ALTERNATIF

Ce compteur à électrolyte d'Edison, v. 1881, utilise l'électrolyse pour mesurer la consommation en électricité.

L'appareil de prises de vues (1888)

Les recherches révolutionnaires de Le Prince ouvrent la voie aux films.

Augustin Le Prince (1842-1890) est resté dans les mémoires comme le protagoniste d'un mystère digne d'une tragédie muette. Photographe formé par Daguerre, chimiste et artiste, il se livra dans le plus grand secret à des expériences sur les vues animées et disparut juste avant de pouvoir révéler ses découvertes. Certains suggèrent même qu'il fut assassiné par ses concurrents.

Dans les années 1880, plusieurs savants s'intéressaient aux premiers appareils permettant de saisir et de montrer des images en mouvement. En 1888, il déposa le brevet d'un appareil à seize lentilles qui ne fonctionna probablement jamais bien. Il inventa aussi une caméra à lentille unique qui fonctionnait avec de la pellicule Eastman et, en octobre 1888, il s'en servit pour filmer des chevaux sur le pont de Leeds, en Angleterre.

Après avoir probablement amélioré la projection en remplaçant des diapositives de verre par l'extraordinaire pellicule en Celluloïd, récemment inventée, Le Prince pensa qu'il était temps de dévoiler sa découverte. Sa femme loua à cet effet une demeure à New York. Avant sa révélation, Le Prince monta dans un train à Dijon le 16 septembre, pour de courtes vacances, et depuis on n'a jamais retrouvé sa trace.

Les premières caméras et les premiers projecteurs d'Edison firent bientôt sensation, et la famille de Le Prince le poursuivit en justice, avant que le verdict final ne déclare qu'Edison n'était pas le seul inventeur du cinéma. Selon un spécialiste, le titre revient probablement à Le Prince qui commit l'erreur fatale d'attendre trop longtemps pour dévoiler son invention. **AK**

VOIR ÉGALEMENT : CELLULOÏD, PELLICULE PHOTOGRAPHIQUE, KINÉTOSCOPE, CAMÉRA/PROJECTEUR CINÉMATOGRAPHIQUE, CINÉMA PARLANT

↗ *L'appareil de prises de vues de Robert Paul, de 1896, utilisé pour filmer le jubilé de la reine Victoria en 1897.*

« Méthode et appareil pour produire des images animées de scènes naturelles et de la vie. »

Brevet de Le Prince en 1888

L'indicateur de vitesse électrique (1888)

L'appareil de Belusic mesure la vitesse de conduite.

Les premiers automobilistes ne disposaient pas d'un indicateur de la vitesse à laquelle se déplaçait leur véhicule, même si l'information aurait pu s'avérer utile. Les premières voitures produites industriellement étaient dépourvues d'équipements aussi frivoles, mais la compétition existait déjà pour inventer la technologie idoine. Depuis des siècles, on déduisait la vitesse du temps mis pour parcourir une certaine distance, mais l'on avait besoin d'un système indiquant la vitesse d'une automobile à un instant précis.

L'indicateur de vitesse électrique apparut entre la fin du XIXe siècle et le début du XXe sous une forme encore reconnaissable aujourd'hui. Josip Belusic, professeur croate de la région de Lubin, alors dans l'Empire austro-hongrois, enregistra le brevet de son « vélocimètre » électrique dès 1888. D'autres inventeurs fabriquèrent divers indicateurs de vitesse au fil des ans, et bien que la plupart aient atteint l'objectif fixé (mesurer la vitesse de rotation des roues ou d'un autre élément moteur et relayer cette information à un indicateur calibré), c'est l'indicateur électrique (électromagnétique) qui arriva en tête. Le brevet d'Otto Schulze pour un appareil de ce type fut enregistré à Berlin le 7 octobre 1902.

Au montage, l'une des extrémités d'une tige flexible et en rotation est fixée à un ensemble d'embrayages mus par la transmission du véhicule. L'autre extrémité est connectée à un aimant fixe logé dans un petit « godet de vitesse » métallique. L'aiguille de l'indicateur est fixée de l'autre coté du godet. Lorsque la tige tourne, l'aimant fait proportionnellement de même, génère des courants de Foucault et entraîne ainsi le godet et l'aiguille. Un ressort contrebalance la force de rotation et l'aiguille demeure stable tandis que la vitesse varie. **MD**

VOIR ÉGALEMENT : AIMANT, MOTOCYCLETTE, AUTOMOBILE, ACCÉLÉRATEUR, ALLUMAGE

L'aérogénérateur (1888)

Brush exploite une source d'énergie naturelle.

Les moulins à vent existaient depuis 2 000 ans quand, en 1888, Charles F. Brush (1849-1929) relia une éolienne à un générateur pour produire l'électricité nécessaire à l'éclairage de son domaine dans l'Ohio. Le rotor à 144 pales était inspiré des pompes à eau à énergie éolienne et ne rappelait que de loin les éoliennes contemporaines.

Celles qu'inventa Paul Lacour nous seraient peut-être plus familières ; à partir de 1891, il généra de l'électricité éolienne pour les fermes et villages de son Danemark natal. Ses éoliennes à quatre pales pouvaient produire 25 kW, et généraient des centaines de kilowatts dès 1910. Au début du XXe siècle apparurent des éoliennes à deux ou trois pales seulement, similaires à des hélices. En 1931, la première éolienne de taille importante, un appareil russe de 100 kW, fut directement reliée au réseau électrique existant. Malgré sa productivité constante, les Russes abandonnèrent cette expérience au début de la Seconde Guerre mondiale.

> *« L'énergie éolienne industrielle est un symptôme de nos problèmes énergétiques et non leur solution. »*
>
> Eric Rosenbloom, National Wind Watch

Les sources d'énergie fossile diminuant au début du XXIe siècle, d'immenses parcs d'éoliennes apparaissent aujourd'hui un peu partout dans le monde. On assiste cependant à des débats houleux quant à leur viabilité commerciale et à leur impact sonore et environneùental. **FW**

VOIR ÉGALEMENT : MOULIN À VENT, GÉNÉRATEUR ÉLECTRIQUE, RÉSEAU ÉLECTRIQUE

Le soutien-gorge
(1889)

Cadolle présente un sous-vêtement féminin révolutionnaire.

Avant l'arrivée des soutiens-gorge, les corsets offraient aux femmes soutien et silhouette harmonieuse, mais leurs baleines les rendaient inconfortables, et les femmes s'y sentaient à l'étroit. Quand la Française Herminie Cadolle (1845-1926) coupa le corset en deux en 1889, elle créa le premier soutien-gorge.

Peu auparavant, elle était partie pour Buenos Aires où elle avait ouvert une boutique de lingerie. C'est là qu'elle eut l'idée de couper un corset en deux. Elle dévoila à l'Exposition universelle de Paris, en 1890, son invention qui utilisait des bretelles pour soutenir la poitrine et était baptisée « corselet gorge ».

Les sous-vêtements d'Herminie Cadolle comptèrent parmi les premiers à utiliser du fil élastique, nouveau matériau qui remplaçait les baleines et lacets des corsets. Son soutien-gorge fut amélioré en 1910 quand Mary Phelps Jacob, inventa son propre modèle que l'on pouvait porter sous une robe du soir transparente. Il était fait de deux mouchoirs de soie attachés à un ruban, et c'est sous cette forme qu'elle déposa son brevet en 1914 sous le nom de « brassière ».

Le soutien-gorge ne devint populaire qu'à la Première Guerre mondiale, quand, les hommes partis au front, les femmes travaillèrent en usine et eurent besoin d'un sous-vêtement pratique. On leur demanda aussi de cesser de porter le corset car le métal qu'il renfermait était nécessaire à l'effort de guerre. Les bonnets de différentes tailles ne furent inventés que dans les années 1920 par les émigrés russes Ida et William Rosenthal. **HI**

VOIR ÉGALEMENT : VÊTEMENTS, MACHINE À COUDRE, IMPLANT MAMMAIRE, CAOUTCHOUC SYNTHÉTIQUE

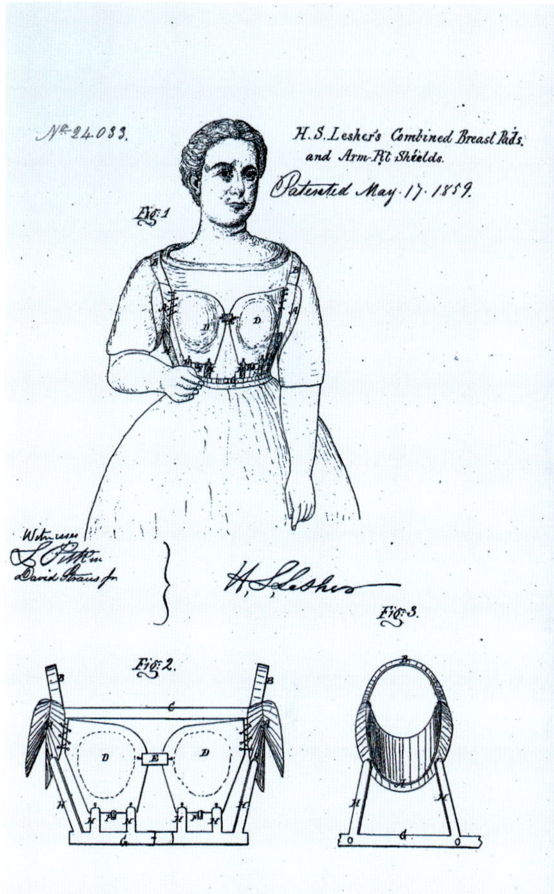

↗ *Le New-Yorkais Henry Lesher inventa en 1859 un sous-vêtement rappelant le soutien-gorge, fait de caoutchouc et de tissu, sans succès.*

« Herminie eut une idée ingénieuse. Pour le confort des femmes elle avait coupé en deux le corset traditionnel. » Site web de Cadolle

La perceuse électrique (1889)

Arnot lance le bricolage.

La perceuse électrique incarne le bricolage, et si l'on ajoute à cela son importance dans le domaine du bâtiment et de l'industrie, on se rend compte à quel point son invention est importante. On peut remercier Arthur Arnot (1865-1946), ingénieur qui conçut la première perceuse électrique pour l'industrie minière.

Le concept de la perceuse existait depuis des millénaires – les Égyptiens utilisaient des drilles pour allumer un feu par friction ou creuser des trous dans du bois. L'action de la pointe rotative que mettait en mouvement un « arc » enveloppé autour du manche de la perceuse suffisait à percer un trou à la surface. Les perceuses électriques modernes opèrent sur le même principe, sauf que l'énergie qui les meut provient de l'électricité et non de la main de l'homme.

Arnot, né en Écosse, fit des études d'ingénieur électricien avant de trouver un emploi à la centrale de Grosvenor Gallery en 1885. Quatre ans plus tard, il se rendit à Melbourne, en Australie, pour y bâtir une centrale électrique. Pendant qu'il remplissait son contrat et offrait simultanément à Melbourne l'éclairage de ses rues, Arnot inventa la perceuse dont il déposa le brevet en août 1889. Il la destinait à l'industrie minière où elle permettrait des projets de forage plus ambitieux. Toutefois, son invention fut rapidement suivie par la création de la première perceuse électrique portable par l'Allemand Wilhelm Fein en 1895.

En 1917, aux États-Unis, Black & Decker, une nouvelle société, fit breveter la première perceuse à main avec pistolet et déclic, désormais outil courant dans les maisons et boîtes à outils. **SR**

VOIR ÉGALEMENT : PERÇOIR, SEMOIR EN LIGNE, FORET HÉLICOÏDAL

↑ *Forage de charbon dans les années 1920 où est utilisée une puissante foreuse électrique.*

Le juke-box (1889)

Grâce à Glass, on peut écouter de la musique contre une simple pièce de monnaie.

Quarante-cinq ans avant que le mot juke-box ne soit inventé, le premier « phonographe à pièces » fut dévoilé à un petit groupe de clients du restaurant Palais Royale dans la rue Sutter de San Francisco par le créateur de l'appareil, Louis Glass (1845-1924), directeur général de la Pacific Phonograph Company.

Glass avait fixé un mécanisme destiné à accepter des pièces de cinq cents à un phonographe à cylindre électrique de la marque Edison qu'il avait placé dans un meuble en chêne. L'amplification n'ayant pas encore été découverte, la musique préenregistrée était transmise à partir d'un rouleau de papier aluminium et de cire à travers des tubes rappelant des stéthoscopes. Quatre personnes pouvaient écouter à la fois, et on leur fournissait des serviettes pour essuyer la sueur accumulée sur les écouteurs.

On ne pouvait jouer qu'un cylindre à la fois, mais cela n'entrava en rien la popularité du nouvel appareil qui dégagea un bénéfice de 1 000 dollars dès les premiers six mois. On trouva rapidement les appareils de Glass dans les salles d'attente de plusieurs compagnies de ferry de la baie de San Francisco. Cette invention marqua aussi la fin de la prééminence des pianistes qui, jusqu'en 1889, offraient le plus souvent de la musique à de grands groupes.

Dans les années 1910, le cylindre fut remplacé par le disque, et l'on trouvait principalement des 78 tours dans les juke-boxes jusqu'à l'apparition de ceux à 45 tours en vinyle dans les années 1950 et qui devinrent la norme pour les décennies suivantes. **BS**

VOIR ÉGALEMENT : PHONOGRAPHE, DISTRIBUTEUR AUTOMATIQUE, DISQUE, DISQUE EN VINYLE

↑ *Pour une pièce de cinq cents par personne, ce groupe écoute un juke-box à Salina, au Kansas, dans les années 1890.*

L'embrayage (1889)

Grâce à Daimler et à Maybach, la conduite automobile gagne en douceur.

Comme c'est souvent le cas pour les inventions du secteur automobile, l'identité du créateur du premier embrayage est controversée. Presque tous les historiens reconnaissent qu'il a été mis au point en Allemagne dans les années 1880, et certains en attribuent la paternité à Gottlieb Daimler (1834-1900) et Wilhelm Maybach (1846-1929).

Ils s'étaient rencontrés alors qu'ils travaillaient pour Nikolaus Otto, l'inventeur du moteur à combustion interne. En 1882, ils créèrent leur première entreprise et, de 1885 à 1886, construisirent un véhicule à quatre roues doté d'un moteur à essence et de plusieurs vitesses. Celles-ci étaient toutefois fixées à l'extérieur et on les passait en tirant sur des courroies. En 1889, ils mirent au point une boîte à quatre vitesses, fermée, et un embrayage à friction permettant de passer les vitesses. La voiture ainsi équipée fut la première que la société Daimler mit le marché en 1890.

Pour qu'un véhicule puisse s'arrêter sans caler, les roues et le moteur doivent être séparés par un embrayage. Sinon, tant que le moteur est en marche, les roues continuent de tourner. L'embrayage permet d'appliquer graduellement l'énergie motrice aux roues, ce qui permet un départ plus en douceur.

Un embrayage à friction comprend un volant monté sur le côté du moteur et une grande plaque métallique recouverte d'un matériau provoquant la friction et qui part de l'arbre de transmission. Quand le volant et l'embrayage entrent en contact, l'énergie motrice est transférée aux roues. **SS**

VOIR ÉGALEMENT : TRANSMISSION AUTOMATIQUE, EMBRAYAGE CENTRIFUGE

La boîte de vitesses (1889)

Benz améliore la vitesse et l'efficacité de l'automobile.

Karl Benz fut le premier à ajouter une deuxième vitesse à sa voiture et inventa aussi le levier permettant de passer de l'une à l'autre ; l'idée lui avait été suggérée par sa femme Bertha, qui conduisit sa Motorwagen, de Mannheim à Pforzheim, soit une centaine de kilomètres – premier voyage automobile de longue distance.

Ce sont les caractéristiques du moteur à combustion interne qui imposèrent les vitesses. Le moteur ne permettait qu'une gamme réduite de révolutions par minute, où la puissance et le couple qu'il produit sont à leur maximum. Les vitesses permettent au véhicule d'accélérer ou de décélérer tout en faisant fonctionner le moteur de façon optimale.

« D'une chose je suis passionnément certain : l'amour de l'invention ne s'éteindra jamais. »

Karl Benz

Les vitesses nécessitaient au départ un « double débrayage », où l'on devait abaisser l'embrayage pour désengager la première vitesse de l'arbre de transmission, puis le libérer pour pouvoir choisir la rotation par minute appropriée pour la vitesse suivante. On appuyait ensuite de nouveau sur l'embrayage pour engager l'arbre de transmission avec la nouvelle vitesse. Les voitures modernes sont équipées de synchronisateurs qui se servent de la friction pour faire correspondre la vitesse de l'arbre à transmission à celle de l'embrayage, puis mettre l'automobile en prise et ainsi ne devoir appuyer sur l'embrayage qu'une fois. **HP**

VOIR ÉGALEMENT : EMBRAYAGE, TRANSMISSION AUTOMATIQUE, RÉGULATEUR DE VITESSE, EMBRAYAGE CENTRIFUGE

Le moteur à deux temps (1889)

Day invente un moteur utile aux petits appareils motorisés, des tondeuses aux tronçonneuses.

Pour certains, c'est l'un des sons les plus désagréables produits par les machines, pour d'autres il est presque musical. Nous parlons bien entendu du vrombissement du moteur à deux temps. Que l'on parle de motos ou de tondeuses à gazon, cette invention est un modèle de simplicité dans le domaine de la combustion interne. On doit sa conception moderne à l'ingénieur britannique Joseph Day (1855-1846).

À l'aide de simplement trois parties en mouvement, ce moteur utilise la pression sous le piston pour propulser le carburant et l'air dans la chambre d'explosion tout en expulsant simultanément les gaz d'échappement. Cela signifiait qu'on pouvait envoyer de l'énergie motrice le long de l'arbre de transmission à chaque révolution – une amélioration par rapport au moteur à quatre temps qui ne propageait cette énergie que toutes les deux rotations.

On retrouve le moteur à deux temps sur la plupart des motos de haute performance ou sur les hors-bord. Malgré les avantages de son rapport puissance-poids élevé, le moteur à deux temps est plus polluant que celui à quatre temps. Chaque fois qu'une nouvelle charge de carburant et d'air pénètre dans la chambre d'explosion, une petite partie ressort avec les gaz d'échappement, ce que l'on peut observer par exemple au reflet huileux de l'eau autour d'un hors-bord ou à l'odeur d'huile des pistes de karting. En raison des préoccupations écologiques actuelles, et sauf si on l'améliore de façon significative, le moteur à deux temps vit peut-être ses derniers jours. **DHk**

VOIR ÉGALEMENT : MOTEUR À COMBUSTION INTERNE, MOTEUR STIRLING, MOTEUR À GAZ, CYCLE À QUATRE TEMPS, MOTEUR DE BOURKE

↗ *Ce moteur à combustion interne, à deux temps et dépourvu de valves, fabriqué par la Day Motor Company, date de 1891.*

« Le printemps n'est vraiment là que le jour où l'on est réveillé par la première tondeuse à gazon. »

Anonyme

La pellicule photographique (1889)

L'invention d'Eastman contribue à lancer la photographie amateur.

L'entrepreneur et inventeur américain George Eastman (1854-1932) était fasciné par la photographie depuis 1874. Après avoir conçu un procédé de fabrication de plaques sèches de photographie, il avait créé sa propre entreprise pour les produire.

En 1889, il fit breveter un système selon lequel on recouvrait d'une émulsion photographique un rouleau de papier flexible. Le concept fut imaginé par un étudiant en chimie, Henry Reichenbach, qui travaillait pour Eastman. Cette pellicule pratique remplaça les plaques de verre si fragiles et si rigides. La pellicule papier produisait une image avec trop de grain et fut par la suite remplacée par une pellicule incassable en nitrate de cellulose.

Eastman inventa la marque Kodak, dont le premier appareil photo était une boîte en bois, qu'on tenait à la main, dotée d'un objectif simple et d'un obturateur d'une fraction de seconde. L'appareil était vendu déjà chargé d'une pellicule d'une capacité de 100 photos. Après avoir exposé tous les négatifs, on rapportait l'appareil à l'usine où les photos étaient développées. En 1901, Eastman créa le Brownie, un appareil avec rouleau de pellicule. Il avait réussi à populariser la photographie, qui n'était désormais plus l'apanage d'une élite.

La pellicule transparente et flexible d'Eastman, à la base de l'industrie cinématographique alors naissante, fut utilisée dans le kinétoscope de Thomas Edison à partir de 1891. L'introduction de la pellicule couleur kodachrome, aux trois couches de colorant, en 1935, popularisa la photo en couleur. **DH**

VOIR ÉGALEMENT : PHOTOGRAPHIE, APPAREIL REFLEX À OBJECTIF UNIQUE, APPAREIL BROWNIE PORTABLE, APPAREIL 35 MM

↖ *Rouleau de pellicule transparente à utiliser dans l'appareil Kodak n° 1 inventé par G. Eastman en 1888.*

← *Cette jeune fille, un mannequin, montre l'appareil Kodak pliable de poche n° 3 en 1909.*

Le téléphone public payant (1889)

L'idée de Gray crée une demande pour les téléphones.

Le premier téléphone payant est né du besoin pressant qu'avait le public de trouver des téléphones aisément. Conscient de cette réalité, l'inventeur américain William Gray conçut en 1889 le premier téléphone payant. On réglait sa note au préposé une fois l'appel terminé. La demande ne fut pas immédiate pour cet appareil mais l'inventeur parvint à éveiller l'intérêt des compagnies de téléphone, hôtels et boutiques. Les gens voyageant de plus en plus, le besoin en téléphones publics s'accrut.

L'apparence des cabines téléphoniques a plus changé au fil des ans que l'appareil lui-même. Les premières cabines, situées à l'intérieur des édifices, étaient en bois tel que l'acajou, souvent luxueuses et recouvertes de moquette. À Londres, la cabine téléphonique rouge dessinée par Giles Gilbert Scott en 1926 devint rapidement l'un des emblèmes de la ville. De l'autre côté de l'Atlantique, dans le quartier newyorkais de Chinatown, une cabine prit même la forme d'une pagode.

« Le téléphone est un bon moyen de parler aux gens sans devoir leur offrir un verre. »

Fran Lebowitz, auteur

En 1998, l'invention de Gray atteignit son apogée avec 2,6 millions de téléphones publics rien qu'aux États-Unis, mais ce chiffre est en déclin en raison de la popularité croissante des téléphones cellulaires. **CB**

VOIR ÉGALEMENT : TÉLÉPHONE, DISTRIBUTEUR AUTOMATIQUE, TÉLÉPHONE CELLULAIRE NUMÉRIQUE, IPHONE, SMARTPHONE

L'accélérateur (1890)

L'invention de Benz permet aux chauffeurs de contrôler la vitesse.

De temps en temps, un inventeur possède un tel talent et s'avère si prolifique qu'il redéfinit presque à lui seul toute une industrie. Ce fut le cas de Karl Benz (1844-1929), ingénieur allemand.

Au cours des années 1870 et 1880, il déposa de nombreux brevets – dont, en 1890, le système de régulation de la vitesse connu sous le nom d'accélérateur – synonymes de progrès technologiques importants dans le domaine de l'automobile. Benz devint l'un des chefs de file de la conception automobile.

L'accélérateur a une simple fonction dans le moteur. Le carburant – habituellement de l'essence – est mélangé à de l'air avant d'être enflammé dans les cylindres pour produire une petite explosion qui allume le piston qui, à son tour, fait tourner l'arbre de direction sous l'action duquel tournent les roues. L'accélérateur contrôle la proportion de carburant et d'air, et détermine ainsi l'énergie produite par le moteur, et, par conséquent, la vitesse de la voiture.EN Grande-Bretagne, l'ingénieur Frederick Lanchester (1868-1946) introduisit l'accélérateur entre 1900 et 1904.

« La vitesse n'a jamais tué personne, c'est au moment où l'on devient immobile… que l'on meurt. »

Jeremy Clarkson, journaliste

Bien qu'on ait apporté certaines modifications à l'accélérateur au fil des ans, le concept est resté fondamentalement le même et cela demeure l'un des éléments essentiels des véhicules à moteur. **BG**

VOIR ÉGALEMENT : MOTOCYCLETTE, AUTOMOBILE, BOÎTE DE VITESSES, ALLUMAGE PAR ÉTINCELLES

Le cohéreur
(1890)

Branly lance la télégraphie sans fil.

Les principes scientifiques sur lesquels est fondé le cohéreur avaient été observés par diverses personnes avant que l'on ne parvienne à leur trouver un usage pratique. Les effets de la charge électrique sur les particules de certaines matières, comme la poussière, furent remarqués vers 1850 par Guitard. Il s'aperçut que quand un air poussiéreux était chargé d'électricité, les particules se regroupaient en une sorte de cordon. Ce n'est qu'en 1890 qu'Édouard Branly (1844-1940) découvrit le moyen d'exploiter ce phénomène.

En se livrant à des expériences avec de fins morceaux de pellicule de platine sur du verre, Branly constata que la résistance électrique de la pellicule subissait une importante variation quand on la soumettait à des ondes électromagnétiques (ou hertziennes). Cette découverte amena Branly à créer le cohéreur, un appareil constitué d'un tube empli de quelques particules de limaille de fer disposées entre deux électrodes métalliques. À son état normal, le cohéreur possède une résistance très importante, mais en présence d'ondes hertziennes, la limaille est traversée par le courant. Une fois relié à un circuit, le cohéreur sert ainsi à détecter les signaux électromagnétiques. Cet appareil est à la base de la radiotélégraphie et fut utilisé pour mettre au point la télégraphie sans fil, notamment par Marconi. **CL**

« Les applications de la science à la guerre et au plaisir matérialiste feront la ruine de l'humanité. »

Édouard Branly

VOIR ÉGALEMENT : TÉLÉCOMMUNICATION SANS FIL, ÉMETTEUR RADIOÉLECTRIQUE, POSTE À GALÈNE

Le central téléphonique automatique (1890)

Le caractère privé du téléphone est préservé.

L'invention du téléphone fut un immense bond en avant. Les premiers modèles étaient reliés par paire par un fil, et un téléphone ne pouvait donc en contacter qu'un seul autre. Les premiers téléphones n'étaient même pas munis de sonnerie ; il fallait siffler dans le combiné pour attirer l'attention de son correspondant.

Il y avait beaucoup de progrès à faire ; Almon Strowger (1839-1902), un croque-mort du Missouri, réalisa l'un d'entre eux : le central téléphonique automatique. La standardiste locale était l'épouse d'un concurrent de Strowger et ne lui transférait pas les appels de ses clients. Strowger décida alors d'inventer un central automatique qui reconnaîtrait le numéro marqué par le demandeur. Le premier modèle était un cylindre évidé traversé en son milieu par une tige capable de tourner, de monter et de descendre. Une pince de courant placée dans la tige pouvait entrer en contact avec de nombreux points dans le cylindre, ce qui se traduisait par des impulsions électriques. Grâce à ce système, on n'eut plus besoin de connecter les appels manuellement, mais le central téléphonique automatique fut finalement remplacé par des systèmes numériques. **JB**

« Un jour il y aura un téléphone dans toutes les grandes villes américaines. »

Alexander Graham Bell, inventeur

VOIR ÉGALEMENT : TÉLÉGRAPHE ÉLECTROMAGNÉTIQUE, TÉLÉPHONE, TÉLÉPHONE CELLULAIRE NUMÉRIQUE

→ *Un ingénieur teste le révolutionnaire central téléphonique automatique de Londres en 1929.*

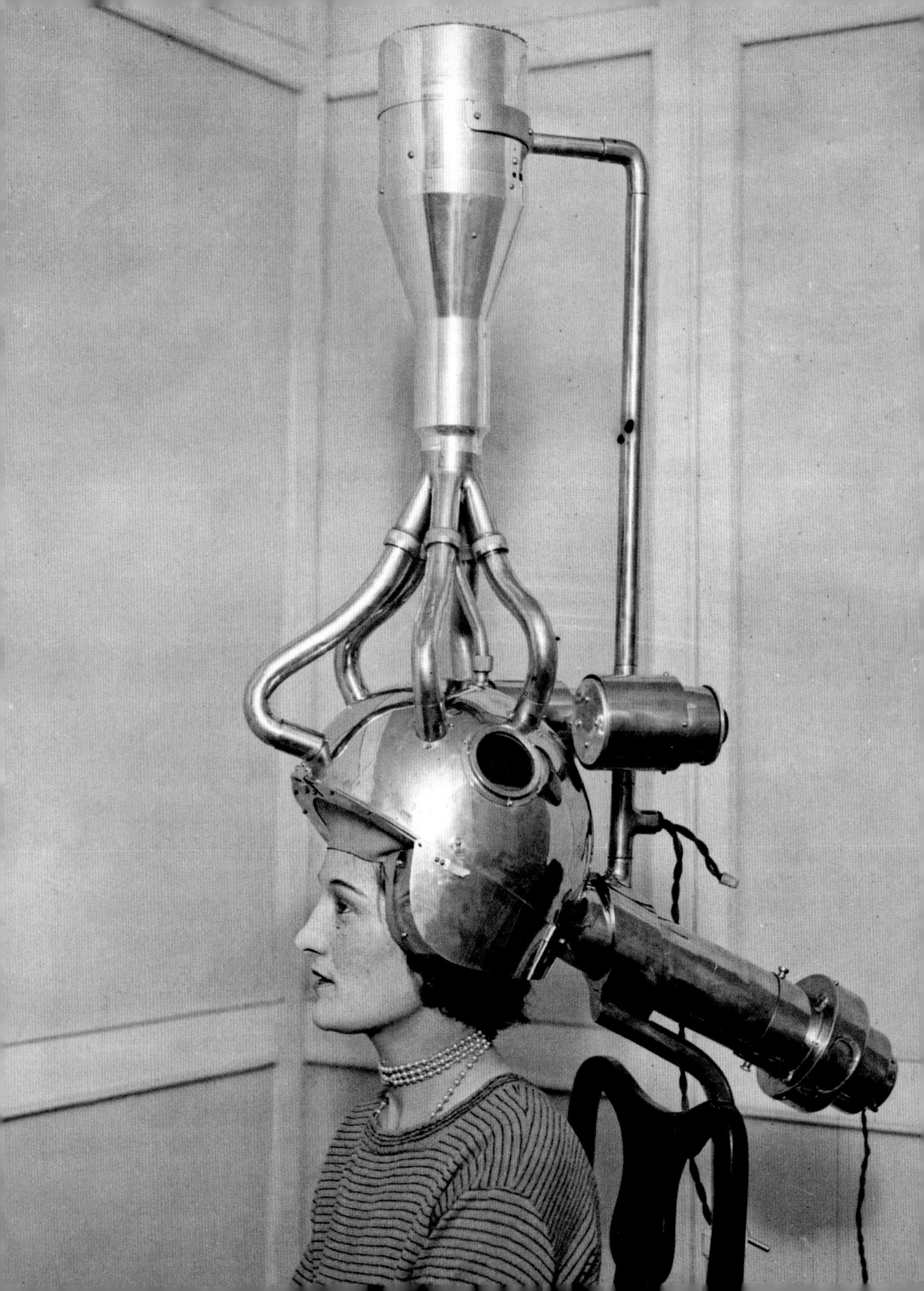

Le sèche-cheveux
(1890)

Godefroy offre un nouvel outil aux coiffeurs.

C'est Alexandre Godefroy, un coiffeur français, qui inventa dans les années 1890 le premier sèche-cheveux, appareil qu'il utiliserait dans son salon. C'était un casque relié par un tube flexible à un poêle à gaz.

Ce sont les liaisons hydrogènes présentes dans la chevelure qui font que l'on a l'air d'avoir été traîné à travers une haie d'épines ou de sortir tout droit d'une publicité pour shampoing. Lorsqu'on utilise le sèche-cheveux, la chevelure a généralement meilleure allure car le procédé accélère la liaison hydrogène de chaque cheveu et permet ainsi de mieux contrôler le style et la forme de la coiffure. Les rouleaux, fers à défriser et tous les autres appareils qui chauffent les cheveux pour en changer la forme contrôlent simplement la formation de cette liaison, qui, bien que forte, est sensible à l'humidité et disparaît complètement une fois le cheveu mouillé.

« La chevelure recentre l'image qu'on a de soi ; c'est le lieu d'expérimentation de la vanité. »

Shana Alexander, journaliste

Les sèche-cheveux ont rapidement évolué à partir du modèle de Godefroy et, au lieu de devoir rester assis sous un casque chauffé, on utilise aujourd'hui des appareils à main, équipés de toute une gamme de variations, dont la désionisation qui réduit l'aspect crépu de la chevelure. **LS**

VOIR ÉGALEMENT : RÉSISTANCE VARIABLE, LAQUE POUR CHEVEUX

Démonstration d'un casque chauffant à la foire de White City à Londres, v. 1930.

L'arroseur de pelouse
(1890)

Oswald facilite le jardinage.

Au cours du XIXe siècle, de nombreux Américains quittèrent les centres urbains pour les banlieues résidentielles qui se développaient alors. Bénéficiant de plus d'espace, ils s'intéressèrent au jardinage. En outre, de plus en plus de maisons étaient pourvues de l'eau courante.

Des milliers de brevets pour arroseur ont été déposés et il est difficile d'en attribuer l'invention à une seule personne. L'arroseur de l'Américain Joseph Oswald n'était pas le premier, et sur son brevet celui-ci indiquait vouloir « améliorer les arroseurs de pelouse ». Il perfectionna le mouvement de la tête de l'arroseur et s'intéressa aussi au problème de l'usure qu'entraînait le va-et-vient constant de l'arroseur. Les modèles initiaux étaient souvent statiques mais celui d'Oswald compta parmi les premiers à être dotés d'un mécanisme rotatif mu par l'eau qu'il distribuait.

« Un arroseur de jardin utilise autant d'eau en une heure qu'une famille de quatre personnes en un jour. » Caroline Roux, journaliste

Le modèle classique de l'arroseur de pelouse domestique est constitué d'un tuyau qui amène l'eau jusqu'à un bras métallique oscillant sur sa base et répand une fine pluie sur une surface importante. À l'intérieur du mécanisme se trouve un système qui contrôle la vitesse du bras.

Les systèmes d'arrosage automatiques sont populaires dans le monde entier, mais dans les pays souffrant d'une pénurie d'eau leur usage est souvent critiqué et synonyme de gaspillage. **JG**

VOIR ÉGALEMENT : IRRIGATION, TONDEUSE À GAZON

L'allumage par étincelle (1890)

Benz démarre une automobile en poussant un simple bouton.

On peut comparer le fonctionnement de l'allumage par étincelle à un fermier qui utiliserait un aiguillon électrique pour faire avancer son troupeau de vaches. C'est aussi ce qui permet à un moteur à combustion interne de fonctionner à l'essence.

L'allumage par étincelle fait passer un courant électrique jusqu'à une bougie d'allumage qui enflamme le mélange d'air et de carburant dans la chambre à explosion du moteur. En 1890, Karl Benz (1844-1929) lança une nouvelle ère de civilisation avec cette invention. C'est le développement de l'industrie automobile – où Benz était déjà célèbre pour avoir inventé la voiture – qui permit l'apparition du moteur à combustion interne. On doit aussi souligner le rôle d'Oliver Joseph Lodge, qui contribua de façon importante à l'allumage par étincelle électrique et dont les fils développèrent les idées au début du XXe siècle pour former la Lodge Plug Compagny, qui vendait des bougies d'allumage.

Cependant, ce n'est qu'en 1902, avec l'invention de la première bougie à haute tension commercialement viable par Gottlob Honold, que l'on put mettre au point le moteur à combustion interne. Cette nouvelle bougie était l'une des composantes d'un système d'allumage magnétique.

La capacité d'améliorer la fiabilité des moteurs a rendu possible la majorité de la technologie mécanique que l'on associe à la société moderne. **CB**

VOIR ÉGALEMENT : MOTEUR À COMBUSTION INTERNE, MOTOCYCLETTE, AUTOMOBILE, MOTEUR DIESEL

La chaise électrique (1890)

Brown permet l'exécution des condamnés par l'électricité.

On doit l'idée originelle de la chaise électrique à Alfred P. Southwick, un dentiste qui avait vu un homme mourir après voir touché une borne électrique mal isolée alors qu'il était assis dans le fauteuil de son cabinet dentaire. Une rivalité acharnée opposait en même temps Edison et Westinghouse, qui tentaient tous deux de faire la publicité de leur propre forme d'électricité auprès du public. Edison, partisan du courant direct, voulait démontrer que le courant alternatif était dangereux en l'utilisant pour des exécutions. À la fin des années 1880, en compagnie de Pitney Brown, détenteur du brevet de la chaise électrique, il « explora » la viabilité de l'invention en tuant de nombreux animaux par électricité. Ils en conclurent que le courant alternatif était pour cela plus efficace, et c'est ainsi que la chaise électrique en fut équipée.

« Dans cet État… le courant alternatif dissuade durablement les malfaiteurs. »

New York Times, 1888, à propos d'un prototype

La première électrocution, celle de William Kemler, eut lieu en 1890 à la prison d'Auburn. Cela demeura la forme d'exécution la plus répandue dans l'Est des États-Unis et aux Philippines durant de nombreuses années. **BG**

VOIR ÉGALEMENT : MOTEUR ÉLECTRIQUE, RÉSISTANCE VARIABLE, COURANT ALTERNATIF, RÉSEAU ÉLECTRIQUE

Homme sur une chaise électrique dans l'attente de son exécution aux États-Unis, en 1908.

Le marteau pneumatique (1890)

King complète la puissance musculaire de l'homme par celle de l'air.

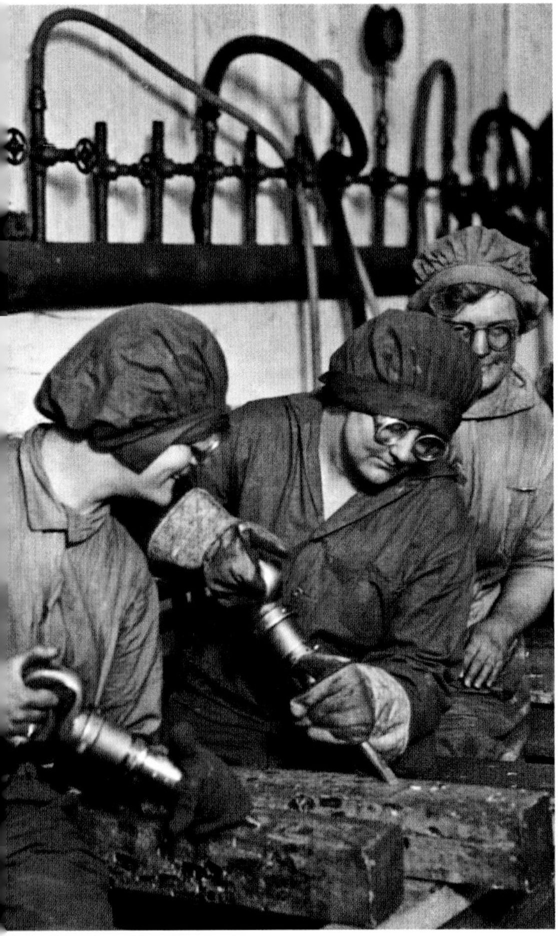

L'utilisation d'outils est indiscutablement un facteur essentiel dans l'évolution de l'humanité, passée des chasseurs-cueilleurs aux bâtisseurs de civilisations. À de nombreuses reprises, l'invention d'un outil est survenue à point nommé pour accélérer l'histoire de la technologie.

L'invention du marteau pneumatique entre dans cette catégorie. Charles Brady King (1869-1957) s'intéressait à toutes sortes de choses, depuis le mysticisme, la musique, l'art et la poésie jusqu'à l'architecture. Il avait aussi un diplôme d'ingénieur mécanique de l'université de Cornell de New York. Il inventa le marteau pneumatique alors que l'on assistait à une rapide croissance dans les domaines du bâtiment, de la construction navale, de la mine et de l'automobile. Toute invention qui augmenterait la productivité des travailleurs ne pouvait qu'être couronnée de succès.

Le marteau de King, de conception très simple, utilisait l'énergie de l'air comprimé. L'énergie de l'air comprimé poussait avec force un piston vers l'avant, piston que l'on pouvait attacher à tout outil requérant un mouvement percutant de va-et-vient, un marteau par exemple. C'était parfait pour installer un grand nombre de rivets dans le bâtiment ou pour calfater.

King démontra le fonctionnement de son invention à l'Exposition universelle de Chicago en 1893, et se dédia particulièrement à son application dans l'industrie automobile. Un tableau légendaire de Norman Rockwell montre une travailleuse munie d'une riveuse pneumatique, symbole de courage pendant la Seconde Guerre mondiale. Il a été vendu en 2002 pour 5 millions de dollars. **DHk**

« Si vous ne disposez que d'un marteau, vous considérerez tout problème comme un clou. »

Abraham Maslow, psychologue

VOIR ÉGALEMENT : OUTILS EN PIERRE, MÉTALLURGIE, MARTEAU À PIED DE BICHE, MARTEAU PILON, AUTOMOBILE

⇱ *Ces ouvrières de la Midvale Steel and Ordnance Company utilisent des marteaux pneumatique en 1918.*

Le procédé Frasch (1891)

Frasch alimente l'industrie chimique américaine.

Le soufre est un élément essentiel de nombreux procédés industriels. Il est souvent transformé en acide sulfurique, un réactant qui entre aussi dans la composition de fertilisants. Au XIXe siècle, la Sicile en était le plus gros producteur. On trouvait aussi des gisements aux États-Unis, notamment en Louisiane et au Texas, mais, plus profonds, ils étaient plus difficiles à exploiter. Trouver le moyen d'accéder à ces trésors jaunes pouvait s'avérer très profitable.

Un homme avait la réponse au problème et donna son nom au procédé qu'il inventa. Herman Frasch (1851-1914), né en Allemagne, s'était installé aux États-Unis où il était connu pour avoir découvert comment retirer le soufre du pétrole. Dans les années 1890, il consacra sa recherche à ce minerai et à la façon de l'extraire des profondeurs de la terre.

Sa solution consistait à percer un trou jusqu'à la couche contenant le soufre, puis à y placer trois tuyaux concentriques. On pompait alors de l'eau super-chauffée (à 170°) jusqu'à la couche rocheuse par le tuyau central. Le soufre fondant à 115 °C environ, il devenait liquide au contact de l'eau. En forçant de l'air comprimé dans un autre tube on faisait remonter le soufre sous forme de pâte par le troisième. Une fois à la surface, il se solidifiait en une forme très pure immédiatement utilisable.

Bien que Frasch se soit avéré incapable d'exploiter commercialement son invention, son procédé permit aux États-Unis d'atteindre l'autosuffisance en soufre, ce qui entraîna une expansion rapide de l'industrie chimique. Le procédé Frasch demeura la forme dominante de production de soufre dans le monde entier jusqu'aux années 1970, quand on arriva à l'obtenir de façon moins onéreuse comme dérivé du raffinage du pétrole et du gaz naturel. **MB**

VOIR ÉGALEMENT : POUDRE NOIRE, FEU D'ARTIFICE, VULCANISATION

Le siliciure de carbone (1891)

Acheson crée un abrasif extrêmement dur.

En 1880, Edward Goodrich Acheson (1856-1931) mit au point une pile électrique qu'il essaya de vendre à Thomas Edison. Au lieu de l'acheter, Edison offrit un emploi à Acheson.

Malgré une promotion rapide, ce dernier quitta rapidement Edison pour devenir indépendant. En tant que directeur d'une usine qui fabriquait des lampes, il pouvait se livrer à ses propres expériences. Il voulait créer des diamants en laboratoire mais le système qu'il utilisait pour chauffer le carbone échoua. Il tenta ensuite de réaliser un alliage d'argile et de carbone en provoquant la fusion par électricité. La masse qu'il créa de la sorte était parsemée de particules noires brillantes qui se révélèrent d'une dureté extrême.

« Illegitemi non carborundum. Latin de cuisine signifiant : Ne laissez pas les salauds vous avoir à l'usure. » Anonyme

---

Acheson avait créé du siliciure de carbone, qu'il baptisa par erreur « carborundum » en pensant que c'était un composé de carbone et d'aluminium. Son brevet fut homologué en 1893. Le siliciure était la substance la plus dure jamais réalisée par l'homme, dépassée seulement par le diamant. Son caractère extrêmement abrasif la rendait parfaitement adaptée aux machines-outils de haute précision, et Acheson croula bientôt sous les commandes.

Au milieu des années 1890, il découvrit qu'en surchauffant la siliciure de carbone il obtenait du graphite. Aujourd'hui, on l'utilise dans le papier de verre, les freins à disque, les membranes de céramique et les gilets pare-balles. **DHk**

VOIR ÉGALEMENT : DIAMANT DE SYNTHÈSE

La batterie électrique de voiture (1891)

La première voiture électrique fonctionne.

Bien que l'on ait tenté de concevoir une voiture électrique en France et en Grande-Bretagne auparavant, la première ayant réellement fonctionné fut créée par William Morrison, né en Écosse mais vivant aux États-Unis. Il était en réalité passionné d'accumulateurs – il ne construisit son automobile, très haute sur roues et qui rappelait un cabriolet, que pour démontrer l'utilisation de sa nouvelle batterie. C'est cet élément qui fait tout le succès d'une voiture électrique, qui détermine sa vitesse et les distances qu'elle peut parcourir. La batterie de Morrison comprenait 24 pièces et constituait plus de la moitié du poids total du véhicule. Il affirmait qu'après avoir été chargée toute la nuit elle pouvait assurer l'autonomie du véhicule pendant treize heures, à une vitesse allant jusqu'à 22 km/h.

> *« Cela prendra peut-être des années mais la voiture électrique reviendra plus forte que jamais… »*
>
> Chris Payne, *Qui a tué la voiture électrique ?* (2006)

Morrison dévoila sa voiture en 1890 à Des Moines, dans l'Iowa, et son brevet fut homologué en 1891. L'inventeur offrit ses plans à l'American Battery Company, qui se servit de cette voiture pour augmenter ses ventes de batteries et la présenta à l'Exposition universelle de Chicago en 1893. Dès le milieu des années 1930, les voitures électriques avaient pratiquement disparu, remplacées par les véhicules à essence qui dominent encore aujourd'hui, mais la batterie est toujours nécessaire pour démarrer. **RP**

VOIR ÉGALEMENT : PILE, MOTEUR ÉLECTRIQUE, AUTOMOBILE, VÉHICULE AUTONOME SANS CONDUCTEUR, VOITURE À AIR COMPRIMÉ

Le procédé Dow (1891)

Dow extrait du brome de la saumure.

Alors qu'il était encore étudiant, Herbert Henry Dow (1866-1930) entreprit de découvrir un moyen plus économique d'extraire le brome des nappes d'eau salée du Michigan. L'inventeur, dont le sens des affaires était aussi développé que l'intellect, avait compris qu'il pourrait réaliser d'immenses profits car le brome jouait un rôle important en médecine et en photographie. Dès 1889, son premier brevet pour un nouveau procédé d'extraction avait été homologué et il avait créé sa propre entreprise, qui fit cependant faillite dans l'année. Sans se décourager, Dow poursuivit ses recherches et, en 1891, il déposa le brevet du procédé qui porte son nom. Si l'eau salée est parcourue d'un courant, un processus baptisé « électrolyse », les ions de brome, négatifs, se réunissent autour de l'électrode positive où l'on peut les récolter.

Dow savait qu'il devait se montrer compétitif sur le marché européen où les prix étaient contrôlés par un cartel de sociétés allemandes, la Bromkonvention. Déterminé à s'imposer, Dow fit fi de leurs règles et vendit son brome à un prix plus bas. La Bromkonvention riposta en inondant le marché américain de brome à prix cassé. C'était compter sans l'intelligence de Dow qui chargea des agents anglais et allemands d'acheter ce brome à bas prix et continua de vendre aux Européens en dessous des prix fixés. Ce n'est que quatre ans plus tard que la Bromkonvention découvrit son stratagème et ne put alors faire autrement que de l'inviter à la rejoindre.

Aujourd'hui, la société Dow Chemical est l'une des plus importantes au monde et la production de brome continue d'augmenter, tout comme ses utilisations, dont les ignifuges, les teintures, les produits agrochimiques et pharmaceutiques pour n'en citer que quelques-unes. **RP**

VOIR ÉGALEMENT : PHOTOGRAPHIE, DDT, AÉROSOL-DOSEUR

Le kinétoscope

(1891)

Edison et Dickson créent l'ancêtre du projecteur de cinéma.

Le cinéma, voire la télévision, ne seraient peut-être jamais devenus réalité si Thomas Alva Edison (1847-1931) et son assistant, William Dickson (1860-1935), n'avaient pas inventé le kinétoscope en 1891. L'idée de projeter des images fixes en succession rapide pour donner l'illusion d'une image en mouvement existait déjà, mais Edison et Dickson s'emparèrent de ce concept pour construire un appareil qui pourrait projeter de longs rouleaux de pellicule. Edison aurait été inspiré par une démonstration du zoopraxiscope qui faisait tourner à grande vitesse un disque autour duquel se trouvaient des images, pour donner l'illusion du mouvement. Edison imagina un système qui marierait images en mouvement et son, le baptisa « kinétoscope », puis chargea Dickson et son équipe de s'atteler à ce projet.

Ils imprimèrent les images sur d'étroites bandes de Celluloïd aux bords perforés. Les pignons qui pénétraient dans ces perforations entraînaient à une vitesse uniforme les rouleaux de pellicule qui défilaient devant une ampoule allumée. Un obturateur laissait passer la lumière à travers le « film » juste au bon moment afin que chaque image soit projetée un instant. Quand tout cela se déroulait à grande vitesse, les images successives donnaient l'illusion du mouvement.

Une fois mis au point, le kinétoscope fut dévoilé en 1894 à un public captivé. L'œilleton par lequel on observait les images inspira la création du kinétoscope à projection. Edison et son équipe donnèrent ainsi naissance à l'industrie du cinéma et le monde du divertissement en fut changé à jamais. **SR**

« Nous pouvons voir et écouter un opéra comme si l'on y assistait réellement. » Description du kinétoscope faite par le bureau des brevets.

VOIR ÉGALEMENT : CELLULOÏD, CINÉMATOGRAPHE, PELLICULE PHOTOGRAPHIQUE, PROJECTEUR CINÉMATOGRAPHIQUE, CINÉMA PARLANT

↗ *Le kinétoscope de William Dickson fut le premier appareil à montrer des films en 1894.*

La télécommunication sans fil (1891)

Les utilisations pratiques de la radio sont brevetées.

En 1887, David Hughes transmit un message en code morse sur une courte distance, et un an plus tard Heinrich Hertz produisit et détecta ses propres ondes radio sans comprendre leurs utilisations potentielles.

Ce n'est qu'en 1891, quand Nikola Tesla (1856-1943) commença ses recherches, que la technologie radio se mit à se développer. Tesla vit rapidement les possibilités qu'abritaient les étranges résonances et interactions provoquées par les courants alternatifs lors de ses expériences en électricité. Il travailla sur la radio de nombreuses années, déposa plusieurs brevets, présenta ses idées à Londres et créa un système radio fonctionnant à longue distance à New York.

« Le scientifique [...] ne s'attend pas à ce que ses idées avancées soient aisément adoptées. »

Nikola Tesla

Distrait par la longue bataille qui opposa longtemps son système électrique alternatif au courant direct d'Edison, Tesla se vit souffler la gloire (et l'argent) par Marconi, inventeur de la radio aux yeux du public. Même si le bureau des brevets américain reconnut finalement que Tesla en était bien le créateur, ce ne fut qu'en 1943, après la mort de celui-ci, que le bureau annula le brevet de 1900 de Marconi en faveur de Tesla. L'une des inventions ayant le plus changé la face du monde, la radio nous a donné la télévision, le téléphone cellulaire, le radar, la technologie Wi-Fi, la navigation par satellites, le radiotélescope et même le four à micro-ondes. **MG**

VOIR ÉGALEMENT : COHÉREUR, TRANSMETTEUR RADIO, RADIO À GALÈNE

L'Escalator (1891)

Reno fait breveter l'escalier roulant.

Jesse W. Reno (1861-1947), un Américain, eut l'idée d'un « ascenseur incliné » à l'âge de 16 ans et la fit breveter en 1891. Ce n'était pas la première fois que ce concept était envisagé car un brevet avait déjà été homologué pour un escalier de ce type fonctionnant à la vapeur, mais il ne fut jamais construit. En 1895, l'escalier mécanique de Reno servit d'attraction dans le parc de Coney Island à New York.

L'invention ne fut baptisée « Escalator » qu'en 1897, quand Charles Seeberger créa ce mot à partir de *scala* (escalier en italien) et d'*elevator* (ascenseur en anglais, une invention déjà vieille de quelques années). Seeberger reprit les plans de l'Escalator pour les améliorer et l'escalier fut construit à l'usine Otis de New York. Ce premier escalier roulant commercial remporta le premier prix de l'Exposition universelle de Paris en 1900. La société Otis racheta les droits des plans de Reno et de Seeberger, et devint le premier fabricant d'Escalator au monde.

« J'aime les Escalator parce qu'ils ne peuvent jamais se casser, ils se transforment... en escaliers. »

Mitch Hedberg, comique

Après le rejet de son projet pour le métro de New York, Reno partit s'installer à Londres où son entreprise commença à fabriquer un Escalator en colimaçon pour le métro londonien qui ne fut jamais utilisé. **SB**

VOIR ÉGALEMENT : PORTE-TAMBOUR, GRATTE-CIEL À OSSATURE EN ACIER, ASCENSEUR

⇥ *L'un des premiers Escalator de la société Otis, photographié en 1899.*

ESCALATOR
OTIS ELEVATOR COMPANY
NEW YORK.

Le couteau suisse (1891)

Elsener crée un couteau de poche à fonctions multiples.

Quand le Suisse Karl Elsener (1860-1918), propriétaire d'une entreprise qui fabriquait des instruments chirurgicaux, apprit que les couteaux de poche de l'armée suisse étaient manufacturés en Allemagne, il décida de les produire lui-même. Aidé par l'ingénieur Jeannine Keller, il lança en 1891 un couteau multifonctionnel. Baptisé « couteau du soldat », il était pourvu d'un manche en bois et comprenait une lame coupante, un tournevis, un ouvre-boîte et un poinçon. Il fut adopté par l'armée suisse mais Elsener continua à tenter de l'améliorer.

En 1896, il créa un couteau équipé de lames à chaque extrémité du manche en bois, maintenues en place par un ressort. Cette innovation permit à Elsener d'augmenter le nombre d'outils contenus dans le manche, en ajoutant notamment une deuxième lame et un tire-bouchon. Les couteaux s'avérant très populaires, Elsener vit apparaître des concurrents et décida alors de marquer tous les siens d'un symbole – la croix suisse sur un bouclier – pour que l'on puisse aisément identifier les authentiques couteaux suisses.

En 1921, son entreprise adopta l'acier inoxydable (ou inox), récemment inventé, qui rendait le couteau plus résistant et plus facile à nettoyer. En hommage à sa mère décédée en 1909, Elsener rebaptisa sa société Victorianox.

Le concept de base du couteau suisse a peu changé depuis les premiers modèles, même si le manche est désormais en plastique et si la gamme s'est élargie. En 2006, à l'occasion du centenaire, on a créé un modèle portant 85 outils que l'on a offert comme objet de collection. **SC**

« Emplissez votre bol à ras bord et il débordera. Continuez à aiguiser votre couteau et il s'émoussera. »

Lao Tseu, philosophe taoïste

VOIR ÉGALEMENT : OUTILS EN PIERRE, LAME EN PIERRE TRANCHANTE, MÉTALLURGIE, CISEAUX

Le premier couteau suisse (1891) possédait une lame, un tournevis, un ouvre-boîte et un poinçon.

La clé à molette (1891)

Johannson conçoit un outil adapté à tous les écrous.

Johann Petter Johannson (1853-1943) fut l'un des inventeurs suédois les plus prolifiques. Il déposa 118 brevets de son vivant, un chiffre impressionnant, dont un pour des pinces permettant de déposer proprement un morceau de sucre dans une tasse de thé. Toutefois, sa plus grande contribution au monde de l'industrie et de l'ingénierie fut incontestablement la clé à molette.

Lorsqu'il ouvrit son premier atelier à Enkoping, en 1886, il n'existait aucune taille standard ni calibre pour les écrous, boulons et vis, ni pour les outils qui les manipulaient. Quand Johannson partait exercer son métier, il devait transporter de lourdes charges à cause du nombre croissant de clés nécessaires à ses divers travaux. Il devait presque fabriquer une nouvelle clé par tâche, les machines et les éléments qui les composaient étant fabriqués selon leurs propres caractéristiques.

Johannson décida de concevoir un outil unique qui posséderait en partie la dextérité de la main de l'homme. Il créa ainsi en 1888 la « main de fer », ou clé à tuyau. Bien qu'indispensable, elle abîmait souvent les écrous rouillés ou coincés, et c'est ainsi qu'en 1891 il en améliora la conception pour créer la clé à molette.

Dotée de la même forme de base qu'une clé normale, celle de Johannson était équipée d'un filet de vis interne qui, quand on le faisait tourner, ajustait la distance entre les deux « dents » de la clé. On pouvait donc l'adapter parfaitement à n'importe quel écrou et ainsi éviter de transporter avec soi tout un jeu de clés. **DHk**

VOIR ÉGALEMENT : MÉTALLURGIE, VIS, VIS D'ARCHIMÈDE, CLÉ À SIX PANS

↗ *L'une des premières clés à molette, datant de 1892.*

« L'homme est un animal qui utilise des outils. Sans outils il n'est rien, muni d'outils il est tout. »

Thomas Carlyle, historien

Le craquage thermique du pétrole (1891)

Choukhov transforme le pétrole brut en carburants utilisables.

En 1891, Vladimir Choukhov (1853-1939) conçut une raffinerie qui convertissait le pétrole brut en carburants tels que l'essence et le kérosène. Le pétrole brut, qui apparaît naturellement, est constitué d'hydrocarbures de diverses longueurs moléculaires. Tel qu'on l'extrait du sol il brûle mal, mais ses molécules plus petites, que l'on peut extraire par distillation fractionnée, brûlent plus facilement. Cependant, une grande partie des hydrocarbures demeurent sous la forme de grosses molécules qui forment de longues chaînes que l'on peut fractionner à l'aide du craquage thermique.

« Nous devons diversifier nos sources d'énergie et réduire notre dépendance envers les autres pays. »

Mary Bono Mack, femme politique américaine

Choukhov avait fait breveter une méthode qui lui permettait de chauffer et de pressuriser le pétrole jusqu'à ce qu'il se décompose en molécules de taille plus réduite. Ce craquage thermique était le précurseur du procédé inventé par William Merriam Burton en 1913 et qui permit de doubler la production d'essence. En 1937, ces deux méthodes furent rendues obsolètes par le craquage catalytique qui fonctionne de manière similaire mais où un catalyseur accroît la réaction. C'est aussi une méthode plus économique car elle se produit à des températures et des pressions moins élevées.

L'industrie pétrolière recherche aujourd'hui des façons encore plus efficaces d'extraire et de traiter le pétrole brut avant que les réserves ne disparaissent et que les raffineries ne deviennent obsolètes. **LS**

VOIR ÉGALEMENT : BIODIESEL, BIOÉTHANOL

La valve de pneu (1891)

L'invention de Schrader est toujours utilisée aujourd'hui.

L'un des éléments que l'on trouve sur toutes les voitures et bicyclettes n'a pas changé depuis un siècle : la valve de pneu, créée par August Schrader, un immigré allemand, qui possédait des entrepôts à Manhattan. Très lié au secteur du caoutchouc, il commença à fabriquer des moules et des appareils en cuivre pour Goodyear et pour l'Union India Rubber Company. En 1890, on lui demanda de concevoir un joint étanche pour le pneu, récemment inventé. Deux ans plus tard, August et son fils George déposèrent le brevet de la valve pour pneu.

« Le seul produit standard utilisé dans l'industrie automobile dans le monde entier. »

David Beecroft, société des ingénieurs automobiles

Elle consistait en un petit tube à air en cuivre dont la surface extérieure était filetée comme une vis. Ce tube vide comprenait en son centre une aiguille métallique, parallèle aux parois. Quand on pompe de l'air dans le pneu, on presse sur l'aiguille qui ouvre le joint entre la pompe et l'intérieur du pneu sous pression. Une fois la pression désirée atteinte, on retire la pompe et la pression intérieure ferme hermétiquement le tube à air, aidée en cela par un ressort. Si l'on a trop gonflé le pneu, on peut presser sur l'aiguille pour ouvrir la valve et laisser l'air s'échapper.

L'entreprise d'August Schrader est toujours en activité sous le nom de Schrader-Bridgeport et fabrique des valves employées dans le monde entier. **DHk**

VOIR ÉGALEMENT : VULCANISATION, PNEU, PNEU RADIAL

La capsule pour bouteille
(1891)

Painter invente une façon efficace de boucher hermétiquement les bouteilles.

Quand William Painter (1838-1906) quitta l'Irlande à la recherche de meilleures perspectives aux États-Unis, il ne pouvait imaginer qu'une invention apparemment sans grande signification ferait sa fortune et révolutionnerait l'industrie de l'embouteillage.

À une époque où des centaines et des centaines de brevets étaient déposés pour des systèmes de fermeture de bouteille, la presse spécialisée considérait qu'il serait difficile de découvrir une idée novatrice. Painter releva le défi, convaincu que « la seule façon de faire une chose est de la faire », et fit breveter sa capsule en 1891. C'était une capsule métallique dotée de 24 dents resserrées autour d'un collet sur le goulot de la bouteille. On trouvait un bouchon de liège à l'intérieur, qui empêchait la boisson de fuir, de s'éventer ou d'entrer en contact avec le métal. La capsule pouvait être retirée avec un tire-bouchon traditionnel ou soulevée en faisant levier avec un objet plat, un couteau de poche par exemple. Painter mentionna astucieusement dans sa demande de brevet qu'un outil approprié s'avérerait le plus efficace et, en 1894 le brevet de cet ustensile, qu'il avait lui-même conçu, fut homologué.

Pour convaincre les brasseurs et les sociétés d'embouteillage d'adopter son système qui exigeait de nouvelles bouteilles et machines, il expédia de la bière allemande dans des bouteilles à capsule depuis l'Amérique du Nord jusqu'en Amérique du Sud. Le résultat fut convaincant. Dès 1906, la Crow Cork and Seal Company ouvrait des usines dans le monde entier et dans les années 1930 elle fournissait presque la moitié de toutes les capsules de bouteille au monde. **RP**

VOIR ÉGALEMENT : VERRE, EAU GAZEUSE, TIRE-BOUCHON, SIPHON À SODA, BOCAUX SOUS VIDE

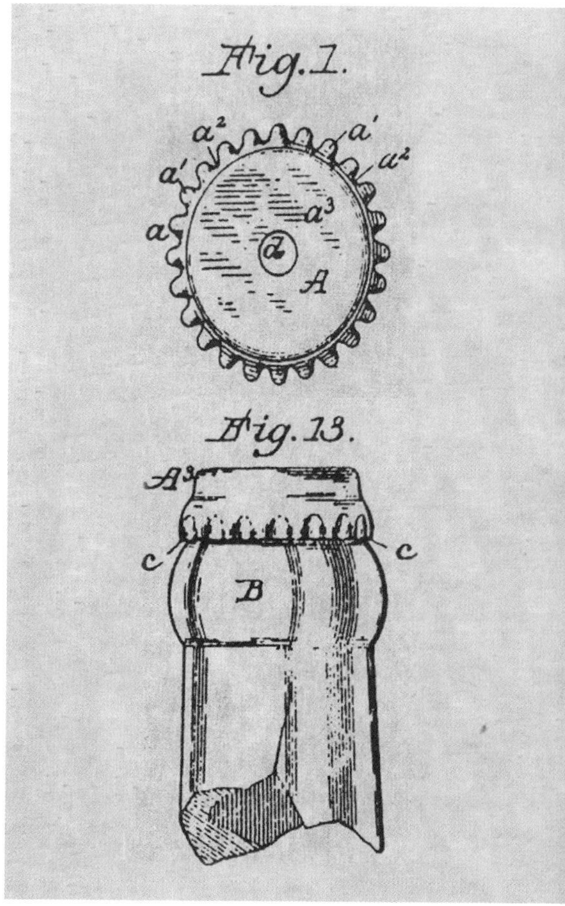

↗ *Demande de brevet pour la capsule de bouteille en 1891.*

« La bière est la preuve que Dieu nous aime et souhaite notre bonheur. »

Attribué à Benjamin Franklin

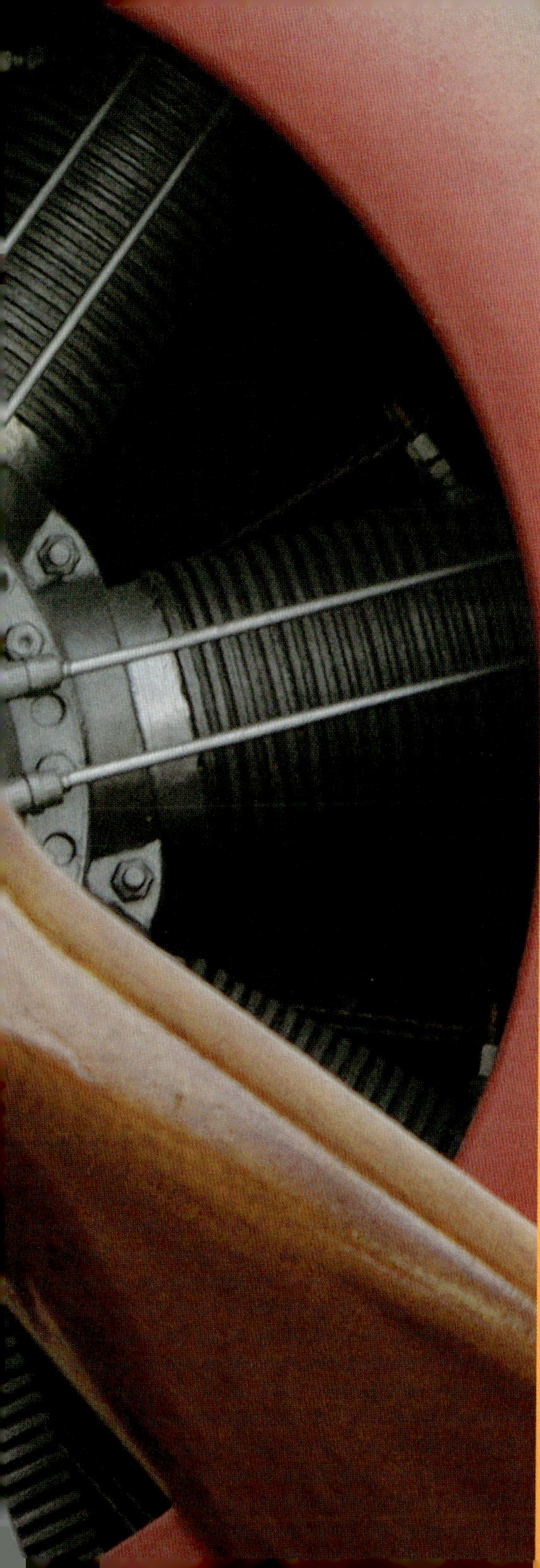

de 1892 à 1924

Dans les années 1890-1900, l'industrie automobile était encore à ses balbutiements, et plusieurs équipements, tels que le volant, ont été alors développés.

L'avion à moteur inventé par les frères Wright allait révolutionner le XXe siècle.

La découverte des rayons X par Wilhelm Röntgen modifia de façon radicale le diagnostique médical, et les radiations furent utilisées, pour la première fois, dans le traitement de certaines maladies.

L'aspirine fait sa première apparition dans les pharmacies, alors que l'héroïne illustre que toutes les améliorations pharmaceutiques ne résistent pas à l'épreuve du temps.

L'hélice de l'avion de chasse *Sopwith Camell*, utilisé pendant la Première Guerre mondiale.

Le relèvement des empreintes digitales (1892)

La police dispose d'un nouvel outil médico-légal grâce à Vucetich.

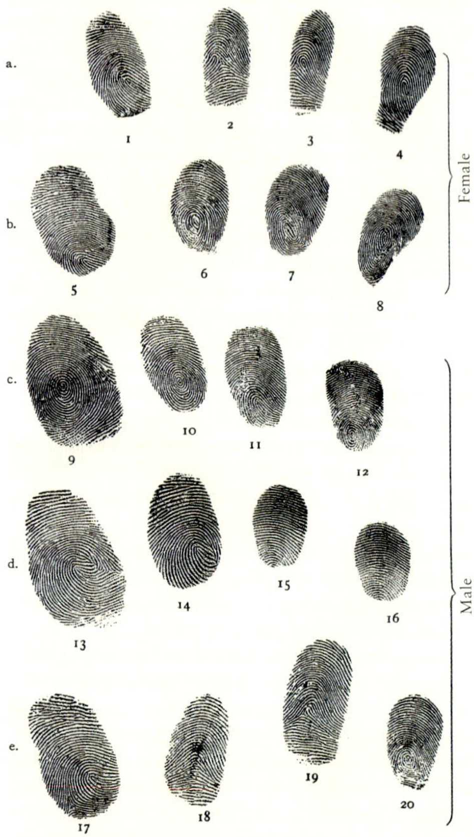

Lorsque deux garçons furent brutalement assassinés à Buenos Aires en 1892, la police désigna rapidement comme seul suspect le prétendant de leur mère, un certain Velasquez. Toutefois, quelques jours après seulement, un policier, Juan Vucetich (1858-1925), démontra que le meurtrier était indubitablement Francisca Rojas, la mère.

Vucetich, qui travaillait au département d'identification et des statistiques de la police de La Plata, avait pour tâche d'identifier les criminels à l'aide de données anthropomorphiques. Moins de dix ans auparavant, le Français Alphonse Bertillon avait déterminé que les mesures de certaines parties du corps humain ne changent jamais, offrant ainsi à chacun une identité anthropomorphique distincte – auxquels s'ajoutent des traits de personnalité et des marques spécifiques tels que tatouages et cicatrices. Sa méthode, le bertillonnage, fut largement adoptée par la police.

Vucetich, qui connaissait les recherches de Francis Galton, savant anglais, sur le relèvement des empreintes digitales (une technique utilisée pour la première fois en Chine au IXe siècle pour authentifier les reconnaissances de dettes), devint convaincu que c'était une méthode d'identification des criminels tout aussi infaillible et plus simple que le bertillonnage. Après avoir contacté Galton pour lui demander si les empreintes digitales pouvaient être utiles en science médico-légale, il commença à collecter celles de ceux qu'il arrêtait et à les classer selon un système qu'il baptisa « dactyloscopie ». Cela remplaça rapidement le bertillonnage. **DaH**

« Chacun d'entre nous possède une vocation qui nous est autant propre que nos empreintes digitales. »

Oprah Winfrey, *O Magazine* (septembre 2002)

VOIR ÉGALEMENT : ANALYSE DE L'EMPREINTE GÉNÉTIQUE

Cinq séries d'empreintes digitales, Guide To Fingerprint Identification, *guide médico-légal du docteur Henry Fauld, 1905.*

Le vase de Dewar (1892)

Dewar invente l'ancêtre du Thermos.

Le physicien et chimiste écossais James Dewar (1842-1923) conçut le vase qui porte son nom parce qu'il avait besoin d'un récipient capable de contenir des produits chimiques liquides.

En 1892, il plaça un récipient dans un autre puis aspira l'air entre les deux parois pour mettre l'espace sous vide. Ce vase à double paroi s'avéra un excellent isolant, parfait pour observer le phénomène de basse température de Dewar. Cela conduisit aussi à l'invention de la bouteille Thermos.

Durant quelques années, on ne trouva le vase de Dewar que dans les laboratoires mais son potentiel commercial fut bientôt reconnu par un souffleur de verre employé par Dewar, Reinhold Burger, qui comprit que le vase pouvait conserver chauds ou froids les aliments et boissons. Après avoir adapté le vase à un usage domestique, Burger obtint un brevet en Allemagne, fonda la société Thermos GmbH, et commença à vendre ses Thermos en 1904. Le nom Thermos (qui vient du grec *thermos*, signifiant chaud) lui fut suggéré par un Munichois lors d'un concours. Le brevet de Burger, qui décrivait « un récipient à double paroi séparée par un espace sous vide », fut homologué aux États-Unis en 1907.

Dewar ne chercha jamais à faire breveter son invention et perdit le procès qu'il intenta à la Thermos pour empêcher de l'utiliser. Il fut récompensé de nombreux prix pour ses contributions à la science. Ce fut le premier à produire de l'hydrogène liquide et à le solidifier, et il inventa avec Frederick Abel une poudre non fumigène, la cordite. Dewar fut aussi fait chevalier l'année où la première bouteille Thermos fut mise en vente. **RBk**

VOIR ÉGALEMENT : POMPE À VIDE, APPERTISATION, ASPIRATEUR ÉLECTRIQUE, BOÎTE DE CONSERVE AUTOCHAUFFANTE

↗ *Vase expérimental de Dewar, coupé en deux pour montrer l'espace entre les deux parois.*

« Le dôme réfléchissant d'un vase de Dewar retourné est un spectacle magnifique, et tout chimiste devrait en posséder un. »

Andrea Sella, site web de la Royal Society of Chemistry

Le télégraphe duplex
(1892)

La communication par télégraphe devient plus rapide.

L'inventeur américain Thomas Edison (1847-1931) s'intéressa à la télégraphie après avoir sauvé la vie d'un garçonnet de 3 ans qui allait être renversé par un train. Pour le remercier, le père de l'enfant accepta de lui enseigner la télégraphie ferroviaire. Edison apprit rapidement la technique et fut engagé comme télégraphiste par la Western Union. Bien qu'il ait ensuite été renvoyé, son intérêt pour cette technologie était né.

Un fil de télégraphe ne pouvait alors envoyer qu'un message dans un sens à la fois. Edison perfectionna le système pour que l'on pût envoyer simultanément un message dans un sens et un second dans l'autre, système qu'il baptisa « duplex ». On put ensuite, toujours grâce à l'inventeur, envoyer simultanément deux messages le long du même fil dans deux directions opposées (télégraphe quadruplex), concept essentiel à la mise au point du téléphone en 1876.

« Des résultats ! Mais j'ai beaucoup de résultats. Je connais plusieurs milliers de choses qui ne fonctionnent pas. » Thomas Edison

Avec l'aide de son mentor Franklin Leonard Pope, lui aussi télégraphiste, Edison se dédia à l'invention. Il vendit les droits de son brevet du quadruplex à une société concurrente, entraînant ainsi une série de procès que la Western Union remporta. Cependant, cette vente permit à Edison d'établir son laboratoire à Menlo Park et ses recherches en télégraphie s'avérèrent essentielles dans le domaine des communications. **LS**

VOIR ÉGALEMENT : TÉLÉGRAPHE ÉLECTROMAGNÉTIQUE, CODE MORSE, FAX

Le four à arc électrique
(1892)

Moissan améliore la production de produits chimiques.

En 1886, Ferdinand Frédéric Moissan (1852-1907) fut le premier à isoler le fluor, découverte récompensée par le prix Nobel de chimie. Six ans plus tard, il conçut un four à arc électrique avec l'intention de transformer le fer et le sucre en diamants en les portant à une température de 3 500 °C. On doute qu'il y soit jamais parvenu, mais il découvrit à cette occasion une méthode pratique de fabrication de l'acétylène.

Moissan construisit son four à partir de deux blocs de pierre calcaire entre lesquels il avait emménagé un espace creux où il inséra deux tiges de carbone. L'échantillon qu'il fallait chauffer était placé dans ce creux, puis l'on branchait sur les tiges un courant de plusieurs centaines d'ampères qui créait entre elles un arc énergétique composé de vapeur de carbone dont la température était de plusieurs milliers de degrés. Pour obtenir de l'acétylène, Moissan mélangea de la pierre calcaire et du charbon à haute température pour créer du carbure de calcium, qu'il mélangea ensuite à de l'eau. C'est toujours aujourd'hui le procédé de fabrication de base de l'acétylène, carburant utilisé dans le soudage de l'oxyacétylène et dans la production de nombreux produits chimiques.

Même si le four de Moissan fut important, l'inventeur ne fut que l'un des contributeurs à la mise au point de cet appareil. En 1800, Humphry Davy avait utilisé l'une des nouvelles piles de Volta pour produire un arc entre deux tiges de carbone chargées, et en 1878 William Siemens fut le premier à concevoir un four à arc électrique pratique dans lequel il pouvait fondre de l'acier et du platine. En 1900, Paul Héroult inventa un autre four à arc électrique pour fondre de l'acier de haute qualité à partir de ferrailles d'acier et de fonte brute. **ES**

VOIR ÉGALEMENT : FOYER AMÉNAGÉ, FOUR, HAUT-FOURNEAU

La grande roue
(1893)

Ferris crée une merveille d'ingénierie qui fait la célébrité de Chicago.

Comment faire mieux que la tour Eiffel ? C'est le défi auquel étaient confrontés les organisateurs de l'Exposition universelle de Chicago en 1893. La solution fut offerte par George Ferris (1859-1896), qui exposa son plan dans les moindres détails, jusqu'au prix du ticket. Ingénieur civil intéressé par les chemins de fer et la construction des ponts, il avait imaginé une roue de 80 m de diamètre capable de transporter jusqu'à 2 000 personnes, qui pourraient admirer ainsi toute l'exposition.

Les organisateurs jugèrent sa construction impossible mais Ferris, qui n'était pas homme à se laisser décourager, revint à la charge après avoir convaincu des ingénieurs de soutenir le projet et des investisseurs locaux d'en financer le coût. Cette fois-ci, la grande roue fut approuvée et inaugurée le 21 juin 1893. Elle comprenait 36 cabines, dont une où se tenait un orchestre qui jouait quand la roue bougeait. Toutes étaient pourvues d'un contrôleur qui vérifiait que les passagers ne deviennent pas hystériques et ne se défenestrent pas. Les visiteurs, qui furent plus d'un million et demi durant toute l'exposition, payaient 50 cents pour un tour de 20 minutes. Une fois la roue démontée, ses pièces furent utilisées dans la construction des ponts de la région.

Depuis 1890, on a construit plusieurs grandes roues. On en trouve souvent de plus petites dans les parcs d'attractions, cependant que les plus grandes permettent d'observer le panorama de plusieurs grandes villes. Parmi les plus grandes, on peut citer celle de Londres, celle de Nanchang ou celle de Singapour. **DK**

VOIR ÉGALEMENT : MONTAGNES RUSSES

↗ *La grande roue fut l'une des attractions majeures de l'Exposition universelle de Chicago.*

« Je ne vois rien d'également prometteur dans l'espace que la vue qu'on a d'une grande roue. »

E. B. White, auteur

Le carburateur (1893)

Banki et Csonka alimentent le moteur automobile.

La mise au point du moteur à combustion interne à la fin du XIXe siècle fut longue et des centaines de problèmes durent être résolus avant que n'apparaisse un moteur fonctionnant réellement.

L'un de ces problèmes était de faire parvenir le carburant au moteur. Pour que la combustion se produise, le carburant, l'oxygène et la chaleur doivent être présents mais il était difficile de produire le mélange adéquat. La pompe à carburant des premiers moteurs vaporisait celui-ci et le mélangeait à l'air, mais la proportion d'air par rapport au carburant n'était pas contrôlée de telle sorte que la combustion était parfois importante, d'autres fois réduite, et le moteur très instable.

Deux fabricants de moteurs hongrois, Donat Banki (1859-1922) et Janos Csonka (1852-1939), résolurent ce problème. Banki avait déjà amélioré l'automobile de diverses manières quand un jour les deux hommes passèrent devant un magasin de fleurs et virent la fleuriste pulvériser de l'eau sur ses fleurs. En la voyant faire, ils pensèrent qu'une technologie similaire pouvait accomplir la même tâche dans le moteur.

C'est ainsi que naquit le carburateur en 1893. Cette partie essentielle du moteur vaporise une petite quantité constante de carburant dans l'air où il est aspiré par le moteur qui le brûle. Les proportions d'air et de carburant demeurant constantes, le problème était résolu. Les carburateurs bâtis sur cette théorie se trouvent dans presque tous les engins munis de moteur (voitures, avions, bateaux). **DK**

VOIR ÉGALEMENT : MOTEUR À DEUX TEMPS, ALLUMAGE PAR ÉTINCELLE, MOTEUR DIESEL, TURBOCOMPRESSEUR, INJECTION DE CARBURANT, DÉMARREUR

↑ *Dans ce carburateur à double starter, le carburant et l'air sont mélangés dans deux chambres séparées dotées de leur propre gicleur.*

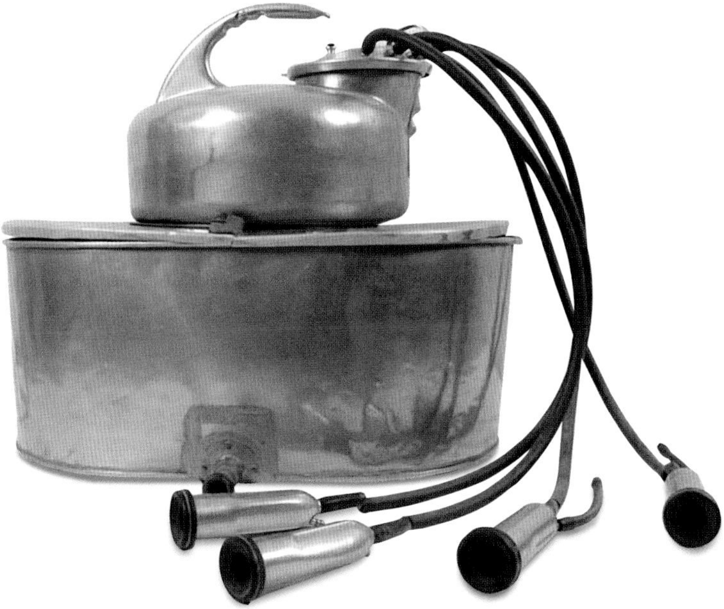

La trayeuse mécanique (1895)

La société Thistle invente un appareil plus sûr au rendement accru.

Au cours de la seconde moitié du XIXe siècle, plus de 100 brevets de trayeuse mécanique furent déposés rien qu'aux États-Unis. À cause du nombre important de personnes tentant alors de mettre cet appareil au point, et comme c'est le cas pour toute machine améliorée dans plusieurs pays, il est difficile d'en attribuer l'invention à une seule personne ou organisation.

Les blessures possibles des tétines de la vache constituaient le problème de tous les systèmes de traite mécanique. Une trayeuse viable doit parvenir à un équilibre entre un bon rendement de lait et la sécurité de l'animal, et doit éviter toute blessure ou infection. De nombreux inventeurs ont apporté leur contribution dans ce domaine, notamment Gustave de Laval, de la société du même nom, célèbre pour sa centrifugeuse qui séparait le lait de la crème et qui se livra à des expériences sur quasiment toutes les trayeuses alors en existence, dont celles qui simulaient l'action de la main de l'homme. On citera également L. O. Colvin, qui créa l'une des premières trayeuses par le vide, et William Mehring, dont la trayeuse par le vide, actionnée au pied, fut aussi populaire.

L'ancêtre de la trayeuse moderne est probablement l'appareil Thistle de 1895, fabriqué par une société écossaise. Sa pompe, qui fonctionnait à la vapeur, produisait un jet intermittent baptisé « pulsateur ». Lors de la traite, il est essentiel de régler la pression sous vide appliquée à la tétine pour éviter que le sang ne s'y accumule, ce qui peut blesser l'animal. C'est cette caractéristique essentielle des appareils modernes qui la relie directement à la Thistle. **BG**

VOIR ÉGALEMENT : LAIT EN POUDRE, PASTEURISATION, SÉPARATEUR LAIT/CRÈME

↑ *La Thistle fut remplacée par la trayeuse par vagues, en 1923, plus efficace et plus facile à nettoyer.*

Les céréales (1895)

Les Kellog inventent un aliment apprécié au petit-déjeuner.

Les corn-flakes furent inventés par accident en 1894 par John Harvey Kellog (1852-1943) et son frère Will Keith (1860-1951). En compagnie de plusieurs adventistes du septième jour, ils tentaient de créer de nouveaux aliments conformes à un régime strictement végétarien, selon eux bon pour la santé. John Kellog, directeur du Battle Creek Sanatorium, un hôpital et centre de cure pour personnes aisées, testait ces nouveaux aliments sur ses clients.

On savait que toutes sortes de céréales étaient nutritives. Un jour, les frères Kellog découvrirent que du blé cuit qu'ils avaient abandonné dans un coin avait séché. Pour ne pas le gaspiller, ils le pressèrent entre des rouleaux pour en faire une pâte plate. Les grains se transformèrent en flocons que les frères firent griller. Servies avec du lait et des marshmallows, les céréales furent appréciées des clients du sanatorium. Les frères firent breveter leur invention sous le nom de Granose puis fondèrent une société dirigée par Will.

« Je ne concevais pas à quel point l'industrie alimentaire pouvait se développer à Battle Creek. »

Will Keith Kellog

Will commença à commercialiser le Granose en 1906, et au grand dam de son frère ajouta du sucre aux pétales pour les rendre plus appétissants. John Kellog, pour qui le commerce des céréales n'était qu'une activité secondaire, vendit ses parts que son frère acheta en secret jusqu'à disposer de la majorité. **EH**

VOIR ÉGALEMENT : SANDWICH, LAIT EN POUDRE, BOÎTE DE CONSERVE, SORBETIÈRE, SACCHARINE, ALIMENTS SURGELÉS

L'implant mammaire (1895)

Czerny lance la chirurgie esthétique.

Le premier implant mammaire que l'on connaisse fut entrepris en 1895 par le chirurgien autrichien Vincenz Czerny (1842-1916). Il transplanta un lipome qu'il avait retiré du flanc d'un patient pour donner de nouveaux seins à une femme qui avait subi une mastectomie. On ne connaît pas le résultat.

Au début du XXe siècle, on faisait des injections de paraffine pour augmenter la taille des seins, mais on abandonna ensuite cette méthode aux complications désastreuses. Dans les années 1920, on tenta de transplanter des tissus adipeux que l'on prélevait sur l'abdomen et les fesses, mais le corps réabsorbait rapidement le tout et les seins devenaient inégaux. On obtient de bien meilleurs résultats aujourd'hui avec ce genre de transplant ou celui de muscle.

Les deux types principaux d'implants mammaires sont aujourd'hui emplis de solution saline ou de gel de silicone. Les implants salins, fabriqués pour la première fois en France en 1964, consistent en une enveloppe en élastomère de silicone emplie d'eau salée. Vides quand on les installe, ils laissent une cicatrice moindre que celle des implants en silicone.

Ces derniers, mis au point en 1962 par Thomas Cronin et Frank Gerow, deux spécialistes de chirurgie esthétique, sont constitués d'une poche en silicone que l'on remplit d'un gel de silicone avant l'opération. Après quelques incidents, le gel de silicone avait provoqué des troubles des tissus conjonctifs, les implants sont dorénavant réalisés en matériaux plus stables pour éviter les fuites. **JF**

VOIR ÉGALEMENT : CAOUTCHOUC DE SILICONE, CŒUR ARTIFICIEL, PROTHÈSE ÉLECTRIQUE, PEAU ARTIFICIELLE, FOIE ARTIFICIEL, LIPOSUCCION

Czerny (au centre en blouse blanche), fonda un institut de recherche contre le cancer.

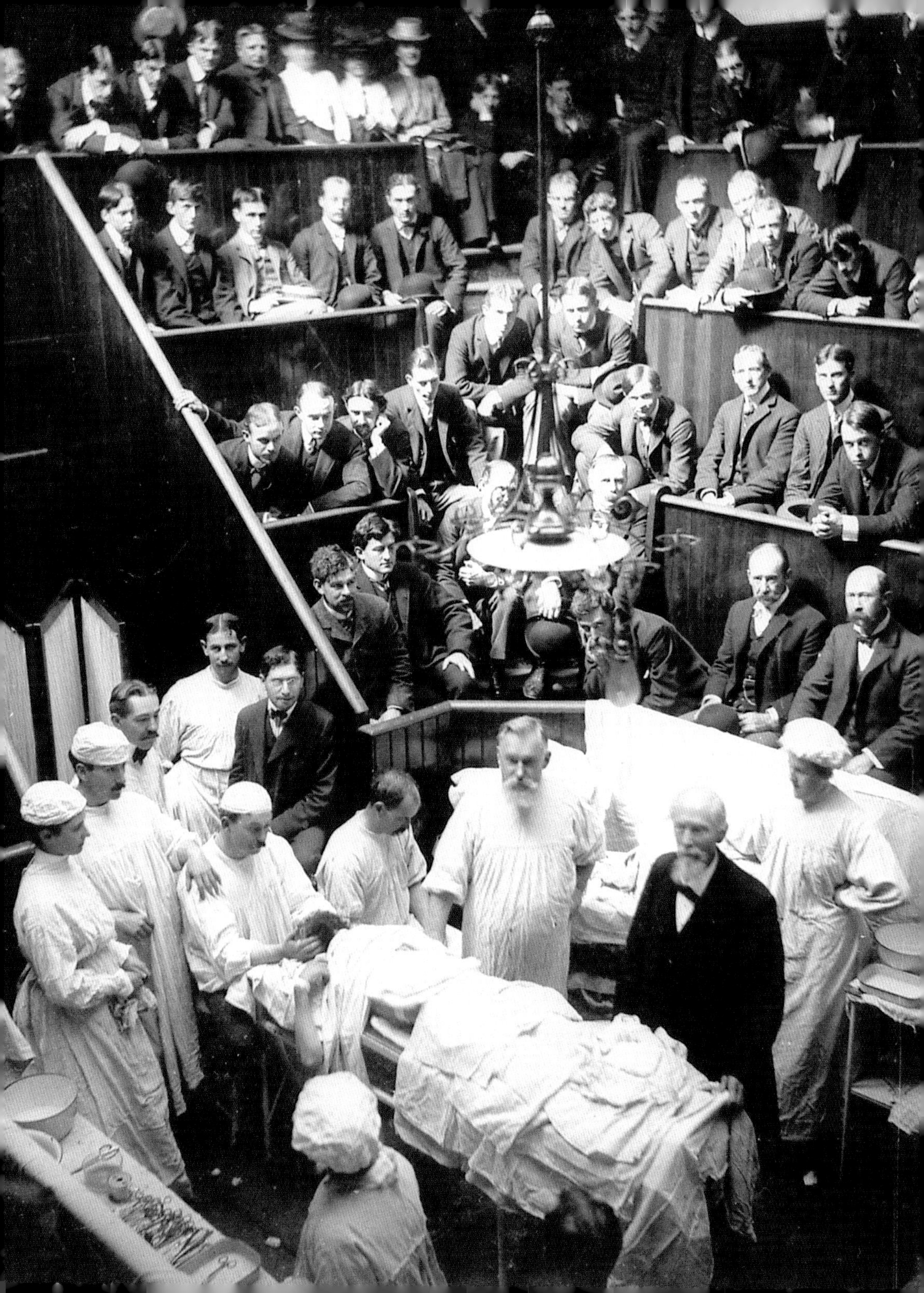

Le moteur Diesel (1895)

Diesel dépose le brevet d'un moteur économe en carburant.

Même si l'on peut affirmer avec certitude que le moteur Diesel fut inventé par Rudolf Diesel (1858-1913), on ne peut être sûr que ce fut le cas pour le premier moteur de ce type. On utilise en effet depuis longtemps le terme « moteur Diesel » pour décrire tout moteur à combustion interne et allumage par compression, soit un moteur dépourvu de carburateur ou de bougies qui injecte directement le carburant dans le cylindre. Le piston compressant si fortement l'air qu'il contient, il est assez chaud pour allumer le carburant sans étincelle. Un moteur froid ne pouvant enflammer le diesel, on utilise parfois des bougies pour préchauffer le mélange et le cylindre.

Diesel se livra à des expériences pendant de nombreuses années et testa toute une série de carburants, depuis la poussière de charbon jusqu'à une essence épaisse rappelant le goudron. Il déposa le brevet de son moteur en 1892, deux ans après que Herbert Akroyd Stuart (1864-1927) eut fait de même pour un moteur à allumage par compression dans le Buckinghamshire. À la suite de démonstrations à l'Exposition de Munich, en 1898, et à celle de Paris en 1900, le nom de Diesel devint synonyme de ce type de moteur et du carburant de type kérosène qui fut finalement choisi pour le faire fonctionner. Une consommation basse en carburant et le caractère non explosif de ce dernier assurèrent le succès du moteur.

Diesel avait prévu la possibilité (puis la nécessité) de sources d'énergie organiques. Il mourut en mer après être tombé du *Dresden*, un bateau à vapeur, en septembre 1913. **MD**

« Le fait que l'on puisse utiliser les huiles végétales peut paraître insignifiant aujourd'hui… »

Rudolf Diesel, 1912

VOIR ÉGALEMENT : MOTEUR À COMBUSTION INTERNE, MOTEUR À DEUX TEMPS, TURBOCOMPRESSEUR, BIODIESEL, BIOÉTHANOL

Le premier moteur Diesel construit par la société Krupp en 1897 a été commercialisé avec succès pendant plus de 40 ans.

Le projecteur cinématographique (1895)

Les frères Lumière popularisent le cinéma.

En une centaine d'années, le cinéma est passé des vues stéréoscopiques à une vaste industrie mondiale brassant des milliards d'euros. Celle-ci a bénéficié des nombreuses innovations de la fin du XXe siècle. Thomas Edison avait cherché à concevoir un appareil « qui fasse pour les yeux ce que le phonographe fait pour les oreilles ». Ses tentatives d'adapter le cylindre de son phonographe échouèrent, mais son assistant, W. K. L. Dickson, imagina finalement le kinétographe, qui permettait de visualiser des images stéréoscopiques, et la caméra de kinétographe, qui permettait de créer des films.

Ce sont les frères Lumière, Auguste (1862-1954) et Louis (1864-1948), qui créèrent le Cinématographe, la première caméra-projecteur pratique. Bien qu'il incorpore ces deux fonctions distinctes (filmage et projection), l'appareil – qui était aussi une tireuse – était bien plus petit que l'encombrant kinétographe d'Edison. Autre grand avantage, le projecteur de l'appareil permettait à plusieurs personnes de visionner ensemble le film. C'est cette similarité avec les projecteurs modernes qui en fait la première caméra-projecteur digne de ce nom.

Lors de la première séance publique, le 28 décembre 1895, dix courts films furent montrés, dont *La Sortie des usines Lumière*. Chaque film, que l'on faisait passer dans le projecteur à la manivelle, durait environ 46 secondes. Les historiens considèrent généralement que cette projection au Grand Café, à Paris, marque la naissance du cinéma comme média. **BG**

« Si mes films rendent une seule personne malheureuse, j'aurai l'impression d'avoir fait mon job. »

Woody Allen, réalisateur

VOIR ÉGALEMENT : APPAREIL DE PRISES DE VUES, KINÉTOSCOPE, TECHNICOLOR, FILM PARLANT

↗ *Le Cinématographe des frères Lumière, à la fois caméra, projecteur et tireuse, est ici installé pour pouvoir projeter.*

La radiographie (1895)

Röntgen découvre le moyen de photographier l'intérieur des corps vivants.

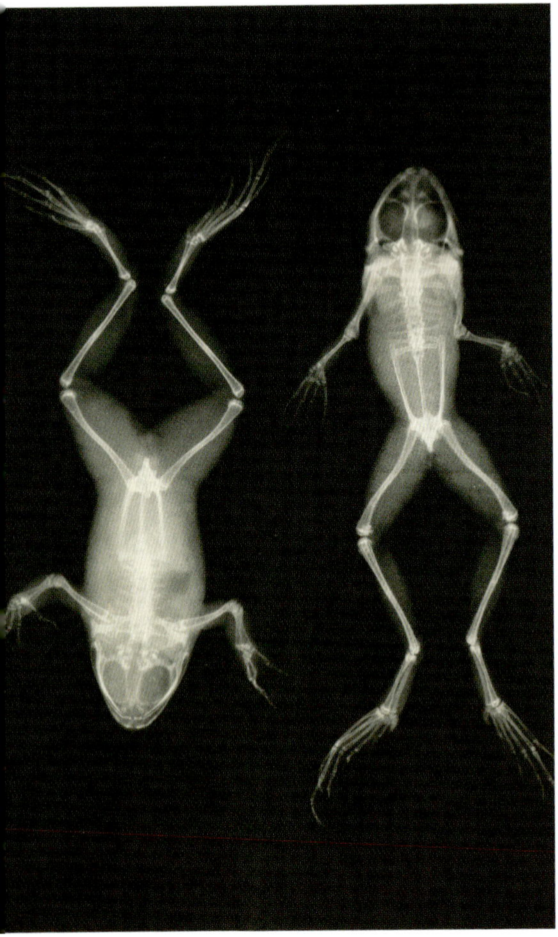

Un rayon X est une forme de radiation électromagnétique dont la longueur d'onde est très courte, de 10 à 0,01 nanomètres. Le physicien allemand Wilhelm Röntgen (1845-1923) se livrait à des expériences sur les rayons cathodiques, en 1895, quand il s'aperçut qu'ils produisaient une autre forme de radiation quand ils frappaient le verre d'un tube cathodique. Il baptisa cette nouvelle radiation rayons X, en référence à la variante inconnue en mathématiques.

Röntgen découvrit que les rayons X traversaient certains matériaux tels que le papier, le carton et le tissu, produisaient une fluorescence et pouvaient être utilisés pour former des images sur des plaques photographiques enduites de baryum. Il passa ensuite aux expériences sur les tissus humains et demanda à sa femme de poser la main sur une plaque photographique. C'est ainsi qu'il découvrit que les rayons traversaient sa chair mais ni ses os ni son alliance. Röntgen reçut le prix Nobel de physique en 1901.

Ce n'est que dans les années 1950 que l'on sut que les rayons X pouvaient causer des dommages. Certaines personnes, dont Röntgen, se protégeaient déjà à l'aide d'écrans ou de tabliers de plomb, avant même de posséder cette information.

On tient désormais pour acquis le rôle essentiel que jouent les radiographies dans le diagnostic médical. Les rayons X sont également indispensables aux cristallographes qui les utilisent pour étudier la structure des matériaux. Peu après leur découverte, on apprit aussi à contrôler les effets nocifs des rayons X pour développer la radiothérapie. **EH**

« En reconnaissance des services extraordinaires rendus en découvrant ces rayons remarquables. »

Académie royale des sciences de la Suède, 1901

VOIR ÉGALEMENT : TUBE DE COOLIDGE, PHOTOGRAPHIE INFRAROUGE, IMAGERIE PAR RÉSONANCE MAGNÉTIQUE, RADIOTÉLESCOPE

↖ *Reproduction de la radiographie originelle de Josef M. Eder et E. Valenta.*

La liquéfaction de l'air (1895)

Von Linde découvre la réfrigération moderne.

C'est au savant allemand Carl von Linde (1842-1934) que l'on doit la découverte de la transformation des gaz en liquides, qui est à la base de la réfrigération moderne et de la production d'air liquide.

Dès le début du XVIIe siècle, on savait que la température a un effet sur l'état liquide ou gazeux d'une substance. En refroidissant et en pressurisant un gaz on peut ralentir les molécules et les comprimer jusqu'à ce qu'elles se disloquent et forment un liquide. Gaspard Monge, mathématicien français, produisit pour la première fois du dioxyde de soufre liquide en 1784 et, à la fin du XIXe siècle, on était parvenu à liquéfier la majorité des gaz. Il n'était toutefois pas encore possible de le faire à grande échelle pour les commercialiser. Von Linde eut la brillante idée d'utiliser l'air comme refroidisseur. En 1894, quand la brasserie Guinness de Dublin lui demanda de créer un nouveau système de réfrigération, von Linde parvint à liquéfier l'air en le comprimant puis en le laissant se dilater rapidement, ce qui entraînait son refroidissement.

La « technique Linde » rencontra un succès immédiat. L'oxygène liquide fut au départ principalement utilisé dans le chalumeau oxyacétylénique, inventé en France en 1904 et grâce auquel on découpait et soudait le métal. Cela révolutionna la construction des navires, gratte-ciel et autres travaux du métal au début du XXe siècle.

La liquéfaction de l'air trouva ensuite des applications dans la distribution d'oxygène dans les hôpitaux ou dans l'industrie, cependant qu'on utilisait le nitrogène liquide pour refroidir le sang et les tissus en biologie. **HI**

VOIR ÉGALEMENT : CRAQUAGE THERMIQUE DU PÉTROLE, FUSÉE À CARBURANT LIQUIDE, RÉFRIGÉRATEUR, RÉACTEUR À LIT FLUIDISÉ, AÉROSOL

La cuisinière électrique (1896)

Hadaway dépose le brevet d'un nouvel appareil de cuisine.

À partir du XVIIIe siècle, on commença à cuisiner sur des fourneaux plutôt que directement sur le feu et les braises, méthode salissante, dangereuse et inefficace. La première cuisinière électrique mit un peu de temps à apparaître, mais son inventeur et sa date de naissance demeurent sujets à débat.

Bien que la Carpenter Electric Heating Manufacturing Company ait fabriqué une cuisinière électrique dès 1891, le premier brevet pour ce genre d'appareil ne fut accordé à William Hadaway qu'en 1896. On affirme aussi parfois que le premier inventeur fut Thomas Ahearn (1855-1942), un homme d'affaires canadien qui établit l'Ottawa Electric Company en 1882. Il aurait été le premier à cuire un repas à l'électricité en 1892.

La cuisinière électrique fonctionnait au départ en faisant passer du courant par une résistance en forme de spirale. La résistance chauffait et la chaleur se transmettait à une plaque en fer sur laquelle on posait le récipient contenant les aliments. Aujourd'hui, les plans de cuisson utilisent des ronds en céramique et la chaleur provient souvent d'une ampoule halogène au lieu d'une résistance, mais le principe de base est le même.

L'invention mit du temps à trouver le succès car peu de gens avaient alors accès à l'électricité. Une cuisine entièrement électrique et équipée d'une cuisinière fut dévoilée à l'Exposition universelle de Chicago en 1893, mais ce n'est qu'au cours des années 1920 que l'appareil commença à concurrencer sérieusement la cuisinière à gaz. **BG**

VOIR ÉGALEMENT : FOUR, COCOTTE-MINUTE, CUISINIÈRE À GAZ, BOÎTE DE CONSERVE AUTOCHAUFFANTE, FOUR À MICRO-ONDES

L'enregistrement magnétique (1898)

Le premier enregistrement sonore magnétique est réalisé grâce à l'invention de Poulsen.

Valdemar Poulsen (1869-1942), un ingénieur danois, inventa le premier système d'enregistrement magnétique. C'était l'ancêtre direct de l'enregistrement analogue et le moyen d'enregistrement de la plupart des sons tout au long du XXe siècle.

Les principes diffèrent peu de ceux du système analogue. Un assemblage motorisé entraînait une bobine de fil très fin à une vitesse constante devant une tête d'enregistrement magnétique. Le son que l'on désirait enregistrer était converti en vibrations électriques dirigées vers une tête d'écriture qui réalisait des zones d'aimantation sur le fil, similaires au signal original. Le fil était ensuite rembobiné, puis on le faisait défiler devant une tête de lecture détectant les changements du champ magnétique qui y étaient inscrits. Ceux-ci étaient ensuite convertis en un signal électrique continu et audible.

Poulsen déposa le brevet de son « télégraphone » en 1898. Deux ans plus tard, il l'emporta à l'Exposition universelle de Paris où il enregistra la voix de l'empereur autrichien François Joseph, le plus vieil enregistrement sonore magnétique qui subsiste. Poulsen se vit conférer le grand prix de l'invention scientifique.

Au cours de la première moitié du XXe siècle, ce magnétophone fut utilisé comme Dictaphone dans les bureaux, mais dès les années 1940, la qualité du son ayant progressé, on commença à l'utiliser à la radio. Après la guerre, les industriels tentèrent de l'introduire dans les foyers mais l'invention du magnétophone à bande magnétique au début des années 1950 rendit le magnétophone à fil obsolète. **TB**

VOIR ÉGALEMENT : RÉPONDEUR AUTOMATIQUE, ÉMETTEUR À ARC, TÉLÉCOMMUNICATION SANS FIL, ENREGISTREMENT SUR BANDE MAGNÉTIQUE

↑ *Le télégraphone de Poulsen, mu par des rouages, était l'ancêtre du Dictaphone.*

L'audiophone électrique (1898)

L'appareil de Hutchinson amplifie les sons et aide les malentendants.

Les appareils acoustiques existent probablement depuis des siècles, mais n'ont été mentionnés pour la première fois qu'en 1598 dans *Magia naturalis* de Giambattista della Porta.

À la fin du XVIIIe siècle, les cornets acoustiques étaient disponibles sous différentes formes, tailles et matériaux. Tous ces appareils servaient à réunir de façon passive les ondes sonores et à les diriger vers le canal auditif. Puis, en 1819, F. C. Rein réalisa pour le roi du Portugal un trône orné de têtes de lion dans lesquelles étaient cachées des chambres de résonance qui conduisaient jusqu'à un tube acoustique situé près de la tête.

Au cours des années 1890, diverses personnes tentèrent d'inventer un audiophone électrique qui fonctionnerait avec une pile, une invention récente. Le premier appareil de la sorte à trouver le succès fut l'Akoulallion, créé en 1898 par le docteur Miller Reese Hutchinson (1876-1944) et breveté en 1899. Ce premier modèle était conçu pour être posé sur une table. Il était encombrant et très onéreux. La durée de vie de sa pile était très limitée tout comme le registre de ses fréquences. Il ne produisait qu'une amplification modeste et était donc destiné à ceux qui ne souffrait que d'une perte modérée de l'ouïe. En 1902, l'inventeur se rendit à Londres où il présenta son appareil à la reine Alexandra qui devenait dure d'oreille. En 1903, il conçut l'Acousticon portable. Hutchinson est aussi célèbre pour l'invention du klaxon électrique, largement utilisé dans les premières automobiles, ce qui amena certaines mauvaises langues à déclarer qu'il avait trouvé le moyen d'assourdir les gens qui devraient ensuite acheter plus d'Acousticon. **SS**

VOIR ÉGALEMENT : IMPLANT COCHLÉAIRE

↑ *Cet audiophone électrique (v. 1929) est pourvu d'un écouteur que l'on glisse dans le canal auditif et d'un crochet permettant de le suspendre sur l'oreille.*

L'héroïne

(1898)

Hoffmann crée un « médicament » qui devait remplacer la morphine.

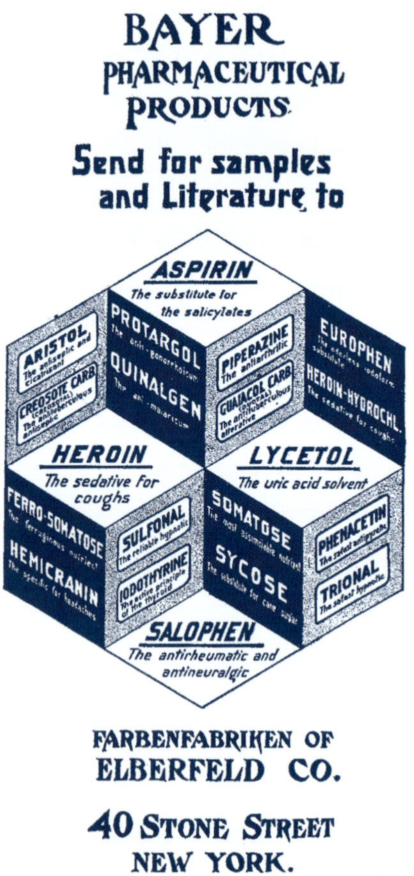

> *« [L'héroïne n'est] pas hypnotique et ne présente aucun danger de dépendance. »*
>
> *Boston Medical and Surgical Journal* (1900)

La morphine, dérivée des grains du pavot blanc d'Inde (*Papaver somniferum*), avait été découverte par le pharmacien allemand Friedrich Sertürner en 1803. L'héroïne fut fabriquée pour la première fois en 1874 par C. Alder Wright, un pharmacien qui travaillait à la faculté de médecine de l'hôpital Saint Mary à Londres. Il fit bouillir un alcaloïde de morphine anhydre avec de l'acide acétique durant plusieurs heures et produisit une forme de morphine plus puissante, la diacétylmorphine.

L'héroïne ne devint toutefois populaire que lorsqu'elle fut resynthétisée 23 ans plus tard par Félix Hoffmann (1868-1946), un chimiste allemand qui travaillait pour le laboratoire pharmaceutique Bayer. Lorsque la substance fut testée sur les employés de Bayer, ceux-ci déclarèrent qu'elle leur donnait le sentiment d'être « héroïques », d'où le nom d'héroïne. De 1898 à 1910, Bayer commercialisa l'héroïne comme un remède à la dépendance à la morphine. Elle entrait aussi dans la composition de pastilles et sirops contre la toux car elle ralentissait la respiration. Dès 1899, Bayer produisait environ une tonne d'héroïne par an et l'exportait dans 23 pays. On découvrit ensuite que l'héroïne se transformait en morphine une fois métabolisée par le foie, bien que sous une forme plus puissante et plus rapide. En 1914, son utilisation sans ordonnance fut interdite aux États-Unis et un tribunal détermina en 1919 qu'il était illégal de la prescrire aux drogués.

La dépendance à l'héroïne est aujourd'hui un grave problème dans de nombreux pays, et son utilisation en médecine est sévèrement contrôlée. **JF**

VOIR ÉGALEMENT : ASPIRINE

⇱ *Bayer ne faisait pas la publicité de l'héroïne auprès du public mais envoyait des prospectus aux médecins ; la société arrêta de vendre cette drogue en 1913.*

La lampe de poche
(1898)

Grâce à Misell et Hubert, on peut mettre la lumière dans sa poche.

C'est avec l'invention de la lampe de poche que les enfants découvrirent le plaisir coupable de lire sous les draps jusque tard dans la nuit. L'objet vit le jour quand Joshua Lionel Cohen eut l'idée de fabriquer des pots de fleurs qui s'illumineraient à des fins purement décoratives. Il vendit son entreprise (et son idée) à Conrad Hubert (1856-1928), un fabricant de guirlandes et autres objets électriques.

Hubert décida de réinventer la lampe de Cohen sans le pot de fleur. L'un de ses ouvriers, l'inventeur anglais David Misell, eut l'idée en 1898 d'utiliser un simple tube de papier et autres fibres équipé d'une ampoule et d'un réflecteur. Avec une stratégie marketing astucieuse, Hubert offrit ces lampes de poche aux policiers de New York et rapidement tout le monde en réclama. La société d'Hubert fut rebaptisée Eveready (« Toujours prêt ») et présenta dans son catalogue la nouvelle lampe de poche accompagnée des mots « Que la lumière soit ».

Malgré la faiblesse des piles et ampoules au filament de charbon, les lampes de poche furent tout de suite populaires. En 1910, de nouvelles ampoules au filament en tungstène les rendirent plus puissantes. Cette technologie domina le marché jusqu'à l'invention des ampoules fluorescentes en 1968, et halogènes en 1984. Aujourd'hui, les meilleures ampoules sont de puissantes diodes électroluminescentes (LED) blanches qui peuvent briller jusqu'à 35 heures avec une seule série de piles. Les lampes de poche sont présentes dans de nombreux foyers pour n'être, bien souvent, utilisées qu'occasionnellement, en cas de rupture du courant électrique, par exemple. **DHk**

VOIR ÉGALEMENT : PILE, LUNETTES DE VISION NOCTURNE

Le volant
(1899)

Le système de Winton offre plus de contrôle aux automobilistes.

On estime que plus de 100 000 brevets entrèrent en jeu lors de la création de la première automobile pratique. À la fin du XIXe siècle, la voiture à vapeur avait considérablement évolué et était commercialisée aux États-Unis et en Grande-Bretagne. Les fabricants utilisaient cependant toujours un levier, la barre de direction, pour guider le véhicule, ce qui s'avérait difficile et fatigant.

Alexander Winton (1860-1932), passionné de cyclisme et propriétaire de Winton Automobiles, avait tenté de remplacer le levier de sa voiture par un système inspiré de la conduite de la bicyclette. Il conçut un volant circulaire pourvu d'un tuyau qui descendait jusqu'à une boîte de direction reliée aux quatre roues. Lorsque le volant tournait, le mécanisme de la boîte produisait une action linéaire qui offrait au conducteur un meilleur contrôle.

Même Henry Ford, inventeur et fondateur de la Ford Motor Company, se convertit à ce nouveau système de direction. Avant la course de Grosse Pointe, en 1901, Winton, qui pensait que le système de Ford était dangereux, lui avait offert l'un de ses mécanismes et un volant. Équipé de ce nouveau système, Ford l'emporta sur Winton que l'on prévoyait vainqueur.

Malheureusement, les concurrents de Winton travaillaient simultanément sur un système très similaire et déposèrent avant lui leur brevet. La société qui deviendrait Packard ajouta sa version du volant, inspirée de celui de Winton, à sa deuxième automobile, commercialisée en 1899. Elle connut un succès immédiat et Winton, qui fabriquait chaque automobile selon les désirs de ses clients, trouva finalement la concurrence trop rude et fut obligé de cesser toute production en 1924. **SD**

VOIR ÉGALEMENT : DIRECTION ASSISTÉE

La boîte de conserve autochauffante (v. 1899)

Grâce à un inconnu on peut dorénavant manger chaud en plein air.

Grâce à un inventeur demeuré anonyme, les boîtes de conserve autochauffantes apparurent aux environs de 1900, destinées aux explorateurs et alpinistes. Sous sa forme la plus répandue, la boîte est constituée de deux chambres – une pour les aliments, l'autre pour l'unité chauffante. La chaleur est générée par une réaction chimique exothermique entre de la chaux vive et de l'eau. L'unité chauffante est située dans la chambre extérieure ou dans un petit compartiment interne immergé dans les aliments ou la boisson. On l'active en poussant un bouton ou en trouant le joint étanche entre l'eau et la chaux vive. La réaction se produit en quelques secondes et réchauffe le contenu de la boîte en quelques minutes.

Au cours de la Seconde Guerre mondiale, la société Heinz manufactura des boissons qui se réchauffaient grâce à un bâtonnet de cordite que l'on allumait, mais qui n'était pas toujours fiable. Selon la légende, le premier blessé le jour du Débarquement en Normandie fut un soldat anglais dont la boîte autochauffante explosa quand il tenta d'allumer la cordite et le recouvrit de soupe à la tomate.

Plus récemment, certaines sociétés ont revisité le concept. En 2002, Nescafé a testé une boîte de café autochauffante en Grande-Bretagne, mais a découvert que la température obtenue variait trop. Aux États-Unis, le célèbre chef Wolgang Puck a commencé à vendre des boîtes de café au lait autochauffantes en 2005 mais a dû les retirer de la vente dès l'année suivante car elles ne se réchauffaient pas de manière égale, voire explosaient ou fondaient. **BO**

VOIR ÉGALEMENT : APPERTISATION, CONSERVE ALIMENTAIRE, ALIMENTS SURGELÉS, BRIQUE ALIMENTAIRE

↑ *Ces boîtes de conserve autochauffantes remportèrent les critiques enthousiastes du* New York Times *en 1941.*

L'aspirine (1899)

Hoffmann invente l'un des analgésiques les plus populaires de tous les temps.

On connaît depuis l'Antiquité les effets de substances telles que l'aspirine. Les Romains évoquaient déjà l'efficacité de l'écorce de saule contre la fièvre, et au début du XIXe siècle on découvrit que les feuilles et l'écorce de cet arbre contenaient de l'acide salicylique, substance qui diminue les douleurs et la fièvre mais provoque aussi des douleurs d'estomac.

En 1832, le chimiste français Charles Frédéric Gerhardt tenta d'éliminer ces effets indésirables en combinant de l'acide salicylique à du chlorure d'acétyle, mais, le processus prenant trop de temps, il abandonna. En 1899, le chimiste allemand Félix Hoffmann (1868-1946), employé des laboratoires pharmaceutiques Bayer, prit connaissance des travaux de Gerhardt à la recherche d'un médicament qui soulagerait son père de son arthrose. Hoffmann simplifia la méthode et découvrit l'acide acétylsalicylique. Il en rapporta un petit flacon à son père qui put passer une nuit sans douleurs pour la première fois depuis des années. Hoffmann surnomma le médicament aspirine (dérivé de *Spiraea ulmaria*, la plante dont est extrait l'acide salicylique). Bayer commença à commercialiser l'aspirine en juillet 1899 avec un succès immédiat. Vendue sous forme de poudre à l'origine, l'aspirine fut finalement offerte en cachets à partir de 1914. Ce n'est qu'en 1971 que le Britannique John Vane démontra comment fonctionnait le médicament : il réduit la production de certaines prostaglandines qui provoquent des inflammations, des douleurs et de la fièvre.

On sait aussi aujourd'hui que l'aspirine réduit le risque de crise cardiaque, de prééclampsie en cours de grossesse et même de cancer du colon. **JF**

VOIR ÉGALEMENT : HÉROÏNE, PASTILLE SOLUBLE, PARACÉTAMOL

↑ *Aspirine en poudre soluble, v. 1900.*
L'aspirine demeure le médicament le plus utilisé pour combattre les petites douleurs.

Le frein à bande (1899)

Daimler rend la conduite plus sûre.

Quand les premiers fabricants d'automobile se mirent à la recherche d'un système de freinage efficace, ils se rappelèrent que malheureusement personne n'était encore parvenu à en inventer sur les voitures à chevaux sur lesquelles leurs véhicules étaient fondés. Ainsi, durant plusieurs années, la technologie fut en retard dans le domaine des freins comparée à celui du moteur ou de la transmission.

En 1896, Ford évita d'avoir à choisir un système de freinage en n'en équipant simplement pas son quadricycle où un levier libérait une courroie de transmission qui forçait la voiture à s'arrêter (au bout d'un certain temps). Les automobilistes pouvaient accélérer le processus en appuyant les pieds sur les roues avant.

L'introduction des pneus en caoutchouc rendit impossible le système du frein à patin, un système basique de levier et sabot qui faisait frotter un bloc en bois directement sur la roue, mais l'on réalisa un grand progrès avec le frein à bande, à contraction externe. Une bande ou un câble de métal flexible recouvert d'un matériau de friction est poussé par un levier ou une pédale et se resserre autour d'un tambour en rotation ou du moyeu, ce qui ralentit la rotation ; c'était un grand progrès mais cela s'usait rapidement. Le système manquait aussi d'efficacité quand il s'agissait de bloquer un lourd véhicule dans une pente.

En 1899, Gottlieb Daimler (1834-1900), qui devait inventer un frein à tambour à déploiement interne, utilisa un frein à bande qui incorporait un câble relié à un châssis et enroulé sur un tambour. À la condition que le véhicule avance, la puissance de freinage était multipliée sans que le conducteur ne produise aucun effort car le tambour en rotation essayait de traîner le câble avec lui, augmentant ainsi la force qui les tenait ensemble – de fait un servomécanisme. **MD**

VOIR ÉGALEMENT : FREIN À DISQUE, FREIN À TAMBOUR, FREIN HYDRAULIQUE, SYSTÈME ANTIBLOCAGE

La chaîne de montage (1901)

Un système va révolutionner l'industrie.

Alors que les automobiles commençaient à apparaître sur le marché, Ransom Eli Olds (1864-1950) eut une idée qui devait révolutionner l'industrie : la chaîne de montage. Après avoir construit sa première voiture à essence en 1896, Olds entreprit de produire de façon industrielle les véhicules qui succéderaient à son Oldsmobile adorée, mais tenta probablement de fabriquer simultanément trop de modèles. Puis, en mars 1901, son usine brûla et seul l'un de ses modèles fut épargné par l'incendie. Olds se concentra alors sur celui-ci et, tel le phénix qui renaît de ses cendres, il fut bientôt dépassé par les commandes.

Se rappelant la façon dont les employés d'une usine de mousquets les assemblaient à des postes fixes, Olds inventa la chaîne de montage pour voitures, et passa le reste de l'année à mettre cette idée en place.

> *« Ransom Olds l'a utilisé pour faire passer sa production de 425 véhicules en 1901 à 2 500 en 1902. »*
>
> Curtis Redgap, passionné d'automobiles

Cette nouvelle méthode se montra efficace et augmenta de façon spectaculaire la productivité de l'usine. Plusieurs années après, le constructeur automobile Henry Ford adopta ce concept qu'il améliora pour le rendre encore plus efficace. Les machines remplacent dorénavant la plupart des ouvriers, mais presque tous les produits fabriqués industriellement proviennent d'une chaîne de montage. **LW**

VOIR ÉGALEMENT : CHAÎNE DE FABRICATION, AUTOMATE, MOULIN À FARINE MÉCANIQUE, ROBOT INDUSTRIEL

→ *Premières voitures produites sur une chaîne de montage aux États-Unis.*

Le Meccano (1901)

Hornby invente un jeu de construction classique adoré des enfants.

En 1901, Frank Hornby (1863-1936), un habitant de Liverpool, inventa en compagnie de David Elliott un jeu de construction pour les enfants composé d'une série de bâtonnets, plaques et poutrelles perforés que l'on pouvait assembler avec des boulons et vis de cuivre. Baptisé au départ Mecanics Made Easy (« La mécanique facile »), le jeu prit le nom de Meccano quand Hornby devint le seul responsable de la société en 1908.

Le jeu était décliné dans différentes séries qui permettaient chacune de construire des modèles plus grands et plus complexes, le tout culminant avec la boîte n° 10. Les instructions montraient les réalisations possibles, dont un autobus à impériale, un pont levant, un cargo, une locomotive et la tour Eiffel. Roues, embrayages, essieux et moteurs (à vapeur et à rouages) étaient aussi compris.

C'est sa versatilité et le fait que l'on pouvait le réutiliser qui faisaient tout l'intérêt de Meccano. À peine une construction réalisée, on pouvait la défaire et en commencer une autre, entièrement différente. Le jeu fut exporté dans le monde entier et imité. Hornby encouragea les passionnés à partager leurs idées en publiant *Meccano Magazine* en 1916, et en lançant une association en 1919. Le magazine parut mensuellement jusqu'en 1981, et de nombreux clubs d'amateurs virent le jour au sein de l'association. Hornby étendit aussi son empire en fabriquant des modèles réduits de train et des jouets en tôle légère moulés sous pression.

La situation devint plus difficile dans les années 1960 quand la société fut rachetée par la Lines Brothers, et aujourd'hui le Meccano n'est plus fabriqué que dans l'usine de Calais, en France. **DH**

VOIR ÉGALEMENT : TRAIN ÉLECTRIQUE (MODÈLE), CRAYONS-CIRE, LEGO

↑ *L'inventeur de Meccano fut inspiré par les ponts que l'on concevait et construisait à son époque.*

La radiothérapie (1901)

Les savants utilisent la radiation de façon positive dans le traitement contre le cancer.

La fin du XIXe siècle fut une époque d'extraordinaires progrès scientifiques avec notamment les débuts de la radiothérapie, soit le traitement du cancer par rayons X. Ceux-ci avaient été découverts en 1895 par Röntgen, alors que dès 1896 Becquerel découvrait la radioactivité. Il ne fallut pas attendre longtemps pour que les médecins trouvent une application à cette nouvelle source d'énergie et produisent le premier rapport sur l'usage d'une substance radioactive dans le traitement d'une maladie.

Leurs méthodes étaient presque ridiculement rudimentaires : on exposait simplement divers néoplasmes à une source de radiation sans en contrôler le niveau ni pouvoir limiter la surface exposée. On rapporta néanmoins que des cancers avaient été contrôlés, voire guéris, par ces nouvelles techniques et la radiothérapie semblait prometteuse. Malheureusement, l'exubérance initiale fut remplacée par la prudence quand on comprit que la radiation pouvait provoquer de nouveaux problèmes médicaux. Quand on commença, dans les années 1920, à définir de petites unités de radiation, on put quantifier les dosages thérapeutiques. Cela conduisit à un usage approprié de la radiation en médecine, une thérapie prometteuse contre le cancer. Des appareils d'une technologie plus poussée permettant aussi de faire pénétrer les rayons X plus profondément dans les tissus, on put traiter une plus grande variété de tumeurs. Avec l'apparition de meilleures études d'imagerie et d'ordinateurs plus complexes, on peut désormais délivrer des doses de radiation précises et sauver, ou du moins améliorer, d'innombrables vies. **BMcC**

VOIR ÉGALEMENT : RADIOGRAPHIE, TUBE DE COOLIDGE, CHIMIOTHÉRAPIE

↑ *Jeune patiente recevant un traitement de radiothérapie, v. 1926.*

La lame de rasoir jetable (1901)

Gillette révolutionne l'hygiène masculine.

Depuis des milliers d'années les hommes utilisent des outils spécialement créés pour raser les poils du visage. On a ainsi trouvé tout autour du monde des objets aiguisés, en forme de rasoir, réalisés en obsidienne (substance qui rappelle le verre et présente dans la roche) ou en métal et datant de l'âge de bronze.

À la fin du XIXe siècle, l'objet le plus couramment utilisé était le coupe-chou, un rasoir droit, à la lame dangereusement aiguisée, qui exigeait beaucoup d'adresse. On devait constamment l'aiguiser. Le premier rasoir doté d'un dispositif de sécurité le long de la lame fut inventé par les frères Kampfe en 1875, mais on devait aussi souvent aiguiser celle-ci.

Un homme d'affaires américain astucieux, King Camp Gillette (1855-1932), comprit que s'il offrait un rasage simple et sans danger où l'on n'aurait pas besoin d'aiguiser la lame, il aurait pour clients potentiels tous les hommes de la terre. Il imagina un petit rasoir équipé d'une lame jetable attachée en toute sécurité à la tête. L'utilisateur pouvait se raser sans danger et quand la lame était élimée, il pouvait en acheter une neuve. Il déposa son brevet en 1901 et établit sa société la même année. À la fin de la décennie, le rasoir et les lames Gillette étaient les plus vendus au monde, et ce jusqu'à la fin des années 1970. Gillette perdit la majorité de sa fortune durant la Grande Dépression, mais son nom est toujours associé à l'une des marques les plus connues dans le domaine du rasage. **TB**

VOIR ÉGALEMENT : RASOIR DE SÛRETÉ, RASOIR ÉLECTRIQUE

↖ *Paquet de lames jetables Gillette. Les lames en métal oxydé et résistant à la rouille apparurent en 1932.*

← *Avec ce bébé qui brandit un rasoir, Gillette exprimait sa confiance dans la sécurité de son produit.*

L'appareil photo Brownie (1901)

Brownell et Kodak proposent un appareil photo utilisable par tous.

Le Brownie de Kodak fut le premier appareil photo portable destiné à tous, y compris aux enfants. Il ne coûtait qu'un dollar et avait été conçu par Frank Brownell à qui George Eastman, fondateur de Kodak, avait demandé d'inventer l'appareil le moins cher possible sans pour autant compromettre la qualité et la fiabilité. L'appareil fut baptisé en l'honneur de Brownell.

Dans les années 1890, Palmer Cox, auteur et illustrateur pour enfants, était le Walt Disney de son époque. Les personnages qu'il créa pour le Brownie étaient si populaires qu'ils furent aussi utilisés pour faire la publicité d'autres produits, que ce soit des bonbons, des poupées, des cartes de collection ou des cigares. Selon Eastman, son nom ferait le succès du Brownie, idée qui fut prouvée quand l'appareil devint synonyme de photographie populaire pour les 80 ans suivants. Simple, arrondi des deux côtés, il était composé d'une boîte en carton et d'un minuscule objectif. Il prenait des photos carrées d'environ 5,7 cm de diagonale. Le premier modèle se vendit à 150 000 exemplaires, et en 1901 le n° 2 fut créé, toujours en vente pour un dollar.

En 1930, Kodak sortit un nouveau modèle pour célébrer le 50e anniversaire de la société, et en offrit un demi-million d'exemplaires, avec une pellicule, à tous les enfants américains qui avaient 12 ans cette année-là. En tout, presque une centaine de différents modèles furent conçus jusqu'à ce que Kodak cesse de fabriquer des Browny en 1980. **DHk**

VOIR ÉGALEMENT : APPAREIL REFLEX À OBJECTIF UNIQUE, PELLICULE PHOTO, APPAREIL 35 MM, CAMÉRA À PELLICULE AUTODÉVELOPPANTE

↗ *Brownie dans sa boîte d'origine décorée du personnage symbolisant la marque et rappelant un lutin.*

→ *Les historiens n'ont pas trouvé de documents montrant qu'Eastman aurait demandé à Palmer Cox la permission d'utiliser son personnage.*

Le café instantané (1901)

Kato invente la dose de caféine rapide.

La culture du café remonte au xe siècle en Éthiopie. La boisson fut introduite en Europe au xvie siècle, et aux Amériques au milieu du siècle suivant. C'était une boisson très populaire mais sa préparation, si on la réalisait correctement en se préoccupant d'abord de moudre les grains, pouvait prendre du temps.

Ce n'est qu'en 1901 que le café soluble fut inventé par un Américain d'origine japonaise, Satori Kato, qui appliqua la même méthode que celle qu'il avait créée pour le thé instantané. Le café de Kato, baptisé Sanka, était un liquide amer et fort, que l'on réalisait à partir d'une poudre résultant de la déshydratation de café frais. Cette poudre se dissolvait aisément dans l'eau. Alors qu'il vivait au Guatemala en 1909, le chimiste

« Un mathématicien est un engin qui transforme le café en théorèmes. »

Albert Einstein

George C. Washington, d'origine belge, fut le premier à commercialiser du café en poudre industriel sous la marque Red E après avoir vu que du café sec se formait sur le bec des cafetières. Il domina le marché du café instantané aux États-Unis pendant 30 ans.

Même si les ventes de café explosèrent aux États-Unis dans les années 1920 à cause de la prohibition, ce n'est qu'en 1938 que le gouvernement brésilien demanda à Nestlé de l'aider à réduire ses énormes surplus de café. Nestlé inventa un procédé de séchage par atomisation qui utilisait des hydrates de carbone et produisait un café déshydraté au goût plus agréable. **BS**

VOIR ÉGALEMENT : DISTRIBUTEUR AUTOMATIQUE, THÉ EN SACHET, LAIT EN POUDRE, FILTRE À CAFÉ

Le lance-flammes (1901)

Fiedler invente une arme dévastatrice.

Le lance-flammes n'était pas particulièrement novateur – il se contentait de projeter du carburant enflammé pour répandre le feu, mais utilisé sur le champ de bataille son effet était dévastateur.

Au début du xxe siècle, l'Allemand Richard Fiedler testa deux types de lance-flammes. Le Flammenwerfer était une arme plus petite, qu'on tenait à la main et qui faisait jaillir des flots d'essence enflammée grâce au gaz sous pression. Le plus gros modèle n'était pas portable mais pouvait produire un jet de 36 m de façon continue pendant 40 secondes. Utilisés au combat, ces deux modèles étaient très dangereux, pour l'ennemi mais aussi pour l'utilisateur car les cylindres de gaz sous pression avaient tendance à exploser.

Les lance-flammes modernes sont composés d'un sac à dos qui renferme un réservoir de liquide inflammable, souvent du napalm, et un réservoir de gaz sous pression. Quand on déclenche l'arme, le gaz sous pression pousse le carburant dans un tuyau dont on enflamme l'extrémité pour produire une immense flamme. Les Allemands l'adoptèrent lors de la Première Guerre mondiale. Des lance-flammes plus sophistiqués et efficaces provoquèrent de terribles dégâts durant la guerre du Vietnam, servant à déloger les soldats vietnamiens des tunnels où ils se cachaient. D'innombrables civils moururent aussi dans les incendies que cela déclenchait souvent.

Aujourd'hui, les forces armées utilisent rarement les lance-flammes, qui ne sont toutefois pas interdits. On a trouvé une utilisation plus pacifique à cette invention, notamment pour défricher la terre. **LS**

VOIR ÉGALEMENT : EXTINCTEUR, LAMPE À SOUDER

Des soldats français utilisent un lance-flammes pour projeter du carburant de l'autre côté d'une voie ferrée en août 1915.

Le train électrique (modèle) (1901)

Cowen invente un jouet intemporel pour tous les âges.

Depuis que le chemin de fer existe, on trouve des modèles de train. Au départ, on les poussait à la main, puis peu à peu on les a équipés de moteurs miniatures, à vapeur ou à rouages. Dès 1891, la société allemande Märklin proposait une locomotive que l'on pouvait remonter, accompagnée d'un système de rails. Puis, en 1896, Carlisle et Finch fabriquèrent le premier train électrique fonctionnant sur batterie.

Joshua Lionel Cowen (1877-1965), entrepreneur américain, s'intéressait depuis longtemps aux trains. À l'âge de 7 ans il avait taillé dans le bois une locomotive qui explosa quand il essaya de l'équiper d'un moteur à vapeur. Des années plus tard, alors qu'il recherchait des produits que pourrait vendre sa manufacture de New York, il vit un train dans une vitrine de jouets et eut l'idée d'en fabriquer un qui pourrait avancer seul sur des rails sans qu'on doive le surveiller. Il devait être au départ réservé aux vitrines des magasins de jouets. En 1901, il installa un petit moteur sous un modèle de train : l'*Electric Express* était né. Les premiers modèles étaient équipés de batteries, comme les locomotives de Carlisle et Finch, mais elles furent bientôt remplacées par des trains fonctionnant à l'électricité. Au cours des dix ans suivants, Lionel réalisa des circuits encore plus extravagants, avec différents moteurs, wagons, gares, ponts et tunnels.

En 1909, existaient des trains de tous gabarits, mais la société de Cowen commença à présenter ses trains comme étant de taille standard, stratégie marketing intelligente qui força les autres à adopter son échelle. En Angleterre, bien que le Meccano de Frank Hornby soit sorti la même année que le train de Lionel, Hornby ne produisit son premier train électrique qu'en 1925. **DK**

VOIR ÉGALEMENT : LOCOMOTIVE, MECCANO, LEGO

↑ *Modèle réduit d'une gare ferroviaire lors de l'exposition de trains électriques à Londres en 1948.*

L'émetteur radio (1901)

Fessenden transmet la première communication parlée sans fil.

Reginald Fessenden (1866-1932) réalisa un exploit dans le domaine de la radio quand il réussit à transmettre sa voix sur les ondes en 1900, ce à quoi Marconi n'était pas encore parvenu. Fessenden travaillait alors pour le service météorologique américain où il était chargé d'inventer une technologie sans fil permettant de transmettre des bulletins. Le 23 décembre, dans son poste de Cobb Island dans le Maryland, Fessenden transmit la première communication parlée sans fil. « Allo, 1, 2, 3, 4. Neige-t-il là où vous êtes monsieur Thiessen ? Si oui, télégraphiez-le-moi », cria-t-il dans le micro. Thiessen, tout excité, lui télégraphia que c'était bien le cas.

L'émetteur qu'utilisait Fessenden était à éclateur, un appareil conçu à la fin du XIXe siècle par les pionniers de la radio, Hertz, Marconi et Braun, pour générer des ondes électromagnétiques de fréquence radiophonique. Fessenden l'avait modifié pour que les éclateurs produisent des ondes plus continues. Il plaça aussi un microphone en carbone directement en série avec le fil de l'antenne. Il déposa un brevet aux États-Unis pour son émetteur en 1901, et ce fut le premier à utiliser les mêmes principes que les stations de moyenne fréquence aujourd'hui.

Après avoir considérablement amélioré son émetteur, Fessenden réalisa la première communication parlée transatlantique, du Massachusetts jusqu'en Écosse, ainsi que la première émission de radio, la veille de Noël, en 1906. Ce programme comprenait de la musique et des lectures de textes, et fut principalement entendu par les opérateurs radio sur les bateaux, et ce jusqu'aux Antilles. **RH**

VOIR ÉGALEMENT : TÉLÉCOMMUNICATION SANS FIL, ÉMETTEUR À ARC, MODULATION D'AMPLITUDE

↑ *Fessenden ouvrait la voie aux émissions de radio avec son programme de 1906.*

La lampe à vapeur de mercure (1901)

Hewitt invente l'éclairage fluorescent.

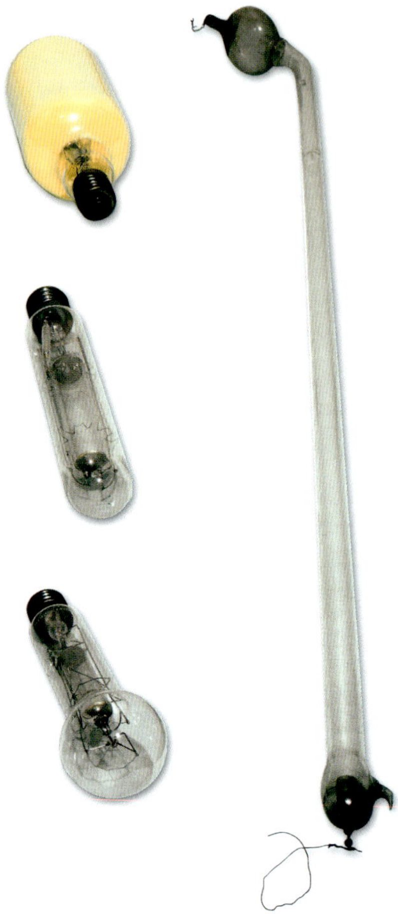

Au cours de la seconde moitié du XIXe siècle, on s'intéressait beaucoup aux effets de courants électriques parcourant des gaz à basse pression et confinés dans des tubes de verre. Les Allemands Julius Plücker et Heinrich Geissler remarquèrent que si l'on utilisait de la vapeur de mercure comme gaz, elle émettait une lueur bleuâtre.

Peter Cooper Hewitt (1861-1921), un ingénieur-électricien américain, commença à se livrer à des expériences sur ces tubes de mercure et en fabriqua certains qui produisaient une lumière bleu-vert forte mais peu flatteuse. Une partie de la lumière provenait des ultraviolets et ne pouvait donc être vue, mais parce qu'on n'y trouvait aucun rouge les gens rappelaient des « cadavres exsangues » sous cet éclairage. Les effets dangereux des émissions d'ultraviolets pouvaient être combattus en enduisant le tube d'un produit chimique fluorescent qui les absorbait puis émettait leur énergie à des longueurs d'onde plus élevées.

Hewitt déposa le brevet de sa lampe à vapeur de mercure en 1901 et établit une société avec George Westinghouse, l'entrepreneur américain, pour la fabriquer. Bien que surtout utilisée dans l'industrie et les studios de photo, la lampe à mercure de Hewitt était l'ancêtre de l'éclairage fluorescent moderne. Elle était peu onéreuse à fabriquer et d'une durée de vie située entre 10 000 et 20 000 heures. Les lampes au mercure éclairent peu comparées à d'autres lampes à décharge, et il faut compter environ cinq minutes pour que la lampe produise son flux lumineux maximal. **DH**

« L'expérience est une lumière qui n'éclaire que celui qui la possède. »

Louis-Ferdinand Céline, écrivain

VOIR ÉGALEMENT : ÉCLAIRAGE À INCANDESCENCE, AMPOULE AU NÉON, AMPOULE FLUORESCENTE, LAMPE HALOGÈNE, LAMPE À HUILE

Lampe à vapeur de mercure à basse pression et trois lampes à haute pression datant des années 1930.

L'aspirateur électrique (1901)

L'appareil de Booth allège les tâches ménagères.

En 1901, l'ingénieur-mécanicien Hubert Cecil Booth (1871-1955) observa à la gare de Saint Pancras à Londres le nettoyage d'un wagon de train par une série de tuyaux dont sortait de l'air comprimé. Plus tard, alors qu'il dînait avec des amis, il couvrit de façon impulsive sa bouche d'un mouchoir humide et, s'approchant de son siège recouvert de toile, aspira, capturant ainsi la poussière contre son mouchoir. Convaincu qu'un appareil qui fonctionnerait par succion et serait équipé d'un filtre pourrait aspirer la poussière et l'entreposer, il entreprit de le fabriquer.

Son ami F. R. Sims conçut un moteur à piston électrique, d'une puissance de six chevaux et refroidi par l'eau, auquel Booth attacha une simple pompe à vide pour produire le premier aspirateur électrique au monde. Booth établit une manufacture ainsi qu'une entreprise de nettoyage. Cependant, peu de maisons et de magasins bénéficiant alors de l'électricité, son appareil devait être mobile. Il garait dans la rue sa voiture d'où partaient les tuyaux qu'il faisait passer par les fenêtres de ses clients. Les tubes étaient transparents de façon à ce que les badauds sceptiques puissent voir les particules de poussière aspirées dans la machine.

Cette invention obtint un tel succès que Booth fut chargé de nettoyer les tapis de cérémonie de l'abbaye de Westminster avant le couronnement d'Édouard VII en 1902. Le roi fut si impressionné qu'il lui demanda de fournir les aspirateurs des palais de Windsor et de Buckingham. **BS**

« Aspirer la poussière est impossible. Cela a été tenté sans succès maintes et maintes fois… »

John S. Thurman, inventeur

VOIR ÉGALEMENT : BALAI MÉCANIQUE

↗ *L'appareil de Booth, inventé en 1901, fut un succès car il était suffisamment puissant.*

No. 696,788. Patented Apr. 1, 1902.

C. C. ALLEN.

OPTICAL OBJECTIVE.

(Application filed Feb. 25, 1901.)

(No Model.) 2 Sheets—Sheet 1.

Fig. 1.

T 2006
X 2047
X 2276

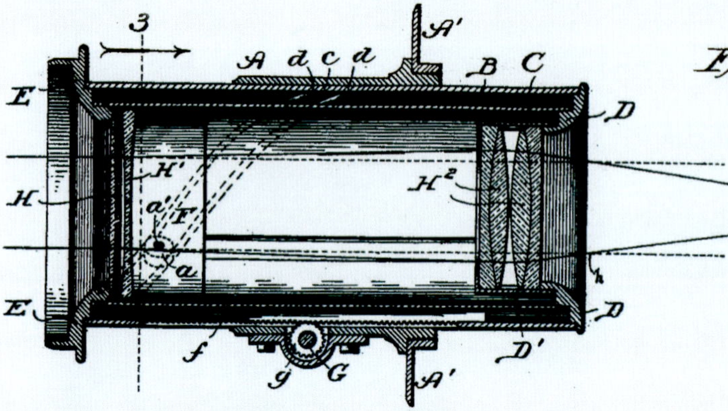

Fig. 2.

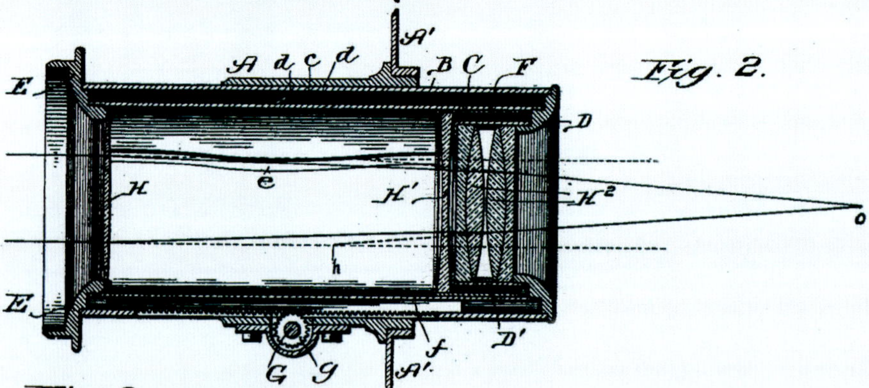

Fig. 3

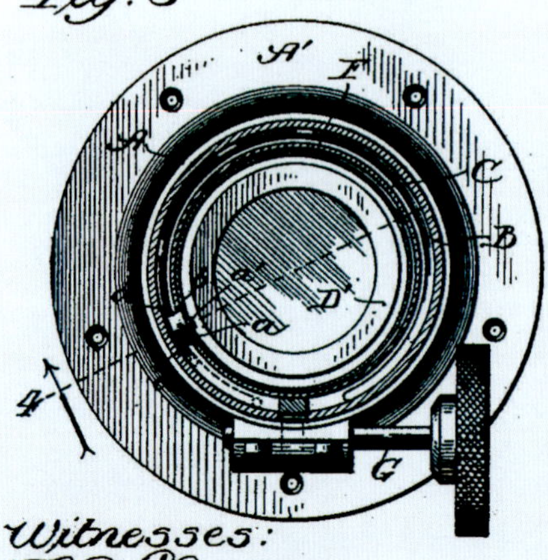

Fig. 4.

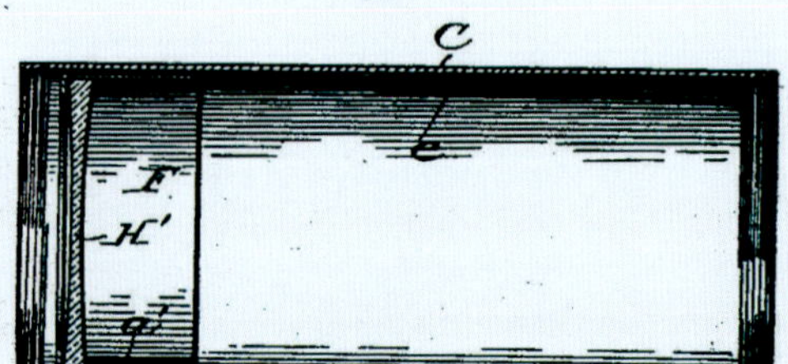

Witnesses:

Chas. E. Gaylord,

John Enders Jr.

Inventor:

Clile C. Allen,

By Banning & Banning,

Attys.

Le zoom (1901)

La photographie gagne en définition.

Même si le zoom a été inventé dès 1901 par Clile C. Allen, ses ventes n'ont réellement explosé qu'à la fin des années 1980. Avant cela, l'objectif à focale fixe était la norme, mais fut abandonné à cause de l'effort physique qu'exigeait la prise de photo de sujets de différentes tailles. Avec un tel objectif, la seule façon d'ajuster la taille des éléments que l'on veut photographier est d'avancer ou de reculer, l'appareil photo en mains.

Un zoom permet au photographe d'élargir ou de réduire la distance focale qui, à son tour, augmente ou réduit la taille du sujet. La distance focale est celle qui sépare l'objectif du point où les rayons de lumière convergent à l'intérieur de l'appareil. En modifiant cette distance, on peut faire un zoom avant ou arrière.

Il existe différents types de zooms, certains étant même constitués de 30 lentilles et autres éléments mobiles. Cependant, tous sont équipés d'un objectif final qui garantit que l'image demeure nette et définie au fur et à mesure que la distance focale change. C'était un progrès considérable par rapport aux objectifs progressifs du XIXe siècle que l'on devait régler à chaque fois que cette distance variait. Le zoom d'Allen s'est donc avéré essentiel en rendant la photographie plus efficace et relativement facile.

Les premiers zooms avaient tendance à produire des images de qualité moindre par rapport à celles d'un objectif à focale fixe. Toutefois, avec l'apparition de la photographie numérique et de l'optimisation informatique, les appareils équipés de zooms modernes se sont rapidement montrés aussi fiables que ceux à objectif à focale fixe. **RB**

VOIR ÉGALEMENT : PHOTOGRAPHIE, OBJECTIF À PLUSIEURS LENTILLES, APPAREIL REFLEX À OBJECTIF UNIQUE

La demande de brevet d'Allen pour un « objectif optique », homologuée le 1er avril 1902.

Le laparoscope (1901)

Kelling révolutionne la chirurgie abdominale.

Le laparoscope est un tout petit instrument chirurgical qui permet au chirurgien de ne réaliser qu'une fine incision dans la paroi abdominale du patient par laquelle il envoie des bouffées de dioxyde de carbone qui élargissent le passage. On peut ainsi établir un diagnostic visuel, puis se livrer à une opération chirurgicale à l'aide de minuscules outils. Cela permet de réduire les lésions physiques et la douleur du patient, mais aussi d'accélérer son rétablissement et ainsi de réduire la durée des séjours hospitaliers.

Au début des années 1900, l'Allemand Georg Kelling (1866-1945) mit au point une technique chirurgicale où il injectait de l'air dans la cavité abdominale et insérait un cystoscope – un tube d'observation – permettant d'examiner les entrailles du patient.

« Après une complexe laparoscopie le patient, âgé de 65 ans, a pu rentrer chez lui pour le dîner. »

Elisa Birnbaum, chirurgien

Sans la caméra, l'utilisation de la laparoscopie était limitée aux procédures de diagnostic réalisées par les gynécologues et gastroentérologues, mais à la fin des années 1980 les progrès réalisés dans le domaine des appareils vidéo miniatures et des fibres optiques incitèrent les chirurgiens à adopter des procédures beaucoup moins agressives. En 1997, le docteur J. Himpens utilisa un système robotique contrôlé par ordinateur pour assister une laparoscopie. Ce genre d'opération est désormais utilisé dans l'ablation de la vésicule biliaire mais aussi dans le diagnostic des troubles de la fertilité, du cancer et des hernies, ainsi que dans les opérations chirurgicales qui leur sont liées. **LW**

VOIR ÉGALEMENT : ENDOSCOPE, ROBOT CHIRURGIEN

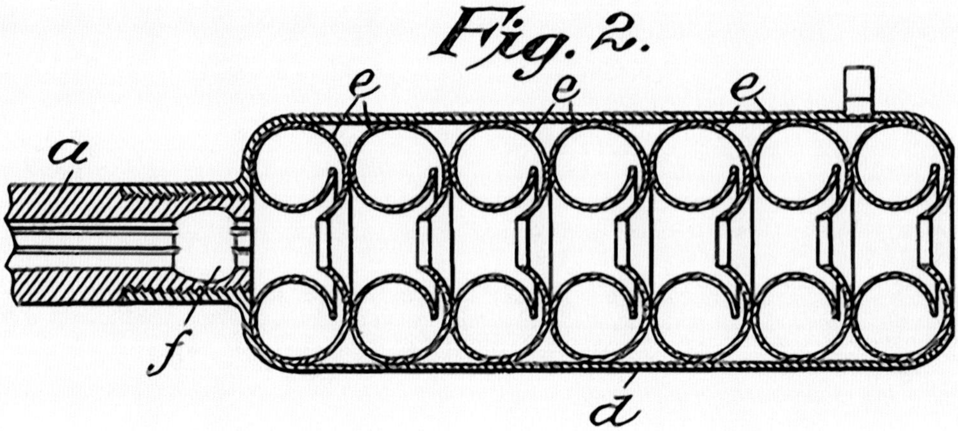

Le silencieux d'arme à feu (1902)

Maxim fait taire l'arme de son père, la mitraillette.

Dans le domaine des armes à feu et des munitions, peu de noms sont aussi synonymes d'innovation que celui des Maxim, mais on doit aussi d'autres choses à cette famille remarquablement inventive. De fait, la création de Hiram Percy Maxim (1869-1936), qui permet de décharger une arme sans produire un grand bruit, est née de son intérêt pour l'automobile, particulièrement la conception de silencieux destinés au tuyau d'échappement.

Le bruit d'une arme à feu déchargeant une munition subsonique est principalement produit par l'expansion rapide et massive des gaz propulseurs à la sortie du canon, un peu comme quand on débouche une bouteille de champagne. Le silencieux de Maxim, qui, comme tous les appareils de ce genre, réduit le bruit mais ne l'élimine pas complètement, s'attache au canon. C'est en réalité un tube plus large que le canon qui contient une série de déflecteurs qui permettent aux gaz explosifs de la cartouche de se dilater et de se ralentir avant d'entrer en contact avec l'air environnant, ce qui produit beaucoup moins de bruit. Le feu de bouche est lui aussi réduit. Conçu en 1902 environ et breveté en 1909, le silencieux Maxim était original en cela qu'il n'était pas concentrique au projectile mais placé latéralement pour que l'on puisse toujours utiliser la mire de l'arme d'origine. Le silencieux fut commercialisé comme l'accessoire des gentlemen désirant s'exercer au tir. Adopté par la suite par diverses armées et forces de police, il éveilla aussi des craintes dès sa création : une arme silencieuse pouvait être une bénédiction pour les criminels et les gangsters. **MD**

VOIR ÉGALEMENT : REVOLVER, MOUSQUET, FUSIL À CHARGEMENT PAR LA CULASSE, MITRAILLETTE, MITRAILLETTE AUTOMATIQUE PORTABLE

↑ *Illustration incluse dans la demande de brevet de Maxim en 1908.*

La climatisation (1902)

Grâce à Carrier, on peut vivre dans la fraîcheur.

Les Romains tentaient de rafraîchir leur demeure par temps chaud en faisant passer par leurs murs l'eau des aqueducs tandis qu'en Asie du Sud-Est on suspendait devant les fenêtres des tapis d'herbe humide. La climatisation moderne, apparue en 1902, s'inspire de ce principe rudimentaire.

Willis Carrier (1876-1950), originaire de Buffalo dans l'État de New York, développa les théories scientifiques fondamentales de la climatisation. Son premier système fut conçu pour une imprimerie où les changements de température et d'humidité rendaient problématique l'impression en couleur. Le premier système de Carrier, qui utilisait des vaporisateurs pour rafraîchir et déshumidifier l'air, était gros, extrêmement onéreux et relativement dangereux car il utilisait l'ammoniaque comme liquide de refroidissement. Pendant des années, son invention ne fut utilisée que pour refroidir les machines, mais quand on s'aperçut qu'on pouvait aussi rafraîchir les personnes, elle fut installée dans d'autres bâtiments commerciaux, que ce soit des immeubles de bureaux, des hôtels ou des hôpitaux. Il plaça même certains de ses appareils au Sénat américain et à la Maison Blanche. La climatisation a rendu notre vie plus confortable et a permis une activité économique accrue l'été. Elle peut aussi réduire jusqu'à 40 % le taux de mortalité lié aux maladies provoquées par la chaleur.

Carrier perfectionna ses plans et, en 1922, installa un système de climatisation dans un théâtre de Los Angeles où l'air était pompé au niveau du plafond et rejeté à celui du sol une fois refroidi. La Carrier Corporation continue de fabriquer et d'installer des systèmes de climatisation dans le monde entier. **SB**

VOIR ÉGALEMENT : RÉFRIGERATEUR

↑ *Les refroidisseurs par absorption, tel le modèle de Carrier montré ici, utilisent la chaleur dégagée par les turbines à gaz pour rafraîchir les édifices.*

Le frein à tambour (1902)

Renault utilise la friction pour ralentir les automobiles.

Louis Renault (1877-1944), ingénieur français, inventa en 1902 le frein à tambour pour les voitures. Les freins à tambour fonctionnent de manière similaire à ceux d'une bicyclette, en se servant de la friction pour ralentir puis arrêter complètement une roue en mouvement. Dans les voitures, cette friction est produite par des plaquettes qui appuient contre la surface interne du tambour rotatif relié à la roue. Ces plaquettes sont montées sur des mâchoires qui viennent enserrer la roue, l'empêchent de tourner et stoppent ainsi l'automobile.

Pour fonctionner correctement, les plaquettes doivent en temps normal être placées suffisamment près du tambour sans pour autant frotter contre lui. Si les plaquettes sont trop éloignées, par exemple en cas d'usure, on doit appuyer davantage sur la pédale de frein pour obtenir l'action désirée. Pour éviter cela, la plupart des freins à tambour sont équipés d'un mécanisme qui ajuste automatiquement la distance entre les plaquettes et le tambour. Au début des années 1960, il commença à être remplacé sur certains modèles par des freins à disque.

Les premiers freins à tambour étaient opérés mécaniquement mais firent ensuite usage de pistons à pression d'huile. Même si on les utilise toujours aujourd'hui, on doit souvent les ajuster et les remplacer. Si le conducteur freine beaucoup, il doit inévitablement remplacer ses plaquettes plus souvent, ce qui accroît le coût d'entretien du véhicule. Cependant, parce que les freins à tambour sont souvent moins onéreux et plus faciles à manufacturer que les autres, ils sont toujours les préférés de certains constructeurs automobiles. **LS**

VOIR ÉGALEMENT : AUTOMOBILE, ACCÉLÉRATEUR, FREIN À BANDE, FREIN À DISQUE, FREIN HYDRAULIQUE

↑ *Le frein à tambour, largement utilisé pendant des années, appuie les plaquettes contre le tambour et non le rotor.*

Le frein à disque (1902)

Lanchester invente un système de freinage automobile très en avance sur son temps.

Le brevet du système de freinage dont sont aujourd'hui équipées les automobiles fut déposé en 1902 par le Britannique, Frederick William Lanchester (1868-1946), qui améliora de façon radicale les freins à disque déjà disponibles. Il fallut toutefois attendre presque 50 ans avant que les freins à disque n'apparaissent sur les voitures manufacturées industriellement, et cinq ans encore avant que leur utilisation ne soit généralisée. Lanchester concevait des automobiles et des moteurs depuis 1889 ; il a construit la première automobile à quatre roues de Grande-Bretagne en 1895.

En 1899, il forma la Lanchester Engine Company et, en 1902, un nouveau prototype comprenant un moteur de dix chevaux à deux cylindres, était équipé de freins à disque. Ceux-ci ralentissent une voiture en ôtant de l'énergie à une roue en rotation ; les plaquettes du frein appuient sur les deux côtés du rotor relié à la roue. Cette friction génère de la chaleur qui s'échappe par des prises d'air et la voiture ralentit. Les plaquettes sont activées par la pression hydraulique à travers un piston qui appuie la plaquette sur le rotor, à la différence du frein à tambour qui utilise lui aussi des pistons et des plaquettes mais applique son énergie à travers des « patins », contre l'intérieur du tambour.

Lanchester dut fermer sa société à cause de difficultés financières. Les constructeurs automobiles préféraient le frein à tambour, plus léger et moins cher, créé la même année, même si le frein à disque agissait plus rapidement. Il fallut attendre jusqu'aux années 1950 pour qu'il soit redécouvert aux États-Unis, et depuis c'est celui qui équipe généralement les automobiles européennes et américaines. **SR**

VOIR ÉGALEMENT : AUTOMOBILE, ACCÉLÉRATEUR, FREIN À BANDE, FREIN À TAMBOUR, FREIN HYDRAULIQUE

↑ *Le frein à disque de Lanchester équipe aujourd'hui souvent les automobiles ; ici, celui d'une Ford de 2002.*

Le procédé Ostwald (1902)

Ostwald fabrique de l'acide nitrique.

Le procédé permettant de transformer en acide nitrique l'azote issu de l'ammoniac fut l'un des jalons majeurs de la production industrielle de fertilisants et explosifs. Le brevet fut déposé en 1902 par Wilhelm Ostwald (1853-1932), chimiste russo-allemand, l'un des pères fondateurs de la chimie physique. Il reçut le prix Nobel pour ses travaux dans le domaine de la catalyse, de l'équilibre chimique et des vitesses de réaction. Son procédé demeure essentiel dans l'industrie chimique moderne.

Au cours de ce procédé, l'ammoniac est chauffé en présence d'un catalyseur de platine-rhodium pour former de l'oxyde nitrique qui est ensuite oxydé pour produire du dioxyde d'azote, qui, en réagissant avec de l'eau, donne de l'acide nitrique et de l'oxyde nitrique.

Ostwald fit une découverte majeure quand il s'aperçut que la durée du contact des réactants et du catalyseur modifiait la quantité produite par la réaction. Si on les laisse trop longtemps en contact, l'acide nitrique se dégrade pour redevenir de l'azote. Ostwald fit passer les gaz d'ammoniac et d'oxygène sur le catalyseur à une vitesse assez réduite pour permettre à la réaction de se produire, mais assez rapidement pour que l'acide ne se dégrade pas. Un brevet déposé par Kuhlmann en 1838 avait décrit les bases chimiques du procédé mais ne présentait alors qu'un intérêt théorique car l'ammoniac, issu de sources animales, était alors très rare. Une fois le procédé Haber commercialisé au début du XXᵉ siècle, on put commencer à fabriquer industriellement de l'acide nitrique.

La découverte des procédés d'Ostwald et de Haber participa sans doute à la prolongation de la Première Guerre mondiale, car l'Allemagne put ainsi continuer à fabriquer des explosifs même quand elle ne put plus acquérir du nitrate de sodium auprès du Chili. **BO**

VOIR ÉGALEMENT : PROCÉDÉ HABER

L'ours en peluche (1902)

Il est appelé Teddy Bear en hommage à Roosevelt.

En 1902, le président américain Théodore Roosevelt participa à une chasse à l'ours dans le Mississippi, qui conduisit à l'invention de la peluche la plus emblématique de l'histoire. Holt Collier, un ancien esclave et un chasseur prodigieux, était chargé de l'organisation de cette chasse. Afin d'offrir à Roosevelt un tir dégagé, Collier et ses chiens dépistèrent un ours et le rabattirent vers le bosquet où attendait le président. Refusant de tuer l'animal qu'il avait promis au président, Collier l'assomma avec son fusil et l'attacha à un arbre. Quand Roosevelt revint quelques instants plus tard, il fut impressionné par l'exploit de Collier mais refusa de tuer l'animal sans défense.

L'épisode attira l'attention des médias et en novembre 1902 le *Washington Post* publia une série de caricatures de Clifford Berryman où l'on pouvait initialement apercevoir Roosevelt et un ours adulte attaché à un arbre. L'animal fut par la suite représenté sous la forme d'un attachant ourson, et, inspirés par les dessins, Morris et Rose Michtom – deux commerçants de Brooklyn – créèrent un ours en peluche. Baptisé en hommage à « Teddy » Roosevelt, le *Teddy Bear* n'était pas une représentation réaliste mais son apparence innocente et tendre en fit un immense succès auprès des enfants et des dames de la bonne société. Les Michtom fondèrent ensuite une société, la Ideal Novelty and Toy Company, qui existe toujours.

Coïncidence, une couturière allemande, Margarete Steiff, commença à fabriquer environ à la même époque des ours en peluche. Échec commercial initialement en Europe, on se les arracha aux États-Unis. Les ours Steiff, reconnaissables à leur bouton dans l'oreille gauche, furent toujours les plus onéreux et demeurent les plus recherchés parmi les collectionneurs. **DaH**

VOIR ÉGALEMENT : BALLON, MECCANO, TRAIN ÉLECTRIQUE, CRAYONS-CIRE, LEGO

La bougie (1902)

Honold permet l'apparition de moteurs aux vitesses de fonctionnement plus élevées.

La carrière d'inventeur et d'ingénieur de Gottlob Honold (1876-1923) débuta par un coup de chance. Son père était l'ami de celui de Robert Bosch, fondateur de la grande société technologique allemande. À l'âge de 14 ans, Honold obtint son premier emploi dans les ateliers de Stuttgart de Bosch où il affina son talent de technicien. Il quitta cet emploi pour faire des études d'ingénieur mais rejoignit la Bosch en 1901 en tant que directeur technique. C'est alors qu'il apporta d'importants changements au concept de la bougie.

Les systèmes d'allumage de voiture existaient depuis un certain temps mais aucun n'était sûr. Le problème majeur du secteur automobile, selon Karl Benz, était bien de découvrir un système d'allumage fiable. Honold conçut un allumage électromagnétique à haute tension équipé d'une bougie. Auparavant, de tels systèmes n'avaient été utilisés que pour des moteurs stationnaires mais quand Bosch en installa un sur une voiture à trois roues en 1897, le véhicule put atteindre une vitesse de 80 km/h, très élevée pour l'époque.

La version améliorée de Honold, où la charge électrique de la bougie était générée par le mouvement des aimants à l'intérieur du moteur, permit de produire des moteurs dont la vitesse de fonctionnement était plus élevée, aux environs de 1 000 rotations par minute. Cela coïncida avec une demande croissante pour les automobiles, et le système d'allumage de Honold devint bientôt standard. En 1902, Bosch fabriqua environ 300 bougies. Cent ans plus tard, on en produisait plus de 350 millions dans le monde. **DHk**

VOIR ÉGALEMENT : MOTOCYCLETTE, AUTOMOBILE, ALLUMAGE PAR ÉTINCELLE, BATTERIE DE VOITURE, CARBURATEUR, MOTEUR DIESEL, TURBOCOMPRESSEUR

↗ *La bougie existait déjà mais seul le système d'allumage électromagnétique de Honold s'avéra pratique.*

« La bougie et l'allumage électromagnétique devinrent disponibles au moment où la production des voitures augmentait. »

Vaclav Smil, *Creating the Twentieth Century*

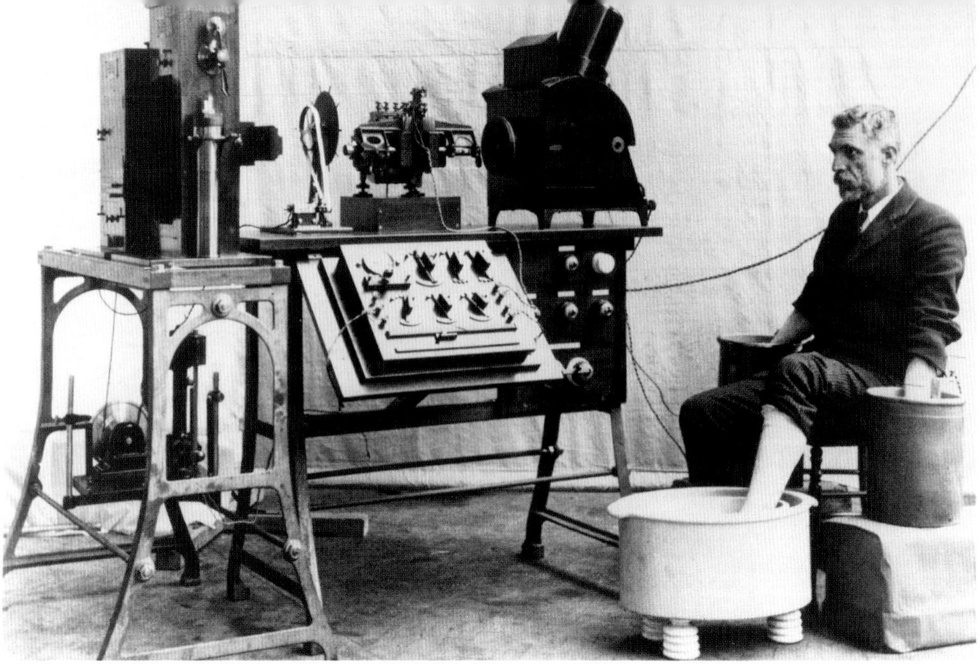

L'électrocardiographe (1903)

La machine d'Einthoven constitue une grande avancée dans le diagnostic des troubles cardiaques.

L'électrocardiographe est un appareil conçu pour enregistrer les minuscules courants électriques, générés à l'intérieur du cœur. À la fin du XIXe siècle, les médecins ne pouvaient mesurer ces courants qu'en plaçant directement des électrodes sur le muscle cardiaque.

Willem Einthoven (1860-1927), médecin et physiologiste hollandais, adapta le galvanomètre à corde, appareil dont l'usage premier était d'amplifier les signaux électriques transmis le long de câbles sous-marins. Celui d'Einthoven, créé en 1903, était constitué d'un minuscule filament de quartz suspendu verticalement dans un champ magnétique puissant. Quand de minuscules courants parcouraient ce filament, il déviait et bloquait un faisceau lumineux, ce qui permettait à l'ombre d'être enregistrée sur du papier photographique.

Les premiers prototypes étaient peu commodes : pour manipuler ces appareils de 272 kg, cinq techniciens étaient nécessaires, et les patients devaient plonger les mains et les pieds dans des seaux d'eau froide. L'appareil était toutefois assez sensible pour percevoir les impulsions électriques accompagnant la contraction et le relâchement du cœur. Einthoven étudia des électrocardiogrammes normaux et anormaux pour donner aux médecins des points de référence leur permettant d'analyser de futurs résultats. Dès les années 1920, on put diagnostiquer les attaques cardiaques à partir de relevés anormaux. On finit par fabriquer des électrocardiographes portables, plus légers, et après la Seconde Guerre mondiale le galvanomètre à filament fut remplacé par un système d'annotation directe. **JF**

VOIR ÉGALEMENT : RADIOGRAPHIE, IMAGES PAR RÉSONANCE MAGNÉTIQUE, TOMODENSITOMÉTRIE

↑ *Ce modèle de table de l'électrocardiographe d'Einthoven a été fabriqué en 1911.*

Le comparateur à battements (1903)

L'appareil de Pulfrich permet de mieux observer le ciel.

Un comparateur à battements permet aux astronomes d'examiner deux plaques photographiques de la même région du ciel, réalisées à des dates différentes mais avec le même télescope et la même exposition.

Cet appareil et cette technique ont été utilisés pour détecter des astéroïdes, des comètes et des étoiles variables. Les plaques réalisées à quelques années de distance ont pu révéler des étoiles proches et se déplaçant à grande vitesse, ou distinguer des étoiles binaires gravitant autour d'une masse commune, ou encore deux étoiles proches l'une de l'autre sur la même ligne de visée, soit un double optique.

Le physicien allemand Carl Pulfrich (1858-1927) inventa cet appareil alors qu'il travaillait pour les ateliers d'optique de Carl Zeiss. Le comparateur fut rapidement utilisé par les observatoires du monde entier et permit de découvrir des centaines d'étoiles variables ainsi que l'existence de Pluton, en mars 1930. À l'époque, on pensait que cette « planète X », repérée par Clyde W. Tombaugh, perturbait l'axe de gravitation d'Uranus et de Neptune, aux confins du système solaire. Plus récemment, on s'est aperçu que Pluton n'était qu'un objet de masse réduite auquel on a ôté le statut de planète.

On utilise encore aujourd'hui les comparateurs à battements bien que les plaques photographiques aient été remplacées par des images numériques que l'on peut sauvegarder sur ordinateur. On a aussi imaginé une nouvelle application qui permettrait aux radiologues de comparer avec plus de précision des radiographies anciennes et nouvelles, des scanners et des IRM. **DH**

VOIR ÉGALEMENT : TÉLESCOPE, RADIOTÉLESCOPE, TÉLESCOPE RADIOSCOPIQUE, TÉLESCOPE SPATIAL HUBBLE

↑ *Clyde Tombaugh et le comparateur à battements utilisé pour découvrir Pluton et 3 000 astéroïdes.*

L'émetteur à arc (1903)

Poulsen crée un système radio portable.

En 1906 fut fondée l'Amalgamated Radio Telegraph Company, fusion de la société de télégraphe britannique de Forest et celle de l'inventeur danois Valdemar Poulsen (1869-1942). La nouvelle société parvint rapidement à établir un lien par télégraphie sans fil entre le Danemark et Newcastle en Angleterre, mais fit malheureusement faillite en 1907 avant qu'aucune opération commerciale ne puisse être établie.

C'était l'invention de l'émetteur à arc par Poulsen, en 1903, qui avait rendu possible cet événement historique. Poulsen était un ingénieur-électricien et un inventeur prolifique qui, dès 1898, avait conçu le premier appareil utilisant l'enregistrement sonore magnétique, le télégraphone. Il ne s'arrêta pas là mais s'intéressa aux travaux de l'inventeur britannique William Duddell, qui avait réalisé à l'aide d'une lampe à arc un circuit sonore qui « chantait ». Duddell adapta son arc musical, qui résonnait à des fréquences audibles, pour en faire un instrument musical électronique rudimentaire en 1899. Malheureusement, quand il essayait d'augmenter la fréquence d'opération, son efficacité s'effondrait et cela semblait destiné à demeurer un gadget.

Poulsen entreprit de résoudre le problème et, en créant l'arc dans de l'hydrogène, ainsi qu'en utilisant une anode de cuivre refroidie à l'eau, il put faire « chanter » l'arc à certaines fréquences hertziennes. L'émetteur à arc de Poulsen générait des ondes continues, contrairement à tous les émetteurs précédents, et malgré la faillite de sa compagnie la marine américaine adopta son invention pour ses communications. L'appareil constitua le meilleur système radio portable avant l'apparition de systèmes de tubes à vide. **DHk**

VOIR ÉGALEMENT : TÉLÉGRAPHE ÉLECTROMAGNÉTIQUE, COHÉREUR, TÉLÉCOMMUNICATION SANS FIL

Les crayons-cire (1903)

Binney et Smith permettent aux talents en herbe de se révéler.

Les crayons-cire ont apporté la couleur et la créativité à des générations d'enfants dans le monde entier, mais ils ont débuté avec un seul ton, le noir. Constitués au départ d'un mélange de charbon et d'huile, ils continrent rapidement de la cire qui les rendait plus résistants et plus faciles à manipuler.

Edwin Binney (1866-1934) et Harold Smith (1860-1931), deux cousins américains, possédaient une entreprise qui vendait des pigments de peinture (du rouge pour les granges et du noir pour les pneus de voiture). En 1900, ils commencèrent à fabriquer des crayons à papier et eurent l'idée d'inventer pour les instituteurs une craie ne produisant pas de poussière. Alors qu'ils faisaient le tour des écoles pour présenter ces produits, les cousins s'aperçurent du besoin de nouveau matériel d'écriture et de dessin. Ils entreprirent de réaliser des crayons non toxiques pour les enfants, et c'est ainsi qu'en 1903 la première boîte de crayons-cire vit le jour. Elle comprenait huit couleurs (noir, marron, bleu, rouge, vert, orange, jaune et violet) et ne coûtait que cinq cents. C'était le début des crayons Crayola, un nom qui évoque la craie et l'huile. Au fil des ans sont apparues des couleurs au nom exotique telles que chardon, melon et terre de Sienne brûlée. Les couleurs fluo furent ajoutées dans les années 1970 et aujourd'hui, même si les crayons peuvent luire dans le noir ou rappeler le parfum des fleurs, ils servent encore à réaliser de beaux dessins. **DK**

VOIR ÉGALEMENT : ENCRE, PLUME, CRAYON À LA MINE DE PLOMB, STYLO À PLUME, TAILLE-CRAYON, STYLO À BILLE

En 1991, Binney et Smith sortirent une réédition de la boîte Crayola contenant les huit couleurs d'origine.

TRADE
"CRAYOLA"
MARK
GOLD MEDAL
UNIVERSAL EXPOSITION SAINT LOUIS UNITED STATES OF AMERICA
MCMIV
GOLD MEDAL
EIGHT COLORS
SCHOOL CRAYONS
FOR EDUCATIONAL COLOR WORK.
MANUFACTURED BY
BINNEY & SMITH CO.
NEW YORK. PARIS.

Le cintre en fil de fer (1903)

Parkhouse permet aux vêtements de ne plus se froisser dans les placards.

L'humble cintre, qui a fait l'objet de plus de 200 brevets rien qu'aux États-Unis, a subi de nombreuses transformations avant de trouver son incarnation actuelle. Diverses méthodes d'accrochage des vêtements existaient probablement avant que la reine Victoria ne se voie offrir une série de cintres en bois en cadeau de mariage en 1840, mais celui en fil de fer ne fut inventé qu'en 1903. Selon la légende, Albert Parkhouse, employé d'une société du Michigan, Timberlake, spécialisée dans les abat-jour en fil de fer, fut agacé de voir un jour en arrivant que tous les cintres en bois étaient pris. S'emparant d'un morceau de fil de fer il le tordit en deux grandes boucles allongées puis rabattit les deux extrémités pour en faire un crochet au milieu. Timberlake déposa le brevet du cintre en fil de fer en 1904 et réalisa une fortune.

« Le cintre agresse l'homme. Par pure cruauté. »

Pierre Desproges, comique français

L'invention rencontra rapidement le succès et dès 1906 était utilisée par Meyer May, un marchand de vêtements pour hommes, pour exposer les vêtements dans son magasin. En 1932, Schuyler C. Hulett ajouta un tube en carton monté sur les parties inférieures et supérieures du cintre pour éviter que le fil de fer ne laisse son empreinte sur les vêtements. En 1935 enfin, Elmer D. Rogers rapprocha le cintre de la forme que nous lui connaissons actuellement en ajoutant un tube sur la barre inférieure. Aujourd'hui, on trouve des cintres en bois, en métal et en plastique. **SD**

VOIR ÉGALEMENT : VÊTEMENT, COUTURE, TABLE À REPASSER PLIANTE, BLUE-JEANS, FER ÉLECTRIQUE

L'essuie-glace (1903)

Anderson offre un pare-brise propre aux conducteurs.

Au début du XXe siècle, New York était peut-être pittoresque sous la neige et la glace, mais conduire un tramway par ce temps-là n'était pas chose aisée. La seule solution pour le conducteur était de sortir très fréquemment pour dégager la neige qui s'amoncelait sur le pare-brise.

L'invention de Mary Anderson (1866-1953) était un manche recouvert de caoutchouc que l'on actionnait par un levier situé à l'intérieur de la voiture. Cet essuie-glace balayait le pare-brise pour le nettoyer tout en permettant au conducteur de rester au chaud. En 1903, le brevet de Mary Anderson fut homologué mais quand elle tenta d'en vendre les droits, en 1905, personne ne montra d'intérêt.

Il fallut attendre encore trois ans avant que l'on ne produise la Ford T et autres automobiles destinées aux masses. Dès 1916 cependant, toutes les voitures étaient équipées d'essuie-glaces. En Angleterre, Gladstone Adams déposa un brevet en 1911 bien que la Mills Munitions de Birmingham ait soutenu avoir inventé la première cet accessoire. Les essuie-glaces électriques automatiques furent finalement inventés par Charlotte Bridgewood en 1917, et ce sont ceux que l'on trouvait habituellement sur les voitures dès le début des années 1920. Ils opèrent généralement en conjonction avec un lave-glace, une pompe qui projette du détergent et de l'eau sur le pare-brise.

Robert Kearns inventa les essuie-glaces à balayage intermittent en 1969, idée qu'il présenta aux constructeurs automobiles qui déclarèrent ne pas être intéressés avant d'installer un mécanisme similaire sur leurs voitures. Après avoir poursuivi Ford et Chrysler en justice, Kearns eut gain de cause. À la fin du XXe siècle, on a créé des essuie-glaces sensibles à la pluie qu'on n'a même plus besoin de mettre en marche. **DK**

VOIR ÉGALEMENT : CLIGNOTANT, CATADIOPTRE

La machine à fabriquer les bouteilles de verre (1903)

L'invention d'Owens fait plus pour la suppression du travail des enfants que les efforts législatifs.

La machine de Michael Owens (1859-1923) qui permettait de fabriquer les bouteilles de verre de façon automatique non seulement révolutionna l'industrie du verre en accélérant le processus de fabrication et en réduisant ses coûts, mais permit aussi le développement de plusieurs secteurs liés au verre ainsi que l'éradication du travail des enfants dans cette industrie. Le soufflage du verre était alors l'une des activités les mieux rémunérées et les enfants étaient souvent employés comme main-d'œuvre bon marché. Owens, qui n'alla jamais à l'école, avait commencé à travailler dans une usine de verre de la Virginie-Occidentale dès l'âge de 10 ans. Il partit ensuite pour Toledo, dans l'Ohio, où il travailla pour l'entrepreneur Edward Libbey qui lui permit d'explorer son talent créateur.

En se fondant sur les concepts déjà existants de machines semi-automatiques, Owens conçut un appareil entièrement automatique en 1903. Grâce à la succion que créait la tige de piston de la pompe manuelle de la machine, la quantité nécessaire de pâte de verre était aspirée automatiquement dans un moule. Le culot de bouteille ainsi créé était posé dans un autre moule où le verre était soufflé de façon automatique jusqu'à acquérir la forme désirée. Un convoyeur faisait ensuite passer les bouteilles à travers un four tempéré. La première machine d'Owens était dotée de cinq pompes sur un cadre rotatif et pouvait produire environ 17 000 bouteilles par jour (six fois plus que les machines semi-automatiques). À une époque où le verre était encore un article de luxe, Owens permit la production de bouteilles de taille identique. **DaH**

VOIR ÉGALEMENT : VERRE, VERRE SOUFFLÉ, APPERTISATION, FIBRE DE VERRE, BOUTEILLE EN PLASTIQUE

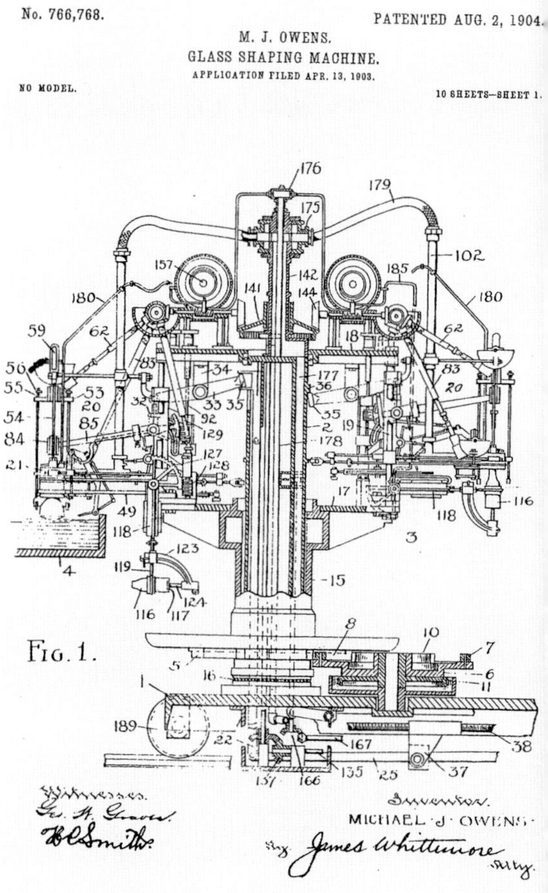

↗ *Le brevet de la machine d'Owens fut homologué en 1904. L'inventeur devait finalement déposer 45 brevets aux États-Unis.*

« Owens était un inventeur. Ce n'était pas un concepteur mais il savait diriger les ingénieurs. »

Richard LaFrance, ingénieur en chef d'Owens

L'avion à moteur (1903)

Les frères Wright construisent le premier avion doté d'ailes et capable de voler.

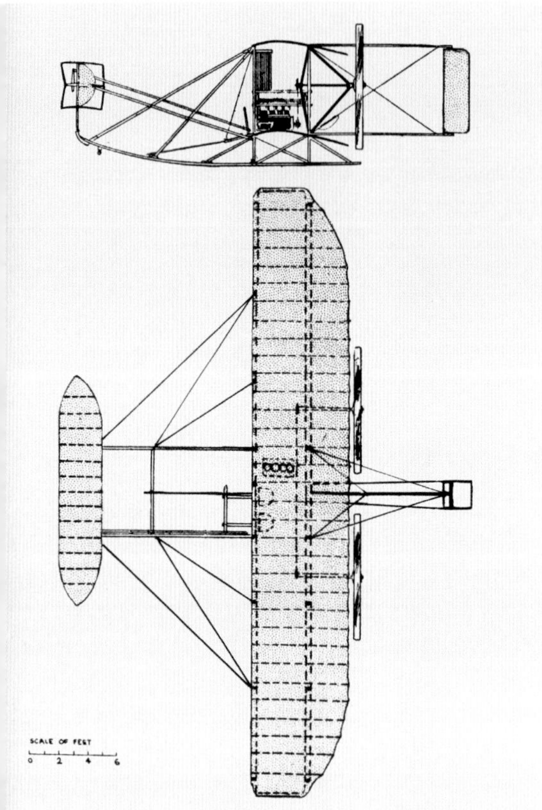

« Depuis quelques années je souffre de la conviction que l'homme peut voler. »

Wilbur Wright en 1900

↑ *Entre 1907 et 1909, les avions des Wright étaient agencés selon ce plan.*

→ *Les frères Wright démontrent le fonctionnement de leur avion à l'armée américaine en 1909.*

Le 1er décembre 1903 au matin, au milieu des dunes de Kill Devil Hills en Caroline du Nord, Orville Wright (1871-1948) décolla par grand vent à bord du *Wright Flyer*, un biplan à essence. Son vol ne dura que douze secondes, mais au cours de la quatrième tentative de la journée, son frère Wilbur (1867-1912) parvint à demeurer dans les airs pendant 49 secondes et à parcourir 260 m.

Fabricants de vélos de Dayton, dans l'Ohio, les frères Wright s'étaient penchés sur le problème avec un mélange de rigueur scientifique et d'esprit pratique et empirique. Après avoir lu tout ce qui avait paru sur de précédentes tentatives de vol, ils construisirent en 1900 une première série de planeurs qu'ils testaient l'été en Caroline du Nord. Chaque hiver, de retour à Dayton, ils affinaient leurs dessins, et testaient différentes formes d'ailes et d'angles dans le tunnel aérodynamique rudimentaire qu'ils avaient construit. Ils créèrent un ingénieux système de contrôle où un gouvernail situé à l'avant de l'appareil permettait de contrôler ses mouvements verticaux, un autre agissait sur les mouvements de lacet (horizontaux), et où les ailes pouvaient se tordre à l'extrémité pour éviter les tonneaux. Ils apprirent ainsi à voler, couchés sur le ventre pour limiter la résistance à l'air. Une fois qu'ils se sentirent prêts à voler sur un engin équipé d'un moteur, ils conçurent et construisirent ce dernier ainsi que des hélices.

Le *Wright Flyer* n'était pas assez puissant, et pour leurs tentatives suivantes à Dayton en 1904 et 1905, les frères Wright, qui savaient qu'ils ne seraient pas aidés par un vent fort, construisirent une catapulte pour permettre à l'avion de décoller. Ils réussirent alors à voler pendant 38 minutes. **RG**

VOIR ÉGALEMENT : PLANEUR, DIRIGEABLE, MOTEUR À RÉACTION, TURBOPROPULSEUR, HÉLICOPTÈRE, AVION SUPERSONIQUE, SCRAMJET

7479
117484
7480
he wright aeroplane
assing the starting
errick (Orville Wright
machine) Ft Myer, Va
The Wright aeroplane
the starting derrick (Orville
Wright in machine - Wilbur
Wright in white shirt) - Ft Myer
Va.
Cpt 1909 R
7478
7483
Cpt 1909 R
Cpt 1909 R
our Wright timing flight -
Wright aeroplane going
- Ft Myer, Va
The Wright aeroplane leaving the starting ra
Ft Myer, Va
7477
7481
117726

Le thé en sachet (1903)

Sullivan découvre par hasard le moyen de préparer du thé avec un sachet.

Désireux d'obtenir de ses clients des commandes de thé plus importantes, Thomas Sullivan, commerçant de New York, eut l'idée de leur envoyer des échantillons dans de petits sachets de mousseline de soie, faciles à expédier et à ouvrir par le destinataire. Certains clients ne s'en donnèrent même pas la peine et versèrent simplement de l'eau bouillante sur ces sachets. Sullivan fut submergé de commandes de thé présenté sous cette forme. Comme on lui avait suggéré que la mousseline de soie était trop fine, il la remplaça par de la gaze de coton et commença à vendre ces sachets.

Il déposa le brevet du sachet de thé en 1903 et dès 1920 celui-ci était largement utilisé dans la restauration aux États-Unis. Le papier remplaça par la suite le coton et l'on ajouta parfois un fil et une étiquette décorée, ce qui facilitait la préparation d'une tasse de thé.

Le marché américain des sachets de thé était déjà bien développé quand ceux-ci furent introduits en Grande-Bretagne des décennies plus tard, en 1953, par Joseph Tetley and Company. On ne sait si ce délai était lié aux pénuries durant la guerre ou à une résistance initiale des amateurs de thé britanniques, mais quoi qu'il en soit, une fois lancé sur le marché, le thé en sachet obtint rapidement le succès. Il comptait parmi les nombreux produits qui, dans l'après-guerre, permettaient de gagner du temps.

Dans les années 1970, on commença à utiliser ces sachets pour les tisanes. Depuis, la technologie a évolué pour améliorer le processus d'infusion, notamment en donnant aux sachets une forme pyramidale. **EH**

VOIR ÉGALEMENT : EAU GAZEUSE, LAIT EN POUDRE, SACCHARINE, CAFÉ INSTANTANÉ, FILTRE À CAFÉ

↑ *Une révolution se produisit dans le domaine du thé en sachet en 1930 avec l'apparition du sachet en papier fermé par soudage à chaud.*

La transmission automatique (1904)

Le levier de changement de vitesse devient superflu.

Thomas L. Sturtevant fonda son entreprise en 1883 avec l'objectif de répondre aux besoins croissants en mécanisation dans l'industrie des fertilisants. Son fils Lawrence et son neveu, Thomas Jr., diplômé du MIT, vinrent travailler pour lui. L'entreprise étendit rapidement ses activités au secteur automobile où elle conçut diverses améliorations, dont les freins à vide et la lubrification automatique du moteur. C'est toutefois son audacieuse transmission automatique qui permit aux voitures automatiques d'aujourd'hui d'exister.

À l'époque, le moyen de transmettre l'énergie dégagée par le moteur jusqu'aux roues constituait l'un des problèmes majeurs des constructeurs automobiles. Sturtevant recherchait le moyen de passer les vitesses sans devoir appuyer sur l'embrayage et devoir temporairement libérer le moteur des roues. Sa solution, novatrice, fut tout d'abord un échec. Sa première voiture automatique, réalisée en 1904, utilisait la force centrifuge de poids en rotation. Au fur et à mesure que le véhicule prenait de la vitesse, la force de rotation poussait ces poids vers l'extérieur où ils se mettaient en prise avec une courroie qui faisait passer la voiture à une vitesse plus élevée. Mais l'idée n'était pas au point et, sous la tension, les poids pouvaient parfois être projetés à l'extérieur. Le concept d'une voiture au changement automatique de vitesses était toutefois prouvé.

Malgré diverses tentatives, et en raison des coûts initiaux, du manque de fiabilité et d'un manque de demande, il fallut attendre plusieurs décennies avant de créer une automobile automatique pratique. On la voit aujourd'hui couramment sur les routes. **DHk**

VOIR ÉGALEMENT : BOÎTE DE VITESSES, EMBRAYAGE, BOÎTE DE VITESSES SYNCHRONISÉES, EMBRAYAGE CENTRIFUGE

↑ *Cet étudiant d'un institut technique américain, étudie en 1958 une transmission automatique.*

Le répondeur automatique (1904)

Poulsen invente la solution aux appels téléphoniques manqués.

Valdemar Poulsen (1869-1942), un Danois, a étonnamment influencé le monde moderne avec l'invention de l'enregistrement sonore magnétique en 1898. Extraordinairement utile, le concept a été repris dans les magnétophones, les disquettes informatiques et les cartes de crédit. Cela amena aussi Poulsen à créer, en 1904, le premier « répondeur téléphonique ».

Les sociétés contemporaines dépendent dans leur fonctionnement de moyens de communication tels que le téléphone, et il est aujourd'hui rare d'en trouver un qui ne soit pas équipé d'une boîte vocale ou d'un répondeur. Après son invention, en 1876, le téléphone a transformé le monde en permettant à n'importe quelles personnes de converser instantanément. L'invention du répondeur n'était plus alors qu'une question de temps.

Les premiers utilisaient un fil magnétique pour enregistrer mais passèrent ensuite à la bande magnétique. Aujourd'hui, on a tendance à utiliser une mémoire à circuits intégrés. Le premier répondeur numérique fut inventé aux États-Unis par Kazuo Hashimoto en 1983.

Les téléphones sont bien entendu des appareils d'une grossièreté intrinsèque qui ne respectent en rien les méthodes de communication normales entre adultes et interrompent toute activité en train de se dérouler. Le répondeur – et ses cousins contemporains, la boîte vocale, l'enregistreur d'appels et le SMS – offre un certain répit à ce harcèlement en permettant de savoir qui a essayé d'appeler et en nous offrant le choix de répondre ou non. **JB**

VOIR ÉGALEMENT : TÉLÉPHONE, ENREGISTREMENT MAGNÉTIQUE, ENREGISTREMENT SUR CASSETTE AUDIO, CARTE DE CRÉDIT, DISQUETTE

↑ *Cette version du télégraphone de Poulsen était utilisée au début du XXe siècle dans les chantiers navals royaux d'Angleterre.*

La diode à valve (1904)

Fleming invente le premier vrai appareil électronique.

Quand l'ingénieur-électricien britannique John Ambrose Fleming (1849-1945) inventa le premier tube électronique, il ne savait à quel point il transformerait la technologie du XXe siècle.

La diode est utilisée dans de nombreux systèmes électriques et électroniques. Sous sa forme première, elle utilisait l'émission thermoïonique – le flux des électrons dans un espace sous vide – pour créer une valve laissant passer le courant électrique dans un seul sens. C'était essentiel dans la régulation des voltages, le traitement des signaux de haute fréquence et la conversion du courant alternatif en courant direct.

En 1883, Thomas Edison créa une sorte de diode en modifiant une ampoule électrique. Il fit breveter ce qu'il appelait « l'effet Edison » mais ne lui trouva finalement que peu de possibilités. En 1904, après avoir acquis aux États-Unis plusieurs ampoules à effet Edison, Fleming mit au point une « valve d'oscillation » qui lui permit de convertir des ondes hertziennes en un flux électrique à sens unique que l'on pouvait mesurer grâce à un galvanomètre. Son invention, la « valve Fleming » (le terme diode n'apparut que bien plus tard) rendrait possibles, sur un plan commercial, les industries électroniques de la radio et du phonographe.

Durant la majeure partie du XXe siècle, les diodes servirent aux applications de signaux analogues. L'invention du transistor, en 1947, rendit la diode obsolète dans la plupart de ses utilisations. Aujourd'hui, on la trouve dans des domaines très particuliers, les amplificateurs de guitare par exemple. **TB**

VOIR ÉGALEMENT : AMPOULE À INCANDESCENCE, TRIODE, CIRCUIT ECCLES-JORDAN, DIODE SEMI-CONDUCTRICE, TRANSISTOR, LED

↑ *La valve de Fleming était constituée d'une ampoule de verre abritant un filament de carbone entouré par un tube en aluminium.*

Le tracteur (1904)

Holt invente les chenilles.

Quand la locomotive fut inventée au début du XIXe siècle, elle fut vite adaptée à un usage agricole – au début juste pour déplacer d'autres équipements agricoles. Quand les locomobiles à vapeur apparurent en 1868, elles furent simplement utilisées sur les routes pour transporter du bois et autres lourdes charges. Peu à peu cependant, on commença à les employer dans les champs où elles tiraient derrière elles des charrues. Les roues de ces locomobiles constituaient leur plus grand problème : sur un sol mou, trop fines, elles s'enfonçaient et on les équipa donc de larges bandes métalliques pour répartir le poids de la machine. Ces roues manquant de traction, on poursuivit les recherches. En 1904, Benjamin Holt testa le premier tracteur équipé de chenilles et non de roues, puis établit une société, Caterpillar. En 1932, les roues de métal furent remplacées par d'autres en caoutchouc, ce qui accrut leur traction et réduisit le poids du tracteur.

Un moteur à essence créé en 1887 fut adapté aux locomobiles par la Charter Gasoline Company, et en 1892 John Froelich, inventeur américain, construisit son propre modèle dans l'Iowa. Cela devint le premier tracteur à essence réussi, l'ancêtre de nombreux autres. Le succès de Froelich encouragea d'autres entreprises. La Hart-Parr, fondée à Madison, dans le Wisconsin, en 1897, n'est reconnue comme la « fondatrice de l'industrie du tracteur » que parce que ce fut la première à réaliser de façon continue et exclusive des tracteurs. En 1906, son directeur commercial décida que le mot *traction engine*, ou locomobile en français, était trop long et trop vague, et le raccourcit en *tractor*, soit tracteur en français. **DK**

VOIR ÉGALEMENT : MOISSONNEUSE-BATTEUSE, CHARRUE, MOISSONNEUSE, SEMOIR, BATTEUSE, CHARRUE EN ACIER TREMPÉ

Le tracteur Ivel fut le premier doté d'un moteur à combustion interne.

Le dérailleur (1905)

De Vivie rend la bicyclette plus pratique.

Paul de Vivie n'acheta sa première bicyclette qu'à l'âge de 28 ans, mais la passion du vélo devait dominer sa vie et l'amener à inventer un nouveau système de cycle à vitesses variables.

La première bicyclette de de Vivie était un vélocipède ordinaire, doté d'une immense roue avant. Les pédales étaient directement attachées aux roues, de sorte qu'un tour de pédales équivalait à un tour de roue. De Vivie tenta d'améliorer ce rapport pour permettre au cycliste de dépenser moins d'énergie. En 1887, il ouvrit un atelier dans la région de Saint-Étienne et lança un magazine, *Le Cycliste*, dans lequel il publiait des articles passionnés sous le nom de plume de Velocio.

« [Paul de Vivie]... consacra sa vie au perfectionnement de la bicyclette. »

Clifford L. Graves, auteur

Sa première tentative de dérailleur comprenait deux plateaux de pédalier concentriques et une chaîne qui devait être déplacée manuellement de l'un à l'autre. En 1905, il testa un dérailleur à deux vitesses, mais le monde de la bicyclette se montra réticent car cela facilitait trop la tâche du cycliste. Pour convaincre les sceptiques, de Vivie organisa une course en montagne entre un cycliste de sexe masculin sur un vélo à vitesse unique et une cycliste sur une bicyclette à trois vitesses. À son grand plaisir, la femme l'emporta.

Aujourd'hui, les bicyclettes sont fréquemment équipées de plus de 20 vitesses qui permettent de parcourir les terrains les plus difficiles. **HI**

VOIR ÉGALEMENT : BICYCLETTE

Le turbocompresseur
(1905)

Büchi récupère l'énergie pour rendre les moteurs plus efficaces.

Le turbocompresseur est similaire au compresseur, mais au lieu de forcer l'air de façon mécanique dans le moteur, il utilise les gaz d'échappement pour faire fonctionner une turbine qui pousse l'air à l'intérieur. L'ingénieur suisse Alfred Büchi s'aperçut qu'on pouvait ainsi récupérer l'énergie et rendre le cycle de combustion beaucoup plus efficace par la même occasion.

Les turbocompresseurs et les moteurs diesels se marient bien, puisque ces derniers n'ont pas de papillon des gaz qui pourrait bloquer l'accès de l'air jusqu'à la turbine. Deux navires transportant des passagers allemands en furent équipés les premiers, leur puissance passant ainsi de 1 750 chevaux à 2 500.

Il fut toutefois plus difficile d'adapter ce dernier aux automobiles. Puisque c'est l'air chaud produit par la combustion qui fait fonctionner la turbine, les matériaux dont elle est composée doivent résister à des températures pouvant aller jusqu'à 1 000 degrés. Ce problème empêche toujours les turbocompresseurs de pénétrer dans le marché de masse, mais récemment les fabricants ont étudié la technologie utilisée dans les fusées, qui doivent supporter des températures bien plus élevées, pour tenter d'améliorer la conception du matériel dans le secteur automobile. Le turbocompresseur serait alors une option viable pour les voitures.

Les automobiles dont on parle le plus pour l'avenir, les hybrides ou celles à pile à combustible, bénéficieraient de l'ajout d'un turbocompresseur qui pourrait économiser un tiers de l'énergie perdue. Le turbocompresseur n'est donc pas sur le point de disparaître. **LS**

« Des bricoleurs du dimanche aux constructeurs de limousines de luxe, tous dépendent du turbocompresseur de Büchi. »

Don Sherman, *Automobile*

VOIR ÉGALEMENT : MOTEUR À COMBUSTION INTERNE, COMPRESSEUR, MOTEUR À DEUX TEMPS

Dans un turbocompresseur, la masse d'air qui pénètre dans le moteur augmente pour générer plus de puissance.

Le moulage sous pression (1905)

Doelher fabrique les pièces de métal à la chaîne.

Le moulage sous pression est un procédé qui permet de produire des pièces métalliques identiques et souvent complexes en forçant, à haute pression, du métal sous fusion à pénétrer dans un moule réutilisable. L'intérieur de ce dernier est tout d'abord enduit d'un lubrifiant qui aide à contrôler la température du moule, mais aussi à démouler la pièce. On injecte ensuite le métal généralement non ferreux. Le zinc est souvent utilisé, car il est aisé à mouler et possède un point de fusion bas, ce qui augmente la durée de vie du moule. L'aluminium est un autre métal de choix, car il est très léger. Le métal demeure sous pression jusqu'à ce que la pièce soit solidifiée. On ouvre ensuite le moule, on retire les débris métalliques que l'on pourra refondre et recycler, et l'on découvre la pièce finie à laquelle on applique parfois plusieurs couches d'enduit.

« L'ingénierie est l'art d'utiliser la science [pour permettre] la plus grande transformation des ressources naturelles. »

Professeur Ralph J. Smith, université de Stanford

Herman Doehler, un mécanicien né en Allemagne, créa la première machine de moulage sous pression en 1906 et fonda son entreprise à Brooklyn en 1907. Parmi ses nombreux succès dans le domaine du moulage sous pression, on peut citer son statut de fabricant le plus important d'ornements de capot de voitures américaines. **CL**

VOIR ÉGALEMENT : MÉTALLURGUE

La modulation d'amplitude (1906)

Fessenden lance la radiodiffusion.

On pense souvent de façon erronée que les ondes hertziennes sont des ondes sonores. En réalité, elles appartiennent au spectre électromagnétique – elles constituent un autre type de lumière dotée d'une grande longueur d'onde. Fait intéressant, si ces ondes sont variées en hauteur ou en longueur, elles peuvent transporter des informations. L'application la plus connue est bien entendu le transport d'informations audio qui sont déchiffrées par la radio et transformées en sons.

Il existe deux moyens de moduler les ondes hertziennes : la modulation d'amplitude (AM) et la modulation de fréquence (FM), les deux modes radiophoniques les plus courants. La première, découverte par le Canadien Reginald Fessenden en 1906, change l'intensité de la transmission – ou, si l'on raisonne en termes d'ondes, elle change leur hauteur.

Le système de Fessenden utilisait un microphone pour convertir le son en un signal électrique ensuite combiné à des ondes hertziennes continues. Ces ondes modulées étaient transmises par une antenne et reçues par une autre à une certaine distance. Pour entendre le son original, les ondes étaient à nouveau transformées en signal électrique, procédé baptisé démodulation. Finalement, le signal passait par un haut-parleur qui le convertissait en son audible à l'oreille.

C'est le 24 décembre 1906 que Fessenden réalisa la première radiodiffusion au monde à l'aide de sa technique de modulation d'amplitude. Il transmit sa voix et de la musique enregistrée sur plusieurs centaines de kilomètres depuis Brant Rock, dans le Massachusetts, jusqu'à des bateaux au milieu de l'Atlantique. Il ne fallut pas attendre longtemps pour que chaque foyer digne de ce nom se réunisse le soir autour du poste de radio pour écouter divers programmes. **LS**

VOIR ÉGALEMENT : COHÉREUR, RADIO FM, ÉMETTEUR DE RADIO, PODCAST, RADIODIFFUSION PAR SATELLITE

Le poste à galène (1906)

Avec ce récepteur que l'on peut fabriquer chez soi, Pickard offre la radio au grand public.

Greenleaf Pickard, l'un des pionniers de la TSF, se livra à des expériences dans le domaine de la réception de signaux hertziens en utilisant des cristaux de minéraux pour filtrer les parasites sonores. Après avoir testé plus de 30 000 combinaisons de matériaux, il fit finalement breveter son « détecteur à cristaux » en 1906, équipé de cristaux de galène qui était ensuite relié à un circuit radio par un fil acéré surnommé « chercheur ».

Un poste à galène constitue la forme la plus rudimentaire de poste de radio. Il est typiquement composé d'une antenne, d'un détecteur, d'un syntoniseur et d'un écouteur. N'importe quel morceau de fil métallique peut en constituer l'antenne.

Lorsque les ondes hertziennes traversent l'antenne, de minuscules voltages sont créés par toutes les émissions des différentes stations de radio. L'antenne est reliée à un circuit de syntonisation qui comprend une bobine et un condensateur. On peut varier la capacitance qui, avec la bobine, sert de filtre, pour ne laisser passer que les voltages de certaines stations. Le signal filtré est ensuite envoyé au détecteur qui le démodule et ne laisse ainsi passer que l'émission de radio jusqu'à l'écouteur. On devait faire bouger le chercheur sur le cristal de galène pour établir le meilleur contact et trouver le meilleur son.

Les postes à galène furent particulièrement populaires au début des années 1920 – quand le rôle de la radio se développait, mais que les postes fabriqués en usine étaient encore trop onéreux. À l'époque, on pouvait trouver les instructions permettant de réaliser un poste à galène à partir d'objets ordinaires tels que des boîtes de céréales et des battes de base-ball. **HP**

« Avec assez d'ingénuité, on pouvait caresser le cristal avec le chercheur et trouver tout ce qu'on voulait. »

Theodore H. White, journaliste, historien et écrivain

VOIR ÉGALEMENT : MODULATION D'AMPLITUDE, COHÉREUR, RADIO FM, PODCAST, RADIODIFFUSION PAR SATELLITE

Le poste à galène n'exige aucune source d'énergie, sauf celle des ondes hertziennes. Ce poste date de 1948.

La triode (1906)

De Forest crée le premier amplificateur à valve.

En 1904, le physicien anglais John Ambrose Fleming inventa ce qu'il appela une « valve à oscillation », plus tard rebaptisée diode. Deux ans après, s'appuyant sur les travaux de Fleming, Lee De Forest, un ingénieur américain, créa le tube sous vide Audion – le premier amplificateur à valve.

L'innovation principale de De Forest avait été de créer une valve qui non seulement rectifiait le courant alternatif, mais l'amplifiait. L'Audion était basé sur le même concept que la valve de Fleming où la cathode est un filament, l'anode une plaque, mais ces éléments étaient entourés d'un zigzag de fils, la grille. Quand on appliquait à cette dernière un faible courant électrique, un courant important passait du filament vers la plaque. C'est ainsi que naquit le premier amplificateur électrique. L'amplificateur à valve de De Forest évolua pour devenir la triode et s'avéra essentiel aux développements les plus importants en électronique au cours du demi-siècle suivant.

De Forest fut souvent impliqué dans des procès pour contrefaçon de brevet et dépensa une grande partie de sa fortune en frais juridiques. Il existait une similarité évidente entre le tube de Fleming et les premières valves Audion, et des décennies de coûteuses procédures s'ensuivirent. En 1943, cependant, la Cour suprême américaine, qui avait tout d'abord pris le parti de Fleming, décida qu'à cause d'un détail juridique le brevet de ce dernier n'était pas valide. En 1946, l'importance de l'invention de De Forest fut reconnue quand ses travaux sur la triode furent récompensés de la prestigieuse médaille Edison de l'Institut américain des ingénieurs électriques. **TB**

VOIR ÉGALEMENT : AMPOULE À INCANDESCENCE, LED, DIODE SEMI-CONDUCTRICE, TRANSISTOR, DIODE À VALVE

↗ *La triode amplifiait des signaux électriques faibles et fut essentielle dans le développement de la radio.*

« Qu'avez-vous fait à mon enfant [la radiodiffusion] ? Vous avez avili cet enfant… »

Lee De Forest, *Chicago Tribune* (1946)

Le sonar
(1906)

Nixon se sert de l'écho pour localiser les objets dans la mer.

Le sonar est un instrument souvent utilisé dans la marine pour détecter les vaisseaux proches et les obstacles sous-marins. Le mot fut inventé par les Américains au cours de la Seconde Guerre mondiale. Les Anglais l'appellent aussi *asdic*, acronyme d'Anti-Submarine Detection Investigation Committee (« appareil de détection sous-marine par ultrasons »).

Il existe deux types principaux de sonar : le sonar actif produit un « ping » sonore et mesure la durée du retour jusqu'au bateau de l'impulsion réfléchie par l'obstacle. La source sonore et le récepteur sont en rotation constante, afin de pouvoir trouver la direction de l'objet qui fait écho. On utilise des fréquences basses si celui-ci est éloigné. Les sonars passifs se contentent d'écouter sans transmettre. Les premiers appareils étaient passifs : ils n'émettaient aucun signal. Ils sont habituellement encore utilisés par l'armée (même si certains sont employés à des fins scientifiques).

Lewis Nixon, qui travaillait dans le domaine de la construction navale, créa un système de sonar passif avec l'espoir d'entendre ainsi les grincements des icebergs proches et des sous-marins. Le développement du sonar doit beaucoup au naufrage du *Titanic* en avril 1912, et aux activités navales de la Première Guerre mondiale. À la fin de la Seconde Guerre mondiale, tous les navires étaient déjà équipés de sonar.

Le système est compliqué par le fait que la vitesse du son dépend de la température et de la salinité de l'eau, et que les différences de température peuvent déformer les ondes sonores de manières particulières. Les bateaux de pêche utilisent aussi de petits sonars pour détecter les bancs de poissons. **DH**

VOIR ÉGALEMENT : RADAR, SOUS-MARIN

Opérateur de sonar sur le sous-marin américain PC-488 au cours de la Seconde Guerre mondiale.

« Publier [de la poésie] équivaut à laisser tomber un pétale de rose dans le Grand Canyon et en attendre l'écho. »

Don Marquis, humoriste, journaliste et écrivain

Le clignotant (1907)

Douglas Hamilton crée le clignotant automatique.

Aujourd'hui, quasiment tous les véhicules sont équipés d'un clignotant. Ils sont essentiels pour avertir les autres usagers de la route des mouvements que l'on prévoit de faire et ainsi éviter des collisions. Avant leur invention, les conducteurs devaient se contenter de signaler avec la main quand ils désiraient tourner.

On pense que le brevet du premier clignotant fut déposé en 1907 par un Anglais du nom de Percy Seymour Douglas Hamilton. Ses « appareils pour indiquer le mouvement prévu des véhicules » avaient la forme d'une main. Quelques années plus tard, en 1925, Edgar A. Walz Jr vit son brevet de clignotant moderne homologué, mais les constructeurs automobiles ne se montrèrent pas intéressés.

Buick fut le premier constructeur à incorporer un clignotant électrique à l'une de ses voitures, en 1938. Présenté comme un dispositif de sécurité, l'accessoire était décrit dans les supports publicitaires comme un « signal de direction clignotant ». Quand le conducteur appuyait sur un bouton placé sur la colonne de direction, une flèche située à l'arrière du véhicule s'illuminait. En 1940, Buick améliora le mécanisme en installant des clignotants qui s'arrêtaient d'eux-mêmes.

Depuis, la conception et la fonction du clignotant sont demeurées pratiquement identiques. Toutes les voitures sont aujourd'hui équipées de clignotants. L'introduction de signaux de couleur ambre, qui permettent de voir le clignotant par temps ensoleillé, constitua une autre avancée. Le clignotant est généralement contrôlé par un levier attaché à la colonne de direction où un mouvement vertical vers le haut ou le bas déclenche un clignotant à droite ou à gauche. Il clignote à un rythme régulier, entre 60 et 120 battements par minute. **HI**

VOIR ÉGALEMENT : ACCÉLÉRATEUR, EMBRAYAGE, VOLANT, ESSUIE-GLACE

Le détergent synthétique (1907)

Henkel invente la lessive en poudre.

En 1907, la société Henkel lança sur le marché Persil, le premier détergent auto-actif. Ce nouveau type de poudre à lessiver permettait d'éliminer les taches tenaces sans avoir à frotter ni à blanchir le linge.

Le premier produit commercialisé par la société Henkel & Cie, établie à Aachen en Allemagne en 1876 par Fritz Henkel et ses partenaires, était un détergent universel à base de silicate. En 1905, le fils cadet d'Henkel rejoignit la société et commença à étudier les caractéristiques chimiques du peroxyde ainsi que celles qui entrent en jeu dans le lavage et le blanchissage du linge.

Persil fut l'une des toutes premières marques de détergent au monde. Le nom provenait de deux des ingrédients : le perborate et le silicate. Même si cela fut une grande réussite commerciale, les détergents synthétiques ne gagnèrent en importance que lorsque éclata la Première Guerre mondiale et que la pénurie d'huiles et de corps gras incita les scientifiques à rechercher d'autres ingrédients.

« Quand je regarde la télé / Et que ce type vient me dire combien mes chemises peuvent être blanches... »

The Rolling Stones, *Satisfaction*

En 1946, avec le lancement des détergents à additifs, apparurent des produits qui lavaient mieux qu'auparavant les vêtements très souillés, puis, dans les années 1950, des détergents destinés aux machines à laver. Les premières poudres à enzymes furent commercialisées au cours de la décennie suivante et, dans les années 1980, l'émergence du lave-vaisselle donna lieu à l'apparition d'une nouvelle classe de détergents. **HI**

VOIR ÉGALEMENT : NETTOYAGE À SEC, SAVON LIQUIDE, SAVON

Le distributeur d'allumage (1907)

Kent invente un système d'allumage.

L'inventeur américain Arthur Atwater Kent était fasciné par les gadgets électriques et mécaniques. À l'âge de 30 ans, il s'établit comme fabriquant de piles dans une usine désaffectée où, dit-on, les fissures étaient si nombreuses au sol qu'il n'eut jamais besoin d'acquérir une pelle et une balayette.

Avec ses premiers bénéfices, Kent acheta une automobile à un cylindre et en la bricolant eut l'idée d'un système d'allumage. C'est une partie essentielle d'un moteur, où une bobine transforme les 12 volts de la batterie en milliers de volts qu'exigent les bougies pour produire l'étincelle qui enflammera le carburant du réservoir. Le système d'allumage fonctionne comme un transformateur à haute tension et est constitué d'un bobinage principal et d'un autre, secondaire, tous deux enroulés autour d'une bobine de métal. Le bobinage principal possède moins de spires que le secondaire et quand le circuit est interrompu, le champ magnétique de la bobine principale disparaît. La bobine secondaire est alors enveloppée d'un champ magnétique qui produit un courant assez puissant pour provoquer une étincelle qui enflamme le carburant. Avant que la tension élevée de la bobine n'atteigne les bougies, elle doit être redistribuée au cylindre approprié. C'est un mécanisme rotatif qui touche un point par cylindre distribuant ainsi l'électricité. C'est précisément ce mécanisme qu'inventa Kent en 1907 et qui constitue toujours l'un des éléments essentiels du système d'allumage d'une automobile.

Même si ce système était ingénieux, c'est en fabriquant des radios que Kent fit fortune. **LS**

VOIR ÉGALEMENT : CYCLE À QUATRE TEMPS, ALLUMAGE PAR ÉTINCELLE, BOUGIE, MOTEUR À DEUX TEMPS

↑ *Le distributeur d'allumage d'un des premiers moteurs automobiles.*

Le roulement auto-aligneur (1907)

Wingquist réduit les à-coups des mouvements mécaniques.

Le principe du roulement à billes est aussi vieux que les pyramides de Gizeh. Il permet un mouvement en douceur entre deux objets, principe que les constructeurs de pyramides utilisèrent en faisant rouler des troncs disposés sous des planches pour transporter de lourdes charges lors de l'édification de ces merveilles de l'Antiquité.

Les premiers roulements à billes n'autorisaient un mouvement qu'en ligne droite, par exemple l'ouverture et la fermeture d'un tiroir, et étaient réalisés en bois, pierre, saphir ou verre. Mais avec les avancées technologiques du début du XXe siècle, on eut besoin de roulements à billes plus poussés, qui permettraient des mouvements mécaniques moins heurtés.

En 1907, le Suédois Sven Wingquist fit breveter un roulement radial à billes sur rotule et à rangées multiples. Fait d'acier pour diminuer la friction, le roulement était composé de deux rangées de billes dans un chemin concave. Le mécanisme de Wingquist était structurellement supérieur aux précédents et permettait le mouvement autour d'un centre, par exemple des essieux de roue. Parce qu'il était à rotule, il pouvait absorber en partie le mauvais alignement d'un arbre sans perdre en endurance. Le roulement à billes est désormais emblématique de l'industrialisation des années 1920-1930.

La société de Wingquist, la SKF (Svenska Kullagerfabriken AB) fut fondée sur ce brevet et est désormais le fabricant principal de roulements à billes au monde. Elle tente aujourd'hui de concevoir des roulements économes qui réduiront de 30 % les besoins énergétiques des machines. **FS**

VOIR ÉGALEMENT : ROULEMENT À BILLES, ACCÉLÉRATEUR, CARBURATEUR, EMBRAYAGE, AUTOMOBILE, BOÎTE DE VITESSES

↑ *Roulement radial à billes sur rotule en acier plaqué de chrome, conçu par Sven Wingquist en 1907.*

Le hors-bord (1907)

La navigation de plaisance prend de la vitesse grâce à Evinrude.

Ole Evinrude n'inventa pas le premier hors-bord, mais ce fut le premier à rencontrer le succès commercial. Il construisit son premier moteur en 1907, vit son brevet homologué en 1911 et, dès 1913, sa société vendait presque 10 000 hors-bord par an.

Certains affirment que Cameron B. Waterman fut le premier inventeur du hors-bord. En 1905, il avait attaché une hélice à un moteur de moto et suspendu l'ensemble à l'arrière d'un canot. Il déposa le brevet de ce moteur en 1907, mais de fait avait été devancé dès 1896 par l'American Motors Company et son « moteur de bateau portable avec hélice réversible ».

Quel que soit l'inventeur d'origine, le hors-bord a révolutionné la navigation de plaisance. En effet, il permet d'atteindre une vitesse de 15 km/h, soit trois fois celle des rameurs. Le moteur agit aussi comme gouvernail pour diriger le bateau et, comme il est entouré d'eau qui le refroidit, sa conception a pu demeurer simple et son coût réduit. Les hors-bord sont beaucoup moins onéreux que les moteurs intégrés et assez légers pour être transportés d'une embarcation à l'autre.

« Le moteur Evinrude… possède un bouton d'allumage, "l'exploseur d'articulations", en bois sur le volant. » **Encyclopédie pratique de la navigation**

Plus de 50 sociétés entreprirent de construire des hors-bord entre 1910 et 1930, et dans les années 1950, on en vendait chaque année plus de 500 000. **ES**

VOIR ÉGALEMENT : PIROGUE, BATEAU À MOTEUR, AVIRON, GOUVERNAIL, VOILES, BATEAU À MOTEUR, TURBINE À VAPEUR, JET BOAT

La Cellophane (1908)

Brandenberger révolutionne l'emballage alimentaire.

Imperméable et hermétique, la Cellophane est aujourd'hui utilisée pour tout, de l'emballage alimentaire au ruban adhésif. Son inventeur, l'ingénieur textile suisse Jacques Brandenberger, souhaitait initialement créer un revêtement transparent qui imperméabiliserait le textile. Il essaya d'enduire un tissu d'une fine couche de viscose, mais elle le raidissait trop. La pellicule transparente se détachait facilement et Brandenberger s'aperçut rapidement qu'elle était plus intéressante en elle-même que sa toile imperméable.

Pour créer la Cellophane, l'ingénieur fit dissoudre des fibres de cellulose provenant de matériaux aussi divers que le céleri, le bois, le coton ou le chanvre, dans de l'alcali et du disulfure de carbone pour fabriquer de la viscose, qui était ensuite expulsée par une fente dans un bain d'acide où elle se retransformait en cellulose sous forme de pellicule. Une fois traitée (par exemple lavée et blanchie), cela devenait de la Cellophane. (On utilise un procédé similaire pour fabriquer la rayonne, mais la viscose est alors expulsée par un trou et non une fente.)

Brandenberger baptisa sa substance en combinant « cello » de cellulose et « phane » de diaphane. Il lui fallut près de dix ans pour la perfectionner et la manufacturer. En 1927, l'invention d'une laque imperméable permit la création d'une Cellophane résistante à l'humidité que l'on put alors utiliser pour l'emballage alimentaire.

On l'emploie moins dans ce domaine depuis les années 1960 et la société DuPont, qui l'introduisit aux États-Unis, cessa même sa production en 1986. Cependant, la biodégradabilité totale de la Cellophane lui permettra peut-être de rejouer un rôle important dans l'avenir. **SD**

VOIR ÉGALEMENT : CELLULOÏD, RAYONNE, RUBAN ADHÉSIF

Le mixeur-batteur (1908)

Grâce au moteur léger de Beach, la cuisine devient plus facile.

Chester Beach grandit dans une ferme du Wisconsin où son talent naturel pour la réparation des machines fut encouragé. Il rencontra son futur partenaire, L. H. Hamilton, quand ils travaillaient tous deux pour une société de moteurs électriques, au début du XXe siècle. Les deux hommes, qui s'aperçurent rapidement des possibilités de réussite que leur offrait un partenariat, formèrent la Hamilton Beach Manufacturing Company.

Le moteur universel léger et à grande vitesse qu'inventa Beach fut la clé de leur succès. Il pouvait atteindre jusqu'à 7 200 révolutions par minute et parce qu'il fonctionnait aussi bien sur courant direct qu'alternatif, il s'avéra extrêmement adaptable. C'est ce moteur qui équipait le mixeur-batteur Hamilton Beach (un immense succès commercial), puis son batteur à boissons ainsi que de nombreux autres appareils électroménagers. L'apparition du mixeur-batteur en 1908 révolutionna la cuisine, en permettant de préparer chez soi plus rapidement des quantités plus importantes d'aliments.

Hamilton Beach fit aussi preuve de chance alors qu'il dévoilait son batteur à boissons en 1911. Les médecins américains avaient commencé à promouvoir les bénéfices des milk-shakes maltés, et chaque foyer des banlieues américaines aisées se dut bientôt de posséder un tel appareil. Beach et Hamilton inventèrent aussi d'autres appareils électriques, le sèche-cheveux par exemple, et de nombreux autres destinés à la cuisine comme le mixeur à pâte. Leur société existe toujours aujourd'hui. **KB**

VOIR ÉGALEMENT : FOUR, COCOTTE-MINUTE, CUISINIÈRE ÉLECTRIQUE, ROBOT MÉNAGER, FOUR À MICRO-ONDES

↗ *Ce mixeur-batteur de 1918 fut fabriqué par Landers, Frary et Clark dans le Connecticut, aux États-Unis.*

« [Le batteur de boissons Hamilton Beach] est tout autant une tradition [américaine] que les hot dogs, la tarte aux pommes ou le base-ball. »

Catalogue de vente par correspondance *Goodman*

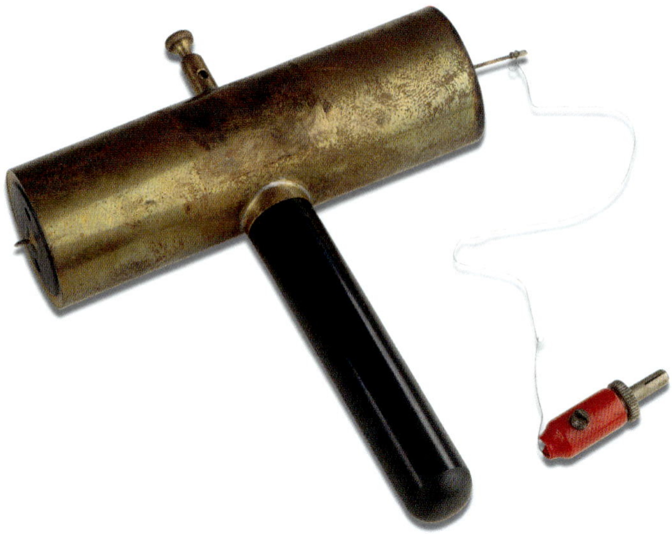

Le compteur Geiger (1908)

Geiger et Rutherford inventent un appareil qui détecte la radiation.

En 1908, deux physiciens, Hans Geiger et Ernest Rutherford, observaient des atomes d'hélium ionisés à l'université de Manchester et désiraient confirmer les informations que leur donnaient leurs compteurs à scintillation. Le compteur « Geiger » conçu à cette occasion, composé d'un tube cylindrique de cuivre, hermétiquement fermé et contenant du dioxyde de carbone à faible pression, est parcouru le long de son axe d'un fil métallique à haute tension. Quand les particules chargées pénètrent par une ouverture dans cette chambre, ils percutent les molécules de CO^2 dont ils provoquent l'ionisation, ce qui produit sur le fil central un changement de tension que l'on enregistre sur un galvanomètre. Les deux physiciens pouvaient compter de cinq à dix coups par minute. Bientôt, des détecteurs plus sophistiqués apparurent qui utilisaient l'hélium et l'enregistrement photographique de la tension, et l'on passa à un millier de coups enregistrés par minute. En 1928, les améliorations qu'apporta Walther Müller (l'un des étudiants en doctorat de Geiger) permit à l'appareil de détecter les électrons.

Le temps de récupération (le « temps mort » entre l'enregistrement d'une particule et le moment où l'appareil est prêt à en détecter une autre) était le problème principal du compteur. Il fut considérablement réduit dans les années 1930, quand on ajouta au CO^2 de l'alcool éthylique qui permit de rétablir l'ionisation rapidement une fois qu'une particule avait traversé.

Les compteurs Geiger sont désormais des appareils peu coûteux et robustes, dont le cliquetis insistant indique la présence et l'intensité de la radiation de particules en train de s'ioniser. **DH**

VOIR ÉGALEMENT : SPECTROMÈTRE ÉLECTRIQUE, RADIOTHÉRAPIE, SPECTROPHOTOMÈTRE

↑ *Ce compteur fabriqué par Hans Geiger en 1932 fut utilisé par James Chadwick qui découvrit le neutron.*

Le gyrocompas (1908)

Anschütz-Kaempfe améliore la navigation en mer et dans les airs.

Les gyrocompas possèdent deux avantages sur les compas à aiguille magnétique : ils indiquent le pôle de rotation de la Terre et non le pôle magnétique, et ni le métal ferreux de la coque du bateau, ni les champs magnétiques produits par les courants électriques parcourant les circuits proches n'exercent d'action sur eux. Leur élément principal est une roue à cardan étanchéifiée, motorisée et en rotation rapide. Quand cette roue ne tourne pas exactement dans le plan contenant l'axe de rotation de la Terre, l'interaction entre son moment cinétique et celui de la Terre produit un couple antagoniste qui replace la roue dans la direction nord-sud.

Le gyrocompas d'un navire est monté sur un ensemble complexe de cardans qui l'isole du tangage, des embardées et des rouleaux. Les gyrocompas des avions sont encore plus compliqués à cause de la vélocité plus importante et des changements rapides d'altitude au décollage et à l'atterrissage.

L'Allemand Hermann Anschütz-Kaempfe commença à concevoir cet appareil parce qu'il avait besoin d'un compas pour guider un sous-marin lors d'une expédition sous la banquise du pôle Nord. En partenariat avec son cousin Max Schuler, Anschütz-Kaempfe vendit un prototype à l'armée allemande en 1908. Schuler découvrit que si la suspension pendulaire du gyroscope avait une période de 84 minutes (la période d'un pendule de longueur égale au rayon de la Terre), les variations produites par l'accélération du navire étaient neutralisées. **DH**

VOIR ÉGALEMENT : ASTROLABE, GPS, COMPAS MAGNÉTIQUE, MAGNÉTOMÈTRE

↑ *Ce type de gyrocompas, datant de 1940, équipait les fusées V2 allemandes pour contrôler leur trajectoire.*

Le filtre à café

(1908)

Mme Bentz améliore la fabrication du café.

Melitta Bentz inventa le filtre à café pour résoudre un simple besoin domestique, mais donna ainsi naissance à une société extrêmement lucrative. Son filtre est toujours utilisé dans le monde entier.

Elle cherchait à faire du café où plus aucune mouture ne resterait dans la boisson, et commença à tester toutes sortes de filtres pour finalement se tourner vers le papier buvard que ses enfants utilisaient en faisant leurs devoirs. En plaçant un cercle de ce papier dans une tasse métallique trouée, elle pouvait verser de l'eau chaude sur le café puis laisser le tout filtrer dans une autre tasse, la mouture demeurant prisonnière du filtre. En 1908, Melitta Bentz fit breveter son invention et forma la société éponyme pour la promouvoir. La cafetière s'avéra un vrai succès commercial à la foire de Leipzig l'année suivante, où plus de 1 000 exemplaires furent vendus. La société Melitta Bentz commença ensuite à vendre ses propres filtres, qui remplaçaient le papier buvard. Comme ceux que l'on trouve aujourd'hui dans le commerce, ils étaient très résistants même mouillés.

« Je ne prends jamais de café au déjeuner. Je me suis aperçu qu'il m'empêchait de dormir l'après-midi. » **Ronald Reagan, président des États-Unis de 1981 à 1989**

Bien que de nombreuses méthodes aient été développées depuis pour faire du café, le système à filtre de Bentz continue à être largement utilisé dans les foyers ainsi que dans la restauration. **JG**

VOIR ÉGALEMENT : CAFÉ INSTANTANÉ, THÉ EN SACHET

La vis à tête carrée

(1908)

Robertson invente une vis plus sûre.

Le bricolage est une activité dangereuse. Les dessins animés pour enfants annoncent en permanence ses dangers possibles : marcher sur un râteau et s'écraser le pouce avec un marteau tendent à arriver en tête de liste en termes d'accidents. Pour le représentant de commerce Peter L. Robertson cependant, c'est un vrai accident, survenu en 1906 quand il s'entailla la main avec un tournevis, qui l'amena à chercher le moyen d'éviter de tels problèmes. Dès 1908, il manufacturait une vis qui devait révolutionner l'industrie.

Henry Petroski, dans son ouvrage sur les objets utiles, explique que la vis à tête carrée fut inventée pour améliorer les vis déjà existantes, et plus particulièrement pour éviter que le tournevis ne glisse. Mais l'invention de Robertson pouvait aussi se visser plus rapidement que ses concurrentes et à l'aide d'une seule main – avantage utile pour les mécaniciens et autres artisans.

C'était simplement une vis dans la tête de laquelle se trouvait une cavité carrée avec en son centre un creux conique auquel le tournevis s'ajustait parfaitement. Cela offrait suffisamment de force de tension pour que l'on puisse mettre en place la vis très rapidement. Les avantages commerciaux de cette méthode furent rapidement reconnus et l'on trouvait dans chaque Ford T plus de 700 vis de Robertson. Le manque de dextérité de Robertson fit en réalité le bonheur de cet entrepreneur canadien qui lui doit sa célébrité. **CB**

VOIR ÉGALEMENT : MARTEAU À PIED DE BICHE, CLOU, MACHINE À CLOUS, TOUR À FILETER, JOINT UNIVERSEL

La machine à laver
(1908)

Grâce à Fisher, la lessive familiale exige moins d'efforts physiques.

Laver les vêtements était autrefois une corvée qualifiée de « problème le plus difficile de la ménagère américaine », mais il a été en grande partie résolu par la technologie moderne, plus précisément par la machine à laver.

À travers l'histoire, différents objets et appareils, depuis la planche à laver jusqu'à l'essoreuse à rouleaux, avaient été inventés pour laver le linge de façon plus efficace et moins laborieuse, mais l'utilisateur devait toujours fournir des efforts physiques.

En 1858, Hamilton Smith fit breveter une machine à laver rotative. Cylindrique, cette lessiveuse où des palettes en rotation « agitaient l'eau » était l'ancêtre des machines modernes. On devait toujours la faire fonctionner à la manivelle mais des modèles motorisés, électriques ou à essence, apparurent bientôt.

Ce n'est toutefois qu'au début du XXe siècle que la Hurley Company commença à fabriquer la Thor. Conçue par Alva Fisher, c'était la première machine à laver électrique destinée aux masses et qui comprenait une boîte de vitesses autoreverse qui permettait au linge de se mouvoir librement pendant le lavage. Cette machine ne fut adoptée que lentement, en partie à cause de son moteur exposé qui pouvait tomber en panne lorsqu'il était éclaboussé, et en partie parce que tout foyer assez riche pour être raccordé à l'électricité avait aussi probablement des domestiques et donc nul besoin de cette machine. L'électricité devenant plus courante, la machine à laver le devint aussi et s'avère désormais indispensable. **SB**

VOIR ÉGALEMENT : LAVE-VAISSELLE, NETTOYAGE À SEC, MOTEUR ÉLECTRIQUE, DÉTERGENT SYNTHÉTIQUE

↗ *Machine à laver électrique destinée à un usage domestique, réalisée vers 1920 par la Beatty Bros, au Canada.*

« Grâce au progrès, on est passé des pierres que l'on utilisait pour battre le linge au lave-linge rectangulaire moderne. » Lee Maxwell, propriétaire d'un musée de la machine à laver

Le procédé Haber (1908)

Grâce à Haber, l'ammoniaque est aisément disponible.

Le procédé Haber, découvert par le chimiste allemand Fritz Haber en 1908, est peut-être l'avancée technologique la plus importante du XXe siècle. À l'époque, pour obtenir de grandes quantités d'ammoniaque, on utilisait le plus souvent du salpêtre, substance qui est produite naturellement sur les parois des grottes. L'ammoniaque a toujours été extraordinairement utile car on l'employait pour toutes sortes de choses, depuis les produits de nettoyage jusqu'aux fertilisants et explosifs. Le salpêtre était toutefois difficile à récolter et en fabriquer exigeait de laisser se décomposer de grandes quantités d'excréments d'animaux.

Au cours de la première décennie du XXe siècle, en raison de l'expansion de l'agriculture mondiale, les stocks d'ammoniaque pouvaient venir à manquer. Grâce à l'invention de Haber, le problème fut résolu. Après avoir extrait de l'hydrogène à partir du méthane, le chimiste le fit réagir chimiquement avec l'azote atmosphérique. Pour cela, il avait besoin d'un catalyseur et, au cours de ses expériences, il découvrit que le fer était idéal. Ainsi, en mélangeant de l'hydrogène et de l'azote sous haute pression en présence de fer, il parvenait à réaliser de grandes quantités d'ammoniaque (NH3).

Deux ans après la découverte de Haber, le chimiste allemand Carl Bosch, qui travaillait pour la société BASF, put commercialiser son procédé. Le secteur industriel allemand eut soudainement à sa disposition de grands stocks d'ammoniaque.

Fritz Haber remporta le prix Nobel de chimie en 1918 pour ses travaux et aujourd'hui plus de 500 millions de tonnes de fertilisants sont produites grâce à son procédé. **DHk**

VOIR ÉGALEMENT : PROCÉDÉ DOW, PROCÉDÉ FRASCH, PROCÉDÉ OSTWALD, RÉFRIGÉRATEUR, PROCÉDÉ SOLVAY

La Bakélite (1909)

Baekeland crée le premier plastique industriel thermodurcissable.

Quelques chanceux ont simultanément transformé l'histoire et fait fortune. Parmi eux se trouve Leo Hendrik Baekeland, Américain né en Belgique. Sa première invention importante permit d'améliorer spectaculairement le papier photographique. En 1898, Eastman Kodak lui acheta ce procédé baptisé « Velox » pour plus de 750 000 dollars. Libre de toute préoccupation financière, Baekeland se consacra à l'expérimentation dans son laboratoire. L'industrie électronique se développant à la fin du XIXe siècle et au début du XXe siècle, la demande en isolants fit de même. La gomme-laque, une substance naturelle produite par un scarabée d'Asie, était alors très recherchée. C'était aussi un magnifique isolant. Baekeland comprit qu'à cause des réserves naturelles limitées, une laque synthétique serait une mine d'or.

« C'était un peu un accident parce que ce n'est pas du plastique que j'avais l'intention d'inventer. »

Leo Baekeland, chimiste

En mélangeant du phénol et du formaldéhyde dans un environnement contrôlé, Baekeland créa un produit qui pouvait être enduit sur une surface, comme la gomme-laque, ou auquel on pouvait donner n'importe quelle forme. Le produit, baptisé Bakélite®, est le premier plastique entièrement synthétique et l'ancêtre du produit que l'on utilise aujourd'hui pour faire des bouteilles, des claviers d'ordinateur, des interrupteurs et d'innombrables autres objets du quotidien. **BMcC**

VOIR ÉGALEMENT : CELLULOÏD, POLYSTYRÈNE

Le caoutchouc synthétique (1910)

Lebedev invente le polybutadiène.

L'arbre à gomme ou *Hevea brasiliensis* était exploité depuis des milliers d'années : on en extrayait le latex, source de caoutchouc naturel, bien longtemps avant que l'on sache ce que c'était. La composition chimique du caoutchouc fut finalement découverte en 1829 par le chimiste et physicien britannique Michael Faraday. Ce dernier détermina sa formule basique, C_5H_8, une molécule qui serait par la suite nommée isoprène. Le caoutchouc est constitué de nombreuses molécules d'isoprène reliées les unes aux autres et formant un polymère, le polyisoprène.

Les savants échouèrent à reproduire en laboratoire la substance naturellement sécrétée par l'hévéa. Ils abandonnèrent alors l'isoprène pour le butadiène (C_4H_6) dans l'espoir que ce changement permettrait de découvrir plus facilement un polymère synthétique similaire au caoutchouc. Le chimiste russe Sergey Lebedev, qui travaillait à Saint-Pétersbourg, y parvint le premier, en utilisant de l'éthanol pour fabriquer du butadiène et du sodium pour déclencher la polymérisation. Dès les années 1940, l'Union soviétique possédait la plus grande industrie de caoutchouc synthétique au monde.

Après la découverte du polybutadiène, l'industrie du caoutchouc synthétique se développa dans le monde entier. D'autres caoutchoucs synthétiques suivirent, dont le styrène-butadiène dans les années 1930 et le caoutchouc de silicone dans les années 1940. Dès la fin des années 1960, le caoutchouc synthétique avait presque entièrement pris la place du caoutchouc naturel. **RBk**

« Un crayon à papier et un élastique aident mieux à penser qu'un bataillon d'assistants. »

Theodor Adorno, philosophe et musicologue

VOIR ÉGALEMENT : NÉOPRÈNE, ÉLASTIQUE, BOTTES EN CAOUTCHOUC, CAOUTCHOUC DE SILICONE

↗ *Ces flacons renferment les ingrédients nécessaires à la préparation du caoutchouc synthétique où l'isoprène est synthétisé à partir de la térébenthine.*

L'injection de carburant

(1910)

Adams-Farwell élimine le starter.

L'utilisation d'un starter est un cauchemar. Qu'on tire trop dessus et voilà le moteur noyé, pas assez et le moteur ne se met pas en marche. Il n'est donc pas surprenant que les ingénieurs automobiles aient tout fait pour éliminer le besoin en carburateur. Comment ? En inventant l'injection de carburant.

Aujourd'hui équipement courant de toutes les voitures, l'injection de carburant est un moyen automatique et précis de maintenir au niveau souhaitable le rapport air/carburant. Les systèmes informatiques modernes des automobiles utilisent jauges et détecteurs précis qui réagissent rapidement aux changements, par exemple aux accélérations soudaines, pour décider de la quantité de carburant nécessaire. L'injection à carburant pulvérise alors une giclée d'essence sous pression dans le courant d'air qui traverse le moteur. Le premier système d'injection de carburant, conçu par le fabricant Adams-Farwell de Dubuque, dans l'Iowa, employait ce principe de manière encore entièrement mécanique.

« J'ai installé un nouveau moteur dans ma voiture mais j'ai oublié d'enlever l'ancien. Ma voiture fait du 750 km/h. » **Stephen Wright, comique**

Conçue pour des moteurs diesels, l'idée dut attendre presque 30 ans avant d'être réellement mise en application dans l'aviation en temps de guerre. Et elle ne fut appliquée aux moteurs à essence à allumage par étincelle qu'au milieu des années 1950. **CL**

VOIR ÉGALEMENT : CARBURATEUR, MOTEUR DIESEL, AUTOMOBILE, ALLUMAGE PAR ÉTINCELLE, DÉMARREUR

La rayonne

(1910)

American Viscose crée la soie artificielle.

Depuis les premiers documents où est mentionnée l'utilisation du lin comme fibre textile, en 5 000 av. J.-C., jusqu'à l'adoption du coton, de la laine et de la soie, l'homme a toujours exploité tout matériau susceptible d'être tissé ou tricoté.

En 1655, le savant britannique Robert Hooke proposa le premier de créer de la soie artificielle à partir d'une masse gélatineuse, mais il fallut attendre 200 ans pour que cette idée soit mise en œuvre. En 1855, le chimiste suisse Georges Audemars réalisa un mélange de pulpe à partir de l'écorce de mûrier et d'hévéa. En y trempant une aiguille, il put en extraire des fibres de soie artificielle. En 1884, le comte Hilaire Bernigaud de Chardonnet, un chimiste français, perfectionna la méthode d'Audemars et fit breveter la « soie Chardonnay ». Très inflammable et onéreuse, elle ne rencontra jamais le succès, même si elle fit sensation à l'Exposition universelle de Paris en 1899.

Diverses sociétés tentèrent ensuite de fabriquer de la soie artificielle, mais ce n'est qu'en 1910 qu'une version commercialement viable fut réalisée par l'American Viscose Company. Dès les années 1920, cette fibre était offerte à la moitié du prix de la soie naturelle et, en 1924, on décida de la baptiser rayonne. Extrêmement versatile, elle possède des caractéristiques similaires à celles des fibres naturelles parce qu'elle est fabriquée à partir de polymères que l'on trouve dans la cellulose des plantes. Fait essentiel, toutefois, contrairement à d'autres fibres modernes – le Nylon par exemple –, elle n'isole pas le corps, permet aux vêtements de « respirer » et demeure donc confortable par temps chaud. **DHk**

VOIR ÉGALEMENT : VÊTEMENT, ÉTOFFE TISSÉE, NYLON

→ *En 1948, un analyste teste la proportion de cellulose d'un échantillon du mélange de la rayonne.*

Le papier d'aluminium (1910)

J. G. Neher et ses fils lancent un nouvel emballage.

C'est dans une usine de laminage de feuilles d'aluminium, au pied des chutes du Rhin dans le village suisse de Kreuzlingen, qu'en 1910 fut découvert le papier d'aluminium. Cette usine appartenait à la société J. G. Neher et fils.

On s'y était livré à des expériences sur des feuilles d'aluminium pur placées entre deux lourds rouleaux ajustables dont l'intérieur avait été empli d'eau bouillante. Les feuilles étaient continuellement passées entre les rouleaux que l'on rapprochait de plus en plus, jusqu'à obtenir l'épaisseur désirée. Ce papier d'aluminium fut tout d'abord utilisé pour l'emballage du tabac ou de produits de confection, et parce qu'il parvenait si bien à protéger de l'oxygène et de la lumière, et donc à stopper la production de bactéries, il supplanta bientôt le fer-blanc dans l'emballage et la conservation alimentaires. Les procédés évoluèrent ensuite pour inclure l'impression de texte et de couleurs directement sur le papier d'aluminium.

Pendant quasiment tout le XIXe siècle, l'aluminium avait été un métal précieux. Bien que troisième élément chimique le plus abondant au monde après la silicone et l'oxygène, il n'existait pas naturellement sous forme pure et devait être extrait à l'aide de méthodes rudimentaires et onéreuses. La découverte de la réduction électrolytique en 1886 permit de l'isoler et de le séparer pour la première fois, ce qui réduisit spectaculairement son coût et conduisit à la production d'aluminium pur sous toutes ses formes.

Dans les années 1940, il devint courant dans les foyers américains quand apparut sur le marché le papier d'aluminium Reynolds, développé après qu'un directeur commercial de la société l'ait utilisé pour emballer sa dinde de Thanksgiving. **BS**

VOIR ÉGALEMENT : PROCÉDÉ HALL-HÉROULT, ALUMINIUM ANODISÉ, SILICIURE DE CARBONE, BRIQUE ALIMENTAIRE, SOUDURE

La photographie à l'infrarouge (1910)

Woods élargit le spectre électromagnétique.

La photographie traditionnelle est basée sur l'interaction de la lumière visible avec des plaques ou des pellicules, interaction qui produit une image. Étant donné que cette lumière visible ne constitue qu'une petite partie du spectre, on peut en déduire que l'on doit aussi pouvoir produire des images à la lumière infrarouge ou ultraviolette que l'on trouve à ses deux extrémités.

C'est le professeur Robert W. Wood qui, le premier, prit intentionnellement des images à l'infrarouge et les montra au public en 1910. Il plaça un filtre sur l'objectif pour éliminer toute autre lumière et utilisa une pellicule sensible aux infrarouges. Cette technique fut initialement utilisée pour des photos de paysages, à cause de la longue durée de l'exposition. Parce que la chlorophylle reflète une grande quantité d'infrarouge, le feuillage paraît plus éclatant, un ciel bleu clair presque noir.

On utilise la photographie à l'infrarouge dans les relevés aériens et les reconnaissances militaires, car on peut y voir la profondeur de l'eau et la présence d'obstacles sous-marins. On l'emploie aussi dans les relevés de forêts pour distinguer les conifères des arbres à feuilles caduques, alors que les botanistes s'en servent pour observer les changements de pigmentation et de structure cellulaire en cas de maladies des plantes. Les astrophysiciens utilisent la photographie à l'infrarouge pour observer des galaxies lointaines et découvrir de nouvelles étoiles. La photographie à l'infrarouge et celle à l'ultraviolet permettent aussi d'examiner des documents abîmés en comparant les encres. **HP**

VOIR ÉGALEMENT : PHOTOGRAPHIE EN COULEURS, OBJECTIF À PLUSIEURS LENTILLES, APPAREIL DE PRISES DE VUES, PELLICULE PHOTO, PHOTOGRAPHIE

La grenade sous-marine
(1910)

Taylor invente la première arme efficace contre les sous-marins.

On a utilisé les sous-marins au combat de façon significative pour la première fois pendant la Première Guerre mondiale, et en parallèle apparut la nécessité de créer des armes pour lutter contre eux. On évoqua dans la marine britannique en 1910 la possibilité d'utiliser les ondes de choc destructrices d'une mine, mais ce n'est que lorsque George Callaghan, commandant en chef, demanda qu'on lance leur production, que ces armes anti-sous-marines devinrent réalité.

La première grenade sous-marine efficace fut celle dite de type D, mise au point par Herbert Taylor en 1915 à l'École des mines de Portsmouth. C'était un canon d'acier rempli d'explosifs puissants qui pouvaient détoner à des profondeurs prédéterminées.

Chaque grenade était lancée en la laissant simplement rouler le long d'une rampe à la poupe du vaisseau de guerre. Cette méthode simple et efficace n'était toutefois pas sans problèmes. Même les charges les plus puissantes devaient détoner à 5 m au plus de leur cible sous-marine pour en percer la coque. La plupart des pertes ennemies étaient dues aux dégâts cumulés infligés au cours de plusieurs attaques. À cause de la proximité des vaisseaux attaquants, les sous-marins repéraient souvent les attaques dont ils étaient la cible. Pour remédier à cela, on donna aux grenades un profil aérodynamique qui leur permit de s'enfoncer plus rapidement, et l'on mit au point des systèmes de propulsion ainsi que des grenades que l'on pouvait larguer par avion. Largement remplacées aujourd'hui par des missiles tels que les « hérissons » et les torpilles à tête chercheuse, les grenades sous-marines sont toutefois encore utilisées. **RP**

« La grenade sous-marine était une arme si efficace qu'elle attira l'attention des États-Unis. »

Chris Henry, Museum of Naval Fire Power

VOIR ÉGALEMENT : SOUS-MARIN, SUBMERSIBLE

↗ *La marine russe largue une grenade en direction d'un sous-marin allemand, en novembre 1941.*

L'ampoule au néon

(1910)

Claude éclaire le monde à l'aide de gaz nobles.

Après l'invention de l'ampoule électrique par Edison et Swan en 1878, apparut une compétition pour améliorer sa conception et sa performance. Georges Claude, un ingénieur en génie chimique français, qui tentait d'extraire l'oxygène de l'air, découvrit au cours de ses expériences les gaz nobles (hélium, argon, krypton, xénon, radon et néon), ainsi nommés parce qu'ils ne réagissent pas avec les autres éléments.

Conscient de l'existence de la course à l'ampoule parfaite, Claude fit traverser des tubes contenant des gaz nobles à basse pression d'un courant électrique. En 1920, il découvrit que le néon produisait une intense lueur orange en présence d'un faible courant.

Il ne fut pas impressionné pour autant, mais Jacques Fonsèque, un agent de publicité, comprit le potentiel de cette découverte, et les deux hommes entreprirent de réaliser des enseignes au néon en utilisant des mélanges de gaz nobles pour obtenir différentes couleurs. Ils en emplissaient des tubes auxquels on avait donné les formes souhaitées. En 1912, ils vendirent leur première enseigne à un coiffeur parisien et, en 1919, ils en placèrent une immense au-dessus de l'Opéra.

C'est toutefois aux États-Unis que les ventes de néons s'envolèrent. La première enseigne réalisée en 1923 par la manufacture de Claude faisait la publicité d'un concessionnaire de voitures de Los Angeles. Avant la Grande Dépression, l'éclairage au néon devint le symbole de l'opulence et de l'extravagance américaines. **EH**

*« Le flash d'un néon
qui fendit la nuit /
et toucha le son du silence. »*

Paul Simon, *The Sound of Silence*

VOIR ÉGALEMENT : LAMPE À ARC, LAMPE D'ARGAND, AMPOULE FLUORESCENTE, ÉCLAIRAGE AU GAZ, AMPOULE À INCANDESCENCE, AMPOULE HALOGÈNE

↖ *Le public parisien découvrit l'éclairage au néon en 1910. Cette ampoule date de 1922 environ.*

Le démarreur
(1911)

Kettering rend la conduite automobile moins laborieuse.

Avant l'invention du démarreur, les automobilistes devaient livrer quelques tours de manivelle énergiques avant que le moteur ne se mette en marche.

L'idée d'un démarreur automatique avait été avancée quelques années avant – Clyde J. Coleman avait vu son brevet homologué en 1903, mais son invention était dépourvue de sens pratique. Les recherches reprirent avec un certain sentiment d'urgence quand un ami du fondateur de Cadillac, Henry Leland, mourut après avoir été blessé au visage par une manivelle projetée par un moteur. Cadillac fit appel à la société de Charles F. Kettering, Dayton Engineering Laboratories (DELCO), établie spécifiquement pour exploiter les découvertes de ce dernier dans le domaine de l'électricité automobile.

« La Cadillac ne tuera plus personne. Nous allons mettre au point un système indéréglable. »

Henry M. Leland, fondateur de Cadillac

Kettering comprit qu'un démarreur d'automobile ne fonctionnant que quelques secondes à la fois n'avait pas besoin d'être très volumineux. Celui qu'il conçut était une combinaison de démarreur et de générateur. Installé sur une Cadillac le 27 février 1911, il comprenait aussi un engrenage de réduction et un embrayage à inertie, pouvait ainsi offrir assez de force de tension pour faire démarrer le moteur rapidement et se débrayait dès que celui-ci fonctionnait. **MD**

VOIR ÉGALEMENT : CARBURATEUR, MOTEUR DIESEL, CYCLE À QUATRE TEMPS, AUTOMOBILE, BOÎTE DE VITESSES, ALLUMAGE PAR ÉTINCELLE

Le parachute dorsal
(1911)

Kotelnikov invente un dispositif de sécurité pour les pilotes.

Le vol historique des frères Wright en 1903 avait fait de l'aéronautique un phénomène mondial. Les meetings aériens devinrent des formes de spectacle populaires et un diplômé de l'école d'artillerie russe, Gleb Kotelnikov, assistait à l'un d'entre eux quand il fut le témoin de la mort d'un pilote. Il fut si marqué par l'accident qu'il se jura de créer un dispositif de sécurité qui empêcherait de tels décès.

Le parachute n'était pas une idée particulièrement neuve – il existe divers récits de parachutes rudimentaires utilisés dans les anciennes civilisations. Les premiers prototypes de Kotelnikov, abrités dans le casque, furent des échecs, mais le Russe ne se découragea pas et conçut finalement un parachute plié dans un sac à dos que l'on pouvait porter même dans l'espace réduit du cockpit.

« Notre gloire n'est pas de ne jamais chuter, mais de nous relever chaque fois que cela nous arrive. »

Confucius, penseur et pédagogue chinois

Malgré les dangers, de nombreux gouvernements renâclèrent à équiper leurs pilotes de parachutes. Finalement, il devint obligatoire dans l'armée de l'air allemande en 1918.

Aujourd'hui, les parachutes sont si fiables qu'on ne les utilise pas seulement pour sauver des vies, mais aussi comme sport et divertissement. Kotelnikov fut honoré pour son invention en 1949, quand on rebaptisa la ville où avait eu lieu son premier essai Kotelnikovo. **JB**

VOIR ÉGALEMENT : DIRIGEABLE, PLANEUR, MONTGOLFIÈRE, CERF-VOLANT, AVION, SONDE SPATIALE

La radiocristallographie (1912)

Von Laue et Ewald étudient les atomes de cristaux.

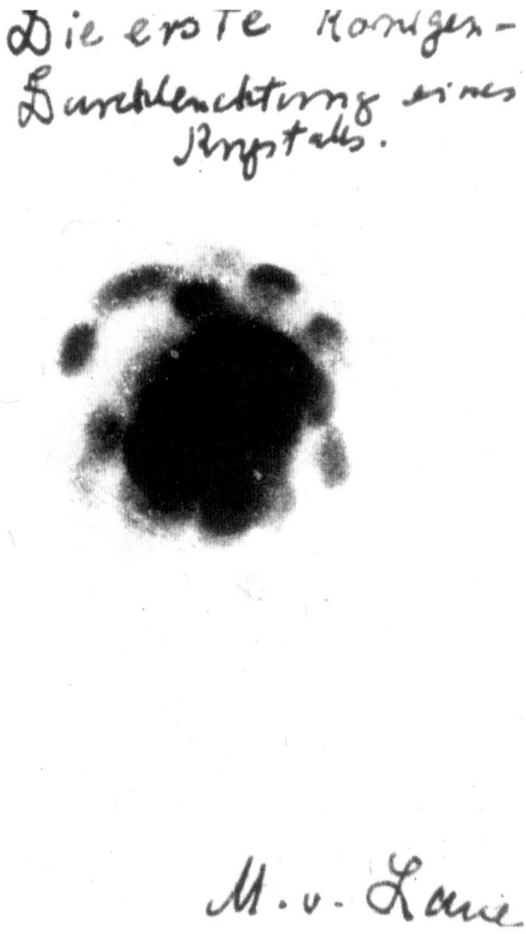

Quand ils pénètrent les solides – dont font partie les cristaux –, les rayons X sont dispersés par les nuages d'électrons qui entourent le noyau de chaque atome. Parce que l'agencement atomique des cristaux est strictement régulier, la dispersion des rayons X n'est pas aléatoire. Quand on mesure l'intensité des rayons dans différentes directions et les angles spécifiques selon lesquels se produit la dispersion, on peut calculer les espaces qui séparent les atomes de cristaux. L'étude des espacements et de l'arrangement de ces atomes est baptisée cristallographie.

En 1912, Max von Laue et Paul Ewald suggérèrent que les arrangements spatiaux réguliers des atomes dans un cristal pouvaient se comporter comme les lignes d'un réseau de diffraction. Laue projeta un faisceau de rayons X sur un cristal de blende. En plaçant une plaque photographique derrière celui-ci, il remarqua que les rayons X, en se dispersant, produisaient une série de motifs constitués de taches circulaires autour d'une tache plus importante formée par le faisceau central. Il calcula les espacements de l'arrangement du cristal à partir de ces angles de dispersion.

Depuis, on utilise les rayons X pour étudier les métaux, les produits chimiques et les échantillons biologiques. On a ainsi réalisé d'immenses avancées dans les domaines de la chimie organométallique et supramoléculaire. Dorothy Hodgkin a aussi utilisé la radiocristallographie pour calculer la structure atomique de substances aussi diverses que le cholestérol, la vitamine B12, la pénicilline et l'insuline, et les rayons X sont encore aujourd'hui très utilisés dans l'industrie pharmaceutique. **DH**

« Les cristaux se formaient dans la roche comme des fleurs arithmétiques… suivant une géométrie absolue. » Anne Dillard, auteur américain

VOIR ÉGALEMENT : RADIOGRAPHIE, RADIOTÉLESCOPE, TUBE DE COOLIDGE, RADIOTHÉRAPIE

Première expérience de diffraction de rayons X signée par Max von Laue en 1912.

La chambre à brouillard (1912)

Wilson découvre la radiation ionisante.

En septembre 1894, Charles Thomson Rees Wilson escalada le Ben Nevis, une montagne écossaise. Il fut si impressionné par l'effet des rayons de soleil sur les nuages qu'il décida de les reproduire dans son laboratoire. Ses travaux s'inspiraient de ceux de John Aitken, l'ingénieur qui avait créé un brouillard artificiel dans un récipient en laboratoire. Il avait découvert que si l'on place de la vapeur d'eau dans un bocal de verre, du brouillard se forme si l'air abrite de la poussière.

La pression de l'air à l'intérieur du bocal peut être réduite en augmentant le volume, ce qui force la vapeur d'eau à se condenser en poussière. Wilson découvrit aussi qu'il pouvait créer des gouttelettes en suspension, même une fois la poussière retirée. Il en déduisit que la condensation se produisait en présence de particules chargées. Pour tester sa théorie, il bombarda sa chambre à brouillard de rayons X, puis l'exposa à de l'uranium. Dans les deux cas, il put former du brouillard à partir de la radiation. Wilson perfectionna sa chambre à brouillard en 1912. Il put suivre les mouvements des particules ionisantes qui laissent un sillage d'ions dans la chambre. Cela formait ensuite des chaînes de gouttelettes qu'il photographia, ce qui permit d'étudier les propriétés des électrons et des noyaux d'hélium qui les forment. **DHk**

« À ces semaines passées sur… ma terre natale, je dois des années pleines de bonheur. » C. T. R. Wilson, acceptant son prix Nobel en 1927

VOIR ÉGALEMENT : RADIOGRAPHIE, TUBE DE COOLIDGE, MICROSCOPE ÉLECTRONIQUE

L'ecstasy (1912)

Köllisch découvre une drogue psychotrope.

L'ecstasy ou MDMA (3,4-méthylène-dioxy-méthylamphétamine) fut synthétisée en 1912 par Anton Köllisch, qui travaillait pour le géant pharmaceutique Merck, comme dérivé d'un médicament qui devait stopper les saignements. Son brevet fut déposé en 1914 par le laboratoire.

L'ecstasy s'est répandue en Amérique dans les années 1960. Selon la légende, la drogue aurait été délibérément développée comme coupe-faim destiné aux soldats de la Première Guerre mondiale, mais il n'existe pas de preuve concrète qu'elle ait été testée sur les hommes. Il en est de même, en 1959, quand Wolfgang Fruhstorfer, employé de Merck, réalisa des tests sur cette substance. Ils furent menés avec un partenaire demeuré anonyme, rendant son apparition dans les rues d'Amérique plus mystérieuse encore. C'est là que la substance fut baptisée ecstasy.

C'est aujourd'hui l'une des drogues les plus utilisées et répandues. Malgré son caractère illicite, elle est à la base d'une industrie mondiale que l'on estimait en 2003 à 65 milliards de dollars. Sa production finance le crime organisé nécessaire à son passage en fraude d'un pays à l'autre. De plus en plus disponible et bon marché, l'ecstasy a vu sa pureté décliner au fil des ans et ses usagers s'exposent de plus en plus à un cocktail d'ingrédients inconnus. **JB**

« Je déteste recommander la drogue… à qui que ce soit, mais elle a toujours marché pour moi. »

Hunter S. Thompson, journaliste et auteur

VOIR ÉGALEMENT : HÉROÏNE, ACIDE LYSERGIQUE DIÉTHYLAMIDE LSD, VALIUM

Le motoculteur (1912)

Howard invente un laboureur rotatif motorisé.

L'homme cultive la terre depuis des milliers d'années et la laboure en la retournant pour y enterrer les mauvaises herbes et la mélanger à du fertilisant. Une grande avancée vers les processus intensifs de labourage et de l'agriculture en général eut lieu quand l'inventeur australien Arthur Clifford Howard créa le motoculteur en 1912.

Fils d'un fermier, Howard avait étudié l'ingénierie en Australie à Moss Vale, en Nouvelle-Galles-du-Sud. En 1912, il commença à se livrer, sur la ferme familiale, à des expériences dans le domaine des méthodes agricoles, et notamment des machines améliorant le labour. Howard remarqua que les méthodes traditionnelles compactaient la terre et rendaient l'apport de fertilisants plus difficile. Le laboureur rotatif existait déjà, mais était manuel.

Howard coupla l'un d'entre eux au tracteur à vapeur de son père et obtint un résultat supérieur aux labours traditionnels : un outil qui requérait moins d'efforts, mélangeait mieux le sol et de manière plus égale, et laissait moins de chaume à la surface.

Howard fit breveter son invention et établit l'Austral Auto Cultivators Pty Ltd. en 1922 pour la commercialiser. Il développa ensuite toute une série de laboureurs rotatifs à moteur à combustion interne adaptés à divers terrains, dont les vergers et les vignobles. Il conçut aussi des machines qui pouvaient détruire les mauvaises herbes et finit par vendre toutes ces inventions dans le monde entier. Aujourd'hui, on utilise communément les motoculteurs pour préparer le sol et ils sont essentiels aux rendements élevés de l'agriculture intensive. **SR**

VOIR ÉGALEMENT : CHARRUE, CHARRUE À VERSOIR, CHARRUE EN ACIER, CHARRUE DE FONTE, SEMOIR

↑ *Cet habitant de Northmead, en Australie, utilise un motoculteur similaire à celui que conçut Howard à 16 ans.*

Le tapis convoyeur (1913)

Ford invente le tapis en mouvement continu permettant le transport des objets.

Les convoyeurs de divers types sont utilisés depuis 250 av. J.-C., l'exemple le plus ancien étant la vis d'Archimède que l'on employait pour puiser de l'eau. Le convoyeur de seaux, une chaîne utilisée pour transporter des matériaux en vrac, fut aussi une innovation importante de l'industrie minière naissante du XVe siècle.

Les convoyeurs modernes sont inspirés de ces machines élémentaires. Les premiers modèles, au début du XVIIIe siècle, étaient de simples tapis de cuir ou de toile agencés sur des plateaux de bois et que l'on utilisait principalement pour transporter du grain ou du charbon. Au cours des 200 ans suivants, ils s'améliorèrent, le caoutchouc remplaçant le cuir, la courroie étant en toile et la mécanisation introduite.

En 1913, Henry Ford installa des convoyeurs dans son usine du Michigan pour créer une chaîne de fabrication. Inventeur d'autres techniques d'usinage ainsi que des principes d'uniformité et d'interchangeabilité des pièces, il révolutionna alors l'industrie automobile et établit les normes de la production de masse. On adopta rapidement dans de nombreuses usines l'idée de disposer d'un tapis roulant le long duquel étaient placés les ouvriers qui contribuaient chacun à une petite partie du produit final. Dans les usines des pays développés, le convoyeur fut rapidement utilisé pour transporter des objets, lourds ou légers, à diverses étapes de leur fabrication.

Les tapis roulants sont toujours en usage dans les usines et l'industrie minière. Le plus long – près de 100 km – est utilisé dans le Sahara occidental pour l'extraction du phosphate. **BG**

VOIR ÉGALEMENT : VIS D'ARCHIMÈDE, MOISSONNEUSE, MOISSONNEUSE-BATTEUSE, ASCENSEUR DE GRAIN

↑ *L'un des premiers convoyeurs utilisé lors de la fenaison dans le Sussex, aux environs de 1912-1915.*

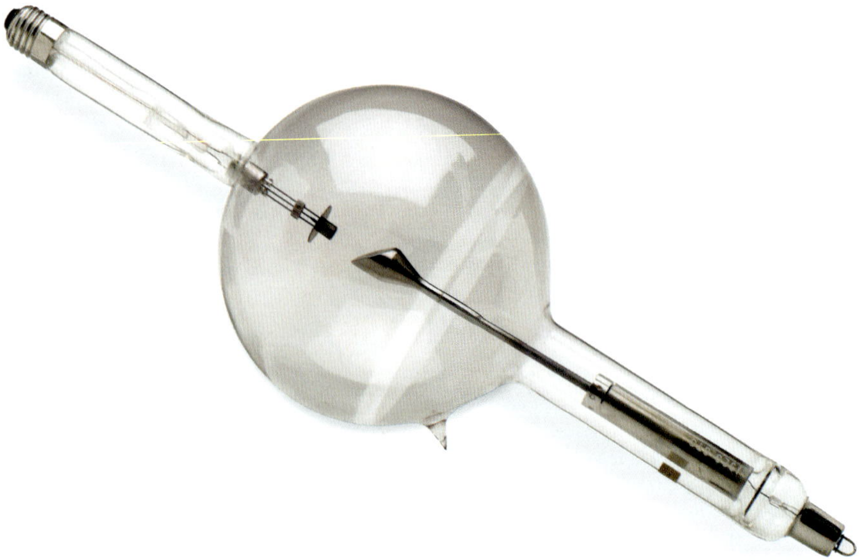

Le tube de Coolidge (1913)

Coolidge invente un nouvel instrument de diagnostic.

Les premiers rayons X furent produits par accident – une émission provenant d'un tube cathodique. La haute tension que l'on applique entre l'anode et la cathode du tube accélère l'ionisation des atomes du gaz dans la cathode métallique. Cela libère des électrons à forte charge qui, quand ils percutent la paroi de verre du tube, émettent des rayons X.

Les tubes de Coolidge exploitent exactement le même principe, mais la cathode y est dotée d'une forme particulière pour qu'un faisceau parallèle d'électrons soit émis à travers une ouverture. Les cibles métalliques produisent en continu des rayons X et un spectre de raies. Des métaux tels que le molybdène, le cuivre, le cobalt, le fer, le chrome et le tungstène sont utilisés pour la cathode, chacun produisant une raie K de longueur d'onde distincte.

William Coolidge, inventeur et physicien, s'était intéressé aux propriétés du tungstène. Également passionné par les rayons X, il décida d'essayer d'utiliser du tungstène dilatable pour l'anode cible d'un tube cathodique. Le tube de Coolidge ne contenait aucun gaz et abritait une cathode en tungstène à température élevée (sa température de fusion est de 3 410 degrés). Ces nouveaux tubes produisaient un faisceau intense stable et contrôlable de rayons X. Ils rendirent l'utilisation des rayons X sûre et pratique dans le diagnostic médical. Ce tube fut breveté en 1913 et largement utilisé dans les hôpitaux de campagne de la Première Guerre mondiale. Les médecins et les dentistes découvrirent cet appareil et la radiologie prit vraiment son essor. **DH**

VOIR ÉGALEMENT : IMAGE PAR RÉSONANCE MAGNÉTIQUE, RADAR, RADIOTHÉRAPIE, RADIOGRAPHIE, RADIOTÉLESCOPE

↑ *Le tube de Coolidge utilisait une cathode chaude et s'avérait plus fiable que les modèles précédents.*

La fermeture à glissière (1913)

Sundbäck invente un système de fermeture sans agrafes.

C'est l'Américain Elias Howe qui tenta le premier de relier de façon réversible deux matériaux à l'aide d'une fermeture à glissière, mais il ne consacra que peu de temps à cette « fermeture de vêtement automatique et continue ». Très vite, un autre Américain, Whitcomb Judson, inventa une fermeture à agrafes similaire, principalement pour aider un ami qui souffrait du dos et ne pouvait lacer ses chaussures. L'invention fut un échec commercial, mais l'un des employés de Judson devait toucher le gros lot.

Gideon Sundbäck, qui travaillait pour l'Universal Fastener Company de Judson, fut désigné concepteur en chef grâce à son talent. On lui avait demandé d'améliorer la fermeture de Judson, qui avait une fâcheuse tendance à s'ouvrir. L'idée révolutionnaire de Sundbäck était fondée sur le principe de dents emboîtées, invention qu'il baptisa « fermeture sans agrafes ». Elle était constituée de deux rangées de dents se faisant face qui s'emboîtaient à l'aide d'une glissière. Son brevet fut homologué en 1913. Une version améliorée, la « fermeture séparable », apparut en 1917. Sundbäck inventa même une machine pour manufacturer sa nouvelle invention et put rapidement en produire des centaines de mètres par jour. B.F. Goodrich, qui utilisait cette fermeture dans sa nouvelle collection de chaussures, fut l'un des premiers clients importants de Sundbäck. La fermeture à glissière se révéla aussi très utile pour les blagues à tabac, mais ce n'est que 20 ans plus tard qu'elle fit son apparition dans la mode et devint l'objet quotidien que l'on connaît aujourd'hui. **RB**

VOIR ÉGALEMENT : BLUE-JEANS, BOUCLE, BOUTON, VÊTEMENTS, MACHINE À COUDRE

↑ *Cette fermeture à glissière française date du début du XXe siècle.*

L'acier inoxydable (1913)

Brearley invente un alliage « inoxydable ».

L'acier inoxydable est un alliage de fer et de chrome. Il ne s'oxyde pas au contact de l'air et de l'eau, demeure brillant et peut être poli. Le chrome protège le fer en formant une couche moléculaire d'oxyde de chrome à la surface qui empêche le contact entre le fer et l'air.

Harry Brearley dirigeait l'équipe de recherche de la société Brown Firth à Sheffield, en Angleterre, quand on lui demanda d'inventer un métal qui résisterait à l'érosion pour les canons d'armes à feu. Il testa divers alliages de chrome et de fer, dont on savait que la température de fusion était plus élevée que celle de l'acier. Il varia la proportion de chrome, entre 6 et 15 % et changea aussi celle de carbone jusqu'à ce qu'il découvre un alliage comprenant 12,8 % de chrome et 0,24 % de carbone. Il montrait une résistance impressionnante à la corrosion et Brearley comprit immédiatement qu'on pourrait en fabriquer des couverts.

« Brearley lança son "acier inrouillable" (rebaptisé inoxydable) avec beaucoup d'enthousiasme. »

Magazine *IP Review*

Ce n'était pas le premier à observer les propriétés de tels alliages. Pierre Berthier, métallurgiste français, avait réalisé des alliages similaires, et d'autres métallurgistes s'intéressaient au même problème à l'époque, notamment Léon Guillet qui mit au point un alliage de fer, nickel et chrome en 1906. En 1908, l'usine sidérurgique Krupp manufactura de l'acier à base de chrome et de nickel pour la proue d'un yacht qui malheureusement coula. **EH**

VOIR ÉGALEMENT : PROCÉDÉ BESSEMER, FER FORGÉ, ACIER

La fusée à combustible liquide (1914)

Goddard lance la fusée à propulsion liquide.

Robert Goddard pensa longtemps à la façon dont l'homme pourrait atteindre la Lune. Grâce aux mathématiques, il calcula le rapport énergie-poids de plusieurs combustibles et démontra que la poudre ne s'avérerait jamais assez puissante pour lancer une fusée dans l'espace. De plus, pour brûler du combustible dans le vide, une fusée devait transporter ses propres réserves d'oxygène. Pour éliminer ces problèmes, Goddard choisit l'essence pour combustible et la mélangea à de l'oxygène liquide. À l'état gazeux, cet élément occupe beaucoup d'espace, mais à l'état liquide, son poids et son volume sont réduits, et il offre une grande quantité d'énergie. En 1914, Goddard fit breveter la première fusée à combustible liquide.

« Il s'avère souvent que le rêve d'hier est l'espoir d'aujourd'hui et la réalité de demain. »

Robert Goddard, scientifique américain

Douze ans plus tard, l'inventeur sortit avec *Nell*, une fusée de 3 m, dans un champ où son assistant alluma l'amorce à l'aide d'un chalumeau placé au bout d'un bâton. La fusée demeura immobile une seconde, puis s'éleva à 12 m avant de revenir s'écraser au sol. Le vol ne dura que deux secondes et demie, à une vitesse moyenne de 96 km/h, mais Goddard avait posé les fondations de toutes les fusées réalisées depuis. **DK**

VOIR ÉGALEMENT : SATELLITE ARTIFICIEL, MISSILE BALISTIQUE, AVION, ENGIN SPATIAL RÉUTILISABLE, AVION SUPERSONIQUE

⇥ *Goddard et une fusée à combustible liquide qui fut lancée le 16 mars 1926.*

Les feux de signalisation (1914)

Morgan impose un système de contrôle de la circulation dans les rues très fréquentées.

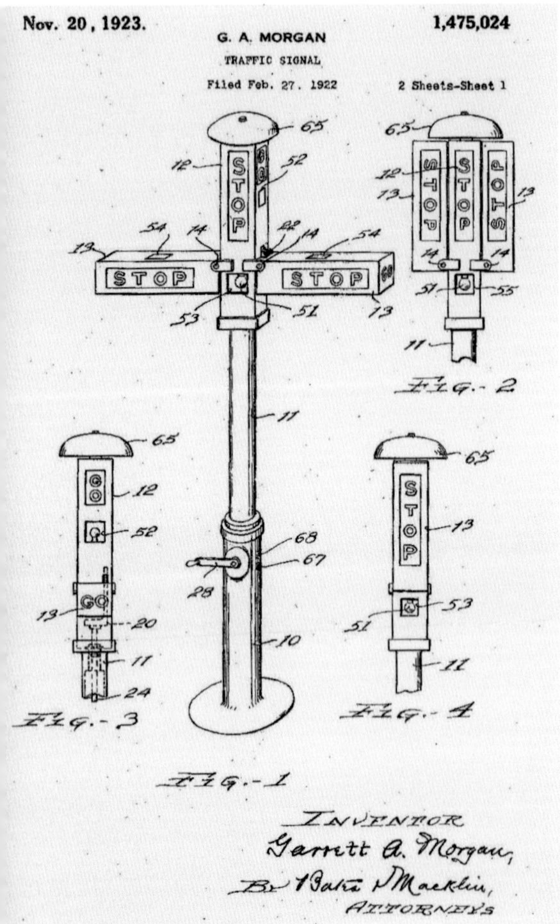

Henry Ford avait ouvert sa première usine automobile aux États-Unis en 1903, et les accidents étaient fréquents dans les rues que se partageaient les charrettes, les piétons, les bicyclettes et les voitures.

Garrett Morgan, un inventeur noir américain, eut l'idée du feu de signalisation après avoir assisté à un horrible accident entre une charrette et une automobile. L'invention démontrait sa perspicacité : longtemps avant que les automobiles ne soient aussi nombreuses qu'aujourd'hui sur les routes, il sut prévoir l'émergence d'un problème et concevoir une solution.

Fils d'un ancien esclave, Morgan était issu d'un milieu modeste. Il arrêta ses études après l'école primaire mais son habileté naturelle pour réparer et inventer les objets fit bientôt sa réputation et il se vit offrir des contrats dans tout Cleveland. Morgan inventa aussi le masque à gaz, un accessoire de machine à coudre pour faire des coutures en zigzags, et un peigne à défriser. Il publia également un journal destiné à la communauté noire, le *Cleveland Call*, et fut candidat aux élections municipales.

Son feu de signalisation était constitué de trois bras formant un T et équipé de signes indiquant STOP et GO que l'on actionnait à la main. Il pouvait arrêter la circulation dans une ou plusieurs directions à la fois, pour permettre aux piétons de traverser en toute sécurité, mais aussi pour prévenir les accidents et sauver des vies. Cette invention fut homologuée en 1923 et Morgan en vendit finalement les droits à la General Electric pour 40 000 dollars. **KB**

« Un optimiste est quelqu'un qui voit un feu vert partout… un pessimiste ne voit que le rouge. »

Albert Schweitzer, médecin et théologien alsacien

VOIR ÉGALEMENT : TRAMWAY ÉLECTRIQUE, VOITURE ÉLECTRIQUE, MOTOCYCLETTE, AUTOMOBILE

Le feu de signalisation créé par Morgan était muni de trois bras que l'on abaissait ou relevait pour indiquer qu'il fallait s'arrêter ou que l'on pouvait passer.

Le char d'assaut (1914)

L'armée anglaise trouve le moyen de franchir les obstacles.

Avant la Première Guerre mondiale, les véhicules motorisés étaient encore peu courants et peu adaptés au combat. C'est l'armée britannique qui, en 1914, créa les premiers chars d'assaut. Ils étaient équipés de chenilles qui facilitaient leur déplacement en terrain boueux ainsi que d'un moteur à combustion interne, d'une carrosserie blindée et de mitraillettes pivotantes. Fait surprenant, c'est la marine et non l'armée de terre qui supervisa le déploiement de ces nouvelles armes.

Avant que les premiers chars d'assaut n'entrent en service, ils furent testés devant deux futurs Premiers ministres britanniques : David Lloyd George et Winston Churchill. Stupéfaits de la capacité du véhicule à passer par-dessus les fers barbelés, ils ordonnèrent la construction de chars supplémentaires. Un char d'assaut réussi devait atteindre une vitesse de 6,5 km/h, pouvoir franchir des obstacles de 1,5 m de haut ainsi qu'une tranchée de la même largeur, et, plus important encore, résister aux armes légères. Le véhicule fut mis au point remarquablement vite : il fallut moins de trois ans pour qu'il se matérialise sur les champs de bataille.

En novembre 1917 environ, 400 tanks enfoncèrent presque complètement le front de Cambrai, profond de 11 km. Malheureusement, l'infanterie ne parvint pas à consolider l'avancée des chars et l'incursion ne fut pas totalement réussie. Les Britanniques affinèrent cependant rapidement leur stratégie et toutes les puissances militaires commencèrent à mettre au point leurs propres modèles, en préparation des futures guerres. **LS**

VOIR ÉGALEMENT : MISSILE BALISTIQUE, BÉLIER, BAZOOKA, CANON, MITRAILLETTE, FUSIL À RÉPÉTITION

↗ *Char d'assaut britannique en novembre 1917. Les tanks furent utilisés pendant la Première Guerre mondiale pour résoudre l'impasse à laquelle avait mené la guerre des tranchées.*

« Il était vraiment efficace contre les balles et pouvait franchir des tranchées de dix mètres . . . »

H. G. Wells, *The Land Ironclads*, 1908

Le Pyrex (1915)

Sullivan et Taylor inventent un nouveau matériau de cuisson.

Aujourd'hui, nul ne s'étonne que les portes de four ou les verres gradués soient transparents, mais ce ne fut pas toujours le cas. Le verre se dilate puis explose à haute température et, en cuisine, seuls la céramique et le métal pouvaient être utilisés.

Le matériau qui changea tout, le Pyrex, était un verre de borosilicate fabriqué par la Corning Incorporated. Ce verre résistant à la chaleur fut un succès immédiat et se retrouva rapidement dans tous les placards de cuisine. Étonnamment, il a vu le jour dans l'industrie ferroviaire. Les lanternes des trains se fendaient souvent à cause de la grande différence de température entre l'ampoule chaude et le froid extérieur. William C. Taylor et Eugene Sullivan, de l'usine Corning de New York, découvrirent qu'en ajoutant du bore à la pâte de verre, sa résistance aux températures élevées était améliorée. Le matériau fut baptisé « nonex » et utilisé avec succès pour les lanternes de train et les bacs d'accumulateurs télégraphiques. Corning rechercha ensuite d'autres applications.

Jesse T. Littleton, employé de la Corning, découvrit que ce verre résistait aussi à la température élevée du four. Les ustensiles en Pyrex furent commercialisés à Boston en 1915, et l'équipement de laboratoire suivit la même année. Le nom Pyrex est quelque peu arbitraire, mais reflète la préférence de la Corning pour le suffixe ex.

Aujourd'hui, la plupart des objets en verre des laboratoires de chimie sont en Pyrex, de même que les miroirs de télescope, à commencer par ceux du légendaire laboratoire Palomar à San Diego, en Californie. **MB**

VOIR ÉGALEMENT : FOUR, COCOTTE-MINUTE, FOURNEAU AGA, CUISINIÈRE ÉLECTRIQUE, FOUR À MICRO-ONDES

Le tube de rouge à lèvres (1915)

Levy met le maquillage pour les lèvres en tube coulissant.

Les femmes colorent leurs lèvres depuis au moins 5 000 ans. Les premières traces de pâte colorée ont été retrouvées en Mésopotamie et datent d'environ 3 000 ans av. J.-C. Cette pâte était composée de pierres semi-précieuses broyées. Cléopâtre utilisait comme rouge à lèvres des scarabées carmin écrasés dans une pâte à base de fourmis. Certaines formules, cependant, pouvaient provoquer la maladie voire la mort.

En 1915, Maurice Levy inventa le tube coulissant que l'on connaît désormais sous le nom de rouge à lèvres. Il ne faisait que 5 cm de long et fonctionnait grâce à une série d'arrêtoirs de glissières à l'intérieur.

« Comme on ne peut pas toujours changer d'homme, on se contente de changer de rouge à lèvres. »

Heather Locklear, actrice américaine

Dans les modèles suivants, similaires à ce que nous connaissons aujourd'hui, Levy ajouta un mécanisme qui faisait monter et descendre le tube quand on le faisait tourner.

Le rouge à lèvres s'empara de l'imagination des femmes d'Amérique et d'Europe dès la première moitié du XXe siècle. Les vedettes de cinéma et autres artistes en firent un luxe relativement bon marché à une époque par ailleurs difficile où régnaient la privation et la guerre. **LC**

VOIR ÉGALEMENT : IMPLANT MAMMAIRE, LAQUE À CHEVEUX, LIPOSUCCION

Carte de la Saint-Valentin où l'on a imprimé un baiser au rouge à lèvres, photographiée vers 1920.

Le masque à gaz (1915)

Zelinski filtre l'air pour éliminer les produits chimiques toxiques.

Le besoin d'un masque hermétiquement fermé capable de protéger l'homme contre l'inhalation de la fumée et des toxines devint évident quand se développa l'industrie minière souterraine au XVIIIe siècle. Un respirateur rudimentaire fut inventé par le naturaliste prussien Alexandre von Humboldt en 1799, alors qu'il était ingénieur des mines. On peut aussi citer le « protecteur contre la fumée et capuchon de sécurité » de Garrett Morgan, inventé en 1912, composé d'une capuche en coton pourvue de deux tuyaux allant jusqu'à terre où se trouvait l'air moins vicié.

La nécessité était toutefois de trouver un masque qui pourrait efficacement protéger des gaz asphyxiants, notamment le chlore, utilisés pour la première fois par l'armée allemande au cours de la seconde bataille d'Ypres, en avril 1915. Les premières tentatives de s'en protéger à l'aide de tampons en coton que l'on plaçait sur la bouche ou de capuchons absorbants s'avérèrent soit inefficaces soit encombrantes, et des milliers de soldats périrent. En 1915, le chimiste russe Nikolaï Zelinski inventa un masque à gaz où le filtre, en charbon, absorbait le chlore. Le modèle fut rapidement adopté par les armées françaises, britanniques et russes, et continue à jouer un rôle important dans la lutte contre la guerre chimique.

Les filtres à charbon fonctionnent en absorbant les particules et gaz présents dans l'air. La poudre de charbon est particulièrement efficace grâce à sa surface très importante. Les masques à gaz suivants furent conçus pour protéger des agents biologiques tels que virus, bactéries et retombées radioactives. Utilisés seuls, ils sont toutefois insuffisants. **RBd**

VOIR ÉGALEMENT : POUMON D'ACIER, SCAPHANDRE AUTONOME, VENTILATEUR

↑ *Les masques à gaz tels que celui-ci furent utilisés par les soldats de la Seconde Guerre mondiale.*

Le filament en tungstène (1916)

Langmuir améliore l'ampoule.

L'ampoule est souvent le symbole que nous utilisons pour illustrer une inspiration soudaine. Il est peut-être ironique que l'objet ne soit pas le résultat d'une idée exceptionnelle, mais celui des contributions de nombreux hommes au fil des décennies. On affirme souvent que Thomas Edison fut l'inventeur de la première ampoule pratique, mais on ne lui doit pas les premiers développements. De plus, sans le chimiste américain Irving Langmuir, l'ampoule telle que nous la connaissons aujourd'hui n'existerait probablement pas.

À la fin du XIXe siècle, Edison déposa de nombreux brevets concernant l'amélioration de l'éclairage électrique. Sa demande de 1880 décrit de toute évidence ce qu'on reconnaîtrait immédiatement aujourd'hui comme une ampoule. Mais c'est la façon dont Langmuir améliora le filament qui donna l'ampoule moderne.

Langmuir était chercheur à la General Electric, la société d'Edison, où il étudiait les réactions chimiques du tungstène à l'intérieur des ampoules. La société avait remplacé ses vieux filaments de charbon par du tungstène, plus durable mais qui avait tendance à se vaporiser rapidement en noircissant les ampoules. Langmuir ralentit ce processus en faisant dessiner des spires au filament et en ajoutant à l'ampoule de l'azote, un gaz relativement neutre.

Cette nouvelle ampoule fut brevetée le 18 avril 1916 et le concept est aujourd'hui le même, même si l'azote a généralement été remplacé par l'argon.

Langmuir remporta le prix Nobel en 1932 pour ses travaux en chimie des surfaces. **HB**

VOIR ÉGALEMENT : LAMPE À HUILE, BOUGIE, ÉCLAIRAGE AU GAZ, LAMPE À ARC, AMPOULE, AMPOULE AU NÉON, AMPOULE HALOGÈNE, LAMPE À HUILE

↑ *L'une des premières ampoules de la marque Mazda au filament en tungstène.*

Le récepteur superhétérodyne (1918)

Armstrong améliore la technologie radiophonique.

Ce n'est peut-être pas le plus accrocheur des noms, mais le récepteur superhétérodyne a grandement amélioré la technologie radiophonique au début du XXe siècle en filtrant les signaux indésirables.

C'est une invention d'Edwin Howard Armstrong, qui, alors qu'il testait des méthodes permettant d'amplifier les signaux hertziens pendant la Première Guerre mondiale, eut une idée astucieuse. Au signal hertzien extérieur se mêlent les signaux internes générés par le récepteur (aussi nommé oscillateur local). Les deux signaux sont amplifiés ensemble, ce qui crée deux nouveaux signaux : l'un, la somme des deux originaux, l'autre, la différence entre les deux. Ainsi, si le signal extérieur est de 5 MHz et l'oscillateur local à 4 MHz, on verra des signaux à 9 MHz et à 1 MHZ. C'est ce qu'on appelle les interférences. Un filtre peut être utilisé pour éliminer tout signal qui ne corresponde pas à une fréquence étroite, autour du signal de différence (ici 1 MHz). La beauté de la chose est qu'on peut obtenir un réglage précis en variant la fréquence de l'oscillateur local. Par exemple, si l'on place un filtre à 1 MHz, et que des stations de radio émettent à 5, 6 et 7 MHz, on peut accéder aux trois stations en tournant le bouton (et donc l'oscillateur local) jusqu'à respectivement 4, 5 et 6 MHz.

Armstrong fit breveter la technique en 1918 et elle fut rapidement adoptée par l'armée. Le même principe fut ensuite utilisé dans le réglage des programmes télévisés et radiophoniques. Armstrong inventa par la suite la radio FM, mais dut aussi faire face à plusieurs procès pour contrefaçon de brevet et finit par se suicider. **MB**

VOIR ÉGALEMENT : MODULATION D'AMPLITUDE, COHÉREUR, RADIOTÉLESCOPE, ÉMETTEUR DE RADIO

↑ *Récepteur superhétérodyne de 1924, équipé de sept valves, avec son antenne et ses écouteurs.*

Le spectromètre de masse (1918)

Dempster conçoit un appareil essentiel à l'analyse du monde physique.

Le spectromètre de masse classe selon leur masse individuelle les atomes ionisés émis par des substances chauffées. L'analyse est généralement effectuée en faisant passer ces ions dans une chambre sous vide qu'entoure un champ magnétique élevé. La trajectoire des ions est déterminée par leur masse, leur vélocité et leur charge. Cette technique est fondée sur des travaux de recherche sur les ions produits par les tubes cathodiques, travaux qui amenèrent J. J. Thomson à découvrir les isotopes en 1913. Un spectromètre de masse fonctionnel fut construit en 1918, à l'université de Chicago, par Arthur J. Dempster, qui utilisa un collecteur électrique. Un an après, Francis W. Aston se servit d'une plaque photographique comme détecteur à Cambridge. Aston découvrit 212 isotopes qui se produisent naturellement et reçut le prix Nobel de chimie en 1922.

Dès les années 1940, les spectromètres de masse étaient manufacturés et utilisés par de nombreux savants : les géologues pour mesurer l'âge des roches en étudiant leurs produits de désintégration radioactive, les chimistes pour analyser de complexes molécules organiques, et les astronomes pour étudier la composition de la stratosphère. Pour exciter les ions, on utilisait des faisceaux d'électrons et des lasers.

Des spectromètres miniatures, appareils employés en médecine, furent également conçus et certains modèles ont été placés sur des vaisseaux spatiaux pour analyser l'atmosphère de Mars et de Vénus ou encore les gaz émis par la comète de Halley. Ces instruments pouvaient non seulement mesurer de minuscules échantillons, mais aussi la masse d'un atome à un niveau de précision exceptionnel. **DH**

VOIR ÉGALEMENT : TUBE CATHODIQUE, DATATION AU CARBONE 14

↑ *Aston conçut ce spectromètre de masse à déviation magnétique lors de ses travaux sur les isotopes, en 1930.*

Le frein hydraulique (1918)

Lougheed améliore le freinage grâce aux fluides.

Avant l'invention des freins hydrauliques, divers systèmes de leviers et patins avaient été imaginés, mais on devait les ajuster régulièrement pour que la puissance de freinage reste la même sur toutes les roues. Les freins hydrauliques, inventés en 1918 par Malcolm Lougheed, réglèrent ce problème et s'avérèrent beaucoup plus sensibles. Ils étaient tous reliés à un réservoir central de fluide incompressible, au départ un mélange d'eau et d'alcool. Grâce aux différences de diamètre des pistons, la pression qui demeurait constante à l'intérieur du système amplifiait la force appliquée à la pédale de frein. Cette force accrue permettait de freiner de façon plus marquée et donc d'arrêter plus rapidement le véhicule.

« Mes freins hydrauliques arrêtent instantanément [le véhicule]... sans perdre une seconde. »

Malcolm Lougheed, ingénieur

Ce système fut adopté par le constructeur Duesenberg, dont le premier véhicule équipé d'un freinage hydraulique, le modèle A, fut fabriqué à partir de 1921. Malgré la supériorité des freins hydrauliques par rapport aux systèmes précédents, les autres constructeurs automobiles tardèrent à suivre, peut-être à cause de problèmes de fuite. Peu à peu, toutefois, la technologie des câbles et pistons s'améliorant, les freins hydrauliques furent reconnus dans le monde entier et, en 1938, Ford fut le dernier à les adopter sur toutes ses voitures. **SB**

VOIR ÉGALEMENT : ACCÉLÉRATEUR, FREIN À AIR COMPRIMÉ, FREIN À BANDE, FREIN À DISQUE, FREIN À TAMBOUR, AUTOMOBILE, FREIN DYNAMIQUE

Le vaccin contre la maladie du charbon (1918)

Smith dévoile un médicament révolutionnaire.

Avant l'invention d'un vaccin efficace contre la maladie du charbon, celle-ci était un problème considérable pour les agriculteurs et un véritable fardeau économique. Potentiellement mortelle, elle touche les animaux et les hommes, et se transmet par des spores présentes dans l'air. Elle est nommée maladie du charbon parce qu'elle provoque des lésions cutanées couvertes de croûtes noirâtres.

En 1877, le médecin prussien Robert Koch établit le dernier lien entre cette infection et une bactérie qui forme des spores, le *Bacillus anthracis*. À la fin du XIXe siècle, Louis Pasteur mit au point un vaccin en deux doses qu'il testa sur les moutons. Cependant, l'efficacité du produit déclinait rapidement après sa fabrication et ses effets étaient parfois mortels.

C'est le savant australien John McGarvie Smith et son collaborateur, John Gunn, qui créèrent finalement un vaccin sûr à dose unique. Bien que les deux hommes aient eu une relation amicale, ils refusèrent tous deux d'admettre que l'autre était le coauteur de l'invention. À la suite de la mort de Gunn en 1910, Smith refusa de rendre la formule du vaccin publique et installa même un laboratoire chez lui pour commencer à le produire.

Après avoir résisté pendant des années aux pressions du ministre de l'Agriculture australien, Smith accepta finalement de rendre ses travaux publics quand sa santé commença à décliner. En 1918, il remit la formule tant espérée au docteur Frank Edgar Wall, qui agissait pour le compte du gouvernement australien. Smith fit aussi don de 10 000 dollars pour l'établissement de l'Institut John McGarvie Smith où son vaccin serait produit industriellement. **HI**

VOIR ÉGALEMENT : VACCIN DU BCG, VACCIN DU CHOLÉRA, INOCULATION, VACCIN DE LA POLIO, VACCIN DE LA RAGE, VACCIN DE LA RUBÉOLE

Le lit escamotable (1918)

Grâce à Murphy et son lit ingénieux, on vit moins à l'étroit dans les petits appartements.

Au début du XXe siècle à San Francisco, William Murphy découvrit qu'il avait un problème : il voulait faire la cour à une jeune cantatrice issue d'un milieu social élevé, mais il vivait dans un petit studio où le lit prenait presque toute la place. Comme il ne pouvait décemment amener la jeune femme dans sa chambre à coucher, il imagina un lit escamotable qui rendrait son appartement respectable.

Il déposa son premier brevet en 1900 et établit sa société de lits escamotables la même année. Elle existe toujours et constitue la deuxième plus vieille fabrique de meubles aux États-Unis.

Dans les premiers modèles, ceux qui restent les plus familiers, le lit pivote au niveau de la tête pour être rangé dans un placard. En 1918, Murphy inventa un lit escamotable qui pivotait autour du montant de porte d'un placard puis était abaissé en position pour dormir. Les lits de Murphy ne furent jamais plus populaires que dans les années 1920-1930, mais la demande déclina après la Seconde Guerre mondiale au fur et à mesure que la situation économique s'améliorait et que les maisons individuelles devenaient plus courantes. Mais avec la crise des années 1970, ces lits furent à nouveau à la mode, car ils permettaient d'exploiter au mieux des espaces réduits.

Les lits escamotables ont été prétexte à d'innombrables situations comiques au cinéma, apparaissant souvent dans les films d'Abbot et Costello, de Laurel et Hardy ou de Charlie Chaplin, toujours prêts à surgir du mur inopinément pour assommer quelqu'un ou à se replier pour emprisonner l'un des acteurs.

L'inventivité de Murphy porta ses fruits : il finit par épouser la jeune cantatrice. **BO**

VOIR ÉGALEMENT : CANAPÉ-LIT

↗ *La comédie* Flying High, *en 1931, exploitait toutes les possibilités comiques qu'offre un lit escamotable.*

« Croyez-moi, il faut se réveiller assez tôt le matin si on veut pouvoir sortir du lit. »

Groucho Marx, comique et acteur américain

Le circuit Eccles-Jordan (1919)

Eccles et Jordan inventent un circuit numérique logique.

En 1919, bien avant l'invention des ordinateurs, deux physiciens britanniques inventèrent le circuit essentiel à leur fonctionnement. William Eccles, l'un des pionniers de la communication par radio et assistant de Guglielmo Marconi, se livra en compagnie de Frank Jordan à des recherches en électronique, plus particulièrement sur les tubes à vide, ancêtres du transistor. Eccles s'y intéressait pour leur utilisation en radio, en particulier la diode (terme inventé par Eccles), qui détectait les signaux hertziens.

Lors de leurs expériences, Eccles et Jordan découvrirent un circuit doté d'une caractéristique intéressante : sa mémoire. Contrairement à d'autres dont la puissance de sortie dépendait uniquement de celle d'entrée, ce circuit « à déclenchement » demeurait systématiquement dans la dernière position dans laquelle on l'avait placé. Il possédait deux positions de stabilité : une brève impulsion le faisait basculer dans l'une d'elles, où il restait jusqu'à ce qu'une autre impulsion le fasse passer dans l'autre. Ces deux positions étant désignées respectivement par 0 et 1, l'élément de base d'une mémoire numérique électronique était né. Parce que ce tube à vide était dépourvu de pièces mobiles, son système de mémoire était beaucoup plus rapide que les précédents, mécaniques.

Le circuit Eccles-Jordan fut utilisé comme mémoire informatique alors que s'annonçait la Seconde Guerre mondiale et une nouvelle génération d'ordinateurs fut prête pour la bataille. Aujourd'hui pourvus de transistors et isolés dans des puces en silicone, des circuits Eccles-Jordan basculent par millions au cœur des ordinateurs modernes. **MG**

VOIR ÉGALEMENT : ORDINATEUR NUMÉRIQUE, CIRCUIT INTÉGRÉ, RAM, LOGICIEL DE TRAITEMENT DE TEXTE

Le grille-pain à éjection automatique (1919)

Finies les tartines brûlées grâce à Strite.

En 1919, Charles Strite, ouvrier dans une usine de Stillwater, dans le Minnesota, se lassa des toasts brûlés de la cantine et décida de résoudre le problème.

À l'origine, on faisait griller les rôties devant le feu, mais des appareils furent bientôt inventés pour limiter les efforts nécessaires, et le premier grille-pain électrique vit le jour en 1893. Lorsque des spires de Nichrome, un alliage de nickel et de chrome, étaient parcourues de courant, elles chauffaient et grillaient le pain. Les premiers appareils constituaient un signe extérieur de réussite, bien avant que la plupart des maisons ne soient raccordées à l'électricité. Ils étaient conçus pour être branchés sur une douille, le seul raccordement électrique dont pouvait alors disposer une maison. L'innovation de Strite fut d'ajouter un minuteur et des ressorts : après un certain temps, les éléments chauffants s'éteignaient et le toast, parfaitement grillé, était éjecté par les ressorts.

> *« Je renonce… Je vais ouvrir un magasin d'électroménager, j'ai toujours adoré les grille-pain. »*
>
> Dane Cook, acteur et comique

Tout d'abord destinée à la restauration, l'invention de Strite fut adaptée à un usage domestique et commercialisée sous cette forme au milieu des années 1920. Elle rencontra un succès mondial dès 1930. **SB**

VOIR ÉGALEMENT : SANDWICH, TRANCHEUSE À PAIN

En 1926, Waters-Genter commença à vendre le grille-pain Toastmaster, conçu par Charles Strite.

TOASTMASTER

Automatic Electric Toaster

You do not have to Watch it— The Toast can't Burn.

Study Carefully These

INSTRUCTIONS

La clé à six pans (1920)

Unbrako (aux États-Unis) et Brugola (en Italie) inventent des clés hexagonales similaires.

À première vue, c'est juste un morceau de métal à la coupe transversale hexagonale, doté d'un coude à 90 degrés aux trois quarts de sa longueur environ. Appelé alternativement clé à pipe ou clé à six pans, ce simple outil daterait des années 1920. La société Unbrako inventa au cours de cette décennie une vis et une clé à tête hexagonale qui devinrent populaires aux États-Unis et en Grande-Bretagne.

On dit qu'à la même époque, l'Italien Emilio Brugola, fondateur de la manufacture éponyme, créa lui aussi une pièce de fixation hexagonale, clé de voûte d'une société toujours prospère aujourd'hui. En Italie, la clé à six pans est donc baptisée la « Brugola ». Quelques années plus tard, en 1943, la société Allen Manufacturing déposa sa marque, et c'est ainsi que la clé à pipe est généralement connue sous le nom de « clé d'Allen » en Grande-Bretagne et aux États-Unis.

Quel que soit son nom, c'est indubitablement l'un des outils les plus courants de la planète. Sa simplicité fait sa popularité, sans mentionner sa petite taille et son poids. Cette clé est aussi très solide, car elle n'est constituée que d'un seul morceau de métal moulé, et ses deux extrémités sont utiles.

Très utilisée dans l'industrie de la bicyclette et de l'automobile parce que la vis à tête hexagonale est protégée des éléments, elle est également devenue populaire avec l'explosion des ventes de meubles en kit – qui sont souvent accompagnés d'une clé à six pans, du fait de son faible coût de production. **BG**

« Il est essentiel de reconnaître qu'aucun outil… ne peut traduire l'immensité de l'univers et de la vie. » Hanz Decoz, numérologue

VOIR ÉGALEMENT : MÉTALLURGIE, TOUR À FILETER, SYSTÈME DE FILETAGE UNIFORMISÉ, CLÉ À MOLETTE

Les clés à six pans sont utilisées avec les vis et boulons dont la tête est dotée d'une cavité hexagonale.

Le collier de serrage par vis sans fin (1921)

Robinson ferme de façon étanche les tuyaux et tubes.

Lumley Robinson, capitaine de corvette dans la marine royale britannique, inventa en 1921 un collier de serrage par vis sans fin. Cet ingénieux objet est composé d'un large anneau en acier inoxydable que l'on place autour d'un tuyau ou d'un tube flexible et que l'on serre en tournant une vis fixée sur le côté. Cette vis étant sans fin, on peut la tourner indéfiniment. Ces colliers de serrage pouvaient être utilisés pour de simples travaux de bricolage, de plomberie par exemple, ou dans le cadre d'applications plus importantes – telles que la tuyauterie de navires. Le brevet de Robinson fut homologué et ce dernier commença à commercialiser son collier de serrage sous le nom de « Jubilee Clip » en 1923. Après sa mort, son fils John établit la L. Robinson and Company Limited en 1948, à Gillingham, en Grande-Bretagne. Cette société fabrique toujours ces colliers de serrage.

« Arrêtez ces fuites avec d'authentiques colliers de serrage Jubilee. »

Affiche publicitaire

Malgré sa simplicité, l'invention fut jugée révolutionnaire. Les vaisseaux de guerre, par exemple, devaient utiliser des cinglages en fil métallique ou des goupilles fendues pour raccorder les tuyaux avant l'invention du collier de serrage par vis sans fin.

Celui-ci est utilisé aujourd'hui dans des domaines aussi variés que le jardinage, l'automobile ou l'aérospatiale. **RH**

VOIR ÉGALEMENT : TOUR À FILETER, SYSTÈME DE FILETAGE UNIFORMISÉ, ACIER INOXYDABLE

La microélectrode (1921)

Hyde simplifie l'étude des organismes unicellulaires.

Être une femme de science s'avéra difficile pour la neurophysiologiste américaine Ida Hyde au début du XXe siècle. Née à Davenport dans l'Iowa de parents allemands, elle eut du mal à trouver une université. Elle réussit finalement à faire une maîtrise à Cornell, aux États-Unis, puis devint la première femme à obtenir un doctorat en sciences à l'université de Heidelberg, en Allemagne. Malgré cela, on ne reconnut qu'elle avait inventé la microélectrode qu'après sa mort. Depuis, cet appareil a révolutionné la neurophysiologie. L'électrode de Hyde était si petite qu'elle fut l'une des premières à pouvoir étudier les organismes unicellulaires.

Hyde s'intéressait au mécanisme de la respiration et au système nerveux de divers organismes, depuis les sauterelles jusqu'aux hommes. Au cours de ses recherches, elle inventa la microélectrode pour pouvoir délivrer un stimulus électrique ou chimique à une cellule particulière. Elle pouvait ainsi découvrir exactement ce qui se passe quand une cellule ou un nerf est conducteur d'électricité.

Ce n'est que 20 ans plus tard, quand la microélectrode fut à nouveau « inventée » parce qu'on ignorait tout des travaux pionniers de Hyde, qu'elle fut utilisée dans des travaux de recherche de grande envergure. Aujourd'hui, elle s'avère toujours essentielle à l'examen des impulsions électriques du cerveau. Si l'on avait reconnu les travaux de Hyde, les neurologues auraient pu utiliser la microélectrode des décennies plus tôt, et l'on peut difficilement estimer combien d'années de recherches furent retardées, simplement à cause du sexisme qui régnait à cette époque dans le domaine des sciences. **LS**

VOIR ÉGALEMENT : TOMOGRAPHIE PAR ORDINATEUR (SCANNER), ÉLECTROENCÉPHALOGRAMME

Le vaccin du BCG (1921)

Calmette et Guérin luttent contre la tuberculose.

Depuis son invention en 1921, le vaccin du BCG, ou bacille Calmette-Guérin, a été inoculé à plus d'un milliard d'individus dans le monde pour prévenir la tuberculose. Cette maladie tuait de nombreuses personnes au XIXe siècle. En 1882, Robert Koch prouva que la bactérie *Tubercle bacillus* en était la cause, mais on ne pouvait pas en faire un vaccin si on la traitait ou si elle était morte. Albert Calmette, bactériologiste français, et Camille Guérin, un vétérinaire, découvrirent qu'en plaçant le bacille de la tuberculose des bovins dans un mélange de pomme de terre, de bile et glycérine, apparaissaient des bactéries moins virulentes. Dès 1906, en réalisant d'autres cultures repiquées, Calmette et Guérin produisirent une souche de bacilles vivants si affaiblis qu'ils ne transmettaient pas la maladie, mais pouvaient encore servir de vaccin. Les deux hommes testèrent leur vaccin du BCG sur des êtres humains en 1921 et, dès 1928, on l'utilisa pour vacciner avec succès 116 000 enfants en France.

« Le lancement du vaccin du BCG fut une gigantesque opération commerciale et malhonnête. »

Docteur Jean Elmiger, médecin suisse

Au cours des dernières années, on a rapporté des cas plus nombreux de tuberculose, ainsi qu'une augmentation des souches multirésistantes. On teste actuellement, en Afrique du Sud, un nouveau vaccin qui viendrait renforcer la réaction des lymphocytes T déjà préparés par le vaccin du BCG. **LH**

VOIR ÉGALEMENT : VACCIN DU CHOLÉRA, INOCULATION, VACCIN DE LA POLIO, VACCIN DE LA RAGE, VACCIN DE LA RUBÉOLE

Le détecteur de mensonges (1921)

Larson identifie les réponses mensongères.

Certains mensonges sont proférés très facilement tandis que d'autres mettent le corps sous tension et ont divers effets : mains moites, tics nerveux, voix étranglée ou rythme cardiaque accéléré. Grâce à John Augustus Larson, de tels signes incriminent désormais les plus rusés des menteurs.

Étudiant en médecine à l'université de Californie, Larson inventa en 1921 le détecteur de mensonges. Il fonctionne en observant de façon ininterrompue et simultanée les réponses physiologiques de la personne interrogée, notamment les changements qui peuvent survenir dans sa respiration et son rythme cardiaque. Malheureusement, les réponses physiologiques évoquées peuvent être provoquées par n'importe quelle situation de stress. La crédibilité du détecteur de mensonges est donc toujours remise en cause.

« Tout le monde peut parfois mentir, mais l'expression du visage dit la vérité. »

Friedrich Nietzsche, philosophe allemand

Malgré ces doutes, l'appareil est toujours utilisé et s'avère le plus efficace dans les premières phases d'une enquête, quand on doit identifier les principaux suspects ou au cours d'enquêtes qui entraînent des peines moins sévères. **CB**

VOIR ÉGALEMENT : TACHISTOSCOPE, ANALYSE DE L'EMPREINTE GÉNÉTIQUE

Ce prisonnier, photographié en 1915, passe des tests d'évaluation psychologique alors qu'il est relié à un détecteur de mensonges primitif.

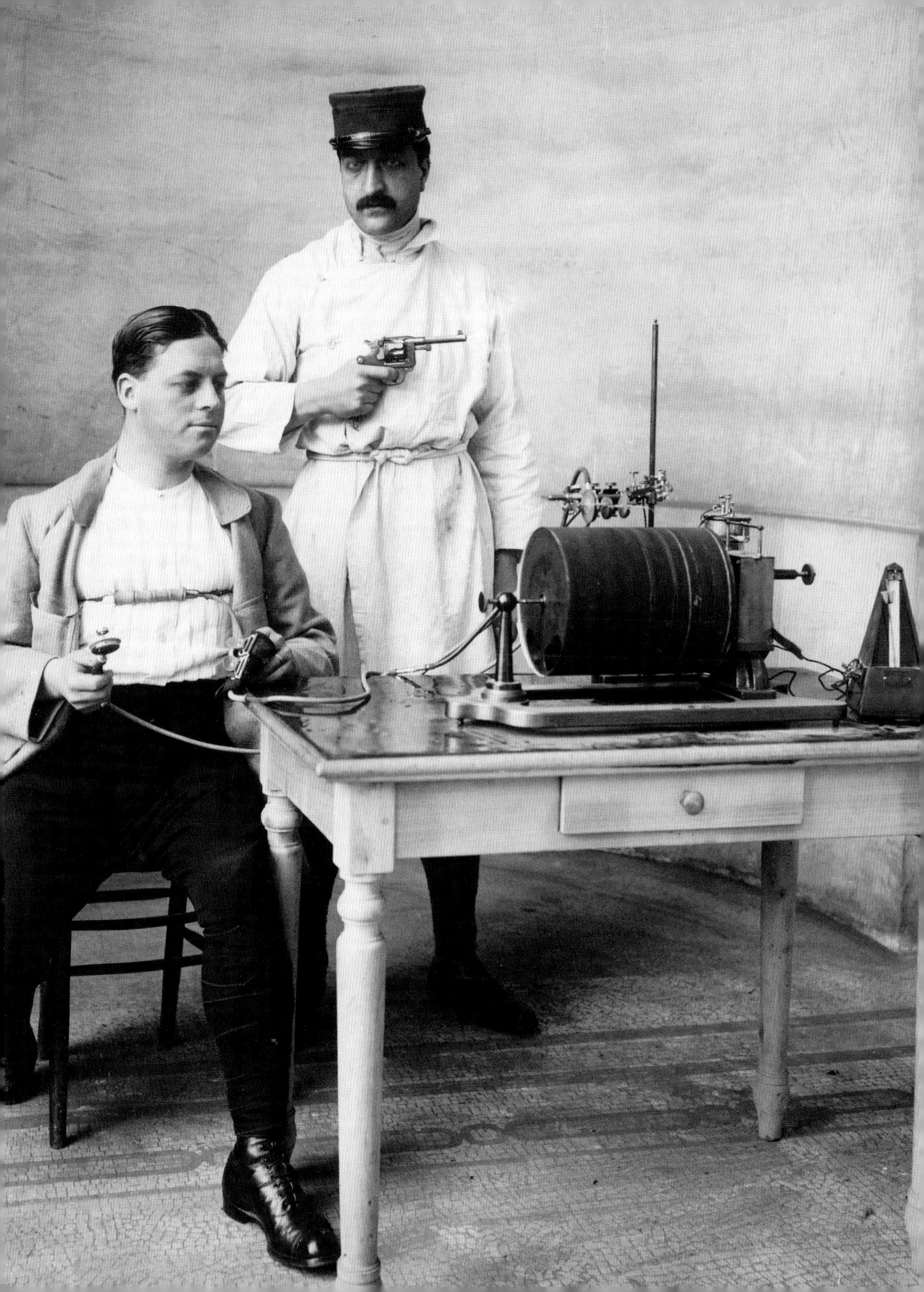

Le réfrigérateur (1922)

Von Platen et Munters conçoivent un placard de refroidissement pour préserver les aliments.

> *« Quand vous allez à la chasse, vous rentrez victorieux ou pas. Quand vous ouvrez le réfrigérateur, vous réussissez à chaque coup. »*
>
> Nora Volkow, Institut national sur l'usage des drogues

Le réfrigérateur est l'une des inventions essentielles du XXe siècle. La durée de conservation des aliments est allongée, car il ralentit le développement des bactéries. Avant l'invention du réfrigérateur, la seule source de froid était les blocs de glace que l'on plaçait dans une glacière, mais la plupart des foyers n'en étaient pas équipés.

Baltzar von Platen et Carl Munters faisaient leurs études à l'Institut technologique royal de Suède à Stockholm quand ils inventèrent ensemble le réfrigérateur par absorption de gaz. Contrairement aux appareils modernes, celui-là n'avait pas besoin d'électricité pour faire fonctionner un compresseur, mais était fondé sur un ingénieux procédé où un gaz réfrigérant passe par une série d'états changeants. On fait chauffer un mélange d'eau et d'ammoniaque jusqu'à ce que cette dernière s'évapore. On fait ensuite passer le gaz ainsi obtenu par un condensateur qui absorbe la chaleur de l'ammoniac pur jusqu'à ce que celui-ci se liquéfie, à une température plus basse que celle du mélange d'eau et d'ammoniaque. Ce liquide passe ensuite dans de l'eau salée qu'il refroidit et qui à son tour refroidit le réfrigérateur. L'ammoniaque est ensuite retransformée en gaz, réabsorbée par l'eau, et le processus recommence.

Ce réfrigérateur par absorption de gaz fut manufacturé en 1923 par AB Arctic (racheté par Electrolux), mais il ne remporta jamais un vrai succès. Le réfrigérateur électrique, mis au point à la même époque, attira plus d'investissement et de publicité et domina bientôt le marché. Dès les années 1930, on cessa de fabriquer celui à absorption de gaz. **JG**

VOIR ÉGALEMENT : FRÉON®, CONGÉLATION, PROCÉDÉ HABER (FABRICATION D'AMMONIAQUE), SORBETIÈRE

↖ *Un Monitor Top, réfrigérateur domestique électrique fabriqué par la General Electric en 1934.*

Le mixeur (1922)

Grâce à Poplawski, on peut réaliser aisément milk-shakes et boissons fouettées.

Bien qu'aujourd'hui omniprésent dans les cuisines, le mixeur était au début réservé à l'industrie des boissons non alcoolisées et notamment à la réalisation de milk-shakes maltés. Dès les années 1920, en effet, milk-shakes et boissons maltées étaient très populaires. Cependant, le lait en poudre malté avait été conçu pour être transformé en boisson chaude et formait souvent des grumeaux quand on le mélangeait à du lait froid. Pour résoudre le problème, Stephen Poplawski inventa le mixeur en 1922. Son appareil était doté de petites lames que faisait tourner un moteur électrique, disposées au fond d'un haut bol dans lequel on ajoutait et mélangeait les ingrédients. Le mixeur, qui produisait une boisson légère et mousseuse, changea à jamais la consistance des milk-shakes, et permit l'apparition d'autres boissons fouettées à base de yaourts et de fruits.

Grâce aux modifications apportées par Fred Osius et à la stratégie marketing astucieuse de Fred Waring, le mixeur apparut rapidement dans les hôtels et les restaurants, et, dès les années 1950, dans les cuisines de nombreux foyers.

Ses utilisations ne se limitent pas à cela. Où qu'on ait besoin de transformer un aliment en purée, on trouve un mixeur. Les hôpitaux l'adoptèrent rapidement pour la préparation de certains régimes, et le mixeur est aussi à sa place dans les laboratoires scientifiques modernes : le docteur Jonas Salk en employa un pour développer son vaccin de la polio.

Aujourd'hui, il demeure plus populaire que jamais ; aucun foyer soucieux de la santé de ses membres ne saurait s'en passer. **RP**

VOIR ÉGALEMENT : MIXEUR-BATTEUR, ROBOT MÉNAGER

↗ *Ce mixeur Magimix, dont le bol est ici attaché à la base, date de 1951.*

« Un enfant de 2 ans est comme un mixeur dont on aurait perdu le couvercle. »

Jerry Seinfeld, acteur et comique américain

L'autoneige (1922)

Bombardier se sert de chenilles pour se déplacer sur la neige.

Les autoneiges sont équipées de chenilles striées, en caoutchouc ou en Kevlar, mues par un moteur qui leur permet de se déplacer sur tout type de neige et de glace. On trouve un ou plusieurs patins à l'avant pour les assister dans leur direction. Ce système fut conçu par l'inventeur canadien Joseph-Armand Bombardier, ingénieur mécanicien autodidacte, qui avait un petit garage à Valcourt, au sud-est de Montréal. Les routes du Québec n'étant pas dégagées l'hiver, les habitants devaient recourir aux traîneaux tirés par des chevaux. Bombardier s'en émut et décida de construire un véhicule pouvant se déplacer sur la neige. Dès 1937, il fabriquait une autoneige qui pouvait transporter sept personnes dans son habitacle. On en fit rapidement des ambulances, des voitures de poste et des bus scolaires.

Une autre avancée eut lieu dans les années 1950, quand on équipa les autoneiges de petits moteurs légers à essence et à quatre temps. Bombardier inventa aussi un scooter des neiges, pour une ou deux personnes, qu'il baptisa « skidoo ».

Aujourd'hui, plus de 200 000 autoneiges et motoneiges sont construites chaque année et elles ont transformé le tourisme d'hiver au Canada, dans le nord des États-Unis et en Europe. Leur vitesse élevée, leur accélération impressionnante et la possibilité qu'elles offrent d'accéder à des zones reculées et couvertes d'une épaisse couche de neige en font des véhicules de loisirs idéaux l'hiver. Diverses courses de motoneiges sont organisées, dont la plus connue est celle de l'Iron Dog (« chien de fer ») entre Wasilla, Nome et Fairbanks, en Alaska. De nouveaux moteurs rendent ces engins moins polluants et certains parcs nationaux, tel celui de Yellowstone, ne permettent l'accès qu'aux motoneiges à quatre temps. **DH**

VOIR ÉGALEMENT : TRAÎNEAU, SKI, PATIN À GLACE, CYCLE À QUATRE TEMPS, REMONTE-PENTE, KEVLAR

Le Technicolor (1922)

Kalmus apporte la couleur aux films.

Pour une invention, la reconnaissance suprême est peut-être que son nom passe dans le langage courant. Cela s'applique au terme « technicolor », qui désigne une technique de développement de pellicule couleur inventée par Herbert Kalmus et ses collègues de la Technicolor Motion Picture Corporation en 1922.

Le premier film largement diffusé ainsi développé fut *The Toll of the Sea*, en 1922. Avec cette technique, on exposait deux photogrammes adjacents de pellicule en noir et blanc, l'un derrière un filtre vert et l'autre rouge. Chaque série de photogrammes était ensuite imprimée sur des pellicules différentes et teinte de la couleur opposée. Les pellicules parallèles en résultant étaient collées dos à dos pour créer la pellicule finale. La méthode trouva un certain succès commercial, mais était loin d'être parfaite. En 1928, l'apparition d'un nouveau processus élimina le besoin de coller deux pellicules ensemble et permit l'essor de la production de films en couleurs. D'autres avancées suivirent, mais les films en couleurs demeuraient onéreux à produire.

« Le Technicolor me fait ressembler à un cadavre qu'on aurait réchauffé. »

Bette Davis, actrice américaine

On doit beaucoup à Walt Disney, qui racheta les droits du Technicolor pour son studio. Le succès de *Blanche-Neige et les sept nains* (1937) confirma la prééminence du Technicolor, qui, au cours des 20 années suivantes, fut la technique de développement de pellicule couleur la plus utilisée d'Hollywood. **RBd**

VOIR ÉGALEMENT : CELLULOÏD, PHOTOGRAPHIE EN COULEURS, PROJECTEUR CINÉMATOGRAPHIQUE, APPAREIL DE PRISES DE VUES

Le fourneau de cuisine en fonte Aga (1922)

Dalén invente un appareil ménager emblématique.

Le fourneau Aga fut l'invention du brillant physicien suédois Gustaf Dalén, lauréat du prix Nobel. Après avoir perdu la vue lors d'une explosion industrielle en 1912, durant sa convalescence forcée à la maison, il mit tout son talent au service de l'amélioration de la cuisinière de sa femme.

Dalén était aussi le directeur d'une société qui fabriquait notamment les lampes automatiques à acétylène des phares et balises éclairées, elles aussi conçues par le Suédois. Le fourneau Aga, dont le brevet fut homologué en 1922, put ainsi être rapidement manufacturé. Ses fours et plaques de fonte maintenaient une chaleur constante quand on l'alimentait en coke, et l'émail couleur crème de son extérieur était à la fois attrayant et facile à nettoyer.

Les fourneaux Aga furent exportés en Grande-Bretagne à partir de 1929 et, dès la fin de la Seconde Guerre mondiale, leurs ventes s'accrurent. En 1948, l'Aga Heat Ltd Works avait déjà produit sous licence plus de 100 000 fourneaux en Angleterre et c'est principalement cette entreprise qui fournit le marché de l'exportation, de plus en plus important. De nouveaux modèles, améliorés, de diverses couleurs et fonctionnant à base de diverses sources d'énergie, furent mis au point au fil des ans : à mazout en 1964, à l'électricité en 1975, puis au kérosène, au gazole, au gaz naturel et au propane. Certains prototypes fonctionnent même au biocarburant et à l'énergie éolienne. Un modèle à quatre fours a été produit en 1987. La fonderie Coalbrookdale, dans le Shropshire, en Angleterre, fabrique désormais tous les fourneaux Aga qui sont vendus dans 21 pays. **AE-D**

VOIR ÉGALEMENT : FOUR, CUISINIÈRE ÉLECTRIQUE, FOUR À MICRO-ONDES, COCOTTE-MINUTE

↗ *Cette jeune femme place une bouilloire sur un fourneau Aga fabriqué en 1940 environ.*

« Quand on rencontre un autre propriétaire de fourneau Aga, c'est comme si on avait un nouvel ami. »

Mary Berry, auteur de livres de cuisine

Le ski nautique (1922)

Samuelson invente un nouveau sport.

« *J'ai décidé que si l'on pouvait skier sur la neige, on pouvait le faire sur l'eau. Tout le monde m'a pris pour un fou.* » Ralph Samuelson

Les activités nautiques telles que la nage, la pêche et la navigation de plaisance pour n'en citer que quelques-unes, constituent certains des passe-temps les plus agréables qui soient. En 1922 s'ajouta à cette liste un nouveau sport : le ski nautique. Son inventeur, Ralph Samuelson, était déjà passionné d'aquaplaning – où le morceau de bois à la forme profilée sur lequel on se tient est tiré par un bateau –, mais il voulait reproduire sur l'eau les sensations du ski alpin. Après plusieurs tentatives ratées avec des skis de neige et des douves de tonneau, il construisit ses propres skis à partir de planches de 2,5 m de long et utilisa la bouilloire en cuivre de sa mère pour en faire chauffer les extrémités et les façonner. Après la mise au point des skis, il dut mettre au point la technique lui permettant de s'élancer sur l'eau.

Les origines du ski nautique furent controversées pendant de nombreuses années, plusieurs groupes en réclamant la paternité. Ce n'est qu'en 1963, quand un journaliste fit par hasard la connaissance de Samuelson qui lui raconta son histoire, que ce dernier fut finalement reconnu comme son créateur. Samuelson ne pensait d'ailleurs pas avoir réalisé quoi que ce soit d'extraordinaire, même s'il s'était exhibé dans des tournées de démonstration de ski nautique.

Ce fut le premier à réussir le saut à skis nautiques, en s'élançant d'un plongeoir profilé graissé de saindoux en 1925, et à être tiré par un hydravion de la Première Guerre mondiale à une vitesse de 129 km/h. Sa deuxième paire de skis (la première fut brisée lors d'un amerrissage particulièrement violent) peut être admirée dans un musée dédié au ski nautique aux États-Unis. **SB**

VOIR ÉGALEMENT : SKI, BATEAU À MOTEUR, JET BOAT

Samuelson faisant du ski nautique en 1925, année où Fred Waller fit breveter l'invention de ce dernier.

Le Coton-Tige (1923)

Gerstenzang place une boule de coton au bout d'un bâtonnet.

Leo Gerstenzang inventa le Coton-Tige après avoir observé sa femme qui collait du coton aux extrémités d'un cure-dent pour nettoyer les oreilles de leur bébé. Il utilisa du carton pour la tige, de façon à éviter que le bébé ne soit blessé par une écharde, et s'assura que l'ouate demeurerait en place pendant le nettoyage. Il établit une société, la Leo Gerstenzang Infant Novelty Company, pour commercialiser ses Coton-Tige et lança son produit sous le nom Baby Gays en 1923.

Rapidement, les Coton-Tige ne furent plus simplement destinés aux bébés, mais rejoignirent le marché des cosmétiques dans les années 1950. Les maquilleurs d'Hollywood commencèrent à les utiliser dans leur travail et un livret, *Leçons de beauté avec les Coton-Tige*, fut même publié.

« On voit souvent arriver à l'hôpital des patients qui se sont blessés avec des Coton-Tige. »

J. C. Hobson et J. A. Lavy

Au début des années 1970, on s'inquiéta des blessures que pouvait provoquer ce produit aux oreilles, particulièrement la perforation des tympans ou le compactage du cérumen. Les fabricants signalèrent alors qu'on ne devait plus les destiner à cet usage. Les Coton-Tige demeurent aisément disponibles et n'ont quasiment pas changé depuis leur création, bien qu'ils aient aujourd'hui des utilisations très différentes. **HP**

VOIR ÉGALEMENT : LAME DE RASOIR JETABLE, MOUCHOIRS EN PAPIER, SAVON, BROSSE À DENTS, DENTIFRICE

Le film parlant (1923)

De Forest met fin à l'ère des films muets.

C'est à l'Exposition universelle de Paris, en 1900, qu'eut lieu la première présentation publique d'un film parlant. Il était cependant difficile de projeter le son dans un grand auditorium, alors que les systèmes de sonorisation amplifiée n'existaient pas ; de plus, la synchronisation du son et de l'image était si primitive qu'on se contentait de lancer en même temps le projecteur et le cylindre sur lequel était gravé le son, en espérant que cela fonctionnerait.

Les expériences continuèrent jusqu'à ce qu'en 1919 l'ingénieur électricien Lee De Forest mette au point la première technologie sonore sur pellicule : c'était un système où l'on ajoutait à la pellicule une « bande » sonore. Quatre ans plus tard, le 23 avril 1923, De Forest et son studio, Phonofilms, organisèrent la première représentation publique d'un film parlant entièrement synchronisé. Un an plus tard, il réalisa le premier film parlant commercial, *Love's Old Sweet Song*, réalisé par H. Manning Haynes avec les acteurs John Stuart et Joan Wyndham.

Hollywood craignait toutefois que cette nouvelle technologie ne menace sa position dominante dans une industrie qui représentait plusieurs millions de dollars. De plus, plusieurs studios hollywoodiens commencèrent à mettre au point leur propre technologie, toutes incompatibles entre elles.

Il fallut attendre le succès du *Chanteur de jazz*, réalisé par Alan Crosland en 1927, pour prouver que les films parlants pouvaient s'avérer très profitables – même si ce succès était davantage lié au statut de star d'Al Johnson, l'acteur principal, qu'au désir du public de bénéficier et du son et de l'image. Malgré cela, les studios commencèrent peu à peu à soutenir cette technologie et, dès 1930, l'ère du film muet était achevée. **TB**

VOIR ÉGALEMENT : HAUT-PARLEUR, MICROPHONE, SON STÉRÉO, SON SURROUND

Le bulldozer (1923)

Cummings invente un engin pouvant charrier la terre et remplacer la mule.

Pour creuser le canal de Suez en 1869 et celui de Panamá en 1910, on utilisa l'excavateur inventé en 1839 par William Otis.

En 1923, un fermier américain, James Cummings, observa des ouvriers, qui, aidés de mules, comblaient les tranchées laissées par un pipeline, et comprit qu'une machine pouvait effectuer la même tâche de manière plus efficace. Aidé du dessinateur industriel J. Earl McLeod, il en dessina les plans, construisit le premier bulldozer à partir de pièces récupérées chez les ferrailleurs et remporta le contrat de remplissage des tranchées. Les bulldozers sont dotés de larges chenilles pour faciliter leur déplacement dans la boue et le sable, d'une lourde lame profilée pour lisser, pousser ou transporter des roches, du sable, de la terre ou des gravats. Ce sont les engins les plus utilisés lors des projets de construction aujourd'hui, qu'il s'agisse de routes ou de bâtiments, et ils sont indispensables dans les carrières et les mines.

Les bulldozers jouèrent par ailleurs un rôle essentiel lors du débarquement allié en 1944. Ceux des Britanniques, blindés, dégagèrent les plages et les routes, et comblèrent les trous d'obus. On transforma même certains chars d'assaut en bulldozers en éliminant leur tourelle et en leur ajoutant une lame. Aujourd'hui, les armées du monde entier ne sauraient se passer de leurs bulldozers blindés. Ce sont aussi des outils importants après un désastre naturel, un tremblement de terre par exemple. Un bulldozer peut déblayer un immeuble effondré en quelques jours. **ES**

VOIR ÉGALEMENT : TRACTOPELLE, CHARRUE EN FONTE, CHARRUE À VERSOIR, CHARRUE EN ACIER TREMPÉ, BATTEUSE, TRACTEUR

↑ *Bulldozers blindés utilisés pendant une bataille à Ktima, à Chypre, en mars 1964.*

L’autogyre (1923)

De la Cierva ouvre la voie au vol vertical.

En 1923, Juan de la Cierva inventa le premier autogyre. Rappelant de prime abord l’hélicoptère, cet appareil n’est cependant pourvu que d’un rotor non motorisé. Les premiers autogyres étaient moins manœuvrables que les hélicoptères et incapables de décoller ou d’atterrir verticalement. Leur invention a cependant précédé celle des hélicoptères et donc ouvert la voie au vol vertical. Le rotor de l’autogyre fonctionne de la même façon que le tégument de l’*Acer negundo*, l’érable à feuille de frêne. Cette graine qui rappelle une hélice possède une forme aérodynamique qui l’aide à tourner en tombant et donc à se disséminer très loin. Les rotors d’autogyre tournent de la même façon.

La puissance de l’engin provient de son hélice motorisée (et plus tard d’un moteur à réaction) ; il a donc le plus souvent besoin d’une piste pour décoller, mais très courte, d’à peine quelques dizaines de mètres. L’autogyre pouvant atterrir dans un espace tout aussi réduit, il possède un avantage évident par rapport à l’avion : il est plus manœuvrable et plus stable à une vitesse réduite, mais peut aussi se déplacer plus vite qu’un hélicoptère. Il ne « décroche » jamais en vol, ce qui le rend considérablement plus sûr que les autres aéronefs.

De la Cierva commença à concevoir l’autogyre en 1920 environ, motivé en partie par les accidents fréquents des avions à ailes fixes, notamment à vitesse réduite. Le premier vol réussi, celui d’un appareil baptisé C4, eut lieu en 1923. Il était loin d’être parfait, mais chaque fois qu’il rencontrait un problème en vol, il pouvait redescendre doucement à terre sur ses pales qui tournaient librement. **JB**

VOIR ÉGALEMENT : DIRIGEABLE, PLANEUR, HÉLICOPTÈRE, MONTGOLFIÈRE, CERF-VOLANT, AVION, SONDE SPATIALE

↑ *Ces personnes examinent l’autogyre de F. T. Courtney en Angleterre, en 1925.*

La direction assistée (1923)

La conduite automobile devient plus souple.

La direction assistée vit le jour dans les années 1920 grâce à Francis W. Davis et George Jessup à Waltham, dans le Massachusetts. Davis, l'ingénieur en chef du département camions de la Pierce Arrow Motor Company, avait pu voir combien il était difficile de diriger des véhicules lourds. Il démissionna et entreprit d'inventer un système de direction hydraulique qui déboucha finalement sur la direction assistée. Chrysler en équipa pour la première fois un véhicule commercial avec l'Imperial, en 1951. Le système était alors baptisé « hydraguide ».

La majorité des systèmes de direction assistée fonctionnent à l'aide d'une pompe à palettes qu'entraîne une courroie reliée au moteur et qui produit de la pression hydraulique. Au fur et à mesure que la vitesse du moteur augmente, la pression fait de même dans le fluide hydraulique, de sorte qu'une soupape de sûreté est nécessaire pour que celle qui est en excès puisse s'échapper. Quand la direction assistée n'est pas en utilisation, par exemple quand on conduit sur une ligne droite, des conduits hydrauliques génèrent une pression égale des deux côtés de la boîte de direction. Quand on tourne le volant, ces deux conduits hydrauliques produisent une pression inégale et aident ainsi à tourner les roues dans la direction désirée.

Les directions assistées électriques commencent à remplacer les hydrauliques. Dans ce nouveau système, une fois le mouvement et la force de tension de la colonne de direction détectés, des moteurs électriques génèrent la puissance nécessaire au virage. On peut ainsi varier cette puissance en fonction des conditions de conduite. Les systèmes électriques n'ayant pas besoin du moteur pour fonctionner, ils sont plus économes en énergie que les systèmes hydrauliques. **BO**

VOIR ÉGALEMENT : AUTOMOBILE, VOLANT DE DIRECTION

Le tunnel aérodynamique (1923)

Munk simule le vent de façon réaliste.

Les premiers ingénieurs en aéronautique s'inspirèrent du vol des oiseaux pour leurs machines volantes, mais il devint rapidement évident que cette méthode avait ses limites. Quand un oiseau est en vol, l'air glisse sur ses ailes, et les ingénieurs prirent conscience qu'il leur faudrait simuler le mouvement de l'air sur les ailes d'un avion pour découvrir le mystère du vol.

Frank Wenham conçut un tunnel aérodynamique primitif dans lequel soufflait un ventilateur pour produire un courant d'air contrôlé. Cela conduisit finalement au premier tunnel aérodynamique à densité variable de Max Munk. Munk quitta l'Allemagne pour les États-Unis en 1920 pour y travailler pour le gouvernement américain. Il décida d'améliorer la simulation des courants d'air dans les premiers tunnels aérodynamiques pour pouvoir recréer les conditions qu'affrontait un avion à haute altitude. Il eut l'idée géniale d'augmenter la densité de l'air dans le tunnel en le comprimant. C'est sur ce principe que fut fondé le premier tunnel aérodynamique à densité variable et en circuit fermé, utilisé dès 1923, qui révolutionna la conception des automobiles et des avions. **RB**

« Le progrès technique naît de l'intégration et non de la différenciation. »

Max M. Munk, physicien et mathématicien

VOIR ÉGALEMENT : PLANEUR, AVION

→ *Un ingénieur teste un avion Flying Flea (« puce volante ») dans un tunnel aérodynamique de Farnborough en Angleterre, en 1936.*

Le flash au xénon (1923)

Edgerton illumine la photographie.

> *« La vie, ce ne sont pas des détails illuminés par un flash et fixés à jamais. Ça, ce sont les photos. »*
>
> Susan Sontag, auteur et critique

Les lampes à flash au xénon furent inventées par Harold Edgerton, professeur en ingénierie électrique à MIT (Massachusetts Institute of Technology). Cet expert du stroboscope était aussi un photographe imaginatif dont les arrêts sur image bénéficient d'une réputation internationale.

Les flashs au xénon, forme d'éclairage stroboscopique courante, produisent une lumière intense qui dure entre un millionième et un millième de seconde selon la quantité du gaz présent dans chaque ampoule. On peut aussi répéter ces flashs jusqu'à quelques centaines de fois par seconde. Le xénon est contenu dans un tube fermé, à une pression comprise entre 1 et 10 % d'une atmosphère. La décharge lumineuse se produit quand on fait passer une fréquence hertzienne à haute tension par une petite cathode et que l'on ionise ainsi le gaz. On fait ensuite passer dans le tube une courte pulsion d'un millier d'ampères qui excite les atomes de xénon. Ceux-ci se désintègrent immédiatement en émettant un flash.

Le xénon convertit très efficacement l'énergie électrique en radiation visuelle. La durée du flash dépend de la distance entre les électrodes. En concevant soigneusement la forme des électrodes et leur composition, on s'assure que l'énergie générée par chaque flash demeure constante. Le flash au xénon produit un large spectre continu surmonté d'une série de raies spectrales, mais comme ces dernières possèdent des longueurs d'onde à travers tout le spectre visuel, la lumière paraît blanche à l'œil nu. On peut aussi utiliser du krypton si l'on a besoin d'un rayonnement infrarouge plus important. **DH**

VOIR ÉGALEMENT : LAMPE À ARC, LAMPE D'ARGAND, AMPOULE FLUORESCENTE, HALOGÈNE, INCANDESCENTE, AU NÉON

↖ *La lampe stroboscopique d'Edgerton, conçue pour produire un intense flash lors de l'ouverture de l'objectif.*

L'iconoscope (1923)

Zworykin ouvre la voie à la télévision.

Même si on la considère souvent comme une invention purement américaine, la télévision doit beaucoup à la Russie. Vladimir Zworykin faisait des études d'ingénierie électrique à l'Institut technologique de Saint-Pétersbourg quand Boris Rosing, professeur chargé des travaux de laboratoire, lui parla des tentatives de transmettre des images par fil électrique. Ils devaient ensemble concevoir une télévision très rudimentaire au début du XXe siècle.

La révolution les sépara et mit fin à leurs recherches. Rosing mourut en exil mais son étudiant, Zworykin, s'installa aux États-Unis et poursuivit ses recherches dans le domaine de la transmission des images. Dès 1923, il avait inventé l'iconoscope ou « visionneuse d'images ». Ce tube cathodique modifié était en réalité le premier tube analyseur de télévision entièrement électrique.

Les supérieurs de Zworykin ne furent pas impressionnés par son invention, mais ce dernier améliora à ses heures perdues son iconoscope et, en 1929, il montra sa télévision entièrement électrique durant une convention d'ingénieurs radio. David Sarnoff, directeur de la RCA, comprit tout l'intérêt de l'invention et nomma Zworykin directeur du laboratoire de recherche électronique de la RCA.

Il faudrait attendre encore 20 ans avant que la télévision ne devienne un objet courant des foyers américains, 20 ans parsemés de procès, de budgets dépassés, de rachats et des combats de la Seconde Guerre mondiale : assez pour en faire tout un programme télévisé. Tout débuta cependant par un inventeur persistant et son iconoscope. **RBk**

VOIR ÉGALEMENT : TÉLÉVISION EN COULEURS, TÉLÉVISION PAR CÂBLE, TÉLÉCOMMANDE

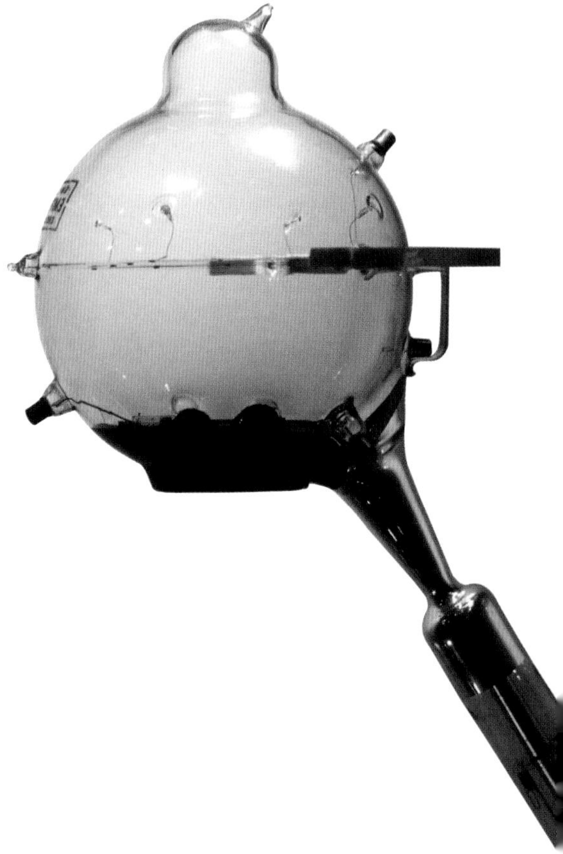

↗ *L'émitron, un tube analyseur mis au point pour la BBC en 1935, est similaire à l'iconoscope de Zworykin.*

« La télévision n'aura jamais aucune importance de mon vivant ou du vôtre. »

Bertrand Russell, philosophe britannique, 1948

La congélation rapide (1924)

Birdseye congèle les aliments plus rapidement pour bien les préserver.

En 1912, Clarence Birdseye était biologiste de terrain dans le nord du Canada quand les Inuits lui apprirent à conserver le poisson en le congelant très rapidement sous une glace très épaisse, à une température de - 40 °C degrés environ. Dégelé, il conservait le goût du poisson frais. Birdseye s'aperçut que quand on congèle très rapidement les aliments, il se forme moins de cristaux de glace dans les cellules et leur texture reste donc plus intacte. Les aliments congelés peuvent se conserver plusieurs mois du moment qu'on les maintient à une température constante ne dépassant pas - 18 °C.

Birdseye rejoignit en 1922 la Clothel Refrigerating Company, où il se consacra aux techniques de congélation. Il établit sa propre société, la Birdseye Seafood Inc., en 1923, pour commercialiser des filets de poisson surgelés à une température de - 43 °C. Il ne parvint toutefois pas à vendre assez de poissons et déposa le bilan un an plus tard. Pas découragé pour autant, Birdseye fit breveter un nouveau processus de congélation rapide, selon lequel le poisson était emballé dans du carton paraffiné et congelé rapidement, sous pression.

L'inventeur créa une autre société et s'intéressa cette fois-ci au marketing. Son congélateur à double courroie, breveté en 1925, utilisait l'eau salée pour refroidir deux tapis d'acier inoxydable transportant le poisson qui était congelé très rapidement. On pouvait appliquer la même méthode à la viande et aux légumes. En 1929, Birdseye vendit sa société et de nombreux brevets pour 22 millions de dollars à ce qui allait devenir la General Food Corporation. **EH**

« L'une des merveilles de notre ère est ce nouveau processus de congélation rapide… »

Better Homes and Gardens, septembre 1930

VOIR ÉGALEMENT : FRÉON, MACHINE À GLAÇONS, RÉFRIGÉRATEUR

Birdseye tente, en 1943, d'améliorer le processus de déshydratation, ici en testant des rondelles de carotte.

Les mouchoirs en papier (1924)

Kimberly-Clark crée le mouchoir jetable.

Bien que le besoin de se moucher soit aussi vieux que celui d'éternuer, il fallut attendre longtemps avant de trouver comment se débarrasser de façon hygiénique et polie des mucosités nasales. Les mouchoirs en papier, solution apparemment simple, sont surtout peu onéreux, doux, jetables et absorbants, comparés à d'autres produits en papier. Même le papier toilette n'est pas aussi efficace, car il est conçu pour se dissoudre dans l'eau.

De fait, quand la société Kimberly-Clark inventa ce matériau, c'était pour en faire des bandages pendant la Première Guerre mondiale. Le cellucoton (tel était son nom), cinq fois plus absorbant que le coton et deux fois moins cher, était fait de pulpe de bois. Parce que les infirmières militaires en avaient fait des serviettes hygiéniques jetables, Kimberly-Clark reprit l'idée et commercialisa ses premiers produits d'hygiène féminine jetables en 1920. Ce n'est qu'en 1924 que cette société inventa le mouchoir en papier, sous la marque Kleenex. Mais il était alors destiné au démaquillage. Ce n'est qu'à la fin de la décennie que Kimberly-Clark comprit que ses Kleenex étaient utilisés comme des mouchoirs jetables et adapta rapidement sa stratégie marketing.

Kleenex devint vite synonyme de mouchoir en papier. En 1928, apparut la boîte en carton caractéristique avec son ouverture perforée, rapidement suivie de mouchoirs colorés ou ornés de motifs. Les paquets qu'on glisse dans la poche firent leur apparition en 1932. Si le mouchoir en papier a largement remplacé celui en tissu dans la plupart des pays développés, on s'inquiète désormais de son impact sur l'environnement et l'on cherche à produire des mouchoirs libres de tout chlore ou à base de papier recyclé. **RBd**

VOIR ÉGALEMENT : PAPIER, PAPIER TOILETTE, COTON-TIGE, TAMPON AVEC APPLICATEUR

L'ultracentrifugeuse (1924)

Svedberg rend la centrifugeuse plus rapide.

La centrifugeuse existe depuis le milieu du XIXe siècle. Les premières centrifugeuses étaient actionnées manuellement et pouvaient atteindre 800 révolutions par minutes (rpm). La première ultracentrifugeuse, conçue par le chimiste suédois Theodor Svedberg en 1924, pouvait tourner à une vitesse de 160 000 rpm. Lors de ses premiers tests, Svedberg sépara l'hémoglobine du sang en six heures environ ; en utilisant la seule gravité, il aurait fallu 180 ans.

La vitesse de l'appareil en fait un outil d'analyse puissant. Il peut mesurer la masse, la taille et la forme d'une molécule. Il mesure le mouvement des molécules à une certaine vitesse de rotation et cette « vitesse de sédimentation » sert à calculer l'unité de Svedberg (la vélocité de la molécule par unité de champ de gravitation) ; cette donnée sert à son tour à calculer la masse de la molécule.

> *« Notre ère est pratique. Elle exige de nous tous des résultats clairs et tangibles. »*
>
> Theodor Svedberg, chimiste

Svedberg utilisa cette nouvelle technique pour démontrer les théories du mouvement brownien avancées par Einstein et von Smoluchowski, ce qui lui valut le prix Nobel en 1926. Aujourd'hui, l'ultracentrifugeuse s'avère utile pour analyser de grosses molécules dans des solutions similaires à celles dans lesquelles elles se produisent naturellement. **JM**

VOIR ÉGALEMENT : POMPE CENTRIFUGE, EMBRAYAGE CENTRIFUGE

3.1
3.2
3.3
4.1
4.2
4.3
5.1
5.2
5.3
6.1
6.2
6.3
7.1
7.2
7.3

de 1925 à 1951

Dans les années précédant la Seconde Guerre mondiale, les inventions militaires dont les missiles balistiques ou les bombes à fragmentation prirent une certaine ampleur.

En parallèle, la préservation de la vie prit une grande importance, et la découverte de la pénicilline a permis de contrer les pertes subies pendant la guerre.

L'invention de l'hélicoptère et de l'avion supersonique diminua considérablement les distances. L'apparition des disques vinyle, des caméras 35mm et de la télévision proposaient une certaine légèreté durant cette période difficile.

Les réacteurs nucléaires marquent l'entrée dans l'ère atomique.

L'appareil photo 35 mm
(1925)

Barnack inaugure l'ère du photojournalisme avec un appareil ultra-réactif.

Remis chaque année à des photoreporters, le prix Oskar-Barnack fut créé en 1979 pour célébrer le centième anniversaire de la naissance de l'inventeur de l'appareil photo 35 mm. Barnack (1879-1936) en avait eu l'idée en 1905, mais c'est seulement en 1913-1914 qu'il put concrétiser son projet. Il était alors chef du développement chez Leitz, fabricant allemand d'appareils photographiques installé à Weitzlar, dans la Hesse.

Les lourdes plaques traditionnelles encombrantes devaient être longuement préparées avant utilisation. Prendre des « instantanés » était chose impossible. L'appareil de Barnack, boîte de métal capable de tenir dans la poche, utilisait un nouveau type de pellicule, dérivé de la pellicule cinéma en 35 mm de Thomas Edison. En 1914, Barnack prit la photo d'un soldat venant de recevoir son ordre de mobilisation. Spontanée, cette image d'un type nouveau saisissait un instant historique. Barnack avait pris dans ses mains un morceau de pellicule puis écarté les bras. Sa longueur correspondait à 36 photos : c'est le nombre de négatifs que compte désormais un rouleau standard.

La Première Guerre mondiale interrompit les recherches de Barnack et il fallut attendre 1925 pour voir apparaître le Leica I (abréviation de *Leitz camera*). Selon un historien, les photographes de la vieille école ne voyaient qu'une sorte de jeu dans ce nouvel appareil photo, mais il s'en vendit tout de même près de 60 000 au cours des sept années suivantes. **DHk**

VOIR ÉGALEMENT : PHOTOGRAPHIE, APPAREIL REFLEX MONOCULAIRE, APPAREIL BROWNIE PORTATIF, APPAREIL NUMÉRIQUE

Le premier appareil photo 35 mm commercialisé fut le Leica I, fabriqué en 1925 par Leitz.

Publicité de 1937 montrant un modèle de la série Leica III à télémètre incorporé.

Le réacteur à lit fluidifié
(1925)

Winkler fait progresser le cracking catalytique.

En 1925, Fritz Winkler (1888-1950) fit breveter un réacteur chimique où de grosses particules pouvaient être « fluidifiées » en forçant un courant de gaz vertical à travers un solide. Son réacteur lui permit d'extraire du gaz du lignite et de l'envoyer directement dans un moteur pour comprimer l'ammoniac.

Le cracking catalytique est un processus où, chauffées en présence d'un catalyseur, les molécules lourdes provenant des dépôts de pétrole sont brisées pour donner des molécules plus légères et plus utiles telles que l'essence. Le catalyseur est actif un certain temps, puis inactif quand une couche appelée coke se dépose en surface. On peut ôter et régénérer les catalyseurs en les réchauffant à l'air. Le processus est relativement long et il convient de les enlever sans nuire aux produits de la réaction.

> *« Dans l'histoire des lits fluidifiés, la vitesse des développements montre leur justesse intrinsèque. »*
>
> A. M. Squires, M. Kwauk, A. A. Avidan

Le réacteur à lit fluidifié est la solution idéale. Un gaz passe en force dans le catalyseur et lui permet d'acquérir des propriétés liquides, comme s'écouler pour être régénéré puis retrouver le mélange réactif. Adaptation de l'invention de Winkler aux poudres fines, le premier réacteur américain fut installé en 1940 à Baton Rouge, dans la raffinerie de la Standard Oil. Les lits fluidifiés servent encore dans l'industrie des carburants ; on les trouve aussi dans la fabrication de polymères comme le PVC et le caoutchouc. **HP**

VOIR ÉGALEMENT : RAFFINERIE DE PÉTROLE, CAOUTCHOUC SYNTHÉTIQUE, NÉOPRÈNE

L'aérosol
(1926)

Rotheim invente l'atomiseur.

L'inoffensif aérosol est depuis plusieurs années sujet à controverse dans la presse. Moyen bon marché de « planer », appelé « usage de solvants », il permet *via* l'inhalation des vapeurs de certains aérosols d'éprouver une sensation d'ivresse légère. Il sert aussi à dessiner des graffitis sur les murs. Dans les années 1970, on comprit que les chlorofluorocarbones attaquaient la couche d'ozone et leur utilisation fut contrôlée en accord avec le protocole de Montréal. Malgré ses aspects négatifs, l'aérosol est largement utilisé dans le monde entier.

Les aérosols remontent à la fin du XIXe siècle, puisque des vaporisateurs furent testés dès 1862. La technologie de l'aérosol ne décolla vraiment qu'en 1926 quand le chimiste norvégien Erik Rotheim (1898-1938) découvrit qu'une charge pouvait être mélangée à un propulseur dans une bombe pressurisée, permettant ainsi au produit d'être diffusé après passage dans un petit ajutage directionnel.

Le propulseur est l'élément clé de l'aérosol. Le gaz de la bombe se présente sous forme de vapeur pressurisée à une température légèrement inférieure à son point naturel d'ébullition (tout juste en dessous de la température normale d'une pièce). Le liquide passe par l'ajutage, s'évapore et se change en gaz pour projeter le produit sous forme de spray.

Malgré ses détracteurs, l'invention de Rotheim a connu bien des améliorations et s'est révélée très utile dans toutes sortes de domaines, des bombes de peinture permettant d'appliquer une couche régulière sur les carrosseries de voiture aux arabesques de crème Chantilly sur les gâteaux. **BG**

VOIR ÉGALEMENT : LAQUE POUR CHEVEUX

L'Enigma (1926)

Le cryptage assisté par réflecteur de Scherbius éclipse les machines à rotors précédentes.

En 1926, l'armée allemande adopta un appareil de chiffrement électromécanique censé être imparable, mais qui finit par causer sa perte lors de la Seconde Guerre mondiale. Huit années plus tôt, l'ingénieur électricien Arthur Scherbius (1878-1929) avait conçu le premier modèle de l'Enigma, gros appareil comportant une machine à écrire et trois rotors permettant de crypter les messages. Quand une lettre est tapée sur le clavier, le premier de ces disques électriques tourne et entraîne un second disque, comme le font les roues d'un odomètre. Les fils reliés aux rotors forment un cheminement électrique allant du clavier à la plaque de sortie ; les diverses connexions intermédiaires assurent le chiffrement du texte entré en clair.

Les premières Enigma A et B de Scherbius pesaient 50 kg. L'armée ne les trouva pas assez sûres et ne les acquit pas. Pour garantir le caractère indéchiffrable des caractères envoyés par la machine, l'inventeur pourvut son troisième modèle, plus petit et plus léger, d'un dispositif de sécurité qui le distinguait des autres machines de cryptage de l'époque : un réflecteur. Placé derrière le dernier rotor, ce réflecteur rassemblait par paire les signaux émis par le clavier, puis les renvoyait par le biais des rotors sous la forme de signaux uniques.

Les nazis considéraient comme inviolable l'Enigma assistée par réflecteur (les messages étaient décryptés de la même façon qu'ils étaient cryptés). La machine avait cependant une faille : une sortie n'était jamais la même que son entrée (un « a » tapé ne sortait jamais sous forme de « a »). Quand les cryptologues britanniques s'en rendirent compte et identifièrent la récurrence de certaines expressions, « Heil Hitler » par exemple, ils purent déchiffrer les codes et abréger la guerre. **DaH**

« La science de la cryptographie est très élégante… mais ses fins le sont beaucoup moins. »

James Sanborn, sculpteur

↑ *Installé début 1942 dans les sous-marins, le code de l'Enigma MK 4 fut brisé en décembre 1942.*

→ *Des soldats allemands communiquent à l'aide d'une machine à chiffrement Enigma.*

VOIR ÉGALEMENT : ODOMÈTRE, TÉLÉCOMMUNICATION SANS FIL, SONAR, CRYPTOGRAPHIE PUBLIQUE

La lampe à fluorescence (1926)

Germer conçoit une ampoule plus froide et plus efficace.

De nombreux scientifiques et ingénieurs tels Heinrich Gessler et Thomas Edison ont contribué à la création de la lumière fluorescente, mais son véritable « inventeur » a pour nom Edmund Germer (1901-1987).

Dans une ampoule fluorescente, le courant électrique passe à travers de la vapeur de mercure dans un gaz inerte à basse pression. Mis en mouvement, les électrons des atomes diffusent une lumière ultraviolette. Nous ne pouvons voir l'ultraviolet, de sorte que l'intérieur des tubes est recouvert d'une poudre phosphoreuse qui l'absorbe et le renvoie sous forme de lumière visible. Ce processus complexe donne des lumières plus froides et plus efficaces que celles des lampes à incandescence.

C'est peut-être parce que sa fabrication était plus complexe que celle de la lampe à incandescence que l'utilisation commerciale de la lampe fluorescente dut attendre les années 1920, même si de nombreuses expériences furent conduites au cours des deux premières décennies du XXe siècle. En 1926, Jacques Risler déposa un brevet pour un tube au néon à revêtement fluorescent destiné principalement à la publicité, mais ce fut pratiquement tout.

Le brevet de Germer, Meyer et Spanner concernait une lampe à vapeur de mercure à haute pression. Elle ne fut pas produite en série, mais ressemblait beaucoup à la lampe fluorescente que la General Electric s'efforçait de mettre au point à la même époque. Après des péripéties d'ordre juridique, General Electric racheta le brevet de Germer pour devenir le premier producteur de tubes fluorescents. **BG**

VOIR ÉGALEMENT : LAMPE À HUILE, ÉCLAIRAGE AU GAZ, LAMPE À ARC, AMPOULE À INCANDESCENCE, LAMPE AU NÉON, LAMPE HALOGÈNE

↑ *Tube circulaire avec loupe (1967) ; lampe portative à batterie (1966) ; lampe de bureau (1957).*

La télévision (1926)

Farnsworth propose un système de télévision entièrement électronique.

Un système de télévision transmet et reçoit des images animées en demi-teinte. Les premières versions, par exemple celles dues à John Logie Baird dans les années 1920, faisaient appel à de grossiers disques électromécaniques perforés pour enregistrer puis reproduire les images. Les premières images transatlantiques furent ainsi transmises en 1928.

La télévision s'appuie sur le fait que le cerveau humain peut convertir en image animée une séquence d'images fixes peu différentes les unes des autres : il lui suffit d'en recevoir quinze par seconde. Le mouvement est saccadé en deçà de ce nombre. Les télévisions d'aujourd'hui sont issues de l'invention du tube cathodique. Le tube en question est recouvert de phosphore, qui luit quand un faisceau d'électrons vient le frapper. Sous le phosphore, un masque divise l'image en pixels. Les écrans de télévision présentent habituellement 525 lignes balayées tous les 1/60 de seconde. Ce balayage s'effectue de manière croisée : les lignes impaires sont « peintes » lors d'un balayage, les lignes paires lors du balayage suivant.

En 1926, Philo Farnsworth (1906-1971) développa le tout premier système entièrement électronique : comme aujourd'hui, les caméras effectuent un balayage électronique et l'écran de télévision est également balayé de manière électronique. Vers 1936, la BBC produisait grâce à ce système des images en haute résolution sur 405 lignes. En 1948, le standard français fut fixé à 819 lignes. Le premier « direct » eut lieu en 1947 devant le Théâtre des Champs-Élysées, à Paris. En 2008, le Français moyen passait chaque jour 3 heures et 25 minutes « collé à son poste ». **DH**

VOIR ÉGALEMENT : TUBE CATHODIQUE, RASTÉRISATION, TÉLÉVISION COULEUR, TÉLÉCOMMANDE, ÉCRAN PLASMA

↑ *Avec le système de Baird, 30 lentilles placées sur un disque renvoyaient la lumière vers un récepteur.*

Le PVC (1926)

Semon imagine un produit plastique polyvalent.

Le PVC (abréviation de *polyvinyl chloride*, en anglais, soit « polychlorure de vinyle ») est depuis sa création l'une des matières plastiques les plus utilisées. La molécule fut découverte fortuitement au XIXe siècle, quand deux chimistes laissèrent au soleil des flacons emplis de produits chimiques et constatèrent la formation d'un solide blanc. Ce n'est cependant qu'en 1926 que Waldo Semon (1898-1999) fit sa découverte cruciale. Il mêla ce matériau à des additifs (plastifiants) pour obtenir un produit utile, le PVC plastifié, souvent appelé « vinyle ».

Avant cela, personne ne voyait l'intérêt d'un tel produit. Comme le dit Semon, « les gens trouvaient inutile le PVC et le mettaient aux ordures ». Le nouveau plastique fut rapidement utilisé dans une myriade d'applications et c'est aujourd'hui le deuxième plastique le plus produit dans le monde, avec des milliards de dollars de revenus chaque année.

> *« Les quatre grandes composantes de l'univers sont le feu, l'eau, le gravier et le vinyle. »*
>
> Dave Barry, auteur et humoriste

Ce produit de fabrication peu coûteuse servit d'abord à fabriquer des semelles de chaussure et des revêtements pour fils ou pour poignées d'outil. Il est aujourd'hui très utilisé, surtout dans l'industrie du bâtiment : gouttières, isolation, cadres de fenêtres, carrelage, haies, etc. On s'en sert aussi dans la vie de tous les jours : emballages alimentaires, tableaux de bord de voitures, disques vinyle, voire vêtements (pour pop stars, super-héros et fétichistes !). **SB**

VOIR ÉGALEMENT : POLYSTYRÈNE, POLYPROPYLÈNE

Le poumon d'acier (1927)

Drinker et Shaw conçoivent un assistant à la respiration.

Les médecins soignant des malades atteints de poliomyélite constataient que nombre d'entre eux étaient incapables de respirer lors de la phase la plus aiguë de la maladie, quand l'action du virus paralysait les muscles de la poitrine, mais que ceux qui survivaient à cette phase guérissaient complètement. De telles observations montraient l'utilité de stratégies permettant de maintenir la respiration jusqu'à ce que le patient respire à nouveau par lui-même.

En 1927, les ingénieurs chimistes Philip Drinker (1894-1972) et Louis Agassiz Shaw, de l'université Harvard, conçurent un caisson destiné à maintenir la respiration. La tête du patient sortait d'une extrémité du caisson, rendu étanche par un joint en caoutchouc. L'air était pompé pour produire dans le caisson une pression négative obligeant la poitrine à se dilater, entraînant ainsi la respiration.

Le premier poumon d'acier fut installé en 1927 à l'hôpital Bellevue de New York. En 1928, la première patiente fut une fillette de 8 ans atteinte de la polio et plongée dans le coma par manque d'oxygène. Au bout d'une minute de fonctionnement, elle reprit conscience. Des améliorations furent apportées à la machine. L'ingénieur John Haven Emerson fabriqua un poumon d'acier capable de faire varier le rythme de la respiration et dont la fabrication coûtait deux fois moins cher. Le poumon d'acier a aidé à sauver des milliers de vies pendant les épidémies de poliomyélite des années 1940 et 1950. La vaccination a aujourd'hui considérablement réduit le nombre de cas, donc de poumons d'acier. **JF**

VOIR ÉGALEMENT : MACHINE CŒUR-POUMONS, VENTILATEUR, CŒUR ARTIFICIEL

⇥ *Drinker et son invention en 1928, année où le poumon d'acier « ressuscita » pour la première fois une personne.*

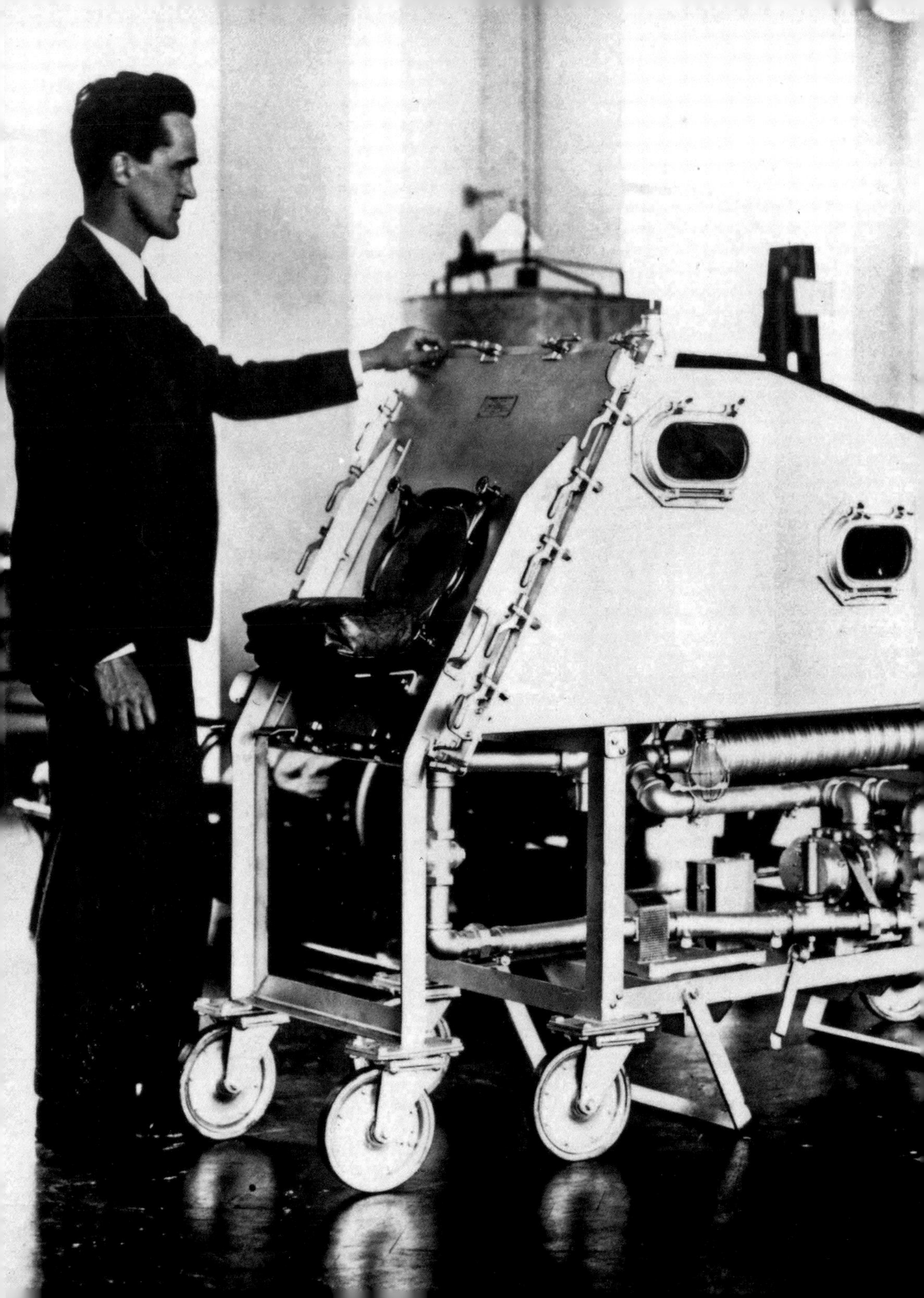

La tronçonneuse électrique (1927)

Stihl invente la première scie électrique.

Le rugissement d'une tronçonneuse évoque souvent des images de destruction et de violence. Les films d'horreur et les documentaires consacrés à la faune et à la flore nous présentent généralement la tronçonneuse comme un objet néfaste. Pour les bûcherons et les équipes d'entretien des années 1920, l'invention de la tronçonneuse fut cependant une vraie bénédiction.

On utilisait peut-être des tronçonneuses électriques avant la Première Guerre mondiale, mais c'est seulement avec la Seconde Guerre mondiale que la « tronçonneuse portative » d'Andreas Stihl (1896-1973) joua pleinement son rôle. Elle permit aux Allemands une progression rapide dans les zones boisées. En apprenant cela, les Alliés s'empressèrent de bombarder les usines fabriquant des tronçonneuses… après en avoir volé une dans le but de la copier.

Du poids d'un adolescent, la tronçonneuse de Stihl nécessitait la présence de deux hommes. Ayant étudié l'exemplaire allemand dérobé, la compagnie américaine Mercury conçut une version améliorée et bien plus légère. La société de Stihl réagit pour devenir dans les années 1970 le plus gros producteur au monde de tronçonneuses.

Plus récemment, la tronçonneuse a contribué à la destruction de nombreux biotopes. Un célèbre documentaire de la BBC a montré de façon tragique l'oiseau-lyre imitant de son cri le son de la tronçonneuse saccageant son habitat naturel. Il est difficile d'éprouver de la sympathie pour les bûcherons quand on sait qu'ils massacrent la forêt amazonienne et pratiquement toutes les autres régions boisées de la planète. **HB**

VOIR ÉGALEMENT : SCIE, SCIE CIRCULAIRE, SCIE À RUBAN

L'aluminium anodisé (1927)

Un revêtement solide est conçu.

Une automobile rouillée fait honte à son propriétaire. Une pièce d'aluminium rouillée cependant est plus que désirable : elle est anodisée. Exposé à l'oxygène, l'aluminium pur produit un revêtement d'oxyde d'aluminium. Bien plus résistant à la corrosion et à l'abrasion, l'oxyde en question constitue une coquille solide qui protège le reste de la pièce.

L'anodisation pourrait sortir du cerveau d'un savant fou. En 1927, Charles Gower et Stafford O'Brien firent breveter un processus d'anodisation par l'acide sulfurique couramment utilisé de nos jours pour anodiser l'aluminium. L'aluminium est d'abord plongé dans de l'acide sulfurique soumis à un courant électrique.

« Dans la nature, l'oxyde de l'aluminium résiste à la corrosion et constitue un très bon isolant. »

Mario S. Pennisi, ingénieur

Les charges électriques obligent l'oxygène à s'accumuler en surface et créent un épais revêtement d'oxyde d'aluminium. L'aluminium est ensuite facilement coloré et ses applications sont multiples. Cette couche nouvelle est poreuse et il est facile d'y intégrer des colorants ou des lubrifiants. Enfin, l'aluminium est rendu étanche : les minuscules trous de la couche supérieure sont obstrués pour réduire la perte de couleur et les rayures.

L'oxyde protecteur de l'aluminium anodisé est l'une des substances naturelles les plus dures. Les applications sont nombreuses : lecteurs MP3, appareils ménagers, satellites, matériel informatique ou Sears Tower de Chicago. **LW**

VOIR ÉGALEMENT : PROCÉDÉ HALL-HÉROULT, PAPIER D'ALUMINIUM

Le rasoir électrique
(1928)

Schick supprime les risques du rasoir à main.

Depuis des siècles, les hommes (et aussi quelques femmes) rêvent de se raser sans mousse ni eau. Le « sabre » traditionnel a cédé la place au rasoir mécanique à la fin du XIXe siècle, mais le rasage était toujours une opération délicate et fastidieuse.

Le rasoir électrique, ou rasoir à sec, fut breveté en 1928 par l'inventeur américain Jacob Schick (1878-1937). Après avoir imaginé des appareils difficiles à manier alimentés par l'électricité domestique et de gros moteurs extérieurs, Schick parvint à abriter un moteur électrique petit mais puissant dans une coque tenant dans la main. Le moteur entraîne une lame affûtée coulissante capable de trancher les poils de barbe. L'enveloppe extérieure du rasoir était en Bakélite.

Après quelque hésitation, le premier vrai rasoir électrique de Schick apparut en 1931. Son design s'améliora et les ventes décollèrent. Même s'il ne rasait pas d'aussi près que le bon vieux rasoir à main, il permettait de supprimer l'eau et le savon tout en n'obligeant pas son utilisateur à rester devant le lavabo de la salle de bains.

Ce rasoir connut par la suite certaines améliorations : tondeuse conçue par la société Remington en 1937 ou lames rotatives dues à Alexandre Horowitz, ingénieur aux laboratoires Philips (Pays-Bas). Le premier rasoir rotatif « Philishave » date de 1939. Le rasoir à piles apparut à la fin des années 1940, suivi en 1947 du rasoir pour dames de Remington, le « Lady Shave ». Le rasoir à piles rechargeable vit le jour en 1960. Curieusement, des rasoirs électriques récents font à nouveau appel à la crème à raser. **RBd**

VOIR ÉGALEMENT : RASOIR MÉCANIQUE, BAKÉLITE

↗ *Le rasoir électrique Schick de 1934 fonctionne sur 110 volts. L'usine Schick ferma en 1979.*

« Les hommes ont commencé à se demander comment ils avaient pu vivre sans. »

Magazine *Time*

BATHYSP
NATION
GEOGRA
SOC

La bathysphère (1928)

Barton imagine un vaisseau des profondeurs.

L'engin d'exploration marine d'Otis Barton (1899-1992) avait tout d'une mine flottante. Simple sphère d'acier, elle était accrochée à un câble de 3,5 km de long. Toutefois, contrairement à une mine, la bathysphère devait abriter deux intrépides explorateurs : avec 1,50 m de diamètre, on ne pouvait pas vraiment parler de confort.

En 1928, Barton était encore étudiant, mais son projet de bathysphère attira l'attention d'un scientifique et explorateur, William Beebe (1877-1962). Collectionneur d'espèces rares, Beebe avait déjà envisagé avec d'autres ingénieurs la construction d'un vaisseau des profondeurs. Impressionné par l'idée de Barton, il imagina une plongée devant servir de test. Le secret de la réussite de la bathysphère réside dans sa simplicité : sa forme sphérique fait que la pression s'applique régulièrement sur toute la surface. Sous l'eau, la pression augmente avec la profondeur. À 100 m en dessous de la surface, elle est de 10 kg/cm^2. En 1934, après plusieurs essais, Barton et Beebe descendirent à 900 m dans l'Atlantique nord, non loin des Bermudes, pulvérisant ainsi tous les records en matière de submersibles habités. **HB**

« Plus nous restions dedans, plus elle nous paraissait petite… »

William Beebe, explorateur des profondeurs

VOIR ÉGALEMENT : VAISSEAU SUBMERSIBLE, SOUS-MARIN

À l'intérieur de la bathysphère, Barton et Beebe attendent d'être libérés après leur plongée record de 1934.

Le Fréon (1928)

Midgley introduit les CFC dans les systèmes de refroidissement.

Les chlorofluorocarbures (CFC) furent pendant des décennies utilisés dans le système de refroidissement des réfrigérateurs et dans les aérosols. Hélas, une fois soumis au rayonnement de la haute atmosphère, ces gaz normalement inertes sont énergisés et produisent des radicaux chlorés qui réagissent avec l'ozone. C'est ainsi que la couche d'ozone a considérablement diminué, notamment au niveau des pôles. À cause d'un produit domestique utilisé dans tous les pays, le monde était sur le point de perdre sa protection naturelle contre les rayons ultraviolets (UV).

Au début, les CFC étaient pourtant des composés bénéfiques, puisqu'ils remplaçaient dans le matériel de réfrigération des substances toxiques comme l'ammoniac et l'anhydride sulfureux. Les fuites entraînaient de graves maladies, voire des décès. En 1928, l'Américain Thomas Midgley (1889-1944) proposa les CFC comme produits réfrigérants et fit la démonstration de leur manque de réactivité et de toxicité en avalant du gaz avant de le souffler sur une bougie allumée. Développé avec l'aide de Charles Kettering (1876-1958), le nouveau composé fut appelé « Fréon », marque détenue par la société DuPont.

Le composé miracle de Midgley révolutionna la réfrigération domestique et, très vite, chaque foyer du monde occidental put consommer en toute sécurité des aliments conservés au froid. Le glas sonna cependant en 1974 quand la recherche mit en lumière la nature maligne des CFC. Des restrictions furent imposées et, en 1987, le protocole de Montréal mit en place la disparition progressive des CFC et des gaz assimilés. Les quantités de CFC dans l'atmosphère ont bien diminué, mais il faudra des décennies pour reconstituer la couche d'ozone. **MB**

VOIR ÉGALEMENT : SORBETIÈRE, PROCÉDÉ HABER (FABRICATION DU GAZ AMMONIAC), RÉFRIGÉRATEUR, ALIMENTS SURGELÉS

La trancheuse à pain
(1928)

La machine de Rohwedder tranche et emballe le pain.

L'inventeur américain Otto Frederick Rohwedder (1880-1960) s'attaqua dès 1912 à la conception d'une machine automatique à trancher le pain et conçut plusieurs prototypes dont l'un maintenait un pain tranché à l'aide de tiges métalliques. Les premiers essais n'aboutirent pas et Rohwedder subit un cuisant échec en 1917 quand ses projets furent détruits lors de l'incendie de l'usine de Monmouth, Illinois, qui avait accepté de fabriquer les premières machines.

Ancien bijoutier, Rohwedder travaillait comme agent de sécurité et s'intéressait à sa machine à temps perdu. À force de réfléchir, il comprit que le principal défi consistait à garder le pain frais, une tranche coupée ayant tendance à rassir plus rapidement. Il imagina vers 1927 un appareil capable de trancher et d'emballer le pain. Son invention tombait juste à point : en effet, le grille-pain inventé en 1919 en Grande-Bretagne par Charles Strite se popularisait aux États-Unis.

En 1928, les premières machines à trancher et à emballer furent installées dans la Chillicothe Baking Co, qui commercialisa le Kleen Maid Sliced Bread. Les consommateurs appréciaient ce type de pain et d'autres boulangeries industrielles voulurent elles aussi leurs machines, de sorte que l'unité de production de Rohwedder dut tourner à plein régime. En 1929, il fonda à Davenport la société Mac-Roh Manufacturing, mais dut la revendre ainsi que ses brevets lors de la Grande Dépression.

La demande ne ralentit pas pour autant et, vers 1933, les boulangeries américaines vendaient plus de pain tranché que de non tranché. Aujourd'hui, 80 % du pain vendu aux États-Unis est tranché. **EH**

VOIR ÉGALEMENT : SANDWICH, GRILLE-PAIN

La bande magnétique
(1928)

Pfleumer est à l'origine du magnétophone à bande.

À la fin du XIXe siècle, Valdemar Poulsen inventa le télégraphone, qui permettait d'enregistrer des sons sur un fil magnétisé. La qualité sonore était médiocre et le fil était incorporé à la machine, ce qui ne facilitait pas le stockage audio à long terme. La grande innovation date de 1928, quand l'ingénieur allemand Fritz Pfleumer (1881-1945) réussit à fixer de la poudre magnétique sur une bande de papier.

En 1930, la société berlinoise AEG commença à travailler sur le magnétophone, enregistreur audio tirant profit du principe de Pfleumer. Pour la bande, elle collabora avec un autre grand nom de l'industrie allemand, BASF, dont la connaissance du plastique permit de créer un nouveau type de support. Le système BASF utilisait une étroite bande d'acétate de cellulose recouverte d'une fine couche d'oxyde de fer permettant à la bande d'être magnétisée au cours du processus d'enregistrement. Le magnétophone AEG K1 et la bande magnétique BASF furent présentés ensemble lors d'une grande exposition organisée à Berlin en 1935.

« C'était plutôt bizarre d'enregistrer dans sa cave ou dans sa chambre, mais tout le monde fait ça aujourd'hui. » **Les Paul, musicien**

Le AEG K1 servit beaucoup aux nazis. Après la guerre, plusieurs modèles envoyés aux États-Unis furent à l'origine de la révolution en matière d'enregistrement. **TB**

VOIR ÉGALEMENT : ENREGISTREMENT MAGNÉTIQUE (TÉLÉGRAPHONE), CASSETTE AUDIO

La télévision couleur
(1928)

Baird ajoute deux faisceaux d'électrons pour créer des images mouvantes en couleurs.

La télévision couleur est rendue possible parce que le cerveau humain est capable de convertir une grille de points colorés (appelés pixels) en une image couleur. Le tube cathodique d'un poste couleur présente trois faisceaux d'électrons, au lieu d'un seul pour un poste en noir et blanc. L'écran est recouvert de points phosphorescents rouges, verts et bleus placés derrière les trous du cache de l'écran. Les images observées sont toutes des combinaisons des signaux rouges, bleus et verts (s'ils sont tous présents en même temps, l'image est blanche).

La télévision couleur n'est donc que trois fois plus complexe que celle en noir et blanc, de sorte que le processus inventif des deux types fut quasiment simultané. John Logie Baird (1888-1946) passe pour un pionnier du développement de la télévision, au même titre que Philo Farnsworth : en 1928, il réussit pour la première fois à transmettre des images couleur.

Un problème commercial important se posa alors : les signaux transmettant les images couleur sur des écrans appropriés devaient aussi donner des images en noir et blanc sur des téléviseurs de ce type. Les progrès furent lents et la vente des postes couleur ne décolla vraiment qu'en 1954. À l'époque, un poste coûtait extrêmement cher, plus de 1 000 dollars bien souvent. La diffusion chaque dimanche soir du « Walt Disney's Wonderful World of Color » fit exploser les ventes, mais ce n'est qu'en 1972 que le nombre de postes couleur dépassa celui des postes en noir et blanc aux États-Unis. **DH**

VOIR ÉGALEMENT : TUBE CATHODIQUE, RASTÉRISATION, TÉLÉVISION, TÉLÉCOMMANDE, ÉCRAN PLASMA

↗ *Sur la couverture du numéro d'août 1928 de* Television, *premier magazine TV au monde, Baird devant son invention.*

« La télévision a montré que les gens regarderont n'importe quoi au lieu de regarder leurs proches. »

Ann Landers, journaliste

L'altimètre barométrique (1928)

Kollsman améliore la précision de l'altimètre.

La relation entre pression atmosphérique et altitude était déjà connue de Blaise Pascal et d'Edmond Halley au XVIIe siècle : l'une permet toujours de mesurer l'autre. En 1862, James Glaisher utilisa un baromètre anéroïde pour constater que son ballon était monté à quelque 11 000 m.

L'altimètre barométrique recourt à un baromètre anéroïde pour mesurer les changements de pression. Plus on s'élève, plus l'air faisant pression sur l'instrument est raréfié. Près du niveau de la mer, dans des conditions normales, la pression varie d'un millibar tous les 8 m d'altitude. Cependant, la pression varie aussi avec les conditions climatiques et la température. Enfin, la relation pression-altitude n'est pas linéaire mais exponentielle.

L'ingénieur allemand Paul Kollsman (1900-1982) émigra aux États-Unis en 1923. Son mot préféré était « précision ». Les altimètres précédents déterminaient l'altitude des avions à quelques centaines de pieds près. Cela ne posait pas de problème par beau temps et en plein jour, mais il était risqué de voler la nuit ou par temps de brouillard, par exemple. Bien réglés, les instruments de Kollsman étaient précis à quelques pieds près.

En 1929, le général de corps aérien Jimmy Doolitle utilisa un baromètre altimétrique couplé à d'autres systèmes (navigation radio, boussoles et horizons gyroscopiques) pour parcourir 24 km « aux instruments ». Le succès fut tel que presque tous les avions du monde en vinrent à utiliser l'altimètre de Kollsman. On parle toujours de « nombre de Kollsman » pour mesurer la pression au sol de l'aéroport d'arrivée. **DH**

VOIR ÉGALEMENT : SYSTÈME D'AVERTISSEMENT DE PROXIMITÉ DU SOL

↑ *L'instrument indique en même temps la pression et l'altitude à laquelle vole l'avion.*

Le pacemaker cardiaque (1928)

Lidwell découvre comment maintenir un rythme cardiaque régulier avec un appareil électronique.

Le pacemaker (ou stimulateur) est un appareil électronique implanté destiné à réguler un rythme cardiaque lent ou irrégulier. Le premier pacemaker fut inventé par le Dr Mark Lidwell, anesthésiste australien, qui imagina un appareil externe fonctionnant sur courant alternatif avec une sonde insérée dans le ventricule du patient. En 1928, cette méthode servit à ressusciter un bébé mort d'arrêt cardiaque au Crown Street Women's Hospital de Sydney. Lidwell exposa sa méthode au troisième congrès de l'Australian Medical Society mais demeura discret, le problème de l'acharnement thérapeutique étant à l'époque assez sensible.

En 1932, le physiologiste américain Albert Hyman (1893-1972) conçut de son côté un instrument électromécanique alimenté par un moteur à ressort qu'il qualifia de « stimulateur artificiel ». Le premier pacemaker interne fut développé par le Suédois Rune Elmqvist et implanté en 1958 chez un patient du CHU de Karolinska, en Suède, par le chirurgien Ake Senningn. Ces premiers modèles utilisaient des piles zinc-mercure d'une durée de vie de deux ou trois ans. En 1973, une batterie au lithium-ion alla jusqu'à six ans.

De nos jours, les pacemakers sont implantés chaque année par centaines de milliers. Extrêmement compacts, ils ont des possibilités de programmation des plus complexes. L'appareil comporte un système électronique permettant de détecter l'activité du cœur et de délivrer des impulsions électriques ; sa batterie au lithium-ion peut durer de sept à quinze ans. **JF**

VOIR ÉGALEMENT : STÉTHOSCOPE, ÉLECTROCARDIOGRAPHIE (ECG), DÉFIBRILLATEUR, CŒUR-POUMON ARTIFICIEL, CŒUR ARTIFICIEL

⇑ *Le pacemaker cardiaque à pile de 1958 fut le premier à fonctionner intégralement à l'intérieur du corps du patient.*

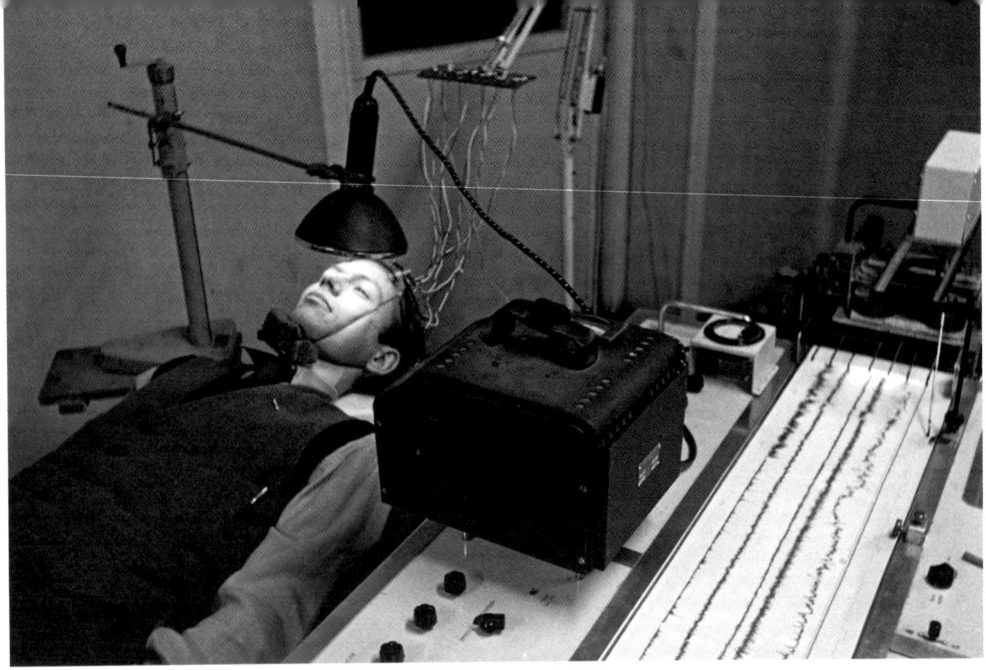

L'électroencéphalographie (EEG) (1929)

Berger enregistre l'activité électrique du cerveau humain.

Nous croyons souvent nos pensées instantanées, mais elles sont en réalité limitées par la vitesse de certaines réactions chimiques et impulsions électriques de notre cerveau. Vu que ces activités physiques accompagnent la pensée, il est logique de croire que l'on peut mesurer cette activité électrique en dépit de la nature fugace de l'activité cérébrale. L'enregistrement de ces impulsions (électroencéphalographie) progressa très peu jusqu'à l'arrivée de Hans Berger (1873-1941).

En 1875, le physicien anglais Richard Caton pensa pouvoir mesurer l'activité cérébrale des animaux avec un galvanomètre. Dans les années 1890, le Polonais Adolph Beck travaillait aussi sur les animaux : il réussit à localiser certaines impulsions sensorielles et remarqua le changement d'activité provoqué par une lumière vive ou un bruit assourdissant. Le lien entre modèles humains et animaux n'était pas très clair à l'époque et il fallut encore quelques dizaines d'années pour qu'il soit enfin établi. C'est dans les années 1920 que Hans Berger commença à enregistrer l'activité électrique du cerveau. Travaillant en secret sous couvert d'expériences télépathiques, il peaufina sa technique. Avec son propre fils Klaus comme sujet de recherche, Berger enregistra en 1924 le premier électroencéphalogramme (EEG) humain et poursuivit ses expériences pendant plusieurs années. Il publia ses travaux en 1929 et révolutionna le monde de la neurologie. L'EEG sert aujourd'hui à évaluer l'épilepsie, les troubles du sommeil et de nombreux autres problèmes neurologiques. **BN**

VOIR ÉGALEMENT : ÉLECTROCARDIOGRAPHIE (ECG), TOMOGRAPHIE AXIALE (SCANNER OU CT).

⇧ *L'électroencéphalographie permet ici d'enregistrer l'activité électrique du cerveau d'un volontaire.*

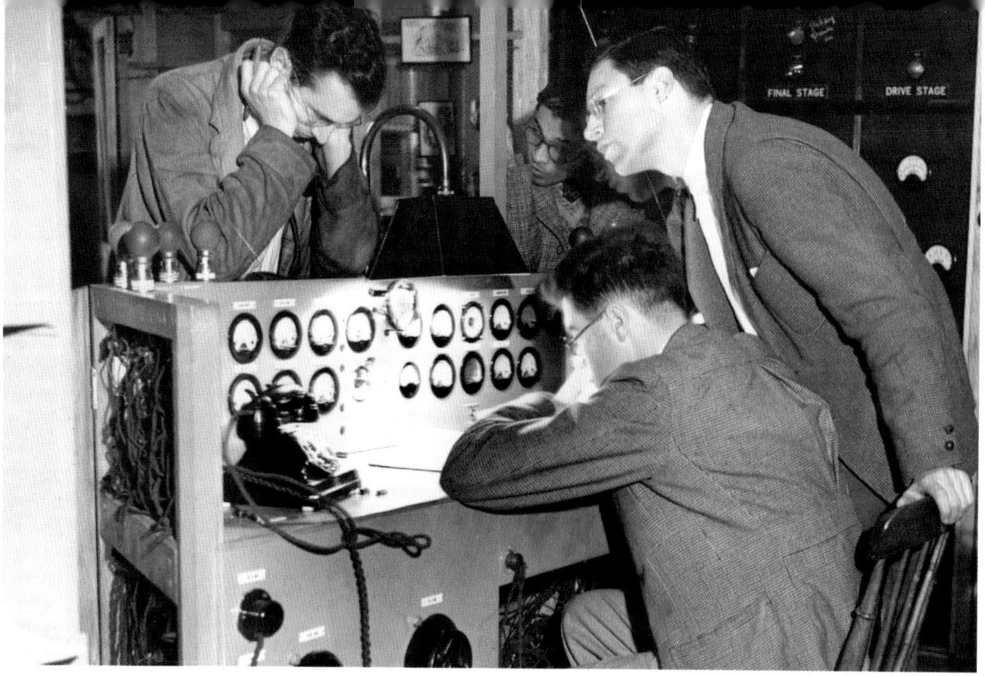

Le cyclotron (1929)

Lawrence donne à des particules une vitesse jamais atteinte.

Le nom peut faire penser à un vélo d'entraînement des années 1950, mais le cyclotron est bien l'ancêtre des plus puissants accélérateurs de particules connus actuellement. Après avoir étudié la chimie, Ernest Lawrence (1901-1958) s'intéressa à la physique et passa son doctorat à Yale en 1925. À l'époque, l'intérêt scientifique pour la nature de la matière commençait à donner des résultats. À Cambridge, en Angleterre, Ernest Rutherford s'était servi de particules atomiques pour bombarder des atomes. Vers 1919, il avait réussi à bombarder le noyau d'un atome d'azote pour le contraindre à absorber un noyau d'hélium, créant ainsi de l'oxygène.

Ce type de travail connaissait toutefois des limites techniques. Les particules atomiques des éléments radioactifs naturels étaient trop peu nombreuses et n'avaient pas l'énergie nécessaire à la poursuite des expériences que Rutherford désirait effectuer. En 1927, il supplia littéralement les physiciens de trouver une méthode pour produire « une vaste réserve » de particules hautement énergétiques.

Lawrence répondit à son appel et, deux ans plus tard, en 1929, eut une idée qui allait donner naissance au cyclotron : travailler sur un champ magnétique contraignant les particules chargées à parcourir une trajectoire circulaire. Ainsi les particules seraient soumises inlassablement au même magnétisme accélérateur. Son premier modèle fut prêt pour la production en 1931. Ce premier cyclotron était assez simple, puisqu'il ne mesurait que quelques dizaines de centimètres de diamètre, mais il pouvait accélérer des ions d'hydrogène pour qu'ils atteignent un niveau d'énergie sans précédent. **DHk**

VOIR ÉGALEMENT : SYNCHROTRON, COLLISIONNEUR DE HADRONS

↑ *1958, université de Cambridge : des étudiants sont réunis autour du tableau de commande d'un cyclotron.*

L'ABS (système antiblocage)

(1927)

Voisin invente un mécanisme de freinage plus sûr pour empêcher le dérapage.

L'ABS, système d'assistance au freinage, fut imaginé par le Français Gabriel Voisin (1880-1973) pour empêcher les freins des avions de se bloquer au moment de l'atterrissage et de les faire dévier. Cinquante ans plus tard, en 1978, Mercedes-Benz annonça l'installation d'un ABS électronique sur son modèle S-Class.

En théorie, l'ABS peut empêcher un accident grave de se produire en permettant au conducteur de garder le contrôle lors d'un arrêt d'urgence. Sur route verglacée, les roues d'une voiture peuvent se bloquer et la faire tourner sur elle-même. Avec une voiture non dotée de l'ABS, le conducteur devait « pomper » sur ses freins pour empêcher un tel phénomène. Avec l'ABS, les freins sont automatiquement mis à contribution : le système perçoit les changements de condition et modifie en fonction la pression du liquide de freins. Pendant ce temps, le conducteur maintient la pédale de frein enfoncée. Malheureusement, rien ne prouve que l'ABS fait diminuer le nombre d'accidents, en partie parce que les conducteurs ignorent le principe du système ou la manière de le mettre en œuvre. Plusieurs études laissent entendre que l'ABS ne sert pas à grand-chose et peut même augmenter le nombre de collisions mettant en scène un seul véhicule.

Les fabricants équipent aujourd'hui leurs voitures de systèmes plus perfectionnés. Développé dans les années 1960, le programme de stabilité électronique (ESP) fonctionne pendant le freinage normal et le dérapage. Il existe même des voitures intelligentes capables de réagir seules en cas d'urgence. **HB**

« Ce système empêche le blocage ; un véhicule avec de tels freins reste stable en cas de freinage brusque. »

Brian O'Neill, Highway Institute for Traffic Safety

VOIR ÉGALEMENT : FREIN À AIR, ACCÉLÉRATEUR, FREIN PAR CÂBLE, FREIN À DISQUE, FREIN À TAMBOUR, FREIN HYDRAULIQUE, FREIN PAR RÉCUPÉRATION

Avec l'ABS, les roues continuent de tourner lorsqu'un dérapage tend à les bloquer.

Le filtre polarisateur (1929)

Land parvient à filtrer la lumière.

En 1854, un médecin anglais du nom de William Bird Herapath montra comment des cristaux inhabituels se formaient quand on mettait de l'iode dans l'urine d'un chien ayant absorbé de la quinine. Ces cristaux (appelés plus tard hérapathites) étaient sombres pris individuellement, mais lumineux une fois superposés. C'est un exemple de polarisation : les cristaux forment un écran ne laissant passer la lumière que dans un seul sens.

Encore adolescent, le physicien américain Edwin Land (1909-1991) s'intéressa de près aux effets polarisateurs que présentaient les gros cristaux de tourmaline. Il étudia les tentatives antérieures de création de filtres polarisateurs, mais le problème était toujours celui de la création de cristaux assez gros pour avoir un usage pratique. L'idée de Land fut de créer des cristaux bien plus petits et de les associer dans une suspension sirupeuse pour obtenir au séchage une pellicule solide. Il lui donna le nom de Polaroid. Land cherchait surtout à filtrer la lumière émise par les phares de voiture, mais ses filtres furent très utilisés pendant la Seconde Guerre mondiale : des jumelles protégées de l'éclat du soleil permettaient de mieux voir les sous-marins allemands.

> *« Cinquante ans après les premiers polarisateurs synthétiques, ils sont la couche essentielle des cristaux liquides numériques. »* **Edwin Land**

Des filtres Polaroid toujours plus puissants équipent aujourd'hui les lunettes de soleil et les objectifs photographiques. **AC**

VOIR ÉGALEMENT : APPAREIL PHOTO POLAROID, ÉCRAN À CRISTAUX LIQUIDES

Le tampon avec applicateur (1929)

Une solution de rechange à la serviette hygiénique.

C'est au Dr Earle Haas (1888-1981) que l'on doit le tampon avec applicateur, inventé en 1929 et breveté en 1931. Un tube étroit est inséré dans un tube plus gros contenant un bouchon de coton. Quand le tube étroit est poussé à l'intérieur du gros tube, le tampon est mis en place dans le vagin. À l'extrémité du tampon est fixé un cordon permettant de le retirer facilement.

Dans l'Égypte antique, les femmes utilisaient déjà des tampons faits de feuilles de papyrus attendries. Plus tard, les matériaux différèrent : laine à Rome, papier au Japon, fibres végétales en Indonésie ou encore rouleaux d'herbe en Afrique.

Haas déposa la marque Tampax (contraction de « tampon » et « pack ») et le brevet fut acheté en 1934 par un groupe d'investisseurs qui créèrent la Tampax Sales Corporation. Cette compagnie réfléchit à la meilleure manière de vendre ce produit aux femmes. Elles constatèrent très vite que le tampon présentait de nombreux avantages par rapport aux serviettes hygiéniques traditionnelles : ils étaient invisibles sous les vêtements et n'empêchaient pas la pratique de sports comme la natation.

Au fil des années, le tampon a été amélioré pour mieux épouser l'intimité féminine. En 1976, le Dr Kermit Krantz, professeur à l'université du Kansas, fit breveter un tampon plus absorbant. Le tampon est pour la femme symbole de liberté et de confort, mais il y a des précautions à prendre : un tampon gardé trop longtemps peut entraîner un syndrome du choc toxique (SCT), les toxiques du staphylocoque doré passent alors dans le sang. **JF**

VOIR ÉGALEMENT : MOUCHOIRS EN PAPIER, COTON-TIGE

Le synchroniseur de boîte de vitesses (1929)

Cadillac simplifie la façon de passer les vitesses grâce au système Synchromesh.

Changer de vitesse pendant que l'on conduit semble évident. C'était pourtant, aux premiers temps de l'automobile, une opération délicate nécessitant autant de talent que de pratique. Avec les engrenages de l'époque, la vitesse de rotation des roues dentées devait être identique pour qu'elles s'imbriquent les unes aux autres et entraînent les roues. Même avec un bon conducteur, le bruit produit pouvait être effrayant.

Les conducteurs devaient recourir à une procédure compliquée, celle du double débrayage. Pour passer la vitesse supérieure, le conducteur devait débrayer, passer au point mort et laisser le moteur tourner à vitesse moindre. Il était nécessaire de rembrayer un instant, ce qui ralentissait l'engrenage et permettait de passer à la vitesse supérieure. Rétrograder était encore plus délicat. Après avoir débrayé et être passé au point mort, il fallait brièvement rembrayer et accélérer pour donner aux roues dentées une plus grande vitesse de rotation, puis embrayer à nouveau et passer à la vitesse inférieure.

Ce fut un réel soulagement pour les conducteurs quand Cadillac introduisit le système Synchromesh en 1929. Le concept était simple. La rotation des roues dentées devait toujours être la même quand on voulait les faire se rapprocher, mais le système Synchromesh faisait tout le travail. Quand les roues dentées s'approchent l'une de l'autre, les anneaux en bronze en saillie (cannelures) et les crans entrent en contact avant les dents. La friction oblige les roues à tourner à la même vitesse avant que les dents ne soient réellement en contact. Le principe s'appliqua à quasiment toutes les voitures dans les années 1950. **DHk**

« Le changement de vitesse était si dur que je me suis fait mal à la main. »

Juan Manuel Fangio, champion automobile

VOIR ÉGALEMENT : EMBRAYAGE, TRANSMISSION AUTOMATIQUE, EMBRAYAGE CENTRIFUGE

⇱ *Avec le système Synchromesh, les dents en diagonale facilitent le contact des roues de la boîte de vitesses.*

Le câble coaxial (1929)

Espenschied et Affel inventent un nouveau câble.

Au début des années 1920, les ingénieurs en communication comprirent que seules des lignes de transmission à haute fréquence pouvaient améliorer les télécommunications et que les fils et câbles ordinaires ne pouvaient plus convenir. Deux ingénieurs des laboratoires Bell, Lloyd Espenschied (1889-1986) et Herman A. Affel (1893-1972), imaginèrent le câble coaxial, capable de véhiculer parfaitement des signaux haute fréquence (ou à bande large). Au lieu d'un seul fil de cuivre recouvert d'un manchon de plastique souple, ils augmentèrent le diamètre pour y inclure un isolant et une gaine conductrice, ce qui donne au câble une vue en coupe très distinctive.

« AT&T est fier de marcher dans les traces d'Espenschied et d'Affel en continuant d'innover. »

Malcolm Gladwell, journaliste

Le fil conducteur passe au centre même du câble et porte le signal. Autour vient d'abord l'isolant diélectrique, puis une gaine conductrice permettant de réduire les interférences électromagnétiques des sources extérieures, donc de préserver la clarté du signal. La gaine peut être constituée de fils tressés (ce qui donne de la souplesse, mais crée des interstices) ou d'un blindage métallique solide (plus rigide, mais plus sûr). D'habitude, l'ensemble du câble est revêtu d'une sorte de vinyle.

Le mot coaxial signifie « partageant le même axe », ce que font le conducteur, l'isolant, la gaine et l'enveloppe extérieure. **CL**

VOIR ÉGALEMENT : FIL ISOLÉ, FIBRE OPTIQUE, SUPRACONDUCTEUR À HAUTE TEMPÉRATURE

Le polystyrène (1930)

I. G. Farben crée un composé révolutionnaire.

De nombreux objets de notre quotidien sont faits de polystyrène – stylos, matériels électriques et jouets, par exemple. Cette diversité de forme est due à une structure moléculaire d'apparence banale : une longue chaîne d'atomes de carbone, chacun étant rattaché à un anneau de six atomes de carbone (groupe phényle). Une fois dilatée à l'aide d'un gaz comme le pentane ou le dioxyde de carbone, elle forme une structure légère et mousseuse, idéale pour l'emballage et l'isolation.

Ce composé fut identifié pour la première fois à Berlin en 1839 par Eduard Simon. Il isola à partir de la résine des arbres une substance huileuse, le styrol qui, avec le temps, se change en gelée. Plus tard, Hermann Staudinger découvrit que cette substance était un monomère, type de molécule qui, à la chaleur, se combine avec d'autres pour créer un polymère. La polymérisation réunissait les unités séparées du styrol pour créer une longue chaîne moléculaire.

Ce matériau trouva peu d'applications avant 1930, année où deux chercheurs de BASF (filiale d'I. G. Farben), Carl Wulff et Eugen Dorrer, firent breveter une méthode économique permettant de fabriquer le composé à partir de pétrole brut. Ils se servirent d'un tube à essai chauffé pour extraire sous forme de boulettes le polystyrène issu de la réaction. La fabrication à petite échelle débuta en 1931.

Le polystyrène expansé (Styrofoam) arriva en 1954. Isolant imperméable, on le trouve dans les gobelets jetables et les emballages alimentaires. Bien qu'économique, il peut être néfaste à l'environnement et de nombreux pays en limitent l'utilisation. Les applications diverses du polystyrène ne montrent aucun signe de ralentissement et on trouve partout ce plastique, des maisons aux consoles Xbox. **MB**

VOIR ÉGALEMENT : CAOUTCHOUC, NYLON, SILICONE

Le Néoprène (1930)

Carothers produit un caoutchouc synthétique.

Le Néoprène, nom commercial du polychloroprène, est un caoutchouc synthétique produit à partir du chloroprène par polymérisation (transformation de petites chaînes de molécules en chaînes plus longues). Le chloroprène est un liquide qui, une fois polymérisé, forme une substance solide et caoutchouteuse. Comparé au caoutchouc naturel, il est plus léger et ne se détériore pas : meilleur isolant thermique, il est inerte du point de vue chimique. Le Néoprène fut inventé en 1930 par Wallace Carothers (1896-1937). On le trouve un peu partout : combinaisons de plongée, courroies de ventilateur de voiture, joints, tuyaux et revêtements résistant à la corrosion.

Dans le cas des combinaisons de plongée, les espaces gazeux du Néoprène sont comblés par de l'azote, afin d'améliorer les propriétés isolantes. Le matériau est plus léger. On le trouve aujourd'hui dans beaucoup d'accessoires décoratifs : capots d'ordinateurs portables, gaines d'iPod ou de télécommandes.

Le caoutchouc synthétique fut d'abord fabriqué par la compagnie chimique américaine DuPont. Il dépendait des recherches du père Julius Arthur Nieuwland, professeur de chimie à l'université Notre-Dame, à Paris. Nieuwland avait réussi à polymériser l'acétylène. DuPont acheta le brevet et Carothers, employé de cette compagnie, collabora avec Nieuwland au développement commercial du Néoprène.

Carothers enseignait à Harvard quand il s'intéressa aux polymères, puis il entra chez DuPont pour poursuivre ses recherches. Il souffrait de dépression et avait toujours sur lui une capsule de cyanure. **LC**

VOIR ÉGALEMENT : POLYSTYRÈNE, CAOUTCHOUC SYNTHÉTIQUE, NYLON, SILICONE

Carothers fait la démonstration de la souplesse du caoutchouc synthétique élaboré par son équipe.

L'intensificateur d'images (1930)

Kubetsky invente le tube photomultiplicateur.

En 1930, le physicien russe Leonid Kubetsky (1906-1956) proposa une méthode destinée à amplifier les courants photoélectriques faibles. Il exploita l'effet photoélectrique dans lequel l'énergie des photons est convertie en énergie d'électrons mobiles, lesquels peuvent alors être accélérés. Quand ces électrons viennent frapper une plaque fluorescente, plusieurs photons sont délogés, et l'énergie est à nouveau convertie en lumière visible. L'appareil, appelé tube photomultiplicateur (ou plus simplement photomultiplicateur), peut multiplier par 50 l'illumination. Utilisés en série, ces tubes peuvent créer une cascade de photons, avec une illumination 50 000 fois supérieure.

« Toute technologie peut servir à faire le bien ou le mal, c'est à vous de choisir. »

Vladimir Zworykin

Dans les années 1930, Vladimir Zworykin (1889-1982) travaillait chez RCA sur ce qui allait devenir la première télévision commercialement viable. Pour résoudre le problème du signal faible, il employa un photomultiplicateur du même type.

Les militaires virent très vite le potentiel de ces appareils. Chez RCA, avec G. A. Morton, Zworykin développa la première génération d'appareils à vision nocturne. Ils pouvaient capter l'infrarouge, invisible pour l'œil humain. Les photomultiplicateurs furent adoptés par l'astronomie en 1937 et l'on peut maintenant voir la lumière émise par les étoiles les plus lointaines. Enfin, les tubes servent à l'imagerie médicale. **SS**

VOIR ÉGALEMENT : IMAGERIE PAR RAYONS X, PHOTOGRAPHIE INFRAROUGE, VISION NOCTURNE EN COULEURS

Le ruban adhésif (1930)

Un produit dont on ne pourrait plus se passer.

La première référence à une bande adhésive date de 1676 : à l'époque, les luthiers maintenaient en place les diverses pièces d'un instrument en construction avec des languettes de papier recouvertes de colle. Au début du XXe siècle, les pansements chirurgicaux ont connu de grands progrès, mais c'est vers 1930 qu'apparut le vrai ruban adhésif.

Dans les années 1920, les boulangers et les bouchers commençaient à se servir de Cellophane pour emballer leurs produits, mais ne parvenaient pas à les sceller hermétiquement. Ils se tournèrent vers la société 3M, qui fit appel à l'ingénieur Richard Drew (1899-1980), déjà inventeur du ruban de masquage utilisé principalement dans les travaux de peinture. En 1930, après plus d'un an de travail, Drew et son équipe produisirent la bande en cellulose. Elle comportait quatre couches : d'abord la partie collante, puis une autre permettant de la plaquer à la cellulose, la couche de cellulose proprement dite ou toute autre matière souple et enfin une couche empêchant la bande de coller sur elle-même une fois mise en rouleau. Peu après cette invention, une autre société trouva le moyen de sceller la Cellophane en la chauffant.

« La bande préserve à merveille les indices… surtout sur sa face collante. »

Michael Baden, médecin légiste

Cela ne sonna pas pour autant le glas du ruban adhésif et d'autres fabricants s'en servirent pour fermer différents types de paquets. Quand le grand public le découvrit, le ruban connut des usages que Drew n'aurait même pas imaginés. **DK**

VOIR ÉGALEMENT : COLLE, CELLOPHANE, SUPERGLUE

La radiosonde (1930)

Molchanov fournit des données météorologiques.

La météorologie moderne dépend énormément des radiosondes, et des centaines d'instruments sont emportés chaque jour par les ballons lancés par les stations météo du monde entier. Une sonde collecte des données jusqu'à 30 km d'altitude alors qu'elle est localisée par un radar. Les données en temps réel sont transmises en continu à la Terre par radio et la position de la sonde à divers moments indique la vitesse du vent. Un ballon s'élève au rythme de 300 m par seconde et un vol dure habituellement deux heures.

Dès 1892, le Français Gustave Hermite utilisa des ballons météo en soie. En 1901, ils furent remplacés par des ballons en caoutchouc hermétiques. Ils éclataient à 20 km d'altitude et les instruments retombaient à terre grâce à un parachute qu'il n'était pas toujours facile de retrouver.

Pendant la Première Guerre mondiale, l'armée insista pour avoir des renseignements plus instantanés. Il fallut pourtant attendre 1930 pour qu'apparaissent des radiosondes équipées d'un système radio léger, fiable et bon marché, ainsi que d'un transducteur capable de transformer la température, la pression et l'hygrométrie enregistrées en modulations radio. Le Russe Pavel Molchanov (1893-1941) est considéré comme le père de ce système et son invention fut adoptée par les bureaux météorologiques du monde entier.

Les ballons modernes au Néoprène éclatent quand la pression ambiante tombe à 10 millibars, c'est-à-dire vers 37 km d'altitude. L'ensemble de l'appareillage ne pèse que quelques livres. **DH**

VOIR ÉGALEMENT : PLUVIOMÈTRE, ANÉMOMÈTRE, BAROMÈTRE, HYGROMÈTRE, BAROMÈTRE ANÉROÏDE, RADAR MÉTÉO

Un chercheur lance un ballon à radiosonde depuis l'île de Kotelny, dans l'Arctique russe.

Le rivet aveugle (1931)

Huck imagine une méthode de rivetage polyvalente.

Le rivet existe depuis très longtemps, depuis l'âge de bronze en fait, et c'est toujours l'une des meilleures méthodes pour assembler deux choses de manière permanente (des plaques de métal habituellement). Le rivet sert chaque fois qu'il est capital que deux éléments réunis le soient en permanence : c'est le cas dans les avions et les coques des bateaux. Les vibrations créées par le mouvement desserrent les vis et les écrous, et le rivet leur est généralement préféré.

En 1931, Louis Huck cherchait le moyen d'accélérer la production aéronautique et sa réponse au problème fut le rivet aveugle. Contrairement au rivet normal, le rivet aveugle ne demande qu'un accès unique au matériau désiré, ce qui est pratique dans les avions où il est difficile d'accéder aux coques de forme ergonomique.

Comme pour le rivet normal, le rivet aveugle est inséré dans un trou préexistant, mais il est constitué d'un corps creux en alliage déformable et d'une tige dont une extrémité est renflée. Il est posé avec une pince spéciale qui tire sur la tige dont le bout renflé pénètre dans le corps du rivet pour réaliser le rivetage. Au moment du blocage, la tige se casse et laisse le rivet en place.

Le rivet aveugle est d'une utilisation plus facile et plus rapide que le rivet « solide » traditionnel, même s'il n'est pas toujours aussi fort. La conception des rivets a peu changé avec le temps, mais l'amélioration des matériaux et des pinces les rend plus fiables que jamais. On les utilise dans tout type de construction : maison préfabriquée, wagon, autocar, voiture ou encore container. **JB**

VOIR ÉGALEMENT : RIVET, CLOU, VIS, VIS CRUCIFORME

Le radiotélescope (1931)

Jansky capte des émissions venues de l'espace.

À Holmdel, New Jersey, les laboratoires de la société Bell Telephone s'intéressaient à la mise en œuvre d'un service téléphonique transatlantique à ondes courtes et s'inquiétaient que des signaux statiques puissent interférer avec la transmission vocale. En 1931, le physicien et ingénieur Karl Guthe Jansky (1905-1950) se vit demander de rechercher la source de ces signaux. Avec un récepteur radio de haute qualité réglé sur 20,5 MHz ainsi qu'une vieille antenne montée sur roue, il identifia trois sources : des orages proches, des orages lointains et un sifflement faible en arrière-fond.

L'intensité du sifflement variait d'un jour à l'autre. Au bout de quelques mois, Jansky comprit que cette période n'était pas la journée solaire de 24 heures, mais la journée sidérale de 23 heures et 56 minutes. En 1932, il localisa la source du sifflement, la constellation du Sagittaire dans la Voie lactée. Son antenne devint ainsi le premier radiotélescope.

> *« Peu de choses changent aussi vite que la conception que nous avons de notre univers. »*
>
> Timothy Ferris, *The Whole Shebang*

Grote Reber, un ingénieur radio de Wheaton, Illinois, construisit par la suite le premier radiotélescope réellement manœuvrable. Son réflecteur parabolique devint le prototype de plusieurs générations de radiotélescopes. Reber commença à cartographier le ciel radio, découvrant ainsi en 1944 les sources radio de Cassiopée A et de Cygnus A. Les émissions radio du Soleil furent identifiées pendant la Seconde Guerre mondiale. **DH**

VOIR ÉGALEMENT : COHÉREUR (POUR LA DÉTECTION DES ONDES RADIO)

La guitare électrique (1931)

Rickenbacker révolutionne la musique populaire de l'après-guerre.

La guitare existait sous une forme ou une autre depuis la Renaissance, mais c'était surtout un instrument de salon. Le XIXe siècle la vit peu à peu aborder les salles de concert, mais elle était toujours jouée en solo ou dans de petites formations. Elle tint un rôle capital lors de la naissance du jazz, dans les années 1920, puis lutta pour se faire entendre quand les groupes s'agrandirent et que la section des cuivres prit le dessus.

Amplifier le son, telle était la solution. Vers 1924, l'ingénieur Lloyd Loar travaillait pour le fabricant de guitares Gibson quand il eut l'idée du microphone magnétique. Placé sous les cordes, le micro crée un champ magnétique que les vibrations des cordes viennent perturber. Ces variations sont converties en un courant électrique amplifié, puis diffusé par un haut-parleur. Gibson ne chercha toutefois pas à développer l'invention de Loar.

La première guitare électrique digne de ce nom fut la fameuse Frying Pan (« poêle à frire »), conçue en 1931 par Adolph Rickenbacker (1886-1976). Intéressé par la musique hawaïenne, il produisit une guitare en acier recouverte d'aluminium et dotée d'un gros micro magnétique en forme de fer à cheval. Peu après, Rickenbacker et ses collègues créèrent la guitare électro-espagnole, guitare acoustique pourvue du même micro. Pour certains, ce fut la première vraie guitare électrique produite sur le plan commercial. Ces instruments ne connurent pas un grand succès et il fallut attendre la fin des années 1930 pour que des virtuoses du jazz comme Charlie Christian en démontrent toutes les possibilités. **TB**

VOIR ÉGALEMENT : ORGUE À TUYAUX, SYNTHÉTISEUR ÉLECTRONIQUE

↗ *Le prototype de la Frying Pan a un manche et un corps en bois, mais le modèle courant est en aluminium moulé.*

« Le service des brevets s'est demandé si [la Frying Pan] était "opérationnelle". »

Monica Smith, Smithsonian Institution

L'aérogel
(1931)

Le solide le plus léger au monde.

Les gels sont des substances colloïdales dont le corps liquide abrite un réseau de nanoparticules reliées les unes aux autres, mesurant 2-5 nanomètres et placées autour de pores de 100 nanomètres. Il suffit de remplacer le liquide par un gaz pour obtenir un aérogel.

Ingénieur chimiste au College of the Pacific, en Californie, Steven S. Kistler (1900-1975) s'intéressait aux gels produits par la condensation acide du silicate de sodium aqueux. Il remarqua que les gels se réduisaient et se craquelaient en séchant à cause de la grande tension de surface de l'eau qu'ils contenaient. Kistler parvint à bloquer la réduction de volume en remplaçant l'eau par un alcool à basse tension de surface. Le produit fini, appelé aérogel, était la composante solide, microporeuse et non contractée du gel original.

« Quand le malheur s'abat sur toi, même la gelée peut te briser les dents. »

Proverbe persan

L'aérogel est composé à 99 % d'air, ce qui en fait un isolant thermique idéal. Vers la fin des années 1970, les spécialistes français des fusées virent dans ce produit le moyen le plus sûr de stocker le comburant des engins spatiaux. Leur aérogel bon marché était facilement produit par la polymérisation d'un précurseur du silicate comme le tétraméthylorthosilicate. Destinée à recueillir des poussières de la comète Wild 2, la mission spatiale Stardust utilisa également des aérogels. **DH**

VOIR ÉGALEMENT : FUSÉE À CARBURANT LIQUIDE, SONDE SPATIALE

L'aérogel utilisé dans le programme de la NASA Stardust a été fabriqué au Jet Propulsion Laboratory.

Le microscope électronique (1931)

Ruska obtient un grossissement très élevé.

Les premiers microscopes furent fabriqués vers 1590 par un père et son fils, Hans et Zacharias Jansen, deux fabricants de lunettes hollandais qui parvinrent à un grossissement de 20 fois.

En 1673, le Hollandais Antony Van Leeuwenhoek découvrit les bactéries (animalcules), les globules, les protozoaires et les spermatozoïdes à l'aide d'un microscope pouvant grossir 300 fois les objets. Vers 1886, Ernst Abbe avait fait progresser la technique à tel point que son microscope atteignait la limite de résolution de la lumière visible, 2 000 angströms, soit 0,0002 mm. Pour obtenir une résolution encore meilleure, il faut une longueur d'onde inférieure. Ernst Ruska (1906-1988) et son professeur, Max Knoll (1897-1969), comprirent qu'en accélérant des électrons dans le vide, leur longueur d'onde pouvait être 100 000 fois inférieure à celle de la lumière visible. Des bobines magnétiques pouvaient faire converger les faisceaux d'électrons afin de produire une image. Ruska construisit le premier microscope électronique en 1931, mais sa résolution était plus mauvaise que celui de Jansen. En 1934, il réussit à élaborer un microscope électronique dont la résolution dépassait celle des microscopes ordinaires et les premiers modèles furent diffusés vers 1939. Ruska reçut le prix Nobel de physique en 1986. **SS**

« L'esprit faible est pareil au microscope qui grossit les petites choses mais ne peut voir le grandiose. »

Lord Chesterfield, aristocrate anglais

VOIR ÉGALEMENT : LENTILLE, MICROSCOPE, MICROSCOPE À EFFET TUNNEL

Le son stéréo (1931)

Blumlein élargit le spectre sonore.

Pour la plupart des gens, « stéréophonie » signifie écouter des sons par le biais de haut-parleurs à double canal. Les divers éléments de l'enregistrement semblent venir de directions différentes, l'oreille humaine étant par nature capable de localiser un son.

L'inventeur du son stéréophonique est un ingénieur en électricité anglais du nom d'Alan Blumlein (1903-1942). En 1931, il assistait dans un cinéma de quartier à l'un des premiers films parlants quand il fut gêné par le fait que le son venant d'une source unique avait quelque chose de désincarné, alors que les acteurs occupaient différentes parties de l'écran. Pour permettre au son de « suivre » la voix, il inventa le système « binaural », ce que nous appelons aujourd'hui stéréo. Son idée était simple. Deux micros étaient disposés à une certaine distance l'un de l'autre et chacun était relié à un canal audio. La position de la voix d'un acteur venait occuper une place dans le « spectre » binaural selon l'intensité du volume sonore projeté vers chaque canal. Quand l'enregistrement repassait sur un système à deux canaux – les haut-parleurs étant placés de part et d'autre de l'écran –, les voix reflétaient parfaitement l'emplacement des acteurs.

« Le son ne provient que d'une seule personne… J'ai le moyen de lui faire suivre cette personne. »

Alan Blumlein, ingénieur en électricité

Blumlein déposa toutes sortes de brevets, dont une méthode permettant de graver les deux canaux dans un seul et même sillon de disque. **TB**

VOIR ÉGALEMENT : HAUT-PARLEUR, MICRO, FILM SONORE, SON SURROUND, SYSTÈME DOLBY

Le moteur de Bourke (1932)

Bourke croit que son moteur sera celui de l'avenir.

En 1932, Russell L. Bourke construisit un moteur qui, selon lui, allait changer le monde. Il ne comportait que deux parties mobiles (les pistons) et un liquide les raccordant à un « scotch yoke » (mécanisme qu'il préférait au vilebrequin pour transformer le mouvement linéaire des pistons en mouvement rotatoire). Bourke breveta son invention en 1938.

Pendant 20 ans, Bourke ne réussit pas à intéresser le gouvernement ni l'industrie. Les brevets tombèrent en 1957 et n'importe qui eut le droit de les exploiter, mais les intéressés n'étaient pas nombreux. Au cours du dernier demi-siècle, le prix du pétrole a décollé et l'intérêt pour les gaz à effet de serre a augmenté, mais le moteur de Bourke sommeille toujours. Bourke pensait que le pétrole, la fabrication des pièces de moteur et les industries de réparation faisaient tout pour « étouffer » son moteur. Certains estiment qu'il a raison et que son invention peut faire diminuer la demande en matière de pétrole, ralentir le changement climatique planétaire, mais aussi faire la fortune des investisseurs.

« Il fonctionne avec n'importe quel hydrocarbure, n'a pas besoin de réparation… »

Russell L. Bourke, ingénieur

D'autres ont des opinions plus tranchées. Pour eux, le moteur de Bourke ne peut raisonnablement remplacer les moteurs actuels. Ils citent un certain nombre de problèmes : poids important du moteur, efficacité moindre due aux ondes de choc et au transfert de chaleur excessif, ou encore émission excessive de dioxyde d'azote. **ES**

VOIR ÉGALEMENT : MOTEUR À VAPEUR ATMOSPHÉRIQUE, MOTEUR À COMBUSTION INTERNE, MOTEUR À DEUX TEMPS

La lampe de bureau Anglepoise (1932)

Orientable et flexible, la lampe de Carwardine répond aux besoins de chacun.

George Carwardine (1887-1948) possédait une usine automobile et c'est là que lui vint l'idée consistant à disposer des ressorts sur un bras métallique orientable, mais conservant la position qu'on lui a donnée. La forme s'inspirait du mouvement du bras humain et du principe de tension constante. Il la fit breveter en 1931, mais ce n'est que l'année suivante qu'il pensa s'en servir pour régler provisoirement et à angle voulu la direction d'une lampe.

Au bras à ressorts, il fixa une lourde base et une lampe directionnelle, ce qui permit à celle-ci de se tourner dans toutes les directions tout en conservant sa position. Carwardine plaça ces lampes dans son usine pour éclairer la chaîne de montage et ne fut pas long à comprendre qu'on pouvait aussi les utiliser au bureau ou ailleurs. En recouvrant l'ampoule d'un réflecteur, le faisceau peut être dirigé dans une direction donnée, ce qui confère à son modèle l'avantage de consommer moins d'énergie que les projets du même ordre. Le réflecteur protège aussi les yeux de l'utilisateur.

La lampe Anglepoise se targuait de donner autant de lumière avec une ampoule de 25 W qu'une lampe conventionnelle avec une ampoule de 60 W. Le caractère directionnel de la lampe la rendait idéale au bureau, surtout pour éclairer les documents et les livres. Le produit connut un succès immédiat. Aujourd'hui, on trouve des lampes Anglepoise dans le monde entier et les modèles actuels diffèrent peu du prototype de Carwardine. **LS**

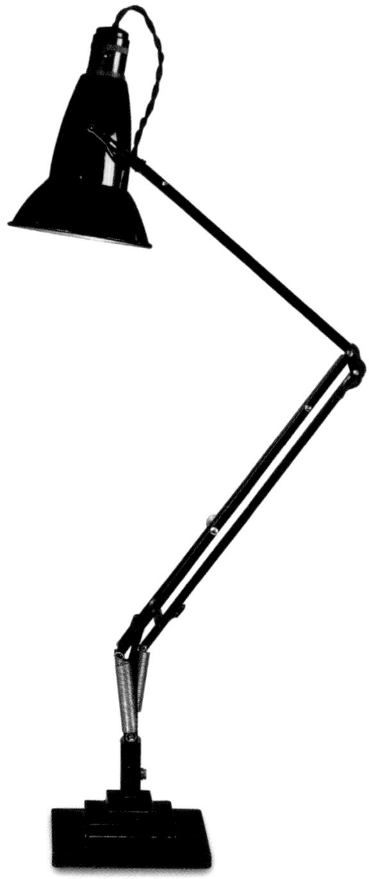

« Nous consommons nos lumières… comme des lampes en plein jour. »

William Shakespeare, *Roméo et Juliette*, I, 4

VOIR ÉGALEMENT : LAMPE À HUILE, BOUGIE, ÉCLAIRAGE AU GAZ, LAMPE À ARC, AMPOULE À INCANDESCENCE, LAMPE AU NÉON, LAMPE HALOGÈNE

↗ *Lampe Anglepoise de 1935 construite par le fabricant de ressorts anglais Herbert Terry & Son.*

Le fauteuil roulant pliant (1932)

Le fauteuil de Jennings va dominer le marché.

Après s'être brisé les reins dans un accident de mine, Herbert Everest détestait tant son fauteuil roulant peu pratique qu'il demanda à un ami ingénieur, Hary Jennings, de l'aider à inventer un nouveau fauteuil. Le modèle de Jennings allait révolutionner le marché du fauteuil roulant.

Ce type de fauteuil existait depuis le XVIe siècle – le premier aurait été conçu pour le roi Philippe II d'Espagne –, mais il n'avait pas vraiment évolué jusqu'en 1909. C'est à peu près à cette époque qu'apparurent les premiers modèles légers, en acier tubulaire plutôt qu'en bois.

« L'argent n'achète pas la santé, mais je veux bien un fauteuil incrusté de diamants. »

Dorothy Parker, écrivain

Certaines parties pouvaient se replier, mais c'est l'introduction de la structure pliante en X qui fut réellement révolutionnaire. Auparavant, les fauteuils pliants avaient un cadre en forme de T ou de I. La forme en X assurait une plus grande rigidité, tout en permettant de pousser l'un vers l'autre les côtés du fauteuil sans pour autant décaler les roues. En fait, ce nouveau fauteuil était si innovant qu'Everest et Jennings s'associèrent pour fonder leur propre société. Elle connut un énorme succès, au point de dominer le marché… et d'être accusée par la justice américaine de vouloir s'assurer l'exclusivité de ce type de produit, violant ainsi la loi antitrust. **CL**

VOIR ÉGALEMENT : CHAISE, POUSSETTE-CANNE

Le thiopental sodique (1932)

Un nouveau type d'anesthésie voit le jour.

La découverte du thiopental sodique date de 1932, alors que Donalee L. Tabern (1900-1974) et Ernest H. Volwiler (1893-1992) cherchaient un anesthésique capable d'être injecté directement dans le sang. Pendant trois ans, aux laboratoires Abbott, ils passèrent en revue des centaines de composés pour en trouver enfin un capable de plonger un patient dans l'inconscience avant d'être opéré, tout en ayant des effets secondaires limités.

Le thiopental sodique fut testé sur l'homme le 8 mars 1934 par le Dr Ralph M. Waters. Soixante secondes après l'injection, le produit entraînait une anesthésie durant de 10 à 30 minutes, et ce en déprimant le système nerveux central (mise en veille du cerveau). Grâce à lui, les médecins purent administrer pendant des durées plus longues des anesthésiants inhalables. Le thiopental sodique fut le premier anesthésiant utilisé à grande échelle par voie intraveineuse. Il fut aussi à l'origine d'une toute nouvelle famille de barbituriques, dont les plus connus sont le Nesdonal et le Pentothal.

Après l'attaque de Pearl Harbor en 1941, le thiopental sodique fut associé à un grand nombre de morts sous anesthésie parce que des doses excessives avaient été données à des patients en état de choc. Son utilisation fut suspendue pendant un certain temps. Comme presque tous les anesthésiants, il provoque une dépression cardiovasculaire et respiratoire induisant une baisse de la tension et une respiration affaiblie.

La CIA utilisa à petite dose le thiopental sodique comme « sérum de vérité ». Certains États américains – et la Chine depuis peu – en font l'un des trois ingrédients de l'injection létale administrée aux condamnés à mort. **JF**

VOIR ÉGALEMENT : ANESTHÉSIE, ANESTHÉSIE À L'ÉTHER, ANESTHÉSIE AU CHLOROFORME

Le parcmètre (1932)

Magee améliore la circulation et les finances des villes.

En 1932, Carl Magee, avocat, directeur de journal et nouveau membre de la commission « circulation » de l'Oklahoma, eut pour mission de trouver une solution aux embouteillages. Il remarqua que de nombreuses personnes venaient en ville en voiture et la laissaient garée toute la journée, bloquant ainsi les rues. La fréquentation des commerces diminuait parce que les magasins étaient peu faciles d'accès. Il eut alors l'idée du parcmètre. Il conçut un prototype et proposa son idée à l'université d'État d'Oklahoma pour aboutir au parcmètre à pièces, dont le premier exemplaire fut installé le 16 juillet 1935 à Oklahoma City.

Pour l'anecdote, la première personne à recevoir une contravention pour s'être garée à côté d'un parcmètre dont le temps était dépassé fut le révérend C. H. North. Comme bien d'autres après lui, il déclara au tribunal qu'il ne s'était arrêté que quelques minutes pour faire ses courses.

L'invention de Magee gagna bientôt les autres États américains, puis l'Europe. Les premiers parcmètres, dotés d'un mécanisme proche de celui des horloges, devaient être remontés chaque semaine. Les modèles les plus récents ne fonctionnent plus à pièces mais à carte prépayée, ce qui réduit le vandalisme dont ils font souvent l'objet. Certaines villes comme Paris en sont exclusivement pourvues. Les amateurs de bandes dessinées se rappellent certainement la « guerre des parcmètres » qui opposa Gaston Lagaffe à l'agent de circulation de son quartier. **JG**

VOIR ÉGALEMENT : TÉLÉPHONE PUBLIC,
FEUX DE SIGNALISATION, DISTRIBUTEUR AUTOMATIQUE

↗ *Les premiers parcmètres de ce type apparurent aux États-Unis dans les années 1930.*

Le disque vinyle (1932)

RCA Victor commercialise le disque vinyle qui dominera l'industrie musicale pendant des décennies.

De 1932 aux années 1980, le disque vinyle fut le moyen le plus populaire de reproduction de la musique enregistrée. Comme bien des inventions importantes, son origine remonte à Thomas Edison, inventeur du système d'enregistrement sur cylindre. Vint ensuite Emile Berliner, inventeur du premier microphone du téléphone commercial d'Alexander Graham Bell, qui développa en 1887 l'idée d'un disque doté d'un sillon latéral gravé en spirale.

Les premiers disques étaient en caoutchouc puis la gomme-laque (sécrétion d'une cochenille asiatique) fut introduite en 1896 : le 78 tours de 25 cm de diamètre devint alors la norme.

Trois problèmes se posaient cependant : la gomme-laque était une matière très fragile et les disques se cassaient très facilement ; le bruit de fond était très élevé ; enfin la durée maximale de quatre minutes par face interdisait tout enregistrement musical. Les morceaux classiques devaient occuper plusieurs disques, vendus dans des sortes d'albums en carton : c'est d'ailleurs pour ça que l'on parle aujourd'hui d'album pour qualifier un 33 tours ou un CD.

En 1932, RCA Victor lança le premier disque de longue durée (LP) et un nouveau matériau, le vinyle. Avec un diamètre de 30 cm et une vitesse de 33 tours/minute, il permettait d'enregistrer davantage de musique. Le succès commercial ne fut pas immédiat à cause de la Grande Dépression, mais RCA Victor persista. Dans les années 1950, le LP 30 cm ainsi que le single 17 cm s'imposèrent vraiment. **TB**

VOIR ÉGALEMENT : GRAMOPHONE, CASSETTE AUDIO, DISQUE OPTIQUE, MINIDISQUES

↑ *On peut enregistrer jusqu'à 30 minutes de musique sur chaque face d'un disque vinyle.*

La radio FM (1933)

Armstrong propose une fréquence radio qui minimise les interférences.

Au début du XXe siècle, les premières diffusions radiophoniques mettaient en pratique la modulation d'amplitude, ou AM. Les ondes radio étaient diffusées sur une fréquence donnée et le récepteur détectait les variations d'amplitude avant de décoder le signal. Avec une qualité sonore médiocre – limite technique délibérée tenant compte du volume des stations radio AM – et soumise aux interférences, la radio AM s'imposa cependant jusque dans les années 1970.

En 1933, Edwin H. Armstrong fit breveter une méthode alternative d'émission reposant sur le principe de la modulation de fréquence, ou FM. L'onde porteuse est modulée de sorte que sa fréquence varie avec le signal audio transmis. La FM a un grand avantage sur l'AM en ce qu'elle réduit considérablement les interférences : les conditions atmosphériques (orages par exemple) ou l'activité électrique environnante (voitures dont on met le contact) peuvent elles-mêmes créer des signaux AM susceptibles de brouiller les émissions en AM, alors que la FM n'est pas sensible à ces problèmes.

En 1935, Armstrong proposa à l'Institut des ingénieurs radio un projet intitulé « Système de modulation de fréquence destiné à réduire les perturbations des signaux radio ». Deux ans plus tard, W1ZOJ, la première station radio en FM, commençait à émettre. Jusqu'à l'arrivée de la radio numérique à la fin des années 1990, la FM fut le seul moyen de proposer des émissions stéréo en haute fidélité. **TB**

VOIR ÉGALEMENT : TÉLÉCOMMUNICATION SANS FIL, ÉMETTEUR RADIO, MODULATION D'AMPLITUDE, POSTE À GALÈNE

La FM se popularisa en Europe dans les années 1950, mais seulement en 1978 aux États-Unis.

La hotte aspirante (1933)

Les mauvaises odeurs disparaissent de la cuisine.

À l'époque où les cuisines n'étaient pas ventilées, il était impossible de préparer un repas sans dégager de fumée ou d'odeur, lesquelles se dispersaient rapidement dans toute la maison. De plus, les graisses venaient tacher les murs. Cuisiner devint un réel plaisir en 1933 quand la société Vent-a-Hood inventa le premier extracteur, c'est-à-dire la gaine aspirante, capable de capturer toutes les mauvaises odeurs, mais pas la graisse, malheureusement.

Les premières hottes passaient pour assez dangereuses : en effet, les graisses non retenues prenaient facilement feu à cause des hautes températures générées par les brûleurs. Pourvus de filtre, les extracteurs suivants se révélèrent assez peu efficaces puisque seuls 25 % des graisses étaient prises au piège des filtres. En 1937, Vent-a-Hood améliora son modèle initial et incorpora dans sa hotte un ventilateur baptisé Magic Lung (« poumon magique ») : l'air qui le traversait était pressurisé afin de liquéfier les graisses, réduisant davantage le risque d'incendie dans la cuisine.

Les hottes que l'on trouve aujourd'hui dans le monde entier comprennent un cône d'aspiration pour capturer les gaz, un filtre à graisses et un ventilateur pour renforcer l'extraction. Il existe deux grands types de hottes de cuisine : celles dotées d'un conduit rejetant les produits filtrés à l'extérieur de la maison et celles dépourvues de conduit, où un filtre à charbon recycle odeurs et particules de fumée avant de rejeter l'air dans la cuisine.

Les hottes aspirantes ont révolutionné la vie domestique et permis l'installation des cuisines dites américaines, ouvertes sur la salle à manger sans pour autant gêner les convives. **FS**

VOIR ÉGALEMENT : CUISINIÈRE À GAZ, CUISINIÈRE ÉLECTRIQUE

Le catadioptre (1934)

De petites billes pour l'objet le plus design du siècle.

Une nuit de l'année 1933, dans le Yorkshire, le cantonnier Percy Shaw (1890-1976) revenait chez lui quand il vit la lumière des phares de sa voiture se refléter dans les yeux d'un chat marchant le long de la route. Cet incident banal lui donna l'idée de reproduire le phénomène pour aider les automobilistes à rouler sur des voies mal éclairées.

Le catadioptre proprement dit avait été inventé en 1917 par le Français Henri Chrétien : l'armée désirait en effet un dispositif de communication que l'ennemi ne pouvait pas intercepter. Il en déposa le brevet en 1923 sous le nom de « cataphote ».

« Le catadioptre a un design exemplaire, à la fois simple, fonctionnel et beau. »

James May, présentateur à la télévision anglaise

Shaw voulait créer un système à la fois très lumineux, solide pour résister aux pneus des voitures et ne nécessitant quasiment pas d'entretien. Inséré dans la chaussée, il consistait en quatre billes de verre placées par paires, faisant face aux deux directions opposées et serties dans un dôme de caoutchouc souple. Quand un véhicule passe sur ce dôme, le caoutchouc se contracte et les billes descendent sous le niveau de la route. La base en fer collecte l'eau de pluie : quand le dôme s'écrase, le caoutchouc lave automatiquement les billes de verre. Le brevet fut enregistré en 1934, et le produit fut élu en 2001 « objet design n° 1 » du XXe siècle. **JF**

VOIR ÉGALEMENT : FEUX DE SIGNALISATION

Des catadioptres sont installés sur un passage pour piétons proche de Wimbledon Park (Londres, 1936).

Le verre acrylique (1934)

Le Perspex – ou Plexiglas – est aujourd'hui omniprésent.

Le verre acrylique, ou Perspex (son nom commercial le plus usité), est un matériau transparent comportant de très nombreux avantages sur le verre traditionnel. C'est un polymère du méthacrylate de méthyle, composé organique simple, que l'on connaît sous divers noms : Plexiglas, acrylique ou, de manière assez appropriée, poly (polyméthacrylate de méthyle). C'est un polymère simple, formé de chaînes de carbone, d'hydrogène et d'oxygène.

Malgré sa simplicité, le Perspex est un matériau polyvalent. Durable bien que facilement modelable, il permit dans un premier temps de remplacer le verre et se révéla particulièrement utile pendant la Seconde Guerre mondiale dans les verrières des Spitfire et plus tard dans les viseurs et les écrans de protection. Pour une même charge, le Perspex est deux fois moins lourd que le verre mais 17 fois plus résistant, c'est pourquoi on l'utilise aussi dans les aquariums, dômes et autres objets où la transparence est exigée. La médecine y recourt pour les lentilles de vision, les dentiers et le ciment osseux. Enfin, en suspension dans l'eau, il forme la peinture acrylique.

Ce matériau fut d'abord produit par l'Imperial Chemical Industries grâce à deux de ses employés. Rowland Hill décrivit le polymère en 1931 et fit breveter sa préparation ainsi que le monomère. John Crawford, spécialiste des explosifs, travaillait sur les matériaux synthétiques utiles au verre de sécurité. Le polymère de Hill constituait la solution idéale et il découvrit une méthode économique d'en synthétiser le précurseur.

Les années suivantes, ICI chercha à produire le matériau à échelle industrielle. La première feuille date de 1933 et le nom Perspex fut donné en 1934. De nos jours, ses applications sont si nombreuses qu'on le trouve partout autour de soi, où qu'on soit. **MB**

VOIR ÉGALEMENT : VERRE, VERRE SOUFFLÉ, FIBRE DE VERRE

La vis cruciforme (1934)

Phillips invente une vis pour les chaînes de montage.

La vis à tête cruciforme n'est apparue il n'y a que quelques décennies. En usage depuis la fin du XVIIe siècle, la vis à tête plate, ou vis fendue, présentait deux défauts : la fente et le tournevis devaient être parfaitement alignés, et le tournevis pouvait facilement déraper sous l'action de la force centrifuge. Ces problèmes se posaient avec acuité dans les chaînes de montage automatisées, où les robots étaient incapables de compenser le dérapage comme le feraient des humains. La vis à tête cruciforme permettait l'autocentrage et procurait une meilleure force de torsion.

La vis cruciforme fut popularisée par Henry F. Phillips (1890-1958), originaire de Portland, dans l'Oregon. Il reprit le travail de l'inventeur J. P. Thomson, qui avait conçu mais n'avait pu diffuser sa vis à tête en retrait. Phillips développa le concept et fonda en 1933 la Phillips Screw Company. Cinq brevets furent déposés entre 1934 et 1936.

> *« La première sortie de la chaîne de montage était plaquée or et argent. On en fit un collier… »*
>
> Norman Nock, *Austin Healy Magazine* (1996)

L'American Screw Company trouva le moyen de fabriquer à grande échelle ce type de vis, mais il fallut pour cela 500 000 dollars d'investissement. La récompense vint quand General Motors adopta la vis cruciforme pour sa Cadillac modèle 1936. La vis Phillips se révéla très utile pendant la guerre en ce qu'elle accéléra la production des tanks, Jeep ou encore Spitfire. **MB**

VOIR ÉGALEMENT : CLOU, VIS D'ARCHIMÈDE, TOUR, VIS A TÊTE CARRÉE

Le trampoline (1934)

Le cadre à ressorts de Nissen sert aussi bien à l'armée qu'à l'industrie des loisirs.

George Nissen (né en 1914) était entraîneur sportif et Larry Griswold (1905-1996), acrobate. Pendant l'été 1935, ils rencontrèrent une grande famille de trapézistes, les Flying Wards, et les aidèrent souvent à réparer leurs filets. Nissen pensait qu'un filet doté d'un léger rebond permettrait aux voltigeurs de mieux s'entraîner. Avec Griswold, il installa un petit atelier dans le garage de ses parents dans le but de développer un cadre à rebond. Ils prirent une grande toile assez solide et la fixèrent à une série de ressorts montés sur un cadre provenant d'un chantier de démolition voisin.

Les deux amis emportèrent leur invention dans le camp de vacances de l'université de l'Iowa où elle rencontra un vif intérêt. Nissen et deux amis, les Leonardo, conçurent un numéro de main à main et d'acrobatie qu'ils allèrent présenter au Mexique. Là, ils trouvèrent du travail dans un night-club de Mexico, El Retiro. Nissen en profita pour améliorer sa connaissance de l'espagnol : *canguro* était un couteau de poche, *aeroplano* signifiait saut de l'ange et surtout, une planche à ressort se disait *trampolin*. Nissen anglicisa le mot en y ajoutant un *e* : c'est ainsi que naquit le trampoline, également appelé « tapis magique », « *catro elastico* » ou plus simplement « Nissen ».

En 1942, les deux amis fondèrent la Griswold-Nissen Trampoline & Tumbling Company. Leurs trampolines furent utilisés par les forces armées de la Seconde Guerre mondiale pour le conditionnement mental et physique des pilotes de chasse. **BS**

« À chaque saut, c'est deux ou trois secondes de liberté. »

George Nissen, entraîneur sportif

VOIR ÉGALEMENT : MÉTALLURGIE, ÉLASTIQUE, CAOUTCHOUC, RESSORT, NYLON

↗ *Le trampoline fut longtemps pratiqué sur les plages (Angleterre, années 1960).*

Le p-H-mètre (1935)

Un instrument de précision pour le laboratoire.

En 1934, Glen Joseph, chimiste travaillant au laboratoire de la California Fruit Growers Exchange, s'efforçait de mesurer avec précision l'acidité de produits dérivés d'agrumes. On appelle pH la mesure de l'alcalinité ou de l'acidité d'une substance : le papier de tournesol était à l'époque le moyen le plus employé pour la tester. Ce papier prend différentes couleurs selon l'acidité, mais il ne servait à rien à Joseph parce que le dioxyde de soufre servant comme conservateur dans le jus de citron blanchissait systématiquement le papier.

Il voulut essayer des électrodes en verre, mais elles se cassaient facilement et n'émettaient qu'un très faible signal. Il demanda alors de l'aide à son ancien camarade de classe, Arnold Beckman (1900-2004), devenu professeur au CalTech, qui lui conseilla de prendre des tubes à vide.

Beckman finira par fabriquer lui-même son instrument, qui fonctionna si bien que Joseph en voulut un autre pour son laboratoire. En 1934, Beckman déposa le brevet de son « acidimètre », commercialisé l'année suivante au prix de 195 dollars par le Laboratoire technique national (NTL). Malgré son prix élevé (le papier de tournesol ne coûtant pratiquement rien), 87 exemplaires furent vendus pendant les trois premiers mois. En 1939, Beckman cessa d'enseigner pour diriger le NTL et inventa de nombreux autres instruments de laboratoire.

Le pH-mètre était un instrument révolutionnaire en ce qu'il était précis, portatif et fournisseur de données à la fois immédiates et fiables. Surtout, il laissait le temps aux chercheurs de se concentrer pleinement sur leurs travaux. **RH**

VOIR ÉGALEMENT : PYROMÈTRE, UNITÉ SI, ENGRAIS ARTIFICIEL

Le radar (1935)

L'instrument idéal pour détecter l'ennemi.

En 1935, alors que la tension montait en Europe, le gouvernement britannique demanda au physicien écossais Robert Watson-Watt (1892-1973) de concevoir un « rayon de la mort » antipersonnel susceptible de mettre à bas l'ennemi. Watson-Watt démontra que c'était impossible. En revanche, il envisagea qu'une onde radio puisse être envoyée vers un objet en mouvement et rebondir dessus : l'étude de sa trajectoire pourrait fournir des informations sur la cible telles que vitesse, direction et altitude.

Cela pourrait aussi déterminer la distance entre le transmetteur et des objets fixes. Cette théorie plut au gouvernement, qui donna au chercheur la technologie lui permettant de fabriquer son radar (abréviation de *« radio detection and ranging »*, soit « détection et estimation de la distance par ondes radio »). Au début de la Seconde Guerre mondiale, Watson-Watt avait fait installer une série de radars dans tout le Royaume-Uni. Deux autres physiciens, Henry Boot et John T. Randall, développèrent le concept de magnétron à cavité résonante, tube pouvant générer des pulsations radio à haute fréquence. Leurs travaux débouchèrent sur le radar à micro-ondes qui sert aujourd'hui, notamment, à la mesure de la pollution atmosphérique. **SD**

« Le radar... joua un rôle capital dans la défense de la Grande-Bretagne au cours de la guerre. »

R. Hanbury Brown, Robert Watson-Watt, physiciens

VOIR ÉGALEMENT : SONAR, RADAR MÉTÉO, SYSTÈME AVERTISSEUR DE PROXIMITÉ DU SOL

Parabole de 19 m de diamètre d'un radar de l'US Air Force installé en Californie en 1945.

Le spectrophotomètre (1935)

L'instrument de Hardy mesure le rayonnement électromagnétique.

La mesure de l'intensité d'un rayonnement électromagnétique est d'ordinaire confiée à un filtre au champ spectral très étroit, et l'instrument permet de mesurer le changement de luminosité après le passage du rayonnement lumineux dans un échantillon ou son reflet sur celui-ci. Avec les premiers appareils, c'était l'œil nu qui déterminait la différence d'intensité de deux faisceaux.

Arthur Hardy (1895-1977), physicien auprès du Massachusetts Institute of Technology, voulut déceler électroniquement l'intensité. Il désirait construire un spectrophotomètre balayant automatiquement le spectre visible et produisant une trace papier de ce spectre pour montrer comment l'intensité lumineuse variait avec la longueur d'onde. Un faisceau était scindé en deux parties, lesquelles étaient comparées grâce au passage rapide de l'une à l'autre effectué par un photomètre à oscillation. Produite en collaboration avec la société General Electric, la première machine vraiment opérationnelle vit le jour en 1935. Le National Bureau of Standards utilisa bientôt le spectrophotomètre de Hardy pour tester les pigments et les peintures et établir les critères des peintures couleur. Une machine entièrement automatisée coûtait très cher et des appareils moins onéreux furent fabriqués, pour lesquels le balayage du spectre devait être fait à la main.

Les spectrophotomètres ont été adoptés par tous les grands laboratoires scientifiques et industriels. Ce type d'instrument permet aussi de contrôler les variations saisonnières et latitudinales de l'ozone : c'est ainsi que l'on a découvert le trou dans la couche d'ozone, au-dessus de l'Antarctique. **DH**

VOIR ÉGALEMENT : COMPTEUR GEIGER, SPECTROMÈTRE ÉLECTRONIQUE

↑ *Partie d'un spectrophotomètre, v. 1938. Ils servirent pendant la guerre à mesurer les vitamines alimentaires.*

Le Nylon (1935)

La fibre de Carothers vient remplacer la soie.

Wallace Carothers (1896-1937) était un excellent chimiste qui, avant même d'être diplômé, fut nommé à la tête du département de chimie du Tarkio College, dans le Missouri. Il enseigna à Harvard avant de rejoindre le monde de l'industrie et la société chimique DuPont, qui venait d'ouvrir un laboratoire destiné à développer de nouveaux produits.

Il dirigea en 1928 une équipe consacrée aux étoffes artificielles. Carothers s'intéressait à un hydrocarbure, l'acétylène, et à sa famille. Après avoir inventé le premier élastomère synthétique – fabriqué par DuPont sous le nom de Néoprène dès 1931 –, il chercha à créer une fibre synthétique susceptible de remplacer la soie. Le Japon était le principal fournisseur de soie des États-Unis mais, les relations politiques et économiques se détériorant entre les deux pays, la soie devenait plus rare et plus coûteuse.

En 1935, Carothers franchit une première étape en créant une réaction entre deux unités chimiques appelées monomères. Le résultat était une fibre polymérique accompagnée d'eau. En ôtant celle-ci dès sa formation, on obtenait une fibre encore plus résistante. Diffusée dans le monde en 1938 sous le nom de Nylon, elle servit pendant la guerre à remplacer la soie dans la fabrication des parachutes, puis elle trouva un marché aussi vaste que lucratif avec les bas de femme. Le Nylon participe aujourd'hui à une industrie dégageant des milliards de dollars. Carothers était ambitieux, mais aussi très dépressif. En avril 1937, craignant d'être en manque d'inspiration, il se suicida en absorbant du cyanure de potassium. **RB**

VOIR ÉGALEMENT : CAOUTCHOUC SYNTHÉTIQUE, RÉACTEUR À LIT FLUIDIFIÉ, NÉOPRÈNE, SILICONE

↑ *Le Nylon est plus solide et plus résistant à la chaleur et à l'eau que toutes les autres fibres synthétiques.*

La raclette (1936)

Steccone facilite le nettoyage des carreaux.

L'émigré italien Ettore Steccone (1896-1984) aimait que les carreaux soient toujours propres. Quand il franchit l'Atlantique en 1922, les laveurs de carreaux recouraient à des outils lourds et encombrants. Il fit en 1936 une demande de brevet pour sa raclette et elle fut acceptée en 1938. On ne voyait en lui qu'un individu inculte et ses tentatives pour vendre son invention à de grosses sociétés se révélèrent vaines. À la place, il contacta des collègues laveurs de carreaux et leur proposa d'essayer sa raclette pendant une journée. Sa simplicité et sa forme ergonomique firent son succès et la famille Steccone gagna beaucoup d'argent.

La raclette facilite depuis la vie des laveurs de carreaux et sa forme n'a pratiquement pas changé.

« Je n'ai jamais compris ce que les gens en faisaient. Qui peut bien acheter tout ça ? »

Diane Smahlik, fille d'Ettore Steccone

C'est la bande de caoutchouc qui importe, et la plus petite imperfection laisse des traces sur les vitres. La société de Steccone est toujours implantée à Oakland : même si son importance est mondiale, les ouvriers taillent toujours les morceaux de caoutchouc à la main selon les normes imaginées par l'inventeur.

La raclette ressemble à un grand T dont la barre transversale est faite de caoutchouc, mais la formule de celui-ci est jalousement gardée. Cela n'a malheureusement pas évité les contrefaçons. Dans l'avenir, toutefois, les fenêtres autonettoyantes risquent de porter un rude coup à l'invention du petit émigré italien. **CB**

VOIR ÉGALEMENT : VERRE, MACHINE À RE-SURFACER LES PATINOIRES, FENÊTRE AUTONETTOYANTE

La résine époxy (1936)

Castan et Greenlee créent un adhésif puissant.

Au palmarès des inventions, la résine époxy occuperait une place de choix. Cette substance exceptionnelle est l'adhésif de référence chaque fois que l'on veut absolument que deux pièces fixées l'une à l'autre ne se décollent pas, les pales d'une turbine par exemple. La résine époxy est également résistante à la chaleur et aux produits chimiques, tandis que certains époxydes sont imperméables et peuvent prendre forme sous l'eau. Ce sont aussi d'excellents isolants électriques.

L'époxy est un plastique thermodurcissable. Mélangée à un « durcisseur » ou catalyseur, elle se fixe à elle-même et prend la forme d'un matériau robuste aux propriétés mentionnées ci-dessus. Le composé brut se présente sous diverses formes, dont une poudre et un liquide à faible viscosité. Le durcisseur est lui aussi très divers, de sorte que l'on peut créer toute une gamme de polymères aux propriétés spécifiques.

Le chimiste suisse Pierre Castan (1899-1985) et l'Américain Sylvan Greenlee se partagent le mérite de cette invention. En 1936, Castan travaillait sur des matériaux utilisés en dentisterie quand il fit réagir les composés bisphénol A et épichlorhydrine pour produire un matériau ambré dont le point de fusion était très bas. Pendant ce temps, de l'autre côté de l'Atlantique, Greenlee s'intéressait à une réaction du même ordre : il produisit sa propre résine que seul son poids moléculaire plus élevé faisait différer de celle de Castan. Les deux scientifiques déposèrent des brevets simultanément, puis exploitèrent la diversité de la chimie de l'époxy en produisant des résines pourvues de propriétés physiques différentes.

La résine époxy trouve sa plus belle application en tant que revêtement protecteur. Là encore, sa capacité à se fixer à une surface et à résister à tout en fait le revêtement idéal des machines à laver, des tuyaux ou de l'intérieur des canettes. **MB**

VOIR ÉGALEMENT : COLLE, SUPERGLUE

Le remonte-pente (1936)

Curran invente le « tire-fesses ».

L'idée d'utiliser une corde pour escalader une montagne est certainement aussi ancienne que la corde elle-même. On sait que, depuis le XVIIe siècle, petites vallées ou failles pouvaient être franchies par des hommes ainsi suspendus dans le vide (le « pont de singe » remonterait quant à lui à 15000 av. J.-C.). En revanche, on ne sait avec exactitude quand la corde vint améliorer la pratique du ski en réduisant le temps et l'effort nécessaires à la montée.

La définition du remonte-pente est plutôt vague. Les skieurs pouvaient tirer parti d'un système de hissage préexistant. On en a un bon exemple avec la Gold Mountain (ultérieurement renommée Eureka Peak), en Californie, où dès les années 1850 les skieurs utilisèrent un système de cordes et de seaux mus par gravité utile à l'extraction du minerai. Un autre type de remonte-pente fut installé en 1934 dans le Vermont. Une très longue corde reliée au moteur d'une Ford modèle T passait par des poulies, et les skieurs s'y accrochaient pour parvenir au sommet de la colline.

Avec le premier remonte-pente digne de ce nom, appelé télésiège, les skieurs prenaient place sur des fauteuils suspendus à un câble aérien. Ce modèle imaginé par Jim Curran fut installé en 1936 dans le complexe sportif de Sun Valley. Inspiré de la machine servant à charger les bananes dans les bateaux, le système consistait en un certain nombre de sièges accrochés à un câble unique permettant aux skieurs de remonter les pentes à la vitesse de 6 ou 8 km/h. Les premières ébauches de ce que l'on nomme familliètrement « tire-fesses » furent installées en France dès les années 1920. Le fauteuil acceptant deux skieurs peut être remplacé par une « perche » individuelle. **SB**

VOIR ÉGALEMENT : SKI, POULIE

↗ *La perche double, photographiée ici en 1947, est installée sur les pentes accueillant peu de skieurs.*

« Curran a révolutionné le ski en permettant aux skieurs d'atteindre plus facilement les sommets. »

Article de presse paru dans le *Ski Hall of Fame*

La lotion solaire (1936)

Schueller lance la première lotion solaire protectrice.

Coco Chanel était en croisière en Méditerranée dans les années 1920 quand elle prit par inadvertance un coup de soleil. La peau bronzée, jusque-là considérée comme vulgaire et réservée aux ouvriers travaillant en plein air, devint soudain à la mode. Avec le Front populaire et les premiers congés payés, les gens passèrent de plus en plus de temps au soleil. Pour répondre à une demande toujours croissante en matière de produit de brunissement (ou bronzage), un chimiste français, Eugène Schueller (1881-1957), fondateur de la société L'Oréal, conçut en 1936 Bellis, la toute première lotion solaire. Les produits précédents n'étaient autres que des pâtes à base d'huile, et la prévention du cancer de la peau était moins bonne qu'aujourd'hui. C'est seulement en 1962, soit 26 ans plus tard, que le chimiste Franz Greiter imagina l'indice UV, ou indice solaire, permettant d'adapter la force protectrice de la lotion à la quantité de rayonnement ultraviolet du soleil.

Schueller travailla dès 1906 sur les substances chimiques responsables de la pigmentation. Il découvrit qu'elles étaient absorbées de manière permanente par les cheveux et les poils une fois mélangées à de l'ammoniac et du peroxyde. En 1907, il vendit aux coiffeurs parisiens un produit baptisé Auréole, nouvelle formule synthétique permettant la coloration des cheveux. La première lotion solaire industrielle combinait jasmin et beurre de cacao, mélangés dans une vieille cafetière en granit en 1944 par un chimiste de Floride, Benjamin Green, alors employé par la société Coppertone. **BS**

VOIR ÉGALEMENT : VASELINE, DÉODORANT, LAQUE POUR CHEVEUX

Une des premières publicités pour les lotions solaires qui, au début, ne résistaient ni à l'eau ni à la sueur.

La couche-culotte (1936)

Bruk invente le premier produit à usage unique.

Si les parents n'ont plus à laver les couches de leurs bébés, c'est grâce à une papeterie suédoise, à une ménagère du Connecticut et à un chercheur de la société Procter & Gamble. La papeterie Paulistrôm Bruk disposa un papier spécial dans des culottes en caoutchouc et produisit ainsi en 1936 la première couche jetable. L'invention fut dédaignée par les spécialistes de l'hygiène du nourrisson et c'est dix ans plus tard qu'une ménagère pleine d'imagination, Marion Donovan (1917-1998), proposa un produit plus commercial.

Donovan oublia le papier et troqua le caoutchouc contre le Nylon pour créer en 1946 le Boater, supprimant ainsi les rougeurs fessières. « On ne pouvait pas le dire, mais ça évitait vraiment les rougeurs et beaucoup de médecins le recommandaient », déclara Donovan à son propos. Lancé sur le marché en 1949, il connut un succès immédiat et, en 1951, Donovan vendit son brevet un million de dollars.

« Il y a un mystère dans la couche-culotte : comment une chose aussi petite peut-elle faire autant de choses ? » Malcolm Gladwell, journaliste

Donovan chercha ensuite à créer une couche lavable et imperméable. Elle reprit le principe du papier spécialement traité, mais les prototypes présentés à diverses entreprises furent tous rejetés. Vers la fin des années 1950, l'une d'elles, Procter & Gamble, reprit l'idée du papier et demanda à l'ingénieur Victor Mills (1897-1997) de la perfectionner. En 1961, Procter & Gamble lança les Pampers, dont le nom est devenu synonyme de couches jetables. **RBk**

VOIR ÉGALEMENT : COTON-TIGE, POUSSETTE, POUSSETTE-CANNE

Le biodiesel (1937)

L'huile végétale est transformée en carburant.

Le biodiesel est un carburant obtenu à partir d'huile végétale ou de graisse animale transformée par le processus de la transestérification. Il correspond aux désirs actuels de s'éloigner des dérivés du pétrole. Le premier biodiesel fut toutefois produit en laboratoire il y a plusieurs décennies : il constitue un progrès important en matière de sources de carburant alternatives.

Le terme *biodiesel* a pour origine le mot *diesel*, type de moteur inventé par Rudolf Diesel en 1892. Il le présenta pour la première fois à Paris en 1900 lors de l'Exposition universelle. À la surprise générale, il fonctionnait à l'huile d'arachide !

En 1937, à l'université de Bruxelles, le scientifique belge Chavanne se vit accorder un brevet intitulé « Procédure pour la transformation d'huiles végétales en carburant ». Il y exposait la façon dont l'huile de palme pouvait servir de carburant à un moteur diesel. Dans la réaction appelée transestérification, l'huile est mélangée à du méthanol pour donner du glycérol et de l'ester méthylique d'huile végétale (EMHV), ou biodiesel.

Chavanne décrivit en 1942 l'utilisation d'un ester éthylique à base d'huile de palme qui, en 1938, avait servi de carburant à l'autobus effectuant le trajet Bruxelles-Louvain. Son article mettait en lumière les propriétés chimiques et physiques du carburant et jugeait « satisfaisants » les résultats obtenus.

À l'époque, cette invention était sans rapport avec les problèmes d'environnement, mais elle est d'une importance capitale pour l'homme contemporain en quête d'une source d'énergie renouvelable, propre et efficace. Souvent appelé Diester en France, le biodiesel remplace progressivement les dérivés du pétrole. **RH**

VOIR ÉGALEMENT : MOTEUR DIESEL, BIOÉTHANOL

La banque du sang (1937)

Drew sépare les globules rouges du plasma et fonde la banque du sang.

Charles Drew (1904-1950) est considéré comme le père de la banque du sang moderne. Sa découverte fondamentale remonte à 1937 : en séparant les globules rouges du plasma (partie liquide du sang qu'absolument tout le monde peut recevoir) et en les congelant séparément, le sang pouvait se conserver plus longtemps et être reconstitué à une date ultérieure.

En février 1941, Drew fut nommé directeur de la première banque du sang de la Croix-Rouge américaine et lança le projet « Du plasma pour l'Angleterre », qui permit de recueillir des milliers d'unités de plasma destinées aux soldats britanniques. À partir de ces échantillons, l'armée anglaise fonda son propre service de transfusion sanguine : le plasma séché et réduit en poudre pouvait être stocké puis liquéfié par addition d'eau distillée stérile. Après la guerre, les médecins témoins de l'efficacité de cette thérapie voulurent en faire bénéficier également les civils.

En 1915, Richard Lewishon avait montré que l'ajout de citrate de sodium à un sang fraîchement prélevé empêchait la coagulation, ouvrant ainsi la voie aux banques de sang modernes.

En 1950, les fragiles flacons en verre furent remplacés par des poches en plastique. La durée de conservation du sang augmenta quand, en 1979, l'ajout d'un anticoagulant appelé CPDA-1 facilita l'échange des ressources entre les diverses banques.

L'ironie du sort veut que Drew meure dans un accident de voiture en Caroline du Nord, trop grièvement blessé pour bénéficier de sa propre invention. **JF**

VOIR ÉGALEMENT : CHIRURGIE ANTISEPTIQUE, TRANSFUSION SANGUINE, SERINGUE HYPODERMIQUE, SANG SYNTHÉTIQUE

↑ *San Francisco, 1941 : chaque demi-litre de sang destiné aux soldats blessés était payé 4 dollars.*

Le Caddy (1937)

Goldman fait fortune en aidant la ménagère à acheter toujours plus.

Sylvan Goldman (1898-1984) était propriétaire de la chaîne de supermarchés Humpty Dumpty, à Oklahoma City, quand il eut l'idée du Caddy.

Goldman avait observé que les clients avaient du mal à porter leurs paniers en osier dès qu'ils étaient pleins et que cela les obligeait à ne plus rien acheter d'autre. Une chaise pliante installée dans son bureau fut sa source d'inspiration. Avec son employé Fred Young, il conçut et construisit le premier Caddy avec deux paniers en métal superposés, intégrés à un bâti à roulettes. Quand le Caddy ne servait pas, la structure pouvait se replier sur elle-même.

Goldman fonda la société Folding Carrier Basket, tandis qu'un mécanicien du nom d'Arthur Kosted développait une chaîne de production pour construire les Caddy à grande échelle.

Au début, les Caddy ne furent pas très appréciés : les hommes les trouvaient trop « féminins » et les femmes, trop proches des landaus. Une cliente put ainsi dire à Goldman : « J'ai déjà poussé assez de landaus dans ma vie ! » Goldman résolut le problème en demandant à des employés des deux sexes de déambuler dans ses magasins avec des Caddy. Le Caddy connut dès lors un tel succès qu'en 1940, la liste d'attente pour en acheter un était de sept ans. Goldman fit fortune en touchant des royalties sur chaque exemplaire et ce jusqu'à expiration du brevet.

Quelques années plus tard, Goldman améliora le modèle d'origine en agrandissant le réceptacle du Caddy. Soixante-dix ans après, il faut reconnaître que l'on n'a rien inventé de mieux. **JG**

VOIR ÉGALEMENT : CHARRETTE, POUSSETTE, POUSSETTE-CANNE

↑ *À New York, en 1942, une cliente dépose ses achats dans un des premiers modèles de Caddy.*

Le moteur à réaction (1937)

Whittle et von Ohain donnent un coup de pouce à l'aviation civile et militaire.

Un moteur à réaction comprend une turbine permettant d'aspirer l'air qui, une fois projeté dans une chambre cylindrique, est comprimé par une seconde turbine. Les gaz d'échappement exercent alors une énorme poussée sur l'air environnant et augmentent considérablement la vitesse de l'avion équipé d'un tel moteur.

Deux hommes travaillèrent chacun de leur côté à l'invention du moteur à réaction : l'ingénieur et officier anglais Frank Whittle (1907-1996) et l'ingénieur allemand Hans von Ohain (1911-1998). Le moteur d'Ohain fut testé le 27 août 1939 sur un Heinkel He178. Le premier moteur de Whittle, le Whittle Unit (WU), fut terminé en 1937 puis placé sur un appareil, le Pioneer E.28/39, fabriqué par la société Gloster Aircraft Co. Le premier vol eut lieu le 15 mai 1941.

La Seconde Guerre mondiale accéléra le développement des avions équipés de moteurs à réaction. Le Bell XP-59 américain s'envola en septembre 1942 ; en 1944, le Messerschmitt Me 262 et le Gloster Meteor étaient tous deux construits à grande échelle. La guerre de Corée vit en 1950 les premiers combats aériens d'avions à réaction. Dans le civil, le Havilland Comet de la BOAC vola pour la première fois entre Londres et Johannesburg.

Le moteur à réaction est surtout efficace entre 10 et 15 km d'altitude. La vitesse de croisière des appareils modernes va de 680 à 900 km/h, soit 80 % de la vitesse du son. Les avions à hélice volent plus bas et plus lentement, avec des moteurs à combustion plus coûteux du point de vue de la fabrication et de la maintenance. **DH**

VOIR ÉGALEMENT : DIRIGEABLE, AVION À MOTEUR, TURBOPROPULSEUR, SUPERSONIQUE, SCRAMJET

↑ *Le moteur à réaction fabriqué en 1944 par la Jets Ltd bénéficiait du soutien du ministère de l'Air britannique.*

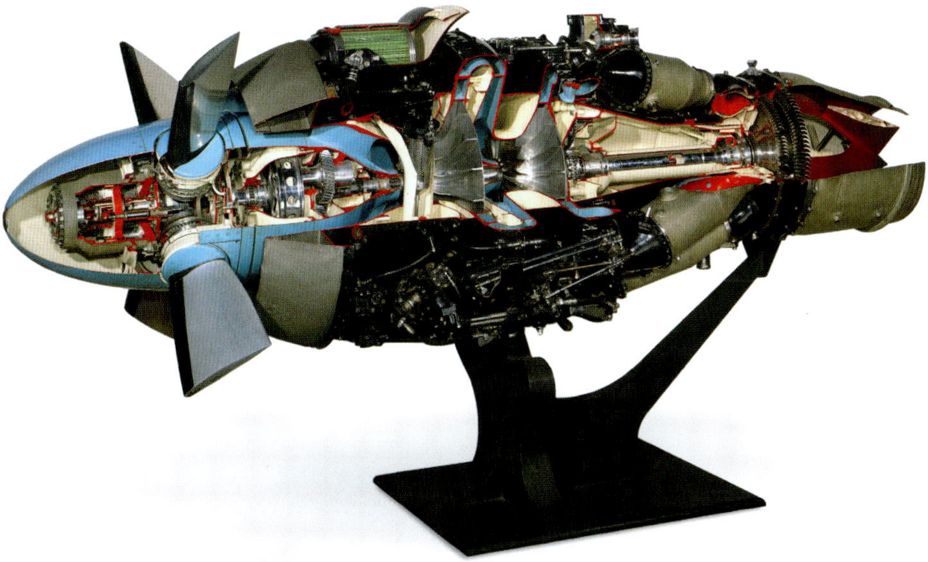

Le turbopropulseur (1937)

Le moteur de Jendrassik équipe les avions les plus lents.

En 1937, l'ingénieur hongrois György Jendrassik (1898-1954) conçut et construisit un petit turbopropulseur. Ce fut un an plus tard le tour du CS-1, plus gros et destiné à équiper un bombardier, le RMI-1. Il connut malheureusement des problèmes de combustion l'empêchant d'atteindre les 1000 chevaux-vapeur espérés. L'avion fut détruit lors d'un raid aérien mené par les États-Unis.

Après une naissance chaotique, le turbopropulseur remporta finalement un vif succès. Alors que le turboréacteur et le turbofan ne génèrent de poussée qu'à l'arrière, celle du turbopropulseur se fait principalement à l'avant.

Une hélice précomprime l'air admis dans les entrées d'air, puis il passe par des compresseurs avant d'entrer dans la chambre de combustion et d'être associé à un carburant pulvérisé. Un système d'allumage provoque la combustion du mélange et les gaz ainsi produits actionnent la turbine qui entraîne l'hélice.

Le turbopropulseur est particulièrement efficace lorsque la vitesse de croisière se situe entre 300 et 600 km/h ; il est surtout utilisé pour de petits avions, plus lents, appelés à décoller et atterrir fréquemment. Il équipe l'Airbus A400M, appareil militaire qui sera opérationnel entre 2012 et 2014 et viendra remplacer les vieux Hercules et Transall.

Pour augmenter son efficacité à des vitesses supérieures, de nombreux turbopropulseurs modernes sont dotés de pales plus petites et nombreuses. **LW**

VOIR ÉGALEMENT : DIRIGEABLE, AVION À MOTEUR, AVION À RÉACTION, SUPERSONIQUE, SCRAMJET

↑ *Le Vickers Discount des années 1940 fut le premier avion de ligne à turbopropulseur.*

Le missile balistique (1938)

Dornberger lance le programme de fusées de l'Allemagne nazie.

« Ce 3 octobre 1942 est le premier jour d'une ère nouvelle de l'histoire des transports, celle du voyage dans l'espace. » Walter Dornberger

↑ *Le moteur d'un V-2 fonctionnait à l'éthanol et à l'oxygène liquide.*

→ *Le premier V-2 fut lancé en 1942 : ce fut le premier grand missile au propergol tiré avec succès.*

L'histoire des fusées remonte au xe siècle de notre ère, mais il fallut attendre la fin des années 1930 pour voir apparaître des missiles destructeurs, capables de transporter de grosses charges utiles d'explosifs. La guerre est le catalyseur de bien des inventions, bonnes ou mauvaises. Le missile balistique relève de ces deux catégories. Il a rendu possible quelques-uns des plus beaux exploits de l'humanité, mais est aussi responsable des pires crimes.

L'Allemand Walter Dornberger (1895-1980) et son équipe s'intéressèrent aux fusées dès 1938 et c'est en 1944 que le premier missile balistique, la fusée Aggregat-4 ou V-2, put être lancé. À la fin de la Seconde Guerre mondiale, les nazis firent largement appel aux V-2 pour terroriser les populations civiles. Avec ses 14 m de long et sa capacité à voler à 5 600 km/h, le V-2 délivrait une ogive d'une tonne à plus de 300 km de son point de départ. Cette arme a provoqué la mort de milliers de personnes, non seulement sur les cibles visées, mais aussi parmi la main-d'œuvre concentrationnaire chargée de les construire. Le V-2 ouvrit la porte aux vecteurs modernes de la dissuasion nucléaire et de la frappe dite « chirurgicale ».

Un missile balistique suit un tracé déterminé par sa poussée initiale, contrairement au missile guidé (missile de croisière par exemple), sorte d'avion sans pilote chargé d'explosifs. La trajectoire des premiers V-2 était imprécise et servait à attaquer de grosses cibles comme Londres, Paris, Lille ou Liège.

Le programme nazi a eu une double descendance : missiles balistiques intercontinentaux porteurs de toutes sortes d'ogives, mais aussi engins susceptibles d'emmener l'homme dans l'espace. Si l'humanité peut se détruire, elle peut aussi s'arracher à la Terre. **JB**

VOIR ÉGALEMENT : FUSÉE, FUSÉE DE FER, TORPILLE, FUSÉE À COMBUSTIBLE LIQUIDE, BOMBE GUIDÉE LASER

Le Teflon® (1938)

Un nouveau polymère d'une grande utilité.

En 1938, le chimiste Roy Plunkett (1910-1994) travaillait au laboratoire de recherche de la société DuPont, dans le New Jersey. Il s'efforçait d'améliorer les produits réfrigérants pour les rendre non toxiques et ininflammables. Avec son technicien, Jack Rebok, il avait produit 45 kg d'un gaz, le tétrafluoroéthylène (TFE), qu'il avait stocké dans des cylindres posés sur de la neige carbonique. Quand il voulut utiliser ce matériau, rien ne sortit du cylindre, même s'il pesait toujours le même poids. Le gaz s'était changé en une poudre blanche.

Plunkett et d'autres chercheurs constatèrent que la substance était glissante et se révélait être un bon lubrifiant. Elle résistait aux produits chimiques et à la chaleur, et les autres substances ne pouvaient y adhérer. Enfin, elle résistait à des températures atteignant les 260 °C. Ce nouveau polymère avait un tel potentiel que DuPont voulut le mettre sur le marché.

« Nous avons presque tout de suite compris que ce matériau différent avait un riche potentiel. »

Roy Plunkett

Dans un premier temps, le Teflon® (nom commercial de la substance) était si coûteux que personne ne l'acheta. Peu à peu, il eut des applications militaires et industrielles, puis domestiques (poêles non adhésives, par exemple). Breveté en 1941, le Teflon® recouvre tissus, câbles et métaux (trois quarts des ustensiles de cuisine), mais sert aussi dans l'industrie, qu'elle soit aérospatiale ou pharmaceutique. **RH**

VOIR ÉGALEMENT : POÊLE NON ADHÉSIVE

La fibre de verre (1938)

Slayter et Thomas créent un nouvel isolant.

D'une extrême finesse, la fibre de verre est fabriquée à base de verre en fusion extrudé selon un diamètre spécifique. Les vitriers ont de tout temps travaillé la fibre de verre, mais la production de masse a dû attendre le perfectionnement des machines-outils pour commercialiser un produit pratique pour tous.

La fibre de verre telle que nous la connaissons aujourd'hui fut inventée sous forme d'isolant dans les années 1930 par Russell Games Slayter (1896-1964) et John Thomas, de l'Owens Illinois Glass Company. En 1938, cette société fusionna avec Corning Glass et forma l'Owens-Corning pour fabriquer de la fibre de verre selon la méthode de Slayter et de Thomas.

Comme c'est souvent le cas dans l'histoire des sciences, la découverte de la fibre de verre est due au hasard. L'assistant de Thomas, Dale Kleist, pulvérisait du verre en fusion dans le cadre d'un projet déterminé quand de minuscules fibres apparurent. Thomas comprit que ce procédé pouvait améliorer la production de la fibre de verre. Ils le peaufinèrent pour arriver à la méthode actuelle dite de soufflage. Le verre en fusion est extrudé de centaines de trous minuscules avant d'être « frappé » par un jet d'air comprimé ou de vapeur qui étire au maximum les filaments. Le mérite de Thomas et Slayter est d'avoir su canaliser le souffle de vapeur pour éviter la rupture des filaments.

Les usages de la fibre de verre sont multiples : isolation, matériel médical, optique, textiles ultra-résistants, électronique, bâtiment, etc. En 1953, Owens-Corning fabriqua, avec General Motors, la Chevrolet Corvette, première voiture dont la carrosserie était entièrement faite de plastique renforcé par de la fibre de verre. **BO**

VOIR ÉGALEMENT : VERRE SOUFFLÉ, VERRE ACRYLIQUE

Le talkie-walkie (1938)

Gross crée l'émetteur-récepteur portatif.

Le talkie-walkie, émetteur-récepteur portatif, est l'ancêtre du téléphone portable en ce qu'il fit connaître au grand public la joie de parler à un interlocuteur lointain tout en se promenant. Pendant la Seconde Guerre mondiale, il permit aux soldats de communiquer. Depuis cette époque, la police, les garde-côtes et même les enfants recourent à cette technologie pour se transmettre des informations.

L'origine du talkie-walkie est cependant assez floue. Dès l'invention de la radio, l'homme chercha à en diminuer les dimensions et à la rendre portative, mais on ignore quand exactement l'émetteur-récepteur devint talkie-walkie.

En 1937, un certain Don Hings, Anglais vivant au Canada, construisit un téléphone de campagne résistant à l'eau. Il pesait plus de 5 kg et avait la taille d'un grille-pain, mais était assez pratique. Il devait servir en cas de catastrophe aérienne pour permettre aux survivants d'entrer en contact avec le fabricant ou les sauveteurs. Auparavant, les émetteurs-récepteurs de ce type étaient si lourds qu'il fallait une personne pour les transporter et une autre pour les utiliser.

L'ingénieur Alfred J. Gross (1918-2000) fabriqua en 1938 une version plus petite et plus légère qui suscita immédiatement l'intérêt de l'OSS américain (ancien nom de la CIA). Son modèle allait jouer un rôle capital pendant la guerre.

On peut voir dans *Dick Tracy*, la bande dessinée de Charles Gould, un talkie-walkie de poignet également imaginé par Gross, mais le modèle que nous connaissons tous est très proche de ce qu'imagina son inventeur. **DK**

VOIR ÉGALEMENT : TÉLÉCOMMUNICATION SANS FIL, CB, TÉLÉPHONE CELLULAIRE, TÉLÉPHONE NUMÉRIQUE

↗ *Fabriqué par Motorola, le BC-611 fut utilisé par l'armée américaine pendant la Seconde Guerre mondiale.*

« Gould [demanda à reprendre] l'idée du talkie-walkie… et en dota le poignet de Dick Tracy. »

Alfred J. Gross

Le diéthylamide de l'acide lysergique (LSD) (1938)

Hofmann découvre le plus puissant hallucinogène.

Le diéthylamide de l'acide lysergique, ou LSD, est une drogue psychédélique de grande puissance. On l'associe aujourd'hui à la culture alternative des années 1960, mais ce fut pendant les années 1940 et 1950 un médicament miracle qui permit de soigner des milliers de patients en psychiatrie.

Désireux d'obtenir un stimulant médicinal, le pharmacien suisse Albert Hofmann (1906-2008) synthétisa pour la première fois le LSD en 1938. En 1943, il reprit ses recherches et, après avoir connu d'agréables sensations au cours de ses travaux, il absorba une dose de 0,25 mg. Rentré chez lui, il ne tarda pas à en découvrir les effets psychédéliques et à avoir le premier « trip » du monde. Il le raconta le lendemain après s'être senti « entièrement renouvelé », dira-t-il : ses sens « vibraient avec la plus haute sensibilité ».

Le LSD sert aujourd'hui de drogue euphorisante. Les utilisateurs font état de phénomènes divers : hallucinations colorées, distorsion du temps, perte d'identité et synesthésie. Un trip peut durer jusqu'à douze heures en fonction de la dose. Les effets physiques sont nombreux : hypothermie, fièvre, accélération du rythme cardiaque, tremblements, insomnie, etc. Le LSD induit aussi des psychoses et des flash-back ramenant par intermittence au trip.

Vu son extraordinaire impact sur le psychisme, le LSD attire ceux qui le croient capable de dévoiler des faces cachées de la personnalité. Ainsi, le psychologue de la contre-culture Timothy Leary inventa et popularisa le slogan « *Turn on, tune in, drop out* » (« Branchez-vous, laissez tomber le reste »), synonyme de contestation et de libération. Et Aldous Huxley se serait fait injecter du LSD au moment de mourir. **JG**

VOIR ÉGALEMENT : HÉROÏNE, MDMA (ECSTASY), VALIUM

« Un usage néfaste et inapproprié du LSD en a fait mon problème numéro un. »

Albert Hofmann

⇱ *Jadis arme secrète de la CIA, le LSD s'est imposé dans les milieux hippies des années 1960.*

Le procédé Kroll (1938)

Un processus de fabrication industrielle du titane.

En 1791, le révérend William Gregor découvrit le titane sous forme d'oxyde métallique, mais il faudra attendre un siècle pour que le titane pur soit isolé : cette tâche herculéenne est le fait de Matthew Hunter, de l'université polytechnique Rensselaer, aux États-Unis.

On comprit tout de suite que le titane était un métal solide, léger et résistant à la corrosion. Ses applications étaient infinies, mais il était impossible de l'extraire en grandes quantités. Au début des années 1930, le métallurgiste et chimiste luxembourgeois William Kroll (1889-1973) travaillait pour la compagnie allemande Siemens & Halske quand il développa un procédé complexe à même de produire le titane à échelle industrielle.

« En 1941, pratiquement aucun métallurgiste américain n'avait vu de titane ductile… »

Première conférence internationale sur le titane, 1968

La menace nazie obligea Kroll à émigrer aux États-Unis, où il fut recruté par le bureau des Mines. Le gouvernement américain s'empara du brevet déposé par Siemens & Halske sous couvert de la loi interdisant tout commerce avec l'ennemi. Kroll reprit son travail sur le titane, bientôt largement utilisé dans le cadre du programme militaire et spatial.

À partir du procédé Kroll modifié, DuPont fabriqua massivement le titane en 1948 et le métal fut rapidement adopté par l'aérospatiale, la marine, l'industrie des moteurs, etc. **RBk**

VOIR ÉGALEMENT : BOÎTE NOIRE

Le son surround (1939)

Disney imagine le son multidirectionnel.

Le procédé Fantasound de Walt Disney serait la première tentative commerciale de son surround appliquée au cinéma. Pour *Fantasia*, subtile mélange d'animation et de musique classique, Disney (1901-1966) voulait un son de très haute qualité. Insatisfait de ce qui existait jusque-là, il travailla étroitement avec le chef d'orchestre Leopold Stokowski, lequel avait été un des pionniers de la stéréo au début des années 1930. L'objectif de Disney était moins de créer un environnement sonore global qu'un son plus propre et plus distinct. Neuf enregistreurs optiques indépendants, chacun doté de ses propres micros, servirent à enregistrer les différentes parties de l'orchestre et de la bande-son. Elles seraient ensuite diffusées par neuf haut-parleurs placés derrière l'écran et à la périphérie de la salle de cinéma.

Présenté lors de la première du film en 1940, le Fantasound fut salué par la critique, mais il exigeait trop de temps et d'argent pour être installé dans les petites salles du pays. Pour ne rien arranger, les priorités économiques du pays changèrent quand les États-Unis entrèrent en guerre.

L'idée du son surround fut en sommeil pendant de nombreuses années, à quelques exceptions près : les systèmes quadriphoniques et ambisoniques des années 1970 que le manque de contenu disponible voua malheureusement à l'échec. Le procédé Dolby s'imposa sur le marché du cinéma, puis les capacités audio renforcées offertes par le DVD permirent au Dolby d'effectuer la transition vers ce qu'on appellera le « home cinema » où il règne toujours sans égal. **TB**

VOIR ÉGALEMENT : HAUT-PARLEUR, MICRO, BANDE-SON, SON STÉRÉO

La bombe à fragmentation (1939)

Plusieurs pays imaginent une bombe capable d'en disperser d'autres de plus petite taille.

La bombe à fragmentation suscite bien des controverses depuis son apparition dans la guerre moderne en 1939. Une bombe conventionnelle consiste en un conteneur unique, dont la charge doit exploser au moment de l'impact. Le principe de la bombe à fragmentation est différent : le conteneur est lui-même entouré d'une coque renfermant plusieurs dizaines de bombes plus petites. Elle s'ouvre à basse altitude pour répandre une pluie de bombes sur une zone plus large.

Souvent larguée par parachute, la bombe à fragmentation n'est pas très précise, mais son usage est multiple. Elle peut dévaster une cible meuble ou non protégée (terrain d'aviation, formation d'hommes) ; remplie de shrapnels, elle peut pénétrer l'enveloppe des blindés et le béton. Les bombes à fragmentation ont marqué la guerre du Vietnam. Les forces américaines ont lancé sur les forêts du Vietnam, du Laos et du Cambodge des bombes chargées de substances chimiques telles que le napalm. Elles avaient pour but de dévaster les arbres et de mettre l'ennemi au jour, mais elles firent aussi des ravages parmi les populations civiles. 5 % de ces bombes n'auraient pas explosé et constituent toujours un danger potentiel.

Même si un système de guidage ne permet pas encore une grande précision, les bombes à fragmentation sont toujours en usage : Kosovo, Irak, Afghanistan, conflit palestinien. Le Comité international de la Croix-Rouge a demandé l'interdiction de ces bombes ; pourtant, les pays qui en détiennent le plus – États-Unis, Chine et Russie – refusent de signer le traité. **SG**

VOIR ÉGALEMENT : SHRAPNEL, BOMBE REBONDISSANTE, BOMBE ATOMIQUE, BOMBE À HYDROGÈNE

↑ *Deux bombes incendiaires à fragmentation sont larguées par l'aviation américaine sur la ville de Kiel, en Allemagne (1943).*

L'hélicoptère (1939)

Sikorski stabilise les phases de décollage et de vol de l'hélicoptère.

Le premier vol en hélicoptère habité est dû au Français Paul Cornu qui, en 1907, parvint à soulever au-dessus du sol un engin équipé d'un rotor double. La machine s'écrasa malheureusement au bout de 20 secondes. En 1909, Igor Sikorski (1889-1972) construisit deux hélicoptères qui ne pouvaient toutefois soulever plus que leur propre poids. Le premier hélicoptère utile fut le Focke-Wulf FW 61 allemand qui vola en 1936. En 1939, les Anglais construisirent le Weir W.6 à deux places, mû par deux rotors indépendants, un de chaque côté du fuselage. Le prototype du W.6 fut le premier hélicoptère au monde à emporter trois occupants.

Les problèmes techniques étaient nombreux, le principal étant celui du manque de symétrie de la poussée verticale qui faisait que l'hélicoptère se renversait au décollage ; de plus, le corps de l'appareil avait tendance à tourner en sens inverse des rotors. Ce fut un gros progrès quand on comprit que, pour stabiliser l'hélicoptère en vol, changer l'angle des pales du rotor était plus efficace que modifier la vitesse de celui-ci.

La vraie innovation date de 1939 avec le VS-300 de Sikorski. En plus du rotor principal horizontal, le prototype avait deux petits rotors de queue, l'un assurant la stabilité horizontale et l'autre servant de gouvernail, en quelque sorte. Vint ensuite le Bell 47, produit en masse pour l'armée américaine.

Aujourd'hui, les hélicoptères militaires sont bien plus nombreux que les appareils civils ; ce sont pourtant ces derniers qui, en plus du transport des personnalités, permettent de découvrir des sites sublimes comme les chutes Victoria ou le Grand Canyon du Colorado. **DH**

VOIR ÉGALEMENT : AUTOGYRE

⇑ *Ce VS-300 n'a qu'un rotor de queue, mais le prototype en possède un second, monté à l'horizontale.*

La diode semi-conductrice (1939)

Ohl ouvre la voie au transistor.

Russell Ohl (1898-1987) était si précoce qu'il entra à l'université de Pennsylvanie à l'âge de 16 ans. Après une période militaire et une brève carrière d'enseignant, Ohl opta pour le secteur recherche de l'industrie américaine.

Les premières radios ne recevaient que des transmissions à basse fréquence. Aux laboratoires Bell, dans le New Jersey, Ohl voulut créer une radio améliorée pouvant capter les hautes fréquences. Il travailla ainsi sur des matériaux semi-conducteurs dont il pensait qu'ils pouvaient supplanter les tubes électroniques employés jusqu'ici. Spécialiste du comportement des cristaux, Ohl s'intéressa au germanium et au silicium : leurs cristaux étaient chauffés puis découpés en tranches une fois refroidis.

En 1939, l'échantillon de silicium sur lequel il travaillait présentait une fissure médiane. Quand il testa la résistance électrique de l'échantillon, ce fut pour constater qu'avec l'exposition à la lumière, le courant effectuait un saut entre les deux parties. Cette impureté du cristal de silicium faisait que les atomes situés d'un côté de la fissure possédaient plus d'électrons que ceux de l'autre côté. Ohl en déduisit que l'impureté rendait les différentes parties du silicium plus ou moins résistantes au flux électrique et que la « barrière » entre les zones de pureté différente faisait fonctionner le semi-conducteur. Ohl appela les deux zones P (positive) et N (négative) ; la barrière s'appela donc jonction P-N. Par la suite, Ohl montrera qu'en purifiant à l'extrême des cristaux de germanium, il était possible de créer des diodes semi-conductrices dont le comportement était à la fois prévisible et mesurable. **TB**

VOIR ÉGALEMENT : DIODE À VALVE, TRIODE, DIODE ÉLECTROLUMINESCENTE (LED), TRANSISTOR, POSTE À TRANSISTOR, MOSFET

Le DDT (1940)

La guerre aux insectes est déclarée.

En 1874, le chercheur autrichien Othmar Zeidler fit, en matière de chimie, l'une des plus célèbres découvertes de tous les temps : le dichlorodiphényltrichloroéthane ou DDT.

Zeidler se consacrait plus à la création de substances chimiques qu'à leur usage et il fallut attendre 1935 pour qu'un autre chimiste, Paul Hermann Müller (1899-1965), s'intéresse aux insecticides alors qu'il travaillait en Suisse dans la société J. R. Geigy. Dès 1940, il était parvenu à synthétiser le DDT et avait constaté qu'il était mortel pour les moustiques, poux, doryphores et autres nuisibles. Les études de Müller révélèrent également qu'en petites doses, le DDT n'était pas dangereux pour les humains. Les produits à base de DDT furent commercialisés en 1942.

> *« Rares sont les substances chimiques à qui l'homme doit autant que le DDT. »*
>
> Académie nationale des Sciences, 1970

Presque aussitôt, chacun reconnut la capacité sans égale du DDT à lutter contre les maladies infectieuses comme la dengue, la fièvre jaune ou la malaria, toutes répandues par les moustiques. L'utilisation du DDT éradiqua la malaria d'îles entières et montra que les insecticides permettaient de combattre ces maladies. Vers le début des années 1970, cependant, le DDT fut interdit dans tous les pays parce qu'il était nuisible à l'environnement. **RBk**

VOIR ÉGALEMENT : PESTICIDE

Ces petits Allemands sont aspergés de DDT pour être débarrassés de leurs poux.

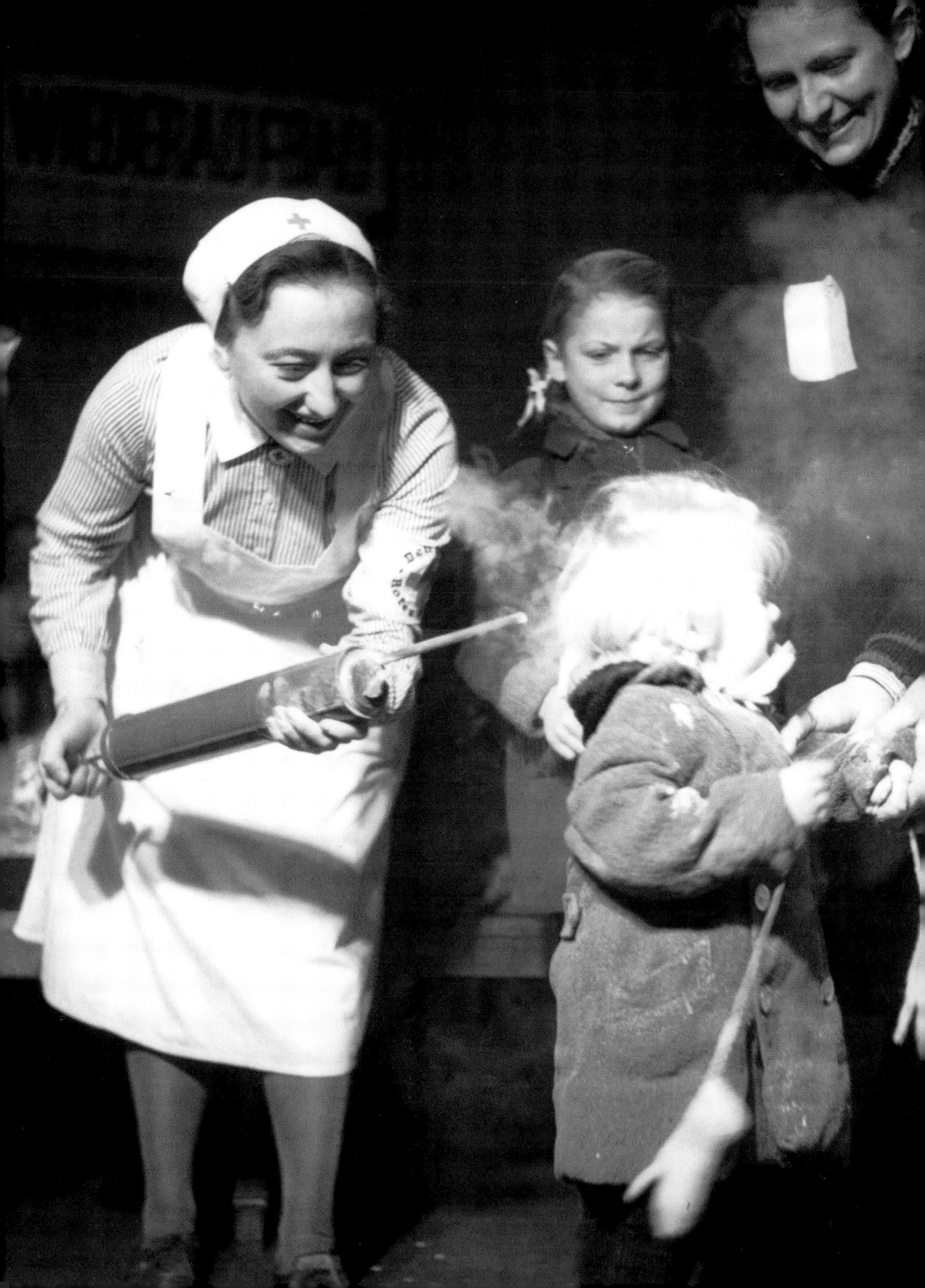

Le caoutchouc silicone (1940)

Une alternative au caoutchouc naturel.

Dans les années 1930, le caoutchouc d'origine végétale commença à manquer. Il était de plus en plus utilisé et les arbres qui le produisaient, en Asie principalement, voyaient leur nombre décroître dans des proportions inquiétantes. Avec la Seconde Guerre mondiale, l'approvisionnement en caoutchouc cessa brutalement. Le caoutchouc synthétique était toutefois connu depuis des décennies. Le Russe Serguei Lebedev en avait produit en 1910 à partir de butadiène. Depuis les scientifiques cherchaient à fabriquer ce polymère en grandes quantités ou à fabriquer d'autres élastomères (autre nom du caoutchouc synthétique).

« L'expérience la plus importante… de l'histoire de l'industrie du silicone. »

Herman Liebhafsky, chimiste chez G. E.

Le caoutchouc silicone vit le jour grâce aux efforts de l'Américain Eugene Rochow (1909-2002). Cinq ans après son entrée chez General Electric, il créa l'un des matériaux les plus importants de l'ère moderne. C'était aussi le premier caoutchouc à ne présenter aucune liaison carbone-carbone, mais une liaison carbone-silicone qui lui accordait des propriétés uniques.

Sa fabrication était délicate, un de ses ingrédients étant inflammable et l'autre dépendant d'une firme industrielle rivale. Rochow modifia donc sa « recette ». L'industrie du caoutchouc silicone fut dès lors très florissante : à la fin du XXe siècle, près de trois millions de tonnes cubiques sortaient chaque année des usines. **RBk**

VOIR ÉGALEMENT : CAOUTCHOUC SYNTHÉTIQUE

La production de pénicilline (1941)

Heatley lance la production de pénicilline.

En 1938, Howard Florey (1898-1968) et Ernst Chain (1906-1979), deux pathologistes de l'université d'Oxford, lurent un article consacré neuf ans plus tôt à une substance appelée pénicilline. Son auteur, Alexander Fleming, racontait comment les spores de la moisissure *Penicillium notatum* avaient pénétré des cultures bactériennes pour en tuer les bactéries.

Florey et Chain comprirent l'importance des observations de Fleming et obtinrent une culture de la moisissure d'origine. Ils eurent dans un premier temps du mal à recueillir une quantité suffisante de pénicilline, mais Norman Heatley (1911-2004), un biochimiste de leur équipe, conçut le moyen d'isoler la pénicilline sans la détruire. En contrôlant la pénicilline extraite sur des souris infectées par la bactérie, ils constatèrent que seuls survivaient les animaux traités à la pénicilline.

La Seconde Guerre mondiale avait éclaté et l'équipe de chercheurs reconnut l'énorme potentiel de la pénicilline dans le traitement des blessures. En 1941, Heatley se rendit aux États-Unis pour en initier la production commerciale. Avec une équipe de chercheurs de l'Illinois, il multiplia par 34 ladite production en ajoutant à la fermentation un dérivé de farine de maïs et de lactose. En 1944, la quantité de pénicilline disponible permettait de soigner toutes les troupes alliées.

En 1945, Florey, Chain et Fleming se partagèrent le prix Nobel de médecine. Dans son discours, Fleming abordait déjà le problème de la résistance aux antibiotiques due à une trop grande utilisation de ces derniers. **JF**

VOIR ÉGALEMENT : ASPIRINE, PARACÉTAMOL, BÊTABLOQUANTS, TÉTRACYCLINE, ANTIVIRAUX, HUMULONE, PROZAC®

→ *Alexander Fleming dans son laboratoire du St Mary's Hospital de Londres (18 décembre 1943).*

L'ordinateur numérique (1941)

Zuse crée le premier calculateur électromécanique.

Les deux guerres mondiales ont fait progresser la science et la technologie, même si le travail des chercheurs n'était pas facilité à l'époque. Ce fut le cas pour l'ingénieur allemand Konrad Zuse (1910-1995).

En 1936, Zuse inventa le Z1, calculateur électromécanique binaire dont les bombardements n'ont hélas laissé aucune trace. La mise au point du Z2 fut délicate parce que Zuse ne pouvait travailler avec ses collègues anglais ou américains, mais il fut tout de même terminé en 1940. Plus complexe, le Z3 apparut en 1943 grâce au soutien des autorités allemandes. Ce fut le premier ordinateur électromagnétique numérique du monde. Il servit à produire des calculs pour une usine aéoronautique allemande, et lui aussi fut détruit par la guerre. Mais son successeur, le Z4, passa d'un pays à l'autre pour être mieux protégé. Zuse a probablement laissé volontairement son gouvernement dans l'ignorance de la portée de ses projets, car si les nazis en avaient eu connaissance, ils auraient su les exploiter, comme ils l'ont fait en d'autres circonstances.

Une des principales motivations de Zuse était de faciliter la vie aux ingénieurs et aux scientifiques. Il avait horreur des calculs interminables que sa profession était souvent appelée à effectuer et c'est au cours de ses études d'ingénieur qu'il envisagea une machine susceptible de prendre en charge ce problème.

Le Z3 a été reconstitué en 1960 et il est exposé au Deutsches Museum de Munich. **CL**

VOIR ÉGALEMENT : ORDINATEUR MÉCANIQUE, ORDINATEUR PERSONNEL, SUPERORDINATEUR, ORDINATEUR PORTABLE, ORDINATEUR DE POCHE

Zuse inspecte une réplique du Z1, son premier ordinateur, au musée des Transports et de la Technologie de Berlin.

Les jumelles de vision nocturne (1942)

Spicer améliore la vision nocturne en temps de guerre.

Au début de la Seconde Guerre mondiale, l'ingénieur américain William Spicer (1929-2004) prit conscience du problème posé par les opérations militaires de nuit et chercha une solution fondée sur la photoémission. Il développa en 1942 les premières jumelles de vision nocturne avec amélioration de l'image.

La nuit, la lumière est émise par diverses sources en petite quantité, mais nos yeux ne la détectent pas. Les photons de cette lumière pénètrent dans les jumelles et frappent une plaque de métal sensible à la lumière appelée photocathode, libérant ainsi des électrons. Ces derniers sont amplifiés à leur tour dans une cascade d'électrons visualisés sur un écran phosphorescent. Vu que des milliers d'électrons sont générés à partir d'une petite quantité de photons, l'image correspondante ainsi produite est bien plus lumineuse.

« Quand vous verrez à la télévision des opérations militaires de nuit, pensez au professeur Spicer. »

Piero Pianetta

La lumière entrant dans les jumelles peut être de n'importe quelle couleur, cette information se perd dès l'instant où les photons transfèrent leur énergie aux électrons. L'image devrait par conséquent être en noir et blanc. En réalité, elle est verte. La plaque métallique recèle des phosphores verts parce que l'œil humain peut différencier plus de nuances de vert que de toute autre couleur. **RB**

VOIR ÉGALEMENT : LUNETTES, PHOTOGRAPHIE À INFRAROUGE, INTENSIFICATEUR D'IMAGES, MICROSCOPE ÉLECTRONIQUE, VISION NOCTURNE EN COULEUR

Le bazooka (1942)

Les Américains développent une arme antichar.

Les chars ont posé de gros problèmes à l'infanterie pendant les deux premières années de la Seconde Guerre mondiale. Leur épais blindage résistait aux petites armes et les grenades assez puissantes pour les pénétrer devaient être placées directement sous la coque ou les chenilles.

Trois Américains résolurent ce problème en combinant une grenade à main de forme spécifique à un lance-roquettes à mise à feu électrique. Pendant la Première Guerre mondiale, le Dr Clarence Hickman avait travaillé avec Robert Goddard sur des fusées lancées par des tubes. Dès 1940, il aida les officiers américains Edward Uhl et Leslie Skinner à développer un lance-roquettes d'un type particulier. Quand l'utilisateur presse la détente, la décharge d'une batterie met à feu la roquette qui vient parcourir un tube en acier. La première version militaire reçut le nom officiel de « lance-roquettes M1 », mais elle fut rapidement surnommée « bazooka » à cause de sa ressemblance avec un instrument de musique du même nom.

Les troupes américaines d'Afrique du Nord furent équipées de bazookas dès 1942 et s'en servirent pour la première fois au début de l'année suivante. En plus des chars, le bazooka pouvait endommager les blockhaus, faire des percées dans les barbelés et nettoyer les champs de mines. Il fut rapidement copié par l'armée allemande qui produisit le Panzerschrek, une arme de plus gros calibre, d'une portée et d'une puissance supérieures. Au début de la guerre de Corée, les Américains lancèrent une version plus puissante dont le calibre de 89 mm correspondait à celui du Panzerschrek : elle reçut le nom de Superbazooka. **ES**

VOIR ÉGALEMENT : SHRAPNEL

⇐ *Des soldats américains tirent au bazooka sur un char allemand au cours du débarquement de Normandie.*

La superglue (1942)

Coover trouve par hasard un adhésif puissant.

En 1942, Harry Coover (1919-), chimiste travaillant pour le compte d'Eastman-Kodak, chercha le moyen de remplacer la soie d'araignée dans la fabrication des réticules de lunettes de visée. Les cyanoacrylates, substances chimiques sur lesquelles travaillait son équipe, se révélèrent peu utiles. Elles collaient à tout dès l'instant où elles étaient mises en contact avec la plus infime quantité d'eau.

Bien des années après, Coover retravaillait sur les cyanoacrylates dans le cadre d'un autre projet quand il se rendit compte qu'ils avaient une propriété spécifique. La colle prototype se fixait à n'importe quel objet sans qu'il y ait besoin de chaleur ou de pression.

> *« Les médecins vaporisent [de la superglue] pour stopper l'hémorragie… et sauvent ainsi bien des vies. »* Harry Coover

Commercialisée en 1958 sous le nom d'Eastman 1910, cette colle extra-forte fut très vite surnommée « superglue ».

Adhésif puissant et utile, la superglue a aussi d'autres applications. Pendant la guerre du Vietnam, elle trouva sa place dans les interventions médicales d'urgence : capable de coller la peau et les tissus, elle servit à refermer les blessures et à empêcher les hémorragies sans qu'il soit besoin de poser des fils.

Les techniciens de scènes de crime s'en servent aussi pour relever les empreintes. Quelques gouttes de superglue sont chauffées dans un réservoir fermé où est également placé l'objet à étudier : la vapeur révèle les traces papillaires que porte celui-ci. **SB**

VOIR ÉGALEMENT : COLLE, RUBAN ADHÉSIF

La bombe rebondissante (1942)

Wallis construit une bombe pour faire sauter les barrages.

Imaginée au plus fort de la Seconde Guerre mondiale par l'ingénieur aéronautique anglais Barnes Neville Wallis (1887-1979), la bombe rebondissante était destinée à détruire les usines hydroélectriques de la vallée de la Ruhr, en Allemagne.

Avec pour nom de code « Upkeep », la bombe rebondissante de forme cylindrique trouve son origine chez les canonniers de marine qui, deux siècles plus tôt, augmentaient la portée de leurs projectiles en leur faisant raser l'eau ou rebondir sur celle-ci.

Cet effet n'avait pas échappé aux pilotes alliés attaquant des bateaux et contraints par l'ennemi à larguer prématurément leurs bombes. Dans certaines conditions, celles-ci rebondissaient en direction de leur cible. Wallis comprit qu'une bombe spécialement conçue pour se comporter de la sorte détruirait des cibles exigeant autrement de lourdes charges d'explosif ou des pilotes en mission suicide. Des bombes à échelle réduite furent testées devant Wallis qui déduit que l'ogive devait frapper l'eau sous un angle de sept degrés. Un mouvement de rotation en renforcerait l'action.

Un test probant contre un barrage gallois désaffecté permit de conclure qu'un peu moins de trois tonnes d'explosif suffiraient à chaque « casseur de barrages ». La bombe devait être initialisée avant le largage en la faisant tourner à 500 tours par minute. Elle était ensuite lâchée à une hauteur de 18 m au-dessus du niveau de l'eau, à une vitesse comprise entre 386 et 402 km/h. Enfin, chaque bombardier devait être équipé de projecteurs. **MD**

VOIR ÉGALEMENT : BOMBE À FRAGMENTATION, BOMBE ATOMIQUE, BOMBE À HYDROGÈNE

↑ *En 1943, un Avro Lancaster teste une bombe rebondissante avant d'attaquer les barrages de la vallée de la Ruhr.*

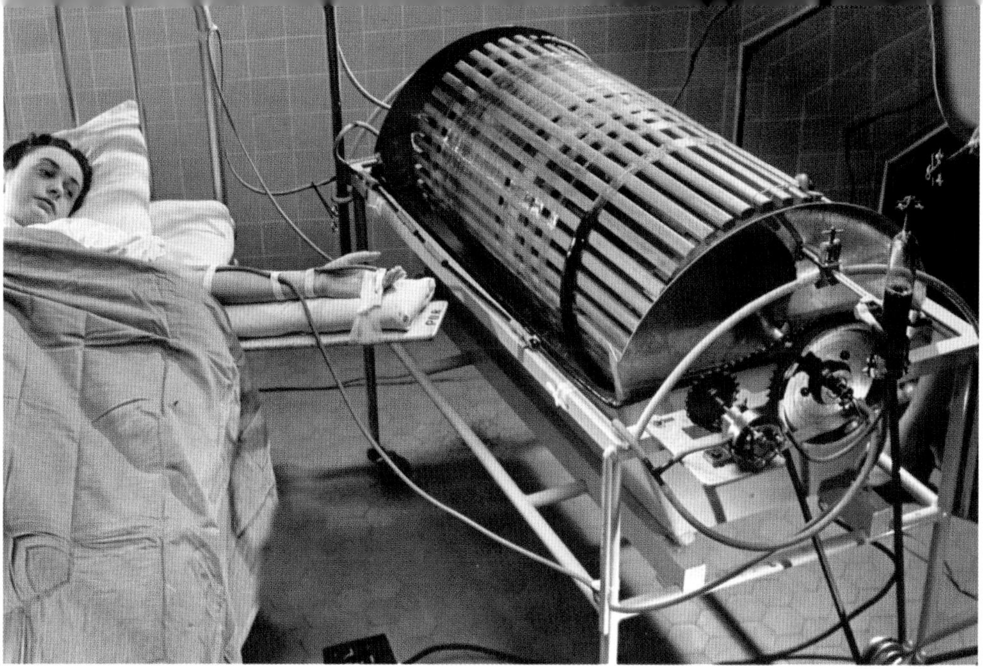

La dialyse rénale (1943)

Kolff débarrasse le sang des malades rénaux de ses déchets toxiques.

Willem J. Kolff (né en 1911) travaillait dans la Hollande occupée, pendant la Seconde Guerre mondiale, quand il construisit le premier appareil d'hémodialyse.

Quand les reins ne fonctionnent pas correctement, les déchets s'accumulent dans le sang et entraînent la mort du malade. Des expériences avaient montré la chose suivante : si deux solutions de concentrations chimiques différentes sont séparées par une membrane perméable, l'échange de molécules s'effectue de la zone de haute concentration vers celle de basse concentration.

La machine de Kolff était constituée de 20 m de tube de Cellophane enroulés autour d'un tambour en bois suspendu à l'horizontale dans un réservoir empli de solution saline. Quand le tambour tourne grâce à un moteur, le sang du patient passe en force dans le tube et ses déchets franchissent la membrane pour pénétrer dans la solution. Le manque de matériaux dû à la guerre obligea Kolff à improviser : il se servit de Cellophane provenant d'emballages de saucisses ! Il traita malgré tout son premier patient en 1943.

Après la guerre, Kolff alla aux États-Unis où il améliora son « rein artificiel » : le premier exemplaire fut commercialisé en 1956. Au début, la dialyse ne s'adressait qu'aux cas les plus graves (intoxication médicamenteuse, brûlures au troisième degré, transfusions erronées) : le patient devait vivre assez longtemps pour éliminer le poison ou voir ses reins guérir. Dans les années 1960, la dialyse à long terme fut rendue possible par la fixation permanente au corps du malade d'une dérivation en Teflon en forme de U. **JF**

VOIR ÉGALEMENT : SANG SYNTHÉTIQUE, LITHOTRIPSIE, BLOC CŒUR-POUMONS, RESPIRATEUR ARTIFICIEL, CŒUR ARTIFICIEL, FOIE ARTIFICIEL

↑ *Cet appareil d'hémodialyse de 1947 purifie le sang venant d'un tube inséré dans le poignet du patient.*

Le scaphandre autonome

(1943)

Cousteau et Gagnan respirent à grande profondeur.

Inventé en 1943 par les Français Jacques-Yves Cousteau (1910-1997) et Émile Gagnan (1900-1979), le scaphandre autonome révolutionna l'exploration sous-marine, l'ingénierie et la biologie marine. Pour la première fois, un plongeur pouvait se déplacer sans contrainte et demeurer longtemps sous l'eau. L'invention consistait en cylindres d'air comprimé fixés au dos du plongeur (les bouteilles) et d'un détendeur permettant de respirer le mélange gazeux à la pression ambiante.

Avant le scaphandre autonome, les plongeurs recouraient à diverses techniques pour l'exploration sous-marine. Celle par exemple du *snorkeling* où un court tube, le tuba, permettait à un nageur de progresser en surface en respirant par la bouche tout en regardant sous l'eau. Des essais furent effectués avec des tubas plus longs, mais le plongeur devait toujours rester près de la source d'air. Un système fut aussi imaginé, le recycleur, où les gaz exhalés par le plongeur étaient refiltrés, mais les accidents mortels furent trop nombreux pour qu'il soit exploitable.

Gagnan était un ingénieur spécialiste des valves tandis que Cousteau, officier de la marine française pendant la guerre, voyait tout le potentiel d'« hommes-grenouilles » pouvant fixer des mines aux coques des navires ennemis. Les premières plongées de Cousteau furent désastreuses parce qu'il ignorait que l'oxygène devenait toxique à 9 m de profondeur.

Après la guerre, le « commandant Cousteau » se fit connaître du grand public en 1956 avec *Le Monde du silence* qu'il coréalisa avec le cinéaste Louis Malle. **SC**

« L'homme porte le poids de la gravité sur ses épaules… il lui suffit de plonger pour être libre. »

Jacques-Yves Cousteau

VOIR ÉGALEMENT : SCAPHANDRE, RECYCLEUR, SOUS-MARIN, BATHYSPHÈRE

⇱ *Tel Eldred, un ingénieur de Melbourne, conçut un système de bouteilles à tube unique inspiré de celui de Cousteau.*

Le cathéter jetable (1944)

Le tube Sheridan améliore les soins médicaux.

Il y a un demi-siècle, les cathéters urinaires étaient faits de coton galonné. Ils n'étaient pas jetés après chaque utilisation, mais lavés pour servir à nouveau, ce qui augmentait les risques d'infection, avec des conséquences parfois mortelles.

Tout cela changea avec David Sheridan (1908-2004). Cet Américain, fils d'émigrés russes, travaillait comme poseur de parquet quand il décida qu'il était capable de produire un cathéter de qualité supérieure. Et il passa à l'acte quand la Seconde Guerre mondiale menaça de couper l'importation de cathéters français. Sheridan inventa une machine pouvant fabriquer des tubes creux en caoutchouc transformables en cathéters que l'on n'utiliserait qu'une seule fois. Une bande peinte sur le cathéter serait visible aux rayons X pour indiquer qu'il avait déjà servi.

« J'ai toujours pensé que le cathéter ne devait pas servir plus d'une fois. »

David Sheridan

Il commença par le cathéter intravésical avant de passer à des modèles plus complexes. Il inventa ainsi la sonde endotrachéale permettant au patient de respirer pendant une intervention chirurgicale et plusieurs autres tubes destinés à la chirurgie cardiaque. Toutes ces innovations débutèrent pourtant par une simple sonde placée dans la vessie. Aujourd'hui, les cas où l'on emploie le cathéter sont très diversifiés : angioplastie, chimiothérapie, radiographie avec produit de contraste, etc. **BMcC**

VOIR ÉGALEMENT : CATHÉTER À BALLONNET, STENT INTRAVASCULAIRE

Le spectromètre électronique (1944)

Une équipe du MIT mesure l'énergie de l'électron.

Le premier spectromètre fut conçu par Martin Deutsch (1917-2002) et Robley D. Evans (1907-1995) au Massachusetts Institute of Technology. Les électrons sont un produit dérivé des réactions nucléaires et les premiers spectromètres à électrons servirent à contrôler le rayonnement des essais nucléaires effectués vers la fin de la Seconde Guerre mondiale.

Le quatrième état de la matière est le plasma, où certains électrons extérieurs de l'atome ont été chassés pour se déplacer librement dans l'espace. Un électron est une particule fondamentale relativement simple. On connaît bien sa masse, sa charge et sa section efficace. En revanche, la vitesse et la direction du mouvement sont inconnues. Le spectromètre électronique mesure l'énergie cinétique des électrons en enregistrant la courbure de leur trajectoire au moment où ils traversent un champ électrostatique ou électromagnétique.

« On ne peut [l']expliquer facilement, donc nous ne comprenons pas tout. » Richard Feynman à propos du comportement des électrons

L'ionosphère supérieure de la Terre est faite de plasma, de même que le vent de particules émis par le Soleil. On peut observer l'intéressant processus des aurores quand ce vent solaire vient frapper l'ionosphère planétaire. Les spectromètres électroniques servent à mesurer la distribution de l'énergie des électrons. Placés sur un engin spatial, ils mesurent aussi la façon dont le spectre d'énergie des électrons varie avec la direction suivie par ceux-ci. **DH**

VOIR ÉGALEMENT : COMPTEUR GEIGER, SPECTROPHOTOMÈTRE

La bombe atomique (1945)

Les chercheurs du projet Manhattan imaginent la bombe destinée à mettre fin à la guerre.

Pendant la Seconde Guerre mondiale, les États-Unis consacrèrent la somme fabuleuse de 2 milliards de dollars à un programme de recherche et de développement ultrasecret dont l'issue allait bouleverser à tout jamais les relations internationales. Avec le projet Manhattan, l'Amérique et ses plus proches alliés voulaient inventer une bombe de destruction massive dont la seule menace mettrait un terme au conflit.

Leur motivation était assez simple. Les scientifiques ayant fui le régime nazi révélèrent que la recherche en Allemagne avait confirmé la viabilité théorique de la bombe atomique. En 1939, craignant que les nazis ne développent une telle arme, Albert Einstein et d'autres firent part au président Franklin D. Roosevelt de la nécessité de la recherche atomique et, en 1941, il donna son feu vert. Parmi les chercheurs dont les efforts aboutiraient au déchaînement atomique, il faut citer Robert Oppenheimer (1904-1967), nommé directeur du projet en 1942. Sous sa direction serait construit le laboratoire de Los Alamos où travaillerait son équipe.

Une bombe atomique déclenche une réaction nucléaire en chaîne et libère de formidables quantités d'énergie. Le problème initial était celui de la production d'une quantité d'uranium enrichi suffisante pour déclencher cette réaction. Sur un ancien terrain de squash situé sous l'université de Chicago, le physicien italien Enrico Fermi et d'autres scientifiques créèrent la première réaction en chaîne contrôlée. Le projet aboutira le 16 juillet 1945 à Alamogordo, au Nouveau-Mexique, avec la première réaction nucléaire d'origine humaine et la bombe baptisée Trinity par Oppenheimer. **MD**

« Los Alamos était le paradis des savants, ce qu'on voulait on l'obtenait. »

Joseph Rotblat, physicien

↑ *Reproduction de la bombe Fat Man lancée sur Nagasaki le 9 août 1945, trois jours après Hiroshima.*

→ *Appelée Trinity, la première bombe atomique du monde explose à Alamogordo.*

VOIR ÉGALEMENT : BOMBE REBONDISSANTE, BOMBE À FRAGMENTATION, BOMBE À HYDROGÈNE

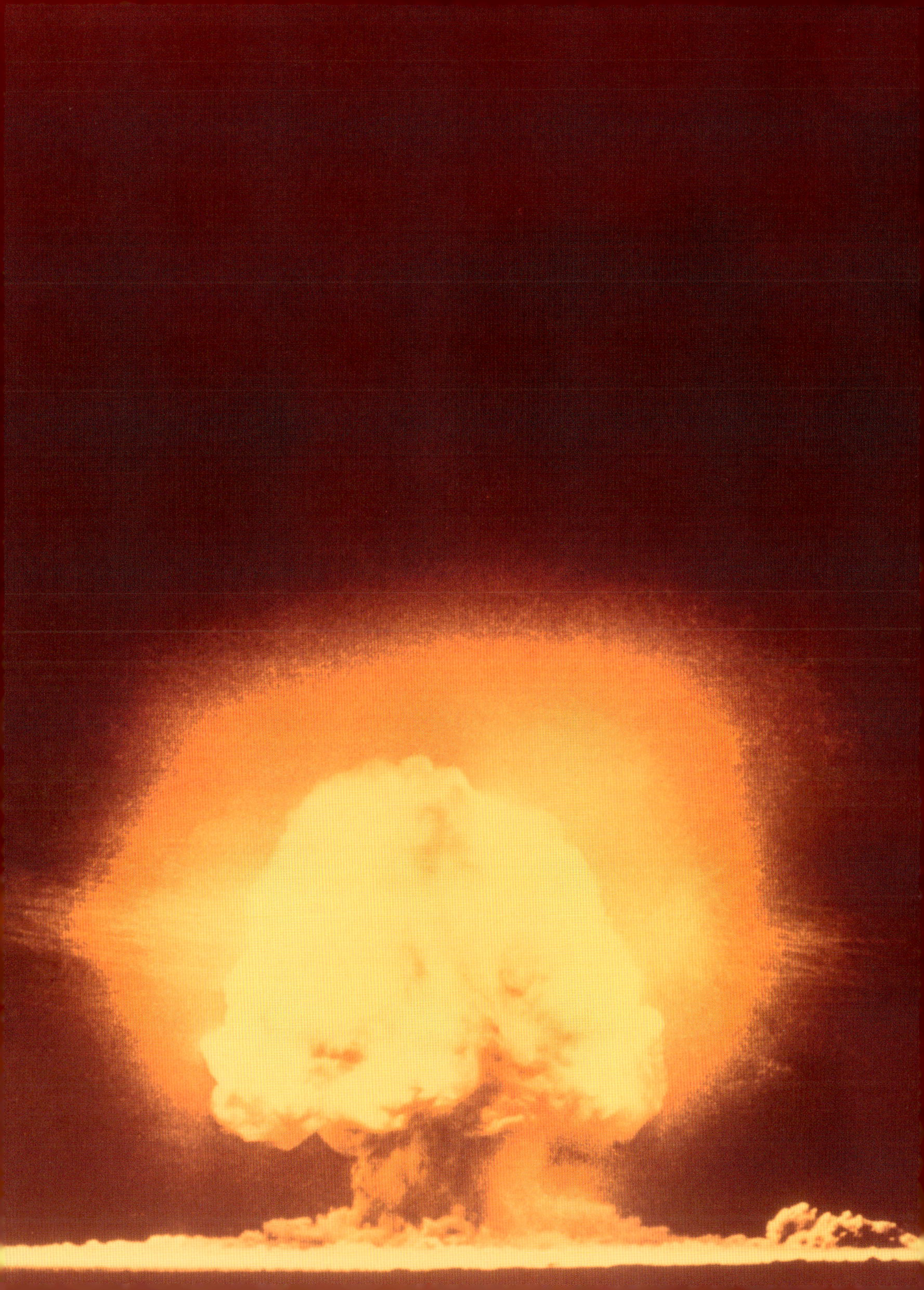

Le régulateur de vitesse

(1945)

Teetor stabilise la vitesse des véhicules.

Ralph Teetor (1890-1982), inventeur prolifique et aveugle, eut l'idée du régulateur de vitesse un jour qu'il était monté dans la voiture conduite par son avocat. Celui-ci avait l'habitude de ralentir quand il parlait et d'accélérer quand il écoutait. Les mouvements saccadés du véhicule déplurent tellement à Teetor qu'il résolut d'inventer un appareil de contrôle de la vitesse.

Le premier brevet de régulateur de vitesse fut déposé en 1945, mais il fallut attendre 1958 pour que les premiers exemplaires commerciaux soient montés sur trois modèles de Chrysler (Imperial, New Yorker et Windsor). Plusieurs noms qualifiaient alors son invention – Controlmatic, Touchomatic, Pressomatic et Speedostat –, mais le grand public se contenta de parler de « régulateur de vitesse ».

Le conducteur fixe sa vitesse et le mécanisme prend le relais pour maintenir la vitesse ainsi définie. Le régulateur détecte la vitesse du véhicule grâce à un capteur situé au niveau de la roue ou aux tours effectués par le moteur en une minute. La voiture conserve sa vitesse en agissant sur le câble d'accélération par le biais d'un solénoïde ou d'un servomécanisme, également appelé actionneur.

Des touches placées sur le volant permettent au conducteur de fixer la vitesse, d'accélérer, de décélérer et de revenir à la vitesse voulue après avoir freiné. Le seul fait de freiner coupe le mécanisme, celui d'accélérer le remet en marche. La plupart des régulateurs de vitesse ne fonctionnent pas à moins de 25 km/h.

Depuis 1999, certains régulateurs de vitesse sont associés à des radars anticollisions qui, placés à l'avant, ajustent automatiquement la distance par rapport au véhicule précédent. **BO**

VOIR ÉGALEMENT : AUTOMOBILE, ACCÉLÉRATEUR

Le canapé-lit

(1945)

Comment dormir dans un espace restreint.

L'Amérique était en pleine récession économique quand l'émigré sicilien Bernard Castro (1904-1991) eut une idée de génie. Remarquant que les New-Yorkais n'avaient pas beaucoup d'argent à consacrer aux futilités et que leurs appartements étaient de taille réduite, il proposa un lit que l'on pourrait replier pendant la journée pour en faire un canapé : il n'y aurait ainsi qu'un meuble au lieu de deux.

Il donna à son invention le nom de « Castro's Convertibles » et les vendit dans son magasin de la 21e Avenue. Le seul canapé-lit convertible existant à l'époque, le Davenport, était difficile à ouvrir et à refermer ; de plus, il ne ressemblait vraiment pas à un canapé une fois replié. Castro crut encore plus à son invention quand sa fille âgée de 4 ans réussit seule à ouvrir le fameux canapé.

« M. Castro [fut] un génie qui conçut un meuble nouveau… et sut aussi commercialiser son produit. »

Dennis Hevesi, journaliste

L'autre coup de génie de Castro fut de comprendre le pouvoir de la télévision. Il fut le premier à acheter un espace commercial sur l'unique chaîne de télé new-yorkaise, et qui voyait-on dans cette publicité ? Sa fille, Bernadette, ouvrant sans problème ce meuble d'un type nouveau, « le premier à conquérir l'espace vital ! » comme le disait le slogan.

Castro fut rapidement milliardaire et son canapé-lit, familièrement appelé « clic-clac » d'après le bruit qu'il fait, répond aux besoins de tous ceux qui sont obligés d'habiter un studio ou un petit appartement. **HP**

VOIR ÉGALEMENT : HAMAC

Le synchrotron (1945)

McMilland et Veksler augmentent l'énergie des particules chargées.

Le cyclotron est un accélérateur de particules subatomiques : un champ magnétique contraint les particules à suivre un itinéraire circulaire dans un tube en forme d'anneau, avec une accélération fournie par un champ électrique à fréquence fixe. Vint ensuite le synchrotron, où les champs magnétique et électrique pouvaient varier. En diminuant la fréquence du voltage appliqué quand les électrons se déplacent plus rapidement, il est possible de synchroniser le voltage d'accélération et les particules en orbite. Cette stabilité de phase fait que les particules circulant trop vite sont moins accélérées que celles allant trop lentement : le résultat est un nuage stable de particules que l'on accélère progressivement, sans différenciation entre les unes et les autres. En 1945, deux types de synchrotrons furent proposés, par Edwin McMillan (1907-1991) aux États-Unis et par Vladimir Veksler en URSS.

De nombreux synchrotrons furent bientôt construits. Les collisions entre particules accélérées permettaient d'en étudier la structure et leur rayonnement facilitait l'étude des régions ultraviolettes et X du spectre.

Construit en 1983, le Tevatron du laboratoire Fermi, aux États-Unis, mesure 6,3 km de diamètre : il accélère des protons et des antiprotons qui viennent ensuite se percuter. L'énergie obtenue est énorme, mais a encore été multipliée par sept avec le Large Hadron Collider (Grand Collisionneur de hadrons) de 26,7 km de diamètre installé en 2008 à la frontière franco-suisse par l'Organisation européenne pour la recherche nucléaire. **DH**

VOIR ÉGALEMENT : CYCLOTRON, GRAND COLLISIONNEUR DE HADRONS

↗ *McMillan (à gauche) et Edward Lofgren sur le revêtement du Bevatron, accélérateur de particules datant de 1954.*

« Pour déceler les plus petits fragments de l'Univers, il faut construire la plus grosse machine du monde. » **The Guardian**

Le four à micro-ondes (1945)

Spencer lance l'ère de la cuisine instantanée.

Le four à micro-ondes fait partie de ces inventions dont la naissance est presque entièrement accidentelle. Le père de cet appareil devenu quotidien, Percy Spencer (1894-1970), était un sorcier de l'électronique, spécialisé dans la recherche et le développement des radars. Un jour qu'il s'était arrêté à côté d'un « magnétron », le tube à vide qui fournit au radar l'énergie de son rayon, il constata avec stupéfaction que la barre chocolatée glissée dans sa poche avait fondue.

Curieux comme se doit de l'être tout chercheur, Spencer disposa alors d'autres objets près du magnétron, en ayant soin de rester à distance pour ne pas cuire lui-même ! Des grains de maïs crus se transformèrent rapidement en pop-corn. Et un œuf prouva avant la lettre qu'il explose sous l'influence des micro-ondes, si on ne prend pas soin de l'extraire de sa coquille avant de le placer dans le four.

Spencer prit immédiatement conscience de l'impact de sa découverte et se mit à étudier un appareil de cuisson plus efficace. Il déposa une demande de brevet en 1945. En 1946, un prototype était testé dans un restaurant de Boston. Les premiers modèles commerciaux, qui mesuraient près de 2 m de haut, exigeaient un circuit de refroidissement spécial pour leur magnétron et coûtaient 5 000 dollars de l'époque, furent accueillis fraîchement. Mais avec le temps, l'appareil devenant plus pratique et plus fiable, le succès vint, si bien qu'en 1975 la vente des fours à micro-ondes dépassait celle des réchauds à gaz.

Malgré ses défauts (cuisson parfois inégale, surface des viandes non grillée), le four à micro-ondes est devenu un élément indispensable de la cuisine moderne. **SB**

VOIR ÉGALEMENT : FOYER AMÉNAGÉ, FOUR, AUTOCUISEUR, CUISINIÈRE À GAZ, CUISINIÈRE ÉLECTRIQUE

↑ *Commercialisé en 1968, ce four à micro-ondes est le modèle HN 1102 de Philips (Pays-Bas).*

Le synthétiseur électronique (1945)

Le Caine donne le « la » de la musique électronique.

Difficile d'imaginer le sort de la musique pop sans l'arrivée du synthétiseur et de ses frères électroniques. Même si Robert Moog fait figure, aux yeux de beaucoup, de pionnier, le travail de fond fut effectué plusieurs décennies plus tôt par le Canadien Hugh Le Caine (1914-1977), physicien et concepteur d'instruments de musique. L'un de ceux-ci, la saquebute électronique (la saquebute était une grande trompette capable de descendre dans les graves) est aujourd'hui reconnu comme le premier synthétiseur commandé en tension de toute l'histoire de la lutherie.

Mise au point en 1945 à l'université de Toronto, la saquebute électronique de Le Caine comportait un clavier inspiré de celui du piano – et installé dans un vieux bureau. À l'inverse des synthétiseurs commercialisés durant les années 1970, l'instrument de Le Caine possédait des commandes tactiles : selon la puissance ou la légèreté des doigts sur ses touches, les caractéristiques du son se modifiaient, si bien que la saquebute présentait la même richesse d'expression qu'un authentique instrument acoustique.

Deux autres innovations caractérisaient l'instrument : la possibilité de construire un profil d'onde sonore pour créer un son de base, et l'utilisation de la tension électrique pour modifier le ton ou la modulation. En jouant sur des filtres, on pouvait également modifier la qualité du son. La commande en tension régna sur les synthétiseurs jusqu'au début des années 1980.

En 1971, Le Caine voulut sortir une version commercialisable de sa saquebute, mais le projet échoua. L'influence de ce luthier moderne sur la musique électronique n'en est pas moins fondamentale. **TB**

VOIR ÉGALEMENT : ORGUE À TUYAUX, GUITARE ÉLECTRIQUE

↑ *En 1948, Le Caine monta le prototype de sa saquebute électronique sur une grossière structure de bois.*

Classic
1460's
AirWair
AirWair
The ORIGINAL 8-eyelet DM
Dr. AirWair
Martens
WITH BOUNCING SOLES

La semelle à coussin d'air (1945)

Maertens lance une chaussure mythique.

De nombreuses inventions sont le fruit de découvertes accidentelles. La semelle à coussin d'air est née à la suite d'un accident réel de son inventeur. En effet, en 1945, le jeune médecin bavarois Klaus Maertens fut victime d'une chute à ski. Afin d'accélérer sa convalescence, il mit au point une chaussure absorbant les chocs. Sa semelle comportait des coussins d'air, capables de stimuler les muscles et les tendons de la personne qui la portait. En outre, le jeu de pression et de contre-pression ménageait les articulations.

Deux ans plus tard, Maertens et son ami Herbert Funck, ingénieur, créèrent une entreprise afin de commercialiser l'innovation. Mais alors que la nouvelle chaussure recevait un accueil favorable du corps médical, son look restait rébarbatif. La situation changea lorsque Maertens et Funck achetèrent des espaces publicitaires dans la presse professionnelle internationale. Elles n'échappèrent pas à Bill Griggs, un fabricant anglais de bottes militaires et de chaussures de travail. En 1959, il acheta les droits mondiaux de la nouvelle semelle. L'année suivante, le 1er avril 1960, Briggs lança sa bottine 1460. Elle incorporait la semelle à coussin d'air, rebaptisée AirWair, s'ornait d'une couture jaune et se plaçait sous les auspices du Dr Martens, au nom anglicisé.

D'abord adoptée par les ouvriers britanniques, la chaussure conquit rapidement les punks et les skinheads : son style prolétaire collait à leur rébellion. Après un effondrement des ventes à la fin des années 1990, les Dr. Martens ont retrouvé leur popularité. **DaH**

VOIR ÉGALEMENT : VÊTEMENT, COUTURE, CHAUSSURE

Les semelles à coussin d'air de Klaus Maertens durent attendre que Bill Griggs lance la marque AirWair pour gagner leurs galons d'accessoires de mode.

La radio CB (1945)

Gross met la radio à la portée des citoyens.

En 1945, les autorités américaines allouèrent un certain nombre de fréquences hertziennes aux particuliers. Elles furent baptisées Citizens'Band, la longueur d'onde des citoyens. Aussitôt, Alfred Gross (1918-2000) se lança dans la production d'émetteurs-récepteurs adaptés. En 1948, ses appareils furent les premiers à bénéficier de l'agrément fédéral.

Utilisant en général la bande des 27 MHz, la CB est réservée aux communications de proximité. Popularisée d'abord par les routiers et les petits entrepreneurs, la CB connut un véritable boom planétaire durant les années 1970. Nombre d'États se bornèrent d'ailleurs à entériner l'importation et l'utilisation illégale sur leur territoire de matériel CB. Après la libération des fréquences, l'usage réglementaire de la radio CB impliqua la délivrance d'une licence et l'attribution d'un indicatif. Néanmoins, nombre d'utilisateurs choisirent de demeurer dans la clandestinité, se servant de pseudonymes farfelus, du type Winnie l'Ourson. Ces noms furent les ancêtres de ceux qui fourmillent aujourd'hui sur les forums Internet, et assurent l'anonymat de leurs propriétaires. À terme, la CB prit rang de véritable culture, avec son langage propre – comme la fameuse « boîte à images » désignant le radar fixe. **RP**

« Si j'avais toujours les brevets de mes inventions, Bill Gates devrait me laisser passer devant lui. »

Alfred Gross

VOIR ÉGALEMENT : TÉLÉCOMMUNICATION SANS FIL, TALKIE-WALKIE, BIP, TÉLÉPHONE CELLULAIRE, TÉLÉPHONE CELLULAIRE NUMÉRIQUE

Le pneu radial (1946)

Michelin révolutionne le pneumatique.

Lorsque le cheval et la charrette laissèrent place aux modes de transport modernes, les véhicules rapides capables de couvrir de longues distances devinrent la norme. Logiquement, les performances des roues acquirent une importance inédite : les cercles de bois et de métal qui avaient prévalu durant des siècles n'étaient plus adaptés aux exigences des autos, des motos et des vélos.

En quête d'un matériau durable et capable d'amortir les cahots, les industriels se tournèrent vers le caoutchouc. D'abord utilisé sous forme de bandages pleins, celui-ci s'avéra malheureusement lourd et peu élastique.

Vers 1900, le pneumatique gonflable – inventé quelques années plus tôt – s'imposa dans le monde du vélo. Il gagna rapidement celui de l'auto, car sa légèreté et son excellente absorption des chocs garantissaient un roulement très doux. Les premiers modèles se composaient d'une chambre à air recouverte d'une enveloppe assurant sa protection et le contact avec la chaussée. Cette enveloppe de caoutchouc comportait des « plies », couches de câbles textiles noyées dans sa structure et destinées à accroître sa résistance. Comme les plies étaient disposées en biais par rapport au rayon de la roue, on parlait de pneus à carcasse diagonale.

Dans les années 1940, Michelin révolutionna ce concept avec son Pneu X, le premier pneumatique à carcasse radiale, dont les plies épousaient le rayon de la roue. Le fabricant français y intégra également une résille de câbles métalliques, pour le renforcer. Durabilité, tenue de route, confort de conduite y trouvèrent leur compte. Malgré leur coût de fabrication plus élevé, les pneus radiaux sont aujourd'hui la norme. **BMcC**

VOIR ÉGALEMENT : VULCANISATION, PNEU (PNEUMATIQUE), VALVE DE PNEU

Le Tupperware® (1946)

Tupper renouvelle la boîte en plastique.

Dans les années 1940, les matériaux synthétiques avaient encore valeur de nouveauté, et le champ de leurs applications n'était pas encore exploré. Cassants, gras au contact, ces premiers plastiques dégageaient en outre une odeur déplaisante. Ce fut un ingénieur-chimiste américain, Earl Tupper (1907-1883), qui les débarrassa de leurs défauts.

D'abord employé chez DuPont de Nemours, Tupper s'était familiarisé avec le sujet. En 1938, il fonda l'Earl S. Tupper Company, qui fabriqua des éléments de masques à gaz durant la Seconde Guerre mondiale. À la fin des hostilités, il décida de se consacrer à des produits plus pacifiques. Tupper mit au point une méthode permettant de transformer les résidus de polyéthylène issus du raffinage du pétrole brut en un plastique résistant, malléable et non gras qu'il baptisa « Tupperware ». En 1946, le matériau avait donné naissance à une foule d'articles multicolores, étuis à cigarettes, gobelets, boîtes alimentaires, etc. Un an plus tard, Tupper fit breveter la fermeture Tupper, inspirée de celle des seaux de peinture. Elle était étanche à la fois à l'eau et à l'air. Hélas, les ventes de la gamme Tupperware ne décollaient pas. Tupper s'assura alors les conseils d'un cadre de la Stanley Home Products Company. De là naquit l'idée des fameuses ventes à domicile.

Le succès de la réunion Tupperware fut immédiat. En 1951, des ventes colossales permirent de retirer les produits des circuits commerciaux classiques, pour ne plus les proposer qu'à domicile. Des challengers tentèrent bien de profiter de ce succès, mais il était trop tard : dans la plupart des foyers occidentaux, Tupperware était devenu un nom propre. **HI**

VOIR ÉGALEMENT : POLYPROPYLÈNE

→ *Les réunions Tupperware (comme ici, en 1963) devaient leur succès à l'appétit de modernité et de vie sociale que manifestait alors la ménagère occidentale.*

La chimiothérapie (1946)

Gilman et Goodman traitent le lymphome.

C'est le gaz moutarde, l'arme chimique de la Première Guerre mondiale, qui démontra l'efficacité contre le cancer de la chimiothérapie : l'autopsie de soldats exposés à ce gaz révéla la destruction des tissus lymphatiques et de la moelle osseuse. Les savants en déduisirent que le gaz moutarde pourrait éradiquer les cellules cancéreuses des ganglions lymphatiques, mais rien ne fut alors tenté.

Au début de 1942, Alfred Gilman (1908-1984) et Louis S. Goodman (1906-2000), deux pharmacologues de l'université de Yale, furent débauchés par le Pentagone afin d'étudier l'effet de la moutarde azotée (un dérivé du gaz moutarde) sur les lymphomes. Après une phase d'expérimentation animale satisfaisante, ils injectèrent de la mustine (prototype de l'agent anticancer) à un patient dont le lymphome résistait à l'action de la radiothérapie. Après une phase positive – en deux jours, les masses tumorales s'étaient assouplies –, les deux chercheurs déchantèrent, car l'effet bénéfique ne dura pas plus de quelques semaines. En 1946, les autorités américaines autorisèrent Gilman et Goodman à publier la première communication sur l'utilisation de la moutarde azotée dans le traitement du cancer. Le but de ce document était de prouver que des agents pharmacologiques pouvaient soigner certaines dégénérescences cellulaires.

La moutarde azotée devint la référence dans le domaine de la recherche en chimiothérapie, cette catégorie de médicaments qui endommagent les éléments contrôlant la division de la cellule et interdisent cette dernière. Face à de nombreux cancers, la chimiothérapie prit rang de traitement standard, souvent associée à la chirurgie et à la radiothérapie. **JF**

VOIR ÉGALEMENT : RADIOTHÉRAPIE

La peinture acrylique (1947)

Bocour offre une nouvelle peinture aux artistes.

Pour sa thèse de 1901, Otto Röhm étudia les acryliques. Six ans plus tard, il fondait, avec Haas, la société Röhm et Haas. Celle-ci commercialisait du verre incassable, autrement dit du Plexiglas. Les ventes s'envolèrent avec la Seconde Guerre mondiale : les dizaines de milliers d'avions fabriqués chaque année par les États-Unis nécessitaient chacun au moins une verrière en Plexiglas. Les équipes de Röhm et Haas connaissaient l'acrylique sur le bout des doigts, mais ce fut un ancien artiste qui fit entrer ce matériau dans le domaine de la peinture.

En 1941, Leonard Bocour (1910-1993) fabriquait des pigments à l'huile destinés aux artistes, lorsqu'on lui présenta un échantillon d'acrylique. Il fut frappé par sa blancheur. À la fin de la guerre, Bocour s'associa à Röhm et Haas pour mettre au point une acrylique à l'usage des peintres. En 1947, il commercialisa la gamme Magna. Cette peinture acrylique représentait la première innovation technologique dont bénéficiaient les artistes depuis le XVe siècle.

> *« Un type est entré avec quelque chose qui ressemblait à du sirop blanc. Il a dit : "c'est de l'acrylique". »*
>
> Leonard Bocour

L'acrylique présente sur l'huile de nombreux avantages. Elle ne se décolore pas, ne craquelle pas, ne pèle pas. Elle s'applique sur nombre de surfaces. Elle sèche rapidement, ce qui peut selon le cas servir ou desservir l'artiste. En 1953, Röhm et Haas lancèrent l'acrylique à base d'eau, destinée à la décoration intérieure. Facile à appliquer, elle est en outre aisée à nettoyer. **ES**

VOIR ÉGALEMENT : VERRE ACRYLIQUE

Le transistor (1947)

Bardeen, Shockley et Brattain trouvent un remplaçant à la vieille lampe triode.

Dans la riche panoplie des inventions du XXe siècle, la mise au point du transistor fut un jalon essentiel. Avant son apparition, la pierre angulaire de toute l'électronique était la lampe, encombrante et peu fiable.

Le transistor naquit aux États-Unis, plus exactement dans les laboratoires Bell Telephone du New Jersey. Les chercheurs John Bardeen (1908-1991), William Shockley (1910-1989) et Walter Brattain (1902-1987) étudiaient la possibilité d'utiliser les cristaux de germanium comme semi-conducteurs pour remplacer les lampes diodes. Ayant obtenu leurs premiers résultats positifs, le trio s'attacha à une tâche autrement complexe, fabriquer à l'aide de cristaux de germanium l'équivalent d'une lampe triode – celle qui faisait fonctionner toute l'électronique depuis le début du siècle, des circuits radio aux tout premiers ordinateurs. Hélas, la lampe était extrêmement gourmande en énergie électrique, elle provoquait un échauffement considérable et, à l'instar de sa sœur lumineuse, elle ne bénéficiait que d'une espérance de vie mesurée.

Le 16 décembre 1947, Bardeen, Shockley et Brattain créèrent le premier transistor (de *transmitter*, « émetteur », et *resistor*, « résistance »). Une semaine plus tard, ils firent leurs premières démonstrations publiques, si bien que la date convenue de la naissance du transistor est le 23 décembre 1947. Le nouveau venu était minuscule, il consommait fort peu d'énergie, ne chauffait pas et sa fiabilité était exemplaire. Moins de dix ans plus tard, dans la plupart des applications grand public, la lampe électronique avait quitté la scène . **TB**

VOIR ÉGALEMENT : DIODE ÉLECTROLUMINESCENTE, TRIODE, ÉMETTEUR RADIO

↗ *Des contacts métalliques sont séparés par un isolant faisant pression sur le germanium, lui-même maintenu en place par un bâti d'aluminium.*

« Brattain décida d'immerger le circuit dans une cuve d'eau. Ça fonctionna… un peu. »

Ira Flatow, *Transistorized!*

Le défibrillateur (1947)

Beck utilise l'électricité pour restaurer son rythme naturel à un cœur arrêté.

Le défibrillateur administre un choc électrique au cœur, afin de lui faire reprendre son rythme habituel. On l'utilise pour combattre la fibrillation ventriculaire. Celle-ci se caractérise par des contractions désordonnées du muscle cardiaque. Sans intervention, la mort peut survenir.

Le chirurgien américain Claude Beck (1894-1971) réussit la première défibrillation en 1947, à la Case Western Reserve University de Cleveland, Ohio. Il venait d'opérer un adolescent de 14 ans affligé d'une malformation cardiaque congénitale. Il refermait sa cage thoracique, lorsque le patient fut victime d'un arrêt cardiaque. Beck ouvrit à nouveau la cage thoracique, tenta sans succès un massage cardiaque, puis appliqua les deux électrodes du défibrillateur qu'il était en train de mettre au point. Il s'agissait de deux palettes d'argent, du format de cuillères à soupe, reliées à une source de courant alternatif 60 hertz.

En 1954, William B. Kouwenhowen et William Minor pratiquèrent sur un chien la première défibrillation externe – sans ouverture de la cage thoracique. Deux ans plus tard, Paul Zoll réussit la même expérience sur un être humain. Aujourd'hui, les défibrillateurs sont disponibles dans toutes les structures médicales et, sous une forme utilisable par des non spécialistes, dans certains stades, voire sur la voie publique. Les patients présentant de gros risques de fibrillation ventriculaire peuvent s'équiper de défibrillateurs implantables, qui délivrent un choc électrique adapté dès qu'une irrégularité rythmique est détectée. **JF**

« Les défibrillateurs devraient être aussi répandus que les extincteurs d'incendie. »

Michael Tighe, sauvé par un défibrillateur portatif

VOIR ÉGALEMENT : ÉLECTROCARDIOGRAMME, STIMULATEUR CARDIAQUE (PACEMAKER), MACHINE CŒUR-POUMONS, CŒUR ARTIFICIEL

Beck conçut et fabriqua son défibrillateur après que l'un de ses collègues fut parvenu à ranimer des cobayes grâce à un choc électrique.

L'appareil photo à développement instantané (1947)

Edwin Land invente la photo qu'on regarde tout de suite.

Dès sa conception, voici plus de 60 ans, le Polaroid est devenu un classique. Même si la technologie du développement instantané existait déjà, il revient à Edwin Land (1909-1991), fondateur de la Polaroid Corporation, d'avoir conçu et mis en fabrication en 1946 le premier appareil photo grand public de ce type.

Land avait créé la Polaroid Corporation en 1937, pour fabriquer et vendre les filtres polarisants qu'il avait fait breveter huit ans plus tôt. La demande liée à la Seconde Guerre mondiale multiplia sa production. En 1943, durant des vacances, il prit une photo de sa fille. Celle-ci lui demanda pourquoi il fallait attendre si longtemps avant de pouvoir se regarder. Rapidement, Land conçut un procédé de « cliché sec en une étape » qui permettrait à l'image de se développer à l'intérieur de l'appareil en moins de 60 secondes.

La paix revenue, la demande en filtres polarisants stagna. Land revint à son idée de photo instantanée et la réalisa. Un prototype fut dévoilé en 1947 devant la Société d'optique des États-Unis : Land se photographia et montra la photo au public moins d'une minute plus tard. Le premier appareil d'Edwin Land, le Modèle 95, fut mis en vente en novembre de l'année suivante – avec une rupture de stocks presque immédiate.

Polaroid améliora continuellement les performances de ses appareils et de ses films. En 1951, une pellicule sensible aux rayons X et destinée à la radiographie fut lancée. Sorti en 1972, l'extraordinaire reflex automatique SX 70 influença toute une génération de photographes. Mais en février 2008, la fabrication cessa : le développement instantané ne pouvait lutter contre la photo numérique. **SR**

VOIR ÉGALEMENT : PHOTOGRAPHIE, FILTRE POLARISANT, APPAREIL PHOTO NUMÉRIQUE

↗ *Le Polaroid permit une approche plus spontanée et plus naturelle de la photo.*

« Je sus alors comment réaliser en une étape un développement photographique à sec. »

Edwin Land

La datation au carbone 14 (1947)

Libby détermine l'âge des matières organiques.

Avant les années 1940, les chercheurs désireux de dater des fossiles ou d'autres spécimens organiques ne disposaient guère que d'une technique : s'appuyer sur l'âge supposé de la strate rocheuse où ils les avaient découverts. L'imprécision était de rigueur.

Ce fut de l'espace que tomba une méthode bien plus rigoureuse. Des rayons cosmiques à haute énergie bombardent constamment notre atmosphère. Entrant en contact avec les molécules d'oxygène et d'azote de l'air, ils donnent naissance à des neutrons qui, après d'autres chocs, produisent à leur tour un isotope radioactif instable du carbone, le carbone 14.

Or, tous les êtres vivants sont composés de carbone, sans distinction isotopique. Dans un organisme vivant, la proportion de carbone 14 est exactement identique à celle présentée au même moment par l'atmosphère. Mais lorsque l'organisme meurt, le carbone 14 ne se renouvelle pas – et commence à disparaître à une vitesse connue : au bout de 5 740 ans, la moitié de ses atomes se sont désintégrés. Pour dater un spécimen, il suffit donc de comparer son taux d'atomes de carbone 14 à celui de l'atmosphère. La méthode fonctionne sur une plage de datation de 50 000 ans.

Ce raisonnement d'une élégante simplicité fut tenu par le chercheur américain William Frank Libby (1908-1980). Il présenta sa méthode en 1947, après l'avoir testée sur des sapins, dont l'âge réel avait pu être vérifié en comptant les anneaux concentriques de leurs troncs. Vite acceptée, la datation au carbone 14 a permis d'estimer l'âge de spécimens aussi divers que les manuscrits de la mer Morte ou des outils remontant à la fin du dernier âge glaciaire. **JM**

VOIR ÉGALEMENT : COMPTEUR GEIGER, SPECTROMÈTRE DE MASSE

L'avion supersonique (1947)

Un pilote de l'US Air Force passe le mur du son.

La vitesse du son au niveau de la mer s'établit à 1 230 km/h, soit un Mach. Tout véhicule se déplaçant plus rapidement est supersonique. Durant la Seconde Guerre mondiale, certains avions de chasse pouvaient effectuer des piqués à 0,9 Mach, mais les turbulences et les ondes de choc imposaient aux appareils de terribles contraintes. Le rendement de l'hélice s'effondrait, la traînée augmentait, alors que la portance diminuait et que les commandes répondaient mal. Ces effets inquiétants prirent le nom de « mur du son ». Ce mur fut franchi grâce au moteur à réaction, bien plus puissant que son prédécesseur à piston, et par un renforcement soigneux de la cellule et des ailes.

« J'avais toujours peur de mourir. C'était ma peur qui me gardait en alerte dans le cockpit. »

Chuck Yeager

La controverse règne toujours quant à l'identité du pilote qui franchit pour la première fois le mur du son. Le 14 octobre 1947, Chuck Yeager dépassa les 1 230 km/h au-dessus du désert de Mojave, à bord de son Bell X-1 à moteur-fusée : il atteignit Mach 1,06. Mais peu avant, des témoins avaient assisté au vol d'essai d'un prototype, le chasseur F-86 Sabre. Le pilote George Welch se trouvait aux commandes. Ils le virent s'engager dans un piqué prononcé et entendirent le double bang caractéristique du passage du mur du son. **DH**

VOIR ÉGALEMENT : AVION À MOTEUR, DIRIGEABLE, MOTEUR À RÉACTION

Le Bell X-1 imitait les courbes d'une balle Browning de calibre 12,7, très stable aux vitesses supersoniques.

6063

Le re-recording (1947)

Les Paul combine huit prestations.

Lorsque Thomas Edison captura le son pour la première fois, ses transcriptions sur cylindre de cire ne conservaient le souvenir que d'un unique moment. Mais au cours des années 1940, un certain nombre d'expérimentateurs commencèrent à porter un regard différent sur l'enregistrement audio. Ainsi, le guitariste et inventeur Les Paul (1915-2009) s'attacha à capturer individuellement plusieurs événements sonores, pour les rejouer simultanément et produire quelque chose d'entièrement nouveau : un enregistrement synthétique.

En 1947, Capital Records édita le disque de son solo instrumental *Lover, When You're Near Me*, où Paul jouait en même temps huit partitions pour guitare. Il avait utilisé deux enregistreurs à cylindre de cire. Ayant capturé une ligne mélodique sur le premier, il diffusait celle-ci tout en l'accompagnant d'une seconde mélodie, tandis que l'autre enregistreur saisissait l'ensemble. Avec un peu de patience, en répétant l'expérience, il arriva au total de huit instruments semblant jouer simultanément. Cette technique de pionnier s'appelle désormais *sound on sound*, le « son sur son ».

Les Paul joua également un rôle important dans l'évolution de l'enregistrement multipiste. En 1948, son ami Bing Crosby lui fit cadeau d'un Ampex 200, le premier magnétophone à bandes de production industrielle. Paul testa la machine, modifia les têtes d'enregistrement et de play-back… Cinq ans plus tard, il commandait à Ampex un enregistreur à huit pistes : celui-ci permettait de réunir sur bande magnétique huit sources de musique individuelles. Avant la fin des années 1950, la plupart des grands studios américains s'étaient équipés de ce type de machines. **TB**

VOIR ÉGALEMENT : ENREGISTREMENT MAGNÉTIQUE

⇦ *Les Paul, ici en studio dans les années 1950, était frustré par les limitations artistiques qu'imposait la prise de son unique.*

Le code-barres (1948)

Silver et Woodland améliorent la traçabilité.

Le code-barres découle d'une réflexion que fit, un beau jour de 1948, le président d'une société agroalimentaire à un doyen d'université… Réflexion qui n'échappa pas à un étudiant du nom de Bernard Silver (1924-1962). Le président demandait l'étude d'un système permettant d'accumuler des informations sur un produit tout au long de sa chaîne de fabrication, mais le doyen n'avait guère envie de lancer un tel programme.

Silver se dit qu'avec l'aide de son ami Norman Woodland (né en 1921), il trouverait la solution. Le duo décida de combiner la technologie du cinéma parlant, inventée par Lee De Forest dans les années 1920, à l'alphabet Morse. « Je me suis contenté d'étirer les traits et les points du Morse pour en faire des barres verticales larges ou étroites », raconta Woodland.

> *« En 1974, le premier produit équipé d'un code-barres (un chewing-gum) fut scanné à une caisse. »*
>
> Russ Adams

De Forest avait imaginé de faire alterner, sur un côté de la pellicule, des zones de transparence variable, plus ou moins claires ou foncées. Une lumière traversait ces zones. Reçu par un capteur, ce signal était transformé en ondes électriques qui à leur tour devenaient des sons. Woodland adapta le dispositif à ses barres larges ou étroites : une lumière éclairait le code-barres, et c'était sa réflexion qui atteignait le capteur, lui-même couplé à un oscilloscope. Les deux étudiants venaient d'inventer le lecteur optique de document imprimé. **MD**

VOIR ÉGALEMENT : PUCE RFID, CAPTEUR CCD (CHARGE COUPLED DEVICE)

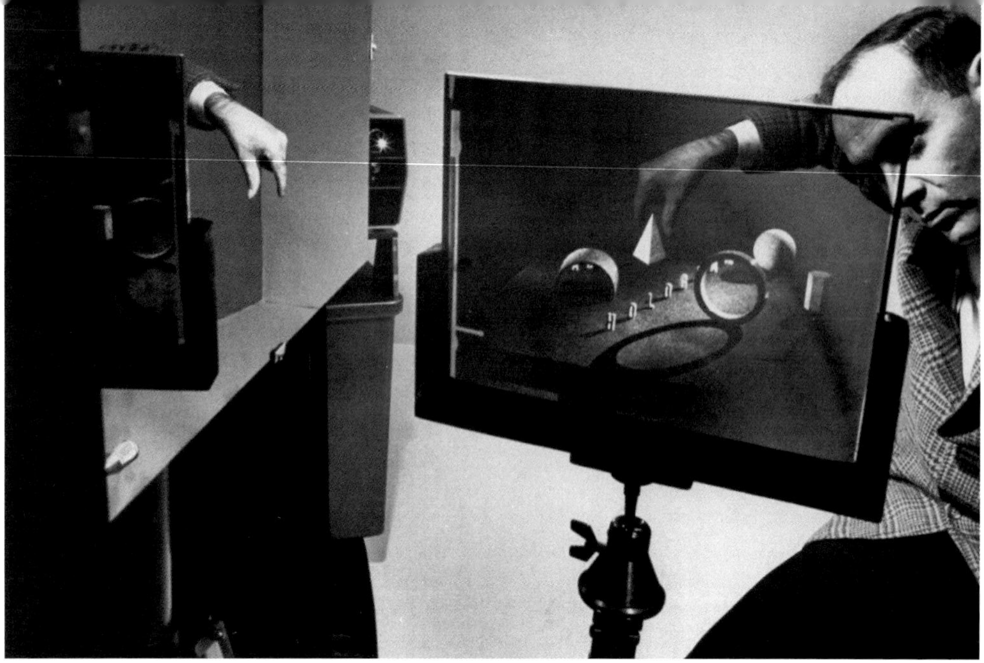

L'holographie (1948)

Dennis Gabor crée des images tridimensionnelles.

L'holographie – du grec *holos*, entier et *graphein*, écrire – est une forme de photographie qui permet d'enregistrer une image en 3D. Découverte en 1948 par Dennis Gabor (1900-1979), physicien d'origine hongroise employé par la branche britannique de Thomson-Houston, l'invention connut des débuts difficiles à cause de l'insuffisance des sources lumineuses.

Les hologrammes de Gabor stockaient des images en 3D en les encodant grâce à un rayon lumineux, mais la lampe à vapeur de mercure qu'il utilisait n'était pas suffisante. Il fallut attendre 1960, et la création du laser par des équipes rivales, américaines et soviétiques, pour disposer d'une lumière permettant d'encoder sans problèmes des hologrammes. Disponible durant quelques nanosecondes, la puissante lumière pulsée du laser à rubis permet de « geler » efficacement le mouvement.

Le développement du laser rendit possible le stockage et la récupération optique des images. Les premiers hologrammes utilisant cette technologie – un petit train et un oiseau – furent réalisés en 1962. En 1968, Stephen A. Benton mit au point l'holographie de transmission visible en lumière blanche, qui permit d'adapter la technique à la production de masse. En effet, examinée sous une lumière blanche ordinaire, l'hologramme de Benton créait une image arc-en-ciel tridimensionnelle, à partir des sept couleurs du spectre.

Aujourd'hui, les hologrammes arc-en-ciel ornent les cartes de crédit et ont figuré dans les films les plus marquants du XXe siècle : que serait *Star Wars* sans les appels au secours d'une princesse Leia en 3D, ou le sifflement d'un sabre laser en train de se déployer ? **SD**

VOIR ÉGALEMENT : PHOTOGRAPHIE, MÉMOIRE HOLOGRAPHIQUE

↑ *À l'université du Michigan, Emmeth Leith utilise un rayon laser pour créer une image en 3D.*

Le radar météorologique (1948)

Démilitarisé, le radar entame une nouvelle vie dans la prévision du temps.

Les puissances engagées dans la Seconde Guerre mondiale avaient mis au point le radar pour traquer les avions ennemis. Ils remarquèrent que l'appareil détectait également les gouttes de pluie, les grêlons et les flocons de neige. Après la guerre, cette capacité du radar fut mise au service de la météo. À partir de 1948, on en équipa les avions de ligne, afin que l'équipage puisse être averti de la présence de cumulonimbus, nuages abritant des perturbations dangereuses.

Les radars météo émettent un rayon de micro-ondes pulsées en direction des nuages. La longueur d'onde utilisée varie de 1 à 10 cm, soit dix fois la taille des gouttes d'eau, des flocons ou des grêlons que l'instrument cherche à détecter. Les micro-ondes ricochent sur ces éléments, et l'antenne du radar récupère un signal modifié.

Cinq critères sont pris en compte. Le temps d'aller et retour de l'onde radar indique la distance du phénomène ; l'effet Doppler donne sa direction et sa vitesse de déplacement. Il indique également les turbulences auxquelles les gouttes de pluie sont soumises, et permet de déduire le développement possible d'orages ou de tornades. La force du signal de retour est fonction de la quantité d'eau contenue dans le nuage, tandis que sa forme indique si l'eau se présente sous forme de pluie, de neige ou de grêle. Obtenir une image météo dynamique et connaître l'altitude des nuages impliquent de disposer d'un réseau de radars répartis sur le territoire. L'image fournie par la plupart des installations contemporaines est renouvelée toutes les demi-heures. **DH**

VOIR ÉGALEMENT : PLUVIOMÈTRE, ANÉMOMÈTRE, BAROMÈTRE, HYGROMÈTRE, BAROMÈTRE ANÉROÏDE, RADAR

↑ *Cet employé du Bureau météorologique de Londres utilise un radar pour détecter les orages.*

La télévision par câble (1948)

Walson invente le réseau télé communautaire.

Au printemps 1948, l'Américain John Walson (1914-1993) commença à installer des antennes communautaires, dispensant à ses clients les merveilles de la télévision par câble.

Walson et son épouse Margaret, propriétaires de la Service Electric Company de Mahanoy City, en Pennsylvanie, virent d'abord dans le câble le moyen d'assurer à certains téléspectateurs une réception correcte, alors que le relief montagneux bloquait les signaux hertziens. Walson décida de donner à son affaire une nouvelle altitude, en allant installer une antenne au sommet d'un mont gênant. Puis, à l'aide de câbles et d'amplificateurs, il relia l'antenne à son magasin. Sur le trajet de la ligne, des dérivations lui permirent de desservir directement ses clients. Il venait de créer le premier réseau communautaire de télévision.

Aujourd'hui connue sous le nom de télévision par câble, cette technique couvre la majorité de l'Europe. Les premières installations comportaient une antenne hertzienne de grande taille, et un réseau d'amplificateurs répartis sur toute la zone couverte. En effet, à mesure qu'il parcourait le câble, le signal perdait en puissance et devait donc être intensifié. Mais l'opération augmentait le bruit et la distorsion – au risque de faire perdre complètement l'image et le son, pour ne conserver que les parasites.

Puis la multiplication des chaînes obligea les techniciens à utiliser des câbles de plus grande capacité. C'est ainsi que des émetteurs et des récepteurs à micro-ondes permirent de capter des signaux lointains. **LW**

VOIR ÉGALEMENT : TUBE CATHODIQUE, TRANSFORMATEUR, TÉLÉVISION, TÉLÉVISION EN COULEUR, TÉLÉCOMMANDE, ÉCRAN PLASMA

↑ *En 1948, quand apparut la télévision par câble, les récepteurs étaient encore des produits de luxe. Celui-ci comporte même un poste de radio.*

Le robot (1948)

Walter crée les premiers robots électroniques autonomes.

Le concept de robot, sous une forme ou une autre, remonte au moins à 1495, année où Léonard de Vinci dressa les plans de son chevalier mécanique. Pourtant, c'est sous la forme plus humble de deux « tortues » prénommées Elmer et Elsie que les robots firent vraiment leur entrée dans le monde. Conçues et fabriquées par William Grey Walter, un neurophysiologiste doublé d'un inventeur, les tortues robots imitaient de façon remarquable les comportements du vivant. Ces petites machines expérimentales étaient équipées de capteurs réagissant à la lumière et au toucher. Un « ordinateur » composé de deux lampes électroniques gérait leurs déplacements, qu'assuraient des moteurs électriques.

Grâce à cette mécanique et à ces circuits basiques, ces robots à trois roues étaient capables de phototaxie, c'est-à-dire qu'ils se déplaçaient vers la lumière ou au contraire s'en éloignaient. Ils pouvaient ainsi se guider jusqu'à la station de recharge lorsque leurs batteries commençaient à se décharger. Soixante ans plus tard, le chien robot Aibo de Sony emploie la même technique. Le réglage des capteurs et des moteurs autorisait quatre modes de fonctionnement, si bien que les tortues robots pouvaient adopter une grande variété de comportements.

Baptisées par leur démiurge « machines spéculatives », Elmer et Elsie devaient contribuer à étudier le rôle des connections nerveuses dans le domaine du comportement. Toutes deux jouèrent un rôle immense dans le développement de la cybernétique et de la robotique. **MD**

VOIR ÉGALEMENT : AUTOMATE, ROBOT INDUSTRIEL, ROBOT BIPÈDE, ROBOT CHIRURGICAL

⇑ *Avec son photorécepteur, la « tortue » de Walter appréciait les éclairages doux, mais fuyait les sources lumineuses trop fortes.*

La machine à re-surfacer les patinoires (1948)

Zamboni automatise une corvée dévoreuse de temps.

« Les gens aiment regarder une rivière qui coule, un feu qui crépite et une Zamboni nettoyant la glace »

Charlie Brown, *Peanuts*

Dans le monde de la patinoire – ludique, de vitesse ou de hockey –, Zamboni est devenu un nom commun, pour désigner l'engin dévolu à l'entretien de la glace griffée par les patins. D'autres fabricants ont leur part de ce marché, mais le règne de Zamboni est incontestable.

Frank Zamboni (1901-1988) était fils d'immigrés italiens. Employé à la ferme familiale, puis dans un garage, il ouvrit une fabrique de pains de glace avec son frère cadet Lawrence. Lorsque l'apparition du réfrigérateur rendit les glacières archaïques, les frères s'appuyèrent sur leur expertise pour créer une patinoire. Avec 150 000 entrées par an, leur Iceland fut un succès.

Chaque jour, le re-surfaçage de la glace exigeait le travail de trois hommes durant 90 minutes. Zamboni s'attaqua au problème. En 1948, il avait conçu et fabriqué son Model A, une re-surfaceuse de patinoire parfaitement fonctionnelle. Pilotée par un seul homme, elle effectuait sa tâche quotidienne en dix minutes.

Le plus de la Zamboni tient au fait qu'elle exécute simultanément toutes les opérations requises par la remise à neuf de la glace d'une patinoire. Des lames rabotent la mince couche mise à mal par les utilisateurs. Les copeaux sont transportés par des tapis roulants ou des vis sans fin jusqu'à un réservoir disposé à l'arrière du véhicule. Des jets d'eau à haute pression chassent les derniers résidus et comblent les trous de la surface. L'excédent d'eau est récupéré grâce à une raclette géante. Aujourd'hui, des re-surfaceuses électriques permettent de traiter des patinoires closes en éliminant le problème des gaz d'échappement. **BG**

VOIR ÉGALEMENT : RACLETTE À VITRE, FENÊTRES AUTONETTOYANTES

⇱ *Cette re-surfaceuse descend en ligne directe de celle que conçut Frank Zamboni en 1948.*

La zéolithe de synthèse
(1948)

Barrer synthétise un minéral à l'usage de l'industrie.

En 1948, le Néo-Zélandais Richard Barrer (1910-1996) fut le premier à manufacturer un type de zéolithe inconnu dans la nature. Il occupa ensuite la chaire de physicochimie à l'Imperial College de Londres.

Les zéolithes naturelles sont des minéraux microporeux – l'air occupe 50 % de leur volume – dont la structure est si régulière qu'on peut les utiliser comme tamis moléculaires. Elles sont produites par la mise en contact de cendres volcaniques fines et d'eau alcaline. Dans des mines à ciel ouvert, on en extrait quatre millions de tonnes par an. Leur premier débouché est l'industrie du ciment.

En agriculture, les zéolithes mêlées au sol servent de pièges à eau : elles absorbent la moitié de leur masse en rosée, qu'elles laissent ensuite s'écouler lentement. L'ajout de potasse et d'ammonium les transforme en engrais à effet retardé.

La zéolithe synthétique est obtenue en cristallisant un gel de silice-alumine sur un substrat organique. L'avantage des zéolithes synthétiques sur leurs sœurs naturelles est leur pureté : elles ne présentent aucune contamination par les métaux volcaniques, le quartz, etc. En outre, le contrôle de la température lors de leur production permet d'obtenir une structure bien plus régulière que n'en offre la nature.

Les zéolithes synthétiques servent de filtres échangeurs d'ions dans les adoucisseurs d'eau et les systèmes de purification. Dans l'industrie des combustibles nucléaires, elles peuvent aussi filtrer les produits de la fission. Capables de piéger les grosses molécules, elles accélèrent certains processus chimiques, comme l'alkylation dans l'industrie pétrochimique. **DH**

VOIR ÉGALEMENT : DIAMANT SYNTHÉTIQUE, CAOUTCHOUC SYNTHÉTIQUE, SANG ARTIFICIEL

Le paracétamol
(1948)

Axelrod et Brodie découvrent un antalgique inoffensif.

Malgré son diplôme de biologie, le biochimiste Julius Axelrod (1912-2004) essuya un refus de chacune des écoles de médecine où il souhaitait s'inscrire. Il accepta un emploi au laboratoire des services sanitaires de la ville de New York. Des cours du soir lui permirent de décrocher en 1942 son mastère en sciences. Et, en 1946, il rejoignit le chercheur Bernard Brodie (1909-1989) au Goldwater Memorial Hospital.

Dans les années 1940, les antalgiques extérieurs à la famille de l'aspirine provoquaient un empoisonnement du sang. Axelrod et Brodie voulurent savoir pourquoi. Ils découvrirent que l'acétanilide, ingrédient de la majorité de ces spécialités, se dégradait pour former une toxine, l'aniline. Mais ils découvrirent aussi qu'un des résidus de cette dégradation avait les mêmes vertus antalgiques que l'acétanilide.

« J'appris vite que mener une recherche originale n'exigeait pas une cervelle d'exception. »

Julius Axelrod

Dans une communication publiée en 1948, Axelrod et Brodie proposèrent l'utilisation du paracétamol – nom du résidu – en remplacement de l'acétanilide. Dès les années 1950, la molécule acquit une réputation d'innocuité supérieure à celle de l'aspirine, et conquit le marché des médicaments pour enfants. Aujourd'hui, son usage s'est généralisé. Le paracétamol soulage les douleurs, les céphalées, les fièvres, les rhumes et la grippe, sans parler des douleurs articulaires, dentaires ou menstruelles. **LH**

VOIR ÉGALEMENT : ANESTHÉSIE, COMPRIMÉ SOLUBLE, ASPIRINE

Le ventilateur (1949)

Emerson aide les patients à utiliser leurs poumons.

Après avoir amélioré le poumon d'acier au début des années 1930, l'Américain John Emerson (1906-1997) s'attaqua, en 1949, à la mise au point d'un ventilateur mécanique, machine automatique destinée à assurer l'inspiration et l'expiration des patients incapables de respirer par eux-mêmes. La demande pour ce type d'appareil avait été accrue par les épidémies de polio des années 1940, et par l'utilisation, durant les interventions chirurgicales, de relaxants musculaires qui rendaient impossible la respiration autonome des patients.

Au cours des années 1950, d'autres modèles apparurent, tel le ventilateur Bird à système pneumatique. Pour emplir d'air les poumons du patient, le ventilateur Beaver utilisait des soufflets mus par un moteur d'essuie-glace. Les étincelles produites par ce dernier pouvaient s'avérer dangereuses dans un bloc opératoire, où l'on se servait d'anesthésiques inflammables. Le Manley de 1952 utilisait aussi un système pneumatique, ce qui évitait tout risque d'incendie. Sous une forme plus élaborée – le Manley Mark II –, il se vendit à plusieurs milliers d'exemplaires. Son fabricant popularisa les techniques de ventilation à pression positive, qui se répandirent dans toute l'Europe.

« À moins de 1 000 dollars l'unité, le respirateur Emerson résolvait le problème du changement de rythme respiratoire » **Charles C. Smith Jr**

Les années 1980 virent la mise en service des ventilateurs percussifs à haute fréquence. À la ventilation mécanique classique, ils adjoignaient la technique des oscillations à haute fréquence. **JF**

VOIR ÉGALEMENT : POUMON D'ACIER, MACHINE CŒUR-POUMONS

L'horloge atomique (1949)

Début de la course au garde-temps ultime.

La plupart des instruments à mesurer le temps fonctionnent grâce aux oscillations d'un corps physique, pendule, rotor de balancier ou cristal de quartz, chacun soumis aux effets de la température, de la pression atmosphérique et de la gravité. La rotation de la Terre a également servi de base de mesure, mais d'autres phénomènes physiques influaient sur les résultats. En revanche, le nombre de vibrations par seconde d'un atome est une donnée fixe.

En 1949, les Américains mirent au point une horloge à quartz régulée par les vibrations de la molécule gazeuse d'ammoniac à basse pression. Sous la férule du physicien Louis Essen (1908-1997), les Britanniques se référèrent aux vibrations de l'atome de césium. Ils achevèrent leur instrument en 1955. Celui-ci reposait sur un constat : chaque seconde, il se produit 9 192 631 770 transitions entre deux niveaux d'énergie hyperfins de l'état fondamental de l'atome de césium. Ce nombre remplaça l'ancienne définition de la seconde, calculée en fonction de la rotation de la durée du jour. Une bonne horloge atomique revendiquait alors une exactitude relative de 10^{-14}. Autrement dit, elle avancerait ou retarderait d'une seconde au bout de trois millions d'années.

Chacun des 24 satellites en orbite du système GPS (Global Positionning System) embarque quatre horloges atomiques. C'est la comparaison du temps mis par les ondes électromagnétiques pour parcourir la distance séparant le satellite d'un point donné de la Terre qui permet de positionner celui-ci. **DH**

VOIR ÉGALEMENT : CADRAN SOLAIRE, CLEPSYDRE, HORLOGE D'ÉDIFICE, MONTRE DE POCHE, HORLOGE NUMÉRIQUE, MONTRE À QUARTZ

Cette horloge atomique est régulée par les vibrations d'atomes de césium exposés à des ondes.

2F
A

L'embrayage centrifuge (1949)

Fogarty imagine un embrayage efficace adapté aux engins légers.

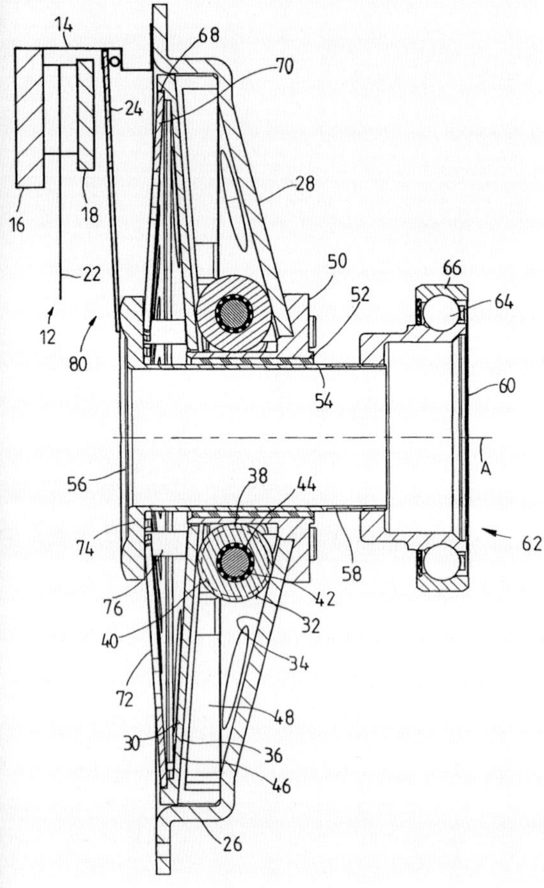

Si, adolescent, le professeur de chirurgie cardiaque doublé d'un viticulteur et d'un champion de boxe professionnel Thomas Fogarty (né en 1934) n'avait pas été horripilé par la boîte de vitesses de son scooter, l'embrayage centrifuge n'aurait peut-être jamais existé.

Un embrayage traditionnel fonctionne en solidarisant à volonté, par un mouvement mécanique longitudinal, deux pièces : le volant, assujetti au moteur, et le disque, assujetti à la boîte de vitesses.

En revanche, l'embrayage centrifuge solidarise ou désolidarise la transmission en fonction de la vitesse de rotation du moteur. L'embrayage, de forme cylindrique, est traversé en son centre par l'arbre moteur, qui porte deux masses mobiles capables de s'écarter, mais retenues contre l'arbre par des ressorts et tournant bien sûr à la vitesse du moteur. Lorsque celui-ci accélère, la force centrifuge contraint les masses à s'éloigner de l'arbre pour entrer en contact avec l'autre partie de l'embrayage, qu'elles entraînent dans leur mouvement de rotation. Qu'il s'agisse d'un véhicule (scooter, cyclomoteur) ou d'un outil (tronçonneuse, tondeuse), la partie utile de l'engin équipé de l'embrayage devient alors active.

L'un des intérêts de ce dispositif est sa progressivité : lorsque les masses entrent en contact avec le second élément de l'embrayage, celui-ci commence à tourner à un régime inférieur à celui du moteur, car la pression des masses n'est pas encore assez forte pour assurer une rotation franche. À mesure que le moteur continue d'accélérer, la pression s'affermit, le glissement disparaît et les deux éléments tournent à la même vitesse. **HP**

« Si vous deviez rétrograder… le scooter faisait aussitôt un bond de trois mètres… »

Thomas Fogarty

VOIR ÉGALEMENT : BOÎTE DE VITESSES AUTOMOBILE, EMBRAYAGE, TRANSMISSION AUTOMATIQUE

À l'accélération, la force centrifuge écarte les masses et rend solidaires les deux parties de l'embrayage.

L'implant oculaire (1949)

Ridley invente le cristallin artificiel.

Jusqu'aux années 1950, une personne souffrant de cataracte devait se résigner à devenir lentement aveugle. L'opacification du cristallin, cette lentille permettant à l'œil de transmettre au cerveau des images nettes, n'avait pas encore trouvé de traitement. Aujourd'hui, un patient atteint de cette maladie peut recouvrer une vision correcte à l'issue d'une opération durant à peine 30 minutes. L'auteur de cette percée est l'ophtalmologue britannique Harold Ridley (1906-2001).

Durant la Seconde Guerre mondiale, Ridley avait soigné des pilotes blessés aux yeux par les éclats du Plexiglas de leur cockpit. Il remarqua que le Plexiglas n'entraînait pas d'inflammation des tissus de l'œil, et en déduisit que cette inertie biologique, jointe à sa légèreté et à ses qualités optiques, en faisait le matériau idéal pour des prothèses adaptées. Il partagea cette information avec le chercheur en ophtalmologie John Pike, qui l'aida à mettre au point le premier implant oculaire. En 1949, Ridley équipa de celui-ci l'œil d'une patiente de 45 ans, au cours d'une opération en deux phases.

Pourtant, cette avancée fit froncer le nez à une communauté médicale particulièrement sceptique. Jusque-là, les chirurgiens de l'œil s'étaient bornés à extraire de l'œil des corps étrangers ou des tumeurs, mais n'y avaient rien implanté. Ridley parvint enfin à faire accepter son innovation, qui posa un jalon important sur le chemin de la pratique ophtalmologique, et contribua à lancer la recherche médicale sur la voie des implants, oculaires ou autres.

Aujourd'hui, six millions de cristallins artificiels sont posés chaque année dans le monde. Et plus de 60 millions de personnes souffrant de cataracte ont profité de l'invention de Harold Ridley. **JM**

VOIR ÉGALEMENT : LOUPE, LUNETTES, DOUBLE FOYER, LENTILLES DE CONTACT, CHIRURGIE LASER DE L'ŒIL

Le bip/Pager (1949)

Un boîtier permet d'échanger des messages.

Alfred J. Gross (1918-2000), inventeur du bip – ou pager, ou alphapage – avait toujours été fasciné par les télécommunications. Enfant, il construisit de bric et de broc un poste de radio. À 16 ans, il décrochait sa licence de radioamateur. Ce fut le début de sa carrière.

Le bip fut mis au point à l'intention des professions médicales. Le boîtier répondait à des signaux radio spécifiques, et bipait pour avertir d'une urgence le personnel soignant. Les professionnels de la santé l'accueillirent sans enthousiasme. Certains médecins affirmèrent même que les sons d'alerte ennuieraient leurs patients – et les dérangeraient durant leurs parties de golf. Mais l'appareil s'avéra vite très utile, pour ne pas dire indispensable.

« Je n'ai ni mobile, ni bip. Je me contente de traîner tout le temps avec les gens que je connais. »

Mitch Hedberg, humoriste

La réputation du petit boîtier ne tarda pas à dépasser la sphère médicale. En 1974, il bénéficia d'une offre commerciale grand public et prit rang de gadget à la mode. Alors que les premiers modèles se contentaient d'alerter leur utilisateur par un couinement électronique, les suivants possédaient un petit écran d'une ligne. Mais la capacité d'affichage, très réduite, impliquait l'utilisation de codes et d'abréviations.

Gross, trop en avance sur son temps, dut se contenter de la gloire : lorsque son idée se concrétisa, ses brevets étaient tombés dans le domaine public. **SR**

VOIR ÉGALEMENT : TÉLÉCOMMUNICATION SANS FIL, RADIO CB, TALKIE-WALKIE, TÉLÉPHONE CELLULAIRE MOBILE

Mannequin utilisé dans les crash tests (1949)

Alderson crée un mannequin permettant d'évaluer les risques de blessure.

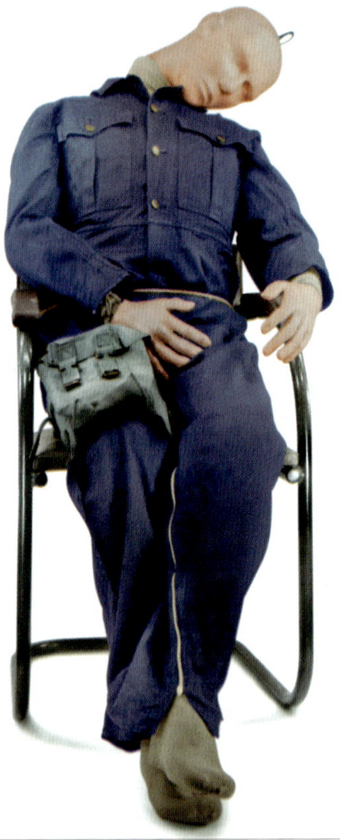

À la fin des années 1940, l'aviation militaire américaine désirait savoir quels seraient les effets de ses nouveaux sièges éjectables sur les pilotes qui y seraient attachés. On créa pour cela le premier mannequin destiné aux crash tests (tests de résistance aux chocs). Baptisé Sierra Sam, il fut construit en 1949 par l'Américain Samuel Alderson en partenariat avec la Sierra Engineering Co.

Avant cela on utilisait des cadavres, ce qui s'avérait évidemment très désagréable, mais n'offrait aussi que des informations limitées aux chercheurs. Il était presque impossible de les utiliser plusieurs fois, et bien qu'ils puissent indiquer dans une moindre mesure quelles blessures étaient susceptibles de se produire, ils ne montraient pas comment les survivants pouvaient réagir dans le cadre du scénario imaginé. Les « bonshommes » conçus par Alderson comblèrent cette lacune. Bien que les mannequins soient devenus célèbres pour leur utilisation dans le domaine de la sécurité automobile, on ne les employa dans ce domaine que plus de 20 ans après leur invention.

Alderson continua à travailler dans le domaine des tests de résistance aux chocs et, en 1968, pour répondre aux dangers de la conduite automobile, conçut le premier mannequin destiné à ce domaine qu'il baptisa VIP. Ces mannequins ont servi à tester les ceintures de sécurité, les airbags, les portes renforcées, les freins ABS, et ont influencé la façon dont on conçoit les voitures. Ils ont enduré sans se plaindre d'innombrables collisions simulées destinées à mesurer la vélocité de l'impact, la force d'écrasement, les taux de décélération, et les mouvements imposés au corps. On doit les dispositifs de sécurité automobiles modernes à ces « appareils de test anthropomorphiques ». **RBk**

« Tous ceux d'entre nous qui ont réchappé d'un accident de voiture peuvent probablement remercier un mannequin. »

Jack Jensen, General Motors

↑ *Seul un mannequin Sierra Sam fut construit ; on le voit ici revêtu d'un bleu de travail.*

→ *Deux employés de l'Irving Air Chute Co déchargent des mannequins utilisés lors de tests de parachutage.*

VOIR ÉGALEMENT : AUTOMOBILE, AIRBAG, CEINTURE DE SÉCURITÉ À TROIS POINTS D'ANCRAGE, TOBOGGAN D'ÉVACUATION GONFLABLE

La mémoire à tores magnétiques (1949)

Wang et Woo permettent de conserver définitivement des données.

Les premiers ordinateurs n'étaient pas fiables, car ils faisaient appel pour la mise en mémoire à des moyens tels que les ondes acoustiques dans des tubes emplis de mercure ou de complexes circuits de tubes à vide. Puis, en 1949, fut inventé un nouveau moyen de conservation de données binaires : la mémoire à tores magnétiques.

Les ordinateurs conservent les données comme des informations binaires où chaque élément est préservé sous forme de zéro ou de un. Dans le cas des mémoires à tores magnétiques, un tore de ferrite est magnétisé dans une direction ou deux, ce qui détermine s'il préservera un zéro ou un un. Ces éléments sont reliés par un fil disposé en treillis plat et les renseignements sont mémorisés, ou lus, en envoyant des vibrations électriques à travers les fils jusqu'aux tores.

« Le succès relève plus du bon sens que du génie. »

An Wang

C'est à deux scientifiques américains nés à Shanghai, An Wang et Way-Dong Woo, que l'on doit cette technologie. Sa nature même explique pourquoi la mémoire de l'ordinateur est ainsi baptisée, puisque ses tores, tels des disques magnétiques, conservent leur contenu même une fois le courant coupé. La mémoire à tores magnétiques est pour cela parfois encore utilisée dans des applications spécifiques aux véhicules militaires et spatiaux. **JM**

VOIR ÉGALEMENT : PROGRAMME INFORMATIQUE, ORDINATEUR NUMÉRIQUE, LANGAGE DE PROGRAMMATION C, MÉMOIRE FLASH

La carte de crédit (1950)

McNamara invente une nouvelle manière de payer ses factures.

La carte de crédit est un moyen de paiement qui doit son nom à la carte en plastique que reçoivent ceux qui ont souscrit à ce système. Bien que le terme apparaisse plusieurs fois dans le roman d'Edward Bellamy paru en 1887, *Cent ans après ou l'an 2000*, et que la Western Union ait distribué des cartes de paiement à ses clients dès 1914, la carte de crédit moderne ne fut pas inventée avant 1949. On dit que c'est Frank X. McNamara, banquier new-yorkais, qui en eut l'idée après avoir oublié chez lui son portefeuille alors qu'il avait invité des clients à dîner au restaurant. Il distribua ainsi 200 cartes Diners Clubs, en réalité des cartes de paiement puisqu'on devait régler entièrement le total une fois la facture reçue.

Les cartes de crédit modernes, où l'émetteur prête de l'argent au consommateur qui s'en sert pour payer le marchand, évoluèrent rapidement. En 1958, la Bank of America créa la première carte de crédit destinée au grand public. Cette carte s'est transformée pour devenir la carte Visa actuelle et, en 1966, la carte Mastercard fut établie par un groupe de banques de crédit. Lors du boom économique de l'après-guerre, le système de la carte de crédit fut adopté sans réserve par les pays développés. Cependant, à cause du manque de fiabilité que présentaient aux yeux de certains les pays émergents, sa présence y est encore faible aujourd'hui.

Depuis peu on craint que le système de crédit ne soit impossible à maîtriser dans les pays développés. Le système de McNamara est bien plus qu'une commodité et a transformé à jamais notre rapport à l'argent. **SD**

VOIR ÉGALEMENT : CAISSE ENREGISTREUSE, DISTRIBUTEUR AUTOMATIQUE DE BILLETS (DAB)

La télécommande

(1950)

Regarder la télévision devient moins fatigant grâce à la Zenith Radio Corporation.

Dans les années 1950, le téléviseur commençait à s'imposer dans les séjours des familles américaines ordinaires et les spectateurs se lassèrent bientôt de devoir quitter constamment le confort de leur fauteuil préféré pour changer de chaîne.

Le Telezoom de Garod, apparu en 1948, fut l'une des premières incarnations de la télécommande. Ce petit appareil rond doté d'un seul bouton était relié par un fil électrique au téléviseur, mais sa seule fonction était d'élargir l'image sur l'écran. C'est donc la Zenith Radio Corporation (aujourd'hui Zenith Electronics Corporation) qui lança la télécommande moderne. Son président et fondateur, Eugene F. McDonald Jr, craignait que la publicité ne tue la télévision et demanda donc à ses ingénieurs de créer un appareil qui « ferait taire ces ennuyeuses publicités ». En 1950, le Lazy Bones (*lazy* pour « fainéant », en français) vit le jour. La télécommande activait un moteur qui réglait le syntoniseur dans le téléviseur. L'appareil était toutefois toujours relié au poste par un fil électrique.

Cinq ans plus tard, Eugene Polley, ingénieur chez Zenith, inventa le Flashmatic qui utilisait un faisceau lumineux pour passer d'une chaîne à l'autre, couper le son et allumer le téléviseur. Malheureusement, les détecteurs du poste étaient si sensibles qu'un rayon de soleil pouvait l'allumer ou l'éteindre.

En 1956, Robert Adler suggéra l'emploi d'ultrasons et une nouvelle télécommande, la Zenith Space Command, fut créée. Cela demeura le modèle couramment utilisé jusqu'aux années 1980 et l'apparition de la technologie à infrarouges. **HI**

VOIR ÉGALEMENT : TÉLÉVISION, TÉLÉVISION COULEUR, TÉLÉVISION PAR CÂBLE, ÉCRAN PLASMA

↗ *Avec les premières télécommandes, il fallut redoubler d'efforts pour retenir l'attention des téléspectateurs.*

« On peut se demander comment on contrôlerait les postes de télévision aujourd'hui sans Zenith. »

James Fohl, auteur

Le tokamak (1950)

Sakharov et Tamm inventent la fusion nucléaire.

En 1950, Andrei Sakharov et Igor Tamm inventèrent une machine qui pouvait produire de l'énergie grâce à la fusion nucléaire. Tamm remporta le prix Nobel de physique en 1958, et Sakharov celui de la paix en 1975. La fission nucléaire produit de l'énergie en brisant des atomes d'uranium ou de plutonium très radioactifs. Cependant, cela produit également des déchets dangereusement radioactifs, et ce pour 10 000 ans. La fusion, elle, produit de l'énergie en alliant du deutérium (de l'hydrogène lourd) à de l'hélium, sans produire de déchets dangereux. L'eau de mer possède un atome de deutérium pour chaque 6 500 atomes d'hydrogènes. Les atomes de deutérium sont deux fois plus gros que ceux d'hydrogène et sont donc relativement faciles à séparer. L'énergie produite doit donc s'avérer peu onéreuse et propre.

> *« Nous n'avons jamais réussi à ralentir nos réacteurs de fusion nucléaire. »*
>
> Wilson Greatbatch, inventeur

L'invention de Sakharov et Tamm fut baptisée tokamak, sigle en russe de Chambre toroïdale avec champ magnétique axial. Cet appareil fait appel à des champs magnétiques pour comprimer des particules chargées qui atteignent ainsi la température et la densité requises pour la fusion. En 1968, une équipe de chercheurs dirigée par Lev Artsimovitch produisit à l'aide du tokamak la première réaction de fusion thermonucléaire terrestre, qui atteignit une température de 8 millions de degrés Kelvin pendant 0,02 seconde. **ES**

VOIR ÉGALEMENT : TURBINE À GAZ, GÉNÉRATEUR ÉLECTRIQUE, RÉACTEUR NUCLÉAIRE

Le réacteur nucléaire (1951)

Zinn se sert de la fission nucléaire pour fabriquer de l'électricité.

L'exploitation de la puissance de l'atome, sujet courant des romans de science-fiction, a capté l'imagination du public grâce à la promesse d'une énergie propre et peu onéreuse. L'idée initiale fut développée jusqu'au 20 décembre 1951, quand en appuyant sur un interrupteur on mit en marche le premier réacteur nucléaire qui ait jamais généré de l'électricité, l'EBR1 (Experimental Breeder Reactor 1), soit la première centrale nucléaire au monde.

La chaleur produite par la réaction servait à transformer de l'eau en vapeur, vapeur qui faisait tourner les turbines générant l'électricité. La première fois, l'électricité produite ne pouvait éclairer que quatre ampoules. Le jour suivant, on put éclairer le bâtiment tout entier et aujourd'hui les centrales nucléaires, souvent fondées sur ce modèle d'origine, fournissent 16 % de l'électricité mondiale.

Walter Zinn, principal chercheur responsable de cette invention, débuta sa carrière en génie nucléaire en 1939. Trois ans plus tard, ce fut le premier à produire une réaction nucléaire autonome dans le cadre du projet Manhattan, la mise au point de la première bombe atomique. À la fin de la guerre, la Commission sur l'énergie atomique finança aux États-Unis des projets visant à utiliser la puissance atomique de manière pacifique, notamment pour générer de l'électricité.

Le réacteur EBR1 fonctionna jusqu'en 1963, et Zinn continua à en améliorer la conception. Son réacteur à eau bouillante, l'une de ses nombreuses inventions en ce domaine, devint le prototype des centrales nucléaires commerciales dans le monde entier. **SB**

VOIR ÉGALEMENT : TURBINE À GAZ, GÉNÉRATEUR ÉLECTRIQUE, TOKAMAK

La chambre de condensation au cœur du réacteur Phénix inaugurée en France en 1973.

La bombe à hydrogène
(1951)

Teller et Ulam construisent une arme terrifiante.

Edward Teller, un physicien hongrois, participa au projet Manhattan pour construire la première arme fondée sur la fission de l'uranium. Teller songeait depuis longtemps à la construction d'une bombe exploitant la fusion de l'hydrogène, mais ses progrès furent lents en ce domaine. Stanislav Ulam, un mathématicien polonais, comprit qu'on pouvait utiliser une bombe à fission pour entraîner une réaction de fusion. On pense que Teller s'empara de cette idée pour créer en 1951 le modèle aujourd'hui baptisé Teller-Ulam.

On s'accorde généralement sur le fait que la bombe H fonctionne en une série d'étapes de microsecondes. Une étroite enveloppe métallique abrite deux engins nucléaires séparés par une mousse de polystyrène. L'un a la forme d'une balle, l'autre est cylindrique. La balle est une bombe atomique à fission normale. Lorsqu'elle explose, une radiation d'une grande intensité est émise. On pense que cette radiation est renvoyée par la partie extérieure de l'enveloppe métallique en direction du deuxième engin nucléaire de forme cylindrique. Ce cylindre à base d'uranium 235 est écrasé par la pression de la radiation. À l'intérieur, le deutérium (un isotope de l'hydrogène) est comprimé et chauffé au point de subir une fusion nucléaire. Cela produit de l'énergie supplémentaire ainsi que des neutrons, ce qui entraîne une réaction de fission en chaîne au sein de l'uranium 235 du cylindre et dans le noyau de plutonium.

La première bombe H américaine, testée en 1952, possédait la puissance de 10 400 000 tonnes de TNT. Albert Einstein eut les mots suivants : « Je ne sais pas quelles armes les pays utiliseront pour la troisième guerre mondiale, mais après cela les guerres se livreront à l'aide de bâtons et de pierres. » **AKo**

VOIR ÉGALEMENT : BOMBE À FRAGMENTATION, BOMBE ATOMIQUE, BOMBE GUIDÉE PAR LASER

Le correcteur liquide
(1951)

Grâce à Bette Graham, les fautes de frappe sont corrigées facilement.

Le correcteur liquide utilisé dans le monde entier pour recouvrir les fautes sur le papier a vu le jour aux États-Unis, dans la cuisine d'une jeune divorcée. En 1951, Bette Graham travaillait comme secrétaire pour la Texas Bank & Trust. Comme ses collègues, elle appréciait les nouvelles machines électriques, très rapides, mais il était difficile d'en corriger les fautes de frappe à cause du ruban en carbone.

Selon la légende, un jour Bette vit des ouvriers en train de décorer les baies vitrées d'une banque : ils recouvraient leurs erreurs d'une couche de peinture supplémentaire. Bette fit bientôt de même sur ses feuilles de papier, en utilisant une fine peinture à la détrempe. Son patron ne le remarqua jamais et elle commença à distribuer des bouteilles de son liquide miraculeux à ses collègues.

« J'ai mis de la peinture à la détrempe et j'ai apporté mon pinceau à aquarelle au bureau… »

Bette Graham

Elle fit ensuite appel à un professeur de chimie pour améliorer sa formule. Quand elle fut licenciée en 1958, elle put se consacrer à la promotion de son produit. Dès les années 1970, elle était à la tête d'une société produisant 25 millions de bouteilles de correcteur par an. Bette vendit sa compagnie à Gillette en 1979, pour 47,5 millions de dollars, mais s'éteignit peu après. **AK**

VOIR ÉGALEMENT : ENCRE, PAPIER, CRAYON À LA MINE DE PLOMB, PAPIER CARBONE, STYLO À PLUME, STYLO BILLE, CRAYON FEUTRE

La brique alimentaire Tetra Pak (1951)

Rausing et Wallenberg réinventent le conditionnement.

Fondée en 1951 par Ruben Rausing (1895-1983) et Erik Wallenberg (1915-1999) en Suède, la société Tetra Pak révolutionna l'industrie alimentaire avec sa brique unique au monde. Dès 1943, l'entreprise avait commencé à mettre au point un nouveau matériau de conditionnement pour le lait qui ne se vendait jusque-là qu'en bouteilles de verre. Le défi était de trouver un emballage hygiénique qui utiliserait le moins de matériaux possibles. La brique alimentaire Tetra Pak, un produit léger, est constituée de papier, de polyéthylène et de papier aluminium.

La « Tetra classique », la première, fut lancée en 1952. Cet emballage pyramidal à quatre côtés était vendu en Suède, et devant les réactions enthousiastes des consommateurs, l'entreprise continua à raffiner son produit jusqu'à produire en 1959 la brique rectangulaire qui nous est plus familière.

Tetra Pak fit aussi appel à une technique de stérilisation rapide à haute température qui augmenta spectaculairement la durée de conservation des jus et produits laitiers et élimina le besoin de réfrigération. Cela permettait aussi de transporter les aliments plus facilement et de façon moins onéreuse.

Les progrès continuèrent et des conditionnements de différentes formes et tailles sont aujourd'hui disponibles. En 2003 fut lancée la paille Sensory, dont l'embout est percé de quatre trous. Ainsi, dans la bouche, la boisson jaillit dans quatre directions et se transforme en véritable « expérience pour le consommateur », si l'on en croit les publicitaires. Aujourd'hui, la société Tetra Pak s'intéresse également au conditionnement d'aliments solides. **JG**

VOIR ÉGALEMENT : CONSERVE, CONSERVE AUTOCHAUFFANTE, PAPIER D'ALUMINIUM, CONGÉLATION

↗ *Tetra Pak continue d'améliorer le système d'ouverture de ses briques, tout en les gardant hermétiques.*

de 1952 à 1968

Les années 1950-1960 ont connu de profondes évolutions : conduire une voiture n'était plus exceptionnel ; les ordinateurs devinrent les produits des nouvelles entreprises high-tech.

L'apparition de la ceinture de sécurité à trois points, des alcootests, des air-bag ou encore de caméras de surveillance mit un frein au comportement dangereux de certains automobiliste.

Les lecteurs de disquettes, les consoles de jeux vidéo et la souris d'ordinateur laissaient entrevoir les évolutions futures.

Alors que l'homme faisait ses premiers pas dans l'espace, les distributeurs automatiques permettaient de retirer de l'argent sur son compte avec une grande simplicité.

L'un des panneaux solaires de la navette spatiale *Endeavour*.

La fibre optique (1952)

Kapany met la fibre optique au service de la médecine et des télécoms.

La fibre optique, en verre ou en matière synthétique, sert à guider la lumière d'un point à un autre de façon très précise. D'abord appliquée à l'examen visuel des organes (endoscopie) cette technique a trouvé nombre de débouchés, dont les télécommunications.

Son créateur est le chercheur d'origine indienne Narinder Singh Kapany (né en 1927). En 1952, à l'Imperial College de Londres, Kapany s'aperçut qu'en plaçant une source lumineuse à l'extrémité d'un filament de verre, la lumière émergeait à l'autre extrémité sans avoir subi de modification, même lorsque le filament était courbé. L'inventeur irlandais John Tyndal avait utilisé ce phénomène dans les années 1850, pour éclairer les fontaines.

Kapany découvrit ensuite que chaque fibre pouvait acheminer en même temps un grand nombre d'ondes de longueurs différentes, et ce sur des distances considérables. Il comprit que l'ajout d'un revêtement réfléchissant augmenterait le rendement du dispositif. Pour une multitude d'usages, les fibres optiques promettaient de se révéler plus efficaces que les câbles conducteurs de cuivre.

Au milieu des années 1960, le développement du laser vint se combiner à celui de la fibre optique. Alors au service de la compagnie britannique Standard Telephones and Cables, Charles Kao découvrit qu'en éliminant les impuretés du verre on assurait une meilleure transmission du signal. Son travail ouvrit la voie à l'emploi de la fibre optique dans le domaine des télécoms. Aujourd'hui, elles assurent la majorité des relations longue distance, aussi bien en téléphonie qu'en télématique. **LC**

« Un professeur affirma à Kapany que la lumière ne voyageait qu'en ligne droite. Il lui prouva le contraire. » Magazine *Fortune* (1999)

VOIR ÉGALEMENT : CÂBLE ISOLÉ, CÂBLE COAXIAL, SUPRACONDUCTEUR À HAUTE TEMPÉRATURE

⇱ *Outre les télécoms, les fibres optiques ont trouvé des applications dans les enseignes lumineuses et les décorations de Noël.*

La chambre à bulles (1952)

Glaser fait progresser la physique des particules.

Selon la petite histoire, c'est en sirotant une bière bien fraîche que Donald Glaser (né en 1926), alors directeur d'études à l'université du Michigan, eut l'inspiration de l'appareil qui allait lui valoir en 1962 le prix Nobel de physique. En 1952, il réalisa la première chambre à bulles : l'appareil ne dépassait pas la taille de son pouce. Le principe consistait à accélérer des particules subatomiques dans un cyclotron et à leur faire traverser une chambre contenant un liquide. Si les conditions nécessaires étaient réunies, une traînée de bulles matérialisait le chemin de chaque particule dans le liquide en question. En photographiant le phénomène, les chercheurs pouvaient glaner de précieuses informations.

En 2006, Glaser réfuta l'anecdote de la bière – même s'il utilisa effectivement ce breuvage lors de ses premières tentatives. Ce qui compte, c'est que l'affaire porta ses fruits, et la chambre à bulles devint un élément obligé des laboratoires de physique subatomique. Les plus grandes – et les plus efficaces – atteignirent des volumes de 20 m^3 d'hydrogène liquide, stocké juste en dessous de son point d'ébullition. À l'entrée des particules, on réduit à l'aide de pistons la pression régnant dans la chambre. Cela facilite la formation des bulles sur le trajet des particules. En diminuant encore la pression, les bulles grossissent et peuvent être photographiées en 3D par des caméras multiples.

La chambre à bulles a dominé la physique des particules jusqu'à l'arrivée de la chambre à fils, inventée par le Français Georges Charpak (prix Nobel de physique en 1992). Elle fait un come-back dans le domaine de la matière noire et de son étude. **DHk**

VOIR ÉGALEMENT : COMPTEUR GEIGER, CYCLOTRON, SYNCHROTRON, GRAND COLLISIONNEUR DE HADRONS

↗ *Chambre à bulles conçue pour l'Imperial College de Londres. Elle contient de l'hydrogène liquide.*

« D'une certaine façon, je représente la troisième génération de lauréats du Nobel de physique. »

Donald Glaser, lors de la réception de son prix Nobel

L'Airbag (1952)

L'invention de Hetrick limite le nombre des victimes de la route.

Un beau jour de 1952, John W. Hetrick conduisait, sa femme et sa fille assises à côté de lui sur la banquette avant, quand il dut donner un coup de volant et freiner brutalement pour éviter un obstacle. Instinctivement, son épouse et lui tendirent les bras pour protéger leur fille. Ce fut cet incident qui lui donna l'idée de l'Airbag.

Durant la Seconde Guerre mondiale, Hetrick se souvint avoir vu le moteur à air comprimé d'une torpille se mettre en marche tout seul et projeter en l'air la housse de toile de l'engin « à une vitesse proprement incroyable ». Peu après son incident routier, Hetrick proposa d'utiliser l'air comprimé pour gonfler rapidement des sacs de toile protecteurs, afin de limiter les dégâts des accidents routiers. Il obtint le brevet en 1953. Mais à l'époque Detroit se souciait plus de style que de sécurité. Au fil du temps, les attitudes des consommateurs évoluèrent : d'abord proposés en option, les Airbag firent partie de l'équipement standard des voitures américaines dès les années 1990.

Le système se compose de trois éléments : le sac, le capteur déclenchant son gonflage en fonction de la violence du choc, et le gaz comprimé. À l'impact, l'Airbag augmente la surface de contact du corps et du véhicule, rendant le traumatisme à la fois moins brutal et plus progressif.

Aussi ingénieux soit-il, ce dispositif ne suffit pas toujours à empêcher le décès ou les blessures graves d'un automobiliste. La ceinture trois points (ventrale plus baudrier) est nécessaire, de même que le capitonnage de la planche de bord, l'habitacle déformant, et la colonne de direction télescopique. **EH**

VOIR ÉGALEMENT : VOITURE, MANNEQUIN DE CRASH-TEST, CEINTURE DE SÉCURITÉ, RADAR ROUTIER

⇑ *Donald Petersen, président de Ford, montrant un Airbag à la secrétaire américaine aux Transports, Elizabeth Dole (1983).*

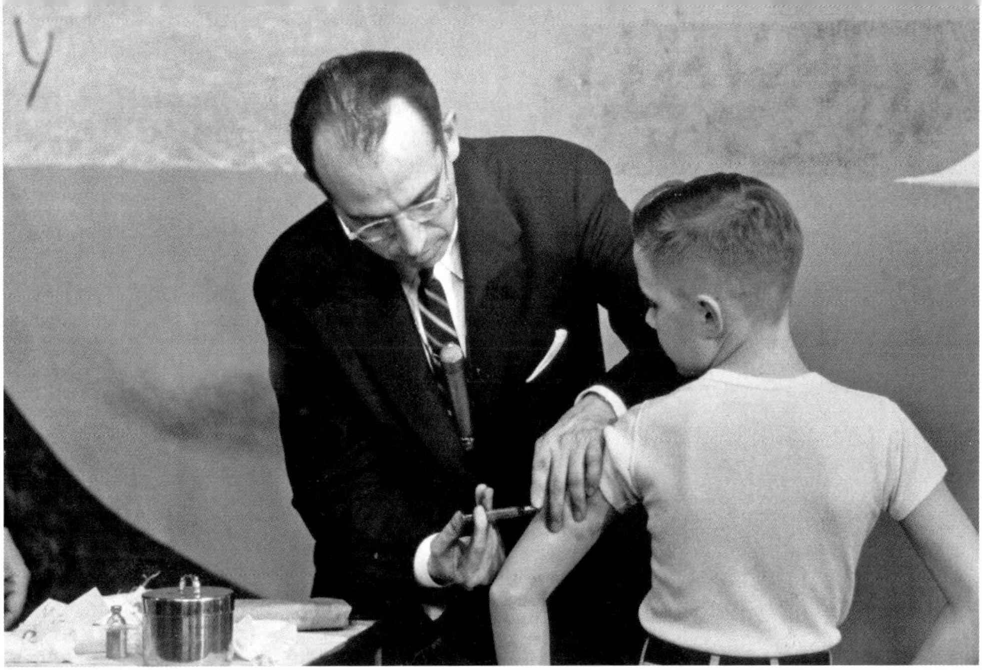

Le vaccin antipoliomyélitique (1952)

Le vaccin injectable de Salk sauve des millions de vies.

Aujourd'hui, le terrible virus de la poliomyélite n'est plus endémique que dans quatre pays – l'Afghanistan, l'Inde, le Nigeria et le Pakistan. Et ce, grâce aux travaux fondamentaux entrepris par le biologiste et médecin américain Jonas Salk (1914-1995).

En 1947, à l'université de Pittsburgh, Salk travaillait sur le vaccin contre l'influenza. Il combina à ce champ d'investigation des recherches sur un vaccin contre la poliomyélite : cette maladie se révélait mortelle dans 5 à 10 % des cas, car les patients, paralysés, devenaient incapables de respirer. À l'époque, l'opinion médicale prévalente voulait que seule la vaccination à l'aide d'un virus vivant soit efficace, mais Salk n'était pas d'accord. En 1952, il utilisa du formol pour désactiver le virus – tout en le laissant capable de déclencher une réaction d'immunité. Testée d'abord sur des singes, puis sur les petits patients du DT Watson Home for Crippled Children, un centre pour enfants handicapés, la formule de Salk parut si convaincante à ce dernier qu'il l'appliqua à sa propre personne, à sa famille, à son équipe, ainsi qu'à des volontaires de plus en plus nombreux.

En 1954, l'un des premiers tests en double-aveugle à grande échelle (un million d'enfants de 6 à 9 ans vaccinés, un million d'enfants du même âge recevant un placebo) démontra sans ambiguïté l'efficacité du vaccin. Un an plus tard, les enfants vaccinés bénéficiaient d'une immunité au virus de la poliomyélite. En deux ans, la proportion d'enfants atteints chuta de près de 90 %. Une formule administrée par voie orale prit le relais en 1961. Depuis, la Grande-Bretagne et les États-Unis sont revenus à l'injection. **JF**

VOIR ÉGALEMENT : INOCULATION, VACCINATION, VACCIN ANTI-CHOLÉRA, VACCIN CONTRE LA MALADIE DU CHARBON, VACCIN BCG, VACCIN CONTRE LA RAGE

Jonas Salk inocule son vaccin contre la poliomyélite à un jeune garçon, après des recherches intensives.

Le clonage (1952)

Briggs et King fabriquent des copies génétiques.

Lorsqu'on parle de clonage, ce sont des films de science-fiction et l'image de la célèbre brebis Dolly qui apparaissent à l'esprit de chacun. Pourtant, le clonage est bien plus ancien. Le mot dérive du grec ancien « petite pousse ». On l'utilisait au début du XXe siècle pour désigner une greffe végétale. Sous son acception actuelle, « clonage » date des années 1950.

Les premiers chercheurs investis dans l'exploration de ce territoire n'avaient pas pour but de créer génétiquement la copie parfaite d'un organisme vivant – ce qui correspond à la définition contemporaine du clone. Ils essayaient simplement de comprendre comment un embryon devient un individu adulte. Hans Spemann, lauréat du prix Nobel, avait commencé à travailler sur les embryons de salamandre dans les années 1930. À l'aide d'un cheveu, il divisa un noyau de cellule pour obtenir deux noyaux et deux cellules. Le résultat – deux salamandres identiques – amena le biologiste à se demander si un noyau de cellule prélevé sur un individu adulte pouvait être injecté dans un embryon.

Robert Briggs (1911-1983) et Thomas King (1921-2000) reprirent le flambeau quelques décennies plus tard. Briggs, apparemment ignorant des travaux de Spemann, se dit à son tour que le prélèvement du noyau d'une cellule de sujet adulte puis son implantation dans un œuf énucléé mais fertilisé donneraient à terme un spécimen achevé. Il prit contact avec King, expert en micromanipulations, et le tandem réussit son pari, avec des cellules de grenouille léopard. En 1952, soit 44 ans avant la brebis Dolly, ils réalisèrent le premier clonage d'un organisme : les œufs qu'ils avaient modifiés devinrent des têtards. **BMcC**

VOIR ÉGALEMENT : CLONAGE PAR INTERFÉRON

Le déodorant à bille (1952)

Diserens invente un déodorant facile d'emploi.

La mise au point du stick déodorant à bille – invention astucieuse découlant de deux technologies apparemment sans rapport – est un parfait exemple de pensée latérale.

Né au tournant du XXe siècle, le déodorant Mum (« de Maman ») se présentait sous la forme d'une substance poisseuse et difficile à appliquer. Lorsque Helen Barnett Diserens (1918-2008) intégra l'équipe produit de Bristol-Myers à la fin des années 1940, l'une des spécialités de la société étaient les produits de toilette grand public.

L'un des collègues de Helen lui suggéra de se pencher sur une innovation qui faisait couler beaucoup d'encre, le stylo à bille. Celui-ci trouvait d'ailleurs son origine dans une idée datant de la fin du XIXe siècle. Peut-être Helen y puiserait-elle l'inspiration qui lui permettrait de moderniser le « déo de Maman ».

L'innovation de Diserens se composait d'un cylindre de verre muni d'une grosse bille à sa base. Testé aux États-Unis en 1952, le produit subit de nouveaux essais et fut lancé à l'international en 1955. Il reçut un accueil exceptionnel.

Puis les aérosols le détrônèrent, leur règne culminant durant les années 1970. Ceux-ci furent à leur tour balayés par la montée de la conscience écologique et la méfiance accrue vis-à-vis des gaz propulseurs. Le déo à bille a depuis repris du poil de la bête. **AK**

VOIR ÉGALEMENT : DENTIFRICE, SAVON, BROSSE À DENTS, DÉODORANT

Le Mum est encore largement diffusé dans certains pays européens et sur le continent sud-américain.

Another case for Mum Rollette

THE NEW DEODORANT THAT **ROLLS ON!**

La reconnaissance de la parole (1952)

Les ordinateurs Bell identifient le langage.

En 1952, la parole synthétisée d'Audrey représentait une rare prouesse technique. Audrey (pour Automatic Digit Recognition, « reconnaissance numérique automatique ») était un ordinateur analogique des laboratoires Bell. Mais ce n'était pas sa voix qui lui valait sa célébrité. Les chercheurs de Bell s'acharnaient depuis des années à mettre au point un dispositif de reconnaissance de la parole, et Audrey était leur premier prototype opérationnel.

Les débouchés d'un ordinateur capable de convertir des mots prononcés en fichiers numériques étaient évidents. Néanmoins, la palette énorme des tonalités et des prononciations différenciant une voix d'une autre impliquait une recherche colossale. Audrey ne reconnaissait que les nombres de un à dix, et utilisait des lampes clignotantes pour indiquer ce qu'elle avait cru entendre. De fait, elle comparait les signaux sonores aux structures enregistrées dans sa mémoire, et se décidait en fonction de la meilleure ressemblance.

La technologie était prometteuse. Bell avait l'intention de faire d'Audrey une opératrice téléphonique capable de composer les numéros qu'on lui dicterait. Mais il fallait configurer l'ordinateur en fonction de la voix de tel ou tel utilisateur – ce qui ne lui permettait pas de dépasser un taux de réussite de 98 %, insuffisant pour une utilisation commerciale. Depuis, la reconnaissance de la parole s'est démocratisée, au point d'être devenue banale sur les téléphones mobiles et les standards automatisés – même si, aujourd'hui encore, le taux de réussite de certains programmes laisse à désirer. **DHk**

VOIR ÉGALEMENT : DICTAPHONE, SYNTHÈSE VOCALE, RECONNAISSANCE OPTIQUE DES CARACTÈRES

L'hovercraft (1953)

Cockerell invente le véhicule qui flotte sur l'air.

L'hovercraft, ou véhicule à coussin d'air, flotte sur un matelas d'air créé à sa partie inférieure par un énorme compresseur centrifuge. Fonctionnant aussi bien au-dessus de l'eau que de la terre ferme, il peut donc passer d'un pré à une plage et d'une plage à la mer.

Sir Christopher Cockerell (1910-1999) conçut en 1959 le premier hovercraft commercial, le Sauders Roe Nautical One (SRN1). Après six ans de recherche, cet engin emportant un équipage de trois hommes pouvait pousser des pointes à plus de 45 km/h. Cockerell avait décidé d'injecter l'air comprimé à la périphérie de la partie ventrale de l'appareil, afin de créer un matelas à haute pression supportant sa masse. Comme par magie, l'hovercraft flottait à quelques dizaines de centimètres du sol.

« Le beau est affreux et l'affreux est beau. Planons à travers le brouillard et l'air impur. »

William Shakespeare, *Macbeth*, I, 1

Aujourd'hui, certains des héritiers du premier hovercraft traversent la Manche en moins d'une demi-heure. Les forces armées et les compagnies pétrolières les utilisent pour transporter hommes et matériel sur des sites reculés. Ils sont parfaitement à l'aise au-dessus des marécages, dont ils respectent scrupuleusement la flore et la faune. **DH**

VOIR ÉGALEMENT : AVIRON, VOILES, GOUVERNAIL, BATEAU À VAPEUR, VAISSEAU SUBMERSIBLE, SOUS-MARIN, BATEAU À MOTEUR, JET BOAT

En 1959, l'hovercraft de Cockerell effectua sa première traversée de la Manche, ralliant Calais à Douvres.

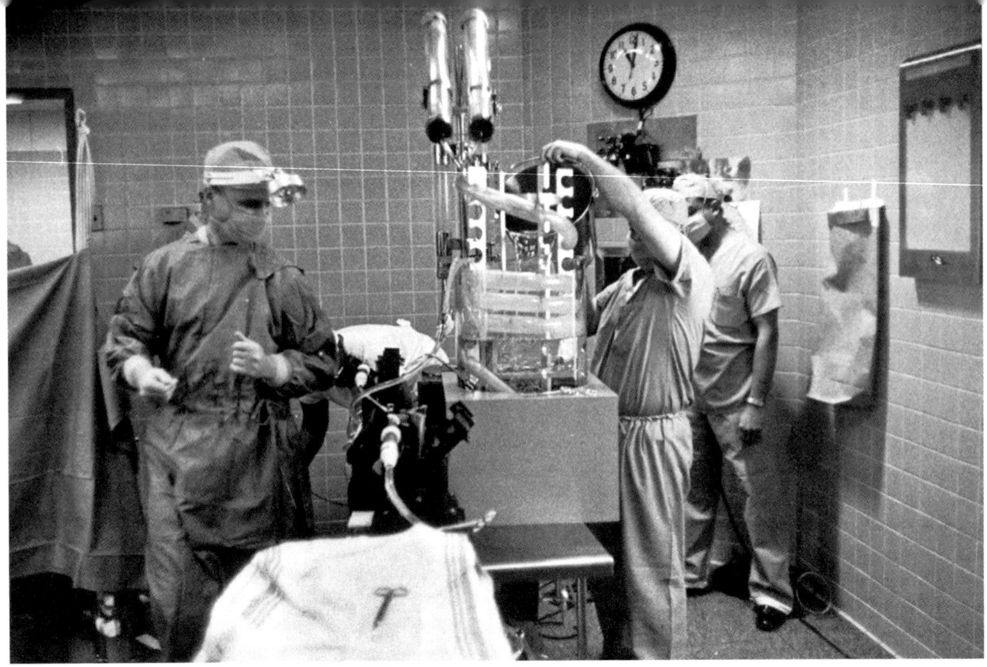

La machine cœur-poumon (1953)

L'invention de Gibbon fait décoller la chirurgie cardiaque.

En 1930, un jeune interne en chirurgie se tenait dans la chambre d'une patiente dont la respiration était gênée par la présence d'un caillot dans son artère pulmonaire. L'opération qu'elle réclamait n'avait jamais été réussie aux États-Unis : mise au point en Allemagne, la méthode Trendelenburg se soldait par la mort du patient dans 94 % des cas. Dix-sept heures plus tard, il était évident que seule la chirurgie aurait une chance de sauver la patiente. L'opération fut donc tentée et techniquement réussie, mais la femme mourut.

Au cours des 23 années suivantes, le Dr John Heysham Gibbon (1903-1973) et son épouse Mary s'acharnèrent à mettre au point une machine capable de fournir en sang oxygéné un organisme dont le cœur ne battait pas. En 1935, grâce à un dispositif monté en dérivation sur le système sanguin d'un chat, ils parvinrent à maintenir celui-ci en vie durant 26 minutes.

En 1951, une première dérivation artérielle fut pratiquée sur un être humain, sans parvenir à sauver celui-ci. Enfin, le 6 mai 1953, la fonction cardiaque d'une jeune fille de 18 ans fut assurée mécaniquement durant 26 minutes – le temps d'obturer le trou important que comportait son cœur. Elle survécut plus de 30 ans.

Depuis, des machines du même type, mais de plus en plus sophistiquées, ont permis aux chirurgiens de pratiquer avec succès de nombreuses opérations : correction de malformations, changement de valvules ou interventions sur des anévrismes de l'aorte.

John Heysham Gibbon, le père fondateur de cette famille de techniques, succomba à une attaque cardiaque à l'âge de 70 ans. **SS**

VOIR ÉGALEMENT : POUMON D'ACIER, STIMULATEUR CARDIAQUE, DIALYSE RÉNALE, CŒUR ARTIFICIEL

Préparation d'une machine cœur-poumon pour une intervention à l'hôpital de l'université du Minnesota, en 1957.

L'optique adaptative (1953)

Le système optique de Babcock facilite la tâche des astronomes.

Les astronomes scrutent des étoiles situées à des années-lumière de la Terre, et pourtant la mince couche atmosphérique de cette dernière peut totalement fausser leurs résultats. La température, et donc la densité de l'air qui nous entoure, n'est pas constante. L'air est soumis également à des turbulences, et ces phénomènes perturbent la direction des rayons lumineux. Ces modifications peuvent au mieux compliquer l'interprétation des résultats, et au pire les rendre inutilisables. C'est pourquoi les observatoires sont souvent installés en altitude, pour diminuer l'épaisseur de la couche d'air que doivent traverser les rayons lumineux. Néanmoins, pour les études les plus fines, même une atmosphère mince suffit à causer des problèmes.

L'astronome américain Horace Babcock (1912-2003) conçut en 1953 un système capable de s'adapter aux changements atmosphériques et de corriger en temps réel les erreurs d'observation. Même si ce travail emplit tous ses confrères d'espoir, il ne devint pas opérationnel avant les années 1990, quand la puissance de l'informatique permit de gérer rapidement la foule des paramètres nécessaires.

Cette technique, l'optique adaptative, consiste à mesurer une distorsion au moment où elle se produit, et à déformer immédiatement le miroir du télescope pour annuler la distorsion. Si bien que la lumière émanant d'une étoile, réfléchie sur le miroir déformé, peut être étudiée comme si elle n'avait pas subi l'influence de l'atmosphère. La mise au point de miroirs déformables plusieurs fois par seconde furent pour les techniciens de véritables gageures, mais l'amélioration des images obtenues est considérable. **LS**

VOIR ÉGALEMENT : LUNETTE, COMPARATEUR À BATTEMENTS, OBSERVATOIRE SPATIAL, TÉLESCOPE SPATIAL HUBBLE

↑ *Babcock examinant un tirage d'imprimante à l'observatoire du mont Palomar, en Californie.*

Le WD-40

(1953)

Larsen invente un produit aux utilisations insoupçonnées.

Beaucoup de gens ont déjà tenu en main ce produit pas comme les autres. Son nom fait croire à certains qu'il découle de la recherche militaire : « WD » signifierait « War Department » et « 40 », « 1940 ». En fait, cet hydrofuge (« Water Displacing Product ») fut simplement découvert par son inventeur à sa quarantième tentative.

Ce fut à San Diego, Californie, en 1953, que la Rocket Chemical Company et son staff de trois personnes décidèrent de se consacrer à la mise au point d'antirouilles et de dégraissants destinés à l'industrie aérospatiale. Convair, important acteur de la branche, acheta le WD-40 pour protéger de la corrosion ses missiles Atlas. D'autres commandes suivirent.

Les employés de la Rocket Chemical Company avaient pris l'habitude d'emporter chez eux de petites quantités du produit pour des bricolages domestique. Norm Larsen (1923-1970), le patron, comprit que le grand public pouvait être à son tour séduit. Il conditionna le WD-40 en aérosols, qui firent leurs débuts en 1958 dans les magasins de San Diego. Les ventes – et la gamme des utilisations – crurent régulièrement. En 1969, la société fut rebaptisée du nom de son produit phare.

Ces « usages non prévus » sont un élément fort de l'image du WD-40. L'hydrofuge originel a rassemblé autour de lui une armée de fans, bien décidés à enrichir son catalogue d'usages. Qu'il s'agisse de le vaporiser sur les pots de fleur pour éloigner les limaces, de débarrasser le tapis d'un chewing-gum, de décoincer un zip ou de guérir l'arthrite (usage que la société ne valide pas), le WD-40 n'a pas fini de se rendre irremplaçable. **MD**

VOIR ÉGALEMENT : LUBRIFICATION AUTOMATIQUE, AÉROSOL

Le diamant synthétique

(1953)

Von Platen réussit l'alchimie du diamant.

Fabriquer du diamant : l'idée a de quoi séduire... et est parfaitement réalisable. Les diamants manufacturés se répartissent en deux catégories : artificiels (ceux dont l'aspect se rapproche du modèle) et synthétiques, attentifs surtout à la structure chimique. Seuls les seconds sont de « vrais » diamants manufacturés.

Composés de carbure de silicium, les diamants artificiels furent découverts par Henri Moissan dans un cratère de météorite, en 1893. Moissan parvint à les reproduire en laboratoire, bientôt imité par d'autres – tel Willard Hersey, dont la gemme fait toujours partie des collections du musée de McPherson, Kansas. Mais il fallut attendre 1953 pour que soit créé le premier diamant synthétique, lorsqu'une équipe, menée par Balthazar von Platen (1898-1984) et travaillant en secret pour la société suédoise ASEA, parvint à créer en laboratoire une chaleur et une pression suffisantes. Leur machine pouvait générer une pression de 83 000 atmosphères. Elle était si dangereuse que von Platen réduisait le personnel au minimum lorsqu'elle fonctionnait.

De peur que la concurrence ne s'empare de cette technique, von Platen garda le secret sur ses recherches. Si bien qu'un an plus tard une équipe travaillant pour General Electric put revendiquer la création du premier diamant synthétique. La production commerciale suivit, et au fil du temps ces pierres manufacturées se sont découvert maints usages. Outre la joaillerie, on les trouve sur les outils de coupe auxquels elles donnent un tranchant inégalé, sans parler des instruments de mesure et des accélérateurs de particules. **SS**

VOIR ÉGALEMENT : SILICIURE DE CARBONE

→ *1955 : chercheurs de General Electric devant une presse de 1 000 tonnes destinée à fabriquer des diamants.*

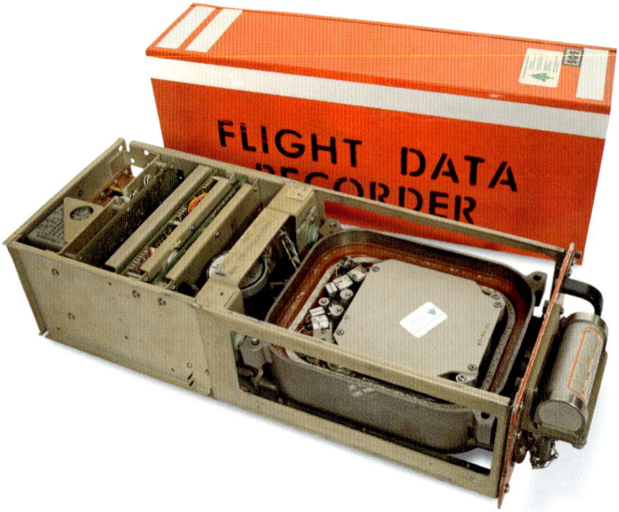

L'enregistreur de vol « boîte noire » (1953)

Le mouchard de Warren fait avancer d'un grand pas la sécurité aérienne.

Obligatoire sur tous les appareils commerciaux, la boîte noire a jailli du cerveau de David Warren (né en 1925), un chercheur en aéronautique dont le père avait perdu la vie dans un crash aérien en 1934.

À l'issue de la Seconde Guerre mondiale, l'aviation civile connut un véritable boom. Mais après la perte inexpliquée de plusieurs appareils, la confiance du public dans les transports aériens s'émoussa. En 1953, Warren fit partie de la commission d'enquête sur le crash du premier avion de ligne à réaction, le *Comet*. Persuadé que l'enregistrement des données du vol durant les minutes précédant la catastrophe fournirait des informations irremplaçables, il s'attaqua à la mise au point d'un appareil à l'épreuve des chocs, qui garderait trace des conversations de l'équipage et des informations des instruments de vol. Son prototype, le « ARL Flight Memory Unit », pouvait enregistrer sur fil d'acier 4 heures de dialogues. Les autorités de son Australie natale ne lui manifestèrent pas d'intérêt, mais les Anglais saisirent la balle au bond en 1958. Pourtant, après un crash inexpliqué dans le Queensland en 1960, l'Australie fut le premier pays du monde à doter d'une boîte noire chacun de ses avions. De nos jours, ce sont deux enregistreurs qu'embarquent les avions de ligne. Protégées par du titane, ces boîtes, de couleur orange vif, n'ont plus de noir que le nom. L'une, le CVR (Cockpit Voice Recorder) enregistre les conversations de l'équipage. L'autre, le FDR (Flight Data Recorder) se charge des données du vol. Elles sont disposées dans la queue de l'appareil, l'endroit le moins vulnérable en cas de catastrophe. **HI**

VOIR ÉGALEMENT : RADAR, ALTIMÈTRE BAROMÉTRIQUE, SYSTÈME AVERTISSEUR DE PROXIMITÉ AU SOL

↑ *Les boîtes noires sont prévues pour résister à la chaleur intense des flammes et aux pressions des profondeurs océaniques.*

La tractopelle (1953)

Bamford imagine l'engin de BTP le plus universel.

La tractopelle, ou chargeuse-pelleteuse, a été inventé par l'Anglais Joseph Cyril Bamford (1916-2001). Déjà, en 1945, il avait fabriqué une benne basculante hydraulique avec de la ferraille de récupération, des essieux de Jeep et un poste de brasage de quatre sous. Il la revendit pour l'équivalent actuel de 150 euros. Après la création de cette benne, Bamford continua à concevoir des machines à commande hydraulique, et ses affaires prirent de l'ampleur. En 1953, la tractopelle fut frappée du sigle JCB, ses initiales.

Une tractopelle typique se compose de trois éléments, un tracteur, une pelle et une pelleteuse. Le tracteur permet aux outils de s'aventurer sur les terrains difficiles. À l'avant, la pelle ramasse et pousse les matériaux les plus divers. Elle égalise le sol. À l'arrière, un bras hydraulique articulé se termine par un godet. Ce dernier peut creuser – en dessous ou au-dessus du niveau des roues du tracteur, soulever de lourdes charges et, entre des mains inexpertes, causer de sérieux dégâts. Les deux outils sont mus et commandés par un système de pistons bidirectionnels dénommés béliers hydrauliques. Le moteur Diesel servant au déplacement de l'engin fait tourner une pompe, qui injecte la quantité voulue de fluide dans les béliers hydrauliques. Ceux-ci déplacent les divers éléments de la pelle et de la pelleteuse.

Dès 1951, les engins de Joseph Cyril Bamford reçurent une livrée originale, immédiatement reconnaissable. Aujourd'hui, sur les chantiers du monde entier, la pelleteuse couleur jaune vif souligné de noir fait partie intégrante du décor. Et depuis 1953, 325 000 tractopelles JCB ont été vendues sur les cinq continents. **LW**

VOIR ÉGALEMENT : TRACTEUR, BULLDOZER

↑ *JCB est l'un des trois premiers constructeurs d'engins de BTP du monde. Il exporte dans 150 pays.*

Le stylo-feutre
(1953)

Rosenthal laisse une marque indélébile.

Le stylo à pointe feutre représente un progrès extraordinaire dans l'histoire de l'écriture. Il permet de tracer des signes sur n'importe quelle surface, avec la certitude que les mots et les croquis resteront lisibles durant plusieurs siècles.

Les premiers stylos-feutres virent le jour en 1946. Avec leur réservoir, ils évoquaient plus le stylographe qu'autre chose – à ce détail près que la plume était remplacée par une pointe de matériau poreux, laissant l'encre s'écouler lentement et régulièrement.

En 1953, l'innovation de Sidney Rosenthal fit figure de révolution : il s'agissait d'un flacon d'encre surmonté d'une pointe en feutre, qu'il baptisa « Magic Marker ». Un grand pas pour une technologie qui allait se répandre rapidement.

En 1962, Yukio Horie de la Compagnie de papeterie de Tokyo inventa le feutre moderne, dont la pointe fine convenait mieux à l'écriture sur papier. À l'origine de cette création, un souhait de Horie : il voulait disposer d'un pinceau à écrire qui soit aussi pratique qu'un stylo. Il imagina une pointe ferme et étroite, composée de fibres acryliques réunies en faisceau et taillées. C'était le premier à employer non de l'encre, mais une teinture, ce qui ouvrait la voie à un très grand choix de couleurs. La gravité acheminait la teinture du réservoir jusqu'aux fibres de la pointe d'écriture.

On prétend parfois que dans un proche avenir, le papier disparaîtra au profit des modes d'écriture numérique, et que les stylos de toutes sortes gagneront le grenier de l'histoire. Mais tant que les humains voudront s'exprimer par l'écriture, le stylo-feutre verra son avenir assuré. **BG**

VOIR ÉGALEMENT : PLUME D'OIE, STYLO À BILLE

L'ultrasonographie médicale (1953)

Edler et Hertz font progresser l'imagerie du corps.

Depuis ses balbutiements, la technique du diagnostic par ultrason – qui utilise, un peu comme un sonar, des signaux sonores pour visualiser les organes – a gagné presque toutes les branches de la médecine. Les premiers essais furent effectués aux États-Unis à la fin des années 1940 par le Dr George Ludwig qui travaillait à l'Institut de recherche médicale de la Marine de Bethesda, dans le Maryland.

Le cardiologue suédois Inge Edler (1911-2001) fit encore progresser le concept. Les techniques d'examen du cœur alors disponibles ne le satisfaisaient pas : le cathéter et les rayons X ne renseignaient pas assez le personnel soignant sur, par exemple, l'état de la valvule mitrale. Ce praticien du CHU de Lund demanda au physicien nucléaire Carl Hertz, qui effectuait ses recherches dans la même ville, si le radar pouvait fournir une réponse. Hertz répondit par la négative, mais suggéra à Edler de se tourner vers l'échographie (ou ultrasonographie). . Après avoir emprunté un réflectoscope ultrasonique, les deux hommes obtinrent sur écran de bons échos d'un battement cardiaque. C'était le 29 octobre 1953. Six semaines plus tard, ils utilisaient la même technique pour examiner le cerveau. Dans le même temps, à la Maternité hospitalière de Glasgow, en Écosse, le physicien Ian Donald travaillait sur l'application des techniques ultrasoniques au domaine obstétrique.

Aujourd'hui, la technique de l'examen par ultrasons utilise des sondes dotées de transducteurs acoustiques qui envoient des signaux sonores vers les organes. La méthode se révèle excellente et ne semble pas provoquer d'effets secondaires. **LH**

VOIR ÉGALEMENT : RAYONS X, IMAGERIE PAR RÉSONANCE MAGNÉTIQUE, TOMOGRAPHIE PAR ORDINATEUR

→ *Grâce aux ultrasons, cette image montre un fœtus humain au premier trimestre de son développement.*

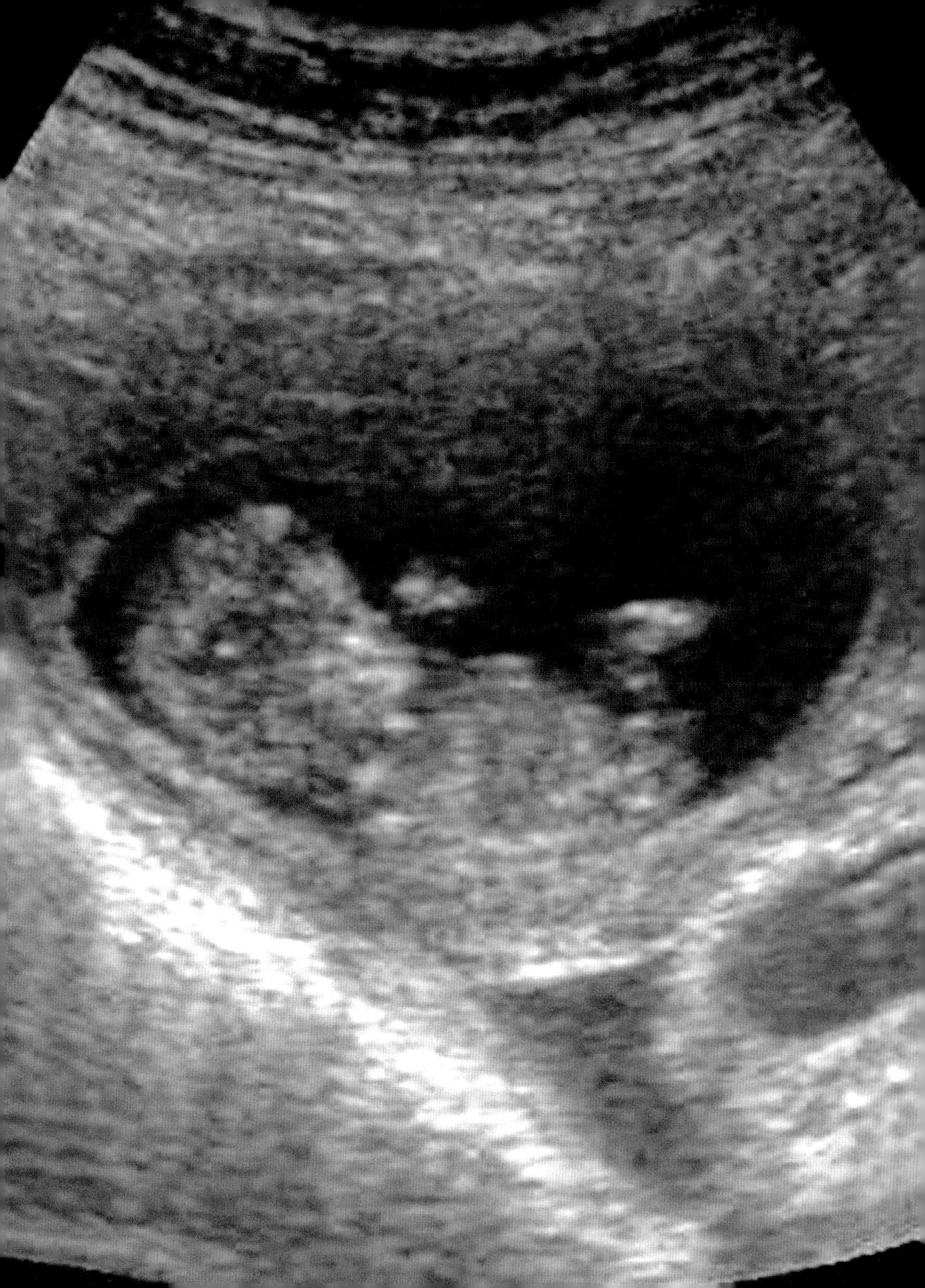

Le dôme géodésique (1954)

Avec des triangles, Buckminster Fuller invente une nouvelle architecture.

Richard Buckminster Fuller (1895-1983) fut un authentique esprit universel, s'aventurant dans des domaines aussi divers que la poésie et l'architecture. C'est cette dernière activité – et surtout le dôme géodésique – qui lui a valu sa célébrité. Nombreux sont les dômes à avoir fleuri à la surface du globe : Disneyworld de Floride, Palais des Sports de la porte de Versailles, à Paris, ou encore Géode de la Cité des sciences de la porte de la Villette.

Les dômes géodésiques se présentent sous des formes et des tailles variées, mais ce sont tous des structures sphériques autostables formées d'éléments triangulaires. Le dôme présente nombre d'avantages : excellent rapport surface/volume, légèreté et résistance, rapidité de montage, et aérodynamisme adapté aux vents violents. Mais si Fuller fit breveter ce concept, il s'inspirait en fait du travail de Walther Bauersfeld, un ingénieur allemand qui construisit un planétarium selon ce principe en 1922.

Le dôme de Fuller connut une seconde jeunesse en 1985, quand Harold Kroto et son équipe découvrirent une troisième forme stable du carbone (après le diamant et le graphite), composée de six atomes. Kroto se demanda quelle pouvait être la structure d'une telle composition, et se souvint d'un dôme géodésique qu'il avait admiré à Montréal. Des analyses montrèrent que les ensembles de six atomes s'organisaient comme les éléments du dôme de Fuller. Ces structures furent baptisées « fullerènes » ou « boules à Bucky », en l'honneur de l'architecte. Elles sont utilisées comme vecteurs pour des médicaments, et jouent le rôle de composants structurels en nanotechnologie. **MB**

VOIR ÉGALEMENT : ABRI CONSTRUIT, DÔME

Fuller en 1960 devant l'un de ses dômes géodésiques. Il réalisa aussi des prototypes de voitures à faible consommation énergétique.

Les portes automatiques (1954)

Horton et Hewitt offrent au monde un nouveau modèle de porte.

En 1954 à Corpus Christi, au Texas, deux employés de la Horton Glass Company, Dee Horton et Lew Hewitt, venaient de remplacer une porte de verre endommagée par le vent – et ce n'était pas la première. Les bourrasques texanes menaient la vie dure aux classiques portes battantes en verre, ce qui rendait fréquent ce type d'intervention. Pire, le vent pouvait rabattre le battant au moment précis où quelqu'un franchissait le seuil, avec des conséquences parfois dramatiques. Aussi, le duo décida-t-il de mettre au point une meilleure solution.

Au début, le dispositif se composait d'un moteur électrique faisant coulisser les panneaux de verre, et d'un interrupteur placé sous le tapis de propreté, qui fermait le circuit lorsqu'un visiteur ou un client y posait le pied. Un temporisateur refermait la porte. Outre le problème du vent, l'installation réglait un autre problème : on pouvait désormais entrer ou sortir sans se servir de ses mains. Ayant gratuitement installé leur invention à l'entrée d'un service de la mairie, Horton et Hewitt commencèrent à la commercialiser en 1960. Leur premier contrat concernait un hôtel-restaurant de la ville. Ils obtinrent un brevet en 1964 et dans la foulée lancèrent leur entreprise, la Horton Automatics. Hewitt inventa plus tard la fenêtre coulissante automatique.

À ce jour, la porte coulissante reste le dispositif d'accès le plus répandu dans les bureaux et les administrations. Conservant sa simplicité et son confort d'emploi, elle s'est élevée au fil des années à un niveau de sophistication remarquable. Elle est devenue si banale que les usagers peuvent connaître une seconde de confusion si le panneau de verre auquel ils font face ne coulisse pas. **MD**

VOIR ÉGALEMENT : ABRI CONSTRUIT, PORTE TOURNANTE

↑ *Les portes automatiques s'ouvrent à l'approche d'un visiteur ou sur la pression d'un bouton.*

La poêle antiadhésive (1954)

Marc et Colette Grégoire mitonnent un ingénieux ustensile culinaire.

Impossible, aujourd'hui, de remettre en cause l'utilité des poêles antiadhésives dans la cuisson des aliments. Son histoire commence en 1938, avec l'invention du Teflon par DuPont de Nemours. Le département recherche de la société travaillait sur les réfrigérants quand il découvrit accidentellement le PTFE, c'est-à-dire le polytétrafluoréthylène. Cette substance à la surface glissante résistait aux agressions chimiques, à la chaleur, à l'électricité, aux moisissures et aux champignons. DuPont l'utilisa pour enduire des moules à pain.

Au début des années 1950, l'ingénieur français Marc Grégoire entendit parler du Teflon par un collègue. Il trouva le moyen de faire adhérer le nouveau produit à l'aluminium... et l'utilisa pour couvrir ses fils de pêche, afin d'éviter qu'ils ne s'emmêlent. Sa femme Colette le pria alors d'en enduire ses casseroles et ses poêles. Marc Grégoire s'exécuta. Le résultat fut si probant qu'il déposa un brevet en 1954.

En 1955, le couple commença à produire et à vendre ses ustensiles antiadhésifs. Marc fabriquait les poêles dans la cuisine, et Colette les vendait dans la rue. Ils comptèrent vite parmi leurs clients des cuisiniers professionnels et en 1956, ils créèrent la désormais célèbre société Tefal. Tefal est la combinaison des mots « Teflon » et « aluminium », les deux composants de leur invention. En 1958, un million d'ustensiles sortirent de leur usine.

Aux États-Unis, Thomas Hardie commença à fabriquer poêles et casseroles sous la marque T-fal, DuPont ayant estimé que le nom français était trop proche de celui du Teflon. **RH**

« Reagan fut un "président-Teflon" : les attaques des médias glissaient sur lui. »

Jon Meacham, *Newsweek*

VOIR ÉGALEMENT : TEFLON

Le revêtement Teflon s'applique aujourd'hui sur l'aluminium et l'acier ; à l'usage, la fonte devient d'elle-même antiadhésive.

Le poste de radio à transistors (1954)

Texas Instrument élabore le premier récepteur radio miniature.

Lorsque, le transistor fit son apparition dans les laboratoires en 1947, on imaginait mal le vent de révolution qu'allait faire souffler sur l'électronique grand public ce composant plus mince qu'un doigt, léger comme une plume, capable de remplacer la lampe radio classique, si volumineuse, si fragile et si gourmande en énergie. Désormais, les circuits électroniques allaient se réduire à une fraction de leur volume antérieur, et quelques piles classiques suffiraient à les alimenter.

Le poste de radio à transistors, très vite dénommé « transistor », fut la première application populaire de l'invention. Quelques modèles portables furent présentés dans des foires commerciales européennes ou japonaises, mais c'est le récepteur américain Regency TR-1, lancé en 1954, qui bénéficia le premier d'une production de masse. Sa technologie était issue du département recherche et développement d'une firme très innovante, Texas Instruments : elle avait conçu et réalisé des prototypes, puis confié la fabrication et le marketing de l'appareil à une entreprise spécialisée dans les récepteurs radio. D'un style affirmé qui en fait aujourd'hui une icône du style vintage, le TR-1 était vendu 50 dollars – l'équivalent actuel d'environ 350 euros : il n'avait rien d'un produit bon marché.

C'est dans les années 1960 que le « transistor de poche » devint vraiment populaire. Avec lui, l'information et surtout la musique devinrent nomades, d'autant qu'il était systématiquement livré avec un écouteur. Il ouvrit un chemin que le Walkman Sony et l'iPod Apple allaient jalonner à leur tour. **TB**

« Approche un peu ton cœur du transistor et règle le volume un peu plus fort… »

Chanson tahitienne

VOIR ÉGALEMENT : TÉLÉGRAPHIE SANS FIL, TÉLÉPHONIE SANS, FIL, TRANSISTOR, BALADEUR

↗ *Le Regency TR-1 fut mis en vente en novembre 1954. En un mois, il s'en vendit 150 000 exemplaires.*

Le polypropylène (1954)

Natta et Ziegler créent une matière synthétique d'importance capitale.

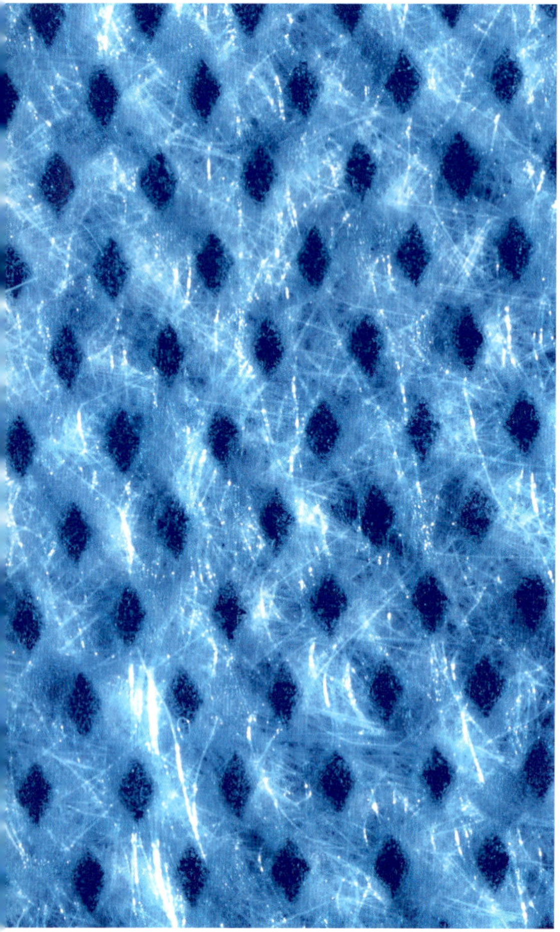

Polymère synthétique de première importance, le polypropylène se retrouve dans les tapis, sur les sièges des autobus, dans l'âme des câbles industriels. Il permet de fabriquer des flacons, des jouets, des meubles, des éléments d'automobiles. Les polymères sont courants dans la nature : ce sont les premiers composants des os, des muscles, des fibres végétales. Dans les années 1920, les savants s'efforcèrent de rendre plus longues et plus lourdes les chaînes de polymères, pour diversifier leurs applications. L'une des premières percées eut lieu en Grande-Bretagne en 1931, avec le polyéthylène, premier polymère synthétique présentant un poids moléculaire important. Il domina le marché mondial, mais sa résistance laissait à désirer. La guerre de l'amélioration des matières plastiques était lancée.

Pour mettre au point de nouveaux polymères, deux chercheurs, l'Italien Giulio Natta (1903-1979) et l'Allemand Karl Ziegler (1898-1973), créèrent des catalyseurs inédits à base de titane. Natta fut le plus rapide à les exploiter et réussit en 1954 la polymérisation du propylène. Et, véritable trahison, il fit une demande de brevet sans avoir averti Ziegler de sa découverte.

Il s'ensuivit une guerre juridique furieuse, d'autant que d'autres chercheurs étaient parvenus à réaliser cette polymérisation grâce aux catalyseurs de Natta et Ziegler. La justice trancha : Natta pouvait revendiquer l'invention du polypropylène, mais devrait reverser 30 % de ses droits à Ziegler. Seul le prix Nobel de chimie, qu'ils reçurent conjointement en 1963, fit cesser la bataille. **DHk**

« … La fourrure de léopard en vinyle est une espèce synthétique menacée. »

Lily Tomlin, actrice et fantaisiste

VOIR ÉGALEMENT : POLYSTYRÈNE, PVC, TUPPERWARE, BOUTEILLE EN PLASTIQUE

Exemple d'utilisation du polypropylène : la garniture destinée aux sièges de voiture.

Le système international d'unités (1954)

Le Bureau international des poids et mesures introduit un système universel.

Chercheurs et ingénieurs ont un besoin constant de mesurer des distances, des masses, des temps, des températures, des densités, des vélocités, des résistances électriques, etc. Ces données sont exprimées par un nombre, ou une fraction, d'unités de mesure appropriées.

Ce fut la Société britannique pour le progrès de la science qui, en 1874, formula pour la première fois la nécessité de mettre au point un système commun d'unités. Elle suggéra de prendre pour base le centimètre, le gramme et la seconde – ce fut le système CGS. Des racines grecques (méga, micro, etc.) désignaient les multiples et les sous-multiples de chaque unité.

Hélas, le système CGS s'avéra peu pratique dans les domaines du magnétisme et de l'électricité. En 1889, la Conférence générale des poids et mesures définit le système MKS (mètre, kilo, seconde). En 1946, on lui ajouta l'ampère, unité d'intensité du courant électrique, nommé en l'honneur du grand savant français André-Marie Ampère (1775-1836), un pionnier de l'électricité. En 1971, le système s'était considérablement enrichi. On le compléta encore par le kelvin (température), la candela (intensité lumineuse) et la mole (quantité de matière, soit d'atomes ou de molécules, d'un système).

Ainsi fut établi le Système international d'unités – SI, en abrégé – qui remplaça nombre d'unités de mesure traditionnelles en vigueur aux quatre coins du monde. Aujourd'hui, la grande majorité des États l'utilisent, même si les États-Unis, le Myanmar (ex-Birmanie) et le Liberia ne l'ont pas encore accepté officiellement comme leur premier système de mesure. **DH**

VOIR ÉGALEMENT : MESURES NORMALISÉES, SYSTÈME MÉTRIQUE

↗ *La standardisation parfaite du poids est capitale pour le commerce mondial.*

« Le SI n'est pas statique. Il évolue en fonction des demandes sans cesse croissantes du monde. »

Bureau international des poids et mesures

L'Alcootest (1954)

Borkenstein décourage la conduite automobile sous l'influence de l'alcool.

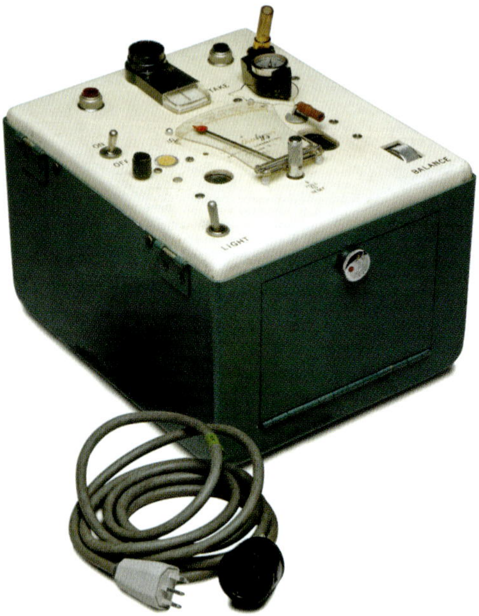

« Conduire en ayant bu : il y a des choses plus stupides, mais la liste est courte. »

Anonyme

↑ *Alcootest du début des années 1960, fabriqué dans le New Jersey par la Stephenson Corporation.*

→ *« Poivromètre » portatif présenté lors du Congrès national sur la sécurité de Kansas City, en 1937.*

En 1954, un membre de la police d'État de l'Indiana nommé Robert Borkenstein (1912-2002) mit au point un appareil fournissant la preuve scientifique de l'ébriété, l'Alcootest. Après l'ingestion d'alcool, celui-ci passe dans le sang et se retrouve en faible quantité dans l'air contenu dans les poumons. L'Alcootest établit la relation entre la dose d'alcool constatée dans l'air expiré et celle présente dans le sang. Le sujet souffle dans un ballon pour prélever un échantillon d'air important, et celui-ci traverse une solution chimique dont la couleur vire en fonction de la quantité d'alcool présente dans le souffle, et donc dans le sang.

L'Alcootest a remplacé le Drunk-o-meter (le « poivromètre ») inventé et breveté en 1936 par Rolla Harger. L'échantillon d'air était simplement remis à un laboratoire d'analyse. Jusqu'à cette date, les forces de l'ordre ne pouvaient s'en remettre qu'à l'appréciation de la condition physique du sujet, un élément bien fragile face à un tribunal. L'Alcootest répondait aux exigences de la preuve juridique. Il essuya néanmoins des critiques, car le sexe, le poids et le métabolisme du sujet faisaient varier ses résultats.

En 1964, Borkenstein publia une étude préconisant de prendre pour limite un dosage d'alcool égal à 0,8 g par litre de sang. Tout sujet dépassant celle-ci devrait être réputé incapable de faire face aux exigences de la conduite automobile. Il est aujourd'hui de 0,5 g dans la plupart des pays européens.

Vingt ans plus tard, les infrarouges prirent partiellement le relais des solutions chimiques, un rayon lumineux calibré traversant un échantillon d'air permettant de mesurer avec précision et rapidité la dose d'alcool dans le sang d'un sujet. **JF**

VOIR ÉGALEMENT : AUTOMOBILE, PARCMÈTRE, RADAR ROUTIER, AIRBAG, CEINTURE DE SÉCURITÉ TROIS POINTS

La ventouse
(1954)

Malmström invente un instrument obstétrique.

Destinée à faciliter la délivrance d'un nourrisson lorsque le travail rencontre des problèmes, la ventouse a été mise au point en Suède par l'obstétricien Tage Malmström (1911-1995) dans le but de remplacer les forceps. Malmström eut l'idée d'utiliser une pompe à vélo pour créer le vide nécessaire dans cet instrument en forme de coupelle et muni de poignées, posé sur le crâne du bébé déjà engagé dans le vagin. Le médecin détermine le degré de vide utilisé, et synchronise ses tractions sur la ventouse avec les contractions de la mère, ce qui permet la délivrance du bébé. La ventouse peut être flexible (plastique mou, silicone) ou rigide (plastique dur, métal).

« La ventouse peut éviter à bien des mères la dangereuse délivrance au forceps. »

Time, magazine (1960)

L'intérêt de la ventouse est de provoquer moins de traumatisme chez la mère que le forceps, mais beaucoup considèrent qu'elle est moins fiable pour assurer la délivrance. C'est pourquoi cet instrument mit longtemps avant de gagner ses lettres de noblesse, et son emploi ne se généralisa que dans la dernière décennie du XXe siècle. Même si sa popularité ne s'est pas démentie, son usage n'est plus considéré comme totalement bénin. Ainsi, aux États-Unis, la Food and Drugs Administration a-t-elle fait savoir que la ventouse pouvait déclencher des complications fatales par le biais d'hémorragie dans les muscles extérieurs au crâne et à l'intérieur de celui-ci. **JF**

VOIR ÉGALEMENT : COUVEUSE

L'électrophorèse de gel
(1955)

Smithies découvre un tamis moléculaire

Dans les années 1950, le chercheur Oliver Smithies (né en 1925) découvrit dans son laboratoire de l'université de Toronto comment trier rapidement et facilement les protéines en se servant de l'amidon de pomme de terre comme d'un tamis microscopique.

Smithies, un des trois lauréats du prix Nobel de médecine 2007, cherchait à séparer l'insuline de son précurseur lorsqu'il mit au point l'électrophorèse du gel et de l'amidon. Grâce à ce dernier composant, en effet, il créa un gel qui permettait de trier les protéines en fonction de leur taille. Il découvrit au passage que le meilleur amidon venait du Canada. Plus tard, lorsqu'il travailla à l'université du Wisconsin, Smithies effectua de nombreux voyages à Toronto pour se procurer cette fameuse poudre d'amidon.

Dans le gel, la poudre d'amidon jouait le rôle de matrice. Les protéines étaient déposées sur le gel et soumises à une charge électrique, qui les faisait se déplacer dans la matrice d'amidon. L'amidon agissait comme un tamis et permettait aux scientifiques d'assister en direct à la séparation des protéines qu'ils étudiaient.

Même si l'électrophorèse remontait aux années 1930, cette méthode de séparation par la taille sur un tamis composé d'amidon était une importante percée dans la science des protéines. Le premier appareil mis au point par Smithies se révéla très volumineux. En outre, la constance du courant électrique produit laissait à désirer, et l'épaisseur de gel employé était très excessive selon nos critères actuels.

Aujourd'hui, ces techniques se sont considérablement affinées, mais le principe de la séparation par un tamis à base de protéines est toujours en vigueur. **RH**

VOIR ÉGALEMENT : SPECTROMÈTRE DE MASSE

Le Velcro (1955)

De Mestral s'inspire de la nature pour inventer une fixation sans équivalent.

Velcro est le nom commercial d'une fixation légère, durable et lavable, fréquemment utilisée pour remplacer les fermetures à glissière des vêtements et des bagages. Elle se compose de deux bandes textiles de Nylon, l'une couverte de petits crochets et l'autre, de boucles minuscules. Lorsqu'elles sont pressées l'une contre l'autre, les deux bandes sont étroitement assujetties. Il est possible de les séparer en les écartant à partir de leur extrémité, mais elles resteront liées si l'effort s'exerce dans toute autre direction.

L'ingénieur suisse Georges de Mestral (1907-1990) eut l'idée du Velcro en 1941, après avoir braqué son microscope sur des « teigneux » qui s'étaient accrochés à ses vêtements et au pelage de son chien. Les capitules de la bardane sont hérissés de petits crochets raides, qui se fixent aux animaux et aux promeneurs. Ceux-ci s'en débarrassent, et les déposent donc à distance de la plante mère. De Mestral comprit qu'il pouvait s'en inspirer pour réaliser une fermeture inédite, composée d'un côté de petits crochets résistants, et de l'autre d'un lit de boucles dans lesquelles les premiers se prendraient. Il appela son invention le Velcro, un abrégé des mots « velours » et « crochet ».

Au début, ce furent surtout des rires et des haussements d'épaules qui accueillirent l'idée de De Mestral. Il créa néanmoins Velcro SA en 1952 et s'associa avec un spécialiste français du textile pour parfaire son invention, qui fut brevetée en 1955. Le bruit que fait une fermeture Velcro lorsqu'on l'ouvre est à l'origine de son nom populaire, un « scratch ». **EH**

VOIR ÉGALEMENT : VÊTEMENT, MÉTALLURGIE, CHAUSSURE, BOUTON, BOUCLE, TEFLON

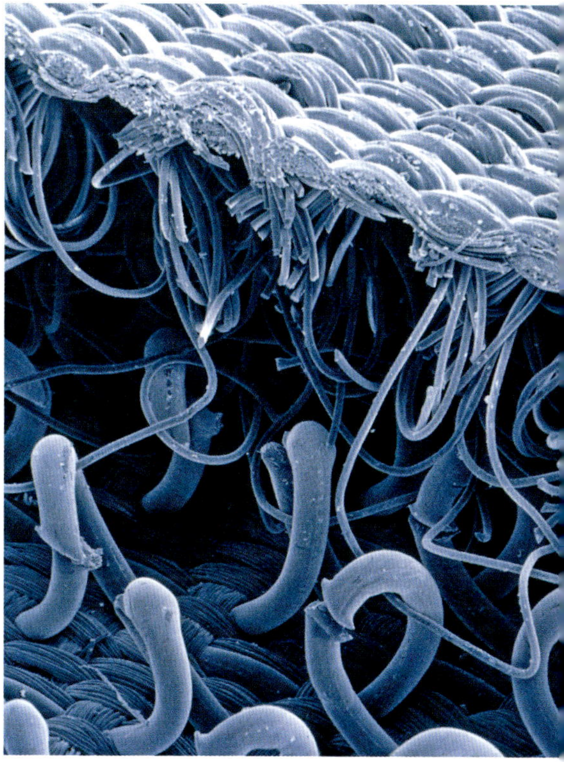

↗ *Le Velcro se compose d'une surface avec des boucles (en haut) et d'une autre, garnie de crochets (en bas).*

→ *Le revêtement de Teflon du satellite Long Duration Exposure Facility était fixé par des pattes de Velcro.*

Le radar routier (1955)

Gatsonides diminue les accidents de la route.

Paradoxalement, ce fut un pilote de rallye néerlandais, Maurits Gatsonides, qui inventa le radar routier. Durant les années 1950, il mit au point un dispositif fixe – vite appelé le « gatso » – qui mesurait sa vitesse en courbe. L'engin lui permettait d'améliorer sa conduite – et donc sa vitesse.

Le radar routier mesure la vitesse des véhicules qui passent dans son champ et photographie ceux qui dépassent la limite fixée. Deux photos sont prises à un intervalle connu : si la mesure du radar est remise en question par le conducteur, la position de sa voiture au moment des deux prises de vue permet d'estimer sa vitesse.

« La vitesse n'a jamais tué personne. C'est le passage brutal à l'immobilité qui vous anéantit. »

Jeremy Clarkson, présentateur de télévision

Les radars fixes sont couramment utilisés en Grande-Bretagne, en Australie et en France, mais aux États-Unis leur usage reste limité. Malgré l'étiquette de « sauveurs de vie » que les agences de prévention routière essayaient de leur faire endosser, ils demeurent massivement impopulaires auprès de larges segments de la population. Aux yeux de certains, les amendes pour excès de vitesse sont une source de revenu immorale dont profitent les administrations et les entreprises sous-traitantes. Néanmoins, en France, les radars fixes comptent parmi les causes d'une baisse radicale du nombre de tués sur la route : de 1998 à 2008, leur total a été divisé par deux pour tomber à 12 000. **CB**

VOIR ÉGALEMENT : AUTOMOBILE, PARCMÈTRE, AIRBAG, CEINTURE DE SÉCURITÉ TROIS POINTS, ALCOOTEST

La laque à cheveux (1955)

Le spray de Chase tient la chevelure en place.

Après les coupes raides des années 1920, boucles et ondulations revinrent à la mode. Les femmes eurent besoin d'un nouveau produit pour tenir leurs coiffures en place. Depuis des siècles, elles utilisaient à cet effet des substances naturelles, argile ou gomme, mais ce fut l'invention de l'aérosol qui conduisit à la mise au point de la première laque en bombe. Durant la Seconde Guerre mondiale, les autorités américaines cherchaient un moyen de pulvériser des pesticides afin de tuer les insectes vecteurs de la malaria. En 1943, deux employés du ministère de l'Agriculture mirent au point une bombe aérosol, dont le produit actif était propulsé par un gaz liquéfié.

Très vite, le principe fut appliqué à la laque pour cheveux. À ce jour, deux entreprises revendiquent toujours la paternité de l'invention : Chase Products et Helen Curtis. Les premières laques comportaient des polymères (longues chaînes de molécules) qui, une fois secs, se comportaient comme des adhésifs et tenaient les cheveux en place. Ces polymères étaient et sont toujours combinés à des solvants, tels l'eau ou l'alcool. À l'origine, le chlorofluorocarbone servait de gaz propulseur, mais dans les années 1990 un lien fut établi entre celui-ci et la destruction de la couche d'ozone, si bien que ce produit fut banni du marché. En outre, les législations sur la préservation de l'environnement exigèrent que soit limitée l'utilisation des composés organiques volatiles (comme l'éthanol).

Les laques modernes emploient désormais des gaz propulseurs comme le butane ou le propane. Et leurs composants actifs permettent aux cheveux de rester en place même par temps humide. **HI**

VOIR ÉGALEMENT : AÉROSOL, SÈCHE-CHEVEUX ÉLECTRIQUE

Reproduction d'une publicité Helen Curtis parue dans la presse anglo-saxonne des années 1960.

Go Gay
girls are discovered first...
he NEW spray discovery for each type of hair!

La tétracycline (1955)

Conover développe un antibiotique à large spectre.

Le monde a vécu longtemps sans antibiotiques. Mais dès leur découverte, les chercheurs n'eurent plus qu'une idée en tête : en trouver d'autres. La pénicilline et la streptomycine avaient été isolées à partir de champignons. La quête se poursuivit donc.

L'une des voies les plus prometteuses concernait certaines bactéries vivant dans le sol, connues sous le nom d'actinomycètes. Aujourd'hui oubliée, l'auréomycine a été découverte dans des échantillons de boue par les équipes des laboratoires Lederle. Pfizer releva le gant avec la terramycine, également passée à l'histoire. Ces deux antibiotiques possédaient un large spectre, couvrant la gamme des bactéries à Gram positif et à Gram négatif. Cela déclencha un vif intérêt pour le mode de fonctionnement de ces substances.

« Antibes et Biot vont fusionner. Leurs habitants s'appelleront désormais les Antibiotiques. »

Francis Blanche

Lloyd Conover (né en 1923) effectua une belle percée en étudiant les antibiotiques dérivés des actinomycètes. Il comprit qu'ils possédaient une structure commune et que celle-ci était leur composant actif. Avec le nouvel antibiotique, la téracycline, c'était la première fois qu'une substance naturelle était modifiée pour fabriquer un médicament et augmenter son effet. Le produit qui en résulte, ainsi que ses dérivés, doxycycline et minocycline, sont toujours utilisés aujourd'hui et traitent une variété de maux. **BMcM**

VOIR ÉGALEMENT : PRODUCTION DE LA PÉNICILLINE

Les bêtabloquants (1956)

Black invente un remède qui soulage le cœur.

Les bêtabloquants sont des substances qui annulent l'action stimulante de la noradrénaline – l'hormone « de la fuite ou du combat » – réduisant ainsi la puissance des battements cardiaques et le stress infligé au muscle. Aujourd'hui, on les utilise fréquemment pour traiter les angines de poitrine, l'hypertension, l'arythmie cardiaque et pour améliorer les fonctions du cœur dans le cas de cardiomyopathies.

Les bêtabloquants ont été mis au point en 1956 par Sir James Black (né en 1924), un médecin écossais travaillant pour ICI et qui avait des raisons tant professionnelles que personnelles de s'intéresser à la question : son père avait succombé à une attaque après un accident de la route. Black s'était interrogé sur le rôle du stress dans la production d'adrénaline et le déclenchement d'angines de poitrine ou d'attaques cardiaques.

À l'époque, l'angine de poitrine se traitait à l'aide de vasodilatateurs, en particulier les nitrites, qui augmentaient le flux sanguin, et donc le volume d'oxygène reçu par le cœur. Mais les effets secondaires, céphalées ou rougeurs du visage, étaient désagréables. Black se dit qu'au lieu de jouer sur la quantité d'oxygène on pouvait aussi bien réduire la demande d'effort faite au cœur.

Black reconnut l'influence qu'avait eu sur ses travaux l'article publié en 1948 par le chercheur américain Raymond Ahlquist. Celui-ci suggérait que la noradrénaline avait pour médiateurs des récepteurs situés dans les organes visés, qu'il nomma récepteurs alpha et bêta. Afin de bloquer ceux-ci, Black et son équipe se décidèrent pour le propranolol de synthèse, le premier bêtabloquant jamais commercialisé. **JF**

VOIR ÉGALEMENT : MACHINE CŒUR-POUMON, PROZAC

Le pot catalytique (1956)

Houdry purifie les échappements des voitures.

L'ingénieur français Eugène Houdry est surtout connu pour son invention du cracking catalytique, employé dans les raffineries pour décomposer le pétrole brut. Mais il n'en est pas moins l'auteur du premier pot catalytique capable de purifier les gaz d'échappement. Houdry se passionnait pour tout ce qui touchait aux voitures. Il avait donc conscience de l'importance de la qualité des carburants pour les performances des moteurs, et mit au point une technique permettant d'obtenir de l'essence à haut indice d'octane en utilisant un catalyseur, c'est-à-dire une substance qui déclenche ou accélère un processus chimique sans se trouver elle-même modifiée par ce processus.

Dans les années 1950 furent publiées les premières études sur le « smog » à Los Angeles. Houdry s'intéressa aux effets des substances chimiques nuisibles présentes dans les gaz d'échappement. Ceux-ci comportent essentiellement du gaz carbonique, de l'azote et de la vapeur d'eau, mais aussi de l'oxyde de carbone et des hydrocarbures. Houdry mit au point un dispositif dans lequel des catalyseurs – platine, palladium ou rhodium – réduisaient la quantité de gaz toxiques libérés dans l'atmosphère. Malheureusement pour l'inventeur français, ces trouvailles pleines de promesse ne furent utilisées à grande échelle qu'après sa mort. En 1974, furent produites les premières voitures équipées de pots catalytiques. L'innovation n'atteignit l'Europe qu'en 1985, mais aujourd'hui elle est devenue la règle et équipe les véhicules en première monte. **HI**

VOIR ÉGALEMENT : CYCLE À QUATRE TEMPS, AUTOMOBILE, MOTEUR DIESEL

↗ *Conçu en 1992, ce pot catalytique participa à la finale 1996 des prix d'ingénierie pour l'environnement, décernés en Grande-Bretagne.*

→ *Un matelas extérieur extensible et résistant protège les couches intérieures du pot catalytique.*

Le disque dur (1956)

Johnson et IBM offrent aux utilisateurs d'ordinateurs un accès express à leurs données.

« Le premier disque dur a été couvert d'enduit magnétique grâce à un gobelet de carton. »

Barry Rudolph, vice-président d'IBM

↑ *Un disque dur de 1984 et son minuscule homologue de 1999 : le bond technologique sans commentaire.*

→ *Cette pile de disques magnétiques formait le cœur de la RAM de l'unité de stockage de l'IBM 650.*

Durant la majeure partie du XXe siècle, le moyen le plus courant pour entrer, stocker et traiter des informations fut la carte perforée. Dans les années 1930, IBM embaucha l'ingénieur Reynold B. Johnson. Sa mission : mettre au point l'IBM 805, une machine capable de convertir des formulaires portant des marques au crayon en cartes perforées. Vingt ans plus tard, Johnson dirigeait l'équipe dont le travail allait aboutir au disque dur – et démoder d'un coup la majorité des cartes perforées.

À la différence du carton troué ou de la bande magnétique, où l'information n'est accessible que de façon séquentielle, le disque dur permet un accès presque simultané à toutes les données. Vers la fin des années 1940, certains ordinateurs stockaient bien l'information à la périphérie de tambours magnétiques, mais tout leur espace intérieur se trouvait perdu. Johnson et ses hommes eurent l'idée de mémoriser les données sur une pile de disques en rotation. Le gros problème rencontré fut d'empêcher les têtes de lecture et d'écriture d'endommager la surface des disques. Ils le résolurent en les faisant flotter sur une couche d'air.

Leur IBM 350, fièrement dévoilé par la firme en septembre 1956, stockait 5 mégaoctets sur 50 disques de 60 cm de diamètre, tournant à 20 tours par seconde. Aujourd'hui, ces performances font sourire. Car 50 ans plus tard, la firme présentait son DS8000 Turbo, d'une capacité de 320 téraoctets… plus de 60 millions de fois la capacité de son ancêtre ! Et comme depuis un demi-siècle la capacité des disques double à peu près tous les deux ans, la possibilité de stockage de cette invention n'a pas fini de nous étonner. **ES**

VOIR ÉGALEMENT : CARTE PERFORÉE, PROGRAMME INFORMATIQUE, DISQUETTE

Le sang synthétique (1956)

Une solution de remplacement à la transfusion sanguine.

Le sang synthétique est un produit de remplacement des globules rouges, ces cellules qui transportent dans le corps l'oxygène et le gaz carbonique. Il s'agit d'une innovation utile, qui permet d'écarter les problèmes liés à la transfusion, en particulier le risque de transmission des maladies virales, tels le sida et l'hépatite. En outre, elle pallie le manque de donneurs et résout les difficultés de transport et de stockage du sang humain puisqu'elle se conserve sous la forme d'une poudre.

En 1956, alors qu'il effectuait des recherches à l'université McGill de Montréal, Thomas Chan (né en 1933) créa les premières cellules sanguines artificielles. Ayant transformé sa chambre en laboratoire de fortune, il utilisa un matériel de récupération, y compris des bombes de laque pour cheveux, et se servit d'une solution de nitrate de cellulose – utilisée pour protéger les blessures – afin de fabriquer un sac aux parois perméables, capable de transporter de l'hémoglobine. L'hémoglobine peut être extraite du sang de donneurs humains, du sang de bovins, de végétaux et de champignons. On la stabilise avant de l'injecter dans l'organisme.

Le sang synthétique n'est pas encore devenu un concurrent pour son modèle, mais il a été utilisé au-delà du champ expérimental. Son usage soulève des questions morales, et son acceptation par les patients n'est pas toujours garantie. Mais il manque au sang synthétique américain (PFC) et à son homologue européen (HBOC) des globules blancs pour combattre l'infection, et des plaquettes pour faciliter la coagulation. Les savants cherchent encore le produit de remplacement qui remplira toutes les fonctions du sang. **JF**

VOIR ÉGALEMENT : TRANSFUSION SANGUINE, BANQUE DU SANG

↑ *Le PolyHeme, substitut sanguin vecteur d'oxygène, a été mis au point par les laboratoires Northfield en 2006*

Le magnétoscope (1956)

Ampex et Ginsburg développent la technologie d'enregistrement des images télévisées.

Avant la bande vidéo, le seul moyen d'enregistrer des émissions télévisées était le film. Aux États-Unis, où les téléspectateurs sont répartis sur plusieurs fuseaux horaires, cela posait de gros problèmes : pour qu'une famille de Los Angeles vît un programme en direct à la même heure locale qu'une famille de New York, le show devait être filmé sur pellicule, celle-ci envoyée au labo, récupérée, et enfin projetée devant une caméra quelques heures plus tard, à l'intention des Californiens.

Chez Ampex, une équipe menée par Charles Paulson Ginsburg trouva la solution. Il s'agissait du VTR (Videotape Recorder), un appareil qui pouvait capter l'image live d'une caméra de télévision, la convertir en signaux électriques, et stocker ceux-ci sur une bande magnétique. Dans un magnétophone, le signal sonore est recueilli de façon linéaire. La bande passe devant la tête d'enregistrement à une vitesse ne dépassant pas quelques centimètres par seconde. Mais le signal d'une image peut contenir 500 fois plus d'informations. Si bien que même en utilisant une bande magnétique très large, la vitesse de défilement de celle-ci serait multipliée par 20 ou 50. La solution mise au point par Ginsburg et Ampex fut d'utiliser plusieurs têtes en rotation rapide dont l'inclinaison permettait à la bande de défiler à une vitesse raisonnable.

Ampex dévoila son premier VTR en avril 1956. Sa bande large de deux pouces défilait à 38 cm par seconde. Fonctionnant uniquement en noir et blanc, la machine était proposée à 50 000 dollars pièce. En quatre jours, Ampex reçut pour 5 millions de dollars de commande. **MD**

VOIR ÉGALEMENT : TÉLÉVISION, DISQUE OPTIQUE, CAMÉSCOPE, DVD, BLU-RAY

↑ *Fin 1956, CBS devint la première station de télévision à utiliser des magnétoscopes de ce modèle.*

L'intelligence artificielle (1956)

Les recherches de McCarthy peinent à décoller.

Depuis les premiers «cerveaux électroniques», on se demande si les ordinateurs sont capables d'acquérir l'intelligence – c'est-à-dire de penser comme des humains. Charles Babbage et Ada Lovelace débattaient déjà de la question en 1835, alors qu'ils travaillaient à la construction du tout premier ordinateur mécanique.

Vers 1950, le mathématicien américain Claude Shannon essayait de trouver comment faire jouer à un ordinateur une vraie partie d'échecs. De l'autre côté de l'Atlantique, Alan Turing publiait son article « Des ordinateurs et de l'intelligence » – qui demandait comment déterminer si une machine est ou non intelligente.

En 1955, John McCarthy, du Dartmouth College (New Hampshire, États-Unis), proposa la tenue d'une conférence pour étudier les aspects de la recherche en « intelligence artificielle » – l'expression fut employée là pour la première fois, et l'événement prit un tour fondateur. Il imposa le rythme et la direction de la recherche pour les années à venir, soulevant des questions qui n'ont pas encore trouvé de réponses. Nombre de ceux qui assistèrent à la conférence, comme le fameux Marvin Minski de Harvard, investirent la suite de leur carrière dans cette discipline.

Mais en dépit de l'optimisme des débuts – en 1955, beaucoup d'experts attendaient l'irruption de machines intelligentes avant la fin de décennie –, l'intelligence artificielle se fait encore désirer. Malgré quelques succès majeurs, comme la victoire de l'ordinateur Deep Blue d'IBM sur le champion d'échecs Garry Kasparov en 1997, le champ de la discipline est encore bien étroit. **MG**

VOIR ÉGALEMENT : ORDINATEUR MÉCANIQUE, PROGRAMME D'ORDINATEUR, HYPERTEXTE, INTERNET, ÉCRAN TACTILE

En 1997, l'ordinateur Deep Blue remporte un match d'échecs contre un champion du monde en titre.

L'aérosol doseur (1956)

Un nouveau remède pour les asthmatiques.

Près de 300 millions d'humains sont asthmatiques. Depuis un demi-siècle, nombre de ceux-ci ont bénéficié des bienfaits de l'aérosol doseur. Pourtant, l'idée de créer un appareil capable d'envoyer dans les poumons une quantité déterminée de médicaments n'est pas venue d'un savant, mais d'une adolescente de 13 ans. Suzie Maison avait demandé à son père pourquoi son traitement de l'asthme ne pouvait être conditionné sous la forme d'une bombe aérosol. M. Maison était alors président des laboratoires Ryker. Il proposa l'idée à son département recherche et développement.

L'équipe examina les flacons de parfum en aérosol et mélangea les médicaments, épinéphrine ou isoprotérénol, avec de l'alcool, de l'acide ascorbique et des gaz propulseurs. Les premiers essais démontrèrent l'efficacité de la méthode, si bien que les premiers aérosols doseurs furent commercialisés en mars 1956. Un inhalateur de nitrate d'amyle destiné aux angines de poitrine fut lancé la même année.

L'évolution des pulvérisateurs buccaux et auriculaires s'accompagna d'un meilleur design et, en 1970, le premier inhalateur activé par la respiration vit le jour. Les propulseurs à base de chlorofluorocarbone furent remplacés par de l'hydrofluorocarbone lorsque les lois sur la protection de la couche d'ozone furent promulguées, en France en 1996. Pour l'industrie, contrainte de repenser ses chaînes de fabrication et d'entamer de nouveaux essais, le coup était rude.

Aujourd'hui, le long travail effectué sur le comportement des particules fait que l'aérosol doseur est même capable de distribuer des produits comme l'insuline. **LH**

VOIR ÉGALEMENT : AÉROSOL

La pilule contraceptive
(1956)

La contraception féminine est inventée.

En 1952, George Pincus (1903-1967), biologiste travaillant à la Fondation Worcester pour la biologie expérimentale, démontra qu'une forme synthétique d'une hormone, la progestérone, inhibait l'ovulation des lapines et des rates. Ce substitut avait été mis au point un an plus tôt par Carl Djerassi, un chimiste employé par les laboratoires Syntex à Mexico. Son but premier était de traiter les troubles menstruels graves grâce à de fortes concentrations de progestérone. La noréthindrone avait l'avantage d'être plus active que l'hormone humaine et de garder son efficacité en cas de prise orale. Margaret Sanger, fondatrice de la Ligue américaine du contrôle des naissances, comprit immédiatement le potentiel du travail de Pincus. Elle s'attacha le concours de Katharine McCormick, femme de tête et milliardaire, qui accepta de financer la recherche d'une pilule contraceptive.

Avec l'aide du gynécologue John Rock (1890-1984), Pincus mit au point une pilule. Combinant des œstrogènes et de la progestérone, la substance qu'elle contenait « persuadait » la glande pituitaire de la femme qui l'absorbait qu'elle était enceinte. La glande en question interrompait alors la production d'hormones FSH et LH, essentielles pour l'ovulation. Des essais cliniques débutèrent à Porto Rico en 1956. L'année suivante, la FDA (Food and Drugs Administration) donna son feu vert à la noréthindrone de Syntex. En 1960, le produit recevait son brevet de contraceptif.

Des millions de femmes ont pris la pilule, mais d'emblée celle-ci a suscité la controverse. Pour ses adversaires, elle interférait avec le cycle naturel de la femme, encourageait la promiscuité et minait jusqu'au tissu social. Ses défenseurs répondaient qu'elle évitait à celles qui la prenaient tous les risques et toute l'angoisse d'une grossesse non voulue. **JF**

VOIR ÉGALEMENT : PRÉSERVATIF

L'horloge numérique
(1956)

Naissance d'un garde-temps électronique.

En général, les pendules ont deux fonctions indiquer l'heure et mesurer des intervalles de temps. Sur un modèle numérique, l'affichage des heures, des minutes et des secondes se fait par des chiffres, de la taille et de la disposition choisie. Si l'inventeur allemand Josef Pallweber fit breveter une montre numérique dès 1883, le développement de l'horloge numérique est étroitement associé à l'histoire de l'affichage électronique. Les premiers exemples furent les tubes Nixie, ampoules de la taille d'une phalange pouvant indiquer les chiffres de 0 à 9. Dans les années 1950 et 1960, ils firent la joie des ingénieurs de tout bord.

« L'horloge mesure les heures de la folie, mais jamais celles de la sagesse. »

William Blake

La pendule numérique moderne utilise la diode électroluminescente (LED) ou l'affichage à cristaux liquides (LCD). La première fut développée dans les années 1960, le second vit le jour en 1972. L'une des plus belles pendules numériques figure dans le magistral *2001 : l'Odyssée de l'espace* de Stanley Kubrick (1968).

L'un des défauts de ces appareils est qu'ils perdent leurs données lorsqu'on coupe leur alimentation, et peuvent passer en mode « réveil » en cas de surtension, mais leur lisibilité reste incomparable. En ce qui concerne les montres, l'affichage numérique a connu sa grande époque durant les années 1980. Aujourd'hui, l'affichage analogique, si possible assorti d'un mouvement mécanique, a fait son retour. **DH**

VOIR ÉGALEMENT : ÉCRAN À CRISTAUX LIQUIDES, MONTRE DIGITALE

Le satellite artificiel (1957)

L'Union soviétique prend la tête de la course à l'espace.

Le 4 octobre 1957, l'Union soviétique mettait en orbite le premier satellite artificiel de l'histoire de l'humanité, *Spoutnik 1*. La course à l'espace avec les États-Unis était lancée.

Spoutnik 1 était une sphère de la taille d'un ballon de plage (58 cm de diamètre) qui faisait le tour de la Terre en 96 minutes. Il était muni de quatre longues antennes-fouets. En novembre de la même année, *Spoutnik 2* emporta un passager – la chienne Laïka (l'animal, qui devait survivre dix jours, ne résista probablement pas plus de quelques heures, à cause du stress et de la chaleur). En août 1960, au lancement de *Spoutnik 5*, deux chiens, 40 souris, deux rats et une variété de plantes avaient déjà tâté de l'espace. Le stade suivant serait bien sûr le vol humain.

Terriblement pris au dépourvu par les succès des Soviétiques, les Américains engouffrèrent des sommes colossales dans la recherche spatiale. Ils créèrent la National Aeronautics and Space Administration (NASA). Bientôt, l'espace proche fut parcouru en tous sens par des satellites artificiels.

Depuis cette époque héroïque, une quarantaine de pays ont fabriqué et lancé leurs propres satellites. Environ 3 000 d'entre eux, dotés d'une mission et d'une fonction, font aujourd'hui le tour de la Terre. Ils sont accompagnés de 6 000 autres, débris, réservoirs vides ou fusées d'appoint, constituant une « décharge spatiale ». Si certains satellites tournent autour de la Lune, du Soleil et des planètes, la plupart font le tour de la Terre, au service de la téléphonie, de la télévision, de la météo, de la navigation marine ou aérienne et des activités militaires. **DH**

VOIR ÉGALEMENT : SATELLITE DE COMMUNICATION GÉOSTATIONNAIRE, ÉMISSIONS RADIO PAR SATELLITE

↗ *Modèle éclaté du satellite* Spoutnik 1. *Son émetteur transmit le fameux « bip-bip » durant 21 jours.*

« Spoutnik 1 *a fasciné autant que terrifié des foules entières.* »

Don Mitchell, *Spoutnik 1 : Cinquante ans déjà*

Le papier bulle (1957)

Fielding et Chavannes inventent un nouveau matériau.

Tout le monde connaît l'utilité du papier bulle – vendu par les marques Bubble Wrap ou Bullepack – pour emballer et protéger la porcelaine, le verre et tout autre matériau fragile. Ce qu'on sait moins, c'est que cet emballage aux utilisations multiples a été conçu à l'origine pour servir de décoration d'intérieur.

En 1957, l'ingénieur américain Alfred Fielding et l'inventeur suisse Marc Chavannes essayaient de mettre au point un papier mural de plastique texturé qui serait facile à nettoyer. Leurs premiers essais furent des échecs, mais ils décidèrent aussitôt de transformer leur produit de décoration raté en un nouveau matériau d'emballage. Sur la base de leur nouvelle invention, ils fondèrent la société Sealed Air (« air sous scellé »), une entreprise internationale dont le chiffre d'affaires annuel tourne désormais autour de trois milliards d'euros. Leur produit, le Bubble Wrap, est réputé supérieur aux autres emballages cellulaires de polyéthylène parce qu'il comporte un renfort.

Durant le processus de fabrication, une feuille de polyéthylène est tendue sur la circonférence d'un tambour percé de trous réguliers. Par dépression, la feuille est aspirée dans les trous. Cela crée les bulles, qu'une deuxième feuille, collée sur la première, vient fermer. Le résultat est un emballage léger et malléable… qui a l'intérêt de claquer de façon délassante lorsqu'on presse sur ses bulles.

En 2007, Sealed Air lança un concours destiné aux jeunes inventeurs : pourraient-ils trouver d'autres applications au Bubble Wrap ? Les candidats se déchaînèrent, et le premier prix récompensa un papier mural bleu destiné à stimuler les enfants autistes. **HB**

VOIR ÉGALEMENT : CELLOPHANE, PAPIER ALUMINIUM

⇐ *Faire claquer les alvéoles d'un papier bulle est un excellent remède au stress de la vie professionnelle.*

La photolithographie (1957)

Lathrop et Nall révolutionnent le composant électronique.

La photolithographie est l'application d'un procédé d'imprimerie. En lithographie, des dalles de calcaire servaient de support à des dessins tracés au crayon gras. La partie nue de la pierre était humidifiée. Lorsqu'on y passait de l'encre, celle-ci était repoussée par les zones humides, mais adhérait aux traits de crayon gras. Il suffisait d'appliquer une feuille de papier sur la pierre pour obtenir une épreuve.

La photolithographie est utilisée pour la production de masse des transistors et autres composants électroniques. En avril 1957, Jay Lathrop et James Nall, affiliés à un laboratoire d'essai de l'US Army, réalisèrent les premiers composants ne requérant pas de soudure. Pour fabriquer un élément électronique par photolithographie, son tracé est d'abord reproduit en chrome opaque sur une plaque de verre, le masque. Le but de l'opération est de transférer ce schéma sur une feuille de silicium. Pour ce faire, celle-ci est recouverte d'une résine photorésistante. Une lumière ultraviolette, dirigée sur le silicium à travers le masque, modifie chimiquement la substance photorésistante aux endroits où elle n'est pas protégée. La surface est ensuite lavée à l'aide d'un développeur, qui dissout la résine dans les zones où l'exposition à la lumière l'a rendue soluble, exposant la sous-couche. La résine intacte peut subir ensuite divers traitements, dont la métallisation. Le processus se répète ensuite, couche par couche.

Cette technique a conquis l'infiniment petit : on parle désormais de nanolithographie, lorsqu'on l'utilise pour la fabrication des microprocesseurs animant les ordinateurs portables et les téléphones mobiles. **DH**

VOIR ÉGALEMENT : CIRCUIT INTÉGRÉ, MICROPROCESSEUR

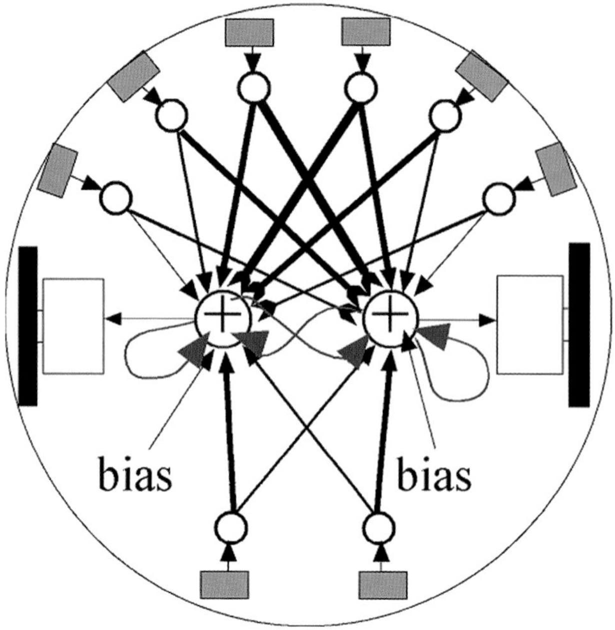

Le réseau de neurones artificiel (1957)

L'ordinateur de Rosenblatt est le premier à simuler la mémoire humaine.

L'étude de la mémoire humaine changea radicalement en 1943 quand Warren McCulloch et Walter Pitts présentèrent un article consacré au fonctionnement des neurones. Six ans plus tard, D.O. Hebb montra que les connexions neurales se renforçaient chaque fois qu'elles étaient sollicitées.

À l'aube de la recherche sur l'intelligence artificielle, Frank Rosenblatt (1928-1971), chercheur en informatique au laboratoire d'aéronautique Cornell de New York, étudiait le mode de fonctionnement de l'œil de la mouche. Il observa que chaque fois que la mouche percevait un danger, sa réaction se produisait plus vite que le traitement de l'information par son cerveau. Il inventa alors le Perceptron, premier ordinateur pouvant apprendre par expérience grâce à un réseau de neurones imitant le processus de la pensée humaine. Le Perceptron avait une couche de nœuds d'entrée ou de sortie interconnectés. Chaque connexion est « pesée » pour la rendre plus ou moins capable de stimuler un autre nœud. Le Perceptron Mark 1 de Rosenblatt fut, en 1960, la première machine à « apprendre » à reconnaître et identifier des motifs optiques.

Apparut ensuite le Perceptron multicouche, où des couches « cachées » augmentaient considérablement la complexité. John Hopfield présenta alors son modèle de réseau de neurones, capable de stocker le souvenir de motifs : même avec des informations partielles, ledit réseau peut les reconstituer dans leur intégralité – à la façon du cerveau humain.

Aujourd'hui, les réseaux de neurones sont la base de la reconnaissance optique des caractères, des prévisions météorologiques, des détecteurs de bombes et même des prédictions financières. **SS**

VOIR ÉGALEMENT : INTELLIGENCE ARTIFICIELLE

↑ *Le réseau de neurones artificiel est un groupe de nœuds interconnectés.*

Le Jet Boat (1957)

Hamilton imagine le premier bateau sans hélice.

Sir William Hamilton (1899-1978) avait déjà une certaine expérience de la mécanique des fluides quand il inventa le Jet boat. En 1954, il avait construit le premier hydrojet, système de propulsion maritime où l'eau pompée sous le bateau était expulsée à l'arrière grâce à une turbine à haute vitesse de rotation.

Le fonctionnement du Jet boat est assez semblable au fonctionnement de l'hydrojet. Une hélice traditionnelle accélère modérément un gros volume d'eau de sorte qu'en accord avec la troisième loi de la physique de Newton – chaque action engendre une réaction égale et opposée –, une poussée importante est créée. Cette poussée permet au bateau de franchir à vive allure les courants.

Hamilton vivait et travaillait en Nouvelle-Zélande. Son embarcation pouvait naviguer sur des eaux rapides et peu profondes, mais surtout franchir des obstacles comme les rochers. Très maniable, le Jet boat était promis au succès commercial.

Hamilton ne fut pas le premier à imaginer le Jet boat. L'inventeur italien Secondo Campini avait conçu, dès 1931, un bateau à propulsion du même ordre, mais il n'en avait pas déposé le brevet. Bien avant, au IIIe siècle av. J.-C., Archimède peut-être avait rêvé du Jet boat lorsqu'il imagina la vis qui porte son nom, parfois appelée « vis sans fin » et ancêtre de l'hélice moderne

On considère que Hamilton a révolutionné la navigation traditionnelle, mais lui-même témoignait d'une certaine reconnaissance à l'égard du génial inventeur de l'Antiquité. **KB**

VOIR ÉGALEMENT : HOVERCRAFT

↑ *Un prototype du Jet boat parcourt à vive allure le lac Windermere, en Angleterre, en 1952.*

La piste magnétique (1958)

La carte à bande magnétique voit le jour.

Regardez dans votre portefeuille et vous y trouverez une invention qui doit autant à l'envie de vêtements soigneusement repassés qu'au besoin de porter sur soi des données enregistrées. C'est la carte à piste magnétique.

Conçue par l'ingénieur d'IBM Forrest Parry dans le cadre de recherches gouvernementales sur les systèmes de sécurité, la technique permettant de fixer sur une carte une longueur de bande magnétique, ou « piste », a révolutionné les méthodes de récupération des données personnelles. Jusqu'à l'arrivée des cartes à puce dans les années 1980, la piste magnétique était omniprésente : cartes de membre d'un club, cartes téléphoniques ou cartes bancaires.

Perry avait longtemps essayé de fixer une bande magnétique sur une carte à l'aide d'adhésif quand un jour il rentra du travail, dépité, et trouva sa femme en train de repasser. Une idée lumineuse lui vint : se servir de la chaleur de son fer pour fixer la bande au plastique. Après une période de développement technique, de standardisation internationale et de tests, la piste magnétique passa à l'échelle industrielle. Ses premiers grands utilisateurs furent le métro de Londres et la CIA.

La piste est aujourd'hui constituée d'infimes particules magnétiques fixées dans de la résine et appliquées directement sur la carte ou sur une bande elle-même collée à la carte. L'oxyde de fer est largement utilisé, mais il est remplacé par la ferrite de baryum si l'on désire une piste à plus grande coercivité. L'information est inscrite sur la piste par le changement de polarité des particules ; quand la coercivité augmente, les chances d'effacement accidentel sont réduites, dans l'intérêt des organismes, mais aussi des utilisateurs. **MD**

VOIR ÉGALEMENT : MICROPROCESSEUR, CIRCUIT ECCLES-JORDAN, MODEM, ORDINATEUR PORTABLE

Le Lego (1958)

Christiansen crée un jouet devenu légendaire.

Ole Kirk Christiansen était un petit charpentier de la ville danoise de Billund quand il entreprit, en 1932, de fabriquer des jouets en bois. Dans une Europe en pleine dépression, le métier de charpentier ne nourrissait pas son homme, pourtant ses jouets très soignés connurent un vif succès. Il fonda sa société en 1934 et lui donna le nom de Lego, contraction de l'expression danoise *Leg godt* (« Joue bien »).

En 1947, la société acheta la première machine à mouler le plastique du Danemark et se lança dans la fabrication de jouets en plastique. En 1951, les jouets en plastique constituaient la moitié des ventes, mais il fallut attendre plus de dix ans pour que Ole créât avec son fils Godtfred les blocs de plastique portant le nom officiel de Lego.

« L'objectif est de fabriquer des jouets permettant aux enfants de créer, d'imaginer et d'explorer. »

Mitchel Resnick, MIT

Christiansen avait imaginé en 1947 les premiers blocs emboîtables. Ils s'inspiraient des blocs Kiddicraft fabriqués la même année en Grande-Bretagne, mais n'étaient commercialisés qu'au Danemark. 1958 fut l'année des blocs rectangulaires en acétate de cellulose, surmontés de petits cylindres destinés à donner aux blocs une plus grande stabilité quand ils étaient accolés. Le nom Lego était inscrit sous chaque bloc. Un jouet légendaire était né. **BS**

VOIR ÉGALEMENT : TRAIN ÉLECTRIQUE, MECCANO, CRAYONS

Cette petite fille de six ans joue aux Lego dans le grand magasin londonien Selfridges (1958).

Le circuit intégré (1959)

Kilby et Noyce ouvrent la voie à l'ordinateur domestique.

Bobby Fischer n'avait que 15 ans lorsqu'il devint grand maître de l'histoire des échecs en 1958. Qui aurait cru qu'une machine pourrait le battre ?

Après l'invention du transistor, le matériel électronique gagna en complexité. Des milliers de composants de toute taille devaient être soudés les uns aux autres pour former des circuits dans des espaces toujours plus restreints. La méthode était coûteuse, peu fiable et longue. Lancé par l'armée américaine, le programme MicroModule permit de fabriquer des blocs de composants précâblés de taille standard facilement assemblables, mais le problème fondamental n'était pas résolu pour autant. Texas Instruments collaborait au projet MicroModule quand Jack Kilby entra dans la société en 1958. Il ne tarda pas à trouver une meilleure solution. Les composants passifs, condensateurs ou résistances par exemple, pouvaient être fabriqués dans le même matériau semi-conducteur que les éléments actifs, tels les transistors : il devait donc être possible de les fabriquer simultanément à partir d'un bloc unique, ou « monolithe », dudit matériau, créant ainsi un circuit complet ou « circuit intégré ». Son prototype au germanium regroupait un transistor, un condensateur et trois résistances reliés par un mince fil d'or : ce fut le premier vrai circuit intégré, ou CI, du monde. Le brevet fut déposé en 1959. Pendant ce temps, Robert Noyce de la société Fairchild Semiconductors travaillait sur un circuit unitaire, et sa méthode pour déposer les connexions des composants directement pendant la fabrication joua un rôle capital dans le développement des CI. Le premier ordinateur domestique naîtrait de cette technologie. **MD**

VOIR ÉGALEMENT : MICROPROCESSEUR, CIRCUIT ECCLES-JORDAN, MODEM, ORDINATEUR PORTABLE

↑ *Ce gros plan de 1984 montre les circuits intégrés et le câblage d'un circuit imprimé.*

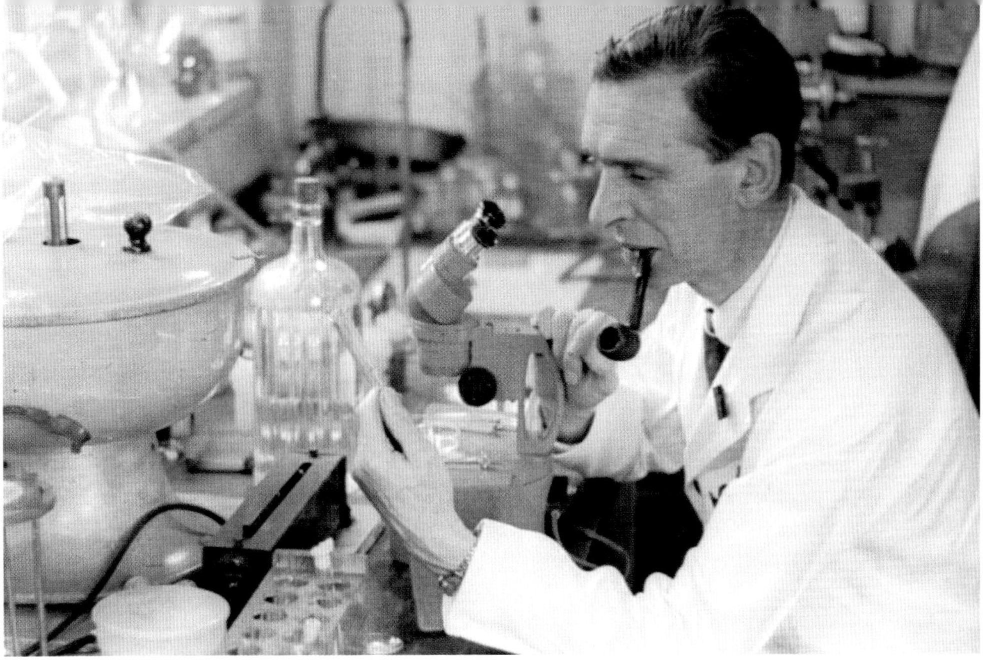

La fécondation in vitro (1959)

La méthode de reproduction de Chueh Chang vient en aide aux couples stériles.

Des ovules sont prélevés dans les ovaires de la femme et le sperme de l'homme les féconde en dehors de l'utérus : c'est la fécondation in vitro ou FIV. Les ovules fertilisés sont ensuite replacés dans l'utérus dans l'espoir qu'une grossesse se produira. Plus d'un million de bébés sont nés dans le monde grâce à cette méthode. Aujourd'hui, la fécondation in vitro est encore sujette à discussion mais elle est de plus en plus acceptée.

Après la Seconde Guerre mondiale, un biologiste chinois, spécialiste de la reproduction, Min Chueh Chang (1908-1991), se rendit aux États-Unis pour travailler avec le futur père de la pilule contraceptive orale, Gregory Pincus. Ce dernier prétendait avoir pratiqué des fécondations in vitro chez des lapins dès 1935. Les scientifiques firent preuve d'incrédulité et ne parvinrent d'ailleurs pas à reproduire son expérience.

Chang comprit que le sperme devait incuber à l'intérieur de la femelle avant d'avoir une capacité fertilisante. C'est seulement en 1959 qu'il parvint à démontrer l'existence de la fécondation in vitro en transférant les œufs fécondés de lapines noires dans l'utérus d'une lapine blanche et à donner ainsi naissance à des lapereaux noirs. Ses travaux ultérieurs permirent de connaître les conditions nécessaires à la fécondation in vitro des autres espèces.

En Angleterre, Patrick Steptoe et Robert Edwards appliquèrent la méthode à l'être humain. Après des années de procès et d'oppositions, la petite Louise Brown vit le jour en 1978 : c'est le premier « bébé-éprouvette ». En France, Amandine est née en 1982 grâce à la collaboration du biologiste Jacques Testart et du gynécologue René Frydman. **LH**

VOIR ÉGALEMENT : PILULE CONTRACEPTIVE, INJECTION INTRACYTOPLASMIQUE DE SPERMATOZOÏDES (CSI)

↑ *En 1970, ce chercheur anglais travaille à la FIV huit ans avant la naissance du premier « bébé-éprouvette ».*

Le verre flotté (1959)

Pilkington invente une méthode de fabrication du verre peu coûteuse.

Vous ne vous êtes certainement jamais demandé comment on fabriquait le verre. Il est en vérité très difficile de créer un verre plat répondant aux critères imposés par les vitrines de magasin, les pare-brise de voiture ou les miroirs.

C'était du moins le cas avant que Sir Alastair Pilkington (1920-1995) créât, en 1959, la méthode du verre « float » ou verre flotté. Il lui fallut sept ans pour mettre au point sa technique, qui remplaça celle du verre plat mise au point en 1848 par l'ingénieur anglais Henry Bessemer. Cette dernière était assez coûteuse à cause des distorsions du verre qu'il fallait corriger par polissage.

Avec la technologie du « float », le mélange de verre en fusion (combinaison de silice, carbonate de sodium, oxyde de calcium, oxyde de magnésium et oxyde d'aluminium) est répandu sur un bain d'étain en fusion. Cela forme un ruban flottant de verre parfaitement lisse des deux côtés dont l'épaisseur est uniformément de 6,8 mm. On obtient un verre plus mince en étirant le ruban de verre et plus épais en ne lui permettant pas de s'aplatir. Le verre flotté (« float ») circule dans le bain d'étain, refroidit progressivement, puis est traité par la chaleur dans un long four appelé étenderie. Cette étape est nécessaire : un verre trop vite refroidi se brisera au moment de la découpe.

La ligne de production de verre flotté peut atteindre 500 m de long et produire 6 000 km de verre par an. Cette technologie permet de produire, chaque semaine dans le monde, plus de 970 000 tonnes de verre flotté. La première usine française a été construite par BSN en 1966 près de Maubeuge. **CL**

VOIR ÉGALEMENT : VERRE, VERRE SOUFFLÉ, MIROIR

↑ *La recherche sur le verre flotté a débuté en 1952 et son succès commercial date de 1960.*

La ceinture de sécurité trois points (1959)

L'invention de Bohlin a permis de sauver des milliers de vies.

On ne s'étonnera pas si la ceinture de sécurité trois points qui équipe la quasi-totalité des voitures est l'œuvre d'un Suédois travaillant pour Volvo. Nils Bohlin (1920-2002) appartenait au secteur aéronautique du groupe Saab et mettait au point les sièges éjectables. Il entra en 1958 chez Volvo et s'occupa de la sécurité des véhicules.

Avant son invention, la ceinture transversale présentait le risque d'endommager les organes internes en cas de choc très violent.

Bohlin cherchait une solution simple et confortable, capable de protéger le haut et le bas du corps. La ceinture trois points pouvait être bouclée avec une seule main ; une sangle passe au niveau de la ceinture et l'autre en travers du thorax. La force produite par le choc était ainsi mieux répartie sur tout le corps et les blessures étaient moindres. Le conducteur (ou le passager) était plaqué à son siège et ne risquait pas d'être éjecté du véhicule en cas de collision. Bohlin disait que son modèle avait du succès parce qu'il était à la fois pratique, confortable et plus sûr.

Volvo installa les premières ceintures de sécurité de ce type en 1959 sur son modèle Amazon. Les autres constructeurs lui emboîtèrent rapidement le pas.

L'Australie fut le premier pays à rendre le port de la ceinture de sécurité obligatoire. Depuis, d'autres pays ont promulgué le même type de loi. En France, la ceinture de sécurité est devenue obligatoire à l'avant des véhicules de tourisme et hors agglomération en juillet 1973. Elle l'est devenue en agglomération en 1979. Puis, en janvier 1990, elle est devenue obligatoire à l'arrière, où elle réduit de deux tiers le nombre de décès. **BO**

VOIR ÉGALEMENT : AUTOMOBILE, CRASH TEST, AIRBAG

↑ *La ceinture à sangle unique peut provoquer des déchirures intra-abdominales, mais pas la ceinture trois points.*

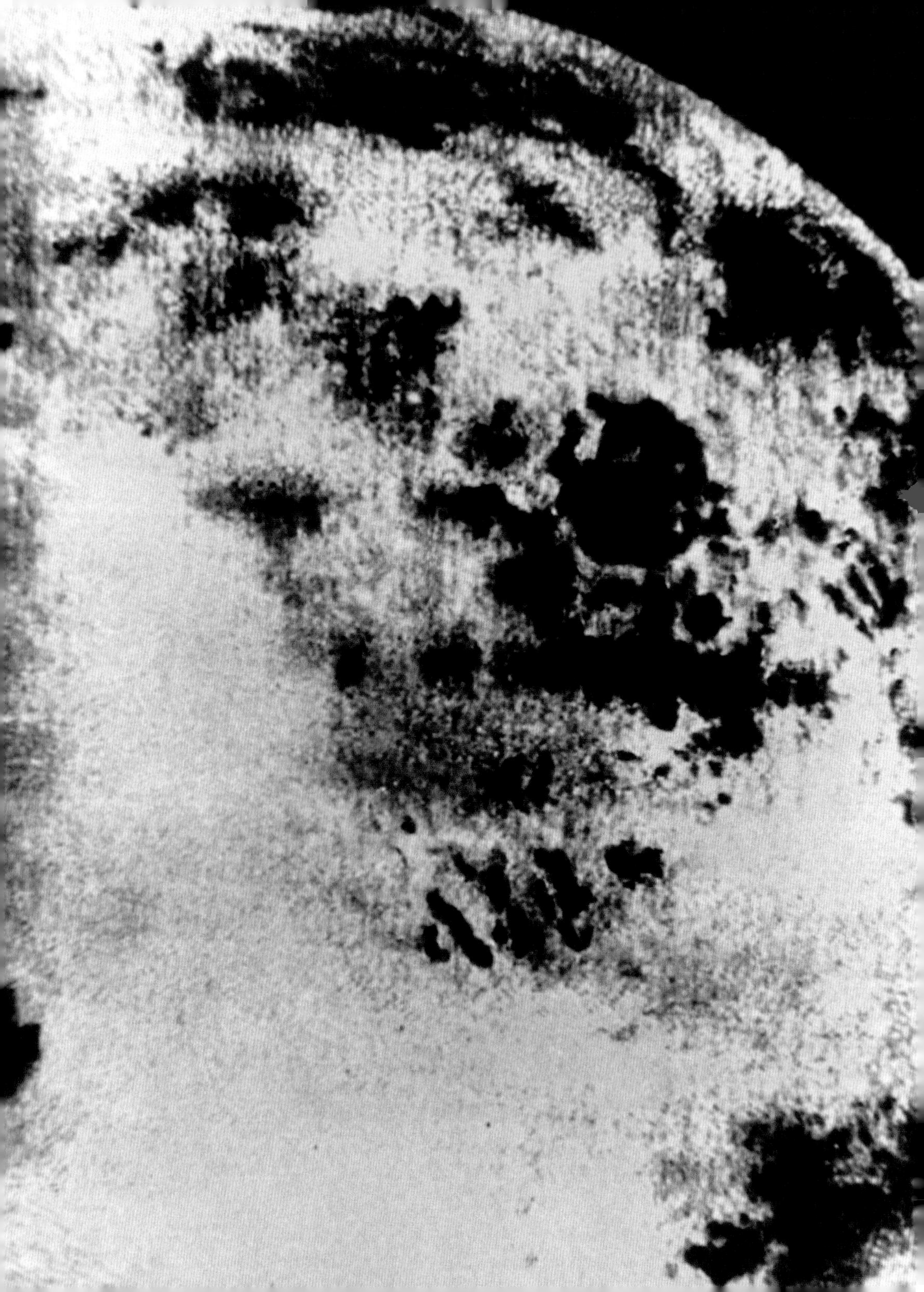

La sonde spatiale (1959)

Les Soviétiques lancent la course à la Lune.

Une sonde spatiale est un satellite qui échappe à l'attraction terrestre pour aller graviter autour d'un autre objet du système solaire. Le premier objectif fut la Lune. Il y eut, en 1958, trois tentatives américaines, *Pioneer 1, 2* et *3*, qui toutes échouèrent. L'URSS connut son premier succès en janvier 1959 avec la sonde *Luna 1* qui avait pour objectif de s'écraser sur la surface lunaire. Elle n'y parvint pas et passa à 5 950 km de notre satellite. La sonde américaine *Pioneer 4* passa, quant à elle, à 60 000 km.

La première sonde, *Luna 2,* percuta la Lune à l'est de la mer de la Sérénité et la seconde, *Luna 3,* prit les premières images de la face cachée du satellite naturel

« On a votre satellite, si vous voulez le revoir, déposez 20 milliards en monnaie martienne. » Graffiti sur les murs du laboratoire de la Nasa en Californie

de la Terre. Les années 1960 furent marquées par une succession de missions dont l'apothéose fut les premiers pas de l'homme sur la Lune, en 1969.

En 1962, une sonde planétaire atteignit Vénus ; la *Venera 7* soviétique s'y posa en 1970. En juin et août 1976, les sondes américaines *Viking 1* et *2* furent les premières à se poser sur Mars et à transmettre des images de la planète rouge. Depuis *Voyager 1* et *2* sont devenues des sondes interstellaires, en route vers les étoiles. **DH**

VOIR ÉGALEMENT : SATELLITE ARTIFICIEL, COMBUSTIBLE LIQUIDE, STATION SPATIALE, ENGIN SPATIAL RÉUTILISABLE

⇐ *Envoyée par la sonde spatiale russe* Luna 3 *en 1959, cette image est la première à montrer la face cachée de la Lune.*

L'éducation assistée par ordinateur (1960)

Avec Bitzer, l'e-learning fait ses premiers pas.

Aujourd'hui, les ordinateurs peuvent apprendre aux enfants à faire des additions, aux employés à parler une langue étrangère et aux étudiants en médecine à disséquer un corps humain. On pense que l'ordinateur en tant qu'outil d'apprentissage est assez récent alors qu'il existe, en concept tout au moins, depuis des décennies. Vers la fin des années 1950, il servit à des fins éducatives à des pionniers comme IBM ou l'université de l'Illinois.

En 1960, Donald Bitzer s'inquiéta du nombre d'élèves illettrés à la sortie de l'école. Un professeur lui demanda un jour si les ordinateurs pouvaient enseigner et il releva le défi. Il inventa l'une des

« Les ordinateurs offrent la possibilité d'une éducation vraiment personnalisée. »

Donald Bitzer

premières méthodes d'apprentissage spécialement conçues pour l'ordinateur, avec graphiques et écrans tactiles. PLATO (initiales de mots anglais signifiant « logique programmée pour opération d'enseignement automatique ») fut un outil éducatif idéal, mais il servit aussi aux jeux et au travail en réseau. Renforcé par le langage informatique TUTOR, il permit à de nombreuses personnes de l'utiliser simultanément. Bitzer fut également le co-inventeur de l'écran plasma en 1971 ; l'Emmy Award de la réussite technique lui fut remis en 2002. **BMcC**

VOIR ÉGALEMENT : ORDINATEUR MÉCANIQUE, PROGRAMME INFORMATIQUE, ORDINATEUR NUMÉRIQUE

La reconnaissance optique de caractères (1960)

Rabinow invente une machine capable de lire.

Jacob Rabinow (1910-1999) et sa famille fuirent la Révolution soviétique pour se retrouver à New York. Après avoir étudié le génie électrique, il entra à l'American National Bureau of Standards (organisme de normalisation comparable à l'Afnor) et conçut toutes sortes d'inventions et déposa près de 230 brevets. S'il s'intéressa d'abord aux systèmes de guidage des missiles militaires, mais il est surtout connu pour sa « machine à lire ».

L'idée de la reconnaissance optique de caractères (ORC mais plus souvent ORC, comme en anglais) était dans l'air. Un système commercial fut installé en 1955 dans les bureaux du Reader's Digest, mais les résultats étaient assez imprévisibles. En 1960, Rabinow conçut un principe destiné à réduire le nombre d'erreurs. Sa machine fut la première à comparer l'information scannée aux éléments d'une matrice constituée de lettres, de chiffres et de symboles.

> *« Je crois que ma première invention date de 1918, c'était une machine à lancer des pierres. »*
>
> Jacob Rabinow

Cette nouvelle méthode de balayage de l'information est à la base de tous les systèmes d'OCR actuels. La reconnaissance optique des caractères latins est aujourd'hui fiable à plus de 99 %. L'OCR sert par exemple à trier le courrier postal. Elle permet aussi aux radars de la police de lire les plaques d'immatriculation des voitures. Le nouveau défi consiste désormais à lire électroniquement l'écriture manuscrite. **DHk**

VOIR ÉGALEMENT : FAX, RECONNAISSANCE DU LANGAGE, SCANNER

Le laser (1960)

Maiman crée un appareil optique polyvalent.

Le laser fait aujourd'hui partie de la vie quotidienne : c'est un élément central des lecteurs de DVD ou de CD, ou encore des scanners des caisses de supermarché. Sa capacité à diriger l'énergie avec une étonnante précision le rend indispensable dans de nombreuses activités : fraise du dentiste, soudure, découpe de précision ou chirurgie de l'œil.

Le principe du laser est le suivant : des atomes excités par pompage optique sont plus nombreux à un haut niveau d'énergie. La désintégration produit des photons de lumière qui stimulent l'émission d'autres désintégrations de sorte que le nombre de photons est croissant. La substance obtenue est enfermée dans une cavité résonante dotée à chaque extrémité de miroirs stimulant un feed-back.

Les photos vont et viennent entre ces miroirs et le système permet d'obtenir un laser si le gain obtenu par l'émission stimulée est supérieur aux pertes dues à l'absorption et à l'éparpillement. Un des miroirs est à moitié argenté et le rayonnement qui le traverse forme le faisceau laser.

Albert Einstein s'intéressa à l'émission stimulée dès 1916 et le Français Alfred Kastler proposa en 1950 un procédé de pompage optique. Le premier laser à micro-ondes (d'où le nom « maser ») apparaît en 1958, mais c'est en 1960 que Theodore Maiman (1927-2007) obtint la première émission laser à l'aide d'un cristal de rubis.

On trouve aujourd'hui plusieurs sortes de lasers : cristallins (ou ioniques), à colorants (moléculaires), à gaz, à semi-conducteurs (ioniques) ou encore à électrons libres. **DH**

VOIR ÉGALEMENT : LASER AU DIOXYDE DE CARBONE, BOMBE GUIDÉE LASER, IMPRIMANTE LASER, LASER ATOMIQUE

⊡ *On voit ici le premier laser commercialisé capable de produire un faisceau d'intensité continue.*

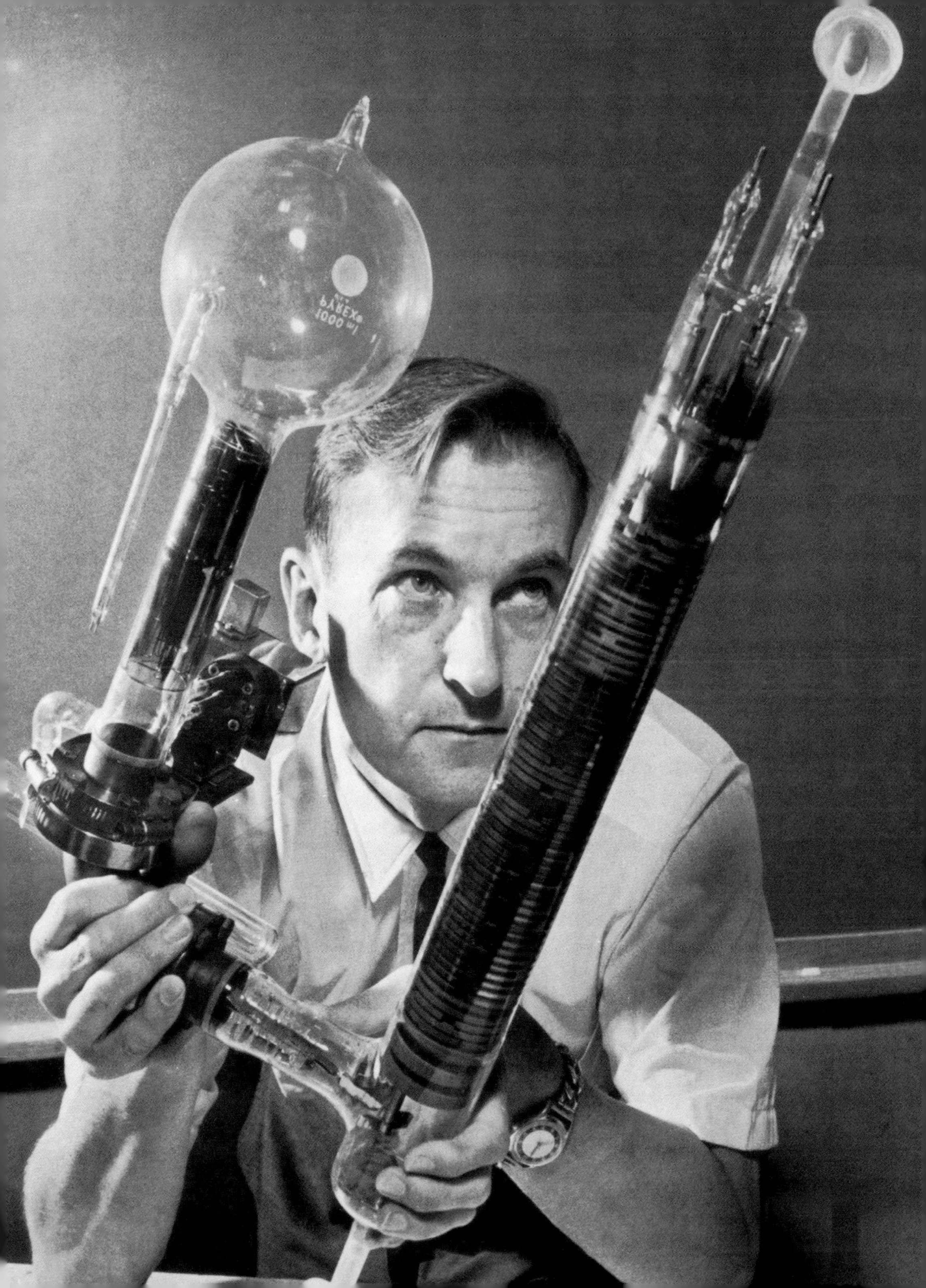

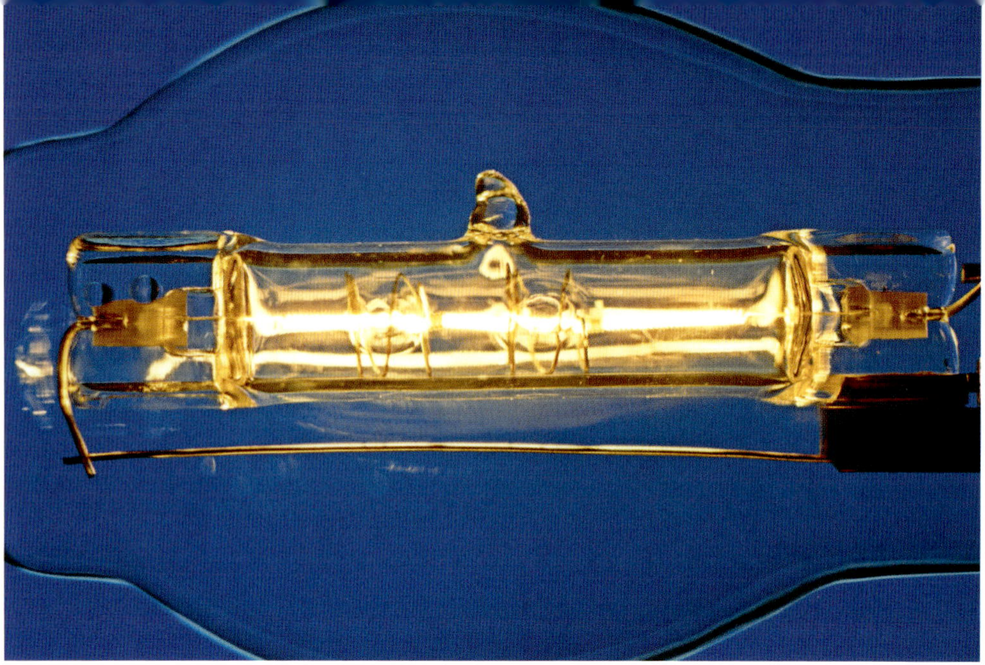

L'ampoule halogène (1960)

Grâce à Moby, l'ampoule électrique perd en chaleur ce qu'elle gagne en lumière.

Depuis 1916 et l'invention par Irving Langmuir de la lampe au filament de tungstène, les chercheurs de la General Electric Company (GEC) tentaient de produire des ampoules plus efficaces.

Dans l'ampoule de Langmuir, le tungstène s'évapore pendant l'allumage. Cela produit un revêtement absorbant sur la paroi intérieure du verre tout en affaiblissant le filament qui finit par se rompre. Les fabricants étaient face à un dilemme : les filaments les plus chauds sont les plus efficaces, mais l'évaporation accrue diminue leur durée de vie.

En 1960, un ingénieur de la GEC, Fredrick Moby, plaça un filament au tungstène à très haute température dans une enveloppe de quartz emplie de gaz halogène (iode ou brome). Son ampoule se fixait à une douille classique. Elle produisait non seulement davantage de lumière, mais sa durée de vie était le double d'une ampoule classique (4 000 heures au lieu de 2 000). Avec une ampoule à filament, l'énergie est émise à raison de 98 % sous forme de chaleur et de 2 % seulement sous forme de lumière. Avec l'ampoule halogène, on passe à 91 et 9 %.

D'autres ingénieurs de la GEC, tels Elmer Fridrich et Emmet Wiley, firent breveter en 1959 un type amélioré de lampe à incandescence.

La lampe halogène est idéale pour les phares de voiture. Dans les bureaux, l'appareil à air conditionné est moins sollicité puisque la chaleur est plus faible. Cependant, les lampes halogènes sont d'importantes consommatrices d'énergie ; alors que les ampoules classiques font entre 25 et 100 watts, les ampoules halogène atteignent jusqu'à 500 watts. **DH**

VOIR ÉGALEMENT : AMPOULE À INCANDESCENCE, FILAMENT DE TUNGSTÈNE, TABLE DE CUISSON HALOGÈNE

↑ *Le filament de tungstène est ici enfermé dans une enveloppe de quartz remplie de vapeur halogène.*

Le robot industriel (1961)

La machine de Devol et Engelberger va remplacer l'homme.

La science-fiction a toujours décrit des machines du futur susceptibles d'effectuer les travaux les plus pénibles ou les plus dangereux, de sorte qu'ingénieurs et inventeurs se sont évertués à transformer un tel rêve en réalité. En 1961, après de nombreux prototypes, un robot manipulateur appelé Unimate fut placé pour la première fois sur une chaîne de montage des usines General Motors. Inlassablement, il pouvait retirer des pièces en fusion de machines et souder différentes parties de véhicules. À partir de commandes séquentielles enregistrées sur tambour magnétique, le bras du robot, pesant près de deux tonnes, était assez polyvalent pour remplir un certain nombre de fonctions.

Unimate fut conçu à la fin des années 1950 par les ingénieurs américains George Devol (né 1912) et Joseph Engelberger (né 1925) puis développé par la société d'Engelberger, Unimation Inc. Le robot industriel connut un essor rapide et, très vite, de nombreuses tâches pénibles ou répétitives furent assurées par des robots de divers types. Ils servaient dans un premier temps à transporter des objets sur quelques mètres et l'on parlait de « machines de transfert programmables ». Grâce à des actionneurs hydrauliques, ils sont programmés lors de la phase d'apprentissage pour reconnaître et enregistrer les angles de soudure de deux pièces, par exemple. Les séquences sont ensuite rejouées inlassablement.

Les descendants d'Unimate sont aujourd'hui capables de saisir et de déplacer différents objets avec une grande précision, et d'exécuter des tâches aussi diverses que le déminage, le tri postal et la construction d'autres robots ! **MD**

VOIR ÉGALEMENT : AUTOMATE, FABRICATION ASSISTÉE PAR ORDINATEUR (FAO), ROBOT BIPÈDE, ROBOT CHIRURGICAL

↑ *Des robots soudent des carrosseries de voiture au Japon… l'homme inspecte le travail des machines.*

Le disque optique (1961)

Le précurseur du DVD voit le jour.

Le concept du DVD est né en 1958 quand l'ingénieur David Paul Gregg, employé de la société Westrex, eut l'idée de créer un nouveau format audio et vidéo. Il avait lu un article décrivant les performances d'un microscope électronique à balayage, où les lignes tracées par le faisceau mesuraient moins d'un dixième de micromètre de largeur. Gregg imagina un disque en plastique pouvant être lu par un lecteur optique bon marché, équivalent du saphir des disques vinyle.

Breveté en 1961, le concept de Gregg était celui d'un disque transparent qu'un faisceau de lumière concentrée pouvait traverser pour être lu sur la face opposée. Comme le vinyle, le « vidéodisque » était analogique et non numérique ; il incluait deux pistes audio plus une vidéo.

« Une illustration tirée d'un magazine m'a inspiré le disque optique… »

David Paul Gregg

Gregg fonda en 1965 sa propre société, Gauss Electrophysics, pour améliorer son invention. De grandes compagnies s'intéressèrent à elle et MCA finit par la racheter en 1968.

Un autre brevet déposé en 1969 fut à l'origine du disque compact (CD) de Philips, du minidisque (MD) de Sony et du DVD laser de Pioneer. Aujourd'hui, le DVD et son successeur, le disque Blu-ray, connaissent une des expansions les plus rapides de l'histoire. **DHk**

VOIR ÉGALEMENT : DVD, BLU-RAY/HD DVD

L'observatoire spatial (1962)

La Nasa lance le premier télescope spatial.

Les bandes visuelles et radio du spectre électromagnétique sont les seules à traverser pratiquement indemnes l'atmosphère terrestre. Pour toutes les autres (rayons gamma, rayons X, ultraviolets), l'observation de l'espace s'effectue dans de meilleures conditions lorsqu'on se trouve au-dessus de l'atmosphère de la Terre.

Le premier vrai télescope spatial fut l'Orbiting Solar Observatory-1 (OSO-1), lancé de cap Canaveral le 7 mars 1962 et placé en orbite basse. La partie inférieure tournait sur elle-même toutes les deux secondes et la partie haute était fixe ; des servomoteurs et des capteurs solaires permettaient de braquer très précisément les instruments sur le Soleil. L'objectif premier était l'observation des éruptions solaires (explosions extrêmement violentes survenant à la surface du Soleil et à proximité des taches) dans les longueurs d'onde gamma, X et ultraviolettes. La partie mobile de l'engin recherchait quant à elle les sources gamma du ciel tout entier. Après trois mois et plus de 1 000 révolutions orbitales, un essai atomique en haute altitude des États-Unis affecta grandement l'OSO-1.

L'OSO-1 montra que des instruments délicats pouvaient fonctionner très longtemps sur des engins spatiaux en orbite. La Nasa se lança alors dans la construction de toute une série d'observatoires spatiaux : Hubble (1990), observatoire à rayons gamma Compton (1991), télescope à rayons X Chandra (1999) ou encore Spitzer (2003). Les observatoires spatiaux scrutent le ciel pour collecter les données émises par des objets spécifiques. **DH**

VOIR ÉGALEMENT : TÉLESCOPE, SONDE SPATIALE, TÉLESCOPE À RAYONS X, ENGIN SPATIAL RÉUTILISABLE, TÉLESCOPE SPATIAL HUBBLE

Lancé en 1967, l'OSO-4 servit à mesurer l'émission spectrale des éruptions solaires.

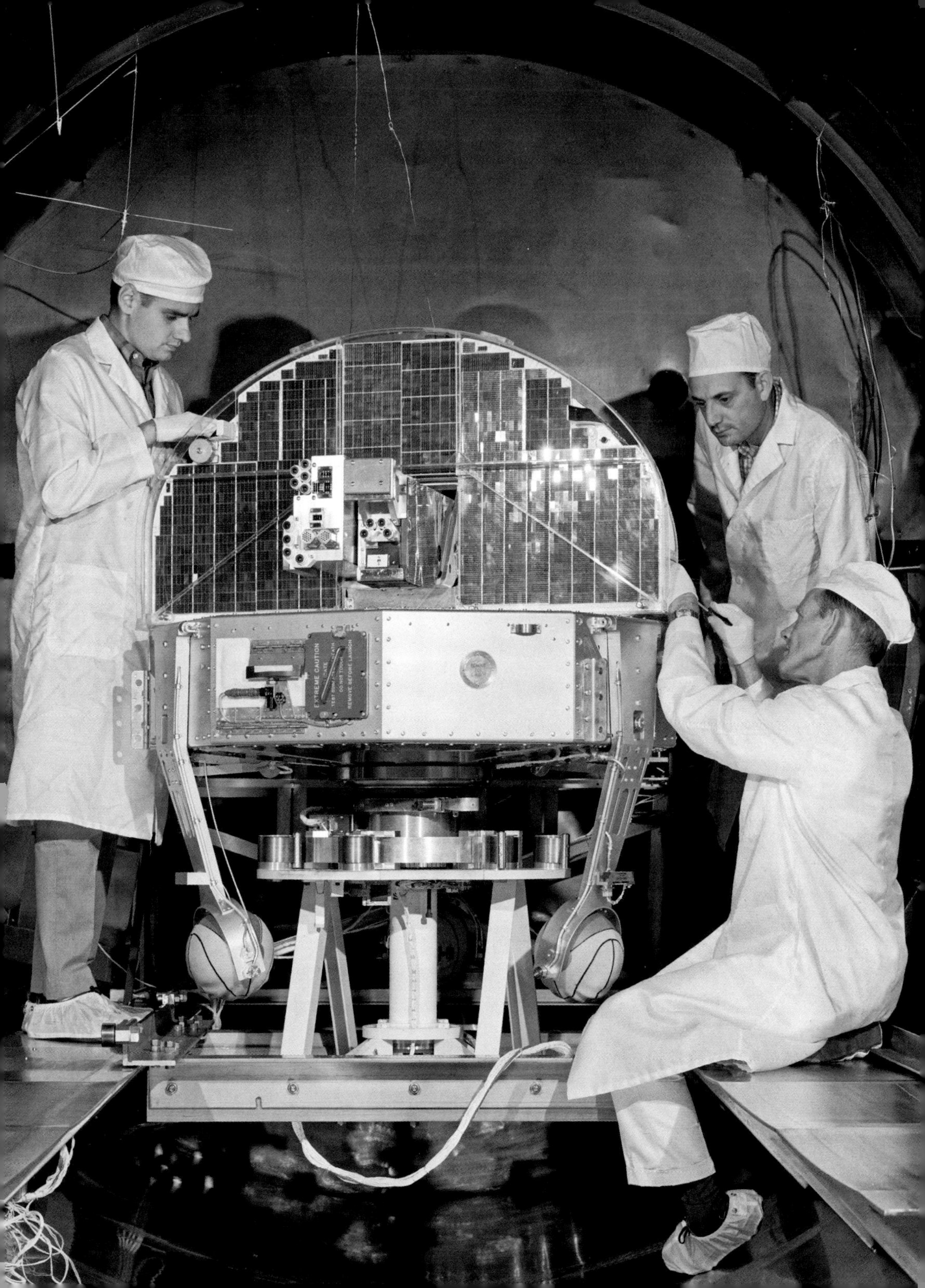
EXTREME CAUTION
REMOVE BEFORE LAUNCH

La diode électroluminescente (LED) (1962)

La LED de Holonyak est la première à émettre une lumière visible.

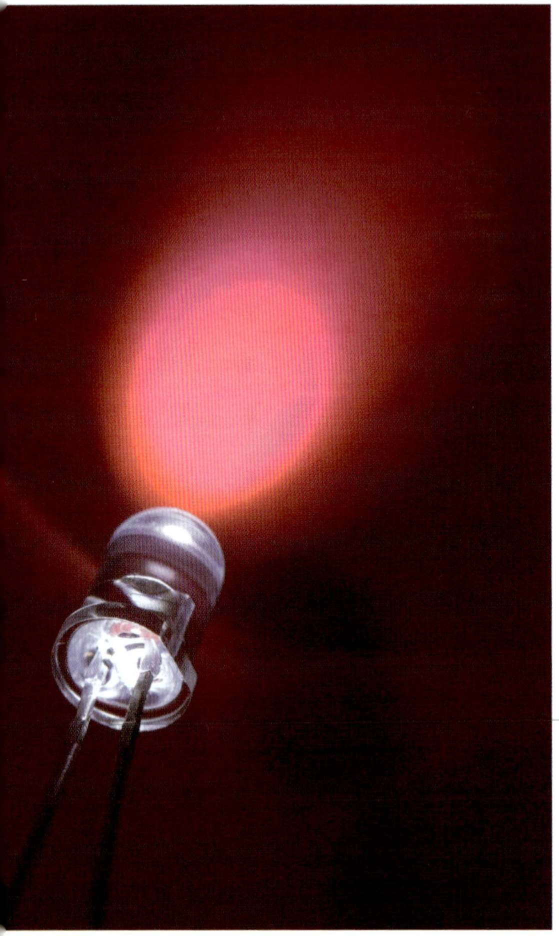

La LED, ou diode électroluminescente, est un semi-conducteur : sa capacité à transmettre un courant électrique est due aux impuretés de sa structure, elles-mêmes provoquées par des traces d'additifs chimiques. Une impureté de type N ajoute un électron au semi-conducteur et une impureté de type P crée un trou. Particules à charge négative, les électrons se déplacent naturellement des zones riches en électrons (pôle négatif) vers les régions pauvres (pôle positif).

Dans une diode, un matériau de type N est placé à côté d'un autre de type P, et les deux sont « pris en sandwich » entre des électrodes. Le courant électrique (flux d'électrons) ne peut passer que dans une direction, de l'électrode du côté type N à celle du côté type P.

En tombant dans un trou, un électron émet un photon. La circulation des électrons émet donc de la lumière. Différents types de matériaux produisent différentes longueurs d'onde de lumière.

En 1962, Nick Holonyak (né en 1928) créa une diode à partie de cristaux d'arséniure de gallium-aluminium et produisit une lumière visible. Sur le même principe, il imagina un prototype de laser semi-conducteur, précurseur des lasers lecteurs de CD.

La LED est aujourd'hui omniprésente : montres, télévisions, feux de circulation, écrans de matériel électronique. Le contrôle à distance est assuré par une LED à infrarouge. Les LED créant moins d'énergie qu'une ampoule traditionnelle, elles se trouvent également dans les phares et les systèmes d'éclairage très puissants. **LW**

« Je voulais travailler dans le spectre visible alors que tout le monde s'intéressait à l'infrarouge. »

Nick Holonyak

VOIR ÉGALEMENT : DIODE À VALVE, AMPOULE À INCANDESCENCE, TRIODE, SEMI-CONDUCTEUR

Le type de semi-conducteur utilisé détermine la quantité et la direction de la lumière émise par la LED.

Le MOSFET (1962)

Hofstein et Heiman imaginent un transistor révolutionnaire.

Des mots comme laser ou radar sont si familiers que nous oublions que ce sont en fait des acronymes. D'autres, tout aussi dignes de reconnaissance, n'ont pas eu l'honneur d'accéder à un tel statut : c'est le cas du MOSFET (initiales de mots anglais signifiant « transistor à effet de champ (à grille) métal-oxyde »).

Il n'y a pas de partie mobile dans un MOSFET. On peut comprendre sa forme et sa fonction en imaginant une sorte de sandwich composé de trois types de matériaux appelés N, P et N. Si des fils sont connectés aux deux composants, le courant ne passe pas. Cela tient aux différences de propriétés électriques de la couche P.

Dans ce cas, comment faire passer le courant ? Curieusement, il faut commencer par recouvrir une face de la couche P avec un matériau non conducteur isolant et à placer sur une plaque métallique. Le courant ne passe toujours pas, mais il suffit de doter la plaque (ou « grille ») d'un voltage pour qu'un champ électrique traverse le matériau non conducteur et rejoigne la couche P ; il repousse les charges positives dans la couche P, créant ainsi un « canal » permettant la connexion entre les deux couches N. Le courant passe enfin.

Le MOSFET peut paraître insignifiant, mais il a été construit pour de grandes choses. Il peut servir d'interrupteur ou d'amplificateur ; il est facile à miniaturiser, peu coûteux à produire et générateur de basse chaleur. En un mot, ses qualités font de lui l'élément standard d'un circuit intégré d'ordinateur. **AKo**

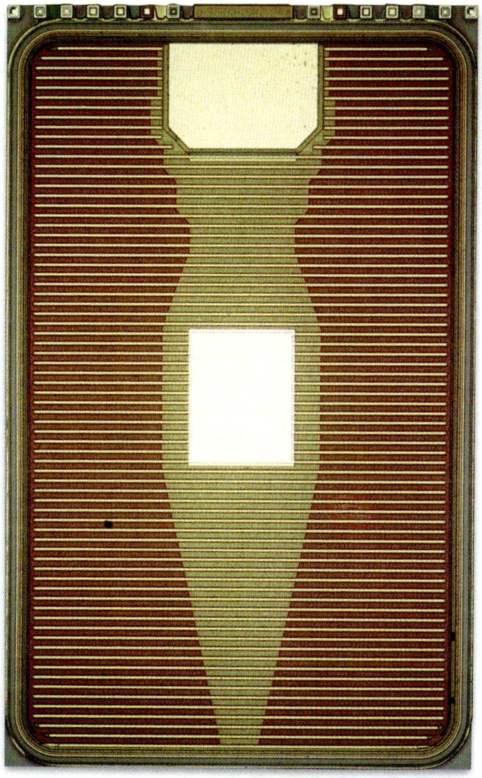

« Si vous réussissez, vous serez des héros. Sinon vous irez travailler à un autre projet. »

Tom Stanley cherchant à motiver l'équipe MOSFET

VOIR ÉGALEMENT : TRANSISTOR

↗ *Cette micrographie montre la surface contenant le circuit intégré d'un transistor à effet de champ.*

La prothèse de la hanche (1962)

Charnley transforme la vie des personnes atteintes de maladies de la hanche.

« En orthopédie, les chirurgiens veulent une opération de la hanche… applicable à tous. »

John Charnley

🡅 *La prothèse est constituée d'une tige et d'une rotule en acier, ainsi que d'un cotyle en polyéthylène.*

🡆 *Sur cette radio, on voit bien la tige en acier cimentée à l'intérieur du fémur du patient.*

On estime à près d'un million le nombre de prothèses de la hanche posées dans le monde chaque année. Elles permettent aux receveurs de recouvrer leur mobilité alors que les os de leurs hanches étaient usés, abîmés ou malades.

C'est grâce aux travaux du chirurgien anglais John Charnley (1911-1982) que l'arthroplastie à faible coefficient de frottement (ou à faible friction) devint la procédure standard en matière de remplacement de la hanche. Charnley s'intéressait à la meilleure façon de traiter l'ostéoarthrite et les autres maladies limitant le mouvement de la hanche quand il imagina le remplacement total de celle-ci. En 1959, il s'adressa en ces termes à l'association des médecins britanniques : « En orthopédie, les chirurgiens veulent une opération de la hanche facile ou, quand une bonne opération est difficile… une qui soit applicable à tous. »

Charnley ne fut pas bien accueilli par ses confrères, mais il persista. À l'hôpital Wrightington de Wigan, en Angleterre, il imagina un ensemble tige-rotule fémoral en acier doublé d'un cotyle en polyéthylène ; les deux composants sont fixés à l'os à l'aide de ciment acrylique. La première opération réussie eut lieu en 1962. Charnley réduisit les risques d'infection pendant l'opération en faisant porter au personnel médical des tenues intégrales et en limitant la circulation de l'air ambiant. Il assura le suivi de ses opérations en examinant l'interface os-ciment des hanches remplacées et ainsi améliorer sa technique.

La technique de la prothèse de hanche ne cesse d'évoluer et l'usure apparaît de plus en plus tardivement. Avec de meilleurs matériaux, il sera un jour possible de ne plus remplacer les prothèses détériorées. **LH**

VOIR ÉGALEMENT : PROTHÈSE, MEMBRE ARTICULÉ ARTIFICIEL, CŒUR ARTIFICIEL, PROTHÈSE AUTONOME, PEAU ARTIFICIELLE

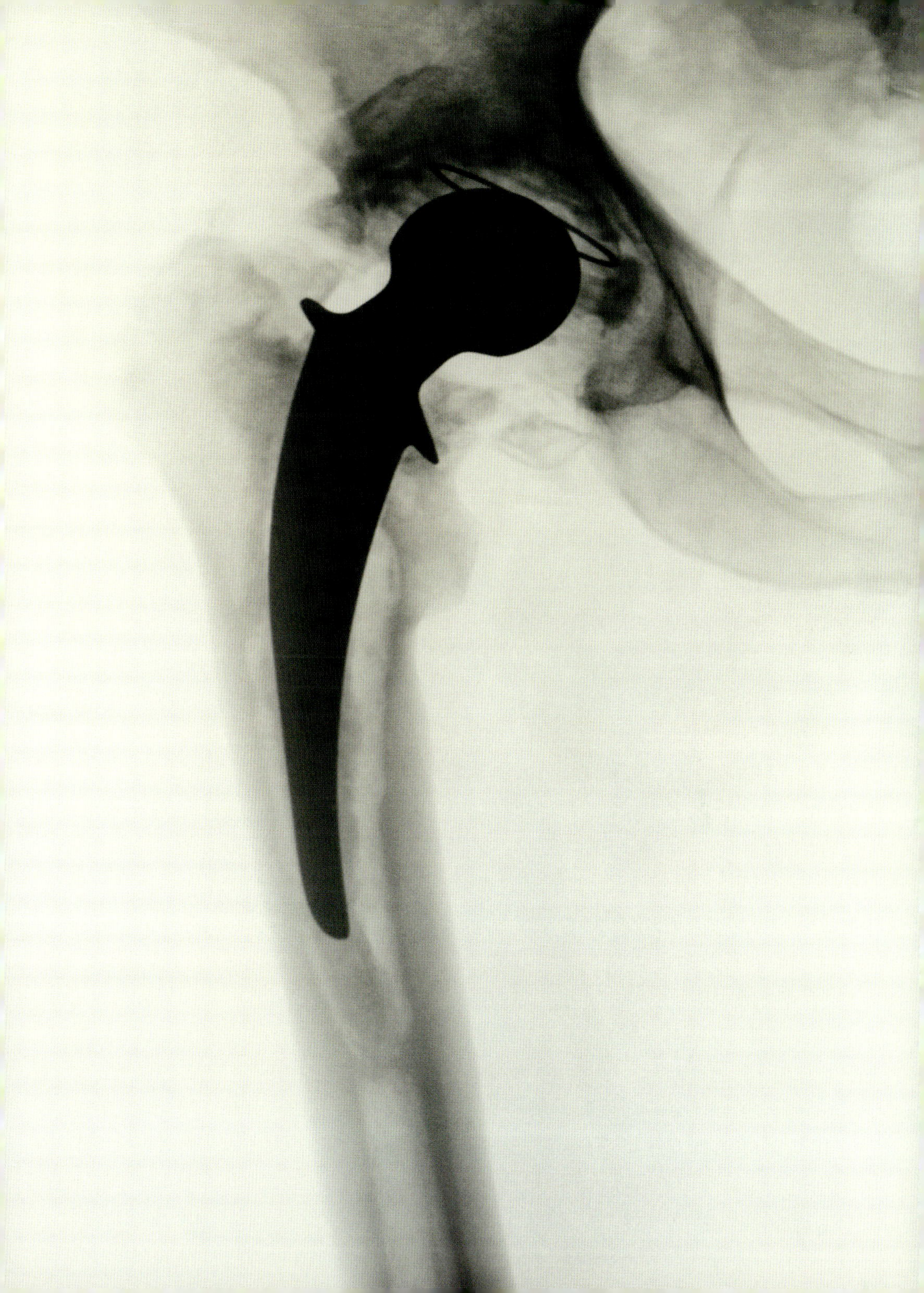

L'anneau d'ouverture (1963)

Grâce à Fraze, les canettes de boisson s'ouvrent presque toutes seules.

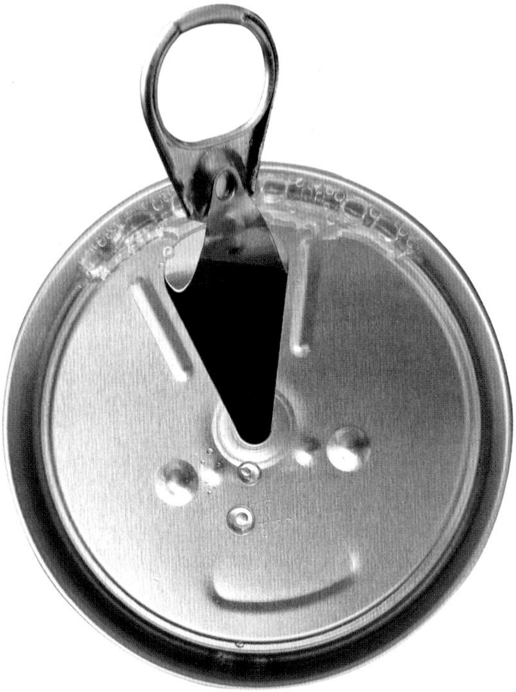

La canette est certainement l'une des inventions les plus pratiques et les mieux connues du XXe siècle. Avant Ermal Fraze (1913-1989), leur ouverture posait cependant toujours problème. Pour boire, il fallait percer par deux fois la partie supérieure à l'aide d'une sorte de décapsuleur doté d'un bout pointu : un trou laissait entrer l'air et le liquide s'écoulait par l'autre.

Fraze eut l'idée de l'anneau (ou bague) d'ouverture un jour où, en plein pique-nique, il s'aperçut qu'il avait oublié son décapsuleur. Dans ce genre de situation, les gens utilisaient n'importe quel objet et se blessaient souvent. Même s'il réussit ce jour-là à ouvrir sa canette avec le pare-chocs de sa voiture, il comprit très vite que ce n'était pas la solution idéale !

Fraze procéda par tâtonnements jusqu'à aboutir à l'anneau d'ouverture. Une petite languette de métal fixée à la partie supérieure de la canette pouvait être arrachée et le trou ainsi créé était suffisant pour laisser passer l'air dans un sens et le liquide dans l'autre. Une brasserie de Pittsburgh, la Pittsburgh Brewing Company, acheta son invention au début des années 1960 et les autres fabricants ne tardèrent pas à lui emboîter le pas. En 1965, plus de 75 % des brasseurs américains utilisaient l'anneau d'ouverture de Fraze. Cependant, le brevet de cette invention ne lui fut attribué qu'en 1967.

Depuis, l'anneau d'ouverture a été modifié mais le principe reste identique. Arraché, il terminait le plus souvent dans la nature. Pour éviter cela, il est aujourd'hui fixé par un rivet rotatif théoriquement inamovible. **JG**

« Je n'ai pas inventé la canette à ouverture facile… mais le moyen de fixer une bague. »

Ermal Fraze

↑ *L'ouverture permet à la fois à l'air d'entrer et au liquide de s'écouler.*

→ *Les amateurs de boissons non alcoolisées furent les premiers à adopter l'anneau d'ouverture, désormais inséparable de la canette.*

VOIR ÉGALEMENT : CONSERVE, OUVRE-BOÎTES, BOÎTE DE CONSERVE AUTOCHAUFFANTE

CONTENTS 12 FL. OZS
Coca-Cola
TRADE-MARK ®
Coke
TRADE MARK ®

Le cœur artificiel (1963)

Grâce à Winchell, le sang continue à circuler pendant une opération à cœur ouvert.

Le cœur artificiel est une machine qui pompe le sang dans tout le corps et remplace le cœur naturel quand le fonctionnement de celui-ci n'est plus satisfaisant. Paul Winchell (1922-2005), célèbre ventriloque de la télévision américaine, est l'inventeur indirect du cœur artificiel.

Au cours d'une soirée, il rencontra le Dr Henry Hemlich, inventeur de la méthode de désobstruction des voies aériennes qui porte son nom. Le chirurgien observa le fonctionnement de son pantin, dont les yeux et la bouche lui évoquèrent les valvules cardiaques. Un cœur artificiel pourrait assurer la circulation du sang pendant une opération à cœur ouvert. Il construisit le premier prototype en 1963.

Il donna ensuite les droits de son invention à l'université de l'Utah, permettant ainsi au Dr Jarvik et à ses confrères de construire un cœur artificiel, le Jarvik-7. Jarvik lui donna une forme ovoïde s'adaptant mieux à la poitrine humaine et choisit comme matériau le polyuréthane. Le Jarvik-7 disposait de deux pompes (comme les deux ventricules), équipées chacune d'un disque chassant le sang d'une valvule vers l'autre. Le 2 décembre 1982, le Dr Willem DeVries implanta le premier cœur artificiel à un dentiste à la retraite, le Dr Barney Clark, qui survécut 112 jours.

Le cœur artificiel est aujourd'hui implanté chez les patients en attente d'une greffe cardiaque, mais un modèle présenté en 2008 par le cardiologue français Alain Carpentier pourrait demeurer de façon permanente dans la poitrine du receveur. **JF**

« Les valvules et les chambres rappelaient les yeux et la bouche des marionnettes. »

Paul Winchell

VOIR ÉGALEMENT : PROTHÈSE, PROTHÈSE DE HANCHE, PROTHÈSE AUTONOME, PEAU ARTIFICIELLE, FOIE ARTIFICIEL

Le Jarvik-7 fonctionnait à l'air comprimé et à l'électricité avec un câble de près de 2 m de long.

Le Valium (1963)

Un médicament vient enfin à bout de l'anxiété.

Le Valium connut son apogée en 1978 en devenant le médicament le plus prescrit pour le traitement de la tension et de l'anxiété. Il avait été découvert en 1963 par Leo H. Sternbach (1908-2005), chimiste polonais travaillant aux États-Unis pour la firme Hoffmann-La Roche. Il désirait créer une pilule « calmante » destinée à remplacer les barbituriques potentiellement toxiques et créateurs de dépendance.

Sternbach reprit les composés auxquels il s'intéressait 20 ans plus tôt et se rendit compte que l'un d'eux, le Ro-5-0690, avait un effet sédatif et hypnotique sur la souris. Hoffman-La Roche lui donna le nom de Librium et ce fut le premier médicament de la classe nouvelle des benzodiazépines. Ils agissent en réduisant l'activité du système d'activation réticulaire (SAR) qui contrôle l'activité mentale du cerveau. Sternbach synthétisa en 1963 une version simplifiée de la molécule du Librium. Ce médicament appelé Valium devait traiter l'insomnie, les phobies et les peurs paniques.

« ...une petite pilule jaune... Et ça l'aide à faire son chemin, à tenir pendant sa journée bien remplie... »

The Rolling Stones, *Mother's Little Helper*

De nombreuses chansons font allusion au Valium. C'est le cas de *Mother's little Helper* des Rolling Stones, en 1966, chanson dans laquelle une mère de famille des beaux quartiers devient littéralement accro. Le Valium peut entraîner une dépendance physique et arrêter brutalement peut être très dangereux ; il n'est normalement prescrit que pour deux semaines. **JF**

VOIR ÉGALEMENT : ANESTHÉSIE, COMPRIMÉ SOLUBLE, ASPIRINE, HÉROÏNE, PARACÉTAMOL, TÉTRACYCLINE, BÊTABLOQUANTS, PROZAC

La cassette audio (1963)

Philips lance un moyen d'enregistrer le son.

Comme le SMS trois décennies plus tard, la cassette audio (de son vrai nom « compact cassette ») est l'exemple classique de l'objet créé dans un but précis qui connaît le succès dans un autre domaine. Même si la cassette permettait d'enregistrer le son, Philips la trouvait incompatible avec la haute-fidélité : son usage premier était en effet les dictaphones et les magnétophones bas de gamme.

Inventée en 1963, la cassette s'est lentement imposée. Son succès tient en grande partie à la décision de Philips de ne pas imposer de droit sur une partie de sa technologie. La bande des premières cassettes était mince, de faible qualité et deux fois moins large qu'une bande de magnéto classique. Les cassettes étant réversibles, l'enregistrement de chaque face ne pouvait s'effectuer que sur un seizième de pouce, soit 1,6 mm : on voyait mal comment elle aurait pu enregistrer les fréquences les plus extrêmes.

« Au milieu des années 1980... la musique se transmettait par des choses appelées cassettes audio. »

Carl Howard, pionnier de la musique alternative

Les mélomanes ne prirent jamais très au sérieux la cassette audio, même quand le système Dolby et les bandes au dioxyde de chrome rendirent possibles des enregistrements de qualité supérieure. Ce fut malgré tout un format important jusqu'au milieu des années 1990 ; dans certains domaines, elle rivalisa, voire dépassa les disques vinyle. **TB**

VOIR ÉGALEMENT : DISQUE VINYLE, ENREGISTREMENT SUR BANDE, BANDE MAGNÉTIQUE AUDIONUMÉRIQUE (DAT), MINIDISQUE

La lampe à lave
(1963)

Walker crée un objet de contemplation pour la génération Peace and Love.

L'Anglais Edward Craven Walker (1918-2000) eut l'idée de la lampe à lave alors qu'il prenait un verre dans un bar. En regardant une lampe bricolée à l'aide d'un vieux shaker et de canettes, il imagina ce que pourrait donner un récipient contenant des liquides de différentes densités. Chez lui, il fabriqua sa propre lampe en se servant d'une ampoule électrique pour chauffer une bouteille contenant un mélange d'eau, de cire transparente et de tétrachlorure de carbone. La cire chauffait, fondait et s'élevait dans la bouteille mais une fois en haut, elle se refroidissait et retombait. La cire fondue aurait flotté sur l'eau à n'importe quelle température, mais le tétrachlorure de carbone en augmentait la densité.

Walker créa la société Crestworth et lança en 1963 les lampes Astro Light. Les commerçants de détail anglais les trouvèrent sans grand intérêt, mais un entrepreneur américain, Adolph Wertheimer, les repéra lors d'une foire organisée à Bruxelles. Avec son associé, Hy Spector, il en acheta les droits et fonda la Lava Simplex International pour commercialiser ce qu'il appela la « Lava Lite ».

La lampe à lave fut vendue sous toutes sortes de formes et de couleurs. Elle connut un énorme succès auprès des jeunes dans les années 1960, principalement des adeptes des drogues hallucinogènes qui passaient parfois des heures à voir des choses dans le mouvement de la cire. **SC**

« La chaîne MTV est la lampe à lave des années 1980. »

Doug Ferrari, humoriste

VOIR ÉGALEMENT : LAMPE D'ARGAND, LAMPE À ARC, AMPOULE FLUORESCENTE, LAMPE DE BUREAU ANGLEPOISE®, AMPOULE HALOGÈNE

Les jeunes aimaient l'effet psychédélique du mouvement des boules de cire.

La conception assistée par ordinateur (CAO) (1963)

Sutherland lance un outil révolutionnaire.

La révolution de la micropuce permit, entre autres, à l'ordinateur de présenter dans le détail le projet de construction d'un objet ou d'un bâtiment. La CAO a radicalement transformé le processus créatif de la quasi-totalité des industries : il est désormais plus facile et plus simple de planifier, exposer et optimiser un objet, quelles que soient ses dimensions.

La CAO vit le jour vers la fin des années 1950 quand le Dr Patrick Hanratty travailla à la conception du système PRONTO, outil de programmation numérique d'avant-garde, puis à celui du système DAC de conception générée par ordinateur. Il existait pour la première fois une véritable interactivité entre le concepteur et l'ordinateur.

En 1963, Ivan Sutherland (né 1938) dévoila le projet SKETCHPAD, conçu au Massachusetts Institute of Technology. Le programme informatique permettait à l'utilisateur de dessiner sur l'écran de l'ordinateur à l'aide d'un crayon optique ou « photostyle ». Le système de Sutherland permettait de modifier l'objet dessiné, de zoomer sur certaines parties et de le conserver en mémoire pour un usage ultérieur. L'accueil fut aussitôt très enthousiaste.

Le projet de Sutherland fut le premier des nombreux systèmes de CAO et les premières grandes applications commerciales virent le jour à la fin des années 1960. La technologie a évolué au même rythme que l'ordinateur et le grand public bénéficie aujourd'hui de la CAO avec, par exemple, des logiciels d'aménagement de la maison. **SR**

VOIR ÉGALEMENT : ORDINATEUR NUMÉRIQUE-ÉLECTRONIQUE, ÉDUCATION ASSISTÉE PAR ORDINATEUR, WEBCAM, GRAPHIQUE 3D

Le laser au dioxyde de carbone (1964)

Patel crée une source de lumière spécialisée.

Le laser au dioxyde de carbone est certainement le plus utile et le plus polyvalent de tous les lasers. Il fut inventé en 1964 par Kumar Patel (né en 1938) alors qu'il travaillait dans les laboratoires Bell, dans le New Jersey.

Un laser au dioxyde de carbone émet un rayonnement infrarouge dont la longueur d'onde varie entre 9 et 11 micromètres. Le milieu actif du laser est un mélange de dioxyde de carbone, d'azote et d'hélium. Les molécules d'azote sont mises en mouvement par un courant électrique pour venir à leur tour exciter les molécules de dioxyde de carbone : c'est ainsi que naît le faisceau laser. Le rôle de l'hélium est double : il assiste le transfert de chaleur engendré par la décharge électrique et aide les molécules de dioxyde de carbone à retrouver leur état premier une fois la phase d'excitation terminée. Le mélange gazeux est contenu dans une chambre scellée, avec un miroir réfléchissant en métal poli à une extrémité et un second miroir semi-perméable, recouvert de séléniure de zinc, à l'autre extrémité.

> *« Les atomes sont comme un papillon qui vole d'une région à l'autre… »*
>
> Steven Chu, physicien

Patel trouva de nombreux usages à son invention. Ce type de lasers a amélioré la spectroscopie à haute résolution et à saturation. Il a aussi contribué à la fusion par laser et à l'optique non linéaire. Il sert également dans le pompage optique permettant de créer de nouveaux types de lasers. **BO**

VOIR ÉGALEMENT : LASER, BOMBE GUIDÉE LASER, CHIRURGIE DE L'ŒIL AU LASER, LASER ATOMIQUE

La cartouche huit pistes (1964)

Lear lance un nouveau format pour les autoradios.

La cartouche huit pistes, ou Stéréo 8, fut développée par un consortium d'hommes d'affaires américains mené par Bill Lear (1902-1978), de la Lear Jet Corporation. Leur but était de produire un système de lecture de bande magnétique facile à installer dans une voiture.

La cartouche huit pistes contenait une bande magnétique de 6 mm de large défilant à la vitesse de 9,5 cm/s. La musique était enregistrée sur quatre paires de pistes disposées en parallèle sur une bande unique. On passait d'une bande à l'autre en modifiant mécaniquement la hauteur de la tête de lecture qui s'alignait ainsi avec le morceau de musique choisi.

Pour Lear, ce système était supérieur à celui utilisant deux bobines (« reel to reel ») puisque l'on faisait tenir davantage de musique en un même volume, mais la qualité audio était inévitablement compromise vu la faible largeur de la bande. De plus, la conception du mécanisme de transport interdisait de rembobiner. Ce n'était pas tout : un disque vinyle 30 cm comportait deux programmes, un sur chaque face, mais il fallait ici quatre programmes. Dans certains cas, l'ordre des titres devait être réorganisé ; de longues plages de silence étaient utiles pour permettre aux têtes de se réaligner ; une chanson pouvait diminuer d'intensité à la fin d'un programme puis remonter au début de l'autre.

La Stéréo 8 devint malgré tout le format préféré des automobilistes et, pendant les années 1970, une grande partie des 33 tours fut également disponible en huit pistes. **TB**

« Ce système équipe bateaux, avions et aussi voitures des pompes funèbres… »

Magazine *Time*, 15 août 1966

- ⇧ *La Stéréo 8 fut très appréciée jusqu'au début des années 1980 malgré un catalogue peu fourni.*
- ⇨ *Les cartouches Stéréo 8 étaient volumineuses et difficiles à ranger dans une voiture.*

VOIR ÉGALEMENT : ENREGISTREMENT AUDIO MULTIPISTES, CASSETTE AUDIO, BANDE MAGNÉTIQUE AUDIONUMÉRIQUE (DAT)

SEP.
8
4
PUSH / TRACKS
Greatest Hits
STEREO
NU9358-1
AS
AUDIO/STEREO
LOUDNESS

Le satellite de communication géostationnaire (1964)

La firme d'Howard Hughes améliore les liaisons téléphoniques entre les continents.

En 1945, dans un article intitulé *Extra-Terrestrial relays*, le romancier britannique Arthur C. Clarke décrivait le moyen de faire passer des informations d'un satellite en orbite à un autre pour qu'un côté de la Terre puisse instantanément communiquer avec l'autre. Même si l'idée avait été précédemment avancée par le scientifique russe Konstantin Tsiolkovsky, c'est la description détaillée de Clarke qui attira l'attention de Harold Rosen chez Hughes Aircraft Corporation. En 1961, des crédits furent attribués au projet Syncom.

Dix-sept mois plus tard, le satellite *Syncom I* fut lancé, mais cessa d'émettre avant même d'être placé en orbite. En 1963, *Syncrom II* occupa une orbite géosynchrone (avec une certaine inclinaison qui ne le plaçait pas en stationnaire au-dessus d'un point donné), et le président Kennedy put avoir une conversation avec le Premier ministre nigérian Abubakar Balewa. *Syncom III* décrivit une orbite géostationnaire en 1964 et les Jeux olympiques de Tokyo furent transmis en direct en Europe et en Amérique du Nord.

L'orbite géostationnaire se révèle très pratique pour les applications de communication. En effet, les antennes au sol, qui doivent impérativement être pointées vers le satellite, peuvent fonctionner efficacement sans être équipées d'un système de poursuite des mouvements du satellite, système non seulement coûteux mais compliqué à exploiter.

Aujourd'hui, les satellites prolifèrent. Les satellites géostationnaires tournent à la même vitesse que la Terre, à 35 800 km au-dessus de l'équateur. Leur espacement nécessaire réduit leur nombre. Un organisme international régit leur circulation au-dessus d'un pays donné ou au-dessus de l'équateur. **JM**

« À long terme… les prophéties les plus audacieuses se révèlent très conservatrices. »

Arthur C. Clarke

⮹ *Aux JO de Tokyo, les athlètes Rafer Johnson et C. K. Yang posent devant la maquette du* Syncom III.

⇥ *Depuis le lancement des* Syncoms, *de nombreux satellites ont été placés en orbite géostationnaire.*

VOIR ÉGALEMENT : SYSTÈME GPS, TRANSMISSION RADIO PAR SATELLITE

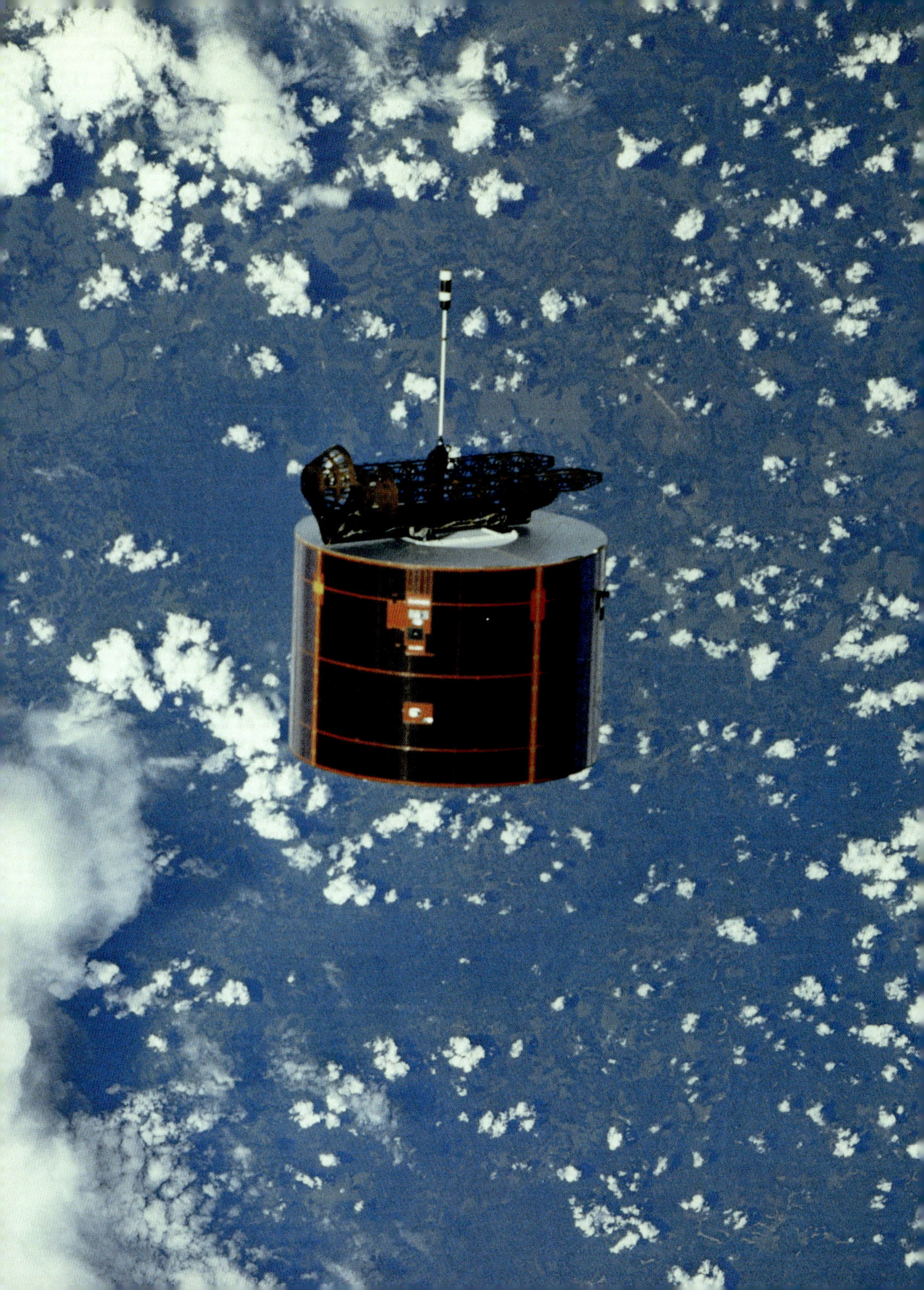

Le gazon artificiel (1964)

Faria et Wright inventent une pelouse que l'on n'a plus besoin de tondre.

James Faria et Robert Wright étaient chercheurs chez Monsanto quand ils inventèrent l'AstroTurf. Appelée à l'origine ChemGrass, cette pelouse artificielle destinée aux terrains de sport ou de jeux fut posée pour la première fois dans l'école Moses Brown de Providence, dans le Rhode Island. Monsanto adopta le nom d'AstroTurf quand elle fut installée en 1966 à l'Astrodome, le stade de Houston.

Le premier AstroTurf, simple couche de nylon, était plus dur que l'herbe et les joueurs se blessaient souvent. Plusieurs équipes de football anglaises adoptèrent la pelouse artificielle dans les années 1980, mais ne tardèrent pas à revenir à l'herbe naturelle. De récents progrès ont permis de surmonter ce problème. L'addition d'une couche intermédiaire de sable ou de caoutchouc, un revêtement supérieur et des fils de nylon le rendent aussi inoffensif qu'une pelouse classique.

Le produit de troisième génération consiste en brins de polyéthylène verts ressemblant à l'herbe, mélangés à de minuscules fragments de caoutchouc noir facilitant les rebonds. Jouer sur de l'AstroTurf ou sur du gazon revient pratiquement au même, la boue en moins !

Bien qu'entièrement chimique, l'AstroTurf est assez écologique puisqu'il ne nécessite aucun arrosage. De nombreux sports d'extérieur peuvent être désormais pratiqués en intérieur : c'est le cas du base-ball aux États-Unis. **SC**

« Je ne sais pas si je préfère l'AstroTurf à l'herbe : je n'en ai jamais fumé. »

Joe Namath, joueur de football américain

VOIR ÉGALEMENT : BÉTON ARMÉ

↖ *Des bandes de peinture jaune peuvent être appliquées sur le gazon en polyéthylène vert et brun.*

L'écran plasma (1964)

Des Américains donnent le jour à un écran géant.

L'écran plasma fut inventé en 1964 par Donald Bitzer, Gene Slottow et Robert Wilson à l'université de l'Illinois. Ils s'éloignaient ainsi du principe de l'écran de télévision classique, où le canon à électrons d'un tube de verre excitait et faisait briller les atomes du revêtement phosphoreux de l'intérieur du tube. La taille du canon et du tube expliquait la profondeur et la masse du poste.

L'écran plasma recourt à une technologie différente. On trouve juste derrière l'écran des centaines de milliers de minuscules cellules contenant du xénon et du néon ; des électrodes sont placées derrière. La charge électrique de ces électrodes transforme provisoirement le gaz en un gaz ionisé et lumineux, le plasma. Ce phénomène explique aussi les aurores boréales. Contrairement à l'écran classique, l'écran plasma ne scintille pas et c'est l'une des raisons de sa création. Les utilisateurs d'ordinateurs auront ainsi moins mal aux yeux et à la tête. Le principal avantage de l'écran plasma, c'est sa faible épaisseur qui permet de l'accrocher au mur comme un tableau.

L'amateur de programmes télévisés ou de projection de DVD peut acquérir un écran plasma de 150 pouces (3,8 m) de diagonale, mais la pièce où il est installé doit mesurer 9 m de long s'il veut en profiter au maximum. **DHk**

« Un écran de 3,8 mètres de diagonale : vous vous voyez en train de regarder les JO sur ce joujou ? »

Toshihiro Sakamoto, président de Panasonic

VOIR ÉGALEMENT : TRANSFORMATEUR, TÉLÉVISION, TÉLÉVISION COULEUR, TÉLÉVISION CÂBLÉE, TÉLÉCOMMANDE

SQUID (1964)

Jaklevic, Lambe, Silver et le magnétisme.

On trouve deux jonctions Josephson au cœur du SQUID (Superconducting Quantum Interface Device). Elles consistent en deux supraconducteurs séparés par un isolant si mince que les électrons peuvent passer à travers (effet « tunnel »). Si un voltage est appliqué, le courant qui franchit la barrière oscille à haute fréquence sous l'influence du champ magnétique ambiant. La résistance électrique du SQUID change, et ce changement permet de mesurer les champs magnétiques les plus petits et les plus faibles.

Le SQUID à courant direct fut inventé par Robert Jaklevic, John Lambe, Arnold Silver et James Mercereau en 1964, un an après la production de la première jonction Josephson. Les premiers modèles ne fonctionnaient qu'à la température de l'hélium liquide (-269 °C). La découverte des céramiques supraconductrices en 1987 permit de travailler à la température du point d'ébullition de l'azote, soit -196 °C.

Des champs magnétiques 100 milliards de fois plus faibles que ceux exercés par un aimant classique sont ainsi facilement quantifiés. On peut mesurer ceux produits dans le cerveau, les muscles et les nerfs. Le SQUID sert aussi à tester les structures contenant du métal. Puisque les objets non naturels affectent leur environnement magnétique, le SQUID permet les surveillances militaires discrètes et assure la sécurité dans les aéroports. **DH**

« La science ne peut résoudre le mystère ultime de la nature… parce que nous-mêmes en faisons partie. » Max Planck

VOIR ÉGALEMENT : MAGNÉTOMÈTRE, ÉLECTROENCÉPHALOGRAMME (EEG)

Le système Dolby

(1965)

Le bruit blanc est enfin éliminé.

Pendant la seconde moitié du XXe siècle, la bande magnétique permit les enregistrements audio, mais un bruit de fond était hélas toujours présent. Cette sorte de sifflement, ce bruit blanc, affectait surtout les passages musicaux les plus doux. En 1965, l'ingénieur en électricité Ray Dolby (né en 1933) proposa le premier système de réduction du bruit des bandes magnétiques. Il voulait améliorer le rapport signal-bruit des enregistrements, réduisant ainsi le niveau du sifflement sans pour autant affecter la qualité sonore. Son approche passait par le *companding* (compression puis expansion du signal sonore). Pendant l'enregistrement, un circuit de codage est inséré entre la source enregistrée et l'enregistreur pour comprimer la portée dynamique de l'enregistrement. Pendant l'audition, un circuit de décodage est inséré entre l'enregistreur et l'amplificateur pour redonner toute son ampleur à la portée dynamique. Les sons les plus faibles du spectre sont les plus affectés ; le niveau du signal diminue pour être filtré dans les plus hautes fréquences, celles du sifflement. À l'écoute, ce sifflement est moins audible.

« L'invention commence par le désir de l'inventeur de créer l'objet… dont il veut se servir. »

Dr Ray Dolby

Le premier système, appelé Dolby-A, fut très vite adopté par les professionnels de l'enregistrement. Quand la cassette Philips vint remplacer la bande de magnétophone classique, Dolby produisit une version simplifiée qu'il vendit aux fabricants de cassettes. **TB**

VOIR ÉGALEMENT : HAUT-PARLEUR, SON STÉRÉO, SON SURROUND

La poussette-canne

(1965)

Maclaren vient en aide aux parents.

Depuis l'époque victorienne jusqu'aux années 1960, les parents ont dû se débattre avec des poussettes aussi lourdes qu'encombrantes. Aujourd'hui, la poussette est certainement l'objet qui vient en tête des listes de naissance. Les parents apprécient non seulement le fait qu'elle puisse se replier et se tenir sous un bras, mais veulent aussi s'éloigner des poussettes disgracieuses et volumineuses de leurs parents.

Aussi étonnant soit-il, l'inventeur de la poussette-canne est un pilote d'essai à la retraite, Owen Maclaren (1907-1978), qui avait précédemment conçu un train d'atterrissage destiné aux Spitfire. Son intérêt pour la poussette peut paraître étrange, mais pour construire un modèle pratique, il fallait une bonne connaissance des structures à la fois solides et légères, connaissance que lui avait donnée son expérience en matière d'aéronautique.

Le premier modèle de Maclaren pesait 3 kg, moins que l'enfant auquel il était destiné, sa petite-fille. Il avait un cadre en aluminium et pouvait se refermer d'une seule main, ce qui permettait aux parents de tenir leur enfant de l'autre. Après avoir fait breveter son invention en 1965, Maclaren entreprit de fabriquer ses poussettes dans son fief du Northamptonshire, en Angleterre. Vers 1976, il en vendait un million par an, principalement à l'étranger.

À la fin des années 1990, des designers conçurent des poussettes plus modernes, voire originales. La poussette-canne doit répondre en France à des normes bien précises de sécurité. **HB**

VOIR ÉGALEMENT : CHAISE, CHARRETTE, POUSSETTE, FAUTEUIL ROULANT PLIANT

→ *Dessins accompagnant le brevet d'invention de Maclaren déposé en 1987 aux États-Unis*

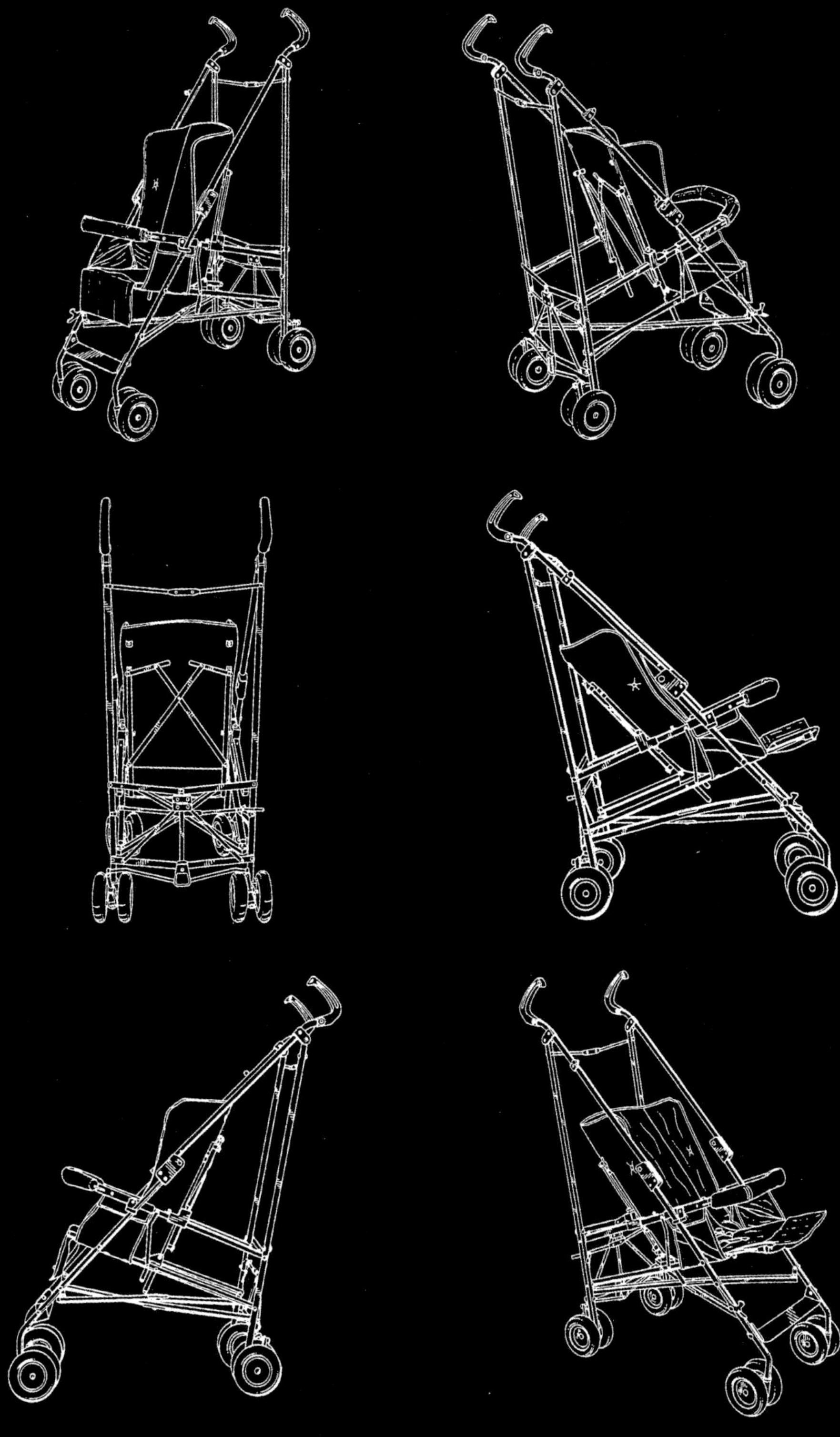

Le toboggan gonflable (1965)

Comment sortir d'urgence d'un avion en détresse.

En cas de crash, une stratégie d'évacuation de l'appareil se doit d'être effective. En effet, la réglementation stipule qu'un avion doit être complètement évacué en 90 secondes, dans le noir complet et avec la moitié des sorties condamnées.

En 1965, Jack Grant travaillait dans le secteur sécurité de la compagnie australienne Qantas Airlines quand il imagina un toboggan gonflable pouvant également servir de radeau si l'appareil s'abîmait en mer. Son modèle fut testé à Sidney avec succès. Dans les années 1960, les autorités suggérèrent que le toboggan gonflable ne serait utile que s'il était complètement déployé en 25 secondes par temps mitigé. Il répondait à ces exigences, mais était aussi léger et compact : il pouvait en effet tenir dans la porte de l'avion ou sous le hublot de la sortie de secours.

> *« [Développer un toboggan] revient à poser du contreplaqué en équilibre sur une tête d'épingle. »*
>
> Mark Robertson, ingénieur

En cas d'urgence, le toboggan commence à se gonfler avec l'air provenant d'un cylindre d'azote et de dioxyde de carbone comprimés. Il acquiert ainsi un tiers de son volume, après quoi il utilise l'air ambiant grâce à trois aspirateurs qui lui donnent tout son volume. **RB**

VOIR ÉGALEMENT : PARACHUTE, PARACHUTE DORSAL, CEINTURE DE SÉCURITÉ TROIS POINTS, CRASH TEST, AIRBAG

← *Cette illustration, tirée d'une notice à l'usage des passagers, montre comment utiliser le toboggan gonflable.*

Le vaccin contre la rubéole (1965)

Meyer et Parkman mettent au point un nouveau vaccin.

En 1814, des chercheurs allemands décrivirent pour la première fois la rubéole, du latin *rubellus* signifiant « rougeâtre ». Le rubivirus est un fragment d'ARN transmis de personne à personne par le biais des gouttelettes respiratoires. Ses effets sont assez légers (fièvre modérée et gonflement des ganglions lymphatiques font partie des symptômes), mais il a un tout autre effet chez les femmes enceintes. Chez le fœtus, il peut entraîner un syndrome multiple : surdité, retard mental, cataracte, malformation cardiaque, maladies du foie et de la rate.

Entre 1963 et 1964, l'épidémie de rubéole qui frappa les États-Unis fit que 30 000 bébés naquirent avec des incapacités permanentes. L'Institut national pour la santé lança une campagne pour la mise au point d'un vaccin. Deux pédiatres, Harry Martin Meyer (1928-2001) et Paul Parkman (né en 1932) isolèrent le virus de la rubéole et purent fabriquer le premier vaccin. Leur équipe développa le virus dans des cultures de cellules rénales de singes verts d'Afrique, chaque souche étant formée à partir de la souche précédente. À la 77e souche, ils inoculèrent à des singes rhésus ce qu'ils appelaient le HPV-77. Les singes vaccinés ne présentaient aucun signe de rubéole, mais développaient des anticorps, ce qui n'était pas le cas des singes qui n'avaient pas été vaccinés. Les premiers essais cliniques sur la femme et l'enfant eurent lieu en 1965, essais qui se révélèrent concluants puisque les personnes traitées développèrent des anticorps.

Le vaccin contre la rubéole est aujourd'hui associé à ceux contre les oreillons et la rougeole (ROR). **JF**

VOIR ÉGALEMENT : IINOCULATION, VACCINATION, VACCIN CONTRE LE CHOLÉRA, BCG, VACCIN CONTRE LA RAGE, VACCIN CONTRE LA POLIO

Le Kevlar

(1965)

Kwolek découvre un polymère hyper résistant.

Deux fois moins dense que la fibre de verre mais cinq fois plus résistant à poids égal que l'acier, le Kevlar est aujourd'hui utilisé dans le monde entier. Il est à l'origine des gilets pare-balles et anti-arme blanche, et a ainsi sauvé des milliers de vies.

En 1946, après des études à l'Institut de technologie Carnegie, la chimiste américaine Stephanie Kwolek (née en 1923) entra chez DuPont pour y travailler sur les substances chimiques à haute performance. Son travail sur les polymères déboucha sur un grand nombre d'inventions. Kwolek, détentrice de 28 brevets, se spécialisa dans le développement des polymères à basse température et découvrit, dans les années 1960, un nouveau groupe appelé polymères cristallins liquides.

L'invention du Kevlar en 1965 est issue de l'intérêt qu'elle portait aux substances chimiques nées du processus de synthèse des polymères. Sensibles à l'humidité et à la chaleur, elles connaissent facilement l'hydrolyse et l'autopolymérisation. Elle découvrit que, à basse température, elles créaient un polymère aramide sous forme de liquide trouble. L'équipe de Kwolek en tira des fibres plus raides et plus solides que toutes celles produites précédemment.

DuPont chercha un usage commercial à ces fibres et le Kevlar connaît aujourd'hui de nombreuses applications. Il remplace les doublures de frein en asbeste et entre dans la composition des voiles de bateau. Câbles pour fibre optique, coques des engins spatiaux, pneus radiaux et câbles pour les ponts suspendus sont de plus en plus souvent fabriqués en Kevlar. Il en va de même pour les gilets pare-balles de la police et de l'armée. On en trouve même dans certains uniformes scolaires. **LC**

VOIR ÉGALEMENT : VÊTEMENT, CHAUSSURE, CASQUE

L'exosquelette motorisé

(1965)

General Electric crée une tenue de surhomme.

La vie imite souvent l'art et l'exosquelette motorisé – ou combinaison robotique – en est un parfait exemple. Dans *Étoiles, garde-à-vous !*, roman publié en 1959, Robert A. Heinlein décrivait des guerriers portant des armures fonctionnant à l'énergie. L'idée fut reprise dans une bande dessinée Marvel avec *Iron Man*, où un homme est revêtu d'une puissante armure équipée de transistors. General Electric saisit la balle au bond et entreprit de faire une réalité de cette fiction. C'est ainsi que naquit en 1965 Hardiman, le tout premier exosquelette motorisé. L'idée était de produire un robot qui réagisse au mouvement naturel des muscles du porteur. Il devait faire office de « seconde peau », mais pesait hélas autant qu'une voiture. Hardiman était un monstre de 750 kilos, conçu pour en soulever 680. Malheureusement, seul un bras fonctionna et souleva 340 kilos comme prévu. Toute tentative de mise en marche de cette armure provoquait un mouvement violent et incontrôlé, de sorte que la machine ne fut jamais occupée par un être humain. Il était tout bonnement impossible de créer un exosquelette et d'y insérer un homme sans prendre le risque qu'il fût écrasé. **SB**

> *« N'y pensez pas… Enfilez-le et il recevra directement des ordres de vos muscles. »*
>
> **Robert A. Heinlein, romancier**

VOIR ÉGALEMENT : COTTE DE MAILLES, CAMOUFLAGE MILITAIRE, PROTHÈSE MOTORISÉE, SEGWAY PT

Un opérateur teste le fonctionnement du bras de Hardiman.

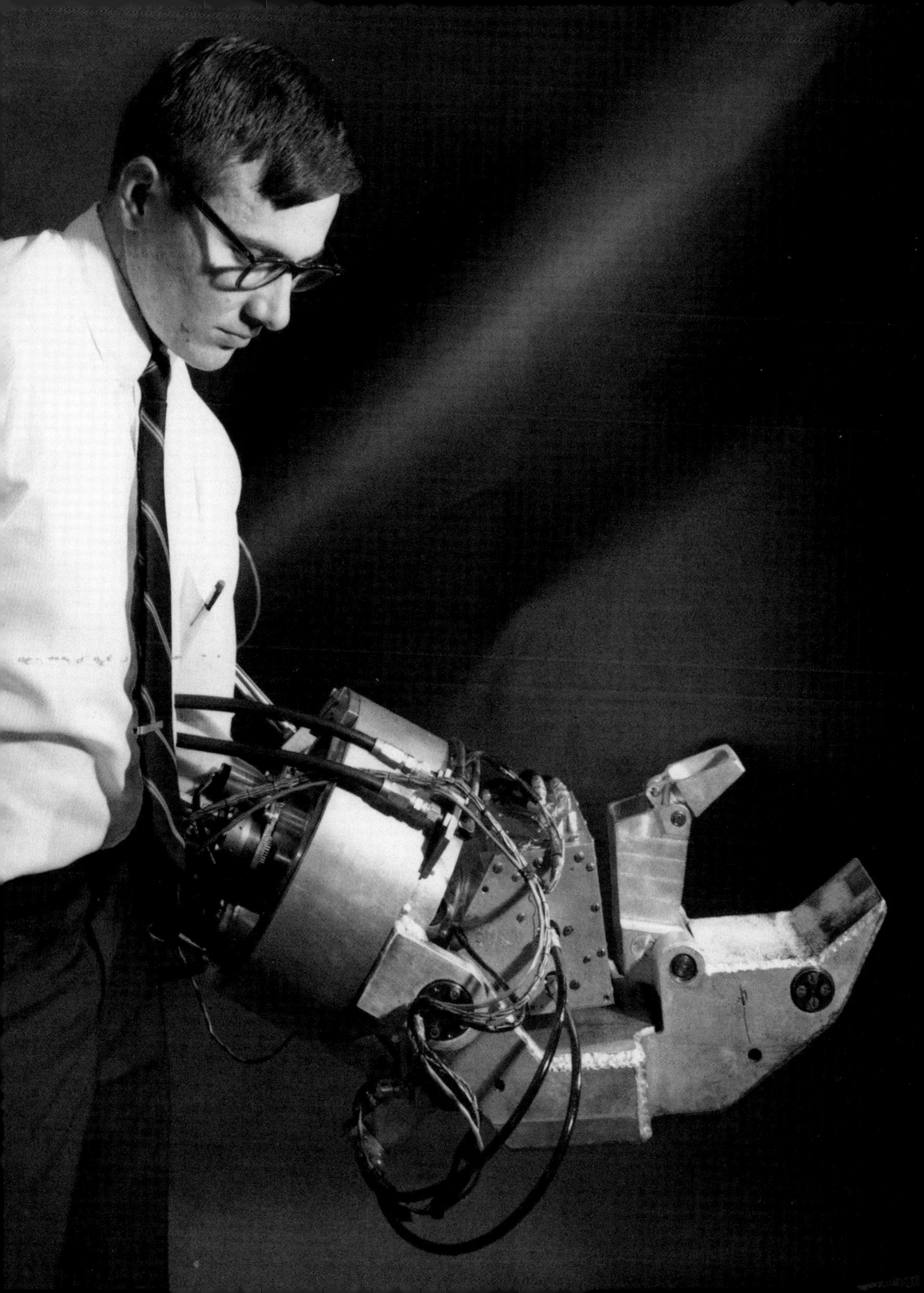

La bombe guidée laser (1967)

L'US Air Force atteint des objectifs mieux ciblés.

En 1962, l'United States Air Force commença (USAF) à s'intéresser au développement d'une arme guidée laser capable d'atteindre avec précision des cibles fixes. Pendant la Seconde Guerre mondiale, les bombes classiques lancées par les bombardiers firent beaucoup de dégâts, mais il en fallait un nombre important pour atteindre les objectifs. D'un point de vue militaire, les pilotes de bombardiers étaient très exposés aux défenses anti-aériennes. Enfin, les civils payaient un lourd tribut quand les bombes étaient larguées de loin et à haute altitude.

Vers 1967, l'USAF produisit la première bombe guidée laser, la BOLT-117, et l'utilisa l'année suivante au Vietnam. Cette innovation transforma les bombes traditionnelles dites « idiotes » (parce que tombant directement sur le sol) en bombes « intelligentes » d'une grande précision.

Avec une bombe guidée laser, la cible est illuminée par un faisceau laser émis par l'avion, un appareil de soutien ou une unité opérant à terre. Le laser se reflète sur la cible pour former un cône inversé, le « panier ». Après le largage, le personnel de l'avion dirige la bombe vers le cône en envoyant des signaux à ses ailerons. Les premières bombes de ce type connurent cependant beaucoup d'échecs.

Les progrès en matière de laser et d'informatique permirent de fabriquer des missiles plus précis. Déployé pour la première fois en 1991 avec succès pendant la guerre du Golfe, un avion volant seul put diriger un laser gratifiant la cible d'une signature thermique. Le missile suit cette signature même si la cible est mobile. **SG**

« Notre pouvoir scientifique a dépassé notre pouvoir spirituel. Nous avons des missiles guidés et des hommes désorientés. » M. Luther King

↑ *Des BOLT-117 sont chargées sur l'USS Truman pendant la seconde guerre du Golfe, en 2005.*

→ *Les ailerons de queue de la bombe guidée laser Paveway II améliorent sa trajectoire.*

VOIR ÉGALEMENT : FUSÉE, CANON, BOMBE À FRAGMENTATION, BOMBE A, BOMBE À HYDROGÈNE

ZG506

Le système avertisseur de proximité du sol (1967)

Bateman met au point un système pour faciliter l'atterrissage.

Dans les années 1960, après une série de CFIT (Controlled Fligt Into Terrain désigne un accident d'avion lié à la mauvaise évaluation de la distance au sol par le pilote), Donald Bateman (né en 1932) conçut le GPWS.

Le principe de ce système tient en une collecte et une comparaison des données émises par le radar d'altitude (pour mesurer la distance au sol), l'altimètre barométrique, le capteur qui détecte la trajectoire et les capteurs fixés aux ailerons et au train d'atterrissage. Elles servent ensuite à prévoir la trajectoire de vol. Le pilote est prévenu quand le système enregistre une vitesse de descente excessive, une mauvaise configuration du terrain, une perte d'altitude après le décollage ou une déviation verticale par rapport à la trajectoire initiale.

Chaque type de danger émet un avertissement audio et visuel au pilote. Pour chacun d'eux, l'alarme diffère en fonction de la gravité de la situation. Par exemple, une chute à raison de 1 200 m/min déclenche à 460 m du sol une alarme différente de celle émise à 150 m.

L'introduction, en 1967, du système de Bateman réduisit de 3,5 % à 2 % par an le taux de CFIT dans le cadre des vols commerciaux. Le ministère de l'Aviation américain le rendit obligatoire en 1973. La version élaborée dite E-GPWS, est associée à une carte du terrain permettant au pilote de savoir exactement où il se trouve et de voler dans des conditions assez défavorables. Les informations proviennent alors du GPS, du radioaltimètre, des centrales de cap et de verticale, de la centrale aérodynamique ainsi que du système de radionavigation. **HP**

VOIR ÉGALEMENT : AVION SUPERSONIQUE, RADAR, ALTIMÈTRE BAROMÉTRIQUE, ENREGISTREUR DE VOL (BOÎTE NOIRE)

Le frein dynamique (1967)

Avec AMC, le freinage engendre de l'énergie.

Le frein à régénération d'énergie, ou frein dynamique, a été inventé dans les années 1960 par l'American Motors Corporation (AMC) pour augmenter le potentiel des voitures électriques et les mettre à égalité avec celles utilisant des carburants fossiles. Un frein est un mécanisme qui convertit l'énergie cinétique (mouvement) en un autre type d'énergie. Le système de freinage traditionnel ralentit le véhicule par le biais d'une plaquette de frein et transforme l'énergie cinétique en chaleur. Ce système est efficace, mais ne produit pas d'énergie : il serait plus intéressant de récupérer une partie de cette énergie sous forme de carburant. Le problème des véhicules à combustion interne ou à énergie fossile tient à ce que l'inertie ne peut redevenir pétrole. En revanche, dans un véhicule électrique, le problème est résolu par les freins dynamiques. Le mouvement est produit par le passage de l'électricité dans des bobines, créant ainsi un champ magnétique qui repousse les éléments sur une partie mobile, le rotor. Pendant le freinage, le processus est inversé et les aimants génèrent de l'électricité dans les bobines où elle peut être stockée.

« Le freinage dynamique améliore l'efficacité globale et prolonge la vie des composantes du frein. »

Publicité pour de l'équipement industriel

Le frein dynamique s'est révélé très utile dans d'autres véhicules, principalement les trains, dont il améliore l'efficacité de 15 %. **JB**

VOIR ÉGALEMENT : FREIN À BANDE (À RUBAN), FREIN À DISQUE, FREIN À TAMBOUR, FREIN HYDRAULIQUE

Le guichet automatique bancaire (GAB)

(1967)

Shepherd-Barron facilite les retraits en espèces.

Il y a une trentaine d'années, le guichet automatique bancaire, plus familièrement appelé « distributeur », n'existait pas. Pour retirer de l'argent, il fallait entrer dans l'agence bancaire et s'adresser au caissier. Aujourd'hui, près de 2 millions de distributeurs équipent le monde entier dans les magasins, dans les cinémas et même près du Grand Cayon dans le Colorado. Outre le retrait de billets, ces guichets permettent d'effectuer la plupart des opérations bancaires : consultation de comptes, dépôts en chèque et même en liquide, transferts de fonds...

L'inventeur du distributeur fait l'objet d'une controverse. Luther George Simjian installa, en 1939 près de la City Bank de New York, une machine distribuant des billets. Elle ne connut de succès qu'auprès « des prostituées et des joueurs peu désireux de se retrouver face à un caissier ». Elle fut très vite enlevée.

Trois décennies plus tard, en 1967, un inventeur d'origine écossaise, John Shepherd-Barron (né en 1925), eut l'idée d'une machine susceptible de vous donner de l'argent en n'importe quel point du monde. Le premier GAB fut installé à Londres. Il suffisait d'introduire un « carton » semblable à un chèque et imprégné d'un matériau radioactif. Il était ensuite comparé à un code d'identification personnel (code Pin) à quatre chiffres. Pourquoi quatre ? Parce que la femme de l'inventeur ne pouvait en mémoriser davantage !

On doit la première carte de retrait en plastique au Texan Don Wetzel (certains voient lui le véritable inventeur du distributeur). Les cartes modernes sont équipées d'une puce en plus d'une piste magnétique. **BG**

VOIR ÉGALEMENT : CAISSE ENREGISTREUSE, CARTE DE CRÉDIT

↗ *Une cliente compte son argent devant l'un des tout premiers distributeurs.*

« J'ai eu l'idée d'un distributeur de tablettes de chocolat, mais j'ai remplacé le chocolat par des billets. » John Shepherd-Barron

La montre à quartz (1967)

Le Centre électronique horloger suisse donne l'heure avec une extraordinaire précision.

On trouve au cœur d'une montre à quartz une barre de 4 mm de cristal piézoélectrique de quartz que fait vibrer un petit voltage. Ce cristal oscille à vitesse constante, 32 768 fois par seconde. Des cristaux de fréquence plus élevée auraient besoin d'un courant plus fort et la pile serait rapidement usée ; à fréquence plus basse, l'objet serait trop gros. Le signal, un cycle par seconde, actionne l'aiguille des secondes ou déclenche un LCD, un écran à cristaux liquides.

Le quartz a un coefficient infime d'expansion thermique et n'est donc pas affecté par les changements climatiques. Une montre à quartz perd plus ou moins une seconde par jour.

Le premier oscillateur à quartz vit le jour en 1921. Vers 1927, Warren Marrison, ingénieur en télécommunications dans les laboratoires Bell, au Canada, fabriqua la première horloge à quartz, hélas trop volumineuse et peu fiable. La grande innovation date des années 1960 avec l'introduction de système logiques numériques robustes et bon marché faisant usage de simples semi-conducteurs. En 1967, le Centre électronique horloger de Neuchâtel développa la Bêta 21, première montre de poignet analogique à quartz ; deux ans plus tard, Seiko mit au point la première montre à quartz commerciale, l'Astron. Très vite, horloges, réveils et alarmes furent équipés de cristaux de quartz faisant des montres classiques des objets surannés.

Cependant, l'horloge atomique demeure supérieure au mécanisme à quartz quand on désire une très grande précision. **DH**

VOIR ÉGALEMENT : HORLOGE À PENDULE, HORLOGE ATOMIQUE, MONTRE DIGITALE, ÉCRAN À CRISTAUX LIQUIDES

⇑ *Roue des dates (à gauche) et mécanisme de la Bêta 21, première montre de poignet à quartz mise au point par le CEH suisse.*

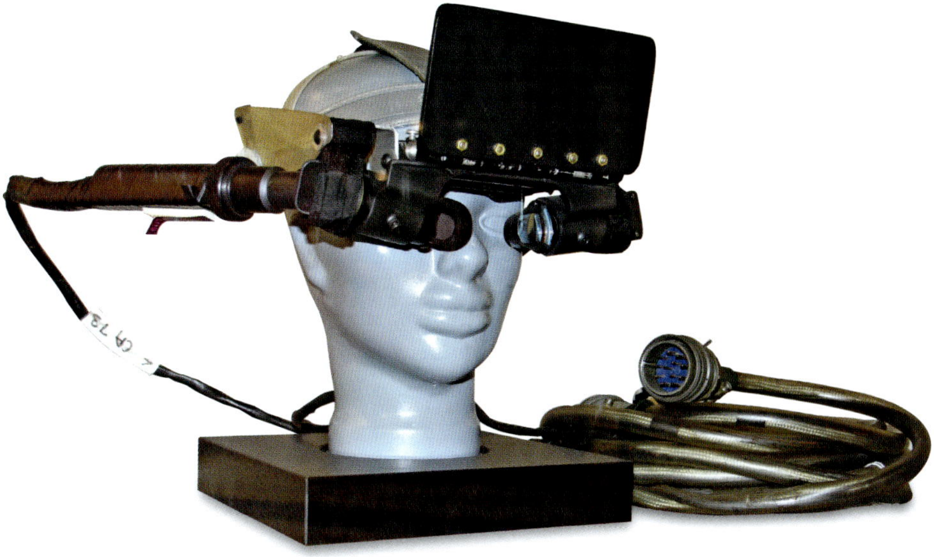

Le casque de réalité virtuelle (1968)

Sutherland propose un univers alternatif entièrement simulé.

La réalité virtuelle, ou RV, est un système permettant aux individus d'interagir avec un environnement simulé par ordinateur. L'origine de l'appellation reste controversée, mais elle est entrée dans le langage populaire dans les années 1970. Un ingénieur américain, Ivan Sutherland (né en 1938), fut le premier à étudier la capacité des ordinateurs à faire vivre des expériences dans une réalité virtuelle.

En 1960, le directeur de la photo Morgan Heilig construisit une console à utilisateur unique appelée Sensorama : elle stimulait tous les sens de l'utilisateur dans un environnement global.

Le concept de Heilig ne faisait appel qu'à une vision passive, il fut néanmoins repris par Sutherland, un ancien de Harvard. Il désirait développer un appareil permettant à celui qui le porte de contempler un monde complètement réel en apparence. L'utilisateur pouvait interagir avec ce monde virtuel régi par un ordinateur.

En 1968, avec son étudiant Bob Sproull, Sutherland construisit un casque assez simple relié à un ordinateur. Le prototype était si lourd qu'il devait être suspendu au plafond et si intimidant qu'on le surnomma « l'épée de Damoclès ». Le système présentait des images envoyées par l'ordinateur : affichées en stéréo, elles donnaient l'illusion d'occuper les trois dimensions. Il captait aussi les mouvements de la tête pour que le champ de vision soit constamment adapté.

L'invention de Sutherland a donné naissance aux simulateurs de vol, par exemple, et à des films comme *Matrix*. **SD**

VOIR ÉGALEMENT : ORDINATEUR NUMÉRIQUE, CONSOLE DE JEUX VIDÉO, INFOGRAPHIE EN 3D

↑ *Le premier casque de Sutherland (1968) est présenté au musée d'Histoire de l'informatique, en Californie.*

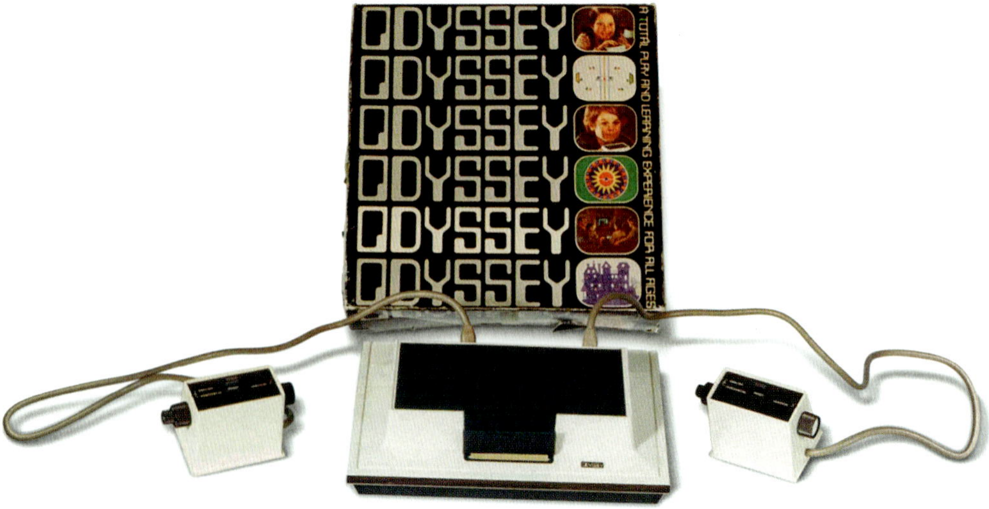

La console de jeux vidéo (1968)

Baer construit la première console de jeux reliée à un poste de télévision.

Alors qu'il travaillait pour Sanders Associates, entrepreneur au service du ministère de la Défense américain, Ralph Baer (né en 1922) se demanda comment utiliser son poste de télévision à des fins ludiques. En 1966, il rédigea en quelques pages un document intitulé *Grande Charte des jeux vidéo*, à l'origine de la toute première console de jeux. Au début, il fabriquait ses prototypes pendant son temps libre, puis son employeur comprit qu'il y avait de l'argent à gagner et décida de soutenir son projet.

La « boîte brune » de Baer naquit deux ans plus tard, en 1968. Elle comportait sept jeux : tennis de table, volley-ball, handball, golf, football, échecs et tir, avec le premier prototype de pistolet optique. La console était composée de couches de plastique placées devant l'écran de télévision pour simuler le décor et les obstacles. Le système fut vendu à Magnavox et vendu en 1972 sous le nom Odyssey. Cette console même si elle offrait une nouvelle forme de distraction ne se vendit pas très bien. Le marketing était peu efficace et le prix, 100 dollars de l'époque, bien trop élevé. À noter que Baer déclara, bien plus tard, préférer ces jeux primitifs aux jeux actuels bien plus sophistiqués.

Les jeux vidéo ne trouvèrent leur place auprès du grand public que quand Magnavox lança Pong, jeu d'arcade simulant une partie de ping-pong qui devint très populaire. Les jeux vidéo constituent de nos jours un marché de plusieurs milliards d'euros et sont indissociables de la notion de loisirs, et cela grâce à la petite boîte brune de Baer. **SB**

VOIR ÉGALEMENT : TÉLÉVISION NUMÉRIQUE, ORDINATEUR NUMÉRIQUE, CASQUE DE RÉALITÉ VIRTUELLE, INFOGRAPHIE EN 3D

↑ *Lancé en 1972, l'Odyssey de Magnavox offrait sept jeux à son utilisateur.*

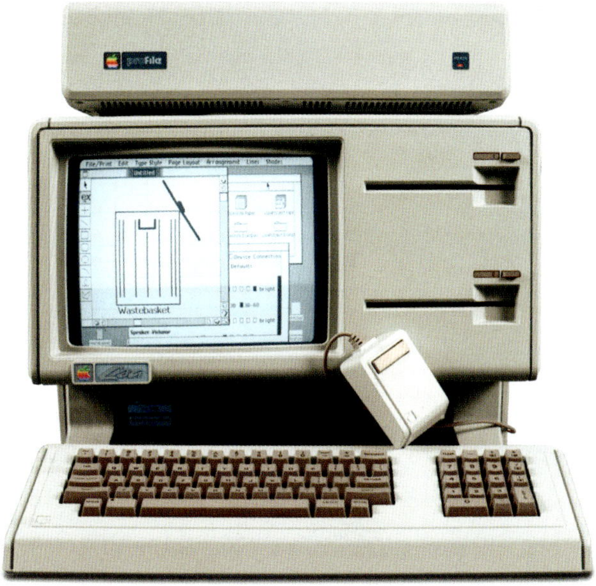

L'environnement graphique (1968)

Engelbart présente les processus graphiques de l'ordinateur sur écran.

Il n'est pas rare d'entendre qualifier la télévision au mieux d'« étrange lucarne », au pire de moyen d'« abrutir les masses ». Pourtant, en ce début du XXIe siècle, les « masses » en question passent souvent plus de temps devant un écran vidéo qu'un poste de télé.

C'est d'autant plus curieux que les premiers ordinateurs n'avaient pas d'écran. Ils se contentaient de traiter les données que leur fournissaient des cartes perforées insérées manuellement. En dehors d'un certain ronronnement, rien n'indiquait qu'ils fonctionnaient. Et il fallait avoir fait de hautes études en mathématiques pour commencer à comprendre ce que faisait la machine. Avec l'invention de l'environnement graphique, également appelé « interface utilisateur graphique », GUI en anglais, ce privilège fut accordé à tout le monde. Le pionnier en la matière fut Douglas Engelbart (né en 1925) qui, s'inspirant d'un essai de Vannevar Bush paru dans le magazine *The Atlantic Monthly*, imagina le système d'interaction NLS (oN-Line System). Premier à employer un écran de visualisation, il faisait appel à des graphiques, des liens hypertexte et des fenêtres, tous contrôlés par un curseur. Il fit sensation quand on le présenta pour la première fois en 1968.

Les idées d'Engelbart furent développées par Alan Kay (né en 1940) du centre de recherche Xerox de Palo Alto, qui introduisit le concept de représentation graphique des processus en cours. Dossiers, menus et fenêtres en cascade nous sont familiers, mais ils n'existeraient pas sans le travail d'avant-garde de Kay. Il a transformé notre façon de considérer l'ordinateur ! **CL**

VOIR ÉGALEMENT : ORDINATEUR MÉCANIQUE, PROGRAMME INFORMATIQUE, HYPERTEXTE, ÉCRAN TACTILE, INFOGRAPHIE EN 3D

↑ *Le modèle Lisa d'Apple fut le premier ordinateur doté d'un environnement graphique, mais son prix élevé rebuta les éventuels acheteurs.*

La souris d'ordinateur (1968)

Engelbart et English améliorent l'interface ordinateur-utilisateur.

En 1968, à San Francisco, la Fall Joint Computer Conference présenta un nombre étonnant de grandes premières : entre autres, conférence en télévidéo, utilisation de l'hypertexte (à l'origine des liens Web actuels) et surtout présentation par l'Institut de recherche de Stanford (SRI) du NLS (oNLine System), ancêtre révolutionnaire des logiciels serveurs modernes. Ces inventions détournèrent toutefois l'attention des participants d'une autre invention d'un chercheur du SRI également, Douglas Engelbart (né en 1925) : la souris d'ordinateur.

Loin de l'élégante souris ergonomique actuelle, c'était une petite boîte en bois dotée de roulettes et d'un gros cordon électrique.

Engelbart et son collègue Bill English (né en 1929) avaient eu cette idée en 1963 dans le cadre d'un projet de recherche de grande importance. Ils voulaient donner à l'utilisateur d'un ordinateur le moyen d'interagir facilement avec celui-ci. Sur le premier prototype, le cordon était placé à l'avant mais, trop encombrant, il passa à l'arrière et ressembla à une queue, d'où le nom de l'objet. « Cela ressemblait à une souris avec une queue, on l'appelait comme ça entre nous », expliqua Douglas Engelbart.

Ni Engelbart ni English ni le SRI ne commercialisèrent la souris. Le centre de recherche Xerox de Palo Alto la modernisa sans pour autant toucher le grand public. Pour cela, il fallut attendre Steve Jobs, fondateur d'Apple, dans les années 1980. Depuis quelques années, on trouve aussi des souris sans queue, pardon, sans fil. **RBk**

VOIR ÉGALEMENT : ORDINATEUR MÉCANIQUE, PROGRAMME INFORMATIQUE, ÉCRAN TACTILE, PAVÉ TACTILE, WEBCAM

↑ *Le déplacement des deux roulettes de la souris d'Engelbart faisait bouger un pointeur sur l'écran.*

Le lit à eau (1968)

Le lit à eau de Hall n'est plus un objet de science-fiction.

Un lit à eau est constitué d'un matelas chauffé et rempli d'eau, placé à l'intérieur d'un cadre en bois rectangulaire appelé *hard side* ou « côté dur » ; le cadre peut aussi être en mousse très dure (*soft side* ou « côté mou »). Les deux modèles reposent sur une plate-forme métallique plaçant le matelas à bonne hauteur. Les premiers modèles étaient constitués d'une seule chambre d'eau ; les lits contemporains présentent plusieurs chambres distinctes mais interconnectées pour réduire l'effet vague. Il peut même y avoir des chambres gonflées à l'air. Un thermostat maintient l'eau à une température proche de celle du corps, 30 °C environ.

En 1883, William Hooper, médecin anglais exerçant à Portsmouth, imagina un lit à eau pour empêcher l'apparition des escarres chez les personnes alitées. La technologie de l'époque ne lui permit pas de l'imperméabiliser ni de contrôler la température et son invention ne fut pas une réussite commerciale.

Charles Prior Hall (né en 1943) imagina le lit à eau moderne alors qu'il étudiait le design à l'université de San Francisco. Il voulut d'abord créer un fauteuil, avec une enveloppe de vinyle contenant de la farine de maïs puis de gelée, mais la structure ainsi obtenue ne donna pas de bons résultats. Il entreprit alors de fabriquer un lit, mais ne put faire breveter son invention : ce type de lit avait déjà été décrit par le grand romancier de science-fiction Robert A. Heinlein. La recherche médicale a démontré que le lit à eau avait un effet positif sur les douleurs dorsales chroniques. Les lits les plus récents reçoivent un traitement anti-acariens. **LC**

VOIR ÉGALEMENT : CANAPÉ-LIT, LIT RABATTABLE

↑ *Le lit à eau évoque bien souvent le plaisir, voire la luxure : c'est le cas de ce modèle appelé Pleasure Island.*

Le Jacuzzi (1968)

Jacuzzi crée la première baignoire à remous.

Comme c'est bien souvent le cas en matière d'invention, le Jacuzzi – le plus connu de tous les bains à remous – est venu répondre à un besoin prosaïque, celui de soins médicaux à apporter à un membre de la famille. Italiens, les Jacuzzi arrivèrent aux États-Unis au début du XXᵉ siècle et fondèrent une société prospère dans le domaine de l'aviation avant de fabriquer des pompes destinées à l'irrigation. C'est seulement en 1948 qu'ils développèrent la technologie qui les rendit célèbres.

Le fils de Candido Jacuzzi (1903-1986) souffrait de rhumatisme polyarticulaire et était soigné par hydrothérapie à l'hôpital. Désireux de le ramener à la maison, Candido imagina une pompe hydraulique pour lui prodiguer le même type de soins. Pendant des années, elle fut commercialisée sous le nom de J-300.

> *« Le Jacuzzi est à notre génération ce qu'était le drive-in dans les années 1950. »*
>
> Mike Darnell, cadre de la télévision américaine

En 1968, un membre de la troisième génération, Roy Jacuzzi, développa la première version moderne du « bain tourbillon ». À la tête du secteur recherche et développement de la société familiale, il développa le J-300 qu'il proposa à l'industrie des loisirs comme bain à remous. Le modèle Roman fut le premier vendu au grand public. Auparavant, une pompe externe alimentait le bain, mais elle était désormais intégrée : air et eau étaient insufflés dans le bain à proportions égales. Cette formule brevetée, synonyme de luxe et de détente, est toujours l'apanage de la marque Jacuzzi. **JG**

VOIR ÉGALEMENT : LIT À EAU

L'hypertexte (1968)

L'accès à l'informatique enfin facilité.

L'hypertexte fut dévoilé au grand public en 1968 au palais des Congrès de San Francisco et les experts en technologie comprirent aussitôt ce qu'il avait d'unique. Sa démonstration, connue sous le nom de « Mère de toutes les démos », révélait comment cet outil destiné au traitement des données permettait à l'utilisateur de lire l'information, pas seulement en mode linéaire comme lorsque nous lisons un texte, mais pour la première fois de manière dynamique et interactive. Plus tard, l'hypertexte devint le langage fondamental d'Internet (code HTML) et révolutionna l'accès à l'information.

Un texte standard se lit de façon linéaire (de droite à gauche et de haut en bas, en Occident), mais l'hypertexte permet à l'utilisateur de récupérer d'autres informations en cliquant sur des liens renvoyant à d'autres pages, par exemple, ou en activant des fichiers audio et vidéo. Le prototype de ce principe était le système Memex (MEMory EXtender ou « développeur de mémoire ») imaginé par l'ingénieur américain Vannevar Bush dans « As We May Think », article paru en 1945 dans *The Atlantic Monthly*. Bush imaginait un individu assis devant une console mécanique permettant d'accéder à l'information sous forme de rouleaux de microfilms interdépendants.

Cet article aurait inspiré la création de l'hypertexte à deux jeunes informaticiens, Ted Nelson (né en 1937) et Andries van Dam (né en 1938). En 1963, Nelson inventa le mot hypertexte pour décrire sa vision d'un système entièrement indexé. Leurs recherches débouchèrent sur le langage hypertexte standard et la fameuse « Mère de toutes les démos ». **SR**

VOIR ÉGALEMENT : SOURIS D'ORDINATEUR, INTERFACE GRAPHIQUE, ÉCRAN TACTILE, ORDINATEUR PORTABLE

⇥ *Le développement de l'hypertexte déboucha sur le code HTML et la création des pages Internet.*

var lplg=(window.navigator.plugins[
if (lplg) {
if (lplg.charAt(lplg.indexOf('.')-1)>=
} else if (window.navigator.userAgent
document.write('<scr'+'ipt language=
next\nlcap=(IsObject(CreateObject("
if (ad_jsl && document.get
ad_el('l_fl').previousSibling.style
if (!lcap&&typeof(LAMP)=='
ad_el('l_fl').parentNode.style
ad_el('l_fl').parentNode.style

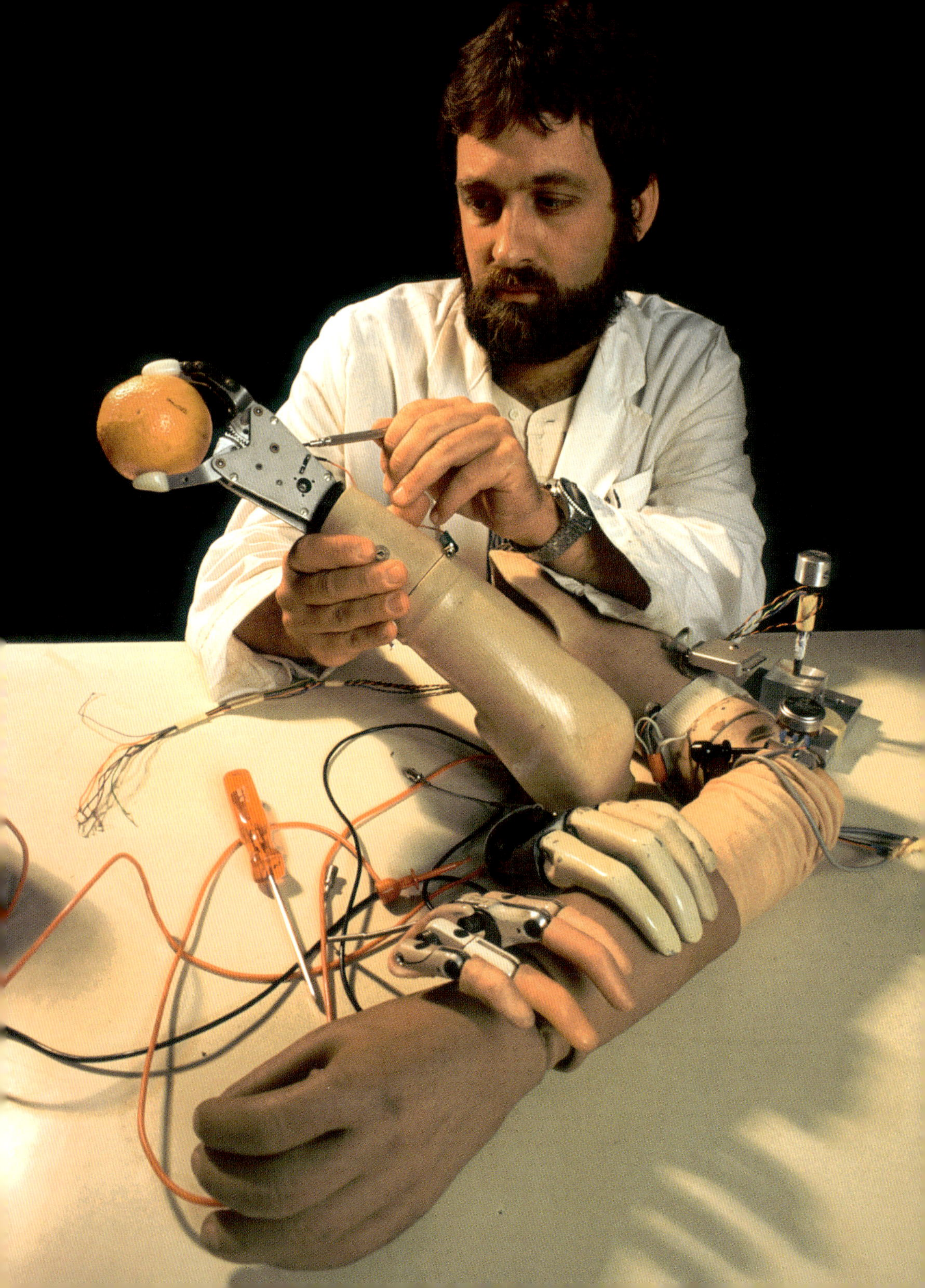

La prothèse électronique (1968)

Une équipe du MIT crée un bras artificiel.

Samuel Alderson développa en 1949 le premier modèle de bras artificiel fonctionnant à l'électricité. Conçu pour des employés d'usine amputés, l'appareil était volumineux et relié à une source d'énergie extérieure.

Étudiant en physique à l'université de Munich, Reinhold Reiter fit breveter la première prothèse de bras myoélectrique. Dépendante elle aussi d'une source externe, elle se servait des derniers signaux de contraction musculaire du biceps pour contrôler l'ouverture et la fermeture de la main. Volumineuse et dépendante de tubes électroniques, elle aurait été viable avec des transistors, mais ceux-ci ne furent inventés qu'en 1948. L'économie allemande en péril ne permit pas une telle création. En 1958, l'équipe russe de E. A. Kobrinski fabriqua une main myoélectrique mue par les signaux des muscles du poignet. Les sociétés Oto Bock en Allemagne et Viennatone en Autriche commercialisèrent la « main russe ».

Le premier vrai bras myoléectrique est le « Coude de Boston ». Le mathématicien Norbert Weiner, l'orthopédiste Mevin Glimcher, Amar Bose, Robert Mann et d'autres membres du MIT fabriquèrent des prototypes en 1968 et un bras viable en 1974.

Des capteurs percevaient les courants générés par les contractions musculaires ; ces petits signaux étaient amplifiés pour faire bouger la prothèse avec l'aide de moteurs fonctionnant sur piles. À l'avenir, on espère doter les bras de la sensation tactile et de la capacité à percevoir la température. **SS**

VOIR ÉGALEMENT : PROTHÈSE, PROTHÈSE ARTICULÉE, PROTHÈSE DE LA HANCHE, CŒUR ARTIFICIEL, EXOSQUELETTE MOTORISÉ

Un technicien travaille sur la mécanique complexe d'un bras motorisé pourvu d'une main.

La distribution contrôlée de médicaments (1968)

Des médicaments sont prodigués de façon continue.

Quiconque ne prend un médicament qu'une fois par jour devrait remercier Alejandro Zaffaroni (né en 1923). Il est en effet à l'origine de la médication à libération lente, dont celle des substances absorbées à travers la peau et de la contraception réversible sur cinq ans.

En 1949, Zaffaroni soutint à l'université de Rochester une thèse sur l'analyse quantitative des stéroïdes naturels. Ses recherches lui avaient appris que les organismes libéraient généralement les stéroïdes en petites quantités sur des périodes relativement longues. Cela tranchait radicalement avec la médication des années 1940, où des doses importantes étaient délivrées sous forme de pilules.

En 1968, il fonda la société Alza pour améliorer le traitement médical par le biais d'une délivrance contrôlée des médicaments. Il avait constaté les effets secondaires de nombreux médicaments pénétrant dans le sang en une seule dose massive et, en étudiant l'endocrinologie, où des glandes libèrent de petites quantités pour obtenir un effet puissant, il fut convaincu que de petites doses régulières seraient plus efficaces.

Aujourd'hui, le mécanisme de distribution contrôlée des médicaments se présente sous plusieurs formes : pompe à insuline implantée ou patch (timbre) transdermique par exemple. Avec le patch, le médicament passe à travers la peau : il est indiqué en cas de démence sénile, contraception, tabagisme, traitement antidouleur, *etc.* La distribution contrôlée permet de réguler le taux d'arrivée médicamenteuse, renforce une médication à effet rapide et amenuise les effets secondaires. **SS**

VOIR ÉGALEMENT : SERINGUE HYPODERMIQUE, COMPRIMÉ SOLUBLE, ASPIRINE, ANTIVIRAUX, PATCH TRANSDERMIQUE

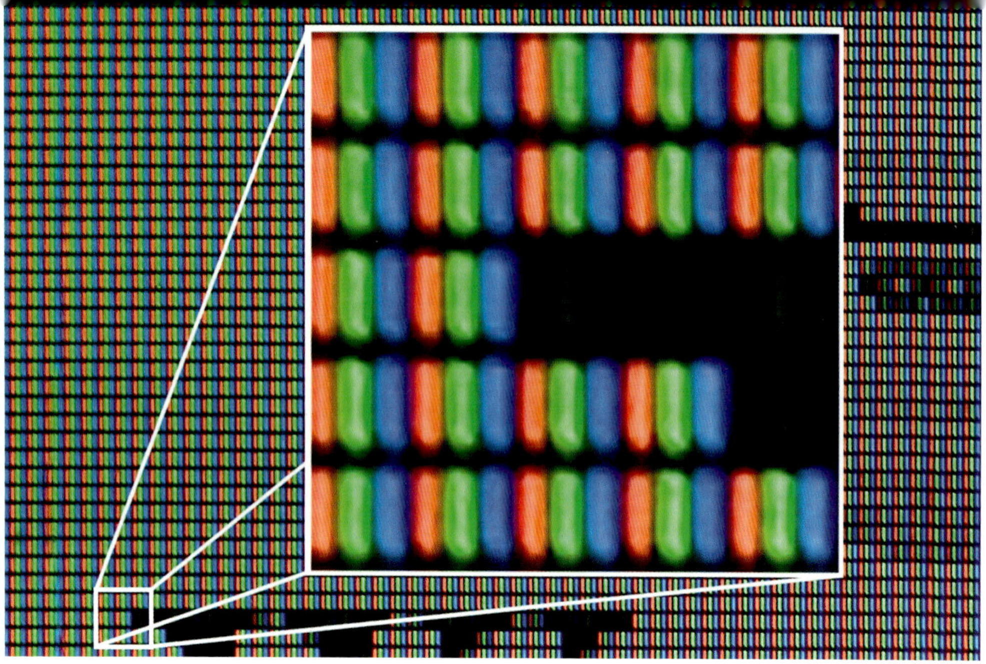

L'écran à cristaux liquides (LCD) (1968)

Heilmeier exploite les deux points de fusion des cristaux.

On trouve des écrans à cristaux liquides, ou LCD, dans les télévisions, les ordinateurs et de nombreux autres appareils du quotidien. C'est Fritz Reinitzer qui découvrit en 1888 les propriétés des cristaux liquides. Il mesurait le point de fusion d'une substance à base de cholestérol et constata qu'elle fondait à 145 °C pour donner un liquide trouble et à nouveau à 178 °C pour en donner un autre, plus limpide.

Otto Lehmann, expert en optique des cristaux, étudia ces phases et découvrit que le liquide trouble avait les mêmes propriétés que le cristal solide. Dans le cristal en question, les molécules sont alignées en parallèle. Dans le liquide trouble, elles peuvent se déplacer librement. Elles tendent cependant à s'aligner comme dans le cristal, reflétant la lumière pour prendre un aspect trouble. Lehmann appela ce liquide *fliessende Kristalle* ou « cristal liquide ».

En 1968, George Heilmeier (né en 1936) dirigea une équipe de la Radio Corporation of America afin de développer le premier LCD. Ils utilisèrent la méthode de diffusion dynamique, dans laquelle une charge électrique est appliquée à un cristal liquide pour que les molécules s'ordonnent afin de diffuser la lumière.

Le LCD était fait d'une substance en cristaux liquides coincée entre deux filtres polarisés. Le champ électrique appliqué au LCD provoque une torsion des molécules. La lumière passe à travers le premier filtre, tourne autour du cristal liquide et passe à travers le second filtre pour produire un point lumineux sur l'écran réfléchissant. Quand la lumière ne passe pas, il n'y a qu'un point noir sur l'écran. De la quantité de lumière dépend le degré de torsion des molécules. **RB**

VOIR ÉGALEMENT : HORLOGE NUMÉRIQUE, PAPIER ÉLECTRONIQUE, TUBE CATHODIQUE, TÉLÉVISION

↑ *Les éléments rouges, verts et bleus d'un LCD sont activés individuellement pour produire des images.*

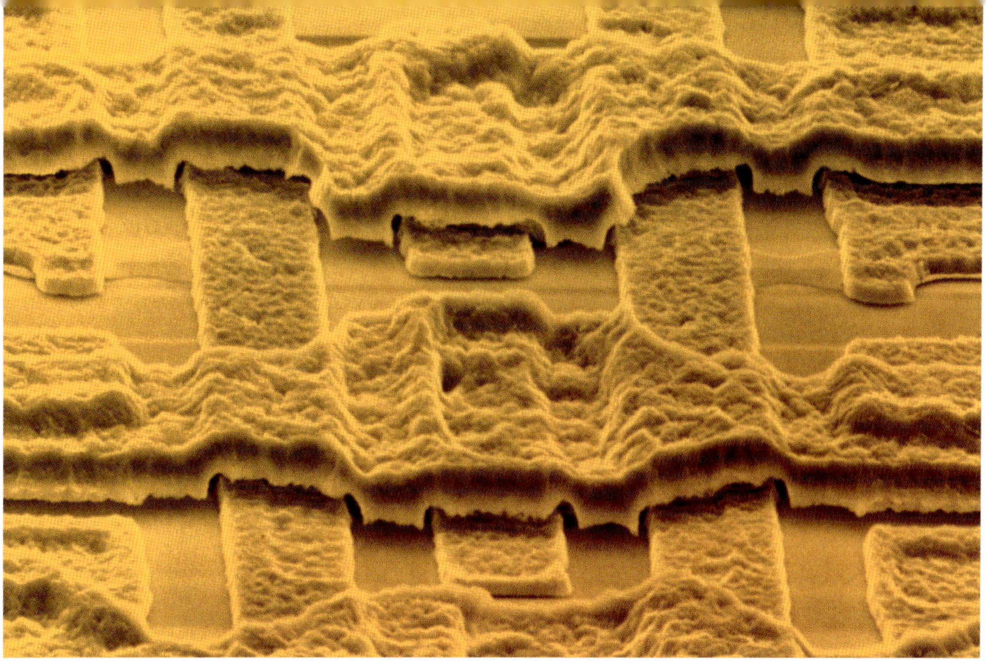

La mémoire vive (RAM) (1968)

Dennard combine un transistor à un condensateur dans une cellule-mémoire révolutionnaire.

La mémoire vive ou RAM (Random Access Memory pour « mémoire à accès sélectif ») est la mémoire active d'un ordinateur. Elle existe depuis l'invention de la mémoire à tores magnétique en 1949. La RAM moderne doit cependant son invention au Texan Robert Dennard (né en 1932).

En 1966, Dennard travaillait au centre de recherche d'IBM. On savait la mémoire à tores trop volumineuse, lente et grande consommatrice d'énergie : les transistors pourraient la remplacer. IBM avait réussi à stocker une unité d'information dans une cellule ne recourant qu'à six transistors. Couplée à une puce de silicium, elle était déjà minuscule par rapport à une mémoire à tores. Dennard simplifia davantage la cellule-mémoire avec un unique transistor associé à un seul condensateur : ce composant pouvait retenir une charge électrique. La mémoire était stockée sous forme de charge dans le condensateur, et le transistor permettait de la lire et de l'écrire. Les condensateurs ont cependant des « fuites » de charge et la mémoire doit être sans cesse rafraîchie, plusieurs fois à la seconde. À cause de cet oubli et de ce rafraîchissement constants, on parle de RAM dynamique ou DRAM.

La DRAM doit être rafraîchie, mais son avantage est considérable. Avec seulement deux composants pouvant être placés côté à côté, et ce des milliers de fois, dans une seule puce de silicium, c'est la plus petite mémoire jamais fabriquée. L'industrie informatique bénéficia très vite de l'invention de Dennard et Intel commercialisa en 1970 la première puce à DRAM. La mémoire à tores ne fut plus alors qu'un souvenir. **MG**

VOIR ÉGALEMENT : ORDINATEUR NUMÉRIQUE, MÉMOIRE À TORES MAGNÉTIQUES, LANGAGE DE PROGRAMMATION C, MÉMOIRE FLASH

↑ *Cette micrographie en fausses couleurs montre la partie d'un circuit à DRAM intégrée ou puce de silicium.*

de 1969 à 2008

Même si beaucoup d'entre nous n'avions jamais entendu parler d'Internet avant les années 1990, ce réseau informatique avait été conçu dans les décennies précédentes.

Les premiers téléphones mobiles virent le jour en 1970, année où fut envoyé le premier courriel.

Un grand nombre d'inventions – comme les ordinateurs personnels et portables – fut créé longtemps avant leur mise à disposition du grand public.

Et même si les stations spatiales sont aujourd'hui habitées, il est probable que des inventions bien excitantes sont encore à venir.

Les serveurs informatiques ouvrent la porte aux inventions futures.

Internet (1969)

L'ARPA (Advanced Research Projects Agency) développe le premier réseau informatique.

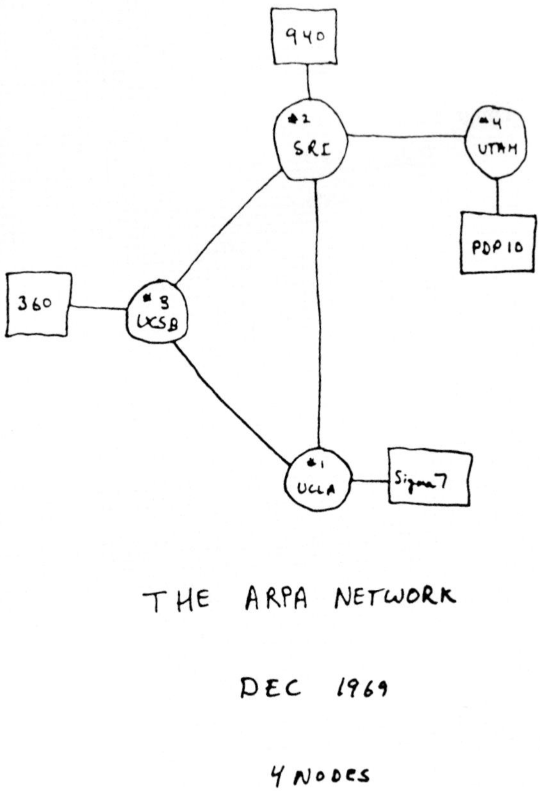

C'est en 1963 que l'ARPA, instaurée par le département de la Défense des États-Unis, entame la construction d'un réseau informatique. Mue par la peur de la menace nucléaire soviétique, elle visait à relier des ordinateurs en différents endroits afin de permettre aux chercheurs de partager des données électroniques sans avoir de routages fixes entre eux, rendant ainsi le système moins vulnérable aux attaques.

Les données furent converties en signaux téléphoniques à l'aide d'un modem par AT&T à la fin des années 1950. Dans les années 1960 se produisirent des avancées considérables comme le commutateur de paquets, système de segmentation, d'étiquetage et d'acheminement de données dans le réseau de machines constitué par Paul Baran (né en 1926). Chaque message était ainsi divisé en minuscules paquets émis sur le réseau qui acheminait alors les différents paquets transitant de Seattle à New York en passant par Dallas. Si Dallas était soudainement déconnecté, le réseau se redirigeait automatiquement vers Denver. Les parties, ou paquets, d'un message empruntaient alors différents itinéraires avant d'être rassemblées une fois leur destination atteinte, même si elles arrivaient dans le désordre. Baran publia sa découverte en 1964 et le nouveau réseau appelé ARPANET vit le jour cinq ans plus tard.

La menace nucléaire s'estompant au début des années 1970, ARPANET fut rebaptisé Internet et ouvert à tous les utilisateurs. Depuis, le développement des e-mails, la création du Web et la technologie des navigateurs ont contribué au succès de ce moyen de communication qu'est l'Internet. **SC**

« Recevoir des informations de l'Internet est comme boire de l'eau à un robinet. »

Mitchell Kapor, concepteur de logiciels

VOIR ÉGALEMENT : MODEM, COURRIEL, PROTOCOLE INTERNET (TCP/IP), MOTEUR DE RECHERCHE, WEBCAM, WORLD WIDE WEB

⇱ *Dessin conceptuel du premier Internet.*

Le cathéter à ballonnet (1969)

Fogarty invente un instrument non invasif destiné à extraire les caillots sanguins.

Thomas Fogarty (né en 1934) travaillait comme technicien en chirurgie à l'hôpital Bon Samaritain, à Cincinnati, dans l'Ohio, lorsqu'il perçut la difficulté des chirurgiens à enlever les caillots sanguins qui se formaient dans les artères et les veines. L'opération, qui durait généralement 9 à 12 heures, consistait à ouvrir le vaisseau sur toute sa longueur et aboutissait bien souvent à la mort du patient ou à l'amputation de son membre.

Fogarty inventa un procédé qui pouvait être utilisé pour éviter le recours à la chirurgie invasive. Il impliquait l'utilisation d'un cathéter urétral suffisamment flexible et solide pour être introduit dans un vaisseau sanguin et pénétrer dans le caillot sanguin.

Dans son atelier, Fogarty eut l'idée d'utiliser les techniques de fixation de mouches qu'il avait apprises en tant que pêcheur pour attacher le « bout du doigt » d'un gant de latex au cathéter, qui pouvait ensuite être gonflé de sérum une fois le caillot transpercé. Ainsi, le ballon se gonflait de la grosseur de l'artère et était ensuite poussé pour ressortir avec le caillot.

De nos jours, le cathéter à ballonnet de Fogarty (breveté en 1969) est toujours la technique la plus largement utilisée pour l'extraction des caillots sanguins. L'usage de cette technologie a été élargi à l'angioplastie, dont le principe vise à gonfler les ballonnets afin de dilater les artères du cœur, à l'endroit des rétrécissements. **JF**

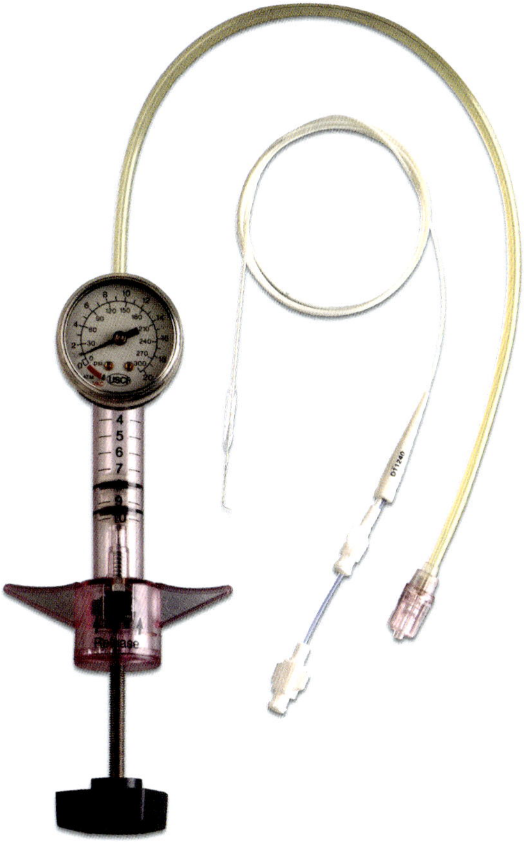

VOIR ÉGALEMENT : CATHÉTER JETABLE, STENT INTRAVASCULAIRE, TRANSFUSION SANGUINE, CHIRURGIE ANTISEPTIQUE

↗ *Fabriqués dans les années 1990 par USCI et Bard, ces instruments réduisent les risques de la chirurgie vasculaire.*

« Le procédé de Fogarty… inaugura les premiers exemples réussis de chirurgie vasculaire… moins invasive. » Inventor of the Week

Le capteur CCD
(1969)

Boyle et Smith inventent une forme de mémoire.

La technologie des capteurs CCD (*Charge-Coupled Device ou* dispositif à transfert de charge) constitue le fondement des appareils photo numériques et des caméras, mais elle apparut à ses débuts comme une nouvelle forme de mémoire. William Boyle (né en 1924) et George Smith (né en 1930) des laboratoires Bell décidèrent d'associer deux technologies : la mémoire à bulles magnétiques et le vidéophone.

Le tandem travailla sur un nouveau principe qui consistait à activer des petits paquets de charges électriques sur une puce en silicone. Les petits paquets de charges du CCD pouvaient y être déposés en utilisant l'effet photoélectrique : de nouveaux photons pouvaient ainsi être « capturés ». À la fin de l'année 1969, Boyle et Smith étaient capables d'utiliser leur nouvel appareil pour prendre des images électroniques dans les laboratoires Bell.

« Et bien nous avons là un nouveau dispositif. Ce n'est pas un transistor… »

William Boyle, co-inventeur

Diverses entreprises se mirent alors à développer le CCD et, en 1974, Fairchild Semiconductor sortit le premier dispositif commercial capable de prendre une photo de 100 x 100 pixels. Aujourd'hui, les CCD sont présents dans les télescopes astronomiques, les scanners, les lecteurs de codes-barres dans l'imagerie robotique et dans les appareils photo numériques. **DHk**

VOIR ÉGALEMENT : CODE-BARRES, SCANNER INFORMATIQUE, APPAREIL PHOTO NUMÉRIQUE, TÉLESCOPE SPATIAL HUBBLE, ROBOT CHIRURGICAL

La caméra spectrographe ultraviolet (1969)

Carruthers permet l'observation des étoiles.

Le rayonnement ultraviolet émis par le Soleil se révèle nocif pour les êtres vivants, d'où notre besoin d'utiliser de la crème solaire. Heureusement pour nous, il est en grande partie absorbé par l'atmosphère de la Terre. Le rayonnement ultraviolet provenant d'autres endroits que du Soleil peut nous dire beaucoup de choses sur l'Univers, en particulier sur les étoiles dont la température équivaut entre deux à dix fois celle du Soleil. Les astronomes ont du mal à les voir, en raison de la présence de l'atmosphère terrestre. Cependant, vers le milieu des années 1960, des hommes partirent à la découverte de ce qui se trouvait au-delà de cette atmosphère terrestre…

Les caméras basiques ne retiennent que la lumière entourant le spectre visible, mais le 11 novembre 1969, le Dr George Carruthers (né en 1939) obtint un brevet pour « un convertisseur d'images servant à détecter la radiation électromagnétique, en particulier dans les faibles longueurs d'onde ». Avec ses 7,62 cm de longueur et son poids de 22 kg, la caméra spectrographe ultraviolet à grande portée plaquée or permettait d'apercevoir des étoiles jusqu'à 100 fois plus petites que celles observées à l'œil nu : envoyée avec la mission Apollo 16 en 1972 et installée sur la surface de la Lune, elle enregistra près de 200 images, fournissant aux astronomes des données sur plus de 550 étoiles, nébuleuses et galaxies et offrant de nouvelles vues de la Terre. La caméra a aussi observé l'ionosphère et fourni des données inédites sur la concentration des polluants générés par l'homme. **DK**

VOIR ÉGALEMENT : PHOTOGRAPHIE COULEUR, PHOTOGRAPHIE À INFRAROUGE, FILM PHOTOGRAPHIQUE, PHOTOGRAPHIE, OBSERVATOIRE SPATIAL

⇥ *Le détecteur ultraviolet de la NASA montre le système binaire d'étoiles variables Z Cam (objet blanc, au centre).*

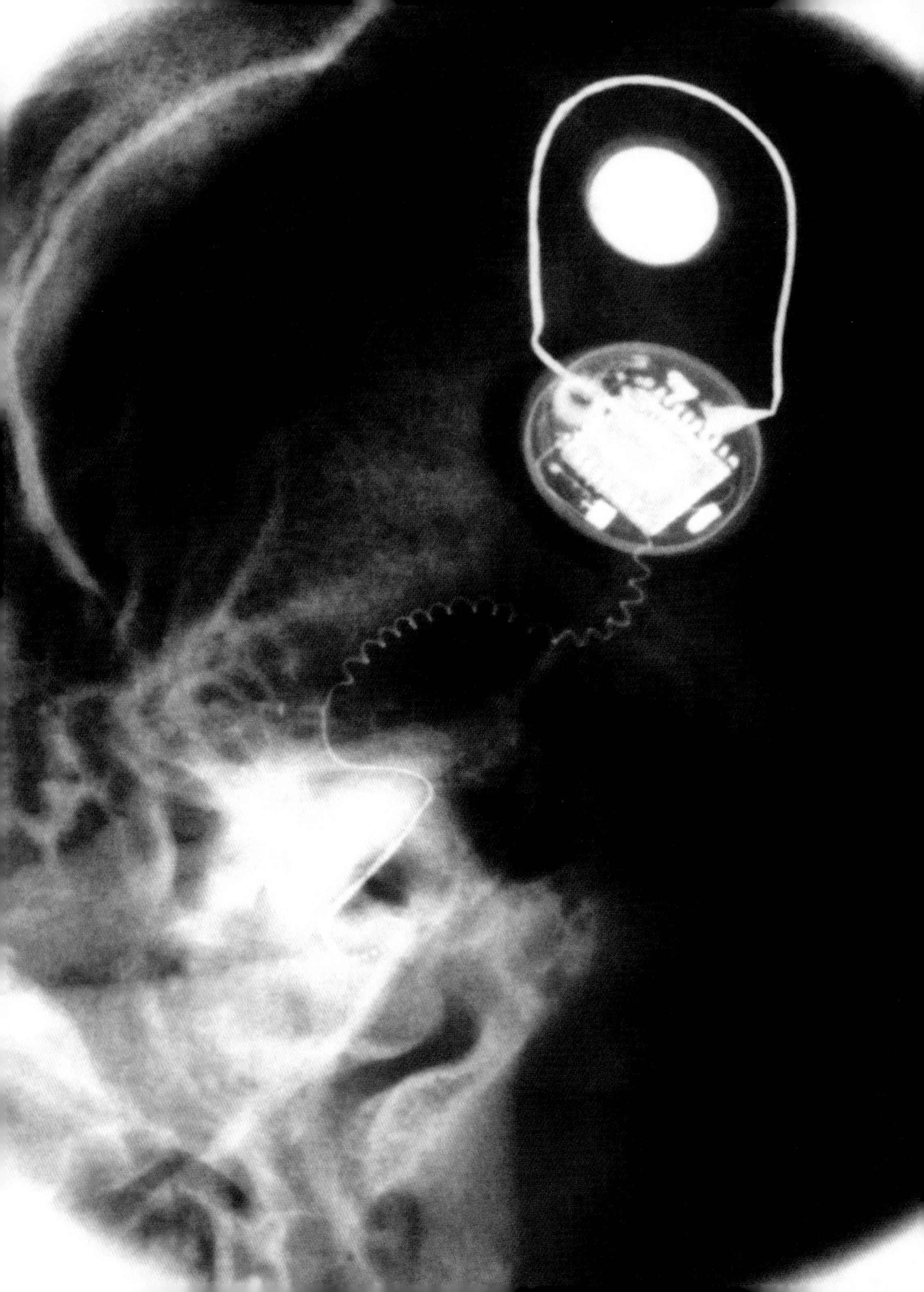

L'implant cochléaire (1969)

L'implant de House stimule les nerfs auditifs.

Un implant cochléaire est un appareil électronique implanté chirurgicalement et permettant de faire entendre des sons à une personne atteinte de surdité. Il fonctionne en stimulant directement les nerfs auditifs par des impulsions électriques.

L'Américain William House (né en 1923) est considéré comme le premier chirurgien à avoir implanté un appareil cochléaire. En 1957, House lut un article sur deux chirurgiens français qui avaient inséré une électrode dans le nerf auditif d'un homme sourd et montré que ce dernier pouvait percevoir des sons lorsque le nerf était stimulé. En 1961, House pratique des implants cochléaires à trois patients et crée le premier implant portable en 1969.

En dépit des craintes que la stimulation électrique de la cochlée ne détruise le tissu cérébral ou ne provoque des infections, la FDA 'Food and Drug Administration) approuve les implants cochléaires en décembre 1984. Dans l'appareil, le son est prélevé par un microphone porté près de l'oreille pour être transmis à un processeur vocal porté sur le corps. Le son est ensuite analysé et converti en signaux électriques transmis à un récepteur implanté chirurgicalement derrière l'oreille. Le récepteur envoie le signal *via* plusieurs électrodes dans l'oreille interne où les impulsions électriques sont transmises au cerveau.

D'autres progrès furent accomplis dans les années 1990, en particulier la miniaturisation des processeurs vocaux intégrés dans les appareils d'aide auditive. Enfin, c'est en 2005 que furent développés les premiers appareils totalement implantables. **JF**

VOIR ÉGALEMENT : RECONNAISSANCE VOCALE, SYNTHÈSES VOCALES, PROTHÈSE OCULAIRE (ŒIL BIONIQUE)

⇐ *Implant cochléaire – appareil électronique destiné à pallier la surdité – placé dans l'oreille interne.*

Le détecteur de fumée (1969)

Pearsall fabrique une alarme à piles.

L'installation d'au moins un détecteur de fumée à votre domicile diviserait par deux les risques d'incendie mortel : des milliers de vies ont ainsi été épargnées dans le monde entier depuis l'introduction de ces appareils dans les foyers à la fin des années 1960.

Le précurseur du détecteur moderne fut inventé par l'ingénieur électricien britannique George Darby en 1902. Son appareil, qui détectait la chaleur plutôt que la fumée, était composé de deux plaques électriques séparées d'un morceau de beurre. Lorsque la température de la pièce s'élevait, le beurre fondait, provoquant ainsi le choc des plaques qui actionnait alors l'alarme, le tout probablement noyé dans la graisse du beurre.

Les détecteurs de fumée communément utilisés aujourd'hui comportent une chambre d'ionisation, un appareil développé par le physicien suisse Ernst Meili en 1939 afin de détecter les gaz nocifs dans les mines, et non la fumée spécifiquement.

En dépit de leur disponibilité dès les années 1950, les détecteurs de fumée avec chambre à ionisation restaient onéreux et uniquement utilisés dans les usines et autres grands bâtiments. La réalisation du premier détecteur de fumée avec alarme et installé à domicile revient à l'Américain Duane Pearsall (né en 1922) ; ce dernier ajouta au dispositif une pile afin d'alimenter une chambre à ionisation plus compacte. Deux autres Américains, Kenneth House et Randolph Smith, auraient été les premiers à breveter le détecteur de fumée à pile en 1969. La NASA (National Aeronautics and Space Administration) prétend avoir créé le détecteur de fumée à la suite de son programme spatial. En réalité, elle a développé un type de détecteur pour le projet Skylab, mais n'a pas inventé le détecteur lui-même. **RBd**

VOIR ÉGALEMENT : EXTINCTEUR AUTOMATIQUE À EAU, EXTINCTEUR, ALARME INCENDIE ÉLECTRIQUE

La montre digitale (1970)

Hamilton Watch Company développe une montre sans aiguilles.

La première montre-bracelet à donner l'heure par affichage numérique fut la Pulsar de Hamilton Watch Company. Ce dispositif au boîtier en or 18 carats affichait l'heure au moyen d'une DEL rouge formant des chiffres d'aspect moderne, en appuyant sur un simple bouton et pour la modique somme de 2 100 $. Lors de la commercialisation de la montre Pulsar en 1972, beaucoup pensèrent que cette dernière sonnait le glas des montres mécaniques à cadran traditionnelles. D'après Hamilton, l'inspiration de cette montre leur était venue après la création de l'horloge digitale futuriste réalisée pour le film *2001 : l'Odyssée de l'espace* sorti en 1968.

Ceux qui refusaient de payer si cher trouvèrent bientôt leur compte grâce à Texas Instruments qui lança une version cerclée de plastique vendue 20 $ en 1975 et 10 $ peu de temps après. Cela mit fin au monopole de Hamilton, qui devint alors une filiale de Seiko.

Le développement des montres digitales se poursuivit au cours des trois décennies suivantes, avec l'utilisation d'affichages à cristaux liquides en remplacement des diodes luminescentes (qui ne pouvaient pas toujours être laissées en permanence compte tenu de leur forte consommation en énergie) dans les années 1970. Les années 1980 virent se multiplier d'incroyables innovations dans le domaine de l'affichage digital, comme les thermomètres, les traducteurs de langage, les calculatrices et même les télévisions miniatures. **BG**

« Ça, c'est une sacrée invention les gars… »

Dr Flood, *2001 : l'Odyssée de l'espace* (1968)

VOIR ÉGALEMENT : HORLOGE ATOMIQUE, PENDULE, MONTRE À QUARTZ, CLEPSYDRE, HORLOGE DIGITALE

↖ *Une version plus abordable de la Pulsar de Hamilton, première montre électronique digitale produite en 1970.*

Le téléphone mobile (1970)

Joel invente un système de communication portable.

En 1970, alors qu'il travaillait comme ingénieur électricien au sein des laboratoires Bell, à Murray Hills dans le New Jersey, Amos Joel (né en 1918) inventa le concept du téléphone mobile.

Les téléphones mobiles existaient avant 1970, mais connaissaient des défaillances. Chaque appel étant réalisé sur un seul réseau, le nombre d'appels simultanés était limité au nombre de réseaux disponibles et l'utilisateur ne pouvait pas quitter le périmètre de la base de la zone de couverture d'où émanait l'appel.

Le système de communication par téléphone mobile de Joel consistait à fournir un service téléphonique à une zone géographique en la divisant en plusieurs petites stations de base ou « cellules » à basse tension. Ce réseau de cellules était capable de gérer un grand nombre d'appels simultanés, en affectant un canal radio à un appel dans une cellule et en réutilisant le même canal radio dans plusieurs autres cellules suffisamment séparées pour éviter les interférences. Lorsqu'un utilisateur passait d'une zone de service d'une cellule à une autre, son appel téléphonique n'était pas interrompu ; ainsi, les stations de base cellulaires et les réseaux radio se succédaient sans que personne ne s'en aperçoive.

L'élément clé ? Un microprocesseur qui pouvait prendre toutes les décisions, identifier le téléphone, trouver les stations de base cellulaires et contrôler la connexion au fil des mouvements des utilisateurs sur le réseau. Aujourd'hui, les téléphones mobiles comportent d'autres services, tels que l'écriture de messages, l'accès à l'Internet et la vidéo. **AKo**

VOIR ÉGALEMENT : TÉLÉPHONE NUMÉRIQUE SANS FIL, SMARTPHONE, TALKIE-WALKIE, TÉLÉCOMMUNICATION SANS FIL

↗ *En 1983, Motorola produit le premier téléphone mobile commercialisable ; il pèse 794 g.*

« C'est la curiosité qui a été le moteur de mes recherches. »

Amos Joel

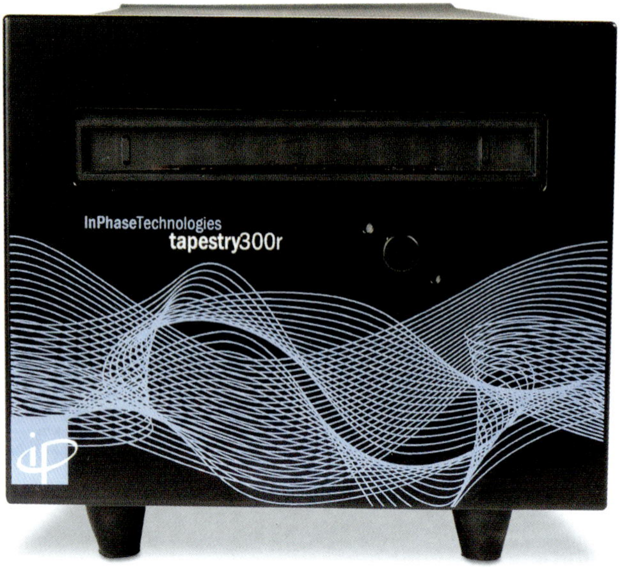

La mémoire holographique (1970)

Caulfield, Soref et McMahon développent une nouvelle forme de stockage de données.

Alors que l'holographie est communément associée aux images en trois dimensions, des avancées considérables ont été réalisées en utilisant des hologrammes afin de stocker et de récupérer des informations sous forme optique.

La mémoire holographique est créée par des interférences entre deux sources de lumière appelées faisceau de référence et faisceau de données, le laser constituant la plus précise de ces sources.

Le domaine de la mémoire holographique fait l'objet, encore aujourd'hui, d'importants développements, mais les premiers travaux ont été réalisés il y a presque 40 ans. En 1970, Henry J. Caulfield alors scientifique émérite à l'institut de recherche Sperry Rand, aux États-Unis, déposa avec les ingénieurs électriciens Richard Soref et Donald McMahon, le premier brevet de « stockage de données holographique ». Ils y présentaient l'holographie comme un moyen d'enregistrer et de rediffuser les informations. En principe, un hologramme est capable de stocker quatre gigabits par millimètre cube. Outre son énorme potentiel en matière de capacité, la mémoire holographique promet une extraction quasi instantanée de l'ensemble des données.

En 2006, la société InPhase Technologies afficha un nouveau record de stockage de données en utilisant les techniques holographiques, avec 515 gigabits par pouce carré. Depuis, cette même société a lancé la première gamme de produits de stockage holographique au monde. Grâce aux principes établis par Caulfield et ses collègues, les DVD et disques durs ne sont pas près d'être obsolètes. **AC**

VOIR ÉGALEMENT : HOLOGRAPHIE, LASER

↑ *Tapestry™ est le dernier périphérique de stockage créé par InPhase, avec 300 GB.*

La calculatrice de poche (1970)

Busicom Corporation met au point la première vraie calculatrice portable.

Au début des années 1960, les calculatrices étaient de la taille des ordinateurs de bureau modernes, bien que moins puissantes. Les calculatrices personnelles étaient inexistantes et les calculatrices de bureau se limitaient aux quatre fonctions arithmétiques de base.

En 1965, les mathématiciens et ingénieurs de Texas Instruments (TI) élaborèrent de petites calculatrices en utilisant une technologie de circuit intégré inventée en interne. En 1967, ils obtinrent un prototype à pile capable de réaliser les quatre fonctions arithmétiques de base avec des nombres à six chiffres. Baptisée Cal-Tech, la calculatrice était de la taille d'un gros livre de poche et pesait près de 1,3 kg ; sa disponibilité comme son avenir commercial étaient inexistants. En partenariat avec Canon, TI lança la Pocketronic sur le marché en 1970 ; un modèle à peine plus petit.

C'est à la fin des années 1970 que la première vraie calculatrice de poche fut introduite par la société japonaise Busicom. La LE-120A de Busicom faisait près de la moitié de la taille de la Pocketronic ; c'était la première calculatrice à disposer d'une diode électroluminescente (DEL) et la première de poche à utiliser un circuit intégré spécial spécifiquement conçu pour les calculatrices. Dans les années 1970, une multitude de sociétés d'électronique luttèrent pour accéder à la suprématie sur le marché. Texas Instruments ressortit vainqueur de cette compétition et devint leader sur le marché avec un nom étroitement associé au mot « calculatrice ». **RBk**

VOIR ÉGALEMENT : BOULIER, ORDINATEUR ÉLECTRONIQUE NUMÉRIQUE, CALCULATRICE MÉCANIQUE, BÂTON DE COMPTAGE

↑ *Première calculatrice de poche et à affichage DEL, la Handy-Le de Busicom fut commercialisée en 1971.*

Le scanner optique (1970)

Les laboratoires Bell développent une technique de numérisation d'images.

Les scanners optiques transforment les images en signaux compréhensibles par un ordinateur. Même si les scanners existaient avant l'invention du dispositif à transfert de charge (capteur CCD), la plupart des scanners modernes capturent aujourd'hui les images de cette façon.

Plus récemment, des fabricants ont commencé à utiliser une technologie différente, la méthode du capteur photosensible CIS (Contact Image Sensor) qui reflète la lumière à partir des DEL (diode électroluminescente) au lieu d'une lampe normale, puis la reçoit *via* un capteur. Bien qu'elle produise des images de moindre qualité, la technologie des CIS se révèle moins onéreuse et s'adapte aux scanners portables.

« L'Homme vit par les images. Elles se penchent sur nous depuis le mur [...] du Temps. »

Robert Penn Warren, poète

La technologie du scanner a accédé à une autre dimension depuis les années 1970. Artistes et architectes peuvent désormais bénéficier de scanners sophistiqués, parfois équipés de la dernière technologie laser, pour produire des modèles informatiques en 3D d'objets qu'ils souhaitent intégrer dans leurs réalisations. Les sociétés de production cinématographique utilisent également les scanners 3D pour créer des effets spéciaux à partir de la synthèse d'image, en s'inspirant des formes physiques de la nature. **HB**

VOIR ÉGALEMENT : DISPOSITIF À TRANSFERT DE CHARGE (CAPTEUR CCD), RECONNAISSANCE OPTIQUE DE CARACTÈRES

L'alarme de voiture (1970)

La société Stereo fabrique une alarme mécanique.

L'alarme de voiture est loin d'être une invention universellement populaire : un sondage de la télévision britannique la classe parmi les dix inventions préférées du Royaume-Uni, tandis qu'à New York des pétitions ont circulé afin d'interdire les alarmes et certains ont même prétendu que les alarmes de voiture, loin de réduire les risques de vol de véhicule, ne faisaient qu'aggraver le problème !

Le premier cas répertorié de vol de voiture remonte à 1896. Les voitures sont des biens de valeur et aisés à « déguiser », ce qui explique que les malfrats les considèrent comme des cibles faciles. Développée, dit-on, par les fabricants automobiles de Californie en 1970, l'alarme de voiture semble offrir la solution parfaite : une alarme automatisée qui émet un son tonitruant lorsqu'elle est activée. Depuis toujours, le problème du dispositif a été la sensibilité de l'activation du mécanisme.

Les alarmes de voitures modernes sont équipées de plusieurs capteurs répartis autour de la voiture et câblés entre eux pour activer l'alarme lors de l'ouverture des portes ou lorsque la voiture est brusquement déplacée. La fréquence de l'activation accidentelle de ces capteurs de mouvements a conduit les utilisateurs à ignorer les alarmes comme l'on ignore le petit garçon qui crie « au loup ».

Des systèmes modernes de récupération de voitures volées, comme LoJack, prévalent aujourd'hui et se substituent à l'alarme de voiture traditionnelle. Lorsqu'une voiture est déclarée volée, un dispositif sans fil silencieux caché dans le véhicule transmet un signal radiophonique à la police qui peut ensuite pister et retrouver la voiture (souvent en neutralisant le voleur par la même occasion), grâce à des programmes informatiques associés. **BG**

VOIR ÉGALEMENT : ALARME ANTIVOL, ALARME INCENDIE ÉLECTRIQUE, AUTOMOBILE

Les pinces optiques (1970)

Ashkin se sert des faisceaux laser pour piéger et manipuler des particules infimes.

La pression de radiation est la force exercée par un faisceau de lumière lorsqu'il se reflète sur une surface ou lorsqu'il est absorbé par cette dernière. Les faisceaux lumineux normaux sont larges et puissants, mais un rayon laser précis peut exercer des forces extrêmement faibles.

Si un petit objet possède une masse inférieure à 1 g et qu'il est diélectrique, il peut diffracter un faisceau laser d'une façon telle que la différence entre la vitesse de la radiation pénétrant dans l'objet et celle en ressortant est capable de produire une force qui fige l'objet dans une position spécifique. Un seul rayon laser peut ainsi agir à la manière de pinces optiques et permettre de manipuler des atomes, des molécules et des cellules biologiques individuels. En 1970, Arthur Ashkin (né en 1922), des laboratoires Bell, découvrit le principe de la diffusion optique et montra qu'elle permettait de capturer des particules. Il lui fallut quinze années supplémentaires pour créer un processus fiable inspiré des techniques de refroidissement par laser mises au point par Steven Chu des mêmes laboratoires. Ashkin parvint à piéger des particules biologiques infimes en 1987.

Pour pouvoir observer des chaînes d'ADN, des bactéries ou des virus, ces derniers doivent être fixés de manière biochimique à une sphère de verre ou de polystyrène diélectrique maintenue par les pinces et la longueur et la puissance du rayon laser soigneusement réglées.

D'infimes détails et mouvements peuvent ainsi être étudiés à l'échelle nanométrique, mais le système demeure complexe, onéreux et délicat. **DH**

VOIR ÉGALEMENT : LASER

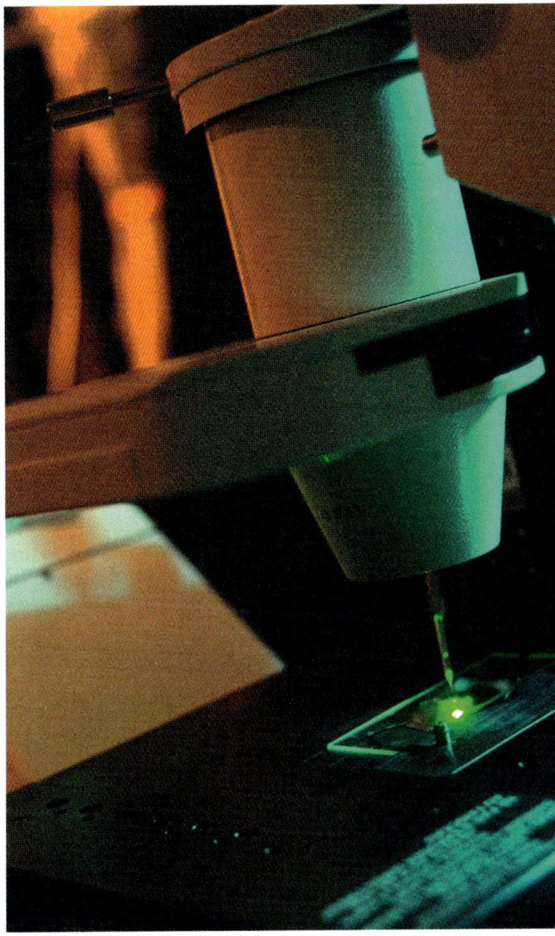

↗ *Des pinces optiques permettent l'observation de noyaux de plantes transgéniques au CNRS.*

« C'est une découverte majeure, à l'origine du prix Nobel de Steve [Chu]... »

Arthur Ashkin

La radio-identification (RFID) (1971)

Cardullo invente un procédé d'identification.

Que ce soit avec un badge permettant d'accéder à une zone sécurisée d'un bâtiment ou avec un appareil de contrôle de livres de bibliothèque, la radio-identification (RFID) est devenue un élément incontournable de la société moderne.

Ce concept fut employé pour la première fois dans l'aviation miliaire et poursuivait un objectif unique : diffuser un signal indiquant s'il s'agissait d'un avion allié ou ennemi. Un appareil rudimentaire similaire était également utilisé dans l'industrie de la sécurité, afin de déterminer si l'objet protégé se trouvait bien là où il était censé être. Mario Cardullo connaissait l'existence de ces deux systèmes en 1969, lorsqu'une rencontre fortuite avec un ingénieur déplorant les difficultés à utiliser les codes-barres pour pister les voies ferrées eut pour effet de faire considérablement avancer la RFID.

L'invention de Cardullo était un appareil relativement simple, une RFID formant une sorte d'étiquette qui pouvait être lue de manière électromagnétique par un lecteur. Le concept fut utilisé pour la première fois dans un poste de péage automatique pour l'autorité portuaire de New York. À peu près à la même époque, un inventeur concurrent, Charles Walton, mettait au point un système d'ouverture de porte par diffusion de fréquence radio, soit par carte clé.

Des applications récentes se sont développées pour pallier un besoin en matière de vente. Bien que le code-barres demeure le principal critère d'identification de l'inventaire, les dispositifs RFID se développent et pourraient bien les supplanter d'ici à quelques années. Les appareils RFID sont déjà implantés dans des animaux domestiques pour permettre de les retrouver lorsqu'ils sont perdus. **BMcC**

VOIR ÉGALEMENT : CODE-BARRES

La fabrication assistée par ordinateur (FAO) (1971)

Le programme de Bézier exploite la chaîne de production.

Les gens se disent souvent déçus que les robots ne possèdent pas tout à fait l'influence escomptée sur la vie moderne actuelle. Ils ne préparent pas nos petits déjeuners, ne lavent pas nos voitures, ni ne mettent nos enfants au lit. En réalité, l'on pourrait croire qu'ils nous ont totalement abandonnés. Mais ce n'est pas le cas ; les robots ne cessent de travailler pour nous. Ils sont juste bien plus humbles que nous le pensions, car ils travaillent dans l'ombre.

L'ingénieur français Pierre Étienne Bézier (1910-1999) développa le premier le programme UNISURF alors qu'il travaillait chez Renault. UNISURF permettait l'utilisation d'ordinateurs pour aider à la conception et à la fabrication de carrosseries automobiles et autres systèmes similaires. La fabrication assistée par ordinateur (FAO) se sert de logiciels pour communiquer avec les machines chargées de produire les composants.

Au début, l'on craignait que la FAO ne fasse chuter le besoin en ingénieurs et techniciens qualifiés. En réalité, l'utilisation de la FAO a amélioré leur sort, puisqu'ils peuvent désormais effectuer les tâches et travaux qu'ils ont choisis au lieu de s'échiner au travail manuel répétitif qui consistait à recréer indéfiniment.

Bien qu'il existe aujourd'hui différentes sortes de logiciels de FAO, Bézier marqua durablement l'industrie de son empreinte, non seulement en inaugurant cette technologie, mais également en donnant son nom à la courbe de Bézier et à la surface de Bézier, deux outils largement utilisés en infographie et dans le design. **CL**

VOIR ÉGALEMENT : AUTOMATE, ROBOT BIPÈDE, ROBOT INDUSTRIEL, ROBOT CHIRURGICAL

→ *Cet écran d'ordinateur affiche une simulation de fabrication à l'aide de robots industriels.*

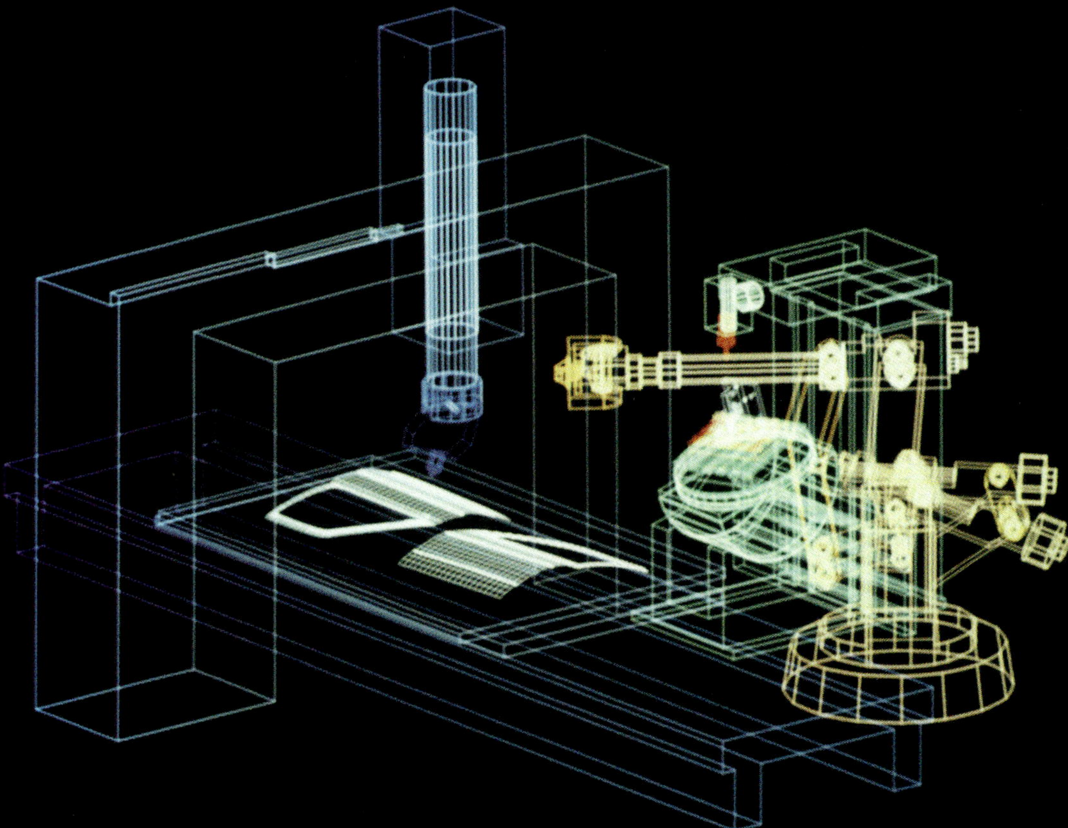

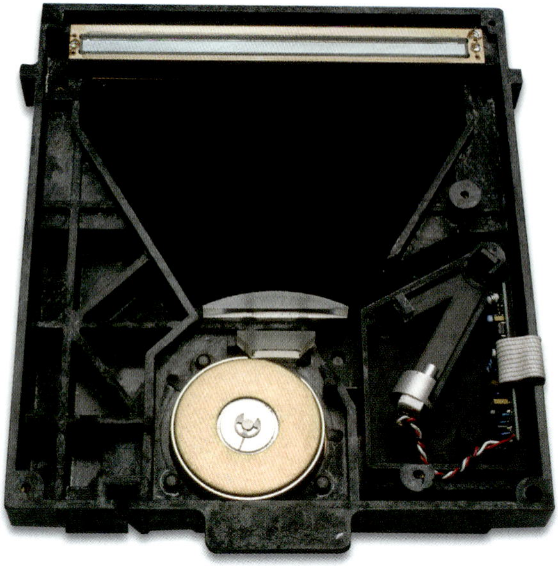

L'imprimante laser (1971)

Starkweather invente un processus d'impression haute qualité de textes et graphismes.

En 1969, Gary Starkweather travaillait d'arrache-pied au centre de recherche de Xérox, à Webster (New York), et mettait au point l'imprimante laser. Deux années plus tard, Starkweather – qui avait entre temps remporté un Acadamy Award pour son travail en collaboration avec Pixar sur la numérisation des films – élaborait le premier système fonctionnel d'imprimante laser, basée sur le concept de l'attraction des contraires. Le processus commence avec le balayage d'un faisceau laser à travers le tambour interne de l'imprimante. Le faisceau renverse la charge positive du tambour : des zones négatives se forment, attirant le toner, une poudre à charge positive.

Après l'application d'une forte charge négative sur le papier à imprimer *via* un câble, un rouleau entraîne le papier dans le tambour. La surface du tambour passe à travers le toner. Le tambour est ensuite roulé sur le papier qui est lui-même écrasé afin de neutraliser sa charge.

Avant l'éjection du papier, ce dernier doit traverser un coronaire. Ce système de rouleaux chauffants fait fondre la poudre du toner, la fixant ainsi sur le papier. Aux prises avec ces rouleaux, le papier échappe à l'incinération du fait de sa seule vitesse.

Cependant, Xerox sous-estima le potentiel de l'imprimante laser, découragea Starkweather de poursuivre ses recherches et rata des opportunités commerciales foisonnantes dans la vente de papier et de toner. Hewlett-Packard commença à vendre la première imprimante laser personnelle en 1980, laissant Xerox dans sa poussière de toner. **LW**

VOIR ÉGALEMENT : IMPRIMANTE À JET D'ENCRE, LASER, PRESSE ROTATIVE

↑ *L'intérieur d'une imprimante laser Xerox de 1986 ; son utilisation commune remonte aux années 1990.*

La disquette (1971)

Noble et IBM développent le stockage de données souple.

En 1967, IBM cherchait un meilleur moyen d'envoyer des logiciels à ses clients. Leurs séries populaires 370 « s'amorçaient » à partir de bandes magnétiques lourdes et encombrantes dont l'expédition était lente et onéreuse. L'ingénieur David L. Noble (né en 1918) tenta toutes sortes de procédés d'amélioration, mais aucun ne convenait. Il proposa donc un nouveau système basé sur un disque souple en matériau magnétique. Développée par IBM les années suivantes et commercialisée en 1971, la disquette « souple » d'IBM dans sa version 8 pouces était réalisée en plastique flexible. Les ingénieurs eurent l'idée de fabriquer une enveloppe protectrice qui serait partie intégrante du support en lui-même, afin de faciliter l'envoi. La disquette fut donc glissée dans une enveloppe carrée qui renfermait un tissu – un chiffon intégré –, et c'est ainsi qu'est né le design de toutes les futures disquettes. Ces disquettes bon marché et légères connurent un franc succès et passèrent au fil des ans de 8 pouces (20 cm) à 5,25 pouces (13,3 cm) puis aux 3,5 pouces (8,89 cm) que l'on peut voir encore aujourd'hui. Des milliards et des milliards de disquettes furent produites au cours des 30 années qui suivirent.

La disquette est aujourd'hui quasiment obsolète et remplacée par des réseaux, de la mémoire flash ou des médias optiques tels que les DVD. Ces innovations peuvent stocker bien plus d'informations que leurs prédécesseurs. Ainsi, pour atteindre la capacité de stockage d'un seul DVD Blu-Ray, il faudrait 600 000 disquettes IBM originelles de 8 pouces et 80 kilobits. **MG**

VOIR ÉGALEMENT : MÉMOIRE FLASH, STOCKAGE INFORMATIQUE HAUTE DENSITÉ, MÉMOIRE MAGNÉTIQUE

↑ *Les disquettes de 5,25 pouces (13,3 cm) firent leur apparition lorsque IBM introduisit les PC en 1981.*

Les organismes génétiquement modifiés (1971)

Chakrabarty outrepasse un processus évolutionniste.

L'être humain a essayé, depuis fort longtemps, de modifier les caractéristiques d'autres espèces pour les rendre plus performantes. C'est ainsi, par exemple, que l'on a obtenu des chevaux plus rapides ou des cultures plus résistances. Mais jusque-là, il s'agissait essentiellement du fruit du hasard. Les avancées de la science permirent d'agir directement sur la reproduction en modifiant le patrimoine génétique de l'espèce choisie. Les organismes sont ainsi modifiés par transgénèse (*trans*-fert de *gène*).

La transgénèse comporte plusieurs étapes : sélection du « gène d'intérêt », codification, modification ou pas, et insertion dans l'organisme cible.

Le microbiologiste Ananda Chakrabarty (né en 1938) fut l'un des pionniers de cette technologie. Il travaillait avec des plasmides de bactéries, petites molécules d'ADN circulaires pouvant se transmettre d'une bactérie à l'autre. Chakrabarty voulait produire des bactéries capables de dégrader le pétrole brut. En transférant les plasmides d'une espèce à l'autre, Chakrabarty regroupa quatre gènes dans une espèce, produisant ainsi une nouvelle bactérie dotée d'un métabolisme nettement amélioré. Cette bactérie devint le premier organisme à faire l'objet d'un brevet.

Aujourd'hui, la modification génétique de cultures, d'animaux et de micro-organismes est un domaine de recherche varié et florissant. La production d'insuline par des bactéries, commercialisée pour la première fois par Genentech en 1982, compte parmi les applications les plus réussies de cette technologie. Cependant, la capacité à manipuler la vie au niveau moléculaire suscite de multiples objections et des applications comme les cultures résistantes aux insectes nuisibles se sont heurtées à une opposition tenace. **MB**

VOIR ÉGALEMENT : THÉRAPIE GÉNIQUE, THÉRAPIE CELLULAIRE

Le moulage sous vide (1971)

Des scientifiques japonais créent des formes en plastique.

Les pots de yaourt, les coques de bateaux, les tableaux de bord et les boîtes d'alimentation ont tous quelque chose en commun. Ils sont élaborés non seulement à partir du même matériau, mais aussi grâce au même procédé, le moulage sous vide, une invention qui remonte à 1971 lorsque des scientifiques japonais conçurent un moyen de créer des formes complexes en plastique. Les chercheurs en question se nomment Yoshimasa Kubo et Nataka Kunii.

Le procédé consiste d'abord à produire un moule de la forme du produit final souhaité, à partir de bois, de mousse ou d'aluminium. Une feuille de plastique (généralement du polystyrène choc ou de l'acrylique) est ensuite appliquée au-dessus du moule et chauffée, par le haut, à haute température. Une fois le plastique devenu suffisamment souple pour être modelé, l'appareil de chauffage est arrêté puis placé sous le plastique.

« J'adore Hollywood. [. . .] Tout est plastique. [. . .] Je veux être plastique. »

Andy Warhol, artiste américain

Lorsque tous les composants sont en place, la pompe à vide est activée sous le plastique, aspirant la feuille vers le bas pour provoquer son adhérence au moule. La pompe fonctionne jusqu'à ce que le plastique ait refroidi. La feuille de plastique est alors enlevée et ses bords sont lissés pour obtenir un produit bien fini. Ce procédé est généralement réservé aux créations en plastique de faible profondeur. **CB**

VOIR ÉGALEMENT : BOUTEILLE EN PLASTIQUE, POLYSTYRÈNE, TUPPERWARE, BOUTEILLE THERMOS, POMPE À VIDE

Le robot ménager

(1971)

Découper, émincer, mixer, Verdan simplifie le travail.

La création du robot de cuisine est l'invention d'un représentant dans les services de restauration. Pierre Verdan pressentit l'existence d'une niche dans le marché en voyant le temps que ses clients passaient à émincer, découper et râper dans leurs cuisines.

Il développa une machine capable d'effectuer le travail fastidieux de préparation des légumes et réalisa que son idée pouvait faire gagner aux métiers de la restauration des centaines d'heures de travail par an, et apporter au personnel de cuisine un moyen de créer des produits plus petits et uniformément découpés donc davantage plaisants sur un plan esthétique et gustatif.

Verdan construit un prototype basique, composé d'une grande cuve en plastique dotée d'une lame pivotante fixe, et fixée à un axe posé sur un socle de base. Ce modèle de base fut ensuite complété d'une lame motorisée encore plus rapide et puissante, capable d'émincer, couper en dés, râper et réduire en purée la plupart des aliments, en plus de pétrir la pâte. Verdan conçut en outre une version miniature de son appareil devenue extrêmement populaire en raison de sa facilité d'utilisation et de sa taille pratique.

D'autres fabricants ont développé des versions du robot de Verdan, comme Cuisinart aux États-Unis. Cette invention a révolutionné la préparation culinaire, tant dans les cuisines professionnelles qu'au sein des foyers. **KB**

« [...] le robot cuisine [...] fait économiser du temps et de l'énergie. »

Delia Smith, écrivain gastronomique britannique

VOIR ÉGALEMENT : MIXEUR, AUTOCUISEUR

↗ *Fabriqué par Robot Coupe, le préparateur original Magimix a peu évolué au fil des années et reste populaire.*

Le commutateur téléphonique informatisé (1971)

L'invention de Hoover améliore la rapidité des télécommunications.

À l'époque de la première invention des systèmes de communication téléphonique où rares étaient ceux qui possédaient un téléphone, les appels téléphoniques étaient connectés *via* un opérateur humain.

Mais avec la popularité croissante du téléphone, des opérateurs électromécaniques furent créés. Les sociétés de communication trouvèrent rapidement que ces opérateurs avaient eux aussi leurs limites, car le trafic téléphonique était tel qu'ils commençaient à être surchargés et à se bloquer.

La découverte de la solution revient à Erna Schneider Hoover (né en 1926), programmeur informaticienne dotée d'un doctorat en mathématiques et travaillant à l'époque pour les laboratoires Bell, dans le New Jersey. Elle créa un système de commutation informatisé qui contrôlait la fréquence des appels téléphoniques extérieurs à divers moments et réorganisait le taux d'acceptation d'appels lors des périodes de pointe afin d'éviter toute saturation. Ce logiciel fut breveté en 1971 et compte parmi les tout premiers brevets de logiciels jamais déposés.

Outre ses découvertes dans le domaine des télécommunications, le Dr Hoover conjuguait avec succès une carrière de haute volée avec une vie de famille. D'aucuns prétendent qu'elle aurait dessiné les premières ébauches de ce système alors qu'elle se trouvait à l'hôpital après la naissance du premier de ses trois enfants. Le succès de ce logiciel lui valut d'occuper le premier poste de femme directrice au sein d'un département technique des laboratoires Bell. **LH**

VOIR ÉGALEMENT : CENTRAL TÉLÉPHONIQUE AUTOMATIQUE, TÉLÉPHONE MOBILE, TÉLÉPHONE

L'imagerie par résonance magnétique (1971)

Damadian exploite une nouvelle technologie pour examiner les cellules vivantes.

Même si l'on doit à Raymond Damadian (né en 1936) l'idée d'utiliser la résonance magnétique nucléaire pour observer l'intérieur du corps humain, les travaux les plus directement en lien avec l'imagerie par résonance magnétique (IRM) ont été réalisés par Paul Lauterbur (1929-2007) et Peter Mansfield (né en 1933).

La technique d'imagerie la plus récente se sert de la résonance des atomes d'hydrogène lorsqu'ils sont bombardés d'énergie magnétique. L'IRM fournit des images en trois dimensions sans radiation nocive, tout en étant plus détaillée que les anciennes techniques.

Alors qu'il poursuivait ses études de médecine à New York, Damadian commença à examiner les cellules vivantes avec une machine à résonance magnétique nucléaire. En 1971, il découvrit que les signaux des cellules atteintes de tumeur se maintenaient plus longtemps que ceux des cellules saines et obtint en 1974 un brevet pour sa machine utilisée par les médecins afin d'extraire les cellules cancéreuses.

Une réelle avancée se produisit lorsque Lauterbur, un chimiste américain, créa les premières images IRM en deux et trois dimensions. Quant au physicien britannique Mansfield, il mit au point une technique mathématique génératrice d'une imagerie plus rapide et distincte.

Damadian élabora l'appareil IRM intégral en 1977 et produisit la première IRM complète du cœur, des poumons et de la paroi thoracique de son étudiant diplômé Larry Minkoff, avec des images naturellement bien différentes de celles obtenues aujourd'hui. **CL**

VOIR ÉGALEMENT : TOMODENSITOMÉTRIE (TDM, CT SCAN), RAYONS X, INFRAROUGE, ULTRASON

Exemple précoce d'IRM montrant le scanner normal d'un cerveau humain.

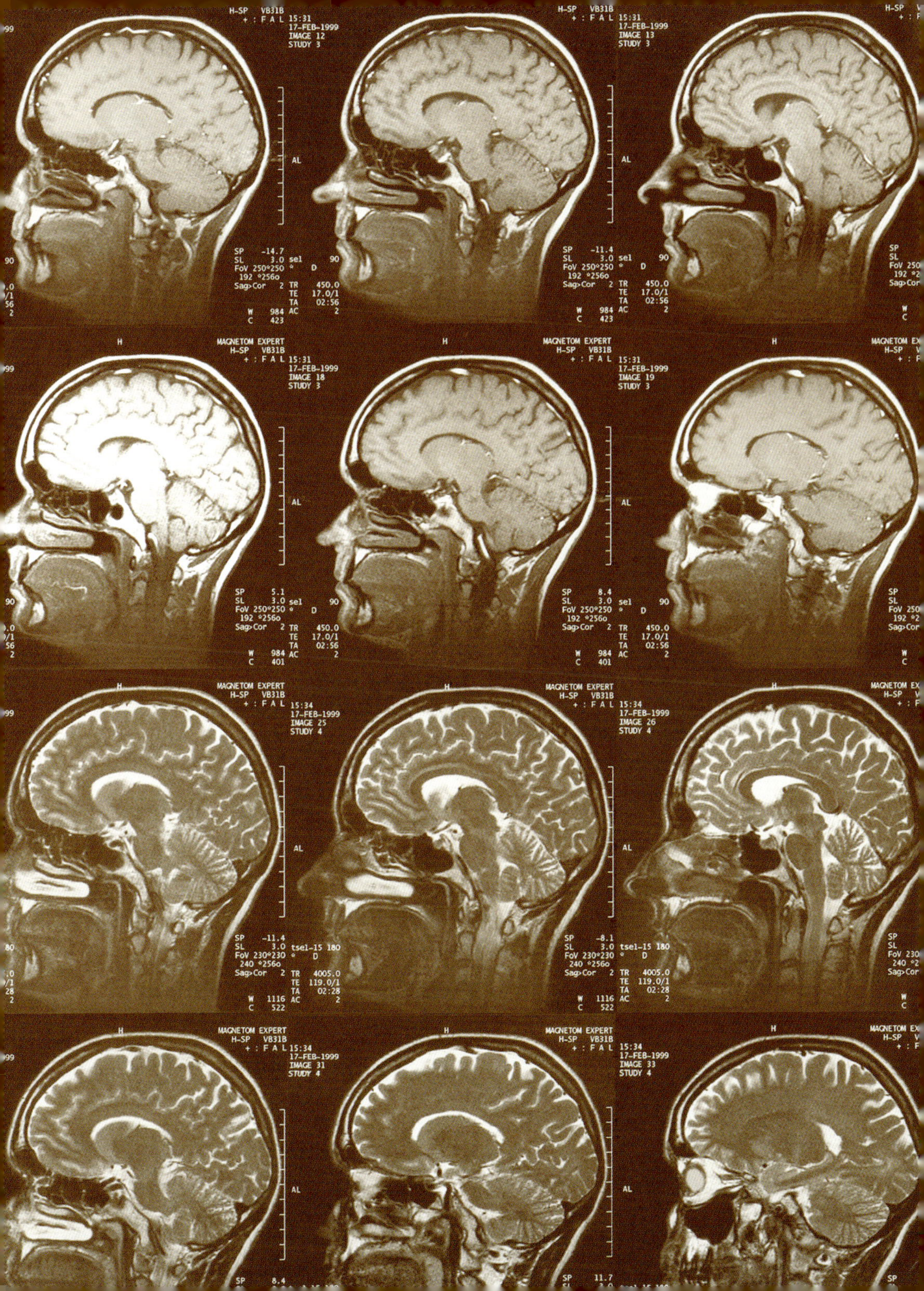
H-SP VB31B
+ : F A L
15:31
17-FEB-1999
IMAGE 12
STUDY 3
IMAGE 13
IMAGE 18
IMAGE 19
MAGNETOM EXPERT
15:34
IMAGE 25
STUDY 4
IMAGE 26
IMAGE 31
IMAGE 33
AL
SP -14.7
SL 3.0 sel 90
FoV 250*250
192 *256o
Sag>Cor 2
TR 450.0
TE 17.0/1
TA 02:56
AC 2
W 984
C 423
SP -11.4
SP 5.1
C 401
SP 8.4
tsel-15 180
FoV 230*230
240 *256o
TR 4005.0
TE 119.0/1
TA 02:28
W 1116
C 522
SP -8.1
SP 11.7

La station spatiale (1971)

Les Soviétiques lancent la première station permanente dans l'espace.

Les stations spatiales sont des installations placées en orbite et habitées par l'homme, conçues pour rester dans l'espace avec une certaine permanence. La première, Saliout 1, fut lancée par l'URSS le 19 avril 1971. Le système d'arrimage du premier engin spatial *Soyouz 10* ayant échoué, la station fut d'abord occupée par l'équipage du *Soyouz 11* composé de trois hommes qui restèrent en orbite pendant 23 jours, mais moururent suite à la dépressurisation de leur capsule lors de sa rentrée dans l'atmosphère de la Terre. Les générations plus tardives de stations spatiales soviétiques comme Mir possédaient deux ports d'arrimage et des infrastructures de renouvellement d'eau. Ces stations étaient conçues pour être occupées de manière permanente.

Lancée en 1973, Skylab, la première station spatiale américaine, faisait trois fois la taille de Mir. Les États-Unis décidèrent dès 1933 de fonder un partenariat avec la Russie, le Japon, le Canada et l'Agence spatiale européenne (ASE) en vue de la construction de la Station spatiale internationale. Le premier élément fut lancé en 1998.

Projet commun d'agences des États-Unis, de Russie, du Canada et de 11 pays européens, la Station spatiale internationale n'a cessé d'être occupée depuis novembre 2000. Elle est ravitaillée par la navette spatiale et les vaisseaux russes *Soyouz* et *Progress*. Lorsqu'elle sera terminée, six astronautes vivront à son bord, chacun à la fois, pour une durée de quelques mois. Ils procéderont à des expériences dans le domaine biomédical, de la microgravité, de la biologie, et de la physique des fluides. L'un des objectifs principaux consiste à évaluer les effets sur le long terme de l'influence de l'espace sur le corps humain. **DH**

« Le poète Yevgeny Yevtushenko affirma [...] que "le prix à payer était injuste". »

Time Magazinen sur *Soyouz 11*

↑ *L'équipage de* Soyouz 11 *dans la cabine de commande avant le décollage en juin 1971.*

→ *Vue de la station spatiale Mir en orbite, prise en 1995. La station russe fut lancée pour la première fois en 1986..*

VOIR ÉGALEMENT : AVION À MOTEUR, FUSÉE À CARBURANT LIQUIDE, MISSILE BALISTIQUE, SONDE SPATIALE, VAISSEAU SPATIAL

La tomodensitométrie (TDM ou CT scan) (1971)

Hounsfield développe une nouvelle technologie d'imagerie.

Conrad Röntgen (1845-1923) fut la première personne à prendre des photographies par rayons X d'une personne, ce qui lui valut de remporter le prix Nobel de physique en 1901. Pour la première fois, des chirurgiens purent observer des balles et des éclats d'obus à l'intérieur du corps.

Mais seul le développement de la tomodensitométrie permit d'améliorer les images produites par rayons X. Godfrey Hounsfield (1919-2004) inventa le CT scan en 1968 et en 1971, un prototype scanner fut installé à l'hôpital Atkinson Morley, à Wimbledon, en Angleterre, en vue de tests cliniques. Dans la tomographie calculée par ordinateur, le tube à rayons X tourne, permettant ainsi de prendre de nombreuses images sous différents angles et d'obtenir des vues en trois dimensions. La photographie par rayons X est remplacée par des détecteurs sensibles et un ordinateur reconstruit les images. Les détecteurs étant 100 fois plus sensibles que la photographie, ils permettent d'observation des variations infimes de densité de tissus.

Cette technologie novatrice fut utilisée pour la première fois afin de distinguer un cerveau normal de tissu malade. C'est en 1975 que furent commercialisés les scanners plus larges capables d'examiner le corps tout entier. Dans les années 1960, Allan Cormack (1924-1998) avait commencé à travailler, de manière indépendante, sur la reconstruction des images grâce aux techniques mathématiques. Cormack et Hounsfield partagèrent le prix Nobel de physiologie ou médecine en 1979. **SS**

VOIR ÉGALEMENT : ÉLECTROCARDIOGRAPHE, ÉLECTROENCÉPHALOGRAPHE, RAYONS X, ULTRASON

⇧ *Lors d'un scanner, les patients sont placés dans un cylindre et les détecteurs à rayons X tournent autour.*

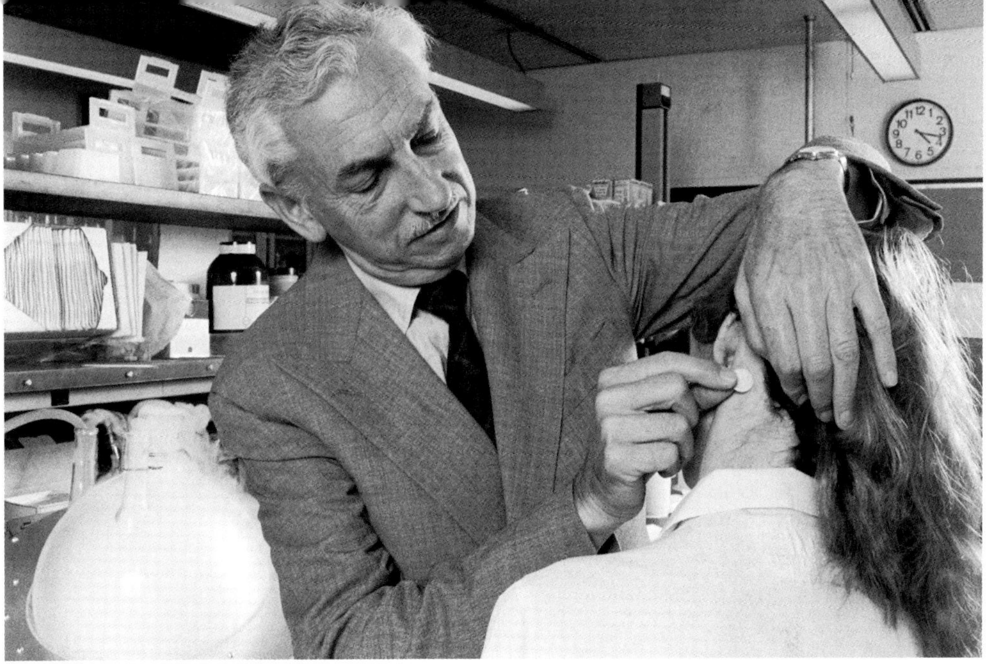

Le timbre transdermique (1971)

La découverte de Zaffaroni facilite l'administration des médicaments.

L'administration américaine, FDA (Food end Drug Administration) a autorisé le premier patch transdermique en 1979. Ce nouveau mode d'administration de médicaments possédait tous les avantages des piqûres et pilules, mais sans leurs inconvénients.

Le biochimiste Alejandro Zaffaroni (né en 1923) souhaitait imiter le processus de libération régulée des hormones par le corps et trouvait que les méthodes d'administration des médicaments n'étaient pas suffisamment élaborées. En 1969, il créa sa société, ALZA, et se vit attribuer en 1971 un brevet américain pour un « bandage destiné à administrer des médicaments ». « Je pensais que les industries seraient intéressées par ce que nous faisions, mais il n'en fut rien », affirma Zaffaroni lors d'un entretien.

Cependant, l'industrie pharmaceutique ne tarda pas à réaliser que les timbres de Zaffaroni étaient utiles et qu'ils allaient générer un important chiffre d'affaires. Le premier patch transdermique, contre le mal des transports, fut mis en vente au début des années 1980. Suivirent les patchs de nitroglycérine, puis les patchs de nicotine, ceux destinés à soulager la douleur, ceux pour pallier le déséquilibre hormonal, les patchs contraceptifs...

Les timbres transdermiques forment une industrie de plusieurs milliards de dollars, dont 3 milliards de dollars pour le seul marché américain. Tout commença à ALZA, qui fut ensuite revendue en 2001 au géant de l'industrie pharmaceutique Johnson & Johnson (de la marque Band-Aid) pour 10 milliards de dollars. **RBk**

VOIR ÉGALEMENT : ANTIVIRAL, PILULE CONTRACEPTIVE, PILULE SOLUBLE, INSULINE NPH

↑ *Le pionnier des timbres transdermiques, Alejandro Zaffaroni, colle un patch sur une patiente en 1980.*

Le courriel (1971)

Tomlinson développe un système de communication entre réseaux informatiques.

En 1969, la société Bolt Barenek and Newman remporta un contrat pour le développement d'un réseau de communication appelé ARPANET qui permettrait aux scientifiques et chercheurs de partager des données informatiques. Au cours de l'élaboration de ce réseau, l'ingénieur Ray Tomlinson (né en 1941) commença ses essais sur le codage de deux programmes. Le programme SNDMSG permettait à des utilisateurs d'un même réseau d'échanger des messages entre eux, tandis que le programme CPYNET favorisait le transfert de fichiers entre deux réseaux distincts. Tomlinson eut l'intuition qu'en combinant ces deux programmes il pourrait créer un système qui rendrait possible le transfert de messages entre différents utilisateurs de réseaux indépendants.

Le choix de l'arobase @ pour séparer le nom de l'utilisateur du nom de domaine revient à Tomlinson. Ce choix témoignait certes d'une certaine logique, mais fit également revivre ce symbole plutôt ésotérique en le sauvant d'une mort linguistique certaine. Ignorant les répercussions qu'auraient les 200 lignes de code qui formaient le programme d'échange de courriers électroniques, Tomlinson négligea de noter le contenu de son premier message envoyé (d'après lui, quelque chose de banal comme « QWERTYUIOP » ou « TEST 1234 »).

Tomlinson a expliqué que même s'il n'existait pas d'objectif stipulant clairement la création du courrier électronique, le projet ARPANET constituait en réalité une exploration d'envergure et utile des usages multiples de la communication informatique. **CL**

VOIR ÉGALEMENT : PROGRAMME INFORMATIQUE, PROTOCOLE INTERNET (TCP/IP), WORLD WIDE WEB (WWW)

⇑ *Le courrier informatique a introduit des symboles universellement reconnaissables sur les écrans d'ordinateur.*

Le microprocesseur (1971))

L'invention de Hoff démocratise l'utilisation des ordinateurs.

À la fin des années 1960, Ted Hoff (né en 1937), ingénieur chez Intel, reçoit la commande de plusieurs calculatrices pour un client japonais. La méthode traditionnelle aurait consisté à créer plusieurs circuits intégrés différents – des puces en silicone – pour effectuer le travail. Même si ces puces étaient suffisamment petites pour rentrer dans des calculatrices de poche, les ordinateurs programmables, dont les fonctions étaient multiples, demeuraient d'imposants appareils.

D'où l'idée d'allier petite taille des circuits et puissance des ordinateurs. Hoff décida de réaliser un seul circuit intégré programmable pour effectuer différentes tâches. Aidés de ses collègues ingénieurs Stan Mazor (né en 1941) et Federico Faggin (né en 1941), Hoff réussit à condenser la totalité d'un ordinateur sur une seule puce en silicone, accompagnée d'une petite mémoire pour lui donner les instructions nécessaires. Intel réalisa rapidement qu'ils possédaient, littéralement dans la paume de leurs mains, un ordinateur programmable universel doté de la puissance de machines qui occupaient des pièces entières dix ans auparavant. Intel négocia avec le fabricant de calculatrices pour conserver les droits de vendre la puce à d'autres acheteurs et sortit le processeur Intel 4004 en 1971.

Premier microprocesseur commercial, Intel 4004 marqua les prémices de la révolution qui balaya le monde dans les années 1970 et 1980, délivrant les ordinateurs de leur servitude industrielle pour les introduire dans les maisons, les voitures et même les machines à laver. **MG**

VOIR ÉGALEMENT : PROGRAMME INFORMATIQUE, CALCULATRICE MÉCANIQUE, ORDINATEUR MÉCANIQUE, MÉMOIRE VIVE (RAM)

↑ *En 1974, Intel mit au point le microprocesseur 8080, qui fut utilisé dans l'un des premiers PC.*

HEWLETT PACKARD
150

L'écran tactile
(1971)

Hurst facilite l'interaction informatique.

Au cours de la seconde moitié du XXe siècle, l'ascension de l'ordinateur alla de pair avec une recherche constante d'une meilleure interaction. Les cartes et bandes perforées se firent trop encombrantes au fil des avancées et les claviers devinrent l'objet de toutes les attentions. Dans les années 1960, l'inventeur américain Douglas Engelbart mit au point la souris d'ordinateur : un pas de géant dans l'interaction informatique. Puis le Dr Samuel C. Hurst inventa en 1971 l'interface de l'écran tactile électronique. Alors qu'il enseignait à l'université du Kentucky, il fut confronté à la tâche fastidieuse qui consistait à lire une importante quantité de données. Réalisant que ce travail occuperait à plein temps deux diplômés pendant au moins deux mois, il décida de procéder autrement.

Il mit au point un système de mesure appelé Elograph. Il s'agissait d'une tablette capable d'évaluer l'endroit où l'utilisateur pressait avec un stylet. Hurst monta rapidement la société Elographics, chargée de fabriquer et de vendre l'appareil en question. À force de travail acharné, Hurst et son équipe mirent seulement trois ans pour réaliser une version transparente de leur concept adaptable sur un écran. Quatre années plus tard, en 1977, ils mirent au point ce qui allait devenir la technologie la plus populaire d'écrans tactiles. L'écran tactile à technologie résistive 5 fils comporte des couches transparentes maintenues ensemble par la pression du toucher d'un doigt. Facilement traduit en données électriques résistives, cet écran tactile moderne est durable et offre une haute résolution. **DHk**

VOIR ÉGALEMENT : SOURIS D'ORDINATEUR, WORLD WIDE WEB, PAVÉ TACTILE (TOUCH PAD), CASQUE DE RÉALITÉ VIRTUELLE

⇐ *John K. Lee de Hewlett-Packard fait une démonstration d'écran tactile sur un PC (HP 150).*

La cryptographie à clé publique (v. 1972)

Ellis, Cocks et Williamson codifient les identités.

La cryptographie à clé publique ou cryptographie asymétrique est un instrument technologique permettant aux utilisateurs de confirmer leur identité respective de manière électronique. Les signatures traditionnelles correspondaient aux besoins de la société, comme toujours aujourd'hui, mais ne satisfaisaient pas les exigences de la sécurité électronique.

Lorsque les gouvernements eurent connaissance du potentiel que représentait la cryptographie asymétrique, ils firent tout pour protéger le secret de cette technologie. Au début des années 1970, alors qu'ils travaillaient pour le gouvernement britannique, James Ellis (1924-1997), Clifford Cocks (né en 1950) et Malcolm Williamson (né en 1950) contribuèrent à son développement. Ce n'est qu'en 1997, sous un nouveau gouvernement menant une politique « d'ouverture », que le monde apprit que la Grande-Bretagne avait développé la cryptographie asymétrique 24 ans auparavant. Mais, comble de la frustration pour Ellis, Cocks et Williamson, la découverte de la cryptographie asymétrique s'était vu attribuée à Martin Hellman, Ralph Merkle et Whitfield Diffie de l'université de Stanford.

Il serait fastidieux et complexe de décrire précisément le processus de la cryptographie asymétrique. Cependant, la finalité fondamentale de cette clé est de permettre à deux ordinateurs ou deux personnes de communiquer sans qu'une tierce personne puisse décoder le message. Il semble aujourd'hui peu pertinent de savoir qui a réellement découvert la formule mathématique magique de ce procédé de cryptage étant donné son utilisation massive sur le Web. Nous sommes nombreux à recourir à ce procédé en ligne lors de transactions sécurisées par une cryptographie asymétrique. **CB**

VOIR ÉGALEMENT : BANDE MAGNÉTIQUE, RADIO-IDENTIFICATION (RFID)

La programmation en langage C (1972)

Ritchie met au point un langage plus flexible.

Dennis Ritchie (né en 1941) est idolâtré par les programmeurs du monde entier. Pourquoi ? Parce qu'il écrivit ce qui est le langage de programmation le plus utilisé dans le monde. Après des études à Harvard, Ritchie fut embauché par les laboratoires Bell en 1968. C'est là qu'il créa, avec Ken Thompson (né en 1943), le système d'exploitation UNIX. À cette époque, les laboratoires Bell utilisaient un langage de programmation appelé B qui servait à écrire UNIX. En se basant sur le système existant, Ritchie « ajouta des types de données et une nouvelle syntaxe au langage B de Thomson, donnant ainsi naissance au langage C ».

Conçu pour être utilisé avec le système d'exploitation UNIX, ce nouveau langage banalisé fut écrit afin de « porter » UNIX ou de permettre de le transférer d'un type d'ordinateur à un autre. À l'époque, Ritchie et Thomson travaillaient à l'aide du langage B sur un ordinateur PDP-7 et lorsque les laboratoires Bell firent l'acquisition d'un des nouveaux PDP-11, ils voulurent poursuivre leur travail sur la machine la plus performante des deux. L'incapacité de B à tirer parti des nouvelles caractéristiques du PDP-11 conduisit Ritchie à envisager les premières versions du C, langage qu'il utilisa pour réécrire leur système d'exploitation UNIX afin qu'il soit transférable sur l'autre ordinateur.

C'est ainsi que l'imposant PDP-11, assorti d'un système à bande magnétique, devint le premier ordinateur à utiliser le langage C. La flexibilité et simplicité de ce langage font qu'il est toujours utilisé, avec UNIX, sur les PC modernes et par les vrais programmeurs. En 1999, Ritchie et Thomson reçurent la médaille nationale américaine de la technologie pour leurs travaux sur UNIX et le langage C. **DHk**

VOIR ÉGALEMENT : PROGRAMME INFORMATIQUE, LANGAGE INFORMATIQUE JAVA, MÉMOIRE MAGNÉTIQUE, MICROPROCESSEUR

La pompe à insuline (1972)

Kamen stabilise l'administration de médicaments destinés aux diabétiques.

La pompe à insuline est un petit appareil à piles qui délivre des quantités variables d'insuline dans le sang des personnes diabétiques. Le diabète est une maladie affectant la capacité du corps à éliminer le sucre, provoquée par une absence ou un dysfonctionnement de l'hormone insuline. Le seul moyen pour les diabétiques de contrôler leur maladie était alors de s'injecter leur dose d'insuline quotidienne. La première pompe à insuline fut inventée par le Dr Arnold Kadish dans les années 1960, mais elle était tellement large qu'elle devait être portée sur le dos.

Alors que Dean Kamen (né en 1951) étudiait à l'université, son frère, étudiant en médecine, lui fit part de

> *« … si vous ne travaillez pas à des choses importantes, vous perdez votre temps. »* Dean Kamen

la difficulté, pour les patients, de recevoir des doses de médicaments constantes comme l'insuline. En réponse, Kamen inventa un circuit qui contrôlait une petite pompe à insuline reliée à une seringue. Il utilisa une nouvelle forme de micropuce pour contrôler le circuit. Ce dispositif portable et programmable délivrait de faibles doses précises d'insuline sur une longue période, égalisant ainsi les pics et baisses de niveau d'insuline liés aux injections par piqûres. Le dispositif suscita une forte impression auprès des collègues du frère de Kamen. En 1976, Kamen créa sa première société, AutoSyringes, destinée à commercialiser et à fabriquer les pompes à insuline. **HI**

VOIR ÉGALEMENT : SERINGUE HYPODERMIQUE, PILULE SOLUBLE, ASPIRINE, BÊTABLOQUANT, TIMBRE TRANSDERMIQUE, INSULINE

PC - l'ordinateur personnel

(1973)

L'Alto de Xerox PARC inspire l'industrie de l'informatique à domicile.

Nombreux sont les prétendants au titre du tout premier « ordinateur personnel » (Personal Computer). Cependant, l'on doit à Xerox PARC la création en 1973 du modèle sans doute le plus innovant de l'histoire informatique : un ordinateur personnel tel que nous le connaissons aujourd'hui. Nommé d'après le centre de recherche californien Palo Alto (PARC) où il fut créé, l'Alto était composé d'un petit meuble (contenant un processeur sur mesure de 16 bits et une mémoire de disque), un écran, un clavier, une souris et même la première interface graphique représentant des fenêtres et des icônes sur lesquelles l'on pouvait cliquer.

Conçu à l'origine pour la recherche, l'Alto devait être assez compact pour rentrer dans un bureau et assez puissant pour contenir une interface utilisateur, tout en étant capable d'échanger des informations avec d'autres machines : un condensé d'innovations inédites – dont un système d'exploitation orienté objet et les premières cartes de réseau Ethernet – qui ne seraient vulgarisées que dix ans plus tard et se maintiendraient toujours à la pointe dans les années 1990. L'Alto devint rapidement la référence en matière de conception d'ordinateurs personnels et inspira le cofondateur d'Apple Steve Jobs et son équipe, impressionnés par la précision des graphiques d'Alto et son interface-utilisateur. L'équipe fondatrice du Xerox Alto reçut le prestigieux prix d'ingénierie Draper en 2004 en tant que catalyseur de l'âge d'or de la recherche informatique. **JM**

« … l'écran lumineux de l'Alto […] fut une révélation. »

John Markoff, *New York Times* (3 avril 2003)

VOIR ÉGALEMENT : SOURIS D'ORDINATEUR, PROGRAMME INFORMATIQUE, ORDINATEUR MÉCANIQUE

↗ *L'Alto coûte 32 000 $; le design de l'écran permet l'affichage d'une page de texte entière.*

Ethernet (1973)

Metcalfe et Boggs relient des ordinateurs en réseau.

En 1973, Bob Metcalfe (né en 1946) du Palo Alto Research Center (PARC) fut confronté à un problème. Un nombre croissant d'ordinateurs surgissaient autour de lui, qui avaient tous besoin d'être connectés entre eux. Au même moment, la première imprimante laser du monde, inventée au PARC en 1971, s'apprêtait à avaler ce qui lui tombait sous la dent.

L'interconnexion informatique en était à ses débuts. Le matériel informatique était onéreux et l'installation électronique du PARC laissait fortement à désirer. Il suffisait d'un problème technique dans les ordinateurs ou le câblage pour que tout le système saute. Metcalf se vit donc confier la tâche de construire un réseau informatique plus simple et fiable.

En quête d'inspiration, il tomba sur le réseau radio de l'université d'Hawaii, ALOHAnet. Contrairement à la plupart des réseaux informatiques qui étaient soigneusement réglés de façon qu'un seul ordinateur puisse communiquer avec un autre à un moment donné, ALOHAnet était une sorte de système communautaire. Si plusieurs ordinateurs tentaient d'échanger en même temps, chaque ordinateur se « mettait en retrait » pendant un moment avant de réessayer.

Aidé de David Boggs, du PARC, Metcalfe créa un réseau câblé basé sur le schéma d'ALOHAnet. Le système Ethernet de Metcalfe rencontra des collisions et des problèmes techniques, mais les surmonta. La connexion de tous les ordinateurs sur un unique câble long simplifia énormément le câblage.

Développé sans interruption depuis lors, Ethernet est aujourd'hui la norme la plus populaire pour les réseaux locaux. **MG**

« Aujourd'hui, Ethernet représente la technologie de réseau dominante… »

The Economist (2003)

VOIR ÉGALEMENT : INTERNET, PROTOCOLE INTERNET (TCP/IP), WORLD WIDE WEB

Les ordinateurs sont reliés au réseau par un panneau de brassage – un système toujours d'actualité.

La bouteille en plastique (1973)

Wyeth invente un nouveau plastique pour les emballages de boissons carbonatées.

La bouteille en plastique de base est aujourd'hui l'un des objets ménagers les plus communément recyclés. Mais c'est son coût économique et sa durabilité qui ont accru sa popularité par rapport aux bouteilles en verre. Nathaniel Wyeth (1911-1990), un ingénieur américain, travailla sur cette invention pendant près d'une décennie. Une série de premières expérimentations démontra que les boissons gazeuses provoquaient une expansion du plastique. Manifestement, le plastique était trop faible ; mais il pouvait être renforcé si les longues chaînes de molécules qui le constituent étaient tissées ensemble. Wyeth savait que le Nylon se fortifie lorsque ses molécules sont étirées et alignées ; il développa donc un moule préformé qui forçait les fils de Nylon à s'entremêler lors de l'extrusion du plastique à l'intérieur du moule.

Le plastique fondu fut coulé dans le moule en forme de bouteille et l'air souffla sur le plastique pour le répartir sur toute la surface du moule et créer une forme dans les couches de fibres. Mais après 10 000 essais, Wyeth utilisa finalement le polyéthylène-téréphtalate (PET), dont les propriétés plastiques supérieures garantissaient une bouteille en plastique transparente, résistante et totalement recyclable.

La bouteille fut rapidement adoptée par les sociétés de boissons non alcoolisées alors en plein essor et l'on estime à 10 milliards la production annuelle de bouteilles en 1999. Près de la moitié de la moquette en polyester actuellement fabriquée aux États-Unis provient de bouteilles en plastique recyclées. **SD**

VOIR ÉGALEMENT : VERRE, POLYPROPYLÈNE, EAU GAZEUSE, TETRA PAK

↗ *Le PET est utilisé dans la fabrication des vêtements de sport et dans les bouteilles de boisson.*

« … Nous nous étions habitués à voir des gouttes de résine collées sur le moule… »

Nathaniel Wyeth

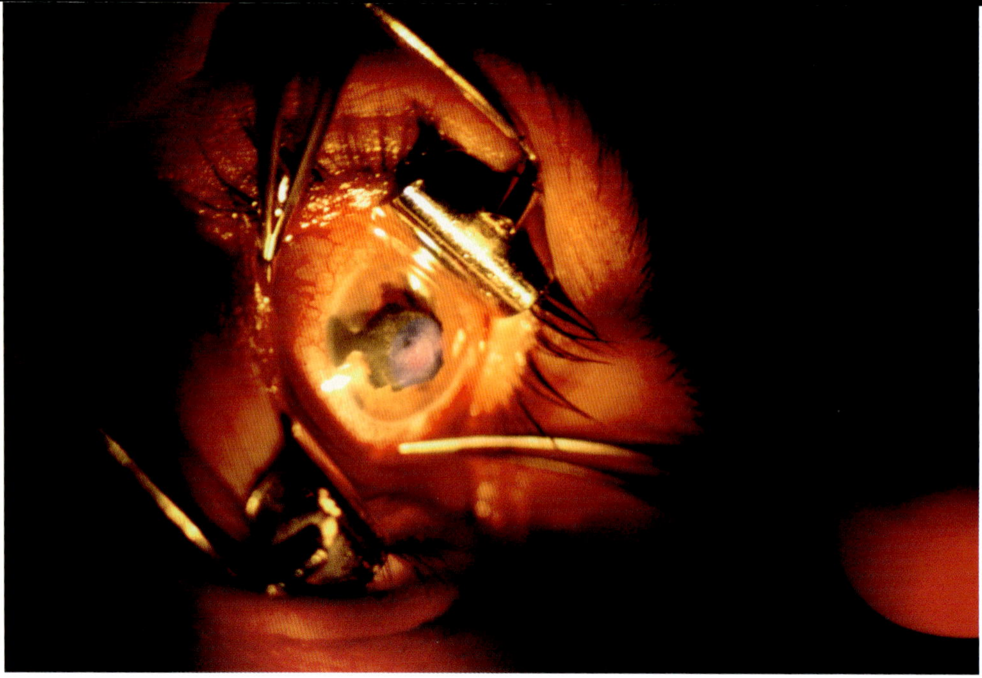

La chirurgie laser de l'œil (1973)

Bhaumik améliore la vision grâce au laser excimère.

Ils sont des millions à s'être tournés vers la technique du LASIK (*laser-assisted in situ keratomileusis*) pour corriger leur myopie, hypermétropie et astigmatisme et se débarrasser ainsi du port de lunettes.

Dans les années 1950, l'ophtalmologiste espagnol Jose Barraquer mit au point une méthode chirurgicale pour changer la forme de la cornée. Sa technique fut perfectionnée par l'ophtalmologiste et chirurgien de l'œil russe Svyatoslav Fyodorov qui créa la kératotomie radiaire alors qu'il soignait un petit garçon dont les lunettes avaient explosées dans ses yeux à la suite d'une chute. Il effectua plusieurs incisions radiaires de la pupille jusqu'au bord de la cornée afin de retirer les morceaux de verre. Une fois la cornée soignée, la vue du garçon s'améliora nettement.

En 1968, les travaux se poursuivirent à l'université de Californie où le physicien indien Mani Lal Bhaumik et ses collègues développèrent un laser excimère. En 1973, Bhaumik divulgua cette nouvelle technique au monde entier lors d'un rassemblement de l'Optical Society of America, à Denver, puis déposa par la suite son brevet. Sept ans plus tard, Rangaswamy Srinivasan, un chimiste indien, découvrit qu'un laser excimère ultraviolet pouvait graver de manière très précise des tissus vivants sans endommager les tissus environnants.

Basée sur toutes ces découvertes, la chirurgie LASIK fut finalement mise au point par l'Italien Lucio Buratto et le Grec Ioannis Pallikaris en 1990. **LH**

VOIR ÉGALEMENT : LASER, CHIRURGIE LASER DE LA CATARACTE, PROTHÈSE OCULAIRE (ŒIL BIONIQUE)

↑ *Opération chirurgicale au laser de l'œil d'un patient, à l'aide d'un laser excimère.*

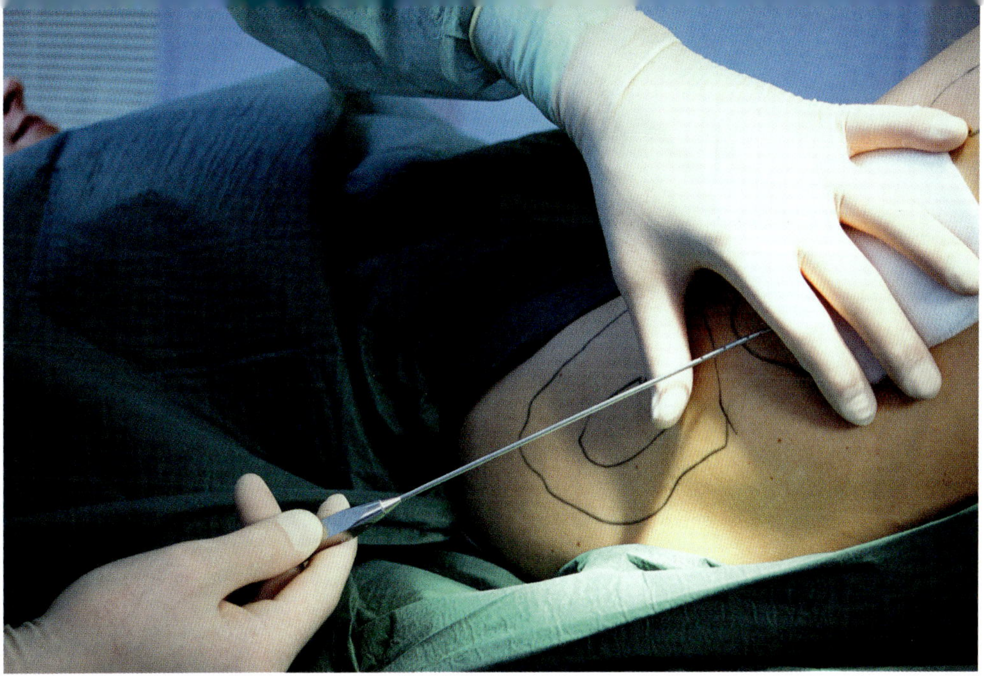

La liposuccion (1974)

Fischer développe une technique permettant d'enlever l'excédent de graisse abdominale.

La liposuccion est une technique de chirurgie esthétique consistant à aspirer l'excédent de tissus adipeux présents sous la peau. Elle fut développée pour la première fois par le gynécologue italien Giorgio Fischer (né en 1934) lorsqu'il découvrit qu'il pouvait enlever la graisse (pour faciliter la chirurgie abdominale) par de minuscules incisions réalisées par un scalpel électrique rotatif relié à une canule elle-même attachée à un appareil de succion. L'un des inconvénients majeurs était que les patients subissaient généralement une perte de sang considérable.

Quatre ans plus tard, le chirurgien plasticien français Yves-Gérard Illouz recourut à une canule à bout arrondi, ce qui réduisit les complications et la période de convalescence. La technique fut introduite aux États-Unis dans les années 1980, mais le taux d'échec élevé refroidit l'enthousiasme.

En 1985, le Dr Jeffrey Klein, dermatologue californien, résolu le problème grâce au développement de l'anesthésie tumescente, technique utilisant de larges volumes de l'anesthésique local lidocaïne, alliés à l'hormone vasoconstrictive, l'épinéphrine. L'alliance de ces deux composants contribua à réduire le risque de saignement et la nécessité de recourir à l'anesthésie générale.

La liposuccion convient particulièrement aux personnes de poids plus ou moins normal, mais qui possèdent des poches de graisse isolées donnant l'impression d'un corps disproportionné. Les régions corporelles les plus souvent traitées incluent l'abdomen, les hanches, les cuisses et les genoux. **JF**

VOIR ÉGALEMENT : IMPLANT MAMMAIRE

↑ *Une femme subit une opération de liposuccion ; cette technique permet de cibler les poches de graisse.*

La voiture hybride (1974)

Wouk met au point un véhicule qui émet moins de CO² et consomme moins de carburant.

Les automobiles hybrides possèdent deux types de moteurs différents et fonctionnant en parallèle : généralement un moteur essence ou Diesel fournissant la majeure partie de la force motrice, et un moteur électrique, fonctionnant sur batteries, pour une aide supplémentaire.

Le principal atout des véhicules hybrides réside dans la réduction d'émissions de dioxyde de carbone et dans l'économie de carburant réalisée liée à l'utilisation du freinage régénératif pour recharger les batteries (ces batteries sont parfois appelées systèmes de stockage d'énergie rechargeable). Il est en outre possible de réaliser des économies d'essence en coupant le moteur essence ou Diesel lors des arrêts en circulation.

L'avancée majeure fut réalisée par Victor Wouk (1919-2005), frère du romancier Herman Wouk. Victor, ingénieur électricien, qui mit au point la technologie à double moteur, surpassant la performance médiocre des voitures entièrement électriques. Malheureusement, les principaux fabricants automobiles des États-Unis et l'agence de la protection environnementale américaine se montrèrent peu enthousiastes.

Le terme « hybride » s'applique à d'autres champs. Ainsi, les vélos équipés de petits moteurs électriques, les trains électriques et les bateaux à moteur Diesel équipés de mâts et de voiles sont aussi appelés véhicules hybrides. Aujourd'hui, la vente de voitures hybrides aux États-Unis s'élève à plus de 200 000 par an. Malheureusement pour les États-Unis, environ 95 % d'entre elles sont fabriquées au Japon. **DH**

VOIR ÉGALEMENT : VOITURE À AIR COMPRIMÉ, VOITURE ÉLECTRIQUE, VOITURE

⇧ *Wouk posant devant sa Buick Skylark hybride.*

Le papier électronique (1974)

Sheridon ouvre la voie au bureau sans papier.

Fin, flexible et lisible sous n'importe quel angle de vue, le papier électronique conserve la plupart des propriétés du papier, tout en possédant l'avantage unique d'être réutilisable.

Dans les années 1970, Xerox PARC développa un ordinateur personnel et Nicholas K. Sheridon reçut la mission de créer un écran capable d'améliorer les affichages par rayons cathodiques alors très faibles. En 1974, Sheridon lança le Gyricon qui, bien qu'il ne fût jamais utilisé comme moniteur en raison de l'abandon du projet, jeta les bases du papier électronique.

Le Gyricon se compose d'une feuille fine et souple de plastique tapissée d'une pellicule en plastique transparent contenant de petites billes. Les hémisphères de chaque bille bichromique, blanche d'un côté et généralement noire de l'autre, sont porteurs de charges opposées. Lorsqu'un courant électrique traverse le Gyricon, les billes se retournent, affichant ainsi leur face noire. Ce type d'affichage présente l'énorme avantage de ne plus consommer d'énergie pour maintenir ou renouveler l'image une fois le premier courant appliqué.

Plusieurs types de papier électronique sont aujourd'hui produits, comme le LCD « bistable », le LCD « cholesteric »… Très onéreux au départ, le coût du papier électronique continue de baisser et a déjà fait son apparition sur le marché. D'aucuns prédisent que le papier électronique sera présent partout au cours de la prochaine décennie, depuis les panneaux d'affichage jusque dans les écoles et même chez soi, en tant que papier peint adaptable. **RP**

VOIR ÉGALEMENT : PAPIER, PAPIER CARBONE, PAPIER LIQUIDE, ÉCRAN À CRISTAUX LIQUIDES

↑ *Centre Xerox, en Californie. Sheridan montre que les billes du Gyricon sont encore plus petites qu'un grain de sable.*

La bande magnétique audionumérique (DAT) (1975)

Stockham's Soundstream ouvre la voie vers un système d'enregistrement inédit.

Jusque dans les années 1980, la plupart des enregistrements audio commerciaux étaient effectués sur la base des principes analogiques.

Bien que les principes de l'enregistrement numérique existent déjà dans les années 1930, il faut attendre 1975 pour qu'un système commercialisable soit développé par le Dr Thomas Stockham (1933-2004), fondateur de Soundstream, la première société consacrée à l'enregistrement numérique. Le son original passait dans un convertisseur analogique-numérique, était converti en un fichier audio de 16 bits puis stocké sur une cassette Honeywell de 2,54 cm. Pour restituer le son, les informations numériques transitaient par un convertisseur analogique-numérique. Ce système offrait un son d'excellente qualité, en évitant les problèmes de l'enregistrement analogique. Les déficiences mécaniques communément associées à l'équipement analogique firent également l'objet d'améliorations radicales.

Des systèmes concurrents, comme ceux produits par Sony, 3M et JVC, apparurent rapidement, mais le système mis au point par Stockham resta dominant sur le marché le reste de la décennie. À partir du début des années 1980, les formats DASH de Sony et ProDigi de Mitsubishi rendirent les systèmes précédents obsolètes. À la même époque, la bande magnétique audio-numérique de Sony devint la norme *de facto* pour la réalisation d'enregistrement stéréo numériques. Tous ces supports furent utilisés jusqu'au début des années 1990, année qui marque la domination progressive de l'enregistrement sur disque dur. **TB**

VOIR ÉGALEMENT : ENREGISTREMENT SUR DISQUE VINYLE, ENREGISTREMENT SUR CASSETTE, ENREGISTREMENT MAGNÉTIQUE, MINIDISQUE

↑ *Les cassettes DAT ressemblent aux cassettes audio, mais sont de la taille d'une carte de crédit.*

L'appareil photo numérique (1975)

Sasson supprime le recours aux pellicules photographiques.

Les appareils photo numériques sont désormais monnaie courante, mais le premier prototype ne fut produit qu'en 1975.

Steve Sasson (né en 1950) venait d'être diplômé ingénieur électricien lorsqu'il entra chez Kodak. Sa mission : construire un appareil photo en utilisant des matériaux électroniques solides. Il assembla différentes pièces d'équipement électronique incluant une lentille de caméra cinématographique, un convertisseur analogique-numérique et, surtout, des capteurs CCD.

En décembre 1975, le prototype grossier de Sasson était prêt pour son premier test. Pesant près de 3,6 kg et de la taille d'un grille-pain, l'appareil était difficilement portable, mais Sasson convainquit une laborantine de poser pour le test. L'enregistrement de l'image sur une cassette prit 23 secondes, et il fallut le même temps pour que l'image soit lue sur la cassette avant d'apparaître sur un écran de télévision.

C'est au cours de l'année suivante que Sasson et ses collègues présentèrent l'invention aux dirigeants de Kodak, mais les employés d'une société réputée pour sa fabrication de pellicules photographiques avaient du mal à croire qu'un appareil photographique puisse fonctionner sans pellicule. Pourquoi les gens voudraient-ils visionner leurs photos sur la télévision ? Comment stocker ces images numériques ? Les progrès informatiques apportèrent en fin de compte une réponse à ces questions, mais il fallut de nombreuses années avant que les appareils photo numériques ne remplacent les pellicules traditionnelles. **CA**

VOIR ÉGALEMENT : DISPOSITIF À TRANSFERT DE CHARGE (CCD), PHOTOGRAPHIE, CAMÉRA PORTABLE

↑ *Le premier appareil photo numérique de Sasson utilisait un capteur d'image CCD.*

L'infographie en 3D (1976)

Catmull reconstitue pour le cinéma la première image en 3D créée par ordinateur.

Le principe des images en 3D consiste à conduire le cerveau à penser qu'il voit en trois dimensions et non pas en deux. Il faut pour cela étudier l'effet de la lumière sur l'objet, ainsi que la profondeur, la perspective, la texture et bien d'autres qualités que l'ordinateur doit ensuite projeter de manière réaliste sur une surface en deux dimensions.

Les recherches en infographie démarrèrent au début des années 1960 et le premier terminal en mode graphique, l'IBM 2250, fit son entrée sur le marché en 1965. Trois ans plus tard, Ivan Sutherland (né en 1938) créa le premier casque virtuel HMD géré par ordinateur.

Sutherland rejoignit par la suite le centre de recherche en infographie de l'université d'Utah, alors le plus renommé au monde. Il comptait parmi ses étudiants Edwin Catmull (né en 1945), un animateur ambitieux qui inventa le concept de texturage basé sur le fait que la majorité des objets réels possèdent des surfaces détaillées. Il était convaincu que l'on pouvait appliquer des motifs similaires à des objets créés par ordinateur en prenant une image en 2D de la surface d'un objet et en la plaquant sur un objet en 3D créé par ordinateur.

Avec cette méthode, il conçut une version animée de sa main gauche. Dans la lignée de la première animation par ordinateur au cinéma, dans le court métrage canadien *The Hunger* sorti en 1974, un visage animé et la fameuse main de Catmull devinrent les premières images cinématographiques en 3D créées par ordinateur, dans le film *Futureworld* sorti en 1976. **BG**

VOIR ÉGALEMENT : PROGRAMME INFORMATIQUE, CONCEPTION ASSISTÉE PAR ORDINATEUR (CAO), CASQUE DE RÉALITÉ VIRTUELLE

⇧ *Photographié en 1985, Catmull montre le détail d'une image en 3D affiché sur un écran Pixar.*

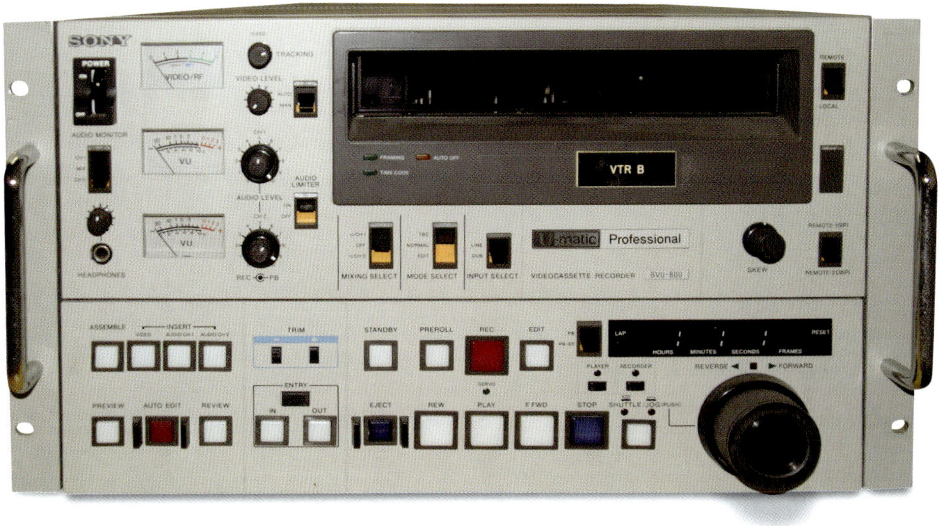

Le journalisme électronique (1976)

L'invention de Sony déloge la presse des salles de rédaction.

La pellicule était difficile à utiliser et la bande vidéo fut finalement inventée : bien plus rapide à monter que la pellicule, elle révolutionna le journalisme. Cependant, les premières machines vidéo étaient si encombrantes qu'elles étaient fixes et les reporters-voyageurs du monde continuèrent à utiliser les bandes vidéo jusqu'à l'apparition des versions portables.

La cassette vidéo était stockée sur des bobines, comme les pellicules, mais cela changea en 1971 lorsque Sony sortit son magnétoscope U-Matic. Le U-Matic avait été conçu pour un usage privatif et les cassettes adoptaient une forme rectangulaire, ce qui facilitait leur manipulation. Elles étaient cependant si lourdes et onéreuses qu'après avoir tenté de les vendre à des consommateurs au Japon, Sony essaya de les vendre aux entreprises américaines. Leur qualité était malheureusement tellement inférieure aux normes professionnelles que les sociétés de diffusion ne purent les utiliser.

En 1974, CBS, un diffuseur américain, demanda à Sony de réaliser une version du U-Matic pour les diffuseurs. Après plus d'un an de travail, Sony présenta le Broadcasting Video series en 1976. Combinant les fonctions de tournage, d'enregistrement et de lecture dans un seul et même appareil, il était conçu pour coller aux besoins des clients et c'est ce qui lui valut son succès. Avant la fin de la décennie, la pellicule disparaissait des salles de rédaction pour laisser la place au journalisme électronique. **DK**

VOIR ÉGALEMENT : PROJECTEUR, CAMÉSCOPE, DISQUE OPTIQUE, ENREGISTREMENT SUR MAGNÉTOSCOPE

↑ *Le Broadcasting Video incorporait les fonctions de tournage, d'enregistrement et de lecture des informations.*

Le Gore-Tex (1976)

La famille Gore crée un matériau imperméable.

Se couvrir chaudement pour lutter contre les éléments pose un problème : celui d'avoir trop chaud. La solution viendra du Gore-Tex®, un tissu synthétique qui maintient le corps au sec, tout en permettant à la peau de respirer.

Le Gore-Tex est fabriqué en étirant le polytétrafluoroéthylène (PTFE), un polymère constitué de longues chaînes de carbone fluoré, à très haute température. Le matériau contient de nombreux pores, laissant ainsi la transpiration de l'utilisateur s'évaporer et s'échapper. Les pores sont cependant trop petits pour permettre le passage des gouttelettes d'eau, rendant ainsi le matériau impénétrable aux éléments. Pour le confort et la protection, la membrane est généralement prise en sandwich entre plusieurs couches de tissu.

L'invention du Gore-Tex résulte d'un effort familial. Il fut développé par Wilbert L. Gore (1912-1986) et son fils Robert W. Gore, en collaboration avec Rowena Taylor. En 1958, Gore père et son épouse Vieve créèrent une société produisant un matériau isolant à partir du PTFE pour le marché électronique. Quelque dix ans plus tard, Robert Gore découvrit qu'en étirant rapidement le PTFE, l'on obtenait un matériau hydrophobe et solide qu'il baptisa Gore-Tex. Le matériau fut utilisé pour la première fois en 1976 pour l'élaboration d'un revêtement de tente. Suivirent bientôt d'autres équipements de plein air comme les manteaux ou les bottes, et même du fil dentaire.

Les qualités de ce tissu respirant sont telles que plusieurs armées font fabriquer les tenues de leurs soldats à base de ce matériau. Le Gore-Tex est en outre couramment utilisé en chirurgie et a permis la réalisation de plus de 25 millions d'implants en chirurgie plastique et cardiaque. **MB**

VOIR ÉGALEMENT : VÊTEMENTS, PVC (POLYCHLORURE DE VINYLE), CAISSON DE RECOMPRESSION, BOUTEILLE EN PLASTIQUE (PET)

Un superordinateur (1976)

Cray révolutionne le calcul.

En 1972, fort d'une longue histoire de développement de la technologie informatique, l'inventeur américain, Seymour Cray (1925-1996) mit sur pied la société Cray Research, dédiée à la construction d'un ordinateur puissant. Cray 1 fut ainsi le premier super ordinateur à connaître un grand succès commercial. Il s'agissait avant tout d'un énorme microprocesseur capable d'effectuer des opérations de 133 millions de virgules flottantes par seconde et doté d'une mémoire principale de 8 mégabits, grâce à la technologie vectorielle propre à Cray et dans la forme en C qui impliquait que les circuits intégrés pouvaient être assemblés de la manière la plus serrée qui soit. L'appareil dégageait une énorme quantité de chaleur et nécessitait l'utilisation d'un système de refroidissement complexe à base de Fréon pour éviter de fondre.

« C'est [Seymour Cray] le Thomas Edison de l'industrie des superordinateurs. »

Larry L. Smarr, physicien

Introduit en 1985, le Cray 2 était 6 à 12 fois plus rapide, et doté d'une mémoire 10 fois supérieure. Ces superordinateurs ont été d'un secours inestimable pour la science et ont servi à l'estimation des prévisions météorologiques, à la conception d'avions, à la recherche de pétrole et ont même effectué des simulations informatiques de tests nucléaires. **JM**

VOIR ÉGALEMENT : ORDINATEUR MÉCANIQUE, PROGRAMME INFORMATIQUE, ORDINATEUR NUMÉRIQUE, MICROPROCESSEUR

Il existe approximativement 67 km de câble électronique à l'intérieur de ce superordinateur Cray 1.

CRAY
CRAY

L'imprimante à jet d'encre (1977)

Endo invente une nouvelle méthode d'impression.

Les technologies les plus utiles font l'objet d'une lente maturation. Dans le cas de l'imprimante à jet d'encre, cependant, ce laps de temps fut beaucoup plus long qu'à l'ordinaire, puisque le brevet d'application d'encre sur du papier par forces électrostatiques fut accordé à Lord Kelvin en 1867.

Avant les années 1980, l'impression à partir d'un ordinateur était une tâche lente et laborieuse. Le jet d'encre moderne allait changer tout cela en utilisant les forces thermiques ou électrostatiques pour produire des gouttelettes uniformes et des résultats précis. Dans les années 1970, au Japon, Canon rivalisait avec Hewlett-Packard pour produire la première imprimante à jet d'encre fiable.

Hewlett-Packard perdit la bataille à cause d'un chercheur travaillant chez Canon, Ichiro Endo, qui inventa la première imprimante thermique à jet d'encre en 1977. L'idée lui vint en observant une seringue remplie d'encre percuter accidentellement un fer à souder brûlant. Sous l'effet de la chaleur, l'encre s'étala et s'échappa par petites gouttes : Endo s'en inspira pour fabriquer un modèle qui devint par la suite l'imprimante Canon Bubblejet.

Hewlett-Packard et Canon déposèrent des brevets à quelques mois d'intervalle et malgré les discussions sur qui avait inventé quoi en premier, les deux sociétés finirent par mettre en commun leurs technologies d'impression. Avec ces imprimantes accessibles à tous, à faible coût et de haute qualité, le vrai gagnant était le consommateur. **JM**

VOIR ÉGALEMENT : IMPRIMANTE LASER, ENCRE, MACHINE À IMPRIMER, PRESSE ROTATIVE

↑ *Hewlett-Packard lança la ThinkJet en 1984 ; elle était silencieuse, rapide et bon marché.*

Le baladeur (1977)

Pavel dépose le brevet du premier lecteur de cassettes portable.

Compte tenu de sa domination du marché depuis sa sortie en 1979, nombreux sont ceux qui pourraient croire que le Walkman de Sony fut le premier baladeur. Son statut d'icône n'est plus à prouver ; il généralisa l'écoute de la musique en déplacement et est un ancêtre direct du iPod que l'on connaît aujourd'hui. Pourtant, sept ans auparavant, un inventeur solitaire piètre connaisseur de l'électronique avait mis au point un concept quasiment identique.

L'histoire commence au Brésil, en 1972, lorsque Andrea Pavel (né en 1945) décida de chercher un moyen d'écouter de la musique de bonne qualité lors de ses trajets quotidiens vers son lieu de travail. Il eut alors l'idée de fabriquer un minilecteur de cassettes portable, pas plus large que la cassette elle-même, dont le son serait retransmis par deux petits écouteurs. Il baptisa son invention Stereobelt (ceinture stéréo).

Après avoir quitté le Brésil et s'être établi en Suisse, Pavel fit part de son projet aux principaux fabricants d'électronique, mais tous croyaient que peu de personnes seraient prêtes à porter des écouteurs en public pour écouter de la musique. Malgré tout, en 1977, Pavel déposa les brevets de son invention partout dans le monde.

Un an après le lancement par Sony de son célèbre Walkman, qui connut un succès immédiat, Pavel se lança dans une bataille juridique effrénée qui s'étala sur plus de 25 ans. L'affaire prit fin en 2003 par un arrangement à l'amiable, dans le cadre duquel Sony aurait dit-on dédommagé Pavel de plus de 10 millions de dollars. **TB**

VOIR ÉGALEMENT : CASSETTE AUDIO, MINIDISQUE, TRANSISTOR

↑ *Le Walkman de Sony fit son apparition sur le marché le 1er juin 1979.*

Les polymères conducteurs (1977)

Des chimistes créent un plastique conducteur d'électricité.

Lors des cours de science, au collège, nous avons appris que la conduction de l'électricité est effective dans les métaux et dans certains liquides contenant des ions. Cette leçon fut modifiée lorsque les chimistes Alan MacDiarmid (1927-2007) et Hideki Shirakawa (né en 1936), et le physicien Alan Heeger (né en 1936) créèrent le premier polymère conducteur d'électricité.

Shirakawa travaillait sur la polymérisation de l'acétylène lorsqu'une erreur se produisit dans la quantité de catalyseur utilisé dans le processus. Au lieu de la poudre noire habituelle, un « film irrégulier » de polyacétylène se forma. Shirakawa se mit alors à étudier les propriétés de ce film à l'éclat métallique. Alan MacDiarmid, de l'université de Pennsylvanie, lui proposa de collaborer et, avec Alan Heeger, les trois scientifiques travaillèrent à la modification du polyacétylène par oxydation avec de la vapeur d'iode. Lors de l'étude de la version iodée par l'un des étudiants de Heeger, il apparut que la conductivité électrique avait été multipliée par 10 millions. Les trois collègues publièrent les résultats de leur recherche en 1977, inaugurant la voie de l'électronique à base de polymères. Ils reçurent le prix Nobel de chimie en 2000.

Aujourd'hui, les meilleurs polymères conducteurs ont une conductivité électrique proche de celle du cuivre. Leur découverte a engendré un vaste éventail d'applications. Comme les câbles métalliques, les polymères conducteurs peuvent briller lorsqu'ils sont traversés par du courant. Cette électroluminescence est bien plus efficace que les ampoules traditionnelles. Des diodes électroluminescentes (DEL) sont implantées dans de minuscules écrans haute résolution de téléphones portables et d'appareils photo. **DHk**

VOIR ÉGALEMENT : POLYMÈRES ÉLECTROACTIFS (MUSCLES ARTIFICIELS)

Le refroidissement des atomes par laser (1978)

Winland développe un processus pour refroidir les atomes.

Si l'on parvient à faire en sorte que les photons d'un faisceau laser percutant des atomes possèdent plus d'énergie que ceux qui en sortent, alors les atomes se refroidiront. L'astuce consiste à régler l'énergie d'un photon laser sur une valeur légèrement inférieure à celle de l'énergie d'une transition électronique dans l'atome. À cause du décalage vers le rouge (de l'effet Doppler) des photons, ces atomes qui se déplacent en direction du faisceau absorbent davantage de photons que ceux qui se déplacent dans la direction opposée. Les photons émis quittent l'atome dans des directions aléatoires et il en résulte une perte générale de vitesse et d'énergie cinétique. Les atomes se refroidissent car la température est proportionnelle à l'énergie cinétique. Les atomes doivent être concentrés dans des volumes très restreints. L'idée fut suggérée pour la première fois en 1975 par Theodore Hansch et Arthur Schawlow de l'université de Stanford, en Californie. Dix ans plus tard, Steven Chu des laboratoires Bell AT & T la mirent en pratique.

Le Dr David Wineland, physicien, appliqua la technique du refroidissement par laser à la génération suivante d'horloges atomiques de haute précision. Des atomes très froids forment un condensat de Bose-Einstein. Cet état permet d'examiner les atomes avec plus de précision. Le large champ gravitationnel de la Terre constitue le principal effet perturbateur sur le matériau refroidi par laser. La prochaine génération d'expérimentations devra avoir lieu dans l'environnement microgravitationnel de l'espace proche. **DH**

VOIR ÉGALEMENT : BOMBE ATOMIQUE, HORLOGE ATOMIQUE, LASER ATOMIQUE, LASER AU DIOXYDE DE CARBONE, LASER

→ *Des faisceaux de laser jaunes entourent le piège atomique en acier.*

L'aspirateur cyclonique (1978)

Dyson invente un nouvel appareil de nettoyage emblématique.

« J'ai réalisé 5 127 prototypes de mon aspirateur… Il y a eu 5 126 échecs. »

James Dyson, revue *Fast Company* (mai 2007)

En 1978, l'inventeur James Dyson (né en 1947) remarqua que la succion de son aspirateur diminuait au fur et à mesure que le sac se remplissait de poussière : un système dans lequel la poussière serait aspirée dans une poubelle au lieu d'être retenue par un filtre entretiendrait la succion de l'appareil. Cinq ans et 5 127 prototypes plus tard, Dyson avait mis au point la technologie qui deviendrait la pierre angulaire du légendaire aspirateur Dyson.

La puissance d'aspiration d'un aspirateur Dyson tient dans le processus de séparation. Sous l'emprise de la colonne d'air, les particules de poussière sont aspirées à l'intérieur du contenant, tandis que les forces centrifuges exercées augmentent leur masse des centaines de milliers de fois. Ces particules tombent au niveau de la base du contenant et sont collectées dans une « poubelle ». Dépourvu de toute particule de poussière, l'air est ensuite relâché dans l'environnement. Précision importante, le système cyclonique signifie donc, en théorie, que l'aspirateur ne perd jamais d'aspiration et qu'il ne nécessite pas l'emploi de nouveaux sacs ni de filtres.

En 1986, Dyson établit un accord avec une société japonaise pour commercialiser son produit sous le nom de G-Force, dont le design lui valut de remporter plusieurs prix. En l'espace de sept ans, le premier modèle DC01 produit par Dyson trouva sa place dans les rayons des magasins anglais et devint l'aspirateur le plus rapidement vendu. Aujourd'hui, Dyson s'est diversifié pour offrir une variété de produits ménagers basés sur le concept d'origine, comme les mini-aspirateurs ou les lave-linge à deux tambours. **SR**

⇧ *Dyson commercialisa à 3 500 $ l'appareil G-Force en 1986 dans un catalogue japonais.*

⇨ *James Dyson travaillant sur l'un des modèles d'aspirateur sans sac dont il est l'inventeur.*

VOIR ÉGALEMENT : BALAI MÉCANIQUE, ASPIRATEUR ÉLECTRIQUE, POMPE À VIDE

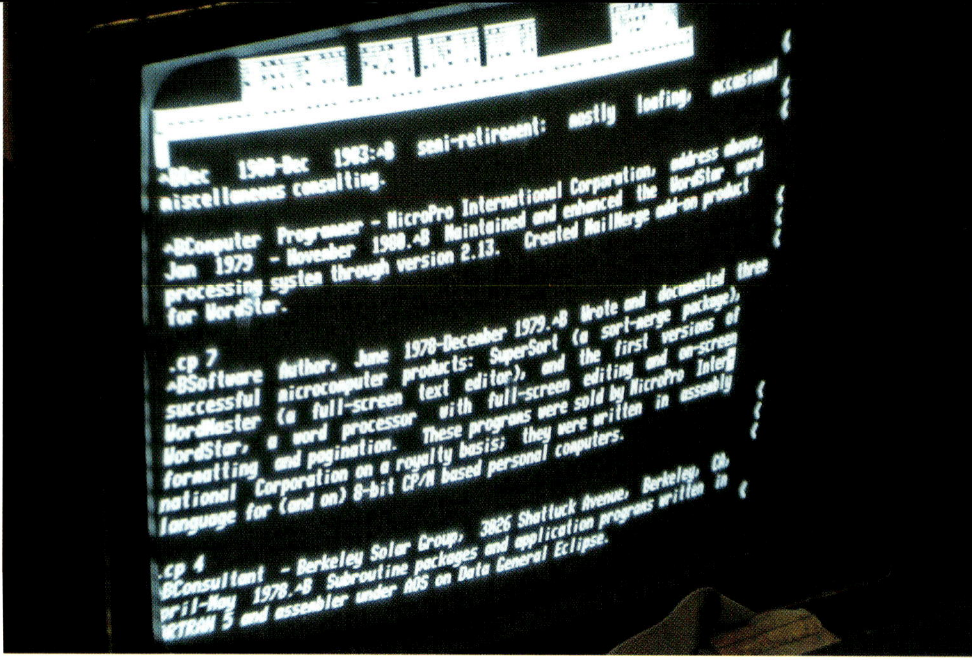

Le traitement de texte (1978)

Rubinstein et Barnaby créent le premier logiciel de traitement de texte commercialisable.

Contrairement à la majorité des logiciels produits lors des deux grandes vagues de programmation informatique, le mot « processeur » détonne légèrement dans le sens où il fut créé pour répondre aux besoins des rédacteurs plutôt qu'à ceux des mathématiciens et ingénieurs. Après l'introduction de l'interface utilisateur graphique à la fin des années 1960, le bruit courut que les ordinateurs seraient bientôt capables de remplacer les livres et d'effectuer le travail des machines à écrire.

Il existait déjà un équipement informatique spécialisé conçu pour exercer les fonctions de traitement de texte. Cet appareil possédait un clavier, un écran et une imprimante, tous abrités dans une unité autonome qui se servait de la technologie moderne pour créer des documents imprimés.

Mais un jeune entrepreneur entrevit là la chance de créer un logiciel qui serait indépendant de toute machine.

Lors de la création de sa propre société, MicroPro International, Rubinstein emmena avec lui plusieurs employés de l'IMSAI et parmi eux Rob Barnaby. En l'espace de deux mois, Barnaby avait achevé deux programmes : WorldMaster et SuperSort.

Le coup de maître de Barnaby ne se manifesta toutefois qu'avec WordStar, le premier logiciel de traitement de texte commercialisable. Complet et facile à utiliser, il surpassa tous les concurrents du marché et devint le logiciel de traitement de texte le plus populaire au monde. **CL**

VOIR ÉGALEMENT : PROGRAMME INFORMATIQUE, LANGAGE DE PROGRAMMATION C, LANGAGE INFORMATIQUE JAVA, MICROPROCESSEUR

↑ *Le CV de Barnaby sur WordStar. L'un des éléments phares du programme : sa fonction d'impression intégrée.*

Le tableur (1978)

Bricklin et Franckston simplifie le tri et le calcul de données.

Les bureaux d'aujourd'hui sont fortement tributaires des tableurs pour effectuer des calculs et trier des données. L'idée de transférer sur un ordinateur ce qui était autrefois une grande feuille de calculs effectués à la main revient au Pr Richard Mattessich, en 1961. En 1969, Rene Pardo et Remy Lamau développèrent une application de tableur utilisée sur des ordinateurs centraux et pour la budgétisation dans certaines grandes sociétés. Cependant, la feuille de calcul, telle que nous la connaissons aujourd'hui, fut inventée en 1978 par Dan Bricklin (né en 1951), étudiant à la *business school* de Harvard.

Bricklin imagina un programme informatique qui afficherait les données contenues et permettrait de les traiter et de calculer facilement. En outre, ce système recalculerait de manière instantanée en cas de modification des données initiales. Franckston développa une arithmétique plus élaborée et la fonction de défilement de la feuille de calcul. Il réduisit la taille du programme à 20 kilobits pour une utilisation optimale sur les micro-ordinateurs de l'époque.

Le logiciel, VisiCalc, connut un succès quasi instantané et compta pour beaucoup dans la décision des entreprises d'investir dans les ordinateurs (dans ce cas précis, l'Apple II). Il ouvrit la voie à d'autres tableurs comme Lotus 1-2-3 qui contribua à la popularité du PC IBM, et Microsoft Excel qui est actuellement le tableur le plus couramment utilisé. Bricklin et Franckston ne brevetèrent jamais leur invention, car le brevet du logiciel ne fut accepté qu'en 1981. **HP**

VOIR ÉGALEMENT : PROGRAMME INFORMATIQUE, LANGAGE DE PROGRAMMATION C, MÉMOIRE INFORMATIQUE MAGNÉTIQUE, MICROPROCESSEUR

↑ *Dan Bricklin (à droite) et Bob Franckston développèrent le tableur électronique.*

Le télescope à rayons X (1978)

La NASA lance un télescope en orbite ultrasensible.

Du fait de l'absorption des rayons X par l'atmosphère terrestre, il faut aller au-delà de l'atmosphère pour les voir. Les satellites *Uhuru* de la NASA (1970) et *Ariel 5* du Royaume-Uni (1974) ont découvert près de 400 sources de rayons X. Les astronomes se sont rendu compte que les rayons X fournissaient des éléments d'informations majeurs concernant la mort des étoiles, notamment les explosions des supernovae et les transitions vers l'état de naine blanche, d'étoile à neutrons ou encore de trou noir. Les rayons X sont un composant essentiel de la radiation issue des événements énergétiques tels que les éruptions solaires.

Deux avancées techniques ont favorisé le développement des télescopes spatiaux : la construction des systèmes avancés de miroirs galvanométriques et le développement des compteurs proportionnels à gaz. C'est grâce à ces technologies que les États-Unis lancèrent le premier satellite en orbite contenant un télescope à rayons X, le High Energy Astrophysical Observatory-2 (HEAO-2), en novembre 1978.

Le *HEAO-2* fut rebaptisé *Einstein* une fois en orbite et fonctionnant correctement. Einstein découvrit que presque tous les corps astronomiques émettent des rayons X. La résolution angulaire (quelques secondes d'arc) et la sensibilité étaient telles que l'on put établir des cartes précises d'objets comme le rémanent de la supernova Dentelles du Cygne. Les instruments d'*Einstein* étaient mille fois plus sensibles que ceux présents sur *Uhuru*.

Einstein resta opérationnel jusqu'en avril 1981. **DH**

« Pour la NASA, l'espace est toujours une priorité de haute importance… » Dan Quaylen, vice-président des États-Unis (1989-1993)

↑ *Le satellite* HEAO-2 *portant deux télescopes à rayons X avant son lancement en 1978.*

→ *Image lumineuse prise par rayons X du quasar 3C273, prise par le satellite* HEAO-2.

VOIR ÉGALEMENT : VERRE, MIROIR, TÉLESCOPE, LENTILLE, RADIOTÉLESCOPE, TÉLESCOPE SPATIAL HUBBLE

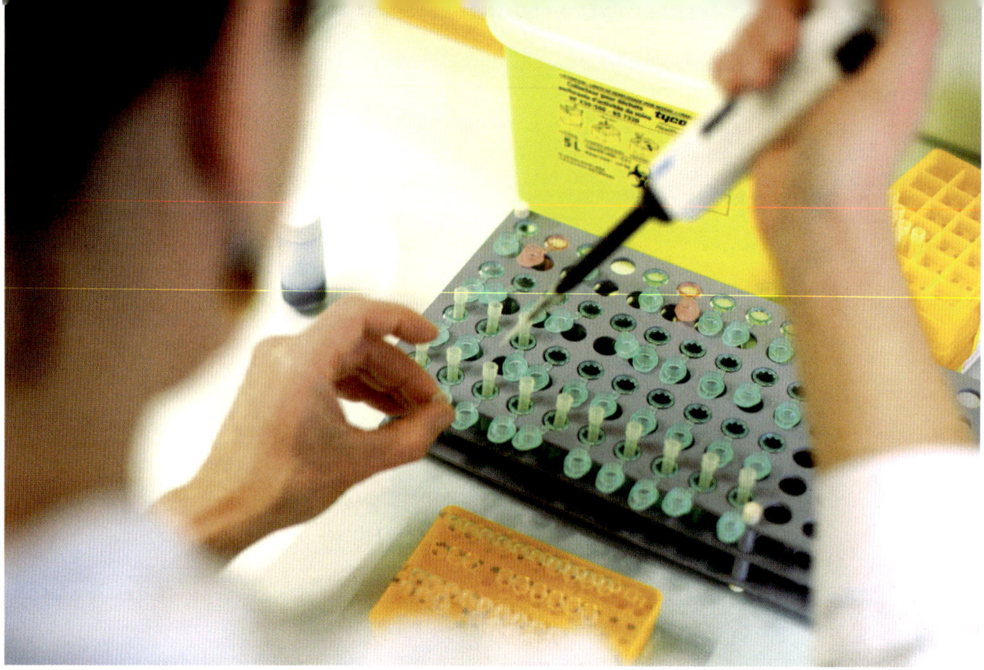

La thérapie génique (1978)

Zamecnik bloque la réplication de certains matériaux génétiques.

La manipulation génétique est un procédé employé en médecine depuis plusieurs années maintenant, sous la forme de l'ADN recombinant. Cette technique a donné naissance à de nombreuses médecines, bien qu'elle ne s'apparente pas complètement à la manipulation de matériau génétique chez un individu. Il se pourrait cependant que Zamecnik (né en 1912) ait révolutionné la thérapie génique, non pas en insérant de nouveaux gènes dans un individu, mais en bloquant des gènes déjà présents. Alors qu'il étudiait un virus enclin à provoquer certains cancers chez les poulets, Zamecnik découvrit qu'au lieu d'ajouter un gène, il pouvait manipuler l'acide ribonucléique (ARN) viral de sorte qu'il ne puisse pas se reproduire. Il en déduisit qu'il pouvait tirer parti du fait que la majeure partie du patrimoine génétique, que ce soit l'ADN ou son cousin l'ARN, sont constitués d'une série de nucléotides qui, à un moment donné, s'assemblent avec d'autres nucléotides.

Dans une étude publiée en 1978, Zamecnik démontra comment l'on pouvait empêcher le fonctionnement normal d'un gène à l'aide d'une séquence d'ADN contenant les paires de base opposées à celles de la première séquence. Ces séquences, appelées oligonucléotides, ont tendance à s'attacher au premier brin et à bloquer tout transfert du matériel génétique. Qualifiée d'antisens, cette technologie est aujourd'hui développée pour le traitement de maladies aussi diverses que la leucémie ou la malaria. **BMcC**

VOIR ÉGALEMENT : ORGANISMES GÉNÉTIQUEMENT MODIFIÉS, THÉRAPIE CELLULAIRE, GÉNIE TISSULAIRE

↑ *Une laborantine transfère des échantillons d'ADN dans des microtubes Eppendorf (Brest, France).*

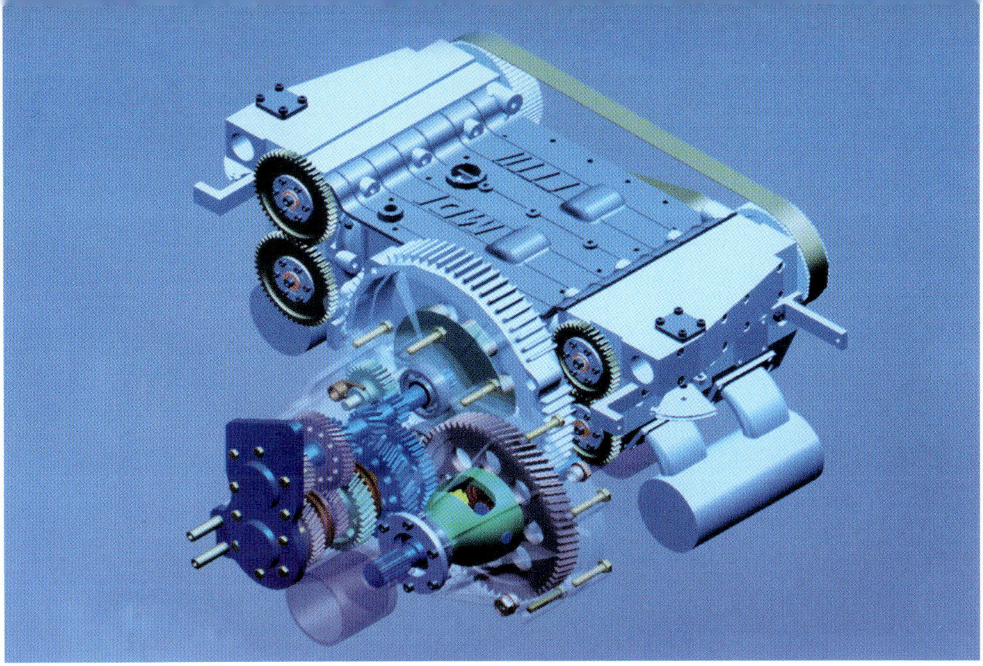

La voiture à air comprimé (1979)

Miller développe un véhicule à air comprimé.

En 1979, l'Américain Terry Miller démontra qu'il était possible, pour une voiture, de fonctionner uniquement à air comprimé. Après avoir mis au point sa Air Car One pour la somme de 1 500 $, Miller déposa son brevet en 1983.

Au lieu de brûler du carburant pour actionner les pistons avec du gaz chaud expansif, les voitures à air comprimé utilisaient l'expansion de l'air comprimé pour actionner les pistons. Bien qu'il faille au départ de l'énergie pour comprimer l'air, généralement de l'électricité, ce processus est néanmoins bien plus respectueux de l'environnement que celui des voitures à essence. De nombreuses sociétés développent actuellement des voitures à air comprimé, et bien que ces dernières ne soient pas encore accessibles au public, elles devraient l'être dans un avenir proche.

Mais lorsque l'air comprimé se dilate, le moteur est refroidi, ce qui peut engendrer un état de gel. De plus, en cas d'accident, les réservoirs d'air comprimé sont susceptibles d'exploser. Les avantages sont son coût inférieur de 20 % à celui d'une voiture actuelle, la moindre usure des parties internes due à l'absence de moteur à combustion, son design attrayant et son taux d'émissions nocives égal à zéro.

Même avec le faible coût d'entretien de la voiture à air comprimé, les véhicules à base d'hydrogène et dotés d'un réservoir à combustible sont en effet mieux cotés, mais comme aucun d'entre eux n'a encore trouvé de cible commerciale, le design de la voiture du future reste encore à définir. **LS**

VOIR ÉGALEMENT : VOITURE ÉLECTRIQUE, VOITURE, VÉHICULE HYBRIDE, VOITURE SANS CONDUCTEUR

↑ *Image CAO du moteur d'une voiture à air comprimé ; chargé, le véhicule a une autonomie de 150 km.*

Les médicaments antiviraux (1979)

Des scientifiques développent une thérapie médicale ciblée.

C'est le rêve de tout médecin : un médicament qui affecterait uniquement le métabolisme d'un virus ou d'un cancer sans effets secondaires pour le patient ; la « balle magique » pour ainsi dire. Les scientifiques américains George Hitchings (1905-1998) et Gertrude Elion (1918-1999) mirent au point non pas un seul, mais toute une gamme de ce type de traitement.

Hitchings embaucha Elion pour travailler dans son laboratoire en 1944 et c'est ensemble qu'ils menèrent des expérimentations pour étudier les différences de synthèse de l'ADN dans les cellules humaines saines, les cellules cancéreuses, les bactéries et les virus. Ils créèrent de nouveaux composés similaires aux acides nucléiques (les constituants de l'ADN) qui empêchent les cellules du virus (ou du cancer) de se reproduire, sans affecter les cellules saines de l'individu. Leur travail révolutionna le principe de fabrication des médicaments puisqu'ils développèrent l'idée d'une fabrication « rationnelle ». Au lieu d'appliquer la méthode traditionnelle et laborieuse qui consiste à essayer de trouver un médicament qui s'attaquerait à la maladie, Hitchings et Elion consacrèrent leur énergie à la conception de molécules qui seraient acceptées et absorbées par les cellules de corps étrangers, transmettant ainsi directement le médicament à sa cible.

Ils travaillèrent ensemble pendant 40 ans, développant un médicament après l'autre. Leur travail donna le jour à de nouveaux médicaments dans le traitement de la leucémie, de la goutte, de la malaria, de l'herpès, du rejet de la transplantation d'organe, de la polyarthrite rhumatoïde, et au tout premier traitement contre le sida. Hitchings et Elion reçurent le prix Nobel de physiologie ou médecine en 1988. **JM**

VOIR ÉGALEMENT : ANESTHÉSIE, ASPIRINE, DDT, PARACÉTAMOL, PÉNICILLINE, TÉTRACYCLINE, STATINES, HUMULIN®

Le bioéthanol (1979)

Fiat lance un moteur entièrement à base d'éthanol.

Le bioéthanol est un alcool à indice d'octane élevé produit à partir du sucre ou de l'amidon ; il est considéré comme une alternative de carburant non négligeable par rapport aux produits à base d'essence.

Le Brésil occupe la première place mondiale dans le développement du bioéthanol depuis la crise du pétrole de 1973, grâce à l'instauration du programme brésilien PROALCOOL, dont le but était de produire du bioéthanol destiné à être mélangé à de l'essence. Le sucre de canne allait devenir la principale source de bioéthanol et, de 1975 à 1979, les distilleries dépendaient des sucreries déjà existantes. Au cours de la dernière phase du projet, la production de bioéthanol fut réalisée dans des distilleries autonomes.

La crise de 1979, avec la montée du prix du pétrole, renforça le besoin du Brésil en matière d'indépendance vis-à-vis du pétrole étranger, et le gouvernement ordonna aux fabricants automobiles d'orienter leur production vers de nouveaux véhicules qui ne fonctionneraient qu'à l'éthanol. Le premier d'entre eux était le modèle Fiat 147, produit par la filiale locale de Fiat.

Le programme PROALCOOL connut une perte de vitesse dans les années 1980 en raison d'une baisse des prix du pétrole, puis dans les années 1990 du fait d'une pénurie d'approvisionnement en éthanol. Le marché a cependant effectué un revirement depuis la fin des années 1990 et l'on assiste à une recrudescence des ventes de véhicules fonctionnant à l'éthanol.

Mais il apparaît en effet que les besoins de la production d'éthanol en matière d'énergie et de travail sont élevés, et que l'éthanol pourrait donc bien un jour ou l'autre être remplacé par d'autres sources de carburant alternatives. **RH**

VOIR ÉGALEMENT : BIODIESEL, DIESEL, CRAQUAGE THERMIQUE DU PÉTROLE

Le train à sustentation magnétique (1979)

Danby et Powell développent une nouvelle technologie pour le transport ferroviaire.

Les trains à sustentation magnétique glissent sur des rails et sont propulsés par des électroaimants supraconducteurs. Le principe remonte à plus d'un siècle, mais il était à cette époque impossible d'obtenir les courants électriques nécessaires pour créer un champ magnétique suffisamment fort. La donne changea lorsque deux physiciens du laboratoire national de Brookhaven, Gordon Danby et James Powell, décidèrent d'utiliser des supraconducteurs à haute température comme électroaimants. Ils brevetèrent leur invention en 1968 et, en 1969, les visiteurs d'une exposition sur les transports à Hambourg, en Allemagne, étaient invités à tester le Transrapid sur un petit trajet.

Les voitures de ce train lévitent juste au-dessus de la voie. Le changement de champ produit par les électroaimants placés le long de la voie entraîne la propulsion du train. La seule friction est due à la résistance à l'air, ce qui permet d'atteindre des vitesses extrêmement élevées. Les trains à sustentation magnétique présentent cependant de sérieux inconvénients. Le coût de construction des voies s'avère particulièrement onéreux et les trains ne peuvent pas être déviés de leur voie vers une voie normale pour s'arrêter aux terminus déjà existants en centre-ville. Ils firent leur apparition au Royaume-Uni en 1984, reliant l'aéroport de Birmingham à la gare limitrophe. En Chine, un autre système relie Shanghai à l'aéroport international de Pudong. Le succès des trains à grande vitesse (TGV) roulant sur des voies basiques a cependant affaibli l'attrait pour ce type de trains. **DH**

« Apprendre à déposséder les corps lourds de leur gravité [...] pour le bien du transport. »

Benjamin Franklin

VOIR ÉGALEMENT : TRAMWAY ÉLECTRIQUE, LOCOMOTIVE, ÉLECTROAIMANT

↗ *La voie du train Maglev de Shanghai sera prolongée de 170 km pour desservir Hangzhou.*

Le bloc-notes Post-it (1980)

Silver et Fry inventent un nouvel accessoire de bureau.

Un Post-it est une petite feuille de papier que l'on peut coller sur des documents, des ordinateurs, etc. Lancés en 1980 par Arthur Fry (né en 1931) et Spencer Silver (né en 1941), employés de 3M aux États-Unis, ces blocs-notes sont disponibles dans une large gamme de formes et de couleurs, même si le Post-it jaune et carré (7,5 cm) est le plus populaire de tous.

En 1968, Silver développa un adhésif réutilisable constitué de minuscules billes d'acrylique indestructibles. Collant à une surface donnée, l'adhésif était suffisamment fort pour maintenir des feuillets assemblés et assez faible pour pouvoir les dissocier sans les déchirer. Silver envisagea de développer l'adhésif en spray et sous la forme de tableaux de conférence. Il tenta durant cinq ans de promouvoir son idée au sein de l'entreprise, mais sans succès. Cependant, en 1974, l'un de ses collègues, Arthur Fry, assista à l'un de ses séminaires et réalisa quelques jours plus tard, lors d'une messe, que ces fameux adhésifs pourraient bien lui permettre de coller légèrement ses marque-pages sur son livre de cantiques, ce qui empêcherait les pages de tomber.

> *« [Donnez aux gens] un bloc de Post-it, ils sauront immédiatement quoi en faire… »* Arthur Fry

3M finit par accepter d'investir sur ce produit et mit cinq ans à développer, concevoir et créer les machines nécessaires à sa fabrication. En 1980, les Post-it rencontraient enfin le succès que l'on connaît avant d'être adoptés par le monde entier. **EH**

VOIR ÉGALEMENT : COLLE, TIMBRE-POSTE, RUBAN ADHÉSIF, SUPER GLUE

Le lithotripteur (1980)

Dornier développe un moyen de combattre les calculs rénaux.

Le lithotripteur offrit une manière non invasive et quasiment indolore de traiter les calculs rénaux. Ce sont les découvertes en ingénierie aérospatiale et la recherche sur les ondes de choc dans les années 1970 qui ont donné naissance à cette technologie.

Très tôt, le groupe de recherche Dornier (fondé par l'ingénieur allemand Claude Dornier) s'est intéressé à la technologie de l'aérospatiale et a observé un nouveau phénomène. Lorsque les avions approchaient de la vitesse du son, leur coque semblait comme piquée. Cet effet était provoqué par des ondes de choc créées par les gouttes de pluie, une découverte de 1974 qui constitua le point de départ d'une collaboration entre les ingénieurs de Dornier et les hôpitaux, et mena à l'invention de la lithotritie clinique extracorporelle par onde de choc.

En 1980, cette nouvelle technologie fut utilisée pour soigner un premier patient à l'aide d'un lithotripteur Dornier HM1. Le traitement des calculs rénaux commence par une radiographie permettant de localiser le calcul, puis par l'envoi d'ondes de choc à haute fréquence qui finissent par briser et pulvériser le calcul. Le processus dure jusqu'à 40 min et ne provoque pas ou très peu de dommages collatéraux. Le patient élimine ensuite les fragments de calcul en urinant, généralement au cours des trois semaines suivant l'intervention. Le taux de réussite en une fois de cette technique avoisine les 95 %.

Le lithotripteur est utilisé pour tous les types de retrait de calculs du système urinaire. Les ondes de choc sont aussi utilisées en orthopédie, etc., et permettent aux médecins de traiter les patients d'une manière sûre, efficace et non invasive. Des millions de personnes ont bénéficié de cette technologie. **RH**

VOIR ÉGALEMENT : DIALYSE RÉNALE, CŒUR-POUMON, RESPIRATEUR ARTIFICIEL, FOIE ARTIFICIEL

Le savon liquide (1980)

Minnetonka Corporation commercialise un produit ancestral dans un flacon inédit.

L'on a peine à croire que le brevet américain numéro 49561 ait mis plus d'un siècle à se populariser et c'est pourtant ce qui se produisit avec le savon liquide. En 1865, le New-Yorkais William Shepphard découvrit que le mélange de bicarbonate d'ammonium avec du savon normal pouvait produire un savon à la consistance de mélasse.

Bien que son invention ait peu à peu commencé à apparaître dans les distributeurs publics, la société américaine Minnetonka Corporation ne généralisa la vente du produit qu'en 1980. Commercialisé sous la marque Softsoap, le savon liquide connut un succès immédiat, en partie grâce à son mode de distribution. La bouteille était en effet surmontée d'une petite pompe en plastique qui, sous la pression de la main, laissait écouler une quantité définie de savon dans la main. Minnetonka avait pénétré un marché alors dominé par des sociétés internationales de grande envergure. Elle racheta toutes les pompes en plastique des fournisseurs, pour empêcher quiconque de menacer son sort.

Enfin, en 1987, la société vendit sa marque de savon liquide à la société Colgate qui continue de commercialiser la marque dans le monde entier, toujours sous sa forme de flacon à pompe en plastique.

Comme dans de multiples histoires d'innovations à fort succès commercial, c'est l'alliance des inventions qui a conduit à l'usage généralisé du produit. En 1980, c'est l'usage simultané du savon et de la pompe qui était novateur et depuis, la petite pompe en plastique a été intégrée aux tubes de dentifrice et aux bombonnes de mousse à raser. **DHk**

VOIR ÉGALEMENT : DENTIFRICE, SAVON, DÉODORANT

↗ *Dédaigné à ses débuts, le savon liquide devint populaire après l'ajout d'une pompe en plastique.*

« Il va y avoir une vraie guerre pour les pompes par ici… ».

Jack Salzmann, industriel

La mémoire flash (1980)

Masuoka trouve un nouveau mode de stockage de données.

Depuis ses débuts, la mémoire de l'ordinateur moderne, la mémoire vive ou RAM, possède une mémoire lorsqu'elle est alimentée en courant, mais la perd dès que la prise est débranchée. La solution traditionnelle consiste alors à utiliser des disques ou bandes pour sauvegarder le contenu de la mémoire de l'ordinateur de façon plus permanente, mais ces derniers sont plus lents que la RAM et leurs moteurs ou parties amovibles utilisent davantage d'électricité et n'aiment pas trop être manipulés.

En 1967, Simon Sze et Dawon Kahng inventèrent un transistor capable de mémoriser une station programmée même sans électricité, en concentrant les électrons sur une partie du transistor en principe isolée électriquement, la grille flottante. Une fois le courant activé, cette charge électrique était piégée, potentiellement pour plusieurs années.

La production de puces mémoires basées sur l'invention de Sze et Kahng se révéla compliquée et onéreuse. En 1980, Fujio Masuoka (né en 1943), de Toshiba, découvrant que la complexité de l'affaire résidait dans l'effacement de la mémoire inventa la mémoire flash, aujourd'hui utilisée dans toutes les applications portables sujettes à un déchargement des piles ou à un dysfonctionnement des pièces, comme les téléphones portables, les appareils photo numériques et les lecteurs de musique. Sa capacité grandissante et son coût décroissant expliquent qu'elle remplace également les disques durs et les bandes dans les caméras vidéo et les ordinateurs portables, diminuant par là même leur poids et renforçant leur fiabilité. **MG**

VOIR ÉGALEMENT : PROGRAMME INFORMATIQUE, MÉMOIRE INFORMATIQUE MAGNÉTIQUE, MICROPROCESSEUR, MÉMOIRE VIVE OU RAM

Le vaccin contre l'hépatite B (1980)

Blumberg crée le premier vaccin anticancer.

Peu de personnes peuvent prétendre avoir sauvé la vie de millions de gens, mais le Dr Baruch Blumberg (né en 1925), scientifique américain, est de ceux-là. Vers 1960, ses collègues et lui étaient en train de dépister des maladies dans le sang d'un Aborigène australien lorsqu'ils découvrirent une protéine rare. Ils la nommèrent l'« antigène d'Australie » et vérifièrent si elle se manifestait ailleurs dans le monde. Elle s'avéra inexistante chez les Américains, mais très présente chez les Asiatiques, les Africains et certains Européens, et chez des patients atteints de leucémie et qui bénéficiaient de transfusions sanguines régulières. Des études révélèrent que l'antigène faisait partie d'un virus assez inconnu qui provoquait une forme virulente d'hépatite, l'hépatite B, s'attaquant au foie.

« "L'antigène d'Australie" [...] permit de découvrir la nature des virus de l'hépatite. » Robert H. Purcell, Institut national américain de la santé

Savoir que cette protéine était liée au virus signifiait qu'un dépistage était possible, ce qui s'avéra très utile dans l'examen du sang donné et permit de réduire les risques de contamination de l'hépatite B par transfusion sanguine. Blumberg et ses acolytes travaillèrent ensuite à recueillir l'enveloppe virale dans le sang des porteurs chroniques, ce qui constitua une avancée primordiale dans le développement d'un vaccin efficace. Blumberg reçut le prix Nobel en 1976. **JM**

VOIR ÉGALEMENT : VACCINATION, VACCIN CONTRE LE CHOLÉRA, VACCIN BCG, VACCIN CONTRE LA RAGE, VACCIN CONTRE LA POLIO, VACCIN CONTRE LA RUBÉOLE

La peau artificielle
(1981)

Burke et Yannas redonnent l'espoir d'un nouveau visage aux grands brûlés.

La peau de l'homme est une merveille de technologie. Elle est résistante bien qu'étirable et flexible, et agit comme une barrière imperméable.

John F. Burke, chirurgien au General Hospital du Massachusetts, aux États-Unis, cherchait un substitut de peau fiable pour le traitement de ses patients brûlés sur 50 % ou plus du corps et n'ayant pas suffisamment de peau saine pour couvrir les zones endommagées.

Dans les années 1970, Burke s'associa à Ioannis V. Yannas, professeur de chimie à l'Institut de technologie du Massachusetts (MIT), qui étudiait une protéine étirable appelée collagène et présente dans les tendons des animaux. Burke et Yannas assemblèrent des fibres de collagène issues de la peau de vache avec de longues molécules de glucose prélevées sur du cartilage de requin pour créer une membrane de polymère semblable à une grille. Après avoir séché cette membrane, ils la collèrent sur une couche de plastique visqueux. Aussi épaisses qu'une feuille de papier toilette, les deux couches font barrière aux infections et à la déshydratation, tout en faisant office de support sur lequel les nouvelles cellules de peau peuvent se développer. Tandis que la peau du patient se reconstitue, la membrane artificielle se craquelle naturellement et finit par peler. La nouvelle peau est lisse et semblable à une peau normale, bien que dépourvue de glandes sudoripares et de follicules pileux.

En 1981, Burke et Yannis prouvèrent que leur peau artificielle s'appliquait à des patients brûlés de 50 à 90 %, augmentant par là considérablement leurs chances de rétablissement. **JM**

VOIR ÉGALEMENT : CŒUR ARTIFICIEL, PROTHÈSE, FOIE ARTIFICIEL, PANSEMENTS DE CHITOSANE

Cultivées en laboratoire, les bandes épidermiques sont utilisées pour le traitement de maladies cutanées.

« [La peau artificielle] est souple et flexible, contrairement à d'autres substances… »

John F. Burke

L'interface MIDI (1981)

Smith met au point un langage commun à tous les instruments de musique électroniques.

Au début des années 1970, les sons générés par le synthétiseur électronique gagnèrent en popularité dans les enregistrements et les concerts de rock. Ces instruments devinrent accessibles : outre une vaste gamme de claviers électroniques faciles à utiliser, l'offre portait sur des appareils complémentaires, comme les séquenceurs, capables de « déclencher » des sons à partir d'un clavier connecté, ainsi que des batteries électroniques pouvant produire une grande variété de sons.

Mais les appareils produits par différents fabricants n'étaient souvent pas compatibles les uns avec les autres. L'ingénieur du son américain Dave Smith allait remédier à ce problème lorsqu'il présenta en 1981, lors d'un congrès de la société Audio Engineering Society, un document développant la première norme de communication universelle pour l'équipement musical. Il la baptisa MIDI (littéralement, interface digitale pour instrument musical). En clair, le MIDI est un « langage » numérique permettant aux synthétiseurs, enregistreurs MIDI (séquenceurs ou logiciels informatiques), batteries électroniques et autres appareils dotés des mêmes caractéristiques, de « communiquer » entre eux en envoyant et en recevant des messages *via* des câbles MIDI interconnectés.

La norme de Smith fut immédiatement adoptée par les fabricants. Et ce n'est pas exagérer que d'affirmer que sans le MIDI, la majeure partie de la musique électronique programmée et échantillonnée des 25 dernières années n'aurait jamais existé. **TB**

VOIR ÉGALEMENT : ORGUE À TUYAUX, MÉTRONOME, GUITARE ÉLECTRIQUE, SYNTHÉTISEUR ÉLECTRONIQUE

↑ *L'application basique du MIDI consiste à connecter 2 synthétiseurs commandés par un seul des 2 claviers.*

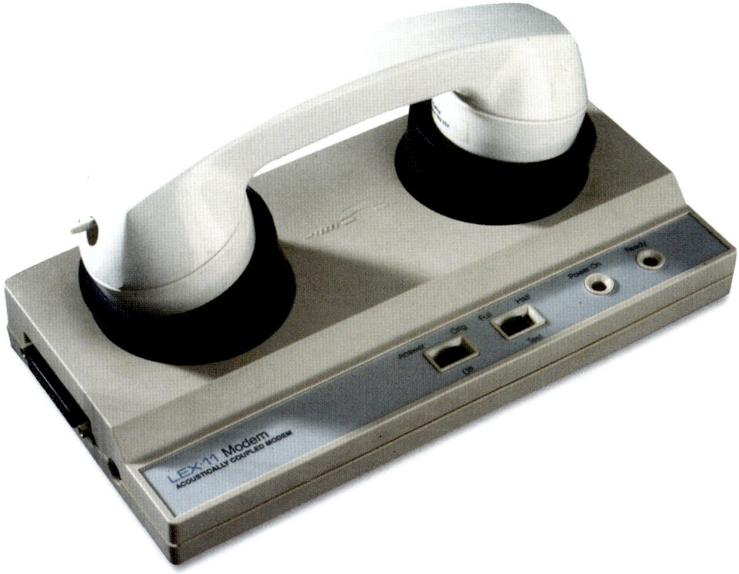

Le modem (1981)

Hayes simplifie le lien entre les ordinateurs et le système téléphonique.

Les premiers modems remontent à la guerre froide et à 1958, lorsque la Défense aérienne nord-américaine transmettait des messages *via* des câbles téléphoniques à des centaines de stations radars aux États-Unis et au Canada. La fonction essentielle du modem est de traduire le langage numérique des ordinateurs en langage analogique du système téléphonique et vice versa.

En 1981, Dennis Hayes lança le SmartModem. Les premiers modems étaient incompatibles avec bon nombre d'ordinateurs, coûtaient très cher et étaient peu pratiques d'utilisation puisqu'ils nécessitaient une connexion manuelle aux lignes téléphoniques.

Le génie du SmartModem : « penser par lui-même » et se programmer dans les réseaux téléphoniques. Pour ce faire, il utilisait son propre langage de données pour se programmer à établir ou à mettre fin à une liaison avec d'autres lignes téléphoniques d'ordinateurs selon les besoins de son propre opérateur. Il inspira la création de modèles plus petits et abordables puisque, n'ayant besoin que des instructions de la part de son ordinateur hôte, il pouvait être connecté à n'importe quel ordinateur par un port facilement accessible.

En 1985, la société de Hayes détenait près de la moitié du marché des ordinateurs personnels et le terme « compatible avec Hayes » était passé dans le langage informatique comme un repère auquel l'on pouvait mesurer les modems concurrents. Le terme était utilisé pour décrire tout modem capable de reconnaître la séquence de commande conçue pour le SmartModem de Hayes. **AE-D**

VOIR ÉGALEMENT : NTERNET, ORDINATEUR PERSONNEL, CÂBLE MODEM

↑ *Un modem des années 1980 pourvu d'un combiné de téléphone.*

Le véhicule spatial réutilisable (1981)

La NASA lance une navette spatiale, conçue pour effectuer de nombreux voyages depuis la Terre.

« … *C'est l'appareil efficace le plus connu […] pour réduire en fumée les dollars…* »

Dana Rohrabacher, congressiste américain

↑ Atlantis *prête au lancement juste avant sa mission vers le télescope spatial Hubble en 2008.*

→ *Photo de la navette spatiale* Discovery *prise en 1998 par l'équipage de la station spatiale russe Mir.*

Les lanceurs spatiaux, comme *Saturne V* qui envoya les astronautes d'Apollo sur la Lune, sont extrêmement peu économiques. Ils ne peuvent voler qu'une fois, certaines parties sont jetées après utilisation et 97 % de l'ensemble est consumé dans les premières minutes. Un engin spatial économique, capable de décoller et de revenir et donc réutilisable plusieurs fois, voilà ce dont avait besoin l'aérospatiale de pointe.

En 1972, la NASA des États-Unis décida de construire la *Space Shuttle* (navette spatiale). Des fusées furent utilisées lors du lancement. L'équipage pouvait comprendre jusqu'à huit personnes et une énorme soute contenait des satellites et des segments de la Station spatiale internationale à placer en orbite. De nouveaux instruments furent apportés à l'engin existant et l'on procéda à des réparations en orbite.

Lors du franchissement de l'atmosphère pour rejoindre la Terre, le nez et la face inférieure des ailes de la navette spatiale atteignirent une température de 1 430 °C. L'engin atterrit ensuite sur une piste normale. *Columbia*, la première navette, décolla le 12 avril 1981. Suivirent ensuite *Challenger*, *Discovery*, *Atlantis* et *Endeavor*. Tout alla bien jusqu'au 25e vol, en janvier 1986. L'un des propulseurs prit feu, provoquant la mort de l'équipage de *Challenger*.

La navette spatiale russe, *Buran*, fit l'objet d'un vol test en 1988, mais fut rapidement abandonnée. En janvier 2003, l'engin spatial américain *Columbia* se désintégra lors de son entrée dans l'atmosphère avant de rejoindre la Terre. Après une interruption de deux ans et demi, les lancements américains reprirent et l'achèvement de la construction de la Station spatiale internationale est prévu pour 2010. **DH**

VOIR ÉGALEMENT : AVION À MOTEUR, FUSÉE À CARBURANT LIQUIDE, MISSILE BALISTIQUE, SONDE SPATIALE, STATION SPATIALE

Le microscope à effet tunnel (1981)

Binning et Rohrer rendent possible la vision à l'échelle atomique.

Il y a 30 ans à peine, « observer » les bosses et les creux des substances à l'échelle atomique semblait impensable. Pourtant en 1981, Gerd Karl Binning (né en 1947) et Heinrich Rohrer (né en 1933) mirent au point un microscope doté de cette faculté.

Opérant à basse température et sous vide, leur microscope à effet tunnel est constitué d'une aiguille très pointue pouvant approcher de très près l'objet examiné. C'est un outil qui « sent » plutôt qu'il ne « voit », car les distances traitées sont inférieures à la longueur d'onde de la lumière.

Ce microscope exploite un phénomène de mécanique quantique connu sous le nom d'effet tunnel électronique, au cours duquel les électrons peuvent franchir de petits vides entre les atomes. Dans les matériaux conducteurs d'électricité comme les métaux, les électrons passent d'un atome à l'autre. Si la pointe de l'aiguille du microscope est suffisamment approchée, ce flux d'électrons peut être détecté, tandis que les électrons parviennent de la surface du métal jusqu'à la pointe grâce à l'effet tunnel. La pointe de l'aiguille peut alors suivre les contours de la surface pour détecter sa forme. Il en résulte une image de la molécule à l'échelle nanométrique.

L'aiguille du microscope à effet tunnel permet aux scientifiques de déplacer des atomes individuels en soumettant la molécule à un champ électrique. La pointe attire les électrons constitutifs des atomes de la molécule puis les sépare les uns des autres, procédé qui permit la réalisation du plus petit logo au monde, celui d'IBM, créé à partir de 35 atomes de xénon sur nickel. **JM**

« En tant que scientifique chercheur, vous avez le désir de découvrir les choses... »

Gerd Karl Binnig

VOIR ÉGALEMENT : LENTILLE, MICROSCOPE, TÉLESCOPE, MICROSCOPE ÉLECTRONIQUE

⇱ *Ce microscope à effet tunnel de 1986 fut le premier commercialisé.*

L'insuline
(1982)

Eli Lilly produit l'insuline humaine.

L'année 1982 marqua une avancée considérable dans le traitement du diabète : le développement de l'Humulin®, la première insuline entièrement humaine. Jusqu'alors, les patients atteints de diabète recevaient de l'insuline dérivée de sources animales, généralement d'origine bovine ou porcine. La molécule de l'insuline fut découverte au début des années 1920 et les premières injections d'insuline de bovin chez les humains suivirent. Bien que cette première insuline fût très impure et possédât de multiples effets secondaires, elle sauva la vie de nombreux diabétiques.

Au cours des décennies suivantes, plusieurs avancées dans le développement de l'insuline virent le jour, concernant la pureté et la synthèse chimique de l'insuline humaine. En 1978, des chercheurs de la société Genentech, à San Francisco, travaillèrent sur la production d'insuline purement humaine à partir de l'ADN reconstitué de la bactérie *Escherichia coli*. Le développement et la fabrication de ce type d'insuline furent vite repris par la société Eli Lilly en 1982, après la validation de la production d'Humulin. Deux types d'insuline furent commercialisés : l'Humulin R (effet rapide) et l'Humulin N (une version plus durable).

L'Humulin fut la première insuline purement humaine, et le premier produit pharmaceutique synthétisé par des organismes génétiquement modifiés à être reconnu. L'ADN était en effet synthétisé, introduit dans la bactérie *E. coli* pour sa transformation en protéine, et il en résultait un produit final purifié. L'Humulin était exempte de tout contaminant animal et pouvait être produite en grosses quantités. Aujourd'hui, Eli Lilly produit 4 types d'Humulin destinés à quelque 4 millions de patients diabétiques. **RH**

VOIR ÉGALEMENT : SERINGUE HYPODERMIQUE, PILULE SOLUBLE, POMPE À INSULINE

La table de cuisson halogène (1983)

Schott crée une table de cuisson résistante à la chaleur.

À l'origine Schott, le célèbre producteur de verre allemand, réalisait des vitrocéramiques pour les télescopes astronomiques En 1983, la société commercialisa Ceran®, un plan de cuisson en vitrocéramique pour la cuisson par halogène. Brûlantes et résistantes, les ampoules halogènes étaient parfaites pour cuisiner, mais leur présence dans les cuisines avaient été limitée en raison des matériaux de cuisson alors disponibles. Ceran apporta la puissance des ampoules halogènes aux chefs cuisiniers du monde entier. Les tables de cuisson contiennent des réflecteurs placés sous les ampoules afin de diriger au maximum la chaleur jusqu'à la surface de la plaque.

« Si toutes ces tables de cuisson étaient placées côte à côte, elles couvriraient près des trois quarts de la terre. » Schott

L'utilisation des gaz halogènes augmentait la production de lumière et la chaleur rayonnante de l'ampoule, mais nécessitait également un plan de cuisson spécifique. Ceran est translucide, thermiquement stable et hautement résistant à la chaleur.

Les tables de cuisson à halogène présentent une surface de cuisson plane, même si les plans de cuisson lisses existaient bien avant Ceran. Les nouvelles tables de cuisson à halogène Ceran de Schott ont connu un immense succès. La société en a vendu plus de 50 millions, incorporées dans les appareils produits par divers fabricants. **RBk**

VOIR ÉGALEMENT : FOUR, COCOTTE-MINUTE, CUISINIÈRE ÉLECTRIQUE, LAMPE HALOGÈNE, FOUR À MICRO-ONDES

Le caméscope (1983)

Sony sort le premier caméscope portatif.

Avant l'invention du caméscope, celui qui souhaitait fixer des images sur une pellicule devait utiliser un appareil en deux parties relativement intransportables. Pire encore, comme le seul transport de la caméra monopolisait une personne, il fallait en trouver une seconde pour porter le magnétoscope à côté.

En outre, l'ancien appareil ne disposait pas d'écran de lecture, donc lorsqu'il était nécessaire de regarder un passage enregistré récemment, il fallait trouver un écran de télévision pour y brancher le magnétoscope.

Cet appareil encombrant n'était pas sans poser quelques problèmes aux journalistes de radiotélévision, réalisateurs de film, étudiants et autres personnes du métier. Cependant, les avancées dans le domaine de la technologie et du design allaient bientôt conduire divers pionniers de l'équipement d'enregistrement vidéo à réduire le format des composants de base pour créer un assemblage unique caméra/enregistreur, aujourd'hui connu sous le nom de caméscope.

Le premier caméscope commercialisé fut conçu par Sony, au Japon. Basé sur la technologie vidéo du Betamax, le modèle Betamovie fut lancé en mai 1983. Même à cette époque, il n'y avait pas de fonctions de lecture sur la caméra et ceux qui souhaitaient regarder ou revoir une partie du film devaient éjecter la cassette et l'insérer dans un lecteur Betamax pour la visionner sur un écran de télévision distinct. Le sort du journaliste-reporter s'est décidément considérablement amélioré. **CL**

VOIR ÉGALEMENT : ENREGISTREMENT SUR MAGNÉTOSCOPE, DISQUE OPTIQUE, JOURNALISME ÉLECTRONIQUE

↑ *Le Betacam utilisait le même format de cassette que le Betamax domestique, mais avec un support différent.*

L'ordinateur portable (1983)

Compaq sort le premier portable à fort succès commercial.

Alan Kay de la société Xerox soumit le concept du Dynabook en 1971. Son idée était de créer un ordinateur personnel portable en réseau. Mais comme il n'existait pas de marché pour cela à l'époque, l'idée fut remisée au placard. En 1981, Alan Osborne, de la société Osborne Computer Corporation, mit au point le Osborne 1, le premier ordinateur personnel entièrement portable. De la taille d'une petite valise, il pesait dans les 11 kg.

Le premier appareil à clapet fut le GRiD Compass 1101 inventé par Bill Moggride et introduit sur le marché en 1982. Galivan Computer sortit ce qui est considéré comme le premier vrai ordinateur « portable » en 1983, le plus petit et le plus léger conçu à ce jour.

Mais Compaq Computer Corporation supplanta ses concurrents en 1983 grâce au portable Compaq. Rod Canion, Jim Harris et Bill Murto fondèrent Compaq en 1982 après avoir quitté Texas Instruments. Le dessin du portable Compaq fut dit-on esquissé sur un set de table d'une pâtisserie de Houston. L'ordinateur fut conçu par rétro-ingénierie et le code source BIOS d'IBM permit de créer une nouvelle version d'un système qui fonctionnait à l'identique de celui d'IBM. Un fait notable compte tenu de l'énorme succès d'IBM dans le secteur informatique à cette époque.

Compaq pulvérisa ses ventes en 1983, première année de la commercialisation de son portable. Fort du succès commercial de ce modèle, les portables n'ont depuis cessé d'évoluer. **RH**

VOIR ÉGALEMENT : ORDINATEUR MÉCANIQUE, ORDINATEUR NUMÉRIQUE, ORDINATEUR PERSONNEL, ORDINATEUR DE POCHE

↑ *Le micro-ordinateur portable Osborne 1 de 1981 ouvrit la voie au portable de Compaq.*

Le protocole Internet (TCP/IP) (1983)

Kahn et Cerf permettent aux ordinateurs de « communiquer ».

Lorsque nous envoyons des fichiers ou des e-mails par Internet, nos messages arrivent, presque instantanément, à un terminal distant, sans connexion directe entre les deux. Sans la magie du TCP (Transmission Control Protocol) et de l'IP (Internet Protocol), ce phénomène remarquable serait impossible. TCP et IP sont des protocoles de communication de réseau distincts, mais si intimement liés dans la pratique qu'ils sont généralement considérés comme une entité unique.

Développés par Robert Kahn (né en 1938), Vinton Cerf (né en 1943) et d'autres, et d'abord utilisés sur le réseau par commutation de paquets de l'ARPA (Advanced Research Projects Agency) du gouvernement américain en 1983, le TCP et l'IP ont permis à un nombre toujours plus important d'anciens réseaux de se connecter entre eux pour finir par constituer l'Internet. Intrinsèquement, le TCP et l'IP sont divisés en « couches ». La couche (TCP) la plus haute divise les fichiers ou messages en petits paquets pour faciliter la transmission, et réassemble les paquets reçus selon leur forme originelle. La couche (IP) inférieure gère en priorité l'attribution et l'acheminement de chaque paquet pour que ce dernier parvienne à la bonne destination. Les itinéraires par lesquels transitent les segments de chaque message peuvent être différents les uns des autres. **MD**

« ... l'Internet... [nous] permet d'innover sans être soumis à un contrôle central... » Vinton Cerf

VOIR ÉGALEMENT : INTERNET, COURRIEL, ETHERNET, DSL (DIGITAL SUBSCRIBER LINE), WORLD WIDE WEB

La furtivité (1983)

Lockheed Martin construit un avion « invisible ».

Après des années de développement, le premier chasseur-bombardier furtif viable de la société Lockheed Martin Corporation, le Nighthawk F-117, réalisa sa première opération en 1983. Sa technologie le rendait pratiquement invisible aux radars traditionnels.

La forme arrondie des avions traditionnels améliore leur aérodynamique, mais les rend détectables par les radars ennemis. Les concepteurs du F-117 réalisèrent qu'un avion à l'ossature constituée de triangles et d'angles obtus reflétait moins d'énergie vers des radars. De plus, la surface de l'avion est recouverte de peinture absorbant les signaux radars. L'ajout d'un stabilisateur spécifique et la réduction de la signature thermique comptent également parmi les spécificités de cet engin, toutefois intrinsèquement instable et incapable de voler sans son système informatique onéreux.

La Défense américaine nia l'existence des avions furtifs jusqu'en 1988, lorsque les premières photographies granuleuses firent leur apparition. L'avion furtif effectua sa première mission militaire en 1989 et devint rapidement l'arme de choix pour certaines opérations. Son retrait programmé en 2008 est dû à l'introduction d'appareils plus performants. **SB**

« Cette arme stratégique a modifié le regard d'Air Force sur la guerre stratégique. » Lt. col. Chris Knehans

VOIR ÉGALEMENT : BALLON DIRIGEABLE, FUSÉE À CARBURANT LIQUIDE, MOTEUR À RÉACTION, AVION SUPERSONIQUE, SCRAMJET

Les concepteurs du Nighthawk F-117A ont réduit sa signature transversale sur les radars ennemis.

Le clonage par interféron (1983)

Pestka développe un traitement antiviral.

En 1969, le chercheur scientifique et physicien Sidney Pestka (né en 1936) étudia une protéine appelée interféron, impliquée dans la réponse du système immunitaire aux virus, bactéries, allergènes et même au cancer. Pestka voulait connaître son rôle et savoir si elle pouvait être utilisée pour créer un antiviral.

L'interféron est une protéine rarissime : il fut très difficile d'en obtenir un échantillon suffisamment important pour procéder à des expérimentations. Pestka élabora une méthode appelée chromatographie en phase liquide inverse à haute performance qui favorisait la purification de l'interféron en quantité suffisamment grande pour étudier son mécanisme d'action. Il en déduit que l'interféron, sécrété par les cellules humaines lorsque celles-ci sont attaquées, fonctionne de deux manières : il signale aux cellules voisines d'actionner leurs mécanismes de défense, et active les cellules immunitaires qui tuent les agents pathogènes.

« La grande promesse de l'interféron en tant qu'agent antiviral était prévisible [...] »

Dr Sidney Pestka

En 1975, Pestka eut recours à la technologie émergente de l'ADN recombinant pour cloner l'interféron. Pestka publia ses découvertes en 1983 et son nouvel antiviral fut approuvé par la FDA (Food and Drug Administration) en 1986. L'innovation du chercheur a depuis donné naissance à une industrie de plusieurs milliards de dollars. **JM**

VOIR ÉGALEMENT : CLONAGE, ORGANISMES GÉNÉTIQUEMENT MODIFIÉS, THÉRAPIE GÉNIQUE, THÉRAPIE CELLULAIRE

Le piège magnétique pour atomes (1983)

Pritchard met au point une méthode de super-refroidissement.

En 1925, le physicien indien Satyendra Nath Bose se base sur ses travaux de mécanique quantique pour affirmer l'existence d'une nouvelle forme de matière. Il fallut 70 ans avant qu'Eric Cornell et Carl Wieman, de l'université du Colorado, parviennent à la réaliser.

Connu sous le nom de condensat Bose-Einstein, la nouvelle matière était essentiellement un conglomérat d'atomes si froids qu'ils se comportaient comme un grand « superatome », démontrant par là les effets de la mécanique quantique sur une macro-échelle. Pour ce qui est de la science de l'ultrafroid, cela ne fut pas simple de passer de la théorie à la pratique, car l'art de transformer la matière en fractions d'un degré inférieur au zéro absolu n'est pas chose aisée.

Évoquée dans une revue de chercheurs par David Pritchard (né en 1941), l'invention du piège d'atomes magnétique constitua une avancée considérable. Le piège s'appuie sur le principe de mécanique quantique voulant que le moment magnétique d'un atome soit « quantifié », ce qui signifie qu'il doit adopter une valeur distincte au lieu d'avoir une gamme continue de valeurs disponibles. Le piège d'atomes magnétique dispose d'un gradient magnétique, ce qui lui permet de piéger les atomes de charge neutre.

Dans la création des condensats Bose-Einstein, les atomes requis doivent déjà être extrêmement froids. Pour les températures ultrabasses requises pour former un condensat Bose-Einstein, le piège d'atomes magnétique s'est avéré la solution parfaite. Il était capable de maintenir les atomes « captifs », tandis que l'on procédait à un refroidissement par évaporation pour faire suffisamment baisser la température de manière à créer cette nouvelle forme de matière prometteuse. **DHk**

VOIR ÉGALEMENT : REFROIDISSEMENT DES ATOMES PAR LASER

Le fauteuil spatial (MMU)

(1984)

La NASA permet aux astronautes d'évoluer librement grâce à un transporteur individuel.

La naissance de la navette spatiale et des stations spatiales fit prendre conscience à la NASA (National Areonautics and Space Administration) de la nécessité d'un moyen de déplacement spatial extravéhiculaire. La NASA fit appel à la société Lockheed pour construire un appareil permettant aux astronautes de manipuler les satellites, réparer et construire les structures.

En 1984, le fauteuil spatial (MMU, Manned Maneuvering Unit, littéralement « unité de manœuvre individuelle »), devint réalité. Le système était conçu pour fonctionner en parallèle des systèmes de support de vie déjà existants dans une combinaison spatiale. L'astronaute s'adosse au MMU l'attachant par-dessus sa combinaison. Le système comportait deux réservoirs d'azote comprimé qui alimentaient 24 unités de propulsion à réaction disposées autour de la structure permettant une activité extravéhiculaire d'une durée d'environ six heures.

Le MMU fut déployé lors de trois missions distinctes de la navette spatiale américaine (*Space Shuttle*), mais demeure inutilisé depuis l'explosion de la navette spatiale *Challenger*. La plupart des sorties spatiales avec câble ont prouvé qu'elles pouvaient remplacer le MMU, même si les membres de la Station spatiale internationale sont équipés de systèmes SAFER (Simplified Aide for EVA Rescue) dont la principale fonction est de permettre le sauvetage d'un astronaute victime d'un problème de câblage. **BMcC**

« J'ai su, depuis le moment où je suis devenu astronaute, que je voulais effectuer une sortie dans l'espace. » John L. Phillips, astronaute

VOIR ÉGALEMENT : FUSÉE À CARBURANT LIQUIDE, MISSILE BALISTIQUE, SONDE SPATIALE, STATION SPATIALE

↗ *Le MMU fut inauguré en 1984 par l'astronaute Bruce McCandless de la navette spatiale* Challenger.

Le Macintosh Apple (1984)

Apple lance le premier ordinateur personnel doté d'une interface utilisateur graphique.

Les premiers ordinateurs possédaient une puissance de traitement à peine suffisante pour résoudre les problèmes qui leur étaient soumis. De plus, personne ne s'était vraiment intéressé à l'interface utilisateur.

Les premières recherches importantes furent menées au sein du légendaire Palo Alto Research Center (PARC) de Xerox. L'Alto fut le premier ordinateur sur lequel un clic de souris permettait d'ouvrir un fichier. Il possédait également le premier processeur Word capable d'afficher les documents sur l'écran sous un format identique à celui de l'impression.

Le PARC développa la première interface utilisateur graphique en ajoutant des menus et des icônes qui facilitaient les choix de l'utilisateur, et en incorporant les programmes dans différentes fenêtres sur l'écran.

Désormais, des personnes avec une expérience limitée étaient capables d'écrire une lettre, de cliquer sur une souris et d'imprimer leur document sur une imprimante laser du PARC.

Xerox développa son interface utilisateur au cours des années 1970 et, en 1979, le PARC fit part de ses découvertes à une petite société appelée Apple Computer. Apple, qui avait travaillé sur des concepts similaires, fut impressionné par cette démonstration. Le cofondateur d'Apple, Steve Job, quitta le PARC enthousiasmé. Apple intégra les idées de l'interface utilisateur de Xerox aux siennes et développa une nouvelle manière de travailler avec les ordinateurs. En 1984, Apple lança le premier ordinateur personnel doté d'une interface utilisateur graphique : le Macintosh Apple. **MG**

VOIR ÉGALEMENT : PROGRAMME INFORMATIQUE, ENVIRONNEMENT GRAPHIQUE, INFOGRAPHIE EN 3D, LANGAGE DE PROGRAMMATION C

↑ *Le modèle Macintosh Apple M001 fut conçu pour être branché et utilisé immédiatement.*

Le système de capsule pour canette (1984)

Forage et Byrne répliquent les caractéristiques de la bière Guinness sous forme de canettes.

Lorsque la bière est stockée en grande quantité, elle peut être conservée dans les cuves où elle a été livrée et subir ainsi une fermentation prolongée qui améliore le goût et la vigueur de la boisson. Lorsque la bière en tonneau est aspirée par une pompe, elle se mélange avec l'azote de l'air qui lui confère sa texture et sa mousse caractéristiques. La mousse, reconnaissable, de la Guinness, ou bière stout, est créée par des robinets spéciaux garantissant un mélange précis.

Lorsque les brasseurs commencèrent à mettre la bière en bouteilles, ils découvrirent que la fermentation en bouteille provoquait un niveau de carbonisation bien supérieur. Ce dioxyde de carbone est bénéfique car il ne laisse aucune place à l'oxygène dans la bouteille, qui ferait tourner la bière, mais crée au contraire une boisson plus pétillante.

La bière fut commercialisée en canette pour la première fois en 1935. Cependant, de nombreux consommateurs, sans doute même la majorité, préfèrent le goût et la texture de la bière pression. Leur exigence a conduit la société Guinness a dépensé une fortune pour trouver un moyen de transférer le goût, la texture et la mousse de leur stout dans des canettes.

Dans les années 1980, Alan Forage et William Byrne trouvèrent un moyen de simuler le mélange d'azote obtenu grâce à la pompe à pression. Une petite bille remplie d'azote et de bière appelée « capsule » est introduite dans la cannette en même temps que la bière. Lors de l'ouverture de la canette, la pression interne chute brutalement et l'azote s'échappe dans la bière, lui donnant ainsi sa texture et sa mousse caractéristiques. **DK**

VOIR ÉGALEMENT : BREUVAGE ALCOOLISÉ, CONSERVE, ANNEAU D'OUVERTURE, FABRICATION DE BOUTEILLES EN VERRE

↑ *L'azote issu d'une capsule produit la mousse épaisse et crémeuse tant appréciée des buveurs de stout.*

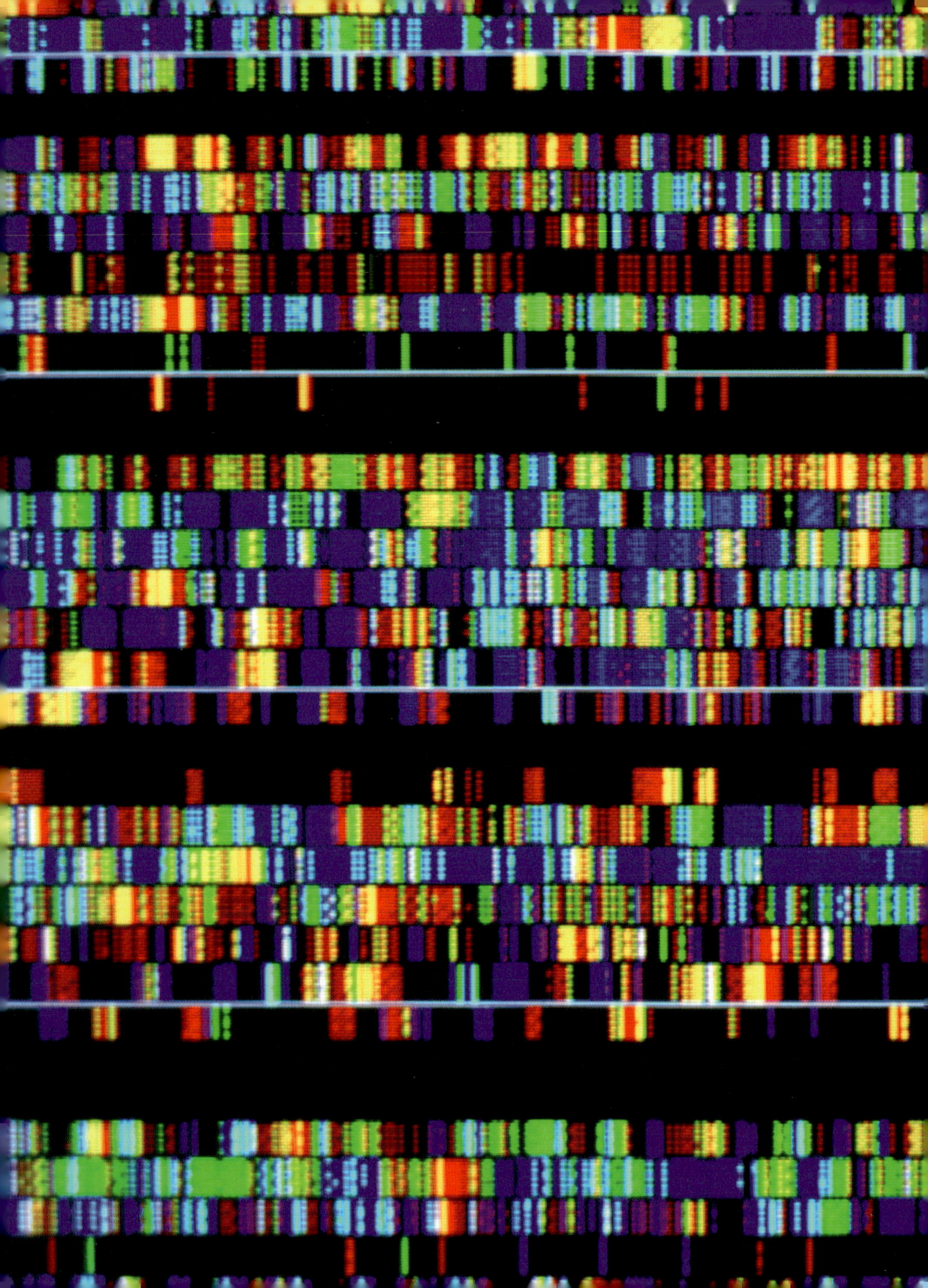

Le séquenceur d'ADN (1985)

Hood et Smith accélèrent le processus d'analyse de l'ADN.

Imaginez un processus qui effectue une tâche 3 000 fois plus rapidement qu'auparavant, tout en étant beaucoup moins dangereux et fastidieux. Imaginez que ce processus soit la clé du décryptage et de la cartographie du génome humain. Et bien, c'est ce procédé que mirent au point Leroy Hood (né en 1938) et Lloyd Smith (né en 1954) en 1985, lorsqu'ils inventèrent le séquençage automatisé de l'ADN.

Le séquençage de l'ADN fut inventé pour la première fois dans les années 1970, mais il impliquait un processus long et laborieux. Les brins d'ADN étaient séparés par un gel puis minutieusement examinés à la main, paire de base par paire de base, brin par brin, et la séquence était enregistrée manuellement.

Au milieu des années 1980, Hood et Smith découvrirent que les marqueurs radioactifs de chaque paire de base pouvaient être remplacés par des traceurs fluorescents orange, rouges, bleus et verts (un par nucléotide). En plus d'être plus stables et moins nocifs que les marqueurs radioactifs, ces traceurs pouvaient être illuminés par un laser. Ils étaient ainsi repérés puis comptés par un détecteur de lumière relié à un ordinateur et capable de les recenser automatiquement. En outre, le séquençage de toutes les bases pouvait être effectué sur un seul gel. Tout en améliorant le séquençage de grands fragments d'ADN, ce procédé l'a rendu exploitable pour la recherche et a conduit au Projet génome humain. **BMcC**

VOIR ÉGALEMENT : ORGANISMES GÉNÉTIQUEMENT MODIFIÉS, THÉRAPIE GÉNIQUE, EMPREINTE DIGITALE D'ADN, PUCE À ADN

Les gènes qui constituent l'ADN humain apparaissent sur un écran d'ordinateur sous l'apparence de couleurs représentant les bases spécifiques.

La mycoprotéine comestible (1985)

Rank Hovis McDougall lance la marque Quorn™.

Les mycoprotéines comestibles, plus connues sous le nom de marque Quorn™, offrent une alternative à forte teneur en protéines pour les faibles consommateurs de viande ou les végétariens. Cependant, les pionniers britanniques de cet aliment ne l'avaient pas inventé en pensant aux végétariens, mais cherchaient plutôt une source immédiate de protéines pour anticiper une pénurie mondiale.

La solution vient d'un champ proche de la petite ville anglaise de Marlow où fut découvert le champignon *Fusarium venetatum* en 1967. Ce champignon fut rapidement identifié comme une source potentielle de mycoprotéines. Au cours des années 1970, la société Rank Hovis McDougall (RHM) développa des extraits fongiques comestibles par l'homme et, en 1980, les techniques de production à grande échelle étaient maîtrisées. Le champignon est cultivé dans des tanks de fermentation oxygénés. La mycoprotéine est ensuite extraite, travaillée et façonnée en utilisant de l'albumine d'œuf comme liant.

« Pour apprécier la fausse viande, il faut savoir oublier … les vraies origines du produit [consommé]. »

Farhad Manjoo, *Magazine Wired* (2002)

Aujourd'hui, la gamme des produits Quorn™ est très diversifiée, allant même jusqu'au « bacon entrelardé ». Près d'un demi-million de repas Quorn™ sont actuellement consommés en Grande-Bretagne chaque jour. **MB**

VOIR ÉGALEMENT : SANDWICH, LAIT EN POUDRE, SACCHARINE, CÉRÉALES

La réaction en chaîne par polymérase (1985)

Mollis présente un moyen de reproduire l'ADN.

En 1985, Kary Mullis (né en 1944) travaillait au sein de la société Cetus Corporation à Emeryville, en Californie, lorsqu'il découvrit un moyen de reproduire une seule séquence d'ADN autant de fois que nécessaire. La technologie qui découla de cette idée fut appelée réaction en chaîne par polymérase, connue sous son abréviation anglophone PCR. L'opération pouvait être effectuée dans une éprouvette, à l'aide d'enzymes et de changements de températures.

Après avoir surmonté les premiers défis au sein des laboratoires, la PCR connut un envol technologique considérable dans le domaine de la biologie moléculaire. Plus de 5 000 revues avaient relayé l'information. Cette technologie non seulement permit aux scientifiques d'obtenir un nombre apparemment illimité d'ADN à partir d'une simple molécule, mais accéléra également le processus d'analyse, de clonage et de modification de l'ADN. Cetus finit par vendre la technologie à LaRoche pour la somme de 30 millions de dollars.

Aujourd'hui, l'utilisation de la PCR semble infinie. Entre autres applications, la technique sert à diagnostiquer les maladies, à détecter les bactéries et les virus, à amplifier l'ADN issu de fossiles, à analyser l'ADN dans les enquêtes criminelles et à comparer l'ADN de différentes espèces. Invention substantielle et influente, la PCR apparaît comme l'une des innovations majeures de notre temps. Peu d'inventions ont connu un impact aussi large que la réaction en chaîne par polymérase de Kary Mullis. **RH**

VOIR ÉGALEMENT : THÉRAPIE GÉNIQUE, SÉQUENCEUR AUTOMATIQUE D'ADN, EMPREINTE DIGITALE D'ADN, PUCE À ADN

Le robot chirurgical (1985)

Kwoh perfectionne la chirurgie assistée par des robots.

En 1954, George Devol créa le premier robot industriel programmable. En 1978, le robot PUMA (Programmable Universal Machine for Assembly) fut mis au point par Victor Scheinman et devint rapidement la référence en matière de robot commercial.

Le Dr Yik San Kwoh (né en 1946) inventa l'interface du logiciel-robot qui permit la première intervention chirurgicale assistée par robot en 1985. « Ole » était un PUMA modifié capable d'effectuer une opération neurochirurgicale. Lors de l'intervention, une petite sonde était introduite dans le crâne, un scanner fournissait une image en 3D du cerveau et le cerveau détectait le meilleur chemin pour parvenir à la lésion. Ole était utilisé pour les biopsies de tumeurs dont on soupçonnait qu'elles étaient localisées en profondeur.

Les robots se sont depuis complexifiés et peuvent désormais participer à une intervention chirurgicale voir l'effectuer. En 1998, le Dr Friedrich-Wilhelm Mohr effectua le premier pontage aorto-coronarien assisté par robot, à Leipzig, en Allemagne, grâce au robot chirurgical Da Vinci.

En 1999, le robot chirurgical ZEUS permit de réaliser le premier pontage aorto-coronarien à cœur battant par robotique chirurgicale, au London Health Sciences Center dans l'Ontario, au Canada. Dans ce type d'opération, le sternum du patient n'est pas ouvert et le cœur n'est pas arrêté comme c'est le cas lors des opérations de pontage classiques. **SS**

VOIR ÉGALEMENT : AUTOMATE, ROBOT INDUSTRIEL, FAO (FABRICATION ASSISTÉE PAR ORDINATEUR), ROBOT BIPÈDE

→ *Guidé par les images de l'endoscope, le chirurgien contrôle les instruments chirurgicaux aux extrémités des bras du robot.*

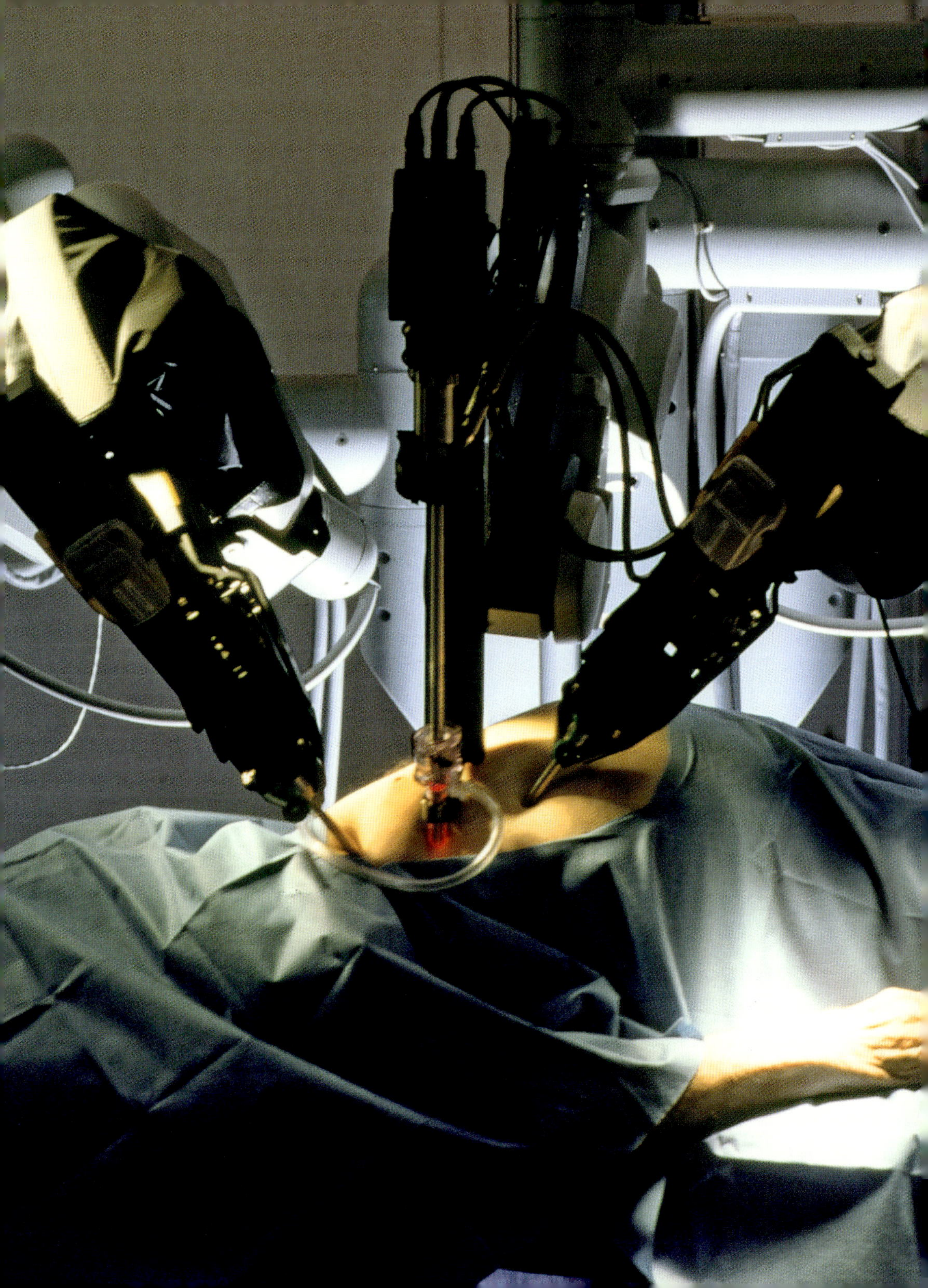

Le robot bipède (1985)

Hitachi remporte un grand succès avec son robot qui marche.

Développé par Hitachi en partenariat avec l'université de Waseda, au Japon, le WHL-11 était un robot capable de marcher de manière statique sur une surface plane à la fréquence de treize secondes par pas. Doté d'un ordinateur intégré et d'une pompe hydraulique, il pouvait également effectuer des rotations.

Il avait été décrété que si un robot pouvait marcher comme un humain, il serait capable de contourner des objets et de monter et descendre des escaliers ; les champs d'application d'une telle machine seraient ainsi quasiment illimités. Mais pour ce faire, il lui fallait deux jambes, à l'instar des êtres humains. Il devrait en outre se montrer capable de marcher sur un terrain irrégulier. Les premiers systèmes de marche pour robots bipèdes se concentrèrent sur la marche à l'équilibre statique : le robot en marche passait ainsi par des états successifs d'équilibre statique. Lorsqu'il se déplace selon un équilibre dynamique, le centre de gravité est déporté en dehors de la zone prescrite par le pied ce qui peut provoquer la chute du robot lors de sa marche, exactement comme un humain. Ainsi, le pied doit être actionné juste au bon moment pour éviter la chute et effectuer un mouvement de transition efficace. L'équilibre dynamique constitue la prochaine étape importante. **MD**

« Une race étrange semblable à des insectes… construirait des robots qui lui ressembleraient. »

Kevin J. Anderson

VOIR ÉGALEMENT : AUTOMATE, ROBOT INDUSTRIEL, ROBOT CHIRURGICAL

L'empreinte digitale d'ADN (1985)

Jeffreys identifie les individus grâce à leur ADN.

Bien que certains craignent une violation de la sphère privée liée à la récupération des données génétiques à partir des empreintes digitales d'ADN, il est indéniable que cette technique a eu un impact positif dans les domaines de la médecine légale, des tests de paternité et de la classification animale.

Le biochimiste Alec Jeffreys (né en 1950) fut nommé professeur à l'université de Leicester en 1977 où il travailla sur la variation de l'ADN et l'évolution génétique dans les familles. Il étudia les composantes héréditaires de la maladie, en particulier dans ce qu'on appelle les « mini-satellites », soit des séquences du génome humain hautement variables.

En 1984, alors qu'il examinait les mini-satellites dans l'ADN de phoques, Jeffreys testa une sonde constituée d'ADN de sources différentes. Il découvrit ce qu'il qualifia d'« un désordre complexe ». Cependant, en examinant le résultat de plus près, il s'aperçut que certaines séquences pouvaient fortement varier d'un individu à l'autre. La séquence ADN du mini-satellite de chaque individu était en revanche unique, exactement comme une empreinte digitale.

Jeffreys réalisa la portée de sa découverte, en particulier dans le champ de la science légale. Il obtint ses brevets en 1984 et publia une série d'articles dans le journal *Nature* en 1985. L'empreinte digitale d'ADN est aujourd'hui utilisée dans les affaires criminelles et des techniques plus récentes ont automatisé le processus afin de produire des résultats rapides et fiables. **RH**

VOIR ÉGALEMENT : ORGANISMES GÉNÉTIQUEMENT MODIFIÉS, SÉQUENCEUR AUTOMATIQUE D'ADN, PUCE À ADN

Les synthétiseurs d'ADN élaborent de courtes portions d'ADN de synthèse utilisées dans le processus de l'empreinte génétique.

925
PRESSURE
OFF
SOL
FILL
145
146
154
155
147
148
149
163
156
164
157
150

L'endoscopie par capsule

(1985)

Mullick conçoit une capsule vidéo à avaler pour observer l'intérieur du corps humain.

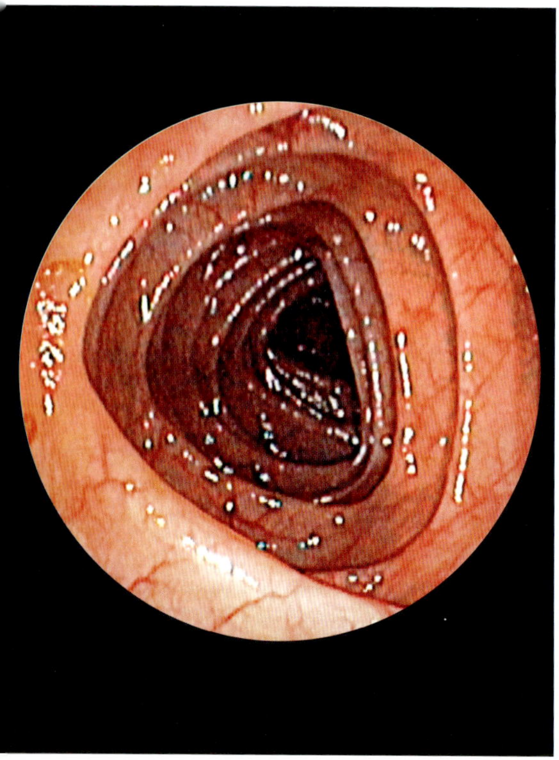

L'endoscopie classique consiste à introduire un tube à fibre optique très fin dans le corps, puis à observer les images des parois des cavités du patient sur un écran de télévision. Cette procédure légèrement invasive peut engendrer quelques légers troubles chez l'individu concerné.

Une alternative s'est cependant dessinée, au fil de l'évolution des caméras numériques devenues plus petites et compactes. Conçue par une équipe de médecins dirigée par le Dr Tarun Mullick de Baltimore, dans le Maryland, la première capsule endoscopique sans fil vit le jour en 1985. La capsule-vidéo est utile pour repérer les lésions vasculaires, les tumeurs, la maladie cœliaque et la maladie de Crohn dans des parties inaccessibles aux autres méthodes non invasives. La capsule fait la taille d'une gélule de vitamine ordinaire et doit être avalée avec de l'eau.

Comme le tube endoscopique, la capsule comporte un système lumineux et vidéo, mais elle est en plus équipée d'un système qui capte et transmet les images à un récepteur que le patient porte à la ceinture. Après avoir été avalée, la caméra effectue un voyage de huit jours à l'intérieur du système gastro-intestinal. Elle filme alors des centaines d'images en couleur de l'œsophage du patient, de son estomac, des petits et grands intestins, permettant ainsi d'établir un diagnostic basé sur une information visuelle globale. **CL**

VOIR ÉGALEMENT : THÉRAPIE GÉNIQUE, ENDOSCOPE, CAMÉRA-VIDÉO/PROJECTEUR, ZOOM, LAPAROSCOPE

⇖ *Les DEL entourant l'objectif (en noir) de cette capsule à pile illuminent la région du corps observée.*

⇐ *Les capsules fournissent des images comparables à cette une vue angioscopique de l'intérieur d'une artère.*

La voiture sans conducteur (1986)

Dickmanns crée un véhicule entièrement automatisé.

Alors qu'il était professeur à l'Universität der Bundeswehr München, Ernst Dieter Dickmanns (né en 1936) et son équipe mirent au point un véhicule sans conducteur entièrement automatisé. Ils équipèrent une camionnette de caméras et de détecteurs capables d'analyser les images du paysage changeant et de relayer les informations vers un mécanisme qui contrôlait la direction, l'accélérateur et les freins.

Ce n'était pas le premier véhicule sans conducteur. Près de dix ans plus tôt, le laboratoire d'ingénierie mécanique japonais Tsukuba avait créé une automobile capable d'effectuer un trajet sur un itinéraire clairement défini, à une vitesse maximale de 30 km/h. Mais en 1986, le fourgon de Dickmanns était bien plus performant puisqu'il empruntait des routes ordinaires (bien que désertes), atteignant une vitesse de pointe d'environ 100 km/h l'année suivante.

La Commission européenne commença alors à financer un projet de recherche et développement appelé Prometheus. Dickmanns réalisa d'immenses progrès au cours des huit années de vie de ce projet. La démonstration finale du projet fit intervenir deux modèles Mercedes 500 SEL remaniés, sur un parcours de 1 000 km sur les quatre-voies parisiennes. La VAmp et sa jumelle Vita-2 atteignaient la vitesse de 130 km/h et étaient programmées pour s'insérer sur les voies rapides de manière automatique afin de doubler les véhicules plus lents. **CL**

VOIR ÉGALEMENT : AUTOMATE, VOITURE ÉLECTRIQUE, VOITURE, VÉHICULE HYBRIDE, VOITURE À AIR COMPRIMÉ

Les supraconducteurs à haute température (1986)

Bednorz et Müller transforment la conductivité.

Les supraconducteurs sont des matériaux dépourvus de résistance électrique, ce qui signifie que l'électricité peut les traverser sans aucune perte. Le phénomène de la supraconductivité fut découvert pour la première fois en 1911, en Allemagne, par des chercheurs qui utilisaient du mercure solide comme matériau conducteur. Ce phénomène fut d'abord uniquement observé dans certaines substances qui se refroidissaient à des températures proches du zéro absolu (-273 °C), soit la température la plus froide possible en théorie.

En 1986, Georg Bednorz (né en 1950) et Alex Müller (né en 1927), tous deux chercheurs chez IBM, découvrirent un nouveau type de matériau supraconducteur, une céramique composée d'oxydes mixtes de baryum, de lanthane et de cuivre, capable d'atteindre une température critique de -238 °C. Paul Chu, de l'université de Houston, améliora encore cette performance en ramenant la température de supraconduction à -182 °C. Pour la première fois, la supraconductivité pouvait être réalisée à des températures proches de celle de l'azote liquide. En 1986, Bednorz et Müller reçurent le prix Nobel de physique.

Bien que la technologie soit encore peu utilisée dans le monde, les supraconducteurs à haute température trouvent désormais des applications dans les scanners médicaux IRM ainsi que dans des câbles supraconducteurs spéciaux refroidis par une gaine d'azote liquide. Le Japon utilise des bobines de ce câble pour son tester son train Maglev, tandis que l'US Navy étudie le potentiel de ce câble pour sa prochaine génération de navires. **DHk**

VOIR ÉGALEMENT : FIL ISOLÉ, CÂBLE COAXIAL, FIBRE OPTIQUE

Le Prozac® (chlorhydrate de fluoxétine) (1986)

Eli Lilly révolutionne le traitement médicamenteux de la dépression.

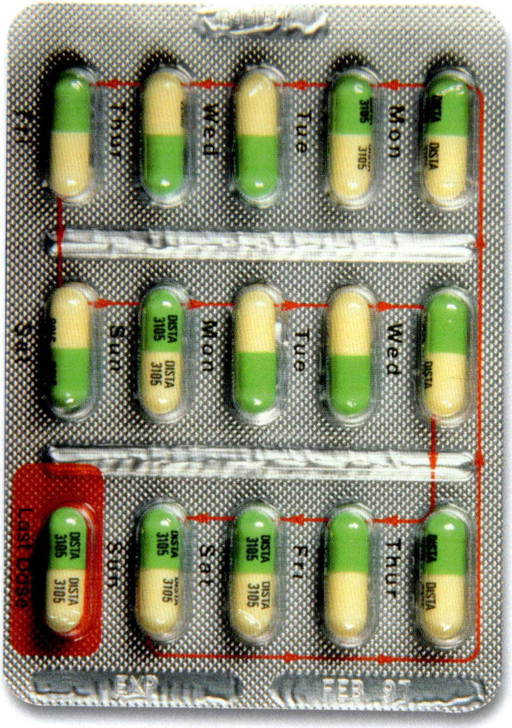

Le Prozac® est le nom de marque enregistré pour désigner le chlorhydrate de fluoxétine. Il fut le premier d'une nouvelle catégorie de médicaments anti-dépression appelés inhibiteurs sélectifs de la recapture de la sérotonine (ISRS). Le Prozac® fonctionne en empêchant la recapture du neurotransmetteur (où il est soit détruit, soit récupéré dans la cellule), augmentant ainsi le niveau de sérotonine.

L'équipe d'inventeurs qui travailla sur le Prozac® chez Eli Lilly comprenait Bryan Molloy, Ray Fuller et David Wong. Au début des années 1980, il était connu que la diphenhydramine antihistaminique présentait certaines propriétés antidépressives. Pour commencer, l'équipe prit du 3-phénoxy-3-phénylpropylamine (un composé structurellement identique à la diphenhydramine) et synthétisa des dizaines de ses dérivés. Le chlorhydrate de fluoxétine s'avéra le plus efficace chez la souris. Il fut d'abord testé comme un agent anti-obésité et sur des patients hospitalisés pour dépression, mais aucun des tests ne s'avéra concluant. Eli Lilly finit par tester ce médicament sur des dépressifs moyens et le moral des cinq individus soumis au test fut aussitôt amélioré.

Le Prozac® arriva sur le marché belge pour la première fois en 1986 et devint le médicament psychiatrique le plus rapidement accepté. En l'espace de trois ans, il fut prescrit plus de 65 000 fois par mois aux États-Unis et, au début des années 1990, plus de 4,5 millions d'Américains y avaient eu recours. Depuis, le Prozac® jouit d'une réputation à double tranchant, puisqu'il est accusé de provoquer des troubles de la personnalité et d'accroître la propension au suicide. **JF**

« Le Prozac® a fait l'objet d'ovations, de rumeurs, de scandales… avant d'être réhabilité. »

Peter D. Kramer, *Listening to Prozac* (1993)

VOIR ÉGALEMENT : PARACÉTAMOL, VALIUM, VIAGRA (CITRATE DE SILDÉNAFIL), HUMULIN

Avant la découverte de ses effets secondaires, le Prozac® semblait incarner le remède idéal pour les millions d'individus dépressifs.

L'ordinateur de poche (PDA) (1986)

Psion gratifie le marché d'un ordinateur à usage personnel tenant dans la main.

Nous sommes en 1984. L'économie est florissante, le magazine *Newsweek* déclare 1984 « année du jeune cadre dynamique » et en Grande-Bretagne, l'organisateur Filofax est devenu l'accessoire professionnel à la mode indispensable. À Londres, cependant, le Dr David Plotter s'apprête à sonner le glas de cet agenda.

En 1984, Psion, la société de Plotter, sortit un nouveau modèle d'ordinateur de poche, le « Psion Organiser ». Cet instrument lourd se composait d'un boîtier en plastique rectangulaire doté d'un petit écran dans la partie supérieure et d'un clavier protégé par un couvercle coulissant. Il était équipé d'une horloge, d'une petite mémoire et était alimenté par une pile de 9 volts d'une autonomie de plusieurs mois.

Au regard des critères actuels, l'Organiser était très basique. L'utilisateur pouvait taper ce qu'il souhaitait sur ses minuscules touches et la machine gardait les instructions en mémoire. Et c'était à peu près tout. Sa mémoire, une fois saturée d'informations, pouvait être effacée uniquement *via* une lampe à ultraviolets, ce qui était un important inconvénient.

Cependant, en 1986, Psion lança une nouvelle version de l'Organiser, augmenta la taille de l'écran et ajouta un agenda et une alarme, parmi d'autres applications pratiques. Cet Organiser II de Psion fut le premier ordinateur à réellement mériter l'appellation PDA (Personal Digital Assistant, soit « assistant numérique personnel »), même si cette appellation ne fit son apparition qu'en 1992, lorsque John Sculley de chez Apple l'employa pour décrire le « Newton » MessagePad d'Apple. **MG**

VOIR ÉGALEMENT : CALCULATRICE DE POCHE, ORDINATEUR PERSONNEL, SUPERORDINATEUR, SMARTPHONE

↗ *Sorti en 1986, le Psion Organiser II devint rapidement l'accessoire à la mode indispensable chez les jeunes cadres dynamiques du monde entier*

« En forme de petite brique… et pouvant contenir l'équivalent d'environ deux pages et demie. »

Astrid Wendlandt, *Financial Times*

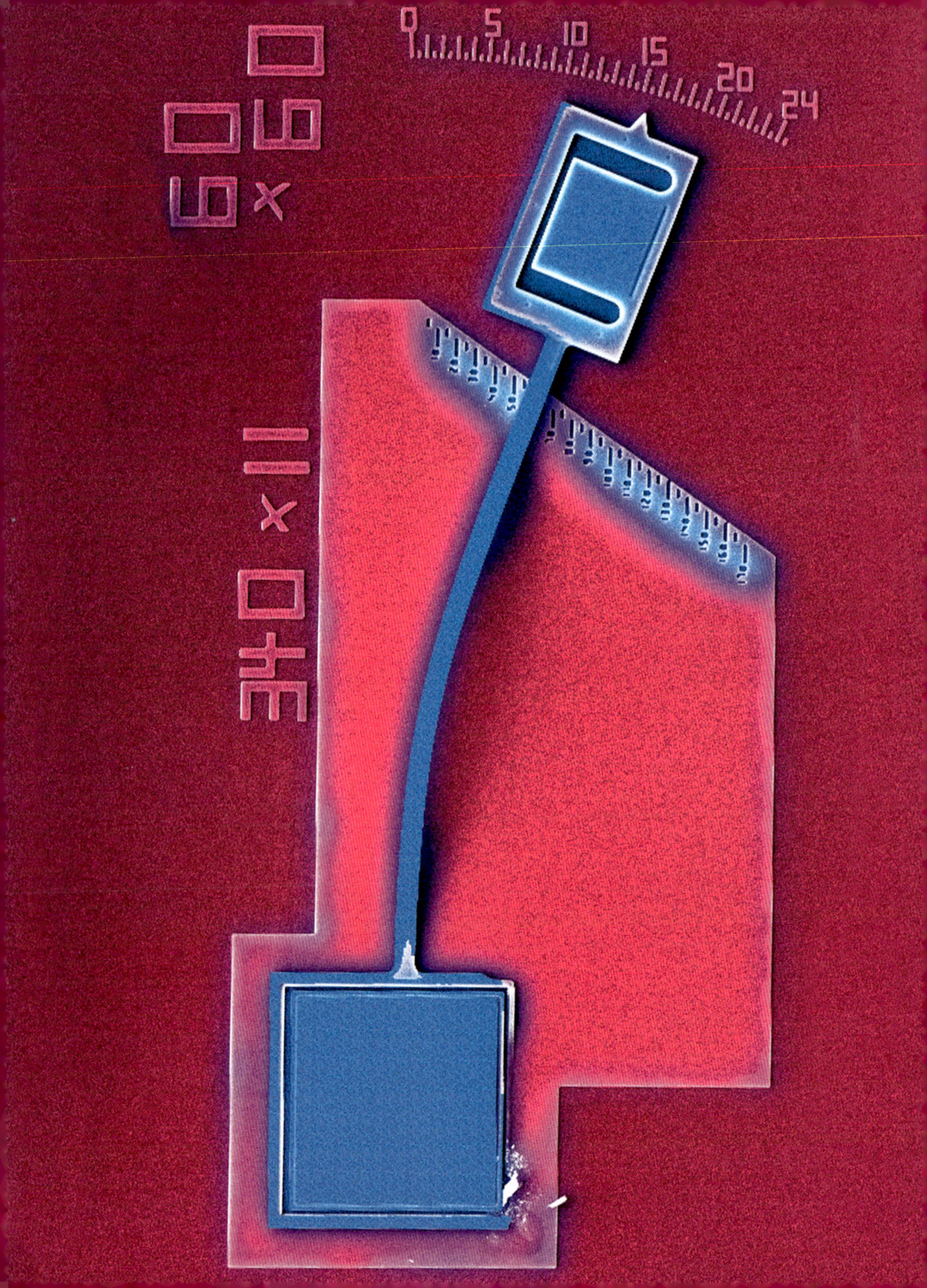
0 5 10 15 20 24

Les microsystèmes électromécaniques (1987)

Les puces en silicium s'enrichissent de fonctions sensorielles.

Les microsystèmes électromécaniques ou MEMS (acronyme anglais) sont des puces en silicium spécialisées incorporant des circuits électroniques miniatures (le composant électrique), et un ou plusieurs composants mécaniques. Des structures de dimensions micrométriques permettent à ces puces de collecter des données et de les traiter.

Dans les années 1970, les MEMS furent développés en tant que dérivés de la micro-électronique. Ce n'est que plus tard, en 1988, que fut mise au point une méthode permettant d'intégrer des composants en silicium sur des puces de silicium.

Les régulateurs de certains jeux vidéo utilisent de minuscules accéléromètres à l'intérieur de leurs appareils de contrôle pour mesurer les inclinaisons, les chocs et les accélérations. Les accéléromètres sont utilisés dans l'industrie automobile, principalement pour détecter un changement soudain d'inertie et débloquer un système de coussins gonflables de sécurité au moment adéquat. Les MEMS sont aussi utilisés dans les injecteurs des imprimantes à jet d'encre.

Les recherches sur les applications futures des MEMS s'étendent sur un large spectre, allant des nouveaux systèmes d'affichage informatique aux biopuces capables de contrôler le taux de glucose des diabétiques. La technologie des MEMS se développe rapidement et se montre prometteuse en matière d'apport de solutions abordables et efficaces dans de multiples situations. Nombre d'entre elles n'en sont aujourd'hui qu'au stade de projet. **AKo**

VOIR ÉGALEMENT : MÉMOIRE VIVE OU RAM, MICROPROCESSEUR

Ce micrographe à balayage électronique montre un MEMS doté d'un capteur fournissant des relevés sur deux échelles.

Les jeux en ligne multijoueurs (1987)

Flinn et Taylor introduisent les jeux graphiques MMO.

Rares sont ceux qui aujourd'hui se souviennent des premiers jeux multijoueurs qui lancèrent la mode des jeux en réseaux. Les exemples du type *Everquest*, *World of Warcraft* et même *Second Life* doivent leur existence à ceux qui surent voir le plaisir que prendraient les joueurs à interagir avec plusieurs autres dans une réalité alternative sur Internet.

Deux individus sont à l'origine du jeu en ligne massivement multijoueurs (MMO : « Massively Multiplayer Online »), Kelton Flinn et John Taylor qui fondèrent ensemble la société de jeux KESMAI.

Bien que plusieurs jeux vidéo MUD (« Multi User Dungeon ») aient existé depuis la fin des années 1970, un cap fut franchi avec la sortie du jeu *Air Warrior*, un jeu graphique massivement multijoueurs.

Sorti en 1987, *Air Warrior* était un simulateur de vol de la Seconde Guerre mondiale auquel pouvaient jouer de nombreuses personnes, en réalité des centaines à la fois, en ligne (en utilisant un service payant appelé Genie). Son environnement virtuel était permanent, ce qui signifie que les joueurs pouvaient entrer dans le jeu et le quitter quand ils le souhaitaient et que le jeu se poursuivait. Des joueurs du monde entier pouvaient se connecter, choisir leur propre type d'avion et partir en mission avec ou contre d'autres joueurs.

Air Warrior fut un jeu déterminant. Bien que son graphisme soit considéré comme rudimentaire au regard de nos critères modernes, un jeu capable de gérer les activités de plus de seize joueurs constituait, à cette époque, une véritable prouesse. **JM**

VOIR ÉGALEMENT : CONSOLE DE JEU VIDÉO, CASQUE DE RÉALITÉ VIRTUELLE

Les statines (1987)

Merck sort un médicament destiné à réduire le taux de cholestérol.

Un taux de cholestérol élevé augmente le risque de crise cardiaque (ou infarctus), d'où la nécessité de trouver des médicaments capables d'abaisser ce taux. En 1959, des scientifiques travaillant au sein de l'institut Mack Planck d'Heidelberg, en Allemagne, identifièrent l'enzyme HMG-CoA réductase comme jouant un rôle majeur dans la production de cholestérol interne. Cette découverte incita les scientifiques du monde entier à chercher des médicaments capables d'inhiber cette enzyme (les statines) et, ainsi, de réduire le taux de cholestérol. En 1976, le chercheur japonais Akira Endo, de Sankyo, isola le premier inhibiteur (compactine, ML 236B) de l'enzyme HMG-CoA réductase sur le champignon *Penicillium citrinium*. En 1979, Carl Hoffman et ses collègues de Merk & Co, aux États-Unis, isola le MK-733 (renommé plus tard simvastatine) à partir d'une souche du champignon *Aspergillus terreus*. Mais, les essais cliniques avec la compactine furent interrompus en 1980, à la suite de rumeurs l'accusant de provoquer des cancers chez les chiens.

« Peut-être les gens devraient-ils pouvoir prendre leur statine… avec leur verre d'eau. »

Dr John Reckless, endocrinologue

En juillet 1982, la FDA (Federal Drug Association) accorda à Merck la permission exceptionnelle de donner de la simvastatine aux patients possédant un taux de cholestérol particulièrement élevé. La simvastatine produisit des résultats remarquables couplés de très rares effets secondaires et fut donc approuvée par la FDA en septembre 1987. **JF**

VOIR ÉGALEMENT : SANG DE SYNTHÈSE, STENT INTRAVASCULAIRE

Le génie tissulaire (1987)

Vacanti et Langer créent du tissu cellulaire.

L'un des premiers essais en matière de génie tissulaire a été réalisé par le Dr W.T. Green, orthopédiste pédiatrique au Children's Hospital de Boston, dans le Massachusetts, qui tenta de cultiver du cartilage sur une souris de laboratoire. Bien qu'ayant échoué, son travail ouvrit la voie à d'autres expériences dans le domaine de la reproduction des cellules.

Jospeh Vacanti, chirurgien spécialiste de la transplantation, et Robert Langer (né en 1948), ingénieur, mirent au point un support élaboré, biosynthétique et biodégradable en 1987. Le support en question était doté d'un accès aux nutriments ainsi que d'un système de retrait des déchets pour les cellules en culture. La structure finale pouvait ressembler à un organe naturel. Deux autres chercheurs fabriquèrent une oreille de cartilage humain qu'ils ont implantée sur le dos d'une souris. Ils souhaitaient prouver que l'on pourrait cultiver des organes sur mesure qui s'adapteraient précisément au patient.

En 1998, un employé d'usine fut amené au centre médical de l'université du Massachusetts. L'homme avait perdu la dernière phalange de son pouce dans une machine et il ne subsistait que la chair. Vacanti tailla un morceau en corail selon la forme de l'os manquant. Le corail fut ensuite ensemencé de cellules osseuses avant d'être greffé. L'os remplaça la structure au fur et à mesure de la dissolution du corail.

Actuellement, des travaux de recherches sur la reconstitution *in vitro* sont menés par plusieurs équipes de chercheurs, notamment sur la peau, les vaisseaux sanguins, les cartilages et la cornée. **SS**

VOIR ÉGALEMENT : ORGANISMES GÉNÉTIQUEMENT MODIFIÉS, THÉRAPIE GÉNIQUE, PEAU ARTIFICIELLE, THÉRAPIE CELLULAIRE

⇥ *Les fragments de tendons humains ci-contre sont intercalés entre les extrémités d'un tendon rompu.*

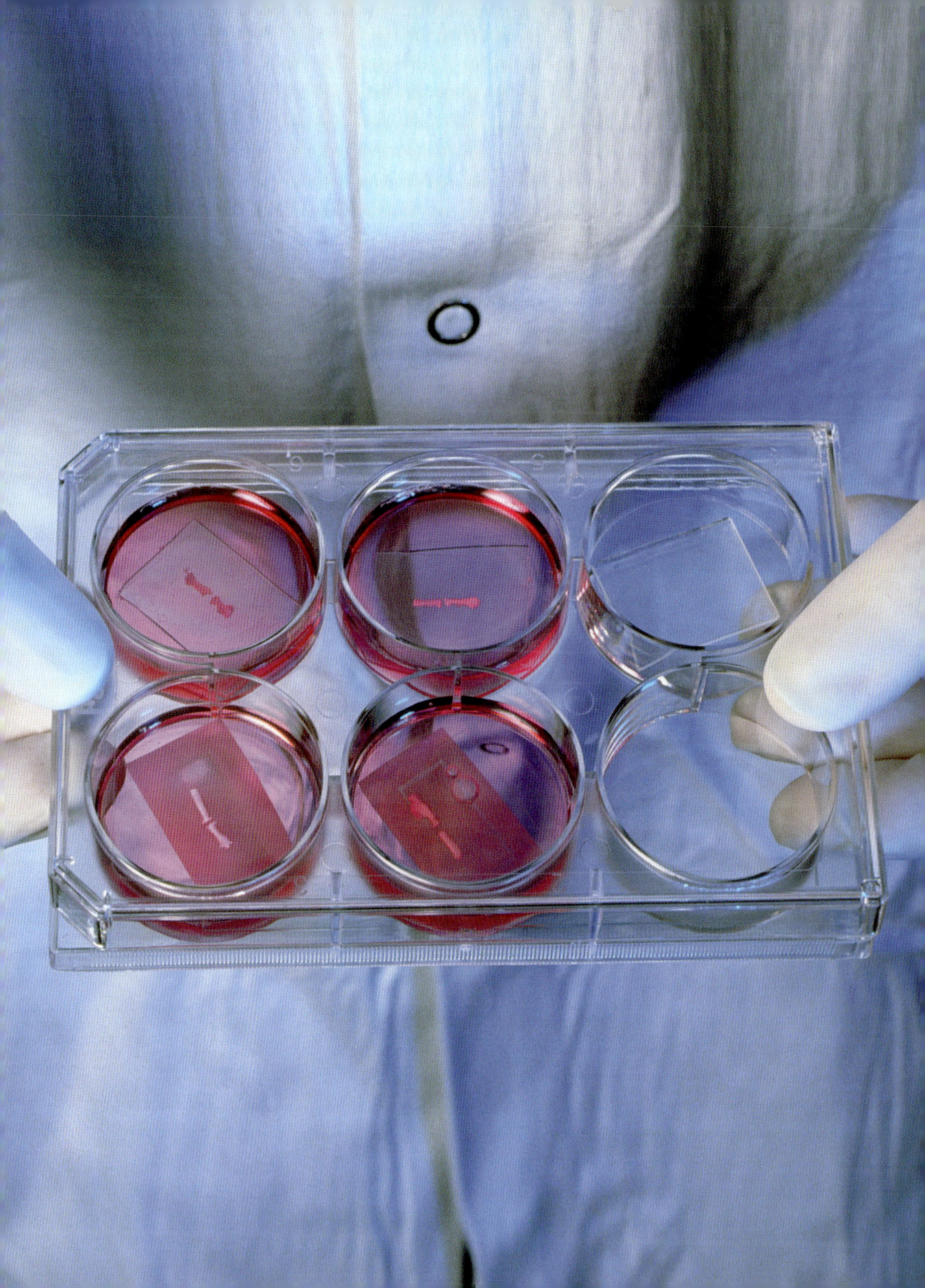

Digital Subscriber Line (DSL) (1988)

Leichleider transforme les connexions Internet.

À l'époque où Internet constituait un élément relativement nouveau dans la vie quotidienne, se connecter était difficile. L'établissement de la connexion au serveur était laborieux, la connexion elle-même était lente et bloquait la ligne téléphonique.

Les sociétés téléphoniques désespéraient de pouvoir un jour fournir un accès Internet haut débit. Ce fut l'enjeu commercial qui les décida à créer la DSL – acronyme de Digital Subscriber Line –, technologie utilisant le potentiel jusque-là inexploité des câbles de cuivre qui servaient déjà à connecter le monde.

L'homme aujourd'hui reconnu comme le père de ces technologies se nomme Joseph Lechleider (né en 1933). Travaillant pour le compte de l'entreprise américaine Bellcore, il fut le premier à démontrer que les signaux haut débit pouvaient être envoyés *via* les lignes en cuivre en même temps que les bandes haute et basse fréquence. Il alla même jusqu'à développer l'idée d'une connexion symétrique, connue sous le nom d'ADSL. Étant donné que l'utilisateur classique d'Internet télécharge vers l'aval bien plus de données qu'il ou elle ne télécharge vers l'amont (en partie à cause de l'importance du contenu multimédia disponible sur Internet), l'idée d'utiliser davantage de bande passante et de vitesse de connexion pour télécharger en aval que pour télécharger en amont s'est avérée lumineuse. **CL**

« [Sur Internet nous pouvons aujourd'hui] accéder à un grand nombre d'informations. »

Frank James, *Chicago Tribune*

VOIR ÉGALEMENT : INTERNET, MODEM CÂBLE, PROTOCOLE INTERNET (TCP/IP), WORLD WIDE WEB

Le stent intravasculaire (1988)

Palmaz rouvre les vaisseaux sanguins obstrués.

Le stent, dispositif tubulaire et maillé servant à maintenir ouvert des vaisseaux sanguins, a révolutionné la pratique de l'angioplastie coronaire. Le premier stent réussi fut inventé par le docteur argentin Julio Palmaz (né en 1945).

Palmaz commença par créer des prototypes de stent implantable en utilisant des matériaux simples tels que du câble en cuivre et un fer à souder. Il modela la maille avec un outil de maçonnerie qu'il venait de trouver sur le sol de son garage. Le dispositif s'avéra parfait : la structure était pliable mais demeurait rigide lors de son insertion dans le vaisseau sanguin. Après avoir testé son appareil sur des cochons et des lapins, Palmaz obtint un financement en s'associant avec Phil Romano et avec le cardiologue Richard Schatz du Brooke Army Medical Center. S'étant baptisé l'Expandable Graft Partnership, le trio breveta l'appareil en 1988.

Il subsistait cependant une complication, la resténose, soit le développement d'une obstruction du tissu cicatriciel émanant à la suite de l'implantation. La prochaine étape fut donc de produire des endoprothèses (ou stents) à élution médicamenteuse afin d'administrer des agents thérapeutiques tels que le sirolimus, pour empêcher la cicatrice de s'obstruer. Cependant, dans certains cas rarissimes, ces derniers peuvent engendrer la formation de caillots sanguins provoquant ainsi des infarctus. Les recherches actuelles sont tournées vers le développement de stents biodégradables réalisés en métaux ou polymères à la dissolution lente. **JF**

VOIR ÉGALEMENT : CATHÉTER JETABLE, CATHÉTER À BALLONNET, LITHOTRIPTEUR, STATINES

→ *Après l'élargissement par le cathéter de l'artère obstruée, le stent ou endoprothèse est implanté et le cathéter retiré.*

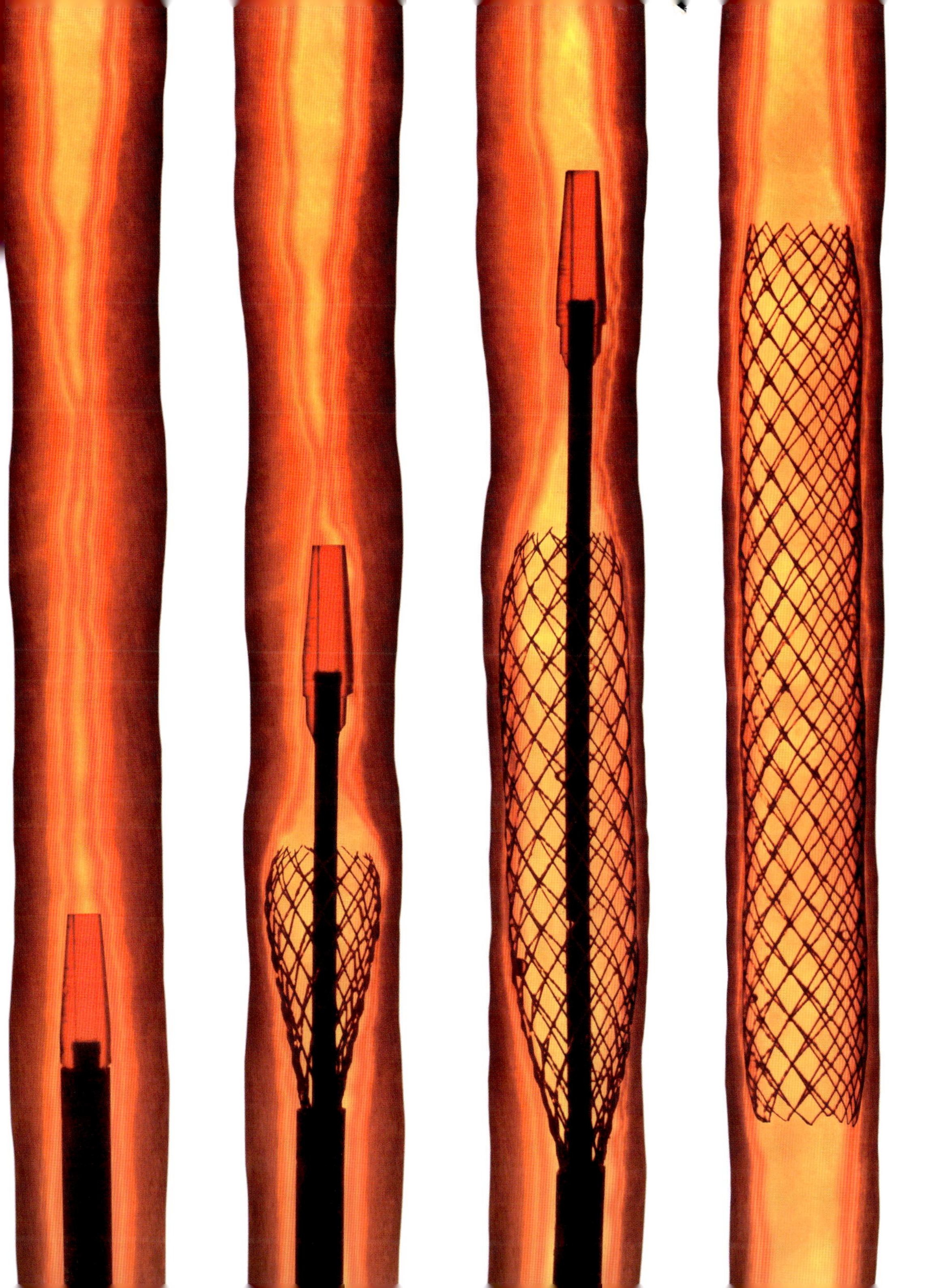

La chirurgie laser de la cataracte
(1988)

Bath met au point un appareil laser destiné à faciliter l'extraction du cristallin de l'œil.

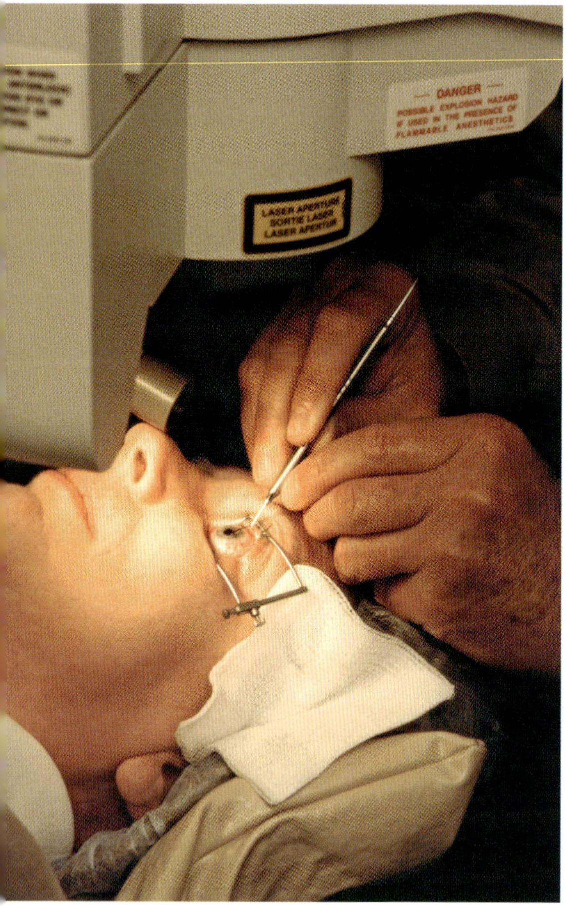

La cataracte est une cause majeure de cécité. Elle se caractérise par une opacification du cristallin. Ce processus survient majoritairement chez les personnes âgées. Or, il n'existe aujourd'hui aucun moyen pérenne de restaurer la transparence du cristallin ; c'est pourquoi les ophtalmologistes sont forcés de recourir à d'autres moyens pour pallier ce problème.

La méthode chirurgicale actuelle consiste à extraire le cristallin de l'œil. Le problème est que l'extraction du cristallin dans son intégralité nécessite une incision relativement large dans l'œil pour pouvoir le retirer. Les ophtalmologistes ont longtemps pressenti qu'il valait mieux trouver une méthode pour fragmenter le cristallin, ce qui leur permettrait de l'extraire en pratiquant une incision plus petite. Appelé phako-émulsification du cristallin, ce processus était à une époque effectué en écrasant le cristallin ; cette méthode fut par la suite remplacée par un appareil transmettant des ultrasons et utilisant l'énergie du son pour fragmenter le cristallin. Les fragments qui en résultent sont ensuite aspirés par une pompe à vide.

La technique peut évoluer grâce à un instrument inventé par le Dr Patricia Bath (né en 1942). Le Dr Bath est partie du principe que le laser était lui-aussi capable d'émulsifier le cristallin de l'œil et a développé un modèle d'instrument laser pour opérer la cataracte. Elle a obtenu un brevet pour son invention en 1988. Après avoir été fortement décrié, le système du Dr Bath a été réhabilité et devrait pouvoir soigner les patients opérés de la cataracte partout dans le monde. **BMcC**

« Lorsque j'en parlais autour de moi, tous affirmaient que cela était infaisable… »

Dr Patricia Bath

VOIR ÉGALEMENT : LENTILLE INTRAOCULAIRE, LASER, LASER AU DIOXYDE DE CARBONE, CHIRURGIE LASER DE L'ŒIL

↖ *La chirurgie laser de la cataracte en est à ses débuts, mais les progrès de la technologie promettent d'être importants à l'avenir.*

Le pavé tactile (Touchpad) (1988)

Gerpheide invente un substitut de la souris.

George Gerpheide (né en 1952) inventa en 1988 un pavé tactile capacitif pouvant détecter un mouvement effectué par le doigt d'un utilisateur et le transférer sur le curseur de l'écran. Il est intéressant de noter que Gerpheide mit au point cette technologie avant que les notions de « pointer » et « cliquer » ne deviennent la norme de fonctionnement en matière d'interfaces informatiques. Cela expliquerait pourquoi Apple Computers n'acheta la première licence d'utilisation de cette technologie (qui apparut pour la première fois sur l'Apple Powerbook 2005) qu'en 1994.

Son pavé tactile fonctionne à l'aide de plusieurs couches de matériaux. La couche supérieure sert de protection ; c'est ce carré de 8 cm de côté que l'utilisateur touche. Sous celle-ci se trouvent des couches successives de rangées horizontales et verticales d'électrodes, chacune étant séparée par une fine couche d'isolant. Les électrodes sont toutes connectées à une carte électronique qui les alimente en courant alternatif de manière constante. Lorsque le doigt touche le pavé, cela interrompt le courant et la localisation de cette interruption est enregistrée par la carte électronique. Les mouvements suivants du doigt et les nouvelles interruptions sont ensuite comparés au point de toucher initial, ce qui permet au mouvement du doigt d'être enregistré et reproduit sur l'écran.

Aujourd'hui, les pavés tactiles sont de plus en plus présents sur les appareils mobiles tels que les PDA ou les téléphones portables. Le raisonnement qui se cache derrière cette innovation est simple, comme le dit lui-même Gerpheide : « Lorsque l'on parle d'appareils mobiles, la souris n'est pas un outil adapté. Personne ne veut d'une souris qui pende de son téléphone mobile connecté à Internet. » **JM**

VOIR ÉGALEMENT : SOURIS D'ORDINATEUR, ÉCRAN TACTILE

Le diagnostique préimplantatoire (1989)

Handyside teste les cellules pour dépister les maladies génétiques.

Le diagnostique préimplantatoire (DPI) est un test génétique novateur développé à la fin des années 1980 pour permettre aux futurs parents concernés d'effectuer un test de dépistage des maladies génétiques avant même la conception.

Le chercheur britannique Alan Handyside et son collègue Robert Winston (né en 1940) divulguèrent leur technique novatrice en 1989. Il s'agissait alors de dépister les maladies génétiques présentes dans des œufs fertilisés avant leur implantation. Les embryons sains étaient ensuite implantés *via* les techniques de fertilisation in vitro traditionnelles.

Avant l'introduction du DPI, peu d'options étaient offertes aux parents susceptibles de transmettre des maladies génétiques à leurs enfants. Les parents pouvaient rester sans enfants, adopter ou la femme pouvait choisir de tomber enceinte avec le risque de devoir interrompre sa grossesse en cas de découverte de maladies génétiques. Le DPI leur a permis de sélectionner uniquement les embryons bien portants.

La technique du DPI vise à stimuler les ovaires de la femme avec des hormones afin d'augmenter la production d'œufs. Les œufs sont ensuite fertilisés par le sperme du père. Après trois à cinq jours, les cellules des embryons (appelés à ce stage blastocystes) sont prélevées avant de tester leur condition génétique.

Les opposants au DPI affirment que ce filtrage des maladies est contraire à l'éthique. D'autres prétendent que cette technique peut accroître le risque d'autres complications génétiques même si une étude récente a démontré que cela n'était pas le cas. **RH**

VOIR ÉGALEMENT : ORGANISMES GÉNÉTIQUEMENT MODIFIÉS, THÉRAPIE GÉNIQUE, FERTILISATION IN VITRO

La compression MP3

(1989)

Fraunhofer accélère le téléchargement de musique.

La généralisation de l'usage d'Internet permit rapidement aux utilisateurs de partager la musique en ligne. Cependant, la combinaison des vitesses de connexion basique et de la large taille des fichiers rendait le processus de téléchargement laborieux. Dès 1987, le prestigieux Institut Fraunhofer s'était investi dans la recherche d'un processus permettant de comprimer un fichier audio sans que la qualité du son en soit affectée. Le format qu'ils mirent au point en 1989 fut appelé MPEG (Moving Picture Experts group) Audio Layer III ou MP3.

La compression MP3 est un concept facile à comprendre, même si le processus lui-même est assez complexe. Un disque compact (CD) stocke les informations numériquement, soit en numéros binaires (bits) ; chaque seconde de musique contenue sur un CD est composée de 1 411 200 bits. La compression MP3 réduit le nombre de bits dans un morceau en supprimant les informations « superflues ». Pour ce faire, elle utilise un modèle psycho-acoustique, ce qui signifie que les caractéristiques de l'oreille humaine sont prises en compte dans l'algorithme de compression.

Ainsi, par exemple, certains sons qui ne peuvent être perçus par l'oreille humaine peuvent être retirés sans altérer de manière significative le son global. En réalité, la compression d'un morceau extrait d'un CD peut diviser sa taille par 12 ; la version MP3 du morceau peut ainsi être téléchargée douze fois plus rapidement.

La vitesse à laquelle les fichiers pouvaient être transférés immédiatement fit du MP3 le format idéal pour faire circuler de la musique numérique sur Internet et inaugura un tout nouveau phénomène, celui du téléchargement de la musique, légal ou non. **TB**

VOIR ÉGALEMENT : PODCAST, COMPRESSION JPEG, STOCKAGE INFORMATIQUE HAUTE DENSITÉ

La puce à ADN

(1989)

Fodor simplifie l'étude de l'activité génétique.

Il existe près de 30 000 gènes différents dans l'ADN humain. L'étude des gènes actifs dans une cellule s'avère pratique pour découvrir son mode de fonctionnement et aider à identifier la cause du problème lorsqu'elle ne fonctionne pas correctement.

En 1989, le scientifique américain Stephen Fodor conçut une puce à ADN, une lame de verre sur laquelle étaient fixés plus de 500 000 brins d'ADN différents. Lorsqu'un gène est activé dans une cellule, la cellule produit alors une copie complémentaire des informations de ce gène (appelée acide ribonucléique messager ou ARNm). Il s'agit en somme de la copie conforme d'une séquence particulière d'ADN. Les brins assortis d'ARNm et d'ADN vont demeurer solidaires. Afin de trouver les gènes actifs, la cellule est traitée avec un colorant qui se fixe aux ARNm ; les ADN complémentaires sont ensuite ajoutés sur la puce. Les brins d'ARNm s'assembleront aux séquences ADN adéquates et le colorant les fera ressortir. La puce a déjà fait ses preuves dans la recherche de multiples maladies différentes, des maladies cardiaques aux cancers. **JM**

« Observer les gènes… toute la variation génétique, permet d'entrevoir certaines réponses. »

Eric Lander, spécialiste du génome humain

VOIR ÉGALEMENT : THÉRAPIE GÉNIQUE, SÉQUENCEUR D'ADN, EMPREINTE DIGITALE D'ADN, DIAGNOSTIQUE PRÉIMPLANTATOIRE

Grâce à la puce à ADN, des milliers de gènes peuvent être testés en une seule fois, permettant d'établir le profil génétique complet d'une cellule.

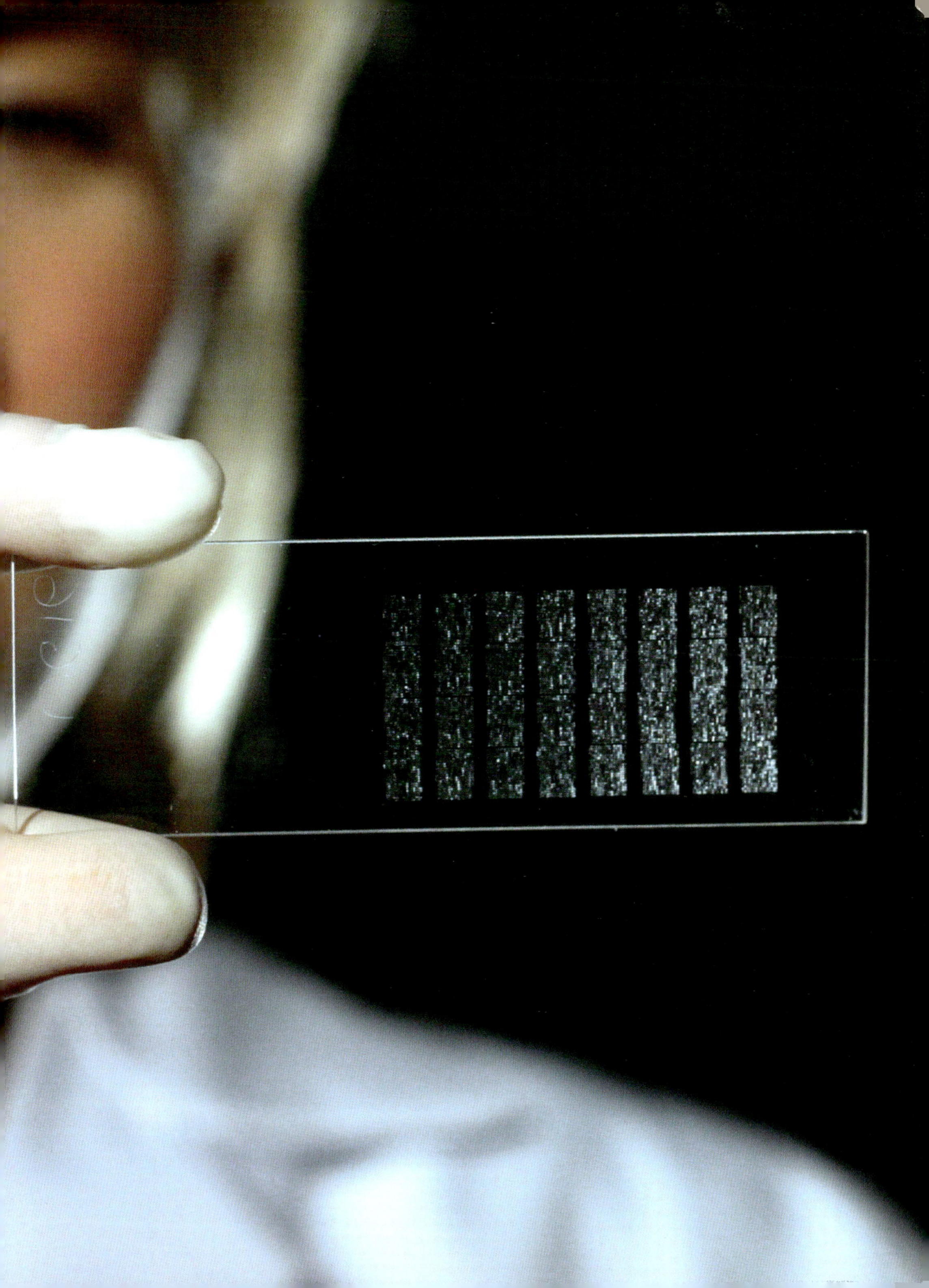

World Wide Web (1989)

Berners-Lee crée le premier site Web du monde.

« Le monde ne peut être changé qu'une partie à la fois. Tout l'art consiste à trouver quelle partie. »

Tim Berners-Lee

↑ *Berners-Lee utilisa cet ordinateur et ce serveur au CERN pour créer le premier navigateur Web et éditeur.*

→ *Une capture d'écran sur l'ordinateur NeXT utilisant le navigateur World Wide Web originel de Berners-Lee.*

Tim Berners-Lee (né en 1955) sait s'y prendre pour changer le monde. À une époque, ses pages Web étaient les seules pages sur le World Wide Web.

Né de parents qui s'étaient rencontrés alors qu'ils développaient l'un des premiers ordinateurs, Berners-Lee obtint son diplôme de physique au Queen's College, à Oxford, avant de se spécialiser en informatique. Il travailla dès 1989 au CERN, le laboratoire européen de physique des particules basé à Genève. Le CERN cherchait alors à trouver un moyen permettant aux groupes de chercheurs d'échanger les informations plus rapidement. Berners-Lee prit conscience du potentiel que pouvait représenter l'alliance de l'hypertexte, technique visant à relier des documents entre eux *via* des liens, et de l'Internet, qui était déjà utilisé par le CERN. En collaboration avec Robert Cailliau, il élabora un système baptisé le World Wide Web. Le premier serveur Web fut mis sur pied dès la fin des années 1990. À l'époque, l'ordinateur « NeXT » de Berners-Lee ne comportait pas d'affichage en couleur et les premières pages Web étaient donc écrites en noir et blanc. Moins de 20 ans plus tard, il existe plus d'une centaine de millions de sites Web sur la toile. Le Web continue certes à aider les utilisateurs à effectuer leurs recherches en physique, mais il leur permet aussi de faire leurs courses, d'écouter de la musique, de lire leur journal du matin et de reprendre contact avec de vieux amis.

Berners-Lee, qui incontestablement trouva quelle face du monde changer, est aujourd'hui Sir Timothy Berners-Lee, directeur du World Wide Web Consortium, chercheur émérite de l'Institut de technologie du Massachusetts (MIT) et professeur d'informatique à l'université de Southampton. Sa contribution à l'histoire du XXIe siècle est inestimable. **MG**

VOIR ÉGALEMENT : INTERNET, WEBCAM, VOIX SUR RÉSEAU IP (VOIP), SYNDICATION DE CONTENU WEB (RSS)

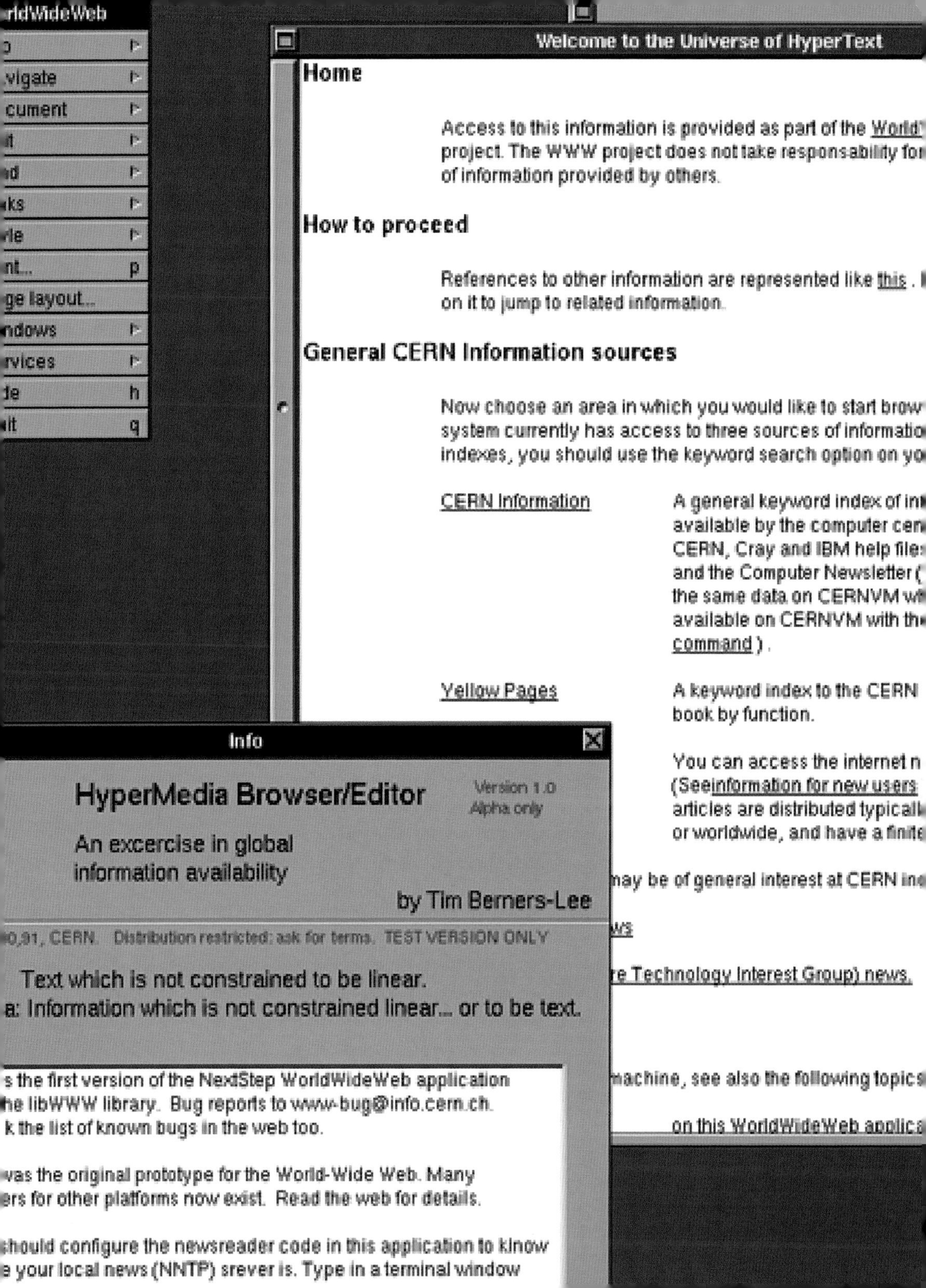
rldWideWeb
vigate
cument
ks
le
nt... p
ge layout...
ndows
rvices
de h
it q
Welcome to the Universe of HyperText
Home
Access to this information is provided as part of the World
project. The WWW project does not take responsability for
of information provided by others.
How to proceed
References to other information are represented like this .
on it to jump to related information.
General CERN Information sources
Now choose an area in which you would like to start brow
system currently has access to three sources of informatio
indexes, you should use the keyword search option on yo
CERN Information
A general keyword index of in
available by the computer cen
CERN, Cray and IBM help file
and the Computer Newsletter (
the same data on CERNVM w
available on CERNVM with th
command) .
Yellow Pages
A keyword index to the CERN
book by function.
You can access the internet n
(See information for new users
articles are distributed typicall
or worldwide, and have a finit
nay be of general interest at CERN in
ws
re Technology Interest Group) news.
nachine, see also the following topics
on this WorldWideWeb applica
Info
HyperMedia Browser/Editor
Version 1.0
Alpha only
An excercise in global
information availability
by Tim Berners-Lee
0,91, CERN. Distribution restricted: ask for terms. TEST VERSION ONLY
Text which is not constrained to be linear.
a: Information which is not constrained linear... or to be text.
s the first version of the NextStep WorldWideWeb application
he libWWW library. Bug reports to www-bug@info.cern.ch.
k the list of known bugs in the web too.
vas the original prototype for the World-Wide Web. Many
ers for other platforms now exist. Read the web for details.
should configure the newsreader code in this application to know
e your local news (NNTP) srever is. Type in a terminal window

Le Gamow Bag® (1990)

Gamow invente un caisson hyperbare.

Le père de Gamow était le physicien et cosmologiste George Gamow et sa mère était une célèbre ballerine. Le jeune Gamow exerça des métiers aussi divers que celui de dresseur de chevaux ou de professeur de karaté avant de succomber à l'emprise de la science et de s'inscrire à l'université du Colorado. Il obtint un doctorat en microbiologie et biophysique et finit par enseigner ces deux matières tout en gardant intact sa passion pour l'aventure et le grand air.

L'idée de son sac de couchage lui vint alors qu'il menait des recherches sur l'entraînement en altitude. Il imagina une bulle que les athlètes vivant à haute altitude pourraient utiliser afin d'optimiser leur entraînement. Le mal des montagnes survient lorsqu'une personne dépasse une altitude de plus de 2 500 m. Le manque d'oxygène qui en résulte peut alors sérieusement affecter l'organisme humain, provoquant des œdèmes cérébraux ou pulmonaires. La bulle de Gamow n'eut pas le succès escompté à cause de son volume imposant et de sa surchauffe. Cependant, Gamow appliqua son idée à un nouveau type de sac de couchage pressurisé en Nylon capable de réduire l'altitude réelle. Aujourd'hui commercialisé par DuPont, le Gamow Bag® agit comme un caisson hyperbare et soulage les symptômes du mal des montagnes. Ce sac pliable pressurisé à l'aide d'une pompe manuelle est facilement transporté par les alpinistes et marcheurs. Outre ce sac de sauvetage, Gamow a mis au point une « tente Gamow » pouvant abriter deux malades et breveté un lit d'altitude. **BG**

VOIR ÉGALEMENT : MASQUE À GAZ, RECYCLEUR, GORE-TEX®

⇐ *Le Gamow Bag® traite efficacement le mal des montagnes en augmentant la pression atmosphérique autour du patient.*

La lampe au soufre (1990)

Ury et Wood repensent l'ampoule.

L'un des objectifs d'un bon éclairage est de produire une radiation dont la distribution énergétique reste la plus semblable à la sensibilité de l'œil humain. Michael Ury et Charles Wood partirent du principe que l'élément idéal serait le soufre ionisé (S_2) qui produit un spectre continu et non un spectre linéaire. Près de 73 % de l'émission de lumière se trouve dans le spectre visuel, et seulement 1 % dans l'ultraviolet.

Le plasma de soufre étant extrêmement corrosif. Ury et Wood décidèrent d'utiliser la force du magnétron, comme celui utilisé dans les fours à micro-ondes. Le soufre était alors contenu dans une ampoule en quartz de la taille d'une balle de golf. Or le soufre à l'intérieur de l'ampoule chauffait tellement que l'ampoule devait constamment tourner et être refroidie par un ventilateur pour l'empêcher de fondre. Autre inconvénient, il était difficile de produire des ampoules inférieures à 1 000 watts… La production de lampes de soufre commerciales pâtit du bruit émis par les ventilateurs de refroidissement et des ondes émises par les magnétrons qui peuvent interférer avec le wi-fi, les téléphones sans fil et les radio satellites.

« Nous avons fait fonctionner ces ampoules pendant près de 10 000 heures de tests et il n'y a aucune trace d'usure. » Michael Ury

Ury et Wood ont continué à développer leurs ampoules pour produire une lumière plus vive, plus efficace du point de vue énergétique et plus respectueuse de l'environnement. **DH**

VOIR ÉGALEMENT : BOUGIE, LAMPE À HUILE, LAMPE D'ARGAND, ÉCLAIRAGE AU GAZ, LAMPE À ARC, AMPOULE À INCANDESCENCE, LAMPE ANGLEPOISE®

Le câble Modem (1990)

Yassini connecte des ordinateurs personnels à Internet.

Imaginez un monde où le haut débit n'existerait pas. Sans ce transfert d'informations ultrarapide, Internet serait-il la plaque tournante d'informations, d'images, de films, et d'opportunités commerciales qu'il est aujourd'hui ? Ces vitesses élevées de connexion n'auraient pas existé sans l'invention du modem câble et sans le concepteur de ce dernier, l'ingénieur électricien irano-américain Rouzbeh Yassini (né en 1958).

En 1986, Yassini rejoignit Proteon, une société spécialiste des réseaux de données qui utilisait un câble de réseau pour transporter les données.

En dépit des affirmations prétendant que le système vidéo et les données ne pouvaient être mélangées, Yassini réalisa dès le début qu'il pouvait employer le même câble coaxial pour acheminer le câble de la télévision chez les particuliers et pour fournir d'autres informations. En 1990, il créa une nouvelle société baptisée LANcity Corp. Aidé de ses treize employés, il élabora un appareil doté d'une interface entre un réseau de données d'un côté et un réseau de télévision par câble : le premier câble modem. Le premier modèle était vendu à la somme astronomique de 15 000 dollars et nécessitait trois mois d'installation. Cinq ans plus tard, la troisième génération de modem LANcity ne coûtait plus que 500 dollars .

La société fut rachetée 59 millions de dollars par Bay Networks juste après. Yassini poursuivit avec le développement, l'implémentation et la certification du DOCSIS, norme permettant le transfert de données *via* des modems câbles. **JM**

VOIR ÉGALEMENT : MODEM D'ORDINATEUR PERSONNEL, WEBCAM, VOIX SUR RÉSEAU IP (VOIP), SYNDICATION DE CONTENU WEB (RSS)

↑ *Le modem câble LAN (Local Area Network, soit « réseau local ») de Yassini a connecté des ordinateurs à Internet dans le monde entier.*

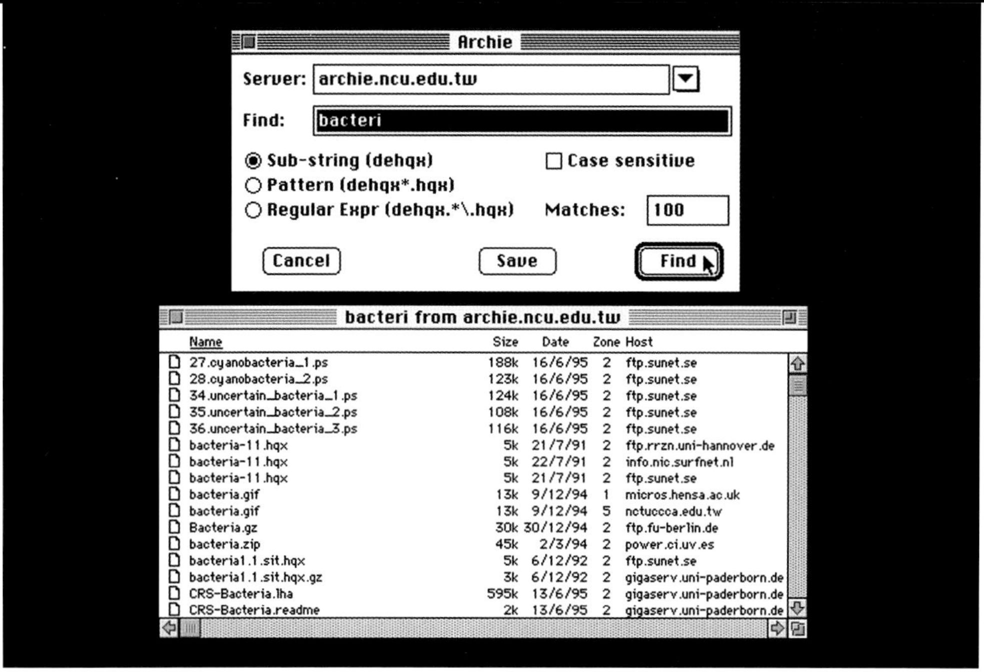

Le moteur de recherche (1990)

Emtage met au point un outil de recherche pour Internet.

Avant l'avènement du moteur de recherche, les informations ne pouvaient être partagées que par des ordinateurs reliés entre eux ou à travers un serveur. Ceux qui avaient des fichiers à partager installaient un serveur et ceux qui désiraient les fichiers venaient les prendre. À l'époque, ces serveurs étaient reliés entre eux et le fait de stocker de nombreux fichiers au même endroit facilitait leur recherche. Mais il était très difficile de trouver un fichier sans connaître sa localisation.

Alan Emtage (né en 1964), étudiant à McGill University, à Montréal, avait pour mission de trouver des applications sur Internet gratuites que l'université pourrait utiliser. Au début, il effectua ses recherches manuellement, en construisant une base de données. Il finit cependant, en bon informaticien, par réaliser un programme pour effectuer cette tâche.

Le premier moteur de recherche, que Emtage appela Archie, vit le jour en 1990. Il s'agissait d'un programme de recherche de fichiers automatisée, en utilisant des bases de données. Si l'utilisateur connaissait le nom du fichier souhaité, Archie l'aidait à le localiser, ce qui constituait une avancée considérable.

Le protocole Gopher, créé en 1991, était lui capable de chercher, et de trouver, le texte contenu dans les fichiers. Puis les moteurs de recherche commencèrent à utiliser les statistiques pour faciliter la recherche. Yahoo ajouta les descriptions de pages tandis que Lycos analysait les similitudes entre les mots et affichait les sites par pertinence. Premier moteur de recherche d'images, de musiques et vidéos, AltaVista fit son apparition en 1995. **DK**

VOIR ÉGALEMENT : INTERNET, ORDINATEUR PERSONNEL, PROTOCOLE INTERNET (TCP/IP), WORLD WIDE WEB

↑ *En tapant un mot-clé, l'utilisateur pouvait avoir accès aux noms des fichiers contenus dans la base de données des sites archivés d'Archie.*

Le télescope spatial Hubble (1990)

La NASA élargit sa connaissance de l'Univers.

Le télescope spatial Hubble fut baptisé ainsi en hommage à Edwin Hubble, l'astronome américain qui prouva l'existence d'autres galaxies en dehors de la Voie lactée. Hubble est un télescope en orbite conçu pour étudier l'Univers lointain. Financé par la NASA depuis 1977, son lancement prévu en 1986 fut reporté au mois d'avril 1990 à la suite de la tragédie de la navette spatiale *Challenger*.

Les quatre instruments rattachés au plan focal du télescope étaient conçus pour être modulaires, et il était prévu de les remplacer par d'autres instruments lors de la mission. Cette caractéristique s'avéra extrêmement utile car l'on s'aperçut rapidement que le miroir principal présentait un défaut de conception. Une mission sauvetage en navette spatiale résolut le problème en 1993. Outre la prise d'images spectaculaires d'objets cosmiques, Hubble peut exposer ses détecteurs pendant plusieurs jours et ainsi obtenir des images d'objets encore plus éloignés de la Terre. Dans sa quête d'explosions de supernovae dans des galaxies lointaines, Hubble a découvert que l'expansion de l'Univers est un phénomène qui s'accélère. **DH**

« Nous, astronomes, possédons un avantage à étudier l'Univers : celui de voir réellement le passé. »

Lord Rees, astronome royal d'Angleterre

VOIR ÉGALEMENT : TÉLESCOPE, VERNIER, DISPOSITIF À TRANSFERT DE CHARGE (CAPTEUR CCD), TÉLESCOPE À RAYONS X

Quatre missions d'entretien ont été effectuées sur le télescope spatial Hubble depuis 1990.

La Webcam (1991)

Les images en direct rejoignent le monde du cyberespace.

La première Webcam du monde résulte du souhait des étudiants en informatique de Cambridge University d'avoir du café frais. L'unique cafetière étant située loin des salles informatiques, le café fraîchement versé disparaissait avant que les étudiants en informatique aient pu se servir. Pour éviter ce désagrément, Quentin Stafford-Fraser et Paul Jardetzky eurent l'idée d'installer une caméra pour surveiller le niveau de la cafetière.

Un ordinateur équipé d'une carte d'acquisition vidéo basique était connecté à une caméra, elle-même dirigée sur la cafetière. P. Jardetzky écrivit un programme chargé de récupérer les images de la caméra toutes les trois minutes, et Q. Stafford-Fraser développa le logiciel à installer sur tous les ordinateurs des membres du « Club café ». Une connexion au serveur permettait d'obtenir une image en temps réel de la cafetière sur l'écran. La caméra fut connectée à Internet en 1993 et devint un symbole populaire des débuts du Web.

La Webcam à l'activité la plus longue du monde se nomme Fogcam ; elle est présente à San Francisco State University depuis 1994. La caméra, qui fut installée par les étudiants Jeff Schwartz et Dan Wong pour diffuser des images de la vie quotidienne sur le campus, continue de retransmettre des images depuis la façade du bâtiment des lettres.

C'est l'industrie pornographique qui est à l'origine de l'essor sur Internet de la Webcam. Un développeur danois fut embauché pour concevoir une caméra pouvant être utilisée comme un périphérique d'ordinateur et capable de transmettre des images en direct au travers d'un réseau. C'est ainsi que la Webcam en direct vit le jour. **HP**

VOIR ÉGALEMENT : ORDINATEUR PERSONNEL, INTERNET, SOURIS D'ORDINATEUR, ÉCRAN TACTILE

Le téléphone numérique sans fil (1991)

GSM établit un réseau mobile standard adopté à l'international.

« Il y a seulement 30 ans [ses fonctions] auraient rempli l'étage d'un immeuble de bureaux. »

Marshall Brain, HowStuffWorks

↑ *Le mobile compact Sony CM-H444, ici sur son socle de chargement, fut lancé en 1994.*

→ *La carte électronique relie microprocesseur, processeur de signaux numériques et secteur électrique radiofréquence.*

Dès le début des années 1980, les systèmes de téléphones mobiles analogiques attiraient les clients plus que jamais. Cependant, chaque pays développait sa propre norme, souvent incompatible avec celle des autres. Une standardisation s'imposait donc et, en 1982, le Groupe Spécial Mobile (GSM) fut établi par un consortium de treize entités de télécommunication pour développer un système de téléphone mobile commun en Europe (l'acronyme GMS fut ensuite modifié pour signifier « Global System for Mobile Communications »). Le premier appel téléphonique GSM fut effectué sur le réseau finlandais Radiolinja en 1991 et, en 1997, 100 pays avaient déjà mis en place un réseau GSM.

GSM s'est efforcé d'établir une norme pour tous les éléments d'un appel téléphonique à partir d'un mobile, y compris les fréquences particulières à utiliser pour recevoir et transmettre les appels. Depuis la numérisation des canaux de signaux et de voix du GSM, le réseau est considéré comme un système téléphonique seconde génération (2G). Les voix sont numérisées, comprimées puis envoyées *via* le réseau GSM ; une utilisation des ressources réseau bien plus efficace que le permettait son prédécesseur analogique. En outre, les informations pouvaient être envoyées vers et à partir du téléphone mobile à une vitesse allant jusqu'à 9 600 bps (bits par seconde) ; de plus, des documents pouvaient être faxés grâce à un adaptateur approprié. Les services GSM incluaient également le transfert d'appel, le blocage d'appel, l'identification de l'appelant et la mise en attente. Et, innovation majeure, GSM introduisit le Short Message System (SMS) destiné à l'envoi de messages textes.

GSM estime que la norme est utilisée par 82 % des utilisateurs de téléphones cellulaires dans le monde, dans plus de 210 pays et territoires différents. **AKo**

VOIR ÉGALEMENT : TÉLÉCOMMUNICATION SANS FIL, TALKIE-WALKIE, TÉLÉPHONE MOBILE CELLULAIRE, SMARTPHONE

Le smartphone (1992)

IBM invente un téléphone aux allures d'ordinateur.

Il n'existe pas de définition standard du smartphone (téléphone intelligent), mais l'on peut dire qu'il s'agit d'un téléphone mobile doté de fonctions avancées. Le premier, appelé « Simon », fut développé par IBM en 1992 et commercialisé en 1993. Simon était équipé des fonctionnalités telles qu'un calendrier, un carnet d'adresses, une calculatrice, un bloc-notes, un accès aux e-mails et au fax. Au lieu des touches, il possédait un écran tactile pour faire défiler le texte et un clavier sur écran pour le taper. En 1996, Nokia sortit son premier smartphone, un combiné entre son téléphone le mieux vendu et l'ordinateur de poche à succès mais très onéreux développé par Hewlett-Packard.

« Les smartphones diffèrent des autres téléphones mobiles par… la manière dont ils sont fabriqués. »

David Wood, Symbian

Le système d'exploitation smartphone le plus largement utilisé est Symbian ; en 2005, ce dernier représentait entre 56 et 85 % du marché. Les applications des smartphones incluent désormais des appareils photo, des lecteurs de musique, des navigateurs Internet, le wi-fi et le GPS (Global Positioning System). Le wi-fi offre la possibilité d'utiliser le VoIP ou voix sur réseau IP pour effectuer des appels téléphoniques *via* Internet. Il est possible qu'à l'avenir la composante téléphone disparaisse totalement et que le smartphone se transforme purement et simplement en ordinateur. **RP**

VOIR ÉGALEMENT : TÉLÉPHONE MOBILE CELLULAIRE, TÉLÉPHONE NUMÉRIQUE SANS FIL, ORDINATEUR DE POCHE (PALMTOP, PDA), IPHONE

Le minidisque (1992)

Sony inaugure un format d'enregistrement numérique.

Vers la fin des années 1980, les puissants lobbies de l'industrie musicale américaine étaient sur le point d'anéantir la DAT (Digital Audio Tape), populaire support d'enregistrement. Cela conduisit la branche japonaise de Sony à développer son propre format d'enregistrement numérique.

Introduit en 1992, le minidisque ressemble à un petit disque informatique souple. Ce support de stockage de données magnéto-optique peut contenir jusqu'à 80 minutes d'enregistrement audio numérisé. Le disque est placé dans un enregistreur adapté et un laser chauffe l'une des faces, ce qui soumet le matériau à un champ magnétique. Une tête magnétique sur la seconde face du disque change la polarité de la surface chauffée, enregistrant ainsi les données numériques sur le disque. Pour retranscrire le son, le laser détecte la polarisation de la lumière réfléchie et interprète les informations numériques.

Le MiniDisc (en français, minidisque) dut son succès à la stratégie de Sony qui évita les erreurs commises dans les années 1970 avec son propre système vidéo Betamax qui avait échoué principalement car la société avait interdit aux concurrents d'obtenir la licence du produit et donc de produire leurs propres enregistreurs. En dépit de son succès au Japon, la popularité du minidisque se limitait, partout ailleurs, à des niches. Dans ces pays-là, la cassette compacte ne disparut véritablement que lorsque les CD enregistrables et les lecteurs MP3 furent commercialisés à des prix abordables.

Le minidisque a su faire ses preuves et préserver sa place ; à la suite du développement en 2004 du format Hi-MD, il est aujourd'hui largement utilisé comme moyen de stockage d'informations générales. **TB**

VOIR ÉGALEMENT : CASSETTE AUDIO, BANDE MAGNÉTIQUE AUDIONUMÉRIQUE (DAT), DISQUE OPTIQUE, DVD

La tasse pour bébés (1992)

Haberman crée une tasse anti-fuites pour les tout petits.

L'Anglaise Mandy Haberman n'était pas spécialement impliquée dans le domaine de l'invention ou de l'innovation jusqu'à la naissance de son troisième enfant, Emilie, en 1980. Emilie est née avec le syndrome de Stickler, une maladie génétique qui affectait sa capacité de succion et rendait difficile l'absorption des aliments. Ne trouvant aucun produit susceptible de l'aider, M. Haberman se mit à réfléchir à un concept de récipient adapté aux besoins d'Emilie.

Dix ans plus tard, en 1990, alors qu'elle se trouvait chez une amie, elle eut un éclair de génie lorsqu'elle vit un petit enfant cracher le jus qu'il était en train de boire dans sa tasse d'apprentissage. Ces tasses pouvaient être refermées manuellement ; cependant, M. Haberman mit au point une tasse plus performante car équipée d'une valve unique au niveau du goulot qui ne laissait s'écouler le liquide qu'en cas de succion.

La tasse anti-fuites fut brevetée et sa fabrication lancée, mais Haberman ne parvint pas à persuader les détaillants des avantages de son produit. Le déclic se produisit lorsqu'elle envoya par la poste une tasse pleine à une grande chaîne de supermarché. La tasse n'avait pas perdu une seule goutte lors du trajet et l'entreprise adopta immédiatement le produit. Aujourd'hui, des millions de tasses anti-fuites sont vendues chaque année dans le monde. Pour ses innovations, M. Haberman a reçu plusieurs récompenses, notamment celle de « l'inventeur féminin britannique de l'année 2000 ». Mandy Haberman s'est fortement impliquée dans le perfectionnement du système breveté et consacre la majeure partie de son temps à encourager d'autres inventeurs en herbe. **JB**

VOIR ÉGALEMENT : POUSSETTE, POUSSETTE PLIABLE

À l'inverse de ce modèle-ci, les modèles plus tardifs seront fabriqués en plastique semi-transparents pour permettre d'observer le niveau de liquide.

« Ce qui est posé, ordonné... est toujours insuffisant... la vie déborde toujours de chaque tasse. »

Boris Pasternak, écrivain

Les polymères électroactifs (1992)

SRI arrive à actionner les membres robotisés.

Le corps humain est une machine excessivement complexe. Il est équipé d'une tuyauterie, de câbles et de moteurs, et, à l'instar d'une voiture, a besoin de carburant et produit des déchets. Actuellement c'est là que s'arrêtent les ressemblances, mais dans un avenir très proche, les machines pourraient bien ressembler encore davantage aux humains.

Les moteurs électriques standard ont leurs limites. Ils sont bruyants, onéreux, difficilement réductibles et sujets à la casse. Mais prenons le cas du muscle. Il bouge de manière relativement silencieuse, est efficace, atteint sa taille minimale au niveau cellulaire et peut fonctionner des millions de fois sans se fracturer (par exemple, dans le cœur humain).

Au début des années 1990, SRI International fut mandatée pour fabriquer une version artificielle de muscle biologique. En 1992, la société commença à travailler sur les polymères électroactifs.

Pour dire les choses simplement, les polymères électroactifs sont des matériaux qui se détendent ou se contractent lorsqu'ils sont confrontés à un champ électrique, exactement comme un muscle. De plus, ils retrouvent rapidement leur configuration initiale lorsqu'ils sont confrontés à un champ à la polarité inverse. Ils furent conçus comme un moyen d'améliorer les mouvements robotiques mais leurs applications sont illimitées.

Depuis 2007, des chercheurs américains ont mis au point un muscle artificiel capable de se guérir et de produire de l'électricité, ainsi que des micromuscles fabriqués à partir de cellules de muscle cardiaque de rats et capables de s'agripper, de marcher et de nager. De tels développements ouvriront certainement la voie aux robots marcheurs. **BMcC**

VOIR ÉGALEMENT : PROTHÈSE, CŒUR ARTIFICIEL, POLYMÈRES CONDUCTEURS, FOIE ARTIFICIEL, PEAU ARTIFICIELLE

L'ISCI (1992)

Van Steirteghem facilite la fécondation.

L'injection intra-cytoplasmique d'un spermatozoïde, ou ISCI, consiste à injecter un spermatozoïde isolé dans un ovocyte. Ce processus est employé pour pallier l'infertilité liée aux problèmes de sperme. Elle est recommandée à plus de la moitié des couples ayant recours à la fécondation in vitro (FIV).

La technique fut mise au point par Andre van Steirteghem (né en 1940) et ses collègues de la Vrije Universiteit Brussels. Après la naissance de Louise Brown, le premier bébé éprouvette, la fécondation in vitro fut utilisée afin de venir en aide aux nombreux couples souffrant de problèmes d'infertilité. Ce procédé s'avéra cependant moins efficace dans les cas d'infertilité masculine. C'est ainsi que de nouveaux procédés de procréation assistée furent explorés et que l'équipe de Steirteghem décida de tenter la micro-injection de sperme dans un ovocyte.

« Depuis l'ISCI… plus de 95 % des hommes peuvent engendrer leur propre enfant génétique. »

Paul Devroey et Andre Van Steirteghem, 2004

Les résultats de l'ISCI ont fait leurs preuves depuis des années avec, en France, un taux de réussite de 25 % environ. Généralement, l'ISCI est réservée aux couples chez lesquels la FIV classique est impossible ou lorsque plusieurs tentatives de FIV ont échoué. **LH**

VOIR ÉGALEMENT : FÉCONDATION IN VITRO (FIV), THÉRAPIE GÉNIQUE, ENDOSCOPIE PAR CAPSULE

Observation sous microscope optique d'une aiguille creuse contenant un spermatozoïde isolé dans un ovocyte humain.

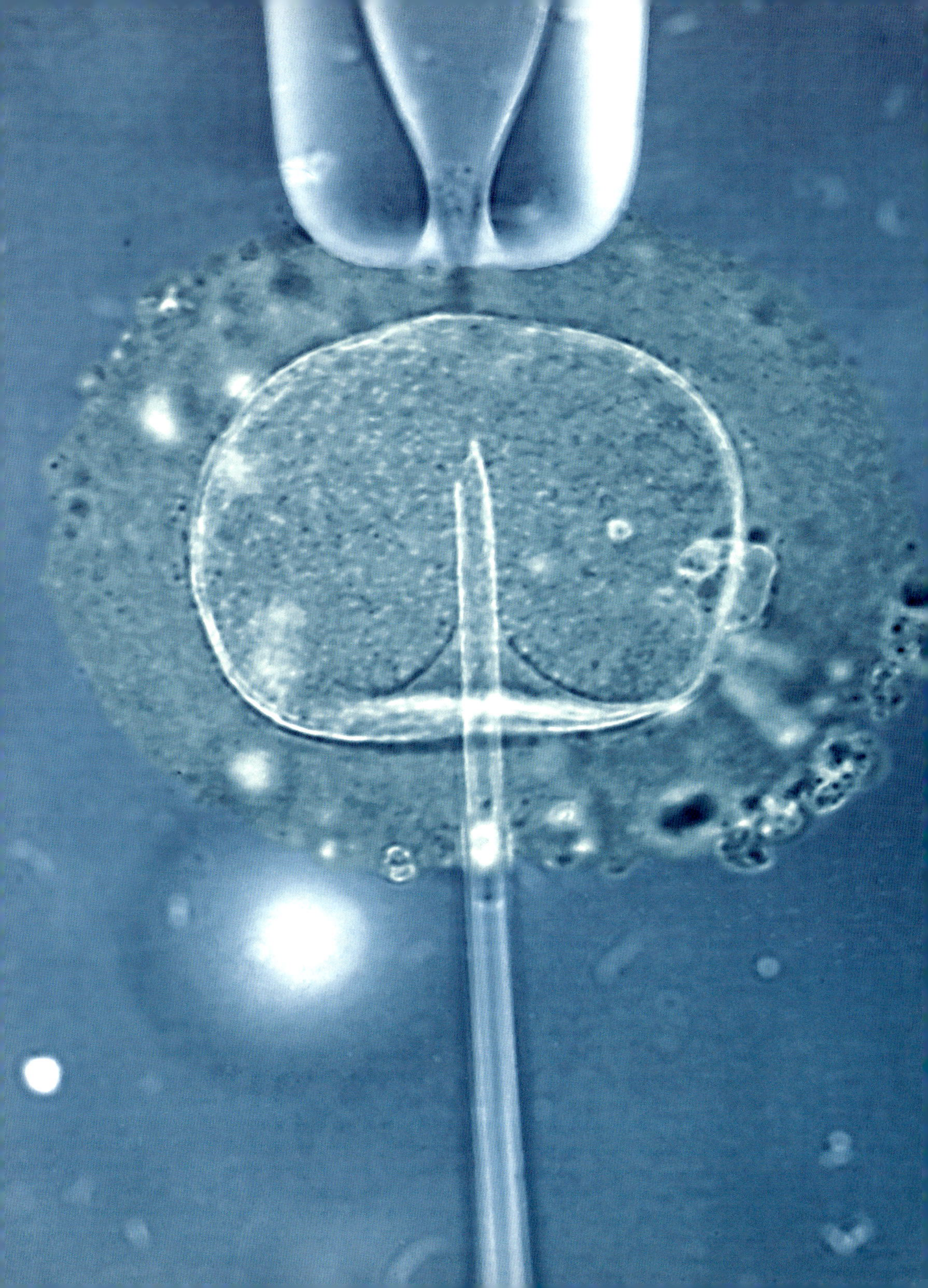

La compression JPEG (1992)

Le JPEG améliore la compression d'images numériques.

Avant le début des années 1990, Internet était avant tout un outil basé sur du texte puisque les images matricielles étaient trop grosses pour être téléchargées ou envoyées. Tout cela changea avec l'introduction en 1992 du JPEG, une nouvelle norme de compression de la taille des images.

JPEG est l'acronyme de « Joint Photographic Experts Group », le comité international créé en 1986 qui inventa l'algorithme de compression capable de réduire la quantité de mémoire contenue dans les images JPEG. La norme JPEG fonctionne en convertissant les pixels d'une image couleur en blocs de pixels, puis en évaluant la moyenne des valeurs de luminance et chrominance de ces blocs pour limiter la quantité d'informations à sauvegarder. La compression se poursuit ensuite par un procédé de quantification (mécanisme permettant l'extraction des sons à haute fréquence). La compression s'effectuant de manière intelligente, la perte de détails n'est pas perceptible à l'œil humain, même si cela dépend du niveau de compression. À chaque fois qu'une image est de nouveau sauvegardée, elle perd d'autres informations et sa qualité s'en trouve affectée ; mais cela n'a pas pour autant entravé son utilisation omniprésente sur Internet.

Le comité JPEG est également l'auteur d'un nouveau format appelé JPEG 2000, une nouvelle forme améliorée de JPEG sans pertes. Ce format devra faire ses preuves pour remplacer l'original qui, en raison de son adoption généralisée sur le Web et les appareils photo numériques, est en passe de devenir le format d'image idéal dans les archives numériques normalisées, s'assurant ainsi un avenir certain. **JM**

VOIR ÉGALEMENT : INTERNET, COMPRESSION MP3

Le Géo Positionnement par Satellite (GPS) (1993)

Le département de la Défense des États-Unis modernise l'univers de la navigation.

Le GPS (Global Positioning System, soit Géo Positionnement par Satellite) est un système de satellites émettant des micro-ondes sur des longueurs d'onde spécifiques. Les récepteurs GPS reçoivent des signaux de ces satellites et déterminent une position à partir des informations perçues. Le système fut mis au point par le gouvernement américain en 1993, mais des mécanismes similaires ont été mis en place dans d'autres pays, comme le GLONASS (inachevé) en Russie, le COMPASS en Chine et le système Galileo prévu en Europe. Le système GPS coûte au gouvernement américain près de 750 millions de dollars par an et est utilisé dans le monde entier pour la navigation.

Ce système extrêmement utile a su trouver de multiples applications dans le domaine commercial comme en politique intérieure. Dans l'armée, le GPS est utilisé pour traquer les cibles, localiser les positions en territoire inconnu et envoyer des missiles. Il est en outre utilisé dans la recherche et le sauvetage, ainsi que lors de missions de reconnaissance. Dans le monde civil, les unités de GPS sont employées dans les systèmes de navigation en voiture ainsi que dans la marine nationale.

Aujourd'hui, de nombreux téléphones cellulaires comportent des systèmes GPS de repérage et sont capables de localiser les utilisateurs sur de vastes territoires. Le GPS est également un outil précieux et précis dans l'évaluation de l'activité tectonique, en particulier des secousses et tremblements de terre. **JD**

VOIR ÉGALEMENT : SATELLITE DE COMMUNICATION GÉOSTATIONNAIRE

En 2004, un démonstrateur du système de navigation PDA consulte un plan des Jeux olympiques d'Athènes.

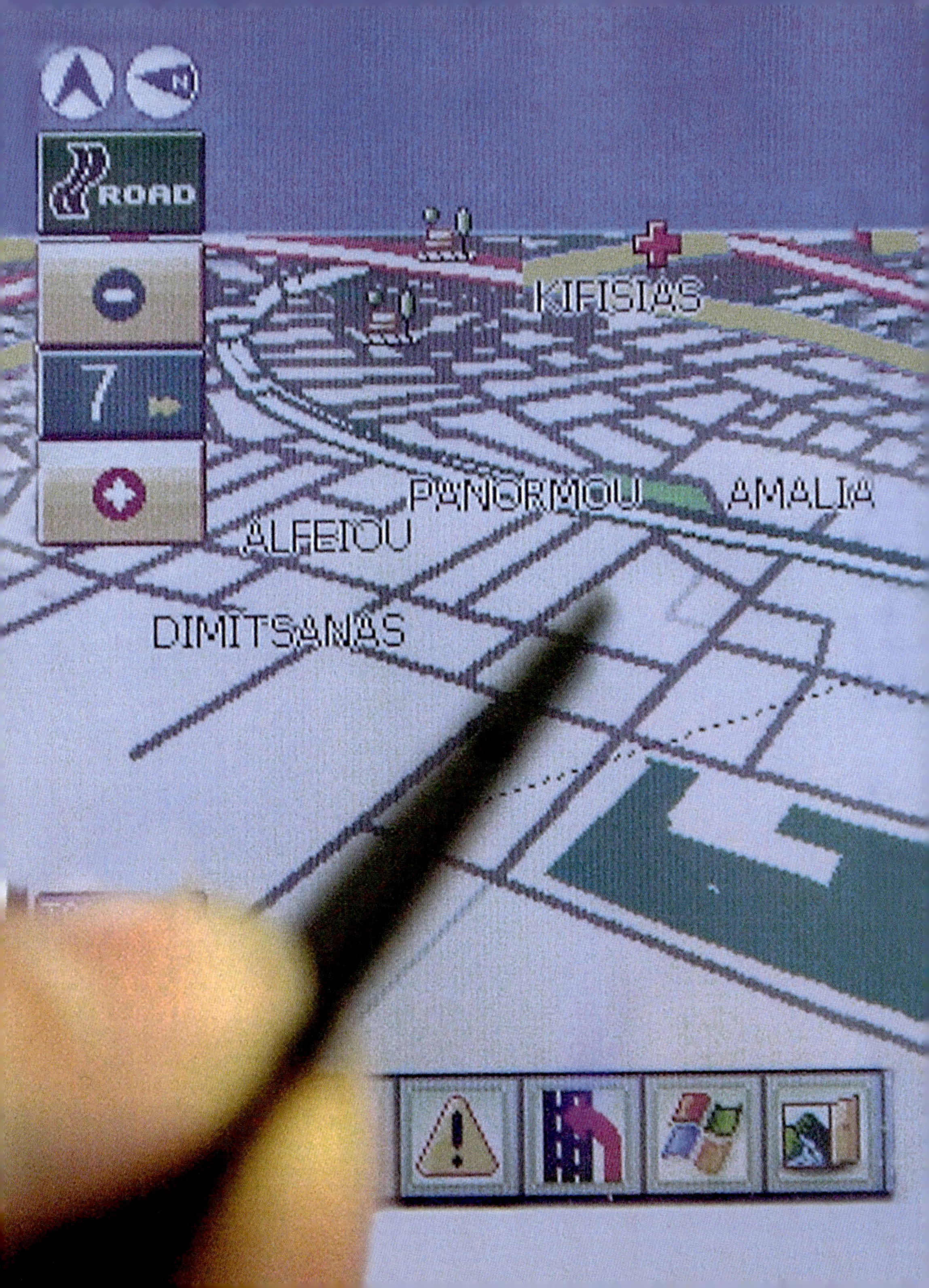
ROAD
7
KIFISIAS
PANORMOU
AMALIA
ALFEIOU
DIMITSANAS

BAYGEN

La radio à manivelle
(1993)

Baylis invente la radio sans pile.

La légende commence en 1991, lorsque l'inventeur Trevor Baylis (né en 1937) découvre à la télévision un documentaire sur la propagation du sida en Afrique. D'après l'émission, seule l'éducation pouvait permettre d'endiguer le fléau. Mais la pauvreté et l'absence de technologies de base rendaient difficile la communication dans les coins reculés d'Afrique.

Baylis conçut rapidement un poste de radio simple et bon marché fonctionnant sans électricité ni piles. En assemblant grossièrement les parties d'un vieux transistor radio, d'un petit moteur électrique de voiture d'enfant et du mécanisme d'une boîte à musique, il créa un prototype alimenté par un mécanisme à manivelle qui actionnait un minuscule générateur électrique interne. Remonté jusqu'au bout, le ressort pouvait fournir quatorze minutes de courant ininterrompu.

« La clé du succès… avoir des idées non conventionnelles. La convention est l'ennemie du progrès. »

Trevor Baylis

Baylis breveta son idée en 1993, mais ne se fit remarquer qu'en 1994 en apparaissant dans une émission de la BBC, « Tomorrow's World » (« Le monde de demain ») et en l'espace d'un an son invention, aujourd'hui appelée Baylis Freeplay radio (« Radio à manivelle de Baylis »), était déployée dans toute l'Afrique du Sud. **TB**

VOIR ÉGALEMENT : TÉLÉCOMMUNICATION SANS FIL, POSTE À GALÈNE, RADIO FM, TRANSISTOR

⇦ *En 1996, Nelson Mandela souligna le rôle de la radio de Baylis (à droite) dans les communications africaines.*

La programmation Java
(1995)

Sun Microsystems donne un essor au Web.

En 1991, Sun Microsystems mit en place le Green Project destiné à créer un nouvel outil de programmation informatique pour la génération à venir. L'équipe, menée par James Gosling, essaya d'élaborer une technologie pour le développement d'applications d'une nouvelle génération. Désorientés par le nombre de types différents de plates-formes informatiques existantes, ils décidèrent de créer un langage de programmation capable de fonctionner sur tous les appareils. Afin d'intéresser l'industrie de la télévision par câble numérique, l'équipe réalisa la maquette d'un jeu interactif. Leur invention, qui comportait des animations, un écran tactile et une fonctionnalité réseau semblable à celle d'Internet, était cependant tellement avancée que les entreprises furent incapables de lui trouver une application.

« Java est une prouesse technologique et les gens la veulent. »

Bill Joy, cofondateur, Sun Microsystems

En 1994, les membres de l'équipe créèrent une version de démonstration avec des animations, des objets mobiles et un contenu exécutable dynamique à l'intérieur d'un navigateur Web. En 1995, leur système fut intégré au navigateur Internet, Netscape Navigator. La polyvalence, l'efficacité et la portabilité de la plate-forme Java font qu'elle est aujourd'hui utilisée dans des appareils allant du PC à la carte de crédit. **JM**

VOIR ÉGALEMENT : PROGRAMME INFORMATIQUE, ORDINATEUR NUMÉRIQUE, LANGAGE DE PROGRAMMATION C

La connexion USB

(1995)

USB Implementers Forum met au point une méthode pour accroître la connectivité.

De nos jours, presque chaque appareil branché à un ordinateur, comme une imprimante ou un scanner, est fourni avec un connecteur USB (Universal Serial Bus), facilitant le processus de reconnaissance et d'installation.

La motivation première de l'USB était de parvenir à connecter n'importe quel appareil à n'importe quel ordinateur, en utilisant n'importe quel port, car tous les ports et prises seraient compatibles entre eux. Le symbole universel du trident est utilisé sur tous les branchements pour indiquer la fonctionnalité USB. Il existe naturellement encore quelques appareils rétifs non conformes mais aujourd'hui, tous les PC sont fabriqués avec des ports USB.

La première norme USB (USB 1.0) fit son apparition au milieu des années 1990. Aujourd'hui, les connexions USB 2.0 permettent d'effectuer des transferts de données à une vitesse dix fois supérieure.

La création de l'USB Implementers Forum (USB-IF) par Intel en 1995 marque une étape primordiale dans l'histoire de l'informatique. Pour l'industrie informatique, c'était une manière de prouver son engagement à favoriser la connectivité. La prochaine étape sera de se débarrasser des connexions physiques dans leur ensemble. En 2007, le USB-IF fit part des progrès notoires en matière de communications USB sans fil. L'USB sans fil fonctionnera comme un réseau wi-fi à petite échelle ; votre imprimante pourra ainsi être installée où vous voulez dans la pièce, sans être branchée. **HB**

« Pourquoi n'arrives-tu pas… à accéder à l'imprimante ? Elle est trop loin ! »

Eddie Izzard, comédien

VOIR ÉGALEMENT : FIREWIRE, PC, INTERNET, MÉMOIRE VIVE, NORME WLAN

Le branchement et débranchement des périphériques USB n'interrompant pas l'activité de l'ordinateur, il est inutile de redémarrer l'ordinateur.

Le firewire
(1995)

Apple introduit une nouvelle interface numérique.

Au milieu des années 1980, les ingénieurs de la société Apple commencèrent à travailler sur un nouveau moyen de transfert de données à haute vitesse afin de faciliter l'échange de grandes quantités d'informations entre ordinateurs. Ils baptisèrent cette technologie « FireWire » en référence à la vitesse gagnée et sortirent l'interface en 1995.

Les ingénieurs d'Apple produisirent leur première fiche signalétique pour la mise en œuvre en 1987. La société se rendit compte que les appareils USB étaient adaptés pour les claviers et souris d'ordinateur mais qu'il fallait des vitesses plus grandes pour les applications à haute mémoire, comme les caméras vidéo, dont l'échange de données s'évaluait en gigabits. Ils s'adressèrent à l'Institute of Electrical and Electronics Engineers (IEEE) avec l'intention de faire de cette technologie la norme pour tous les ordinateurs, Macintosh et sous Windows, ce dont s'acquitta l'IEEE en 1995.

Le premier prototype de l'interface fut baptisé IEEE 1394 et bénéficiait de vitesses d'échange d'informations près de 40 fois supérieures à celles des USB existants. Cependant, la technologie fut dès le début conçue pour des flux importants de données plutôt que pour des appareils plus petits comme les claviers, ce qui explique la difficulté de ces formats à percer sur le marché.

En 2002, la norme IEEE 1394b doubla les vitesses FireWire existantes et augmenta la distance sur laquelle il pouvait être utilisé. En 2008, la 1394 Trade Association communiqua l'annonce d'une version inédite appelée S3200 capable de quadrupler la vitesse du format actuel. **SR**

VOIR ÉGALEMENT : CONNEXION USB, NORME WLAN

La grille informatique
(1995)

Les ordinateurs s'allient entre eux pour plus de puissance.

Les informaticiens américains Carl Kesselma, Ian Foster et Steve Tuecke eurent l'ingénieuse intuition que les ordinateurs pouvaient être associés les uns aux autres en vue d'une plus grande capacité informatique. Avec les grilles informatiques et les grilles de calcul, le consommateur ne doit plus se soucier de la source ou de la localisation de l'alimentation. Des types différents d'ordinateurs, situés partout dans le monde, peuvent être intégrés. Les interconnexions à haut débit ne sont généralement pas disponibles ; cela explique que le système soit davantage performant lorsqu'il gère des problèmes dans lesquels des calculs indépendants peuvent être effectués sans que les processeurs participant aient besoin de communiquer.

Inutile de préciser que le logiciel doit être suffisamment bien conçu pour vérifier les ressources non fiables, sujettes à un dysfonctionnement ou néfastes. Les ressources participantes doivent également faire confiance au système central pour qu'il n'interfère pas avec leurs programmes individuels, la sécurité et le stockage des données.

Les grilles de calcul sont couramment utilisées pour résoudre des problèmes mathématiques d'une grande complexité et pour des applications informatiques spécifiques impliquant d'énormes flux d'informations. Ces dernières incluent l'interrogation de données de modélisation moléculaire pour la conception de médicaments pharmaceutiques, l'analyse de l'activité cérébrale électrique et l'évaluation des rendements des machines de physique des hautes énergies, comme le Grand Collisionneur de hadrons (LHC ou Large Hadron Collider) lorsqu'il recherche de nouvelles particules élémentaires. **DH**

VOIR ÉGALEMENT : INTERNET, ETHERNET, GRAND COLLISIONNEUR DE HADRONS (LHC, OU LARGE HADRON COLLIDER)

Le DVD
(1995)

Un consortium perfectionne l'enregistrement vidéo.

Bien que la technologie du LaserDisc (disque laser) existât déjà, elle ne connut jamais le succès rencontré par celle du CD ; le disque vidéo numérique compact avait donc encore toutes ses chances sur ce marché. Les premières propositions de CD à haute densité virent le jour en 1993 et aboutirent à la création de deux formats concurrents. Les sociétés Sony et Philips présentèrent à l'ensemble de leurs investisseurs le format MMCD, tandis que Toshiba, Masushita et Time Warner assuraient la promotion du SD. En 1995, ils conjuguèrent leurs efforts pour aboutir à la création officielle du DVD et à son développement par un consortium de dix sociétés.

Le DVD était capable de stocker deux heures de vidéo numérique de haute qualité, huit pistes audio numériques et 32 pistes de données de sous-titrage, en plus de posséder l'avantage d'être léger, compact, sans rembobinage et durable. Plus tard, les DVD-DL (Dual Layer, pour « double couche ») doublèrent cette capacité et les DVD à double face (qui peuvent être retournés comme les disques vinyles LP) vinrent encore la doubler sans augmenter le volume du support.

Bien que le nom « DVD » soit souvent considéré comme l'acronyme de Digital Video Disc (« disque vidéo numérique ») ou de Digital Versatile Disc (« disque numérique polyvalent »), la version officielle, telle que les 250 sociétés membres du DVD Forum l'ont instituée en 1999, soutient qu'il s'agit simplement d'un nom composé de trois lettres. Le terme DVD n'aurait ainsi d'autre sens que celui de DVD. **CL**

VOIR ÉGALEMENT : ENREGISTREMENT SUR CASSETTE VIDÉO, DISQUE OPTIQUE, BLU-RAY/HD DVD

Fabrication d'un DVD (légal) au sein de l'usine de la société Polystar Digidisc à Pékin, en Chine.

La voix sur réseau IP (VoIP) (1995)

VocalTec introduit les appels à bas coûts *via* Internet.

En 1973, le Network Voice Protocol du chercheur Danny Cohen fut utilisé pour la première fois sur ARPANET (Advanced Research Projects Agency Network) et permettait aux sites de recherche de parler entre eux sur le réseau informatique. Cependant, parler sur Internet est demeuré pendant des années le privilège des chercheurs, des mordus de l'informatique et des premiers joueurs en réseau.

En 1995, une société du nom de VocalTec sortit un logiciel baptisé Internet Phone. Conçu pour Windows, ce logiciel transformait la voix de la personne en données informatiques et la comprimait suffisamment pour l'envoyer en temps réel *via* une connexion modem vers un autre ordinateur connecté à Internet.

De nombreux utilisateurs s'intéressèrent soudainement au logiciel Internet Phone pour une raison très simple : son faible coût. Ainsi, aux États-Unis, l'appel local pour se connecter à Internet était souvent gratuit, tandis que les appels longue distance coûtaient plus cher.

Puis Internet gagna en vitesse et d'autres entreprises se mirent à proposer des services similaires. Le concept d'appels téléphoniques par Internet fut regroupé sous le terme générique de Voix sur réseau IP, couramment appelé VoIP. Le VoIP est aujourd'hui extrêmement populaire. Skype, l'une des sociétés VoIP les plus connues, a enregistré plus de 100 milliards de minutes d'appels entre ses utilisateurs depuis sa mise en service en 2003. **MG**

VOIR ÉGALEMENT : TÉLÉPHONE, INTERNET, ETHERNET, PROTOCOLE INTERNET (TCP/IP)

La norme WLAN (1996)

Hayes régule le réseau sans fil.

Les réseaux sans fil actuels doivent beaucoup à l'un des premiers réseaux informatiques, l'ALOHAnet de l'université de Hawaii. Créé en 1970, ce système de transmission par radio possédait déjà la plupart des principes de bases utilisés aujourd'hui. Cependant, les premiers réseaux sans fil étaient uniquement utilisés dans les endroits peu propices aux réseaux câblés, par exemple situés à proximité de l'eau ou d'un terrain escarpé. Ce n'est que dans les années 1980 que le réseau sans fil commença à prendre de l'ampleur.

Il y avait pourtant un problème. À la fin des années 1980, plusieurs sociétés fournissaient des équipements de réseau sans fil, mais aucun n'était compatible avec les autres. C'est ensemble qu'il fallait réfléchir au problème. L'Institute of Electrical and Electronic Engineers (IEEE), et en particulier Vic Hayes (né en 1941) prit la direction du comité des normes sans fil de l'IEEE et instaura une coopération entre les fabricants. En 1996, le comité inaugura le premier réseau local sans fil (WLAN), dénommé « IEEE 802.11 ».

« Tout ce qui nécessite des communications ou un contrôle sera connecté sans fil. »

Vic Hayes

Adoptée en 1999 par un groupe de directeurs industriels qui la rebaptisa habilement « Wireless Fidelity », ou wi-fi, cette norme nous permet d'emporter nos ordinateurs portables dans le monde entier, avec la certitude de pourvoir surfer sur Internet, que ce soit dans un aéroport en Australie ou dans un zoo à Zanzibar. **MG**

VOIR ÉGALEMENT : INTERNET, WORLD WIDE WEB, CONNEXION USB

Le laser à atomes (1996)

Ketterle développe un laser à atomes.

L'idée d'un laser à atomes ne date pas d'hier et son principe est basé sur celui plus traditionnel du laser optique. Un laser normal émet de la lumière mais, contrairement à une lampe basique, la lumière du laser est « cohérente », ce qui signifie qu'elle peut fixer un point précis et traverser une longue distance sans se propager comme un faisceau de torche. À l'époque de l'introduction du laser optique en 1960, les scientifiques maîtrisaient déjà les propriétés ondulatoires de la matière et le laser à atomes était alors envisagé comme une possibilité théorique. Cependant, les rapports sur le premier modèle rudimentaire ne furent rendus public qu'en 1997. Tout devint possible grâce à une étonnante forme de matière refroidie appelée condensat de Bose-Einstein. Cet étrange procédé dans lequel les atomes individuels « perdent leur identité » et fusionnent en une seule et même matière ressemble à l'action des photons de lumière dans un laser. Le professeur Wolfgang Ketterle (né en 1957) et ses collègues furent les premiers à produire un condensat de Bose-Einstein en 1995.

Peu de temps après, en novembre 1996, Ketterle et son équipe eurent la joie de voir leur laser à atomes fonctionner pour la première fois. Ils parvinrent ainsi à utiliser un condensat de Bose-Einstein comme source d'atomes cohérents afin de créer une « onde de matière ».

Les utilisations pratiques du laser à atomes doivent encore se matérialiser et sont pour le moment confinées à l'état de la recherche. **DHk**

VOIR ÉGALEMENT : LASER, LASER AU DIOXYDE DE CARBONE, CHIRURGIE LASER DE L'ŒIL, REFROIDISSEMENT DES ATOMES PAR LASER

Ketterle et deux autres physiciens reçurent le prix Nobel de physique pour leur travail sur les condensats de Bose-Einstein.

La thérapie cellulaire
(1998)

Thomson et ses collègues proposent une thérapie médicale révolutionnaire.

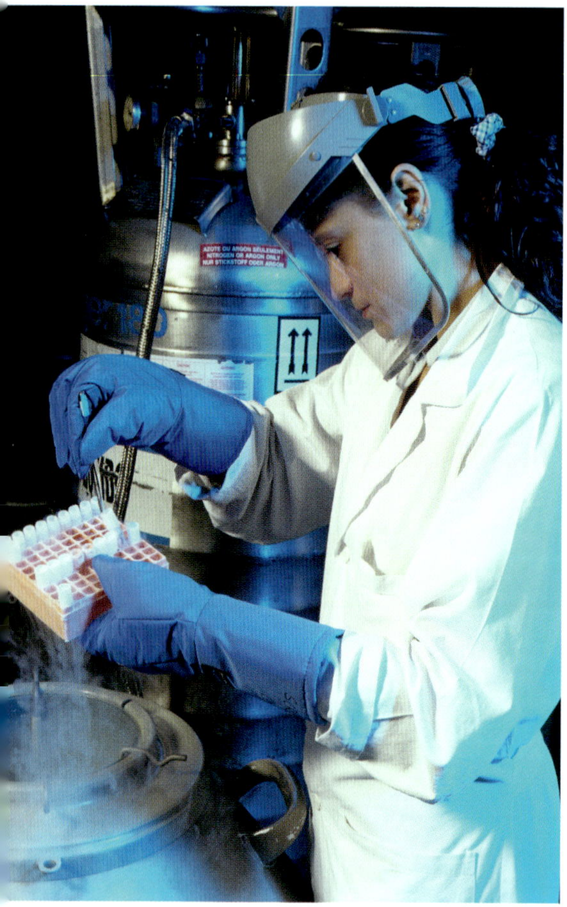

Les cellules souches sont des cellules capables de se différencier en plusieurs types de cellules. Elles permettent ainsi aux cellules de régénérer les tissus cellulaires. Le biologiste cellulaire américain James Thomson (né ne 1958), de l'University of Wisconsin School of Medicine, fut le premier à isoler et à mettre en culture des cellules souches d'embryons humains. Le 6 novembre 1998, la revue *Science* publia les résultats de la recherche de Thomson et décrivit comment il avait réussi à extraire des cellules souches d'embryons et à les faire se reproduire indéfiniment.

Du fait de leur capacité à se développer dans n'importe lequel des 220 types de cellules du corps humain, les cellules souches promettent de guérir de multiples maladies. Elles procurent en outre aux scientifiques des modèles de maladie humaine et de nouvelles manières de tester des médicaments plus efficacement dans les organismes vivants. Mais en dépit de tous les espoirs fondés, les progrès demeurent timorés. La recherche sur les cellules souches fait en effet l'objet de controverses de la part de différents groupes qui remettent en question l'éthique de ce procédé.

En 2007, Thomson et Shinya Yamanaka de Tokyo University, au Japon, trouvèrent chacun de leur côté un moyen de transformer des cellules d'épiderme humain en cellules souches. Les deux biologistes se servirent de quatre gènes pour reprogrammer les cellules de l'épiderme humain. Leur travail apparaît comme une opportunité de surmonter les problèmes concernant les recherches sur les cellules souches d'embryons humains. **JF**

« Les cellules souches sont devenues un sujet politique brûlant. »

Frederic Golden, journaliste

VOIR ÉGALEMENT : THÉRAPIE GÉNIQUE, PUCE À ADN, DIAGNOSTIQUE PRÉIMPLANTATOIRE

⇱ *Une chercheuse sort des flacons contenant des cellules souches et stockés dans de l'azote liquide à - 182 °C.*

Le Viagra
(1998)

Pfizer redonne espoir aux hommes impuissants.

Depuis la mise en vente du Viagra (citrate de sildénafil), le premier médicament oral à traiter les troubles de l'érection, il y a dix ans, plus de 27 millions d'hommes dans 120 pays y ont eu recours. Le Viagra était initialement conçu pour traiter l'hypertension artérielle, mais les essais cliniques s'avérèrent décevants. L'un des effets secondaires du médicament était de produire de très fortes érections.

L'on savait que les messages de stimulation sexuelle délivrés par le cerveau activent la production de guanosine monophosphate cyclique (GMPc), enzyme qui relâche les muscles pelviens et permet au pénis de s'engorger de huit fois plus de sang qu'au repos. Le sildénafil inhibe une enzyme (la phosphodiestérase type 5), dont le rôle habituel est de rompre la GMP cyclique et de permettre à l'érection de retomber.

Les tests réalisés par la firme pharmaceutique Pfizer prouvèrent que le Viagra restaurait la fonction sexuelle chez sept hommes sur dix.

Le médicament fut approuvé par la Food and Drug Administration américaine en 1998. Auparavant, le dysfonctionnement érectile était soigné par des injections dans le pénis, des suppositoires urétraux, la chirurgie ou encore par Vacuum. En l'espace de quatorze semaines, deux millions d'ordonnances de Viagra furent prescrites aux États-Unis. Les effets secondaires du Viagra, aujourd'hui vendu sous d'autres noms, peuvent inclure des migraines, des bouffées de chaleur, des indigestions et une altération temporaire de la perception des couleurs. Quelques rares patients ont également été victimes d'un infarctus ou d'un accident vasculaire cérébral. **JF**

VOIR ÉGALEMENT : PRÉSERVATIF, PILULE CONTRACEPTIVE, FERTILISATION IN VITRO, INJECTION INTRA-CYTOPLASMIQUE D'UN SPERMATOZOÏDE (ISCI)

La syndication de contenu Web (RSS) (1999)

Guha traque les nouvelles sur Internet.

Même dans le domaine de l'informatique, RSS est connu pour être un exemple délicat. Au cours de son histoire, RSS a signifié Rich Site Summary, RDF Site Summary ou Really Simple Syndication.

Le standard RSS est une manière de décrire les sites Web, en particulier les sites dont le contenu change fréquemment comme les actualités. Le standard RSS original fut créé en 1999 par Ramanathan V. Guha (né en 1965) pour le site populaire My.Netscape.Com. Ce site portail permettait aux navigateurs de publier les actualités sur une seule page. Cela n'était possible que parce que chacun des sites Web sources acceptait de publier une description de leurs actualités dans le format de Guha. Depuis sa création par Guha au sein de l'Advanced Technology Group d'Apple, le standard RSS a subi plusieurs transformations. Dave Winer, autre pionnier du podcast, améliora considérablement le standard en permettant la gestion de fichiers audio et autres données dans le RSS, ouvrant ainsi la voie au podcasting arrivé en 2003.

> *« Il faut du temps avant que chacun accepte d'utiliser de nouvelles méthodes. »*
>
> Ramanathan V. Guha

Aujourd'hui, le standard RSS peut rassembler en un même endroit des actualités, des entrées de blogs, des valeurs boursières, des podcasts, soit presque tout en réalité, en particulier grâce au populaire lecteur RSS Google Reader. **MG**

VOIR ÉGALEMENT : INTERNET, PROTOCOLE INTERNET (TCP/IP), MODEM D'ORDINATEUR PERSONNEL, WORLD WIDE WEB

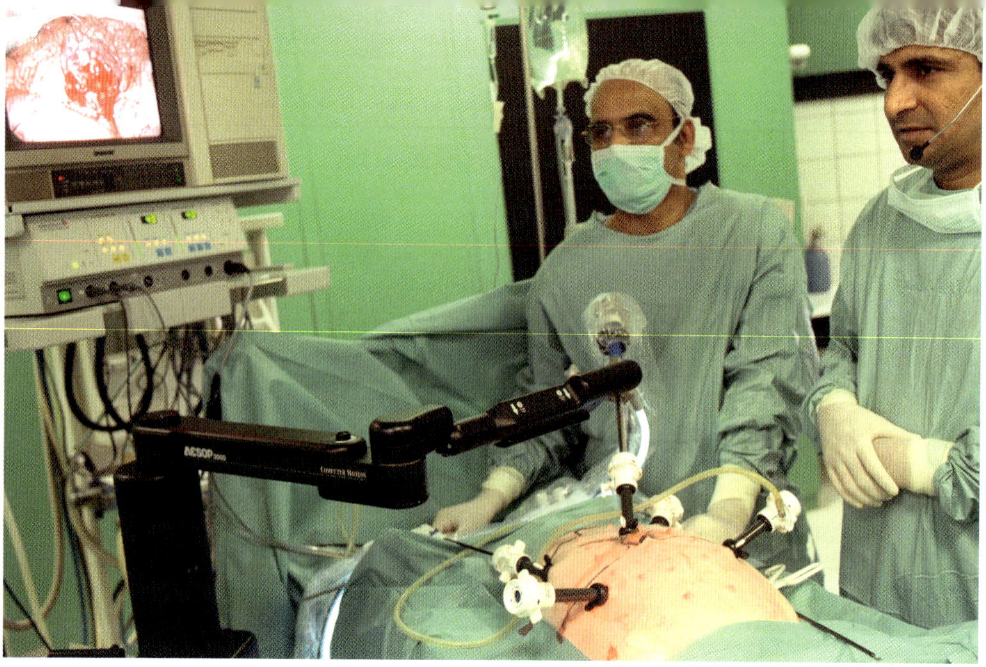

La chirurgie à distance (2001)

Gagner pratique la chirurgie à distance avec l'aide de la robotique.

Dans le cadre de la chirurgie à distance, les chirurgiens manipulent des claviers et des manettes qui commandent des robots chirurgicaux très perfectionnés comme Da Vinci ou Zeus.

Le 7 septembre 2001, Jacques Marescaux de l'université de Strasbourg et de l'IRCAD/EITS (European Institute of Telesurgery), et Michael Gagner, directeur du département de Chirurgie laparoscopique au Mount Sinai Medical Center à New York ont procédé à l'ablation de la vésicule biliaire d'une patiente de 68 ans à Strasbourg, soit à plus de 3 700 km des chirurgiens. Une équipe médicale était présente à Strasbourg, mais elle n'eut pas à intervenir. « L'opération Lindbergh », comme elle fut baptisée, nécessita la présence d'un réseau de fibre optique à haute vitesse afin de relayer l'information. Le décalage entre le mouvement des chirurgiens et l'observation du résultat sur leur écran était d'un huitième de seconde. L'opération fut effectuée par laroscopie ; une caméra et des instruments furent donc introduits dans le patient par de petites incisions. L'opération dura 54 minutes, soit la même durée qu'une opération de la vésicule biliaire traditionnelle.

De telles avancées permettent de pratiquer la chirurgie spécialisée presque partout, avec un chirurgien à des millions de kilomètres de là.

En mai 2006, un robot chirurgical réalisa une opération sans assistance à Milan, en Italie. Carlo Pappone, directeur du département Arythmie et électrophysiologie cardiaque à l'université San Raffaele de Milan, supervisa l'opération depuis Boston. L'opération, d'une durée de 50 minutes, était destinée à réguler le rythme cardiaque irrégulier d'un homme de 34 ans. **SS**

VOIR ÉGALEMENT : CHIRURGIE ANTISEPTIQUE, ENDOSCOPE, LAPAROSCOPE, ROBOT CHIRURGICAL

↑ *Des chirurgiens s'entraînent avec le robot chirurgical Aesop® fonctionnant par commande vocale.*

Le foie artificiel (2001)

Matsumura trouve un moyen de sauver la vie de patients atteints de graves maladies du foie.

Contrairement au cœur, doté d'une seule et unique fonction, le foie humain doit entreprendre plusieurs tâches simultanément. Parmi d'autres fonctions, il participe à la décomposition des aliments en substances utilisables, détruit les toxines et médicaments, stocke le glucose sous forme de glycogène et fabrique diverses substances allant de la bile aux protéines favorisant l'arrêt des saignements de blessures. Mais comment combiner ces différentes fonctions dans un foie artificiel ?

De multiples tentatives ont été pratiquées afin de traiter les maladies du foie, allant du remplacement du volume sanguin corporel d'une personne avec un sang neuf à l'hémodialyse. Toutes n'ont connu qu'un succès très mitigé. Or en 2001, le Dr Kenneth Matsumura et son équipe furent parmi les premiers à fabriquer des foies artificiels capables de fonctionner. Matsumura et son équipe décrétèrent que la meilleure façon d'aborder le problème était de prendre des cellules de foie vivantes et de les placer par ordre avec plusieurs filtres à charbon. Le dispositif obtenu effectuait la plupart des tâches d'un foie normal car il était constitué en partie de cellules de foie normales. Il est généralement utilisé comme ersatz, en attendant qu'un nouveau foie soit disponible pour une greffe, et non comme un substitut définitif, mais les résultats des tests en cours s'avèrent prometteurs. Depuis, les scientifiques britanniques ont créé le premier tissu de foie artificiel à partir de cellules souches. Les chercheurs espèrent que cette avancée aboutira à la création d'organes entiers destinés à être greffés. **BMcC**

VOIR ÉGALEMENT : CŒUR-POUMON, PEAU ARTIFICIELLE, CŒUR ARTIFICIEL, DIALYSE RÉNALE, DISTRIBUTION CONTRÔLÉE DE MÉDICAMENTS

↑ *Dans cette boîte de Pétri, des cellules hépatiques sont cultivées afin d'être utilisées dans un foie temporaire, externe et artificiel.*

Le Segway PT
(2001)

Kamen lance un scooter gyroscopique.

Lorsque le Segway TP (Transporteur Personnel), mis au point par Dean Kamen (né en 1951), fut dévoilé en décembre 2001, il se heurta à une certaine déception. Des rumeurs avaient encensé la fonction antigravité du Segway et des personnalités influentes l'avaient décrit comme une invention « sans doute plus grande encore que celle de l'Internet ».

En réalité, le TP (dont le développement sur dix ans a coûté 100 millions de dollars) est un scooter gyroscopique vendu 5 000 dollars. Debout sur une plate-forme comprise entre deux roues, ses utilisateurs peuvent atteindre une vitesse allant jusqu'à 20 km/h et dirige le gyroporteur grâce à un guidon en forme de T.

« Si nous nous préoccupons de l'environnement, nous devons considérer le Segway avec sérieux. »

Lembit Öpik, politique britannique

Le TP se distingue par son éventail de microprocesseurs et de capteurs qui enregistrent le moindre de ses mouvements. Les moteurs électriques et respectueux de l'environnement sont étudiés pour conserver un équilibre parfait constant. Ainsi, le TP, qui ne possède pas de freins traditionnels mais décélère pour s'arrêter, suit l'inclinaison du corps du conducteur.

Cependant, son prix prohibitif et son aspect encombrant font que le Segway TP rencontre actuellement un succès médiocre au niveau commercial. **DaH**

VOIR ÉGALEMENT : AUTOMATE, EXOSQUELETTE MOTORISÉ, ROBOT BIPÈDE, VOITURE SANS CONDUCTEUR

Debout sur leur Segway TP, des policiers chinois armés s'entraînent lors d'un exercice de lutte antiterroriste.

La radiodiffusion par satellite (2001)

XM révolutionne la radiodiffusion.

En 2001, un service national transmis depuis l'espace offrait, en échange d'un abonnement, 100 chaînes différentes sans aucune interruption dans la réception.

Assuré par deux ou trois satellites en orbite, le réseau prenait la forme d'un signal de forte intensité et ne nécessitait pas d'antenne parabolique mais simplement une antenne de la taille d'une boîte d'allumettes. Même si la diffusion était parfois brouillée par les gratte-ciel et les longs tunnels, le signal était soutenu par des transmissions émanant de tours terrestres.

À l'origine, deux sociétés se virent accorder des licences pour fournir des stations de radio par satellite en 1997 : XM et Sirius. XM fit le premier son apparition sur le marché américain en 2001, suivi par Sirius en 2002. Pour un abonnement mensuel de 10 dollars, XM offrait un vaste panel de stations : certaines chaînes étaient consacrées à des sujets spécifiques comme les actualités, le sport, la circulation et la météo ; les chaînes musicales ne comportaient ni publicités ni DJ et les émissions-débats étaient moins censurées que celles de la radio terrestre libre. En outre, les récepteurs de radio par satellite affichaient chaque chanson diffusée et le nom de l'artiste. Des récepteurs furent ensuite fabriqués, qui pouvaient être retirés des voitures et emportés chez soi.

Le succès se fit pourtant attendre. Lors du lancement, l'on estimait à quatre le nombre d'auditeurs par station ; mais en 2008, ils étaient plus de 16 millions à écouter la radio par satellite. En dépit de batailles juridiques concernant les droits musicaux et de plaintes relatives au contenu de certaines émissions, la radio par satellite semble aujourd'hui adoptée pour longtemps. **JM**

VOIR ÉGALEMENT : SATELLITE ARTIFICIEL, SATELLITE DE COMMUNICATION GÉOSTATIONNAIRE

Les fenêtres autonettoyantes (2001)

PPG Industries nous soulage d'une corvée.

Alors que la vie au XXIe siècle devient de plus en plus mouvementée, les ingénieurs continuent de chercher des moyens de réduire nos charges. C'est ainsi qu'ont vu le jour des aspirateurs sans sacs, des casseroles qui indiquent quand elles sont chaudes… des appareils aussi « utiles » que générateurs de gain de temps.

Les fenêtres autonettoyantes pourraient bien venir s'ajouter à cette liste grandissante des nouveautés aussi futiles que superflues. La technologie innovante qui sous-tend ce concept est certes créative et efficace, mais les gens sont-ils vraiment intéressés par ce type d'inventions ? Il semblerait que oui. PPG Industries, qui lança les premières fenêtres autonettoyantes en 2001, réalisa une enquête de consommateurs avec un sondage paru dans la revue *Better Homes & Gardens* en 2000, et les fenêtres autonettoyantes arrivèrent en tête de liste des produits rêvés.

Les fenêtres « s'auto-nettoient » grâce à une très fine couche d'oxyde de titane présente sur le verre et qui réagit avec les ultraviolets du soleil pour dissoudre les saletés organiques sur la fenêtre. Le revêtement possédant des propriétés hydrophiles, l'eau de pluie ne ruisselle pas de la même façon sur ces fenêtres que sur le verre classique. Au lieu de cela, l'eau forme une pellicule sur toute la surface du panneau, ce qui aide à enlever les salissures de la vitre et à la garder propre.

Cette avancée doit maintenant faire ses preuves car les consommateurs ne se sont pas vraiment empressés de remplacer leurs vitres par ces nouvelles fenêtres autonettoyantes. Elles sont aujourd'hui disponibles chez de nombreux fabricants de verre, mais la stagnation des ventes laisse suggérer que le propriétaire moyen n'est sans doute pas prêt à payer un surcoût de 15 à 20 %. **JB**

VOIR ÉGALEMENT : RACLETTE, BALAI-ÉPONGE, MACHINE À RE-SURFACER LES PATINOIRES

Les matériaux autocicatrisants (2001)

White prolonge la durée de vie du plastique.

Notre corps possède une certaine capacité de se réparer. Les matériaux issus de la main de l'homme n'acquirent cette disposition qu'en 2001, grâce à la création, par l'Américain Scott White et son équipe de l'University of Illinois, des polymères autocicatrisants.

Les matériaux autocicatrisants sont des composés constitués de microcapsules contenant un agent cicatrisant et une faible quantité d'un catalyseur, ce qui permet à l'agent cicatrisant de réparer le matériau. En général, un matériau se détériore dans le temps à cause de microfissures à partir desquelles se développent ensuite des fissures plus importantes. Dans les matériaux autocicatrisants, les microfissures fracturent les microcapsules, l'agent réparateur entre en contact avec le catalyseur et la fissure est comblée. Ces matériaux bénéficient d'une longue durée de vie et s'avèrent prometteurs dans le secteur des organes artificiels et de l'industrie spatiale.

« Soigner est une question de temps, mais parfois aussi une question d'opportunité. »

Hippocrate, « père » de la médecine.

Les matériaux autocicatrisants ont cependant une durée de vie limitée puisque l'agent réparateur qu'ils contiennent est lui-même limité. Le but de White est de créer une substance « biomimétique » avec un système circulatoire afin de transporter les matériaux en récupération là où ils sont attendus. Un tel matériau disposerait d'une durée de vie illimitée. **JB**

VOIR ÉGALEMENT : GÉNIE TISSULAIRE, PEAU ARTIFICIELLE

Les pansements de chitosane
(2002)

HemCon invente un pansement de secours qui favorise la coagulation du sang.

Le chitosane est un composé présent dans les coquilles de crevettes. Ses molécules sont porteuses de charges positives et sont donc capables d'interagir avec les cellules sanguines de charges négatives pour créer un caillot. Les recherches sur le chitosane furent menées pour la première fois à l'Oregon Medical Laser Center aux États-Unis. Les premiers résultats obtenus sur les animaux s'annoncèrent prometteurs et la Food and Drug Administration autorisa l'utilisation des pansements en 2002. Le développement et la fabrication des pansements furent entrepris par HemCon, société spécialisée dans les traitements de traumas.

Sur un champ de bataille comme dans la vie civile, l'enjeu de cette découverte était de taille. En favorisant la formation d'un caillot de sang, le pansement permettait de transporter les patients plus facilement et de réduire le besoin en transfusion sanguine sur les champs de bataille. Résistant et facile à transporter, il permet également aux soldats de se l'appliquer eux-mêmes en cas de besoin. L'hémorragie est la principale cause de mortalité sur les champs de bataille et les chercheurs estiment que près de 5 000 vies de soldats auraient pu être épargnées si le pansement avait été utilisé lors de la guerre du Vietnam.

En 2005, le Pentagone versa 10,5 millions de dollars pour la production des pansements de chitosane par HemCon. Le pansement a en outre été classé dans la liste des « dix plus grandes inventions » par l'US Army Research, Development and Engineering Command. Il s'agit du seul produit médical de la liste. **RH**

VOIR ÉGALEMENT : TRANSFUSION SANGUINE, GÉNIE TISSULAIRE, PEAU ARTIFICIELLE, MATÉRIAUX AUTOCICATRISANTS

↗ *La capacité du pansement de chitosane à stopper les saignements importants en 30 secondes en fait un outil inestimable sur le terrain de la guerre.*

« Avec la maîtrise technologique de l'hémorragie... 20 à 30 % des décès au combat peuvent être épargnés. » Kenton W. Gregory, MD

Le camouflage optique (2002)

Tachi crée un pardessus qui rend invisible.

Grâce à la recherche japonaise, le soldat du XXIe siècle pourrait bientôt se fondre dans son environnement. L'inventeur du camouflage optique, Susumu Tachi (né en 1946), est professeur à l'université de Tokyo où il travaille sur la science et la technologie de la réalité artificielle. Le camouflage optique développé par Tachi et son équipe de chercheurs fonctionne en filmant l'environnement de l'arrière-plan et en le projetant sur un manteau porté par le sujet test. Mais ce manteau n'est pas un vêtement ordinaire. Il est en effet recouvert de milliers de minuscules perles qui reflètent la lumière et la renvoient à sa source, rendant ainsi le manteau invisible. Voilà la théorie, mais en réalité le système est loin d'être parfait et nécessite une sérieuse réduction du volume de l'équipement requis.

« Je voulais créer une vision de l'invisibilité... Il s'agit là d'une sorte de réalité amplifiée. »

Susumu Tachi

Tachi a breveté son « procédé et dispositif destinés à fournir des informations » en 2002 et la technologie, ou des variantes de cette dernière, ont depuis été reprises dans les prototypes de l'armée américaine. La chirurgie pourrait également bientôt profiter de cette invention. La guerre moderne pourrait prochainement se transformer en un grand jeu de cache-cache. **CB**

VOIR ÉGALEMENT : CAMOUFLAGE MILITAIRE, LUNETTES DE VISION NOCTURNE, VISION NOCTURNE EN COULEUR

« L'invisibilité » est obtenue grâce à la projection de l'arrière-plan sur un manteau dont le tissu spécial réfléchit la lumière.

Le système de traçabilité par laser (2002)

Drouillard piste les mouvements des produits.

Il est surprenant de voir comment la technologie moderne a influencé ne serait-ce que la vente de pommes dans les supermarchés. Il n'y a pas si longtemps, le caissier était censé connaître la différence entre les différentes variétés de pommes comme la Granny Smith ou la Golden Delicious, et faisait payer le client en conséquence. Lorsque, pour diverses raisons, la tâche devint trop ardue, l'on apposa sur chaque pomme une petite étiquette (appelée PLU). Mais ce procédé s'avéra fastidieux, onéreux et dispensait trop peu d'informations.

En 2002, l'expert en laser américain Greg Drouillard apporta une solution et breveta son invention qui consistait à tatouer la peau de la pomme avec un code-barres scannérisable au laser. Grâce au code-barres, l'ordinateur pouvait déterminer la variété de pomme, d'où elle provenait, la date de sa cueillette, la personne responsable de sa cueillette, la quantité de calories contenue et si elle était bio, génétiquement modifiée ou issue du commerce équitable.

Grâce au code-barres, la pomme pouvait être pistée de sa cueillette à sa vente. Les tatouages au laser s'appliquent également à une multitude de fruits et légumes. Seuls les biens fragiles et très périssables comme les fraises ne s'y prêtent pas. Il subsiste néanmoins des questions comme celle de savoir si un fruit est toujours bio s'il a été tatoué au laser.

Le système de traçabilité par laser s'applique en outre à de nombreux produits manufacturés et s'est avéré extrêmement utile dans l'industrie pharmaceutique, en particulier dans la distribution des produits sanguins et des vaccins pour lesquels le facteur temps est critique. **DH**

VOIR ÉGALEMENT : RADIO-IDENTIFICATION (RFID), CODE-BARRES, LASER

Le scramjet (2002)

L'université de Queensland et QinetiQ développent le transport hypersonique.

Au XXIe siècle, la vitesse semble plus que jamais la priorité. Tout en améliorant les moteurs turbines, simples mais inefficaces, qui propulsent les fusées et les avions, les scientifiques ont développé les statoréacteurs à combustion supersonique (ou Scramjet) afin d'augmenter les vitesses de transport.

Les scramjets possèdent l'avantage, par rapport aux moteurs ordinaires, de ne pas nécessiter de chargement en carburant. En effet, ils utilisent l'oxygène de l'atmosphère pour brûler le carburant à bord, ce qui les rend plus légers, plus efficaces et extrêmement rapides. Le projet des scramjets est longtemps resté à l'état théorique, mais en 2002 des scientifiques de l'université de Queensland, en Australie, et de la société de défense américaine QinetiQ mirent au point avec succès le premier vol d'un scramjet. Même si le test éprouvait uniquement la technologie et non pas un système de moteur en tant que tel, l'engin atteignit mach 7, soit sept fois la vitesse du son.

Depuis, la NASA a travaillé sur son programme Hyper-X afin de le rendre capable de propulser un avion. D'aucuns supposent que cette technologie pourrait un jour permettre aux engins d'atteindre mach 15, ce qui permettrait de réduire de 15 à 2 heures de vol la distance entre New York et Tokyo.

En 2007, un projet mené conjointement par l'US Advanced Project Agency (DARPA) et l'Australian Defence Science and Technology Organization (DSTO) aboutit au lancement d'un vol qui atteignit la vitesse hypersonique de mach 10. L'arrivée prochaine de ces avions hypersoniques fera du monde un espace bien plus restreint qu'auparavant. **FS**

« Un avion hypersonique pourrait devenir une réalité dans un avenir relativement proche. »

Dr Steven Walker, DARPA Tactical Technology Office

VOIR ÉGALEMENT : MOTEUR À RÉACTION, AVION SUPERSONIQUE, FURTIVITÉ

↖ *En 2004, le scramjet NASA X-43A atteint le record de mach 9,6, soit environ 11 000 km/h.*

Les disques Blu-ray / HD DVD (2003)

Nakamura optimise le stockage optique.

En dépit de la capacité de stockage du DVD six fois supérieure à celle du CD, il était impossible de stocker toutes les informations sur le nouveau support HD. Il fallut donc créer de nouveaux formats et, en avril 2003, le premier disque Blu-ray et les appareils compatibles avec HD DVD firent leur apparition sur le marché.

Les disques Blu-ray et HD DVD stockent exactement six fois plus d'informations qu'un DVD. Certains consommateurs ont aujourd'hui recours à ces appareils de stockage HD pour regarder des films sur leur téléviseur grand écran.

Plusieurs années se sont écoulées entre la création du support HD en 1998 et celle du dispositif de stockage HD DVD en 2003. Bien qu'il fût connu que les lasers avec des longueurs d'ondes plus courtes pouvaient résoudre le problème, il fallut attendre le Dr Shuji Nakamura (né en 1954), professeur à l'université de Californie, à Santa Barbara, et son invention des diodes laser bleues pour que le Blu-ray et le HD DVD deviennent réalité. Le nom Blu-ray se réfère au laser bleu utilisé pour lire et graver le disque.

Les DVD furent introduits avec un format standard, les fabricants ayant retenu la leçon de la guerre ruineuse entre les formats VHS et Betamax. Lorsque le format HD fit son entrée, les fabricants décidèrent cependant d'ignorer ce précédent. Le disque Blu-ray de Sony et le HD DVD de Toshiba entrèrent donc en conflit pour la domination du marché. La guerre des géants de la technologie fut remportée par Sony et Toshiba annonça, le 19 février 2008, qu'il cessait la production du format HD DVD. À cette époque, près d'un million de lecteurs HD DVD avaient déjà été vendus. **JB**

VOIR ÉGALEMENT : DISQUE OPTIQUE, LASER, DVD, STOCKAGE INFORMATIQUE HAUTE DENSITÉ

Le podcast (2003)

Lydon et Winer introduisent les fichiers numériques multimédias.

La première décennie du XXIe siècle a vu se multiplier les nouvelles technologies de communication. Il est aujourd'hui possible de regarder son émission de télévision préférée sur un ordinateur portable, de lire le journal sur son téléphone portable ou d'écouter une émission de radio sur un lecteur MP3. L'évolution du podcast constitue un autre événement majeur.

Un podcast est un fichier numérique audio ou vidéo, automatiquement diffusé à un utilisateur abonné. L'utilisateur peut ensuite écouter ou visualiser le fichier sur un appareil mobile comme un PC, un lecteur MP3 ou un téléphone portable. Le podcaster (ou baladodiffuseur) crée d'abord une « émission », généralement un fichier vidéo ou audio MP3, puis un flux RSS (Really Simple Syndication) qui indique l'endroit où se trouve le podcast (balado). Le récepteur utilise un logiciel appelé agrégateur pour s'abonner ; ce dernier vérifie régulièrement le flux RSS pour voir s'il existe du contenu ou si de nouvelles informations sont apparues, puis télécharge automatiquement ce contenu.

Le terme « podcast » fut inventé par le britannique Ben Hammersley en 2004, à partir des mots « ipod » et « broadcast ». Bien que l'ancien reporter au *New York Times* et radiodiffuseur Christopher Lydon (né en 1940) soit souvent cité comme le concepteur des premiers vrais balados, le mérite revient également aux innovateurs de l'ombre comme Dave Winer (né en 1955) qui développa le flux de syndication RSS qui permit aux blogs de Lydon – une série d'interviews de pointe – d'être distribués automatiquement à grande échelle. **TB**

VOIR ÉGALEMENT : SYNDICATION WEB (RSS)

Le stockage informatique haute densité (2005)

IBM décuple la capacité de mémoire des ordinateurs.

Un ordinateur possède deux types fondamentalement différents de mémoire. La mémoire principale est la Direct RAM (DRAM) qui représente les composants de stockage actif d'une mémoire d'ordinateur. La DRAM est certes rapide, mais elle stocke relativement peu d'informations. L'autre type de mémoire est le disque dur, qui utilise un disque de métal solide et partiellement magnétisé pour stocker les informations.

En 2005, IBM mit au jour une alternative possible sous la forme du « Millipede » (« mille-pattes »), appelé ainsi en raison de sa ressemblance avec l'animal. Le mille-pattes utilise la nanotechnologie pour stocker des informations dans de minuscules cavités à la surface d'un polymère situé au-dessus d'un substrat de silicium. Ces informations sont lues par une série de têtes à force atomique capables de lire et de graver des données bien plus rapidement que des disques durs traditionnels.

« Les superordinateurs atteindront la capacité d'un cerveau humain d'ici à 2010 et les [PC], d'ici à 2020. »

Raymond Kurzweil, inventeur

Il en résulte que le mille-pattes est bien plus rapide que le disque dur, soit presque aussi rapide que certaines DRAM, et qu'il est capable de stocker plus de données que certains disques durs, soit 1 gigabit par millimètre carré. Cette capacité est quatre fois supérieure au stockage magnétique actuellement disponible. **BG**

VOIR ÉGALEMENT : CARTE PERFORÉE, MÉMOIRE INFORMATIQUE MAGNÉTIQUE, MÉMOIRE FLASH, COMPRESSION JPEG, COMPRESSION MP3

La vision nocturne en couleur (2005)

TNO perfectionne la technologie de la vision nocturne.

C'est à des fins militaires que furent développées à l'origine les lunettes de vision nocturne par l'Américain William Spicer, en 1942. Plus tard, les lunettes furent équipées de caméras destinées à capturer de la lumière en faible quantité et à l'amplifier, produisant ainsi une image grise ou verte et floue de la scène. Parallèlement, dans la nuit noire, là où il n'y avait pas de lumière à amplifier, des capteurs à infrarouges détectaient la chaleur dégagée par les éléments, ce qui permettait une observation selon des couleurs qui dépendaient du degré de chaleur.

Le problème majeur des scènes de vision nocturne représentées en gris ou en vert est qu'il est difficile d'évaluer les distances. L'armée néerlandaise a fait appel à l'équipe de chercheurs dirigée par Alex Toet à Soesterberg, pour développer des lunettes qui permettraient d'observer le monde nocturne en couleur.

Les lunettes, dont le fonctionnement a été révélé en 2005, sont exposées à une photographie du monde prise le jour et permettant d'identifier toutes les couleurs. Elles reproduisent cette photo couleur sur une photo grise prise de nuit et comparent les deux images. Grâce à cette technique, les lunettes peuvent instantanément traduire les zones grises en zones de couleur à chaque fois qu'elles fonctionnent la nuit.

De plus, ces lunettes peuvent, à l'aide du GPS, être programmées de manière à ajuster automatiquement la gamme chromatique au lieu précis où elles sont utilisées. À l'instar des militaires, il est fort probable que les services d'urgence ne puissent plus se passer de ces lunettes lors de leurs opérations de secours nocturnes. **DK**

VOIR ÉGALEMENT : LUNETTES DE VISION NOCTURNE, GÉO POSITIONNEMENT PAR SATELLITE (GPS), INTENSIFICATEUR D'IMAGE

Surface Computing
(2006)

Avec Microsoft, l'ordinateur personnel devient une table tactile.

En 2006, Microsoft inaugura un nouveau mode d'interaction entre l'homme et l'ordinateur. Souris et clavier sont remplacés par un plan de table avec un écran tactile de projection par transparence intégré. Sous l'écran, à l'intérieur de la table, se trouvent cinq caméras aux champs de vision qui se chevauchent. Ces caméras peuvent voir au travers de l'écran et sont programmées pour identifier ou analyser les objets placés sur l'écran.

Le logiciel comporte une multitude de points tactiles ce qui permet à de nombreux utilisateurs d'utiliser l'ordinateur en même temps. Un seul utilisateur peut également effectuer plusieurs tâches. Ainsi, lorsqu'un appareil photo est posé sur la table informatique, l'ordinateur reconnaît immédiatement qu'il s'agit d'un appareil photo, télécharge les images en mémoire et les affiche sur l'écran. Pour agrandir une image, il suffit simplement de toucher ses deux coins opposés et d'éloigner les doigts. On procédera de la même façon pour insérer ou extraire un CD à partir du lecteur de musique. L'objectif est de reproduire les interactions de manipulation quotidiennes et intuitives.

Pour le moment Microsoft Surface est onéreux et destiné à certains hôtels, lieux de divertissements publics, magasins et restaurants.

Ces outils pourraient bien révolutionner la technologie du jeu informatique puisqu'il suffirait d'un vrai pinceau et d'une palette de peinture virtuelle pour peindre des images informatiques en temps réel. **DH**

VOIR ÉGALEMENT : PAVÉ TACTILE (TOUCH PAD), ÉCRAN TACTILE, ÉCRAN PLASMA

↗ *Les images affichées sur la table-écran peuvent être déplacées, diminuées ou agrandies à l'aide d'un ou de deux doigts.*

« Une table, un fauteuil, une corbeille de fruits et un violon ; que faut-il d'autre à un homme pour être heureux ? » Albert Einstein

L'impression à la demande (2006)

La société Books on Demand réduit les coûts d'impression sur le court terme.

L'impression à la demande a révolutionné le monde de l'édition. Mis au point en 2006 par la société Books on Demand, le procédé est infiniment plus rapide et plus simple à mettre en œuvre que l'impression traditionnelle car les pages sont numérisées, ce qui élimine les besoins en pellicules lithographiques ou en planches. C'est un procédé également moins onéreux. Les coûts à l'unité sont certes plus élevés par copie qu'avec les méthodes d'impression traditionnelle, mais il permet des coûts moindres par copie pour les faibles tirages.

La technologie numérique de l'impression à la demande sauve de nombreux livres, vieux et relativement obscurs, des oubliettes en leur permettant de rester disponibles sur le marché et en librairie. Cambridge University Press (CUP) recourt à ce procédé depuis 1998 et possède aujourd'hui plus de 10 000 titres dans son catalogue. Leur société d'impression à la demande, Lightning Source, produit environ un million de livres par mois, sur des sujets aussi divers que la musique espagnole du XVIIIe siècle ou les origines des pluies d'étoiles filantes.

Le procédé d'impression à la demande permet en outre aux éditeurs d'exploiter l'engouement éphémère associé aux biographies de célébrités, aux événements télévisés spéciaux et aux programmes de téléréalités. Les éditeurs peuvent ainsi minimiser les risques de stocks en évaluant la demande, en imprimant de manière traditionnelle, puis en recourant au principe d'impression à la demande pour les réimpressions.

L'impression à la demande est plus écologique. En effet, elle utilise moins d'encre et de papier et génère moins de déchets, un aspect crucial dans notre monde fortement industrialisé. **FS**

VOIR ÉGALEMENT : GRAVURE, LINOTYPE, MONOTYPE, PHOTOLITHOGRAPHIE, LITHOGRAPHIE

L'iPhone (2007)

Apple ajoute des fonctionnalités au téléphone mobile.

Annoncé en janvier 2007 et très attendu, l'iPhone d'Apple pouvait lire de la musique, prendre des photos, surfer sur le Web, envoyer des e-mails, visionner des films et stocker près de 8 gigabits d'informations. Il était aussi équipé du wi-fi, d'une calculette, d'un calendrier et d'un bloc-notes, et fonctionnait à l'aide d'un écran tactile évolué. Et naturellement, il pouvait passer un appel téléphonique.

Avec son large écran, son absence de touches et sa faible largeur, l'iPhone se démarquait déjà par sa simple apparence, puisque, à la différence de ses concurrents, il ne ressemblait pas à un téléphone.

« L'iPhone est une "révolution"… Il changera la manière dont les gens perçoivent les combinés. »

Randall Stephenson, PDG de AT&T

L'iPhone ne connut cependant pas le succès escompté et Apple ne couvrit que 5 % du marché mondial. La cause principale en était le prix de vente.

En juillet 2008, Apple sortit une version améliorée et moins chère, l'iPhone 3G, qui pouvait exploiter les réseaux 3G, plus rapides.

Pour ce qui est de l'inventeur du iPhone, le PDG d'Apple Steve Jobs figure en tête sur la liste des auteurs du brevet bien que de nombreux employés fussent impliqués dans l'invention. **RP**

VOIR ÉGALEMENT : TÉLÉPHONE MOBILE CELLULAIRE, TÉLÉPHONE CELLULAIRE NUMÉRIQUE, SMARTPHONE

Peu épais, l'iPhone affiche le menu de ses fonctions sur un écran tactile à cristaux liquides.

AT&T 3G
9:42 AM
Tuesday
9
SMS
Text
Calendar
Photos
Camera
280
73°
YouTube
Stocks
Maps
Weather
Clock
Calculator
Notes
Settings
iTunes
App Store
Phone
Mail
Safari
iPod

La prothèse oculaire (œil bionique) (2007)

Grâce à Argus II, les non-voyants peuvent distinguer les formes.

Lors d'essais cliniques effectués aux États-Unis en 2007, 70 patients furent équipés d'un nouvel appareil appelé Argus II dont la caméra, connectée à des lunettes, fournissait l'information visuelle aux électrodes présentes dans l'œil. Lors de ce test, les patients aveugles parvinrent à percevoir les formes et les mouvements. L'« œil bionique » était semble-t-il alors à portée de main.

Les prothèses destinées à restaurer la vue font l'objet de recherches depuis les années 1950. Les prothèses oculaires sont généralement formées d'une mince pellicule incurvée, le plus souvent élaborée à partir d'un type de verre appelé cryolite, fixée sur l'œil déficient. Plus récemment, cependant, des chercheurs ont tenté de redonner la vue à certains sujets.

« Un élément technologique révolutionnaire… le potentiel de changer la vie des gens. »

Anita Lifestone, Royal National Institute for the Blind

Il incombe désormais aux scientifiques de recréer la vue et ils n'ont jamais été aussi près du but. L'essentiel tient dans la relation entre les signaux électroniques et les composants biologiques de l'œil, et c'est sur ce point que convergent les recherches actuelles. Si le nerf optique est endommagé lorsque la personne est adulte, il devrait être possible de le réactiver grâce à l'utilisation d'électrodes. L'« œil bionique » pourrait comporter jusqu'à 60 électrodes ; il reste maintenant à en trouver une seule qui fonctionne intégralement. **KB**

VOIR ÉGALEMENT : PROTHÈSE, IMPLANT COCHLÉAIRE, CHIRURGIE LASER DE L'ŒIL, PROTHÈSE MÉCANIQUE

Le Grand Collisionneur de hadrons (2008)

L'accélérateur de particules du CERN est achevé.

La plus grande machine jamais construite par l'homme, le Grand Collisionneur de hadrons (Large Hadron Collider ou LHC), est un accélérateur de particules construit dans un énorme tunnel circulaire de quelque 27 km de circonférence et enfoui entre 50 et 175 m sous terre, situé près de Genève.

Le tunnel lui-même fut construit entre 1983 et 1988 afin d'abriter un autre accélérateur de particules, le collisionneur LEP (Large Electron-Positron Collider), en service jusqu'en 2000. Son successeur, le LHC fut mis en marche en septembre 2008. Le LHC est l'accélérateur de particules le plus puissant jamais construit ; il fut conçu afin d'explorer les limites de ce que les physiciens appellent le modèle standard, théorie relative aux particules fondamentales subatomiques. L'engin utilise des aimants capables de faire quasiment atteindre aux protons la vitesse de la lumière. Deux faisceaux tournent dans des directions opposées autour de l'anneau. À quatre points d'intersection distincts, les deux faisceaux se croisent, provoquant ainsi une collision des protons ; la destruction de ces derniers est enregistrée par des détecteurs ultrasensibles.

Ces collisions visent à produire d'innombrables particules nouvelles qui simulent, sur une micro-échelle, certaines des conditions supposées du big bang. Certains scientifiques espèrent que les résultats du LHC permettront de révéler l'existence du boson de Higgs, également nommé « particule de Dieu » et sans doute responsable de l'existence même de la masse. **DHk**

VOIR ÉGALEMENT : CHAMBRE À BULLE, CYCLOTRON, SYNCHROTRON

Le noyau du plus grand aimant solénoïdal supraconducteur du monde est intégré à l'intérieur du LHC.

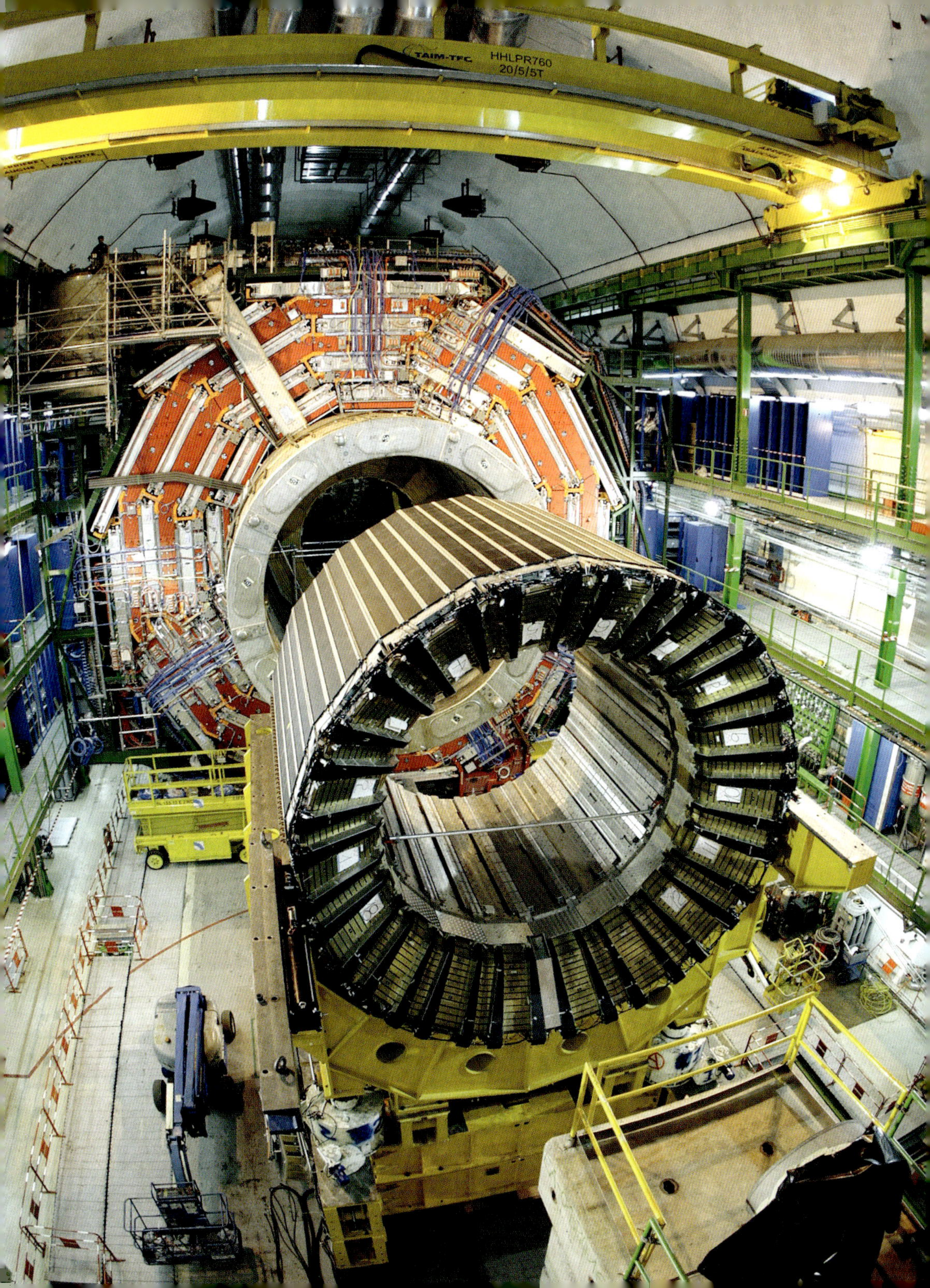
TAIM-TFC
HHLPR760
20/5/5T

Glossaire

Acide
Solution dont le pH est inférieur à 7. Composé chimique qui, dissous dans l'eau, est capable de libérer des ions hydrogène (H+). *Voir* **pH**

Acier
Alliage de fer et d'un pourcentage variable de carbone auxquels s'ajoutent généralement du manganèse, du chrome, du vanadium ou du tungstène.

ADN
L'ADN ou acide désoxyribonucléique est une molécule, présente dans toutes les cellules vivantes, qui renferme les informations nécessaires au fonctionnement et au développement d'un organisme, ainsi que ses données génétiques. Il se présente le plus souvent comme une paire de longues molécules disposées en double hélice. *Voir* **Hélice**

Alcalin
Composé chimique au pH supérieur à 7, et soluble dans l'eau. *Voir* **pH**

Algorithme
Ensemble des règles préparatoires à un calcul ou à tout autre traitement d'une information, par exemple au moyen d'un ordinateur.

Alliage
Composé métallique obtenu par la combinaison de deux ou de plusieurs métaux afin d'améliorer les qualités mécaniques (dureté, souplesse) ou chimiques (résistance à la corrosion) de l'ensemble.

Ammoniac
Gaz incolore. Soluble dans l'eau, il produit une solution fortement alcaline, l'ammoniaque, utilisée entre autre comme liquide nettoyant.

Analogique
Représentation dans laquelle des grandeurs (voltage, etc.) entrant dans des calculs sont figurées par des grandeurs analogues et variant de manière identique. Voir Numérique

ARN
Abréviation de acide ribonucléique, un élément essentiel à la synthèse des protéines. Contrairement à l'ADN et à sa double hélice, l'ARN se présente sous forme de simple brin.

Ascension droite
Angle formé, sur la sphère céleste, entre un point de référence (le point vernal) et le point considéré. S'exprime en heures, minutes, secondes.

Atome
Unité de base d'un corps chimique, composé d'un noyau formé d'un nombre variable de protons et de neutrons, et entouré d'électrons.

Azimut
Angle formé sur un plan entre un objet quelconque (étoile, sommet de montagne) et le point de référence de ce plan. Ainsi, si le point de référence du plan est le nord vrai, un objet situé au sud aura un azimut de 180 degrés.

Bâbord
À bord d'un bateau, le côté gauche lorsqu'on regarde vers l'avant. *Voir* **Tribord**

Brevet
Droit accordé à une personne ayant prouvé qu'elle est l'auteur d'une invention, et lui permettant d'exploiter cette invention sous certaines conditions.

Bronze
Alliage de cuivre et d'étain.

Cantilever
Mot anglais signifiant « en porte-à-faux ». Se dit d'une poutre, d'un tablier de pont, d'un balcon, etc., soutenu seulement à l'une de ses extrémités et dont l'autre se trouve suspendue au-dessus du vide.

Catalyseur
Substance qui provoque ou accélère une réaction chimique sans subir elle-même de modification permanente du fait de la réaction en question.

CFC
Abréviation de chlorofluorocarbone. Également appelés Fréon, ce sont des composés chimiques contenant du chlore, du fluor, et du carbone. Utilisés un temps dans les circuits de refroidissement et les solvants de nettoyage, leurs effets nuisibles sur la couche d'ozone les ont fait interdire.

Cheval-vapeur
Unité mesurant la puissance d'un moteur thermique à combustion externe ou interne. Ne fait pas partie du Système international d'unités (SI), ce rôle étant tenu par le watt : 1 cheval-vapeur (ch) égale 736 watts.

Chloroforme
Également connu sous le nom de trichlorométhane, ce liquide volatile et incolore est utilisé comme solvant. Au XIXe siècle, il remplissait la fonction d'anesthésiant.

Circuit
Ensemble d'éléments conducteurs permettant la circulation du courant électrique le long d'un parcours fermé.

Coaxial
Littéralement « qui partage le même axe ». Câble coaxial, câble dont un élément conducteur central est gainé par un ou plusieurs autres conducteurs.

Combustion
Le fait de brûler. La suite des réactions qui se déroulent lorsqu'un carburant et un oxydant sont chauffés.

Composite
Un matériau composite est constitué de deux ou de plusieurs éléments aux caractéristiques physiques ou chimiques très différentes. Ces propriétés restent dissociées dans la structure finale. Le contreplaqué ou certains laminés et mélaminés sont des composites.

Compound
Mot anglais définissant une substance composée de deux ou de plusieurs éléments différents, chimiquement

associés. À la différence du composite, dont les matériaux demeurent distincts, ceux du compound réagissent chimiquement comme le ferait une substance spécifique.

Compresseur
Dispositif comprimant l'air afin de suralimenter en oxygène un moteur à explosion ou une turbine de réacteur. Se dit aussi d'un circuit électronique destiné à limiter l'amplitude d'un signal audio.

Condensat de Bose-Einstein
En 1924, Einstein et le physicien indien Bose avaient prévu qu'à des températures frôlant le zéro absolu les atomes s'écraseraient et se fondraient pour former une sorte de « super-atome ». En 1995, leur théorie fut vérifiée expérimentalement par Eric Cornell et Carl Wieman.

Conducteur
Matériau ou dispositif permettant la transmission de la chaleur, de l'électricité, de la lumière ou du son. Le cuivre est un excellent conducteur de la chaleur et de l'électricité.

Couple
Effort en rotation appliqué à un axe. Par exemple, des marins manœuvrant un cabestan fournissent un couple. Celui-ci dépend de la force appliquée (nombre de marins) et de l'effet de levier (longueur des bras du cabestan).

Cryptographie
La science du codage et du décodage des messages.

Déclinaison
En astronomie, désigne la distance angulaire entre un point du ciel et l'équateur céleste. Le terme s'applique aussi à la déviation angulaire entre le pôle Nord magnétique et le pôle Nord géographique. Voir Équateur céleste

Diamètre
Segment de droite reliant deux points de la circonférence d'un cercle en passant par son centre. Voir Rayon

Dynamo
Machine transformant l'énergie mécanique en énergie électrique. Forme ancienne du générateur et de l'alternateur.

Échappement
En horlogerie traditionnelle, dispositif régularisant les oscillations du pendule ou du balancier d'une horloge ou d'une montre mécaniques.

Électrode
Extrémité d'un conducteur libérant ou captant un courant électrique.

Électromagnétisme
Interaction de l'électricité et des champs magnétiques. Science étudiant ces phénomènes.

Électron
Particule subatomique porteuse d'une charge électrique négative.

Énergie cinétique
Énergie accumulée par un corps en mouvement, et fonction du carré de la vitesse de ce corps.

Équateur céleste
Projection de l'équateur terrestre sur la sphère céleste.

Extraction par fusion
Procédé consistant à chauffer le minerai pour en tirer le métal fondu

Fer
Métal résistant et magnétique de couleur blanc-gris, se présentant le plus souvent sous forme d'un minerai, comme l'hématite.

Ferme
Élément structurel de soutien, souvent triangulaire, employé en architecture et en construction métallique.

Fréquence
Nombre d'oscillations, généralement comptées par seconde, d'un phénomène ondulatoire, comme les ondes sonores, radioélectriques ou lumineuses. Mesure d'un événement répétitif donné par unité de temps. « Haute fréquence » implique un grand nombre d'oscillations et une courte longueur d'onde.

Fuselage
Carcasse en forme de fuseau constituant le corps d'un avion.

Générateur
Dispositif générant de l'énergie (par exemple de l'électricité) à partir d'un mouvement mécanique. Appareil produisant du gaz ou de la vapeur.

Génétique
Relatif aux gènes, ces « fichiers d'information » détenus par chaque cellule et déterminant le développement d'un organisme.

Géocentrisme
Doctrine dominante jusqu'au XVIIIe siècle, et selon laquelle la Terre est le centre de l'Univers ou du système solaire.

Gigawatt
Équivalent d'un milliard de watts. Multiple d'unité à l'échelle de la production des grosses centrales électriques.

Graphite
Carbone cristallisé, utilisé pour fabriquer des mines de crayons ou pour modérer le flux des neutrons au cœur d'un réacteur nucléaire.

Hélice
Courbe dont le profil s'enroule régulièrement en vis autour d'un cylindre (esquissant la forme d'un tire-bouchon). Les atomes d'une protéine, l'acide nucléique, les molécules polymériques épousent la forme d'une hélice. L'ADN se compose d'une hélice double. *Voir* **ADN**

Héliocentrisme
Doctrine faisant du Soleil le centre du système planétaire dont la Terre fait partie. Jusqu'à Galilée, on croyait que la Terre occupait le centre de l'Univers. *Voir* **Géocentrisme**

Hélioscope
Instrument permettant d'étudier le Soleil en projetant son image sur une surface, afin d'éviter les risques pour les yeux que fait encourir l'observation directe.

Holographie
Technique de reproduction utilisant plusieurs lasers pour obtenir des photographies présentant un effet de relief marqué.

Hydraulique
Gestion des mouvements de l'eau par des canalisations, des turbines, des pompes, des aqueducs, etc., à des fins d'irrigation, d'esthétique (fontaines) ou de production d'énergie.

Hydroélectricité
Utilisation de la puissance de l'eau pour générer de l'électricité par le moyen de roues à aubes ou de turbines, et de générateurs.

Hydroponique
Méthode de culture des végétaux hors sol, au moyen de substances nutritives dissoutes dans l'eau.

Infrarouge
Radiation électromagnétique dont la longueur d'onde est plus grande que la limite rouge du spectre de la lumière visible. Émise lorsque des corps dégagent de la chaleur, elle permet leur observation dans l'obscurité à l'aide de caméras opérant dans sa longueur d'onde.

Ion
Atome ou molécule électriquement chargé, suite à la perte ou au gain d'un certain nombre d'électrons.

Isolant
Matériau s'opposant au passage du courant électrique, comme le verre ou le plastique.

Kérosène
Hydrocarbure liquide employé comme carburant des moteurs à réaction et parfois des moteurs-fusée. Aux États-Unis, le mot – sans accent – désigne aussi le pétrole lampant.

Kilowatt
1 000 watts, soit 1,34 cheval-vapeur (ch).

Labourage
En agriculture, opération consistant à retourner le sol pour l'aérer et éradiquer les mauvaises herbes avant de procéder aux semailles.

Laser
Acronyme de *Light Amplification by Stimulated Emission of Radiation* (amplification de la lumière par émission stimulée de radiation). Un laser génère un rayon de lumière cohérente en stimulant l'émission de photons par des atomes ou des molécules. Imprimantes, fibres optiques, lecteurs CD et DVD, fabrications et gravures industrielles, ses applications sont innombrables.

Latex
Sève caoutchouteuse de nombreux végétaux. Le latex de l'hévéa est la base du caoutchouc naturel, largement employé dans l'industrie.

Mégawatt
Un million de watts d'énergie électrique. Multiple d'unité à l'échelle des décharges colossales de la foudre ou de la puissance des gros générateurs de centrale.

Minerai
Minéral contenant des substances chimiques, notamment métalliques, en proportion suffisante pour que leur extraction soit possible.

Modem
Abréviation de modulateur-démodulateur. Appareil convertissant par exemple les signaux analogiques d'une ligne téléphonique en signaux numériques adaptés à un ordinateur, et vice-versa.

Nitroglycérine
Liquide huileux et lourd, instable et extrêmement explosif, obtenu en faisait réagir la glycérine sur les acides sulfurique et nitrique. Composant essentiel de la dynamite.

Numérique
Se dit des signaux et des informations transformés en chiffres et en nombres pour leur traitement ou leur lecture.
Voir **Analogique**

Optique
Étude de la lumière, du fonctionnement de l'œil, et de la vue.

Oxydation
Réaction chimique de l'oxygène avec un autre corps. Ainsi, le carbone s'oxyde pour produire le gaz carbonique.

Paraffine
Cire inflammable composée d'hydrocarbures supérieurs tirés du pétrole. Utilisé pour la fabrication des bougies et des cirages, comme matériau d'étanchéité et dans l'industrie cosmétique.

Parchemin
Surface découpée dans une peau de chèvre ou de mouton et servant de support à l'écriture.
Voir **Vélin**

pH
Mesure de la concentration des ions d'hydrogène dans une solution, indiquant l'acidité ou l'alcalinité de celle-ci. L'eau pure a un pH de 7. Un pH inférieur à 7 est acide, un pH supérieur est alcalin.
Voir **Acide, Alcalin**

Phénol
Corps cristallin solide, extrait du goudron de houille. Dilué, il est utilisé comme désinfectant.

Photon
Onde ou particule élémentaire dont le flux constitue le rayonnement électromagnétique. À la différence des autres particules élémentaires, comme l'électron, le photon n'a pas de masse.

Pile
Dispositif transformant en électricité l'énergie dégagée par une réaction chimique, inventé par Volta en 1800. À l'origine, il s'agissait d'un empilement d'éléments baignant dans un liquide, l'électrolyte, d'où son nom. Aujourd'hui, on parle de « piles sèches ». Les batteries d'accumulateur fonctionnent sur le même principe mais sont rechargeables.

Pixel
Abréviation de *picture element*. Le plus petit élément d'une image numérique affichée sur un écran. Le nombre de pixels détermine la définition de l'image ou de l'écran.

Plombagine
Nom ancien du graphite.
Voir **Graphite**

Pneumatique
Désigne un dispositif fonctionnant grâce à un gaz ou à l'air sous pression, comme un marteau pneumatique.

Point d'appui
Le point sur lequel pivote un levier. Sa position par rapport au point d'application de la force déterminera l'effort à fournir pour obtenir un effet donné. Appelé aussi fulcrum.

Polymère
Matériau dont la structure moléculaire est constituée d'un grand nombre d'unités semblables. Les polymères sont généralement synthétiques (Nylon, PVC, etc.) mais ils existent également à l'état naturel (ambre, cellulose).

Radar
Acronyme de *Radio Detection and Ranging* (détection et télémétrie par radio). Système envoyant des ondes électromagnétiques sur un objet donné, puis récupérant et analysant leur écho pour déterminer sa distance, son altitude, son cap et sa vitesse.

Radiation
Énergie émise sous forme d'ondes électromagnétiques lorsqu'un atome passe d'un état d'énergie haute à un état d'énergie basse. Le mot désigne généralement les radiations ionisantes, particulièrement nocives. Les ondes radio et les micro-ondes ne sont pas ionisantes, donc plus stables et non dangereuses.

Radioactivité
Émission de radiations ou de particules ionisantes par un noyau atomique instable.
Voir **Radiation**

RAM
Acronyme de *Random Access Memory*. La mémoire à accès direct où l'ordinateur place les données lors de leur traitement.

Rayon
Segment de droite reliant le centre d'un cercle à sa circonférence.
Voir **Diamètre**

Rayons gamma
Radiations électromagnétiques de haute énergie (ou émissions d'ondes à haute fréquence) produites par l'interaction de particules subatomiques. Les rayons gamma pénètrent et endommagent facilement les tissus vivants.
Voir **Rayons X**

Rayons X
Radiations électromagnétiques aux longueurs d'onde plus importantes et aux fréquences plus basses que les rayons gamma, donc moins nocives. Utilisés avec précautions, les rayons X jouent un rôle inestimable dans les domaines de la médecine et de la sécurité.

Rochet
Système mécanique autorisant un mouvement circulaire dans une seule direction (treuil, tournevis à cliquet).

Scaphandre autonome
Dispositif composé de bouteilles et d'un détendeur, permettant à un plongeur de demeurer un temps donné sous l'eau en emportant sa réserve de gaz respirable.

Semi-conducteur
Élément électronique miniaturisé capable de se comporter à la fois comme un conducteur et comme un isolant. Des montres numériques aux téléphones mobiles et aux ordinateurs, on les trouve désormais partout.

Solénoïde
Câble conducteur bobiné sur un cylindre, se comportant comme un aimant lorsqu'un courant électrique le parcourt.

Solvant
Liquide ou gaz ayant la propriété de dissoudre d'autres substances, et d'en produire une solution. Par exemple, le dissolvant de vernis à ongles, le diluant pour peinture, ou les solvants organiques employés en nettoyage à sec.

Sphère armillaire
Ensemble de cercles et de cerceaux modélisant la position de la Terre, du Soleil, des planètes et des étoiles ainsi que leurs mouvements relatifs. Créée par les Grecs au IIIe siècle av. J.-C., puis perfectionnée jusqu'à la Renaissance, elle abandonna la représentation géocentrique pour la logique héliocentrique à mesure que progressait la connaissance du système solaire.

Taquet
Élément de bois ou de métal bloquant une corde ou un câble pour éviter son déplacement.

Taxonomie
Description et classification des espèces du monde vivant.

Térawatt
Équivalent à 1 000 milliards de watts d'électricité.

Thermodynamique
Science de la transformation de la chaleur en puissance motrice.

Tribord
À bord d'un bateau, le côté droit lorsqu'on regarde vers l'avant.
Voir **Bâbord**

Ultraviolet
Radiation électromagnétique invisible à l'œil humain, située juste au-delà du violet dans le spectre des couleurs. Sa longueur d'onde est plus courte que celle des rayons X. Responsables des coups de soleil, les ultraviolets stimulent également la production de vitamine D.

Vélin
Parchemin à grain très fin fait à partir d'une peau de veau.
Voir **Parchemin**

Volt
Unité de tension et de force électromotrice. Du nom d'Alessandro Volta, le savant italien qui réalisa la première pile électrique en 1800.

Watt
Unité de mesure de la puissance d'un flux énergétique et d'un flux thermique. Du nom de James Watt, l'ingénieur anglais qui inventa la machine à vapeur.

Index des inventeurs

Collaborateurs

Simon Adams (SA) est historien et écrivain. Il vit et travaille à Londres. Il est l'auteur de nombreux ouvrages en particulier sur la Rome ancienne et sur les deux Guerres mondiales.

Clare Ashton (CA) est née à Dublin, en Irlande. Elle vit aujourd'hui à Aberdeen, en Écosse, où elle travaille, en tant qu'ingénieur, pour une importante compagnie pétrolière.

Katherine Ball (KB) est diplômée dans le domaine des sciences environnementales. Elle est aujourd'hui chargée des relations publiques dans ce même secteur.

Jim Bell (JB) a obtenu son diplôme en zoologie auprès de l'université de Leicester. Il est intervenant scientifique pour plusieurs média.

Stewart Bell (SB) est diplômé de l'université de Bath, en Biologie appliquée. Il enseigne aujourd'hui à Cambridge.

Riaz Bhunnoo (RB) est docteur en chimie. Il travaille pour Research Councils de Grande-Bretagne. Il a notamment participé à l'écriture de *Null Hypotheis : The Journal of Unlikely Science*.

Hayley Birch (HB) est écrivain et éditeur en freelance à Bristol. Il a publié ses articles notamment dans *Nature*, *Chemistry World*, *The Little Black Book of Science* et *The Daily Telegraph*.

Richard Bond (RBd) est diplômé en biologie et en philosophie. Il a participé à l'écriture d'essais sur la police scientifique et sur la science dans notre société.

Christopher Booroff (CB) a étudié la physique à l'University College de Londres. Enfant, il rêvait d'être astronome. Il travaille aujourd'hui dans le secteur de la finance.

Matt Brown (MB) est écrivain scientifique et créateur du site web Nature Network, destiné aux scientifiques.

Raychelle Burks (RBk) est née en Californie. Elle prépare aujourd'hui un master en science médico-légale et un doctorat en chimie.

Terry Burrows (TB) est écrivain et musicien. Il a publié une cinquantaine d'ouvrages dans des domaines variés (musique, technologie, psychologie…).

Lucy Cave (LC) est un marin chevronné. Elle s'intéresse aux évolutions techniques dans ce domaine et a collaboré à la rédaction de plusieurs articles.

Stephen Cave (SC) a étudié les sciences, les nouvelles techonologies et le design. Il s'intéresse à leur impact dans la vie quotidienne.

Jack Challoner (JC) est diplômé en physique. Après avoir travaillé au Science Museum de Londres, il se consacre aujourd'hui à l'écriture.

Andrew Chapman (AC) a publié des ouvrages dans des domaines très variés tels que l'anthropologie, le travail et l'emploi ou encore le théâtre. Il est aujourd'hui graphiste et éditeur.

Josh Davies (JD) est géochimiste. Il exerce à Alberta, au Canada.

Michael Davis (MD) a voyagé de nombreuses années pour trouver l'origine de diverses inventions.

Sarah Drinkwater (SD) est spécialisée dans la littérature de la Renaissance. Écrivain et journaliste, son premier roman est paru en 2009.

Amanda Elsdon-Dew (AE-D) est diplômée en histoire. Elle a travaillé pour de nombreux éditeurs.

Janet Fricker (JF) est diplômée en physiologie et écrit pour de nombreux magazines médicaux.

Margaret Fricker (MF) a travaillé dans l'industrie et enseigne dans des lycées techniques. Elle intervient également dans la formation des adultes.

Matt Gibson (MG) s'intéresse à la programmation d'ordinateurs depuis l'âge de 8 ans. Il travaille aujourd'hui dans l'industrie des technologies nouvelles et de l'information. Il est également journaliste à la BBC.

James Grant (JG) est diplômé en littérature et en langue anglaise. Il est également critique d'art.

Reg Grant (RG) est l'auteur de plus de vingt livres. Il a notamment publié *The Rise and Fall of the Berlin Wall ; Flight : 100 Years of Aviation* et *The Visual History of Britain from 1900 to the Present Day*.

Simon Gray (SG) a étudié la communication et les supports média à Sheffield Hallam.

Barney Grenfell (BG) a travaillé en tant que consultant scientifique pour le Science Museum de Londres et Centre scientifique de Bristol.

David Hawksett (DHk) est écrivain et consultant scientifique. Il travaille régulièrement pour Guinness World Records et pour la BBC.

Rebecca Hernandez (RH) a étudié la biochimie et travaillé dans le secteur biotechnique de Seattle.

Lisa Hitchen (LH) est journaliste freelance dans les domaines de la science et de la médecine. Ses articles ont été publiés en particulier dans le *New Scientist*, le *Nursing Times*, et le *British Medical Journal*.

Elizabeth Horne (EH) a étudié les sciences et s'intéresse tout particulièrement sur leur impact dans les développements technologies et dans la vie quotidienne.

David Hughes (DH) est diplômé en physique et en astronomie. Il a été professeur d'astronomie à l'université de Sheffield pendant plus de 42 ans.

David Hutter (DaH) a vécu et étudié en Europe avant de partir pour l'Angleterre où, diplômé en littérature, il devint chroniqueur et écrivain.

Andrew Impey (AI) est diplômé de l'université de Bristol. Aujourd'hui, il exerce son métier de guide touristique dans toute l'Europe. Il est également le co-fondateur du journal *Null Hypothesis* dont l'objectif est de rendre la compréhension des sciences accessible à tous.

Hannah Isom (HI) a étudié les sciences biomédicales à l'université de Manchester. Elle étudie actuellement le journalisme.

Ann Kay (AK) est écrivain et éditorialiste. Elle s'intéresse à l'origine des objets que nous utilisons dans la vie de tous les jours.

Douglas Kitson (DK) a étudié les mathématiques et la physique avant d'entamer une formation en techniques de la communication.

Andrey Kobilnyk (AKo) est journaliste scientifique et rédacteur en chef de FirstScience.com

Jane Laing (JL) est écrivain et éditorialiste. Elle a notamment publié *Cicely Mary Barker and Her Art*, et a participé à *The Visual History of the Modern World*.

Chris Lochery (CL) a étudié la création littéraire à l'université de Leeds. Il travaille aujourd'hui à Londres.

B. James McCallum (BMcC) est diplômé en biologie et en médecine. Il est professeur adjoint à la Clinique de médecine interne de Colombie, en Caroline du Sud, aux États-Unis.

Jamie Middleton (JM) est diplômée en biochimie et passionnée par tout ce qui touche la science. Elle est écrivain et pigiste.

Brian Owens (BO) a obtenu un diplôme en biologie au Canada puis un master en sciences de la communication à Londres. Il écrit pour des magazines de la police scientifique, *Research Fortnight* et *Research Europe*.

Tamsin Pickeral (TP) a étudié l'histoire de l'art en Italie. Elle a écrit des ouvrages sur l'art mais aussi sur les inventions scientifiques.

Becky Poole (RP) a obtenu son doctorat à l'université de Bristol où elle poursuit ses recherches scientifiques. Elle a écrit de nombreux articles scientifiques notamment pour thenakedscientists.com.

Helen Potter (HP) est diplômée en sciences naturelles. Elle poursuit des études en chimie biologique à Cambridge et collabore régulièrement avec *Null Hypothesis*.

Steve Robinson (SR) étudie le journalisme à Oxford et écrit des articles pour des revues scientifiques.

Leila Sattary (LS) a vécu pendant cinq ans à St Andrews où elle a obtenu un master en physique. Aujourd'hui, elle poursuit ses recherches à l'université de Glasgow et à Oxfort et travaille pour le Centre de recherches en Sciences physiques et en Ingénierie.

Eric Schulman (ES) est titulaire d'un doctorat en astronomie et est l'auteur de *A Briefer History of Time*, paru en 1999. Son travail a été repris dans la presse écrite et audio-visuelle, aux États-Unis mais également en Europe et en Asie. Il a longtemps fait partie de l'équipe éditoriale de *The Annals of Improbable Research* (AIR), présenté comme le « *magazine dingue* » de la science.

Faith Smith (FS) est née en Angleterre où elle a obtenu son diplôme en zoologie. Elle prépare un doctorat ; elle est aussi journaliste.

Stuart Smith (SS) a obtenu un diplôme en biologie et poursuit ses études en médecine. Lorsque son travail de professeur lui en laisse le loisir, il écrit notamment pour des magazines.

Barry Stone (BS) est né à Melbourne, en Australie, où il a poursuivi das études en photographie auprès du Chisholm Institute. Il écrit régulièrement sur des thématiques liées au voyage, à l'architecture et à l'histoire moderne, pour un grand nombre de journaux et magazines.

Francisca Wiggins (FW) est originaire du Lincolnshire mais a poursuivi ses études à l'université d'Édimbourg où elle obtint son diplôme en ingénierie mécanique. Elle exerce aujourd'hui son métier dans les ports maritimes du monde entier.

Logan Wright (LW) habite au Canada où il poursuit sa formation en ingénierie.

Thomas Zeller (TZ) est professeur d'histoire à l'université du Maryland, aux États-Unis. Il est l'auteur de *Driving Germany : The Landscape of the German Autobahn, 1930-1970* (2007) et a participé à la publication de nombreux ouvrages dont *The World Beyond the Windshield : Roads and Landscape in the United States and Europe* (2008), *Rivers in History : Perspectives on Waterways in Europe and North America* (2008), *How Green Were the Nazis ? Nature, Environment*, et *Nation in the Third Reich* (2005).

Crédits photographiques

Nous nous sommes efforcés d'attribuer correctement les copyright des photographies utilisées à leurs ayant-droits. Toutefois, si malgré toute notre attention, une erreur ou omission s'était produite, nous tenons à nous en excuser d'ores et déjà et serons heureux d'apporter la (es) correction (s) nécessaire (s) lors d'une prochaine réédition.

20–21 © Jesper Jensen/Alamy **22** John Reader/Science Photo Library **25** The Art Archive/Musée Guimet Paris/Dagli Orti **26** The Art Archive/Musée d'Égypte Turin/Dagli Orti **27** The Bridgeman Art Library **29** Science Museum **31** The Bridgeman Art Library **32** Alamy **34** Cintract Romain/Age Fotostock **36** The Art Archive/Musée Guimet Paris/Dagli Orti **37** The Art Archive/Collection privée/Dagli Orti **38** The Art Archive/British Museum/Dagli Orti (A) **41** The Art Archive/Musée du Louvre Paris/Dagli Orti **42** The Bridgeman Art Library **43** The Art Archive/Dagli Orti **45** akg-images/Erich Lessing **46** Corbis **47** Catalhoyuk Research Project **49** The Art Archive/Topkapi Musée Istanbul/Dagli Orti **50** The Art Archive/Dagli Orti **51** The Bridgeman Art Library **53** The Art Archive/Dagli Orti **54** The Art Archive/Bardo Museum Tunis/Dagli Orti **57** The Bridgeman Art Library **59** The Art Archive/Diozesanmuseum Trier/Dagli Orti **61** Gianni Dagli Orti/Corbis **63** The Art Archive/Dagli Orti **65** Kimbell Art Museum/Corbis **66** Musée Västerbottens **67** Frederico Formenti/Université d'Oxford **69** The Art Archive/Museo Nazionale Reggio Calabria/Dagli Orti **71** The Art Archive/Dagli Orti **73** The Art Archive/Dagli Orti **75** The Bridgeman Art Library **77** The Art Archive/Musée du Louvre Paris/Dagli Orti **78** Dinodia **79** Photo Scala, Florence **81** akg-images/Erich Lessing **82** The Art Archive/Musée du Caire/Dagli Orti **85** Hip/Scala, Florence **87** Chris Cheadle/Alamy **88** Science Museum **89** The Art Archive/Musée du Louvre Paris/Gianni Dagli Orti **91** The Bridgeman Art Library **93** Mary Evans Picture Library 2008 **94** The Art Archive/Dagli Orti **95** Christel Gerstenberg/Corbis **97** The Art Archive/British Museum/Dagli Orti **99** The Bridgeman Art Library **100** Hip/Scala, Florence **101** Louvre, Paris, France/The Bridgeman Art Library **102** akg-images/John Hios **103** akg images **104** The Art Archive/Musée Romain Nyon/Dagli Orti **105** Science Museum **107** Werner Forman Archive/Scala, Florence **108** Bibliothèque Nationale, Paris, France/Archives Charmet/The Bridgeman Art Library **111** akg-images/Erich Lessing **112** The Bridgeman Art Library **115** The Art Archive/British Museum/Eileen Tweedy **117** The Art Archive/Archaeological Museum Cividale Friuli/Dagli Orti **119** David Lees/Corbis **120** Dragon News/Rex Features **122** Science Museum **123** The Bridgeman Art Library **124–125** © Hans Delnoij/Alamy **127** The Hammer Museum **129** The Stapleton Collection/The Bridgeman Art Library **131** akg-images **132** Ben Plewes Travel Photography/Alamy **133** Mary Evans Picture Library **134** The Art Archive/Historiska Muséet Stockholm/Alfredo Dagli Orti **135** Hugh Threlfall/Alamy **137** akg-images/British Library **139** North Wind Picture Archives/Alamy **140** Fitzwilliam Museum, University of Cambridge, UK/The Bridgeman Art Library **142** The Bridgeman Art Library **143** Interfoto Pressebildagentur/Alamy **144** Science Photo Library **145** akg-images **146** The Bridgeman Art Library **148** akg-images **149** Ladi Kirn/Alamy **150** The Art Archive **152** The Art Archive **154** akg-images **155** The Art Archive **157** akg-images **158** The Bridgeman Art Library **159** Scala **160** The Art Archive/Museo Correr Venice/Alfredo Dagli Ort **163** Science Museum **164** Gutenberg-Museum, Mainz **165** Scala **167** Science Museum **168** © Bettmann/Corbis **170** Science Museum **173** Wellcome Images **174** Scala **176** Science Museum **177** Heidelberg University, Germany **178** Photo Scala, Florence 2004 **179** Scala, Florence—courtesy of the Ministero Beni e Att. Culturali **180** Scala Florence/Hip **182** Dave King/Dorling Kindersley, Courtesy of The Science Museum, London **185** Science Museum **186** Science Museum **188** The Bridgeman Art Library **190** The Art Archive/Eileen Tweedy **191** Science Museum **192** Science Museum **194** Dave King/Dorling Kindersley, Courtesy of The Science Museum, London **195** Science Museum **197** Anna Clopet/Corbis **197** The Bridgeman Art Library **198** Corbis **199** Science Museum **200** DK Limited/Corbis **203** The Bridgeman Art Library **204** Getty **206** Science Museum **207** Science Museum **208** DK Limited/Corbis **211** Science Museum **212** Science Museum **215** Science Museum **215** Wellcome Images **216** The Art Archive/Collection J. M. Demange Paris/Gianni Dagli Orti **218** George Bernard/Science Museum **219** Archives Charmet/The Bridgeman Art Library **220** Science Museum **221** Science Museum **222** Canadian War Museum in Ottawa, Canada **224** Mary Evans Picture Library/Alamy **224** Science Museum **226** Giraudon/The Bridgeman Art Library **227** Avec l'aimable autorisation de Warden and Scholars of New College, Oxford/The Bridgeman Art Library **228** Mary Evans Picture Library **230** Science Museum **230** Science Museum **231** Science Museum Pictorial **232** Science Museum **232** Science Museum **235** Science Photo Library **236** Bridgeman Art Library **237** Wellcome Library, Londres. Wellcome Images **239** Science Museum **239** Science Museum **240** akg-images **241** Alamy **242** Hip/Scala, Florence **243** Science Museum **244–245** © Colin Garratt ; Milepost 92 ½/Corbis **246** Wellcome Images **247** Bettmann/Corbis **248** The Bridgeman Art Library **249** Bettmann/Corbis **250** Interfoto Pressebildagentur/Alamy **252** Mary Evans Picture Library **253** Lordprice Collection/Alamy **255** Science Museum **256** Mary Evans Picture Library **258** McCord Museum **259** Bettmann/Corbis **260** Science Museum **261** Schenectady Museum ; Hall of Electrical History Foundation/Corbis **263** Science Museum **264** Science Museum **265** Science Museum **267** Science Museum **269** Getty Images **270** Science Museum **271** Wellcome Images **273** Science Museum **274** The Bridgeman Art Library **275** Clive Streeter © Dorling Kindersley, Courtesy of The Science Museum, London **276** Vic Fowler/Rex Features **277** NMeM Science Museum **278** Science Museum **279** Mary Evans Picture Library **280** Mary Evans Picture Library **281** Beverly Wilgus **282** Bettmann/Corbis **283** akg-images **284** Mary Evans Picture Library **285** Getty Images **286** Bridgeman Art Library **287** Science Museum **289** © Bettmann/Corbis **290** The Bridgeman Art Library **291** © Swim Ink 2, LLC/Corbis **292** © Chad Davis/Alamy **292** © Bettmann/Corbis **295** The Bridgeman Art Library **295** Science Museum **296** Roger-Viollet/Topfoto **296** DK Limited/Corbis **298** National Museum of American History/Smithsonian **299** Science Museum **301** Science & Society Picture Library/Science Museum **301** Science Museum **303** Science Museum **304** Getty **304** Science Museum **305** The Print Collector/Alamy **305** Dave King © Dorling Kindersley, Avec l'aimable autorisation du Science Museum, Londres **307** Science Museum **308** Geoff Brightling © Dorling Kindersley **309** Gady Cojocaru/Alamy **310** Science Museum **311** Science Museum **312** Time & Life Pictures/Getty Image **313** Getty Images **315** Science Museum **315** Science Museum **316** akg-images **317** Getty Images **319** Antiques & Collectables/Alamy **319** Hip/Scala, Florence **320** Science & Society Picture Library/Science Museum **321** Science Museum **323** Schenectady Museum ; Hall of Electrical History Foundation/Corbis **324** Science Museum **325** Sam Ogden/Science Photo Library **328** Bettmann/Corbis **329** DK Images **330** Science Museum **332** Ronald Pearson **334** Science Museum **335** Advertising Archives **336** Corbis **337** Sarah Quill/Alamy **339** Science Museum **340** The Advertising Archives **343** © Syd Brown **344** Science Museum **345** Science Museum **346** Mary Evans Picture Library **348** Science Museum **350** Science Museum **351** Science Museum **353** Science Museum **354** Historial de la Grande

Guerre © Yazid Medmoun **356** Science Museum **357** Science Museum **358–359** Science Museum **361** Avec l'aimable autorisation du National Firearm Museum, Fairfax, VA **362** NMeM, Science Museum **363** Science Museum **365** Science Museum **367** National Archives and Records Administration des États-Unis **368** Hulton Archive/Getty Images **370** Imperial War Museum **371** akg-images **373** The Art Archive/Culver Pictures **374** Topical Press Agency/Getty Images **376** Three Lions/Getty Images **378** Mary Evans Picture Library 2008 **379** Boyer/Roger Viollet/Getty Images **381** Shutterstock **382** Avec l'aimable autorisation de Stanley **383** Science Museum **385** Vintage Power And Transport/Mark Sykes/Alamy **386** DK Images **387** Harry Vos/www.the-canopener.com **389** Corbis **390** Dave King © Dorling Kindersley **391** Bettmann/Corbis **393** Bettmann/Corbis **395** The Advertising Archives **396** Tyco Fire & Building products **397** Science Museum **399** Science Museum **400** Science Museum **401** Science Museum **402** Fox Photos/Getty Images **403** Mansell/Time & Life Pictures/Getty Images **404** Mary Evans Picture Library 2008 **406** Science Museum **407** Hulton Archive/Getty Images **409** Stuart Forster/Alamy **410** Science Museum **411** Jan Willem Bech **412** Science Museum **413** Mary Evans Picture Library **414** Boyer/Roger Viollet/Getty Images **416** Science Museum **417** David Kilpatrick/Alamy **419** Corbis **420** Science & Society Picture Library/Science Museum **424** Stockbyte/Getty Images **425** Clive Streeter © Dorling Kindersley, Avec l'aimable autorisation du Science Museum, Londres **426** Hulton Archive/Getty Images **427** Schenectady Museum ; Hall of Electrical History Foundation/Corbis **428** The Art Archive/Dagli Orti **431** Science Museum **433** U.S. National Archives and Records Administration **434** Archives de la société Otis **435** Bettmann/Corbis **436** Science & Society Picture Library **437** Science & Society Picture Library **439** Fox Photos/Getty Images **440** Science & Society Picture Library **441** Science & Society Picture Library **443** Daimler **443** Daimler **445** Daily Herald Archive/Science & Society Picture Library **446** Science Photo Library **447** Hip/Scala, Florence **448** Science Museum **451** Fox Photos/Getty Images **453** Shawn Flock **455** Mary Evans Picture Library 2005 **456** Clive Streeter, Dorling Kindersley, Avec l'aimable autorisation du Science Museum, Londres **457** Hulton Archive/Getty Images **459** www.vintageinternetpatent.com **460** Underwood & Underwood/Corbis **461** Bettmann Corbis **463** Science Photo Library **464** National Museum of Photography & Corbis **464** Corbis **467** Mary Evans Picture Library 2005 **468** akg-images **471** Corbis **472** Corbis **475** National Media Museum/Science Photo Library **477** Archives de la société Otis **478** Wenger SA **479** SNA Europe **481** ABI Europe **482–483** © David Muscroft/Alamy **484** Sheila Terry/science Photo Library **485** Science Photo Library **487** Getty Images **488** Dorling Kindersley **489** GEA WestfaliaSurge Inc. **491** Universität Heidelberg **492** Bettmann/Corbis **493** National Media Museum/Science Photo Library **494** Kodak Collection/NMeM/Science Photo Library **496** Science Photo Library **497** Science Photo Library **500** The History of Advertising Trust **501** Science Photo Library **503** The Art Archive **504** Getty Images **505** General Photographic Agency/Hulton/Getty Images **506** Science Museum **506** Mary Evans Picture Library 2008 **507** Science Museum **507** NMeM - Kodak Collection/Science Museum **509** Getty Images **510** Popperfoto/Getty Images **511** Bettmann Corbis **512** Science Photo Library **513** Science Photo Library **517** Carrier Corporation **518** Shutterstock **519** Motoring Picture Library/Alamy **521** Dave Rudkin © Dorling Kindersley **522** FPG/Hulton Archive/Getty Images **523** Science Photo Library **524** Crayola **528** Science Museum **529** Underwood & Underwood/Corbis **530** Getty Images **531** Getty Images **532** Science Museum **533** Science Museum **534** Science Museum **536** PhotoPower/Alamy **538** Bernard Hoffman/Time Life Pictures/Getty Images **539** Science Museum **540** Corbis **542** Mike Dunning © Dorling Kindersley, Avec l'aimable autorisation du Science Museum, Londres **543** MoMA, New York/Scala, Florence **545** Science Museum **546** Science Museum **547** Science Museum **549** Science Museum **551** Science Museum **553** Fox Photos/Getty Images **555** Time Life Pictures/Pix Inc./Time Life Pictures/Getty Images **556** Science Museum **560** DeAgostini Picture Library/Scala, Florence **561** John Martin, Science Museum **562** Science Museum **563** Science Museum **565** Science Museum **567** Hulton Archive/Getty Images **569** General Photographic Agency/Getty Images **570** The Bridgeman Art Library **572** Science Museum **573** Dave King © Dorling Kindersley, Avec l'aimable autorisation du Science Museum, Londres **575** Utilisation Presse/Édition uniquement, akg-images **578** Photodisc/Alamy **580** Bettmann Corbis **582** Science Museum **583** Science Museum **585** General Photographic Agency/Getty Images **586** Minnesota Historical Society **588** Hulton-Deutsch Collection/Corbis **589** Bettmann Corbis **591** Hulton-Deutsch Collection/Corbis **592** Bettmann Corbis **593** National Media Museum/Science Museum **594** Bettmann Corbis **596–597** Corbis RF/Alamy **598** Antiques & Collectables/Alamy **598** Kodak Collection/NMeM/Science Museum **600** Science Museum **601** Corbis **602** Science Museum **603** Science Museum **605** Daily Herald Archive/NMeM/Science Museum **607** Science Museum **608** Bettmann Corbis **611** Mary Evans Picture Library 2008 **612** De Agostini Picture Library, Scala, Florence **613** Bettmann/Corbis **614** Hulton-Deutsch Collection/Corbis **615** George W. Hales/Fox Photos/Getty Images **616** Dave Rudkin © Dorling Kindersley **618** JupiterImages/Brand X/Alamy **620** Photo Researchers/science Photo Library **623** akg-images/RIA Nowosti **625** Ray Tang/Rex Features **626** NASA **629** Science Museum **631** Time Life Pictures/Getty Images **632** Redfx/Alamy **633** Gerard Tel **635** Harry Todd/Fox Photos/Getty Images **637** Hip/Scala, Florence **639** R. Gates/Hulton Archive/Getty Images **640** Science Museum **641** Science Museum **643** Dmitri Kessel/Time Life Pictures/Getty Images **644** Peter Stackpole/Time Life Pictures/Getty Images **646** Bettmann Corbis **647** Alfred Eisenstaedt/Pix Inc./Time & Life Pictures/Getty Images **648** Science Museum **649** Science Museum **650** Detlev Van Ravenswaay/Science Photo Library **651** Popperfoto/Getty Images **653** Motorola, Inc. **654** John Loengard/Time Life Pictures/Getty Images **656** The Art Archive/Culver Pictures **657** Dmitri Kessel/Time Life Pictures/Getty Images **659** George Konig/Keystone Features/Getty Images **661** Daily Herald Archive/NMeM/Science Museum **662** Utilisation Presse/Édition uniquement/akg-images **664** Fred Ramage/Getty Images **666** Matthew Richardson/Alamy **667** Avec l'aimable autorisation du Musée national de la Marine australienne, Darling Harbour, Sydney **668** Fritz Goro/Time Life Pictures/Getty Images **670** Science Museum **671** Los Alamos National Laboratory/Science Photo Library **673** Lawrence Berkeley National Lab **674** Science Museum **675** Canada Science and Technology Museum Corporation **676** The Advertising Archives **679** Daily Herald Archive/NMeM/Science Museum **681** Science Museum **682** Dittrick Medical History Center, Université Case Western Reserve **683** National Media Museum/Science Museum **685** Smithsonian Institution/Corbis **686** Michael Ochs Archives/Getty Images **688** Fritz Goro/Time Life Pictures/Getty Images **689** Hulton-Deutsch Collection/Corbis **690** Science Museum **691** Science Museum **692** Neal Preston/Corbis **695** Science Museum **698** Avec l'aimable autorisation du Dr Gary Enever/Infirmerie du Royal Victoria **698** Margaret Bourke-white/Time & Life Pictures/Getty Images **701** NMPFT/Daily Herald Archive/Science Museum **703** Jean Gaumy/Magnum Photos **705** Tetra Pak **706-707** © Corbis Sygma **708** Michael Rougier/Time Life Pictures/Getty Images **709** Science Museum **710** Bettmann Corbis **711** Al Fenn/Time Life Pictures/Getty Images **713** The Advertising Archives **715** Daily Herald Archive/NMeM/Science Museum **716** Al Fenn/Time Life Pictures/Getty Images **717** J. R. Eyerman/Time Life Pictures/Getty Images **719** Bettmann Corbis **720** Edward Kinsman/Science Photo Library **721** Dorling Kindersley **722** Dr Najeeb Layyous/Science Photo Library **724** Hulton Archive/Getty Images **725** Photodisc/Alamy **726** David Murray, Dorling Kindersley **727** Bettmann Corbis **728** Alfred Pasieka/Science Photo Library **729** AFP/Getty Images **730** Science Museum **731** Bettmann Corbis **733** NASA **733** Science Photo Library **735** The Advertising Archives **737** Document General Motors/Reuter R/Corbis Sygma **737** Science Museum **738** Science Museum **739** The Advertising Archives **740** Tim

Boyle/Getty Images **741** Science Museum **742** Louie Psihoyos/Corbis **745** Ria Novosti/Science Photo Library **749** Hulton Archive/Getty Images **751** Kent Gavin/Keystone/Hulton Archive/Getty Images **752** David Parker/Science Photo Library **753** Manchester Daily Express **754** Courtesy Pilkington United Kingdom Limited **755** Science Museum **756** Science Photo Library **758** Mary Evans Picture Library/ Alamy **760** Amy Trustram Eve/Science Photo Library **761** George Steinmetz/Corbis **763** NASA **764** Giphotostock/Science Photo Library **765** Ferranti Electronics/A. Sternberg/Science Photo Library **766** Science Museum **767** Image Source/Corbis **768** Istock **769** The Coca-Cola Company/The Advertising Archives **770** Hank Morgan/Science Photo Library **772** Steve Shott © Dorling Kindersley **774** JupiterImages/Comstock Images/Alamy **775** Car Culture/Corbis **776** Hulton Archive/Getty Images **777** Bettmann Corbis **778** Muntz/ Getty Images **785** General Electric **786** Justin S. Osborne/Marine des États-Unis/Reuters/Corbis **787** Jack Pritchard/Getty Images **789** Peter Ruck/Bips/Getty Images **790** Science Museum **790** Science Museum **792** Avec l'aimable autorisation de Leonard Herman **793** Bootstrap Alliance **794** Roger Ressmeyer/Corbis **795** Heinz Kluetmeier/Time & Life Pictures/Getty Images **797** Shutterstock **798** Phototake Inc./Alamy **801** David Scharf/Science Photo Library **802–803** Andy Piatt **805** Science Museum **807** NASA **808** Mediscan/ Corbis **810** Science Museum **811** Motorola, Inc. **812** Avec l'aimable autorisation de InPhase Technologies **813** Vintage Calculators **815** Vo Trung Dung/Corbis Sygma **817** Maximilian Stock Ltd/Science Photo Library **818** Roger Ressmeyer/Corbis **819** Science Museum **821** © Magimix **822** Wellcome Images **823** Hulton-Deutsch Collection/Corbis **824** Science Photo Library **825** NASA/Science Photo Library **826** Bettmann Corbis **827** Roger Ressmeyer/Corbis **828** Gregor Schuster/zefa/Corbis **829** Science Museum **830** Roger Ressmeyer/Corbis **833** Volker Steger/Science Photo Library **834** Shutterstock **835** Science Museum **836** Philippe Plailly/Eurelios/Science Photo Library **837** Image Source/Getty Images **838** Institute Archives **839** Kim Kulish/Corbis **840** Photodisc/Alamy **841** Avec l'aimable autorisation de Kodak **842** Roger Ressmeyer/Corbis **843** © Sony **845** Charles O'Rear/Corbis **846** Courtesy Porter Novelli **847** © Sony **849** Hank Morgan/ Science Photo Library **850** Dyson **851** The Advertising Archives **854** TRW Corporation/Science Photo Library **855** NASA/Science Photo Library **856** Garo/Phanie/Rex Features **857** Philippe Psaila/Science Photo Library **859** Qilai Shen/epa/Corbis **861** LWA/Getty Images **863** Mauro Fermariello/Science Photo Library **864** www.protoolerblog.com **865** Science Museum **866** Matt Stroshane/Getty Images **867** National Aeronautics & Space Adm/Science Museum **868** Science Museum **870** Science Museum **871** Science Museum **873** Getty Images **875** Science Museum **876** Science Museum **877** Diageo Archives **878** James King-Holmes/Science Photo Library **881** Peter Menzel/Science Photo Library **883** Science Museum **884** Cordelia Molloy/Science Photo Library **884** Wellcome Images **886** Damien Lovegrove/Science Photo Library **887** Victor De Schwanberg/Science Photo Library **888** Eurelios/Science Photo Library **891** Simon Fraser/Science Photo Library **893** Don Farrall/Getty Images **894** O. Louis Mazzatenta/National Geographic/Getty Images **897** Patrick Dumas/Eurelios/Science Photo Library **898** CERN/science Photo Library **899** CERN 2008 **900** Courtesy of Chinook Medical Gear, Inc. **902** Andrea Matone/Alamy **904** Corbis **906** Science Museum **907** D. Roberts/Science Photo Library **909** Avec l'aimable autorisation de Haberman Associates **911** Zephyr/Science Photo Library **913** Jung Yeon-Je/AFP/Getty Images **914** Avec l'aimable autorisation de Trevor Baylis **916** bobo/Alamy **918** Gideon Mendel/Corbis **921** Volker Steger/Science Photo Library **922** Pasquale Sorrentino/science Photo Library **924** Vo Trung Dung/corbis Sygma **925** Marijan Murat/dpa/Corbis **926** Fa Changguo/Xinhua Press/Corbis **929** Hemcon/Capstrat **930** Yoshikazu Tsuno/AFP/Getty Images **932** NASA **935** Linna Photographics, Inc. **937** Avec l'aimable autorisation de *What Hi-Fi? Sound and Vision* **939** Martial Trezzini/epa/Corbis

Remerciements

L'éditeur remercie tout particulièrement les agences photographiques et leurs représentants ci-dessous mentionnés :

Vera Silvani/SCALA Picture Library
Tom Vine/Science & Society Picture Library
Nick Dunmore/The Bridgeman Art Library
John Moelwyn-Hughes/Corbis
Hayley Newman/Getty Images
Jessica Talmage/Mary Evans Picture Library
Anna Mosley/The Art Archive

L'éditeur tient également à remercier, pour leur aide précieuse dans l'élaboration de cet ouvrage, les personnes suivantes :

Helena Baser, Rebecca Gee, Neil Lockley, Ann Marangos, Bruce Nicholson, Fiona Plowman, Tobias Selin

1002 et plus (notes personnelles)